# 모아교육그룹이 함께 만들어갑니다!"

소방기술사 / 소방시설관리사 / 소방설비기사 / 소방설비산업기사 / 소방실무 / 소방안전관리자 / 화재감식평가(산업)기사

전기안전기술사 / 건축전기설비기술사 / 발송배전기술사 / 전기응용기술사 / 정보통신기술사 / 전기기능장 / 전기기사 / 전기산업기사 / 전기기능사

화공안전기술사 / 산업안전기사 / 에너지관리기사 / 에너지관리산업기사 / 에너지관리기능사 / 공조냉동기계기사 / 공조냉동기계산업기사 / 공조냉동기계기능사

건축기계설비기술사 / 건축설비기사 / 건축설비산업기사 / 가스기사 / 가스산업기사 / 가스기능사 / 위험물기능장 / 위험물산업기사 / 위험물기능사

건설안전기사 / 대기환경기사 / 식품안전기사 / 산업위생관리기사 / 승강기기능사 / 설비보전기능사

그 영광의 주인공은 바로 당신입니다!

업계 최대 규모 합격자 모임 실제 현장
(서울 마곡 코엑스)

 기록적인 성장 **1648%**
*2017년 vs 2024년 매출 기준

 경이로운 수강생 증가 **760%**
*2018년 vs 2025년 1,2월 수강인원 기준

 강의 만족도 **99%**
*2024년, 2025년 모아바 합격수기 평가 점수 변환 기준

 압도적인 합격률 **79%**
*2024년 소방시설관리사 2차 합격률

"합격을 넘어 실무까지, 모아가 만듭니다!"

# 모아소방전기학원
# 모아직업기술교육원

소방기술사 강의

과정평가형

국가기간전략산업직종훈련

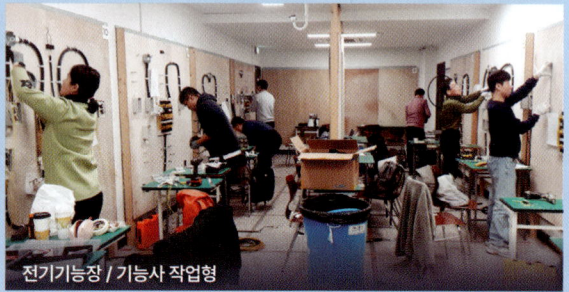
전기기능장 / 기능사 작업형

| | |
|---|---|
| **소방분야** | 소방기술사 / 소방시설관리사 / 소방설비기사(전기 / 기계) / 소방설비산업기사(전기 / 기계) |
| **전기분야** | 전기안전기술사 / 전기응용기술사 / 발송배전기술사 / 건축전기설비기술사 / 전기기능장 / 전기기능사 / 전기기사 · 산업기사 |
| **안전분야** | 화공안전기술사 / 건축기사 · 산업기사 / 건축설비기사 · 산업기사 / 건설안전기술사 / 건설안전기사 · 산업기사<br>산업안전기사 · 산업기사 / 산업안전지도사 / 승강기기능사 / 공조냉동기계기사 |
| **통신분야** | 정보통신기술사 |
| **실무분야** | 소방감리실무 / 현장에서 통하는 소방설비 찐 실무 |
| **과정평가형** | 소방설비산업기사(전기 / 기계) / 산업안전산업기사 / 산업안전기사 / 건설안전기사 / 전기공사산업기사 |
| **국가기간전략훈련** | [국기] 전기기능사 취득과정 |
| **위탁기관 위탁교육** | 서울시노동자복지관 / 제대군인지원센터 / 기아 AutoLand 조합원 단체 교육 |

모아소방전기학원

**자격증 취득 & 과정 상담**

모아소방전기학원
**02.2068.2851**

모아직업기술교육원
**02.2068.2854**

평일 09:00~19:00 / 토·일 08:00~17:00 (공휴일 휴무)

**모아소방전기학원** × **모아직업기술교육원**

모아
# 에너지관리 기사 필기
# 최다빈출 공식 N선

모아북스

# 연소공학

## 1 연소반응식

└• 연관문제 : 2024-3(3번), 2023-1(17번), 2022-1(9번)

(1) 일반식 $C_aH_b + \left(a + \dfrac{b}{4}\right)O_2 \rightarrow aCO_2 + \dfrac{b}{2}H_2O$

(2) 주요 연소반응식

| 물질명 | 연소반응식 |
| --- | --- |
| 수소($H_2$) | $H_2 + \dfrac{1}{2}O_2 \rightarrow H_2O$ |
| 일산화탄소(CO) | $CO + \dfrac{1}{2}O_2 \rightarrow CO_2$ |
| 메테인($CH_4$) | $CH_4 + 2O_2 \rightarrow CO_2 + 2H_2O$ |
| 아세틸렌($C_2H_2$) | $C_2H_2 + \dfrac{5}{2}O_2 \rightarrow 2CO_2 + H_2O$ |
| 에틸렌($C_2H_4$) | $C_2H_4 + 3O_2 \rightarrow 2CO_2 + 2H_2O$ |
| 에테인($C_2H_8$) | $C_2H_6 + \dfrac{7}{2}O_2 \rightarrow 2CO_2 + 3H_2O$ |
| 프로필렌($C_3H_6$) | $C_3H_6 + \dfrac{9}{2}O_2 \rightarrow 3CO_2 + 3H_2O$ |
| 프로페인($C_3H_8$) | $C_3H_8 + 5O_2 \rightarrow 3CO_2 + 4H_2O$ |
| 부틸렌($C_4H_8$) | $C_4H_8 + 6O_2 \rightarrow 4CO_2 + 4H_2O$ |
| 뷰테인($C_4H_{10}$) | $C_4H_{10} + \dfrac{13}{2}O_2 \rightarrow 4CO_2 + 5H_2O$ |

## 2 이론산소량($O_o$)

연관문제 : 2023-1(11번), 2023-3(3번), 2022-1(4번)

연료를 산화시키기 위한 이론적 최소 산소량

(1) 고체 및 액체연료

① 질량 계산식

연료 1 [kg]을 연소시킬 때 필요한 이론산소량 $O_o$ [kg/kg]

$$O_o = 2.67C + 8\left(H - \frac{O}{8}\right) + S$$

C, H, O, S : 연료 1 [kg] 중 각 원소의 질량비율

② 체적 계산식

연료 1 [kg]을 연소시킬 때 필요한 이론산소량 $O_o$ [Nm³/kg]

$$O_o = 1.867C + 5.6\left(H - \frac{O}{8}\right) + 0.7S$$

C, H, O, S : 연료 1 [kg] 중 각 원소의 질량비율

(2) 기체연료

연료 1 [Nm³]을 연소시킬 때 필요한 이론산소량 $O_o$ [Nm³/Nm³]

$$O_o = 0.5H_2 + 0.5CO + 2CH_4 + 2.5C_2H_2 + \cdots - O_2$$

C, H, O, S : 연료 1 [kg] 중 각 원소의 부피비율

(3) 이론공기량($A_o$)

| 질량 기준 계산식 | 체적 기준 계산식 |
|---|---|
| $A_o = \dfrac{O_o}{0.232}$ | $A_o = \dfrac{O_o}{0.21}$ |

## 3 공기비($m$) : 이론공기량에 대한 실제공기량의 비

└ 연관문제 : 2022-3(4번), 2021-1(4번), 2020-3(17번)

※ 당량비 : 공기비의 역수

(1) 완전연소 시

$$m = \frac{21}{21 - O_2(\%)} = \frac{\dfrac{N_2}{0.79}}{\left(\dfrac{N_2}{0.79}\right) - \left(\dfrac{3.76 O_2}{0.79}\right)} = \frac{N_2}{N_2 - 3.76 O_2}$$

(2) 불완전연소 시

$$m = \frac{N_2}{N_2 - 3.76(O_2 - 0.5 CO)}$$

※ $m = \dfrac{A}{A_o} = \dfrac{A}{A - A_s} = \dfrac{N_2}{N_2 - \dfrac{\text{질소 부피비}}{\text{산소 부피비}}(O_2 - 0.5 CO)}$

※ $\dfrac{N_2}{O_2} = \dfrac{0.79}{0.21} = 3.76$

(3) 최대탄산가스율에 의한 공기비 계산

$$m = \frac{CO_{2\max}}{CO_2} = \frac{21}{21 - O_2(\%)}$$

## 4 최대탄산가스율($CO_{2max}$)

연관문제 : 2022-3(3번), 2021-4(1번), 2020-3(2번), 2020-4(15번)

연료 1 [kg] 또는 1 [Nm³]을 이론공기량으로 완전연소시킨다고 가정했을 때 생성되는 이산화탄소($CO_2$)의 이론적인 최대량

$$CO_{2max} = \frac{CO_2}{G_0} \times 100 = \frac{1.867C + 0.7S}{G_0} \times 100 \, [\%]$$

- $G_0$ : 이론연소가스량 [Nm³/kg]
- C, S : 연료 중 원소 질량비 [kg/kg]

(1) 완전연소 시

$$CO_{2max} = \frac{21 \times CO_2[\%]}{21 - O_2[\%]}$$

(2) 불완전연소 시

$$CO_{2max} = \frac{21(CO_2[\%] + CO[\%])}{21 - O_2[\%] + 0.395 CO[\%]}$$

## 5 고위발열량, 저위발열량

연관문제 : 2025-3(20번), 2024-2(7번), 2022-1(13번)

(1) 고위발열량($H_h$) : 수증기의 증발잠열을 포함한 총 에너지
(2) 저위발열량($H_\ell$) : 수증기의 증발잠열을 포함하지 않은 총 에너지

$$H_\ell = H_h - 수증기의 \ 증발잠열$$

연소공학

## 6 연소가스량

> 연관문제 : 2025-1(12번), 2024-2(20번), 2019-2(11번),

연료 1 [kg] 또는 1 [Nm³]을 완전연소시킬 때 생성되는 가스량

(1) 이론 건연소가스량($G_{od}$)

$$G_{od}[\text{kg/kg}] = (1 - 0.232)A_o + 3.67C + 2S + N$$
$$G_{od}[\text{Nm}^3/\text{kg}] = (1 - 0.21)A_o + 1.867C + 0.7S + 0.8N$$

(2) 실제 건연소가스량($G_d$)

= 이론 건연소가스량($G_{od}$) + 과잉공기량($(m-1)A_o$)

$$G_d[\text{kg/kg}] = (m - 0.232)A_o + 3.67C + 2S + N$$
$$G_d[\text{Nm}^3/\text{kg}] = (m - 0.21)A_o + 1.867C + 0.7S + 0.8N$$

(3) 이론 습연소가스량($G_{ow}$)

= 이론 건연소가스량($G_{od}$) + 연소생성 수증기량

$$\begin{aligned} G_{ow}[\text{kg/kg}] &= G_{od} + (9H + W) \\ &= (1 - 0.232)A_o + 3.67C + 2S + N + (9H + W) \\ G_{ow}[\text{Nm}^3/\text{kg}] &= G_{od} + 1.244(9H + W) \\ &= (1 - 0.21)A_o + 1.867C + 0.7S + 0.8N + 1.244(9H + W) \end{aligned}$$

(4) 실제 습연소가스량($G_w$)

= 이론 습연소가스량($G_{ow}$) + 과잉공기량($(m-1)A_o$)

$$G_w[\text{kg/kg}] = (m - 0.232)A_o + 3.67C + 2S + N + (9H + W)$$
$$G_w[\text{Nm}^3/\text{kg}] = (m - 0.21)A_o + 1.867C + 0.7S + 0.8N + 1.244(9H + W)$$

## 7 보일러 효율

연관문제 : 2025-1(89번), 2025-2(83번), 2021-1(96번), 2018-4(91번)

(1) 습증기의 비엔탈피 $h_x$

$$h_x = h' + x(h'' - h') = h' + x\gamma \, [kJ/kg]$$

- $h'$ : 포화수 비엔탈피 [kJ/kg]
- $h''$ : 건포화증기 비엔탈피 [kJ/kg]
- $x$ : 건조도(건도)
- $\gamma$ : 물의 증발잠열 [kJ/kg]

(2) 상당증발량 $G_e$

$$G_e = \frac{G_a(h_2 - h_1)}{2256} \, [kg/h]$$

- $G_a$ : 실제증발량[kg/h]
- $h_1$ : 급수의 비엔탈피[kJ/kg]
- $h_2$ : 발생증기 비엔탈피[kJ/kg]

(3) 보일러효율

$$\eta_B = \frac{G_a(h_2 - h_1)}{G_f \times H_\ell} \times 100 \, [\%]$$
$$= \frac{G_e \times 2256}{G_f \times H_\ell} \times 100 \, [\%]$$

- $G_a$ : 실제증발량[kg/h]
- $h_1$ : 급수의 비엔탈피[kJ/kg]
- $h_2$ : 증기의 비엔탈피[kJ/kg]
- $G_f$ : 연료 사용량[kg/h]
- $H_\ell$ : 연료 발열량[kJ/kg]

## 8 르 샤틀리에 공식

연관문제 : 2023-3(16번), 2022-1(3번)

$$\frac{100}{L} = \frac{V_1}{L_1} + \frac{V_2}{L_2} + \frac{V_3}{L_3}$$

- $L$ : 혼합가스의 상한계 또는 하한계
- $V_1, V_2, V_3$ : 각 가스의 체적
- $L_1, L_2, L_3$ : 각 가스의 하한계 또는 상한계

연소공학

# 열역학

## 1 이상기체 상태 방정식

연관문제 : 2024-2(37번), 2025-2(33번), 2018-1(36번)

(1) 보일의 법칙(Boyle's Law)

$$P_1 V_1 = P_2 V_2$$

- $P$ : 압력$[Pa]$, $V$ : 부피$[m^3]$

(2) 샤를의 법칙(Charle's Law)

$$\frac{V_1}{T_1} = \frac{V_2}{T_2}$$

- $V$ : 부피$[m^3]$, $T$ : 온도$[K]$

(3) 질량에 대한 이상기체 상태 방정식

$$Pv = R_{specific} T$$
$$PV = m R_{specific} T$$

- $P$ : 압력$[Pa]$, $V$ : 부피$[m^3]$
- $m$ : 질량$[kg]$, $T$ : 온도$[K]$

$$R_{specific} = \frac{R_{ideal}}{M}$$ : 특정기체상수$[J/kg \cdot K]$ (M : 몰질량[분자량])

(4) 몰량에 대한 이상기체 상태 방정식

$$PV = n R_{ideal} T$$

- $P$ : 압력$[Pa]$, $V$ : 부피$[m^3]$
- $n$ : 몰수$[mol]$, $T$ : 온도$[K]$
- $R_{ideal}$ : 일반기체상수$[8.314 J/mol \cdot K]$

## 2 이상기체 가역 변화에 대한 관계식

연관문제 : 2024-1(21번), 2024-2(28), 2024-1(23번), 2018-1(34번)

| 구분 | 정적 변화 | 정압 변화 | 정온 변화 | 단열 변화 |
|---|---|---|---|---|
| $P, v, T$ 관계 | $\dfrac{P_1}{T_1} = \dfrac{P_2}{T_2}$ | $\dfrac{v_1}{T_1} = \dfrac{v_2}{T_2}$ | $P_1 v_1 = P_2 v_2$ | $\dfrac{T_2}{T_1} = \left(\dfrac{v_1}{v_2}\right)^{k-1}$ $= \left(\dfrac{P_2}{P_1}\right)^{\frac{k-1}{k}}$ |
| 외부에 하는 일 (팽창) | 0 | $P(v_2 - v_1)$ $= R(T_2 - T_1)$ | $P_1 v_1 \ln\dfrac{v_2}{v_1}$ $= P_1 v_1 \ln\dfrac{P_1}{P_2}$ $= RT \ln\dfrac{v_2}{v_1}$ $= RT \ln\dfrac{P_1}{P_2}$ | $\dfrac{1}{k-1}(P_1 v_1 - P_2 v_2)$ $= \dfrac{RT_1}{k-1}\left[1 - \dfrac{T_2}{T_1}\right]$ $= \dfrac{RT_1}{k-1}\left[1 - \left(\dfrac{v_1}{v_2}\right)^{k-1}\right]$ $= \dfrac{RT_1}{k-1}\left[1 - \left(\dfrac{P_2}{P_1}\right)^{\frac{k-1}{k}}\right]$ $= \dfrac{R}{k-1}(T_1 - T_2)$ $= C_v(T_1 - T_2)$ |
| 비내부 에너지의 변화량 $(u_2 - u_1)$ | $C_v(T_2 - T_1)$ $= \dfrac{R}{k-1}(T_2 - T_1)$ $= \dfrac{1}{k-1} v(P_2 - P_1)$ | $C_v(T_2 - T_1)$ $= \dfrac{1}{k-1} P(v_2 - v_1)$ | 0 | $-_1 W_2 = u_2 - u_1$ |
| 비엔탈피의 변화량 $(h_2 - h_1)$ | $C_p(T_2 - T_1)$ $= \dfrac{k}{k-1} R(T_2 - T_1)$ $= \dfrac{k}{k-1} v(P_2 - P_1)$ $= k(u_2 - u_1)$ | $C_p(T_2 - T_1)$ $= \dfrac{k}{k-1} P(v_2 - v_1)$ $= k(u_2 - u_1)$ | 0 | $h_2 - h_1$ |
| 엔트로피 변화량 $(S_2 - S_1)$ | $C_v \ln\dfrac{T_2}{T_1}$ $= C_v \ln\dfrac{P_2}{P_1}$ | $C_p \ln\dfrac{T_2}{T_1}$ $= C_p \ln\dfrac{v_2}{v_1}$ | $R \ln\dfrac{v_2}{v_1}$ $= R \ln\dfrac{P_1}{P_2}$ | 0 |

열역학

## 3 성적계수(성능계수)

연관문제 : 2025-2(26번), 2022-3(37번), 2018-4(25번)

(1) 냉동기의 성능계수

$$\epsilon_R = \frac{Q_2}{Q_1 - Q_2} = \frac{Q_2}{W_c}$$

- $Q_1$ : 방출되는 열량
- $Q_2$ : 흡수한 열량
- $W_c$ : 시스템에 공급한 일

(2) 열펌프의 성능계수

$$\epsilon_H = \frac{Q_1}{Q_1 - Q_2} = \frac{Q_1}{W_c} = 1 + \epsilon_R$$

- $Q_1$ : 방출되는 열량
- $Q_2$ : 흡수한 열량
- $W_c$ : 시스템에 공급한 일

(3) 카르노사이클에서 열량과 온도의 관계에 따른 성능계수

$$\frac{Q_2}{Q_1} = \frac{T_2}{T_1}$$

- $Q_1$ : 공급열량, $Q_2$ : 방출열량
- $T_1$ : 고열원 온도, $T_2$ : 저열원온도

| 냉동기의 성능계수 | 열펌프의 성능계수 |
| --- | --- |
| $\epsilon_R = \dfrac{T_2}{T_1 - T_2}$ | $\epsilon_H = \dfrac{T_1}{T_1 - T_2}$ |

### 4 가스 동력 사이클

↳ 연관문제 : 2025-1(37번), 2025-2(24번), 2023-1(34번), 2023-2(35번), 2022-3(27번), 2021-2(35번)

(1) 오토 사이클(Otto Cycle) : 가솔린 기관의 기본 사이클
   ① 압축비

   $$\epsilon = \frac{V_1}{V_2}$$

   - $V_1$ : 압축 시작 시 체적
   - $V_2$ : 압축 후 체적

   ② 이론 열효율

   $$\eta_{tho} = 1 - \frac{q_{out}}{q_{in}} = 1 - \left(\frac{1}{\epsilon}\right)^{k-1}$$

   - $\epsilon$ : 압축비
   - $k$ : 비열비

(2) 디젤 사이클(Diesel Cycle) : 저속 디젤 기관의 기본 사이클
   ① 차단비(단절비)

   $$\sigma = \frac{V_3}{V_2}$$

   - $V_2$ : 압축 후 체적
   - $V_3$ : 연소 후 체적

   ② 이론 열효율

   $$\eta_{thd} = 1 - \frac{q_{out}}{q_{in}} = 1 - \left(\frac{1}{\epsilon}\right)^{k-1} \frac{\sigma^k - 1}{k(\sigma - 1)}$$

   - $\epsilon$ : 압축비
   - $k$ : 비열비
   - $\sigma$ : 차단비

# 열사용기자재 관련 기준

## 1 파형노통의 최소두께

연관문제 : 2025-2(98번), 2024-2(89번), 2021-4(87번)

파형노통으로서 그 끝의 평형부 길이가 230 [mm] 미만인 것의 판의 최소두께는 다음 계산식으로 계산한다.

$$t = \frac{10PD}{C} \left\{ t = \frac{PD}{C} \right\}$$

- $P$ : 최고사용압력[MPa]{kgf/cm²}
- $t$ : 노통의 최소두께[mm]
- $D$ : 노통의 파형부에서의 최대내경과 최소내경의 평균치(모리슨형 노통에서는 최소내경에 50 [mm]를 더한 값)
- $C$ : 상수

## 2 연관보일러의 연관의 최소피치

연관문제 : 2021-2(97번), 2021-4(93번)

$$p = \left(1 + \frac{4.5}{t}\right)d$$

- $p$ : 연관의 최소피치[mm]
- $t$ : 관판의 두께[mm]
- $d$ : 관 구멍의 지름[mm]

# 열설비설계

## 1 전열

> 연관문제 : 2023-1(99번), 2022-1(76번), 2018-1(81번)

(1) 푸리에의 열전도법칙(Fourier Heat Conduction Law)

$$Q = \lambda A \frac{\Delta t}{L} = KA\Delta t \, [W]$$

- Q : 전도열량[W]
- $\lambda$ : 열전도계수[W/m·K]
- L : 물질의 두께[m]
- A : 전열면적[m²]
- $\Delta t$ : 물질의 표면온도[K]
- K : 열관류율[W/m²·K]

(2) 뉴턴의 냉각법칙(Newton's Cooling Law)

$$Q = \alpha A (t_w - t_\infty) \, [W]$$

- $\alpha$ : 대류열전달계수[W/m²·K]
- A : 대류전열면적[m²]
- $t_w$ : 벽면온도[K]
- $t_\infty$ : 유체온도[K]

(3) 스테판 볼츠만의 법칙(Stefan - Boltzmann Law)

$$Q = \epsilon \sigma A T^4 \, [W]$$

- $\epsilon$ : 방사율($0 < \epsilon < 1$)
- $\sigma$ : 스테판 - 볼츠만 상수 ($\sigma = 5.67 \times 10^{-8} \, [W/m^2 K^4]$)
- A : 전열면적[m²]
- T : 물체표면온도 [K]

## 2 대수 평균 온도차(LMTD)

연관문제 : 2024-2(100번), 2023-1(82번), 2022-1(100번)

(1) LMTD(Logarithmic Mean Temperature Difference)
열교환기에서 두 유체 사이의 온도차가 위치에 따라 달라질 때, 전체 열전달을 계산하기 위해 사용하는 평균 온도차

$$LMTD = \frac{\Delta t_1 - \Delta t_2}{\ln\frac{\Delta t_1}{\Delta t_2}}$$

- $\alpha_i$ : 내측 열전달계수[W/m² · K]
- $\alpha_o$ : 외측 열전달계수[W/m² · K]
- $\lambda$ : 물질의 열전도계수[W/m · K]
- $l$ : 물질의 두께[m]

(2) 열교환방식
① 대향류(향류형) : 두 유체가 서로 반대 방향으로 흐르면서 열을 교환하는 방식
② 병행류(병류형) : 두 유체가 같은 방향으로 흐르면서 열을 교환하는 방식

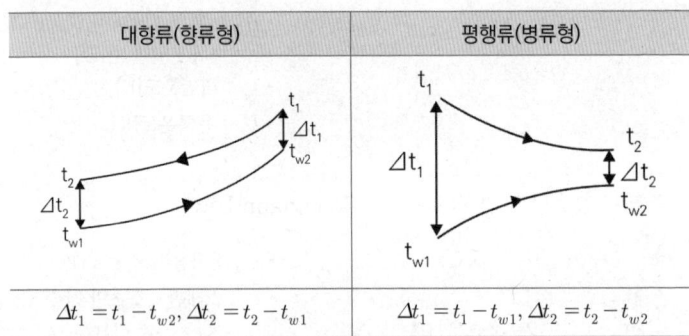

| 대향류(향류형) | 평행류(병류형) |
|---|---|
| $\Delta t_1 = t_1 - t_{w2}, \Delta t_2 = t_2 - t_{w1}$ | $\Delta t_1 = t_1 - t_{w1}, \Delta t_2 = t_2 - t_{w2}$ |

## 3 열손실량

연관문제 : 2025-3(72번), 2022-3(90번), 2021-2(85번)

(1) **열저항 R** : 열의 흐름을 방해하는 정도를 나타내는 값으로, 값이 클수록 열이 잘 전달되지 않고 단열 성능이 우수함을 의미

$$R = \frac{1}{\alpha_1} + \sum \frac{l}{\lambda} + \frac{1}{\alpha_2}$$

- $\alpha_i$ : 내측 열전달계수[$W/m^2 \cdot K$]
- $\alpha_o$ : 외측 열전달계수[$W/m^2 \cdot K$]
- $\lambda$ : 물질의 열전도계수[$W/m \cdot K$]
- $l$ : 물질의 두께[m]

(2) **열관류율 K** : 벽이나 창 등을 통해 단위 면적당 단위 온도차에서 전달되는 열의 양

$$K = \frac{1}{R} = \frac{1}{\frac{1}{\alpha_1} + \sum \frac{l}{\lambda} + \frac{1}{\alpha_2}} [W/m^2 K]$$

- K : 열관류율[$W/m^2 \cdot K$]
- R : 열저항[$m^2 \cdot K/W$]

(3) **통과한 열량(열 손실량)**

$$q[W] = KA\Delta t$$

- $K$ : 벽체의 열관류율[$W/m^2 \cdot K$]
- $A$ : 벽체의 면적([$m^2$]
- $\Delta t$ : 온도차[K]

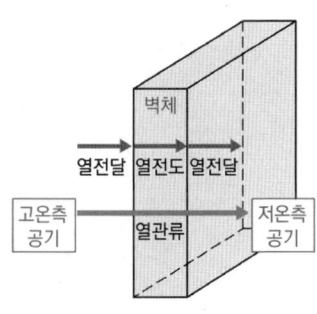

모아
# 에너지관리
## 기사 필기

전면개정

핵심이론 + 과년도 8개년

모아합격전략연구소

모아북스

# 2026년 에너지관리기사시험 한눈에 보기

## [왜 에너지관리기사인가?]

고유가와 기후 변화로 인한 환경 위기는 에너지 효율을 더 이상 선택이 아닌 필수 과제로 만들고 있습니다. 기업들은 탄소 중립 목표 달성과 운영비용 절감을 위해 전문적인 에너지 관리 역량을 갖춘 인재를 적극적으로 요구하고 있으며, 그 해답이 바로 에너지관리기사입니다. 과거에는 단순한 설비 기술 자격으로 인식되던 에너지관리기사가 이제는 '설비 3대장' 중 하나로 자리매김하며, 공기업과 대기업을 비롯한 다양한 산업 현장에서 핵심 자격으로 인정받고 있습니다. 에너지관리기사는 현재의 취업 경쟁력은 물론, 미래 산업 변화에 대비한 가장 확실한 전문 자격증이라 할 수 있습니다.

## [시험과목 및 합격 기준]

### 에너지관리기사

| 구분 | 필기 | 실기 |
|---|---|---|
| 시험과목 | • 연소공학<br>• 계측방법<br>• 열설비설계<br>• 열역학<br>• 열설비재료 및 관계법규 | 열관리 실무 |
| 검정방법 | 객관식 4지 택일형, 과목당 20문항<br>총 100문항(과목당 30분) | 필답형(3시간) |
| 합격 기준 | 100점을 만점으로 하여<br>과목당 40점 이상, 전과목 평균 60점 이상 | 100점을 만점으로 하여 60점 이상 |

## [2026년 시험 예상 일정]

### 필기시험

| 회별 | 원서접수<br>(휴일 제외) | 시험시행 |
|---|---|---|
| 제1회 | 1.13(월) ~ 1.16(목) | 2.7(금) ~ 3.4(화) |
| 제2회 | 4.14(월) ~ 4.17(목) | 5.10(토) ~ 5.30(금) |
| 제3회 | 7.21(월) ~ 7.24(목) | 8.9(토) ~ 9.1(월) |

### 실기시험

| 회별 | 원서접수<br>(휴일 제외) | 시험시행 |
|---|---|---|
| 제1회 | 3.24(월) ~ 3.27(목) | 4.19(토) ~ 5.9(금) |
| 제2회 | 6.23(월) ~ 6.26(목) | 7.19(토) ~ 8.6(수) |
| 제3회 | 9.22(월) ~ 9.25(목) | 11.1(토) ~ 11.21(금) |

※ 정확한 시험일정과 관련된 정보는 Q-Net에서 확인하시길 바랍니다.

# 과목별 학습전략

### 연소공학
- 계산문제 비중이 높음 → 이론공기량, 연소가스량 문제를 반복 훈련
- 연소반응식을 스스로 작성하는 연습 필수

☑ **비전공자는 이렇게 접근하세요!**
- "연소공학 = 이론공기량·연소가스량"만 정확히 잡아도 점수 절반은 확보됨
- 기출문제에서 숫자만 바뀌는 반복형 문제가 많으니 공식을 통째로 외우지 말고 대입 패턴을 익혀야 함

### 열역학
- 공식 암기 + 문제 적용 필수
- 사이클의 P-V, T-S선도를 그림으로 외우면 문제 풀이 속도가 빨라짐

☑ **비전공자는 이렇게 접근하세요!**
- 공식을 "원리"보다 "용도" 위주로 암기. 실제 문제에 적용시킬 줄 아는 것이 중요

### 계측방법
- 암기 위주지만, 유량계 계산문제도 빈출 → 단면적·유속 관계 계산연습

☑ **비전공자는 이렇게 접근하세요!**
- 사실상 계산문제는 1문제 정도밖에 출제되지 않는 과목이므로 비전공자는 3과목에서 고득점을 노려야 함
- 자동제어(P, PI, PD, PID)는 어려운 수학 공부할 필요 없음. "P는 빠르지만 오차 있음, I는 느리지만 오차 적음, D는 예측" 정도만 기억해도 충분

### 열설비재료 및 관계법규
- 재료 특성에 따른 차이점 위주로 공부
- 법규는 단순 암기지만 "숫자"와 관련된 부분을 위주로 학습해야 함

☑ **비전공자는 이렇게 접근하세요!**
- 각 재료의 특성을 스스로 정리해서 노트화하기
- 법규는 전공자도 힘들어 하는 암기과목 → 빈출 숫자를 확실히 잡기

### 열설비설계
- 계산문제의 공식 암기 + 유형별 풀이 필수적
- 열교환기 문제는 병류·향류 개념을 그림으로 숙지
- 에너지 관련 기준에 명시된 공식 중 시험에 출제되었던 공식만 교재에 실었으므로 해당 공식들 암기 필수

☑ **비전공자는 이렇게 접근하세요!**
- 설계 계산은 복잡해 보이지만 실제 시험은 자주 나오는 공식 반복 수준
- "최다빈출 공식 N선" 적극 활용하기(해당 과목은 "최다빈출 공식 N선"에 있는 공식만 암기해도 충분)

# 이 책의 활용방법

## Step 01. 학습 준비

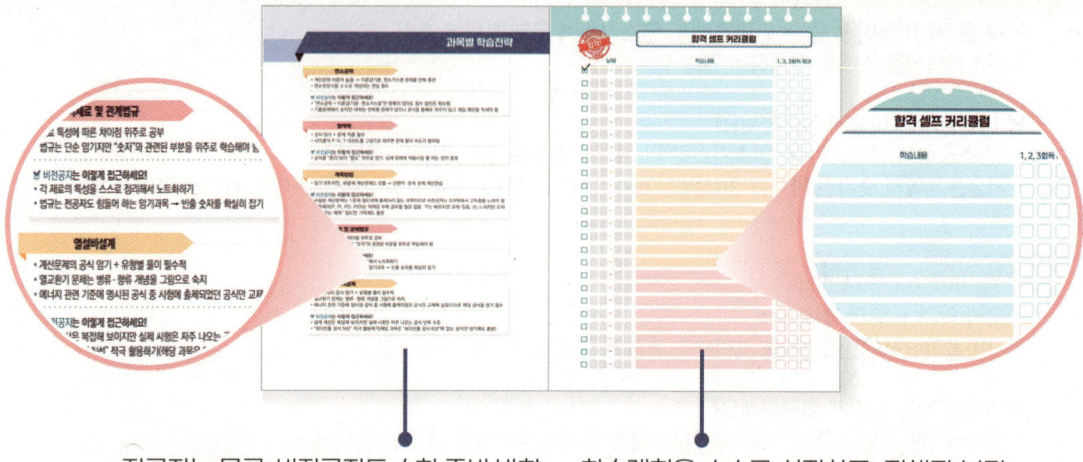

전공자는 물론, 비전공자도 수험 준비 방향을 수월하게 잡을 수 있게 과목별로 학습전략을 정리했습니다.

학습계획을 스스로 설정하고, 정해진 분량을 체크하며 학습 루틴을 형성할 수 있도록 도와주는 맞춤형 진도표입니다.

## Step 02. 효율적인 이론 학습

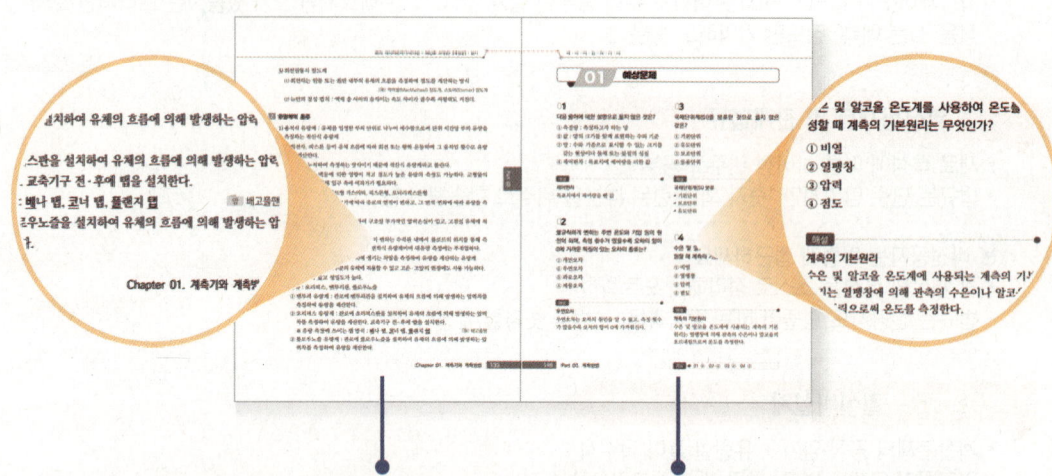

핵심이론을 꼼꼼히 정리하여 개념 위주의 학습이 가능하며, 중요한 부분은 암기팁을 통해 쉽게 연상할 수 있도록 구성했습니다.

챕터별로 정리한 예상문제와 OX퀴즈를 풀면서 자신의 이해도를 확인하고 실전감각을 자연스럽게 유지할 수 있습니다.

# Step 03. 과년도 기출문제 풀이

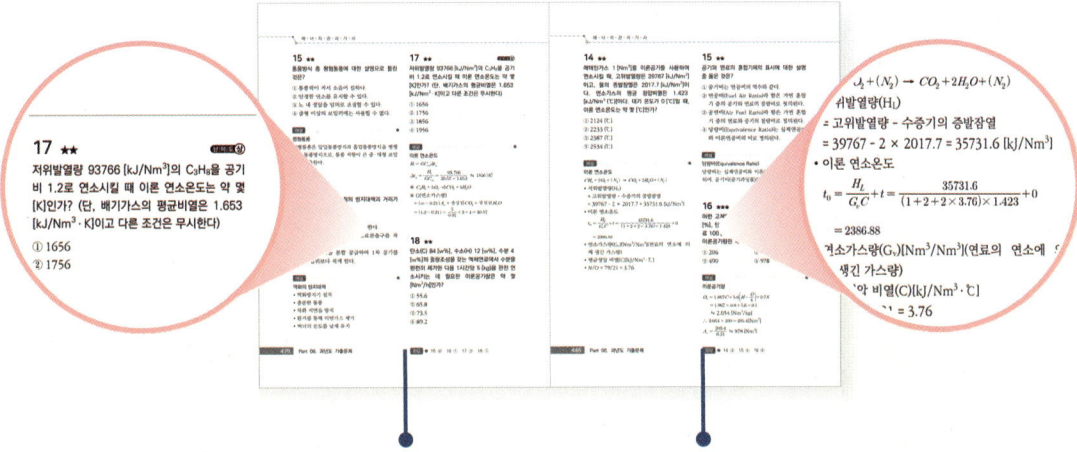

8개년 기출문제를 정리하며 심화 문제는 별도로 표시했고, 문제별 중요도로 출제경향을 파악할 수 있게 구성했습니다.

해설을 상세하게 설명하여 문제풀이가 자연스럽게 이론의 복습이 될 수 있도록 했습니다.

## [추천! 3개월 초단기 로드맵 - 하루 3시간 기준]

### 에너지관리기사

| 주차 | 학습목표 | 주요 내용 |
| --- | --- | --- |
| 1 ~ 2주차 | 전과목 구조 파악 + 기초 개념 정리 | • 과목별 기본 원리 정리<br>• 기초 화학식/연소반응식, 열역학 법칙 개념 숙지<br>• 법규·숫자 기준 정리 |
| 3 ~ 5주차 | 과목별 기출 연계 개념 학습 | • 기출문제 분석 후 출제 비중 높은 개념 학습<br>• 연소공학 : 이론공기량·연소가스량 계산 집중<br>• 열역학 : 사이클선도(P-V, T-S) 암기<br>• 계측방법 : 유량계·제어방식 정리 |
| 6 ~ 7주차 | 기출 반복 + 약점 집중 보완 | • 기출 2회독 완료<br>• 법규 숫자/재료 특성 반복 암기<br>• 열설비설계 계산문제 집중 |
| 8 ~ 9주차 | 전과목 실전 모의 훈련 | • 과목별 시간 배분 연습<br>• 틀린 문제 분석 및 공식 암기 보완 |
| 10 ~ 12주차 | 마무리 요약 + 총정리 | • 자주 나오는 공식이나 숫자만 모아 최종 암기<br>• 법규·재료 과목은 오답노트 위주 복습<br>• 시험 직전에 "최다빈출 공식 N선" 훑어보기 |

# 합격자가 인정한 이 책의 가치

아직 길이 보이지 않아도 괜찮습니다. 차근차근 쌓아가는 과정이 결국 합격으로 이어집니다.
이번 도전이 두렵지 않도록, 우리가 함께 걸어가겠습니다.
첫 시험, 첫 도전, 그리고 첫 합격. 이 책이 여러분의 그 출발점이 되어 드리겠습니다.

### 3개월 플랜대로만 따라가니까 진짜 진도가 착착 나갔어요!

"체계적인 구성이 마음에 듭니다. 챕터별 예상문제와 OX퀴즈가 있어 복습이 자연스럽게 되고, 해설이 자세해 이론을 다시 확인할 수 있습니다. 특히 셀프 플래너로 스스로 계획을 세우며 공부 습관을 기르기 좋았습니다. 학생 수험생에게 추천합니다."

김〇〇 (대학생)

### 퇴근 후에도 합격을 준비할 수 있는 교재입니다!

"시간이 부족한 직장인에게 꼭 맞는 구성이에요. 핵심 이론과 암기팁이 정리되어 있어 짧은 시간에도 집중 학습이 가능하고, 초단기 로드맵 덕분에 퇴근 후 학습 계획을 세우기 수월했습니다. 실전 기출 해설도 꼼꼼해서 반복 학습에 도움이 됩니다."

서〇〇 (직장인)

### 비전공자도 충분히 따라갈 수 있는 책이라 추천합니다!

"전공자가 아니라 걱정했는데, 과목별 학습전략이 비전공자도 따라가기 쉽게 잘 정리돼 있어 큰 도움이 됐습니다. 기본 개념부터 차근차근 잡아주고, 예상문제와 OX퀴즈로 이해도를 점검할 수 있어 불안감이 줄어들었어요. 기출문제로 최신 경향까지 익힐 수 있었습니다."

한〇〇 (재도전자)

### 최신 경향을 반영한 기출정리로 합격에 한 걸음 더 다가설 수 있습니다!

"전공자라 기본 개념은 익숙했는데, 최신 출제 경향을 반영한 기출 정리가 특히 유용했습니다. 중요도가 표시돼 있어 효율적으로 학습할 수 있고, 해설이 상세해서 약점 보완에도 큰 도움이 되었습니다. 재도전하는 수험생에게도 강력 추천합니다."

김〇〇 (전공자)

# 목차

## Part 01 연소공학

Chapter 01 연소이론 ········· 14
OX퀴즈 / 33   예상문제 / 35

Chapter 02 연소설비 ········· 43
OX퀴즈 / 65   예상문제 / 67

## Part 02 열역학

Chapter 01 열역학 ········· 76
OX퀴즈 / 83   예상문제 / 85

Chapter 02 이상기체 ········· 88
OX퀴즈 / 94   예상문제 / 95

Chapter 03 공기와 증기 ········· 99
OX퀴즈 / 102   예상문제 / 103

Chapter 04 사이클 ········· 105
OX퀴즈 / 114   예상문제 / 115

## Part 03 계측방법

**Chapter 01** 계측기와 계측방법 ·············· 122
   OX퀴즈 / 142      예상문제 / 144

**Chapter 02** 가스분석 및 측정 ·············· 149
   OX퀴즈 / 155      예상문제 / 156

**Chapter 03** 제어공학 ·············· 158
   OX퀴즈 / 162      예상문제 / 163

## Part 04 열설비 재료 및 관계법규

**Chapter 01** 가마(Kiln)와 노(Furnace) ·············· 168
   OX퀴즈 / 173      예상문제 / 174

**Chapter 02** 내화재 ·············· 177
   OX퀴즈 / 184      예상문제 / 185

**Chapter 03** 배관공작 및 시공 ·············· 187
   OX퀴즈 / 202      예상문제 / 203

**Chapter 04** 에너지 관련 법규 ·············· 206
   OX퀴즈 / 310      예상문제 / 311

# Part 05

## 열설비 설계

**Chapter 01** 보일러의 종류 ·········································· 318
　　OX퀴즈 / 329　　　　예상문제 / 330

**Chapter 02** 보일러의 부속장치 ·········································· 334
　　OX퀴즈 / 351　　　　예상문제 / 353

**Chapter 03** 보일러 계산 ·········································· 356
　　OX퀴즈 / 363　　　　예상문제 / 364

**Chapter 04** 에너지 관련 기준 ·········································· 367
　　OX퀴즈 / 377　　　　예상문제 / 378

# Part 06

## 과년도 기출문제

- 2025년 제1회 CBT 복원 ········· 384
- 2025년 제2회 CBT 복원 ········· 414
- 2025년 제3회 CBT 복원 ········· 442
- 2024년 제1회 CBT 복원 ········· 474
- 2024년 제2회 CBT 복원 ········· 503
- 2024년 제3회 CBT 복원 ········· 535
- 2023년 제1회 CBT 복원 ········· 564
- 2023년 제2회 CBT 복원 ········· 593
- 2023년 제3회 CBT 복원 ········· 623
- 2022년 제1회 ········· 653
- 2022년 제2회 ········· 683
- 2022년 제3회 CBT 복원 ········· 711
- 2021년 제1회 ········· 738
- 2021년 제2회 ········· 766
- 2021년 제4회 ········· 794
- 2020년 제1, 2회 ········· 824
- 2020년 제3회 ········· 851
- 2020년 제4회 ········· 878
- 2019년 제1회 ········· 909
- 2019년 제2회 ········· 936
- 2019년 제4회 ········· 964
- 2018년 제1회 ········· 991
- 2018년 제2회 ········· 1020
- 2018년 제4회 ········· 1049

[ 출·제·경·향·분·석·표 ]

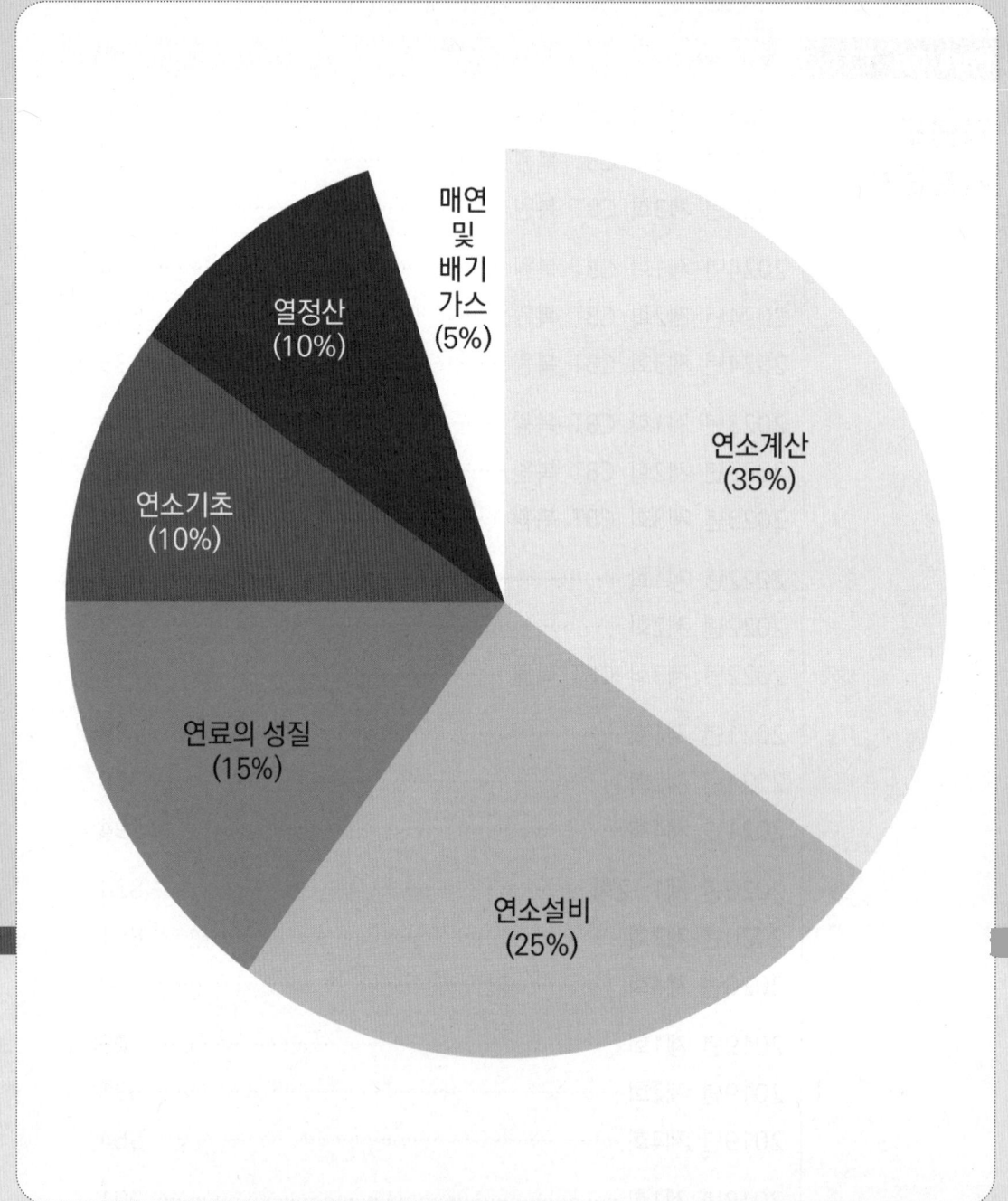

# Part 01 연소공학

# Chapter 01 연소이론

**핵심포인트**: 액체연료, 기체연료, 고체연료, 연소온도, 이론공기량, 열정산, 르샤틀리에공식

**학습목표**:
1. 연료의 정의와 종류 및 특성을 이해하고, 연소에 필요한 연료의 조건을 설명할 수 있다.
2. 보일러의 연소계산에 필요한 요소들을 이해하고 공식을 암기하여 적용할 수 있다.
3. 열정산에 필요한 공식의 쓰임을 정확히 이해할 수 있다.

## 01 연소기초

### 1 연료(Fuel)

1) 연료의 주요 성분

(1) 휘발분

연료를 가열할 때 건류가스가 되는 휘발성 성분
→ 긴 화염, 검은 연기(매연), 그을음 발생

(2) 고정탄소

연료 중 휘발분을 제거했을 때 남는 순수한 탄소 성분
→ 짧은 화염 발생

(3) 수분

연료에 포함되어 있는 물기
→ 기화열에 의한 열손실 발생, 착화성이 나빠짐, 발열량 감소

(4) 회분

연료 연소 후 타지 않고 남는 재
→ 연소효율과 발열량을 낮춤, 보일러 문제 유발

2) 공업분석

(1) 연료를 4가지 주요 성분으로 나누어 측정하는 분석 방법
(2) 휘발분[%] + 고정탄소[%] + 수분[%] + 회분[%] = 100 [%]
※ 공업분석에서 계산만으로 산출 가능한 성분 : 고정탄소

3) 연료의 구비조건

   (1) 연소 시 회분(Ash) 등이 적을 것

   (2) 양이 풍부하고 저렴할 것

   (3) 운반 및 저장, 취급이 용이할 것

   (4) 발열량이 클 것

   (5) 공기 중에서 쉽게 연소될 수 있는 것

   (6) 사용하기에 위험성이 적을 것

   (7) 인체에 유해하지 않을 것

   (8) 공해 요인이 적을 것

4) 연료의 3대 가연 성분

   (1) 탄소(C)

   ① 연료의 주된 발열 성분

   ② 연소 시 이산화탄소($CO_2$)를 만들며 많은 열 발생

   → 발열량 및 연료의 품질 판단에 영향

   (2) 수소(H)

   ① 연료의 부가적 발열 성분

   → 고위발열량과 저위발열량의 차이를 만드는 핵심 성분

   ※ 액체연료에서 발열량에 크게 기여함

   (3) 황(S)

   ① 연소 시 이산화황($SO_2$), 삼산화황($SO_3$)을 과열을 발생시킴

   → 대기오염 및 저온 부식의 원인, 연료의 질 저하

5) 연료의 분류

   (1) 고체연료

| 장점 | 단점 |
| --- | --- |
| ① 간단한 연소장치<br>② 저렴한 가격<br>③ 노천야적이 가능하다.<br>④ 인화폭발의 위험성이 적다.<br>⑤ 취급 및 저장이 쉽다. | ① 연료 품질이 균일하지 못해 연소효율이 낮다.<br>② 연소 시 과잉공기 많이 필요하다.<br>③ 완전 연소가 어렵다.<br>④ 매연과 회분이 많다. |

   ※ 연료비 = 고정탄소[%]/휘발분[%]

   연료 내 고정탄소의 양과 휘발분의 비율로, 연료가 얼마나 천천히 오래 타는지 나타냄

(2) 미분탄 연료

무연탄이나 갈탄을 파쇄기로 파쇄한 후 자기분리기로 철분을 제거한 다음 건조기에서 건조시킨 다음 분탄화된 것을 미분기에서 미분한 것

| 장점 | 단점 |
|---|---|
| ① 연료의 넓은 선택범위<br>② 대규모 보일러에 적합하다.<br>③ 적은 과잉공기(20 ~ 40 [%])로 완전 연소 가능하다.<br>④ 연소조절이 용이하다.<br>⑤ 기체, 액체연료와 혼합 연소가 쉽다. | ① 노재가 상하기 쉽다(∵ 연소실 고온).<br>② 소규모 보일러에는 부적합하다.<br>③ 연소실 용적이 커야 한다.<br>④ 재, 회분 등의 비산(Fly Ash)이 심하여 반드시 집진기가 필요하다.<br>⑤ 설비비가 많이 든다.<br>⑥ 마모부분이 많아 유지비가 많이 든다.<br>⑦ 분쇄에 따른 소비동력이 증대된다. |

(3) 액체연료

| 장점 | 단점 |
|---|---|
| ① 완전 연소가 잘 되어 그을음이 적다.<br>② 단위중량당 발열량이 높다.<br>③ 적은 공기로 완전 연소가 용이하다.<br>④ 품질이 일정하다.<br>⑤ 계량이나 기록이 용이하다.<br>⑥ 수송과 저장 및 취급이 용이하다. | ① 인화 및 역화의 위험성이 크다.<br>② 가격이 비싸다.<br>③ 고온 연소로 인해 국부과열을 일으키기 쉽다. |

(4) 기체연료

| 장점 | 단점 |
|---|---|
| ① 자동제어에 적합하다.<br>② 확산 연소가 가능하여 연소 시 공기가 적게 소요된다.<br>③ 매연발생과 대기오염이 적다.<br>　(회분 생성 없음)<br>④ 연소효율(연소열/발열량)이 높다. | ① 수송이나 저장이 불편하다.<br>　(큰 시설 필요)<br>② 설비비 및 가격이 비싸다.<br>③ 누설에 의한 역화, 폭발 등 위험이 크다.<br>④ 단위용적당 발열량이 적다. |

※ 기체연료 가스홀더의 종류 : 저압식(유수식, 무수식), 고압식

암 유무고(요뭐고)

## 2 연료의 특징

1) 액체연료

    (1) 종류

        ① 석유계

            ㉠ 인화점 : 가솔린(**휘**발유)(-20 [℃]) → **등**유(30 ~ 60 [℃]) → **경**유(50 ~ 70 [℃]) → **중**유(60 ~ 150 [℃])
            　　　암 호두과자

            ㉡ 비중 : 중유 > 경유 > 등유 > 가솔린(휘발유)

            ㉢ 중유의 분류 : 점도에 따라 A급, B급, C급으로 분류

                ⓐ A급 : 점도가 낮아 예열이 필요 없고, 소형 보일러 등의 연료로 사용

                ⓑ B급 및 C급 : 점도가 높아 사용 시 반드시 예열이 필요

                    ※ 중유의 비중은 0.85 ~ 0.99

        ② 타르계(석탄계)

            ㉠ 탄화수소비(C/H)가 14 정도로 높아 화염의 방사율이 크다.

            ㉡ 석유계와 혼합하여 사용하면 슬러지(침전물, 찌꺼기)가 생성된다.

            ㉢ 황성분에 의한 영향이 적다.

            ㉣ 점도 및 인화점이 높다.

    (2) 중유의 첨가제(조연제)

        ① **유**동점 강하제 : 저온에서도 연료가 굳지 않게 한다.

        ② **연**소촉진제 : 연료가 더 잘 타도록 분무성을 향상시킨다.

        ③ **부**식방지제 : 연소 후 생성물로 인한 금속의 부식을 방지한다.

        ④ **회**분개질제 : 회분의 융점을 높여 고온 부식을 방지한다.

        ⑤ **슬**러지 분산제(안정제) : 슬러지의 생성을 방지한다.

        ⑥ **탈**수제 : 수분을 분리시킨다.　　암 유연부회슬탈(유연했는데 부해져서 슬개골 탈골)

    (3) 석유제품의 비중이 크면 나타나는 현상

        ① 발열량이 감소한다.

        ② 인화 및 착화온도가 높아진다.

        ③ 탄화수소비(C/H)가 커진다.

        ④ 화염의 방사율이 커진다.

        ⑤ 화염의 휘도가 커진다.

        ⑥ 점도가 증가한다.

(4) 점도 : 점성의 정도
  ① 점도가 너무 높을 때
    ㉠ 송유가 어려워짐    ㉡ 무화가 어려워짐
    ㉢ 버너선단에 카본(탄소)이 부착함    ㉣ 연소 상태가 불량해짐
  ② 점도가 너무 낮을 때
    ㉠ 연료 과다소비
    ㉡ 역화의 원인
    ㉢ 연소 상태 불안정
(5) 탄화수소비(C/H)
  ① 고체연료 > 액체연료 > 기체연료
  ② 중유 > 경유 > 등유 > 가솔린
(6) 유동점 : 액체가 흐를 수 있는 최저온도(= 응고점 + 2.5 [℃])
(7) 인화점 : 가연물이 점화원에 의해 불이 붙는 최저 온도
(8) 착화점(발화점) : 가연물이 점화원 없이 스스로 불이 붙는 최저온도
  ① 착화점이 낮아지는 조건
    ㉠ 증기압 및 습도가 낮을 때    ㉡ 압력이 높을수록
    ㉢ 분자구조가 복잡할수록    ㉣ 발열량이 높을수록
    ㉤ 산소 농도가 클수록    ㉥ 온도가 상승할수록
    ※ 연료의 착화온도
      • 프로페인 : 460 ~ 520 [℃]    • 석탄 : 330 ~ 450 [℃]
      • 목탄(역청탄) : 320 ~ 420 [℃]    • 무연탄 : 400 ~ 500 [℃]
      • 중유 : 530 ~ 580 [℃]    • 갈탄 : 250 ~ 450 [℃]
      • 장작 : 250 ~ 300 [℃]    • 셀룰로이드 : 180 [℃]
      • 코크스 : 500 ~ 600 [℃]    • 소금 : 800 [℃]
      • 메테인 : 615 ~ 682 [℃]
(9) 최소 점화(착화)에너지(MIE) : 가연성 혼합기체를 점화시키는 데 필요한 최소 에너지
(10) 연소점(Fire Point) : 인화한 후 점화원을 제거한 후에도 연소가 유지되는 최소온도
(11) 세탄가 : 액체연료에서 착화성을 수치로 나타낸 것
(12) 비중표시법 API(American Petroleum Institute)

$$API = \left[ \frac{141.5}{비중} - 131.5 \right]$$

2) 기체연료

| 석유계 기체연료 | 석탄계 기체연료 | 혼합계 기체연료 |
|---|---|---|
| • 천연가스(유전)<br>• 액화석유가스(LPG)<br>• 오일가스 | • 천연가스(탄전)<br>• 석탄가스<br>• 수성 가스<br>• 발생로가스 | • 중열 수성 가스 |

(1) 액화천연가스(LNG, Liquefied Natural Gas)
　① 주성분 : 메테인($CH_4$)
　② 액화조건 : 천연가스를 상압하에서 -162 [℃]로 냉각시켜 액화
　③ 공기보다 가벼움

(2) 액화석유가스(LPG, Liquefied Petroleum Gas)
　① 주성분 : 프로페인($C_3H_8$), 뷰테인($C_4H_{10}$)
　② 액화조건 : 상온에서 6 ~ 8 [kg/cm²] 정도로 가압하여 액화시킨다.
　③ 특징
　　㉠ 기화잠열이 커서(90 ~ 100 [kcal/kg]) 냉각제로도 이용 가능하다.
　　㉡ 비중이 공기보다 크기 때문에 누설 시 폭발의 위험이 크다(비중 : 1.5 ~ 2.0).
　　㉢ 연소속도가 완만하여 완전 연소 시 많은 과잉공기가 필요하다.
　　㉣ 인화폭발의 위험성이 크다.
　　㉤ 상온, 대기압에서는 기체 상태이다.
　④ 주의사항
　　㉠ 용기의 전락 또는 충격을 피한다.
　　㉡ 직사광선을 피하고, 용기의 온도가 40 [℃] 이상이 되지 않게 한다.
　　㉢ 찬 곳에 저장하고 공기의 유통을 좋게 한다.
　　㉣ 주위 2 [m] 이내에는 인화성 및 발화성 물질을 두지 않는다.
　　※ 액화석유가스(LPG)를 저장하는 가스설비의 내압성능은 상용압력의 1.5배 이상의 압력으로 내압시험을 실시했을 때 이상이 없어야 한다.

(3) 발생로가스 : 코크스, 석탄 등을 적열 상태로 가열하여 공기 또는 산소를 보내 불완전 연소시켜 얻은 기체연료

### 3 연소(Combustion)

가연물이 공기 중의 산소와 급격한 산화반응을 일으켜 빛과 열을 수반하는 현상

1) 연소의 3요소

 (1) <u>가</u>연물

 (2) <u>산</u>소공급원

 (3) <u>점</u>화원    암 가산점

  ① 가연물이 되기 위한 조건
   ㉠ 발열량이 클 것    ㉡ 산소와의 결합이 쉬울 것
   ㉢ 열전도율이 작을 것    ㉣ 활성화 에너지가 작을 것

  ② 가연물이 될 수 없는 물질
   ㉠ 흡열반응 물질(질소 및 질소산화물)
   ㉡ 포화산화물(이미 연소가 종료된 물질 : $CO_2$, $H_2O$, $SO_2$ 등)
   ㉢ 불활성기체(헬륨, 네온, 아르곤 등)

2) 연소속도(산화속도)

 (1) 층류 연소속도 : 화염이 균일한 속도로 전파되는 상태에서의 연소속도

 (2) 측정방법 : 비누거품법, 슬롯노즐버너법, 평면화염버너법

3) 연소 시 화염

 (1) 산화염 : 과잉산소를 함유하는 화염

 (2) 환원염 : 산소가 부족하여 일산화탄소 등의 미연분을 함유하는 화염

4) 연소범위(폭발범위)

 (1) 가연물질이 공기(산소)와 혼합하여 연소할 때, 필요한 혼합가스의 농도범위를 말한다.

 (2) 하한치가 낮고 범위가 넓을수록 위험하다.

 (3) 폭발범위가 가장 넓은 가스는 아세틸렌이고 그 다음은 수소이다.

5) 연소온도 : 화염의 온도

 (1) 연소실 내 연소온도를 높이는 방법
  ① 완전 연소시킨다.
  ② 열 발생량이 높은 연료를 사용한다.
  ③ 연료와 공기를 예열시켜 연소속도를 크게 한다.
  ④ 이론공기에 가깝게 하여 연소시킨다.
  ⑤ 노벽을 통한 복사 열손실을 줄인다.

6) 완전 연소의 구비조건

　⑴ 충분한 공기를 공급하고 연료와의 혼합을 잘 시킨다.

　⑵ 연소실 내의 온도를 되도록 높게 유지한다.

　⑶ 연소실의 용적을 충분한 용적 이상으로 한다.

　⑷ 공기 및 연료를 예열하여 공급한다.

　⑸ 충분한 시간을 주어야 한다.

7) 연소의 종류

　⑴ 고체연료 : **자**기 연소, **증**발 연소, **분**해 연소, **표**면 연소　　　🔖 자증분표

　⑵ 액체연료 : **증**발 연소, **분**해 연소, 분무 연소, **등**심 연소(심화 연소), **액**면 연소

　　　　　　　　　　　　　　　　　　　　　　　　　　　🔖 증분등액

　⑶ 기체연료 : **확**산 연소, **예**혼합 연소, **폭**발 연소　　　🔖 확예폭

　　① 증발 연소 : 연료의 표면에서 발생된 가연성 증기와 공기가 혼합되어 연소하는 형태

　　　　　　　　　　　　　　　　　　🔖 액체연료(가솔린, 등유, 경유), 고체연료(파라핀)

　　② 분해 연소 : 긴 화염을 발생하면서 연소(휘발분이 많은 고체연료 및 중유연료)

　　　　　　　　　　　　　　　　　　　　　　　　　🔖 목재, 석탄, 중유

　　③ 표면 연소 : 연료의 표면에서 새파란 단염을 내면서 연소하는 형태(휘발분이 없는 연료)　　🔖 코크스, 목탄(숯)

　　※ 코크스 고온 건류온도 : 1000 ~ 1200 [℃]

　　　　저온 건류온도 : 500 ~ 600 [℃]

8) 연소공기

　⑴ 1차 공기 : 연료의 무화 및 산화에 필요한 공기(버너로 직접 공급)

　⑵ 2차 공기 : 연료를 완전 연소시키키 위해 필요한 공기(통풍장치에 의해 공급)

9) 고체연료의 연소방법

　(1) <u>유</u>동층 연소

　(2) <u>미</u>분탄 연소

　　① 미분탄 연소장치의 구조

　　　㉠ 수송장치 : 분쇄기에서 버너로 또는 저장실로 미분탄을 운반하는 장치, 공기수송과 콘베어방식 등이 있음

　　　㉡ 건조기 : 젖은 석탄을 미리 건조시켜 분쇄성을 좋게 함

　　　㉢ 자기분리기 : 석탄 내에 금속분이나 딱딱한 물체가 있으면 분리시켜 분쇄기가 마모되지 않도록 함

　　　㉣ 분쇄기 : 입자가 큰 석탄을 미립자로 만드는 장치로, 중력이나 원심력을 이용함

　(3) <u>화</u>격자 연소　　　　　　　　　　　　　　　　　　　　　　　　　암기 유미화

10) 연소장치

| 고체연료(화격자 연소) | | 미분탄연료(버너 연소) |
|---|---|---|
| 고정화격자 연소 | 기계화격자(스토커)연소 | |
| • 화격자 소각로<br>• 로터리 킬른 소각로<br>• 유동층 소각로<br>• 다단식 소각로 | • 산포식 스토커<br>• 체인 스토커<br>• 하급식 스토커<br>• 계단식 스토커 | • 선회식 버너<br>• 교차식 버너 |

※ 연료의 공급방식에 따라 수분식과 기계분식으로 나누기도 한다.

※ 산포식 스토커를 이용한 강제통풍일 때 일반적인 화격자 부하는 150 ~ 200 [kg/m² · h]이다.

11) 불꽃 연소 : 가연성 기체와 공기가 혼합기체를 형성하여 연소하는 일반적인 기체 상태 연소로 불꽃을 발하면서 연소하는 형태

　(1) 연소속도가 매우 빠르다.

　(2) 연쇄반응을 수반한다.

　(3) 시간당 방출열량이 많다.

　(4) 가솔린 연소가 이에 해당한다.

　(5) 연소사면체(불꽃)에 의한 연소이다.

　(6) 표면 연소에 비해 발열량이 크고 연소속도가 빠르다.

## 02 연소계산

### 1 연소계산

1) 연소의 3요소

    (1) <u>가</u>연 성분 : 탄소(C), 수소(H), 황(S)

    (2) <u>산</u>소공급원

    (3) <u>점</u>화원                                            암 가산점

2) 원자량 및 분자량

| 물질명 | 원소기호 | 원자량 | 분자식 | 분자량[kg/kmol] |
|---|---|---|---|---|
| 수소 | H | 1 | $H_2$ | 2 |
| 탄소 | C | 12 | C | 12 |
| 질소 | N | 14 | $N_2$ | 28 |
| 산소 | O | 16 | $O_2$ | 32 |
| 황 | S | 32 | S | 32 |
| 아황산가스 | - | - | $SO_2$ | 64 |
| 물 | - | - | $H_2O$ | 18 |
| 일산화탄소 | - | - | CO | 28 |
| 탄산가스 | - | - | $CO_2$ | 44 |
| 메테인 | - | - | $CH_4$ | 16 |
| 에테인 | - | - | $C_2H_6$ | 30 |
| 프로페인 | - | - | $C_3H_8$ | 44 |
| 뷰테인 | - | - | $C_4H_{10}$ | 58 |
| 공기 | 혼합물 | | | 29 |

3) 아보가드로의 법칙(Avogadro's Law)

    (1) 온도와 압력이 일정할 경우 같은 부피에는 같은 수의 분자가 포함되어 있다.

    (2) 표준상태(0 [℃], 1기압)에서 1 [mol]의 부피는 22.4 [L], 분자수는 $6.023 \times 10^{23}$개

4) 공기의 조성비

   (1) 체적 1 [Nm³]당 산소 0.21 [Nm³], 질소 0.79 [Nm³]

   (2) 질량 1 [kg]당 산소 0.232 [kg], 질소 0.768 [kg]

5) 연소반응식

   (1) 일반식 $C_aH_b + \left(a + \dfrac{b}{4}\right)O_2 \rightarrow aCO_2 + \dfrac{b}{2}H_2O$    🔖 애사비

| 물질명 | 연소반응식 |
|---|---|
| 수소($H_2$) | $H_2 + \dfrac{1}{2}O_2 \rightarrow H_2O$ |
| 일산화탄소(CO) | $CO + \dfrac{1}{2}O_2 \rightarrow CO_2$ |
| 메테인($CH_4$) | $CH_4 + 2O_2 \rightarrow CO_2 + 2H_2O$ |
| 아세틸렌($C_2H_2$) | $C_2H_2 + \dfrac{5}{2}O_2 \rightarrow 2CO_2 + H_2O$ |
| 에틸렌($C_2H_4$) | $C_2H_4 + 3O_2 \rightarrow 2CO_2 + 2H_2O$ |
| 에테인($C_2H_8$) | $C_2H_6 + \dfrac{7}{2}O_2 \rightarrow 2CO_2 + 3H_2O$ |
| 프로필렌($C_3H_6$) | $C_3H_6 + \dfrac{9}{2}O_2 \rightarrow 3CO_2 + 3H_2O$ |
| 프로페인($C_3H_8$) | $C_3H_8 + 5O_2 \rightarrow 3CO_2 + 4H_2O$ |
| 부틸렌($C_4H_8$) | $C_4H_8 + 6O_2 \rightarrow 4CO_2 + 4H_2O$ |
| 뷰테인($C_4H_{10}$) | $C_4H_{10} + \dfrac{13}{2}O_2 \rightarrow 4CO_2 + 5H_2O$ |

6) 이론산소량($O_o$) : 연료를 산화시키기 위한 이론적 최소 산소량

   (1) 고체 및 액체연료

   ① 질량 계산식

   연료 1 [kg]을 연소시킬 때 필요한 이론산소량 $O_o$ [kg/kg]

   $$O_o = 2.67C + 8\left(H - \frac{O}{8}\right) + S$$

   C, H, O, S : 연료 1 [kg] 중 각 원소의 질량비율

   ※ 계수 산출법 : $\dfrac{\text{필요한 산소의 질량}}{\text{각 원소의 질량}}$

   $C : \dfrac{32}{12} = 2.67,\ H : \dfrac{16}{2} = 8,\ S : \dfrac{32}{32} = 1$

   ※ 유효수소수$\left(H - \dfrac{O}{8}\right)$ : 실제 연소에 영향을 주는 수소의 양

   ② 체적 계산식

   연료 1 [kg]을 연소시킬 때 필요한 이론산소량 $O_o$ [Nm³/kg]

   $$O_o = 1.867C + 5.6\left(H - \frac{O}{8}\right) + 0.7S$$

   C, H, O, S : 연료 1 [kg] 중 각 원소의 질량비율

   ※ 계수 산출법 : $\dfrac{22.4 \times \text{필요한 산소의 몰수}}{\text{각 원소의 질량}}$

   $C : \dfrac{22.4}{12} = 1.867,\ H : \dfrac{22.4 \times \frac{1}{2}}{2 \times 1} = 5.6,\ S : \dfrac{22.4}{32} = 0.7$

   (2) 기체연료

   연료 1 [Nm³]을 연소시킬 때 필요한 이론산소량 $O_o$ [Nm³/Nm³]

   $$O_o = 0.5H_2 + 0.5CO + 2CH_4 + 2.5C_2H_2 + \cdots - O_2$$

   C, H, O, S : 연료 1 [kg] 중 각 원소의 부피비율

   ※ $C_aH_b$의 계수 : $a + \dfrac{b}{4}$

   📖 암 애사비

7) 이론공기량($A_o$)

연료 1 [kg] 또는 1 [Nm³]를 완전 연소시키는 데 필요한 최소 공기량

(1) 고체 및 액체연료

① 질량 기준 계산식

$$A_o = \frac{O_o}{0.232} [\text{kg/kg}]$$

- $O_o$ : 연료 1 [kg]을 연소시키는 데 필요한 이론산소량[kg/kg]
- 0.232 : 공기 중 산소의 질량비

② 체적 기준 계산식

$$A_o = \frac{O_o}{0.21} [\text{Nm}^3/\text{kg}]$$

- $O_o$ : 연료 1 [kg]을 연소시키는 데 필요한 이론산소량[Nm³/kg]
- 0.21 : 공기 중 산소의 부피비

(2) 기체연료

$$A_o = \frac{O_o}{0.21} [\text{Nm}^3/\text{Nm}^3]$$

- $O_o$ : 연료 1 [Nm³]을 연소시키는 데 필요한 이론산소량[Nm³/Nm³]
- 0.21 : 공기 중 산소의 부피비

8) 실제공기량($A$)

연료를 연소시킬 때 실제로 공급된 공기량

$$A = A_o + A_s = mA_o$$

- $A_o$ : 이론공기량
- $A_s$ : 과잉공기량
- $m$ : 공기비

9) 공기비($m$)

이론공기량에 대한 실제공기량의 비

※ 당량비 : 공기비의 역수

(1) 완전 연소 시

$$m = \frac{21}{21 - O_2(\%)} = \frac{\frac{N_2}{0.79}}{\left(\frac{N_2}{0.79}\right) - \left(\frac{3.76 O_2}{0.79}\right)} = \frac{N_2}{N_2 - 3.76 O_2}$$

(2) 불완전 연소 시

$$m = \frac{N_2}{N_2 - 3.76(O_2 - 0.5CO)}$$

※ $m = \dfrac{A}{A_o} = \dfrac{A}{A - A_s} = \dfrac{N_2}{N_2 - \dfrac{\text{질소 부피비}}{\text{산소 부피비}}(O_2 - 0.5CO)}$

※ $\dfrac{N_2}{O_2} = \dfrac{0.79}{0.21} = 3.76$

(3) 최대탄산가스율에 의한 공기비 계산

$$m = \frac{CO_{2\max}}{CO_2} = \frac{21}{21 - O_2(\%)}$$

10) 공기비가 클 때 나타나는 현상

(1) 연소에 영향을 미친다(열효율, CO배출량, 노 내 온도).

(2) 연소실 내 연소 온도가 낮아진다.

(3) 배기가스에 의한 열손실이 커진다.

(4) 황산량의 증가로 저온 부식의 원인이 된다.

(5) $NO_2$의 발생이 심하여 대기오염을 유발한다.

11) 공기비가 작을 때 나타나는 현상

(1) 미연소연료에 의한 열손실이 증가한다.

(2) 불완전 연소에 의해서 매연이 증가한다.

(3) 연소효율이 감소한다.

(4) 미연가스에 의하여 폭발사고의 위험성이 증가한다.

12) 최대탄산가스율($CO_{2\max}$)

연료 1[kg] 또는 1[Nm³]을 이론공기량으로 완전 연소시킨다고 가정했을 때 생성되는 이산화탄소($CO_2$)의 이론적인 최대량

$$CO_{2\max} = \frac{CO_2}{G_0} \times 100 = \frac{1.867C + 0.7S}{G_0} \times 100 \, [\%]$$

- $G_0$ : 이론 연소가스량[Nm³/kg]
- C, S : 연료 중 원소 질량비[kg/kg]

(1) 완전 연소 시

$$CO_{2\max} = \frac{21 \times CO_2[\%]}{21 - O_2[\%]}$$

(2) 불완전 연소 시

$$CO_{2\max} = \frac{21[CO_2(\%) + CO(\%)]}{21 - O_2(\%) + 0.395\,CO(\%)}$$

13) 연소가스량

연료 1 [kg] 또는 1 [Nm³]을 완전 연소시킬 때 생성되는 가스량

(1) 이론 건연소가스량($G_{od}$)

$G_{od}$[kg/kg] = (1 - 0.232)$A_o$ + 3.67C + 2S + N

$G_{od}$[Nm³/kg] = (1 - 0.21)$A_o$ + 1.867C + 0.7S + 0.8N

(2) 실제 건연소가스량($G_d$) = 이론 건연소가스량($G_{od}$) + 과잉공기량($(m-1)A_o$)

$G_d$[kg/kg] = (m - 0.232)$A_o$ + 3.67C + 2S + N

$G_d$[Nm³/kg] = (m - 0.21)$A_o$ + 1.867C + 0.7S + 0.8N

(3) 이론 습연소가스량($G_{ow}$) = 이론 건연소가스량($G_{od}$) + 연소생성 수증기량

$G_{ow}$[kg/kg] = $G_{od}$ + (9H + W)

            = (1 - 0.232)$A_o$ + 3.67C + 2S + N + (9H + W)

$G_{ow}$[Nm³/kg] = $G_{od}$ + 1.244(9H + W)

            = (1 - 0.21)$A_o$ + 1.867C + 0.7S + 0.8N + 1.244(9H + W)

(4) 실제 습연소가스량($G_w$) = 이론 습연소가스량($G_{ow}$) + 과잉공기량($(m-1)A_o$)

$G_w$[kg/kg] = (m - 0.232)$A_o$ + 3.67C + 2S + N + (9H + W)

$G_w$[Nm³/kg] = (m - 0.21)$A_o$ + 1.867C + 0.7S + 0.8N + 1.244(9H + W)

14) 발열량 : 연료가 완전 연소할 때 발생하는 총 에너지

(1) 단위

① 고체 및 액체연료 : [kcal/kg] 또는 [kJ/kg]

② 기체연료 : [kcal/Nm³] 또는 [kJ/Nm³]

※ 1 [cal] = 4.2 [J]　　　　　　　　　　　　　　　　　　　　　　　　암 1칼사이줄

(2) 종류

① 고위발열량($H_h$) : 수증기의 증발잠열을 포함한 총 에너지
② 저위발열량($H_\ell$) : 수증기의 증발잠열을 포함하지 않은 총 에너지

$$H_\ell = H_h - 600(9H + W)\,[\text{kcal/kg}]$$
$$\quad\; = H_h - 2512(9H + W)\,[\text{kJ/kg}]$$
$$H_\ell = H_h - 480 \times (H_2O \text{몰수})\,[\text{kcal/Nm}^3]$$

H, W : 연료 중 각 성분의 질량비 [kg/kg]

(3) Dulong의 식

$$H_h = 8100C + 34000\left(H - \frac{O}{8}\right) + 2500S\,[\text{kcal/kg}]$$

C, H, O, S : 연료 중 각 성분의 질량비 [kg/kg]

※ 표준상태에서 고위발열량과 저위발열량의 차이는 9702 [cal/mol]
※ 기체연료의 발열량 비교

| 연료 | 액화석유가스 (LPG) | 천연가스 (LNG) | 오일가스 | 증열수성가스 | 석탄가스 | 발생로가스 | 수성가스 | 고로가스 |
|---|---|---|---|---|---|---|---|---|
| 발열량 [kcal/Nm³] | 22300 | 10500 ~ 11000 | 3000 ~ 10000 | 5100 | 5000 | 1100 | 2800 | 900 |

암 석천오증석발수고(석천이형 오늘 중으로 삭발 수고)

## 2 연소온도

1) 연소온도

(1) 이론 연소온도 $t_0$ : 열손실이 전혀 없다고 가정할 때의 연소가스온도

$$t_o = \frac{H_\ell}{G_v C} + t\,[\text{℃}]$$

- $G_v$ : 연소가스량[Nm³/kg]
- $C$ : 연소가스 정압 비열[kJ/Nm³ ℃]
- $t$ : 기준온도[℃]
- $H_\ell$ : 저위발열량[kJ/kg]

(2) 실제 연소온도 $t_a$ : 공기 및 연료의 현열 등을 고려한 연소가스온도

$$t_a = \frac{H_\ell + Q_a + Q_f}{G_v C} + t \, [℃]$$

- $G_v$ : 연소가스량[Nm³/kg]
- $C$ : 연소가스 정압 비열[kJ/Nm³[℃]]
- $Q_a$ : 공기의 현열[kJ/kg]
- $Q_f$ : 연료의 현열[kJ/kg]
- $t$ : 기준온도[℃]
- $H_\ell$ : 저위발열량[kJ/kg]

2) 연소온도에 영향을 미치는 것

   (1) 연료의 단위질량당 발열량
   (2) 공급 공기의 온도
   (3) 연소 시 반응물질 주위의 온도
   (4) 연소용 공기 중 산소 농도
   (5) 연소의 저위발열량
   (6) 공기비

3) 연소온도를 높이는 방법

   (1) 발열량이 높은 연료를 사용한다.
   (2) 연료와 공기를 예열하여 공급한다.
   (3) 이론공기량에 가깝게 공급한다.
   (4) 방사 열손실을 줄인다.
   (5) 완전 연소를 한다.

## 3 열정산(Heat Balance)

1) 정의

   연소장치에 의해 공급되는 입열과 출열과의 관계를 파악하는 것(열감정, 열수지)

2) 목적

   (1) 장치 내의 열의 행방을 파악하기 위해서
   (2) 작업방법을 개선하기 위해서
   (3) 열설비의 신축 및 개축 시 기초자료로 활용하기 위해서
   (4) 열설비의 성능을 파악하기 위해서

(5) 열효율, 열손실의 파악을 위해서

※ 열정산의 항목 분류

① 입열
- ㉠ 연료의 저위발열량(연료의 연소열) : 입열항목 중 가장 큰 부분을 차지
- ㉡ 연료의 현열
- ㉢ 공기의 현열
- ㉣ 노 내 분입증기 보유열

② 출열
- ㉠ 미연소분에 의한 열손실
- ㉡ 불완전 연소에 의한 열손실
- ㉢ 노벽 방사 전도에 의한 열손실
- ㉣ 배기가스에 의한 열손실 → 가장 큰 부분을 차지
- ㉤ 과잉공기에 의한 열손실
- ㉥ 발생증기(수증기) 보유열
- ㉦ 건연소배기가스의 현열

③ 순환열
- ㉠ 공기예열기 흡수 열량
- ㉡ 축열기 흡수 열량
- ㉢ 과열기 흡수 열량

3) 습증기의 비엔탈피 $h_x$

습증기 1 [kg]가 가진 총 열에너지

$$h_x = h' + x(h'' - h') = h' + x\gamma \, [kJ/kg]$$

- $h'$ : 포화수 비엔탈피 [kJ/kg]
- $h''$ : 건포화증기 비엔탈피 [kJ/kg]
- $x$ : 건조도(건도)
- $\gamma$ : 물의 증발잠열 [kJ/kg]

※ 건도 : 습증기에서 수증기가 차지하는 비율

4) 상당증발량 $G_e$

보일러에서 발생한 증기의 열량을 기준증기량으로 환산한 양

$$G_e = \frac{G_a(h_2 - h_1)}{2256} \, [kg/h]$$

- $G_a$ : 실제증발량 [kg/h]
- $h_1$ : 급수의 비엔탈피 [kJ/kg]
- $h_2$ : 발생증기 비엔탈피 [kJ/kg]

5) 보일러마력(BHP, Boiler Horse Power)

시간당 100 [℃] 포화수 15.65 [kg]을 100 [℃] 건포화 증기로 만드는 능력

$$BHP = \frac{G_a(h_2 - h_1)}{2256 \times 15.65}$$

- $G_a$ : 실제증발량 [kg/h]
- $h_1$ : 급수의 비엔탈피 [kJ/kg]
- $h_2$ : 증기의 비엔탈피 [kJ/kg]

6) 보일러효율

$$\eta_B = \frac{G_a(h_2 - h_1)}{G_f \times H_\ell} \times 100 \, [\%]$$

$$= \frac{G_e \times 2256}{G_f \times H_\ell} \times 100 \, [\%]$$

- $G_a$ : 실제증발량 [kg/h]
- $h_1$ : 급수의 비엔탈피 [kJ/kg]
- $h_2$ : 증기의 비엔탈피 [kJ/kg]
- $G_f$ : 연료 사용량 [kg/h]
- $H_\ell$ : 연료 발열량 [kJ/kg]

7) 르 샤틀리에 공식

혼합가스의 상한계 또는 하한계 계산하는 공식

$$\frac{100}{L} = \frac{V_1}{L_1} + \frac{V_2}{L_2} + \frac{V_3}{L_3}$$

- $L$ : 혼합가스의 상한계 또는 하한계
- $V_1, V_2, V_3$ : 각 가스의 체적
- $L_1, L_2, L_3$ : 각 가스의 하한계 또는 상한계

# 01 OX퀴즈

※ OX 퀴즈로 최다빈출 개념을 쉽게 정리하고 기출 유형까지 미리 익혀보세요.

1. 연료는 연소 시 회분이 많아야 한다. ⬜O ⬜X
2. 연료는 인체에 유해하지 않아야 하며 공해 요인이 적어야 한다. ⬜O ⬜X
3. 연료를 이루는 성분으로는 휘발분, 수분, 회분, 이산화탄소로 이루어져 있다. ⬜O ⬜X
4. 발열량 증가, 대기오염의 원인, 저온 부식의 원인이 되며 연료의 질 저하의 원인이 되는 가연 성분은 황(S)이다. ⬜O ⬜X
5. 고체연료의 장점으로는 저렴한 가격과 고체연료비가 클수록 발열량이 크다는 점이 있다. ⬜O ⬜X
6. 액체연료는 재의 처리가 필요 없다. ⬜O ⬜X
7. 기체연료는 확산 연소가 되므로 연소용 공기가 적게 소요된다. ⬜O ⬜X
8. 중유는 점도에 따라 1급, 2급, 3급으로 분류할 수 있다. ⬜O ⬜X
9. 연료의 점도가 너무 크면 무화가 어려워진다. ⬜O ⬜X
10. 유동점은 응고점보다 2.5 [℃] 높다. ⬜O ⬜X

---

**정답** 01 (X)  02 (O)  03 (X)  04 (O)  05 (O)  06 (O)  07 (O)  08 (X)  09 (O)  10 (O)

1. 연소 시 회분은 <u>적어야</u> 한다.
3. 휘발분, 수분, 회분, <u>고정탄소</u>로 이루어져 있다.
8. <u>A급, B급, C급</u>으로 분류된다.

11 가연물이 불씨 접촉(점화원) 없이 열의 축적에 의해 그 산화열로 스스로 불이 붙는 최저의 온도는 착화점이다. [O] [X]

12 폭발범위가 가장 넓은 가스는 수소이다. [O] [X]

13 연료의 표면에서 새파란 단염을 내면서 연소하는 형태는 표면 연소이다. [O] [X]

14 공기비가 크면 황산 양의 증가로 인하여 고온 부식의 원인이 된다. [O] [X]

15 불꽃 연소는 연소속도가 매우 빠르다. [O] [X]

16 연소의 가연 성분으로는 C, H, O가 있다. [O] [X]

17 공기의 조성에서 체적비는 산소 : 질소 = 0.232 : 0.768이다. [O] [X]

18 이론산소량은 연료를 산화시키기 위한 이론적 최소 산소량이다. [O] [X]

19 이론 습연소가스량은 이론 건연소가스량에 연소생성 수증기량을 더한 것이다. [O] [X]

20 열정산은 연소장치에 의해 공급되는 입열과 출열 간의 관계를 파악하는 것이다. [O] [X]

---

**정답** 11 (O) 12 (X) 13 (O) 14 (X) 15 (O) 16 (X) 17 (X) 18 (O) 19 (O) 20 (O)

12 폭발범위가 가장 넓은 가스는 <u>아세틸렌</u>이다.
14 고온 부식이 아닌 <u>저온</u> 부식의 원인이 된다.
16 연소의 가연 성분으로는 C, H, <u>S</u>가 있다. O는 조연 성분이다.
17 체적비는 산소 : 질소 = <u>0.21 : 0.79</u>이다. 0.232 : 0.768은 질량비이다.

# 01 예상문제

## 01
연료의 구비조건으로 알맞지 않은 것은 무엇인가?

① 회분의 양이 많을 것
② 양이 풍부하고 저렴할 것
③ 발열량이 클 것
④ 공기 중에 쉽게 연소될 수 있을 것

**해설**

연료의 구비조건
- 연소 시 회분(Ash) 등이 적을 것
- 양이 풍부하고 저렴할 것
- 운반 및 저장, 취급이 용이할 것
- 발열량이 클 것
- 공기 중에서 쉽게 연소될 수 있는 것
- 사용하기에 위험성이 적을 것
- 인체에 유해하지 않을 것
- 공해 요인이 적을 것

## 02
연료를 이루고 있는 성분 중 공업분석에서 계산만으로 산출 가능하며, 짧은 화염의 원인이 되는 성분은 무엇인가?

① 휘발분
② 고정탄소
③ 수분
④ 회분

**해설**

연료 성분(고정탄소)
공업분석에서 측정이 아니라 계산만으로 산출 가능한 성분이며, 고정탄소가 많아지면 휘발분이 상대적으로 적어져 짧은 화염의 원인이 된다고 할 수 있다.

## 03
석탄을 연료로 사용할 때에 비해 중유를 연료로 사용하였을 때 장점이 아닌 것은?

① 완전 연소가 잘 되어 그을음이 없다.
② 단위중량당 발열량이 높다.
③ 인화 및 역화의 위험성이 적다.
④ 계량이나 기록이 용이하다.

**해설**

연료의 특징
석탄(고체연료)에 비해 중유(액체연료)의 장점으로 해당하지 않는 것은 '③ 인화 및 역화의 위험성이 적다'이다. 인화 및 역화의 위험성이 크다는 점은 액체연료의 단점이다.

**정답** 01 ① 02 ② 03 ③

## 04

석유계 액체연료의 정제 과정 중 분리 순서로 알맞은 것은?

① 가솔린 → 등유 → 경유 → 중유
② 등유 → 경유 → 가솔린 → 중유
③ 경유 → 등유 → 가솔린 → 중유
④ 가솔린 → 경유 → 등유 → 중유

**해설**

석유계 액체연료

가솔린(휘발유) → 등유 → 경유 → 중유

암 호두과자

## 05

중유의 특징으로 잘못된 것은 무엇인가?

① 점도에 따라 분류된다.
② 1급, 2급, 3급으로 분류된다.
③ 점도가 낮은 중유는 예열이 필요 없고, 소형 보일러 등의 연료로 사용된다.
④ 비중은 0.85 ~ 0.99이다.

**해설**

중유의 특징

중유는 점도에 따라 A급, B급, C급으로 분류하며, 점도가 낮은 A급 중유는 예열이 필요 없고, 소형 보일러 등의 연료로 사용된다. 중유의 비중은 0.85 ~ 0.99이다.

## 06

중유의 질 개선을 위한 첨가제가 아닌 것은?

① 유동점강하제      ② 연소촉진제
③ 슬러지 분산제     ④ 부식유도제

**해설**

중유의 첨가제

- 유동점강하제 : 저온에서 연료의 유동성을 좋게 한다.
- 연소촉진제 : 연료의 분무를 순조롭게 한다.
- 슬러지 분산제(안정제) : 슬러지의 생성을 방지한다.
- 회분개질제 : 회분의 융점을 높여 고온 부식을 방지한다.
- 탈수제 : 수분을 분리시킨다.
- 부식방지제 : 부식을 방지한다.

## 07

탄화수소비에 대한 설명으로 맞는 것은?

① 기체연료 > 액체연료 > 고체연료 순으로 탄화수소비가 크다.
② 질이 좋은 연료일수록 크다.
③ 가솔린 > 등유 > 경유 > 중유 순서로 탄화수소비가 크다.
④ 낮을수록 연소가 잘된다.

**해설**

탄화수소비(C/H)

고체연료 > 액체연료 > 기체연료
중유 > 경유 > 등유 > 가솔린

- 질이 나쁜 연료일수록 크다.
- 낮을수록(탄소가 적을수록) 연소가 잘된다.

정답  04 ①  05 ②  06 ④  07 ④

## 08

응고점이 3.5 [℃]일 때, 유동점으로 알맞은 온도는?

① 5 [℃]
② 6 [℃]
③ 7 [℃]
④ 8 [℃]

**해설**

유동점

유동점 = 응고점 + 2.5 [℃]
3.5 [℃] + 2.5 [℃] = 6 [℃]

## 09

기체연료 중 석탄계 기체연료에 해당하지 않는 것은?

① 액화석유가스
② 천연가스
③ 석탄가스
④ 발생로가스

**해설**

석탄계 기체연료

천연가스(탄전), 석탄가스, 수성 가스, 발생로가스가 이에 해당한다.
※ 액화석유가스(LPG)는 석유계 기체연료이다.

## 10

액화천연가스에 대한 설명으로 잘못된 것은 무엇인가?

① 메테인이 주성분이다.
② 공기보다 가볍다.
③ 최신 도시가스로 전망이 가장 밝은 가스이다.
④ 기화잠열이 커서 냉각제로 이용 가능하다.

**해설**

LNG(액화천연가스)

기화잠열이 커서 냉각제로 이용 가능한 것은 LNG가 아니라 LPG인 액화석유가스이다.

## 11

연소범위에 대한 설명으로 알맞은 것은 무엇인가?

① 연소범위는 폭발범위를 의미한다.
② 가연물질이 공기와 혼합하여 연소할 때, 불꽃이 닿는 거리를 의미한다.
③ 하한치가 높을수록 위험하다.
④ 폭발범위가 가장 넓은 가스는 수소이다.

**해설**

연소범위(폭발범위)

- 가연물질이 공기(산소)와 혼합하여 연소할 때, 필요한 혼합가스의 농도범위를 말한다.
- 하한치가 낮고 범위가 넓을수록 위험하다.
- 연소하한계 이하의 농도에서는 가연성 증기의 농도가 너무 낮다.
- 폭발범위가 가장 넓은 가스는 아세틸렌이고 그 다음은 수소이다.

정답  08 ②  09 ①  10 ④  11 ①

## 12
연소범위(폭발범위)가 가장 넓은 가스는 무엇인가?

① 아세틸렌
② 수소
③ 이산화탄소
④ 질소

**해설**

폭발범위가 가장 넓은 가스
아세틸렌이 가장 넓고 그 다음은 수소이다.

## 13
완전 연소의 구비조건으로 틀린 것은?

① 충분한 공기를 공급하여준다.
② 연소실의 용적을 충분한 용적 이상으로 한다.
③ 충분한 시간을 주어야 한다.
④ 연소실의 온도를 최대한 낮게 유지해야 한다.

**해설**

완전 연소 구비조건
- 충분한 공기를 공급하고 연료와의 혼합을 잘 시킨다.
- 연소실 내의 온도를 되도록 높게 유지한다.
- 연소실의 용적을 충분한 용적 이상으로 한다.
- 공기를 예열하여 공급한다.
- 연료는 인화점 가까이 예열하여 공급한다.
- 충분한 시간을 주어야 한다.

## 14
코크스의 고온 건류온도는?

① 1000 ~ 1200 [℃]
② 1500 ~ 1800 [℃]
③ 2000 ~ 2300 [℃]
④ 500 ~ 600 [℃]

**해설**

코크스의 고온 건류온도
1000 ~ 1200 [℃]

## 15
2차 연소란 무엇인가?

① 불완전 연소를 의미한다.
② 불완전 연소에 의해 발생한 미연소가스가 연도 내에서 다시 연소하는 것을 의미한다.
③ 1차 예열을 하고 다시 한 번 2차 예열을 하여 연소하는 방법을 의미한다.
④ 3차 연소를 하여 완벽한 완전 연소를 이루기 위한 연소반응을 의미한다.

**해설**

2차 연소
불완전 연소에 의해 발생한 미연소가스가 연도 내에서 다시 연소하는 것을 의미한다.

**정답** 12 ① 13 ④ 14 ① 15 ②

## 16
고체연료의 연소방법이 아닌 것은?

① 미분탄 연소
② 화격자 연소
③ 유동층 연소
④ 확산 연소

**해설**

고체연료의 연소방법
유동층 연소, 미분탄 연소, 화격자 연소
※ 확산 연소 : 기체연료의 연소 종류이다.

## 17
공기비가 클 때 나타나는 현상이 아닌 것은?

① 연소실 내의 연소 온도가 낮아진다.
② 배가가스에 의한 열 손실이 커진다.
③ 황산량의 증가로 저온 부식의 원인이 된다.
④ 미연소연료에 의한 열손실이 증가한다.

**해설**

공기비가 클 때의 현상
공기비가 크다는 것은 과잉 공기량이 증가한다는 것으로 과잉공기에 의한 연소실 내의 연소 온도 낮아짐, 배기가스에 의한 열손실, 황산량 증가로 저온 부식의 원인이 된다.
하지만 미연소연료에 의한 열손실을 공기비가 작을 때 연소가 완벽히 일어나지 못하여 생기는 현상이다.

## 18
1 [Nm$^3$]의 질량이 2.59 [kg]인 기체는 무엇인가?

① 메테인($CH_4$)
② 에테인($C_2H_6$)
③ 프로페인($C_3H_8$)
④ 뷰테인($C_4H_{10}$)

**해설**

분자량계산
1 [kmol] = 22.4 [Nm$^3$]
2.59 × 22.4 ≒ 58 [kg]
① 12 + 4 = 16
② 24 + 6 = 30
③ 36 + 8 = 44
④ 48 + 10 = 58

## 19
다음 연소반응식 중 옳은 것은?

① $C_2H_6 + 3O_2 \rightarrow 2CO_2 + 4H_2O$
② $C_3H_8 + 5O_2 \rightarrow 2CO_2 + 6H_2O$
③ $C_4H_{10} + 6O_2 \rightarrow 4CO_2 + 5H_2O$
④ $CH_4 + 2O_2 \rightarrow CO_2 + 2H_2O$

**해설**

연소반응식
- 에테인($C_2H_6$) + 3.5$O_2$ → 2$CO_2$ + 3$H_2O$
- 프로페인($C_3H_8$) + 5$O_2$ → 3$CO_2$ + 4$H_2O$
- 뷰테인($C_4H_{10}$) + 6.5$O_2$ → 4$CO_2$ + 5$H_2O$
- 메테인($CH_4$) + 2$O_2$ → $CO_2$ + 2$H_2O$

정답 16 ④ 17 ④ 18 ④ 19 ④

## 20

황 5 [kg]을 완전 연소시키는 데 필요한 산소의 양은 몇 [Nm³]인가? (단, S의 원자량은 32이다)

① 0.7
② 3.5
③ 1.4
④ 4.9

**해설**

이론산소량

$S + O_2 \rightarrow SO_2$

$O_0 = \dfrac{22.4}{32} = 0.7 \, [Nm^3/kg]$

$\therefore 0.7 \times 5 = 3.5 \, [Nm^3]$

## 21

어떤 연료가스를 분석하였더니 보기와 같았다. 이 가스 1 [Nm³]를 연소시키는 데 필요한 이론 산소량은 몇 [Nm³]인가?

- 수소 : 40 [%]
- 일산화탄소 : 10 [%]
- 메테인 : 10 [%]
- 질소 : 25 [%]
- 이산화탄소 : 10 [%]
- 산소 : 5 [%]

① 0.2
② 0.4
③ 0.6
④ 0.8

**해설**

이론산소량

$H_2 + \dfrac{1}{2}O_2 \rightarrow H_2O, \quad CO + \dfrac{1}{2}O_2 \rightarrow CO_2$

$CH_4 + 2O_2 \rightarrow CO_2 + 2H_2O$

$O_o = (0.5 \times H_2 + 0.5 \times CO + 2 \times CH_4) - O_2$

$\quad = (0.5 \times 0.4 + 0.5 \times 0.1 + 2 \times 0.1) - 0.05$

$\quad = 0.4 \, [Nm^3/Nm^3]$

## 22

다음 조성의 액체연료를 완전 연소시키기 위해 필요한 이론공기량은 약 몇 [Sm³/kg]인가?

- C : 0.70 [kg]
- H : 0.10 [kg]
- O : 0.05 [kg]
- S : 0.05 [kg]
- N : 0.09 [kg]
- ash : 0.01 [kg]

① 8.9
② 11.5
③ 15.7
④ 18.9

**해설**

이론공기량

$A_0 = \dfrac{O_0}{0.21} = \dfrac{1.867C + 5.6\left(H - \dfrac{O}{8}\right) + 0.7S}{0.21}$

$\quad = 8.89C + 26.67\left(H - \dfrac{O}{8}\right) + 3.33S$

$\quad = 8.89 \times 0.7 + 26.67\left(0.1 - \dfrac{0.05}{8}\right) + 3.33 \times 0.05$

$\quad \fallingdotseq 8.9 \, [Sm^3/kg]$

## 23

탄산가스최대량($CO_{2max}$)에 대한 설명 중 ( )에 알맞은 것은?

> ( )으로 연료를 완전 연소시킨다고 가정할 경우에 연소가스 중의 탄산가스량을 이론 건 연소가스량에 대한 백분율로 표시한 것이다.

① 실제공기량     ② 과잉공기량
③ 부족공기량     ④ 이론공기량

**해설**

탄산가스최대량($CO_{2max}$)
탄산가스최대량은 이론공기량으로 연료를 완전 연소시킨다고 가정할 경우에 연소가스 중의 탄산가스량을 이론 건연소가스량에 대한 백분율로 표시한 것이다.

## 24

$CH_4$ 1 [kmol]를 연소시켰을 때의 실제 공기량[$Nm^3$]은? (단, 공기의 산소와 질소의 비는 21 : 79이고 연소가스의 $O_2$는 6 [%]이다)

① 228.73 [$Nm^3$]    ② 298.67 [$Nm^3$]
③ 356.84 [$Nm^3$]    ④ 423.21 [$Nm^3$]

**해설**

실제공기량
$CH_4 + 2O_2 \rightarrow CO_2 + 2H_2O$
$m = \dfrac{21}{21-6} = 1.4$
$A = mA_o = m \times \dfrac{O_o}{0.21} = 1.4 \times \dfrac{2 \times 22.4}{0.21}$
= 298.67 [$Nm^3$]

## 25

어떤 열설비에서 연료가 완전 연소하였을 경우 배기가스 내의 과잉 산소 농도가 10 [%]이었다. 이때 연소기기의 공기비는 약 얼마인가?

① 1.0
② 1.5
③ 1.9
④ 2.5

**해설**

공기비

공기비(m) = $\dfrac{21}{21 - O_2 \text{농도}} = \dfrac{21}{21-10} = 1.9$

## 26

연돌에서의 배기가스분석 결과 $CO_2$ 11 [%], $O_2$ 6 [%], CO 0 [%]일 때 탄산가스의 최대량 [$CO_{2max}$](%)은?

① 28.6
② 21.8
③ 15.4
④ 10.8

**해설**

탄산가스 최대량(완전 연소)
$CO_{2max} = \dfrac{21\,CO_2(\%)}{21 - O_2(\%)}$

$= \dfrac{21 \times 11}{21 - 6} = \dfrac{231}{15} = 15.4$

**정답** 23 ④  24 ②  25 ③  26 ③

## 27

연돌에서의 배기가스분석 결과 $CO_2$ 16 [%], $O_2$ 4 [%], CO 2 [%]일 때 탄산가스의 최대량 [$CO_{2max}$](%)은?

① 23.6
② 21.2
③ 17.8
④ 15.8

**해설**

탄산가스 최대량(불완전 연소)

$$CO_{2max} = \frac{21[CO_2(\%) + CO(\%)]}{21 - O_2(\%) + 0.395\,CO(\%)}$$

$$= \frac{21[16+2]}{21-4+0.395\times 2} = 21.24(\%)$$

정답 27 ②

# Chapter 02 연소설비

**핵심포인트**: 연소장치, 보염장치 통풍장치, 매연, 집진장치, 연소실 부착물, 폭발현상

**학습목표**:
1. 연료의 종류에 따른 연소방식을 구분할 수 있다.
2. 연소장치, 보염장치, 통풍장치, 집진장치의 특징을 파악하고 차이점을 설명할 수 있다.

## 01 연소방식과 연소장치

### 1 액체연료의 연소방식

1) 기화 연소 : 액체를 가연성 증기로 기화시켜 연소하는 방식     예) 가솔린, 등유, 경유

　(1) 종류 : 심지식, 증발식, 포트식 등

2) 무화(분무)연소 : 점성이 높은 연료를 안개와 같이 무화시켜 연소하는 방식     예) 중유

　(1) 목적

　　① 연료의 단위중량당 표면적을 크게 하여 연료와 공기의 접촉면적을 크게 한다.

　　② 공기와의 혼합을 좋게 하여 완전 연소가 가능하게 한다.

　(2) 무화 시 직접적인 영향을 미치는 요소

　　① 연료의 **밀**도　　　　② 연료의 표**면**장력

　　③ 연료의 점**성**계수　　④ 미**립**자의 크기

　　　　　　　　　　　　　　　　　　　　　　　　　　　　　　　　암기) 밀면성립

### 2 액체연료의 연소장치

1) 오일버너의 선정 기준

　(1) 유량조절범위를 고려하여야 한다.

　(2) 가열조건과 노의 구조에 적합하여야 한다.

　(3) 자동제어의 경우 버너형식과의 관계를 고려하여야 한다.

　(4) 버너용량이 가열용량에 알맞아야 한다.

2) 오일버너의 종류

　(1) 압력(유압)분무식 버너

　　① 연료 자체의 압력에 의해 노즐(팁)에서 고속으로 분출하여 미립화시키는 버너이다.

　　② 노즐에 공급된 연료가 전부 분사되는 비환류형 버너(1 : 2)와 일부가 분사되는 환류형 버너(1 : 3)가 있다.

　　③ 유량조절범위가 가장 좁아 부하변동이 큰 보일러에는 부적합하다.

　　④ 분무 각도 : 40° ~ 90°

　　⑤ 유압 : 0.4 ~ 2 [MPa], 유압이 0.5 [MPa] 이하이면 무화가 불량해진다.

　　⑥ 구조가 간단하다.

　　⑦ 분사유량은 유압의 제곱근에 비례한다.

　　⑧ 대용량 버너 제작에 용이하다.

　　⑨ 보일러 가동 중 버너 교환이 가능하다.

　　※ 유량조절방법

　　　㉠ 버너수를 증감(가감)하는 방법

　　　㉡ 버너팁을 교체하는 방법

　　　㉢ 환류형 압력분무식 버너를 사용하는 방법

　　　㉣ 플렌저식 압력분무식 버너를 사용하는 방법

　(2) 고압기류식 버너(2유체 버너)

　　① 공기 또는 증기의 운동 에너지(0.2 ~ 0.7 [MPa])에 의해 오일을 무화시키는 버너이다.

　　② 혼합방식에 따라 내부 혼합형과 외부 혼합형, 중간 혼합형으로 분류한다.

　　③ 유량조절범위(1 : 10)가 가장 넓은 버너로 부하변동이 큰 보일러에 적합하다.

　　④ 점도가 높은 연료도 비교적 무화가 잘된다.

　　⑤ 분무 각도는 30°로 가장 작아 화염 길이가 가장 길다.

　　⑥ 무화용 증기로는 과열증기가 좋다(습한 증기는 연소 상태가 불량해진다).

　(3) 저압기류식 버너

　　① 무화매체의 압력 : 0.001 ~ 0.02 [MPa]

　　② 유량조절범위에 따라 연동식(1 : 6)과 비연동식(1 : 5)으로 나누어진다.

　　③ 유압 : 0.03 ~ 0.05 [MPa]

　　④ 분무 각도 : 30° ~ 60°

(4) 회전분무식 버너
① 고속으로 회전하는 회전컵에 연료가 공급되어 회전컵의 원심력에 의해 회전컵 내면에 액막을 형성한다. 이때 회전컵 선단에서 연료가 얇은 액막 상태로 반지름 방향으로 분출되고, 회전컵 외부에서는 무화용 공기가 고속으로 분출되어 연료의 액막과 충돌하여 무화가 이루어진다.
② 분무컵의 회전속도에 따라 직접식(3000 ~ 3500 [rpm]), 간접식(7000 ~ 10000 [rpm])으로 나누어진다.
③ 연료의 점도 변화에 따른 성능 변화가 비교적 적기에 중소형 보일러에 가장 보편적으로 사용된다.
④ 유압은 거의 필요하지 않다(유압이 가장 작은 버너는 회전분무식 버너이다).
⑤ 부속설비가 없으며 화염이 짧고 안정한 연소를 얻을 수 있다.
⑥ 버너의 구조가 간단하고 자동화 적용이 용이하다.
⑦ 분무 각도 : 40° ~ 80°
⑧ 유량조절범위 : 1 : 5

(5) 건타입 버너(유압식과 기류식을 병합)
① 버너의 각 부분의 기기가 기능적으로 조합된 형식의 버너로 전자동 적용이 용이하다.
② 유압이 0.7 [MPa] 이상이다.
③ 버너 자체에 송풍기가 설치되어 있다.

(6) 증발식 버너
① 기화성이 좋은 경질유 액체연료(등유, 경유)에 사용한다.
② 가정용의 난방용이나 온수가열용으로 사용, 공업용으로는 부적합하다.
③ 유량조절범위 : 1 : 4

(7) 유량조절범위

| 방식 | 고압기류식 | 저압기류식 | 회전분무식 | 증발식 | 압력분무식 |
|---|---|---|---|---|---|
| 유량조절범위 | 1 : 10 | 1 : 6, 1 : 5 | 1 : 5 | 1 : 4 | 1 : 3, 1 : 2 |

암 고저회 10 5(고저회먹고싶오)

(8) 분무 각도

| 방식 | 압력분무식 | 회전분무식 | 저압기류식 | 고압기류식 |
|---|---|---|---|---|
| 분무 각도 | 40° ~ 90° | 40° ~ 80° | 30° ~ 60° | 30° |

암 압회저고(앞에서저거)

(9) 오일버너의 화염이 불안정한 원인

　① 분무유압이 비교적 낮을 경우

　② 연료 중 슬러지 등 협잡물이 들어 있는 경우

　③ 무화용 공기량이 적절하지 않은 경우

　④ 연료용 공기 과다로 노 내 온도가 저하될 경우

(10) 보일러의 버너용량 $Q$

보일러가 일정량의 증기를 발생시키기 위해 필요한 연료소비량

$$Q = \frac{2,256D}{H_\ell S \eta} [L/h]$$

- $D$ : 보일러 상당증발량[kg/h]
- $H_\ell$ : 연료저위발열량[kJ/kg]
- $S$ : 연료비중[kg/L]
- $\eta$ : 보일러효율

3) 오일프리히터(기름예열기, Oil Pre-heater)

기름을 예열하여 점도를 낮추어 유동성 및 무화를 좋게 하여 완전 연소에 도움을 준다.

4) 송유관

벙커C유는 보온을 철저히 하거나 이중배관을 사용하여 온도 저하에 의한 점도 증대로 송유가 막히는 것을 방지할 수 있게 해야 한다.

5) 서비스탱크

중유저장탱크에 이상이 생겼을 시, 원활한 운전을 하기 위해 중유탱크에서 보일러에 필요한 기름을 받아 저장하는 보조탱크이다.

6) 오일 여과기(Oil Strainer)

오일 중 포함된 불순물 및 이물질을 분리한다.

7) 연료펌프

　(1) 송유펌프 : 저장탱크에서 서비스탱크까지 연료유를 공급한다.

　(2) 급유펌프 : 서비스탱크에서 버너까지 연료유를 공급한다.

8) 릴리프밸브

설비 내부 압력이 지나치게 높아졌을 때 압력을 자동으로 외부로 배출한다.

9) 유량계

기름의 사용량을 측정한다.

10) 온도계

  (1) 버너 입구의 급유온도를 측정하기 위하여 설치한다.

  (2) 서비스탱크, 버너 입구, 오일프리히터에 설치한다.

11) 유압계

  압송펌프출구에 설치해 무화에 필요한 기름의 압력을 측정한다.

### 3 기체연료의 연소방식과 연소장치

1) 확산 연소방식과 연소장치

  (1) 확산 연소방식

    ① 버너의 연료노즐에서는 연료만을 분출하고, 연소실에서 연료가스와 공기가 혼합되는 외부혼합 연소방식

    ② 산업용 보일러에 주로 사용

  (2) 특징

    ① 부하에 따른 조절범위가 넓다.

    ② 가스와 공기를 예열공급이 가능하다.

    ③ 화염이 길다.

    ④ 역화의 위험성이 적다.

    ⑤ 탄화수소가 적은 가스에 적합하다.  예) 고로가스, 발생로가스

  (3) 연소장치

    ① 포트형 버너 : 평로나 대형 가마에 적합, 내화재로 만든 화구에서 공기와 가스를 따로 연소실에 송입하여 연소시키는 방식으로 대형 가마에 적합하다.

    ② 선회형 버너 : 고로가스와 같은 저질가스 연소에 사용한다.

    ③ 방사형 버너 : 천연가스와 같은 양질가스에 사용한다.

2) 예혼합 연소방식과 연소장치

  (1) 예혼합 연소방식

    ① 연료가스와 공기를 미리 혼합하여 연소실로 분출하는 내부혼합 연소방식이다.

    ② 소형 보일러에 주로 사용한다.

    ③ 역화방지기능이 있어야만 한다.

(2) 특징
① 부하에 따른 조절범위가 좁다.
② 가스와 공기를 예열공급하기 불가능하다.
③ 화염이 짧다.
④ 역화의 위험성이 크다.
⑤ 탄화수소가 많은 가스에 적합하다.            예 LPG

3) 부분예혼합 연소방식과 연소장치
(1) 부분예혼합 연소방식
확산 연소와 예혼합 연소의 중간방식으로, 소형 보일러에 주로 이용
(2) 가스버너의 분류
① 운전방식별 분류 : 자동 버너, 반자동 버너
② 연소용 공기의 공급 및 혼합방식
  ㉠ 유도혼합식 : 적화식, 분젠식
  ㉡ 강제혼합식 : 내부혼합식, 외부혼합식, 부분혼합식
(3) 기체연료용 버너의 구성요소
① 가스량 조절부
② 공기/가스 혼합부
③ 보염부
(4) 가스버너의 종류

| 버너형식 | | | 1차 공기량[%] | 버너 종류 |
|---|---|---|---|---|
| 유도 혼합식 | 적화식 | | 0 | 파이프버너, 어미식 버너, 충염버너 |
| | 분젠식 | 세미 분젠식 | 40 | - |
| | | 분젠식 | 50~60 | 링버너, 슬릿버너, 적외선버너 |
| | | 전1차 공기식 | 100 | 적외선버너, 중압분젠버너 |
| 강제 혼합식 | 내부혼합식 | | 90~120 | 고압버너, 표면 연소버너, 리본버너 |
| | 외부혼합식 | | 0 | 고속버너, 라디언트 튜브버너, 액중 연소버너, 휘염버너, 혼소버너, 산업용 보일러버너 |
| | 부분혼합식 | | | 내부, 외부 혼합식 혼용 |

앞 분젠링슬적

## 02 보염장치

### 1 보염장치의 정의

화염을 보호하는 장치

### 2 보염장치의 설치목적

1) 연료와 공기의 혼합을 좋게 한다.
2) 연소를 촉진시키기 위해 사용되는 장치이다.
3) 연소용 공기의 흐름을 조절하여 준다.
4) 확실한 착화가 이루어지도록 한다.
5) 화염의 안정을 도모한다.
6) 화염의 형상을 조정한다.
7) 국부과열을 방지한다.
8) 화염의 편류현상을 막아준다.

### 3 보염장치의 종류

1) 버너타일(Burner Tile) : 연소실 입구나 내부에 설치하여 화염을 유지시키는 타일형 부품
   (1) 분무류와 타일벽 사이에 와류 또는 저속부가 형성되어 화염 소멸을 방지함으로써 화염을 안정시킨다.
   (2) 오일의 분무입자와 연소용 공기의 혼합 및 미립자의 기화를 촉진하고, 화염 형상을 조절하여 노 내의 복사열로부터 버너의 선단부를 보호한다.

2) 보염기(Stabilizer) : 연료와 공기가 안정적으로 섞이도록 하여 화염을 안정화 시키는 장치
   (1) 버너에서 착화를 확실히 한다.
   (2) 화염이 꺼지지 않도록 화염의 안전을 도모하는 장치이다.

3) 윈드박스(Wind Box) : 연소용 공기를 버너에 고르게 공급하는 밀폐된 공간
   (1) 압입 통풍기에서 공급하는 연소용 공기를 받아들이기 위해 버너가 있는 보일러 벽면에 설치하는 상자형 방이다.
   (2) 공기 통로 내에서 동압인 연소용 공기를 정압으로 바꾸어 노 내로의 공기 흐름을 균일하게 하는 역할을 한다.
   (3) 공기와 분무연료와의 혼합을 촉진시킨다.

4) 에어레지스터(Air Register) : 윈드박스를 통해 유입된 공기의 풍량과 방향을 조절하는 장치

   (1) 공기의 흐름을 조정한다.

   (2) 분무기로 노 내에 분사된 연료에 연소용 공기를 유효하게 공급하여 연소를 좋게 한다.

## 03 통풍장치

### 1 정의

1) 통풍 : 연소에 필요한 공기 및 연소가스가 연속적으로 흐르는 흐름
2) 통풍방식의 분류

| 자연통풍 | • 배기가스와 외기의 온도차(비중차, 밀도차)에 의하여 이루어지는 통풍방식이다.<br>• 굴뚝 높이와 연소가스의 온도에 따라 일정한 한도를 갖는다. | |
|---|---|---|
| 강제통풍 | 압입통풍 | 연소실 입구에 송풍기를 설치해서 연소실로 공기를 밀어 넣는 방식이다. |
| | 흡입통풍 | 연도 내에 송풍기를 설치해 연소가스를 흡입하여 빨아내는 방식이다. |
| | 평형통풍 | 압입통풍방식과 흡입통풍방식을 병행하는 통풍방식이다. |

### 2 자연통풍방식

1) 배기가스와의 외기의 온도차에 이루어지는 통풍방식이다.
2) 가스의 유속은 3 ~ 5 [m/s] 정도이다.
3) 통풍 저항이 작은 소규모 보일러에 사용된다.
4) 외기의 온도와 습도 등에 영향을 많이 받는다.
5) 강한 통풍력은 얻기 힘들고 통풍력 조절이 어렵다.

### 3 이론통풍력 Z

연돌의 높이, 온도, 밀도차이에 의해 생기는 자연배기력

$$Z = 273H \times \left[\frac{r_a}{T_a} - \frac{r_g}{T_g}\right] [mmH_2O]$$

$$Z = 355H \times \left[\frac{1}{T_a} - \frac{1}{T_g}\right] [mmH_2O]$$

- $Z$ : 이론통풍력[$mmH_2O$]
- $H$ : 연돌의 높이[m]
- $r_a$ : 외기의 비중량[$N/m^3$]
- $r_g$ : 배기가스의 비중량[$N/m^3$]
- $T_a$ : 외기의 절대온도[K]
- $T_g$ : 배기가스의 절대온도[K]

### 4 강제통풍방식

1) 압입통풍방식 : 연소실 입구에 송풍기를 설치해서 연소실로 공기를 밀어 넣는 방식
   (1) 송풍기의 고장이 적고 점검 및 보수가 용이하다.
   (2) 가스의 유속은 8 [m/s] 정도까지 취할 수 있다.
   (3) 연소실 내의 압력이 정압(+)이 되어 완전 연소가 용이하다.
   (4) 송풍기의 동력소비가 흡입통풍방식에 비하여 적다.
   (5) 연소용 공기를 예열하여 사용이 가능하다.

2) 흡입통풍방식 : 연도 내에 송풍기를 설치해 연소가스를 흡입하여 빨아내는 방식
   (1) 고온의 연소가스와 직접 접촉하므로 마모의 우려가 있다.
   (2) 유속은 10 [m/s] 정도까지 취할 수 있다.
   (3) 노내압이 부압(-)되어 냉공기의 침입의 우려가 있다.

3) 평형통풍방식 : 압입통풍방식과 흡입통풍방식을 병행하는 통풍방식
   (1) 동력소비 및 설비비가 많이 든다.
   (2) 유속은 10 [m/s] 이상이다.
   (3) 강한 통풍력을 얻을 수 있으며, 노내압 및 통풍력 조절이 가능하다.
   (4) 통풍 저항이 큰 대형 보일러나 고성능 보일러에 널리 사용되고 있다.
   (5) 노내압을 정, 부압으로 조절이 가능하다.

### 5 송풍기의 종류

1) 원심식

　(1) 터보형

　　① 후향 날개구조를 가진다.
　　② 풍압변동에 대해 풍량 변화는 비교적 적고 병렬운전에도 적합하다.
　　③ 압입통풍방식 보일러용으로 가장 많이 사용된다.
　　④ 성능 및 효율이 좋다.
　　⑤ 구조가 간단하다.
　　⑥ 적은 동력으로 큰 풍량을 얻을 수 있다.
　　⑦ 고온, 고압 및 대용량에 적합하다.

　(2) 플레이트형

　　① 방사형 날개구조를 가진다.
　　② 구조가 견고하며 부식에 잘 견딘다.
　　③ 주로 회진이 많은 흡입송풍기나 미분탄장치의 배탄기 등에 사용된다.
　　④ 플레이트 교체가 쉽다.

　(3) 다익(시로코)형

　　① 전향 날개구조를 가진다.
　　② 구조상 고온, 고압 및 고속, 대용량에 부적합하다.
　　③ 효율 및 풍량에 비해 동력소비가 크다.
　　④ 회전차의 지름이 작다.
　　⑤ 소형 경량으로 제작비가 싸다.

　　※ 효율 및 풍압이 큰 순서 : 터보형 > 플레이트형 > 다익형

2) 축류식(프로펠러형)

　(1) 풍압은 풍량의 증가와 함께 감소한다.
　(2) 지하실의 환기 및 배기용으로 사용된다.
　(3) 저압 및 대풍량을 요하는 경우에 사용된다.

## 6 송풍기의 소요동력 및 소요마력

송풍기를 작동시키는 데 필요한 에너지

1) 소요동력[kW]

$$\frac{P_t Q}{102 \times 60\eta} = \frac{P_t Q}{6120\eta} [kW]$$

$P_t$ : 풍압[mmH$_2$O], $Q$ : 풍량[m³/min]
$\eta$ : 송풍기의 효율[%]

2) 소요마력[PS]

$$\frac{P_t Q}{75 \times 60\eta} [PS]$$

$P_t$ : 풍압[mmH$_2$O], $Q$ : 풍량[m³/min]
$\eta$ : 송풍기의 효율[%]

## 7 연도

노에서 발생한 고온 고압의 연소가스를 연돌에 유입시킬 때까지의 통로

1) 길이가 짧을수록 통풍력이 좋아진다.

2) 연도의 보온재로 규산칼슘, 암면, 규조토같이 고온에 견디는 무기질 보온재를 사용해야 한다.

## 8 연돌

1) 연돌의 성질

   (1) 높이가 높을수록 통풍력이 증가한다.
   (2) 상부단면적이 클수록 통풍력이 증가한다.
   (3) 매연을 멀리 확산시켜 대기오염을 줄인다.
   (4) 보온처리 시 배기가스와 외기의 온도차가 커서 통풍력이 증가한다.
   (5) 외기온도가 낮으면 통풍력은 증가한다.

2) 연돌의 높이 $H$

$$H = \frac{Z}{273\left(\dfrac{\gamma_a}{T_a} - \dfrac{\gamma_g}{T_g}\right)} [m]$$

- $Z$ : 이론통풍력[mmH$_2$O]
- $r_a$ : 외기의 비중량[N/m³]
- $r_g$ : 배기가스의 비중량[N/m³]
- $T_a$ : 외기의 절대온도[K]
- $T_g$ : 배기가스의 절대온도[K]

## 9 통풍력의 크기에 따른 영향

1) 너무 클 경우

   (1) 보일러의 증기발생이 빨라진다.

   (2) 열효율이 낮아진다.

   (3) 연소율이 증가한다.

   (4) 연소실 열부하가 커진다.

   (5) 연료소비가 많아진다.

   (6) 배기가스온도가 높아진다.

2) 너무 작은 경우

   (1) 열효율이 낮아진다.

   (2) 연소율이 낮아진다.

   (3) 연소실 열부하가 작아진다.

   (4) 배기가스온도가 낮아져 저온 부식의 원인이 된다.

   (5) 통풍이 불량해진다.

   (6) 역화의 위험이 커진다.

   (7) 완전 연소가 어렵다.

## 10 댐퍼

공기의 유량이나 흐름방향을 조절하는 장치

1) 공기댐퍼(회전식 댐퍼)

   (1) 1차 공기댐퍼 : 연료의 무화에 필요한 공기를 조절하는 댐퍼로, 입구에 설치한다.

   (2) 2차 공기댐퍼 : 연료의 완전 연소에 필요한 공기를 조절하는 댐퍼로, 송풍기 덕트에 설치한다.

2) 연도댐퍼

   (1) 연도 내에 설치

   (2) 작동방법에 의한 분류

   ① 승강식 : 중·대형 보일러

   ② 회전식 : 소형 보일러

(3) 형상에 의한 분류
① 스필리티형(분기 시에 사용)
② 다익형(대형 덕트에 사용)
③ 버터플라이(소형 덕트에 사용)

3) 댐퍼 부착 이유
(1) 통풍력을 조절한다.
(2) 배기가스 흐름을 차단하여 배기가스 역류를 방지한다.
(3) 주연소, 부연소가 있는 경우 가스의 흐름을 바꾼다.

## 04 매연 및 배기가스

### 1 매연

1) 정의
   (1) 연소 이후 발생되는 유해 성분
   (2) 황산화물, 질소산화물, 일산화탄소, 그을음, 분진

2) 매연 농도계의 종류
   (1) 링겔만 농도표 : 매연 농도의 규격표(0 ~ 5도)와 배기가스를 비교하여 측정하는 방법
   (2) 매연 포집 중량계 : 연소가스의 일부를 뽑아내어 석면이나 암면의 광물지 섬유 등의 여과지에 포집시켜 여과지의 중량을 전기 출력으로 변환하여 측정하는 방법
   (3) 광전관식 매연 농도계 : 연소가스에 복사광선을 통과시켜 광선의 투과율을 산정하여 측정하는 방법이다.
   (4) 바카라치 스모그 테스터 : 일정 면적의 표준 거름종이에 일정량의 연소가스를 통과시켜 거름종이 표면에 부착된 부유 탄소입자들의 색 농도를 표준번호가 있는 색 농도와 육안으로 비교하여 매연 농도번호를 표시하는 방법

3) 링겔만 농도표

   (1) 연기의 농도 측정에 사용하는 표로, 두께가 서로 다른 검은 선을 그어 0 ~ 5도까지 검은 색이 차지하는 면적으로 구별한 것이다. 연돌 상부에서 30 ~ 45 [cm]에서 연기의 농도를 측정하고, 관측자로부터 16 [m]의 거리에 이 표를 세운 후 연돌의 출구에서 30 ~ 40 [cm] 정도 거리의 연기 색과 비교한다.

   (2) 1도 증가에 따라 매연 농도는 20 [%] 증가하며, 번호가 클수록 농도표는 검은 부분이 많이 차지한다.

   (3) 보일러 운전 중 매연 농도가 2도 이하(매연 농도 40 [%])로 유지해야 한다.

   ① 매연 농도의 규격표

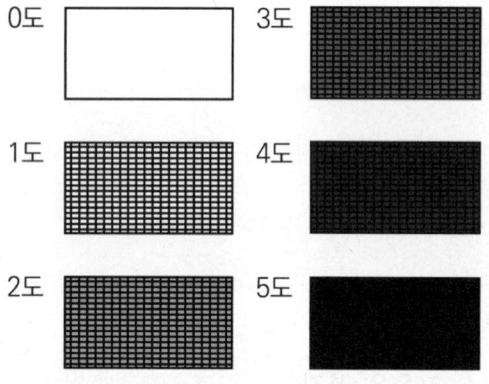

4) 보일러 운전 중 연기색

   (1) 흑색 또는 암흑색 : 공기의 공급이 부족한 상태, 화염 : 암적색, 온도 : 600 ~ 700 [℃]

   (2) 백색 또는 무색 : 공기가 과잉공급된 상태, 화염 : 회백색, 온도 : 1500 [℃]

   (3) 엷은 회색 : 공기의 공급량이 알맞은 상태, 화염 : 오렌지색, 온도 : 1000 [℃]

5) 매연발생의 원인

   (1) 보일러의 구조나 연소장치에 알맞지 않은 연료를 사용하는 경우

   (2) 연료와 공기의 혼합이 잘 되지 않는 경우

      ① 중유의 분무구와 공기분출구와의 위치 불량
      ② 버너의 중유 분사각도나 공기분사 각도의 편심
      ③ 공급공기압력의 저하나 공기공급량의 부족

(3) 연소용 공기가 부족한 경우
① 공기공급용 통풍 닥트나 댐퍼의 변형 및 고장
② 연도의 결함이나 파손으로 공기의 누출
③ 공기공급량의 조절불량
④ 통풍기의 성능저하

(4) 연소장치가 불안전 또는 고장인 경우
(5) 취급자의 지식이나 기술이 미숙한 경우
(6) 연소실의 용적이 작은 경우
(7) 분무입자가 커 무화가 불량인 경우
(8) 통풍력이 부족하거나 과할 경우
(9) 연소실 온도가 낮은 경우
(10) 연료의 질이 좋지 않은 경우

※ 연소배기가스 중 가장 많이 포함된 기체는 질소이다.

## 2 폐가스의 오염방지

1) 질소산화물($NO_x$)

(1) 발생 원인
① 연소 시 공기 중의 질소와 산소가 반응하여 생성된다.
② 연소온도가 높고 과잉공기량이 많을수록 발생량이 증가한다.

(2) 방지대책
① 연소가스 내의 질소산화물을 습식법, 건식법 등으로 제거
② 연소온도를 낮게 하기
③ 과잉공기량 감소
④ 노내압 낮추기
⑤ 노 내 가스의 잔류시간 단축
⑥ 질소 함량이 적은 연료를 사용
⑦ 연소가스가 고온으로 유지되는 시간을 짧게 하기
⑧ 약간의 과잉공기와 연료를 급속히 혼합하여 연소
⑨ 연소가스 중의 산소 농도를 낮게 하기
⑩ 2단 연소
⑪ 농담 연소
⑫ 배기가스 재순환 연소

2) 황산화물($SO_x$)

 ⑴ 발생 원인 : 연료 중의 황분이 산화하여 생성

 ⑵ 방지대책

  ① 연소가스 중 아황산가스를 습식법과 건식법으로 제거한다.

  ② 굴뚝을 높게 하여 대기 중으로 확산이 용이하게 한다.

  ③ 황분이 적은 연료를 사용한다.

  ④ 액체연료는 정유 과정에서 접촉수소화 탈황법으로 탈황한다.

3) 일산화탄소($CO$)

 ⑴ 발생 원인 : 탄소의 불완전 연소에 의하여 생성

 ⑵ 방지대책

  ① 연소실의 용적을 크게 하여 반응에 충분한 체류시간을 주어 완전 연소시킨다.

  ② 연소가스 중 연소법과 세정법으로 일산화탄소를 제거한다.

  ③ 충분한 양의 공기를 공급하여 완전 연소시킨다.

  ④ 연소실의 온도를 적당히 높여 완전 연소시킨다.

4) 매진

 ⑴ 배기가스 중에 함유된 분진이다.

 ⑵ 주성분은 비산회와 그을음이다.

 ⑶ 비산회는 연료 중의 회분이 미분되어 배기가스 중에 함유되고, 그을음은 불완전 연소 결과 생성되는 미연소탄소의 덩어리이다.

 ⑷ 방지대책

  ① 완전 연소시킨다.

  ② 회분이 적은 연료를 사용한다.

  ③ 건식 집진장치나 습식 집진장치를 이용하여 연소가스 중의 매진을 제거한다.

## 05 집진장치

### 1 집진장치의 역할
배기가스 중 분진 등의 유해물질을 제거

### 2 집진장치의 종류

| 건식 집진장치 | 습식(세정식) 집진장치 | 전기식 집진장치 |
|---|---|---|
| ① 중력식<br>　　중력 침강식, 다단 침강식<br>② 관성력식<br>　　충돌식, 반전식<br>③ 원심력식<br>　　사이클론식, 멀티클론식<br>④ 여과식(백필터 : Bag Filter)<br>　　원통식, 평판식, 역기류 분사형<br>⑤ 음파 집진장치 | ① 유수식<br>　　전류형 스크러버, 로터리 스크러버, 피이보디 스크러버<br>② 가압수식<br>　　벤투리 스크러버, 사이클론 스크러버, 제트 스크러버, 충진탑, 포종탑, 분무탑<br>③ 회전식<br>　　타이젠 워셔식, 임펄스 스크러버 | 코트렐식 |

### 3 각 집진기의 집진원리 및 특성

1) 중력식

　(1) 특별한 장치 없이 중력에 의해 호퍼로 자연 침강시켜 분진을 포집하는 방식이다.

　(2) 입자의 크기와 비중이 클수록 하강되는 속도가 빠르다. 그러면 분진의 분리는 용이하나 효율은 좋지 않다.

　(3) 침강식 내의 가스 유동이 균일할 때 효율이 향상된다.

　(4) 먼지부하변동 및 유량 변화에 대한 적응성이 낮고, 시설규모가 크다.

　(5) 구조가 간단하다.

　(6) 설비유지비가 저렴하다.

　(7) 집진실 내에 들어오는 함진가스의 유속을 1 ~ 2 [m/s] 정도로 감소시켜 관성력을 잃게 하여 침강하도록 한다.

　(8) 압력손실은 5 ~ 10 [mmAq] 정도로 적다.

⑼ 집진효율은 40 ~ 60 [%] 정도이다.

⑽ 미세먼지의 포집효율이 낮다.

⑾ 함진량이 많은 배기가스의 1차 집진장치로 많이 사용된다.

2) 관성력식

(1) 함진가스를 방해판 등에 충돌시켜 기류의 방향을 반사시켜 분진에 관성력을 주어 기류에서 떨어져 나가게 하는 현상을 이용하여 분리하는 방식이다.

(2) 방향 전환횟수가 많을수록 압력손실이 커지고 집진율은 높아진다.

(3) 충분한 용적을 갖고 있어야 한다.

(4) 방향전환을 하는 가스의 곡률 반지름이 작을수록 미세한 먼지를 분리·포집할 수 있다.

(5) 출구가스속도가 느릴수록 미세한 입자가 제거된다.

(6) 구조가 간단하다.

(7) 고온가스의 처리가 가능하므로 굴뚝 또는 배관 내에 장착하여 이용될 때가 많다.

(8) 1차 집진장치로 많이 이용된다.

(9) 집진 효율은 50 ~ 70 [%] 정도이다.

⑽ 압력손실은 10 ~ 100 [mmAq] 정도이다.

⑾ 충돌식은 일반적으로 충돌 직전의 각속도가 크고 장치 출구의 가스속도가 작을수록 집진율이 높아진다.

3) 원심력식(사이클론)

(1) 함진가스에 선회운동을 주어 분진입자에 작용하는 원심력에 의하여 입자를 분리하는 방식이다.

(2) 내통경을 크게 하고 처리가스속도를 빠르게 하면 분리속도가 빨라지고 미세한 입자를 분리할 수 있다.

(3) 사이클론이 소형일수록 성능이 향상된다.

(4) 처리가스량이 많아질수록 내통지름이 커져서 미세한 입자의 분리가 어렵다.

(5) 집진율을 높이기 위하여 소구경의 사이클론을 다수 병렬로 설치한다.

(6) 함진가스의 충돌로 인하여 집진기의 마모가 쉽다.

(7) 압력손실은 입구의 헤드의 4배 정도이다.

4) 여과식(백필터식)

(1) 함진가스를 목면, 유리섬유, 비닐, 나일론, 테프론, 양모 등의 여과제에 통과시켜 분진입자를 분리하고 포집하는 집진장치이다.

(2) 내면여과, 표면여과방식으로 구분된다.
(3) 작동식에 따라 간헐식(고집진율)과 연속식(고농도의 함진가스 처리용)으로 분류된다.
(4) 여과용 재료는 내열성, 내산성, 내알칼리성, 흡수성, 기계적 강도 등을 고려해야 한다.
(5) 여과재의 모양에 따라 원통식, 평판식 및 완전 자동형인 역기류 분사식이 있다.
(6) 100 [℃] 이상의 고온가스, 습가스, 부착성 가스에는 백(Bag)의 마모가 쉬워 부적합하다.
(7) 미립자의 크기에 관계없이 사용 가능하다.
(8) 집진효율이 가장 좋으나 유지비가 많이 든다.
(9) 압력손실은 100 ~ 200 [mmAq]로 비교적 크기 때문에 운전비가 많이 든다.
(10) 외형상의 여과속도가 느릴수록 미세한 입자를 포집할 수 있다.
(11) 여과속도

$$V = \frac{Q}{A} [m/s]$$

- $Q$ : 처리가스량[m³/s]
- $A$ : 유효여과제의 총면적[m²]

5) 세정식
(1) 함진가스를 세정액 또는 액막에 충돌시키거나 접촉시켜 액에 의해 포집하는 습식 집진장치이다.
(2) 세정집진장치는(확산력과 관성력이 주된 방식) 배기의 습도 증가에 의해 입자가 서로 응집한다.
(3) 미립자의 확산에 의하여 액적과의 접촉을 좋게 한다.
(4) 물에 잘 녹거나 부착성이 높은 분진은 세정장치가 막히는 등 장애가 생길 위험이 있다.
(5) 세정수의 동결방지대책이 필요하다.
(6) 입자를 핵으로 한 증기의 응결에 의하여 응집성을 증가시킨다.
(7) 대체적으로 간단한 구조
(8) 처리가스량에 비해 장치의 고정면적이 작다.
(9) 미립자에 대한 집진효율이 좋다.
(10) 먼지의 재비산이 없다.
(11) 가동부분이 적고, 조작이 간편하다.
(12) 포집 분진의 취출이 용이하고 큰 동력이 필요로 하지는 않는다.
(13) 연속운전이 가능하며 입도, 습도 및 가스의 종류 등에 대한 영향을 적게 받는다.
(14) 고온가스, 가연성, 폭발성, 유해가스의 처리가 가능하다.
(15) 부식성 가스와 먼지를 중화시킬 수 있다.

⒃ 비교적 큰 압력손실을 견딜 수 있다.

⒄ 세정용수가 많이 필요하여 따로 급수배관을 설비하여야만 한다.

⒅ 오수처리시설도 갖추어야 한다.

⒆ 집진물을 회수할 때는 탈수, 여과, 건조 등을 하여야 하므로 별도의 장치가 필요하다.

⒇ 운전비용이 많이 든다.

6) 전기식(코트렐식)

⑴ 분진을 코로나(Corona) 방전에 의하여 하전시키고, 쿨롱 힘을 이용하여 집진하는 방식이다.

⑵ 현재까지 가장 많이 사용하고 있는 집진장치로서 집진효율도 높다.

⑶ 형식의 분류 : 하전형식 및 건식, 습식

⑷ 습식은 건식에 비해 집진극 면이 깨끗하여 항산 강전계를 이루며 처리가스속도도 2배 이상 높일 수 있다.

⑸ 습식은 대량의 폐기물(슬러지)를 생성하는 문제가 있다.

⑹ 배기가스의 온도는 500 [℃] 전후이다.

⑺ 폭발성 가스까지 처리된다.

⑻ 각종 공기조화장치나 제약회사, 병원의 수술실 등에서 많이 이용된다.

⑼ 집진효율이 99.9 [%] 이상이다.

⑽ 전기집진장치에서 포집입자의 직경은 0.1 [$\mu m$] 이하의 미세입자까지도 포집이 가능하다.

⑾ 미세입자의 포집도 가능하다.

⑿ 압력손실이 적어 송풍기에 따른 동력비가 적게 든다.

⒀ 낮은 압력손실로 대량의 가스처리가 가능하다.

⒁ 처리가스량이 많아 경제적이어서 대용량의 고성능 집진장치로서 많이 이용된다.

⒂ 전기집진기를 통과할 때 다이옥신이 생성된다.

⒃ 처리가스의 속도가 크면 재비산이 발생한다.

⒄ 건식에서는 1 ~ 2 [m/s] 이하로 정한다. 이 범위에서는 하전시간이 많을수록 더욱 집진효율이 높아진다.

⒅ 고전압장치 및 정전설비를 갖추어야 한다.

⒆ 시설비가 매우 많이 든다.

## 06 연소실 부착물, 폭발, 폭굉현상

### 1 연소실 부착물

1) 클링커(Klinker) : 연소 중 생긴 재가 용융되어 덩어리 형태가 된 것

2) 버드 네스트(Bird Nest) : 스토커 연소나 미분탄 연소에 있어 석탄재의 용융이 낮은 경우, 화로 출구의 연소가스 온도가 높은 경우에는 재가 용융 상태 그대로 과열기나 재열기 등의 전열면에 부착, 성장하여 흡사 새의 둥지처럼 된 것

3) 신더(Cinder) : 석탄 등이 타고 남은 재

  ※ 수트 블로어(Soot Blower) : 배기가스와 접촉되는 보일러 전열면으로 증기나 압축공기를 직접 분사시켜서 보일러의 회분, 그을음 등 열전달을 막는 퇴적물을 청소하고 쌓이지 않도록 유지하는 설비다.

### 2 증기운 폭발(Vapor Cloud Explosion)

1) 가연성 물질이 대기 중에 퍼져있다가 적당한 연소범위를 이룰 때 점화되면서 폭발하는 현상

2) 점화위치가 방출점에서 멀수록 그만큼 가연성 증기가 많이 유출된 것이므로 폭발 위력이 크다.

3) 증기운의 크기가 클수록 점화될 가능성이 커진다.

### 3 기상폭발

액체연료의 증기가 공기와 혼합되어 일정 농도 이상이 되었을 때, 점화에 의해 폭발하는 현상

1) 가스폭발

2) 분무폭발

3) 분진폭발

4) 증기운폭발

5) 비등액체폭발

6) 분해폭발

7) 박막폭발

### 4 응상폭발

폭발물의 분자가 응집되어 액체 또는 고체 상태인 폭발

1) 수증기폭발 : 고온의 금속과 같은 물질이 물과 닿았을 때 발생하는 비등현상에 의한 폭발
2) 증기폭발 : 액체를 급속하게 가열했을 때 발생하는 비등현상에 의한 폭발
3) 전선폭발 : 금속선에 큰 전류가 흐르면서 열에 의한 고온 고압의 금속가스가 발생하여 팽창하여 폭발

### 5 폭굉(Detonation)현상

혼합기체가 음속 이상의 속도로 순간적으로 폭발하는 현상으로, 충격파를 동반한다.

# 02 OX퀴즈

※ OX 퀴즈로 최다빈출 개념을 쉽게 정리하고 기출 유형까지 미리 익혀보세요.

1. 안개와 같이 분사하여 연소시키는 방식을 기화 연소방식이라고 한다. `O` `X`
2. 압력 분무식 버너에서 연료의 점도가 크면 무화가 곤란해진다. `O` `X`
3. 유량조절범위는 고압기류식 > 회전분무식 > 압력분무식 순서대로 크다. `O` `X`
4. 가스버너의 가스 유출속도 증가 시 난류현상이 생겨 완전 연소가 잘 되며 불꽃이 엉클어지면서 화염이 짧아진다. `O` `X`
5. 연소용 공기의 흐름을 막기 위하여 보염장치를 설치한다. `O` `X`
6. 통풍방식에는 자연통풍과 조작통풍이 있다. `O` `X`
7. 자연통풍은 배기가스와 외기의 온도차에 의해서 이루어지는 통풍방식이다. `O` `X`
8. 연도의 길이가 길수록 통풍력이 좋아진다. `O` `X`
9. 연돌의 높이가 높을수록 자연통풍력이 증가한다. `O` `X`

---

**정답** 01 (X) 02 (O) 03 (O) 04 (O) 05 (X) 06 (X) 07 (O) 08 (X) 09 (O)

1. 안개와 같이 분사하여 연소시키는 방식은 <u>무화 연소방식</u>이다.
5. 보염장치는 연소용 <u>공기의 흐름을 조절</u>하기 위하여 사용한다.
6. 통풍방식은 자연통풍과 <u>강제통풍</u>으로 나눌 수 있다.
8. 연도의 길이가 <u>짧을수록</u> 통풍력이 좋아진다.

10 자연환기는 동력은 필요하지 않아 일정한 환기량을 확보할 수는 없다. ☐O ☐X
11 원심식 송풍기는 흡입구의 댐퍼의 개도에 의하여 조절한다. ☐O ☐X
12 댐퍼의 부착 이유는 공기의 흐름을 막기 위해서이다. ☐O ☐X
13 링겔만 농도표는 매연 농도의 규격표를 사용하여 측정하는 방법이다. ☐O ☐X
14 링겔만 농도표의 농도 규격표는 10 [%]씩 증가한다. ☐O ☐X
15 보일러 운전 중 연기 색이 백색 또는 무색인 경우는 공기의 공급이 부족한 상태이다. ☐O ☐X
16 집진장치는 배기가스 중의 유해물질을 제거하고 대기오염을 방지하기 위하여 설치하는 장치이다. ☐O ☐X
17 여과식 집진장치는 집진효율이 가장 좋으며 가격이 저렴하다. ☐O ☐X
18 가스분석계는 크게 화학적 가스분석계와 물리적 가스분석계로 나눌 수 있다. ☐O ☐X
19 증기운 폭발은 폭발보다 화재가 더 많다. ☐O ☐X
20 폭굉현상은 물리적 반응현상이다. ☐O ☐X

---

**정답** 10 (O) 11 (O) 12 (X) 13 (O) 14 (X) 15 (X) 16 (O) 17 (X) 18 (O) 19 (O) 20 (X)

12 댐퍼의 부착 이유는 통풍력을 조절하는 등 가스의 <u>흐름을 바꾸기 위해서</u>이다. 가스가 새어나가는 것을 막기 위해서가 아니다.
14 링겔만 농도표는 0도에서 5도까지 <u>20 [%]</u>씩 증가한다.
15 연기 색이 백색 또는 무색인 경우는 공기의 공급이 <u>과잉공급</u>된 상태이다.
17 여과식 집진장치는 집진효율이 가장 좋으나 <u>유지비가 많이 든다.</u>
20 폭굉현상은 충격파에 의한 <u>화학반응현상</u>이다.

# 02 예상문제

## 01
기화 연소방식의 종류로 알맞지 않은 것은?

① 심지식
② 증발식
③ 분무식
④ 포트식

**해설**
기화 연소방식
심지식, 증발식, 포트식은 기화 연소방식의 종류이다.
※ 분무식은 무화 연소방식이다.

## 02
무화 시 직접적인 영향을 미치는 요소가 아닌 것은?

① 액체연료의 표면장력
② 액체연료의 점성계수
③ 미립자의 크기
④ 액체연료의 탁도

**해설**
무화(미립화) 시 직접적인 영향을 미치는 요소
• 연료의 밀도(비질량)
• 액체연료의 표면장력
• 액체연료의 점성계수
• 미립자의 크기      **암** 밀면성립

## 03
유압분무식 버너의 특징에 대한 설명으로 틀린 것은?

① 유량조절범위가 넓다.
② 연소의 제어 범위가 좁다.
③ 대용량 버너 제작에 용이하다.
④ 구조가 간단하다.

**해설**
압력분무식(유압분무식) 버너의 특징
유량조절범위가 가장 좁아 부하변동이 큰 보일러에는 부적합하다.

## 04
고압기류식 버너에 대한 설명으로 틀린 것은?

① 유량조절범위(1 : 10)가 가장 넓은 버너로 부하변동이 큰 보일러에 적합하다.
② 분무 각도는 30°로 가장 작아 화염 길이가 가장 길다.
③ 무화용 증기로는 습한 증기가 좋다.
④ 혼합방식에 따라 내부 혼합형과 외부 혼합형, 중간 혼합형으로 분류한다.

**해설**
고압기류식 버너
무화용 증기로는 과열증기가 좋다. 습한 증기는 연소 상태가 불량해지게 하는 원인이 된다.

**정답** 01 ③  02 ④  03 ①  04 ③

## 05

회전분무식 버너로 알맞은 설명은 무엇인가?

① 고속으로 회전하는 회전컵에 연료가 공급된다.
② 시설비가 많이 든다.
③ 유압이 가장 크다.
④ 분무 각도는 10°~20°이다.

### 해설

**회전분무식 버너**
- 고속으로 회전하는 회전컵에 연료가 공급되어 회전컵의 원심력에 의해 회전컵 내면에 액막을 형성한다.
- 이때 회전컵 선단에서 연료가 얇은 액막 상태로 반지름 방향으로 분출되고, 회전컵 외부에서는 무화용 공기가 고속으로 분출되어 연료의 액막과 충돌하여 무화가 이루어진다.
- 시설비가 적게 들고 유압이 거의 필요하지 않으며, 분무 각도는 40°~80°이다.

## 06

분무 각도가 가장 큰 버너는 어떤 연소방식인가?

① 압력분무식
② 회전분무식
③ 저압기류식
④ 고압기류식

### 해설

**분무 각도가 큰 순서**
압력분무식(40~90°) > 회전분무식(40~80°) > 저압기류식(30~60°) > 고압기류식(30°)

## 07

보염장치의 설치목적으로 틀린 것은?

① 연료와 공기의 혼합을 좋게 한다.
② 연소를 천천히 일어나도록 한다.
③ 확실한 착화가 이루어지도록 한다.
④ 화염의 편류현상을 막아준다.

### 해설

**보염장치 설치목적**
- 연료와 공기의 혼합을 좋게 한다.
- 연소를 촉진시키기 위해 사용되는 장치이다.
- 연소용 공기의 흐름을 조절하여 준다.
- 확실한 착화가 이루어지도록 한다.
- 화염의 안정을 도모한다.
- 화염의 형상을 조정한다.
- 국부과열을 방지한다.
- 화염의 편류현상을 막아준다.

## 08

배기가스와 외기의의 온도차(비중차, 비중량차, 밀도차)에 의하여 이루어지는 통풍방식은 무엇인가?

① 자연통풍
② 압입통풍
③ 흡입통풍
④ 평형통풍

정답  05 ①  06 ①  07 ②  08 ①

**해설**

자연통풍
- 배기가스와 외기의 온도차(비중차, 비중량차, 밀도차)에 의하여 이루어지는 통풍방식이다.
- 굴뚝 높이와 연소가스의 온도에 따라 일정한 한도를 갖는다.
- ※ 압입통풍, 흡입통풍, 평형통풍은 모두 강제통풍이다.
- 압입통풍 : 연소실 입구에 송풍기를 설치해서 연소실로 공기를 밀어 넣는 방식이다.
- 흡입통풍 : 연도 내에 송풍기를 설치해 연소가스를 흡입하여 빨아내는 방식이다.
- 평형통풍 : 압입통풍방식과 흡입통풍방식을 병행하는 통풍방식이다.

## 09

압입통풍방식의 특징이 아닌 것은 무엇인가?

① 송풍기의 고장이 적다.
② 점검 및 보수가 용이하다.
③ 고온의 연소가스와 직접 접촉하므로 마모의 우려가 있다.
④ 연소용 공기를 예열하여 사용이 가능하다.

**해설**

압입통풍방식의 특징
- 송풍기의 고장이 적고 점검 및 보수가 용이하다.
- 가스의 유속은 8 [m/s] 정도까지 취할 수 있다.
- 연소실 내의 압력이 정압(+)이 되어 완전 연소가 용이하다.
- 송풍기의 동력소비가 흡입통풍방식에 비하여 적다.
- 연소용 공기를 예열하여 사용이 가능하다.
- ※ 고온의 연소가스와 직접 접촉하여 마모의 우려가 있는 것은 흡입통풍방식의 특징이다.

## 10

연도의 점검사항으로 잘못된 것은 무엇인가?

① 보온재의 파손이나 탈락의 유무
② 강판제 연도의 과열에 의한 변색 유무
③ 연도의 균열이나 파손의 유무
④ 연도의 무게

**해설**

연도의 점검사항
- 보온재의 파손이나 탈락의 유무
- 강판제 연도의 과열에 의한 변색 유무
- 연도의 균열이나 파손의 유무
- 청소구 및 점검구의 틈 유무
- 지하에 설치되어 있는 경우 지하수 침입 유무
- ※ 연도의 무게는 연도의 점검사항이 아니다.

## 11

통풍력이 증가하는 요인으로 알맞지 않은 것은?

① 외기온도가 낮다.
② 배기가스 온도가 높다.
③ 공기의 습도가 높다.
④ 연돌 높이가 높다.

정답 09 ③ 10 ④ 11 ③

> [해설]

통풍력 변화요인

⑴ 통풍력의 증가요인
　① 외기온도가 낮으면 증가
　② 배기가스 온도가 높으면 증가
　③ 연돌 높이가 높으면 증가

⑵ 통풍력의 감소요인
　① 공기 습도가 높을수록 감소
　② 연도벽과 마찰이 클수록 감소
　③ 연도의 급격한 단면적 감소
　④ 벽돌 연도 시 크랙에 의한 외기 침입 시 감소

## 12

연돌의 설치목적이 아닌 것은?

① 배기가스의 배출을 신속히 한다.
② 가스를 멀리 확산시킨다.
③ 유효 통풍력을 얻는다.
④ 통풍력을 조절해준다.

> [해설]

연돌 설치목적
- 배기가스의 배출을 신속히 한다(대기오염방지).
- 대기 중에 가스(매연, 그을음 분진 등)를 멀리 확산시킨다.
- 유효 통풍력을 얻는다.

## 13

통풍력이 너무 작을 경우에 따른 영향으로 알맞지 않은 것은?

① 열효율이 낮아진다.
② 연소율이 낮아진다.
③ 배기가스온도가 낮아져 저온 부식의 원인이 된다.
④ 연료소비가 많아진다.

> [해설]

통풍력이 크기에 따른 영향
연료소비가 많아지는 것은 통풍력이 너무 클 경우이다.

## 14

연돌의 실제 통풍압이 35 [mmH$_2$O]인 송풍기의 효율은 70 [%], 연소가스량이 200 [m$^3$/min]일 때 송풍기의 소요 동력은 약 몇 [kW]인가?

① 0.84
② 1.15
③ 1.63
④ 2.21

> [해설]

송풍기의 소요 동력

$$W = \frac{PQ}{102 \times 60 \times \eta_f} = \frac{35 \times 200}{6120 \times 0.7} = 1.63\,[kW]$$

## 15

원심식 송풍기의 통풍력 조절방법으로 틀린 것은?

① 흡입구 댐퍼의 개도에 의한 조절
② 토출구 댐퍼의 개도에 의한 조절
③ 송풍기의 회전수를 변화시키는 방법
④ 익차 날개의 피치를 가변적으로 조절하는 방법

**해설**

원심식 송풍기의 통풍력 조절방법
- 흡입구 댐퍼의 개도에 의한 조절
- 토출구 댐퍼의 개도에 의한 조절
- 송풍기(전동기)의 회전수를 변화시키는 방법
- 흡입베인 컨트롤에 의한 조절

※ 축류식 송풍기의 통풍력 조절방법 : 익차 날개의 피치를 가변식으로 조절하는 방법

## 16

댐퍼를 설치하는 목적으로 가장 거리가 먼 것은?

① 통풍력을 조절한다.
② 가스의 흐름을 조절한다.
③ 가스가 새어나가는 것을 방지한다.
④ 덕트 내 흐르는 공기 등의 양을 제어한다.

**해설**

댐퍼(Damper)의 설치목적
- 통풍력 조절
- 가스의 흐름을 차단 및 교체한다.

## 17

연소 설비에서 배출되는 다음의 공해물질 중 산성비의 원인이 되며 가성소다나 석회 등을 통해 제거할 수 있는 것은?

① $SO_x$
② $NO_x$
③ $CO$
④ $CO_2$

**해설**

공해물질

황산화물질은 공해물질 중 산성비의 원인이 되며 가성소다($NaOH$)나 석회($CaO$) 등을 통해 제거할 수 있다.

## 18

연돌에서 배출되는 연기의 농도를 1시간 동안 측정한 결과가 다음과 같을 때 매연의 농도율은 몇 [%]인가?

| | |
|---|---|
| • 농도 4도 : 10분 | • 농도 3도 : 15분 |
| • 농도 2도 : 15분 | • 농도 1도 : 20분 |

① 25
② 35
③ 45
④ 55

**해설**

매연의 농도율
- 링겔만 매연 농도표
  No.0(깨끗함) ~ No.5(더러움)
- 총매연 농도치
  = 농도표번호(No.) × 측정시간(분)
  = 4 × 10 + 3 × 15 + 2 × 15 + 1 × 20 = 135
- 매연 농도율
  = 20 × 총매연 농도치 ÷ 총측정시간(분)
  = 20 × 135 ÷ 60 = 45 [%]

정답 ● 15 ④  16 ③  17 ①  18 ③

## 19

다음 중 매연의 발생 원인으로 가장 거리가 먼 것은?

① 연소실 온도가 높을 때
② 연소장치가 불량한 때
③ 연료의 질이 나쁠 때
④ 통풍력이 부족할 때

**해설**

매연 발생 원인
- 연소실 온도가 낮은 경우
- 연소장치가 불량한 경우
- 연료의 질이 좋지 않은 경우
- 통풍장치가 불량한 경우
- 연소실의 용적이 작은 경우
- 연소용 공기가 부족한 경우

## 20

세정 집진장치의 입자 포집원리에 대한 설명으로 틀린 것은?

① 액적에 입자가 충돌하여 부착한다.
② 입자를 핵으로 한 증기의 응결에 의하여 응집성을 증가시킨다.
③ 미립자의 확산에 의하여 액적과의 접촉을 좋게 한다.
④ 배기의 습도 감소에 의하여 입자가 서로 응집한다.

**해설**

입자 포집원리
세정집진장치는(확산력과 관성력이 주된 방식) 배기의 습도 증가에 의해 입자가 서로 응집한다.

## 21

전기식 집진장치에 대한 설명 중 틀린 것은?

① 포집입자의 직경은 30 ~ 50 [$\mu$m] 정도이다.
② 집진효율이 90 ~ 99.9 [%]로서 높은 편이다.
③ 고전압장치 및 정전설비가 필요하다.
④ 낮은 압력손실로 대량의 가스처리가 가능하다.

**해설**

전기 집진장치
전기집진장치에서 포집입자의 직경은 0.1 [$\mu$m] 이하의 미세입자까지도 포집이 가능하다.

## 22

다음 대기오염 방지를 위한 집진장치 중 습식 집진장치에 해당하지 않는 것은?

① 백필터
② 충진탑
③ 벤투리 스크러버
④ 사이클론 스크러버

**해설**

습식 집진장치
백필터(여과식)는 건식 집진장치이다.

정답  19 ①  20 ④  21 ①  22 ①

## 23
관성력 집진장치의 집진율을 높이는 방법이 아닌 것은?

① 방해판이 많을수록 집진효율이 우수하다.
② 충돌 직전 처리가스속도가 느릴수록 좋다.
③ 출구가스속도가 느릴수록 미세한 입자가 제거된다.
④ 기류의 방향 전환각도가 작고, 전환회수가 많을수록 집진효율이 증가한다.

**해설**

관성력 집진장치
집진율을 높이려면 충돌 직전 처리가스속도가 빠를수록 좋다.

## 24
연소배기가스의 분석목적으로 틀린 것은?

① 공기비를 계산
② 최적의 연소효율 도모
③ 연소가스의 조정 파악
④ 연소온도 파악

**해설**

연소배기가스의 분석목적
- 공기비를 계산하여 최적의 연소효율 도모
- 연소가스의 조정 파악
- 연소 상태 파악

## 25
증기운 폭발의 특징에 대한 설명으로 틀린 것은?

① 폭발보다 화재가 많다.
② 연소에너지의 약 20 [%]만 폭풍파로 변한다.
③ 증기운의 크기가 클수록 점화될 가능성이 커진다.
④ 점화위치가 방출점에서 가까울수록 폭발위력이 크다.

**해설**

증기운 폭발(Vapor Cloud Explosion)
- 점화위치가 방출점에서 멀수록 그만큼 가연성 증기가 많이 유출된 것이므로 폭발위력이 크다.
- 이는 석유화학공장에서 자주 일어나는 폭발사고이다.

## 26
폭굉(Detonation)현상에 대한 설명으로 옳지 않은 것은?

① 확산이나 열전도의 영향을 주로 받는 기체역학적 현상이다.
② 물질 내에 충격파가 발생하여 반응을 일으킨다.
③ 충격파에 의해 유지되는 화학반응현상이다.
④ 반응의 전파속도가 그 물질 내에서 음속보다 빠른 것을 말한다.

**해설**

폭굉(Detonation)현상
확산이나 열전도에 따른 역학적 현상이 아니라 화염의 빠른 전파에 의해 발생하는 충격파(압력파)에 의한 화학반응현상이다.

**정답** 23 ② 24 ④ 25 ④ 26 ①

# [ 출·제·경·향·분·석·표 ]

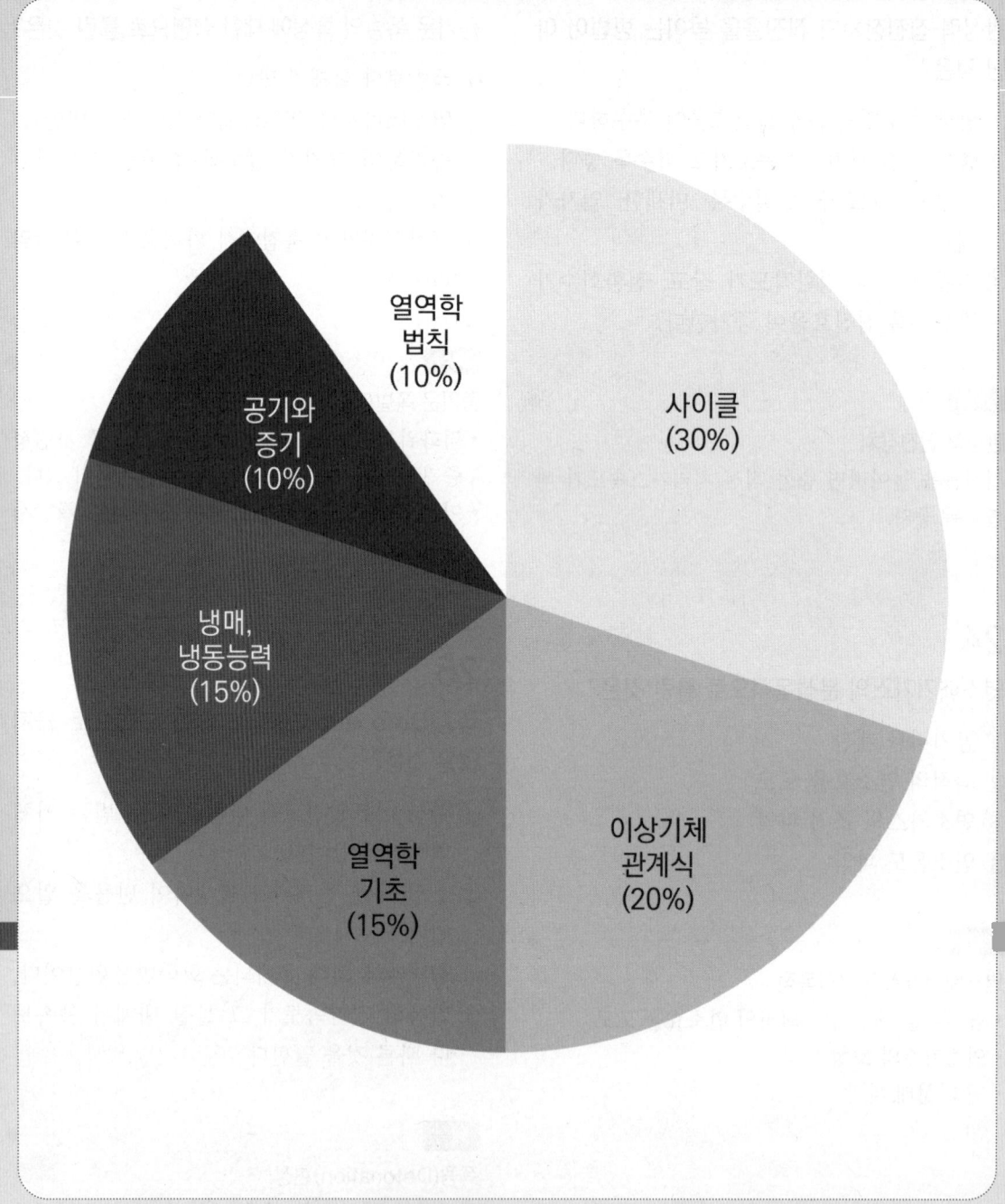

# Part 02

## 열역학

# Chapter 01 열역학

**핵심포인트** 비열, 열량, 온도, 열역학 제0법칙, 열역학 제1법칙, 열역학 제2법칙, 열역학 제3법칙

**학습목표**
1. 계의 종류와 열역학의 기본 요소들 및 단위를 정확히 이해할 수 있다.
2. 각 열역학 법칙의 정의와 의미를 설명할 수 있다.

## 01 계(System)의 종류, 상태량과 단위

### 1 계의 종류

1) 밀폐계(Closed System, 비유동계)

계의 경계면이 닫혀 있어 계의 경계를 통한 물질(질량)의 유동이 없지만 에너지(일 또는 열)의 전달은 있다.

2) 개방계(Open System, 유동계)

계의 경계면이 열려 있어 계의 경계를 통한 외부와의 물질의 유동이 있고, 에너지 전달도 있다.

3) 절연계(Isolated System, 고립계)

계의 경계를 통한 외부와의 물질이나 에너지의 전달이 전혀 없는 계이다.

4) 단열계(Adiabatic System)

계의 경계를 통한 외부와의 열의 출입이 전혀 없는 계이다.

## 2 상태량

1) 강도성 상태량(Intensive Quantity of State)
    (1) 질량과 관계없는 상태량
    (2) 온도(T), 압력(P), 비체적(v), 비엔탈피(h), 비엔트로피(s), 점도, 밀도($\rho$) 등
2) 용량성 상태량(Extensive Quantity of State)
    (1) 질량에 정비례하는 상태량
    (2) 체적(V), 엔탈피(H), 엔트로피(S), 내부에너지(U), 질량(m) 등

## 3 비중량(Specific Weight) : 단위부피당 중량

$$\gamma = \frac{mg}{V}[N/m^3]$$

m : 질량, g : 중력가속도, V : 부피

## 4 비체적(Specific Weight) : 단위질량의 물체가 갖는 부피

$$v = \frac{V}{m} = \frac{1}{\rho}[m^3/kg]$$

m : 질량, V : 부피, $\rho$ : 밀도

## 5 밀도(Density) : 단위부피당 질량

$$\rho = \frac{m}{V} = \frac{\gamma}{g}[kg/m^3]$$

m : 질량, V : 부피, $\gamma$ : 비중량, g : 중력가속도

## 6 압력(Pressure) : 단위면적당 가해지는 힘

$$P = \frac{F}{A}[Pa]$$

F : 힘, A : 단면적

1) 1 [atm] = 760 [mmHg] = 101325 [Pa] = <u>101.325</u> [kPa]  ▶ 백일상이오(101.325)
2) 1 [Pa] = 1 [N/m²] = 1 [kg/m·s²]
3) 1 [bar] = 100 [kPa]
4) 절대압력 = 대기압 + 게이지압 : $P_a = P_0 + P_g$

## 7 온도

1) 섭씨온도(Celsius Temperature)

   (1) 물이 어는점을 0 [℃], 끓는점을 100 [℃]로 두고 두 점 사이를 100등분한 온도

   (2) $t_c = \dfrac{5}{9}(t_F - 32)[℃]$

2) 화씨온도(Fahrenheit Temperature)

   (1) 물이 어는점을 32 [℉], 끓는점을 212 [℉]로 두고 두 점 사이를 180등분한 온도

   (2) $t_F = \dfrac{9}{5}t_c + 32[℉]$

3) 절대온도(Absolute Temperature)

   (1) $T = t_c + 273.15[K]$ (K : Kelvin)

   (2) $T_F = t_F + 459.67[°R]$ (R : Rankine)

| 구분 | 어는점 | 끓는점 | 등분 |
|---|---|---|---|
| 섭씨온도 | 0 [℃] | 100 [℃] | 100 |
| 화씨온도 | 32 [℉] | 212 [℉] | 180 |
| 절대온도 | 273.15 [K] | 373.15 [K] | 100 |

## 8 비열(Specific Heat)

1) 열이동 과정에서 1 [kg]의 물질의 온도를 1 [℃](1 [K])만큼 높이는 데 필요한 열량

2) 물의 비열(C) = 4186 [J/kg·K] ≈ <u>4.2</u> [kJ/kg·K] = <u>1</u> [kcal/kg·K]    **암** 1칼42줄

## 9 열량(Quantity of Heat)

열이동 과정에서 m [kg]의 물질의 온도를 dt만큼 높이는 데 필요한 열량을 $\delta Q$라고 하면
$\delta Q = mCdt[kJ]$

## 10 동력(Power)

1) 단위시간당의 일량

2) 1 [kW] = 1000 [J/s] = 1 [kJ/s] = 3600 [kJ/h] = 1.36 [PS]

## 02 열역학의 법칙

### 1 열역학 제0법칙

1) 열평형 법칙

2) A가 B와 열평형 상태이고 B가 C와 열평형 상태이면, A와 C도 열평형 상태에 있다.

### 2 열역학 제1법칙

1) 열역학 제1법칙

　(1) 에너지보존의 법칙

　(2) 에너지는 생성되거나 소멸되지 않고 형태만 바뀜

　(3) 제1종 영구기관 부정

2) 밀폐계(정지계) 에너지식

$$\delta Q = dU + PdV = dU + \delta W \text{ [kJ]}$$
가열량 = 내부에너지 변화량 + 절대일

※ 변화량을 나타내는 4가지 기호
- $d$ : 변화경로에 무관한 양을 나타낼 때 사용
- $\delta$ : 관찰하고자 하는 양이 경로에 따라 값이 변할 때, 경로에 의존적일 때 사용
- $\Delta$ : 변수의 변화량을 나타냄
- $\partial$ : 편미분을 의미함. $d$와 기본적으로 동일하지만, 일정하게 유지되는 다른 관련 변수가 있음을 이야기함

3) 제1종 영구기관

　(1) 외부로부터 에너지를 공급받지 않고도 계속해서 일을 할 수 있는 가상의 장치

　(2) 열역학 제1법칙에 위배됨

4) 엔탈피(Enthalpy) $H$

   (1) 압력이 일정한 과정에서 시스템이 흡수하거나 방출하는 열의 양

   $$H = U + PV [kJ]$$

   $H$ : 엔탈피, $U$ : 내부에너지, $P$ : 압력, $V$ : 부피

   (2) 비엔탈피(Specific Enthalpy) $h$ : 단위질량당 엔탈피

   $$h = u + Pv = u + \frac{P}{\rho} [kJ/kg]$$

   - $h$ : 비엔탈피, $u$ : 비내부에너지
   - $P$ : 압력, $v$ : 비체적, $\rho$ : 밀도

5) 이상기체에서의 교축 과정(Throttling Process)

   (1) 단열 상태에서 좁은 밸브나 오리피스를 통과하면서 압력이 갑자기 떨어지는 과정이다.

   (2) 유체가 좁은 관을 지나가므로 압력은 항상 줄어든다.

   (3) 열교환이 없으며, 엔탈피는 일정하게 유지된다.

   (4) 줄 - 톰슨(Joule - Thomson) 계수 $\mu$

   교축 과정 중에 일어나는 온도 변화를 정량화한 계수

   $$\mu = \frac{\delta T}{\delta P}$$

   $T$ : 온도, $P$ : 압력

## 3 열역학 제2법칙

1) 열역학 제2법칙

   (1) 엔트로피 증가의 법칙

   (2) 고립된 계에서 자연적인 모든 과정은 엔트로피가 증가하는 방향으로만 자발적으로 일어난다.

   (3) 클라우지우스(Clausius)의 표현 : 열은 그 자신만의 힘으로 저온체에서 고온체로 흐를 수 없다.

   (4) 켈빈 - 플랭크(Kelvin - Plank)의 표현 : 열을 계속 일로 바꾸기 위해서는 열의 일부를 저온체에 버려야 한다.

   (5) 효율이 100 [%]인 열기관은 존재할 수 없다.

2) 제2종 영구운동기관

   (1) 열원으로부터 열을 받아 100 [%] 일로 변환하는 가상의 장치

   (2) 열역학 제2법칙에 위배된다.

3) 엔트로피(Entropy)

　(1) 에너지의 분산 정도, 무질서도

　(2) 자연계에서 자발적인 변화는 엔트로피가 증가하는 방향으로 일어난다.

$$\Delta S = \frac{\delta Q}{T}[kJ/K]$$

$Q$ : 계가 흡수한 열, $T$ : 온도

4) 성적계수(성능계수)

　(1) 냉동기의 성능계수

$$\epsilon_R = \frac{Q_2}{Q_1 - Q_2} = \frac{Q_2}{W_c}$$

- $Q_1$ : 방출되는 열량
- $Q_2$ : 흡수한 열량
- $W_c$ : 시스템에 공급한 일

　(2) 열펌프의 성능계수

$$\epsilon_H = \frac{Q_1}{Q_1 - Q_2} = \frac{Q_1}{W_c} = 1 + \epsilon_R$$

- $Q_1$ : 방출되는 열량
- $Q_2$ : 흡수한 열량
- $W_c$ : 시스템에 공급한 일

5) 카르노 사이클(Carnot Cycle)

　(1) 열기관 사이클 중에서 가장 이상적인 가역 사이클

　(2) 4개의 가역 과정으로 구성되어 있다.

　　① 등온팽창 - ② 단열팽창 - ③ 등온압축 - ④ 단열압축

　(3) 카르노 사이클의 P - V선도, T - S선도

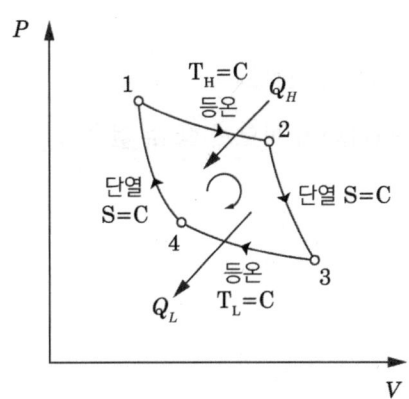
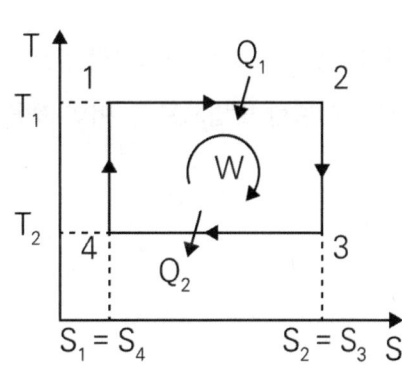

(4) 카르노 사이클의 열효율

$$\eta_c = \frac{W}{Q_1} = \frac{Q_1 - Q_2}{Q_1} = 1 - \frac{Q_2}{Q_1} = 1 - \frac{T_2}{T_1}$$

- $Q_1$ : 흡수한 열량
- $Q_2$ : 방출한 열량
- $W$ : 사이클이 한 일

(5) 특성

① 열기관의 이상 사이클로서 최고의 열효율을 갖는다.
② 가역 사이클이다.
③ 실제로는 작동이 불가능한 사이클이다.
④ 열효율은 동작유체의 양에 관계없이 양열원의 절대온도만의 함수로 구할 수 있다.
⑤ 열량과 온도의 관계

$$\frac{Q_2}{Q_1} = \frac{T_2}{T_1}$$

- $Q_1$ : 공급열량, $Q_2$ : 방출열량
- $T_1$ : 고열원 온도, $T_2$ : 저열원온도

⑥ T - S선도는 직사각형 모양이다.

6) 클라우지우스(Clausius)의 폐적분

(1) 열역학 제2법칙을 수학적으로 표현한 부등식
(2) 일반적으로 모든 사이클에 대해 다음 부등식이 성립한다.

$$\oint \frac{\delta Q}{T} \leq 0 \qquad Q : 열량, \ T : 온도$$

※ 가역 사이클이면 등호(=), 비가역 사이클이면 부등호(<)이다.

## 4 열역학 제3법칙

1) 0 [K]에 가까워질수록 순수 결정체의 엔트로피는 0에 수렴한다.
2) 자연계에서는 어떠한 방법으로도, 어떤 계를 절대 0 [K]에 이르게 할 수 없다.

# 01 OX퀴즈

※ OX 퀴즈로 최다빈출 개념을 쉽게 정리하고 기출 유형까지 미리 익혀보세요.

1. 계의 경계면이 닫혀 있어 경계를 통한 물질의 유동이 없는 계는 단열계이다. | O | X |
2. 강도성 상태량에는 온도, 압력, 엔탈피, 엔트로피 등이 있다. | O | X |
3. 단위질량의 물체가 가지는 부피는 비중량이라고 한다. | O | X |
4. 밀도는 단위부피당 질량이다. | O | X |
5. 단위면적당 가해지는 힘을 압력이라고 하며, 절대압력은 대기압과 게이지압의 합이다. | O | X |
6. 화씨온도에서 물이 어는점은 0 [℉]이다. | O | X |
7. 물의 비열은 4.186 [kJ/kg·K]이다. | O | X |
8. 1 [kW] = 1000 [J/s]이다. | O | X |
9. 열역학 법칙은 총 5개의 법칙으로 이루어져 있다. | O | X |
10. 열역학 제1법칙은 에너지보존의 법칙이다. | O | X |

---

**정답** 01 (X) 02 (X) 03 (X) 04 (O) 05 (O) 06 (X) 07 (O) 08 (O) 09 (X) 10 (O)

1. 밀폐계이다. 밀폐계는 에너지의 전달은 존재하며, 단열계는 외부와의 열의 출입이 전혀 없는 계를 말한다.
2. 강도성 상태량은 계의 질량과 관계없는 성질이다. 엔탈피와 엔트로피는 질량과 관계가 있는 용량성 상태량이다.
3. 비체적이다.
6. 화씨온도에서 물이 어는점은 32 [℉]이다.
9. 0법칙부터 3법칙까지 총 4개의 법칙으로 이루어져 있다.

11 열역학 제1법칙은 제1종 영구기관을 부정한 법칙이다.  O X

12 엔트로피 증가 법칙은 열역학 제3법칙이다.  O X

13 카르노 사이클은 열기관 사이클 중 가장 이상적인 사이클이다.  O X

14 클라우지우스 폐적분은 양수의 값을 갖는다.  O X

15 0 [K]에 있는 순수 결정체는 완전한 질서 상태에 있어 엔트로피는 0이다.  O X

정답  11 (O)  12 (X)  13 (O)  14 (X)  15 (O)

12 열역학 제2법칙이다.
14 클라우지우스 폐적분이면 가역 사이클일 경우 0이 되고, 비가역 사이클일 경우 음수의 값을 갖는다.

# 01 예상문제

## 01
계(System)의 경계를 통한 외부와의 열의 출입이 전혀 없는 계는 무엇이라 하는가?

① 단열계 ② 밀폐계
③ 개방계 ④ 절연계

**해설**

계(System)의 종류
- 밀폐계 : 계의 경계면이 닫혀 있어 계의 경계를 통한(질량)의 유동이 없다(검사 질량 일정).
- 개방계 : 계의 경계면이 열려 있어 계의 경계를 통한 외부와의 물질의 유동이 있고, 에너지 전달도 있다(검사 체적 일정).
- 절연계 : 계의 경계를 통한 외부와의 물질이나 에너지의 전달이 전혀 없는 계를 말한다.
- 단열계 : 계의 경계를 통한 외부와의 열의 출입이 전혀 없는 계(등엔트로피 S = C)를 말한다.

## 02
용량성 상태량으로 알맞지 않은 것은 무엇인가?

① 체적 ② 밀도
③ 엔탈피 ④ 엔트로피

**해설**

용량성 상태량
- 밀도는 용량성 상태량이 아닌 강도성 상태량으로 계의 질량과 관계없는 성질을 가진 상태량이다.
- 용량성 상태량으로는 체적, 엔탈피, 엔트로피, 내부에너지, 질량 등이 있다.

## 03
보일러의 게이지 압력이 800 [kPa]일 때 수은기압계가 측정한 대기압력이 856 [mmHg]를 지시했다면 보일러 내의 절대압력은 약 몇 [kPa]인가? (단, 수은의 비중은 13.6이다)

① 810 ② 914
③ 1320 ④ 1656

**해설**

절대압력

$$P_a = P_o + P_g = \frac{856}{760} \times 101.325 + 800$$

$$= 914.12 \, [kPa]$$

## 04
물이 끓는점의 화씨온도는 어떻게 되는가?

① 198 ② 273
③ 212 ④ 233

**해설**

화씨온도
물이 끓는점의 화씨온도는 212 [℉]이다.

$$t_F = \frac{9}{5} t_c + 32 \, [℉]$$

**정답** 01 ① 02 ② 03 ② 04 ③

## 05

화씨온도와 섭씨온도의 눈금이 같아지는 온도는?

① 60
② 20
③ -40
④ -80

**해설**

온도계산(화씨 섭씨)

$t_F = \dfrac{9}{5} t_C + 32$

$-\dfrac{4}{5} t = 32 \Rightarrow t = -40$

## 06

다음은 열역학 기본 법칙을 설명한 것이다. 0법칙, 1법칙, 2법칙, 3법칙 순으로 옳게 나열한 것은?

> 가. 에너지보존에 관한 법칙이다.
> 나. 에너지의 전달 방향에 관한 법칙이다.
> 다. 절대온도 0 [K]에서 완전 결정질의 절대 엔트로피는 0이다.
> 라. 시스템 A가 시스템 B와 열적 평형을 이루고 동시에 시스템 C와도 열적 평형을 이룰 때 시스템 B와 C의 온도는 동일하다.

① 라 - 가 - 나 - 다
② 가 - 나 - 다 - 라
③ 가 - 나 - 라 - 다
④ 라 - 나 - 가 - 다

**해설**

열역학 법칙

- 열역학 제0법칙 : 열평형의 법칙
- 열역학 제1법칙 : 에너지보존의 법칙
- 열역학 제2법칙 : 비가역 법칙, 엔트로피 증가 법칙
- 열역학 제3법칙 : 엔트로피의 절댓값을 정의한 법칙

## 07

한 과학자가 자기가 만든 열기관이 80 [℃]와 10 [℃] 사이에서 작동하면서 100 [kJ]의 열을 받아 20 [kJ]의 유용한 일을 할 수 있다고 주장한다. 이 주장에 위배되는 열역학 법칙은?

① 열역학 제1법칙
② 열역학 제2법칙
③ 열역학 제3법칙
④ 열역학 제0법칙

**해설**

열역학 제2법칙

$\eta_c = 1 - \dfrac{T_2}{T_1} = 1 - \dfrac{283}{353} = 0.198 (19.8\,[\%])$

$\eta = \dfrac{W}{Q_1} = \dfrac{20}{100} = 0.2 (20\,[\%])$

$\eta_c < \eta$ 이므로 열역학 제2법칙에 위배된다.

정답 ● 05 ③  06 ①  07 ②

## 08

열역학 제2법칙과 관련하여 가역 또는 비가역 사이클 과정 중 항상 성립하는 것은? (단, Q는 시스템에 출입하는 열량이고, T는 절대온도이다)

① $\oint \dfrac{\delta Q}{T} > 0$

② $\oint \dfrac{\delta Q}{T} \leq 0$

③ $\oint \dfrac{\delta Q}{T} \geq 0$

④ $\oint \dfrac{\delta Q}{T} = 0$

**해설**

클라우지우스(Clausius) 폐적분값
$\oint \dfrac{\delta Q}{T} \leq 0$ 가역이면 등호, 비가역 사이클이면 부등호(<)이다.

## 09

열역학 제1법칙에 대한 설명으로 먼 것은?

① 전체 에너지 양은 보존된다.
② 제1종 영구기관을 부정한다.
③ 엔트로피는 증가한다.
④ 고립된 계의 에너지 양은 일정하다.

**해설**

열역학 법칙
엔트로피 증가 법칙은 열역학 제2법칙이다.

## 10

80 [℃]의 물 50 [kg]과 20 [℃]의 물 100 [kg]을 혼합하면 이 혼합된 물의 온도는 약 몇 [℃]인가? (단, 물의 비열은 4.2 [kJ/kg·K]이다)

① 20
② 30
③ 40
④ 50

**해설**

열역학 제0법칙(열평형)
$m_1 C_1 (t_1 - t_m) = m_2 C_2 (t_m - t_2)$

($C_1 = C_2$ : 동일물질)

$t_m = \dfrac{m_1 t_1 + m_2 t_2}{m_1 + m_2} = \dfrac{50 \times 80 + 100 \times 20}{50 + 100}$

$= 40\,[℃]$

정답  08 ②  09 ③  10 ③

# Chapter 02 이상기체

- **핵심포인트**: 보일의 법칙, 샤를의 법칙, 달톤의 분압 법칙, 이상기체 상태 방정식
- **학습목표**:
  1. 이상기체의 법칙들을 통해 이상기체 상태 방정식을 이해할 수 있다.
  2. 이상기체 가역 변화 상태식들을 직접 유도해낼 수 있다.

## 01 이상기체의 성질과 법칙

### 1 보일의 법칙(Boyle's Law)

1) 온도가 일정할 때, 이상기체의 압력은 체적에 반비례한다.

2) $PV = C$

3) $P_1 V_1 = P_2 V_2$

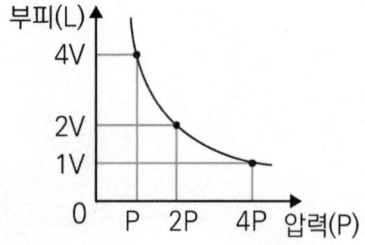

### 2 샤를의 법칙(Charle's Law)

1) 압력이 일정할 때 이상기체의 절대온도는 체적에 비례한다.

2) $\dfrac{V}{T} = C$

3) $\dfrac{V_1}{T_1} = \dfrac{V_2}{T_2}$

※ $T$의 단위는 [K](켈빈)을 사용해야 한다.

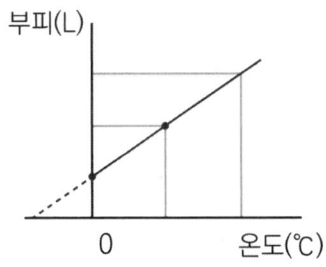

### 3 달톤의 분압 법칙(Dalton's law)

두 가지 이상의 다른 이상기체를 혼합시킬 경우, 화학반응이 일어나지 않았다면 혼합기체의 전압력은 각 기체 분압의 합과 같다.

$$P = P_1 + P_2 + \cdots + P_n = P\frac{V_1}{V} + P\frac{V_2}{V} + \cdots + P\frac{V_n}{V}$$

$$\therefore P_n = P\frac{V_n}{V} = P\frac{n_n}{n}[Pa]$$

- $P$ : 전압
- $P_n$ : 각 기체의 분압
- $V_n$ : 각 기체의 부피
- $n_n$ : 각 기체의 몰수

## 02 이상기체 상태 방정식

### 1 이상기체(Ideal Gas)

1) 기체 분자 간 인력이 없다.
2) 기체 분자는 자기 부피가 없다.
3) 기체 분자 사이의 충돌은 완전 탄성 충돌이다.
   실제기체(Real Gas)는 분자량이 작을수록, 온도가 높을수록, 압력이 낮을수록, 비체적이 클수록 이상기체와 유사하게 행동한다.

## 2 이상기체 상태 방정식

1) 질량에 대한 식

$$Pv = R_{specific}T$$
$$PV = mR_{specific}T$$

- $P$ : 압력$[Pa]$, $V$ : 부피$[m^3]$
- $m$ : 질량$[kg]$, $T$ : 온도$[K]$

$$R_{specific} = \frac{R_{ideal}}{M} : 특정기체상수[J/kg \cdot K](M : 몰질량[분자량])$$

2) 몰량에 대한 식

$$PV = nR_{ideal}T$$

- $P$ : 압력$[Pa]$, $V$ : 부피$[m^3]$
- $n$ : 몰수 $[mol]$, $T$ : 온도$[K]$
- $R_{ideal}$ : 일반기체상수$[8.314 \, J/mol \cdot K]$

## 3 비열

1) 정적비열 $C_v$

일정한 부피에서 1 [kg] 또는 1 [mol]의 물질의 온도를 1 [K] 올리는 데 필요한 열량

$$C_v = \left(\frac{\partial q}{\partial T}\right)_{v=c} = \frac{du}{dT} \Rightarrow du = C_v dT$$

2) 정압비열 $C_p$

일정한 압력에서 1 [kg] 또는 1 [mol]의 물질의 온도를 1 [K] 올리는 데 필요한 열량

$$C_p = \left(\frac{\partial q}{\partial T}\right)_{p=c} = \frac{dh}{dT} \Rightarrow dh = C_p dT$$

3) 비열비 $k = \dfrac{C_p}{C_v}$

(1) $C_p - C_v = R$

(2) $C_v = \dfrac{R}{k-1}[kJ/kg \cdot K]$

(3) $C_p = kC_v = \dfrac{kR}{k-1}[kJ/kg \cdot K]$

기체의 비열비는 정압비열이 정적비열보다 크므로 k > 1이다.

## 03 이상기체 가역 변화에 대한 관계식

### 1 이상기체 가역 변화에 대한 관계식

| 구분 | 정적 변화 | 정압 변화 | 정온 변화 | 단열 변화 | 폴리트로픽 변화 |
|---|---|---|---|---|---|
| $P, v, T$ 관계 | $v = C$<br>$dv = 0$<br>$\dfrac{P_1}{T_1} = \dfrac{P_2}{T_2}$ | $P = C$<br>$dP = 0$<br>$\dfrac{v_1}{T_1} = \dfrac{v_2}{T_2}$ | $T = C$<br>$dT = 0$<br>$P_1 v_1 = P_2 v_2$ | $Pv^k = C$<br>$\dfrac{T_2}{T_1} = \left(\dfrac{v_1}{v_2}\right)^{k-1}$<br>$= \left(\dfrac{P_2}{P_1}\right)^{\frac{k-1}{k}}$ | $Pv^n = C$<br>$\dfrac{T_2}{T_1} = \left(\dfrac{v_1}{v_2}\right)^{n-1}$<br>$= \left(\dfrac{P_2}{P_1}\right)^{\frac{n-1}{n}}$ |
| 외부에 하는 일(팽창) $_1w_2 = \int Pdv$ | 0 | $P(v_2 - v_1)$<br>$= R(T_2 - T_1)$ | $P_1 v_1 \ln \dfrac{v_2}{v_1}$<br>$= P_1 v_1 \ln \dfrac{P_1}{P_2}$<br>$= RT \ln \dfrac{v_2}{v_1}$<br>$= RT \ln \dfrac{P_1}{P_2}$ | $\dfrac{1}{k-1}(P_1 v_1 - P_2 v_2)$<br>$= \dfrac{RT_1}{k-1}\left[1 - \dfrac{T_2}{T_1}\right]$<br>$= \dfrac{RT_1}{k-1}\left[1 - \left(\dfrac{v_1}{v_2}\right)^{k-1}\right]$<br>$= \dfrac{RT_1}{k-1}\left[1 - \left(\dfrac{P_2}{P_1}\right)^{\frac{k-1}{k}}\right]$<br>$= \dfrac{R}{k-1}(T_1 - T_2)$<br>$= C_v(T_1 - T_2)$ | $\dfrac{1}{n-1}(P_1 v_1 - P_2 v_2)$<br>$= \dfrac{P_1 v_1}{n-1}\left[1 - \left(\dfrac{T_2}{T_1}\right)\right]$<br>$= \dfrac{R}{n-1}(T_1 - T_2)$ |
| 비내부 에너지의 변화량 $(u_2 - u_1)$ | $C_v(T_2 - T_1)$<br>$= \dfrac{R}{k-1}(T_2 - T_1)$<br>$= \dfrac{1}{k-1}v(P_2 - P_1)$ | $C_v(T_2 - T_1)$<br>$= \dfrac{1}{k-1}P(v_2 - v_1)$ | 0 | $-_1W_2 = u_2 - u_1$ | $C_v(T_2 - T_1)$ |
| 비엔탈피의 변화량 $(h_2 - h_1)$ | $C_p(T_2 - T_1)$<br>$= \dfrac{k}{k-1}R(T_2 - T_1)$<br>$= \dfrac{k}{k-1}v(P_2 - P_1)$<br>$= k(u_2 - u_1)$ | $C_p(T_2 - T_1)$<br>$= \dfrac{k}{k-1}P(v_2 - v_1)$<br>$= k(u_2 - u_1)$ | 0 | $h_2 - h_1$ | $C_p(T_2 - T_1)$ |
| 외부에서 얻은 열($_1q_2$) | $u_2 - u_1$ | $h_2 - h_1$ | $_1w_2 = w_t$ | 0 | $C_n(T_2 - T_1)$ |
| n | $\infty$ | 0 | 1 | $k$ | $(-\infty, \infty)$ |
| 비열(C) | $C_v$ | $C_p$ | $\infty$ | 0 | $C_n = C_v \dfrac{n-k}{n-1}$ |
| 엔트로피 변화량 $(S_2 - S_1)$ | $C_v \ln \dfrac{T_2}{T_1}$<br>$= C_v \ln \dfrac{P_2}{P_1}$ | $C_p \ln \dfrac{T_2}{T_1}$<br>$= C_p \ln \dfrac{v_2}{v_1}$ | $R \ln \dfrac{v_2}{v_1}$<br>$= R \ln \dfrac{P_1}{P_2}$ | 0 | $C_n \ln \dfrac{T_2}{T_1}$<br>$= C_v(n-k)\ln \dfrac{v_1}{v_2}$<br>$= C_v \dfrac{n-k}{n} \ln \dfrac{P_2}{P_1}$ |

## 2 가역 단열 변화

1) 주위와의 열출입이 없는 변화
2) 등엔트로피 변화

 (1) $\delta q = du + \delta w = 0$

 (2) $\delta q = du + Pdv = dh - vdP = 0$

  $\Rightarrow du = -Pdv = C_v dT$

  $\therefore dT = \dfrac{-Pdv}{C_v}$

 (3) $Pv = RT \quad \rightarrow \quad Pdv + vdP = \dfrac{-RPdv}{C_v}$

  $\Rightarrow d(Pv) = d(RT) \quad \therefore Pdv\left(1 + \dfrac{R}{C_v}\right) + vdP = 0$

  $\therefore Pdv + vdP = RdT$

  $[C_p - C_v = R] \quad \therefore \dfrac{C_p}{C_v} Pdv + vdP = 0$

양변을 Pv로 나누면 $k\dfrac{dv}{v} + \dfrac{dP}{P} = 0$이다.

이 식을 적분하면 $k\ln v + \ln P = C \Rightarrow \therefore Pv^k = C$

$Pv = RT$이므로

$Tv^{k-1} = C$

$\dfrac{P^{\frac{k-1}{k}}}{T} = C$

$\therefore \dfrac{T_2}{T_1} = \left(\dfrac{v_1}{v_2}\right)^{k-1} = \left(\dfrac{P_2}{P_1}\right)^{\frac{k-1}{k}}$

## 3 폴리트로픽 변화

1) $Pv^n = C$(n : 폴리트로픽 지수)
2) 폴리트로픽 과정에서 폴리트로픽 지수(n)값에 따른 상태 변화

 (1) n = 0 : 정압 변화(P = C)    (2) n = 1 : 등온 변화(Pv = C)

 (3) n = k : 단열 변화($Pv^k$ = C)    (4) n = ∞ : 정적 변화(V = C)

## 4 P - V선도, T - S선도

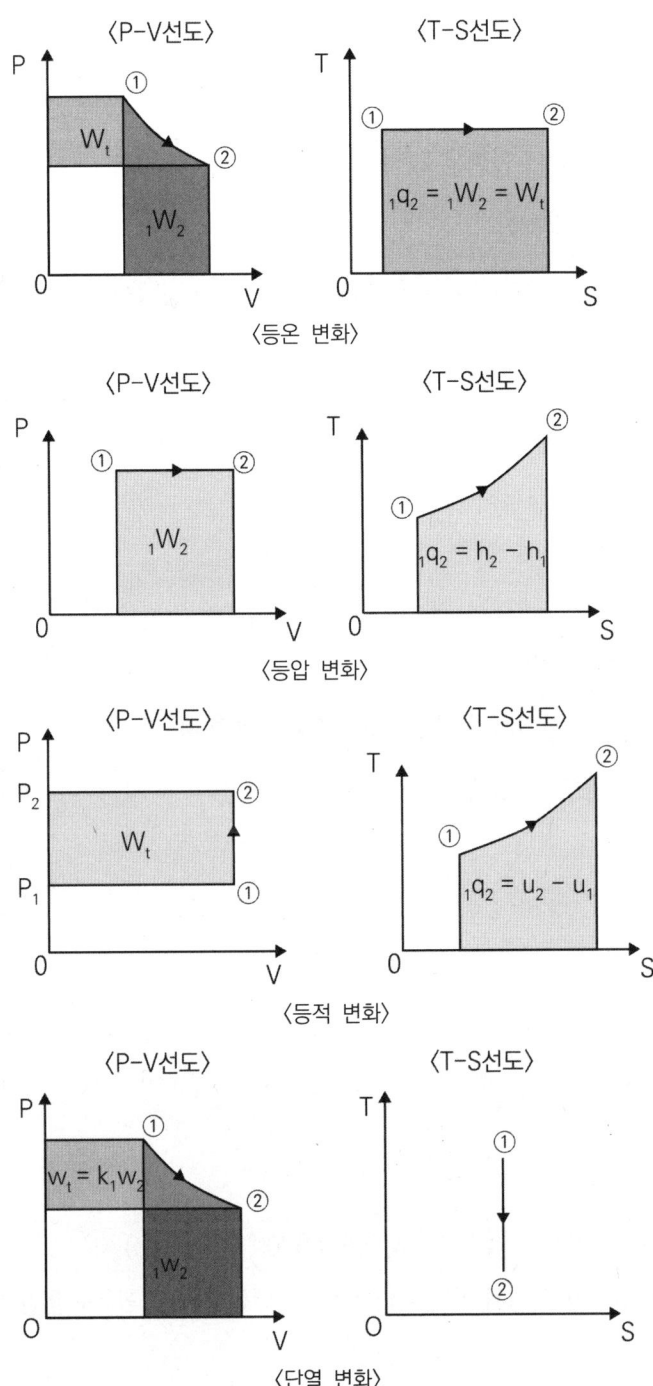

## 02 OX퀴즈

※ OX 퀴즈로 최다빈출 개념을 쉽게 정리하고 기출 유형까지 미리 익혀보세요.

1. 보일의 법칙은 온도가 일정할 시 이상기체의 압력은 체적에 반비례한다는 것이다. [O] [X]
2. 샤를의 법칙은 절대온도와 체적에 관한 법칙이다. [O] [X]
3. 달톤의 분압 법칙은 두 가지 이상의 이상기체와 혼합시킬 경우 혼합기체의 전압력은 각 기체의 분압의 합과 같다는 것이다. [O] [X]
4. 이상기체는 실제기체이다. [O] [X]
5. 이상기체의 상태 방정식은 $Pv = RT$이다. [O] [X]
6. 일반기체상수는 $8.314\,[J/mol \cdot K]$이다. [O] [X]
7. $du = C_p dT$이다. [O] [X]
8. 정압비열과 정적비열로 비열비를 구할 수 있다. [O] [X]
9. 폴리트로픽 과정에서 폴리트로픽 지수의 값이 0인 것은 등온 변화를 말한다. [O] [X]
10. 가역 단열 변화란 등엔트로피 변화라고도 할 수 있다. [O] [X]

---

**정답** 01 (O) 02 (O) 03 (O) 04 (X) 05 (O) 06 (O) 07 (X) 08 (O) 09 (X) 10 (O)

4 이상기체는 탄성충돌 이외의 다른 상호작용을 하지 않는 점입자로 이루어진 기체 모형으로 <u>이상적인 기체</u>이다.
7 $du = C_v dT$이다.
9 정압 변화이다.

# 02 예상문제

## 01

어느 기체가 압력이 500 [kPa]일 때의 체적이 50 [L]였다. 이 기체의 압력을 2배로 증가시키면 체적은 몇 [L]인가? (단, 온도는 일정한 상태이다)

① 25
② 100
③ 50
④ 40

**해설**

보일의 법칙(T = C)
PV = C
$V_2 = V_1\left(\dfrac{P_1}{P_2}\right) = 50\left(\dfrac{1}{2}\right) = 25\,[L]$

## 02

초기의 온도, 압력이 100 [℃], 100 [kPa] 상태인 이상기체를 가열하여 200 [℃], 200 [kPa] 상태가 되었다. 기체의 초기 상태 비체적이 0.5 [m³/kg]일 때, 최종 상태의 기체 비체적(m³/kg)은?

① 0.25
② 0.32
③ 0.48
④ 0.63

**해설**

최종 상태의 기체 비체적
보일과 샤를의 법칙 $\left(\dfrac{PV}{T} = C\right)$을 적용

$\dfrac{P_1 V_1}{T_1} = \dfrac{P_2 V_2}{T_2}$ 에서

$V_2 = V_1\left(\dfrac{P_1}{P_2}\right)\left(\dfrac{T_2}{T_1}\right) = 0.5 \times \left(\dfrac{100}{200}\right) \times \left(\dfrac{473}{373}\right)$

$\fallingdotseq 0.32\,[m^3/kg]$

## 03

용기 속 절대압력이 850 [kPa], 온도 50 [℃]인 이상기체가 100 [kg] 들어 있다. 이 기체의 일부가 누출되어 용기 내 절대압력이 420 [kPa], 온도가 30 [℃]가 되었다면 밖으로 누출된 기체는 약 몇 [kg]인가?

① 47
② 57
③ 67
④ 87

**해설**

이상기체 상태 방정식
$PV = mRT$

$V = \dfrac{mRT}{P} = \dfrac{100 \times 0.287 \times (50 + 273.15)}{850}$
$= 10.91\,[m^3]$

$m_2 = \dfrac{PV}{RT} = \dfrac{420 \times 10.91}{0.287 \times (30 + 273.15)} \fallingdotseq 52.67$

∴ 100 - 52.67 = 47.33

※ $\dfrac{R}{공기의\ 분자량} = \dfrac{8.314}{28.97} = 0.287$

**정답** 01 ① 02 ② 03 ①

## 04

다음 중 이상기체에 대한 식으로 옳은 것은? (단, 각 기호에 대한 설명은 아래와 같다)

- u : 단위질량당 내부에너지
- h : 비엔탈피
- T : 온도
- R : 기체상수
- P : 압력
- v : 비체적
- k : 비열비
- $C_v$ : 정적비열
- $C_p$ : 정압비열

① $\dfrac{du}{dT} - \dfrac{dh}{dT} = R$
② $C_p = \dfrac{kR}{k-1}$
③ $h = u + \dfrac{Pv}{RT}$
④ $C_v = \dfrac{kR}{k-1}$

**해설**

이상기체에 대한 식
$C_p = \dfrac{kR}{k-1} [kJ/kg \cdot K]$

## 05

이상기체의 단위질량당 내부에너지 u, 비엔탈피 h, 비엔트로피 s에 관한 다음의 관계식 중에서 모두 옳은 것은? (단, T는 온도, p는 압력, v는 비체적을 나타낸다)

① Tds = du - vdp, Tds = dh - pdv
② Tds = du + pdv, Tds = dh - vdp
③ Tds = du - vdp, Tds = dh + pdv
④ Tds = du + pdv, Tds = dh + vdp

**해설**

이상기체의 관계식
$\delta Q = dU + dW$
$H = U + PV$, $dh = du + pdv + vdp$
Tds = du + pdv, Tds = dh - vdp

## 06

어떤 기체의 이상기체상수는 2.08 [kJ/(kg·K)]이고 정압비열은 5.24 [kJ/(kg·K)]일 때, 이 가스의 정적비열은 약 몇 [kJ/(kg·K)]인가?

① 2.18
② 2.59
③ 3.16
④ 5.20

**해설**

정적비열
$C_p - C_v = R$
$C_v = C_p - R = 5.24 - 2.08 = 3.16 [kJ/kg \cdot K]$

## 07

이상기체의 상태 변화에 관련하여 폴리트로픽(Polytropic) 지수 n에 대한 설명으로 옳은 것은?

① 'n = 0'이면 단열 변화
② 'n = 1'이면 등온 변화
③ 'n = 비열비'이면 정적 변화
④ 'n = ∞'이면 등압 변화

정답 04 ② 05 ② 06 ③ 07 ②

**해설**

폴리트로픽 지수 – 이상기체의 상태 변화

$PV^n = c$

- n = 0 : 등압 변화(P = c)
- n = 1 : 등온 변화(PV = c)
- n = n : 폴리트로픽 변화
- n = k : 가역단열 변화(등엔트로피 변화)
- n = ∞ : 등적 변화(v = c)

## 08

폴리트로픽 과정에서의 지수(Polytripic Index)가 비열비와 같을 때의 변화는?

① 정적 변화  ② 가역단열 변화
③ 등온 변화  ④ 등압 변화

**해설**

폴리트로픽 과정

$Pv^n = C$

- 정적 변화(n = ∞)
- 가역단열 변화(n = k)
- 등온 변화(n = 1)
- 등압 변화(n = 0)

## 09

이상기체가 등온 과정에서 외부에 하는 일에 대한 관계식으로 틀린 것은? (단, R은 기체상수이고, 계에 대해서 m은 질량, V는 부피, P는 압력, T는 온도를 나타낸다. 하첨자 "1"은 변경 전, 하첨자 "2"는 변경 후를 나타낸다)

① $P_1 V_1 \ln \frac{V_2}{V_1}$  ② $P_1 V_1 \ln \frac{P_2}{P_1}$

③ $mRT \ln \frac{P_1}{P_2}$  ④ $mRT \ln \frac{V_2}{V_1}$

**해설**

이상기체가 등온 과정에서 하는 일
등온 과정인 경우 절대일과 공업일은 같다.
$(_1W_2 = W_t)$

$_1W_2 = P_1 V_1 \ln \frac{V_2}{V_1} = P_1 V_1 \ln \frac{P_1}{P_2}$

$= mRT \ln \frac{V_2}{V_1} = mRT \ln \frac{P_1}{P_2} [kJ]$

## 10

압력 200 [kPa], 체적 1.66 [m³]의 상태에 있는 기체가 정압조건에서 초기 체적의 1/2로 줄었을 때 이 기체가 행한 일은 약 몇 [kJ]인가?

① -166
② -198.5
③ -236
④ -245.5

**해설**

정압조건에서 기체가 행한 일

$_1W_2 = \int_1^2 PdV = P(V_2 - V_1)$

$= 200\left(\frac{1.66}{2} - 1.66\right) = -166 [kJ]$

정답 08 ② 09 ② 10 ①

## 11

이상기체 1 [kg]의 압력과 체적이 각각 $P_1$, $V_1$에서 $P_2$, $V_2$로 등온 가역적으로 변할 때 엔트로피 변화($\Delta S$)는? (단, R은 기체상수이다)

① $\Delta S = R ln \dfrac{P_1}{P_2}$

② $\Delta S = \dfrac{V_1}{V_2} \ln R$

③ $\Delta S = R ln \dfrac{V_1}{V_2}$

④ $\Delta S = \dfrac{P_1}{P_2} \ln R$

**해설**

등온 변화 시 엔트로피 변화

$$\Delta S = \dfrac{\delta Q}{T} = \dfrac{mRT ln \dfrac{V_2}{V_1}}{T} = mR ln \dfrac{V_2}{V_1}$$
$$= mR ln \dfrac{P_1}{P_2} [kJ/K]$$

정답 11 ①

# Chapter 03 공기와 증기

**핵심포인트** 건공기, 습공기, 비엔탈피, 비내부에너지, 비엔트로피, 유체 방정식

**학습목표**
1. 공기와 증기의 정의를 알고 구분할 수 있다.
2. 습증기와 과열증기의 비엔탈피, 비엔트로피 등을 계산할 수 있다.
3. 연속 방정식을 이해하고 문제에 적용할 수 있다.

## 01 공기와 증기

### 1 공기(Air)

1) 건공기
    (1) 수증기를 포함하지 않은 순수한 공기
    (2) 주성분 : 질소($N_2$), 산소($O_2$), 아르곤(Ar) 등
2) 습공기
    (1) 건공기에 수증기가 포함된 공기

### 2 증기(Vapor)

액체나 고체 상태였던 물질이 기화되어 기체 상태가 된 것

1) 증기의 압력 증가 시
    (1) 증발열이 감소한다.
    (2) 비체적이 감소한다.
    (3) 포화온도가 높아진다.
    (4) 엔탈피가 커진다.

## 2) 습포화증기(습증기)

포화액과 포화증기가 공존하는 상태

(1) 습증기의 비엔탈피

$$h_x = h' + x(h'' - h') = h' + x\gamma$$

- $h'$ : 포화수 비엔탈피 [kJ/kg]
- $h''$ : 포화증기 비엔탈피 [kJ/kg]
- $x$ : 건도
- $\gamma = h'' - h'$ : 물의 증발잠열 [kJ/kg]

(2) 습증기의 비내부에너지

$$u_x = u' + x(u'' - u')$$

- $u'$ : 포화수 비내부에너지 [kJ/kg]
- $u''$ : 포화증기 비내부에너지 [kJ/kg]
- $x$ : 건도

(3) 습증기의 비엔트로피

$$s_x = s' + x(s'' - s')$$

- $s'$ : 포화수 비엔트로피 [kJ/kg·K]
- $s''$ : 포화증기 비엔트로피 [kJ/kg·K]
- $x$ : 건도

※ 건도 $x$ : 습증기에서 수증기가 차지하는 비율

## 3) 과열증기

포화온도보다 높은 온도를 가진 증기

(1) 과열증기의 비엔탈피

$$h = h'' + \int_{T_s}^{T} C_p dT$$

- $h''$ : 포화증기 비엔탈피 [kJ/kg]
- $C_p$ : 정압비열, $T$ : 실제 온도 [K], $T_s$ : 포화온도 [K]

(2) 과열증기의 비엔트로피

$$s = s'' + \int_{T_s}^{T} C_p \frac{dT}{T}$$

- $s''$ : 포화증기 비엔트로피 [kJ/kg·K]
- $T$ : 실제 온도 [K], $T_s$ : 포화온도 [K]

## 02 유체의 흐름

### 1 유체의 방정식

1) 연속 방정식(질량보존 법칙)

$$Q = \rho A V = C\,[kg/s]$$

- Q : 유량 [kg/s], $\rho$ : 밀도 [kg/m³]
- A : 단면적 [m²], V : 유체의 속도 [m/s]

2) 에너지 방정식(에너지보존 법칙)

(1) 전체질량 기준 에너지 방정식

$$Q = m(h_2 - h_1) + \frac{m}{2}(v_2^2 - v_1^2) + mg(z_2 - z_1) + W_t\,[kJ/s]$$

열전달량 = 엔탈피 변화량 + 운동에너지 변화량 + 위치에너지 변화량 + 일

(2) 단위질량 기준 에너지 방정식

$$q = (h_2 - h_1) + \frac{1}{2}(v_2^2 - v_1^2) + g(z_2 - z_1) + w_t\,[kJ/kg \cdot s]$$

열전달량 = 엔탈피 변화량 + 운동에너지 변화량 + 위치에너지 변화량 + 일

# 03 OX퀴즈

※ OX 퀴즈로 최다빈출 개념을 쉽게 정리하고 기출 유형까지 미리 익혀보세요.

**1** 습공기란 대기와 같이 수분을 함유한 공기를 말한다. | O | X |

**2** 포화습공기는 습공기 중의 수증기의 분압이 그 온도의 포화 증기압과 같은 습공기를 말한다. | O | X |

**3** 증기의 압력 증가 시 증발열이 늘어난다. | O | X |

**4** 증기의 압력 증가 시 엔탈피가 커진다. | O | X |

**5** 온도가 측정되는 절대 압력에서 기화점보다 높은 온도의 증기 건조포화 증기를 다시 가열하면 증기의 온도가 상승하는데 이것을 과열증기라고 한다. | O | X |

**6** 유량은 밀도가 1 $[kg/m^3]$일 때, Q = AV라고 할 수 있다. | O | X |

---

**정답** 01 (O) 02 (O) 03 (X) 04 (O) 05 (O) 06 (O)

**3** 증기의 압력 증가 시 증발열은 <u>감소</u>한다.

# 03 예상문제

## 01
증기에 대한 설명 중 틀린 것은?

① 동일압력에서 포화증기는 포화수보다 온도가 더 높다.
② 동일압력에서 건포화증기를 가열한 것이 과열증기이다.
③ 동일압력에서 과열증기는 건포화증기보다 온도가 더 높다.
④ 동일압력에서 습포화증기와 건포화증기는 온도가 같다.

**해설**
증기
동일압력에서 포화증기와 포화수의 온도는 같다.

## 02
다음 중 과열증기(Superheated Steam)의 상태가 아닌 것은?

① 주어진 압력에서 포화증기 온도보다 높은 온도
② 주어진 비체적에서 포화증기 압력보다 높은 압력
③ 주어진 온도에서 포화증기 비체적보다 낮은 비체적
④ 주어진 온도에서 포화증기 엔탈피보다 높은 엔탈피

**해설**
과열증기(Superheated Steam)
과열증기의 비체적은 주어진 온도에서의 포화증기 비체적보다 더 크다.

## 03
체적 0.4 [m³]인 단단한 용기 안에 100 [℃]의 물 2 [kg]이 들어 있다. 이 물의 건도는 얼마인가? (단, 100 [℃]의 물에 대해 포화수 비체적 $v_f$ = 0.00104 [m³/kg], 건포화증기 비체적 $v_g$ = 1.672 [m³/kg]이다)

① 11.9 [%]
② 10.4 [%]
③ 9.9 [%]
④ 8.4 [%]

**해설**
물의 건도
$$v_x = v_f + x(v_g - v_f)\,[m^3/kg]$$

$$x = \frac{v_x - v_f}{v_g' - v_f} = \frac{\frac{V}{m} - v_f}{v_g - v_f} = \frac{\frac{0.4}{2} - 0.00104}{1.672 - 0.00104}$$

$$= 0.119 = 11.9\,[\%]$$

정답 01 ① 02 ③ 03 ①

## 04

동일한 온도, 압력조건에서 포화수 1 [kg]과 포화증기 4 [kg]을 혼합하여 습증기가 되었을 이 증기의 건도는?

① 20 [%]　　② 25 [%]
③ 75 [%]　　④ 80 [%]

**해설**

증기의 건도
건도 = 포화증기질량/습증기전체질량
$\therefore \frac{4}{5} \times 100 [\%] = 80 [\%]$

## 05

정상 상태로 흐르는 유체의 에너지 방정식을 다음과 같이 표현할 때 ( ) 안에 들어갈 용어로 옳은 것은? (단, 유체에 대한 기호의 의미는 아래와 같고, 첨자 1과 2는 각각 입·출구를 나타낸다)

$$\dot{Q} + \dot{m}[h_1 + \frac{V_1^2}{2} + ( )_1]$$
$$= \dot{W}_s + \dot{m}[h_2 + \frac{V_2^2}{2} + ( )_2]$$

| 기호 | 의미 | 기호 | 의미 |
|---|---|---|---|
| $\dot{Q}$ | 시간당 받는 열량 | $\dot{W}_s$ | 시간당 주는 일량 |
| $\dot{m}$ | 질량유량 | s | 비엔트로피 |
| h | 비엔탈피 | u | 비내부에너지 |
| V | 속도 | P | 압력 |
| g | 중력가속도 | z | 높이 |

① s　　② u
③ gz　　④ P

**해설**

유체의 에너지 방정식
정상유동의 에너지 방정식(에너지보존의 법칙 적용)

$$Q = W_s + m(h_2 - h_1) + \frac{m}{2}(V_2^2 - V_1^2)$$
$$+ mg(Z_2 - Z_1) [kW(kJ/s)]$$

## 06

비엔탈피가 326 [kJ/kg]인 어떤 기체가 노즐을 통하여 단열적으로 팽창되어 비엔탈피가 322 [kJ/kg]으로 되어 나간다. 유입속도를 무시할 때 유출속도(m/s)는? (단, 노즐 속의 유동은 정상류이며 손실은 무시한다)

① 4.4
② 22.6
③ 64.7
④ 89.4

**해설**

단열팽창 시 노즐출구유속
$\Delta q = \frac{1}{2} m(V_2^2 - V_1^2) + m \Delta h = 0$
$V_2 = \sqrt{2(h_1 - h_2)}$
　　$= \sqrt{2(326 - 322) \times 1000}$
　　$= 89.44 [m/s]$
※ $1 [kJ/kg] = 1000 [J/kg]$
※ $1 [J] = 1 [kg \cdot m^2/s^2]$

# Chapter 04 사이클

- **핵심포인트**: 가스 동력 사이클, 증기선도, 증기 원동소 사이클, 냉동 사이클
- **학습목표**:
  1. 가스동력 사이클의 과정을 이해하고 열효율을 계산할 수 있다.
  2. 증기 원동소 사이클의 과정을 이해하고 열효율을 계산할 수 있다.
  3. 냉동기 사이클의 과정과 성능계수를 이해하고, 각 냉매의 특징을 구분할 수 있다.

## 01 사이클

- 가역 사이클 : 시스템과 주변 모두를 원래 상태로 완벽하게 되돌릴 수 있는 이상적인 열역학 사이클
- 비가역 사이클 : 시스템은 원래 상태로 되돌릴 수 있지만, 주변 환경은 복원되지 않는 현실적인 열역학 사이클

### 1 가스 동력 사이클

1) 오토 사이클(Otto Cycle) : 가솔린 기관의 기본 사이클

   (1) 단열압축 → 정적가열 → 단열팽창 → 정적방열

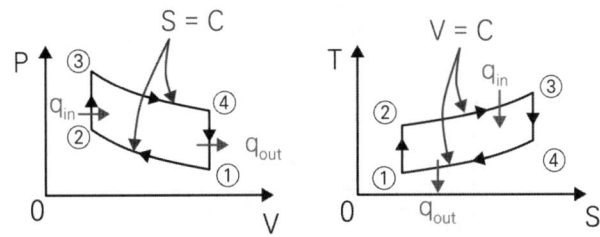

   (2) 압축비

$$\epsilon = \frac{V_1}{V_2}$$

   (3) 이론 열효율

$$\eta_{tho} = \frac{W}{Q} = \frac{q_{in} - q_{out}}{q_{in}} = 1 - \frac{q_{out}}{q_{in}} = 1 - \frac{T_4 - T_1}{T_3 - T_2} = 1 - \left(\frac{1}{\epsilon}\right)^{k-1}$$

- $\epsilon$ : 압축비
- $k$ : 비열비

2) 디젤 사이클(Diesel Cycle) : 저속 디젤 기관의 기본 사이클

   (1) 단열압축 → 정압가열 → 단열팽창 → 정적방열

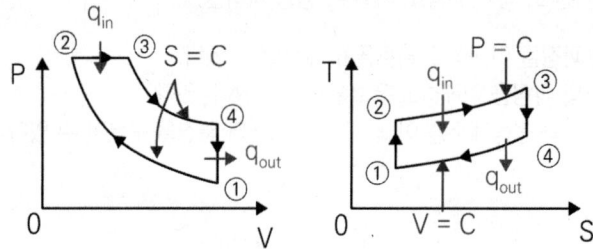

   (2) 단절비(차단비)

$$\sigma = \frac{V_3}{V_2}$$

   (3) 이론 열효율

$$\eta_{thd} = \frac{W}{Q} = \frac{q_{in} - q_{out}}{q_{in}} = 1 - \frac{q_{out}}{q_{in}}$$
$$= 1 - \frac{C_v(T_4 - T_1)}{C_p(T_3 - T_2)} = 1 - \frac{(T_4 - T_1)}{k(T_3 - T_2)} = 1 - \left(\frac{1}{\epsilon}\right)^{k-1} \frac{\sigma^k - 1}{k(\sigma - 1)}$$

- $\epsilon$ : 압축비
- $k$ : 비열비
- $\sigma$ : 차단비

3) 사바테 사이클(Sabathe Cycle) : 고속 디젤 기관의 기본 사이클, 이중 연소 사이클

   (1) 단열압축 → 정적가열 → 정압가열 → 단열팽창 → 정적방열

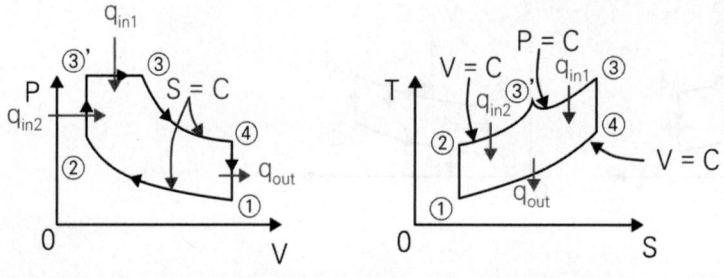

   (2) 압력비

$$\rho = \frac{P_3}{P_2}$$

(3) 이론 열효율

$$\eta_{ths} = \frac{W}{Q} = \frac{q_{in} - q_{out}}{q_{in}} = 1 - \frac{q_{out}}{q_{in}} = 1 - \frac{C_v(T_4 - T_1)}{C_v(T_{3'} - T_2) + C_p(T_3 - T_{3'})}$$

$$= 1 - \left(\frac{1}{\epsilon}\right)^{k-1} \frac{\rho\sigma^k - 1}{(\rho - 1) + k\rho(\sigma - 1)}$$

- $\epsilon$ : 압축비
- $k$ : 비열비
- $\sigma$ : 차단비
- $\rho$ : 압력비

※ 각 사이클의 비교

(1) 가열량 및 압축비가 일정할 경우

  ① 효율 : Otto > Sabathe > Diesel
  ② 발열량 : Diesel > Sabathe > Otto

(2) 가열량 및 최대 압력, 최고온도를 일정하게 할 경우

  ① 효율 : Diesel > Sabathe > Otto
  ② 발열량 : Otto > Sabathe > Diesel

4) 브레이튼 사이클(Brayton Cycle)

  (1) 가스 터빈의 이상 사이클
  (2) 2개의 정압 과정과 2개의 단열 과정으로 이루어져 있음
  (3) 단열압축 → 정압가열 → 단열팽창 → 정압방열

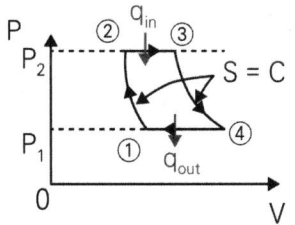
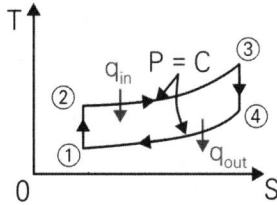

(4) 압력비

$$\gamma = \frac{P_2}{P_1}$$

(5) 열효율

$$\eta_B = \frac{q_1 - q_2}{q_1} = 1 - \frac{T_4 - T_1}{T_3 - T_2} = 1 - \frac{1}{\left(\frac{P_2}{P_1}\right)^{\frac{k-1}{k}}} = 1 - \left(\frac{1}{\gamma}\right)^{\frac{k-1}{k}}$$

5) 기타 사이클

(1) 에릭슨 사이클(Ericsson Cycle) : 두 개의 등온 과정과 두 개의 등압 과정으로 이루어진 외연기관 사이클. 회생기를 통해 열을 재활용하여 효율을 높임

(2) 스털링 사이클(Stirling Cycle) : 두 개의 등온 과정과 두 개의 정적 과정으로 이루어진 외연기관 사이클. 회생기를 통해 열을 재활용하여 효율을 높임

## 2 증기선도

물질의 상태가 온도, 압력, 체적 등에 따라 어떻게 바뀌는지 나타낸 선도

1) P-V선도와 T-V선도

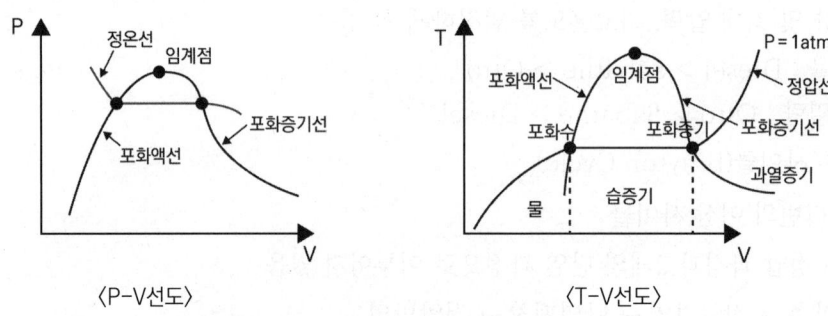

⟨P-V선도⟩　　　　　⟨T-V선도⟩

※ 임계점 : 포화액과 포화증기의 구분이 없어지는 점

2) P-T선도

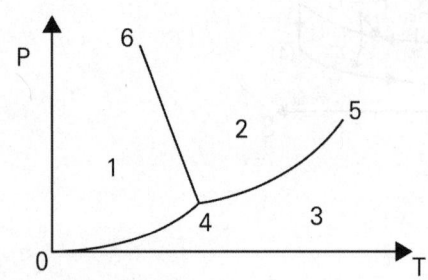

(1) 영역 1 : 고체　　　　　　　　(2) 영역 2 : 액체
(3) 영역 3 : 기체　　　　　　　　(4) 선 0-4 : 승화(고체&기체)
(5) 선 4-6 : 융해(고체&액체)　　(6) 선 4-5 : 증발(액체&기체)

3) 몰리에르선도

   (1) 몰리에르선도는 사이클 각 부분에서 어떤 열역학적 상태의 냉매가 작동하고 있는지를 알 수 있도록 만든 선도이다.
   (2) 엔탈피 H를 세로축으로, 엔트로피 S를 가로축으로 증기의 상태를 나타낸 선도이다.
   (3) 증기의 상태(압력 p, 비체적 v, 온도 t, 건도 x, 비엔탈피 h, 비엔트로피 s) 중 2개의 상태를 알면, 몰리에르선도로부터 다른 상태를 알 수 있다.

### 3 증기 원동소 사이클

1) 랭킨 사이클 : 증기 원동소의 기본 사이클

   (1) 2개의 단열 과정과 2개의 등압 과정으로 구성되어 있다.
   (2) 증기 원동소의 구성

   펌프(단열압축) → 보일러(정압가열) → 터빈(단열팽창) → 복수기(정압방열)

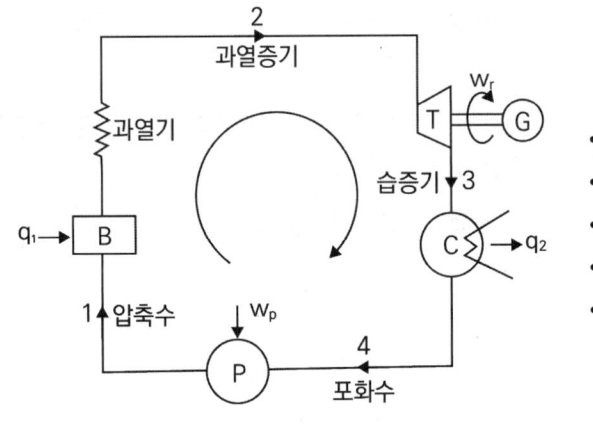

- B : 보일러(Boiler)
- T : 터빈(Turbine)
- G : 발전기(Generator)
- C : 복수기(Condenser)
- P : 급수펌프(Feed Pump)

〈랭킨 사이클의 구성〉

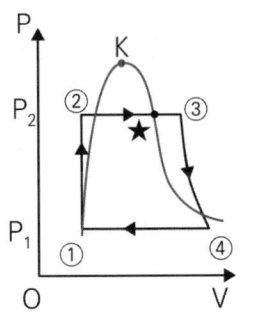 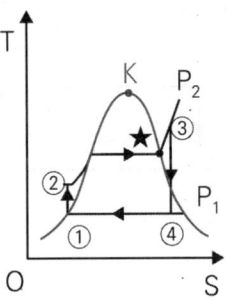 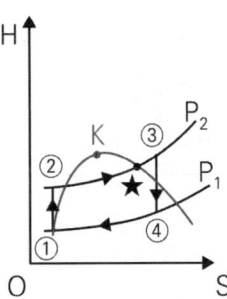

(3) 열효율

$$\eta_R = 1 - \frac{q_{out}}{q_{in}} = 1 - \frac{h_4 - h_1}{h_3 - h_2} = \frac{(h_3 - h_4) - (h_2 - h_1)}{h_3 - h_2} \times 100 \, [\%]$$

(4) 펌프 일을 무시할 경우($h_2 = h_1$), $\eta_R = \dfrac{h_3 - h_4}{h_3 - h_1} \times 100 \, [\%]$

(5) 랭킨 사이클의 이론 열효율은 초온·초압이 높을수록, 배압(복수기 압력)이 낮을수록 커진다.

2) 재열 사이클

(1) 증기 사이클의 하나로, 단열팽창 과정 도중에 재가열 과정을 도입한 사이클이다.

(2) 도중에서 추출한 증기는 재열기에서 재가열하고, 터빈에 되돌려서 팽창하게 해 열효율을 높일 수 있다.

(3) 설비가 복잡해지기 때문에 대형 터빈에 이용된다.

(4) 터빈 날개의 부식을 방지하고 팽창일을 증대시키는 데 주로 사용된다.

3) 재생 사이클

증기 원동소에서 복수기에서 방출되는 열량이 많아 열손실이 크다. 방출 열량을 회수하여 공급 열량을 가능한 감소시켜 열효율을 상승시키는 사이클이다.

※ 열전달이 터빈에 들어갈 때까지 배관 손실이 발생한다.

## 4 냉동 사이클

1) 어떤 계의 온도를 주위보다 낮게 유지하는 시스템
   진행 순서 : 압축 → 응축 → 팽창 → 증발

2) 역카르노 사이클(냉동기 이상 사이클) : 등온압축 → 단열팽창 → 등온팽창 → 단열압축

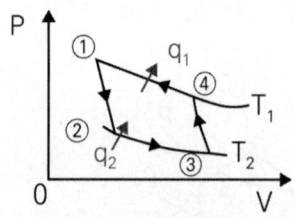
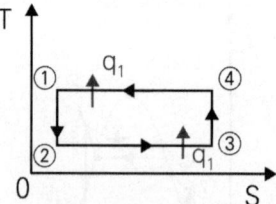

(1) 등온압축 과정 [④ → ①]

방열량 : $-q_1 = RT_1 \ln \dfrac{v_1}{v_4}$  ∴ $q_1 = RT_1 \ln \dfrac{v_4}{v_1}$

(2) 단열팽창 과정[① → ②]

(3) 등온팽창 과정[② → ③]

흡입열량 : $q_2 = RT_2 \ln \dfrac{v_3}{v_2}$

(4) 단열압축 과정[③ → ④]

① 냉동기의 성능계수 : $\epsilon_R = \dfrac{q_2}{w_c} = \dfrac{T_2}{T_1 - T_2}$

[$q_2$ : 저온체에서의 흡수열량(냉동효과), $w_c$ : 공급일]

② 열펌프의 성능계수 : $\epsilon_H = \dfrac{q_1}{w_c} = \dfrac{T_1}{T_1 - T_2}$

[$q_1$ : 고온체에 공급한 열량, $w_c$ : 공급일]

3) 역브레이튼 사이클(공기 냉동 사이클) : 단열팽창 → 정압흡열 → 단열압축 → 정압방열

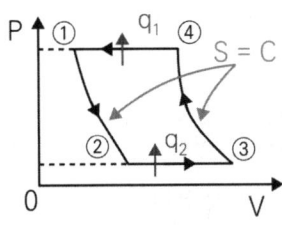
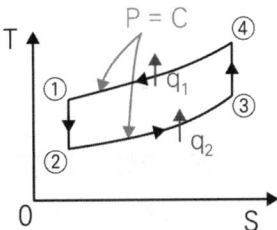

(1) 방열량(등압) : $-q_1 = C_p(T_1 - T_4)$

(2) 흡입열량(등압)(냉동효과) : $q_2 = C_p(T_3 - T_2)$

(3) 성적계수 : $\epsilon_R = \dfrac{q_2}{q_1 - q_2} = \dfrac{T_2}{T_1 - T_2}$

4) 공기압축 냉동 사이클 : 단열압축 → 등압응축 → 단열팽창 → 등압증발

증기압축식 냉동기는 증발하는 액체가 상태 변화를 위해 흡수하는 잠열을 이용하여 냉동한다. 이때 열을 흡수하는 물질을 냉매라고 한다.

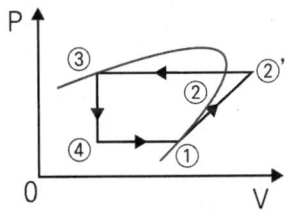
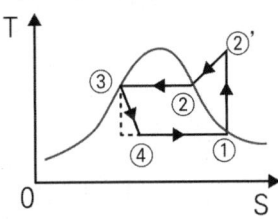

(1) 흡입열량(냉동효과) : $q_2 = h_1 - h_4 = h_1 - h_3$

(2) 방열기 : $q_1 = h_2 - h_3$

(3) 압축기의 일 : $w_c = h_2 - h_1$

(4) 성적계수 : $\epsilon_R = \dfrac{q_2}{w_c}$

※ 역스털링 사이클 : 헬륨을 냉매로 하는 극저온 가스 냉동기의 기본 사이클

5) 표시방법

(1) 냉동능력 : 1시간에 냉동기가 흡수하는 열량[kJ/h]

(2) 냉동효과 : 냉매 1 [kg]이 흡수하는 열량[kJ/kg]

(3) 체적 냉동효과 : 압축기 입구에서의 증가(건포화 증기)의 체적당 흡열량[kcal/m$^3$]

(4) 냉동톤(Ton of Refrigeration) : 1냉동톤은 0 [℃]의 물 1톤(1000 [kg])을 1일간에 0 [℃]의 얼음으로 냉동시키는 능력

※ 1냉동톤 : $1\,[RT] = 79.68 \times 1000/24 = 3320\,[kcal/h] = 3.86\,[kW]$

6) 냉매

(1) 종류

| 냉매명 | 주요 특징 | ODP |
|---|---|---|
| 암모니아(NH$_3$) | 독성, 인화성이 있으며 친환경적이다. | 0 |
| 탄산가스(CO$_2$) | 비독성, 비가연성이며, 고압 운전이 필요하다. | 0 |
| 아황산가스(SO$_2$) | 독성이 강하고 부식성이 있다. | 0 |
| 프레온-12(R-12) | 안정성이 있고 무독성이지만 오존층을 파괴한다. | 1.0 |
| 프레온-11(R-11) | 냉각기 및 발포제로 사용되지만 오존층을 파괴한다. | 1.0 |
| 프레온-22(R-22) | R-12의 대체재로 사용하지만 사용이 제한되고 있다. | 약 0.05 |

※ ODP(오존층 파괴지수) : 냉매나 기타 화학물질이 오존층을 얼마나 파괴할 수 있는지 상대적으로 나타낸 지표

(2) 구비조건
  ① 물리적 성질
    ㉠ 응고점이 낮아야 한다.
    ㉡ 증발열이 커야 한다.
    ㉢ 증기의 비체적은 작아야 한다.
    ㉣ 임계온도는 상온보다 높아야 한다.
    ㉤ 증발압력이 너무 낮지 않아야 한다.
    ㉥ 응축압력이 너무 높지 않아야 한다.
    ㉦ 증기의 비열은 크고 액체의 비열은 작아야 한다.
    ㉧ 단위냉동량당 소요 동력이 작아야 한다.
  ② 화학적 성질
    ㉠ 안정성이 있어야 한다.
    ㉡ 부식성이 없어야 한다.
    ㉢ 무독·무해하여야 한다.
    ㉣ 인화 폭발의 위험성이 없어야 한다.
    ㉤ 전기 저항이 커야 한다.
    ㉥ 증기 및 액체의 점성이 작아야 한다.
    ㉦ 전열계수가 커야 한다.
    ㉧ 윤활유에 되도록 녹지 않아야 한다.
  ③ 기타
    ㉠ 누설이 적어야 한다.
    ㉡ 가격이 저렴해야 한다.

# 04 OX퀴즈

※ OX 퀴즈로 최다빈출 개념을 쉽게 정리하고 기출 유형까지 미리 익혀보세요.

1 냉매의 구비조건으로는 응고점이 낮아야 한다. [O][X]

2 카르노 사이클은 고열원과 저열원의 절대온도만으로 열효율을 구할 수 있다. [O][X]

3 카르노 사이클은 이상적인 열기관 사이클이다. [O][X]

4 카르노 사이클은 2개의 정압 과정과 단열 과정으로 이루어져 있다. [O][X]

5 오토 사이클의 열효율은 압축비를 높이면 열효율은 증가한다. [O][X]

6 디젤 사이클은 압축비와 차단비가 증가할수록 열효율은 증가한다. [O][X]

7 사바테 사이클은 복합 사이클이다. [O][X]

8 가스 터빈의 기본 사이클은 카르노 사이클이라고 한다. [O][X]

9 역카르노 사이클은 등온압축 – 단열팽창 – 등온팽창 – 단열압축 순서로 이루어져 있다. [O][X]

10 냉동기의 성능계수는 $\epsilon_R = \dfrac{q_2}{w_c} = \dfrac{T_2}{T_1 - T_2}$ 이다. [O][X]

11 냉동능력이라는 것은 1시간에 냉동기가 흡수하는 열량이다. [O][X]

12 냉동효과는 냉매 1 [kg]이 흡수하는 열량이다. [O][X]

---

**정답** 01 (O) 02 (O) 03 (O) 04 (X) 05 (O) 06 (X) 07 (O) 08 (X) 09 (O) 10 (O) 11 (O) 12 (O)

4 2개의 <u>등온</u> 과정과 단열 과정으로 이루어져 있다.
6 압축비가 증가하고 <u>차단비가 감소</u>할수록 열효율은 증가한다.
8 <u>브레이튼</u> 사이클이다.

# 04 예상문제

## 01
냉동능력을 나타내는 단위로 0 [℃]의 물 1000 [kg]을 24시간 동안에 0 [℃]의 얼음으로 만드는 능력을 무엇이라 하는가?

① 냉동계수
② 냉동마력
③ 냉동톤
④ 냉동률

**해설**

냉동톤
냉동톤(1 [RT])이란 0 [℃]의 물 1000 [kg]을 24시간 동안에 0 [℃]의 얼음으로 만드는 능력을 말한다.
1 [RT] = 1000 × 79.68 ÷ 24 [hr]
        = 3320 [kcal/h]
        = 386 [kW]

## 02
브레이튼 사이클의 이론 열효율을 높일 수 있는 방법으로 틀린 것은?

① 공기의 비열비를 감소시킨다.
② 터빈에서 배출되는 공기의 온도를 낮춘다.
③ 연소기로 공급되는 공기의 온도를 낮춘다.
④ 공기압축기의 압력비를 증가시킨다.

**해설**

열효율

$$\eta_{thb} = 1 - \left(\frac{1}{\gamma}\right)^{\frac{k-1}{k}}$$

브레이튼 사이클의 열효율을 높이려면 압력비 및 비열비를 증가시켜야 한다.

## 03
오존층 파괴와 지구 온난화 문제로 인해 냉동장치에 사용하는 냉매의 선택에 있어서 주의를 요한다. 이와 관련하여 다음 중 오존 파괴 지수가 가장 큰 냉매는?

① R - 134a
② R - 123
③ 암모니아
④ R - 11

**해설**

오존 파괴 지수가 가장 큰 냉매
R - 11
- 대기오염물질인 염소가 3개 포함되어 있다.
- 오존층 파괴 지수가 크다.

정답 01 ③ 02 ① 03 ④

## 04

다음 그림은 Rankine 사이클의 h-s선도이다. 등엔트로피팽창 과정을 나타내는 것은?

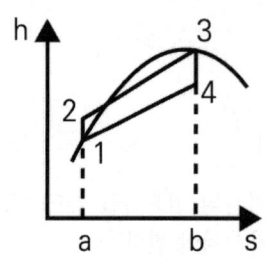

① 1 → 2
② 2 → 3
③ 3 → 4
④ 4 → 1

**해설**

랭킨 사이클
등엔트로피(s = c) 팽창 과정은 3 → 4(터빈 과정)이다.

## 05

그림은 Carnot 냉동 사이클을 나타낸 것이다. 이 냉동기의 성능계수를 옳게 표현한 것은?

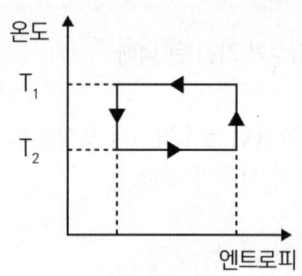

① $\dfrac{T_1 - T_2}{T_1}$
② $\dfrac{T_1 - T_2}{T_2}$
③ $\dfrac{T_2}{T_1 - T_2}$
④ $\dfrac{T_1}{T_1 - T_2}$

**해설**

성능계수

냉동기 성능계수 $(COP)_R = \dfrac{T_2}{T_1 - T_2}$

## 06

다음 중 터빈에서 증기의 일부를 배출하여 급수를 가열하는 증기 사이클은?

① 사바테 사이클
② 재생 사이클
③ 재열 사이클
④ 오토 사이클

**해설**

재생 사이클
터빈에서 팽창 도중의 증가를 일부 배출하여 보일러로 들어가는 물(급수)을 예열하는 증기 사이클이다.

## 07

오토 사이클의 열효율에 영향을 미치는 인자들만 모은 것은?

① 압축비, 비열비
② 압축비, 차단비
③ 차단비, 비열비
④ 압축비, 차단비, 비열비

**해설**

오토 사이클의 열효율
$\eta_{tho} = 1 - \left(\dfrac{1}{\epsilon}\right)^{k-1}$

**정답** 04 ③  05 ③  06 ②  07 ①

## 08

냉동 사이클의 작동 유체인 냉매의 구비조건으로 틀린 것은?

① 화학적으로 안정될 것
② 임계 온도가 상온보다 충분히 높을 것
③ 응축 압력이 가급적 높을 것
④ 증발 잠열이 클 것

**해설**

냉매의 구비조건
응축압력은 가급적 낮을 것

## 09

그림은 랭킨 사이클의 온도, 엔트로피(T – S) 선도이다. 상태 1 ~ 4의 비엔탈피값이 $h_1$ = 192 [kJ/kg], $h_2$ = 194 [kJ/kg], $h_3$ = 2802 [kJ/kg], $h_4$ = 2010 [kJ/kg]이라면 열효율 [%]은?

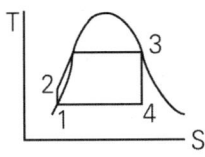

① 25.3
② 30.3
③ 43.6
④ 49.7

**해설**

랭킨 사이클의 열효율

$$\eta = \frac{W}{Q_1} = \frac{Q_1 - Q_2}{Q_1} = 1 - \frac{Q_2}{Q_1}$$

$$= 1 - \frac{h_4 - h_1}{h_3 - h_2} = 1 - \frac{2010 - 192}{2802 - 194}$$

$$= 0.303$$

$$\fallingdotseq 30.3 \, [\%]$$

## 10

디젤 사이클에서 압축비가 20, 단절비(Cut-off Ratio)가 1.7일 때 열효율[%]은? (단, 비열비는 1.4이다)

① 43
② 66
③ 72
④ 84

**해설**

열효율

$$\eta_{thd} = 1 - \left(\frac{1}{\epsilon}\right)^{k-1} \frac{\sigma^k - 1}{k(\sigma - 1)}$$

$$= 1 - \left(\frac{1}{20}\right)^{1.4-1} \times \frac{1.7^{1.4} - 1}{1.4(1.7 - 1)}$$

$$\fallingdotseq 0.66 \times 100 \, [\%] = 66 \, [\%]$$

## 11

다음 중 가스터빈의 사이클로 가장 많이 사용되는 사이클은?

① 오토 사이클
② 디젤 사이클
③ 랭킨 사이클
④ 브레이튼 사이클

**해설**

가스터빈의 사이클
가스터빈의 이상 사이클은 브레이튼 사이클이다.

## 12

카르노 사이클에서 최고 온도는 600 [K]이고, 최저 온도는 250 [K]일 때 이 사이클의 효율은 약 몇 [%]인가?

① 41
② 49
③ 58
④ 64

**해설**

사이클의 효율

$$\eta_c = 1 - \frac{T_2}{T_1} = (1 - \frac{250}{600}) \times 100 [\%] = 58 [\%]$$

## 13

그림과 같은 브레이튼 사이클에서 효율($\eta$)은? (단, P는 압력, v는 비체적이며, $T_1$, $T_2$, $T_3$, $T_4$는 각각의 지점에서의 온도이다. 또한 $q_{in}$과 $q_{out}$은 사이클에서 열이 들어오고 나감을 의미한다)

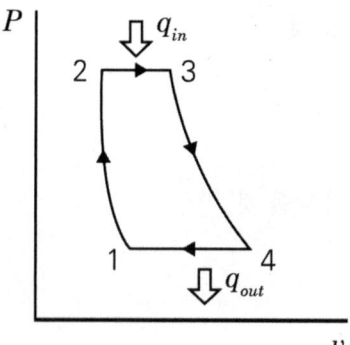

① $\eta = 1 - \dfrac{T_3 - T_2}{T_4 - T_1}$

② $\eta = 1 - \dfrac{T_1 - T_2}{T_3 - T_4}$

③ $\eta = 1 - \dfrac{T_4 - T_1}{T_3 - T_2}$

④ $\eta = 1 - \dfrac{T_3 - T_4}{T_1 - T_2}$

**해설**

브레이튼 사이클에서 효율

$$\eta_{thB} = 1 - \frac{q_{out}}{q_{in}} = 1 - \frac{C_p(T_4 - T_1)}{C_p(T_3 - T_2)} = 1 - \frac{T_4 - T_1}{T_3 - T_2}$$

[ 출·제·경·향·분·석·표 ]

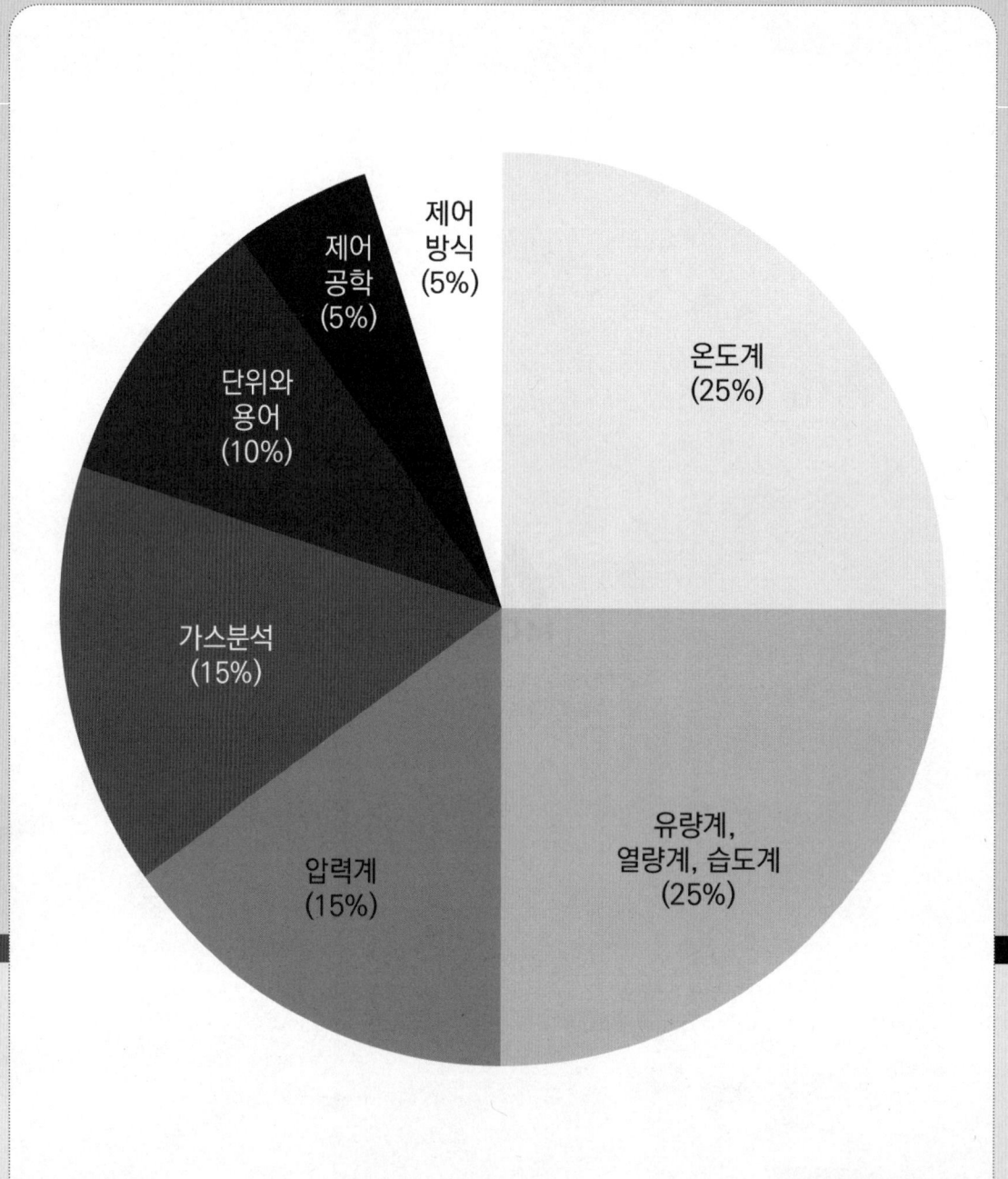

# Part 03 계측방법

# Chapter 01 계측기와 계측방법

**핵심포인트** 오차, SI단위, 온도계, 습도계, 점성계수, 유량계, 압력계, 열량계

**학습목표**
1. 계측과 제어의 목적과 기본사항을 말할 수 있다.
2. 각 계측기의 종류에 따른 차이점을 이해할 수 있다.

## 01 계측의 기본사항

계측기 : 물리적, 화학적, 전기적 특성 등 다양한 양을 측정하거나 기록하기 위한 기기

### 1 계측기의 구비조건

1) 구조가 간단하고 취급이 용이할 것
2) 견고하고 신뢰성이 있을 것
3) 가격이 저렴하고, 구입과 보수가 용이할 것
4) 원격제어가 가능하며 연속측정이 가능할 것

### 2 단어

1) 측정 : 기계, 기구, 장치 등을 이용하여 물질의 양 또는 상태를 결정하기 위한 조작
2) 측정량 : 측정 대상이 되는 양
3) 측정치 : 측정에 의해 얻어지는 수치
4) 측정기(계측기) : 측정에 사용되는 기계 또는 기기
5) 제어편차 : 목표치에서 제어량을 뺀 값

### 3 계측과 제어의 목적

1) 열설비의 고효율화
2) 안전위생관리
3) 자동제어로 인한 노동력 절감
4) 조업조건의 안정화

### 4 오차(Error) : 측정값과 참값의 차

1) 계통오차 : 일정한 원인에 의해 발생하는 오차
   (1) 이론오차 : 이론식 또는 관계식 중에 가정을 설정하거나 생략 시 발생할 수 있는 오차
   (2) 계기오차 : 계측기 자신이 가지는 고유오차(기차)
   (3) 개인오차 : 측정자 습관에 의한 오차
2) 과실오차 : 측정자 부주의로 인한 오차    예 측정치를 잘못 읽거나 기록하는 경우
3) 우연오차 : 예측할 수 없는 원인에 의한 오차, 측정환경에 의한 오차

### 5 계측기의 측정방법

1) 보상법 : 기준 분동을 준비하여 분동과 측정량의 차이로부터 측정량을 구하는 방식
   (1) 장점 : 측정량이 작거나 큰 경우에도 측정할 수 있다.
   (2) 단점 : 분동의 준비와 사용이 어렵고, 측정량과 분동의 크기가 같아야 하므로 분동의 준비가 까다롭다.
2) 편위법 : 측정하고자 하는 양을 기준량과 비교하고, 기준량에 의해 발생하는 편차를 관찰하여 측정값을 결정하는 방식
   (1) 조작이 간단하고 비용이 저렴하나 정밀도가 낮다.
   (2) 스프링저울은 편위법을 이용한 측정기구이다.
3) 치환법 : 측정량과 기준량을 치환하여 2회의 측정결과로부터 구하는 측정방식
4) 영위법 : 측정기에서 지시값이 '0'이 되도록 기준량을 조절한 뒤, 그 조절된 기준값을 측정값으로 삼는 방법
   (1) 측정하고자 하는 상태량과 독립적 크기를 조정할 수 있는 기준량과 비교하여 측정, 계측하는 방법이다.
   (2) 측정하고자 하는 상태량과 기준량을 동일한 조건에서 측정한다.
   (3) 측정된 두 값의 차이를 구한다.
   (4) 구한 차이를 기준량의 변화량으로 나누어 측정하고자 하는 상태량을 계산한다.

## 6 SI 단위

1) 기본단위

| 기본량 | 길이 | 질량 | 시간 | 온도 | 물질량 | 광도 | 전류 |
|---|---|---|---|---|---|---|---|
| 이름 | meter (미터) | kilogram (킬로그램) | second (세컨드) | Kelvin (켈빈) | mole (몰) | candela (칸델라) | Ampere (암페어) |
| 단위 | m | kg | s | K | mol | cd | A |
| 차원 | L | M | T | - | | | |

2) 보조단위 : 평면각 rad(라디안), 입체각 sr(스테라디안)

3) 유도단위

　(1) 힘 : N(뉴턴)

　(2) 비중량 : $N/m^3$

　(3) 압력 : Pa(파스칼)

　(4) 에너지 : J(줄)

　(5) 일률, 동력 : W(와트)

　(6) 자기선속 : Wb(웨버)

# 02 온도, 습도 계측

## 1 온도계

1) 온도(Temperature)

　(1) 건구온도(Dry Bulb Temperature) : 일반적인 온도계로 측정한 온도

　(2) 습구온도(Wet Bulb Temperature) : 온도계 감온부를 젖은 헝겊으로 감싸고 측정한 온도(증발잠열에 의한 온도)

　(3) 노점온도(Dewpoint Temperature) : 습공기 수증기 분압이 일정한 상태에서 수분의 증감없이 냉각할 때 수증기가 응축하기 시작하여 이슬이 맺는 온도

2) 접촉식 온도계

온도를 측정하고자 하는 피측정 물체에 측온부를 접촉시켜 온도를 측정하는 방식

(1) 특징
① 측정범위가 넓고 측정 오차가 비교적 적으며 정밀측정이 가능하다.
② 피측정체의 내부 온도를 측정한다.
③ 이동물체의 온도측정이 곤란하다.
④ 일반적으로 1000 [℃] 이하의 저온 측정용이다.

(2) 유리체 온도계 : 유리관 안에 액체를 채워 넣고, 액체의 부피 변화를 이용하여 온도를 측정

예 베크만 온도계 : 미세한 온도 변화를 측정하기 위한 특수 유리체 온도계

① 구조
㉠ 유리관 : 수은이 흐르는 유리관으로, 상단에는 수은을 봉입하는 공간이 있다.
㉡ 수은 : 온도에 따라 부피가 변하는 수은을 사용한다.
㉢ 눈금 : 온도에 따라 수은의 이동량을 나타내는 눈금이다.

② 특징
㉠ 정밀도가 높아 0.01 [℃]까지 측정할 수 있다.
㉡ 저온용으로 적합하며, -20 ~ 150 [℃] 정도의 측정온도 범위이다.
㉢ 응답성이 느려 급격한 온도 변화에는 적합하지 않다.

(3) 압력식 온도계 : 부피 또는 압력 변화를 이용하여 온도를 측정

(4) 열전대 온도계 : 두 개의 금속을 접합하여 생기는 열기전력을 이용하여 온도를 측정

※ 제벡(Seebeck)효과 : 성질이 다른 두 금속의 접점에 온도차를 두면 열기전력이 일어나는 현상

① 특징
㉠ 내구성이 뛰어나고 다양한 온도 범위에서 사용할 수 있다.
㉡ 비교적 높은 온도 측정에 사용된다.
㉢ 사용 금속은 열기전력이 크고 온도증가에 따라 연속적으로 상승해야 한다.
㉣ 기준접점의 온도를 일정하게 유지해야 한다.
㉤ 장점 : 좁은 장소의 온도를 계측하기 용이하다.
㉥ 단점 : 기준 접전장치가 필요하다.

② 보호관 : 열전대 센서를 보호하고 외부 환경으로부터 격리하기 위한 역할
　㉠ 보호관의 종류
　　ⓐ 석영관 : 사용온도가 약 1000 [℃]이며 내열성, 내산성이 우수하나 환원성 가스에 기밀성이 약간 떨어진다.
　　ⓑ 카보런덤관 : 사용온도가 약 1250 ~ 1700 [℃]이며 용융금속에 강하다.
　　ⓒ 자기관 : 사용온도가 약 1350 ~ 1500 [℃]이며 용융금속에 강하다.
　　ⓓ 황동관 : 사용온도가 약 250 [℃] 정도로 저온용이다.
　　ⓔ 동관 : 사용온도가 약 250 [℃] 정도로 저온용이다.
　　※ 사용 온도가 높은 순서 : 자기관 > 석영관 > 동관
③ 시스(Sheath) 열전대 온도계
　㉠ 금속 보호관 내부에 열전대선과 충전물을 밀봉하여 내구성과 응답성이 뛰어난 고성능 열전대 온도계이다.
　㉡ 보호관 속에는 일반적으로 마그네시아와 알루미나의 혼합물이 충전된다.
④ 열전대 금속 특성 및 성능 비교

| 기호 | 사용금속(+, −) | 측정온도 범위[℃] |
|---|---|---|
| B | 백금-30 [%] 로듐, 백금-6 [%] 로듐 | 600 ~ 1700 |
| R | 백금-13 [%] 로듐, 백금 | 0 ~ 1600 |
| S | 백금-10 [%] 로듐, 백금 | 0 ~ 1600 |
| K | 크로멜(Cr), 알루멜(Al) | -200 ~ 1200 |
| E | 크로멜(Cr), 콘스탄탄(Cu-Ni) | -200 ~ 800 |
| J | 철(Fe), 콘스탄탄(Cu-Ni) | -40 ~ 750 |
| T | 구리(Cu), 콘스탄탄(Cu-Ni) | -200 ~ 350 |

　㉠ 백금 - 백금·로듐 온도계는 안정성이 양호하여 표준용으로 사용된다.
　㉡ 온도가 1 [℃] 변할 때 발생하는 열기전력의 크기
　　　철콘스탄탄(IC) > 동콘스탄탄(CC) > 크로멜·알루멜(CA) > 백금·백금로듐(PR)
(5) 바이메탈 온도계 : 두 개의 금속을 접합하여 온도 변화에 따른 열팽창의 정도를 이용하여 온도 측정
① 측온범위는 -50 ~ 500 [℃]이다.
② 구조가 간단하다.
③ 오래 사용 시 히스테리시스 오차가 발생한다.
④ 자동 온도조절이나 온도 보상장치에 이용된다.
⑤ 온도 변화에 따른 응답이 느리다.

(6) 저항식 온도계 : 온도에 따라 저항값이 변하는 측온 저항체를 이용하여 온도를 측정

$$R = R_0(1 + \alpha \Delta T)$$

- $\alpha$ : 저항온도계수, $R_0$ : 초기온도에서의 저항
- $R$ : 현재온도에서의 저항, $\Delta T$ : 온도 변화

① 전기신호로 온도를 출력할 수 있으므로 자동제어에 적용할 수 있다.
② 백금 저항 온도계 : 백금의 전기 저항 변화를 이용하여 온도를 측정
  ㉠ 0 [℃]에서 100 [Ω]이 되도록 설계된 저항소자를 사용한다.
  ㉡ 저항온도계수는 작으나 안정성이 좋아서 장기간 사용해도 측정값 변화가 거의 없다.
  ㉢ 센서 구조나 설치방식에 따라 시간이 지연될 수 있다.
③ 측온 저항체의 구비조건
  ㉠ 온도 측정장치와 호환되어야 한다.
  ㉡ 저항의 온도계수가 커야 한다.
  ㉢ 온도와 저항의 관계가 연속적이어야 한다.
  ㉣ 저항값이 온도 이외의 조건에서 변하지 않아야 한다.
  ㉤ 측온 저항체 사용온도 범위
    ⓐ 구리(Cu) : 0 ~ 120 [℃]
    ⓑ 백금(Pt) : -200 ~ 500 [℃]
    ⓒ 니켈(Ni) : -50 ~ 150 [℃]
    ⓓ 서미스터 : -100 ~ 300 [℃]
    ※ 서미스터의 재질 : 니켈, 코발트, 망간, 구리, 철 등의 산화물

3) 비접촉식 온도계

측정 대상에 직접 닿지 않고 적외선 등의 복사 에너지를 감지하여 온도를 측정

(1) 방사 온도계 : 피측정물에서 방출되는 방사에너지의 세기를 측정
  ① 구조가 간단하고 견고하다.
  ② 방사율에 의한 보정량이 크지만 연속측정이 가능하고 기록이나 제어가 가능하다.
  ③ 1000 [℃] 이상의 고온에 사용하며, 이동물체의 온도 측정이 가능하다(50 ~ 3000 [℃] 측정).
  ④ 발신기를 이용하여 기록 및 제어가 가능하다.
  ⑤ 측온체와의 사이에 수증기나 연기 등의 영향을 받는다.

⑥ 스테판 볼츠만의 법칙

물체가 방출하는 복사 에너지는 절대온도의 네제곱에 비례한다.

$$E = \sigma \epsilon T^4$$

- $E$ : 단위면적당 복사에너지 $[W/m^2]$
- $\sigma$ : 스테판볼츠만상수 $= 5.67 \times 10^{-8} \, [W/m^2 K^4]$
- $\epsilon$ : 방사율, $T$ : 절대온도$[K]$

(2) 광고온계(Optical Pyrometer)

물체가 방출하는 빛의 밝기를 기준광원과 비교하여 온도를 측정하는 비접촉식 온도계

① 피측정물과 전구를 동시에 비추어 피측정물의 휘도와 내장된 전구 필라멘트의 휘도를 육안으로 비교하여 측정한다.
② 측정자 간의 오차가 발생하기 쉬운 기기이다.
③ 고온측정이 가능하다(700 ~ 3000 [℃] 측정 가능, 900 [℃] 이하인 경우 오차 발생).
④ 정확도가 높지만 연속측정이나 자동제어에 응용할 수 없다.

(3) 광전관 온도계

고온 물체의 밝기를 두 개의 광전관(광센서)으로 자동 비교하여 온도를 측정

① 응답속도가 빠르고, 온도의 연속측정 및 기록이 가능하며 자동제어가 가능하다.
② 이동하는 물체의 온도측정이 가능하다.
③ 개인오차가 없으나 구조가 복잡하다.
④ 700 ~ 3000 [℃]까지 측정 가능하다.

(4) 색 온도계

광감지기를 사용하여 물체에서 방출되는 빛의 파장(색)을 측정한다.

① 특징
  ㉠ 방사율에 의한 영향이 적다.
  ㉡ 광흡수에 영향이 적으며 응답이 빠르다.
  ㉢ 구조가 복잡하며 주위로부터 빛 반사의 영향을 받는다.
  ㉣ 750 [℃] 정도부터 측정이 가능하다.

② 온도에 따른 색 변화
  ㉠ 600 [℃] : 어두운 색
  ㉡ 800 [℃] : 붉은 색
  ㉢ 1000 [℃] : 오렌지색
  ㉣ 1200 [℃] : 노란색
  ㉤ 1500 [℃] : 눈부신 황백색
  ㉥ 2000 [℃] : 매우 눈부신 흰색
  ㉦ 2500 [℃] : 푸른기가 있는 흰백색

## 2 습도계 및 노점계

1) 습도(Humidity)

    (1) 절대 습도(Specific Humidity) : 건조공기 1 [kg]에 대한 수증기 중량비

    (2) 상대 습도(Relative Humidity) : 습공기 수증기 분압과 동일온도의 포화 습공기 수증기 분압과의 비

    (3) 포화도 : 습공기 절대 습도와 포화 습공기 절대 습도와의 비

2) 습도계의 종류

    (1) 건습구 습도계 : 건구, 습구 온도계로 구성되어 있고 상대 습도표에 의해 습도를 구한다.

    ① 간이 건습구 습도계 : 자연통풍 상태에서 건구 온도계와 습구 온도계만을 이용하여 상대 습도를 측정하는 간단한 형태의 습도계

    ② 통풍 건습구 습도계(아스만 습도계) : 건구와 습구 온도계에 기계식 팬이나 송풍장치를 장착하여 일정한 풍속(2.5 ~ 5 [m/s])을 유지하며 습도를 정확하게 측정하는 습도계

    (2) 전기 저항식 습도계 : 수분을 흡수하는 물질의 전기 저항이 수분의 함량에 따라 변하는 원리를 이용, 습도에 따른 센서의 저항 변화를 측정하여 계산하는 습도계이다.

    ① 구조 및 측정회로가 간단하며, 저습도 측정에 적합하다.

    ② 기체의 압력 풍속에 의한 오차가 없고 응답이 빠르다.

    (3) 듀셀 노점계 : 염화리튬을 사용하여 노점을 측정하는 습도계이다.

    ① 염화리튬은 공기 중의 수증기를 흡수하면서 흡습 평형 상태에 도달하며 이때 증발잠열로 인해 염화리튬의 온도가 낮아진다. 이때 노점 온도에 해당하는 값을 구하고, 이를 통해 습도를 산출한다.

    ② 저습도의 측정에 적합하며, 구조가 간단하여 고장이 적다.

    (4) 광전관식 노점 습도계 : 광전관을 사용하여 노점을 측정하는 습도계이다.

    ① 염화리튬의 수분흡수 정도에 따라 투과 또는 반사되는 빛의 양이 달라지며, 그 빛의 세기를 광전관으로 측정하여 습도를 알아낸다.

    ② 저습도의 측정이 가능하며 기체의 온도에 영향을 받지 않는다.

    (5) 모발 습도계 : 습도의 증감에 따라 규칙적으로 신축하는 모발의 성질을 활용하여 모발의 길이 변화를 측정해 습도를 계산하는 습도계이다.

    ① 사용이 간편하지만 정밀도나 반복성이 떨어지고 응답시간이 길다.

    ② 실내 습도 조절용으로 사용된다.

    ③ 모발은 시간이 지남에 따라 변형되므로 2년마다 모발을 바꾸어주어야 한다.

3) 습도센서

(1) 서미스터 습도센서 : 수분흡수에 따라 전기 저항이 변하는 성질을 이용하여 습도를 측정하는 센서

(2) 염화리튬 습도센서 : 염화리튬의 전기적 특성이 습도에 따라 달라지는 특성을 이용하여 습도를 측정하는 센서

(3) 수정진동자 습도센서 : 수정진동자의 진동수에 미치는 습도의 영향을 이용하여 습도를 측정하는 센서

(4) 고분자 습도센서 : 고분자 재료의 전기적 특성이 습도에 따라 달라짐을 이용하여 습도를 측정하는 센서

## 03 유체계측

### 1 점성계수(점도)의 계측

1) 낙구식 점도계

(1) 유체에 구슬을 떨어뜨려 등속으로 낙하하는 속도를 측정하고 중력, 부력, 점성 저항력의 균형을 이용하여 점도를 계산한다.

(2) 스토크스의 법칙 : 유체 속을 등속도로 낙하하는 구형 물체가 받는 점성 저항력은 그 물체의 반지름, 속도, 점성계수에 비례한다.

2) 관식 점도계

(1) 모세관을 흐르는 액체의 흐름시간 또는 유량을 측정하여 점도를 계산한다.

예 오스왈드(Ostwald) 점도계, 세이볼트(Saybolt) 점도계

(2) 하겐 포아젤의 법칙 : 유체가 가는 원통형 관을 따라 층류로 흐를 때, 유량이 압력차와 반지름의 네제곱에 비례하고 점도와 관 길이에 반비례한다.

$$E = \sigma \epsilon T^4 \quad H = \frac{\Delta P}{\gamma} = \frac{128 \mu Q l}{\pi D^4}$$

- $H$ : 손실수두, $\Delta P$ : 압력차(압력강하)
- $\gamma$ : 비중, $\mu$ : 점도, $Q$ : 유량
- $l$ : 길이, $D$ : 내경

3) 회전원통식 점도계

　(1) 회전하는 원통 또는 원판 내부의 유체의 흐름을 측정하여 점도를 계산하는 방식

　　　　　　　　　　　　　　　　　예 맥미첼(MacMichael) 점도계, 스토머(Stomer) 점도계

　(2) 뉴턴의 점성 법칙 : 액체 층 사이의 움직이는 속도 차이가 클수록 저항력도 커진다.

## 2 유량계의 종류

1) 용적식 유량계 : 유체를 일정한 부피 단위로 나누어 계수함으로써 단위 시간당 부피 유량을 측정하는 적산식 유량계

　(1) 회전자, 피스톤 등이 유체 흐름에 따라 회전 또는 왕복 운동하며 그 움직임 횟수로 유량을 계산한다.

　(2) 유량을 누적하여 측정하는 방식이기 때문에 적산식 유량계라고 불린다.

　(3) 측정유체의 맥동에 의한 영향이 적고 점도가 높은 유량의 측정도 가능하다. 고형물의 혼입을 막기 위해 입구 측에 여과기가 필요하다.

　(4) 종류 : 오벌미터, 루트형 가스미터, 피스톤형, 로터리피스톤형

2) 면적식 유량계 : 유량의 크기에 따라 유로의 면적이 변하고, 그 면적 변화에 따라 유량을 측정하는 유량계

　(1) 반드시 수직으로 설치하여야 하여 구조상 부가적인 압력손실이 있고, 고점성 유체에 적합하다. 또한 정밀 측정이 어렵다.

　(2) 로터미터(플로트형, 부자식) : 단면적이 변하는 수직관 내에서 플로트의 위치를 통해 즉시 유량을 판독할 수 있는 대표적인 면적식 유량계이며 대유량 측정에는 부적합하다.

3) 차압식 유량계 : 유체의 흐름에 의해 생기는 차압을 측정하여 유량을 계산하는 유량계

　(1) 구조가 간단하여 대부분의 유체에 적용할 수 있고 고온·고압의 현장에도 사용 가능하다.

　(2) 측정범위가 넓고 정밀도가 높다.

　(3) 종류 : 오리피스, 벤투리관, 플로우노즐

　　① 벤투리 유량계 : 관로에 벤투리관을 설치하여 유체의 흐름에 의해 발생하는 압력차를 측정하여 유량을 계산한다.

　　② 오리피스 유량계 : 관로에 오리피스판을 설치하여 유체의 흐름에 의해 발생하는 압력차를 측정하여 유량을 계산한다. 교축기구 전·후에 탭을 설치한다.

　　　※ 유량 측정에 쓰이는 탭 방식 : **베나** 탭, **코너** 탭, **플랜지** 탭　　　암 배고플땐

　　③ 플로우노즐 유량계 : 관로에 플로우노즐을 설치하여 유체의 흐름에 의해 발생하는 압력차를 측정하여 유량을 계산한다.

4) 전자 유량계 : 전도성 유체의 유속을 측정하는 유량계
   (1) 전도성 유체에 한하여 사용할 수 있으며 응답이 빠른 편이고 압력손실이 거의 없다.
   (2) 높은 내식성을 유지할 수 있으며 유체의 점도 온도 압력 등에 영향을 받지 않는다.
   (3) 미소한 측정전압에 대하여 고성능의 증폭기가 필요하다.
5) 피토관 유량계 : 배관에 직접 삽입하여 유속을 측정하는 속도식 유량계
   (1) 구조가 간단하고 설치가 쉽다.
   (2) 유체의 흐름이 불규칙하면 정확한 측정이 어렵고 피토관을 유체흐름의 방향과 일치시켜야 한다.
   (3) 더스트가 많은 유체에 사용하면 측정 오차가 발생할 수 있다.
   (4) 압력차를 측정하기 위해서는 유체의 흐름이 충분히 강해야 한다.

### 3 유량 계산

1) 유체 흐름의 상태
   (1) 층류 : 유체 입자가 서로 겹치지 않고 일정한 속도로 흐르는 유동 상태(Re < 2100)
   (2) 난류 : 입자가 불규칙하고 뒤섞이면서 흐르는 상태(Re > 4000)
2) 레이놀즈수 : 유체 흐름이 층류인지 난류인지 판단하는 지표

$$Re = \frac{관성력}{점성력} = \frac{DU\rho}{\mu}$$

D : 관의 지름, U : 유속, $\rho$ : 밀도, $\mu$ : 점성계수

3) 동점성계수 : 유체의 점성 특성을 나타내는 물리량($v = \frac{\mu}{\rho}$)

4) 유량 계산

$$Re = \frac{관성력}{점성력} = \frac{DU\rho}{\mu}$$

$$Q = CA\sqrt{\frac{2\Delta P}{\rho}}$$

- Q : 유량 [m³/s], C : 유량계수
- A : 유로의 단면적 [m³]
- $\Delta$P : 유체의 압력차 [Pa]
- $\rho$ : 유체의 밀도 [kg/m³]

## 04 압력계측

### 1 압력계의 종류

1) 액주식 압력계(마노미터) : 액주관 내에 물이나 수은(Hg)을 봉입, 압력차에 의한 액주의 높이 차로 압력을 측정하는 방식

$$P = \gamma h \, [Pa]$$

$P$ : 압력[Pa], $\gamma$ : 액의 비중량 $[N/m^3]$, $h$ : 액의 높이차 [m]

※ 액주식 압력계에 사용되는 액체의 구비조건
① 온도 변화에 의한 밀도 변화가 적을 것
② 점성이 적을 것
③ 팽창계수가 적을 것
④ 화학적으로 안정될 것
⑤ 휘발성, 흡수성이 적을 것
⑥ 모세관현상이 작을 것
⑦ 액면은 항상 수평으로 만들어야 하며, 액주의 높이를 정확하게 읽을 수 있을 것

(1) U자관 압력계
① U자 모양의 유리관에 물, 기름, 수은 등을 넣어 한쪽 관에 측정하고자 하는 대상의 압력을 도입하여, 양쪽 액의 높이차에 의하여 압력을 측정한다.
② U자관의 크기는 특수 용도의 것을 제외하고는 보통 2 [m] 정도이다.
③ 저압측정에 사용된다.

(2) 경사관식 압력계
① U자관 압력계를 변형한 형태
② 측정관을 경사시켜 눈금을 확대하므로 미세압을 정밀측정할 수 있다.
③ $P_1 - P_2 = \gamma h$, $h = l\sin\theta$ → $P_1 - P_2 = \gamma l \sin\theta$ [$\theta$ : 유리관의 경사각]

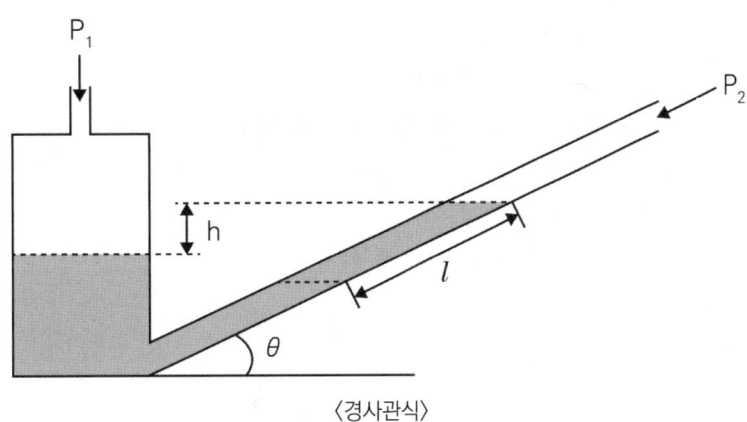

〈경사관식〉

(3) 플로트(Float) 액주형 압력계 : 액주의 높이 변화에 따라 움직이는 플로트를 이용하여 압력 변화를 기계적 또는 전기적 방식으로 변환하여 측정하는 압력계

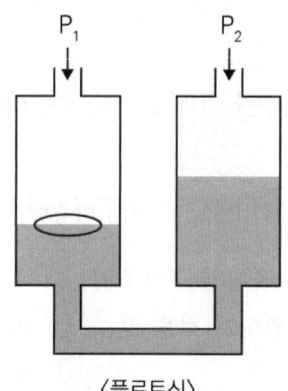

〈플로트식〉

(4) 링 밸런스 압력계(환상천평식 압력계)
   ① 링 밸런스 압력계는 원형 관에 액체(수은 또는 기름)를 채우고 양쪽의 압력차에 의해 발생하는 회전력과 추의 복원력이 평형을 이룰 때 압력을 측정하는 방식
   ② 특징
      ㉠ 원격전송이 가능하다.
      ㉡ 회전력이 크므로 기록이 쉽다.
      ㉢ 평형추의 증감, 취부장치의 이동에 의하여 측정범위를 변경할 수 있다.
      ㉣ 측정범위는 25 ~ 3000 [mmAq]이다.
      ㉤ 저압가스의 압력측정에 사용된다.
      ㉥ 드래프트 게이지로 주로 사용된다.
   ③ 주의사항
      ㉠ 진동 및 충격이 없는 장소에 수평 또는 수직으로 설치
      ㉡ 온도 변화가 적은 장소일 것
      ㉢ 부식성 가스나 습기가 적은 장소에 설치
      ㉣ 압력원과 가까운 장소에 설치
      ㉤ 도입관은 굵고 짧게
      ㉥ 보수 점검이 원활한 장소에 설치

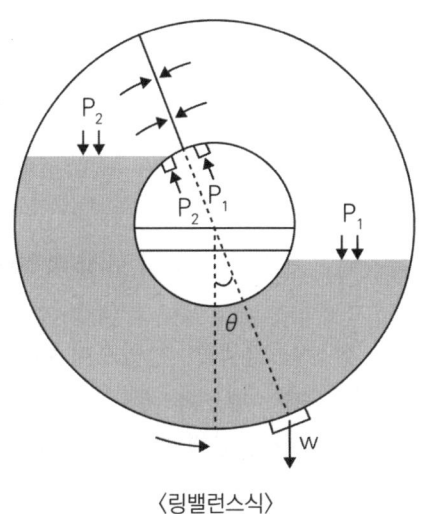

〈링밸런스식〉

(5) 침종식 압력계

① 종 모양의 플로트를 액체 속에 담그고 기체 압력에 따라 플로트가 위아래로 변위되는 원리를 이용하여 압력을 측정하는 장치이다. 플로트의 변위는 내부 압력에 비례한다.

② 저압 기체의 압력측정에 적당하다.

2) 탄성식 압력계 : 탄성체에 압력에 의한 힘을 가했을 때 생기는 변형량을 측정하여 압력을 구하는 계측기

(1) 부르동관식(Bourdon Type) 압력계

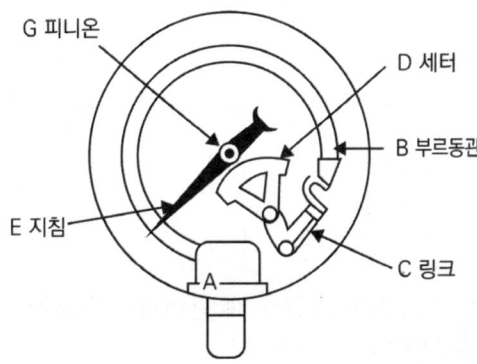

① 부르동관식 압력계는 타원형 단면을 가진 곡선형의 탄성관(부르동관)에 압력을 가했을 때, 관이 펴지려는 성질을 이용하여 그 끝단의 변위를 기계적으로 지침으로 전달해 압력을 측정하는 계기이다.

② 탄성식 압력계 중에서 가장 높은 압력을 측정할 수 있다.

③ 탄성체의 재질과 구조에 따라 측정할 수 있는 압력 범위가 달라진다.

④ 부르동관 형식 : C형, 외선형, 나선형

(2) 벨로즈식(Bellows Type) 압력계
   ① 얇은 금속 띠를 주름진 원통 형태로 만든 벨로즈의 탄성 변형을 이용하여 압력을 측정하는 장치이다.
   ② 압력에 따라 벨로즈가 팽창 또는 수축하고 이 변위를 기계적 또는 전기적 신호로 변환하여 압력을 표시한다.
   ③ 압력에 따라 탄성 복원력이 발생하는데 이 탄성 복원력은 벨로즈의 변형을 일정하게 유지시켜 준다.
   ④ 측정 중 히스테리시스 현상이 발생할 수 있으며 이를 방지하기 위해 코일 스프링을 조합한 구조가 사용된다.
      ※ 히스테리시스 현상 : 상승하는 압력일 때와 하강하는 압력일 때의 지침 지시값이 일치하지 않는 현상
   ⑤ 주로 저압, 진공압, 차압 측정에 적합하며, 자동제어장치의 압력 검출용으로 많이 사용된다.

(3) 다이어프램식(Diaphragm Type) 압력계 : 다이어프램의 변형을 측정하여 압력을 측정하는 방식
   ① 다이어프램은 점도가 높은 액체에 노출되면 점착력에 의하여 변형이 저하될 수 있다.
   ② 부식성 액체에도 사용이 가능하며 먼지가 침착되어도 변형을 측정하는 데 큰 영향을 미치지 않는다.
   ③ 다이어프램은 작은 변형에도 민감하게 반응하므로 대기압과의 차가 적은 미소압력의 측정에 적합하다.
   ④ 감도가 좋으며 정확성이 높다.
   ⑤ 고무, 스테인리스, 인청동 등의 탄성 재질 박판을 사용한다.

3) 전기식 압력계 : 압력을 직접 측정하지 않고 압력 자체를 전기 저항, 전압 등의 전기적 양으로 변환하여 측정하는 계기이다.
   (1) 저항선식 압력계
      ① 구리-니켈 저항선에 압력을 가했을 때 단면적이 감소하고, 이에 따라 저항이 증가하는 원리를 이용하여 압력을 측정한다.
      ② 검출부가 소형이며 응답속도가 빠르며 초고압에서 미압까지 측정 가능하다.
   (2) 자기 스테인리스식 압력계
      ① 강자성체에 기계적 힘을 가하면 자화 상태가 변화하는 자기변형을 이용한 압력계이다.
      ② 초고압용 압력계로 이용된다.

(3) 압전식(피에조식) 압력계 : 수정, 티탄산, 바륨 등과 같은 압전 물질이 외력을 받았을 때 발생하는 기전력, 즉 압전현상을 이용해 압력을 측정하는 장치

① 원격측정이 용이하다.

② 반응속도가 빠르다.

③ 지시, 기록, 자동제어와 결속이 용이하다.

④ 정밀도가 높다.

⑤ 측정이 안정적이다.

⑥ 구조가 간단하며 소형이다.

⑦ 가스폭발 등 급속한 압력 변화 측정에 유리하다.

⑧ 응답이 빨라 급격한 압력 변화를 측정한다.

4) 표준 분동식 압력계(피스톤 압력계) : 램 실린더, 기름탱크, 가압펌프 등으로 구성된 압력계

   (1) 램에 가압된 압력이 실린더 내의 기름을 밀어올려 분동을 위로 움직이게 한다.

   (2) 분동의 상하운동은 시침이나 지침으로 표시된다.

   (3) 분동에 의하여 압력을 측정하는 형식으로 다른 탄성식 압력계의 기준, 일반교정용, 검정용 표준지표로 주로 사용된다.

   (4) 정확도가 높고 내구성이 우수하며 응답속도가 빠르다.

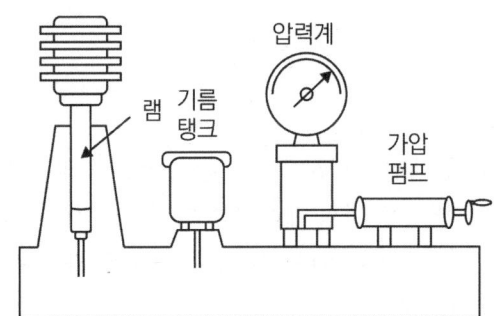

5) 진공 압력계

   (1) 대기압 이하의 압력을 측정하는 계기

   (2) 저진공에는 U자관이나 탄성식이 사용되지만 고진공에서는 기체의 성질을 이용한 진공계가 사용된다.

## 05 액면계측

### 1 액면측정방법

1) 직접측정
   (1) 액면의 위치를 직접 관측에 의하여 측정하는 방법
   (2) 직관식(유리관식), 검척식, 플로트식(부자식) 등
2) 간접측정
   (1) 압력이나 기타 방법에 의하여 액면위치와 일정 관계가 있는 양을 측정하는 것
   (2) 차압식, 저항 전극식, 초음파식, 방사선식, 음향식 등

### 2 액면계의 구비조건

1) 연속 측정 및 원격 측정이 가능할 것
2) 가격이 저렴하고 보수가 용이할 것
3) 고온 및 고압에 강할 것
4) 자동제어장치에 적용이 가능할 것
5) 구조가 간단하며 내식성이 있고 정도가 높을 것

### 3 액면계의 종류

1) 직접측정식
   (1) 유리관식(직관식) 액면계 : 유리관 또는 플라스틱의 투명한 세관을 측정탱크에 설치하여 탱크 내 액면 변화를 직접 계측하는 방식
   (2) 검척식 액면계 : 개방형 탱크나 저수조의 액면을 자로 직접 계측하는 방식
   (3) 부자식(Float) 액면계
      ① 액면에 띄운 부자의 높이를 통해 액면을 측정하는 방식이다.
      ② 액면이 심하게 움직이는 곳에 사용하기 적합하지는 않다.
      ③ 원리 및 구조가 비교적 간단하다.
      ④ 액체의 압력에 영향을 받지 않아 고압에서도 사용 가능하다.
      ⑤ 고온밀폐탱크의 압력까지 측정 사용이 가능하고 조작력이 크기 때문에 자력조절에도 사용된다.
      ⑥ 액면 상, 하 한계에 경보용 리미트 스위치를 설치할 수도 있다.

2) 간접측정식

(1) 압력검출식 액면계
① 탱크 내에 압력계를 설치하여 액면을 측정하는 장치이다.
② 저점도의 액체 측정용으로 기포식, 다이어프램식이 있다.

(2) 차압식 액면계
① 기준 수위와 측정 액면 사이의 압력차를 측정하여 액위를 측정하는 방식이다.
② 고압 밀폐형 탱크의 측정에 적합하다.
③ 종류로는 다이어프램과 U자관식이 있고, 정압을 측정함으로써 액위를 구할 수 있다.

(3) 편위식 액면계
① 액중에 잠겨 있는 플로트의 깊이에 의한 부력으로부터 토크튜브의 회전각이 변화하여 액면을 지시하여 지시침이 움직이는 방식이다.
② 아르키메데스의 원리(부력의 원리)를 이용하여 액면을 측정하고 있는 방식이다.
③ 고압밀폐탱크의 액면제어용이다.

(4) 정전용량식 액면계
① 서로 마주보는 두 전극 사이에 전압을 인가하여 전극 사이의 정전 용량(물질 유전율의 함수)을 측정하는 방식으로 액면을 측정하는 장치이다.
② 피측정물의 유전율 변화를 이용하여 액면을 측정하는 방식이다.
③ 피측정물의 유전율이 온도에 따라 변화되는 곳에서는 정확한 측정이 어렵다.
④ 측정범위가 넓고 구조가 간단하여 보수가 용이하다.
⑤ 습기가 있거나 전극에 피측정제를 부착하는 곳에서는 정전 용량이 변화하여 정확한 측정이 어렵다.

(5) 전극식 액면계
① 전도성 액체 내부에 전극을 설치하여 낮은 전압을 이용한다.
② 액면을 검지하여 자동 급·배수제어장치에 이용된다.
③ 고유 저항이 큰 액체에서는 사용이 어렵다.
④ 내식성 재료의 전극봉이 필요하다.
⑤ 저압변동이 큰 곳에서 사용해서는 안 된다.

(6) 초음파식 액면계
  ① 액면에 초음파가 반사되는 시간을 측정하는 방식으로 액면을 측정한다.
  ② 측정에 시간을 필요로 하지 않기 때문에 여러 소의 액면을 한 장치로 측정이 가능하다.
  ③ 완전히 밀폐된 고압탱크와 부식성 액체에 대해서도 측정이 가능하다.
  ④ 측정범위가 매우 넓고 정도가 높은 액면계이다.
  ⑤ 긴 거리는 통과할 수 없다.
  ⑥ 초음파 진동식 : 기체 또는 액체에 초음파를 사용하여 진동막의 진동 변화를 측정한다.
    ㉠ 형상이 단순하며 용기 내 삽입되는 부분이 적다.
    ㉡ 가동부가 없으며 용도가 다양하다.
    ㉢ 진동막에 액체나 거품의 부착은 오차발생의 원인이 된다.
  ⑦ 초음파 레벨식 : 가청주파수 이상의 음파를 액면에 발사시켜 반사되는 시간을 측정한다.

(7) 기포식 액면계 : 관을 삽입하여 관을 통해 압축공기를 보내 압력을 조절하여 공기가 관 끝에서 기포를 일으키게 하면 압축공기의 압력은 액압력과 동등하다고 생각되므로 압축공기의 압력을 측정하여 액면을 측정한다.

(8) $\gamma$선(방사선) 액면계 : 액면에 방사선을 조사하여 흡수된 방사선의 양을 측정하는 방식으로 액면을 측정한다.

## 06 열량계측

### 1 열량계의 종류

1) 봄브(Bomb)식 열량계
  (1) 액체와 고체연료의 발열량을 측정하는 열량계로 연료와 산소를 밀폐된 용기인 봄브에 넣고 폭발시켜 발생하는 열량을 측정하는 방식으로 작동한다.
  (2) 측정원리
    ① 열량계 용기에 액체 또는 고체연료를 일정량 담는다.
    ② 폭발실에 산소를 채우고 연료를 폭발시킨다.
    ③ 연소에 의해 발생한 열이 열량계 용기를 가열시킨다.
    ④ 열전대를 통해 열량계 용기의 온도 상승을 측정한다.

2) 시차주사 열량계(Differential Scanning Calorimetry)

동일조건하에서 기준물질과 시료를 동시에 가열하여 기준물질과 시료 간에 온도차가 발생하였을 때, 보상히터가 즉시 그 온도차를 상쇄하도록 작동한다. 이때 히터에 공급된 전력을 온도에 대해 기록하는 방식이다.

3) 융커스식 열량계

(1) 기체연료의 발열량 측정에 가장 많이 사용된다.

(2) 열량측정 시 시료가스 온도 및 압력을 측정한다.

(3) 구성요소로는 가스 계량기, 압력 조정기, 기압계, 온도계, 저울 등이 있다.

4) 클리브랜드식 열량계 : 액체연료의 발열량 측정하는 열량계

5) 태그식 열량계 : 기체연료의 발열량을 측정하는 열량계

## 01 OX퀴즈

※ OX 퀴즈로 최다빈출 개념을 쉽게 정리하고 기출 유형까지 미리 익혀보세요.

1. 제어편차란 목표치에서 제어량을 더한 값이다.    O | X
2. 예측할 수 없는 원인에 의한 오차를 과실오차라고 한다.    O | X
3. 정밀도는 측정값의 흩어진 정도를 나타낸다.    O | X
4. SI단위 중 길이의 단위는 [cm]이다.    O | X
5. 유리체 온도계는 비접촉식 온도계이다.    O | X
6. 열전대 온도계는 기전력을 이용하여 온도를 측정한다.    O | X
7. 방사 온도계는 가시광선을 이용하여 온도를 측정한다.    O | X
8. 광고온계는 광전관을 사용한 온도계이다.    O | X
9. 모발 습도계는 2년마다 모발을 교체해주어야 한다.    O | X
10. 아르키메데스의 원리는 부력의 원리이다.    O | X

---

**정답**   01 (X)   02 (X)   03 (O)   04 (X)   05 (X)   06 (O)   07 (X)   08 (X)   09 (O)   10 (O)

1. 제어편차란 목표치에서 제어량을 <u>뺀 값</u>이다.
2. <u>우연오차</u>라고 한다.
4. 길이는 <u>m(미터)</u> 단위를 쓴다.
5. <u>접촉식 온도계</u>이다.
7. 방사 온도계는 <u>적외선 복사 에너지의 세기</u>를 측정하여 온도를 측정한다.
8. 광고온계는 <u>가시광선</u>을 이용하여 측정하는 비접촉식 온도계이다.

**11** 공기의 흐름을 막아서 유량을 측정하는 유량계로, 차압을 일정하게 하고 교축기구의 면적을 변화시키고 반드시 수직으로 설치하여야 하는 유량계는 용적식 유량계이다. ☐ O ☐ X

**12** 부르동관식 압력계는 탄성식 압력계이다. ☐ O ☐ X

**13** 경사관식 압력계는 눈금을 확대시켜 미세압을 정밀하게 측정할 수 있다. ☐ O ☐ X

**14** 액주식 압력계는 히스테리시스현상이 일어난다. ☐ O ☐ X

**15** 밀폐 용기 내의 액체에 압력을 가하면 압력은 모든 부분에 동일하게 전달되는 것은 파스칼의 원리의 설명이다. ☐ O ☐ X

**16** 부자식(Float) 액면계는 액면이 심하게 움직이는 곳에 사용하기 적합하다. ☐ O ☐ X

---

**정답**  11 (X)  12 (O)  13 (O)  14 (X)  15 (O)  16 (X)

**11** 면적식 유량계이다.
**14** 히스테리시스현상은 탄성식 압력계에서 일어나는 현상이다.
**16** 적합하지 않다.

# 01 예상문제

## 01
다음 용어에 대한 설명으로 옳지 않은 것은?

① 측정량 : 측정하고자 하는 양
② 값 : 양의 크기를 함께 표현하는 수와 기준
③ 양 : 수와 기준으로 표시할 수 있는 크기를 갖는 현상이나 물체 또는 물질의 성질
④ 제어편차 : 목표치에 제어량을 더한 값

**해설**

제어편차
목표치에서 제어량을 뺀 값

## 02
불규칙하게 변하는 주변 온도와 기압 등이 원인이 되며, 측정 횟수가 많을수록 오차의 합이 0에 가까운 특징이 있는 오차의 종류는?

① 개인오차
② 우연오차
③ 과오오차
④ 계통오차

**해설**

우연오차
우연오차는 오차의 원인을 알 수 없고, 측정 횟수가 많을수록 오차의 합이 0에 가까워진다.

## 03
국제단위계(SI)를 분류한 것으로 옳지 않은 것은?

① 기본단위
② 유도단위
③ 보조단위
④ 응용단위

**해설**

국제단위계(SI) 분류
- 기본단위
- 보조단위
- 유도단위

## 04
수은 및 알코올 온도계를 사용하여 온도를 측정할 때 계측의 기본원리는 무엇인가?

① 비열
② 열팽창
③ 압력
④ 점도

**해설**

계측의 기본원리
수은 및 알코올 온도계에 사용되는 계측의 기본원리는 열팽창에 의해 관측의 수은이나 알코올의 오르내림으로써 온도를 측정한다.

정답: 01 ④  02 ②  03 ④  04 ②

## 05
다음 중에서 비접촉식 온도 측정방법이 아닌 것은?

① 광고온계
② 색 온도계
③ 서미스터
④ 광전관식 온도계

**해설**

비접촉식 온도 측정방법
광고 온도계, 색 온도계, 광전관식 온도계
※ 서미스터(Thermistor)는 접촉식이다.

## 06
염화리튬이 공기 수증기압과 평형을 이룰 때 생기는 온도 저하를 저항 온도계로 측정하여 습도를 알아내는 습도계는?

① 듀셀 노점계
② 아스만 습도계
③ 광전관식 노점계
④ 전기 저항식 습도계

**해설**

듀셀 노점계
염화리튬이 공기 수증기압과 평형을 이룰 때 생기는 온도 저하를 저항 온도계로 측정하여 습도를 알아내는 습도계다.

## 07
다음 중 압력식 온도계를 이용하는 방법으로 가장 거리가 먼 것은?

① 고체팽창식
② 액체팽창식
③ 기체팽창식
④ 증기팽창식

**해설**

압력식 온도계를 이용하는 방법
- 기체팽창식
- 액체팽창식
- 증기팽창식

## 08
전기 저항 온도계의 특징에 대한 설명으로 틀린 것은?

① 원격측정에 편리하다.
② 자동제어의 적용이 용이하다.
③ 1000[℃] 이상의 고온 측정에서 특히 정확하다.
④ 자기 가열 오차가 발생하므로 보정이 필요하다.

**해설**

전기 저항 온도계
- 고온 측정 불가
- 고온에서는 전기 저항이 급격하게 변하여 오차가 커진다.

**정답** 05 ③ 06 ① 07 ① 08 ③

## 09
다음 중 차압식 유량계가 아닌 것은?

① 오리피스(Orifice)
② 벤투리관(Venturi)
③ 로터미터(Rotameter)
④ 플로우노즐(Flow-nozzle)

**해설**
차압식 유량계
오리피스, 벤투리관, 플로우노즐

## 10
다음 중 오리피스(Orifice), 벤투리관(Venturi Tube)을 이용하여 유량을 측정하고자 할 때 필요한 값으로 가장 적절한 것은?

① 측정기구 전후의 압력차
② 측정기구 전후의 온도차
③ 측정기구 입구에 가해지는 압력
④ 측정기구의 출구 압력

**해설**
차압식 유량계
오리피스, 벤투리관, 플로우노즐 등은 측정기구 전후의 압력차를 이용하여 유량을 측정하는 차압식 유량계이다.

## 11
다음 중 미세한 압력차를 측정하기에 적합한 액주식 압력계는?

① 경사관식 압력계
② 부르동관 압력계
③ U자관식 압력계
④ 저항선 압력계

**해설**
액주식 압력계
경사관식 압력계는 미소한 압력차를 측정할 수 있도록 U자관 압력계를 경사지게 사용하도록 만들어진 압력계이다.

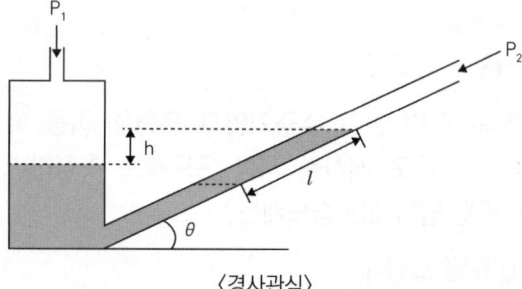

〈경사관식〉

## 12
램 실린더, 기름탱크, 가압펌프 등으로 구성되어 있으며 다른 압력계의 기준기로 사용되는 것은?

① 환상스프링식 압력계
② 부르동관식 압력계
③ 액주형 압력계
④ 분동식 압력계

**해설**

**분동식 압력계**

단위면적에 작용하는 수직력을 이용해서 표준압력을 만들 수 있게 한 압력계다. 분동식 압력계는 램 실린더, 기름탱크, 가압펌프 등으로 구성되어 있다.

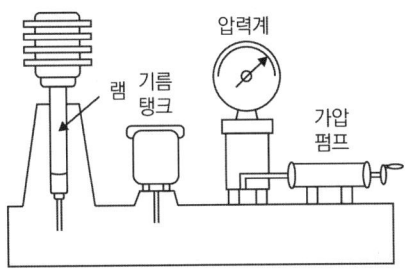

## 13
탄성 압력계에 속하지 않는 것은?

① 부자식 압력계
② 다이어프램 압력계
③ 벨로즈식 압력계
④ 부르동관 압력계

**해설**

**탄성 압력계**
부르동관식, 벨로즈식, 다이어프램식

## 14
액면계에 대한 설명으로 틀린 것은?

① 유리관식 액면계는 경유탱크의 액면을 측정하는 것이 가능하다.
② 부자식은 액면이 심하게 움직이는 곳에는 사용하기 곤란하다.
③ 차압식 유량계는 정밀도가 좋아서 액면제어용으로 가장 많이 사용된다.
④ 편위식 액면계는 아르키메데스의 원리를 이용하는 액면계이다.

**해설**

**액면계**
차압식 유량계는 다른 유량계에 비교해 ±2 [%]의 오차범위를 갖기 때문에 정밀도가 낮다(전자식 유량계가 정밀도가 높다).

## 15
다음 중 간접식 액면측정방법이 아닌 것은?

① 방사선식 액면계
② 초음파식 액면계
③ 플로트식 액면계
④ 저항전극식 액면계

**해설**

**액면측정방법**
- 직접측정식 : 유리관식, 검척식, 부자(플로트)식
- 간접측정식 : 압력검출식, 차압식, 편위식, 정전용량식, 전극식, 초음파식, 기포식, 방사선식

정답 13 ① 14 ③ 15 ③

## 16

측정하고자 하는 액면을 직접 자로 측정, 자의 눈금을 읽음으로서 액면을 측정하는 방법의 액면계는?

① 검척식 액면계
② 기포식 액면계
③ 직관식 액면계
④ 플로트식 액면계

**해설**
검척식 액면계
측정하고자 하는 액면을 직접자로 측정, 자의 눈금을 읽음으로써 액면을 측정하는 방법의 액면계다.

## 17

서로 맞서 있는 2개 전극 사이의 정전 용량은 전극 사이에 있는 물질 유전율의 함수이다. 이러한 원리를 이용한 액면계는?

① 정전 용량식 액면계
② 방사선식 액면계
③ 초음파식 액면계
④ 중추식 액면계

**해설**
정전 용량식 액면계
서로 맞서 있는 2개의 전극 사이의 정전용량은 전극 사이에 있는 물질 유전율의 함수인 것을 이용한 액면계다.

## 18

부자(Float)식 액면계의 특징으로 틀린 것은?

① 원리 및 구조가 간단하다.
② 고압에도 사용할 수 있다.
③ 액면이 심하게 움직이는 곳에 사용하기 좋다.
④ 액면 상, 하 한계에 경보용 리미트 스위치를 설치할 수 있다.

**해설**
부자(Float)식 액면계
부자를 액면에 직접 띄워서 상하 움직임에 따라 측정하는 방법으로 액면이 심하게 움직이는 곳에는 부적당하다.

## 19

액체와 고체연료의 열량을 측정하는 열량계는?

① 봄브식
② 융커스식
③ 클리브랜드식
④ 타그식

**해설**
열량계
봄브식 열량계 : 액체와 고체연료의 발열량을 측정하는 열량계로 연료와 산소를 밀폐된 용기인 봄브에 넣고 폭발시켜 발생하는 열량을 측정하는 방식으로 작동한다.
• 봄브식 : 액체 및 고체 측정
• 융커스식 : 기체 측정
• 클리브랜드식 : 액체 측정
• 타그식(태그식) : 기체 측정

**정답** 16 ① 17 ① 18 ③ 19 ①

# Chapter 02 가스분석 및 측정

**핵심포인트**: 오르자트식 분석계, 헴펠식 가스분석장치, 가스크로마토그래피법

**학습목표**:
1. 가스분석의 목적과 과정을 이해할 수 있다.
2. 가스분석계의 종류를 구분할 수 있다.

## 01 가스분석 및 측정

### 1 연소가스분석목적

1) 연료의 연소 상태를 파악
2) 연소가스의 조성파악
3) 공기비 파악 및 열손실 방지
4) 열정산 시 참고자료

### 2 시료 채취 시 주의사항

1) 가스는 온도나 압력에 의해 영향을 받기 때문에 항상 조건을 일정하게 한 후 검사가 이루어져야 한다.
2) 연소가스 채취 시 흐르는 가스의 중심에서 채취하도록 한다.
3) 시료 채취 시 공기의 침입이 없도록 한다.
4) 가스 성분과 화학적 반응을 일으키는 재료는 사용하지 않는다(600 [℃] 이상에서는 철판 사용 금지).
5) 채취 배관을 짧게 하여 시간지연을 최소화한다.
6) 드레인 배출장치를 설치한다.
7) 시료가스 채취는 연도의 중심부에서 한다.
8) 채취구의 위치는 연소실 출구의 연도에서 하며, 연도의 굴국 부분이나 가스가 교차되는 부분 및 유속 변화가 급격한 부분은 피하는 것이 좋다.

### 3 가스분석계

1) 화학적 가스분석계 : 화학반응을 이용한 성분분석

  (1) 오르자트식 연소가스분석계

    ① 시료가스를 흡수시켜 흡수 전후의 체적 변화를 측정하여 분석하는 방법

    ② 분석 순서 및 흡수제의 종류

      ㉠ $CO_2$(KOH 30 [%] 수용액) → $O_2$(알칼리성 피로갈롤)
        → CO(암모니아성 염화 제1동 용액)

      ㉡ $N_2$ = 100 - ($CO_2$ + $O_2$ + CO)

    ③ 특징

      ㉠ 구조가 간단하며 취급이 용이하다.

      ㉡ 숙련되면 고정도를 얻는다.

      ㉢ 수분은 분석할 수 없다.

      ㉣ 분석 순서를 달리하면 오차가 발생한다.

  (2) 자동화학식 $CO_2$계

    ① 오르자트 가스분석법과 원리는 같으나 유리실린더를 이용하며, 연속적으로 가스를 흡수시켜 용적 변화로 가스를 분석한다. KOH 30 [%] 수용액으로 $CO_2$ 용적감소를 측정하여 농도를 측정한다.

    ② 특징

      ㉠ 선택성이 좋다.

      ㉡ 흡수제의 선택으로 산소와 일산화탄소분석이 가능하다.

      ㉢ 측정치를 연속적으로 얻을 수 있다.

      ㉣ 조성 가스가 많아도 높게 측정되며, 유리부분이 많아 파손되기 쉽다.

  (3) 연소열식 $O_2$계

    ① 측정해야 할 가스와 수소 등의 가연성 가스를 혼합하고 촉매에 의한 연소를 시켜 반응열이 산소 농도에 따라 비례함을 이용하여 가스를 분석한다.

    ② 특징

      ㉠ 가연성 가스가 필요하다.

      ㉡ 원리가 간단하고 취급이 용이하다.

      ㉢ 측정가스의 유량 변화는 오차의 원인이다.

      ㉣ 선택성이 있다.

(4) 미연소가스계(CO + H₂ 가스분석)
  ① 시료 중 미연소가스에 산소를 공급하여 백금을 촉매로 연소시켜 온도 상승에 의한 휘스톤브리지 회로의 측정 셀 저항선의 저항 변화로부터 측정한다.
  ② 특징
    ㉠ 측정실과 비교실의 온도를 동일하게 유지하여야 한다.
    ㉡ 산소를 별도로 공급하여야 한다.
    ㉢ 휘스톤브리지 회로를 사용한다.

(5) 헴펠식(Hempel Type) 가스분석장치
  ① 시료 기체를 가스뷰렛을 통해 흡수관으로 보내어 흡수시키는 방식으로 가스 성분을 분석하는 장치
  ② 가스에 따른 흡수제
    ㉠ CO : 암모니아성 염화 제1동 용액   ㉡ $O_2$ : 알칼리성 피로갈롤용액
    ㉢ $CO_2$ : 30 [%] KOH 수용액   ㉣ $C_mH_n$ : 진한 황산

2) 물리적 가스분석계 : 가스의 비중, 열전도율, 자성 등 물리적 성질을 이용한 성분분석

  (1) 열전도율형 $CO_2$계
    ① $CO_2$의 열전도율이 공기보다 매우 작다는 성질을 이용한 것이다.
    ② 측정가스를 주입한 셀과 공기를 채운 비교셀에 각각 백금선을 설치하고, 약 100 [℃] 정도의 정전류를 흘려 가열한다. 이때 발생하는 전기 저항 변화(온도 변화)를 비교하여 $CO_2$ 농도를 측정한다.
    ※ 가스의 열전도율 : 수소 > 메테인 > 공기 > 이산화탄소
    ③ 특징
      ㉠ 원리나 장치가 비교적 간단하다.
      ㉡ 열전도율이 큰 수소가 혼입되면 측정오차의 영향이 커진다.

  (2) 밀도식 $CO_2$계
    ① 이산화탄소의 밀도가 공기보다 1.5배 크다는 성질을 사용하여 가스의 밀도차에 의해 수동 임펠러의 회전토크가 달라져 레버와 링크에 의해 평형을 이루어 이산화탄소의 농도를 지시하도록 되어 있다.
    ② 특징
      ㉠ 보수와 취급이 용이하고 구조적으로 견고하다.
      ㉡ 측정가스와 공기의 압력과 온도가 같으면 오차를 일으키지 않는다.
      ㉢ 이산화탄소 이외의 가스 조성이 달라진다면 측정오차에 영향을 줄 수 있다.

(3) 가스크로마토그래피(Gas Chromatography)법
① 흡착제를 충전한 컬럼(분리관)에 시료 가스를 주입하면, 각 성분이 흡착제(고정상)에 대해 가지는 친화력 차이 때문에 이동속도에 차이가 생긴다. 이 차이를 이용해 성분들이 분리되어 검출기로 들어오면서 분석이 이루어진다.
   ※ 일반적으로 $O_2$, $NO_2$는 분석이 어렵고, 그 외 대부분의 성분가스분석이 가능하다.
② 분석 시, 고체 흡착제를 채운 컬럼에 캐리어가스($H_2$, He, Ar, $N_2$ 등)를 통해 혼합 가스를 이동시켜 각 성분이 도달하는 시간 차이로 농도 및 종류를 분석한다.
③ 특징
   ㉠ 여러 종류의 가스분석이 가능하다.
   ㉡ 가스의 분자량이나 극성을 이용하여 가스를 분리하여 측정하는 방법이다.
   ㉢ 기체의 확산속도 차이를 이용한 분석장치이다.
   ㉣ 캐리어가스가 필요하다.
   ㉤ 컬럼의 종류와 구성에 따라 다양한 분리성능을 갖출 수 있어, 분리성능이 좋고 선택성이 우수하다.
   ㉥ 응답속도는 보통 1분에서 10분 정도로 다소 느리다.
   ㉦ 시료를 컬럼을 통해 운반하는 시간이 필요하기 때문에 동일한 가스의 연속측정이 불가능하다.
④ 기본 구성 요소
   ㉠ 캐리어가스 : 시료를 컬럼 내부로 운반하는 역할
   ㉡ 컬럼 : 시료를 분리하는 역할
   ㉢ 검출기 : 분리된 시료를 검출하는 역할
   ※ 컬럼의 종류와 구성에 따라 다양한 분리성능을 갖출 수 있다.
       ⓐ 실리카겔 컬럼 : 비극성 가스에 대한 분리성능이 우수하다.
       ⓑ 알루미나 컬럼 : 극성 가스에 대한 분리성능이 우수하다.
       ⓒ 폴리머 컬럼 : 극성 및 비극성 가스에 대한 분리성능이 우수하다.

(4) 적외선 가스분석계
  ① 적외선 스펙트럼의 차이를 이용하여 분석하며, $N_2$, $O_2$, $H_2$ 이원자 분자가스 및 단원자분자의 경우를 제외한 대부분의 가스를 분석할 수 있다.
  ② 가스의 분자 진동에 의해 발생하는 적외선 흡수 스펙트럼을 이용하여 가스를 분석하는 방법이다.
  ③ 특징
    ㉠ 선택성이 우수하다.
    ㉡ 측정 농도 범위가 넓고 저농도분석에 적합하다.
    ㉢ 연속분석이 가능하다.
  ④ 주의사항 : 측정가스의 먼지나 습기의 방지에 주의가 필요하다.

(5) 자기식 $O_2$계(산화 농도 측정용)
  ① 가스의 자기적 성질을 이용하여 농도를 측정하는 방법이다.
  ② 산소의 경우 상자성체에 속하기 때문에 산소가 자장에 대해 흡인되는 성질을 이용한 것이다.
  ③ 산소의 자화율을 이용하여 산소 농도를 측정하는 방식이다. 불균등 자계 내에서 흡인된 산소 분자의 일부가 가열되어 자성을 상실함으로써 발생하는 자기풍의 세기를 열선소자로 검출하는 방식이다.
  ④ 특징
    ㉠ 구조가 간단하고 취급이 용이하다.
    ㉡ 시료가스의 유량, 점성, 압력 변화에 대하여 측정오차가 생기지 않는다.
    ㉢ 유리로 피복된 열선은 촉매작용을 방지한다.
    ㉣ 감도가 크고 정도는 1 [%] 내외이다.

(6) 세라믹식 $O_2$계
  ① 지르코니아($ZrO_2$)를 원료로 한 세라믹 파이프를 850 [℃] 이상 유지하면서 가스를 통과시키면 산소이온만 통과하여 산소농담전자가 만들어진다. 이때 농담전기의 기전력을 측정하여 $O_2$농도를 분석한다.
  ② 고온에서 산소 이온의 도전성을 이용하여 산소 농도를 측정하는 방식이다. 고온으로 가열된 세라믹 소자의 양 끝에 전극을 설치하고, 그 한쪽에 시료 가스, 다른 한쪽에 공기 등의 기준가스를 흘려보내 산소 농도차를 주어 양극 간에 발생하는 기전력을 검출하여 산소 농도를 측정한다.

③ 특징
  ㉠ 측정범위가 넓고 응답이 신속하다.
  ㉡ 지르코니아 온도를 850 [℃] 이상 유지해야 한다(전기히터 필요).
  ㉢ 시료가스의 유량이나 설치장소, 온도 변화에 대한 영향이 없다.
  ㉣ 자동제어장치와 결속이 가능하다.
  ㉤ 가연성 가스 혼입은 오차를 발생시킨다.
  ㉥ 연속측정이 가능하다.
  ㉦ 산소의 상자성 성질을 이용하여 측정하는 방식
  ㉧ 산소 농도가 높을수록 세라믹 표면에 흡착되는 산소의 양이 많아져 측정값이 커진다.

(7) 갈바니아 전기식 $O_2$계
  ① 수산화칼륨(KOH)에 이중 금속을 설치하여 시료가스를 통과시키면 시료가스 중 산소가 전해질에 녹아 각각의 전극에서 산화 및 환원 반응이 일어나 잔류가 흐르는 현상을 사용한 것이다.
  ② 특징
    ㉠ 응답속도가 빠르다.
    ㉡ 고농도의 산소분석은 곤란하고, 저농도에 적합하다.
    ㉢ 자동제어장치와 결합이 쉽다.

(8) 용액 도전율 가스분석계
  ① 시료가스를 흡수용액에 흡수시켜 용액의 도전율 변화를 통해 가스를 분석
  ② 가스의 전기 전도성에 따라 전류의 흐름이 달라지는 원리를 이용하여 가스를 분석하는 방법

## 02 OX퀴즈

※ OX 퀴즈로 최다빈출 개념을 쉽게 정리하고 기출 유형까지 미리 익혀보세요.

1. 오르자트 연소가스분석계는 물리적 가스분석계이다.　　　　　　　　　　O X
2. 연소가스의 분석목적은 연료의 연소 상태를 파악하고 연소가스의 조성을 파악하기 위해서이다.　　O X
3. 시료 채취 시 공기의 침입이 없도록 하여야 한다. 　　　　　　　　　　　O X
4. 오르자트식 연소가스분석계의 분리 순서는 $CO_2 \rightarrow O_2 \rightarrow CO$이다.　　　O X
5. 헴펠식 가스분석장치는 시료 기체를 가스뷰렛을 통해 흡수관으로 보내어 흡수시키는 방식으로 가스 성분을 분석하는 장치이다.　　O X
6. 가스크로마토그래피법은 이동속도 차이로 가스를 분류한다.　　　　　　O X
7. 적외선 가스분석계는 가스의 분자 진동에 의해 발생하는 적외선 흡수 스펙트럼을 이용하여 가스를 분석하는 방법이다.　　O X

---

**정답**　01 (X)　02 (O)　03 (O)　04 (O)　05 (O)　06 (O)　07 (O)

1 화학적 가스분석계이다.

# 02 예상문제

## 01
오르자트식 가스분석계로 측정하기 어려운 것은?

① $O_2$
② $CO_2$
③ $CH_4$
④ $CO$

**해설**

오르자트식 가스분석계
연소가스 속의 $CO_2$-$O_2$-$CO$를 화학적으로 흡수하는 시약을 이용하여 각 성분의 농도를 측정

## 02
다음 중 가스분석 측정법이 아닌 것은?

① 오르사트법
② 적외선 흡수법
③ 플로우노즐법
④ 열전도율법

**해설**

가스분석 측정법
오르사트법, 적외선 흡수법, 가스크로마토그래피법
• 플로우노즐 : 유체의 흐름에 의해 생기는 차압을 측정하여 유량을 계산하는 차압식 유량계

## 03
다음 중 기체 및 비점 300 [℃] 이하의 액체를 측정하는 물리적 가스분석계로 선택성이 우수한 가스분석계는?

① 가스크로마토그래피법
② 밀도법
③ 오르자트법
④ 세라믹법

**해설**

가스크로마토그래피법
활성탄 등의 흡착제를 채운 세관을 통과하는 가스의 이동속도차를 이용하여 시료가스를 분석하는 방식으로 $O_2$와 $NO_2$를 제외한 다른 여러 성분의 가스를 분석할 수 있다.
※ 선택성 : 측정하고자 하는 성분만을 측정할 수 있는 성질

## 04
가스분석계에서 연소가스분석 시 비중을 이용하여 가장 측정이 용이한 기체는?

① $NO_2$
② $O_2$
③ $CO_2$
④ $H_2$

**해설**

가스분석계
가스분석계에서 연소가스분석 시 비중을 이용하여 가장 측정이 용이한 기체는 $CO_2$이다.

**정답** 01 ③ 02 ③ 03 ① 04 ③

## 05

흡착제에서 관을 통해 각각 기체의 독자적인 이동속도에 의해 분리시키는 방법으로, $CO_2$, CO, $N_2$, $H_2$, $CH_4$ 등을 모두 분석할 수 있어 분리 능력과 선택성이 우수한 가스분석계는?

① 밀도법
② 기체크로마토그래피법
③ 세라믹법
④ 오르자트법

**해설**

기체크로마토그래피법(가스크로마토그래피법)
흡착제를 충전한 컬럼(분리관)에 시료 가스를 주입하면, 각 성분이 흡착제(고정상)에 대해 가지는 친화력 차이 때문에 이동속도에 차이가 생긴다. 이 차이를 이용해 성분들이 분리되어 검출기로 들어오면서 분석이 이루어진다.
※ 일반적으로 $O_2$, $NO_2$는 분석이 어렵고, 그 외 대부분의 성분가스분석이 가능하다.

## 06

다음 중 물리적 가스분석계와 거리가 먼 것은?

① 가스크로마토그래피법
② 자동오르자트법
③ 세라믹식
④ 적외선흡수식

**해설**

물리적 가스분석계
가스크로마토그래피법, 세라믹식, 적외선흡수식
※ 자동오르자트법은 화학적 가스분석계이다.

## 07

헴펠식(Hempel Type) 가스분석장치에 흡수되는 가스와 사용하는 흡수제의 연결이 잘못된 것은?

① $CO_2$ - 차아황산소다
② $O_2$ - 알칼리성 피로갈롤용액
③ $CO_2$ - 30 [%] KOH 수용액
④ $C_mH_n$ - 진한 황산

**해설**

헴펠식 가스분석장치(가스 - 흡수제)
- CO : 암모니아성 염화 제1동 용액
- $O_2$ : 알카리성 피로갈롤용액
- $CO_2$ : 30 [%] KOH 수용액
- $C_mH_n$ : 진한 황산

정답 ● 05 ② 06 ② 07 ①

# Chapter 03 제어공학

**핵심포인트** 제어계, 시퀀스제어, 피드백제어, 제어동작, 블록선도

**학습목표**
1. 제어방식의 종류를 구분할 수 있다.
2. 블록선도 공식을 암기할 수 있다.

## 01 제어장치

### 1 제어계의 분류

1) 폐회로제어 : 출력값을 피드백 받아 오차를 보정하며 목표에 도달하도록 자동 조절하는 제어방식

2) 개회로제어 : 출력값을 확인하지 않고 미리 정해진 동작만 수행하는 제어방식

### 2 제어방식

1) 시퀀스제어

(1) 미리 정해진 순서에 따라 순차적으로 진행하는 제어방식으로 작업자의 개입이 필요하지 않다.

(2) 특징
① 복잡한 작업도 순차적으로 진행할 수 있다.
② 작업의 효율성을 높일 수 있다.
③ 주로 산업용 자동차 분야에서 사용되며, 공정제어, 설비제어, 검사제어 등에 사용된다.

2) 피드백제어
　(1) 현재 상태를 계속 비교하며, 목표에 가까워지도록 자동 조절하는 제어방식
　(2) 특징
　　① 고액의 설비비가 요구된다.
　　② 운영하는 데 비교적 고도의 기술이 요구된다.
　　③ 구조가 복잡하므로 부분적으로 고장이 있으면 전체 생산에 영향을 미친다.
　　④ 외부 요인에 의한 영향을 줄일 수 있다.
　　⑤ 출력값을 목푯값에 맞추는 데 효과적이다.
3) 인터록(InterLock) : 서로 다른 장치나 동작이 동시에 작동하지 않도록 상호 제약을 거는 제어방식
4) 피드포워드제어 : 미래의 상태를 예측하여 그에 맞게 제어하는 방식
5) 캐스케이드(Cascade)제어 : 1차 제어장치가 제어량을 측정하여 제어명령을 발하고, 2차 제어장치가 이 명령을 바탕으로 제어량을 조절하는 방식
6) 프로그램제어 : 미리 설정된 프로그램에 따라 제어명령을 발하는 방식
7) 추치제어 : 목푯값과 실젯값의 차이를 직접 이용하여 제어명령을 발하는 방식
8) 적분제어 : 과거의 오차를 누적하여 그에 맞게 제어하는 방식
9) 정치제어 : 압력이나 위치 등의 고정된 물리량의 차이를 기준으로 제어량(특히 송풍량)을 조절하는 제어방식
10) 온오프동작
　(1) 불연속제어의 대표적인 방법으로 설정치와 현재값의 차이가 기준값을 초과하면 출력을 1로 설정, 기준값 이하이면 출력값 0으로 설정하는 방식
　(2) 조작량이 동작신호의 값을 경계로 완전 개폐되는 동작(이산동작)
11) A.C.C(Automatic Combustion Control) : 자동 연소제어 시스템
　(1) 연소제어는 보일러의 증기압력이나 온도를 일정하게 유지하기 위하여 연소량을 조절하는 제어이다.
　(2) 보일러의 효율을 높이고 대기오염을 방지하는 데 중요한 역할을 한다.

### 3 제어동작

1) 비례적분미분(PID)동작 : 오차에 대해 P, I, D 세 요소로 출력 조작
   (1) 비례(P)동작 : 현재의 오차에 비례하여 출력을 조정하는 동작
       ① 오차가 클수록 출력이 크게 조정된다.
       ② 단독으로 사용 시 오프셋 발생
   (2) 적분(I)동작 : 오차의 누적값에 비례하여 출력을 조정하는 동작
       ① 오차가 계속 누적되면 출력이 점점 커진다.
       ② 잔류 편차(오프셋)을 없애준다.
   (3) 미분(D)동작 : 오차의 변화율에 비례하여 출력을 조정하는 동작
       ① 오차가 빠르게 변할수록 출력이 급격히 조정된다.
2) 비례적분(PI)동작 : P제어의 반응성과 I제어의 정확성을 결합
   (1) 부하 변화가 커도 잔류편차가 생기지 않는다.
   (2) 급변할 때 큰 진동이 생긴다.

### 4 자동제어의 일반적인 동작 순서

1) 검출 : 제어대상의 상태를 검출하여 현재의 값을 측정한다.
2) 비교 : 검출한 현재의 값과 목푯값을 비교하여 편차를 계산한다.
3) 판단 : 편차가 허용범위 이내인지 여부를 판단한다.
4) 조작 : 편차가 허용범위 이내인 경우는 아무런 조치를 취하지 않고, 편차가 허용범위를 초과한 경우는 조작량을 계산하여 제어대상에 조작을 가한다.

### 5 시스템 응답 특성

1) 동특성 : 시스템에 입력이 변할 때 출력이 시간에 따라 어떻게 반응하는지를 나타내는 특성
2) 정특성 : 시스템이 안정된 후에 입력과 출력 사이의 관계를 나타내는 특성

### 6 지연요소

1) 1차 지연요소 : 시스템 입력이 바뀌었을 때, 출력이 지수함수 형태로 천천히 변화하는 요소
2) 2차 지연요소 : 입력 변화에 대해 출력이 한 번 이상 진동하거나 더 느리게 수렴하는 시스템

# 02 블록선도

## 1 블록선도

1) 직렬 결합

R(s) → [G₁(s)] → [G₂(s)] → C(s)

C(s) = (G₁(s)·G₂(s))·R(s)

2) 병렬 결합

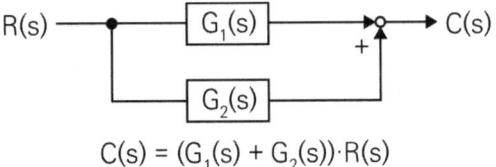

C(s) = (G₁(s) + G₂(s))·R(s)

3) 피드백 결합

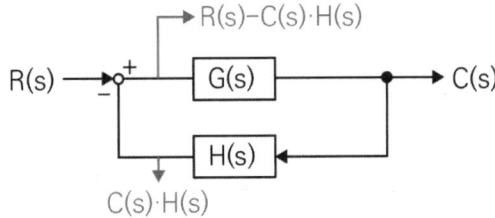

C(s) = (R(s)−C(s)·H(s))·G(s)

$$\rightarrow C(s) = R(s) \times \frac{G(s)}{1+ G(s)H(s)}$$

## 03 OX퀴즈

※ OX 퀴즈로 최다빈출 개념을 쉽게 정리하고 기출 유형까지 미리 익혀보세요.

**1** 순차적으로 진행하는 제어는 피드백제어라고 한다. [O X]

**2** 피드백제어는 출력 측의 신호를 입력 측에 되돌려 비교하는 제어방법이다. [O X]

**3** 추치제어란 미리 설정된 프로그램에 따라 제어하는 방식이다. [O X]

**4** 1차 제어장치가 제어량을 측정하여 제어명령을 발하고, 2차 제어장치가 이 명령을 바탕으로 제어량을 조절하는 방식은 캐스케이드제어이다. [O X]

**5** 온오프동작은 연속제어의 대표적인 방법이다. [O X]

**6** 적분동작은 잔류 편차(Off-set)을 없애준다. [O X]

---

**정답** 01 (X) 02 (O) 03 (X) 04 (O) 05 (X) 06 (O)

**1** <u>시퀀스제어</u>이다.
**3** <u>프로그램제어</u>이다. 추치제어는 목푯값과 실젯값의 차이를 직접 이용하여 제어명령을 발한다.
**5** <u>불연속제어</u>의 대표적인 방법

# 03 예상문제

## 01
1차 제어장치가 제어량을 측정하여 제어명령을 발하고 2차 제어장치가 이 명령을 바탕으로 제어량을 조절할 때, 다음 중 측정제어로 가장 적절한 것은?

① 추치제어
② 프로그램제어
③ 캐스케이드제어
④ 시퀀스제어

**해설**

캐스케이드제어(Cascade Control)
2개의 제어계를 조합하여 1차 제어장치의 제어량을 측정하여 제어명령을 발하고 2차 제어장치의 목표치로 설정하는 제어방식이다.

## 02
다음 중 송풍량을 일정하게 공급하려고 할 때 가장 적당한 제어방식은?

① 프로그램제어
② 비율제어
③ 추종제어
④ 정치제어

**해설**

제어방식 - 정치제어
송풍량을 일정하게 공급할 때 가장 적당한 제어방식은 정치제어이다.

## 03
다음 제어방식 중 잔류편차(Off-set)를 제거하여 응답시간이 가장 빠르며 진동이 제거되는 제어방식은?

① P
② I
③ PI
④ PID

**해설**

제어방식 - PID
비례적분미분(PID)동작은 잔류편차(Off-set)를 제거하여 응답시간이 가장 빠르며 진동이 제거되는 제어방식이다.

## 04
미리 정해진 순서에 따라 순차적으로 진행하는 제어방식은?

① 시퀀스제어
② 피드백제어
③ 피드포워드제어
④ 적분제어

**해설**

제어방식
시퀀스제어(개회로제어)란 미리 정해진 순서에 따라 순차적으로 진행하는 제어방식이다.

정답　01 ③　02 ④　03 ④　04 ①

## 05

자동제어에서 전달함수의 블록선도를 그림과 같이 등가변환시킨 것으로 적합한 것은?

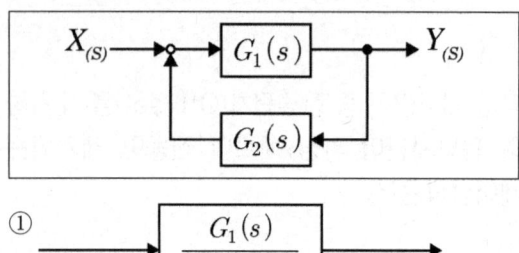

①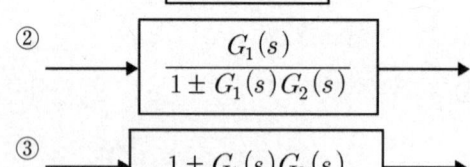

②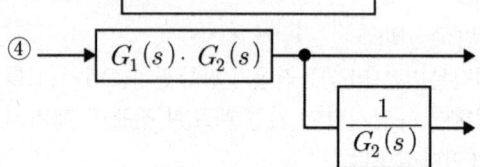

③ $1 \pm G_1(s)G_2(s)$

④ $G_1(s) \cdot G_2(s)$ , $\dfrac{1}{G_2(s)}$

**해설**

자동제어에서 전달함수의 블록선도
$Y(s) = X(s)G_1(s) \pm G_1(s)G_2(s)Y(s)$
$Y(s)[1 \mp G_1(s)G_2(s)] = X(s)G_1(s)$
$\therefore \dfrac{Y(s)}{X(s)} = \dfrac{G_1(s)}{1 \mp G_1(s)G_2(s)}$

[ 출·제·경·향·분·석·표 ]

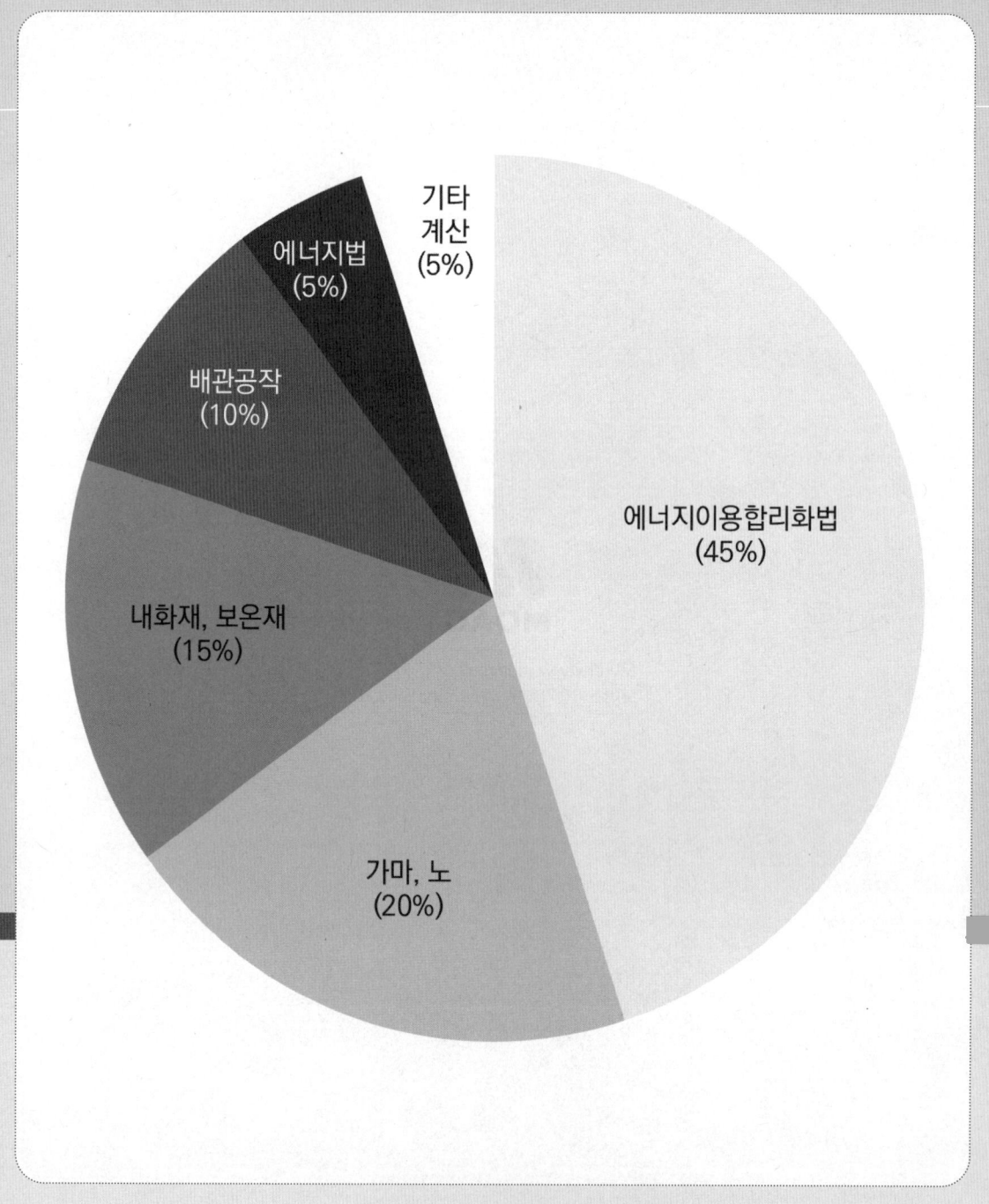

# Part 04 열설비 재료 및 관계법규

# Chapter 01 가마(Kiln)와 노(Furnace)

**핵심포인트** 연속식 요, 반연속식 요, 불연속식 요, 철강용로, 제강로

**학습목표**
1. 가마의 종류를 알고 구분할 수 있다.
2. 노의 종류를 알고 구분할 수 있다.

## 01 가마 & 노

### 1 가마 & 노

1) 가마(Kiln, 요) : 재료를 고온으로 가열하여 소성하거나 건조시키는 설비
2) 노(Furnace) : 금속 제련, 열처리, 용융, 연소 등의 목적으로 높은 온도를 발생시키는 산업용 가열 설비

### 2 가마(요)의 분류

1) 조업방법에 따른 분류
   (1) 연속식
       ① 윤요(輪窯 : Ring Kiln) : 시멘트, 벽돌 제조
       ② 터널요 : 도자기 제조
       ③ 반터널요
   (2) 반연속식
       ① 등요 : 옹기, 석기제품 제조
       ② 셔틀요 : 도자기 제조
   (3) 불연속식
       ① 승염식 요(오름 불꽃) : 석회석 제조
       ② 횡염식 요(옆 불꽃) : 토관류 제조
       ③ 도염식 요(꺾임 불꽃) : 내화벽돌, 도자기 제조

### 3 가마(Kiln)

1) 연속식 요
- 가마내기를 연속적으로 할 수 있도록 만든 가마
- 여러 개의 단가마를 연도로서 연결한 형태의 가마이고, 3 ~ 4개의 소성실을 거쳐서 폐가스가 배출된다.
- 대량 생산에 적합하며, 작업 능률 향상·열효율 우수·연료비 절감 등의 장점이 있다.

(1) 윤요(Ring Kiln)[輪窯] : 고리 모양의 가마
① 12 ~ 18개의 소성실에 설치한 구조로 종이 칸막이를 옮겨가며 연속적으로 가마내기 및 재임이 가능하다.
② 건축자재의 소성가마로 이용된다.
③ 가마의 길이는 보통 80 [m] 정도이다.
④ 배기가스의 현열을 이용하여 제품을 예열시킨다.
⑤ 소성된 제품이 갖는 현열을 이용하여 연소용 2차 공기를 예열한다.
※ 가마 내 열의 전열방법 : 전도, 대류, 복사

(2) 터널요(Tunnel Kiln) : 긴 터널형의 가마
① 피열물을 실은 레일 위의 대차는 예열, 소성, 냉각 과정을 통하여 제품이 완성된다.
② 장점
㉠ 소성이 균일하며 제품의 품질이 좋다.
㉡ 소성시간이 짧다.
㉢ 대량생산이 가능하다.
㉣ 열효율이 높다.
㉤ 인건비가 절약된다.
㉥ 자동온도제어가 쉽다.
㉦ 능력에 비하여 설치면적이 적다.
㉧ 배기가스의 현열을 이용하여 제품을 예열시킨다.
③ 단점
㉠ 건설비가 비싸다.
㉡ 제품을 연속처리 해야 하여 생산조정이 곤란하다.
㉢ 제품의 품질, 크기, 형상에 제한을 받는다.
㉣ 작업자의 기술이 요망된다.
④ 구성 : 예열대, 소성대, 냉각대, 대차, 푸셔

(3) 반터널요 : 터널을 3~5개 방으로 구분하고, 각 소성실의 온도 범위를 정하고 대차를 단속적으로 이동하며 제품을 소성한다.

(4) 견요 : 수직형 연속식 가마로, 석회석이나 시멘트 클링커 등의 소성에 사용되며, 상부에서 원료를 투입하고 하부에서 제품을 배출하는 구조.

(5) 회전요(Rotary Kiln) : 원통형의 길고 경사진 회전체로, 내부에 원료를 넣고 가열하면서 회전과 동시에 천천히 이동시키는 연속식 가마
   ① 시멘트 제조용 가마로 노 내 온도의 분포가 균일하다.
   ② 건조, 가소, 소성, 용융작업 등을 연속적으로 할 수 있다.
   ③ 시멘트 클링커의 소성은 물론 석회소성 및 화학공업까지 광범위하게 사용된다.
   ④ 건식법, 습식법, 반건식법이 있다.
   ⑤ 원료와 연소가스의 방향이 반대이다.

2) 반연속식 요 : 요업제품을 넣어 소성실에서 한정된 구간까지는 연속적인 소성작업이 가능하지만 소성 작업 이후에는 불을 끄고 냉각을 한 다음 가마내기, 재임을 하는 가마이다.

(1) 등요(오름가마) : 언덕의 경사도가 0.3~0.5 정도인 소성실을 4~5개 인접시켜 설치된 구조로 앞의 소성실의 폐가스와 냉각공기가 보유한 열을 뒷 소성실에서 이용하도록 한다.

(2) 셔틀요(Shuttle Kiln) : 고정된 가마 내부에 대차를 이용해 제품을 넣고 꺼내는 방식의 불연속식 가마
   ① 1개의 가마에 2개의 대차를 사용한다.
   ② 작업이 간편하고 조업주기가 단축된다.
   ③ 요체의 보유열을 사용할 수 있어 경제적이다.

3) 불연속식 요 : 제품을 넣고, 가열하고, 냉각한 후 꺼내는 일괄처리방식의 가마

(1) 승염식 요(Up Draft Kiln) : 오름 불꽃가마
   ① 아궁이에서 발생한 불꽃이 소성실 내를 상승하면서 피가열체를 가열하는 방식
   ② 구조가 간단하나 설비비, 보수비가 비싸다.
   ③ 가마 내 온도가 불균일하다.
   ④ 고온소성에 부적합하다.
   ⑤ 도자기 제조에 쓰인다.

(2) 횡염식 요(Horizontal Draft Kiln) : 옆 불꽃가마
   ① 아궁이에서 발생한 불꽃이 소성실 내에 들어가 수평방향으로 진행하면서 피가열체를 가열하는 방식이다.
   ② 가마 내 온도가 불균일하다.
   ③ 가마 내 입출구 온도차가 크다.

(3) 도염식 요(Down Draft Kiln) - 꺾임 불꽃가마
  ① 연소불꽃이 천장에 부딪힌 다음 바닥의 흡입구멍을 통해 배출되는 구조이다.
  ② 가마 내 온도가 균일하다.
  ③ 연료소비가 적다.
(4) 머플로 : 화염이 직접 닿지 않는 간접가열식 가마

## 4 노(Furnace)

1) 철강용로 : 철광석을 환원하여 선철을 제조하거나, 선철에서 불순물을 제거하고 탄소량을 조절하여 강을 생산하기 위해 사용하는 제철·제강용 고온 가열 설비
  (1) 배소로 : 광석이 용해되지 않을 정도로만 가열하여 제련상 유리한 상태로 변화시킨다.
    ① 목적 : 유해 성분 제거, 산화도의 변화, 원광석의 결합수의 제거와 탄산염의 분해
  (2) 괴상화용로(소결로) : 분상의 철광석을 괴상화하여 용광로의 능률을 향상시킨다.
  (3) 용광로(고로) : 제련에 가장 중요한 노, 제철공장에서 선철(Pig Iron)을 제조하는 데 사용
    ① 노체 상부로부터 노구, 샤프트, 보시, 노상으로 구성된 노로서 선철(Pig Iron)제조용으로 사용된다.
    ② 선철을 만들 때 사용되는 주원료 및 부재료 : 석회석, 철광석, 코크스
      ※ 코크스의 역할 : 환원(탈산), 통기성확보, 열원

2) 제강로 : 용광로에서 나온 선철 중 불순물을 제거하고 탄소량을 감소시켜 강철을 만드는 설비
  (1) 평로 : 선철과 고철을 넓고 평평한 노상 위에서 연소열과 반사열로 녹여 강을 만드는 제강로
    ① 노의 양쪽에 축열실을 가지고 있으며 용량은 1회 출강량을 톤으로 표시한다.
    ② 연소온도를 높이고 연료소비량을 줄일 수 있으며, 수직식과 수평식이 있다.
    ③ 축열실 : 배기가스의 현열을 흡수하여 공기의 연료(연소용 공기) 예열에 이용할 수 있도록 한 장치이다.
    ④ 축열실벽돌로는 샤모트벽돌, 고알루미나질벽돌이 사용된다.
      ※ 샤모트(Chamotte)벽돌
        ⓐ 내화점토를 1300 ~ 1500 [℃] 고온으로 구워서 만든 가루인 샤모트를 원료로 하여 만든 산성의 내화벽돌로 다량으로 생산된다.
        ⓑ 일반적으로 기공률이 크고 비교적 낮은 온도에서 내스폴링성이 좋다.
        ⓒ 샤모트벽돌은 원료로서 샤모트를 사용하고 성형 및 소결성이 좋은 점토질벽돌을 얻기 위해 미세한 부분은 가소성 생점토를 가하고 있다.

(2) 전로 : 용융선철을 강철로 만들기 위하여 고압의 공기나 순수 산소를 취입시켜 산화열에 의해 선철 중의 불순물을 산화시켜 재련하는 노로서 노체가 270° 이상 기울어진다.

(3) 전기로 : 고온을 얻을 수 있을 뿐만 아니라 온도제어가 자유롭고 취급이 편리하다. 아크로, 저항로, 유도로 등이 있다.

3) 주물용해로 : 주조에 사용할 금속을 고온에서 용해하기 위한 설비

(1) 큐폴라(용선로) : 노 내에 코크스를 넣고 그 위에 소재금속, 코크스, 석회석, 선철을 넣은 후 송풍하여 연소시켜 주철을 용해한다. 이 용선로는 대량의 쇳물을 얻고 다른 용해로보다 효율이 좋으며 용해시간이 빠르다.

(2) 도가니로 : 동합금, 경합금 등의 비철금속 용해로로 사용하며 흑연도가니와 주철제 도가니가 있다.

## 5 지반 선택 및 적부시험

1) 지반 선택

(1) 지반이 튼튼한 곳

(2) 지하수가 생기지 않는 곳

(3) 배수 및 하수처리가 잘 되는 곳

(4) 가마의 제조 및 조립이 편리한 곳

2) 지반의 적부시험

(1) 지내력시험 : 지반이 지지할 수 있는 하중을 측정하는 시험

(2) 토질시험 : 지반의 구성 성분, 입도, 단위중량, 수분 함량 등을 측정하는 시험

(3) 지하탐사 : 지반의 구조와 특성을 파악하기 위한 시험

# 01 OX퀴즈

※ OX 퀴즈로 최다빈출 개념을 쉽게 정리하고 기출 유형까지 미리 익혀보세요.

1. 머플가마는 직접가열이다. 　　　　　　　　　　　　　　　　　　　　　　O X
2. 승염식 요, 횡염식 요, 도염식 요는 불연속식이다. 　　　　　　　　　　　　O X
3. 윤요(輪窯)는 고리모양의 가마이다. 　　　　　　　　　　　　　　　　　　O X
4. 터널요는 종이 칸막이가 있다. 　　　　　　　　　　　　　　　　　　　　O X
5. 가늘고 긴 터널형의 가마로 피열물을 실은 레일 위의 대차를 활용하는 가마를 터널요라고 한다. 　　O X
6. 셔틀요는 1개의 가마에 3개의 대차를 사용한다. 　　　　　　　　　　　　O X
7. 도염식 요는 꺾임 불꽃가마로 연소불꽃이 천장에 부딪힌 다음 바닥의 흡입구멍을 통해 배출되는 구조이다. 　　O X
8. 노체 상부로부터 노구, 샤프트, 보시, 노상으로 구성된 노로서 선철 제조용으로 사용되는 노를 고로라고 한다. 　　O X
9. 샤모트벽돌에서 가소성 생점토를 가하는 이유는 더 부드럽게 하기 위해서이다. 　　O X
10. 풀림로는 온도를 서서히 냉각하여 강의 입도를 미세화하여 조직을 연화, 내부 응력을 제거하는 열처리로이다. 　　O X
11. 가마 설계 시 지반은 지하수가 생기지 않는 곳으로 설치하여야 한다. 　　O X

---

**정답**　01 (X)　02 (O)　03 (O)　04 (X)　05 (O)　06 (X)　07 (O)　08 (O)　09 (X)　10 (O)　11 (O)

1. 직접가열이 아니라 <u>간접가열</u>이다.
4. 종이 칸막이가 있는 요는 <u>윤요</u>이다.
6. 셔틀요는 1개의 가마에 <u>2개</u>의 대차를 사용한다.
9. 가소성 생점토를 가하는 이유는 <u>성형 및 소결성이 좋은 점토질벽돌을 얻기 위함</u>이다.

# 01 예상문제

## 01
축요(築窯) 시 가장 중요한 것은 적합한 지반(地盤)을 고르는 것이다. 다음 중 지반의 적부시험으로 틀린 것은?

① 지내력시험
② 토질시험
③ 팽창시험
④ 지하탐사

**해설**
지반의 적부시험
지내력시험, 토질시험, 지하시험

## 02
중요 소성을 하는 평로에서 축열실의 역할로서 가장 옳은 것은?

① 제품을 가열한다.
② 급수를 예열한다.
③ 연소용 공기를 예열한다.
④ 포화 증기를 가열하여 과열증기로 만든다.

**해설**
축열실의 역할
연소용 공기를 예열한다.

## 03
다음 중 셔틀요(Shuttle Kiln)는 어디에 속하는가?

① 반연속요
② 승염식 요
③ 연속요
④ 불연속요

**해설**
반연속요
셔틀요(Shuttle Kiln), 등요(오름가마) 등은 반연속요이다.

## 04
샤모트(Chamotte)벽돌의 원료로서 샤모트 이외의 가소성 생점토(生粘土)를 가하는 주된 이유는?

① 치수 안정을 위하여
② 열전도성을 좋게 하기 위하여
③ 성형 및 소결성을 좋게 하기 위하여
④ 건조 소성, 수축을 미연에 방지하기 위하여

**해설**
샤모트벽돌
골재원료로서 샤모트를 사용하고, 미세한 부분은 가소성 생점토를 가하고 있다. 이는 성형 및 소결성을 좋게 하기 위함이다.

**정답** 01 ③ 02 ③ 03 ① 04 ③

## 05

다음 중 제강로가 아닌 것은?

① 고로
② 전로
③ 평로
④ 전기로

**해설**

제강로의 종류
전로, 평로, 전기로

## 06

연속가마, 반연속가마, 불연속가마의 구분방식은 어떤 것인가?

① 온도 상승속도
② 사용목적
③ 조업방식
④ 전열방식

**해설**

연속가마, 반연속가마, 불연속가마 구분방식
조업방식에 따라 구분된다.

## 07

윤요(Ring Kiln)에 대한 일반적인 설명으로 옳은 것은?

① 종이 칸막이가 있다.
② 열효율이 나쁘다.
③ 소성이 균일하다.
④ 석회소성용으로 사용된다.

**해설**

윤요(Ring Kiln)
- 12~18개의 소성실에 설치한 구조로 종이 칸막이를 옮겨가며 연속적으로 가마내기 및 재임이 가능하다.
- 건축자재의 소성가마로 이용된다.
- 가마의 길이는 보통 80 [m] 정도이다.
- 배기가스의 현열을 이용하여 제품을 예열시킨다.
- 소성된 제품이 갖는 현열을 이용하여 연소용 2차 공기를 예열한다.

## 08

다음 중 연속식 요가 아닌 것은?

① 등요
② 윤요
③ 터널요
④ 고리가마

**해설**

연속식 요
조업방식(작업방식)에 따른 요로(가마)의 분류
- 연속요 : 터널요, 윤요(고리가마), 건요(샤프트로), 회전요(로터리가마)
- 반연속요 : 셔틀요, 등요
- 불연속요 : 횡염식·승염식·도염식 요

정답  05 ① 06 ③ 07 ① 08 ①

## 09

터널가마(Tunnel Kiln)의 장점이 아닌 것은?

① 소성이 균일하여 제품의 품질이 좋다.
② 온도조절의 자동화가 쉽다.
③ 열효율이 좋아 연료비가 절감된다.
④ 사용연료의 제한을 받지 않고 전력소비가 적다.

**해설**

터널가마
대량생산에 적합한 연속제조용 가마이다.
(1) 장점
  ① 소성이 균일하여 제품의 품질이 좋다.
  ② 온도조절의 자동화가 쉽다.
  ③ 소성서냉시간이 짧다.
  ④ 소성 가스의 온도, 산화 환원 소성의 조절이 쉽다.
  ⑤ 효율이 좋아 연료비가 절감된다(열손실이 적어 단독가마의 절반밖에 들지 않는다).
  ⑥ 가마의 바닥면적이 생산량에 비해서 작으며 노무비가 절약된다.

## 10

회전가마(Rotary Kiln)에 대한 설명으로 틀린 것은?

① 일반적으로 시멘트, 석회석 등의 소성에 사용된다.
② 온도에 따라 소성대, 가소대, 예열대, 건조대 등으로 구분된다.
③ 소성대에는 황산염이 함유된 클링커가 용융되어 내화벽돌을 침식시킨다.
④ 시멘트 클링커의 제조방법에 따라 건식법, 습식법, 반건식법으로 분류된다.

**해설**

회전가마
소성대에서는 초고온 염기성 내화벽돌을 사용하므로 시멘트 원료가 1450[℃] 정도에서 소결용 융반응이 일어나기 때문에 이러한 부위의 벽돌은 주로 염기성 성질(시멘트광물)에 의해 코팅되고 있어서 침식에 강하다.

정답 09 ④ 10 ③

# Chapter 02 내화재

  내화물, 내화도, 산성·염기성·중성 내화물

**학습목표**
1. 내화물의 정의와 내화도의 의미를 이해할 수 있다.
2. 내화물의 종류에 따른 특성을 구분할 수 있다.

## 01 내화재

### 1 내화물

1) 비금속 무기재료로 고온에서 쉽게 무르거나 녹지 않는다.
2) 난연성 재료로서 SK 26(1580 [℃]) 이상의 내화도를 가지며 공업요로 등의 고온 내화벽에 사용되는 것을 말한다.
3) 기능 : 요로 내의 고열을 차단, 열 방산을 막아 효율적으로 열을 이용, 요로의 안정성 유지
4) 구비조건
   (1) 사용온도에 연화 및 변형이 적을 것
   (2) 팽창수축이 적을 것
   (3) 사용온도에 충분한 압축강도를 가질 것
   (4) 내마모성, 내침식성이 클 것
   (5) 고온에서 수축팽창이 적을 것
   (6) 재가열 시 수축이 적을 것
   (7) 사용온도에 적합한 열전도율을 가질 것
   (8) 내스폴링성이 크고 온도 급변화에 충분히 견딜 것

## 2 내화도

1) 내화물의 품질을 추정하는 방법 중 하나로 인화 변형 상태를 나타내는 표준온도를 일반적으로 SK 번호로 표시한다.

2) 제게르콘 번호를 내화도로 표시하며 SK 26의 용융온도는 1580 [℃]이다.

　※ 제게르콘 : 내화물의 내화도를 측정하는 온도계

　※ 제게르콘 번호(SK번호) : 600 ~ 2000 [℃]의 범위를 20 ~ 50 [℃] 간격으로 59종류로 나누고, 각각 번호를 매긴 것

## 3 열적성질

1) 열적 팽창 : 내화물의 열에 대한 팽창과 수축

2) 하중 연화점 : 축요 후 하중을 받는 내화재를 가열하였을 때 평소보다 더 낮은 온도에서 변형하는 온도를 말한다.

3) 스폴링(Spalling)현상(박락현상) : 급격한 온도차로 벽돌에 균열이 생기고 표면이 갈라져서 떨어지는 현상으로 주변에 오래된 건물 내외부에서 쉽게 확인할 수 있는 현상이다.

4) 슬래킹(Slaking)현상 : 염기성 내화벽돌이 수증기를 흡수하는 성질 때문에 팽창을 일으키며 분해가 되어 노벽에 가루모양의 균열이 생기고 떨어지는 현상이다.

5) 버스팅(Bursting)현상 : 크롬철광을 원료로 하는 내화물(크롬이나 크롬마그네시아벽돌)은 1600 [℃] 이상에서 산화철을 흡수한 후 표면이 부풀어 오르고 떨어져 나가는 현상이다.

## 4 내화물 제조공정

1) 분쇄(내화원료와 바인더를 일정한 비율로 혼합하여 내화물의 기본적인 성질을 형성)

2) 혼련(분쇄원료에 물이나 첨가제를 사용하여 혼합하는 과정)

3) 성형(일정한 형태로 모양을 만듦)

4) 건조(수분제거)

5) 소성(원료에 열화학적 변화를 일으켜서 내화물의 강도를 가지게 하는 과정)

## 5 내화물 종류

1) 산성 내화물

  (1) 규석질 내화물

    ① 이산화규소, 규석, 및 석영을 870 [℃] 이상 가열하여 안정화시키고 분쇄 후 결합제를 가하여 성형한다.

    ② 평로용, 전기로용, 코크스용, 유리공업로용

    ③ 내화도(SK 31 ~ 34)와 하중연화온도(1750 [℃])가 높다.

    ④ 고온강도가 매우 크다.

    ⑤ 고온에서 팽창계수가 적고 안정하다.

    ⑥ 열전도율이 비교적 높다.

    ⑦ 가마 천장용, 산성 제강로 등에 사용된다.

    ⑧ 비중이 작다.

  (2) 반규석질 내화물

    ① 규석과 샤모트로 만든 벽돌

    ② 규석내화물과 점토질 내화물의 혼합형이다.

    ③ 내화도 SK 28 ~ 30이다.

    ④ 저온에서 강도가 크며 가격이 싸다.

    ⑤ 수축팽창이 작으며 내스폴링성이 크다.

    ⑥ 용도는 야금로, 배소로, 저온용 벽돌 등이다.

  (3) 납석질 내화물

    ① 납석을 주원료로 한다.

    ② 내화도 SK 26 ~ 34이며 하중연화점이 낮다.

    ③ 슬래그 등의 침입에 의하여 내식성이 우수하다.

    ④ 가열에 의한 잔존 수축이 작고 열전전도도가 작다.

    ⑤ 일반요로, 큐폴라의 내장형, 금속공업 등에 사용된다.

    ⑥ 일산화탄소에 대한 안정도가 크다.

    ⑦ 압축강도가 크다.

(4) 샤모트질 내화물
① 내화점토를 SK 10 ~ 13 정도로 하소하여 분쇄하여 만든 벽돌을 샤모트벽돌이라 한다.
② 내화도 SK 28 ~ 34이다.
③ 성분범위가 넓고 제작이 쉽다.
④ 가소성이 없어 10 ~ 30 [%] 생점토를 첨가한다.
⑤ 고온강도가 낮으며 가격이 싸다.
⑥ 열팽창, 열전도가 작다.
⑦ 보일러 등 일반 가마에 많이 사용된다.

2) 염기성 내화물

(1) 마그네시아 내화물
① 마그네시아를 주원료로 하며 소성마그네시아 내화물과 성형 과정 후 소성 과정을 거치지 않고 건조하는 불소성 마그네시아 내화물로 구분된다.
② 소성 마그네시아의 특징
  ㉠ 내화도 SK 36 이상으로 높다.
  ㉡ 염기성 제강로, 전기제강로, 비철금속제강로, 시멘트 소성가마 등에 이용된다.
  ㉢ 슬래킹현상이 발생한다.
  ㉣ 하중연화점이 높고 비중 및 열전도도는 크다.
  ㉤ 열팽창이 크나 내스폴링성이 작다.

(2) 크롬마그네시아 내화물
① 크롬철강과 마그네시아를 주원료로 한다.
② 마그네시아 클링커에 클롬철광을 혼합 성형하여 SK 17 ~ 20 정도로 소성한 것이다.
③ 내화도(SK 42)와 하중연화점이 높다.
④ 용융온도가 2000 [℃] 이상이다.
⑤ 염기성 슬래그에 대한 저항이 크다.
⑥ 염기성 평로, 전기로, 시멘트회전로 등에 이용된다.
⑦ 내스폴링성이 크고 조직이 치밀하고 무겁다.
⑧ 버스팅현상이 발생하나 슬래그에 대한 저항성이 크다.

(3) 돌로마이트 내화물
  ① 백운석을 주원료로 하여 1600 [℃] 정도로 소성하여 제조하며 돌로마이트는 탄산칼슘과 탄산마그네슘을 주원료로 염기성 제강로에 사용된다.
  ② 내화도가 SK 36 ~ 39이며 하중연화점이 높다.
  ③ 염기성 슬래그에 대한 저항이 크다.
  ④ 산화분위기에는 약하다.
  ⑤ 내스폴링성이 크다.
  ⑥ 내침식성은 있으나 내슬래킹성이 약하다.
  ⑦ 염기성 제강로, 시멘트소성가공, 전기로에 사용된다.

(4) 폴스테라이트 내화물
  ① 주성분은 $Mg_2SiO_4$이다.
  ② 감람석, 사문암 등에 마그네시아 클링커를 배합하여 만든 벽돌이며 주물사로 이용하기도 한다.
  ③ 내화도 SK 36 이상이고 하중연화점이 높다.
  ④ 내식성이 좋고 기공률이 크다.
  ⑤ 사용용도는 반사로 저주파 유도전기로 염기성 평로 등에 사용된다.
  ⑥ 소화성이 없고 소성온도는 1500 [℃] 내외이다.
  ⑦ 고온에서 용적 변화가 작고 열전도율이 낮다.

3) 중성 내화물
  (1) 고알루미나질 내화물
    ① 50 [%] 이상의 알루미나를 함유한 내화물이다.
    ② 내화도 SK 35 ~ 38이다.
    ③ 내식성 내마모성이 매우 크다.
    ④ 고온에서 부피 변화가 작다.
    ⑤ 내열성이 우수하다.
    ⑥ 강도가 높다.
    ⑦ 부식에 강하다.
    ⑧ 급열 또는 급랭에 대한 저항성이 크다.
    ⑨ 유리가마, 화학공업용로, 회전가마, 터널가마 등에 사용된다.

  (2) 크롬질 내화물
    ① 크롬철강을 분쇄하여 점결제를 혼합하여 성형 및 건조한 내화물이다.
    ② 내화도가 높다(SK 38).
    ③ 내마모성이 크다.
    ④ 하중연화점이 낮고 스폴링이 쉽게 발생한다.
    ⑤ 산성 노재와 염기성 노재의 접촉부에 사용하여 서로 침식을 방지한다.
    ⑥ 고온에서 버스팅현상이 발생한다.

(3) 탄화규소질 내화물
　① 탄화규소를 주원료로 사용한다.
　② 내화도와 하중연화점이 상당히 높다.
　③ 고온에서 산화되기 쉽다.
　④ 전기 및 열전도율이 높다.
　⑤ 내스폴링성이 크고 열팽창계수가 작다.
　⑥ 사용용도는 전기 저항 발열체, 열교환실의 내화재 등에 사용된다.
　⑦ 내마모성이 크다.
　⑧ 내식성, 내열성이 강하다.
　⑨ 고온의 중성 및 환원성 분위기에서는 화학적으로 안정된다.

(4) 탄소질 내화물
　① 탄소 및 흑연 코크스 무연탄을 주원료로 사용되며 타르 피치 같은 탄소질이나 점토류를 점결제로 사용하여 소성한 내화물이다.
　② 내화도와 전기 및 열전도율이 높다.
　③ 화학적 침식에 강하며, 수축이 작다.
　④ 내스폴링성이 강하다.
　⑤ 큐폴라의 내장, 도가니 등에 사용된다.
　⑥ 공기 중에서 온도가 상승되면 산화한다.
　⑦ 재가열 시 수축이 작다.

4) 부정용 내화물 : 일정한 모양 없이 시공현장에서 원료에 물을 가하여 필요한 모양으로 만든 성형물이다.

(1) 캐스터블 내화물 : 알루미나 시멘트를 배합한 내화콘크리트이다.
　① 접합부 없이 축요한다.
　② 잔존수축이 크고 열팽창이 작다.
　③ 내스폴링성이 크고 열전도율이 작다.
　④ 사용용도는 보일러로, 연도 및 소둔로의 천장 등에 사용된다.
　⑤ 소성이 불필요하고 가마의 열손실이 적다.
　⑥ 시공 후 24시간 만에 사용온도로 상승하여 사용이 가능하다.

(2) 플라스틱 내화물 : 내화골재에 시공성 및 고온에서의 강도를 가지게 하기 위하여 가소성 점토 및 유기질 결합제를 첨가하여 시공한다.
① 캐스터블보다 고온에서 사용된다.
② 소결력이 좋고 내식성이 크다.
③ 팽창 및 수축이 작으며 내스폴링성이 크다.
④ 하중 연화온도가 높다.
⑤ 내식성, 내마모성이 크다.
⑥ 내화도가 SK 35 ~ 37이다.
⑦ 해머로 두들겨 사용한다.
⑧ 사용용도는 보일러수관벽, 버너 입구, 가마의 응급보수 등에 사용된다.

(3) 내화 모르타르 : 내화벽돌 간의 접합을 위해 사용되는 내화재 분말과 점결재를 혼합하여 만든 고온용 접착재
① 경화방법에 따른 분류
  ㉠ 열경성 : 고온에서 세라믹 본드에 의해 경화하는 성질
  ㉡ 기경성 : 공기 중에서 경화하는 성질
  ㉢ 수경성 : 물로 경화하는 성질
② 슬래그가 침식하기 쉬운 부분에 보호하고 냉공기의 유입을 방지하며 내화벽돌 결합용이다.
③ 구비조건
  ㉠ 시공성 및 점착성이 좋아야 한다.
  ㉡ 화학 성분 및 광물조성이 내화벽돌과 유사해야 한다.
  ㉢ 건조 가열 등에 의한 수축팽창이 작아야 한다.
  ㉣ 적절한 내화도를 가져야 한다.

5) 특수내화물
(1) 지르콘 내화물 : 지르콘($ZrSiO_4$) 원광을 1800[℃] 정도에서 $SiO_2$를 휘발시키고 정제시켜 강하게 굽고 물, 유리 등의 결합제를 혼합하여 성형 소성한 내화물이다.
① 이상팽창 및 수축이 없고 열팽창계수가 작다.
② 내스폴링성이 크고 산화용재에 강하다.
③ 사용용도는 실험용 도가니, 대형 가마, 연소관 등에 사용된다.

# 02 OX퀴즈

※ OX 퀴즈로 최다빈출 개념을 쉽게 정리하고 기출 유형까지 미리 익혀보세요.

1 내화물이란 비금속 무기재료로 고온에서 쉽게 무르거나 녹지 않는다. ☐ O ☐ X

2 내화재는 재가열 시 수축이 큰 것으로 사용하여야 한다. ☐ O ☐ X

3 크롬철광을 원료로 하는 내화물이 고온에서 산화철을 흡수하여 표면이 부풀어 떨어져 나가는 현상을 스폴링이라고 한다. ☐ O ☐ X

4 내화물 제조공정 과정은 분쇄 → 혼련 → 성형 → 건조 → 소성 → 소결 과정을 거친다. ☐ O ☐ X

5 납석질 내화물은 산성 내화물이다. ☐ O ☐ X

6 고알루미나질 내화물은 염기성 내화물이다. ☐ O ☐ X

7 탄소질 내화물은 탄소 및 흑연 코크스 무연탄을 주원료로 사용한다. ☐ O ☐ X

---

**정답** 01 (O) 02 (X) 03 (X) 04 (O) 05 (O) 06 (X) 07 (O)

2 구비조건은 재가열 시 수축이 적을 것이다.
3 버스팅이라고 하고, 스폴링은 열팽창 차이에 의해 급격한 온도차로 균열이 생기는 것을 이야기한다.
6 중성 내화물이다.

# 02 예상문제

## 01
크롬벽돌이나 크롬 - 마그벽돌이 고온에서 산화철을 흡수하여 표면이 부풀어 오르고 떨어져 나가는 현상은?

① 버스팅
② 큐어링
③ 슬래킹
④ 스폴링

**해설**

버스팅
크롬을 원료로 하는 염기성 내화벽돌이 1600[℃] 이상의 고온에서 산화철을 흡수하여 표면이 부풀어 오르고 떨어져 나가는 현상을 말한다.

## 02
다음 중 중성 내화물에 속하는 것은?

① 납석질 내화물
② 고알루미나질 내화물
③ 반규석질 내화물
④ 샤모트질 내화물

**해설**

중성 내화물
- 산성 내화물 : 납석질, 규석질, 반규석질, 샤모트질
- 중성 내화물 : 고알루미나질, 크롬질, 탄화규소질, 탄소질

## 03
내화물의 구비조건으로 틀린 것은?

① 상온에서 압축강도가 작을 것
② 내마모성 및 내침식성을 가질 것
③ 재가열 시 수축이 적을 것
④ 사용온도에서 연화변형하지 않을 것

**해설**

내화물의 구비조건
내화물은 상온에서 압축강도가 커야 한다.

## 04
중화내화물 중 내마모성이 크며 스폴링을 일으키기 쉬운 것으로 염기성 평로에서 산성 벽돌과 염기성 벽돌을 섞어서 축로할 때 서로의 침식을 방지하는 목적으로 사용하는 것은?

① 탄소질벽돌
② 크롬질벽돌
③ 탄화규소질벽돌
④ 폴스테라이트벽돌

**해설**

크롬질벽돌(내화벽돌)
중성 내화물 중 내마모성이 크며 스폴링을 일으키기 쉬운 염기성 평로에서 산성 벽돌과 염기성 벽돌을 섞어서 축로할 때 서로의 침식을 방지하는 목적으로 사용한다.

**정답** 01 ① 02 ② 03 ① 04 ②

## 05

내화 모르타르의 구비조건으로 틀린 것은?

① 시공성 및 접착성이 좋아야 한다.
② 화학 성분 및 광물조성이 내화벽돌과 유사해야 한다.
③ 건조, 가열 등에 의한 수축팽창이 커야 한다.
④ 필요한 내화도를 가져야 한다.

**해설**

내화 모르타르 구비조건
내화 모르타르는 건조, 가열 등에 의한 수축팽창이 작아야 한다.

## 06

고알루미나(High Alumina)질 내화물의 특성에 대한 설명으로 옳은 것은?

① 급열, 급랭에 대한 저항성이 적다.
② 고온에서 부피 변화가 크다.
③ 하중 연화온도가 높다.
④ 내마모성이 적다.

**해설**

고알루미나(High Alumina)질 내화물의 특성
하중연화온도가 높고 고온에서 부피 변화가 적고 내식성, 내마모성이 크다.

정답 05 ③ 06 ③

# Chapter 03 배관공작 및 시공

에·너·지·관·리·기·사

**핵심포인트** 강관, 주철관, 배관이음, 밸브, 보온재, 관마찰계수, 인장응력

**학습목표**
1. 배관의 종류에 따른 특성을 구분할 수 있다.
2. 배관이음을 하는 이유와 각 종류에 따른 특성을 구분할 수 있다.
3. 각 밸브의 명칭과 용도를 말할 수 있다.

## 01 배관

### 1 배관 재료 선택 시 고려사항

1) 관 내 흐르는 유체의 화학적 성질
2) 관 내 유체의 사용압력에 따른 허용압력한계
3) 관의 외압에 따른 영향
4) 유체의 온도에 따른 열영향
5) 유체의 부식성에 따른 내식성
6) 열팽창에 따른 신축흡수
7) 관의 중량과 수송조건
8) 관의 이음방법 : 접합, 굽힘, 용접 등 가공성
9) 관을 부설하는 장소와 환경조건

### 2 재질에 따른 분류

1) 철금속관 : 강관, 주철관, 스테인리스 강관
2) 비철금속관 : 동관, 연(납), 알루미늄관
3) 비금속관 : PVC관 PB관, PE관, PPC관, 원심력 철근 콘크리트관(흄관), 석면시멘트관(에터니트관), 도관 등

### 3 배관의 종류

1) 강관(Steel Pipe) : 강을 소재로 만든 파이프로, 일반적으로 각종 수송관 또는 일반 배관용으로 광범위하게 사용되며 배관용 강관에는 탄소 강관, 수도용 아연 도금 강관, 압력배관용 탄소 강관 등이 있다. KS 규격에는 강관의 호칭을 mm(A), 또는 inch(B)로 표시한다(기준은 배관의 종류에 따라 외경 또는 내경으로 다르다).

　(1) 제조방법에 다른 분류
　　　① 이음매 없는 강관
　　　② 단접관
　　　③ 전기 저항용접관
　　　④ 아크용접관

　(2) 재질상 분류
　　　① 탄소강 강관
　　　② 스테인리스강 강관
　　　③ 합금강 강관

　(3) 강관의 특징
　　　① 관의 접합작업이 용이하다.
　　　② 주철관에 비해 내압성이 양호하다.
　　　③ 내충격성, 굴요성이 크다.
　　　④ 연관, 주철관에 비해 가격이 저렴하다.
　　　⑤ 연관, 주철관에 비해 가볍고 인장강도가 크다.
　　　⑥ 인성이 풍부하여 나사이음, 플랜지이음, 용접이음 등에 적합하다.

　(4) 스케줄번호 : 관의 두께를 표시하는 번호
　　　① 스케줄번호(Sch.No) $= 10 \times \dfrac{P}{S}$

　　　　(P : 사용압력$[kgf/cm^2]$, S : 허용응력)$[kgf/mm^2]$

　　　② 허용응력 $= \dfrac{\text{인장강도}}{\text{안전율}}$ (통상적으로 안전율은 4)

(5) 강관 기호
  ① 배관용
    ㉠ 배관용 탄소 강관 : SPP
      사용압력이 비교적 낮은 증기·물 등의 유체수송관에 사용되며 아연도금을 한 백관과 도금을 하지 않은 흑관으로 구분된다.
    ㉡ 압력 배관용 탄소 강관 : SPPS
    ㉢ 고압 배관용 탄소 강관 : SPPH
    ㉣ 고온 배관용 탄소 강관 : SPHT
    ㉤ 저온 배관용 강관 : SPLT
    ㉥ 배관용 합금강 강관 : SPA
    ㉦ 배관용 스테인리스 강관 : STS
    ㉧ 배관용 아크용접 탄소 강관 : SPW(SPPY)
  ② 수도용
    ㉠ 수동용 아연도금 강관 : SPPW
    ㉡ 수도용 도복장 강관 : STPW
  ③ 열전달용
    ㉠ 보일러 열교환기용 탄소 강관 : STH
    ㉡ 보일러 열교환기용 합금강 강관 : STHB(A)
    ㉢ 보일러 열교환기용 스테인리스 강관 : STS × TB
    ㉣ 저온 열교환기용 강관 : STS × TB
  ④ 구조용
    ㉠ 일반구조용 탄소 강관 : SPS
    ㉡ 기계구조용 탄소 강관 : SM
    ㉢ 구조용 합금강 강관 : STA

2) 주철관 : 철과 탄소의 합금계에서 탄소함유량이 2 [%] 이상인 주철을 이용한 관
  (1) 주철관 특징
    ① 내식성 및 내마모성이 좋다.
    ② 매설 시 부식이 적어 매설관에 적합하다.
    ③ 일반관에 비해 강도가 크다.
    ④ 급수, 배수, 통기 및 오수, 가스공업, 화학공업 등 사용처가 다양하다.
    ⑤ 재질에 따라 보통 주철관과 고급 주철관으로 분류할 수 있다.

3) 스테인리스 강관(Stainless Steel Pipe) : 철에 12 ~ 20 [%] 정도 크롬을 첨가하여 만들어진 것으로 강의 표면에 얇은 보호피막을 만들어 부식진행을 느리게 한다. 상수도의 오염으로 인한 배관의 수명이 짧아지고 부식의 우려가 있기 때문에 스테인리스 강관의 사용도가 증대하고 있다.

 (1) 스테인리스 강관의 특징
  ① 내식성이 우수하여 내경의 축소, 저항 중대현상이 적다.
  ② 위생적이다.
  ③ 강관에 비하여 기계적 성질이 우수하다.
  ④ 두께가 얇아 가벼우며 운반 및 시공이 용이하다.
  ⑤ 저온에 대한 충격성이 좋고 한랭지 배관이 가능하며 동결에 대한 저항성이 크다.
  ⑥ 나사식, 용접식, 플랜지이음 등 시공이 용이하다.

4) 동관(Copper Pipe) : 전기 및 열전도성이 뛰어난 금속인 동(Cu)을 가공하여 만든 관

 (1) 동관의 특징
  ① 마찰 저항 손실이 적다.
  ② 무게가 가볍고 매우 위생적이다.
  ③ 유연성이 커서 가공하기가 용이하다.
  ④ 외부충격에 약하고 가격이 비싸다.
  ⑤ 전기 및 열전도율이 좋아 열교환용으로 우수하다.
  ⑥ 내식성 및 알칼리에 강하고 산성에는 약하다.
  ⑦ 담수에 내식성은 크나 연수에는 부식된다.
  ⑧ 상온공기 속에서는 변하지 않으나 탄산가스를 포함한 공기 중에는 푸른 녹이 생긴다.
  ⑨ 아세톤, 에터, 프레온가스, 휘발유 등 유기약품에는 침식되지 않는다.

 (2) 용도 : 열교환기용관, 급수관, 압력계관, 급유관, 냉매관, 급탕관, 기타 화학공업용

5) 연관(Lead Pipe) : 일명 납(Pb)관이라 하며 연관은 용도에 따라 1종(화학공업용), 2종(일반용), 3종(가스용)으로 나눈다.

 (1) 연관 특징
  ① 초산, 염산, 질산 등에 침식되나 그 밖의 산에 강하며 알칼리성에 약하다.
  ② 내식성이 일반 관에 비해 크다.
  ③ 전연성이 풍부하여 상온가공이 용이하다.
  ④ 해수나 천연수도 안전하게 사용할 수 있다.
  ⑤ 중량이 무거워 수평배관 설치 시 늘어지기 쉽다.

6) 알루미늄관(Al관) : 은백색을 띠는 관으로 동 다음으로 전기 및 열전도성이 양호하며 전연성이 풍부하여 가공이 용이하며 열교환기, 선박, 차량, 건축재료 및 화학공업용 재료로 널리 사용된다. 알칼리에는 약하며 해수, 염산, 황산, 가성소다 등에 특히 약하다.

7) 합성수지관(플라스틱관 : Plastic Pipe) : 석유, 석탄, 천연가스 등으로부터 얻어지는 에틸렌, 프로필렌, 아세틸렌, 벤젠 등을 주원료로 하여 제조된 관

   (1) 경질염화비닐관(P.V.C관) : 아세틸렌에 염화수소를 첨가하여 압출성형기로 제조한 관으로 사용온도는 5 ~ 50 [℃] 정도이며, 온도 변화가 심한 곳에서 노출배관 시 30 ~ 40 [m]마다 신축이음을 해야 한다.

| 장점 | 단점 |
| --- | --- |
| • 내식성 및 산, 알칼리, 염류 등의 부식에 강하다.<br>• 가볍고 운반 및 취급이 편리하며 기계적 강도가 높다.<br>• 가격이 싸고 가공 및 접합작업이 쉽다.<br>• 전기 절연 및 열의 부도체이다. | • 열팽창이 커서 신축이 심하다.<br>• 저온에 특히 약하다.<br>• 용제 및 아세톤 등에 침식된다.<br>• 열가소성수지이므로 180 [℃] 정도에서 연화된다. |

   (2) 폴리에틸렌관(PE관 : Poly-ethylene Pipe) : 에틸렌에 중합체, 안전체를 첨가하여 압출 성형한 관으로 화학적, 전기 절연 성질이 염화비닐관보다 우수하고 내충격성이 크고 내한성이 좋아 -60 [℃]에서도 취성이 나타나지 않아 한냉지 배관으로 적합하나 인장강도가 작다.

   (3) 폴리부틸렌관(PB관 : Poly-buthylene Pipe) : 폴리부틸렌관은 강하고 가벼우며, 내구성 및 자외선에 대한 저항성, 화학작용에 대한 저항성 등이 우수하여 온수온돌의 난방배관, 음용수 및 온수배관, 농업 및 원예용 배관, 화학배관 등에 사용된다. 나사 및 용접배관을 하지 않고 관을 연결구에 삽입하여 그래프링과 O링에 의해 쉽게 접할 수 있다. 강도와 유연성이 커서 곡률반경에 대한 관경의 8배까지 굽힘이 가능하고 내한 내열성이 강한 배관재료이다.

8) 철근 콘크리트관

   (1) 보통 철근 콘크리트관 : 형틀에 철근을 넣고 콘크리트를 다져서 만든 관으로 조직이 거칠고 기공이 많아 강도가 약하지만 보통 배수관으로 사용된다.

   (2) 원심력 철근 콘크리트관 : 흄관이라고도 한다. 철망을 원통형으로 엮어 형틀에 넣고 콘크리트를 주입하여 고속으로 회전시켜 균일한 두께의 관으로 성형시킨 관이며, 상하수도, 배수관으로 사용되고 보통압관, 저압관의 2종류와 형상에 따라 A, B, C형의 3종류가 있다.

### 4 배관지지

관의 신축, 동요, 하중 등에 의해 과도한 변형 및 응력이 생기지 않도록 하기 위해 사용

1) 리스트레인트 : 열팽창 및 중력에 의한 힘 이외의 외력에 의한 배선이동을 제한하는 장치
    (1) 가이드 : 배관의 축방향으로만 이동하게 하고 직각 방향 운동은 구속하는 데 사용
    (2) 스토퍼 : 배관의 일정한 방향과 회전만 구속하고 다른 방향은 자유롭게 이동하는 장치
    (3) 앵커 : 관의 이동 및 회전을 방지하기 위해 지지점에 완전히 고정하는 장치로 진동이 심한 곳에 사용
    
    암 가스앵
    
2) 브레이스 : 펌프, 압축기 등에서 발생하는 진동, 서징, 수격작용, 지진 등에 의한 진동, 충격 등을 완화하는 완충기(방진기)가 있음
    (1) 스프링식 : 온도가 높지 않은 배관에 사용
    (2) 유압식 : 규모가 대형인 배관에 사용

## 02 배관이음

### 1 강관이음

1) 나사이음
    (1) 강관에 나사를 내어 나사부분에 패킹제를 감고 파이프렌치를 이용해 체결하는 방식
    (2) 나사이음 사용목적에 따른 분류
        ① 관의 방향을 바꿀 때 : 엘보
        ② 관을 도중에서 분기할 때 : 티, 와이, 크로스
        ③ 같은 지름의 관을 직선연결할 때 : 소켓, 유니온
        ④ 서로 다른 지름의 관을 연결할 때 : 이경 소켓(레듀샤), 이경 엘보, 이경 티
        ⑤ 관 끝을 막을 때 : 플러그, 캡
        ⑥ 관의 분해, 수리, 교체를 하고자 할 때 : 유니온

크로스티    소켓    유니온    레듀샤

캡    엘보    용접티

　　(3) 이음쇠 크기 표시법
　　　　① 지름이 같은 경우 : 호칭지름으로 표시　　　　예 25 [A] 엘보
　　　　② 지름이 2개인 경우 : 큰 치수 먼저 표시한 후 작은 치수 표시　　예 25 × 15 [A] 엘보

2) 용접이음

　　(1) 두 개의 배관이나 부속의 접합 부분을 열 또는 압력을 이용해 금속을 녹여 하나로 접합하는 방식

　　(2) 용접이음 특징
　　　　① 열에 의한 잔류응력이 발생한다.
　　　　② 접합부 누수의 염려가 없다.
　　　　③ 접합부 강도가 강하다.
　　　　④ 유체 압력손실이 적다.

3) 플랜지이음

　　(1) 배관 또는 배관과 기기를 원형의 플랜지를 사용해 볼트와 너트로 체결하여 연결하는 방식
　　(2) 고압 파이프라인 또는 밸브, 펌프, 열교환기 및 각종 기기를 접속시킬 때, 관을 자주 해체하거나 교환할 필요가 있을 때 사용
　　(3) 플랜지 재질 : 강판, 주철, 주강, 청동, 황동
　　(4) 플랜지와 배관이음법
　　　　① 맞대기용접
　　　　② 나사이음
　　　　③ 슬리브용접
　　　　④ 블라인드
　　　　⑤ 랩조인트
　　　　⑥ 소켓용접

## 2 신축이음(Expansion Joint)

1) 온도차에 의한 신축에 의해 관 접합부나 기기의 접속부가 파손될 우려가 있어 이를 미연에 방지하기 위하여 배관의 도중에 설치하는 것이다.

2) 강관은 직선길이 30 [m]당, 동관은 20 [m]마다 1개 정도 설치한다.

3) 선팽창 길이

$$\Delta l = l\alpha \Delta t$$

$\lambda[mm]$ : 팽창한 배관 길이, $\ell[mm]$ : 배관 길이

$\alpha[mm/mm \cdot ℃]$ : 선팽창계수, $\Delta t[℃]$ : 온도 차

4) 종류

(1) 슬리브(Sleeve) 신축이음(미끄럼형) : 본체와 슬리브 파이프로 되어 있으며 관의 신축은 본체 속의 미끄럼하는 슬리브관에 의해 흡수되며 슬리브와 본체 사이에 패킹을 넣어 누설을 방지하고 단식과 복식 두 가지 형태가 있다. 온수 또는 저압증기의 배관에 주로 사용된다.

(2) 벨로즈(Bellows)형 이음(주름통식) : 온도에 따라 일어나는 관의 신축이음쇠를 벨로즈의 변형에 의해 흡수시키는 형식으로 증기관에 널리 사용되며 응력흡수가 용이한 이음 방식이다. 설치공간을 많이 차지하지 않고 신축에 의한 자체 응력 및 누설이 없지만 고압배관에는 부적합하다. 주름의 하부에 이물질이 쌓이면 부식의 우려가 있기 때문에 주의하여야 한다.

(3) 스위블(Swivel)형 이음 : 2개 이상의 엘보를 사용하여 나사의 회전에 의해 신축이 흡수되며 저압의 증기 및 온수난방에 사용된다.

(4) 루프(Loop)형 신축이음 : 신축곡관이라고도 하며 강관 또는 동관 등을 루프(Loop) 모양으로 구부려서 그 휨에 의해 배관의 신축을 흡수하는 형식으로 주로 고압증기 옥외배관에 많이 사용된다. 설치장소를 많이 차지한다는 단점이 있으며 신축에 따른 자체 응력이 발생하고, 곡률 반경은 관지름의 6배 이상으로 한다.

(5) 볼조인트(Ball Joint)형 이음 : 관 끝의 볼 부분을 케이싱으로 감싸는 구조로 평면상의 변위뿐 아니라 입체적인 변위까지 흡수하므로 어떠한 신축에도 배관이 안전하고 설치공간이 적다.

5) 신축 흡수량이 큰 순서 : 루프형 > 슬리브형 > 벨로즈형 > 스위블형 > 볼조인트형

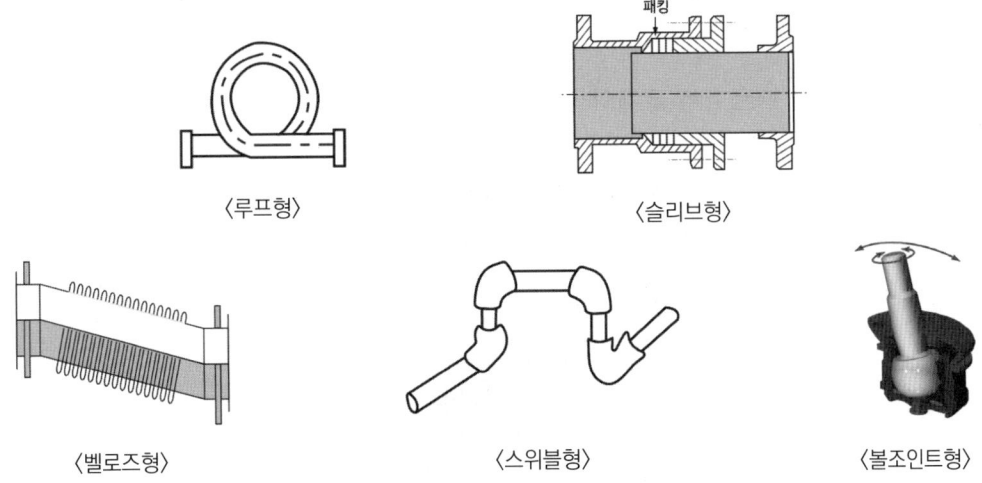

⟨루프형⟩  ⟨슬리브형⟩

⟨벨로즈형⟩  ⟨스위블형⟩  ⟨볼조인트형⟩

## 03 밸브

### 1 밸브의 정의

유체의 유량조절, 흐름의 단속, 방향전환, 압력 등을 조절하는 데 사용한다.

### 2 밸브의 종류

1) 슬루스밸브(게이트밸브) : 일반적으로 가장 많이 사용하는 밸브로서 디스크가 관을 수직으로 막아서 개폐하고 마찰손실이 적다.

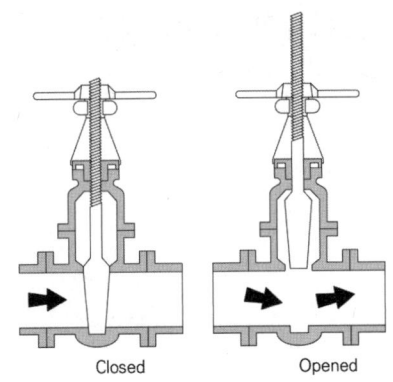

2) 글로브밸브(스톱밸브) : 디스크 모양이 구형이며 유체가 밸브시트 아래에서 위로 평행하게 흐르므로 유체의 흐름방향이 바뀌어 유체의 마찰 저항이 커진다. 유량조절이 용이하고 마찰 저항은 크다.

 (1) 둥근 달걀형 밸브로서 유체의 압력 감소가 크므로 압력이 필요로 하지 않을 경우나 유량조절용이나 차단용으로 적합하다.
 (2) 디스크의 형상에 따라 앵글밸브, Y형 밸브, 니들밸브 등으로 분류된다.
 (3) 유체의 흐름 방향이 밸브 몸통 내부에서 변한다.
 (4) 밸브의 개폐 조작력이 상대적으로 크다.

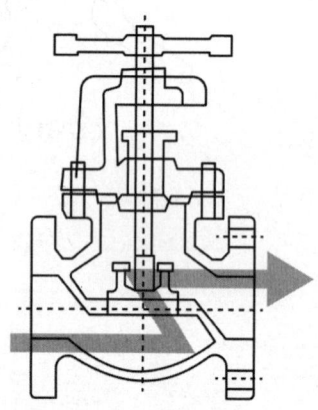

3) 니들밸브(Needle Valve) : 디스크의 형상이 원뿔모양으로 유체가 통과하는 단면적이 극히 작아 고압 소유량의 조절에 적합하다.

4) 체크밸브(Check Valve) : 유체를 흐름 방향 한 쪽으로만 흐르게 하여 역류를 방지하는 역류방지밸브이다.

 (1) 구조에 따른 구분
   ① 스윙형(Swing Type) : 수직, 수평배관에 사용
   ② 리프트형(Lift Type) : 수평배관에만 사용

5) 볼 밸브(Ball Valve) : 구의 형상을 가진 볼에 구멍이 뚫려 있어 구멍의 방향에 따라 개폐 조작이 되는 밸브, 90° 회전으로 개폐 및 조작도 용이하여 게이트밸브 대신 많이 사용

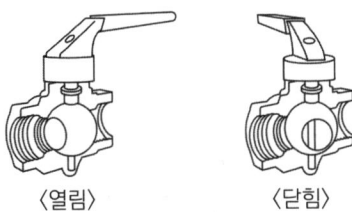

〈열림〉 〈닫힘〉

6) 버터플라이밸브(Butterfly Valve) : 나비밸브라고도 하며, 원통형의 몸체 속에 밸브봉을 축으로 하여 원형 평판이 회전함으로써 밸브가 개폐된다. 밸브의 개도를 알 수 있고 조작이 간편하며, 가볍고, 설치공간을 작게 차지하여 설치가 용이하다. 작동방식에 따라 레버식, 기어식 등이 있다.

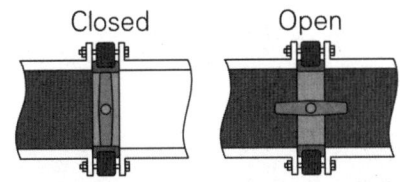

※ 급수밸브 및 체크밸브의 크기는 전열면적 10 [m$^2$] 이하의 보일러에는 호칭 15 [A] 이상, 전열면적 10 [m$^2$] 초과의 보일러에는 호칭 20 [A] 이상이어야 한다.

7) 다이어프램밸브(Diaphragm Valve) : 유체의 흐름이 주는 영향이 비교적 작고, 패킹이 불필요하다. 산 등의 화학 약품을 차단하는 데 사용하는 밸브이다.

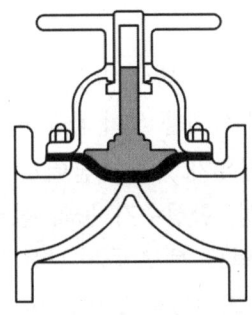

## 04 보온재

### 1 유기질 보온재

1) 펠트(Felt) : 양모, 우모 등의 동물성 섬유로 만든 것과 삼베, 면, 그 밖의 식물성 섬유를 혼합하여 만든 것이 있으며, 동물성 펠트는 100[℃] 이하의 배관에 사용한다.
2) 텍스류 : 톱밥, 목재, 펄프를 원료로 해서 압축판 모양으로 제작한 것으로 실내벽, 천장 등의 보온 및 방음용으로 사용된다.
3) 코르크(Cork) : 액체, 기체의 침투를 방지하는 작용이 있어 보냉, 보온효과가 좋다. 냉수, 냉매배관, 냉각기, 펌프 등의 보냉용에 사용된다.
4) 기포성 수지(Plastic Foam, 우레탄 폼) : 합성수지 또는 고무질 재료를 사용하여 다공질 제품으로 만든 것으로 열전도율이 극히 낮고 가벼우며 흡수성은 좋지 않으나 굽힘성은 좋다. 불에 잘 타지 않으며 보온성, 보냉성이 좋다.

### 2 무기질 보온재

1) 특징 : 일반적으로 안전사용온도 범위가 넓고, 비교적 강도가 높으며 변형이 적다. 최고사용온도가 높아 고온에 적합하다.
2) 종류
   (1) 석면 : 아스베스토스를 주원료로 하여 만든다.
      ① 장점 : 균열이 생기거나 부서지는 일이 없어 선박과 같은 진동이 심한 곳에서도 사용 가능하다.
      ② 용도 : 400[℃] 이하의 관, 탱크, 노벽 등의 보온재로 사용한다.
   (2) 암면 : 안산암, 현무암에 석회를 섞어 용융시켜 압축 가공하여 섬유모양으로 만든다.
      ① 단점 : 석면에 비해 섬유가 거칠고 굳어서 부서지기 쉽다.
      ② 용도 : 식물성, 동물성, 합성수지 등의 접착제를 써서 띠, 관, 원통형으로 가공하여 400[℃] 이하의 관, 덕트, 탱크 등의 보온재로 사용된다.
   (3) 규조토 : 광물질의 잔해 퇴적물로 좋은 것은 순백색이고 부드러우며, 불순물을 함유하고 있는 것은 황색, 회녹색을 띠고 있으며 불순물이 많이 함유된 것이 사용되고 있다.
      ① 단점 : 다른 보온재에 비해 단열효과가 나쁘므로 두껍게 시공해야 한다.
      ② 용도 : 500[℃] 이하의 관, 탱크, 노벽 등의 보온에 사용된다.

(4) 탄산마그네슘 : 염기성 탄산마그네슘 85 [%], 석면 15 [%]를 배합하여 물에 개어서 사용한다.
  ① 특징 : 가볍고 보온성이 우수하나 300 ~ 320 [℃]에서 열분해
  ② 용도 : 방습 가공하여 옥외 배관, 습기가 많은 지하 덕트의 배관에 사용하며 250 [℃] 이하의 관, 탱크 등의 보온재로 사용
(5) 글라스울 : 용융유리를 압축공기, 증기로 원심력을 이용해 섬유화한 것으로 물 등에 의한 화학작용을 일으키지 않으므로 단열, 내열, 내구성이 좋다.
(6) 규산칼슘 : 석회석과 규조토를 원료로 하여 만든다. 고온용 무기질 보온재로 기계적 강도, 내열성, 내산성, 내마모성이 있어 탱크, 노벽 등에 적합한 보온재이다.
(7) 세라믹화이버 : 고온용 무기 보온재로 석영을 녹여 만들며 내약품성이 뛰어나고 최고사용온도가 1100 [℃] 정도이다.
(8) 펄라이트 : 철강재의 조직 중 하나로 최고사용온도가 650 [℃] 정도이다.

## 3 보온재 구비조건

1) 열전도율이 작을 것
2) 부피, 비중이 작을 것
3) 불연성이고 흡수성, 흡습성이 없을 것
4) 사용온도에 있어 내구성이 있고 변질되지 않을 것
5) 다공성이며 기공이 균일할 것
6) 기계적 강도가 크고 시공성이 좋을 것
7) 안전사용온도 범위 내에 있을 것
8) 구입이 쉽고 장시간 사용해도 변질이 없을 것

## 05 관마찰계수, 인장응력

### 1 관마찰계수

1) 유체가 관 속을 흐를 때 관벽과의 사이에 마찰 저항이 생기는데 이것을 관마찰이라 하며, 관 속의 흐름에서 관 길이 1 [m]에 흐르는 동안의 유체 1 [kg]당의 마찰 일량은 유체의 속도 에너지에 비례하고, 관의 안지름에 반비례한다. 이때 비례정수를 관마찰계수라고 한다.

2) 레이놀즈수

   (1) 레이놀즈수(Re)

   $$Re = \frac{\rho VD}{\mu} = \frac{VD}{v} \left(V = \frac{Q}{A}\right)$$

   [$\rho$ : 밀도, $D$ : 유체가 흐르는 직경, $\mu$ : 점성계수, $v$ : 동점성계수]

   ① 층류 : 유체 입자가 서로 겹치지 않고 일정한 속도로 흐르는 유동 상태(Re < 2100)
   ② 난류 : 입자가 불규칙하고 뒤섞이면서 흐르는 상태(Re > 4000)

   (2) 층류에서의 관마찰계수 : $f = \dfrac{64}{Re}$

### 2 인장응력

1) 인장응력 : 재료가 잡아당기는 힘(인장력)을 받을 때, 단면적에 작용하는 단위 면적당 힘

$$\sigma = \frac{F}{A} [N/m^2]$$

- $\sigma$ : 인장응력 $[N/m^2]$
- F : 인장력[N]
- A : 단면적 $[m^2]$

2) 배관의 인장응력 : 배관이 내부 압력, 축방향 하중, 온도 변화 등에 의해 잡아당겨질 때 배관 재료에 발생하는 응력

(1) 원주방향 인장응력 : 내압에 의해 배관이 둘레 방향으로 벌어지려는 응력

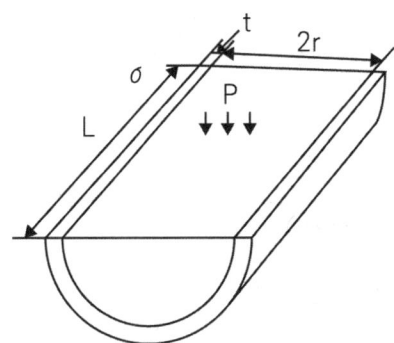

① 벽에 의한 내력의 합 : $\sigma \times 2t \times L$
② 단면상의 유체로부터 작용하는 외력 : $P \times 2r \times L$
③ 원주응력 : $\sigma = \dfrac{dP}{2t} = \dfrac{rP}{t}$

(2) 축방향 인장응력 : 배관의 길이 방향으로 발생하는 인장응력

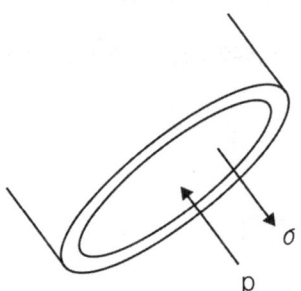

① 벽 단면상에서의 내력의 합 : $\sigma \times 2\pi r \times t$
② 단면상의 유체로부터 작용하는 외력 : $P \times \pi r^2$
③ 축응력 : $\sigma = \dfrac{dP}{4t} = \dfrac{rP}{2t}$

# 03 OX퀴즈

※ OX 퀴즈로 최다빈출 개념을 쉽게 정리하고 기출 유형까지 미리 익혀보세요.

1. 배관 재료 선택 시 관을 부설하는 장소와 환경조건을 고려해야 한다. ☐ O ☐ X
2. 재질에 따라 분류가 되었을 때 강관은 철금속관으로 분류된다. ☐ O ☐ X
3. 강관은 각종 수송관 또는 일반 배관용으로 광범위하게 사용된다. ☐ O ☐ X
4. 고온 배관용 탄소 강관은 SPPH라고 한다. ☐ O ☐ X
5. 강판에 나사를 내어 나사부분에 패킹제를 감고 파이프렌치를 이용해 체결하는 방식은 나사이음이라고 한다. ☐ O ☐ X
6. 루프 모양으로 구부려서 그 힘에 의해 배관의 신축을 흡수하는 형식으로 주로 고압 증기 옥외배관에 많이 사용되는 것은 벨로즈형 이음(주름통식)이라고 한다. ☐ O ☐ X
7. 유체의 흐름 방향 한 쪽으로만 흐르게 하여 역류를 방지하는 역류방지밸브는 체크밸브이다. ☐ O ☐ X
8. 코르크는 무기질 보온재이다. ☐ O ☐ X
9. 보온재는 사용온도에 있어 내구성이 있고, 변질되지 않아야 한다. ☐ O ☐ X

---

**정답** 01 (O) 02 (O) 03 (O) 04 (X) 05 (O) 06 (X) 07 (O) 08 (X) 09 (O)

4. SPHT라고 하고 SPPH는 고압 배관탄소 강관이다.
6. 루프형 신축이음이라고 한다.
8. 코르크, 펠트 등은 유기질 보온재이다.

# 03 예상문제

## 01
밸브의 몸통이 둥근 달걀형 밸브로서 유체의 압력 감소가 크므로 압력이 필요로 하지 않을 경우나 유량조절용이나 차단용으로 적합한 밸브는?

① 글로브밸브　　② 체크밸브
③ 버터플라이밸브　④ 슬루스밸브

**해설**

**글로브밸브**
정지밸브라고 하며 유량조절용 밸브로 밸브의 몸통이 둥근 달걀 모양이다. 유체의 압력감소가 크므로 압력이 필요하지 않을 경우나 유량조절용이나 차단용으로 적합하나 유체손실이 크다.

## 02
다음 밸브 중 유체가 역류하지 않고 한쪽 방향으로만 흐르게 하는 밸브는?

① 감압밸브
② 체크밸브
③ 팽창밸브
④ 릴리프밸브

**해설**

**체크밸브**
방향제어밸브로 유체를 한쪽 방향으로만 흐르게 하고 반대쪽으로는 차단시켜 흐르지 못하게 하는 역류방지용 밸브이다.

## 03
고압 증기의 옥외배관에 가장 적당한 신축이음 방법은?

① 오프셋형
② 벨로즈형
③ 루프형
④ 슬리브형

**해설**

**루프형**
고압 증기의 옥외배관에 가장 적당한 신축이음방법은 루프형이다. 루프형은 공간을 많이 차지하고, 주로 강관에 이용하며 고온고압 배관에 사용된다. 곡률반지름은 관 지름의 6배 이상으로 한다.

## 04
다음 보온재 중 재질이 유기질 보온재에 속하는 것은?

① 우레탄 폼
② 펄라이트
③ 세라믹 파이버
④ 규산칼슘 보온재

**해설**

**유기질 보온재**
펠트, 코르크, 기포성 수지(우레탄 폼), 텍스류

**정답** 01 ①　02 ②　03 ③　04 ①

## 05

다음 보온재 중 최고 안전 사용온도가 가장 낮은 것은?

① 유리섬유
② 규조토
③ 우레탄 폼
④ 펄라이트

**해설**

최고 안전 사용온도 낮은 보온재
주로 펠트류, 폼류이다.

## 06

다이어프램밸브(Diaphragm Valve)의 특징이 아닌 것은?

① 유체의 흐름이 주는 영향이 비교적 적다.
② 기밀을 유지하기 위한 패킹이 불필요하다.
③ 주된 용도가 유체의 역류를 방지하기 위한 것이다.
④ 산 등의 화학 약품을 차단하는 데 사용하는 밸브이다.

**해설**

다이어프램밸브
주된 용도가 유체의 역류를 방지하기 위한 밸브는 체크밸브이다.

## 07

배관용 강관 기호에 대한 명칭이 틀린 것은?

① SPP : 배관용 탄소 강관
② SPPS : 압력 배관용 탄소 강관
③ SPPH : 고압 배관용 탄소 강관
④ STS : 저온 배관용 탄소 강관

**해설**

강관 기호
• STS : 스테인리스강
• SPA : 배관용 합금 강관
• SPLT : 저온 배관용 탄소 강관
• SPHT : 고온 배관용 탄소 강관

## 08

배관의 신축이음에 대한 설명으로 틀린 것은?

① 슬리브형은 단식과 복식의 2종류가 있으며, 고온, 고압에 사용한다.
② 루프형은 고압에 잘 견디며 주로 고압증기의 옥외 배관에 사용한다.
③ 벨로즈형은 신축으로 인한 응력을 받지 않는다.
④ 스위블형은 온수 또는 저압증기의 배관에 사용하며, 큰 신축에 대하여는 누설의 염려가 있다.

**해설**

배관의 신축이음
슬리브형 이음은 저압증기의 배관에 주로 사용한다.

**정답** 05 ③ 06 ③ 07 ④ 08 ①

## 09
다음 보온재 중 최고 안전 사용온도가 가장 낮은 것은?

① 석면
② 규조토
③ 우레탄 폼
④ 펄라이트

**해설**

보온재
- 우레탄 폼류 : 80 [℃]
- 석면 : 450 [℃]
- 규조토 : 500 [℃]
- 펄라이트 : 650 [℃]

## 10
보온재의 열전도계수에 대한 설명으로 틀린 것은?

① 보온재의 함수율이 크게 되면 열전도계수도 증가한다.
② 보온재의 기공률이 클수록 열전도계수는 작아진다.
③ 보온재의 열전도계수가 작을수록 좋다.
④ 보온재의 온도가 상승하면 열전도계수는 감소된다.

**해설**

보온재의 열전도계수
보온재의 온도가 상승하면 열전도계수(W/m·K)는 증가한다.

정답 09 ③ 10 ④

# Chapter 04 에너지 관련 법규

- **핵심포인트**: 에너지법, 에너지이용합리화법, 신재생에너지법
- **학습목표**: 에너지법, 에너지이용합리화법, 신재생에너지법의 항목들 중 시험에 자주 출제되는 내용을 파악하고 암기할 수 있다.

## 01 에너지법

### 1 에너지법

**제1조(목적)**

이 법은 안정적이고 효율적이며 환경 친화적인 에너지수급(需給) 구조를 실현하기 위한 에너지정책 및 에너지 관련 계획의 수립·시행에 관한 기본적인 사항을 정함으로써 국민경제의 지속 가능한 발전과 국민의 복리(福利) 향상에 이바지하는 것을 목적으로 한다.

**제2조(정의)**

이 법에서 사용하는 용어의 뜻은 다음과 같다.

1. "에너지"란 연료·열 및 전기를 말한다.
2. "연료"란 석유·가스·석탄, 그 밖에 열을 발생하는 열원(熱源)을 말한다. 다만 제품의 원료로 사용되는 것은 제외한다.
3. "신·재생에너지"란「신에너지 및 재생에너지개발·이용·보급 촉진법」제2조 제1호 및 제2호에 따른 에너지를 말한다.
4. "에너지사용시설"이란 에너지를 사용하는 공장·사업장 등의 시설이나 에너지를 전환하여 사용하는 시설을 말한다.
5. "에너지사용자"란 에너지사용시설의 소유자 또는 관리자를 말한다.
6. "에너지공급설비"란 에너지를 생산·전환·수송 또는 저장하기 위하여 설치하는 설비를 말한다.
7. "에너지공급자"란 에너지를 생산·수입·전환·수송·저장 또는 판매하는 사업자를 말한다.

7의2. "에너지이용권"이란 저소득층 등 에너지 이용에서 소외되기 쉬운 계층의 사람이 에너지공급자에게 제시하여 냉방 및 난방 등에 필요한 에너지를 공급받을 수 있도록 일정한 금액이 기재(전자적 또는 자기적 방법에 의한 기록을 포함한다)된 증표를 말한다.
8. "에너지사용기자재"란 열사용기자재나 그 밖에 에너지를 사용하는 기자재를 말한다.
9. "열사용기자재"란 연료 및 열을 사용하는 기기, 축열식 전기기기와 단열성(斷熱性) 자재로서 산업통상자원부령으로 정하는 것을 말한다.
10. "온실가스"란 「저탄소 녹색성장 기본법」 제2조 제9호에 따른 온실가스를 말한다.

## 제4조(국가 등의 책무)

① 국가는 이 법의 목적을 실현하기 위한 종합적인 시책을 수립·시행하여야 한다.
② 지방자치단체는 이 법의 목적, 국가의 에너지정책 및 시책과 지역적 특성을 고려한 지역에너지시책을 수립·시행하여야 한다. 이 경우 지역에너지시책의 수립·시행에 필요한 사항은 해당 지방자치단체의 조례로 정할 수 있다.
③ 에너지공급자와 에너지사용자는 국가와 지방자치단체의 에너지시책에 적극 참여하고 협력하여야 하며, 에너지의 생산·전환·수송·저장·이용 등의 안전성, 효율성 및 환경친화성을 극대화하도록 노력하여야 한다.
④ 모든 국민은 일상생활에서 국가와 지방자치단체의 에너지시책에 적극 참여하고 협력하여야 하며, 에너지를 합리적이고 환경 친화적으로 사용하도록 노력하여야 한다.
⑤ 국가, 지방자치단체 및 에너지공급자는 빈곤층 등 모든 국민에게 에너지가 보편적으로 공급되도록 기여하여야 한다.

## 제5조(적용 범위)

에너지에 관한 법령을 제정하거나 개정하는 경우에는 「저탄소 녹색성장 기본법」 제39조에 따른 기본원칙과 이 법의 목적에 맞도록 하여야 한다. 다만 원자력의 연구·개발·생산·이용 및 안전관리에 관하여는 「원자력 진흥법」 및 「원자력안전법」 등 관계 법률에서 정하는 바에 따른다.

## 제7조(지역에너지계획의 수립)

① 특별시장·광역시장·특별자치시장·도지사 또는 특별자치도지사(이하 "시·도지사"라 한다)는 관할 구역의 지역적 특성을 고려하여 「저탄소 녹색성장 기본법」 제41조에 따른 에너지기본계획(이하 "기본계획"이라 한다)의 효율적인 달성과 지역경제의 발전을 위한 지역에너지계획(이하 "지역계획"이라 한다)을 5년마다 5년 이상을 계획기간으로 하여 수립·시행하여야 한다.

암 오지계

② 지역계획에는 해당 지역에 대한 다음 각 호의 사항이 포함되어야 한다.
    1. 에너지수급의 추이와 전망에 관한 사항
    2. 에너지의 안정적 공급을 위한 대책에 관한 사항
    3. 신·재생에너지 등 환경 친화적 에너지 사용을 위한 대책에 관한 사항
    4. 에너지 사용의 합리화와 이를 통한 온실가스의 배출감소를 위한 대책에 관한 사항
    5. 「집단에너지사업법」 제5조 제1항에 따라 집단에너지공급대상지역으로 지정된 지역의 경우 그 지역의 집단에너지공급을 위한 대책에 관한 사항
    6. 미활용 에너지원의 개발·사용을 위한 대책에 관한 사항
    7. 그 밖에 에너지시책 및 관련 사업을 위하여 시·도지사가 필요하다고 인정하는 사항
③ 지역계획을 수립한 시·도지사는 이를 산업통상자원부장관에게 제출하여야 한다. 수립된 지역계획을 변경하였을 때에도 또한 같다.
④ 정부는 지방자치단체의 에너지시책 및 관련 사업을 촉진하기 위하여 필요한 지원시책을 마련할 수 있다.

### 제8조(비상시 에너지수급계획의 수립 등)
① 산업통상자원부장관은 에너지수급에 중대한 차질이 발생할 경우에 대비하여 비상시 에너지수급계획(이하 "비상계획"이라 한다)을 수립하여야 한다.
② 비상계획은 제9조에 따른 에너지위원회의 심의를 거쳐 확정한다. 수립된 비상계획을 변경할 때에도 또한 같다.
③ 비상계획에는 다음 각 호의 사항이 포함되어야 한다.
    1. 국내외 에너지수급의 추이와 전망에 관한 사항
    2. 비상시 에너지 소비 절감을 위한 대책에 관한 사항
    3. 비상시 비축(備蓄)에너지의 활용 대책에 관한 사항
    4. 비상시 에너지의 할당·배급 등 수급조정 대책에 관한 사항
    5. 비상시 에너지수급 안정을 위한 국제협력 대책에 관한 사항
    6. 비상계획의 효율적 시행을 위한 행정계획에 관한 사항
④ 산업통상자원부장관은 국내외 에너지 사정의 변동에 따른 에너지의 수급 차질에 대비하기 위하여 에너지 사용을 제한하는 등 관계 법령에서 정하는 바에 따라 필요한 조치를 할 수 있다.

### 제9조(에너지위원회의 구성 및 운영)
① 정부는 주요 에너지정책 및 에너지 관련 계획에 관한 사항을 심의하기 위하여 산업통상자원부장관 소속으로 에너지위원회(이하 "위원회"라 한다)를 둔다.
② 위원회는 위원장 1명을 포함한 25명 이내의 위원으로 구성하고, 위원은 당연직위원과 위촉위원으로 구성한다.

③ 위원장은 산업통상자원부장관이 된다.
④ 당연직위원은 관계 중앙행정기관의 차관급 공무원 중 대통령령으로 정하는 사람이 된다.
⑤ 위촉위원은 에너지 분야에 관한 학식과 경험이 풍부한 사람 중에서 산업통상자원부장관이 위촉하는 사람이 된다. 이 경우 위촉위원에는 대통령령으로 정하는 바에 따라 에너지 관련 시민단체에서 추천한 사람이 5명 이상 포함되어야 한다.
⑥ 위촉위원의 임기는 2년으로 하고, 연임할 수 있다.
⑦ 위원회의 회의에 부칠 안건을 검토하거나 위원회가 위임한 안건을 조사·연구하기 위하여 분야별 전문위원회를 둘 수 있다.
⑧ 그 밖에 위원회 및 전문위원회의 구성·운영 등에 관하여 필요한 사항은 대통령령으로 정한다.

## 제10조(위원회의 기능)

위원회는 다음 각 호의 사항을 심의한다.

1. 「저탄소 녹색성장 기본법」 제41조 제2항에 따른 에너지기본계획 수립·변경의 사전심의에 관한 사항
2. 비상계획에 관한 사항
3. 국내외 에너지개발에 관한 사항
4. 에너지와 관련된 교통 또는 물류에 관련된 계획에 관한 사항
5. 주요 에너지정책 및 에너지사업의 조정에 관한 사항
6. 에너지와 관련된 사회적 갈등의 예방 및 해소 방안에 관한 사항
7. 에너지 관련 예산의 효율적 사용 등에 관한 사항
8. 원자력 발전정책에 관한 사항
9. 「기후 변화에 관한 국제연합 기본협약」에 대한 대책 중 에너지에 관한 사항
10. 다른 법률에서 위원회의 심의를 거치도록 한 사항
11. 그 밖에 에너지에 관련된 주요 정책사항에 관한 것으로서 위원장이 회의에 부치는 사항

## 제11조(에너지기술개발계획)

① 정부는 에너지 관련 기술의 개발과 보급을 촉진하기 위하여 <u>10</u>년 이상을 계획기간으로 하는 에너지기술개발계획(이하 "에너지기술개발계획"이라 한다)을 <u>5</u>년마다 수립하고, 이에 따른 연차별 실행계획을 수립·시행하여야 한다. 　암 기계십오
② 에너지기술개발계획은 대통령령으로 정하는 바에 따라 관계 중앙행정기관의 장의 협의와 「국가과학기술자문회의법」에 따른 국가과학기술자문회의의 심의를 거쳐서 수립된다. 이 경우 위원회의 심의를 거친 것으로 본다.

③ 에너지기술개발계획에는 다음 각 호의 사항이 포함되어야 한다.
　1. 에너지의 효율적 사용을 위한 기술개발에 관한 사항
　2. 신·재생에너지 등 환경 친화적 에너지에 관련된 기술개발에 관한 사항
　3. 에너지 사용에 따른 환경오염을 줄이기 위한 기술개발에 관한 사항
　4. 온실가스 배출을 줄이기 위한 기술개발에 관한 사항
　5. 개발된 에너지기술의 실용화의 촉진에 관한 사항
　6. 국제 에너지기술 협력의 촉진에 관한 사항
　7. 에너지기술에 관련된 인력·정보·시설 등 기술개발자원의 확대 및 효율적 활용에 관한 사항

## 제12조(에너지기술개발)

① 관계 중앙행정기관의 장은 에너지기술개발을 효율적으로 추진하기 위하여 대통령령으로 정하는 바에 따라 다음 각 호의 어느 하나에 해당하는 자에게 에너지기술개발을 하게 할 수 있다.
　1.「공공기관의 운영에 관한 법률」제4조에 따른 공공기관
　2. 국·공립 연구기관
　3.「특정연구기관 육성법」의 적용을 받는 특정연구기관
　4.「산업기술혁신 촉진법」제42조에 따른 전문생산기술연구소
　5.「소재·부품·장비산업 경쟁력 강화 및 공급망 안정화를 위한 특별조치법」에 따른 특화선도기업 등
　6.「정부출연연구기관 등의 설립·운영 및 육성에 관한 법률」에 따른 정부출연연구기관
　7.「과학기술분야 정부출연연구기관 등의 설립·운영 및 육성에 관한 법률」에 따른 과학기술분야 정부출연연구기관
　8.「연구산업진흥법」제2조 제1호 가목의 사업을 전문으로 하는 기업
　9.「고등교육법」에 따른 대학, 산업대학, 전문대학
　10.「산업기술연구조합 육성법」에 따른 산업기술연구조합
　11.「기초연구진흥 및 기술개발지원에 관한 법률」제14조의2 제1항에 따라 인정받은 기업부설연구소
　12. 그 밖에 대통령령으로 정하는 과학기술 분야 연구기관 또는 단체
② 관계 중앙행정기관의 장은 제1항에 따른 기술개발에 필요한 비용의 전부 또는 일부를 출연(出捐)할 수 있다.

## 제13조(한국에너지기술평가원의 설립)

① 제12조 제1항에 따른 에너지기술개발에 관한 사업(이하 "에너지기술개발사업"이라 한다)의 기획·평가 및 관리 등을 효율적으로 지원하기 위하여 한국에너지기술평가원(이하 "평가원"이라 한다)을 설립한다.

② 평가원은 법인으로 한다.
③ 평가원은 그 주된 사무소의 소재지에서 설립등기를 함으로써 성립한다.
④ 평가원은 다음 각 호의 사업을 한다.
   1. 에너지기술개발사업의 기획, 평가 및 관리
   2. 에너지기술 분야 전문인력 양성사업의 지원
   3. 에너지기술 분야의 국제협력 및 국제 공동연구사업의 지원
   4. 그 밖에 에너지기술개발과 관련하여 대통령령으로 정하는 사업
⑤ 정부는 평가원의 설립·운영에 필요한 경비를 예산의 범위에서 출연할 수 있다.
⑥ 중앙행정기관의 장 및 지방자치단체의 장은 제4항 각 호의 사업을 평가원으로 하여금 수행하게 하고 필요한 비용의 전부 또는 일부를 대통령령으로 정하는 바에 따라 출연할 수 있다.
⑦ 평가원은 제1항에 따른 목적 달성에 필요한 경비를 조달하기 위하여 대통령령으로 정하는 바에 따라 수익사업을 할 수 있다.
⑧ 평가원의 운영 및 감독 등에 필요한 사항은 대통령령으로 정한다.
⑨ 삭제〈2014.12.30.〉
⑩ 평가원에 관하여 이 법에 규정되지 아니한 사항은 「민법」 중 재단법인에 관한 규정을 준용한다.

## 제14조(에너지기술개발사업비)

① 관계 중앙행정기관의 장은 에너지기술개발사업을 종합적이고 효율적으로 추진하기 위하여 제11조 제1항에 따른 연차별 실행계획의 시행에 필요한 에너지기술개발사업비를 조성할 수 있다.
② 제1항에 따른 에너지기술개발사업비는 정부 또는 에너지 관련 사업자 등의 출연금, 융자금, 그 밖에 대통령령으로 정하는 재원(財源)으로 조성한다.
③ 관계 중앙행정기관의 장은 평가원으로 하여금 에너지기술개발사업비의 조성 및 관리에 관한 업무를 담당하게 할 수 있다.
④ 에너지기술개발사업비는 다음 각 호의 사업 지원을 위하여 사용하여야 한다.
   1. 에너지기술의 연구·개발에 관한 사항
   2. 에너지기술의 수요 조사에 관한 사항
   3. 에너지사용기자재와 에너지공급설비 및 그 부품에 관한 기술개발에 관한 사항
   4. 에너지기술개발 성과의 보급 및 홍보에 관한 사항
   5. 에너지기술에 관한 국제협력에 관한 사항
   6. 에너지에 관한 연구인력 양성에 관한 사항
   7. 에너지 사용에 따른 대기오염을 줄이기 위한 기술개발에 관한 사항
   8. 온실가스 배출을 줄이기 위한 기술개발에 관한 사항
   9. 에너지기술에 관한 정보의 수집·분석 및 제공과 이와 관련된 학술활동에 관한 사항

10. 평가원의 에너지기술개발사업 관리에 관한 사항

⑤ 제1항부터 제4항까지의 규정에 따른 에너지기술개발사업비의 관리 및 사용에 필요한 사항은 대통령령으로 정한다.

### 제15조(에너지기술개발 투자 등의 권고)

관계 중앙행정기관의 장은 에너지기술개발을 촉진하기 위하여 필요한 경우 에너지 관련 사업자에게 에너지기술개발을 위한 사업에 투자하거나 출연할 것을 권고할 수 있다.

### 제16조(에너지 및 에너지자원기술 전문인력의 양성)

① 산업통상자원부장관은 에너지 및 에너지자원기술 분야의 전문인력을 양성하기 위하여 필요한 사업을 할 수 있다.

② 산업통상자원부장관은 제1항에 따른 사업을 하기 위하여 자금지원 등 필요한 지원을 할 수 있다. 이 경우 지원의 대상 및 절차 등에 관하여 필요한 사항은 산업통상자원부령으로 정한다.

### 제16조의2(에너지복지 사업의 실시)

정부는 모든 국민에게 에너지가 보편적으로 공급되도록 하기 위하여 다음 각 호의 사항에 관한 지원사업(이하 "에너지복지 사업"이라 한다)을 할 수 있다.

1. 저소득층 등 에너지 이용에서 소외되기 쉬운 계층(이하 "에너지이용 소외계층"이라 한다)에 대한 에너지의 공급
2. 냉방·난방장치의 보급 등 에너지이용 소외계층에 대한 에너지이용 효율의 개선
3. 그 밖에 에너지이용 소외계층의 에너지 이용 관련 복리의 향상에 관한 사항

### 제16조의3(에너지이용권의 발급 등)

① 산업통상자원부장관은 에너지이용 소외계층에 속하는 사람으로서 대통령령으로 정하는 요건을 갖춘 사람의 신청을 받아 에너지이용권을 발급할 수 있다.

② 산업통상자원부장관은 에너지이용권의 수급자 선정 및 수급 자격 유지에 관한 사항을 확인하기 위하여 가족관계증명·국세 및 지방세 등에 관한 자료 등 대통령령으로 정하는 자료의 제공을 당사자의 동의를 받아 관계 중앙행정기관의 장 또는 지방자치단체의 장에게 요청할 수 있다. 이 경우 요청을 받은 중앙행정기관의 장 또는 지방자치단체의 장은 특별한 사유가 없으면 그 요청에 따라야 한다.

③ 산업통상자원부장관은 제2항에 따른 자료의 확인을 위하여 「사회복지사업법」 제6조의2 제2항에 따른 정보 시스템을 연계하여 사용할 수 있다.

④ 산업통상자원부장관은 에너지공급자, 그 밖의 에너지 관련 기관 또는 단체에 다음 각 호의 자료의 제공을 요청할 수 있다. 이 경우 요청을 받은 에너지공급자, 기관 또는 단체는 특별한 사유가 없으면 그 요청에 따라야 한다.

1. 에너지공급 현황
2. 에너지 이용 현황
3. 그 밖에 에너지이용권 수급 자격 기준 마련에 필요한 자료

⑤ 제1항부터 제4항까지에서 규정한 사항 외에 에너지이용권의 신청 및 발급 등에 필요한 사항은 대통령령으로 정한다.

## 제16조의4(에너지이용권의 사용 등)

① 에너지이용권을 발급받은 사람(이하 "이용자"라 한다)은 에너지공급자에게 에너지이용권을 제시하고, 에너지를 공급받을 수 있다.
② 에너지이용권을 제시받은 에너지공급자는 정당한 사유 없이 에너지공급을 거부할 수 없다.
③ 누구든지 에너지이용권을 판매·대여하거나 부정한 방법으로 사용해서는 아니 된다.
④ 산업통상자원부장관은 이용자가 에너지이용권을 판매·대여하거나 부정한 방법으로 사용한 경우에는 그 에너지이용권을 회수하거나 에너지이용권 기재금액에 상당하는 금액의 전부 또는 일부를 환수할 수 있다.
⑤ 제1항부터 제4항까지에서 규정한 사항 외에 에너지이용권의 사용 등에 필요한 사항은 산업통상자원부령으로 정한다.

## 제16조의5(전담기관의 지정)

① 산업통상자원부장관은 에너지 관련 업무를 전문적으로 수행하는 기관 또는 단체를 에너지복지 사업 전담기관(이하 "전담기관"이라 한다)으로 지정하여 에너지이용권의 발급 및 운영 등 에너지복지 사업 관련 업무를 수행하게 할 수 있다.
② 산업통상자원부장관은 예산의 범위에서 전담기관에 대하여 제1항의 사업을 수행하는 데 필요한 경비의 전부 또는 일부를 지원할 수 있다.
③ 전담기관의 지정 기준 및 절차 등에 관한 세부사항은 대통령령으로 정한다.

## 제16조의6(전담기관 지정의 취소)

① 산업통상자원부장관은 전담기관이 다음 각 호의 어느 하나에 해당하는 경우에는 지정을 취소하거나 6개월의 범위에서 기간을 정하여 업무의 전부 또는 일부를 정지할 수 있다. 다만 제1호에 해당하는 경우에는 지정을 취소하여야 한다.
  1. 거짓이나 그 밖의 부정한 방법으로 지정을 받은 경우
  2. 제16조의5 제3항에 따른 지정 기준에 적합하지 아니하게 된 경우
② 제1항에 따른 행정처분의 세부 기준은 그 사유와 위반의 정도를 고려하여 대통령령으로 정한다.

## 제16조의7(과징금처분)

① 산업통상자원부장관은 제16조의6 제1항에 따라 업무정지를 명하여야 할 경우로서 업무정지가 이용자 등에게 심한 불편을 주거나 공익을 해칠 우려가 있는 경우에는 대통령령으로 정하는 바에 따라 **업무정지**처분을 갈음하여 **1천만 원** 이하의 과징금을 부과할 수 있다.

② 제1항에 따른 과징금을 부과하는 위반행위의 종류와 위반정도 등에 따른 과징금의 금액 등에 필요한 사항은 대통령령으로 정한다.

③ 제1항에 따라 과징금 부과처분을 받은 자가 과징금을 기한까지 납부하지 아니하면 국세 체납처분의 예에 따라 징수한다.

🔑 일정지 일천만원

## 제17조(행정 및 재정상의 조치)

국가와 지방자치단체는 이 법의 목적을 달성하기 위하여 학술연구·조사 및 기술개발 등에 필요한 행정적·재정적 조치를 할 수 있다.

## 제18조(민간활동의 지원)

국가와 지방자치단체는 에너지에 관련된 공익적 활동을 촉진하기 위하여 민간부문에 대하여 필요한 자료를 제공하거나 재정적 지원을 할 수 있다.

## 제19조(에너지 관련 통계의 관리·공표)

① 산업통상자원부장관은 기본계획 및 에너지 관련 시책의 효과적인 수립·시행을 위하여 국내외 에너지수급에 관한 통계를 작성·분석·관리하며, 관련 법령에 저촉되지 아니하는 범위에서 이를 공표할 수 있다.

② 산업통상자원부장관은 매년 다음 각 호에 따른 통계를 작성·분석하며, 그 결과를 공표할 수 있다.
   1. 에너지 사용 및 산업 공정에서 발생하는 온실가스 배출량
   2. 에너지이용 소외계층의 에너지 이용현황 등

③ 삭제 〈2010.1.13.〉

④ 산업통상자원부장관은 제1항과 제2항에 따른 통계를 작성할 때 필요하다고 인정하면 에너지 유관기관 또는 산업통상자원부령으로 정하는 에너지사용자에 대하여 자료의 제출을 요구할 수 있다.

⑤ 산업통상자원부장관은 필요하다고 인정하면 대통령령으로 정하는 바에 따라 에너지 총조사를 할 수 있다.

⑥ 산업통상자원부장관은 전문성을 갖춘 기관을 지정하여 제1항과 제2항에 따른 통계의 작성·분석·관리 및 제5항에 따른 에너지 총조사에 관한 업무의 전부 또는 일부를 수행하게 할 수 있다.

### 제20조(국회 보고)

① 정부는 매년 주요 에너지정책의 집행 경과 및 결과를 국회에 보고하여야 한다.

② 제1항에 따른 보고에는 다음 각 호의 사항이 포함되어야 한다.

    1. 국내외 에너지수급의 추이와 전망에 관한 사항

    2. 에너지·자원의 확보, 도입, 공급, 관리를 위한 대책의 추진 현황 및 계획에 관한 사항

    3. 에너지 수요관리 추진 현황 및 계획에 관한 사항

    4. 환경 친화적인 에너지의 공급·사용 대책의 추진 현황 및 계획에 관한 사항

    5. 온실가스 배출 현황과 온실가스 감축을 위한 대책의 추진 현황 및 계획에 관한 사항

    6. 에너지정책의 국제협력 등에 관한 사항의 추진 현황 및 계획에 관한 사항

    7. 그 밖에 주요 에너지정책의 추진에 관한 사항

③ 제1항에 따른 보고에 필요한 사항은 대통령령으로 정한다.

## 2 에너지법 시행령

### 제2조(에너지위원회의 구성)

① 「에너지법」(이하 "법"이라 한다) 제9조 제4항에서 "대통령령으로 정하는 사람"이란 다음 각 호의 중앙행정기관의 차관(복수차관이 있는 중앙행정기관의 경우는 그 기관의 장이 지명하는 차관을 말한다)을 말한다.

    1. 기획재정부

    2. 과학기술정보통신부

    3. 외교부

    4. 환경부

    5. 국토교통부

② 법 제9조 제5항 후단에 따른 에너지 관련 시민단체는 「비영리민간단체 지원법」 제2조에 따른 비영리민간단체 중 다음 각 호의 어느 하나의 사업을 정관에 따라 주된 사업으로 수행하고 있는 단체로 한다.

    1. 에너지 절약과 이용 효율화에 관한 사업

    2. 에너지와 관련된 환경 개선에 관한 사업

    3. 에너지와 관련된 환경 친화적 시민운동에 관한 사업

    4. 에너지와 관련된 법령과 제도의 연구·개선에 관한 사업

    5. 에너지와 관련된 사회적 갈등 조정과 예방에 관한 사업

③ 산업통상자원부장관은 법 제9조 제5항 후단에 따라 에너지 관련 시민단체가 위촉위원을 추천할 수 있도록 추천기간 및 제출서류 등 추천에 필요한 사항을 정하여 7일 이상 공고하여야 한다.

④ 법 제9조 제1항에 따른 에너지위원회(이하 "위원회"라 한다)의 사무를 처리하기 위하여 간사 1명을 두며, 간사는 산업통상자원부 소속 고위공무원단에 속하는 공무원 중에서 산업통상자원부장관이 지명하는 사람이 된다.
⑤ 법 제9조 제6항에 따른 위촉위원이 궐위(闕位)된 경우 후임 위원의 임기는 전임 위원 임기의 남은 기간으로 한다.

## 제3조(위원회의 운영 등)
① 위원회의 위원장(이하 "위원장"이라 한다)은 위원회를 대표하며, 위원회의 업무를 총괄한다.
② 위원장이 부득이한 사유로 직무를 수행할 수 없을 때에는 산업통상자원부 제2차관이 그 직무를 대행한다.
③ 위원장은 회의를 소집하려면 회의의 일시·장소 및 안건을 회의 개최 7일 전까지 각 위원에게 알려야 한다. 다만 긴급한 사정이나 그 밖의 부득이한 사유가 있는 경우에는 그러하지 아니하다.

암기 회칠

④ 위원회의 회의는 재적위원 과반수의 출석으로 개의(開議)하고, 출석위원 과반수의 찬성으로 의결한다. 다만 회의에 부치는 안건의 내용이 경미하거나 회의를 소집할 시간적 여유가 없는 등의 경우에는 문서로 의결할 수 있되, 재적위원 과반수의 찬성으로 의결한다.
⑤ 위원장은 안건을 심의하기 위하여 필요하다고 인정하면 그 안건과 관련된 「공공기관의 운영에 관한 법률」 제4조에 따른 공공기관의 장 등 이해관계인 또는 관계 전문가를 위원회에 참석시켜 의견을 제시하게 할 수 있다.
⑥ 위원장은 위원회에 회의록을 작성하여 갖추어 두어야 한다.
⑦ 제1항부터 제6항까지에서 규정한 사항 외에 위원회의 운영에 필요한 사항은 위원회의 의결을 거쳐 위원장이 정한다.

## 제4조(전문위원회의 구성 및 운영)
① 법 제9조 제7항에 따른 분야별 전문위원회는 다음 각 호와 같다.
  1. 에너지정책전문위원회
  2. 에너지기술기반전문위원회
  3. 에너지개발전문위원회
  4. 원자력발전전문위원회
  5. 에너지산업전문위원회
  6. 에너지안전전문위원회

② 에너지정책전문위원회는 20명 이내의 위원으로 구성하고, 다음 각 호의 사항과 관련하여 위원회의 회의에 부칠 안건이나 위원회가 위임한 안건을 조사·연구한다.
   1. 에너지 관련 중요 정책의 수립 및 추진에 관한 사항
   2. 장애인·저소득층 등에 대한 최소한의 필수 에너지공급 등 에너지복지정책에 관한 사항
   3. 「저탄소 녹색성장 기본법」 제41조 제2항에 따른 에너지기본계획의 수립·변경 및 비상시 에너지수급계획의 수립에 관한 사항
   4. 에너지 산업의 구조조정에 관한 사항
   5. 에너지와 관련된 교통 및 물류에 관한 사항
   6. 에너지와 관련된 재원의 확보, 세제(稅制) 및 가격정책에 관한 사항
   7. 에너지 관련 국제 및 남북 협력에 관한 사항
   8. 에너지 부문의 녹색성장 전략 및 추진계획에 관한 사항
   9. 에너지·산업 부문의 기후 변화 대응과 온실가스의 감축에 관한 기본계획의 수립에 관한 사항
   10. 「기후 변화에 관한 국제연합 기본협약」 관련 에너지·산업 분야 대응 및 국내 이행에 관한 사항
   11. 에너지·산업 부문의 기후 변화 및 온실가스 감축을 위한 국제협력 강화에 관한 사항
   12. 온실가스 감축목표 달성을 위한 에너지·산업 등 부문별 할당 및 이행방안에 관한 사항
   13. 에너지 및 기후 변화 대응 관련 갈등관리에 관한 사항
   14. 그 밖에 에너지 및 기후 변화와 관련된 사항으로서 에너지정책전문위원회의 위원장이 회의에 부치는 사항
③ 에너지기술기반전문위원회는 20명 이내의 위원으로 구성하고, 다음 각 호의 사항과 관련하여 위원회의 회의에 부칠 안건이나 위원회가 위임한 안건을 조사·연구한다.
   1. 에너지기술개발계획 및 신·재생에너지 등 환경 친화적 에너지와 관련된 기술개발과 그 보급 촉진에 관한 사항
   2. 에너지의 효율적 이용을 위한 기술개발에 관한 사항
   3. 에너지기술 및 신·재생에너지 관련 국제협력에 관한 사항
   4. 신·재생에너지 및 에너지 분야 전문인력의 양성계획 수립에 관한 사항
   5. 신·재생에너지 관련 갈등관리에 관한 사항
   6. 그 밖에 에너지기술 및 신·재생에너지와 관련된 사항으로서 에너지기술기반전문위원회의 위원장이 회의에 부치는 사항

④ 에너지개발전문위원회는 20명 이내의 위원으로 구성하고, 다음 각 호의 사항과 관련하여 위원회의 회의에 부칠 안건이나 위원회가 위임한 안건을 조사·연구한다.
  1. 외국과의 전략적 에너지(에너지 중 열 및 전기는 제외한다. 이하 이 항에서 같다)개발 촉진에 관한 사항
  2. 국내외 에너지개발 관련 전략 수립 및 기본계획에 관한 사항
  3. 국내외 에너지개발 관련 기술개발·인력양성 등 기반 구축에 관한 사항
  4. 에너지개발 관련 기업 지원 시책 수립에 관한 사항
  5. 에너지개발 관련 국제협력 지원 및 국내 이행에 관한 사항
  6. 에너지의 가격제도, 유통, 판매, 비축 및 소비 등에 관한 사항
  7. 에너지개발 관련 갈등관리에 관한 사항
  8. 남북 간 에너지개발 협력에 관한 사항
  9. 그 밖에 에너지개발과 관련된 사항으로서 에너지개발전문위원회의 위원장이 회의에 부치는 사항

⑤ 원자력발전전문위원회는 20명 이내의 위원으로 구성하고, 다음 각 호의 사항과 관련하여 위원회의 회의에 부칠 안건이나 위원회가 위임한 안건을 조사·연구한다.
  1. 원전(原電) 및 방사성폐기물관리와 관련된 연구·조사와 인력양성 등에 관한 사항
  2. 원전산업 육성시책의 수립 및 경쟁력 강화에 관한 사항
  3. 원전 및 방사성폐기물관리에 대한 기본계획 수립에 관한 사항
  4. 원전연료의 수급계획 수립에 관한 사항
  5. 원전 및 방사성폐기물 관련 갈등관리에 관한 사항
  6. 원전 플랜트·설비 및 기술의 수출 진흥, 국제협력 지원 및 국내 이행에 관한 사항
  7. 그 밖에 원전 및 방사성폐기물과 관련된 사항으로서 원자력발전전문위원회의 위원장이 회의에 부치는 사항

⑥ 에너지산업전문위원회는 20명 이내의 위원으로 구성하고, 다음 각 호의 사항과 관련하여 위원회의 회의에 부칠 안건이나 위원회가 위임한 안건을 조사·연구한다.
  1. 석유·가스·전력·석탄 산업 관련 경쟁력 강화 및 구조조정에 관한 사항
  2. 석유·가스·전력·석탄 관련 기본계획에 관한 사항
  3. 석유·가스·전력·석탄의 안정적 확보 및 위기 대응에 관한 사항
  4. 석유·가스·전력·석탄의 가격제도, 유통, 판매, 비축 및 소비 등에 관한 사항
  5. 삭제 〈2013.1.28.〉
  6. 석유·가스·전력·석탄 관련 품질관리에 관한 사항
  7. 석유·가스·전력·석탄 관련 갈등관리에 관한 사항
  8. 석유·가스·전력·석탄 산업 관련 국제협력 지원 및 국내 이행에 관한 사항

9. 그 밖에 석유·가스·전력·석탄 산업과 관련된 사항으로서 에너지산업전문위원회의 위원장이 회의에 부치는 사항

⑦ 에너지안전전문위원회는 20명 이내의 위원으로 구성하고, 다음 각 호의 사항과 관련하여 위원회의 회의에 부칠 안건이나 위원회가 위임한 안건을 조사·연구한다.
  1. 석유·가스·전력·석탄 및 신·재생에너지의 안전관리에 관한 사항
  2. 에너지사용시설 및 에너지공급시설의 안전관리에 관한 사항
  3. 그 밖에 에너지안전과 관련된 사항으로서 에너지안전전문위원회의 위원장이 회의에 부치는 사항

⑧ 각 전문위원회의 위원장은 각 전문위원회의 위원 중에서 호선(互選)한다.

⑨ 각 전문위원회의 위원은 다음 각 호의 사람 중에서 산업통상자원부장관이 위촉하는 사람과 중앙행정기관의 고위공무원단에 속하는 공무원 또는 지방자치단체의 이에 상응하는 직급에 속하는 공무원 중에서 해당 기관의 장이 지명하는 사람으로 할 수 있다.
  1. 전문위원회 소관 분야에 관한 전문지식과 경험이 풍부한 사람
  2. 경제단체, 「민법」 제32조에 따라 설립된 비영리법인 중 에너지 관련 단체, 「소비자기본법」 제29조에 따라 등록한 소비자단체 또는 제2조 제2항에 따른 에너지 관련 시민단체의 장이 추천하는 관련 분야 전문가

⑩ 제9항에 따라 위촉된 위원의 임기는 2년으로 하며, 연임할 수 있다. 다만 위촉위원이 궐위된 경우 후임 위원의 임기는 전임 위원 임기의 남은 기간으로 한다.

⑪ 각 전문위원회의 사무를 처리하기 위하여 간사위원 1명을 각각 두며, 간사위원은 고위공무원단에 속하는 산업통상자원부 소속 공무원 중 에너지에 관한 업무를 담당하는 사람으로서 산업통상자원부장관이 지명하는 사람으로 한다.

⑫ 제1항부터 제11항까지에서 규정한 사항 외에 전문위원회의 구성 및 운영에 필요한 사항은 위원회의 의결을 거쳐 위원장이 정한다.

## 제5조(조사·연구의 의뢰)

① 위원회 또는 전문위원회는 안건의 심의와 그 밖의 업무 수행을 위하여 필요한 경우에는 국내외의 관계 기관이나 전문가에게 해당 사항에 대한 조사·연구를 의뢰할 수 있다.

② 제1항에 따라 조사·연구를 의뢰한 경우에는 예산의 범위에서 필요한 경비를 지급할 수 있다.

## 제6조(여론의 수집)

위원회 또는 전문위원회는 업무수행을 위하여 필요한 경우에는 공청회·세미나, 설문조사 및 방송토론 등을 통하여 여론을 수집할 수 있다.

## 제7조(수당 등)

위원회 또는 전문위원회에 출석한 위원(제3조 제4항 단서에 따라 문서로 의결한 위원을 포함한다) 및 이해관계인과 의견을 제출한 전문가에게는 예산의 범위에서 수당 및 여비와 그 밖에 필요한 경비를 지급할 수 있다. 다만 공무원인 위원이 그 소관 업무와 직접적으로 관련되어 위원회 또는 전문위원회에 출석하는 경우에는 그러하지 아니하다.

## 제8조(연차별 실행계획의 수립)

① 산업통상자원부장관은 법 제11조 제1항에 따른 에너지기술개발계획에 따라 관계 중앙행정기관의 장의 의견을 들어 연차별 실행계획을 수립·공고하여야 한다.
② 제1항에 따른 연차별 실행계획에는 다음 각 호의 사항이 포함되어야 한다.
　1. 에너지기술개발의 추진전략
　2. 과제별 목표 및 필요 자금
　3. 연차별 실행계획의 효과적인 시행을 위하여 산업통상자원부장관이 필요하다고 인정하는 사항 〈전문개정 2011.9.30.〉

## 제8조의2(에너지기술개발의 실시기관)

법 제12조 제1항 제12호에서 "대통령령으로 정하는 과학기술 분야 연구기관 또는 단체"란 다음 각 호의 연구기관 또는 단체를 말한다.
1. 「민법」 또는 다른 법률에 따라 설립된 과학기술 분야 비영리법인
2. 그 밖에 연구인력 및 연구시설 등 산업통상자원부장관이 정하여 고시하는 기준에 해당하는 연구기관 또는 단체

## 제9조(에너지기술개발사업 협약의 체결 등)

관계 중앙행정기관의 장은 법 제12조 제1항에 따른 에너지기술개발에 관한 사업(이하 "에너지기술개발사업"이라 한다)을 실시하려는 경우에는 법 제12조 제1항 각 호의 자 중에서 해당 에너지기술개발사업을 주관할 기관(이하 "사업주관기관"이라 한다)의 장과 에너지기술개발사업에 대한 협약을 체결하여야 한다. 다만 관계 중앙행정기관의 장이 에너지기술개발사업을 효율적으로 추진하기 위하여 필요하다고 인정하는 경우에는 법 제13조 제1항에 따른 한국에너지기술평가원(이하 "평가원"이라 한다)에 에너지기술개발사업에 대한 협약의 체결을 대행하게 할 수 있다.

## 제10조(출연금의 지급 및 관리)

① 관계 중앙행정기관의 장이 사업주관기관에 법 제12조 제2항에 따라 출연금을 지급하는 경우에는 에너지기술개발사업의 추진상황 등을 고려하여 이를 한 번에 지급하거나 여러 차례에 걸쳐 지급할 수 있다.

② 제1항에 따라 출연금을 지급받은 사업주관기관은 그 출연금에 대하여 별도의 계정(計定)을 설정하여 관리하여야 한다.

③ 관계 중앙행정기관의 장은 사업주관기관이 정당한 사유 없이 제9조에 따른 에너지기술개발사업에 대한 협약에서 정한 용도 외의 용도로 출연금을 사용한 경우에는 그 출연금의 전부 또는 일부를 회수할 수 있다.

### 제11조(평가원의 사업)

법 제13조 제4항 제4호에서 "대통령령으로 정하는 사업"이란 다음 각 호의 사업을 말한다. 〈개정 2013.3.23.〉

1. 에너지기술개발사업의 중장기 기술 기획
2. 에너지기술의 수요조사, 동향분석 및 예측
3. 에너지기술에 관한 정보·자료의 수집, 분석, 보급 및 지도
4. 에너지기술에 관한 정책수립의 지원
5. 법 제14조 제1항에 따라 조성된 에너지기술개발사업비의 운용·관리(같은 조 제3항에 따라 관계 중앙행정기관의 장이 그 업무를 담당하게 하는 경우만 해당한다)
6. 에너지기술개발사업 결과의 실증연구 및 시범적용
7. 에너지기술에 관한 학술, 전시, 교육 및 훈련
8. 그 밖에 산업통상자원부장관이 에너지기술개발과 관련하여 필요하다고 인정하는 사업

### 제11조의2(협약의 체결 및 출연금의 지급 등)

① 중앙행정기관의 장 및 지방자치단체의 장은 법 제13조 제6항에 따라 평가원에 같은 조 제4항 각 호의 사업을 수행하게 하려면 평가원과 다음 각 호의 사항이 포함된 협약을 체결하여야 한다.
　1. 수행하는 사업의 범위, 방법 및 관리책임자
　2. 사업수행 비용 및 그 비용의 지급시기와 지급방법
　3. 사업수행 결과의 보고, 귀속 및 활용
　4. 협약의 변경, 해지 및 위반에 관한 조치
　5. 그 밖에 사업수행을 위하여 필요한 사항

② 중앙행정기관의 장 및 지방자치단체의 장은 평가원에 법 제13조 제6항에 따라 출연금을 지급하는 경우에는 여러 차례에 걸쳐 지급한다. 다만 수행하는 사업의 규모나 시작 시기 등을 고려하여 필요하다고 인정하는 경우에는 한 번에 지급할 수 있다.

③ 제2항에 따라 출연금을 지급받은 평가원은 그 출연금에 대하여 별도의 계정을 설정하여 관리하여야 한다.

## 제11조의3(사업연도)

평가원의 사업연도는 정부의 회계연도에 따른다.

## 제11조의4(평가원의 수익사업)

평가원은 법 제13조 제7항에 따라 수익사업을 하려면 해당 사업연도가 시작하기 전까지 수익사업계획서를 산업통상자원부장관에게 제출하여야 하며, 해당 사업연도가 끝난 후 3개월 이내에 그 수익사업의 실적서 및 결산서를 산업통상자원부장관에게 제출하여야 한다.

## 제11조의5(사업계획서 등의 제출)

① 평가원은 산업통상자원부장관이 정하는 바에 따라 사업계획서와 예산서를 작성하여 매 사업연도가 시작하기 전까지 산업통상자원부장관의 승인을 받아야 한다. 승인받은 사업계획과 예산을 변경하는 경우에도 또한 같다.

② 산업통상자원부장관은 제1항에 따른 사업계획과 예산을 승인하려는 경우에는 평가원의 사업계획과 예산이 법 제13조 제4항 각 호의 사업을 효율적으로 추진하는 데에 필요한 것인지를 우선적으로 고려하여야 한다.

③ 평가원은 「공인회계사법」에 따른 회계법인 또는 공인회계사로부터 회계감사를 받은 매 사업연도의 세입·세출결산서에 다음 각 호의 서류를 첨부하여 다음 연도의 3월 31일까지 산업통상자원부장관에게 제출해야 한다. 　　🔖 세세삼삼
　1. 해당 사업연도의 재무상태표 및 손익계산서
　2. 해당 사업연도의 사업계획과 그 집행실적
　3. 해당 감사를 한 회계법인 또는 공인회계사의 감사 의견서 및 평가원의 해당 사업연도 감사 의견서
　4. 그 밖에 결산 내용을 확인할 수 있는 참고 서류

## 제12조(에너지기술개발 투자 등의 권고)

① 법 제15조에 따른 에너지 관련 사업자는 다음 각 호의 자 중에서 산업통상자원부장관이 정하는 자로 한다.
　1. 법 제2조 제7호에 따른 에너지공급자
　2. 법 제2조 제8호에 따른 에너지사용기자재의 제조업자
　3. 「공공기관의 운영에 관한 법률」 제4조에 따른 공공기관 중 에너지와 관련된 공공기관

② 산업통상자원부장관은 법 제15조에 따라 에너지 관련 사업자에게 에너지기술개발을 위한 사업에 투자하거나 출연할 것을 권고할 때에는 그 투자 또는 출연의 방법 및 규모 등을 구체적으로 밝혀 문서로 통보하여야 한다.

## 제13조(에너지기술개발사업 운영규정)

관계중앙행정기관의 장은 에너지기술개발사업의 추진에 필요한 세부적인 운영규정을 정하여 고시할 수 있다.

## 제13조의2(에너지이용권의 수급자)

법 제16조의3 제1항에서 "대통령령으로 정하는 요건을 갖춘 사람"이란 다음 각 호의 요건을 모두 갖춘 사람을 말한다.

1. 다음 각 목의 어느 하나에 해당하는 사람일 것
   가. 다음의 어느 하나에 해당하는 사람이 속한 세대의 세대원(「국민기초생활 보장법」 제5조의2에 따른 수급자로서 「주민등록법 시행령」 제6조의2 제1항에 따라 세대별 주민등록표에 기록된 외국인을 포함한다. 이하 같다)으로서 「국민기초생활 보장법」에 따른 생계급여 수급자 또는 의료급여 수급자
      1) 65세 이상의 사람
      2) 「영유아보육법」 제2조 제1호에 따른 영유아
      3) 「장애인복지법」 제32조에 따라 등록된 장애인
      4) 「모자보건법」 제2조 제1호에 따른 임산부
   나. 그 밖에 경제적·사회적·지리적 제약 등으로 인하여 에너지 이용에 대한 지원이 필요하다고 산업통상자원부장관이 인정하여 고시하는 사람
2. 제1호에 해당하는 사람이 속한 세대의 세대원이 다음 각 목의 어느 하나에 해당하지 아니할 것
   가. 법 제16조의2 제1호에 따른 지원사업으로 난방유를 지원받는 경우
   나. 「국민기초생활 보장법」 제32조에 따른 보장시설에서 급여를 받는 경우
   다. 「긴급복지지원법」 제9조 제1항 제1호 바목에 따라 연료비를 해당 연도에 지원받는 경우
   라. 「사회복지사업법」 제6조의2 제2항에 따른 정보 시스템에서 세대원 모두가 동시에 연속하여 3개월 이상 입원 중인 것이 확인되는 경우
   마. 「석탄산업법」 제29조 제7호에 따라 연탄을 지원받는 경우

## 제13조의3(자료제공 요청 대상)

법 제16조의3 제2항 전단에서 "가족관계증명·국세 및 지방세 등에 관한 자료 등 대통령령으로 정하는 자료"란 다음 각 호의 자료를 말한다.

1. 제13조의2 제1호에 해당하는지 여부를 확인하기 위한 다음 각 목의 자료
   가. 국민기초생활 수급자 증명서
   나. 주민등록표 등본
   다. 장애인 증명서
   라. 임신한 사실을 증명하는 의료기관의 진단서

2. 그 밖에 국세·지방세·토지·건물 등에 관한 자료 중 에너지이용권의 수급자 선정 및 수급 자격 유지에 관한 사항을 확인하기 위하여 산업통상자원부장관이 필요하다고 인정하여 고시하는 자료

## 제13조의4(에너지이용권의 신청)

① 법 제16조의3 제1항에 따라 에너지이용권의 발급을 신청하려는 사람은 산업통상자원부령으로 정하는 에너지이용권 발급 신청서에 다음 각 호의 서류를 첨부하여 산업통상자원부장관에게 제출해야 한다. 다만 제1호부터 제4호까지의 서류는 해당 서류의 당사자가 법 제16조의3 제2항에 따른 자료의 제공에 동의하지 않는 경우만 제출한다.
 1. 국민기초생활 수급자 증명서
 2. 주민등록표 등본
 3. 장애인 증명서(제13조의2 제1호 가목3)에 해당하는 경우만 제출한다)
 4. 임신한 사실을 증명하는 의료기관의 진단서(제13조의2 제1호 가목4)에 해당하는 경우만 제출한다)
 5. 대리인이 신청하는 경우에는 다음 각 목의 서류
   가. 대리인의 신분증 사본
   나. 대리사실을 확인할 수 있는 위임장
② 제1항에서 규정한 사항 외에 에너지이용권의 신청에 필요한 사항은 산업통상자원부장관이 정하여 고시한다.

## 제13조의5(에너지이용권의 발급 등)

① 산업통상자원부장관은 제13조의4 제1항에 따라 발급 신청을 받은 경우 에너지이용권을 발급할 것인지 여부를 결정하여 신청일부터 14일 이내에 서면 또는 전자문서로 신청인에게 알려야 한다.
② 산업통상자원부장관은 제1항에 따라 발급 결정 통보를 한 경우 세대 단위로 에너지이용권을 발급하여야 한다.
③ 법 제16조의3 제1항에 따라 에너지이용권을 발급받은 사람이 다음 각 호의 어느 하나에 해당하게 된 경우에는 그가 속한 세대의 다른 세대원이 산업통상자원부장관에게 에너지이용권을 재신청할 수 있다.
 1. 사망한 경우
 2. 가출 또는 행방불명으로 경찰서 등 행정관청에 신고된 후 1개월이 지났거나 가출 또는 행방불명 사실을 특별자치시장·특별자치도지사·시장·군수·구청장(자치구의 구청장을 말한다)이 확인한 경우
④ 법 제16조의3 제1항에 따라 에너지이용권을 발급받은 사람이 거주지를 변경하여 「주민등록법」에 따른 전입신고를 함에 따라 에너지이용권을 사용할 수 없게 된 경우에는 산업통상자원부장관에게 에너지이용권을 재신청할 수 있다.

⑤ 제1항부터 제4항까지에서 규정한 사항 외에 에너지이용권의 발급 및 재신청에 필요한 사항은 산업통상자원부장관이 정하여 고시한다.

## 제13조의6(예외지급)

① 법 제16조의3 제1항에 따른 에너지이용권 발급 요건을 갖춘 사람 또는 법 제16조의4 제1항에 따른 이용자(이하 이 조에서 "이용자등"이라 한다)가 다음 각 호의 어느 하나에 해당하는 사유로 에너지이용권의 신청, 발급 또는 사용 등에 제한을 받는 경우에는 산업통상자원부령으로 정하는 바에 따라 금전 또는 현물 등의 지급(이하 "예외지급"이라 한다)을 산업통상자원부장관에게 신청할 수 있다.
  1. 「전기안전관리법 시행령」 제7조 제4항 제8호 가목에 따른 고시원업의 시설을 이용하는 경우 등 에너지공급자로부터 직접 에너지를 공급받을 수 없거나 에너지이용권을 사용하여 에너지비용의 결제를 할 수 없는 경우
  2. 행정상의 착오·지연 등 이용자등의 책임 없는 사유로 에너지이용권 발급이 불가능하게 되거나 지연된 경우
  3. 제1호 및 제2호와 유사한 사유로서 산업통상자원부장관이 정하여 고시하는 사유에 해당하는 경우
② 제1항에 따른 신청을 받은 산업통상자원부장관은 검토한 결과 예외지급 사유에 해당하는 경우에는 예외지급의 방식을 결정하여 신청인에게 지급하여야 하며, 예외지급 사유에 해당하지 아니하는 경우에는 그 이유를 명시하여 신청인에게 서면 또는 전자문서 등으로 통지하여야 한다.
③ 제1항 및 제2항에서 규정한 사항 외에 예외지급의 방식 및 절차 등에 관한 사항은 산업통상자원부장관이 정하여 고시한다.

## 제13조의7(전담기관의 지정 기준 등)

① 법 제16조의5 제1항에 따른 에너지복지 사업 전담기관(이하 "전담기관"이라 한다)은 다음 각 호의 요건을 모두 갖추어야 한다.
  1. 에너지 관련 업무를 전문적으로 수행하는 기관 또는 단체로서 다음 각 목의 어느 하나에 해당할 것
    가. 「공공기관의 운영에 관한 법률」 제4조에 따른 공공기관
    나. 「민법」에 따라 설립된 법인
  2. 에너지복지 사업의 수행에 필요한 전담인력을 확보할 것
  3. 에너지복지 사업의 수행에 필요한 재정적·기술적 능력을 갖추고 있을 것
② 산업통상자원부장관은 법 제16조의5 제1항에 따라 전담기관을 지정한 경우 이를 고시하여야 한다.

③ 산업통상자원부장관은 전담기관에 대하여 다음 각 호의 업무를 수행하게 할 수 있다.
　1. 법 제16조의2에 따른 에너지복지 사업(이하 "에너지복지 사업"이라 한다)의 홍보 및 교육
　2. 에너지복지 사업의 활성화를 위한 조사·연구
　3. 에너지복지 사업의 통계 작성 및 관리
　4. 에너지복지 사업의 원활한 수행을 위한 에너지공급자 간의 연계 업무

## 제13조의8(전담기관에 대한 행정처분의 기준)

법 제16조의6 제1항에 따른 전담기관에 대한 지정취소 또는 업무정지의 세부 기준은 별표 1과 같다.

## 제13조의9(과징금의 부과 기준)

법 제16조의7 제1항에 따른 위반행위의 종류와 위반정도 등에 따른 과징금의 금액은 별표 2와 같다.

## 제13조의10(과징금의 부과 및 납부)

① 산업통상자원부장관은 법 제16조의7 제1항에 따라 과징금을 부과할 때에는 위반행위의 종류와 과징금의 금액을 분명하게 적은 서면으로 알려야 한다.
② 제1항에 따라 통지를 받은 자는 통지받은 날부터 20일 이내에 과징금을 산업통상자원부장관이 정하는 수납기관에 내야 한다.
③ 제2항에 따라 과징금을 받은 수납기관은 과징금을 낸 자에게 영수증을 내주어야 한다.
④ 과징금의 수납기관은 제2항에 따라 과징금을 받았을 때에는 지체 없이 그 사실을 산업통상자원부장관에게 통보하여야 한다.
⑤ 삭제 〈2021.9.24.〉

## 제14조(민간활동의 지원 대상)

법 제18조에 따른 민간활동의 지원 대상은 제2조 제2항에 따른 에너지 관련 시민단체와 「민법」 제32조에 따라 설립된 비영리법인으로 한다.

## 제15조(에너지 관련 통계 및 에너지 총조사)

① 법 제19조 제1항에 따라 에너지수급에 관한 통계를 작성하는 경우에는 산업통상자원부령으로 정하는 에너지열량 환산 기준을 적용하여야 한다.
② 법 제19조 제5항에 따른 에너지 총조사는 3년마다 실시하되, 산업통상자원부장관이 필요하다고 인정할 때에는 간이조사를 실시할 수 있다.

### 3 에너지법 시행규칙

## 제3조(전문인력 양성사업의 지원대상 등)

① 법 제16조 제2항에 따라 산업통상자원부장관이 필요한 지원을 할 수 있는 대상은 다음 각 호와 같다.
  1. 국·공립 연구기관
  2. 「특정연구기관 육성법」에 따른 특정연구기관
  3. 「정부출연연구기관 등의 설립·운영 및 육성에 관한 법률」에 따른 정부출연연구기
  4. 「고등교육법」에 따른 대학(대학원을 포함한다)·산업대학(대학원을 포함한다) 또는 전문대학
  5. 「과학기술분야 정부출연연구기관 등의 설립·운영 및 육성에 관한 법률」에 따른 과학기술분야 정부출연연구기관
  6. 그 밖에 에너지 및 에너지자원기술 분야의 전문인력을 양성하기 위하여 산업통상자원부장관이 필요하다고 인정하는 기관 또는 단체

② 제1항 각 호의 어느 하나에 해당하는 자 중에서 법 제16조 제2항에 따른 지원을 받으려는 자는 지원받으려는 내용 등이 포함된 지원신청서를 산업통상자원부장관에게 제출하여야 한다.

③ 산업통상자원부장관은 제2항에 따른 지원신청서가 접수되었을 때에는 60일 이내에 지원 여부, 지원 범위 및 지원 우선순위 등을 심사·결정하여 지원신청자에게 알려야 한다.

④ 제2항과 제3항에 따른 신청자격 및 신청방법과 그 밖에 지원 절차에 관하여 필요한 세부사항은 산업통상자원부장관이 정하여 고시한다.

## 제3조의2(에너지이용권의 신청 및 발급 등)

① 「에너지법 시행령」(이하 "영"이라 한다) 제13조의4 제1항 및 제13조의5 제3항·제4항에 따른 에너지이용권 발급 (재)신청서는 별지 제1호 서식과 같다.

② 영 제13조의4 제1항 제5호 나목에 따른 위임장은 별지 제2호 서식과 같다.

③ 영 제13조의5 제1항에 따른 에너지이용권 결정 통지서는 별지 제3호 서식과 같다.

④ 영 제13조의6 제1항에 따라 금전 또는 현물 등의 지급을 신청하려는 사람은 별지 제4호 서식의 에너지이용권 예외지급 신청서에 다음 각 호의 서류를 첨부하여 특별자치시장·특별자치도지사·시장·군수 또는 구청장(자치구의 구청장을 말한다. 이하 같다)에게 제출하여야 한다.
  1. 에너지 관련 영수증 또는 고지서
  2. 신청인 또는 신청인이 속한 세대의 다른 세대원의 통장 사본
  3. 신청인의 신분증(주민등록증, 운전면허증, 여권, 장애인등록증 등 본인 및 주소를 확인할 수 있는 증명서를 말한다. 이하 같다) 사본

    4. 대리인이 신청하는 경우에는 다음 각 목의 서류
        가. 대리인의 신분증 사본
        나. 대리사실을 확인할 수 있는 위임장
⑤ 특별자치시장·특별자치도지사·시장·군수 또는 구청장은 법 제16조의4 제4항에 따라 에너지이용권을 회수하거나 에너지이용권 수급자가 수급자격을 상실하게 된 경우에는 별지 제3호 서식에 따라 수급자에게 에너지이용권의 사용을 중지하여야 한다는 사실을 통지하여야 한다.

### 제3조의3(에너지공급 비용의 청구 및 지급)
① 에너지공급자는 법 제16조의4 제1항에 따라 에너지공급 비용을 법 제16조의5 제1항에 따른 전담기관(이하 "전담기관"이라 한다)에 청구할 수 있다.
② 제1항에 따른 청구를 받은 전담기관은 그 내용을 확인하고 특별한 사유가 없으면 에너지공급자에게 공급 비용을 지급하여야 한다.

### 제4조(에너지 통계자료의 제출대상 등)
① 법 제19조 제4항에 따라 산업통상자원부장관이 자료의 제출을 요구할 수 있는 에너지사용자는 다음 각 호와 같다.
    1. 중앙행정기관·지방자치단체 및 그 소속기관
    2. 「공공기관 운영에 관한 법률」 제4조에 따른 공공기관
    3. 「지방공기업법」에 따른 지방직영기업, 지방공사, 지방공단
    4. 에너지공급자와 에너지공급자로 구성된 법인·단체
    5. 「에너지이용합리화법」 제31조 제1항에 따른 에너지다소비사업자
    6. 자가소비를 목적으로 에너지를 수입하거나 전환하는 에너지사용자
② 제1항에 따른 에너지사용자가 자료의 제출을 요구받았을 때에는 특별한 사유가 없으면 그 요구를 받은 날부터 60일 이내에 산업통상자원부장관에게 그 자료를 제출하여야 한다.

암 에자식스

③ 법 제19조 제1항 및 제2항에 따른 통계의 작성서식 및 자료의 제출기한과 그 밖에 통계작성에 필요한 세부사항은 산업통상자원부장관이 정하여 고시한다.

### 제5조(에너지열량 환산 기준)
① 영 제15조 제1항에 따른 에너지열량 환산 기준은 별표와 같다.
② 에너지열량 환산 기준은 5년마다 작성하되, 산업통상자원부장관이 필요하다고 인정하는 경우에는 수시로 작성할 수 있다.

암 에열오

## 02 에너지이용합리화법

### 1 에너지이용합리화법

**제1조(목적)**
이 법은 에너지의 수급(需給)을 안정시키고 에너지의 합리적이고 효율적인 이용을 증진하며 에너지 소비로 인한 환경피해를 줄임으로써 국민경제의 건전한 발전 및 국민복지의 증진과 지구온난화의 최소화에 이바지함을 목적으로 한다.

**제2조(정의)**
① 이 법에서 사용하는 용어의 뜻은 다음과 같다.
  1. "에너지경영 시스템"이란 에너지사용자 또는 에너지공급자가 에너지이용효율을 개선할 수 있는 경영목표를 설정하고, 이를 달성하기 위하여 인적·물적 자원을 일정한 절차와 방법에 따라 체계적이고 지속적으로 관리하는 경영활동체제를 말한다.
  2. "에너지관리 시스템"이란 에너지사용을 효율적으로 관리하기 위하여 센서·계측장비, 분석 소프트웨어 등을 설치하고 에너지사용현황을 실시간으로 모니터링하여 필요시 에너지사용을 제어할 수 있는 통합관리 시스템을 말한다.
  3. "에너지진단"이란 에너지를 사용하거나 공급하는 시설에 대한 에너지 이용실태와 손실요인 등을 파악하여 에너지이용효율의 개선 방안을 제시하는 모든 행위를 말한다.
② 제1항에 규정된 것 외에 이 법에서 사용하는 용어의 뜻은 「에너지법」 제2조 각 호에서 정하는 바에 따른다.

**제3조(정부와 에너지사용자·공급자 등의 책무)**
① 정부는 에너지의 수급안정과 합리적이고 효율적인 이용을 도모하고 이를 통한 온실가스의 배출을 줄이기 위한 기본적이고 종합적인 시책을 강구하고 시행할 책무를 진다.
② 지방자치단체는 관할 지역의 특성을 고려하여 국가에너지정책의 효과적인 수행과 지역경제의 발전을 도모하기 위한 지역에너지시책을 강구하고 시행할 책무를 진다.
③ 에너지사용자와 에너지공급자는 국가나 지방자치단체의 에너지시책에 적극 참여하고 협력하여야 하며, 에너지의 생산·전환·수송·저장·이용 등에서 그 효율을 극대화하고 온실가스의 배출을 줄이도록 노력하여야 한다.
④ 에너지사용기자재와 에너지공급설비를 생산하는 제조업자는 그 기자재와 설비의 에너지효율을 높이고 온실가스의 배출을 줄이기 위한 기술의 개발과 도입을 위하여 노력하여야 한다.
⑤ 모든 국민은 일상생활에서 에너지를 합리적으로 이용하여 온실가스의 배출을 줄이도록 노력하여야 한다.

## 제4조(에너지이용합리화 기본계획)

① 산업통상자원부장관은 에너지를 합리적으로 이용하게 하기 위하여 에너지이용합리화에 관한 기본계획(이하 "기본계획"이라 한다)을 수립하여야 한다.

② 기본계획에는 다음 각 호의사항이 포함되어야 한다.
   1. 에너지절약형 경제구조로의 전환
   2. 에너지이용효율의 증대
   3. 에너지이용합리화를 위한 기술개발
   4. 에너지이용합리화를 위한 홍보 및 교육
   5. 에너지원 간 대체(代替)
   6. 열사용기자재의 안전관리
   7. 에너지이용합리화를 위한 가격예시제(價格豫示制)의 시행에 관한 사항
   8. 에너지의 합리적인 이용을 통한 온실가스의 배출을 줄이기 위한 대책
   9. 그 밖에 에너지이용합리화를 추진하기 위하여 필요한 사항으로서 산업통상자원부령으로 정하는 사항

③ 산업통상자원부장관이 제1항에 따라 기본계획을 수립하려면 관계 행정기관의 장과 협의한 후 「에너지법」 제9조에 따른 에너지위원회(이하 "위원회"라 한다)의 심의를 거쳐야 한다.

④ 산업통상자원부장관은 기본계획을 수립하기 위하여 필요하다고 인정하는 경우 관계 행정기관의 장에게 필요한 자료를 제출하도록 요청할 수 있다.

## 제6조(에너지이용합리화 실시계획)

① 관계 행정기관의 장과 특별시장·광역시장·도지사 또는 특별자치도지사(이하 "시·도지사"라 한다)는 기본계획에 따라 에너지이용합리화에 관한 실시계획을 수립하고 시행하여야 한다.

② 관계 행정기관의 장 및 시·도지사는 제1항에 따른 실시계획과 그 시행 결과를 산업통상자원부장관에게 제출하여야 한다.

③ 산업통상자원부장관은 위원회의 심의를 거쳐 제2항에 따라 제출된 실시계획을 종합·조정하고 추진상황을 점검·평가하여야 한다. 이 경우 평가업무의 효과적인 수행을 위하여 대통령령으로 정하는 바에 따라 관계 연구기관 등에 그 업무를 대행하도록 할 수 있다.

## 제7조(수급안정을 위한 조치)

① 산업통상자원부장관은 국내외 에너지사정의 변동에 따른 에너지의 수급차질에 대비하기 위하여 대통령령으로 정하는 주요 에너지사용자와 에너지공급자에게 에너지저장시설을 보유하고 에너지를 저장하는 의무를 부과할 수 있다.

② 산업통상자원부장관은 국내외 에너지사정의 변동으로 에너지수급에 중대한 차질이 발생하거나 발생할 우려가 있다고 인정되면 에너지수급의 안정을 기하기 위하여 필요한 범위에서 에너지사용자·에너지공급자 또는 에너지사용기자재의 소유자와 관리자에게 다음 각 호의 사항에 관한 조정·명령, 그 밖에 필요한 조치를 할 수 있다.
  1. 지역별·주요 수급자별 에너지 할당
  2. 에너지공급설비의 가동 및 조업
  3. 에너지의 비축과 저장
  4. 에너지의 도입·수출입 및 위탁가공
  5. 에너지공급자 상호 간 에너지의 교환 또는 분배 사용
  6. 에너지의 유통시설과 그 사용 및 유통경로
  7. 에너지의 배급
  8. 에너지의 양도·양수의 제한 또는 금지
  9. 에너지사용의 시기·방법 및 에너지사용기자재의 사용 제한 또는 금지 등 대통령령으로 정하는 사항
  10. 그 밖에 에너지수급을 안정시키기 위하여 대통령령으로 정하는 사항
③ 산업통상자원부장관은 제2항에 따른 조치를 시행하기 위하여 관계 행정기관의 장이나 지방자치단체의 장에게 필요한 협조를 요청할 수 있으며 관계 행정기관의 장이나 지방자치단체의 장은 이에 협조하여야 한다.
④ 산업통상자원부장관은 제2항에 따른 조치를 한 사유가 소멸되었다고 인정하면 지체 없이 이를 해제하여야 한다.

### 제8조(국가·지방자치단체 등의 에너지이용 효율화조치 등)

① 다음 각 호의 자는 이 법의 목적에 따라 에너지를 효율적으로 이용하고 온실가스 배출을 줄이기 위하여 필요한 조치를 추진하여야 한다. 이 경우 해당 조치에 관하여 위원회의 심의를 거쳐야 한다.
  1. 국가
  2. 지방자치단체
  3. 「공공기관의 운영에 관한 법률」 제4조 제1항에 따른 공공기관
② 제1항에 따라 국가·지방자치단체 등이 추진하여야 하는 에너지의 효율적 이용과 온실가스의 배출 저감을 위하여 필요한 조치의 구체적인 내용은 대통령령으로 정한다.

### 제9조(에너지공급자의 수요관리투자계획)

① 에너지공급자 중 대통령령으로 정하는 에너지공급자는 해당 에너지의 생산·전환·수송·저장 및 이용상의 효율향상, 수요의 절감 및 온실가스배출의 감축 등을 도모하기 위한 연차별 수요관리투자계획을 수립·시행하여야 하며, 그 계획과 시행 결과를 산업통상자원부장관에게 제출하여야 한다. 연차별 수요관리투자계획을 변경하는 경우에도 또한 같다.

② 산업통상자원부장관은 에너지수급상황의 변화, 에너지가격의 변동, 그 밖에 대통령령으로 정하는 사유가 생긴 경우에는 제1항에 따른 수요관리투자계획을 수정·보완하여 시행하게 할 수 있다.

③ 제1항에 따른 에너지공급자는 연차별 수요관리투자사업비 중 일부를 대통령령으로 정하는 수요관리전문기관에 출연할 수 있다.

④ 산업통상자원부장관은 제1항에 따른 에너지공급자의 수요관리투자를 촉진하기 위하여 수요관리투자로 인하여 에너지공급자에게 발생되는 비용과 손실을 최소화하는 방안을 수립·시행할 수 있다.

### 제10조(에너지사용계획의 협의)

① 도시개발사업이나 산업단지개발사업 등 대통령령으로 정하는 일정 규모 이상의 에너지를 사용하는 사업을 실시하거나 시설을 설치하려는 자(이하 "사업주관자"라 한다)는 그 사업의 실시와 시설의 설치로 에너지수급에 미칠 영향과 에너지소비로 인한 온실가스(이산화탄소만을 말한다)의 배출에 미칠 영향을 분석하고, 소요에너지의 공급계획 및 에너지의 합리적 사용과 그 평가에 관한 계획(이하 "에너지사용계획"이라 한다)을 수립하여, 그 사업의 실시 또는 시설의 설치 전에 산업통상자원부장관에게 제출하여야 한다.

② 산업통상자원부장관은 제1항에 따라 제출한 에너지사용계획에 관하여 사업주관자 중 제8조 제1항 각 호에 해당하는 자(이하 "공공사업주관자"라 한다)와 협의하여야 하며, 공공사업주관자 외의 자(이하 "민간사업주관자"라 한다)로부터 의견을 들을 수 있다.

③ 사업주관자가 제1항에 따라 제출한 에너지사용계획 중 에너지 수요예측 및 공급계획 등 대통령령으로 정한 사항을 변경하려는 경우에도 제1항과 제2항으로 정하는 바에 따른다.

④ 사업주관자는 국공립연구기관, 정부출연연구기관 등 에너지사용계획을 수립할 능력이 있는 자로 하여금 에너지사용계획의 수립을 대행하게 할 수 있다.

⑤ 제1항부터 제4항까지의 규정에 따른 에너지사용계획의 내용, 협의 및 의견청취의 절차, 대행기관의 요건, 그 밖에 필요한 사항은 대통령령으로 정한다.

⑥ 산업통상자원부장관은 제4항에 따른 에너지사용계획의 수립을 대행하는 데에 필요한 비용의 산정 기준을 정하여 고시하여야 한다.

## 제11조(에너지사용계획의 검토 등)

① 산업통상자원부장관은 에너지사용계획을 검토한 결과, 그 내용이 에너지의 수급에 적절하지 아니하거나 에너지이용의 합리화와 이를 통한 온실가스(이산화탄소만을 말한다)의 배출감소 노력이 부족하다고 인정되면 대통령령으로 정하는 바에 따라 공공사업주관자에게는 에너지사용계획의 조정·보완을 요청할 수 있고, 민간사업주관자에게는 에너지사용계획의 조정·보완을 권고할 수 있다. 공공사업주관자가 조정·보완요청을 받은 경우에는 정당한 사유가 없으면 그 요청에 따라야 한다.

② 산업통상자원부장관은 에너지사용계획을 검토할 때 필요하다고 인정되면 사업주관자에게 관련 자료를 제출하도록 요청할 수 있다.

③ 제1항에 따른 에너지사용계획의 검토 기준, 검토방법, 그 밖에 필요한 사항은 산업통상자원부령으로 정한다.

## 제12조(에너지사용계획의 사후관리)

① 산업통상자원부장관은 사업주관자가 에너지사용계획 또는 제11조 제1항에 따라 요청받거나 권고받은 조치를 이행하는지를 점검하거나 실태를 파악할 수 있다.

② 제1항에 따른 점검이나 실태파악의 방법과 그 밖에 필요한 사항은 대통령령으로 정한다.

## 제13조(에너지이용합리화를 위한 홍보)

정부는 에너지이용합리화를 위하여 정부의 에너지정책, 기본계획 및 에너지의 효율적 사용방법 등에 관한 홍보방안을 강구하여야 한다.

## 제14조(금융·세제상의 지원)

① 정부는 에너지이용을 합리화하고 이를 통하여 온실가스의 배출을 줄이기 위하여 대통령령으로 정하는 에너지절약형 시설투자, 에너지절약형 기자재의 제조·설치·시공, 그 밖에 에너지이용 합리화와 이를 통한 온실가스배출의 감축에 관한 사업과 우수한 에너지절약 활동 및 성과에 대하여 금융상·세제상의 지원, 경제적 인센티브 제공 또는 보조금의 지급, 그 밖에 필요한 지원을 할 수 있다.

② 정부는 제1항에 따른 지원을 하는 경우 「중소기업기본법」 제2조에 따른 중소기업에 대하여 우선하여 지원할 수 있다.

## 제1절 에너지사용기자재 및 에너지 관련 기자재 관련 시책

### 제15조(효율관리기자재의 지정 등)

① 산업통상자원부장관은 에너지이용합리화를 위하여 필요하다고 인정하는 경우에는 일반적으로 널리 보급되어 있는 에너지사용기자재(상당량의 에너지를 소비하는 기자재에 한정한다) 또는 에너지 관련 기자재(에너지를 사용하지 아니하나 그 구조 및 재질에 따라 열손실 방지 등으로 에너지절감에 기여하는 기자재를 말한다. 이하 같다)로서 산업통상자원부령으로 정하는 기자재(이하 "효율관리기자재"라 한다)에 대하여 다음 각 호의 사항을 정하여 고시하여야 한다. 다만 에너지 관련 기자재 중 「건축법」 제2조 제1항의 건축물에 고정되어 설치·이용되는 기자재 및 「자동차관리법」 제29조 제2항에 따른 자동차부품을 효율관리기자재로 정하려는 경우에는 국토교통부장관과 협의한 후 다음 각 호의 사항을 공동으로 정하여 고시하여야 한다.
  1. 에너지의 목표소비효율 또는 목표사용량의 기준
  2. 에너지의 최저소비효율 또는 최대사용량의 기준
  3. 에너지의 소비효율 또는 사용량의 표시
  4. 에너지의 소비효율 등급 기준 및 등급표시
  5. 에너지의 소비효율 또는 사용량의 측정방법
  6. 그 밖에 효율관리기자재의 관리에 필요한 사항으로서 산업통상자원부령으로 정하는 사항

② 효율관리기자재의 제조업자 또는 수입업자는 산업통상자원부장관이 지정하는 시험기관(이하 "효율관리시험기관"이라 한다)에서 해당 효율관리기자재의 에너지 사용량을 측정받아 에너지소비효율등급 또는 에너지소비효율을 해당 효율관리기자재에 표시하여야 한다. 다만 산업통상자원부장관이 정하여 고시하는 시험설비 및 전문인력을 모두 갖춘 제조업자 또는 수입업자로서 산업통상자원부령으로 정하는 바에 따라 산업통상자원부장관의 승인을 받은 자는 자체측정으로 효율관리시험기관의 측정을 대체할 수 있다.

③ 효율관리기자재의 제조업자 또는 수입업자는 제2항에 따른 측정결과를 산업통상자원부령으로 정하는 바에 따라 산업통상자원부장관에게 신고하여야 한다.

④ 효율관리기자재의 제조업자·수입업자 또는 판매업자가 산업통상자원부령으로 정하는 광고매체를 이용하여 효율관리기자재의 광고를 하는 경우에는 그 광고내용에 제2항에 따른 에너지소비효율등급 또는 에너지소비효율을 포함하여야 한다.

⑤ 효율관리시험기관은 「국가표준기본법」 제23조에 따라 시험·검사기관으로 인정받은 기관으로서 다음 각 호의 어느 하나에 해당하는 기관이어야 한다.
  1. 국가가 설립한 시험·연구기관
  2. 「특정연구기관 육성법」 제2조에 따른 특정연구기관
  3. 제1호 및 제2호의 연구기관과 동등 이상의 시험능력이 있다고 산업통상자원부장관이 인정하는 기관

## 제16조(효율관리기자재의 사후관리)

① 산업통상자원부장관은 효율관리기자재가 제15조 제1항 제1호·제3호 또는 제4호에 따라 고시한 내용에 적합하지 아니하면 그 효율관리기자재의 제조업자·수입업자 또는 판매업자에게 일정한 기간을 정하여 그 시정을 명할 수 있다.

② 산업통상자원부장관은 효율관리기자재가 제15조 제1항 제2호에 따라 고시한 최저소비효율 기준에 미달하거나 최대사용량 기준을 초과하는 경우에는 해당 효율관리기자재의 제조업자·수입업자 또는 판매업자에게 그 생산이나 판매의 금지를 명할 수 있다.

③ 산업통상자원부장관은 효율관리기자재가 제15조 제1항 제1호부터 제4호까지의 규정에 따라 고시한 내용에 적합하지 아니한 경우에는 그 사실을 공표할 수 있다.

④ 산업통상자원부장관은 제1항부터 제3항까지의 규정에 따른 처분을 하기 위하여 필요한 경우에는 산업통상자원부령으로 정하는 바에 따라 시중에 유통되는 효율관리기자재가 제15조 제1항에 따라 고시된 내용에 적합한지를 조사할 수 있다.

## 제17조(평균에너지소비효율제도)

① 산업통상자원부장관은 각 효율관리기자재의 에너지소비효율 합계를 그 기자재의 총수로 나누어 산출한 평균에너지소비효율에 대하여 총량적인 에너지효율의 개선이 특히 필요하다고 인정되는 기자재로서 「자동차관리법」 제3조 제1항에 따른 승용자동차 등 산업통상자원부령으로 정하는 기자재(이하 이 조에서 "평균효율관리기자재"라 한다)를 제조하거나 수입하여 판매하는 자가 지켜야 할 평균에너지소비효율을 관계 행정기관의 장과 협의하여 고시하여야 한다.

② 산업통상자원부장관은 제1항에 따라 고시한 평균에너지소비효율(이하 "평균에너지소비효율 기준"이라 한다)에 미달하는 평균효율관리기자재를 제조하거나 수입하여 판매하는 자에게 일정한 기간을 정하여 평균에너지소비효율의 개선을 명할 수 있다. 다만 「자동차관리법」 제3조 제1항에 따른 승용자동차 등 산업통상자원부령으로 정하는 자동차에 대해서는 그러하지 아니하다.

③ 산업통상자원부장관은 제2항에 따른 개선명령을 이행하지 아니하는 자에 대하여는 그 내용을 공표할 수 있다.

④ 평균효율관리기자재를 제조하거나 수입하여 판매하는 자는 에너지소비효율 산정에 필요하다고 인정되는 판매에 관한 자료와 효율측정에 관한 자료를 산업통상자원부장관에게 제출하여야 한다. 다만 자동차 평균에너지소비효율 산정에 필요한 판매에 관한 자료에 대해서는 환경부장관이 산업통상자원부장관에게 제공하는 경우에는 그러하지 아니하다.

⑤ 평균에너지소비효율의 산정방법, 개선기간, 개선명령의 이행절차 및 공표방법 등 필요한 사항은 산업통상자원부령으로 정한다.

### 제17조의2(과징금 부과)

① 환경부장관은 「자동차관리법」 제3조 제1항에 따른 승용자동차 등 산업통상자원부령으로 정하는 자동차에 대하여 「저탄소 녹색성장 기본법」 제47조 제2항에 따라 자동차 평균에너지소비효율 기준을 택하여 준수하기로 한 자동차 제조업자·수입업자가 평균에너지소비효율 기준을 달성하지 못한 경우 그 정도에 따라 대통령령으로 정하는 매출액에 100분의 1을 곱한 금액을 초과하지 아니하는 범위에서 과징금을 부과할 수 있다. 다만 「대기환경보전법」 제76조의5 제2항에 따라 자동차 제조업자·수입업자가 미달 성분을 상환하는 경우에는 그러하지 아니하다.
② 자동차 평균에너지소비효율 기준의 적용·관리에 관한 사항은 「대기환경보전법」 제76조의5에 따른다.
③ 제1항에 따른 과징금의 산정방법·금액, 징수시기, 그 밖에 필요한 사항은 대통령령으로 정한다. 이 경우 과징금의 금액은 「대기환경보전법」 제76조의2에 따른 자동차 온실가스 배출허용 기준을 준수하지 못하여 부과하는 과징금 금액과 동일한 수준이 될 수 있도록 정한다.
④ 환경부장관은 제1항에 따라 과징금 부과처분을 받은 자가 납부기한까지 과징금을 내지 아니하면 국세 체납처분의 예에 따라 징수한다.
⑤ 제1항에 따라 징수한 과징금은 「환경정책기본법」에 따른 환경개선특별회계의 세입으로 한다.

### 제17조의2(과징금 부과)

① 환경부장관은 「자동차관리법」 제3조 제1항에 따른 승용자동차 등 산업통상자원부령으로 정하는 자동차에 대하여 「기후위기 대응을 위한 탄소중립·녹색성장 기본법」 제32조 제2항에 따라 자동차 평균에너지소비효율 기준을 택하여 준수하기로 한 자동차 제조업자·수입업자가 평균에너지소비효율 기준을 달성하지 못한 경우 그 정도에 따라 대통령령으로 정하는 매출액에 100분의 1을 곱한 금액을 초과하지 아니하는 범위에서 과징금을 부과할 수 있다. 다만 「대기환경보전법」 제76조의5 제2항에 따라 자동차 제조업자·수입업자가 미달 성분을 상환하는 경우에는 그러하지 아니하다.
② 자동차 평균에너지소비효율 기준의 적용·관리에 관한 사항은 「대기환경보전법」 제76조의5에 따른다.
③ 제1항에 따른 과징금의 산정방법·금액, 징수시기, 그 밖에 필요한 사항은 대통령령으로 정한다. 이 경우 과징금의 금액은 「대기환경보전법」 제76조의2에 따른 자동차 온실가스 배출허용 기준을 준수하지 못하여 부과하는 과징금 금액과 동일한 수준이 될 수 있도록 정한다.
④ 환경부장관은 제1항에 따라 과징금 부과처분을 받은 자가 납부기한까지 과징금을 내지 아니하면 국세 체납처분의 예에 따라 징수한다.
⑤ 제1항에 따라 징수한 과징금은 「환경정책기본법」에 따른 환경개선특별회계의 세입으로 한다.

## 제18조(대기전력저감대상제품의 지정)

산업통상자원부장관은 외부의 전원과 연결만 되어 있고, 주 기능을 수행하지 아니하거나 외부로부터 켜짐 신호를 기다리는 상태에서 소비되는 전력(이하 "대기전력"이라 한다)의 저감(低減)이 필요하다고 인정되는 에너지사용기자재로서 산업통상자원부령으로 정하는 제품(이하 "대기전력저감대상제품"이라 한다)에 대하여 다음 각 호의 사항을 정하여 고시하여야 한다.

1. 대기전력저감대상제품의 각 제품별 적용범위
2. 대기전력저감 기준
3. 대기전력의 측정방법
4. 대기전력 저감성이 우수한 대기전력저감대상제품(이하 "대기전력저감우수제품"이라 한다)의 표시
5. 그 밖에 대기전력저감대상제품의 관리에 필요한 사항으로서 산업통상자원부령으로 정하는 사항

## 제19조(대기전력경고표지대상제품의 지정 등)

① 산업통상자원부장관은 대기전력저감대상제품 중 대기전력 저감을 통한 에너지이용의 효율을 높이기 위하여 제18조 제2호의 대기전력저감 기준에 적합할 것이 특히 요구되는 제품으로서 산업통상자원부령으로 정하는 제품(이하 "대기전력경고표지대상제품"이라 한다)에 대하여 다음 각 호의 사항을 정하여 고시하여야 한다.
  1. 대기전력경고표지대상제품의 각 제품별 적용범위
  2. 대기전력경고표지대상제품의 경고 표시
  3. 그 밖에 대기전력경고표지대상제품의 관리에 필요한 사항으로서 산업통상자원부령으로 정하는 사항

② 대기전력경고표지대상제품의 제조업자 또는 수입업자는 대기전력경고표지대상제품에 대하여 산업통상자원부장관이 지정하는 시험기관(이하 "대기전력시험기관"이라 한다)의 측정을 받아야 한다. 다만 산업통상자원부장관이 정하여 고시하는 시험설비 및 전문인력을 모두 갖춘 제조업자 또는 수입업자로서 산업통상자원부령으로 정하는 바에 따라 산업통상자원부장관의 승인을 받은 자는 자체측정으로 대기전력시험기관의 측정을 대체할 수 있다.

③ 대기전력경고표지대상제품의 제조업자 또는 수입업자는 제2항에 따른 측정 결과를 산업통상자원부령으로 정하는 바에 따라 산업통상자원부장관에게 신고하여야 한다.

④ 대기전력경고표지대상제품의 제조업자 또는 수입업자는 제2항에 따른 측정 결과, 해당 제품이 제18조 제2호의 대기전력저감 기준에 미달하는 경우에는 그 제품에 대기전력경고표지를 하여야 한다.

⑤ 제2항의 대기전력시험기관으로 지정받으려는 자는 다음 각 호의 요건을 모두 갖추어 산업통상자원부령으로 정하는 바에 따라 산업통상자원부장관에게 지정 신청을 하여야 한다.
   1. 다음 각 목의 어느 하나에 해당할 것
      가. 국가가 설립한 시험·연구기관
      나. 「특정연구기관 육성법」 제2조에 따른 특정연구기관
      다. 「국가표준기본법」 제23조에 따라 시험·검사기관으로 인정받은 기관
      라. 가목 및 나목의 연구기관과 동등 이상의 시험능력이 있다고 산업통상자원부장관이 인정하는 기관
   2. 산업통상자원부장관이 대기전력저감대상제품별로 정하여 고시하는 시험설비 및 전문인력을 갖출 것

## 제20조(대기전력저감우수제품의 표시 등)

① 대기전력저감대상제품의 제조업자 또는 수입업자가 해당 제품에 대기전력저감우수제품의 표시를 하려면 대기전력시험기관의 측정을 받아 해당 제품이 제18조 제2호의 대기전력저감 기준에 적합하다는 판정을 받아야 한다. 다만 제19조 제2항 단서에 따라 산업통상자원부장관의 승인을 받은 자는 자체측정으로 대기전력시험기관의 측정을 대체할 수 있다.

② 제1항에 따른 적합 판정을 받아 대기전력저감우수제품의 표시를 하는 제조업자 또는 수입업자는 제1항에 따른 측정 결과를 산업통상자원부령으로 정하는 바에 따라 산업통상자원부장관에게 신고하여야 한다.

③ 산업통상자원부장관은 대기전력저감우수제품의 보급을 촉진하기 위하여 필요하다고 인정되는 경우에는 제8조 제1항 각 호에 따른 자에 대하여 대기전력저감우수제품을 우선적으로 구매하게 하거나, 공장·사업장 및 집단주택단지 등에 대하여 대기전력저감우수제품의 설치 또는 사용을 장려할 수 있다.

## 제21조(대기전력저감대상제품의 사후관리)

① 산업통상자원부장관은 대기전력저감우수제품이 제18조 제2호의 대기전력저감 기준에 미달하는 경우 산업통상자원부령으로 정하는 바에 따라 대기전력저감대상제품의 제조업자 또는 수입업자에게 일정한 기간을 정하여 그 시정을 명할 수 있다.

② 산업통상자원부장관은 대기전력저감대상제품의 제조업자 또는 수입업자가 제1항에 따른 시정명령을 이행하지 아니하는 경우에는 그 사실을 공표할 수 있다.

### 제22조(고효율에너지기자재의 인증 등)

① 산업통상자원부장관은 에너지이용의 효율성이 높아 보급을 촉진할 필요가 있는 에너지사용기자재 또는 에너지 관련 기자재로서 산업통상자원부령으로 정하는 기자재(이하 "고효율에너지인증대상기자재"라 한다)에 대하여 다음 각 호의 사항을 정하여 고시하여야 한다. 다만 에너지 관련 기자재 중 「건축법」 제2조 제1항의 건축물에 고정되어 설치·이용되는 기자재 및 「자동차관리법」 제29조 제2항에 따른 자동차부품을 고효율에너지인증대상기자재로 정하려는 경우에는 국토교통부장관과 협의한 후 다음 각 호의 사항을 공동으로 정하여 고시하여야 한다.

1. 고효율에너지인증대상기자재의 각 기자재별 적용범위
2. 고효율에너지인증대상기자재의 인증 기준·방법 및 절차
3. 고효율에너지인증대상기자재의 성능 측정방법
4. 에너지이용의 효율성이 우수한 고효율에너지인증대상기자재(이하 "고효율에너지기자재"라 한다)의 인증 표시
5. 그 밖에 고효율에너지인증대상기자재의 관리에 필요한 사항으로서 산업통상자원부령으로 정하는 사항

② 고효율에너지인증대상기자재의 제조업자 또는 수입업자가 해당 기자재에 고효율에너지기자재의 인증 표시를 하려면 해당 에너지사용기자재 또는 에너지 관련 기자재가 제1항 제2호에 따른 인증 기준에 적합한지 여부에 대하여 산업통상자원부장관이 지정하는 시험기관(이하 "고효율시험기관"이라 한다)의 측정을 받아 산업통상자원부장관으로부터 인증을 받아야 한다.

③ 제2항에 따라 고효율에너지기자재의 인증을 받으려는 자는 산업통상자원부령으로 정하는 바에 따라 산업통상자원부장관에게 인증을 신청하여야 한다.

④ 산업통상자원부장관은 제3항에 따라 신청된 고효율에너지인증대상기자재가 제1항 제2호에 따른 인증 기준에 적합한 경우에는 인증을 하여야 한다.

⑤ 제4항에 따라 인증을 받은 자가 아닌 자는 해당 고효율에너지인증대상기자재에 고효율에너지기자재의 인증 표시를 할 수 없다.

⑥ 산업통상자원부장관은 고효율에너지기자재의 보급을 촉진하기 위하여 필요하다고 인정하는 경우에는 제8조 제1항 각 호에 따른 자에 대하여 고효율에너지기자재를 우선적으로 구매하게 하거나, 공장·사업장 및 집단주택단지 등에 대하여 고효율에너지기자재의 설치 또는 사용을 장려할 수 있다.

⑦ 제2항의 고효율시험기관으로 지정받으려는 자는 다음 각 호의 요건을 모두 갖추어 산업통상자원부령으로 정하는 바에 따라 산업통상자원부장관에게 지정 신청을 하여야 한다.
1. 다음 각 목의 어느 하나에 해당할 것
  가. 국가가 설립한 시험·연구기관
  나.「특정연구기관육성법」제2조에 따른 특정연구기관
  다.「국가표준기본법」제23조에 따라 시험·검사기관으로 인정받은 기관
  라. 가목 및 나목의 연구기관과 동등 이상의 시험능력이 있다고 산업통상자원부장관이 인정하는 기관
2. 산업통상자원부장관이 고효율에너지인증대상기자재별로 정하여 고시하는 시험설비 및 전문인력을 갖출 것
⑧ 산업통상자원부장관은 고효율에너지인증대상기자재 중 기술 수준 및 보급 정도 등을 고려하여 고효율에너지인증대상기자재로 유지할 필요성이 없다고 인정하는 기자재를 산업통상자원부령으로 정하는 기준과 절차에 따라 고효율에너지인증대상기자재에서 제외할 수 있다.

## 제23조(고효율에너지기자재의 사후관리)

① 산업통상자원부장관은 고효율에너지기자재가 제1호에 해당하는 경우에는 인증을 취소하여야 하고, 제2호에 해당하는 경우에는 인증을 취소하거나 6개월 이내의 기간을 정하여 인증을 사용하지 못하도록 명할 수 있다.
1. 거짓이나 그 밖의 부정한 방법으로 인증을 받은 경우
2. 고효율에너지기자재가 제22조 제1항 제2호에 따른 인증 기준에 미달하는 경우
② 산업통상자원부장관은 제1항에 따라 인증이 취소된 고효율에너지기자재에 대하여 그 인증이 취소된 날부터 1년의 범위에서 산업통상자원부령으로 정하는 기간 동안 인증을 하지 아니할 수 있다.

## 제24조(시험기관의 지정취소 등)

① 산업통상자원부장관은 효율관리시험기관, 대기전력시험기관 및 고효율시험기관이 다음 각 호의 어느 하나에 해당하는 경우에는 그 지정을 취소하거나 6개월 이내의 기간을 정하여 시험업무의 정지를 명할 수 있다. 다만 제1호 또는 제2호에 해당하면 그 지정을 취소하여야 한다.
1. 거짓이나 그 밖의 부정한 방법으로 지정을 받은 경우
2. 업무정지 기간 중에 시험업무를 행한 경우
3. 정당한 사유 없이 시험을 거부하거나 지연하는 경우
4. 산업통상자원부장관이 정하여 고시하는 측정방법을 위반하여 시험한 경우
5. 제15조 제5항, 제19조 제5항 또는 제22조 제7항에 따른 시험기관의 지정 기준에 적합하지 아니하게 된 경우

② 산업통상자원부장관은 제15조 제2항 단서, 제19조 제2항 단서에 따라 자체측정의 승인을 받은 자가 제1호 또는 제2호에 해당하면 그 승인을 취소하여야 하고, 제3호 또는 제4호에 해당하면 그 승인을 취소하거나 6개월 이내의 기간을 정하여 자체측정업무의 정지를 명할 수 있다.
   1. 거짓이나 그 밖의 부정한 방법으로 승인을 받은 경우
   2. 업무정지 기간 중에 자체측정업무를 행한 경우
   3. 산업통상자원부장관이 정하여 고시하는 측정방법을 위반하여 측정한 경우
   4. 산업통상자원부장관이 정하여 고시하는 시험설비 및 전문인력 기준에 적합하지 아니하게 된 경우

## 제2절 산업 및 건물 관련 시책

### 제25조(에너지절약전문기업의 지원)

① 정부는 제3자로부터 위탁을 받아 다음 각 호의 어느 하나에 해당하는 사업을 하는 자로서 산업통상자원부장관에게 등록을 한 자(이하 "에너지절약전문기업"이라 한다)가 에너지절약사업과 이를 통한 온실가스의 배출을 줄이는 사업을 하는 데에 필요한 지원을 할 수 있다.
   1. 에너지사용시설의 에너지절약을 위한 관리·용역사업
   2. 제14조 제1항에 따른 에너지절약형 시설투자에 관한 사업
   3. 그 밖에 대통령령으로 정하는 에너지절약을 위한 사업
② 에너지절약전문기업으로 등록하려는 자는 대통령령으로 정하는 바에 따라 장비, 자산 및 기술인력 등의 등록 기준을 갖추어 산업통상자원부장관에게 등록을 신청하여야 한다.

### 제26조(에너지절약전문기업의 등록취소 등)

산업통상자원부장관은 에너지절약전문기업이 다음 각 호의 어느 하나에 해당하면 그 등록을 취소하거나 이 법에 따른 지원을 중단할 수 있다. 다만 제1호에 해당하는 경우에는 그 등록을 취소하여야 한다.

1. 거짓이나 그 밖의 부정한 방법으로 제25조 제1항에 따른 등록을 한 경우
2. 거짓이나 그 밖의 부정한 방법으로 제14조 제1항에 따른 지원을 받거나 지원받은 자금을 다른 용도로 사용한 경우
3. 에너지절약전문기업으로 등록한 업체가 그 등록의 취소를 신청한 경우
4. 타인에게 자기의 성명이나 상호를 사용하여 제25조 제1항 각 호의 어느 하나에 해당하는 사업을 수행하게 하거나 산업통상자원부장관이 에너지절약전문기업에 내준 등록증을 대여한 경우
5. 제25조 제2항에 따른 등록 기준에 미달하게 된 경우
6. 제66조 제1항에 따른 보고를 하지 아니하거나 거짓으로 보고한 경우 또는 같은 항에 따른 검사를 거부·방해 또는 기피한 경우

7. 정당한 사유 없이 등록한 후 3년 이내에 사업을 시작하지 아니하거나 3년 이상 계속하여 사업수행실적이 없는 경우

## 제27조(에너지절약전문기업의 등록제한)
제26조에 따라 등록이 취소된 에너지절약전문기업은 등록취소일부터 2년이 지나지 아니하면 제25조 제2항에 따른 등록을 할 수 없다.  〔암〕 등취2배

## 제27조의2(에너지절약전문기업의 공제조합 가입 등)
① 에너지절약전문기업은 에너지절약사업과 이를 통한 온실가스의 배출을 줄이는 사업을 원활히 수행하기 위하여 「엔지니어링산업 진흥법」 제34조에 따른 공제조합의 조합원으로 가입할 수 있다.
② 제1항에 따른 공제조합은 다음 각 호의 사업을 실시할 수 있다.
   1. 에너지절약사업에 따른 의무이행에 필요한 이행보증
   2. 에너지절약사업을 위한 채무 보증 및 융자
   3. 에너지절약사업 수출을 위한 주거래은행 설정에 관한 보증
   4. 에너지절약사업으로 인한 매출채권의 팩토링
   5. 에너지절약사업의 대가로 받은 어음의 할인
   6. 조합원 및 조합원에 고용된 자의 복지 향상을 위한 공제사업
   7. 조합원 출자금의 효율적 운영을 위한 투자사업
③ 제2항 제6호의 공제사업을 위한 공제규정, 공제규정으로 정할 내용 등에 관한 사항은 대통령령으로 정한다.

## 제28조(자발적 협약체결기업의 지원 등)
① 정부는 에너지사용자 또는 에너지공급자로서 에너지의 절약과 합리적인 이용을 통한 온실가스의 배출을 줄이기 위한 목표와 그 이행방법 등에 관한 계획을 자발적으로 수립하여 이를 이행하기로 정부나 지방자치단체와 약속(이하 "자발적 협약"이라 한다)한 자가 에너지절약형 시설이나 그 밖에 대통령령으로 정하는 시설 등에 투자하는 경우에는 그에 필요한 지원을 할 수 있다.
② 자발적 협약의 목표, 이행방법의 기준과 평가에 관하여 필요한 사항은 환경부장관과 협의하여 산업통상자원부령으로 정한다.

## 제28조의2(에너지경영 시스템의 지원 등)
① 산업통상자원부장관은 에너지사용자 또는 에너지공급자에게 에너지효율 향상을 위한 전사적(全社的) 에너지경영 시스템의 도입을 권장하여야 하며, 이를 도입하는 자에게 필요한 지원을 할 수 있다.
② 제1항에 따른 에너지경영 시스템의 권장 대상, 지원 기준·방법 등에 관하여 필요한 사항은 산업통상자원부령으로 정한다.

## 제28조의3(에너지관리 시스템의 지원 등)

① 산업통상자원부장관은 에너지관리 시스템의 보급 활성화를 위하여 에너지사용자에게 에너지관리 시스템의 도입을 권장할 수 있으며, 이를 도입하는 자에게 필요한 지원을 할 수 있다.

② 제1항에 따른 에너지관리 시스템의 권장 대상, 지원 기준·방법 등에 필요한 사항은 산업통상자원부령으로 정한다.

## 제29조(온실가스배출 감축실적의 등록·관리)

① 정부는 에너지절약전문기업, 자발적 협약체결기업 등이 에너지이용합리화를 통한 온실가스배출 감축실적의 등록을 신청하는 경우 그 감축실적을 등록·관리하여야 한다.

② 제1항에 따른 신청, 등록·관리 등에 관하여 필요한 사항은 대통령령으로 정한다.

## 제30조(온실가스의 배출을 줄이기 위한 교육훈련 및 인력양성 등)

① 정부는 온실가스의 배출을 줄이기 위하여 필요하다고 인정하면 산업계종사자 등 온실가스배출 감축 관련 업무담당자에 대하여 교육훈련을 실시할 수 있다.

② 정부는 온실가스 배출을 줄이는 데에 필요한 전문인력을 양성하기 위하여 「고등교육법」 제29조에 따른 대학원 및 같은 법 제30조에 따른 대학원대학 중에서 대통령령으로 정하는 기준에 해당하는 대학원이나 대학원대학을 기후 변화협약특성화대학원으로 지정할 수 있다.

③ 정부는 제2항에 따라 지정된 기후 변화협약특성화대학원의 운영에 필요한 지원을 할 수 있다.

④ 제1항에 따른 교육훈련대상자와 교육훈련 내용, 제2항에 따른 기후 변화협약특성화대학원 지정 절차 및 제3항에 따른 지원내용 등에 필요한 사항은 대통령령으로 정한다.

## 제31조(에너지다소비사업자의 신고 등)

① 에너지사용량이 대통령령으로 정하는 기준량 이상인 자(이하 "에너지다소비사업자"라 한다)는 다음 각 호의 사항을 산업통상자원부령으로 정하는 바에 따라 매년 <u>1</u>월 <u>31</u>일까지 그 에너지사용시설이 있는 지역을 관할하는 시·도지사에게 신고하여야 한다. 　암 다소일삼

　1. 전년도의 분기별 에너지사용량·제품생산량

　2. 해당 연도의 분기별 에너지사용예정량·제품생산예정량

　3. 에너지사용기자재의 현황

　4. 전년도의 분기별 에너지이용합리화 실적 및 해당 연도의 분기별 계획

　5. 제1호부터 제4호까지의 사항에 관한 업무를 담당하는 자(이하 "에너지관리자"라 한다)의 현황

② 시·도지사는 제1항에 따른 신고를 받으면 이를 매년 2월 말일까지 산업통상자원부장관에게 보고하여야 한다.

③ 산업통상자원부장관 및 시·도지사는 에너지다소비사업자가 신고한 제1항 각 호의 사항을 확인하기 위하여 필요한 경우 다음 각 호의 어느 하나에 해당하는 자에 대하여 에너지다소비사업자에게 공급한 에너지의 공급량 자료를 제출하도록 요구할 수 있다.
  1. 「한국전력공사법」에 따른 한국전력공사
  2. 「한국가스공사법」에 따른 한국가스공사
  3. 「도시가스사업법」 제2조 제2호에 따른 도시가스사업자
  4. 「집단에너지사업법」 제2조 제3호에 따른 사업자 및 같은 법 제29조에 따른 한국지역난방공사
  5. 그 밖에 대통령령으로 정하는 에너지공급기관 또는 관리기관  　암　한가집도전

### 제32조(에너지진단 등)

① 산업통상자원부장관은 관계 행정기관의 장과 협의하여 에너지다소비사업자가 에너지를 효율적으로 관리하기 위하여 필요한 기준(이하 "에너지관리 기준"이라 한다)을 부문별로 정하여 고시하여야 한다.

② 에너지다소비사업자는 산업통상자원부장관이 지정하는 에너지진단전문기관(이하 "진단기관"이라 한다)으로부터 3년 이상의 범위에서 대통령령으로 정하는 기간마다 그 사업장에 대하여 에너지진단을 받아야 한다. 다만 물리적 또는 기술적으로 에너지진단을 실시할 수 없거나 에너지진단의 효과가 적은 아파트·발전소 등 산업통상자원부령으로 정하는 범위에 해당하는 사업장은 그러하지 아니하다.

③ 산업통상자원부장관은 대통령령으로 정하는 바에 따라 에너지진단업무에 관한 자료제출을 요구하는 등 진단기관을 관리·감독한다.

④ 산업통상자원부장관은 자체에너지절감실적이 우수하다고 인정되는 에너지다소비사업자에 대하여는 산업통상자원부령으로 정하는 바에 따라 에너지진단을 면제하거나 에너지진단주기를 연장할 수 있다.

⑤ 산업통상자원부장관은 에너지진단 결과 에너지다소비사업자가 에너지관리 기준을 지키고 있지 아니한 경우에는 에너지관리 기준의 이행을 위한 지도(이하 "에너지관리지도"라 한다)를 할 수 있다.

⑥ 산업통상자원부장관은 에너지다소비사업자가 에너지진단을 받기 위하여 드는 비용의 전부 또는 일부를 지원할 수 있다. 이 경우 지원 대상·규모 및 절차는 대통령령으로 정한다.

⑦ 산업통상자원부장관은 진단기관에 대하여 평가하고 그 결과를 공개할 수 있다. 이 경우 평가의 기준·방법 및 결과의 공개에 필요한 사항은 산업통상자원부령으로 정한다.

⑧ 진단기관의 지정 기준은 대통령령으로 정하고, 진단기관의 지정절차와 그 밖에 필요한 사항은 산업통상자원부령으로 정한다.

⑨ 에너지진단의 범위와 방법, 그 밖에 필요한 사항은 산업통상자원부장관이 정하여 고시한다.

## 제33조(진단기관의 지정취소 등)

산업통상자원부장관은 진단기관의 지정을 받은 자가 다음 각 호의 어느 하나에 해당하면 그 지정을 취소하거나 2년 이내의 기간을 정하여 그 업무의 정지를 명할 수 있다. 다만 제1호에 해당하는 경우에는 그 지정을 취소하여야 한다.

1. 거짓이나 그 밖의 부정한 방법으로 지정을 받은 경우
2. 에너지관리 기준에 비추어 현저히 부적절하게 에너지진단을 하는 경우
3. 제32조 제7항에 따른 평가 결과 진단기관으로서 적절하지 아니하다고 판단되는 경우
4. 제32조 제7항에 따른 지정 기준에 적합하지 아니하게 된 경우
5. 제66조 제1항에 따른 보고를 하지 아니하거나 거짓으로 보고한 경우 또는 같은 항에 따른 검사를 거부·방해 또는 기피한 경우
6. 정당한 사유 없이 3년 이상 계속하여 에너지진단업무 실적이 없는 경우

## 제34조(개선명령)

① 산업통상자원부장관은 에너지관리지도 결과, 에너지가 손실되는 요인을 줄이기 위하여 필요하다고 인정하면 에너지다소비사업자에게 에너지손실요인의 개선을 명할 수 있다.
② 제1항에 따른 개선명령의 요건 및 절차는 대통령령으로 정한다.

## 제35조(목표에너지원단위의 설정 등)

① 산업통상자원부장관은 에너지의 이용효율을 높이기 위하여 필요하다고 인정하면 관계 행정기관의 장과 협의하여 에너지를 사용하여 만드는 제품의 단위당 에너지사용목표량 또는 건축물의 단위면적당 에너지사용목표량(이하 "목표에너지원단위"라 한다)을 정하여 고시하여야 한다.
② 산업통상자원부장관은 산업통상자원부령으로 정하는 바에 따라 목표에너지원단위의 달성에 필요한 자금을 융자할 수 있다.

## 제35조의2(붙박이에너지사용기자재의 효율관리)

① 산업통상자원부장관은 건설사업자(「주택법」제4조에 따라 등록한 주택건설사업자 또는 「건축법」제2조에 따른 건축주 및 공사시공자를 말한다. 이하 같다)가 설치하여 입주자에게 공급하는 붙박이 가전제품(건축물의 난방, 냉방, 급탕, 조명, 환기를 위한 제품은 제외한다)으로서 국토교통부장관과 협의하여 산업통상자원부령으로 정하는 에너지사용기자재(이하 "붙박이에너지사용기자재"라 한다)의 에너지이용 효율을 높이기 위하여 다음 각 호의 사항을 정하여 고시하여야 한다.
 1. 에너지의 최저소비효율 또는 최대사용량의 기준
 2. 에너지의 소비효율등급 또는 대기전력 기준

3. 그 밖에 붙박이에너지사용기자재의 관리에 필요한 사항으로서 산업통상자원부령으로 정하는 사항

② 산업통상자원부장관은 건설사업자에게 제1항에 따라 고시된 사항을 준수하도록 권고할 수 있다.

③ 산업통상자원부장관은 붙박이에너지사용기자재를 설치한 건설사업자에 대하여 국토교통부장관과 협의하여 산업통상자원부령으로 정하는 바에 따라 제2항에 따른 권고의 이행 여부를 조사할 수 있다.

## 제36조(폐열의 이용)

① 에너지사용자는 사업장 안에서 발생하는 폐열을 이용하기 위하여 노력하여야 하며, 사업장 안에서 이용하지 아니하는 폐열을 타인이 사업장 밖에서 이용하기 위하여 공급받으려는 경우에는 이에 적극 협조하여야 한다.

② 산업통상자원부장관은 폐열의 이용을 촉진하기 위하여 필요하다고 인정하면 폐열을 발생시키는 에너지사용자에게 폐열의 공동이용 또는 타인에 대한 공급 등을 권고할 수 있다. 다만 폐열의 공동이용 또는 타인에 대한 공급 등에 관하여 당사자 간에 협의가 이루어지지 아니하거나 협의를 할 수 없는 경우에는 조정을 할 수 있다.

③ 「집단에너지사업법」에 따른 사업자는 같은 법 제5조에 따라 집단에너지공급대상지역으로 지정된 지역에 소각시설이나 산업시설에서 발생되는 폐열을 활용하기 위하여 적극 노력하여야 한다.

## 제36조의2(냉난방온도제한건물의 지정 등)

① 산업통상자원부장관은 에너지의 절약 및 합리적인 이용을 위하여 필요하다고 인정하면 냉난방온도의 제한온도 및 제한기간을 정하여 다음 각 호의 건물 중에서 냉난방온도를 제한하는 건물을 지정할 수 있다.
  1. 제8조 제1항 각 호에 해당하는 자가 업무용으로 사용하는 건물
  2. 에너지다소비사업자의 에너지사용시설 중 에너지사용량이 대통령령으로 정하는 기준량 이상인 건물

② 산업통상자원부장관은 제1항에 따라 냉난방온도의 제한온도 및 제한기간을 정하여 냉난방온도를 제한하는 건물을 지정한 때에는 다음 각 호의 구분에 따라 통지하고 이를 고시하여야 한다.
  1. 제1항 제1호의 건물 : 관리기관(관리기관이 따로 없는 경우에는 그 기관의 장을 말한다. 이하 같다)에 통지
  2. 제1항 제2호의 건물 : 에너지다소비사업자에게 통지

③ 제1항 및 제2항에 따라 냉난방온도를 제한하는 건물로 지정된 건물(이하 "냉난방온도제한건물"이라 한다)의 관리기관 또는 에너지다소비사업자는 해당 건물의 냉난방온도를 제한온도에 적합하도록 유지·관리하여야 한다.

④ 산업통상자원부장관은 냉난방온도제한건물의 관리기관 또는 에너지다소비사업자가 해당 건물의 냉난방온도를 제한온도에 적합하게 유지·관리하는지 여부를 점검하거나 실태를 파악할 수 있다.

⑤ 제1항에 따른 냉난방온도의 제한온도를 정하는 기준 및 냉난방온도제한건물의 지정 기준, 제4항에 따른 점검방법 등에 필요한 사항은 산업통상자원부령으로 정한다.

### 제36조의3(건물의 냉난방온도 유지·관리를 위한 조치)

산업통상자원부장관은 냉난방온도제한건물의 관리기관 또는 에너지다소비사업자가 제36조의2 제3항에 따라 해당 건물의 냉난방온도를 제한온도에 적합하게 유지·관리하지 아니한 경우에는 냉난방온도의 조절 등 냉난방온도의 적합한 유지·관리에 필요한 조치를 하도록 권고하거나 시정조치를 명할 수 있다.

### 제37조(특정열사용기자재)

열사용기자재 중 제조, 설치·시공 및 사용에서의 안전관리, 위해방지 또는 에너지이용의 효율관리가 특히 필요하다고 인정되는 것으로서 산업통상자원부령으로 정하는 열사용기자재(이하 "특정열사용기자재"라 한다)의 설치·시공이나 세관(洗罐: 물이 흐르는 관 속에 낀 물때나 녹 따위를 벗겨냄)을 업(이하 "시공업"이라 한다)으로 하는 자는 「건설산업기본법」 제9조 제1항에 따라 시·도지사에게 등록하여야 한다.

### 제38조(시공업등록말소 등의 요청)

산업통상자원부장관은 제37조에 따라 시공업의 등록을 한 자(이하 "시공업자"라 한다)가 고의 또는 과실로 특정열사용기자재의 설치, 시공 또는 세관을 부실하게 함으로써 시설물의 안전 또는 에너지효율 관리에 중대한 문제를 초래하면 시·도지사에게 그 등록을 말소하거나 그 시공업의 전부 또는 일부를 정지하도록 요청할 수 있다.

### 제39조(검사대상기기의 검사)

① 특정열사용기자재 중 산업통상자원부령으로 정하는 검사대상기기(이하 "검사대상기기"라 한다)의 제조업자는 그 검사대상기기의 제조에 관하여 시·도지사의 검사를 받아야 한다.

② 다음 각 호의 어느 하나에 해당하는 자(이하 "검사대상기기설치자"라 한다)는 산업통상자원부령으로 정하는 바에 따라 시·도지사의 검사를 받아야 한다.
　1. 검사대상기기를 설치하거나 개조하여 사용하려는 자
　2. 검사대상기기의 설치장소를 변경하여 사용하려는 자
　3. 검사대상기기를 사용중지한 후 재사용하려는 자

③ 시·도지사는 제1항이나 제2항에 따른 검사에 합격된 검사대상기기의 제조업자나 설치자에게는 지체 없이 그 검사의 유효기간을 명시한 검사증을 내주어야 한다.

④ 검사의 유효기간이 끝나는 검사대상기기를 계속 사용하려는 자는 산업통상자원부령으로 정하는 바에 따라 다시 시·도지사의 검사를 받아야 한다.

⑤ 제1항·제2항 또는 제4항에 따른 검사에 합격되지 아니한 검사대상기기는 사용할 수 없다. 다만 시·도지사는 제4항에 따른 검사의 내용 중 산업통상자원부령으로 정하는 항목의 검사에 합격되지 아니한 검사대상기기에 대하여는 검사대상기기의 안전관리와 위해방지에 지장이 없는 범위에서 산업통상자원부령으로 정하는 기간 내에 그 검사에 합격할 것을 조건으로 계속 사용하게 할 수 있다.

⑥ 시·도지사는 제1항·제2항 및 제4항에 따른 검사에서 검사대상기기의 안전관리와 위해방지에 지장이 없는 범위에서 산업통상자원부령으로 정하는 바에 따라 그 검사의 전부 또는 일부를 면제할 수 있다.

⑦ 검사대상기기설치자는 다음 각 호의 어느 하나에 해당하면 산업통상자원부령으로 정하는 바에 따라 시·도지사에게 신고하여야 한다.
1. 검사대상기기를 폐기한 경우
2. 검사대상기기의 사용을 중지한 경우
3. 검사대상기기의 설치자가 변경된 경우
4. 제6항에 따라 검사의 전부 또는 일부가 면제된 검사대상기기 중 산업통상자원부령으로 정하는 검사대상기기를 설치한 경우

⑧ 검사대상기기에 대한 검사의 내용·기준, 그 밖에 필요한 사항은 산업통상자원부령으로 정한다.

## 제39조의2(수입검사대상기기의 검사)

① 검사대상기기를 수입하려는 자는 제조업자로 하여금 그 검사대상기기의 제조에 관하여 산업통상자원부장관의 검사를 받도록 하여야 한다. 다만 산업통상자원부장관은 수입검사대상기기가 다음 각 호의 어느 하나에 해당하는 경우에는 검사대상기기의 안전관리와 위해방지에 지장이 없는 범위에서 산업통상자원부령으로 정하는 바에 따라 그 검사의 전부 또는 일부를 면제할 수 있다.
1. 산업통상자원부장관이 고시하는 외국의 검사기관에서 검사를 받은 경우
2. 전시회나 박람회에 출품할 목적으로 수입하는 경우
3. 그 밖에 산업통상자원부령으로 정하는 경우

② 산업통상자원부장관은 제1항에 따른 검사에 합격된 검사대상기기의 제조업자에게는 지체 없이 검사증을 내주어야 한다.

③ 제1항에 따른 검사에 합격되지 아니한 검사대상기기는 수입할 수 없다.

④ 제1항에 따른 검사의 내용·기준, 그 밖에 필요한 사항은 산업통상자원부령으로 정한다.

## 제40조(검사대상기기관리자의 선임)

① 검사대상기기설치자는 검사대상기기의 안전관리, 위해방지 및 에너지이용의 효율을 관리하기 위하여 검사대상기기의 관리자(이하 "검사대상기기관리자"라 한다)를 선임하여야 한다.

② 검사대상기기관리자의 자격 기준과 선임 기준은 산업통상자원부령으로 정한다.

③ 검사대상기기설치자는 검사대상기기관리자를 선임 또는 해임하거나 검사대상기기관리자가 퇴직한 경우에는 산업통상자원부령으로 정하는 바에 따라 시·도지사에게 신고하여야 한다.

④ 검사대상기기설치자는 검사대상기기관리자를 해임하거나 검사대상기기관리자가 퇴직하는 경우에는 해임이나 퇴직 이전에 다른 검사대상기기관리자를 선임하여야 한다. 다만 산업통상자원부령으로 정하는 사유에 해당하는 경우에는 시·도지사의 승인을 받아 다른 검사대상기기관리자의 선임을 연기할 수 있다.

## 제45조(한국에너지공단의 설립 등)

① 에너지이용합리화사업을 효율적으로 추진하기 위하여 한국에너지공단(이하 "공단"이라 한다)을 설립한다.

② 정부 또는 정부 외의 자는 공단의 설립·운영과 사업에 드는 자금에 충당하기 위하여 출연을 할 수 있다.

③ 제2항에 따른 출연시기, 출연방법, 그 밖에 필요한 사항은 대통령령으로 정한다.

## 제46조(법인격)

공단은 법인으로 한다.

## 제47조(사무소)

① 공단의 주된 사무소의 소재지는 정관으로 정한다.

② 공단은 산업통상자원부장관의 승인을 받아 필요한 곳에 지부(支部), 연수원, 사업소 또는 부설기관을 둘 수 있다.

## 제48조(정관)

공단의 정관에는 「공공기관의 운영에 관한 법률」 제16조 제1항에 따른 기재사항 외에 다음 각 호의 사항을 포함하여야 한다.

1. 지부, 연수원 및 사업소에 관한 사항
2. 부설기관의 운영과 관리에 관한 사항
3. 재산에 관한 사항
4. 규약·규정의 제정, 개정 및 폐지에 관한 사항〈전문개정 2009.1.30.〉

## 제49조(설립등기)

① 공단은 주된 사무소의 소재지에서 설립등기를 함으로써 성립한다.

② 제1항에 따른 설립등기 사항은 다음 각 호와 같다.

1. 목적
2. 명칭
3. 주된 사무소, 지부, 연수원 및 사업소
4. 임원의 성명과 주소
5. 공고의방법

③ 설립등기 외의 등기에 관하여 필요한 사항은 대통령령으로 정한다.

## 제50조(유사명칭의 사용금지)

공단이 아닌 자는 한국에너지공단 또는 이와 유사한 명칭을 사용하지 못한다. 〈개정 2015.1.28.〉

## 제51조(임원)

공단에 임원으로 이사장과 부이사장을 포함한 이사와 감사를 두며, 그 정수는 다음 각 호와 같이 한다.

1. 이사장 1명
2. 부이사장 1명
3. 이사장, 부이사장을 제외한 이사 9명 이내(6명 이내의 비상임이사를 포함한다)
4. 감사 1명

## 제53조(임원의 직무)

① 이사장은 공단을 대표하고, 공단의 업무를 총괄한다.

② 부이사장은 이사장을 보좌한다.

③ 이사는 정관으로 정하는 바에 따라 공단의 업무를 분장한다.

④ 감사는 공단의 업무와 회계를 감사한다.

## 제56조(직원의 임면)

공단의 직원은 정관으로 정하는 바에 따라 이사장이 임면한다.

## 제57조(사업)

공단은 다음 각 호의 사업을 한다.

1. 에너지이용합리화 및 이를 통한 온실가스의 배출을 줄이기 위한 사업과 국제협력
2. 에너지기술의 개발·도입·지도 및 보급

3. 에너지이용합리화, 신에너지 및 재생에너지의 개발과 보급, 집단에너지공급사업을 위한 자금의 융자 및 지원
4. 제25조 제1항 각 호의 사업
5. 에너지진단 및 에너지관리지도
6. 신에너지 및 재생에너지개발사업의 촉진
7. 에너지관리에 관한 조사·연구·교육 및 홍보
8. 에너지이용합리화사업을 위한 토지·건물 및 시설 등의 취득·설치·운영·대여 및 양도
9. 「집단에너지사업법」 제2조에 따른 집단에너지사업의 촉진을 위한 지원 및 관리
10. 에너지사용기자재·에너지 관련 기자재의 효율관리 및 열사용기자재의 안전관리
11. 사회취약계층의 에너지이용 지원
12. 제1호부터 제11호까지의 사업에 딸린 사업
13. 제1호부터 제12호까지의 사업 외에 산업통상자원부장관, 시·도지사, 그 밖의 기관 등이 위탁하는 에너지이용의 합리화와 온실가스의 배출을 줄이기 위한 사업

## 제65조(교육)

① 산업통상자원부장관은 에너지관리의 효율적인 수행과 특정열사용기자재의 안전관리를 위하여 에너지관리자, 시공업의 기술인력 및 검사대상기기관리자에 대하여 교육을 실시하여야 한다.

② 에너지관리자, 시공업의 기술인력 및 검사대상기기관리자는 제1항에 따라 실시하는 교육을 받아야 한다.

③ 에너지다소비사업자, 시공업자 및 검사대상기기설치자는 그가 선임 또는 채용하고 있는 에너지관리자, 시공업의 기술인력 또는 검사대상기기관리자로 하여금 제1항에 따라 실시하는 교육을 받게 하여야 한다.

④ 제1항에 따른 교육담당기관·교육 기간 및 교육 과정, 그 밖에 교육에 관하여 필요한 사항은 산업통상자원부령으로 정한다.

## 제66조(보고 및 검사 등)

① 산업통상자원부장관이나 시·도지사는 이 법의 시행을 위하여 필요하면 산업통상자원부령으로 정하는 바에 따라 효율관리기자재·대기전력저감대상제품·고효율에너지인증대상기자재의 제조업자·수입업자·판매업자 및 각 시험기관, 에너지절약전문기업, 에너지다소비사업자, 진단기관과 검사대상기기설치자에 대하여 그 업무에 관한 보고를 명하거나 소속 공무원 또는 공단으로 하여금 효율관리기자재 제조업자 등의 사무소·사업장·공장이나 창고에 출입하여 장부·서류·에너지사용기자재, 그 밖의 물건을 검사하게 할 수 있다. 〈개정 2008.2.29., 2013.3.23.〉

② 제1항에 따른 검사를 하는 공무원이나 공단의 직원은 그 권한을 표시하는 증표를 지니고 이를 관계인에게 내보여야 한다.

### 제67조(수수료)
다음 각 호의 어느 하나에 해당하는 자는 산업통상자원부령으로 정하는 바에 따라 수수료를 내야 한다.
1. 제22조 제3항에 따라 고효율에너지기자재의 인증을 신청하려는 자
2. 제32조 제2항 본문에 따른 에너지진단을 받으려는 자
3. 제39조 제1항·제2항 또는 제4항에 따라 검사대상기기의 검사를 받으려는 자
4. 제39조의2 제1항에 따라 검사대상기기의 검사를 받으려는 제조업자

### 제68조(청문)
산업통상자원부장관은 다음 각 호의 어느 하나에 해당하는 처분을 하려면 청문을 하여야 한다.
1. 제16조 제2항에 따른 효율관리기자재의 생산 또는 판매의 금지명령
2. 제23조 제1항에 따른 고효율에너지기자재의 인증 취소
3. 제24조 제1항에 따른 각 시험기관의 지정 취소
4. 제24조 제2항에 따른 자체측정을 할 수 있는 자의 승인 취소
5. 제26조에 따른 에너지절약전문기업의 등록 취소. 다만 같은 조 제3호에 따른 등록 취소는 제외한다.
6. 제33조에 따른 진단기관의 지정 취소

### 제69조(권한의 위임·위탁)
① 이 법에 따른 산업통상자원부장관의 권한은 대통령령으로 정하는 바에 따라 그 일부를 시·도지사에게 위임할 수 있다.
② 시·도지사는 제1항에 따라 위임받은 권한의 일부를 산업통상자원부장관의 승인을 받아 시장·군수 또는 구청장(자치구의 구청장을 말한다)에게 재위임할 수 있다.
③ 산업통상자원부장관 또는 시·도지사는 대통령령으로 정하는 바에 따라 다음 각 호의 업무를 공단·시공업자단체 또는 대통령령으로 정하는 기관에 위탁할 수 있다.
   1. 제11조에 따른 에너지사용계획의 검토
   2. 제12조에 따른 이행 여부의 점검 및 실태파악
   3. 제15조 제3항에 따른 효율관리기자재의 측정결과 신고의 접수
   4. 제19조 제3항에 따른 대기전력경고표지대상제품의 측정결과 신고의 접수
   5. 제20조 제2항에 따른 대기전력저감대상제품의 측정결과 신고의 접수
   6. 제22조 제3항 및 제4항에 따른 고효율에너지기자재 인증 신청의 접수 및 인증

7. 제23조 제1항에 따른 고효율에너지기자재의 인증취소 또는 인증사용정지 명령
8. 제25조 제1항에 따른 에너지절약전문기업의 등록
9. 제29조 제1항에 따른 온실가스배출 감축실적의 등록 및 관리
10. 제31조 제1항에 따른 에너지다소비사업자 신고의 접수
11. 제32조 제3항에 따른 진단기관의 관리·감독
12. 제32조 제5항에 따른 에너지관리지도
12의2. 제32조 제7항에 따른 진단기관의 평가 및 그 결과의 공개
12의3. 제36조의2 제4항에 따른 냉난방온도의 유지·관리 여부에 대한 점검 및 실태 파악
13. 제39조 제1항부터 제4항까지 및 제7항에 따른 검사대상기기의 검사, 검사증의 교부 및 검사대상기기 폐기 등의 신고의 접수
13의2. 제39조의2 제1항 및 제2항에 따른 검사대상기기의 검사 및 검사증의 교부
14. 제40조 제3항 및 제4항 단서에 따른 검사대상기기관리자의 선임·해임 또는 퇴직신고의 접수 및 검사대상기기관리자의 선임기한 연기에 관한 승인

## 제72조(벌칙)
다음 각 호의 어느 하나에 해당하는 자는 2년 이하의 징역 또는 2천만 원 이하의 벌금에 처한다.
1. 제7조 제1항에 따른 에너지저장시설의 보유 또는 저장의무의 부과 시 정당한 이유 없이 이를 거부하거나 이행하지 아니한 자
2. 제7조 제2항 제1호부터 제8호까지 또는 제10호에 따른 조정·명령 등의 조치를 위반한 자
3. 제63조를 위반하여 직무상 알게 된 비밀을 누설하거나 도용한 자

## 제73조(벌칙)
다음 각 호의 어느 하나에 해당하는 자는 1년 이하의 징역 또는 1천만 원 이하의 벌금에 처한다.
1. 제39조 제1항·제2항 또는 제4항을 위반하여 검사대상기기의 검사를 받지 아니한 자
2. 제39조 제5항을 위반하여 검사대상기기를 사용한 자
3. 제39조의2 제3항을 위반하여 검사대상기기를 수입한 자

## 제74조(벌칙)
제16조 제2항에 따른 생산 또는 판매 금지명령을 위반한 자는 2천만 원 이하의 벌금에 처한다.

## 제75조(벌칙)
제40조 제1항 또는 제4항을 위반하여 검사대상기기관리자를 선임하지 아니한 자는 1천만 원 이하의 벌금에 처한다.

## 제76조(벌칙)

다음 각 호의 어느 하나에 해당하는 자는 500만 원 이하의 벌금에 처한다.

1. 삭제
2. 제15조 제3항을 위반하여 효율관리기자재에 대한 에너지사용량의 측정결과를 신고하지 아니한 자
3. 삭제
4. 제19조 제3항에 따라 대기전력경고표지대상제품에 대한 측정결과를 신고하지 아니한 자
5. 제19조 제4항에 따른 대기전력경고표지를 하지 아니한 자
6. 제20조 제1항을 위반하여 대기전력저감우수제품임을 표시하거나 거짓 표시를 한 자
7. 제21조 제1항에 따른 시정명령을 정당한 사유 없이 이행하지 아니한 자
8. 제22조 제5항을 위반하여 인증 표시를 한 자

## 제77조(양벌규정)

법인의 대표자나 법인 또는 개인의 대리인, 사용인, 그 밖의 종업원이 그 법인 또는 개인의 업무에 관하여 제72조부터 제76조까지의 어느 하나에 해당하는 위반행위를 하면 그 행위자를 벌하는 외에 그 법인 또는 개인에게도 해당 조문의 벌금형을 과(科)한다. 다만 법인 또는 개인이 그 위반행위를 방지하기 위하여 해당 업무에 관하여 상당한 주의와 감독을 게을리하지 아니한 경우에는 그러하지 아니하다.

## 제78조(과태료)

① 다음 각 호의 어느 하나에 해당하는 자에게는 2천만 원 이하의 과태료를 부과한다.
   1. 제15조 제2항을 위반하여 효율관리기자재에 대한 에너지소비효율등급 또는 에너지소비효율을 표시하지 아니하거나 거짓으로 표시를 한 자
   2. 제32조 제2항을 위반하여 에너지진단을 받지 아니한 에너지다소비사업자
   3. 제40조의2 제1항을 위반하여 한국에너지공단에 사고의 일시·내용 등을 통보하지 아니하거나 거짓으로 통보한 자

② 다음 각 호의 어느 하나에 해당하는 자에게는 1천만 원 이하의 과태료를 부과한다.
   1. 제10조 제1항이나 제3항을 위반하여 에너지사용계획을 제출하지 아니하거나 변경하여 제출하지 아니한 자. 다만 국가 또는 지방자치단체인 사업주관자는 제외한다.
   2. 제34조에 따른 개선명령을 정당한 사유 없이 이행하지 아니한 자
   3. 제66조 제1항에 따른 검사를 거부·방해 또는 기피한 자

③ 제15조 제4항에 따른 광고내용이 포함되지 아니한 광고를 한 자에게는 500만 원 이하의 과태료를 부과한다.
  1. 삭제 〈2013.7.30.〉
  2. 삭제 〈2013.7.30.〉
④ 다음 각 호의 어느 하나에 해당하는 자에게는 300만 원 이하의 과태료를 부과한다. 다만 제1호, 제4호부터 제6호까지, 제8호, 제9호 및 제9호의2부터 제9호의4까지의 경우에는 국가 또는 지방자치단체를 제외한다.
  1. 제7조 제2항 제9호에 따른 에너지사용의 제한 또는 금지에 관한 조정·명령, 그 밖에 필요한 조치를 위반한 자
  2. 제9조 제1항을 위반하여 정당한 이유 없이 수요관리투자계획과 시행결과를 제출하지 아니한 자
  3. 제9조 제2항을 위반하여 수요관리투자계획을 수정·보완하여 시행하지 아니한 자
  4. 제11조 제1항에 따른 필요한 조치의 요청을 정당한 이유 없이 거부하거나 이행하지 아니한 공공사업주관자
  5. 제11조 제2항에 따른 관련 자료의 제출요청을 정당한 이유 없이 거부한 사업주관자
  6. 제12조에 따른 이행 여부에 대한 점검이나 실태 파악을 정당한 이유 없이 거부·방해 또는 기피한 사업주관자
  7. 제17조 제4항을 위반하여 자료를 제출하지 아니하거나 거짓으로 자료를 제출한 자
  8. 제20조 제3항 또는 제22조 제6항을 위반하여 정당한 이유 없이 대기전력저감우수제품 또는 고효율에너지기자재를 우선적으로 구매하지 아니한 자
  9. 제31조 제1항에 따른 신고를 하지 아니하거나 거짓으로 신고를 한 자
  9의2. 제36조의2 제4항에 따른 냉난방온도의 유지·관리 여부에 대한 점검 및 실태 파악을 정당한 사유 없이 거부·방해 또는 기피한 자
  9의3. 제36조의3에 따른 시정조치명령을 정당한 사유 없이 이행하지 아니한 자
  9의4. 제39조 제7항 또는 제40조 제3항에 따른 신고를 하지 아니하거나 거짓으로 신고를 한 자
  10. 제50조를 위반하여 한국에너지공단 또는 이와 유사한 명칭을 사용한 자
  11. 제65조 제2항을 위반하여 교육을 받지 아니한 자 또는 같은 조 제3항을 위반하여 교육을 받게 하지 아니한 자
  12. 제66조 제1항에 따른 보고를 하지 아니하거나 거짓으로 보고를 한 자
⑤ 제1항부터 제4항까지의 규정에 따른 과태료는 대통령령으로 정하는 바에 따라 산업통상자원부장관이나 시·도지사가 부과·징수한다.
⑥ 삭제 〈2009.1.30.〉

⑦ 삭제 〈2009.1.30.〉
⑧ 삭제 〈2009.1.30.〉

## 2 에너지이용합리화법 시행령

### 제3조(에너지이용합리화 기본계획 등)

① 산업통상자원부장관은 5년마다 법 제4조 제1항에 따른 에너지이용합리화에 관한 기본계획(이하 "기본계획"이라 한다)을 수립하여야 한다.

② 관계 행정기관의 장과 특별시장·광역시장·도지사 또는 특별자치도지사(이하 "시·도지사"라 한다)는 매년 법 제6조 제1항에 따른 실시계획(이하 "실시계획"이라 한다)을 수립하고 그 계획을 해당 연도 1월 31일까지, 그 시행 결과를 다음 연도 2월 말일까지 각각 산업통상자원부장관에게 제출하여야 한다.

③ 산업통상자원부장관은 제2항에 따라 받은 시행 결과를 평가하고, 해당 관계 행정기관의 장과 시·도지사에게 그 평가 내용을 통보하여야 한다.

### 제4조(국가에너지절약추진위원회의 구성 및 운영)

① 법 제5조 제1항에 따른 국가에너지절약추진위원회(이하 "위원회"라 한다)의 당연직 위원은 다음 각 호의 사람으로 한다. 이 경우 복수차관이 있는 기관은 해당 기관의 장이 지정하는 차관으로 한다.

1. 기획재정부차관
2. 교육부차관
3. 미래창조과학부차관
4. 행정자치부차관
5. 농림축산식품부차관
6. 산업통상자원부차관
7. 환경부차관
8. 국토교통부차관
9. 해양수산부차관
10. 국무조정실 국무2차장
11. 한국에너지공단 이사장
12. 한국전력공사 사장
13. 한국가스공사 사장
14. 한국지역난방공사 사장

② 삭제 〈2011.10.26.〉

③ 위원회의 위원장(이하 "위원장"이라 한다)은 위원회를 대표하고, 위원회의 사무를 총괄한다.

④ 위원장이 부득이한 사유로 직무를 수행할 수 없을 때에는 위원장이 미리 지명하는 위원이 그 직무를 대행한다.

⑤ 위원장은 위원회의 회의를 소집하고, 그 의장이 된다.

⑥ 위원회의 회의는 재적위원 과반수의 출석으로 개의하고, 출석위원 과반수의 찬성으로 의결한다.

## 제6조(실무위원회)

① 위원회의 심의에 앞서 위원회에 상정할 의안을 사전에 심의·조정하고, 위원회로부터 지시받은 사항을 처리하기 위하여 위원회에 국가에너지절약추진실무위원회(이하 "실무위원회"라 한다)를 둔다.
② 실무위원회는 위원장 1명을 포함한 25명 이내의 위원으로 구성한다.
③ 실무위원회의 위원장(이하 "실무위원장"이라 한다)은 산업통상자원부 제2차관이 되고, 위원은 다음 각 호의 사람으로 한다.
  1. 기획재정부·교육부·미래창조과학부·행정자치부·농림축산식품부·산업통상자원부·환경부·국토교통부, 해양수산부 및 국무조정실의 고위공무원단에 속하는 공무원 중에서 해당 기관의 장이 지명하는 사람 각 1명
  2. 한국에너지공단, 한국전력공사, 한국가스공사 및 한국지역난방공사 소속 임직원 중에서 해당 기관의 장이 지명하는 사람 각 1명
  3. 에너지경제연구원 원장
  4. 한국에너지기술연구원 원장
  5. 그 밖에 에너지절약사업을 효율적으로 추진하기 위하여 실무위원장이 위촉하는 사람
④ 실무위원회의 운영에 관하여는 제4조 제3항부터 제6항까지의 규정을 준용한다. 이 경우 "위원회"는 "실무위원회"로, "위원장"은 "실무위원장"으로 본다.

## 제7조(간사)

① 위원회 및 실무위원회에 각각 1명의 간사를 둔다.
② 위원회의 간사는 제6조 제3항 제1호의 공무원 중 산업통상자원부 소속 공무원이 된다.
③ 실무위원회의 간사는 산업통상자원부의 고위공무원단에 속하는 공무원 중에서 산업통상자원부장관이 지명하는 사람이 된다.
④ 간사는 위원장 또는 실무위원장의 명을 받아 각각 그 위원회 또는 실무위원회의 사무를 처리한다.

## 제8조(관계 기관 등에의 협조 요청)

위원장 또는 실무위원장은 해당 위원회의 업무수행을 위하여 필요하다고 인정하는 경우에는 관계 부처의 공무원과 관계 전문가 등을 회의에 출석하게 하여 의견을 듣거나 관계 기관·단체 등에 필요한 자료 및 의견의 제출 등 협조를 요청할 수 있다.

## 제9조(조사·연구의 의뢰)

위원장 또는 실무위원장은 업무수행을 위하여 필요한 경우에는 관계 전문가 또는 관계기관·단체 등에 조사 또는 연구를 의뢰할 수 있다.

## 제10조(수당 및 여비)

위원회 및 실무위원회에 출석한 위원, 관계 공무원 또는 관계 전문가에게는 예산의 범위에서 수당과 여비를 지급할 수 있다. 다만 공무원이 소관 업무와 직접 관련되어 출석한 경우에는 그러하지 아니하다.

## 제11조(운영세칙)

이 영에서 규정한 사항 외에 위원회의 운영에 필요한 사항은 위원회의 의결을 거쳐 위원장이 정한다.

## 제11조의2(에너지이용합리화 실시계획의 추진상황 평가업무의 대행)

① 법 제5조 제5항에 따라 에너지이용합리화 실시계획 추진상황에 대한 평가업무를 대행할 수 있는 기관은 다음 각 호의 기관으로 한다.
  1. 「정부출연연구기관 등의 설립·운영 및 육성에 관한 법률」 제8조 제1항에 따라 설립된 정부출연연구기관
  2. 「과학기술분야 정부출연연구기관 등의 설립·운영 및 육성에 관한 법률」 제8조 제1항에 따라 설립된 정부출연연구기관

② 제1항에 따른 평가업무 대행의 내용, 방법 및 절차 등에 관하여 필요한 사항은 산업통상자원부장관이 정하여 고시한다.

## 제12조(에너지저장의무 부과대상자)

① 법 제7조 제1항에 따라 산업통상자원부장관이 에너지저장의무를 부과할 수 있는 대상자는 다음 각 호와 같다. 〈개정 2010.4.13., 2013.3.23.〉
  1. 「전기사업법」 제2조 제2호에 따른 전기사업자
  2. 「도시가스사업법」 제2조 제2호에 따른 도시가스사업자
  3. 「석탄산업법」 제2조 제5호에 따른 석탄가공업자
  4. 「집단에너지사업법」 제2조 제3호에 따른 집단에너지사업자
  5. 연간 2만 석유환산톤(「에너지법 시행령」 제15조 제1항에 따라 석유를 중심으로 환산한 단위를 말한다. 이하 "티오이"라 한다) 이상의 에너지를 사용하는 자  [암] 2탄집단전도

② 산업통상자원부장관은 제1항 각 호의 자에게 에너지저장의무를 부과할 때에는 다음 각 호의 사항을 정하여 고시하여야 한다.
  1. 대상자
  2. 저장시설의 종류 및 규모
  3. 저장하여야 할 에너지의 종류 및 저장의무량
  4. 그 밖에 필요한 사항

## 제13조(수급 안정을 위한 조치)

① 산업통상자원부장관은 법 제7조 제2항에 따른 에너지수급의 안정을 위한 조치를 하려는 경우에는 그 사유·기간 및 대상자 등을 정하여 조치 예정일 7일 이전에 에너지사용자·에너지공급자 또는 에너지사용기자재의 소유자와 관리자에게 예고하여야 한다.

② 에너지공급자가 그 에너지공급에 관하여 법 제7조 제2항에 따른 조치를 받은 경우에는 제1항에 따라 예고된 바대로 에너지공급을 제한하고 그 결과를 산업통상자원부장관에게 보고하여야 한다.

## 제14조(에너지사용의 제한 또는 금지)

① 법 제7조 제2항 제9호에서 "에너지사용의 시기·방법 및 에너지사용기자재의 사용제한 또는 금지 등 대통령령으로 정하는 사항"이란 다음 각 호의 사항을 말한다.
  1. 에너지사용시설 및 에너지사용기자재에 사용할 에너지의 지정 및 사용 에너지의 전환
  2. 위생 접객업소 및 그 밖의 에너지사용시설에 대한 에너지사용의 제한
  3. 차량 등 에너지사용기자재의 사용제한
  4. 에너지사용의 시기 및 방법의 제한
  5. 특정 지역에 대한 에너지사용의 제한

② 산업통상자원부장관이 제1항 제1호에 따른 사용 에너지의 지정 및 전환에 관한 조치를 할 때에는 에너지원 간의 수급상황을 고려하여 에너지사용시설 및 에너지사용기자재의 소유자 또는 관리인이 이에 대한 준비를 할 수 있도록 충분한 준비기간을 설정하여 예고하여야 한다.

③ 산업통상자원부장관이 제1항 제2호부터 제5호까지의 규정에 따른 에너지사용의 제한조치를 할 때에는 조치를 하기 7일 이전에 제한 내용을 예고하여야 한다. 다만 긴급히 제한할 필요가 있을 때에는 그 제한 전일까지 이를 공고할 수 있다.

④ 산업통상자원부장관은 정당한 사유 없이 법 제7조 제2항에 따른 에너지의 사용제한 또는 금지 조치를 이행하지 아니하는 자에 대하여는 에너지공급자로 하여금 에너지공급을 제한하게 할 수 있다.

## 제15조(에너지이용 효율화조치 등의 내용)

법 제8조 제1항에 따라 국가·지방자치단체 등이 에너지를 효율적으로 이용하고 온실가스의 배출을 줄이기 위하여 추진하여야 하는 필요한 조치의 구체적인 내용은 다음 각 호와 같다.

1. 에너지절약 및 온실가스배출 감축을 위한 제도·시책의 마련 및 정비
2. 에너지의 절약 및 온실가스배출 감축 관련 홍보 및 교육
3. 건물 및 수송 부문의 에너지이용합리화 및 온실가스배출 감축

### 제16조(에너지공급자의 수요관리투자계획)

① 법 제9조 제1항 전단에서 "대통령령으로 정하는 에너지공급자"란 다음 각 호에 해당하는 자를 말한다.
　1. 「한국전력공사법」에 따른 한국전력공사
　2. 「한국가스공사법」에 따른 한국가스공사
　3. 「집단에너지사업법」에 따른 한국지역난방공사
　4. 그 밖에 대량의 에너지를 공급하는 자로서 에너지 수요관리투자를 촉진하기 위하여 산업통상자원부장관이 특히 필요하다고 인정하여 지정하는 자

② 제1항에 따른 에너지공급자는 법 제9조 제1항에 따른 연차별 수요관리투자계획(이하 "투자계획"이라 한다)을 해당 연도 개시 2개월 전까지 그 시행 결과를 다음 연도 2월 말일까지 산업통상자원부장관에게 제출하여야 하며, 제출된 투자계획을 변경하는 경우에는 그 변경한 날부터 15일 이내에 산업통상자원부장관에게 그 변경된 사항을 제출하여야 한다.

③ 투자계획에는 다음 각 호의 사항이 포함되어야 한다.
　1. 장·단기 에너지 수요 전망
　2. 에너지절약 잠재량의 추정 내용
　3. 수요관리의 목표 및 그 달성방법
　4. 그 밖에 수요관리의 촉진을 위하여 필요하다고 인정하는 사항

④ 투자계획 및 그 시행 결과의 구체적인 기재사항, 작성방법, 그 밖에 필요한 사항은 산업통상자원부장관이 정하여 고시한다.

### 제17조(투자계획의 수정·보완 사유)

① 법 제9조 제2항에서 "그 밖에 대통령령으로 정하는 사유"란 다음 각 호에 해당하는 경우를 말한다.
　1. 법 제7조 제1항 및 제2항에 따른 에너지수급안정을 위한 조치에 따라 투자계획의 변경이 필요한 경우
　2. 에너지자원의 효율적 이용을 도모하기 위하여 에너지공급자 상호 간 에너지의 교환, 분배 등 공급의 조정이 필요한 경우
　3. 투자계획에 제16조 제3항의 내용이 포함되어 있지 않거나 투자계획이 제16조 제4항에 따라 작성되지 않은 경우

② 에너지공급자는 법 제9조 제2항에 따라 투자계획의 수정 또는 보완을 요구받은 경우에는 특별한 사유가 없으면 그 요구를 받은 날부터 30일 이내에 산업통상자원부장관에게 투자계획의 수정 또는 보완 결과를 제출하여야 한다.

## 제18조(수요관리전문기관)

법 제9조 제3항에서 "대통령령으로 정하는 수요관리전문기관"이란 다음 각 호의 어느 하나에 해당하는 기관을 말한다.

1. 법 제45조에 따라 설립된 한국에너지공단
2. 그 밖에 수요관리사업의 수행능력이 있다고 인정되는 기관으로서 산업통상자원부령으로 정하는 기관

## 제19조(수요관리투자의 촉진 등)

산업통상자원부장관은 법 제9조에 따른 수요관리투자로 인하여 에너지공급자에게 발생되는 비용 및 손실을 최소화하기 위한 방안의 수립·시행을 위하여 필요하면 관계 행정기관의 장에게 관련 조치를 하여 줄 것을 요청할 수 있다.

## 제20조(에너지사용계획의 제출 등)

① 법 제10조 제1항에 따라 에너지사용계획을 수립하여 산업통상자원부장관에게 제출하여야 하는 사업주관자는 다음 각 호의 어느 하나에 해당하는 사업을 실시하려는 자로 한다. 〈개정 2013.3.23.〉
   1. 도시개발사업
   2. 산업단지개발사업
   3. 에너지개발사업
   4. 항만건설사업
   5. 철도건설사업
   6. 공항건설사업
   7. 관광단지개발사업
   8. 개발촉진 지구개발사업 또는 지역종합개발사업

② 법 제10조 제1항에 따라 에너지사용계획을 수립하여 산업통상자원부장관에게 제출하여야 하는 공공사업주관자(법 제10조 제2항에 따른 공공사업주관자를 말한다. 이하 같다)는 다음 각 호의 어느 하나에 해당하는 시설을 설치하려는 자로 한다.
   1. 연간 2천 5백 티오이 이상의 연료 및 열을 사용하는 시설
   2. 연간 1천만 킬로와트시 이상의 전력을 사용하는 시설

③ 법 제10조 제1항에 따라 에너지사용계획을 수립하여 산업통상자원부장관에게 제출하여야 하는 민간사업주관자(법 제10조 제2항에 따른 민간사업주관자를 말한다. 이하 같다)는 다음 각 호의 어느 하나에 해당하는 시설을 설치하려는 자로 한다.
   1. 연간 5천 티오이 이상의 연료 및 열을 사용하는 시설
   2. 연간 2천만 킬로와트시 이상의 전력을 사용하는 시설

④ 제1항부터 제3항까지의 규정에 따른 사업 또는 시설의 범위와 에너지사용계획의 제출시기는 별표 1과 같다.

⑤ 산업통상자원부장관은 법 제10조 제1항에 따라 에너지사용계획을 제출받은 경우에는 그날부터 30일 이내에 공공사업주관자에게는 그 협의 결과를, 민간사업주관자에게는 그 의견청취 결과를 통보하여야 한다. 다만 산업통상자원부장관이 필요하다고 인정할 때에는 20일의 범위에서 통보를 연장할 수 있다.

## 제21조(에너지사용계획의 내용 등)

① 법 제10조 제1항에 따른 에너지사용계획(이하 "에너지사용계획"이라 한다)에는 다음 각 호의 사항이 포함되어야 한다.
   1. 사업의 개요
   2. 에너지 수요예측 및 공급계획
   3. 에너지수급에 미치게 될 영향분석
   4. 에너지 소비가 온실가스(이산화탄소만 해당한다)의 배출에 미치게 될 영향분석
   5. 에너지이용 효율 향상 방안
   6. 에너지이용의 합리화를 통한 온실가스(이산화탄소만 해당한다)의 배출감소 방안
   7. 사후관리계획
   8. 그 밖에 에너지이용 효율 향상을 위하여 필요하다고 산업통상자원부장관이 정하는 사항

② 에너지사용계획의 구체적인 기재사항, 작성방법, 그 밖에 필요한 사항은 산업통상자원부장관이 정하여 고시한다.

③ 법 제10조 제3항에서 "대통령령으로 정한 사항을 변경하려는 경우"란 다음 각 호에 해당하는 경우를 말하며, 공공사업주관자의 경우에는 그 에너지사용계획의 변경 사항에 관하여 산업통상자원부장관에게 협의를 요청하여야 한다.
   1. 토지나 건축물의 면적 또는 시설의 변경으로 인하여 법 제10조 제1항에 따라 제출한 에너지사용계획의 에너지사용량이 100분의 10 이상 증가되는 경우
   2. 집단에너지공급계획의 변경, 냉난방방식의 변경, 그 밖에 에너지사용계획에 큰 변동을 가져오는 사항으로서 산업통상자원부장관이 정하여 고시하는 사항이 변경되는 경우

## 제22조(에너지사용계획·수립대행자의 요건)

법 제10조 제4항에 따라 에너지사용계획의 수립을 대행할 수 있는 기관은 다음 각 호의 어느 하나에 해당하는 자로서 산업통상자원부장관이 정하여 고시하는 인력을 갖춘 자로 한다.

1. 국공립연구기관
2. 정부출연연구기관
3. 대학부설 에너지 관계 연구소

4. 「엔지니어링산업 진흥법」 제2조에 따른 엔지니어링사업자 또는 「기술사법」 제6조에 따라 기술사사무소의 개설등록을 한 기술사
5. 법 제25조 제1항에 따른 에너지절약전문기업

## 제23조(에너지사용계획에 대한 검토)

① 산업통상자원부장관은 법 제11조 제1항에 따른 에너지사용계획의 검토 결과에 따라 다음 각 호의 사항에 관하여 필요한 조치를 하여 줄 것을 공공사업주관자에게 요청하거나 민간사업주관자에게 권고할 수 있다.
  1. 에너지사용계획의 조정 또는 보완
  2. 사업의 실시 또는 시설설치계획의 조정
  3. 사업의 실시 또는 시설설치시기의 연기
  4. 그 밖에 산업통상자원부장관이 그 사업의 실시 또는 시설의 설치에 관하여 에너지수급의 적정화 및 에너지사용의 합리화와 이를 통한 온실가스(이산화탄소만 해당한다)의 배출 감소를 도모하기 위하여 필요하다고 인정하는 조치

② 공공사업주관자는 제1항 각 호의 조치 요청을 받은 경우에는 산업통상자원부령으로 정하는 바에 따라 그 조치를 이행하기 위한 계획(이하 "이행계획"이라 한다)을 작성하여 산업통상자원부장관에게 제출하여야 한다.

## 제24조(이의 신청)

공공사업주관자는 법 제11조 제1항에 따라 요청받은 조치에 대하여 이의가 있는 경우에는 산업통상자원부령으로 정하는 바에 따라 그 요청을 받은 날부터 30일 이내에 산업통상자원부장관에게 이의를 신청할 수 있다.

## 제25조(협의절차 완료 전 공사시행 금지 등)

① 공공사업주관자는 에너지사용계획에 관한 협의절차가 완료되기 전에는 그 사업 등에 관련되는 공사를 시행할 수 없다.
② 산업통상자원부장관은 공공사업주관자가 협의절차의 완료 전에 공사를 시행하는 경우에는 관계 행정기관의 장에게 그 사업 또는 시설공사의 일시 중지 등 필요한 조치를 하여 줄 것을 요청할 수 있다.

## 제26조(에너지사용계획의 사후관리 등)

① 공공사업주관자는 에너지사용계획에 대한 협의절차가 완료된 경우에는 그 에너지사용계획 및 이행계획 중 그 사업 또는 시설의 실시설계서에 반영된 내용을 그 실시설계서가 확정된 후 14일 이내에 산업통상자원부장관에게 제출하여야 한다.

② 산업통상자원부장관은 법 제12조에 따라 에너지사용계획 또는 제23조 제1항에 따른 조치의 이행 여부를 확인하기 위하여 필요한 경우에는 공공사업주관자에 대하여는 소속 공무원으로 하여금 현지조사 또는 실태파악을 하게 할 수 있으며, 민간사업주관자에 대하여는 권고조치의 수용 여부 등의 실태파악을 위한 관련 자료의 제출을 요구할 수 있다.

③ 산업통상자원부장관은 제2항에 따른 현지조사 또는 실태파악의 결과 에너지사용계획 또는 제23조 제1항에 따른 조치를 이행하지 아니한 공공사업주관자에 대하여는 그 이행을 촉구하여야 한다.

④ 산업통상자원부장관은 공공사업주관자가 제3항에 따른 이행의 촉구에도 불구하고 이를 이행하지 아니한 경우에는 그 사업을 관장하는 관계 행정기관의 장에게 사업 또는 시설공사의 일시 중지 등 필요한 조치를 하여 줄 것을 요청하여야 한다.

⑤ 제20조 제1항 제1호 또는 제2호의 사업을 하는 공공사업주관자는 그 사업으로 조성된 토지를 공급하려고 공고할 때에는 그 사업이 법 제10조에 따른 에너지사용계획의 협의대상사업이라는 사실도 함께 공고하여야 한다.

## 제27조(에너지절약형 시설투자 등)

① 법 제14조 제1항에 따른 에너지절약형 시설투자, 에너지절약형 기자재의 제조·설치·시공은 다음 각 호의 시설투자로서 산업통상자원부장관이 정하여 공고하는 것으로 한다.
1. 노후 보일러 및 산업용 요로(燎爐) 등 에너지다소비 설비의 대체
2. 집단에너지사업, 열병합발전사업, 폐열이용사업과 대체연료사용을 위한 시설 및 기기류의 설치
3. 그 밖에 에너지절약효과 및 보급 필요성이 있다고 산업통상자원부장관이 인정하는 에너지절약형 시설투자, 에너지절약형 기자재의 제조·설치·시공

② 법 제14조 제1항에 따라 지원대상이 되는 그 밖에 에너지이용합리화와 이를 통한 온실가스배출의 감축에 관한 사업은 다음 각 호의 사업으로서 산업통상자원부장관이 인정하는 사업으로 한다.
1. 에너지원의 연구개발사업
2. 에너지이용합리화 및 이를 통하여 온실가스배출을 줄이기 위한 에너지절약시설 설치 및 에너지기술개발사업
3. 기술용역 및 기술지도사업
4. 에너지 분야에 관한 신기술·지식집약형 기업의 발굴·육성을 위한 지원사업

## 제1절 에너지사용기자재 관련 시책
### 제28조(효율관리기자재의 사후관리 등)
① 산업통상자원부장관은 법 제16조에 따른 효율관리기자재의 사후관리를 위하여 필요한 경우에는 관계 행정기관의 장에게 필요한 자료의 제출을 요청할 수 있다.
② 산업통상자원부장관은 법 제16조 제1항 및 제2항에 따른 시정명령 및 생산·판매금지 명령의 이행 여부를 소속 공무원 또는 한국에너지공단으로 하여금 확인하게 할 수 있다.

### 제28조의2(매출액 기준)
법 제17조의2 제1항 본문에서 "대통령령으로 정하는 매출액"이란 평균에너지소비효율 기준을 달성하지 못한 연도에 과징금 부과대상 자동차를 판매하여 얻은 매출액을 말한다.

### 제28조의3(과징금의 부과 및 납부)
① 법 제17조의2 제1항 본문에 따른 과징금의 부과 기준은 별표 1의2와 같다.
② 환경부장관은 법 제17조의2 제1항에 따라 과징금을 부과할 때에는 과징금의 부과사유와 과징금의 금액을 분명하게 적어 「대기환경보전법」 제76조의5 제2항에 따른 평균에너지소비효율을 이월·거래 또는 상환하는 기간이 지난 다음 연도에 서면으로 알려야 한다.
③ 제2항에 따라 통지를 받은 자동차 제조업자 또는 수입업자는 통지받은 해 9월 30일까지 과징금을 환경부장관이 정하는 수납기관에 내야 한다. 다만 천재지변이나 그 밖의 부득이한 사유로 그 기간 내에 과징금을 낼 수 없는 경우에는 그 사유가 없어진 날부터 30일 이내에 내야 한다.
④ 제3항에 따라 과징금을 받은 수납기관은 그 납부자에게 영수증을 발급하여야 한다.
⑤ 제1항부터 제4항까지에서 규정한 사항 외에 과징금의 부과에 필요한 세부 기준은 환경부장관이 산업통상자원부장관과 협의하여 고시한다.

## 제2절 산업 및 건물 관련 시책
### 제29조(에너지절약을 위한 사업)
법 제25조 제1항 제3호에서 "그 밖에 대통령령으로 정하는 에너지절약을 위한 사업"이란 다음 각호의 사업을 말한다.
1. 신에너지 및 재생에너지원의 개발 및 보급사업
2. 에너지절약형 시설 및 기자재의 연구개발사업

### 제30조(에너지절약전문기업의 등록 등)
① 법 제25조 제1항에 따라 에너지절약전문기업으로 등록을 하려는 자는 산업통상자원부령으로 정하는 등록신청서를 산업통상자원부장관에게 제출하여야 한다.
② 법 제25조 제1항에 따른 에너지절약전문기업의 등록 기준은 별표 2와 같다.

## 제30조의2(공제규정)

① 법 제27조의2 제1항에 따른 공제조합이 같은 조 제2항 제6호에 따른 공제사업을 하려면 공제규정을 정하여야 한다.

② 제1항에 따른 공제규정에는 공제사업의 범위, 공제계약의 내용, 공제료, 공제금, 공제금에 충당하기 위한 책임준비금 등 공제사업의 운영에 필요한 사항이 포함되어야 한다.

## 제31조(에너지절약형 시설 등)

법 제28조 제1항에서 "그 밖에 대통령령으로 정하는 시설 등"이란 다음 각 호를 말한다.

1. 에너지절약형 공정개선을 위한 시설
2. 에너지이용합리화를 통한 온실가스의 배출을 줄이기 위한 시설
3. 그 밖에 에너지절약이나 온실가스의 배출을 줄이기 위하여 필요하다고 산업통상자원부장관이 인정하는 시설
4. 제1호부터 제3호까지의 시설과 관련된 기술개발

## 제32조(온실가스배출 감축사업계획서의 제출 등)

① 법 제29조에 따라 온실가스배출 감축실적의 등록을 신청하려는 자(이하 "등록신청자"라 한다)는 온실가스배출 감축사업계획서(이하 "사업계획서"라 한다)와 그 사업의 추진 결과에 대한 이행실적보고서를 각각 작성하여 산업통상자원부장관에게 제출하여야 한다.

② 등록신청자는 사업계획서 및 이행실적보고서에 대하여 산업통상자원부장관이 지정하여 고시하는 에너지절약 관련 전문기관의 타당성 평가 및 검증을 받아 산업통상자원부장관에게 감축실적의 등록을 신청하여야 한다.

③ 제1항 및 제2항에 관한 세부적인 사항은 산업통상자원부장관이 환경부장관과 협의를 거쳐 정하여 고시한다.

## 제33조(온실가스배출 감축 관련 교육훈련 대상 등)

① 법 제30조 제1항에 따른 교육훈련의 대상자는 다음 각 호의 어느 하나에 해당하는 자를 말한다.
   1. 산업계의 온실가스배출 감축 관련 업무담당자
   2. 정부 등 공공기관의 온실가스배출 감축 관련 업무담당자

② 법 제30조 제1항에 따른 교육훈련의 내용은 다음 각 호와 같다.
   1. 기후 변화협약과 대응 방안
   2. 기후 변화협약 관련 국내외 동향
   3. 온실가스배출 감축 관련 정책 및 감축방법에 관한 사항

## 제34조(기후 변화협약특성화대학원의 지정 기준 등)

① 법 제30조 제2항에서 "대통령령으로 정하는 기준에 해당하는 대학원 또는 대학원대학"이란 기후 변화 관련 교통정책, 환경정책, 온난화방지과학, 산업활동과 대기오염 등 산업통상자원부장관이 정하여 고시하는 과목의 강의가 3과목 이상 개설되어 있는 대학원 또는 대학원대학을 말한다.
② 법 제30조 제2항에 따른 기후 변화협약특성화대학원으로 지정을 받으려는 대학원 또는 대학원대학은 산업통상자원부장관에게 지정신청을 하여야 한다.
③ 산업통상자원부장관은 법 제30조 제2항에 따라 지정된 기후 변화협약특성화대학원이 그 업무를 수행하는 데에 필요한 비용을 예산의 범위에서 지원할 수 있다.
④ 제1항 및 제2항에 따른 지정 기준 및 지정신청 절차에 관한 세부적인 사항은 산업통상자원부장관이 환경부장관, 국토교통부장관 및 해양수산부장관과의 협의를 거쳐 정하여 고시한다.

## 제35조(에너지다소비사업자)

법 제31조 제1항 각 호 외의 부분에서 "대통령령으로 정하는 기준량 이상인 자"란 연료·열 및 전력의 연간 사용량의 합계(이하 "연간 에너지사용량"이라 한다)가 2천 티오이 이상인 자(이하 "에너지다소비사업자"라 한다)를 말한다.

## 제36조(에너지진단주기 등)

① 법 제32조 제2항에 따라 에너지다소비사업자가 주기적으로 에너지진단을 받아야 하는 기간(이하 "에너지진단주기"라 한다)은 별표 3과 같다.
② 에너지진단주기는 월 단위로 계산하되, 에너지진단을 시작한 달의 다음 달부터 기산(起算)한다.

## 제37조(에너지진단전문기관의 관리·감독 등)

산업통상자원부장관은 법 제32조 제3항에 따라 다음 각 호의 사항에 관하여 법 제32조 제2항 본문에 따른 에너지진단전문기관(이하 "진단기관"이라 한다)을 관리·감독한다.

1. 제39조에 따른 진단기관 지정 기준의 유지에 관한 사항
2. 진단기관의 에너지진단 결과에 관한 사항
3. 에너지진단 내용의 이행실태 및 이행에 필요한 기술지도 내용에 관한 사항
4. 그 밖에 진단기관의 관리·감독을 위하여 산업통상자원부장관이 필요하다고 인정하여 고시하는 사항

### 제38조(에너지진단비용의 지원)

① 산업통상자원부장관이 법 제32조 제6항에 따라 에너지진단을 받기 위하여 드는 비용(이하 "에너지진단비용"이라 한다)의 일부 또는 전부를 지원할 수 있는 에너지다소비사업자는 다음 각 호의 요건을 모두 갖추어야 한다.
  1. 「중소기업기본법」 제2조에 따른 중소기업일 것
  2. 연간 에너지사용량이 1만 티오이 미만일 것
② 제1항에 해당하는 에너지다소비사업자로서 에너지진단비용을 지원받으려는 자는 에너지진단 신청서를 제출할 때에 제1항 제1호에 해당함을 증명하는 서류를 첨부하여야 한다.
③ 에너지진단비용의 지원에 관한 세부 기준 및 방법과 그 밖에 필요한 사항은 산업통상자원부장관이 정하여 고시한다.

### 제39조(진단기관의 지정 기준)

법 제32조 제7항에 따라 진단기관이 보유하여야 하는 장비와 기술인력의 지정 기준은 별표 4와 같다.

### 제40조(개선명령의 요건 및 절차 등)

① 법 제34조 제1항에 따라 산업통상자원부장관이 에너지다소비사업자에게 개선명령을 할 수 있는 경우는 법 제32조 제5항에 따른 에너지관리지도 결과 10퍼센트 이상의 에너지 효율 개선이 기대되고 효율 개선을 위한 투자의 경제성이 있다고 인정되는 경우로 한다.
② 산업통상자원부장관은 제1항의 개선명령을 하려는 경우에는 구체적인 개선 사항과 개선 기간 등을 분명히 밝혀야 한다.
③ 에너지다소비사업자는 제1항에 따른 개선명령을 받은 경우에는 개선명령일부터 60일 이내에 개선계획을 수립하여 산업통상자원부장관에게 제출하여야 하며, 그 결과를 개선 기간 만료일부터 15일 이내에 산업통상자원부장관에게 통보하여야 한다.
④ 산업통상자원부장관은 제3항에 따른 개선계획에 대하여 필요하다고 인정하는 경우에는 수정 또는 보완을 요구할 수 있다.

### 제41조(개선명령의 이행 여부 확인)

산업통상자원부장관은 법 제34조 제1항에 따른 개선명령의 이행 여부를 소속 공무원으로 하여금 확인하게 할 수 있다.

### 제42조(폐열 이용의 조정안 작성 등)

① 산업통상자원부장관은 법 제36조 제2항 단서에 따른 조정을 할 때에는 당사자로부터 의견을 듣고 조정안을 작성하여야 한다.
② 산업통상자원부장관은 제1항에 따라 작성된 조정안을 당사자에게 알리고 60일 이내의 기간을 정하여 그 조정안을 수락할 것을 권고할 수 있다.

## 제42조의2(냉난방온도의 제한 대상 건물 등)

① 법 제36조의2 제1항 제2호에서 "대통령령으로 정하는 기준량 이상인 건물"이란 연간 에너지사용량이 2천티오이 이상인 건물을 말한다.
② 산업통상자원부장관은 법 제36조의2 제2항 각 호 외의 부분에 따른 고시를 하려는 경우에는 해당 고시 내용을 고시예정일 7일 이전에 같은 항 각 호에 따른 통지 대상자에게 예고하여야 한다.

## 제42조의3(시정조치 명령의 방법)

법 제36조의3에 따른 시정조치 명령은 다음 각 호의 사항을 구체적으로 밝힌 서면으로 하여야 한다.
1. 시정조치 명령의 대상 건물 및 대상자
2. 시정조치 명령의 사유 및 내용
3. 시정기한

## 제50조(권한의 위임)

산업통상자원부장관은 법 제69조 제1항에 따라 법 제78조 제4항 제1호와 제11호에 따른 과태료의 부과·징수에 관한 권한을 시·도지사에게 위임한다.

## 제51조(업무의 위탁)

① 법 제69조 제3항에 따라 산업통상자원부장관 또는 시·도지사의 업무 중 다음 각 호의 업무를 공단에 위탁한다.
　1. 법 제11조에 따른 에너지사용계획의 검토
　2. 법 제12조에 따른 이행 여부의 점검 및 실태파악
　3. 법 제15조 제3항에 따른 효율관리기자재의 측정 결과 신고의 접수
　4. 법 제19조 제3항에 따른 대기전력경고표지대상제품의 측정 결과 신고의 접수
　5. 법 제20조 제2항에 따른 대기전력저감대상제품의 측정 결과 신고의 접수
　6. 법 제22조 제3항 및 제4항에 따른 고효율에너지기자재 인증 신청의 접수 및 인증
　7. 법 제23조 제1항에 따른 고효율에너지기자재의 인증취소 또는 인증사용 정지명령
　8. 법 제25조에 따른 에너지절약전문기업의 등록
　9. 법 제29조 제1항에 따른 온실가스배출 감축실적의 등록 및 관리
　10. 법 제31조 제1항에 따른 에너지다소비사업자 신고의 접수
　11. 법 제32조 제3항에 따른 진단기관의 관리·감독
　12. 법 제32조 제5항에 따른 에너지관리지도
　12의2. 법 제36조의2 제4항에 따른 냉난방온도의 유지·관리 여부에 대한 점검 및 실태 파악
　13. 법 제39조 제2항 및 제4항에 따른 검사대상기기의 검사
　14. 법 제39조 제3항에 따른 검사증의 발급(제13호에 따른 검사만 해당한다)

15. 법 제39조 제7항에 따른 검사대상기기의 폐기, 사용 중지, 설치자 변경 및 검사의 전부 또는 일부가 면제된 검사대상기기의 설치에 대한 신고의 접수
16. 법 제40조 제3항에 따른 검사대상기기관리자의 선임·해임 또는 퇴직신고의 접수

② 법 제69조 제3항에 따라 시·도지사의 업무 중 다음 각 호의 업무를 공단 또는 「국가표준기본법」 제23조에 따라 인정받은 시험·검사기관 중 산업통상자원부장관이 지정하여 고시하는 기관에 위탁한다.
1. 법 제39조 제1항에 따른 검사대상기기의 검사
2. 법 제39조 제3항에 따른 검사증의 발급(제1호에 따른 검사만 해당한다)

## 3 에너지이용합리화법 시행규칙

### 제1조의2(열사용기자재)

「에너지이용합리화법」(이하 "법"이라 한다) 제2조에 따른 열사용기자재는 별표 1과 같다. 다만 다음 각 호의 어느 하나에 해당하는 열사용기자재는 제외한다.

1. 「전기사업법」 제2조 제2호에 따른 전기사업자가 설치하는 발전소의 발전(發電)전용 보일러 및 압력용기. 다만 「집단에너지사업법」의 적용을 받는 발전전용 보일러 및 압력용기는 열사용기자재에 포함된다.
2. 「철도사업법」에 따른 철도사업을 하기 위하여 설치하는 기관차 및 철도차량용 보일러
3. 「고압가스 안전관리법」 및 「액화석유가스의 안전관리 및 사업법」에 따라 검사를 받는 보일러(캐스케이드보일러는 제외한다) 및 압력용기
4. 「선박안전법」에 따라 검사를 받는 선박용 보일러 및 압력용기
5. 「전기용품 및 생활용품 안전관리법」 및 「의료기기법」의 적용을 받는 2종 압력용기
6. 이 규칙에 따라 관리하는 것이 부적합하다고 산업통상자원부장관이 인정하는 수출용 열사용기자재

### 제2조(에너지열량 환산 기준)

다음 각 호의 어느 하나에 해당하는 대상을 판단하는 경우 에너지원별열량은 「에너지법 시행규칙」 별표 제1호의 총발열량을 기준으로 환산한다.

1. 법 제10조 제1항에 따른 에너지사용계획(이하 "에너지사용계획"이라 한다)의 협의대상
2. 법 제31조 제1항에 따른 에너지사용량 등의 신고대상
3. 법 제32조에 따른 에너지관리 기준의 준수대상 및 에너지진단의 대상
4. 「에너지이용합리화법 시행령」(이하 "영"이라 한다) 제12조 제1항 제5호에 따른 에너지저장의무 부과의 대상

## 제3조(에너지사용계획의 검토 기준 및 검토방법)

① 법 제11조 제1항에 따른 에너지사용계획의 검토 기준은 다음 각 호와 같다.
　1. 에너지의 수급 및 이용합리화 측면에서 해당 사업의 실시 또는 시설 설치의 타당성
　2. 부문별·용도별 에너지 수요의 적절성
　3. 연료·열 및 전기의 공급 체계, 공급원 선택 및 관련 시설 건설계획의 적절성
　4. 해당 사업에 있어서 용지의 이용 및 시설의 배치에 관한 효율화 방안의 적절성
　5. 고효율에너지이용 시스템 및 설비 설치의 적절성
　6. 에너지이용의 합리화를 통한 온실가스(이산화탄소만 해당한다) 배출감소 방안의 적절성
　7. 폐열의 회수·활용 및 폐기물 에너지이용계획의 적절성
　8. 신·재생에너지이용계획의 적절성
　9. 사후 에너지관리계획의 적절성
② 산업통상자원부장관은 제1항에 따른 검토를 할 때 필요하면 관계 행정기관, 지방자치단체, 연구기관, 에너지공급자, 그 밖의 관련 기관 또는 단체에 검토를 의뢰하여 의견을 제출하게 하거나, 소속 공무원으로 하여금 현지조사를 하게 할 수 있다.
③ 제1항 각 호의 기준에 관한 구체적인 내용은 산업통상자원부장관이 정한다.

## 제4조(변경협의 요청)

영 제21조 제3항에 따라 공공사업주관자(법 제10조 제2항에 따른 공공사업주관자를 말한다. 이하 같다)가 에너지사용계획의 변경 사항에 관하여 산업통상자원부장관에게 협의를 요청할 때에는 변경된 에너지사용계획에 다음 각 호의 사항을 적은 서류를 첨부하여 제출하여야 한다.
1. 에너지사용계획의 변경 이유
2. 에너지사용계획의 변경 내용

## 제5조(이행계획의 작성 등)

영 제23조 제2항에 따른 이행계획에는 다음 각 호의 사항이 포함되어야 한다.
1. 영 제23조 제1항 각 호의 사항에 관하여 산업통상자원부장관으로부터 요청받은 조치의 내용
2. 이행주체
3. 이행방법
4. 이행시기

## 제6조(이의신청)

영 제24조에 따라 공공사업주관자가 이의신청을 하려는 경우에는 그 이유 및 내용을 적은 서류를 산업통상자원부장관에게 제출하여야 한다.

### 제7조(효율관리기자재)

① 법 제15조 제1항에 따른 효율관리기자재(이하 "효율관리기자재"라 한다)는 다음 각 호와 같다.
1. 전기냉장고
2. 전기냉방기
3. 전기세탁기
4. 조명기기
5. 삼상유도전동기(三相誘導電動機)
6. 자동차
7. 그 밖에 산업통상자원부장관이 그 효율의 향상이 특히 필요하다고 인정하여 고시하는 기자재 및 설비

② 제1항 각 호의 효율관리기자재의 구체적인 범위는 산업통상자원부장관이 정하여 고시한다.

③ 법 제15조 제1항 제6호에서 "산업통상자원부령으로 정하는 사항"이란 다음 각 호와 같다.
1. 법 제15조 제2항에 따른 효율관리시험기관(이하 "효율관리시험기관"이라 한다) 또는 자체측정의 승인을 받은 자가 측정할 수 있는 효율관리기자재의 종류, 측정 결과에 관한 시험성적서의 기재사항 및 기재방법과 측정 결과의 기록 유지에 관한 사항
2. 이산화탄소 배출량의 표시
3. 에너지비용(일정 기간 동안 효율관리기자재를 사용함으로써 발생할 수 있는 예상 전기요금이나 그 밖의 에너지요금을 말한다)

### 제8조(효율관리기자재 자체측정의 승인신청)

법 제15조 제2항 단서에 따라 효율관리기자재에 대한 자체측정의 승인을 받으려는 자는 별지 제1호 서식의 효율관리기자재 자체측정 승인신청서에 다음 각 호의 서류를 첨부하여 산업통상자원부장관에게 제출하여야 한다.
1. 시험설비 현황(시험설비의 목록 및 사진을 포함한다)
2. 전문인력 현황(시험 담당자의 명단 및 재직증명서를 포함한다)
3. 「국가표준기본법」 제23조에 따른 시험·검사기관 인정서 사본(해당되는 경우에만 첨부한다)

### 제9조(효율관리기자재 측정 결과의 신고)

① 법 제15조 제3항에 따라 효율관리기자재의 제조업자 또는 수입업자는 효율관리시험기관으로부터 측정 결과를 통보받은 날 또는 자체측정을 완료한 날부터 각각 90일 이내에 그 측정 결과를 법 제45조에 따른 한국에너지공단(이하 "공단"이라 한다)에 신고하여야 한다. 이 경우 측정 결과 신고는 해당 효율관리기자재의 출고 또는 통관 전에 모델별로 하여야 한다.

② 제1항에 따른 효율관리기자재 측정 결과 신고의 방법 및 절차 등에 관하여 필요한 사항은 산업통상자원부장관이 정하여 고시한다.

## 제10조(효율관리기자재의 광고매체)

법 제15조 제4항에 따른 광고매체는 다음 각 호와 같다.

1. 「신문 등의 진흥에 관한 법률」 제2조 제1호 및 제2호에 따른 신문 및 인터넷 신문
2. 「잡지 등 정기간행물의 진흥에 관한 법률」 제2조 제1호에 따른 정기간행물
3. 「방송법」 제9조 제5항에 따른 상품소개와 판매에 관한 전문편성을 행하는 방송채널사용사업자의 채널
4. 「전기통신기본법」 제2조 제1호에 따른 전기통신
5. 해당 효율관리기자재의 제품안내서
6. 그 밖에 소비자에게 널리 알리거나 제시하는 것으로서 산업통상자원부장관이 정하여 고시하는 것

## 제10조의2(효율관리기자재의 사후관리조사)

① 산업통상자원부장관은 법 제16조 제4항에 따른 조사(이하 "사후관리조사"라 한다)를 실시하는 경우에는 다음 각 호의 어느 하나에 해당하는 효율관리기자재를 사후관리조사 대상에 우선적으로 포함하여야 한다.
  1. 전년도에 사후관리조사를 실시한 결과 부적합율이 높은 효율관리기자재
  2. 전년도에 법 제15조 제1항 제2호부터 제5호까지의 사항을 변경하여 고시한 효율관리기자재
② 산업통상자원부장관은 사후관리조사를 위하여 필요하면 다른 제조업자·수입업자·판매업자나 「소비자기본법」 제33조에 따른 한국소비자원 또는 같은 법 제2조 제3호에 따른 소비자단체에게 협조를 요청할 수 있다.
③ 그 밖에 사후관리조사를 위하여 필요한 사항은 산업통상자원부장관이 정하여 고시한다.

## 제11조(평균효율관리기자재)

① 법 제17조 제1항에서 "「자동차관리법」 제3조 제1항에 따른 승용자동차 등 산업통상자원부령으로 정하는 기자재"란 다음 각 호의 어느 하나에 해당하는 자동차를 말한다.
  1. 「자동차관리법」 제3조 제1항 제1호에 따른 승용자동차로서 총중량이 3.5톤 미만인 자동차
  2. 「자동차관리법」 제3조 제1항 제2호에 따른 승합자동차로서 승차인원이 15인승 이하이고 총중량이 3.5톤 미만인 자동차
  3. 「자동차관리법」 제3조 제1항 제3호에 따른 화물자동차로서 총중량이 3.5톤 미만인 자동차
② 제1항에도 불구하고 다음 각 호의 어느 하나에 해당하는 자동차는 제1항에 따른 자동차에서 제외한다.
  1. 환자의 치료 및 수송 등 의료목적으로 제작된 자동차
  2. 군용(軍用)자동차
  3. 방송·통신 등의 목적으로 제작된 자동차

4. 2012년 1월 1일 이후 제작되지 아니하는 자동차
5. 「자동차관리법 시행규칙」 별표 1 제2호에 따른 특수형 승합자동차 및 특수용도형 화물자동차

## 제12조(평균에너지소비효율의 산정방법 등)

① 법 제17조 제1항에 따른 평균에너지소비효율의 산정방법은 별표 1의2와 같다.
② 법 제17조 제2항에 따른 평균에너지소비효율의 개선 기간은 개선명령을 받은 날부터 다음 해 12월 31일까지로 한다.
③ 법 제17조 제2항에 따른 개선명령을 받은 자는 개선명령을 받은 날부터 60일 이내에 개선명령이행계획을 수립하여 산업통상자원부장관에게 제출하여야 한다.
④ 제3항에 따라 개선명령이행계획을 제출한 자는 개선명령의 이행상황을 매년 6월 말과 12월 말에 산업통상자원부장관에게 보고하여야 한다. 다만 개선명령이행계획을 제출한 날부터 90일이 지나지 아니한 경우에는 그 다음 보고 기간에 보고할 수 있다.
⑤ 산업통상자원부장관은 제3항에 따른 개선명령이행계획을 검토한 결과 평균에너지소비효율의 개선계획이 미흡하다고 인정되는 경우에는 조정·보완을 요청할 수 있다.
⑥ 제5항에 따른 조정·보완을 요청받은 자는 정당한 사유가 없으면 30일 이내에 개선명령이행계획을 조정·보완하여 산업통상자원부장관에게 제출하여야 한다.
⑦ 법 제17조 제5항에 따른 평균에너지소비효율의 공표방법은 관보 또는 일간신문에의 게재로 한다.

## 제12조의2(과징금 부과대상)

① 법 제17조의2 제1항 본문에서 "「자동차관리법」 제3조 제1항에 따른 승용자동차 등 산업통상자원부령으로 정하는 자동차"란 다음 각 호의 어느 하나에 해당하는 자동차를 말한다.
 1. 「자동차관리법」 제3조 제1항 제1호에 따른 승용자동차로서 총중량이 3.5톤 미만인 자동차
 2. 「자동차관리법」 제3조 제1항 제2호에 따른 승합자동차로서 승차인원이 15인승 이하이고 총중량이 3.5톤 미만인 자동차
 3. 「자동차관리법」 제3조 제1항 제3호에 따른 화물자동차로서 총중량이 3.5톤 미만인 자동차
② 제1항에도 불구하고 다음 각 호의 어느 하나에 해당하는 자동차는 제1항에 따른 자동차에서 제외한다.
 1. 환자의 치료 및 수송 등 의료목적으로 제작된 자동차
 2. 군용(軍用) 자동차
 3. 방송·통신 등의 목적으로 제작된 자동차
 4. 2012년 1월 1일 이후 제작되지 아니하는 자동차
 5. 「자동차관리법 시행규칙」 별표 1 제2호에 따른 특수형 승합자동차 및 특수용도형 화물자동차

## 제13조(대기전력저감대상제품)

① 법 제18조에 따른 대기전력저감대상제품(이하 "대기전력저감대상제품"이라 한다)은 별표 2와 같다.

② 법 제18조 제5호에서 "산업통상자원부령으로 정하는 사항"이란 법 제19조 제2항에 따른 대기전력시험기관(이하 "대기전력시험기관"이라 한다) 또는 자체측정의 승인을 받은 자가 측정할 수 있는 대기전력저감대상제품의 종류, 측정 결과에 관한 시험성적서의 기재사항 및 기재방법과 측정 결과의 기록 유지에 관한 사항을 말한다.

## 제14조(대기전력경고표지대상제품)

① 법 제19조 제1항에 따른 대기전력경고표지대상제품(이하 "대기전력경고표지대상제품"이라 한다)은 다음 각 호와 같다.

1. 컴퓨터
2. 모니터
3. 프린터
4. 복합기
5. 삭제 〈2012.4.5.〉
6. 삭제 〈2014.2.21.〉
7. 전자레인지
8. 팩시밀리
9. 복사기
10. 스캐너
11. 삭제 〈2014.2.21.〉
12. 오디오
13. DVD플레이어
14. 라디오카세트
15. 도어폰
16. 유무선전화기
17. 비데
18. 모뎀
19. 홈 게이트웨이

암 사무용 기기 컴모 프복 복스 / 통신기기 팩유도모 / 오라디홈 전비

② 법 제19조 제1항 제3호에서 "산업통상자원부령으로 정하는 사항"이란 법 제19조 제2항에 따른 대기전력시험기관 또는 자체측정의 승인을 받은 자가 측정할 수 있는 대기전력경고표지대상제품의 종류, 측정 결과에 관한 시험성적서의 기재사항 및 기재방법과 측정 결과의 기록 유지에 관한 사항을 말한다.

## 제15조(대기전력 자체측정의 승인신청)

법 제19조 제2항 단서 또는 법 제20조 제1항 단서에 따라 대기전력경고표지대상제품 또는 대기전력저감대상제품에 대한 자체측정의 승인을 받으려는 자는 별지 제2호 서식의 대기전력 저감(경고표지) 대상제품 자체측정 승인신청서에 다음 각 호의 서류를 첨부하여 산업통상자원부장관에게 제출하여야 한다.

1. 시험설비 현황(시험설비의 목록 및 사진을 포함한다)
2. 전문인력 현황(시험 담당자의 명단 및 재직증명서를 포함한다)

3. 「국가표준기본법」 제23조에 따른 시험·검사기관 인정서 사본(해당되는 경우에만 첨부한다)

### 제16조(대기전력경고표지대상제품 측정 결과의 신고)

법 제19조 제3항에 따라 대기전력경고표지대상제품의 제조업자 또는 수입업자는 대기전력시험기관으로부터 측정 결과를 통보받은 날 또는 자체측정을 완료한 날부터 각각 60일 이내에 그 측정 결과를 공단에 신고하여야 한다.

### 제17조(대기전력시험기관의 지정신청)

법 제19조 제5항에 따라 대기전력시험기관으로 지정받으려는 자는 별지 제3호 서식의 대기전력시험기관 지정신청서에 다음 각 호의 서류를 첨부하여 산업통상자원부장관에게 제출하여야 한다.
1. 시험설비 현황(시험설비의 목록 및 사진을 포함한다)
2. 전문인력 현황(시험 담당자의 명단 및 재직증명서를 포함한다)
3. 「국가표준기본법」 제23조에 따른 시험·검사기관 인정서 사본(해당되는 경우에만 첨부한다)

### 제18조(대기전력저감우수제품의 신고)

법 제20조 제2항에 따라 대기전력저감우수제품의 표시를 하려는 제조업자 또는 수입업자는 대기전력시험기관으로부터 측정 결과를 통보받은 날 또는 자체측정을 완료한 날부터 각각 60일 이내에 그 측정 결과를 공단에 신고하여야 한다.

### 제19조(시정명령)

법 제21조 제1항에 따라 산업통상자원부장관은 대기전력저감우수제품이 대기전력저감 기준에 미달하는 경우 대기전력저감우수제품의 제조업자 또는 수입업자에게 6개월 이내의 기간을 정하여 다음 각 호의 시정을 명할 수 있다. 다만 제2호는 대기전력저감우수제품이 대기전력경고표지대상제품에도 해당되는 경우에만 적용한다.
1. 대기전력저감우수제품의 표시 제거
2. 대기전력경고표지의 표시

### 제20조(고효율에너지인증대상기자재)

① 법 제22조 제1항에 따른 고효율에너지인증대상기자재(이하 "고효율에너지인증대상기자재"라 한다)는 다음 각 호와 같다.
1. 펌프
2. 산업건물용 보일러
3. 무정전전원장치
4. 폐열회수형 환기장치
5. 발광다이오드(LED) 등 조명기기

6. 그 밖에 산업통상자원부장관이 특히 에너지이용의 효율성이 높아 보급을 촉진할 필요가 있다고 인정하여 고시하는 기자재 및 설비

② 법 제22조 제1항 제5호에서 "산업통상자원부령으로 정하는 사항"이란 법 제22조 제2항에 따른 고효율시험기관(이하 "고효율시험기관"이라 한다)이 측정할 수 있는 고효율에너지인증대상기자재의 종류, 측정 결과에 관한 시험성적서의 기재사항 및 기재방법과 측정 결과의 기록 유지에 관한 사항을 말한다.

## 제21조(고효율에너지기자재의 인증신청)

법 제22조 제3항에 따라 고효율에너지기자재의 인증을 받으려는 자는 별지 제4호 서식의 고효율에너지기자재 인증신청서에 다음 각 호의 서류를 첨부하여 공단에 인증을 신청하여야 한다.
1. 고효율시험기관의 측정 결과(시험성적서)
2. 에너지효율 유지에 관한 사항

## 제22조(고효율시험기관의 지정신청)

법 제22조 제7항에 따라 고효율시험기관으로 지정받으려는 자는 별지 제5호 서식의 고효율시험기관 지정신청서에 다음 각 호의 서류를 첨부하여 산업통상자원부장관에게 제출하여야 한다.
1. 시험설비 현황(시험설비의 목록 및 사진을 포함한다)
2. 전문인력 현황(시험 담당자의 명단 및 재직증명서를 포함한다)
3. 「국가표준기본법」 제23조에 따른 시험·검사기관 인정서 사본(해당되는 경우에만 첨부한다)

## 제22조의2(고효율에너지인증대상기자재의 제외 기준 등)

① 법 제22조 제8항에 따라 산업통상자원부장관이 고효율에너지인증대상기자재를 제외하는 기준은 별표 2의2와 같다.
② 산업통상자원부장관은 법 제22조 제8항에 따라 해당 기자재를 고효율에너지인증대상기자재에서 제외하려는 경우 관계 전문가 및 해당 고효율에너지인증대상기자재 제조업자 또는 수입업자 등의 의견을 들어야 한다.
③ 제1항 및 제2항에서 규정한 사항 외에 고효율에너지인증대상기자재의 제외와 관련된 세부 기준 및 절차 등은 산업통상자원부장관이 정하여 고시한다.

## 제23조(인증 제한 기간)

법 제23조 제2항에서 "산업통상자원부령으로 정하는 기간"이란 1년을 말한다.

## 제24조(에너지절약전문기업의 등록신청)

① 영 제30조 제1항에 따른 에너지절약전문기업의 등록신청서 및 등록사항을 변경하는 경우의 변경등록신청서는 별지 제6호 서식과 같다.

② 제1항에 따른 등록신청서에는 다음 각 호의 서류(변경등록의 경우에는 등록신청을 할 때 제출한 서류 중 변경된 것만을 말한다)를 첨부하여야 한다. 이 경우 신청을 받은 공단은 「전자정부법」 제36조 제1항에 따른 행정정보의 공동이용을 통하여 법인 등기사항증명서(신청인이 법인인 경우만 해당한다)를 확인하여야 한다.
  1. 사업계획서
  2. 삭제 〈2011.1.19.〉
  3. 영 별표 2에 따른 보유장비명세서 및 기술인력명세서(자격증명서 사본을 포함한다)
  4. 「부동산가격공시 및 감정평가에 관한 법률」에 따른 감정평가업자가 평가한 자산에 대한 감정평가서(개인인 경우만 해당한다)
  5. 「공인회계사법」 제7조에 따른 공인회계사 또는 「세무사법」 제6조에 따른 세무사가 검증한 최근 1년 이내의 대차대조표(법인인 경우만 해당한다)

## 제25조(에너지절약전문기업 등록증)

① 공단은 제24조 제1항에 따른 신청을 받은 경우 그 내용이 영 제30조 제2항에 따른 에너지절약전문기업의 등록 기준에 적합하다고 인정하면 별지 제7호 서식의 에너지절약전문기업 등록증을 그 신청인에게 발급하여야 한다.
② 제1항에 따른 등록증을 발급받은 자는 그 등록증을 잃어버리거나 헐어 못 쓰게 된 경우에는 공단에 재발급신청을 할 수 있다. 이 경우 등록증이 헐어 못 쓰게 되어 재발급신청을 할 때에는 그 등록증을 첨부하여야 한다.

## 제26조(자발적 협약의 이행확인 등)

① 법 제28조에 따라 에너지사용자 또는 에너지공급자가 수립하는 계획에는 다음 각 호의 사항이 포함되어야 한다.
  1. 협약 체결 전년도의 에너지소비 현황
  2. 에너지를 사용하여 만드는 제품, 부가가치 등의 단위당 에너지이용효율 향상목표 또는 온실가스배출 감축목표(이하 "효율향상목표 등"이라 한다) 및 그 이행방법
  3. 에너지관리체제 및 에너지관리방법
  4. 효율향상목표 등의 이행을 위한 투자계획
  5. 그 밖에 효율향상목표 등을 이행하기 위하여 필요한 사항
② 법 제28조에 따른 자발적 협약의 평가 기준은 다음 각 호와 같다.
  1. 에너지절감량 또는 에너지의 합리적인 이용을 통한 온실가스배출 감축량
  2. 계획 대비 달성률 및 투자실적
  3. 자원 및 에너지의 재활용 노력
  4. 그 밖에 에너지절감 또는 에너지의 합리적인 이용을 통한 온실가스배출 감축에 관한 사항

### 제26조의2(에너지경영 시스템의 지원 등)

① 삭제 〈2015.7.29.〉
② 법 제28조의2 제1항에 따른 전사적(全社的) 에너지경영 시스템의 도입 권장 대상은 연료·열 및 전력의 연간 사용량의 합계가 영 제35조에 따른 기준량 이상인 자(이하 "에너지다소비업자"라 한다)로 한다.
③ 에너지사용자 또는 에너지공급자는 법 제28조의2 제1항에 따른 지원을 받기 위해서는 다음 각 호의 사항을 모두 충족하여야 한다.
  1. 국제표준화기구가 에너지경영 시스템에 관하여 정한 국제규격에 적합한 에너지경영 시스템의 구축
  2. 에너지이용효율의 지속적인 개선
④ 법 제28조의2 제2항에 따른 지원의 방법은 다음 각 호와 같다.
  1. 에너지경영 시스템 도입을 위한 기술의 지도 및 관련 정보의 제공
  2. 에너지경영 시스템 관련 업무를 담당하는 자에 대한 교육훈련
  3. 그 밖에 에너지경영 시스템의 도입을 위하여 산업통상자원부장관이 필요하다고 인정한 사항
⑤ 제4항에 따른 지원을 받으려는 자는 다음 각 호의 사항이 포함된 계획서를 산업통상자원부장관에게 제출하여야 한다.
  1. 에너지사용량 현황
  2. 에너지이용효율의 개선을 위한 경영목표 및 그 관리체제
  3. 주요 설비별 에너지이용효율의 목표와 그 이행방법
  4. 에너지사용량 모니터링 및 측정계획
⑥ 에너지경영 시스템의 권장 및 지원에 관한 세부 기준 및 절차 등에 필요한 사항은 산업통상자원부장관이 정하여 고시한다.

### 제26조의3(에너지관리 시스템의 지원 등)

① 법 제28조의3 제1항에 따른 에너지관리 시스템의 도입 권장 대상은 에너지다소비업자로 한다.
② 산업통상자원부장관은 법 제28조의3 제1항에 따른 지원을 하기 위하여 매년 다음 각 호의 사항을 포함한 지원계획을 인터넷 홈페이지와 관보에 게재하여야 한다.
  1. 지원대상 분야
  2. 신청자격, 신청방법 및 신청기간
  3. 지원대상자의 선정절차 및 선정 기준
  4. 지원비율, 지원기간 및 지원규모
  5. 그 밖에 지원대상 선정을 위하여 필요하다고 산업통상자원부장관이 인정하는 사항

③ 법 제28조의3 제1항에 따른 지원을 받으려는 자는 제2항에 따른 지원계획에 따라 에너지관리시스템 도입에 관한 다음 각 호의 사항이 포함된 수행계획서를 산업통상자원부장관에게 신청하여야 한다.
  1. 사업목적, 사업기간 및 사업범위
  2. 사업장 등의 현황분석, 문제점 및 개선방향
  3. 세부 추진계획 및 기대효과
  4. 향후 사업관리계획
  5. 그 밖에 제2항에 따른 지원계획에서 정하는 사항
④ 산업통상자원부장관은 제3항에 따라 제출된 수행계획서를 과제수행능력, 사업계획의 타당성, 사업 결과의 활용 가능성 등을 고려하여 지원대상을 선정한다.

## 제27조(에너지사용량 신고)

법 제31조 제1항에 따른 에너지사용량의 신고는 별지 제8호 서식에 따른다.

## 제28조(에너지진단 제외대상 사업장)

법 제32조 제2항 단서에서 "산업통상자원부령으로 정하는 범위에 해당하는 사업장"이란 다음 각 호의 어느 하나에 해당하는 사업장을 말한다.
1. 「전기사업법」 제2조 제2호에 따른 전기사업자가 설치하는 발전소
2. 「건축법 시행령」 별표 1 제2호 가목에 따른 아파트
3. 「건축법 시행령」 별표 1 제2호 나목에 따른 연립주택
4. 「건축법 시행령」 별표 1 제2호 다목에 따른 다세대주택
5. 「건축법 시행령」 별표 1 제7호에 따른 판매시설 중 소유자가 2명 이상이며, 공동 에너지사용설비의 연간 에너지사용량이 2천 티오이 미만인 사업장
6. 「건축법 시행령」 별표 1 제14호 나목에 따른 일반업무시설 중 오피스텔
7. 「건축법 시행령」 별표 1 제18호 가목에 따른 창고
8. 「산업집적활성화 및 공장설립에 관한 법률」 제2조 제13호에 따른 지식산업센터
9. 「군사기지 및 군사시설 보호법」 제2조 제2호에 따른 군사시설
10. 「폐기물관리법」 제29조에 따라 폐기물처리의 용도만으로 설치하는 폐기물처리시설
11. 그 밖에 기술적으로 에너지진단을 실시할 수 없거나 에너지진단의 효과가 적다고 산업통상자원부장관이 인정하여 고시하는 사업장

## 제29조(에너지진단의 면제 등)

① 법 제32조 제4항에 따라 에너지진단을 면제하거나 에너지진단주기를 연장할 수 있는 자는 다음 각 호의 어느 하나에 해당하는 자로 한다.

1. 법 제28조 제1항에 따라 자발적 협약을 체결한 자로서 제26조 제2항에 따른 자발적 협약의 평가 기준에 따라 자발적 협약의 이행 여부를 확인한 결과 이행실적이 우수한 사업자로 선정된 자

1의2. 법 제28조의2 제1항에 따라 에너지경영 시스템을 도입한 자로서 에너지를 효율적으로 이용하고 있다고 산업통상자원부장관이 정하여 고시하는 자

2. 에너지절약 유공자로서 「정부표창규정」 제10조에 따른 중앙행정기관의 장 이상의 표창권자가 준 단체표창을 받은 자

3. 에너지진단 결과를 반영하여 에너지를 효율적으로 이용하고 있다고 산업통상자원부장관이 인정하여 고시하는 자

4. 지난 연도 에너지사용량의 100분의 30 이상을 다음 각 목의 어느 하나에 해당하는 제품, 기자재 및 설비(이하 "친에너지형 설비"라 한다)를 이용하여 공급하는 자

   가. 법 제14조에 따른 금융·세제상의 지원을 받는 설비
   나. 법 제15조에 따른 효율관리기자재 중 에너지소비효율이 1등급인 제품
   다. 법 제20조에 따른 대기전력저감우수제품
   라. 법 제22조에 따라 인증 표시를 받은 고효율에너지기자재
   마. 「산업표준화법」 제15조에 따라 설비인증을 받은 신·재생에너지 설비

5. 산업통상자원부장관이 정하여 고시하는 요건을 갖춘 에너지관리 시스템을 구축하여 에너지를 효율적으로 이용하고 있다고 산업통상자원부장관이 고시하는 자

6. 「저탄소 녹색성장 기본법 시행령」 제27조에 따른 목표관리 대상 공공기관과 같은 법 시행령 제29조 제1항에 따른 온실가스 배출업체 및 에너지 소비업체(이하 "목표관리업체"라 한다)로서 온실가스·에너지 목표관리 실적이 우수하다고 산업통상자원부장관이 환경부장관과 협의한 후 정하여 고시하는 자. 다만 「온실가스 배출권의 할당 및 거래에 관한 법률」 제8조 제1항에 따라 배출권 할당 대상업체로 지정·고시된 업체는 제외한다.

② 제1항에 따라 에너지진단을 면제 또는 에너지진단주기를 연장 받으려는 자는 별지 제8호의2 서식의 에너지진단 면제(에너지진단주기 연장) 신청서에 다음 각 호의 어느 하나에 해당하는 서류를 첨부하여 산업통상자원부장관에게 제출하여야 한다.

1. 자발적 협약 우수사업장임을 확인할 수 있는 서류
2. 중소기업임을 확인할 수 있는 서류

2의2. 에너지경영 시스템 구축 및 개선 실적을 확인할 수 있는 서류

3. 에너지절약 유공자 표창 사본

4. 에너지진단결과를 반영한 에너지절약 투자 및 개선실적을 확인할 수 있는 서류
5. 친에너지형 설비 설치를 확인할 수 있는 서류(설비의 목록, 용량 및 설치사진 등을 말한다)
6. 에너지관리 시스템 구축 및 개선 실적을 확인할 수 있는 서류
7. 목표관리업체로서 온실가스·에너지 목표관리 실적을 확인할 수 있는 서류

③ 산업통상자원부장관은 제2항에 따른 신청을 받은 경우에는 이를 검토하여 에너지진단 면제 또는 에너지진단주기 연장 신청결과를 별지 제8호의3 서식에 따라 신청인에게 알려주어야 한다.

④ 제1항에 따른 에너지진단의 면제 또는 에너지진단주기의 연장 범위는 별표 3과 같으며, 그 밖에 필요한 사항은 산업통상자원부장관이 정하여 고시한다.

## 제30조(에너지진단전문기관의 지정절차 등)

① 법 제32조 제7항에 따라 에너지진단전문기관(이하 "진단기관"이라 한다)으로 지정받으려는 자 또는 진단기관 지정서의 기재 내용을 변경하려는 자는 별지 제9호 서식의 진단기관 지정신청서 또는 진단기관 변경지정신청서를 산업통상자원부장관에게 제출하여야 한다.

② 제1항에 따른 진단기관 지정신청서에는 다음 각 호의 서류(변경지정신청의 경우에는 지정신청을 할 때 제출한 서류 중 변경된 것만을 말한다)를 첨부하여야 한다. 이 경우 신청을 받은 산업통상자원부장관은 「전자정부법」 제36조 제1항에 따른 행정정보의 공동이용을 통하여 법인 등기사항증명서(신청인이 법인인 경우만 해당한다)를 확인하여야 한다.
  1. 에너지진단업무 수행계획서
  2. 보유장비명세서
  3. 기술인력명세서(자격증 사본, 경력증명서, 재직증명서를 포함한다)

③ 산업통상자원부장관은 진단기관을 지정한 경우에는 별지 제10호 서식의 진단기관 지정서를 발급하여야 한다.

④ 제3항에 따라 지정서를 발급받은 자는 그 지정서를 잃어버리거나 헐어 못 쓰게 된 경우에는 산업통상자원부장관에게 재발급신청을 할 수 있다. 이 경우 지정서가 헐어 못 쓰게 되어 재발급신청을 할 때에는 그 지정서를 첨부하여야 한다.

## 제31조(진단기관의 지정취소 공고)

산업통상자원부장관은 법 제33조에 따라 진단기관의 지정을 취소하거나 그 업무의 정지를 명하였을 때에는 지체 없이 이를 관보와 인터넷 홈페이지 등에 공고하여야 한다.

### 제31조의2(냉난방온도의 제한온도 기준)
법 제36조의2 제1항에 따른 냉난방온도의 제한온도(이하 "냉난방온도의 제한온도"라 한다)를 정하는 기준은 다음 각 호와 같다. 다만 판매시설 및 공항의 경우에 냉방온도는 25 [℃] 이상으로 한다.
1. 냉방 : 26 [℃] 이상
2. 난방 : 20 [℃] 이하

### 제31조의3(냉난방온도제한건물의 지정 기준)
① 법 제36조의2 제1항에 따라 냉난방온도를 제한하는 건물(이하 "냉난방온도제한건물"이라 한다)은 법 제36조의2 제1항 각 호의 건물로 한다. 다만 법 제36조의2 제1항 제2호의 건물 중 「산업집적활성화 및 공장설립에 관한 법률」 제2조 제1호에 따른 공장과 「건축법」 제2조 제2항 제2호에 따른 공동주택은 제외한다.
② 제1항의 본문에도 불구하고 냉난방온도제한건물 중 다음 각 호의 어느 하나에 해당하는 구역에는 냉난방온도의 제한온도를 적용하지 않을 수 있다.
  1. 「의료법」 제3조에 따른 의료기관의 실내구역
  2. 식품 등의 품질관리를 위해 냉난방온도의 제한온도 적용이 적절하지 않은 구역
  3. 숙박시설 중 객실 내부구역
  4. 그 밖에 관련 법령 또는 국제 기준에서 특수성을 인정하거나 건물의 용도상 냉난방온도의 제한온도를 적용하는 것이 적절하지 않다고 산업통상자원부장관이 고시하는 구역

### 제31조의4(냉난방온도 점검방법 등)
① 냉난방온도제한건물의 관리기관 및 에너지다소비사업자는 냉난방온도를 관리하는 책임자(이하 "관리책임자"라 한다)를 지정하여야 한다.
② 관리책임자는 법 제36조의2 제4항에 따른 냉난방온도 점검 및 실태파악에 협조하여야 한다.
③ 산업통상자원부장관이 법 제36조의2 제4항에 따라 냉난방온도를 점검하거나 실태를 파악하는 경우에는 산업통상자원부장관이 고시한 국가교정기관지정제도운영요령에서 정하는 방법에 따라 인정기관에서 교정 받은 측정기기를 사용한다. 이 경우 관리책임자가 동행하여 측정결과를 확인할 수 있다.
④ 그 밖에 냉난방온도 점검을 위하여 필요한 사항은 산업통상자원부장관이 정하여 고시한다.

### 제31조의5(특정열사용기자재)
법 제37조에 따른 특정열사용기자재 및 그 설치·시공범위는 별표 3의2와 같다.

## 제31조의6(검사대상기기)

법 제39조 제1항 및 법 제39조의2 제1항에 따라 검사를 받아야 하는 검사대상기기는 별표 3의3과 같다.

## 제31조의7(검사의 종류 및 적용대상)

법 제39조 제1항·제2항·제4항 및 법 제39조의2 제1항에 따른 검사의 종류 및 적용대상은 별표 3의4와 같다.

## 제31조의8(검사유효기간)

① 법 제39조 제2항 및 제4항에 따른 검사대상기기의 검사유효기간은 별표 3의5와 같다.

② 제1항에 따른 검사유효기간은 검사(법 제39조 제5항 단서에 따른 검사에 합격되지 아니한 검사대상기기에 대한 검사 및 「기업활동 규제완화에 관한 특별조치법 시행령」 제19조 제1항에 따른 동시검사를 포함한다)에 합격한 날의 다음 날부터 계산한다. 다만 검사에 합격한 날이 검사유효기간 만료일 이전 30일 이내인 경우와 제31조의20에 따라 검사를 연기한 경우에는 검사유효기간 만료일의 다음 날부터 계산한다.

③ 산업통상자원부장관은 검사대상기기의 안전관리 또는 에너지효율 향상을 위하여 부득이하다고 인정할 때에는 제1항에 따른 검사유효기간을 조정할 수 있다.

## 제31조의9(검사 기준)

법 제39조 제1항·제2항·제4항 및 법 제39조의2 제1항에 따른 검사대상기기의 검사 기준은 「산업표준화법」 제12조에 따른 한국산업표준(이하 "한국산업표준"이라 한다) 또는 산업통상자원부장관이 정하여 고시하는 기준에 따른다.

## 제31조의10(신제품에 대한 검사 기준)

① 산업통상자원부장관은 제31조의9에 따른 검사 기준이 마련되지 아니한 검사대상기기(이하 "신제품"이라 한다)에 대해서는 제31조의11에 따른 열사용기자재기술위원회의 심의를 거친 검사 기준으로 검사할 수 있다.

② 산업통상자원부장관은 제1항에 따라 신제품에 대한 검사 기준을 정한 경우에는 특별시장·광역시장·도지사 또는 특별자치도지사(이하 "시·도지사"라 한다) 및 검사신청인에게 그 사실을 지체 없이 알리고, 그 검사 기준을 관보에 고시하여야 한다.

## 제31조의11(열사용기자재기술위원회의 구성 및 운영)

① 제31조의10 제1항에 따른 신제품에 대한 검사 기준 등에 관한 사항을 심의하기 위하여 공단에 열사용기자재기술위원회를 둔다.

② 제1항에 따른 열사용기자재기술위원회의 구성 및 운영, 그 밖에 필요한 사항은 공단이 정하는 바에 따른다.

## 제31조의12(검사 기준의 제정·개정 신청)
① 법 제39조 제1항·제2항 및 법 제39조의2 제1항에 따라 신제품 등 검사대상기기에 대한 검사를 받으려는 자는 산업통상자원부장관에게 검사 기준을 제정하거나 개정할 것을 신청할 수 있다.
② 산업통상자원부장관은 제1항에 따른 신청을 받은 경우에는 신청일부터 30일 이내에 검사 기준의 제정 또는 개정 여부 등을 검토하여 그 결과를 신청인에게 알려야 한다.
③ 제2항에 따른 통보를 받은 신청인은 그 결과에 대하여 이의가 있는 경우에는 그 통보받은 날부터 10일 이내에 이의를 신청할 수 있다.

## 제31조의13(검사의 면제)
① 법 제39조 제6항 및 법 제39조의2 제1항 단서에 따라 검사의 전부 또는 일부가 면제되는 검사는 다음 각 호와 같다.
   1. 별표 3의6에서 정한 검사
   2. 다음 각 목의 요건에 해당하는 보일러 및 압력용기의 제조업자에 대한 제조검사
      가. 산업통상자원부장관이 정하는 일정 기간·일정량 이상 제조한 검사대상기기의 품질수준이 제31조의9에 따른 검사 기준 이상일 것
      나. 제조시설·검사시설·기술인력 등 검사대상기기의 품질을 보장하기 위하여 필요한 생산조건에 적합한 공정 및 생산능력을 갖추고 있을 것
      다. 그 밖에 산업통상자원부장관이 정하는 조건에 적합할 것
   2의2. 전시회나 박람회에 출품할 목적으로 수입하는 보일러 및 압력용기의 제조업자에 대한 제조검사
   3. 「통계법」 제22조에 따라 통계청장이 고시하는 한국표준산업분류에 따른 제조업의 사업장에 설치된 다음 각 목의 요건에 해당하는 검사대상기기의 계속사용검사
      가. 검사신청일 현재 최근 3년간 사업장 안에서의 업무상 재해로 인하여 「산업재해보상보험법」 제36조 제1항에 따른 보험급여를 지급한 사실이 없는 업체에 설치된 검사대상기기
      나. 최초 설치 후 5년 이내이고 연속하여 2회 이상 검사에 합격한 검사대상기기
   4. 다음 각 목의 요건에 해당하는 보일러 및 압력용기의 제조업자에 대한 제조검사 및 설치검사
      가. 별표 3의7의 요건을 갖춘 제조안전보험에 가입할 것
      나. 별표 3의8의 검사시설 및 기술인력을 보유할 것

5. 다음 각 목의 요건에 해당하는 보일러 및 압력용기의 사용자에 대한 계속사용검사, 설치장소 변경검사 및 개조검사
    가. 별표 3의7의 요건을 갖춘 사용안전보험으로서 약정보험금액이 400억 원 이상인 사용안전보험에 가입할 것
    나. 보험가입일 현재 최근 2년간 사업장 안에서의 업무상 재해로 인하여 「산업재해보상보험법」 제36조 제1항에 따른 보험급여를 지급한 사실이 없을 것

② 산업통상자원부장관 또는 시·도지사는 제1항 제2호에 해당되어 검사가 면제되는 제조업자에 대해서도 연 1회 이상 공단이나 영 제51조 제2항에 따라 산업통상자원부장관이 지정·고시하는 기관(이하 "검사기관"이라 한다)으로 하여금 제조검사를 하게 할 수 있다.

③ 제1항 제4호 또는 제5호에 따라 해당 검사를 면제받은 자는 보험계약의 효력이 발생한 날부터 15일 이내에 보험가입증명서 및 해당 요건의 증명서류를 첨부하여 보험가입 사실을 산업통상자원부장관 또는 시·도지사에게 알려야 한다.

④ 제1항 제4호 또는 제5호에 따라 제조업자 또는 사용자와 보험계약을 체결한 보험사업자는 다음 각 호의 어느 하나에 해당하는 경우에는 그 사실을 15일 이내에 산업통상자원부장관 또는 시·도지사에게 알려야 한다.
  1. 제조업자 또는 사용자에게 보험금을 지급한 경우
  2. 보험계약에 따른 보증기간이 만료한 경우
  3. 보험계약이 해지된 경우
  4. 그 밖에 보험계약의 효력이 상실된 경우

⑤ 공단의 이사장(이하 "공단이사장"이라 한다) 또는 검사기관의 장은 제2항에 따른 검사 결과 검사의 면제가 부적당하다고 인정될 경우에는 그 사항을 산업통상자원부장관 또는 시·도지사에게 보고하여야 한다.

⑥ 산업통상자원부장관 또는 시·도지사는 제5항에 따른 보고 또는 법 제66조 제1항에 따른 검사 결과 검사의 면제가 부적당하다고 인정될 경우에는 제1항에 따라 면제한 검사를 다시 하여야 한다.

⑦ 산업통상자원부장관 또는 시·도지사는 제1항 제2호 또는 제4호에 따라 검사를 면제하는 경우와 제6항에 따라 면제한 검사를 다시 하는 경우에는 검사대상기기의 제조업자에게 해당 검사대상기기명 등 그 내용을 알려야 한다.

⑧ 제1항 제2호부터 제5호까지의 규정에 따라 검사를 면제하는 경우와 제6항에 따라 면제한 검사를 다시 하는 경우의 면제 범위, 검사절차 및 그 밖에 필요한 사항은 산업통상자원부장관이 정한다.

## 제31조의14(용접검사신청)

① 법 제39조 제1항 및 법 제39조의2 제1항에 따라 검사대상기기의 용접검사를 받으려는 자는 별지 제11호 서식의 검사대상기기 용접검사신청서를 공단이사장 또는 검사기관의 장에게 제출하여야 한다.

② 제1항에 따른 신청서에는 다음 각 호의 서류를 첨부하여야 한다. 다만 검사대상기기의 규격이 이미 용접검사에 합격한 기기의 규격과 같은 경우에는 용접검사에 합격한 날부터 3년간 다음 각 호의 서류를 첨부하지 아니할 수 있다.
1. 용접 부위도 1부
2. 검사대상기기의 설계도면 2부
3. 검사대상기기의 강도계산서 1부

## 제31조의15(구조검사신청)

① 법 제39조 제1항 및 법 제39조의2 제1항에 따라 검사대상기기의 구조검사를 받으려는 자는 별지 제11호 서식의 검사대상기기 구조검사신청서를 공단이사장 또는 검사기관의 장에게 제출하여야 한다.

② 제1항에 따른 신청서에는 용접검사증 1부(용접검사를 받지 아니하는 기기의 경우에는 설계도면 2부, 제31조의13에 따라 용접검사가 면제된 기기의 경우에는 제31조의14 제2항 각 호에 따른 서류)를 첨부하여야 한다. 다만 검사대상기기의 규격이 이미 구조검사에 합격한 기기의 규격과 같은 경우에는 구조검사에 합격한 날부터 3년간 해당 서류를 첨부하지 아니할 수 있다.

## 제31조의16(용접검사 및 구조검사의 동시신청)

법 제39조 제1항 및 법 제39조의2 제1항에 따라 검사대상기기의 용접검사와 구조검사를 동시에 받으려는 자는 별지 제11호 서식의 검사대상기기 용접(구조)검사신청서에 제31조의14 제2항 각 호에 따른 서류와 제31조의15 제2항에 따른 서류를 첨부하여 공단이사장 또는 검사기관의 장에게 제출하여야 한다. 다만 제31조의15 제2항에 따른 서류는 구조검사를 받을 때에 제출할 수 있다.

## 제31조의17(설치검사신청)

① 법 제39조 제2항에 따라 검사대상기기의 설치검사를 받으려는 자는 별지 제12호 서식의 검사대상기기 설치검사신청서를 공단이사장에게 제출하여야 한다.

② 제1항에 따른 신청서에는 다음 각 호의 구분에 따른 서류를 첨부하여야 한다.
1. 보일러 및 압력용기의 경우에는 검사대상기기의 용접검사증 및 구조검사증 각 1부 또는 제31조의21 제8항에 따른 확인서 1부(수입한 검사대상기기는 수입면장 사본 및 법 제39조의2 제1항에 따른 제조검사를 받았음을 증명하는 서류 사본 각 1부, 제31조의13 제1항에 따라 제조검사가 면제된 경우에는 자체검사기록 사본 및 설계도면 각 1부)

2. 철금속가열로의 경우에는 다음 각 목의 모든 서류
   가. 검사대상기기의 설계도면 1부
   나. 검사대상기기의 설계계산서 1부
   다. 검사대상기기의 성능·구조 등에 대한 설명서 1부

### 제31조의18(개조검사신청, 설치장소 변경검사신청 또는 재사용검사신청)

① 법 제39조 제2항에 따라 검사대상기기의 개조검사, 설치장소 변경검사 또는 재사용검사를 받으려는 자는 별지 제12호 서식의 검사대상기기 개조검사(설치장소 변경검사, 재사용검사)신청서를 공단이사장에게 제출하여야 한다.

② 제1항에 따른 신청서에는 다음 각 호의 서류를 첨부하여야 한다.
   1. 개조한 검사대상기기의 개조부분의 설계도면 및 그 설명서 각 1부(개조검사인 경우만 해당한다)
   2. 검사대상기기 설치검사증 1부

### 제31조의19(계속사용검사신청)

① 법 제39조 제4항에 따라 검사대상기기의 계속사용검사를 받으려는 자는 별지 제12호 서식의 검사대상기기 계속사용검사신청서를 검사유효기간 만료 10일 전까지 공단이사장에게 제출하여야 한다.

② 제1항에 따른 신청서에는 해당 검사대상기기 설치검사증 사본을 첨부하여야 한다.

### 제31조의20(계속사용검사의 연기)

① 법 제39조 제4항에 따른 계속사용검사는 검사유효기간의 만료일이 속하는 연도의 말까지 연기할 수 있다. 다만 검사유효기간 만료일이 9월 1일 이후인 경우에는 4개월 이내에서 계속사용검사를 연기할 수 있다.

② 제1항에 따라 계속사용검사를 연기하려는 자는 별지 제12호 서식의 검사대상기기검사연기신청서를 공단이사장에게 제출하여야 한다.

③ 다음 각 호의 어느 하나에 해당하는 경우에는 해당 검사일까지 계속사용검사가 연기된 것으로 본다.
   1. 검사대상기기의 설치자가 검사유효기간이 지난 후 1개월 이내에서 검사시기를 지정하여 검사를 받으려는 경우로서 검사유효기간 만료일 전에 검사신청을 하는 경우
   2. 「기업활동 규제완화에 관한 특별조치법 시행령」제19조 제1항에 따라 동시검사를 실시하는 경우
   3. 계속사용검사 중 운전성능검사를 받으려는 경우로서 검사유효기간이 지난 후 해당 연도 말까지의 범위에서 검사시기를 지정하여 검사유효기간 만료일 전까지 검사신청을 하는 경우

### 제31조의21(검사의 통지 등)

① 공단이사장 또는 검사기관의 장은 제31조의14부터 제31조의19까지의 규정에 따른 검사신청을 받은 경우에는 검사지정일 등을 별지 제14호 서식에 따라 작성하여 검사신청인에게 알려야 한다. 이 경우 검사신청인이 검사신청을 한 날부터 7일 이내의 날을 검사일로 지정하여야 한다.

② 공단이사장 또는 검사기관의 장은 제31조의14부터 제31조의19까지의 규정에 따라 신청된 검사에 합격한 검사대상기기에 대해서는 검사신청인에게 별지 제15호 서식부터 별지 제19호 서식에 따른 검사증을 검사일부터 7일 이내에 각각 발급하여야 한다. 이 경우 검사증에는 그 검사대상기기의 설계도면 또는 용접검사증을 첨부하여야 한다.

③ 공단이사장 또는 검사기관의 장은 제1항에 따른 검사에 불합격한 검사대상기기에 대해서는 불합격사유를 별지 제21호 서식에 따라 작성하여 검사일 후 7일 이내에 검사신청인에게 알려야 한다.

④ 법 제39조 제5항 단서에서 "산업통상자원부령으로 정하는 항목의 검사"란 계속사용검사 중 운전성능검사를 말한다.

⑤ 법 제39조 제5항 단서에서 "산업통상자원부령으로 정하는 기간"이란 제31조의7에 따른 검사에 불합격한 날부터 6개월(철금속가열로는 1년)을 말한다.

⑥ 제4항에 따라 계속사용검사 중 운전성능검사를 받으려는 자는 별지 제12호 서식의 검사대상기기 계속사용검사신청서에 검사대상기기 설치검사증 사본을 첨부하여 공단이사장에게 제출하여야 한다.

⑦ 제2항에 따른 검사증을 잃어버리거나 헐어 못쓰게 되어 검사증을 재발급 받으려는 자는 별지 제20호 서식의 검사대상기기검사증 재발급신청서를 공단이사장 또는 검사기관의 장에게 제출하여야 한다. 이 경우 검사증이 헐어 못 쓰게 되어 재발급을 신청하는 경우에는 그 검사증을 첨부하여야 한다.

⑧ 제31조의17 제1항에 따른 검사신청을 하려는 자가 제2항에 따라 용접검사증 또는 구조검사증을 발급받은 자로부터 용접검사증 또는 구조검사증을 제공받지 못한 경우에는 공단이사장 또는 검사기관의 장에게 해당 검사대상기기가 용접검사 또는 구조검사에 합격한 것임을 증명하는 확인서를 발급하여 줄 것을 요청할 수 있다.

### 제31조의22(검사에 필요한 조치 등)

① 공단이사장 또는 검사기관의 장은 법 제39조 제1항·제2항·제4항 및 법 제39조의2 제1항에 따른 검사를 받는 자에게 그 검사의 종류에 따라 다음 각 호 중 필요한 사항에 대한 조치를 하게 할 수 있다.
  1. 기계적 시험의 준비
  2. 비파괴검사의 준비
  3. 검사대상기기의 정비

4. 수압시험의 준비
   5. 안전밸브 및 수면측정장치의 분해·정비
   6. 검사대상기기의 피복물 제거
   7. 조립식인 검사대상기기의 조립 해체
   8. 운전성능 측정의 준비
② 제1항에 따른 검사를 받는 자는 그 검사대상기기의 관리자(용접검사 및 구조검사의 경우에는 검사 관계자)로 하여금 검사 시 참여하도록 하여야 한다.
③ 공단이사장 또는 검사기관의 장은 다음 각 호의 어느 하나에 해당하는 사유로 인하여 검사를 하지 못한 경우에는 검사신청인에게 별지 제22호 서식의 검사대상기기 미검사통지서에 따라 그 사실을 알려야 한다.
   1. 제1항 각 호에 따른 검사에 필요한 조치의 미완료
   2. 제2항에 따른 검사대상기기의 관리자(용접검사 및 구조검사의 경우에는 검사 관계자)의 참여조치의 불이행
④ 제3항에 따른 통지를 받은 검사신청인 중 검사일을 변경하여 검사를 받으려는 자는 별지 제11호 서식의 검사대상기기 용접(구조)검사신청서 또는 별지 제12호 서식의 검사대상기기 설치검사(개조검사, 설치장소 변경검사, 재사용검사, 계속사용검사, 검사연기)신청서를 검사기관의 장 또는 공단이사장에게 제출하여야 한다. 이 경우 첨부서류는 제출하지 아니하여도 된다.

## 제31조의23(검사대상기기의 폐기신고 등)

① 법 제39조 제7항 제1호에 따라 검사대상기기의 설치자가 사용 중인 검사대상기기를 폐기한 경우에는 폐기한 날부터 15일 이내에 별지 제23호 서식의 검사대상기기 폐기신고서를 공단이사장에게 제출하여야 한다.
② 법 제39조 제7항 제2호에 따라 검사대상기기의 설치자가 그 검사대상기기의 사용을 중지한 경우에는 중지한 날부터 15일 이내에 별지 제23호 서식의 검사대상기기 사용중지신고서를 공단이사장에게 제출하여야 한다.
③ 제1항 및 제2항에 따른 신고서에는 검사대상기기 설치검사증을 첨부하여야 한다.

## 제31조의24(검사대상기기의 설치자의 변경신고)

① 법 제39조 제7항 제3호에 따라 검사대상기기의 설치자가 변경된 경우 새로운 검사대상기기의 설치자는 그 변경일부터 15일 이내에 별지 제24호 서식의 검사대상기기 설치자 변경신고서를 공단이사장에게 제출하여야 한다.

② 제1항에 따른 신고서에는 검사대상기기 설치검사증 및 설치자의 변경사실을 확인할 수 있는 다음 각 호의 어느 하나에 해당하는 서류 1부를 첨부하여야 한다.
   1. 법인 등기사항증명서
   2. 양도 또는 합병 계약서 사본
   3. 상속인(지위승계인)임을 확인할 수 있는 서류 사본

## 제31조의25(검사면제기기의 설치신고)

① 법 제39조 제7항 제4호에 따라 신고하여야 하는 검사대상기기(이하 "설치신고대상기기"라 한다)란 별표 3의6에 따른 검사대상기기 중 설치검사가 면제되는 보일러를 말한다.
② 설치신고대상기기의 설치자는 이를 설치한 날부터 30일 이내에 별지 제13호 서식의 검사대상기기 설치신고서에 검사대상기기의 용접검사증 및 구조검사증 각 1부 또는 제31조의21 제8항에 따른 확인서 1부(수입한 검사대상기기는 수입면장 사본 및 법 제39조의2 제1항에 따른 제조검사를 받았음을 증명하는 서류 사본 각 1부, 제31조의13 제1항에 따라 제조검사가 면제된 경우에는 자체검사기록 사본 및 설계도면 각 1부)를 첨부하여 공단이사장에게 제출하여야 한다.
③ 공단이사장은 제2항에 따라 신고된 설치신고대상기기에 대해서는 신고인에게 별지 제19호 서식의 검사대상기기 신고증명서를 발급하여야 한다.

## 제31조의26(검사대상기기관리자의 자격 등)

① 법 제40조 제2항에 따른 검사대상기기관리자의 자격 및 관리범위는 별표 3의9와 같다. 다만 국방부장관이 관장하고 있는 검사대상기기의 관리자의 자격 등은 국방부장관이 정하는 바에 따른다.
② 별표 3의9의 인정검사대상기기관리자가 받아야 할 교육과목, 과목별 시간, 교육의 유효기간 및 그 밖에 필요한 사항은 산업통상자원부장관이 정한다.

## 제31조의27(검사대상기기관리자의 선임 기준)

① 법 제40조 제2항에 따른 검사대상기기관리자의 선임 기준은 1구역마다 1명 이상으로 한다.
② 제1항에 따른 1구역은 검사대상기기관리자가 한 시야로 볼 수 있는 범위 또는 중앙통제·관리설비를 갖추어 검사대상기기관리자 1명이 통제·관리할 수 있는 범위로 한다. 다만 캐스케이드보일러 또는 압력용기의 경우에는 검사대상기기관리자 1명이 관리할 수 있는 범위로 한다.

### 제31조의28(검사대상기기관리자의 선임신고 등)

① 법 제40조 제3항에 따라 검사대상기기의 설치자는 검사대상기기관리자를 선임·해임하거나 검사대상기기관리자가 퇴직한 경우에는 별지 제25호 서식의 검사대상기기관리자 선임(해임, 퇴직)신고서에 자격증수첩과 관리할 검사대상기기검사증을 첨부하여 공단이사장에게 제출하여야 한다. 다만 제31조의26 제1항 단서에 따라 국방부장관이 관장하고 있는 검사대상기기관리자의 경우에는 국방부장관이 정하는 바에 따른다.

② 제1항에 따른 신고는 신고 사유가 발생한 날부터 30일 이내에 하여야 한다.

③ 법 제40조 제4항 단서에서 "산업통상자원부령으로 정하는 사유"란 다음 각 호의 어느 하나의 해당하는 경우를 말한다.
 1. 검사대상기기관리자가 천재지변 등 불의의 사고로 업무를 수행할 수 없게 되어 해임 또는 퇴직한 경우
 2. 검사대상기기의 설치자가 선임을 위하여 필요한 조치를 하였으나 선임하지 못한 경우

④ 검사대상기기의 설치자는 제3항 각 호에 따른 사유가 발생한 경우에는 별지 제28호 서식의 검사대상기기관리자 선임기한 연기신청서를 시·도지사에게 제출하여 검사대상기기관리자의 선임기한의 연기를 신청할 수 있다.

⑤ 시·도지사는 제4항에 따른 연기신청을 받은 경우에는 그 사유가 제3항 각 호의 어느 하나에 해당되는 것으로서 연기가 부득이하다고 인정되면 그 신청인에게 검사대상기기관리자의 선임기한 및 조치사항을 별지 제29호 서식에 따라 알려야 한다.

### 제31조의29(검사대상기기 관리대행기관의 지정 등)

① 「기업활동 규제완화에 관한 특별조치법」 제40조에 따라 검사대상기기관리자의 업무를 위탁할 수 있는 관리대행기관(이하 "검사대상기기 관리대행기관"이라 한다)은 별표 3의10의 검사대상기기 관리대행기관 지정요건을 갖추어 산업통상자원부장관의 지정을 받은 자로 한다.

② 제1항에 따라 검사대상기기 관리대행기관의 지정을 받은 자가 그 지정내용을 변경하려는 경우에는 변경지정을 받아야 한다.

③ 제1항 또는 제2항에 따라 검사대상기기 관리대행기관으로 지정받거나 변경지정을 받으려는 자는 별지 제26호 서식의 검사대상기기 관리대행기관 지정(변경지정)신청서에 다음 각 호의 서류를 첨부하여 산업통상자원부장관에게 제출하여야 한다.
 1. 장비명세서 및 기술인력명세서
 2. 향후 1년간의 안전관리대행 사업계획서
 3. 변경사항을 증명할 수 있는 서류(변경지정의 경우만 해당한다)

④ 제3항에 따른 신청을 받은 산업통상자원부장관은 「전자정부법」 제36조 제1항에 따른 행정정보의 공동이용을 통하여 법인 등기사항증명서(신청인이 법인인 경우만 해당한다)를 확인하여야 한다.

⑤ 산업통상자원부장관은 제1항 또는 제2항에 따라 검사대상기기 관리대행기관을 지정하거나 변경지정하는 경우에는 별지 제27호 서식의 검사대상기기 관리대행기관 지정서를 신청인에게 발급하여야 한다.

### 제31조의30(붙박이에너지사용기자재)
① 법 제35조의2 제1항에서 "산업통상자원부령으로 정하는 에너지사용기자재"란 다음 각 호의 에너지사용기자재를 말한다.
　1. 전기냉장고
　2. 전기세탁기
　3. 식기세척기
　4. 제1호부터 제3호까지 규정된 에너지사용기자재 외에 산업통상자원부장관이 국토교통부장관과의 협의를 거쳐 고시하는 에너지사용기자재
② 제1항 각 호의 에너지사용기자재의 구체적인 범위는 산업통상자원부장관이 국토교통부장관과 협의하여 고시한다.
③ 산업통상자원부장관은 법 제35조의2 제3항에 따라 건설업자에 대한 권고의 이행 여부를 조사하는 경우 해당 건설업자가 공급하였거나 공급할 에너지사용기자재의 종류 또는 규모 등 조사에 필요한 자료의 제출을 요청할 수 있다.

### 제31조의31(검사대상기기 사고의 통보 등)
① 법 제40조의2 제1항 각 호 외의 부분에서 "사고의 일시·내용 등 산업통상자원부령으로 정하는 사항"이란 다음 각 호의 사항을 말한다.
　1. 통보자의 소속, 성명 및 연락처
　2. 사고 발생 일시 및 장소
　3. 사고 내용
　4. 인명 및 재산의 피해현황
② 법 제40조의2 제1항 제4호에서 "산업통상자원부령으로 정하는 사고"란 가동 중인 검사대상기기에서 증기 또는 액체 등이 누출된 사고를 말한다.
③ 검사대상기기의 설치자는 제1항 각 호의 사항을 공단에 전화·팩스 또는 그 밖의 적절한 방법으로 통보하여야 한다.

### 제32조(에너지관리자에 대한 교육)
① 법 제65조에 따른 에너지관리자에 대한 교육의 기관·기간·과정 및 대상자는 별표 4와 같다.
② 산업통상자원부장관은 제1항에 따라 교육대상이 되는 에너지관리자에게 교육기관 및 교육 과정 등에 관한 사항을 알려야 한다.

③ 공단이사장은 다음 연도의 교육계획을 수립하여 매년 12월 31일까지 산업통상자원부장관의 승인을 받아야 한다.

## 제32조의2(시공업의 기술인력 등에 대한 교육)

① 법 제65조에 따른 시공업의 기술인력 및 검사대상기기관리자에 대한 교육의 기관·기간·과정 및 대상자는 별표 4의2와 같다.

② 산업통상자원부장관은 제1항에 따라 교육의 대상이 되는 시공업의 기술인력 및 검사대상기기관리자에게 교육기관 및 교육 과정 등에 관한 사항을 알려야 한다.

③ 제1항에 따른 교육기관의 장은 다음 연도의 교육계획을 수립하여 매년 12월 31일까지 산업통상자원부장관의 승인을 받아야 한다.

④ 제1항부터 제3항까지의 규정에도 불구하고 제31조의26 제1항 단서에 따라 국방부장관이 관장하는 검사대상기기관리자에 대한 교육은 국방부장관이 정하는 바에 따른다.

## 제33조(보고 및 검사 등)

① 법 제66조 제1항에 따라 산업통상자원부장관이 보고를 명할 수 있는 사항은 다음 각 호와 같다.
 1. 효율관리기자재·대기전력저감대상제품·고효율에너지인증대상기자재의 제조업자·수입업자 또는 판매업자의 경우 : 연도별 생산·수입 또는 판매 실적
 2. 에너지절약전문기업(법 제25조 제1항에 따른 에너지절약전문기업을 말한다. 이하 같다)의 경우 : 영업실적(연도별 계약실적을 포함한다)
 3. 에너지다소비사업자의 경우 : 개선명령 이행실적
 4. 진단기관의 경우 : 진단 수행실적

② 법 제66조 제1항에 따라 산업통상자원부장관, 시·도지사가 소속 공무원 또는 공단으로 하여금 검사하게 할 수 있는 사항은 다음 각 호와 같다.
 1. 법 제15조 제2항에 따른 에너지소비효율등급 또는 에너지소비효율 표시의 적합 여부에 관한 사항
 2. 법 제15조 제2항에 따른 효율관리시험기관의 지정 및 자체측정의 승인을 위한 시험능력 확보 여부에 관한 사항
 3. 법 제16조 제1항 및 제2항에 따른 효율관리기자재의 사후관리를 위한 사항
 4. 법 제19조 제2항에 따른 대기전력시험기관의 지정 및 자체측정의 승인을 위한 시험능력 확보 여부에 관한 사항
 5. 법 제19조 제4항에 따른 대기전력경고표지의 이행 여부에 관한 사항
 6. 법 제20조 제1항에 따른 대기전력저감우수제품 표시의 적합 여부에 관한 사항
 7. 법 제21조 제1항에 따른 대기전력저감대상제품의 사후관리를 위한 사항
 8. 법 제22조 제5항에 따른 고효율에너지기자재 인증 표시의 적합 여부에 관한 사항

9. 법 제22조 제7항에 따른 고효율시험기관의 지정을 위한 시험능력 확보 여부에 관한 사항
10. 법 제23조 제1항에 따른 고효율에너지기자재의 사후관리를 위한 사항
11. 법 제24조 제1항에 따른 효율관리시험기관, 대기전력시험기관 및 고효율시험기관의 지정 취소요건의 해당 여부에 관한 사항
12. 법 제24조 제2항에 따른 자체측정의 승인을 받은 자의 승인취소 요건의 해당 여부에 관한 사항
13. 법 제25조 제1항 각 호에 따른 에너지절약전문기업이 수행한 사업에 관한 사항
14. 법 제25조 제2항에 따른 에너지절약전문기업의 등록 기준 적합 여부에 관한 사항
15. 법 제31조 제1항에 따른 에너지다소비사업자의 에너지사용량 신고 이행 여부에 관한 사항
16. 법 제32조 제2항에 따른 에너지다소비사업자의 에너지진단 실시 여부에 관한 사항
17. 법 제32조 제7항에 따른 진단기관의 지정 기준 적합 여부에 관한 사항
18. 법 제33조에 따른 진단기관의 지정취소 요건의 해당 여부에 관한 사항
19. 법 제34조 제1항에 따른 에너지다소비사업자의 개선명령 이행 여부에 관한 사항
20. 법 제39조 제2항에 따른 검사대상기기설치자의 검사 이행에 관한 사항
21. 법 제39조 제4항에 따른 검사대상기기를 계속 사용하려는 자의 검사 이행에 관한 사항
22. 법 제39조 제7항 각 호에 따른 검사대상기기 폐기 등의 신고 이행에 관한 사항
23. 법 제40조 제1항에 따른 검사대상기기관리자의 선임에 관한 사항
24. 법 제40조 제3항에 따른 검사대상기기관리자의 선임·해임 또는 퇴직의 신고 이행에 관한 사항

③ 공단이사장 또는 검사기관의 장은 매달 검사대상기기의 검사 실적을 다음 달 10일까지 별지 제30호 서식에 따라 작성하여 시·도지사에게 보고하여야 한다. 다만 검사 결과 불합격한 경우에는 즉시 그 검사 결과를 시·도지사에게 보고하여야 한다.

## 03 별표 – 에너지이용합리화법 시행규칙

### 1 [별표 1] 열사용기자재(제1조의2 관련)

| 구분 | 품목명 | 적용범위 |
|---|---|---|
| 보일러 | 강철제 보일러, 주철제 보일러 | 다음 각 호의 어느 하나에 해당하는 것을 말한다.<br>1. 1종 관류보일러 : 강철제 보일러 중 헤더의 안지름이 150밀리미터 이하이고, 전열면적이 5제곱미터 초과 10제곱미터 이하이며, 최고사용압력이 1 [MPa] 이하인 관류보일러(기수분리기를 장치한 경우에는 기수분리기의 안지름이 300밀리미터 이하이고, 그 내부 부피가 0.07세제곱미터 이하인 것만 해당한다)<br>2. 2종 관류보일러 : 강철제 보일러 중 헤더의 안지름이 150밀리미터 이하이고, 전열면적이 5제곱미터 이하이며, 최고사용압력이 1 [MPa] 이하인 관류보일러(기수분리기를 장치한 경우에는 기수 분리기의 안지름이 200밀리미터 이하이고, 그 내부 부피가 0.02세제곱미터 이하인 것에 한정한다)<br>3. 제1호 및 제2호 외의 금속(주철을 포함한다)으로 만든 것. 다만 소형 온수보일러·구멍탄용 온수보일러·축열식 전기보일러 및 가정용 화목보일러는 제외한다. |
| | 소형 온수보일러 | 전열면적이 14제곱미터 이하이고, 최고사용압력이 0.35 [MPa] 이하의 온수를 발생하는 것. 다만 구멍탄용 온수보일러·축열식 전기보일러·가정용 화목보일러 및 가스사용량이 17 [kg/h](도시가스는 232.6킬로와트) 이하인 가스용 온수보일러는 제외한다. |
| | 구멍탄용 온수보일러 | 「석탄산업법 시행령」 제2조 제2호에 따른 연탄을 연료로 사용하여 온수를 발생시키는 것으로서 금속제만 해당한다. |
| | 축열식 전기보일러 | 심야전력을 사용하여 온수를 발생시켜 축열조에 저장한 후 난방에 이용하는 것으로서 정격소비전력이 30킬로와트 이하이고, 최고사용압력이 0.35 [MPa] 이하인 것 |
| | 가정용 화목보일러 | 화목(火木) 등 목재연료를 사용하여 90 [℃] 이하의 난방수 또는 65 [℃] 이하의 온수를 발생하는 것으로서 표시 난방출력이 70킬로와트 이하로서 옥외에 설치하는 것 |
| 태양열 집열기 | 태양열 집열기 | |

| 구분 | 품목명 | 적용범위 |
|---|---|---|
| 압력용기 | 1종 압력용기 | 최고사용압력[MPa]과 내부 부피[m³]를 곱한 수치가 0.004를 초과하는 다음 각 호의 어느 하나에 해당하는 것<br>1. 증기나 그 밖의 열매체를 받아들이거나 증기를 발생시켜 고체 또는 액체를 가열하는 기기로서 용기 안의 압력이 대기압을 넘는 것<br>2. 용기 안의 화학반응에 따라 증기를 발생시키는 용기로서 용기 안의 압력이 대기압을 넘는 것<br>3. 용기 안의 액체의 성분을 분리하기 위하여 해당 액체를 가열하거나 증기를 발생시키는 용기로서 용기 안의 압력이 대기압을 넘는 것<br>4. 용기 안의 액체의 온도가 대기압에서의 비점(沸點)을 넘는 것 |
| | 2종 압력용기 | 최고사용압력이 0.2 [MPa]를 초과하는 기체를 그 안에 보유하는 용기로서 다음 각 호의 어느 하나에 해당하는 것<br>1. 내부 부피가 0.04세제곱미터 이상인 것<br>2. 동체의 안지름이 200밀리미터 이상(증기헤더의 경우에는 동체의 안지름이 300밀리미터 초과)이고, 그 길이가 1천 밀리미터 이상인 것 |
| 요로 | 요업요로 | 연속식 유리용융가마·불연속식 유리용융가마·유리용융도가니가마·터널가마·도염식 가마·셔틀가마·회전가마 및 석회용선가마 |
| | 금속요로 | 용선로·비철금속용융로·금속소둔로·철금속가열로 및 금속균열로 |

## 2 [별표 2] 대기전력저감대상제품(제13조 제1항 관련)

1. 컴퓨터
2. 모니터
3. 프린터
4. 복합기
5. 전자레인지
6. 팩시밀리
7. 복사기
8. 스캐너
9. 오디오
10. DVD플레이어
11. 라디오카세트
12. 도어폰
13. 유무선전화기
14. 비데
15. 모뎀
16. 홈 게이트웨이
17. 자동절전제어장치
18. 손건조기
19. 서버
20. 디지털컨버터
21. 그 밖에 산업통상자원부장관이 대기전력의 저감이 필요하다고 인정하여 고시하는 제품

🔑 사무용 기기 컴모 프복 복스 / 통신기기 팩유도모 / 오라디홈 전비서 / 손자

## 3 [별표 3의2] 특정열사용기자재 및 그 설치·시공범위(제31조의5 관련)

| 구분 | 품목명 | 설치·시공범위 |
|---|---|---|
| 보일러 | • 강철제 보일러<br>• 주철제 보일러<br>• 온수보일러<br>• 구멍탄용 온수보일러<br>• 축열식 전기보일러<br>• 캐스케이드보일러<br>• 가정용 화목보일러 | 해당 기기의 설치·배관 및 세관 |
| 태양열 집열기 | • 태양열 집열기 | 해당 기기의 설치·배관 및 세관 |
| 압력용기 | • 1종 압력용기<br>• 2종 압력용기 | 해당 기기의 설치·배관 및 세관 |
| 요업요로 | • 연속식 유리용융가마<br>• 불연속식 유리용융가마<br>• 유리용융도가니가마<br>• 터널가마<br>• 도염식 각가마<br>• 셔틀가마<br>• 회전가마<br>• 석회용선가마 | 해당 기기의 설치를 위한 시공 |
| 금속요로 | • 용선로<br>• 비철금속용융로<br>• 금속소둔로<br>• 철금속가열로<br>• 금속균열로 | 해당 기기의 설치를 위한 시공 |

## 4 [별표 3의3] 검사대상기기(제31조의6 관련)

| 구분 | 검사대상기기 | 적용범위 |
|---|---|---|
| 보일러 | 강철제 보일러, 주철제 보일러 | 다음 각 호의 어느 하나에 해당하는 것은 제외한다.<br>1. 최고사용압력이 0.1 [MPa] 이하이고, 동체의 안지름이 300밀리미터 이하이며, 길이가 600밀리미터 이하인 것<br>2. 최고사용압력이 0.1 [MPa] 이하이고, 전열면적이 5제곱미터 이하인 것<br>3. 2종 관류보일러<br>4. 온수를 발생시키는 보일러로서 대기개방형인 것 |
| | 소형 온수보일러 | 가스를 사용하는 것으로서 가스사용량이 17 [kg/h](도시가스는 232.6킬로와트)를 초과하는 것 |
| | 캐스케이드보일러 | 별표 1에 따른 캐스케이드보일러의 적용범위에 따른다. |
| 압력용기 | 1종 압력용기, 2종 압력용기 | 별표 1에 따른 압력용기의 적용범위에 따른다. |
| 요로 | 철금속가열로 | 정격용량이 0.58 [MW]를 초과하는 것 |

## 5 [별표 3의4] 검사의 종류 및 적용대상(제31조의7 관련)

| 검사의 종류 | | 적용대상 | 근거 법조문 |
|---|---|---|---|
| 제조 검사 | 용접 검사 | 동체·경판 및 이와 유사한 부분을 용접으로 제조하는 경우의 검사 | 법 제39조 제1항 및 법 제39조의2 제1항 |
| | 구조 검사 | 강판·관 또는 주물류를 용접·확대·조립·주조 등에 따라 제조하는 경우의 검사 | |
| 설치검사 | | 신설한 경우의 검사(사용연료의 변경에 의하여 검사대상이 아닌 보일러가 검사대상으로 되는 경우의 검사를 포함한다) | |
| 개조검사 | | 다음 각 호의 어느 하나에 해당하는 경우의 검사<br>1. 증기보일러를 온수보일러로 개조하는 경우<br>2. 보일러 섹션의 증감에 의하여 용량을 변경하는 경우<br>3. 동체·돔·노통·연소실·경판·천정판·관판·관모음 또는 스테이의 변경으로서 산업통상자원부장관이 정하여 고시하는 대수리의 경우<br>4. 연료 또는 연소방법을 변경하는 경우<br>5. 철금속가열로로서 산업통상자원부장관이 정하여 고시하는 경우의 수리 | 법 제39조 제2항 제1호 |
| 설치장소 변경검사 | | 설치장소를 변경한 경우의 검사. 다만 이동식 검사대상기기를 제외한다. | 법 제39조 제2항 제2호 |
| 재사용검사 | | 사용중지 후 재사용하고자 하는 경우의 검사 | 법 제39조 제2항 제3호 |
| 계속 사용 검사 | 안전 검사 | 설치검사·개조검사·설치장소 변경검사 또는 재사용검사 후 안전부문에 대한 유효기간을 연장하고자 하는 경우의 검사 | 법 제39조 제4항 |
| | 운전 성능 검사 | 다음 각 호의 어느 하나에 해당하는 기기에 대한 검사로서 설치검사 후 운전성능부문에 대한 유효기간을 연장하고자 하는 경우의 검사<br>1. 용량이 1 [t/h](난방용의 경우에는 5 [t/h]) 이상인 강철제 보일러 및 주철제 보일러<br>2. 철금속가열로 | |

## 6 [별표 3의5] 검사대상기기의 검사유효기간(제31조의8 제1항 관련)

| 검사의 종류 | | 검사유효기간 |
|---|---|---|
| 설치검사 | | 1. 보일러 : <u>1년</u><br>　다만 운전성능 부문의 경우에는 3년 1개월로 한다.<br>2. 압력용기 및 철금속가열로 : 2년 |
| 개조검사 | | 1. 보일러 : 1년<br>2. 압력용기 및 철금속가열로 : 2년 |
| 설치장소 변경검사 | | 1. 보일러 : 1년<br>2. 압력용기 및 철금속가열로 : 2년 |
| 재사용검사 | | 1. 보일러 : 1년<br>2. 압력용기 및 철금속가열로 : 2년 |
| 계속사용검사 | 안전검사 | 1. 보일러 : 1년<br>2. 압력용기 : 2년 |
| | 운전성능검사 | 1. 보일러 : 1년<br>2. 철금속가열로 : 2년 |

암기 보일(1)러

## 7 [별표 3의6] 검사의 면제대상 범위(제31조의13 제1항 제1호 관련)

| 검사대상 기기명 | 대상범위 | 면제되는 검사 |
|---|---|---|
| 강철제 보일러, 주철제 보일러 | 1. 강철제 보일러 중 전열면적이 5제곱미터 이하이고, 최고사용압력이 0.35 [MPa] 이하인 것<br>2. 주철제 보일러<br>3. 1종 관류보일러<br>4. 온수보일러 중 전열면적이 18제곱미터 이하이고, 최고사용압력이 0.35 [MPa] 이하인 것 | 용접검사 |
| | 주철제 보일러 | 구조검사 |
| | 1. 가스 외의 연료를 사용하는 1종 관류보일러<br>2. 전열면적 30제곱미터 이하의 유류용 주철제 증기보일러 | 설치검사 |
| | 1. 전열면적 5제곱미터 이하의 증기보일러로서 다음 각 목의 어느 하나에 해당하는 것<br>　가. 대기에 개방된 안지름이 25밀리미터 이상인 증기관이 부착된 것<br>　나. 수두압(水頭壓)이 5미터 이하이며 안지름이 25밀리미터 이상인 대기에 개방된 U자형 입관이 보일러의 증기부에 부착된 것<br>2. 온수보일러로서 다음 각 목의 어느 하나에 해당하는 것<br>　가. 유류·가스 외의 연료를 사용하는 것으로서 전열면적이 30제곱미터 이하인 것<br>　나. 가스 외의 연료를 사용하는 주철제 보일러 | 계속사용검사 |
| 소형 온수보일러 | 가스사용량이 17 [kg/h](도시가스는 232.6 [kW])를 초과하는 가스용 소형 온수보일러 | 제조검사 |
| 캐스케이드 보일러 | 캐스케이드보일러 | 제조검사 |

| 검사대상 기기명 | 대상범위 | 면제되는 검사 |
|---|---|---|
| 1종 압력용기, 2종 압력용기 | 1. 용접이음(동체와 플랜지와의 용접이음은 제외한다)이 없는 강관을 동체로 한 헤더<br>2. 압력용기 중 동체의 두께가 6밀리미터 미만인 것으로서 최고사용압력[MPa]과 내부 부피[$m^3$]를 곱한 수치가 0.02 이하(난방용의 경우에는 0.05 이하)인 것<br>3. 전열교환식인 것으로서 최고사용압력이 0.35 [MPa] 이하이고, 동체의 안지름이 600밀리미터 이하인 것 | 용접검사 |
| | 1. 2종 압력용기 및 온수탱크<br>2. 압력용기 중 동체의 두께가 6밀리미터 미만인 것으로서 최고사용압력[MPa]과 내부 부피[$m^3$]를 곱한 수치가 0.02 이하(난방용의 경우에는 0.05 이하)인 것<br>3. 압력용기 중 동체의 최고사용압력이 0.5 [MPa] 이하인 난방용 압력용기<br>4. 압력용기 중 동체의 최고사용압력이 0.1 [MPa] 이하인 취사용 압력용기 | 설치검사 및 계속사용검사 |
| 철금속가열로 | 제조검사, 재사용검사 및 계속사용검사 중 안전검사 | - |

## 8 [별표 3의9] 검사대상기기관리자의 자격 및 조종범위(제31조의26 제1항 관련)

| 관리자의 자격 | 관리범위 |
|---|---|
| 에너지관리기능장 또는 에너지관리기사 | 용량이 30 [t/h]를 초과하는 보일러 |
| 에너지관리기능장, 에너지관리기사 또는 에너지관리산업기사 | 용량이 10 [t/h]를 초과하고 30 [t/h] 이하인 보일러 |
| 에너지관리기능장, 에너지관리기사, 에너지관리산업기사 또는 에너지관리기능사 | 용량이 10 [t/h] 이하인 보일러 |
| 에너지관리기능장, 에너지관리기사, 에너지관리산업기사, 에너지관리기능사 또는 인정검사대상기기관리자의 교육을 이수한 자 | 1. 증기보일러로서 최고사용압력이 1 [MPa] 이하이고, 전열면적이 10제곱미터 이하인 것<br>2. 온수 발생 및 열매체를 가열하는 보일러로서 용량이 581.5킬로와트 이하인 것 (암: 오빠일로)<br>3. 압력용기 |

※ 비고

1. 온수 발생 및 열매체를 가열하는 보일러의 용량은 697.8킬로와트를 1 [t/h]로 본다.

2. 제31조의27 제2항에 따른 1구역에서 가스 연료를 사용하는 1종 관류보일러의 용량은 이를 구성하는 보일러의 개별 용량을 합산한 값으로 한다.

3. 계속사용검사 중 안전검사를 실시하지 않는 검사대상기기 또는 가스 외의 연료를 사용하는 1종 관류보일러의 경우에는 검사대상기기관리자의 자격에 제한을 두지 아니한다.

4. 가스를 연료로 사용하는 보일러의 검사대상기기관리자의 자격은 위 표에 따른 자격을 가진 사람으로서 제31조의26 제2항에 따라 산업통상자원부장관이 정하는 관련 교육을 이수한 사람 또는 「도시가스사업법 시행령」 별표 1에 따른 특정가스사용시설의 안전관리 책임자의 자격을 가진 사람으로 한다.

9 [별표 4] 에너지관리자에 대한 교육(제31조 제1항 관련)

| 교육 과정 | 교육 기간 | 교육대상자 | 교육기관 |
|---|---|---|---|
| 에너지관리자 기본교육 과정 | 1일 | 법 제31조 제1항 제1호부터 제4호까지의 사항에 관한 업무를 담당하는 사람으로 신고된 사람 | 한국 에너지공단 |

10 [별표 4의2] 시공업의 기술인력 및 검사대상기기관리자에 대한 교육(제32조의2 제1항 관련)

| 구분 | 교육 과정 | 교육 기간 | 교육대상자 | 교육기관 |
|---|---|---|---|---|
| 시공업의 기술인력 | 1. 난방시공업 제1종 기술자 과정 | 1일 | 「건설산업기본법 시행령」 별표 2에 따른 난방시공업 제1종의 기술자로 등록된 사람 | 법 제41조에 따라 설립된 한국열관리시공협회 및 「민법」 제32조에 따라 국토교통부장관의 허가를 받아 설립된 전국보일러설비협회 |
| | 2. 난방시공업 제2종, 제3종 기술자 과정 | 1일 | 「건설산업기본법 시행령」 별표 2에 따른 난방시공업 제2종 또는 난방시공업 제3종의 기술자로 등록된 사람 | |
| 검사대상 기기 관리자 | 1. 중·대형 보일러 관리자 과정 | 1일 | 법 제40조 제1항에 따른 검사대상기기관리자로 선임된 사람으로서 용량이 1[t/h](난방용의 경우에는 5[t/h])를 초과하는 강철제 보일러 및 주철제 보일러의 관리자 | 공단 및 「민법」 제32조에 따라 산업통상자원부장관의 허가를 받아 설립된 한국에너지기술인협회 |
| | 2. 소형 보일러 압력용기 관리자 과정 | 1일 | 법 제40조 제1항에 따른 검사대상기기관리자로 선임된 사람으로서 제1호의 보일러 관리자 과정의 대상이 되는 보일러 외의 보일러 및 압력용기의 관리자 | |

## 04 별표 – 에너지이용합리화법 시행령

### 1 [별표 3] 에너지진단주기(제36조 제1항 관련)

에너지진단주기

| 연간 에너지사용량 | 에너지진단주기 |
|---|---|
| 20만 티오이 이상 | 1. 전체진단 : 5년<br>2. 부분진단 : 3년 |
| 20만 티오이 미만 | 5년 |

※ 비고
1. 연간 에너지사용량은 에너지진단을 하는 연도의 전년도 연간 에너지사용량을 기준으로 한다.
2. 연간 에너지사용량이 20만 티오이 이상인 자에 대해서는 10만 티오이 이상의 사용량을 기준으로 구역별로 나누어 에너지진단(이하 "부분진단"이라 한다)을 할 수 있으며, 1개 구역 이상에 대하여 부분진단을 한 경우에는 에너지진단 주기에 에너지진단을 받은 것으로 본다.
3. 부분진단은 10만 티오이 이상의 사용량을 기준으로 구역별로 나누어 순차적으로 실시하여야 한다.

## 05 신재생에너지

### 1 신재생에너지법

제1조(목적)
① 이 법은 신에너지 및 재생에너지의 기술개발 및 이용·보급 촉진과 신에너지 및 재생에너지 산업의 활성화를 통하여 에너지원을 다양화하고, 에너지의 안정적인 공급, 에너지 구조의 환경친화적 전환 및 온실가스 배출의 감소를 추진함으로써 환경의 보전, 국가경제의 건전하고 지속적인 발전 및 국민복지의 증진에 이바지함을 목적으로 한다.

## 제2조(정의)

이 법에서 사용하는 용어의 뜻은 다음과 같다.

2) 신에너지

1. "신에너지"란 기존의 화석연료를 변환시켜 이용하거나 수소·산소 등의 화학반응을 통하여 전기 또는 열을 이용하는 에너지로서 다음 각 목의 어느 하나에 해당하는 것을 말한다.

    가. 수소에너지

    나. 연료전지

    다. 석탄을 액화·가스화한 에너지 및 중질잔사유(重質殘渣油)를 가스화한 에너지로서 대통령령으로 정하는 기준 및 범위에 해당하는 에너지

    라. 그 밖에 석유·석탄·원자력 또는 천연가스가 아닌 에너지로서 대통령령으로 정하는 에너지

2. "재생에너지"란 햇빛·물·지열(地熱)·강수(降水)·생물유기체 등을 포함하는 재생 가능한 에너지를 변환시켜 이용하는 에너지로서 다음 각 목의 어느 하나에 해당하는 것을 말한다.

    가. 태양에너지

    나. 풍력

    다. 수력

    라. 해양에너지

    마. 지열에너지

    바. 생물자원을 변환시켜 이용하는 바이오에너지로서 대통령령으로 정하는 기준 및 범위에 해당하는 에너지

    사. 폐기물에너지(비재생폐기물로부터 생산된 것은 제외한다)로서 대통령령으로 정하는 기준 및 범위에 해당하는 에너지

    아. 그 밖에 석유·석탄·원자력 또는 천연가스가 아닌 에너지로서 대통령령으로 정하는 에너지

3. "신에너지 및 재생에너지 설비"(이하 "신·재생에너지 설비"라 한다)란 신에너지 및 재생에너지(이하 "신·재생에너지"라 한다)를 생산 또는 이용하거나 신·재생에너지의 전력계통 연계조건을 개선하기 위한 설비로서 산업통상자원부령으로 정하는 것을 말한다.

4. "신·재생에너지 발전"이란 신·재생에너지를 이용하여 전기를 생산하는 것을 말한다.

5. "신·재생에너지 발전사업자"란 「전기사업법」 제2조 제4호에 따른 발전사업자 또는 같은 조 제19호에 따른 자가용전기설비를 설치한 자로서 신·재생에너지 발전을 하는 사업자를 말한다.

## 제12조의5(신·재생에너지 공급의무화 등)

3. 공공기관

② 제1항에 따라 공급의무자가 의무적으로 신·재생에너지를 이용하여 공급하여야 하는 발전량(이하 "의무공급량"이라 한다)의 합계는 총전력생산량의 25퍼센트 이내의 범위에서 연도별로 대통령령으로 정한다. 이 경우 균형 있는 이용·보급이 필요한 신·재생에너지에 대하여는 대통령령으로 정하는 바에 따라 총의무공급량 중 일부를 해당 신·재생에너지를 이용하여 공급하게 할 수 있다.

※ 태양광은 「신재생에너지법령」상 의무공급량이 지정되어 있음

## 04 OX퀴즈

※ OX 퀴즈로 최다빈출 개념을 쉽게 정리하고 기출 유형까지 미리 익혀보세요.

1. 「에너지법」에서 에너지란 연료·열 및 전기를 말한다.　　　　　　　　　　　 O X

2. 「에너지법」에서 에너지사용자란 에너지의 판매자를 이야기한다. 　　　　　 O X

3. 에너지 총조사는 5년마다 실시한다.　　　　　　　　　　　　　　　　　　 O X

4. 「에너지이용합리화법」은 수급을 안정시키고 합리적이고 효율적인 이용을 증진하　 O X
 며, 에너지 소비로 인한 환경피해를 줄임으로써 국민경제의 건전한 발전 및 국민복
 지의 증진과 지구온난화의 최소화에 이바지함을 목적으로 한다.

5. 에너지이용합리화 기본계획에는 에너지이용합리화를 위한 기술개발사항이 포함　 O X
 되어 있어야 한다.

6. 에너지다소비사업자는 그 에너지사용시설이 있는 지역을 관할하는 시·도지사에　 O X
 게 매년 12월 31일까지 신고하여야 한다.

---

**정답** 01 (O) 02 (X) 03 (X) 04 (O) 05 (O) 06 (X)

2 에너지사용시설의 소유자 또는 관리자를 말한다
3 3년마다 실시한다.
6 1월 31일이다.

# 04 예상문제

## 01
「에너지법」에서 정한 용어의 정의에 대한 설명으로 틀린 것은?

① 에너지란 연료·열 및 전기를 말한다.
② 연료란 석유·가스·석탄, 그 밖에 열을 발생하는 열원을 말한다.
③ 에너지사용자란 에너지를 전환하여 사용하는 자를 말한다.
④ 에너지사용기자재란 열사용기자재나 그 밖에 에너지를 사용하는 기자재를 말한다.

**[해설]**
「에너지법」에서 정한 용어
에너지사용자라 함은 에너지사용시설의 소유자 또는 관리자를 말한다.

## 02
「에너지법」에 따른 지역에너지계획에 포함되어야 할 사항이 아닌 것은?

① 해당 지역에 대한 에너지수급의 추이와 전망에 관한 사항
② 해당 지역에 대한 에너지의 안정적 공급을 위한 대책에 관한 사항
③ 해당 지역에 대한 에너지 효율적 사용을 위한 기술개발에 관한 사항
④ 해당 지역에 대한 미활용 에너지원의 개발·사용을 위한 대책에 관한 사항

**[해설]**
지역에너지계획에 포함되어야 할 사항
- 해당 지역에 대한 에너지수급의 추이와 전망에 관한 사항
- 해당 지역에 대한 에너지의 안정적 공급을 위한 대책에 관한 사항
- 해당 지역에 대한 미활용에너지원의 개발사용을 위한 대책에 관한 사항

## 03
「에너지법」에 의한 에너지 총조사는 몇 년 주기로 시행하는가?

① 2년
② 3년
③ 4년
④ 5년

**[해설]**
에너지 총조사 주기
「에너지법」에 의한 에너지 총조사는 3년 주기로 시행한다.

**정답** 01 ③  02 ③  03 ②

## 04

「에너지이용합리화법령」에 따라 산업통상자원부장관은 에너지수급안정을 위하여 에너지사용자에 필요한 조치를 할 수 있는데 이 조치의 해당사항이 아닌 것은?

① 지역별·주요 수급자별 에너지 할당
② 에너지공급설비의 정지명령
③ 에너지의 비축과 저장
④ 에너지사용기자재 사용 제한 또는 금지

해설

산업통상자원부장관이 에너지수급안정을 위하여 할 수 있는 조치
• 지역별 주요 수급자별 에너지 할당
• 에너지 비축과 저장
• 에너지사용기자재의 사용제한 및 금지

## 05

「에너지이용합리화법령」에 따라 검사대상기기 관리자는 선임된 날부터 얼마 이내에 교육을 받아야 하는가?

① 1개월
② 3개월
③ 6개월
④ 1년

해설

교육 기간
검사대상기기관리자는 선임된 날로부터 6개월 이내에 교육을 받아야 한다.

## 06

「에너지이용합리화법령」상 산업통상자원부장관이 에너지다소비사업자에게 개선명령을 할 수 있는 경우는 에너지관리지도 결과 몇 [%] 이상의 에너지 효율개선이 기대될 때로 규정하고 있는가?

① 10　　② 20
③ 30　　④ 50

해설

개선명령을 할 수 있는 경우
산업통상자원부장관이 에너지다소비사업자에게 개선명령을 할 수 있는 경우는 에너지관리지도 결과 10 [%] 이상의 효율개선이 기대될 경우로 규정하고 있다.

## 07

「에너지이용합리화법령」상 검사대상기기에 대한 검사의 종류가 아닌 것은?

① 계속사용검사
② 개방검사
③ 개조검사
④ 설치장소 변경검사

해설

검사대상기기검사의 종류
• 설치검사
• 계속사용검사
• 개조검사
• 재사용검사
• 설치장소 변경검사

## 08

「에너지이용합리화법」의 목적으로 가장 거리가 먼 것은?

① 에너지의 합리적 이용을 증진
② 에너지 소비로 인한 환경피해 감소
③ 에너지원의 개발
④ 국민 경제의 건전한 발전과 국민복지의 증진

**해설**

「에너지이용합리화법」의 목적
- 에너지수급의 안정
- 에너지의 합리적이고 효율적인 이용증진
- 에너지 소비로 인한 환경피해 감소
- 국민 경제의 건전한 발전과 국민복지의 증진 및 지구온난화의 최소화에 이바지함

## 09

「에너지이용합리화법령」상 효율관리기자재에 대한 에너지소비효율등급을 거짓으로 표시한 자에 해당하는 과태료는?

① 3백만 원 이하
② 5백만 원 이하
③ 1천만 원 이하
④ 2천만 원 이하

**해설**

소비효율등급 거짓 표시 - 과태료
2천만 원 이하이다.

## 10

「에너지이용합리화법령」상 검사대상기기관리자를 해임한 경우 한국에너지공단 이사장에게 그 사유가 발생한 날부터 신고해야 하는 기간은 며칠 이내인가? (단, 국방부장관이 관장하고 있는 검사대상기기관리자는 제외한다)

① 7일   ② 10일
③ 20일  ④ 30일

**해설**

해임신고 기간
검사대상기기관리자를 해임할 경우 한국에너지공단 이사장에게 그 사유가 발생한 날부터 30일 이내에 신고해야 한다(국방부장관이 관장하고 있는 검사대상기기관리자는 제외한다).

## 11

「에너지이용합리화법령」상 연간 에너지사용량이 20만 티오이 이상인 에너지다소비사업자의 사업장이 받아야 하는 에너지진단주기는 몇 년인가? (단, 에너지진단은 전체진단이다)

① 3   ② 4
③ 5   ④ 6

**해설**

에너지 진단주기

| 연간 에너지 사용량 | 에너지 진단주기 |
| --- | --- |
| 20만 [TOE] 이상 | 전체진단 : 5년<br>부분진단 : 3년 |
| 20만 [TOE] 미만 | 5년 |

정답  08 ③  09 ④  10 ④  11 ③

## 12

「신재생에너지법령」상 신·재생에너지 중 의무공급량이 지정되어 있는 에너지 종류는?

① 해양에너지
② 지열에너지
③ 태양에너지
④ 바이오에너지

**해설**

의무공급량이 지정되어 있는 에너지 종류
태양에너지는 「신재생에너지법령」상 신·재생에너지 중 의무공급량이 지정되어 있다.

## 13

「신재생에너지법령」상 바이오에너지가 아닌 것은?

① 식물의 유지를 변환시킨 바이오디젤
② 생물유기체를 변환시켜 얻어지는 연료
③ 폐기물의 소각열을 변환시킨 고체의 연료
④ 쓰레기매립장의 유기성폐기물을 변환시킨 매립지가스

**해설**

바이오에너지
「신재생에너지법령」상 생물유기체를 변환시켜 얻어지는 에너지

모아바 www.moa-ba.com
모아소방전기학원 www.moate.co.kr

[ 출·제·경·향·분·석·표 ]

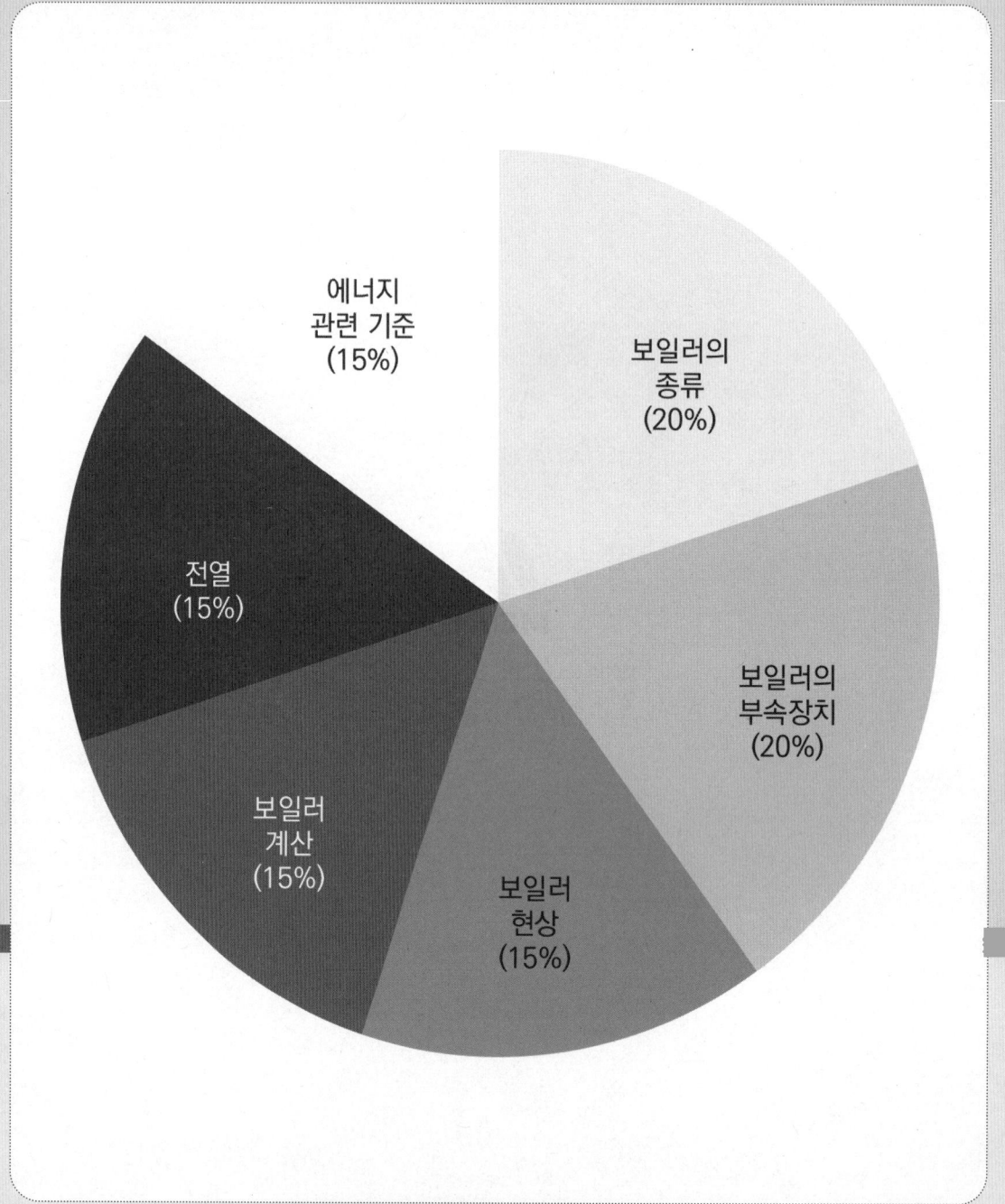

# Part 05

에·너·지·관·리·기·사

## 열설비 설계

# Chapter 01 보일러의 종류

**핵심포인트** 외분식·내분식 보일러, 수관식·원통형 보일러

**학습목표**
1. 보일러의 구조를 그릴 수 있다.
2. 다양한 보일러의 종류와 특징을 비교할 수 있다.
3. 수관식 보일러와 원통형 보일러를 비교할 수 있다.

## 01 보일러

### 1 보일러
밀폐된 용기 내부에 물이나 열매체를 넣어 가열하여 증기 또는 온수를 발생시켜 난방하는 장치

### 2 보일러 3대 구성요소
1) 본체 : 동(드럼)과 관으로 되어 있으며 노 내에서 연료의 연소열을 받아 동 내의 수 또는 열매체를 가열하여 증기 또는 온수를 발생시키는 부분
2) 연소장치 : 연료를 공급하여 연소시켜 열을 발생시키는 장치
3) 부속장치 : 보일러의 효율적인 운전 및 안전운전을 위한 장치로 급수장치, 송기장치, 폐열회수장치, 제어장치, 분출장치, 안전장치, 처리장치 등이 있음

### 3 보일러 분류
1) 사용장소 : 육용 보일러, 선박용 보일러
2) 동의 축심(설치방향) : 횡형 보일러, 입형 보일러
3) 노(연소실)의 위치 : 내분식 보일러, 외분식 보일러
4) 사용형식 : 원통형 보일러, 수관보일러, 기타 보일러
5) 이동여하 : 정치보일러, 운반보일러
6) 본체구조 : 원통보일러, 수관보일러, 특수보일러

7) 물의 순환방식 : 자연순환식, 강제순환식

8) 가열 형식 : 직접식, 간접식

9) 재질별 : 강철제 보일러, 주철제 보일러

10) 매체별 : 증기, 온수, 열매체

11) 사용연료별 : 유류, 가스, 석탄, 목재, 폐열, 특수연료

## 4 노의 위치에 따른 보일러의 분류

1) 외분식 보일러

연소실이 동의 외부에 위치한 보일러[수관식 보일러, 원통형 보일러(횡연관보일러)]

(1) 연소실의 용적이 크다.

(2) 완전 연소가 용이하다.

(3) 연소율이 높아 연소실의 온도가 높다.

(4) 연료의 선택범위가 넓다.

(5) 연소실 개조가 용이하다.

(6) 설치장소를 많이 차지한다.

(7) 복사열의 흡수가 작다(노벽을 통한 열손실이 많다).

2) 내분식 보일러

연소실이 동의 내부에 위치한 보일러(대부분의 원통형 보일러)

(1) 연소실의 용적이 작다.

(2) 완전 연소가 어렵다.

(3) 설치장소를 적게 차지한다.

(4) 역화의 위험성이 크다.

(5) 복사열의 흡수가 많다.

## 5 보일러의 종류

| 원통형 | | 입형 | 입형 횡관식, 입형 연관식, 코크란(입형횡연관식) | |
|---|---|---|---|---|
| | 횡형 | 노통 | 코르니시(노통 1개), 랭커셔보일러(노통 2개) | 암 코일 |
| | | 연관 | 횡연관식, 기관차, 케와니보일러 | |
| | | 노통 연관 | 스코치, 브로든 카프스, 하우덴 존슨, 노통연관패키지보일러 | |
| 수관식 | 자연순환식 | | 바브콕(경사각 15°), 츠네키치(경사각 30°), 타쿠마(경사각 45°), 야로우, 가르베(경사각 90°), 2동 D형, 3동 A형, 방사 4관, 스터링(곡관형) 보일러 | 암 바가야로 |
| | 강제순환식 | | 베록스, 라몬트보일러 | 암 베라 |
| | 관류식 | | 앳모스, 슐처, 벤슨, 람진보일러 | 암 엔슐벤람 |
| 주철제 | 주철제 증기보일러, 주철제 온수보일러 | | | |
| 특수 보일러 | 특수액체 보일러 | | 수은, 다우섬, 모빌섬, 카테크롤액, 시큐리티 | |
| | 특수연료 보일러 | | 버케스(사탕수수찌꺼기), 흑액, 소다회수, 바아크보일러 - 연료 : 산업폐기물 | |
| | 폐열보일러 | | 리히, 하이네보일러 | |
| | 간접가열보일러 | | 슈미트, 레플러보일러 | |

※ 보일러 효율 : 관류식 > 수관식 > 노통연관 > 연관 > 입형

## 6 원통(둥근)형 보일러

1) 기관 본체를 둥글게 제작하여 입형이나, 횡형으로 설치하는 보일러

2) 내부에 노통, 연소실, 연관 등이 설치되어 있으며, 구조상 고압용으로 하는 것은 곤란하고 용량이 큰 것은 적당하지 않다.

3) 구조가 간단하며 최고사용압력 1 [MPa] 이하 증발량 10 [ton/h] 미만의 보일러가 많이 사용된다.

4) 장점

　(1) 구조가 간단하고 취급이 용이하다.

　(2) 가격이 저렴하다.

　(3) 수부가 커 보유수량이 많아 부하변동에 대응하기 쉽다.

　(4) 내부 청소, 수리 보수가 쉽다.

　(5) 증발속도가 느려 스케일에 대한 영향이 적고 급수처리가 쉽다.

　(6) 전열면의 대부분이 수부 중에 설치되어 있어 물의 대류가 쉽다.

5) 단점

　(1) 수관식에 비하여 보일러 효율이 낮다.

　(2) 보일러 운행 후 증기발생 소요시간이 길다.

　(3) 파열 시 피해가 크므로 구조상 고압 대용량에 부적합하다.

　(4) 내분식 보일러로 동의 크기에 연소실의 크기가 제한을 받으므로 전열면적이 작다.

　(5) 보유수량이 많아 파열 시 피해가 크다.

6) 노통(Flue Tube)보일러

　(1) 종류 : 랭커셔보일러(노통이 2개), 코르니시보일러(노통이 1개)

　　※ 노통 : 연료를 연소시켜 연소가스를 발생시키는 둥글게 제작된 금속판으로 양쪽 경판에 부착되어 있다.

　　　① 노통(연소실)은 금속으로 되어 있다.

　　　② 평형 노통과 파형 노통이 있다.

　(2) 장점

　　　① 구조가 간단하여 제작이 용이하고 취급이 쉽다.

　　　② 청소나 검사가 용이하다.

　　　③ 부하 변동에 적응하기 쉽다.

　　　④ 급수처리가 간단하다.

　　　⑤ 내부청소가 쉬우며 고장이 적어 수명이 길다.

　(3) 단점

　　　① 파열 시 보유수량이 많아 피해가 크다.

　　　② 증기 발생시간이 길다.

　　　③ 고압이나 대용량에는 사용상 문제가 있다.

　　　④ 전열면적에 비해 보유수량이 많아서 습증기 발생이 많다.

　　　⑤ 내분식 보일러로 연소실 크기가 제한을 받는다.

⑥ 전열면적이 적어 증발량이 적다.
⑦ 효율이 낮다.
⑧ 많은 연료가 소모된다.

(4) 노통보일러에서 알아두어야 할 것
① 갤로웨이관(Galloway Tube) 설치목적
㉠ 전열면적을 증가시킨다.
㉡ 보일러수의 순환을 촉진시킨다.
㉢ 화실의 벽을 보강시킨다.
② 아담슨 조인트(Adamson Joint)
㉠ 평형 노통의 신축작용을 좋게 하기 위하여 노통의 둘레방향으로 약 1[m]마다 설치하는 이음
㉡ 설치목적으로는 평형 노통의 신축작용 흡수, 노통의 강도보강이 있다.
※ 코르니시보일러의 노통을 한쪽으로 편심하여 부착하는 이유는 물의 순환을 원활하게 하기 위해서 편심시켜 노통을 설치하는 것이다.
③ 브레이징 스페이스(Breathing Space)
㉠ 노통의 상부와 가셋트 스테이 사이의 공간으로 열에 의한 압축응력을 완화시키기 위한 경판의 적절한 탄성을 유지하기 위한 탄력구역이다. 브레이징 스페이스가 불충분 하면 그루빙(Grooving)이라는 부식이 발생한다.
㉡ 강판의 두께에 따른 브레이징 스페이스

| 경판 두께 | 브레이징 스페이스 |
|---|---|
| 13[mm] 이하 | 230[mm] 이상 |
| 15[mm] 이하 | 260[mm] 이상 |
| 17[mm] 이하 | 280[mm] 이상 |
| 19[mm] 이하 | 300[mm] 이상 |
| 21[mm] 이하 | 320[mm] 이상 |

④ 그루빙(Grooving, 구식) : 경판에 가늘고 길게 도랑모형(V자형, U자형)으로 생기는 부식으로 브레이징 스페이스를 충분히 주거나 반복적 열응력을 피하고, 노통 플랜지 만곡부의 반지름을 크게 하며 재료의 온도 변화가 급격하지 않도록 하면 방지된다.
⑤ 스테이(Stay, 버팀) : 강도가 부족한 부분에 부착하여 강도를 보강하여 변형이나 파손 방지

7) 연관식 보일러 : 노통보일러에서 다소 개량된 보일러이며 기관차보일러, 기관차형 보일러, 횡연관보일러가 있다.

 (1) 장점

  ① 노통보일러에 비해 전열면적이 커서 전열효과가 좋다.

  ② 급수처리가 까다롭지 않다.

  ③ 노통보일러에 비해 부하 변동에 응하기가 쉽다.

 (2) 단점

  ① 외분식은 열손실이 크다.

  ② 노통보일러에 비해 내부 청소가 불편하다.

  ③ 연관의 길이에 제한을 받고 대용량 설비에는 부적당하다.

8) 노통연관식 보일러 : 연관보일러의 단점을 보완한 것으로, 보일러 동 내에 노통과 연관을 조립하여 설치한 이상적인 둥근 보일러의 대표급이다.

 (1) 장점

  ① 전열효율이 좋다.

  ② 내분식이여서 열손실이 적다.

  ③ 둥근 보일러 중 효율이 85 ~ 90 [%]로 가장 좋다.

 (2) 단점

  ① 구조가 복잡하므로 청소 및 수리 점검이 까다롭다.

  ② 급수처리가 까다롭다.

  ③ 증발속도가 빨라 과열로 인한 스케일부착이 쉽다.

9) 연관과 수관의 배열

 (1) 연관의 배열 : 바둑판형(정방향)

  물의 저항을 감소시켜 보일러수의 순환을 좋게 하기 위함이다.

 (2) 수관의 배열 : 다이아몬드형(마름모꼴형, 지그재그형)

  연소가스 접촉에 의한 전열을 양호하게 하기 위함이다.

## 7 수관식 보일러(Water Tube Boiler)

1) 특징

 (1) 지름이 작은 상부의 기수드럼과 하부의 물드럼 사이에 다수의 수관을 연결시켜 만든 외분식 보일러이다.

 (2) 보일러수의 유동방식에 따른 분류 : 자연순환식, 강제순환식, 관류식

2) 장점

    (1) 외분식 보일러로 연소실의 형상이 다양하며, 전열면적이 크다.

    (2) 전열면적이 커서 원통형에 비해 효율이 좋다.

    (3) 보유수량이 적어 파열 시 피해가 적다.

    (4) 파열 시 피해가 적어 구조상 고압 대용량에 적합하다.

    (5) 보일러수의 순환이 좋아 증기발생시간이 빠르다.

    (6) 용량에 비해 경량이다.

    (7) 효율이 좋다.

    (8) 운반 설치가 용이하다.

    (9) 과열기 및 공기예열기 등의 설치가 용이하다.

3) 단점

    (1) 부하변동에 따른 압력 변화 및 수위변동이 크다.

    (2) 부하변동에 대응하기 어렵다.

    (3) 증발속도가 빨라 스케일이 부착되기 쉽다.

    (4) 구조가 복잡하여 제작 및 청소, 검사 수리가 어렵다.

    (5) 가격이 비싸다.

    (6) 급수조절이 어렵다(연속적인 급수를 요한다).

    (7) 취급에 기술을 요한다.

    (8) 급수를 철저히 처리하여 사용해야만 한다.

4) 수관식 보일러의 종류

    (1) 자연순환식 수관보일러

       ① 순환력을 크게 하는 방법

          ㉠ 수관의 관지름을 크게 하여 물의 유동 저항이 적어지게 한다.

          ㉡ 방해판을 설치하여 연소가스와 수관과의 접촉이 많게 한다.

          ㉢ 강수관의 가열을 피한다.

          ㉣ 기수분리를 신속하고 충분히 행한다.

          ㉤ 보일러 본체의 높이를 높게 한다.

          ㉥ 수관의 배치를 수평보다 경사지게 한다.

② 베플판(Baffle Plate)
　㉠ 수관보일러의 화로나 연도 내에 있어 연소가스의 흐름을 필요한 방향으로 유도하기 위해 설치되는 내화성의 판 또는 칸막이를 이야기한다.
　㉡ 내열 주물에 내화재를 접착시켜 만드는 경우 내화벽돌로 구성하는 경우가 있다.
　㉢ 장점
　　ⓐ 수관의 청소가 용이하다.
　　ⓑ 구조가 간단하여 제작 시 간편하다.
　　ⓒ 관의 교체가 용이하다.
　　ⓓ 원통형 보일러에 비해 고압, 대용량이다.
　㉣ 단점
　　대용량 보일러에는 부적당하다.
(2) 강제 순환식 수관보일러
　① 장점
　　㉠ 관수의 순환이 좋다.
　　㉡ 증기 생성속도가 빠르다.
　　㉢ 관경을 작게 하여도 무방하다(수관의 배치가 자유롭다).
　　㉣ 관의 두께가 작아도 되며 전열효과가 높다(효율이 좋다).
　　㉤ 단위시간당 전열면의 열부하가 매우 높다.
　② 단점
　　㉠ 관수의 농축속도가 빨라서 급수처리가 까다롭다.
　　㉡ 노즐이나 순환펌프가 있어야 한다.
　　㉢ 각기 수관을 흐르는 관수의 속도가 일정하게 유지되어야 한다.
(3) 관류보일러
　① 드럼이 없이 긴 수관의 한 끝에서 급수펌프로 압송된 급수가 긴 관을 지나면서 예열부, 증발부, 과열부를 순차적으로 관류되어 다른 끝으로 과열증기가 나가는 강제순환식 수관보일러로 단관식과 다관식이 있다.
　② 급수처리법이나 자동제어장치가 발달함에 따라 고압, 대용량 및 콤팩트한 소형용으로서도 널리 사용되며 물의 임계압력을 넘는 초임계압력의 보일러에는 모두가 관류식이 채용된다.

## 8 주철제 보일러

1) 주물로 제작된 보일러로서 내부구조를 복잡하게 하여 전열면적이 비교적 큰 형식의 저압보일러이다.
2) 조합방식에 따라 전후, 좌후, 맞세움 전후 조합으로 나뉘며 각 섹션을 용량에 알맞게 조절하여 사용한다.
3) 섹션의 수는 약 20개 정도로, 전열면적은 50 [$m^2$] 정도까지가 보통이다.
4) 주철로 만든 상자모양의 섹션으로 구성된 조립식 보일러이다.
5) 주로 난방용의 저압증기 온수보일러로 사용되고 있다.
6) 소형 난방용에 주로 사용된다.
7) 장점
   (1) 저압이므로 파열사고 시 피해가 적다.
   (2) 주물제작으로 복잡한 구조로 제작이 가능하다.
   (3) 내열, 내식성이 우수하다.
   (4) 섹션 증감으로 용량조절이 용이하다.
   (5) 전열면적이 크고 효율이 높다.
8) 단점
   (1) 인장 및 충격에 약하다.
   (2) 고압, 대용량에 부적당하다.
   (3) 구조가 복잡하므로 내부청소 및 검사가 곤란하다.

## 9 특수 열매체보일러

1) 물 대신 특수유체를 사용하여 낮은 압력에서 고온의 증기 및 고온도의 액체를 공급하기 위해 사용하는 보일러이다.
2) 유체(열매체)의 종류 : 수은, 다우섬, 모빌섬, 카네크롤, 세큐리티
3) 특징
   (1) 급수처리장치 및 청관제 주입장치가 필요 없다.
   (2) 부식이 잘 되지 않으므로 내용연수가 길다.
   (3) 겨울철에도 동결의 우려가 없다.

(4) 열매체들은 대부분 석유정제 과정에서 얻어지는 것으로 인화성 및 인체에 해를 주기 때문에 안전밸브를 밀폐식 구조로 해야 한다.

(5) 낮은 압력(0.2 [MPa])에서 고온의 증기(250 ~ 300 [℃])를 얻을 수 있다.
(물로 300 [℃] 증기를 얻기 위해서는 8 [MPa] 정도의 압력이 필요)

### 10 수관식 보일러와 원통형 보일러의 비교

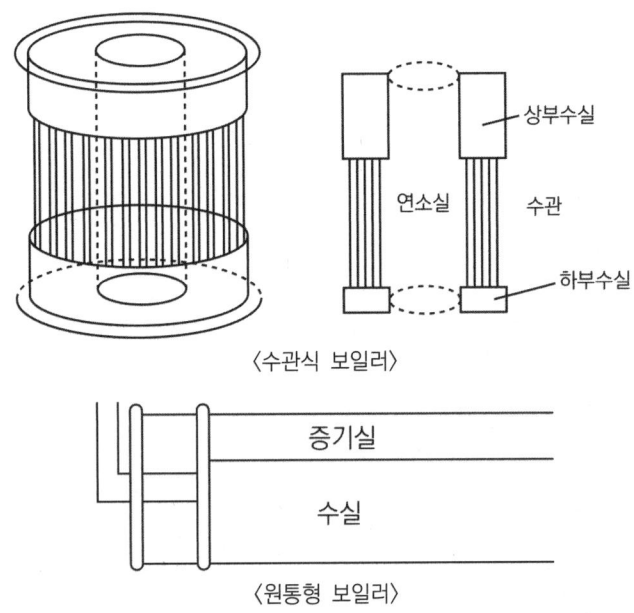

〈수관식 보일러〉

〈원통형 보일러〉

| 구분 | 수관식 보일러 | 원통형 보일러 |
|---|---|---|
| 보유수량 | 적음 | 많음 |
| 파열 시 피해 | 작음 | 큼 |
| 압력 변화 | 큼 | 작음 |
| 부하변동에 대한 대응 | 어려움 | 쉬움 |
| 급수처리 | 복잡함 | 간단함 |
| 급수조절 | 어려움 | 쉬움 |
| 전열면적 | 큼 | 작음 |
| 증기발생시간 | 짧음 | 긺 |
| 효율 | 높음 | 낮음 |

| 구분 | 수관식 보일러 | 원통형 보일러 |
|---|---|---|
| 용도 | 고압, 대용량 | 저압, 소용량 |
| 구조 | 복잡함 | 간단함 |
| 가격 | 비쌈 | 저렴함 |
| 난이도 | 어려워 기술을 필요로 함 | 쉬움 |

※ 원통형으로 제작하는 이유 : 원에 가까워질수록 내압에 대한 강도가 커지기 때문이다.

## 01 OX퀴즈

※ OX 퀴즈로 최다빈출 개념을 쉽게 정리하고 기출 유형까지 미리 익혀보세요.

1. 보일러란 개방된 용기 내부에서 가열하여 난방하는 장치이다. [O|X]
2. 보일러의 3대 구성요소에는 본체, 연소장치, 부속장치로 이루어져 있다. [O|X]
3. 수관식 보일러는 원통형 보일러에 비해 압력 변화가 작다. [O|X]
4. 보일러는 노의 위치에 따라 내분식 보일러, 외분식 보일러로 분류할 수 있다. [O|X]
5. 내분식 보일러는 연료의 선택범위가 넓다. [O|X]
6. 노통보일러에서 랭커셔보일러는 노통이 1개이고 코니시보일러는 노통이 2개이다. [O|X]
7. 노통에는 평형 노통과 파형 노통이 있는데 평형 노통은 파형 노통에 비해 제작이 쉽고 가격이 저렴하다는 특징이 있다. [O|X]
8. 브레이징 스페이스가 과하게 커지면 그루빙이라는 부식이 발생한다. [O|X]
9. 연관의 배열을 바둑판형으로 하면 물의 저항을 감소시켜 보일러수의 순환을 좋게 할 수 있다. [O|X]
10. 주철제 보일러는 내부구조를 간단하게 한다. [O|X]
11. 물 대신 특수유체를 사용하는 보일러를 특수 열매체보일러라고 한다. [O|X]
12. 수관식 보일러는 고압대용량에 적합한 보일러이다. [O|X]

---

**정답** 01 (X) 02 (O) 03 (X) 04 (O) 05 (X) 06 (X) 07 (O) 08 (X) 09 (O) 10 (X) 11 (O) 12 (O)

1. 보일러란 <u>밀폐된</u> 용기 내부에 물이나 열매체를 넣어 가열하여 증기 또는 온수를 발생시켜 난방하는 장치이다.
3. <u>수관식 보일러가 더 크다.</u>
5. <u>외분식 보일러</u>의 특징이다.
6. 랭커셔보일러는 노통이 <u>2개</u>이고, 코니시보일러는 노통이 <u>1개</u>로 이루어져 있다.
8. 그루빙은 브레이징 스페이스가 <u>불충분할</u> 시 발생한다.
10. 주철제 보일러는 내부구조를 <u>복잡하게</u> 하여 전열면적이 비교적 큰 형식의 저압보일러이다.

# 01 예상문제

## 01
다음 중 보일러 본체의 구조가 아닌 것은?

① 노통
② 노벽
③ 수관
④ 절탄기

**해설**
보일러 본체의 구조
노통, 노벽, 수관
※ 절탄기(급수예열기)는 보일러의 부속장치로 폐열회수장치다.

## 02
노통보일러의 평형 노통을 일체형으로 제작하면 강도가 약해지는 결점이 있다. 이러한 결점을 보완하기 위하여 몇 개의 플랜지형 노통으로 제작하는데 이때 이음부를 무엇이라 하는가?

① 브레이징 스페이스
② 가셋트 스테이
③ 평형 조인트
④ 아담슨 조인트

**해설**
아담슨 조인트(Adamson Joint)의 설치목적
• 평형 노통의 신축작용 흡수
• 노통의 강도 보강

## 03
수관 1개의 길이가 2200 [mm], 수관의 내경이 60 [mm], 수관의 두께가 4 [mm]인 수관 100개를 갖는 수관보일러의 전열면적은 약 몇 [m²]인가?

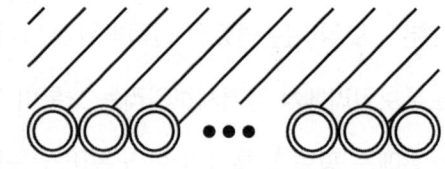

① 42
② 47
③ 52
④ 57

**해설**
수관보일러의 전열면적
$$A = \pi D_o L n = \pi (d_i + 2t) L n$$
$$= \pi (60 + 2 \times 4) \times 10^{-3} \times 2.2 \times 100$$
$$\fallingdotseq 47 \text{ [m}^2\text{]}$$

## 04
보일러수의 분출시기가 아닌 것은?

① 보일러 가동 전 관수가 정지되었을 때
② 연속운전일 경우 부하가 가벼울 때
③ 수위가 지나치게 낮아졌을 때
④ 프라이밍 및 포밍이 발생할 때

**정답** 01 ④ 02 ④ 03 ② 04 ③

> **해설**

보일러수의 분출시기
- 보일러 기동 전 관수가 정지되었을 때
- 연속운전일 경우 부하가 가벼울 때
- 보일러수면에 부유물이 많을 때
- 플라이밍(비수현상) 및 포밍(거품)이 발생할 때
- 보일러수저에 슬러지가 퇴적되었을 때
- 단속운전보일러는 다음날 보일러 가동 전에 실시한다(불순물이 완전히 침전되었을 때)

※ 안전수위 이하가 되지 않도록 해야 한다.

## 05

보일러 사용 중 저수위 사고의 원인으로 가장 거리가 먼 것은?

① 급수펌프가 고장이 났을 때
② 급수내관이 스케일로 막혔을 때
③ 보일러의 부하가 너무 작을 때
④ 수위 검출기가 이상이 있을 때

> **해설**

저수위 사고의 원인
보일러의 부하가 너무 클 때

## 06

노통보일러에서 브레이징 스페이스란 무엇을 말하는가?

① 노통과 가셋트 스테이와의 거리
② 관군과 가셋트 스테이 사이의 거리
③ 동체와 노통 사이의 최소거리
④ 가셋트 스테이 간의 거리

> **해설**

노통보일러에서 브레이징 스페이스
노통과 가셋트 스테이와의 거리(공간)로 225 [mm] 이상이어야 한다.

## 07

노통보일러에 두께 13 [mm] 이하의 경판을 부착하였을 때 가셋트 스테이의 하단과 노통 상단과의 완충폭(브레이징 스페이스)은 몇 [mm] 이상으로 하여야 하는가?

① 230 [mm]
② 260 [mm]
③ 280 [mm]
④ 300 [mm]

> **해설**

완충폭
브레이징 스페이스(노통과 가셋트 스테이와의 거리)는 230 [mm] 이상으로 해야 한다.

## 08

노통보일러 중 원통형의 노통이 2개 설치된 보일러를 무엇이라고 하는가?

① 라몬트보일러
② 바브콕보일러
③ 다우섬보일러
④ 랭커셔보일러

> **해설**

랭커셔보일러
노통보일러 중 노통이 2개 설치된 보일러

정답 ● 05 ③  06 ①  07 ①  08 ④

## 09

입형 보일러의 특징에 대한 설명으로 틀린 것은?

① 설치 면적이 좁다.
② 전열면적이 적고 효율이 낮다.
③ 증발량이 적으며 습증기가 발생한다.
④ 증기실이 커서 내부 청소 및 검사가 쉽다.

**해설**

입형 보일러
- 설치면적이 작다.
- 화실을 가지고 있어 설치가 간단하다.
- 보일러 효율이 낮다.
- 내부청소 및 검사가 어렵다.

## 10

다음 각 보일러의 특징에 대한 설명 중 틀린 것은?

① 입형 보일러는 좁은 장소에도 설치할 수 있다.
② 노통보일러는 보유수량이 적어 증기발생 소요시간이 짧다.
③ 수관보일러는 구조상 대용량 및 고압용에 적합하다.
④ 관류보일러는 드럼이 없어 초고압보일러에 적합하다.

**해설**

보일러의 특징
노통보일러는 보유수량이 많아 부하변동에 따른 대체가 용이하나 증기발생 소요시간(예열시간)이 길다.

## 11

횡연관식 보일러에서 연관의 배열을 바둑판 모양으로 하는 주된 이유는?

① 보일러 강도 증가
② 증기발생 억제
③ 물의 원활한 순환
④ 연소가스의 원활한 흐름

**해설**

횡연관식 보일러에서 연관의 배열
횡연관식 보일러에서 연관의 배열을 바둑판 모양으로 하는 주된 이유는 물의 원활한 순환을 촉진시키기 위함이다.

## 12

보일러의 형식에 따른 종류의 연결로 틀린 것은?

① 노통식 원통보일러 - 코르니시보일러
② 노통연관식 원통보일러 - 라몽트보일러
③ 자연순환식 수관보일러 - 다쿠마보일러
④ 관류보일러 - 슐처보일러

**해설**

보일러의 형식에 따른 종류의 연결
베록스보일러, 라몽트보일러는 강제 순환식 보일러에 속한다.

**정답** 09 ④ 10 ② 11 ③ 12 ②

## 13

긴 관의 일단에서 급수를 펌프로 압입하여 도중에서 가열, 증발, 과열을 한꺼번에 시켜 과열증기로 내보내는 보일러로서 드럼이 없고, 관만으로 구성된 보일러는?

① 이중 증발보일러
② 특수 열매보일러
③ 연관보일러
④ 관류보일러

**해설**

**관류보일러**
긴 관의 일단에서 급수를 펌프로 압입하여 관에서 가열, 증발, 과열을 한꺼번에 시켜 과열증기를 내보내는 보일러로서 드럼이 없고, 관만으로 구성되어 있는 보일러이다.

## 14

다음 중 특수 열매체보일러에서 가열 유체로 사용되는 것은?

① 폴리아미드
② 다우섬
③ 덱스트린
④ 에스터

**해설**

**특수 열매체보일러에서 가열 유체**
특수 열매체보일러는 특수용도 및 장소 또는 열매체율이 물 대신 비점이 낮은 수은, 다우섬 등의 특수 열매체를 사용하여 증기를 발생시키는 보일러이다.

정답  13 ④  14 ②

# Chapter 02 보일러의 부속장치

**핵심포인트** 안전밸브, 급수펌프, 인젝터, 블로우다운, 계측장치, 폐열회수장치

**학습목표**
1. 보일러 안전장치의 종류와 목적을 이해할 수 있다.
2. 보일러 급수장치 및 계측장치의 종류와 설치목적을 이해할 수 있다.
3. 폐열회수장치의 구조를 이해할 수 있다.

## 01 안전장치

보일러 사용 중 이상사태 발생 시 이를 조치하고, 사고를 미연에 방지하기 위한 장치

### 1 안전밸브(Safety Valve)

1) 설치목적 : 증기보일러에서 동(Shell) 내의 증기압력이 제한압력 이상으로 상승할 때 자동적으로 밸브가 열려 증기를 분출시켜 압력 초과로 인한 파열사고를 미연에 방지하는 장치이다.

2) 보일러 본체에는 2개 이상 설치해야 하며 50 [m²] 이하의 증기보일러에는 1개 이상 설치할 수 있다.

3) 독립된 과열기 또는 재열기에는 입구 및 출구에 각각 1개 이상의 안전밸브를 설치하여야 한다.

4) 부착방법
   (1) 보일러 본체의 검사가 용이한 곳에 부착한다.
   (2) 증기부에 부착한다.
   (3) 밸브 축을 수직으로 부착한다.

5) 종류
   (1) 중추식 : 추의 중력을 이용하여 분출 압력을 조정하는 형식
   (2) 지렛대식 : 지렛대와 추를 이용하여 추의 위치를 좌우로 이동시켜 추의 중력으로 분출 압력을 조정하는 형식
   (3) 스프링식 : 스프링의 탄성을 이용하여 분출압력을 조정하는 형식

## 2 가용전(가용플러그)

1) 노통보일러와 같은 내부 연소식 보일러에 있어서 이상 저수위에 따른 과열사고를 방지하기 위하여 사용하는 것이다.
2) 설치목적 : 노통보일러의 과열사고 방지를 하기 위해 설치하는 안전장치이다.
3) 설치위치 : 노통 또는 화실의 상부에 설치한다.

## 3 방폭문

1) 설치목적 : 연소실 내 가스폭발 발생 시 폭발가스 및 압력을 대기로 방출시켜 파열사고를 미연에 방지하는 안전장치이다.
2) 설치위치 : 폭발가스로 인해 인명피해 및 화재의 위험이 없는 보일러 연소실 후부 및 좌 우측에 설치한다.
3) 종류 : 스프링식(밀폐식)은 강제통풍방식에, 스윙식(개방식)은 자연통풍방식에 사용된다.

## 4 화염검출기

1) 사용목적 : 연소실 내의 화염 상태를 감시하여 실화 및 불착화 시 그 신호를 전자밸브로 보내 연료를 차단, 연소실 내 연료의 누설을 방지하여 연소가스폭발을 방지하는 안전장치이다.
2) 종류
   (1) 플레임 아이(Flame Eye : 광학적 화염검출기) : 적외선 가시광선 및 자외선이 영역별로 다르게 검출되는 특성 이용
   (2) 플레임 로드(Flame Rod : 전기전도 화염검출기) : 화염이 가지는 전기전도성을 이용
   (3) 스택 스위치(Stack Switch : 열적 화염검출기) : 화염의 열을 통한 바이메탈의 신축작용을 이용

### 5 수위경보장치(고저수위 차단장치)

1) 설치목적 : 보일러 내의 수위가 규정수위 이상 또는 이하가 될 경우에 자동적으로 경보를 발하여 그 신호를 전자밸브에 보내 연료를 차단하고 과열사고 등을 방지하는 안전장치이다.

2) 종류
   (1) 플로트식 : 물과 증기의 비중차를 이용
   (2) 전극식 : 관수의 전기전도성을 이용
   (3) 차압식 : 관수의 수두압차를 이용
   (4) 코프식 : 금속관의 열팽창을 이용

3) 수위제어방식
   (1) 단요소식(1요소식) : 보일러의 수위만을 검출하여 급수량을 조절하는 방식
   (2) 2요소식 : 수위와 증기유량을 동시에 검출하는 방식이다.
   (3) 3요소식 : 수위, 증기유량, 급수유량을 동시에 검출하는 방식이다.    암 수증급(수준급)

4) 주의사항
   (1) 통수관 크기는 호칭지름 25 [mm] 이상이 되도록 하여야 한다.
   (2) 가급적 2개를 별도의 통수관에 각기 연결하여 사용하는 것이 좋다.
   (3) 분출관과 수면계의 불출관을 같이 통합 연결하지 않도록 한다.
   (4) 통수관에 부착되는 밸브는 개폐 상태를 명확히 표시하여야 하며, 직렬로 2개 이상 부착되지 않는다.

### 6 증기압력제한장치

1) 설치목적 : 보일러의 압력이 조정압력에 도달하면 자동적으로 접점을 단락하여 전자밸브를 닫아 연료를 차단하여 보일러를 보호하는 안전장치이다.

2) 작동원리 : 압력 변화에 따라 기내의 벨로즈가 신축하여 수은 스위치가 작동하여 전기회로를 개폐한다.

## 02 급수장치

보일러동 내부로 급수를 공급시키기 위한 일련의 장치이다.

### 1 급수펌프(Feed Water Pump)

1) 왕복동식 : 왕복운동으로 압력을 얻어 액체를 압축하고 이송

　　　예) 워싱턴펌프, 웨어펌프, 플런저펌프

2) 회전식(원심식) : 임펠러를 회전시켜 원심력을 이용하여 액체를 압축하고 이송

　　　예) 터빈펌프, 볼류트펌프

3) 구비조건

　(1) 부하변동에 대응할 수 있을 것

　(2) 저부하에서도 효율이 좋을 것

　(3) 고온 및 고압에 충분히 견딜 수 있을 것

　(4) 회전식은 고속회전에 안전할 것

　(5) 작동이 확실하고 조작과 보수가 용이할 것

　(6) 병렬 운전에 지장이 없을 것

4) 펌프 운전 중 발생되는 이상현상

　(1) 캐비테이션현상(Cavitation, 공동현상)

　　유체의 낮은 증기압에 의해 발생하며 펌프의 흡입압력이 부족하면 물이 증발하여 기포가 생기고 이로 인하여 소음 및 진동이 발생되는 현상이다.

　(2) 서징현상(Surging, 맥동현상)

　　보일러에서 급수나 부하의 급격한 변동, 수질 불량 등에 의해 펌프의 송출압력과 송출유량 사이에 주기적인 변동이 일어나는 현상이다.

　(3) 워터해머(Water Hammering, 수격작용)

　　펌프에서 물을 압송하고 있을 때 정전 등으로 급히 펌프가 멈춘 경우와 수량조절밸브를 급히 개폐한 경우 등 관 내의 유속이 급변하면서 물에 심한 압력 변화가 생기는 현상이다.

## 2 인젝터(Injecter)

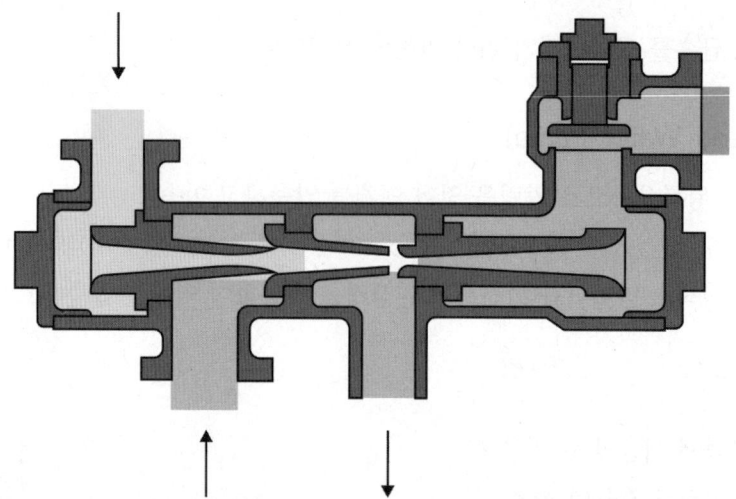

1) 증기의 열에너지를 운동에너지로 전환시키고 다시 압력에너지로 바꾸어 급수하는 비동력용 급수장치이다. 즉, 보일러에서 발생하는 증기의 분사력을 이용하여 급수하는 저압보일러용 급수장치이다.
2) 급수원리(증기의 분사력 이용) : 보일러에서 발생된 증기의 열에너지가 운동에너지, 압력에너지로 변화되면서 급수가 되는 원리를 이용한다.
3) 장점
   (1) 구조가 간단하고 취급이 용이하다.
   (2) 설치장소를 적게 차지한다.
   (3) 증기와 물이 혼합되어 급수가 예열되는 효과가 있다.
   (4) 가격이 저렴하다.
4) 단점
   (1) 양수효율이 낮다.
   (2) 급수량 조절이 어렵다.
   (3) 이물질의 영향을 많이 받는다.

5) 작동 불능 원인

　(1) 내부 노즐에 이물질이 부착되어져 있는 경우

　(2) 체크밸브가 고장난 경우

　(3) 부품이 마모되어 있는 경우

　(4) 급수의 온도가 너무 높을 경우(328 [K] 이상)

　(5) 증기 압력이 너무 높거나(1 [MPa] 이상) 너무 낮을 경우(0.2 [MPa])

　(6) 흡입관로 및 밸브로 인하여 공기가 유입되었을 경우

　(7) 인젝터 자체가 과열되었을 경우

　(8) 노즐이 막히거나 확대되었을 경우

　(9) 증기 속에 수분이 다량 혼입되었을 경우

6) 인젝터의 작동 순서 : 급수밸브(토출밸브)를 연다. → 흡수밸브를 연다. → 증기 흡입밸브를 연다. → 인젝터 핸들을 연다.

7) 인젝터의 정지 순서 : 인젝터 핸들을 닫는다. → 증기 흡입밸브를 닫는다. → 흡수밸브를 닫는다. → 급수밸브(토출밸브)를 닫는다.

### 3 응축수탱크(Condensate Water Tank)

1) 설치목적 : 각 증기 소비처에서 발생한 응축수를 보일러에 재사용하기 위하여 응축수를 모아두는 역할을 한다.

2) 응축수 : 증기가 열을 방출하여 다시 물이 된 것으로 결수, 복수라고도 한다. 응축수탱크 내의 온도는 60 ~ 80 [℃] 정도이다.

3) 응축수 재사용시 이점

　(1) 급수처리 비용절감 : 불순물의 함량이 적어 비용이 절감된다.

　(2) 폐수 비용절감

　(3) 급수의 질 향상

　(4) 보일러 효율 증대

　(5) 증기발생시간이 단축된다.

4) 크기 : 펌프용량의 2배 이상으로 한다(응축수펌프 용량은 응축수 발생량의 3배 이상으로 한다).

### 4 분출(Blow Down)장치

관수 중 유지분이나 부유물 또는 관수 중의 불순물을 낮게 하고 pH를 조정하기 위해 설치하는 것

1) 분출목적

 (1) 물의 순환 촉진

 (2) 스케일 부착 방지

 (3) 관수 pH 조절

 (4) 관수 농축 방지

 (5) 가성취화 방지

 (6) 프라이밍, 포밍 방지

 (7) 고수위 운전 방지

 (8) 부식 방지

 (9) 세관작업 후 불순물 제거

2) 분출시기

 (1) 보일러 가동 직전

 (2) 연속가동 시 열부하가 가장 낮을 때

 (3) 비수나 프라이밍이 일어날 때

3) 분출작업 시 주의사항

 (1) 관수 중 불순물 농도를 분석하여 분출량을 측정한다.

 (2) 분출은 2명이 한 조로 하여 이상 감수를 방지한다.

 (3) 분출은 가급적 시동 전 또는 부하가 가장 가벼울 때 한다.

 (4) 1일 1회 이상 분출하되 신속히 작업한다.

 (5) 2대의 보일러를 동시에 분출하여서는 안 된다.

 (6) 비수현상이나 관수 농축이 예상될 때 분출을 행한다.

 (7) 분출 시에는 콕을 먼저 열고 밸브를 나중에 연다.

# 03 계측장치

### 1 수면계

1) 설치목적 : 증기보일러에서 동 내부의 수면위치를 계측하는 장치이다.

2) 수면계의 부착위치

| 보일러의 종별 | 부착위치 |
|---|---|
| 직립형 보일러 | 연소실 천정판 최고부(플랜지부 제외) 위 75 [mm] |
| 직립형 연관보일러 | 연소실 천정판 최고부 위 연관길이의 1/3 |
| 수평연관보일러 | 연관의 최고부 위 75 [mm] |
| 노통연관보일러 | 연관의 최고부 위 75 [mm]. 다만 연관 최고부분보다 노통 윗면이 높은 것으로서는 노통 최고부(플랜지부를 제외) 위 100 [mm] |
| 노통보일러 | 노통 최고부(플랜지부를 제외) 위 100 [mm] |

### 2 압력계

1) 보일러에 설치해야 하는 압력계 : 부르동관식 압력계

2) 작동원리 : 압력이 작용하면 타원형의 부르동관이 밖으로 팽창하여 링크에 힘이 전달되어 섹터기어가 좌회전하면 피니언 기어가 우회전하면서 지침이 정확한 압력을 지시한다.

 ※ 사이펀관(Siphon Pipe)을 부착하는 압력계 : 부르동관식
  ① 부착 이유 : 고온의 증기 침입을 막아 압력계의 보호 및 오차방지
  ② 크기 : 6.5 [mm] 이상
  ③ 사이펀관 속에 들어 있는 유체 : 물

### 3 온도계

아래의 곳에는 KS B 5320(공업용 바이메탈식 온도계) 또는 이와 동등 이상의 성능을 가진 온도계를 설치하여야 한다. 다만 소용량 보일러 및 가스용 온수보일러는 배기가스 온도계만 설치하여도 좋다.

1) 급수 입구의 급수 온도계
2) 버너 급유입구의 급유 온도계. 다만 예열을 필요로 하지 않는 것은 제외한다.
3) 절탄기 또는 공기예열기가 설치된 경우에는 각 유체의 전후 온도를 측정할 수 있는 온도계. 다만 포화증기의 경우에는 압력계로 대신할 수 있다.
4) 보일러 본체 배기가스 온도계. 다만 1)의 규정에 의한 온도계가 있는 경우에는 생략할 수 있다.
5) 과열기 또는 재열기가 있는 경우에는 그 출구 온도계
6) 유량계를 통과하는 온도를 측정할 수 있는 온도계

### 4 유량계

용량 1 [t/h] 이상의 보일러에는 다음의 유량계를 설치하여야 한다.

1) 급수관에는 적당한 위치에 KS B 5336(고압용 수량계) 또는 이와 동등 이상의 성능을 가진 수량계를 설치하여야 한다. 다만 온수 발생보일러는 제외한다.
2) 기름용 보일러에는 연료의 사용량을 측정할 수 있는 KS B 5328(오일미터) 또는 이와 동등 이상의 성능을 가진 유량계를 설치하여야 한다. 다만 2 [t/h] 미만의 보일러로써 온수 발생 보일러 및 난방전용 보일러에는 $CO_2$ 측정장치로 대신할 수 있다.
3) 가스용 보일러에는 가스사용량을 측정할 수 있는 유량계를 설치하여야 한다. 다만 가스의 전체사용량을 측정할 수 있는 유량계를 설치하였을 경우는 각각의 보일러마다 설치된 것으로 본다.

   (1) 유량계는 당해 도시가스 사용에 적합한 것이어야 한다.
   (2) 유량계는 화기(당해 시설 내에서 사용하는 자체화기를 제외한다)와 2 [m] 이상의 우회 거리를 유지하는 곳으로서 수시로 환기가 가능한 장소에 설치하여야 한다.
   (3) 유량계는 전기계량기 및 전기개폐기와의 거리는 60 [cm] 이상, 굴뚝(단열조치를 하지 아니한 경우에 한한다)·전기점멸기 및 전기접속기와의 거리는 30 [cm] 이상, 절연조치를 하지 아니한 전선과의 거리는 15 [cm] 이상의 거리를 유지하여야 한다.
   (4) 각 유량계는 해당온도 및 압력 범위에서 사용할 수 있어야 하고 유량계 앞에 여과기가 있어야 한다.

## 04 매연 분출장치(수트 블로어)

연소가 시작되면 분진, 회, 클링커, 탄화물, 카본, 그을음 등의 부착으로 열전도가 방해되어 매연 분출기로 그을음을 불어내기 위한 기구이다.

### 1 역할

물, 증기, 공기를 고압으로 분사하여 보일러 전열면에 부착된 그을음 등을 제거하는 장치로, 주로 수관식 보일러에 사용한다.

### 2 주의사항

1) 부하가 50 [%] 이하일 때는 수트 블로어 사용 금지
2) 소화 후 수트 블로어 사용 금지(폭발의 위험)
3) 수트 블로우를 진행하기 전에 충분한 드레인을 실시한다.
4) 한 곳을 장시간 불어대지 않는다.
5) 분출횟수와 시기는 연료종류, 분출위치, 증기온도 등에 따라 결정
6) 소화한 직후, 고온의 연소실에서는 진행하지 않아야 한다.
7) 수트 블로우 작업 시 댐퍼의 개도를 열어 통풍력을 크게 한 후 작업을 수행한다.

### 3 종류

1) 롱 리트랙터블형 : 고온 전열면에 사용

   긴 분사관의 선단에 2개의 노즐을 설치 후 전·후진 + 회전을 주어 증기 및 공기를 동시 분사시키는 방식으로 고온의 전열면에 사용

2) 숏 리트랙터블형 : 저온 전열면에 사용

   보일러 노벽 등에 부착하는 그을음, 찌꺼기를 제거하는 데 적합하며 짧은 분사관 선단에 1개의 노즐을 설치하여 증기 또는 압축공기를 분사

3) 건타입형 : 일반 전열면에 사용

   숏 리트렉터블형과 비슷하나 회전은 하지 않고 고온의 연소가스에 과열되는 것을 방지하기 위해 전·후진동작을 신속히 해야 한다.

4) 로터리형 : 연소실 노벽에 사용

　회전을 하면서 청소하는 것으로 롱 리트렉터블형과 달리 전·후진을 하지 않고 고정되어 회전하는 정치형이며 보일러의 연도 등의 저온의 전열면, 절탄기 등에 사용

5) 에어히터 클리너형 : 관형 공기예열기 그을음 제거장치

　관형 공기예열기의 그을음을 불어내기 위한 특수구조의 그을음 제거장치

## 05 열회수장치

### 1 폐열회수장치

※ 순서 : 연소실 → 과열기 → 재열기 → 절탄기 → 공기예열기 → 굴뚝　　　　　　과재절예

1) 과열기(Super Heater)

　(1) 동에서 발생된 습포화증기의 수분을 제거한 후 압력은 올리지 않고 건도만 높인 후 온도를 올리는 기구

　(2) 과열기 부착 시 장점

　　① 보일러 열효율 증대

　　② 부식 방지

　　③ 증기의 마찰손실 감소

　(3) 과열기 부착 시 단점

　　① 가열표면의 온도를 일정하게 유지하기 힘들다.

　　② 가열장치에 큰 열응력이 발생한다.

　　③ 과열기 표면에 고온 부식이 발생하기 쉽다(고온 부식을 일으키는 성분 : 바나듐).

　　④ 직접 가열 시 열손실이 증가한다.

　(4) 연소가스와 증기의 흐름

　　① 병류형 : 연소가스와 과열기내 증기의 흐름방향이 같다.

　　② 향류형 : 연소가스와 과열기내 증기의 흐름방향이 반대이다.

　　③ 혼류형 : 병류형과 향류형이 혼합된 형식이다.

　　※ 흐름에 따른 온도효율의 크기 : 향류형 > 혼류형 > 병류형

2) 재열기
   (1) 과열증기가 고압터빈 등에서 열을 방출한 후 온도의 저하로 팽창되어 포화온도까지 하강한 과열증기를 고온의 열가스나 과열증기로 재차 가열시켜 저온의 과열증기로 만든 후 저압터빈 등에서 다시 이용하는 장치
   (2) 열효율 증가, 저압터빈의 날개 부식을 감소시키기 위하여 설치한다.

3) 절탄기(截炭機, Economizer : 급수예열기)
   (1) 폐가스(배기가스)의 여열을 이용하여 보일러에 급수되는 급수의 예열기구
   (2) 절탄기 부착 시 장점
      ① 부동팽창 방지
      ② 일시 불순물 및 경도 성분 와해
      ③ 연료의 절약
      ④ 보일러 효율 및 증발력 증대
   (3) 절탄기 부착 시 단점
      ① 통풍 저항이 커져 통풍력이 감소한다.
      ② 연소가스의 온도 저하로 저온 부식이 발생될 우려가 있다.
      ③ 연도 내의 청소 및 점검이 어려워진다.
      ④ 설비비가 비싸고 취급에 기술을 요한다.
   (4) 절탄기 사용 시 주의사항
      ① 절탄기는 점화하기 전에 공기를 빼고 물을 가득 채워야 한다.
      ② 절탄기 내의 급수는 부식방지를 위해 공기 등의 불응축가스를 제거시킨 후 사용한다.
      ③ 저온부식을 방지하기 위해 절탄기 출구 측 배기가스온도를 노점온도 이상이 될 수 있도록 조절하여야 한다.

4) 공기예열기(Air Pre Heater)
   (1) 배기가스 여열을 이용하여 연소실에 투입되는 공기를 예열한다.
   (2) 종류(열원에 의한 방식)
      ① 전열식 : 관형, 판형
         연소가스를 열교환기 형식으로 공기를 예열하는 방식이다.
      ② 재생식 : 회전식, 고정식, 이동식, 융그스트롬식(회전재생식)
         축열실에 연소가스를 통과시킴으로써 열을 축적한 후, 공기를 예열하는 방식이다.
      ③ 증기식 : 연소가스 대신하여 증기로 공기를 예열하는 방식이다.

(3) 공기예열기 설치 시 장점
  ① 노 내의 온도 상승으로 연소가 잘된다.
  ② 과잉 공기량을 줄여도 된다.
  ③ 저질 연료의 연소도 가능하다.
  ④ 보일러 효율이 향상된다.
(4) 공기예열기 설치 시 단점
  ① 통풍 저항이 커져 통풍력이 감소한다.
  ② 온도 저하로 인한 저온 부식이 발생될 우려가 있다.
  ③ 조작범위가 넓어진다.
  ④ 연도 내 청소 및 점검이 어려워지고 설비비가 비싸며 취급에 기술을 요한다.

## 06 송기장치

보일러에서 발생한 증기를 증기 사용처에 공급하는 장치

### 1 기수분리기(Steam Separator)

1) 설치목적 : 수관식 보일러의 증기 속에 함유된 수분을 분리하여 증기의 건도를 높이는 장치이다.

2) 종류
  (1) 사이클론형 : 원심력 이용
  (2) 베플식 : 방향전환을 이용(관성력)
  (3) 스크러버형 : 파도형의 다수강판을 조합한 것(장애판, 방해판 이용)
  (4) 건조스크린형 : 여러 겹의 그물망 이용

3) 기수분리기 설치 시 장점
  (1) 배관의 부식 및 수격작용을 방지한다.
  (2) 열효율을 향상시킨다.

## 2 주 증기밸브(Stop Valve)

1) 역할 : 보일러에서 발생한 증기를 송기 및 정지하기 위해 사용되는 밸브이다.
2) 부착위치 : 보일러동 상부 증기 취출구에 부착하는 것이 일반적이고, 과열기가 있는 경우 과열기 출구 측에 부착
3) 강도 : 최고사용압력 이상이어야 한다. 적어도 0.7 [MPa] 이상의 압력에는 견뎌야 한다.
   (1) 물이 고이는 위치에 스톱밸브가 설치될 때에는 물빼기를 설치하여야 한다.
   (2) 주 증기밸브로 가장 많이 사용되는 밸브는 앵글밸브이다.
   (3) 주 증기밸브 개폐 시는 서서히 3분의 1회전한다.

## 3 증기트랩(Steam Trap)

1) 증기계통이나 증기관 방열기 등에서 고인 응축수(드레인)를 연속 응축수탱크로 배출시키는 기구
2) 구비조건
   (1) 유체에 대한 마찰 저항이 적어야 한다.
   (2) 공기빼기를 할 수 있어야 한다.
   (3) 작동이 확실해야 한다.
   (4) 내식성이 커야 한다.
   (5) 내구력이 있어야 한다.
   (6) 작동 시 소음이 적고 수격작용에 강해야 한다.
   (7) 구조가 간단해야 한다.
   (8) 응축수를 연속적으로 배출할 수 있어야 한다.
   (9) 정지 후에도 응축수를 빼기가 가능해야 한다.
3) 증기트랩 부착 시 장점
   (1) 수격작용 방지
   (2) 열설비 효율 저하 감소
   (3) 응축수에 의한 부식 방지
   (4) 관 내 유체의 흐름에 대한 마찰 저항 감소
4) 증기트랩 종류
   (1) 기계적 트랩(응축수와 증기의 비중차) : 플로트식(레버, 프리), 버킷식(상향, 하향)
   (2) 온도조절트랩(응축수와 증기의 온도차) : 바이메탈식, 벨로즈식, 다이어프램식
   (3) 열역학적 트랩(응축수와 증기의 열역학적 특성차) : 오리피스식, 디스크식

| 종류 | 장점 | 단점 |
|---|---|---|
| 상향 버킷식 | • 작동이 확실하다.<br>• 동결로 인한 폐쇄가 없다.<br>• 증기 손실이 없다.<br>• 환수관을 트랩보다 높게 배관할 수 있다. | • 대형이라 다루기 불편하다.<br>• 배출능력이 미약하다. |
| 하향 버킷식 | • 배출능력이 크다.<br>• 응축수의 유입구와 유출구의 차압이 80 [%] 정도까지 차이가 나도 배출이 가능하다. | • 시공 시 부착이 불편하다.<br>• 수평부착 이외는 안 된다.<br>• 기동 시에 반드시 공기 빼기가 되어야 한다.<br>• 증기 손실이 많다. |
| 플로트식 | • 연속배출이 가능하다.<br>• 증기 누출이 거의 없다.<br>• 작동 시 소음이 나지 않는다.<br>• 공기 빼기가 필요 없다.<br>• 플로트와 밸브시트의 교환이 용이하다. | • 겨울에 동결 우려가 있다.<br>• 수격작용의 방지가 필요하다. |
| 벨로즈식 | • 소형이다.<br>• 응축수의 온도조절이 가능하다.<br>• 배출능력이 우수하다. | • 워터해머에 약하다.<br>• 고압에 부적당하다.<br>• 과열증기에 부적당하다. |
| 바이 메탈식 | • 동결 우려가 없다.<br>• 배출능력이 우수하다.<br>• 장착은 수평 및 수직 모두 가능하다. | • 과열증기에 부적당하다.<br>• 개폐 시 온도차가 크다.<br>• 바이메탈의 특성이 변화한다. |
| 오리 피스식 | • 과열증기 사용이 가능하다.<br>• 가동 시 공기빼기가 불필요하다.<br>• 설치방법이 자유롭다.<br>• 소형이다. | • 정밀하여 마모 시 문제가 따른다.<br>• 증기 누설이 많다.<br>• 배압의 허용도가 30 [%] 미만이다. |
| 디스크식 (충격식) | • 소형이고, 구조가 간단하다.<br>• 고장이 적다.<br>• 과열증기 사용이 적당하다.<br>• 기동 시 공기 빼기가 불필요하다.<br>• 증기 온도와 동일한 응축수의 배출이 가능하다. | • 최저 작동압력차가 0.3 [kg/cm$^2$]이다.<br>• 작동 시 소음이 크다.<br>• 증기의 누설이 많다.<br>• 배출능력이 미약하다.<br>• 배압의 허용도가 50 [%] 이하이다. |

## 4 증기 축열기(Steam Accumulator)

1) 역할 : 보일러 저부하 시 잉여의 증기를 일시 저장하였다가 과부하 또는 응급 시 증기를 방출하는 장치이다.
2) 종류 : 정압식, 변압식
3) 증기축열기 설치 시 장점 : 부하변동에 따른 압력 변화가 적고 연료소비량이 감소하며, 보일러 용량이 부족해도 된다.

## 5 송기 시 발생하는 이상현상

1) 프라이밍(Priming : 비수현상) : 비수현상으로, 주 증기밸브 급개 시 수면으로부터 끊임없이 물방울이 비산하면서 수위를 불안정하게 하는 현상

2) 포밍(Foaming : 물거품 솟음현상)

관수 중 용해 고형물, 유지류 등의 불순물로 인한 거품의 층을 형성하는 단계이며 심해지면 프라이밍으로 이어질 수 있다.

(1) 프라이밍과 포밍이 유발될 때의 장해
① 보일러수 전체가 현저하게 동요하고 수면계 수위를 확인하기 어렵다.
② 증기과열기에 보일러수가 들어가 증기온도나 과열도가 저하하여 과열기를 더럽힌다.
③ 보일러 내의 수위가 급히 내려가고 저수위 사고를 일으키는 위험이 있다.
④ 안전밸브가 더러워지거나 수면계의 통기구멍에 보일러수가 들어가거나 하여 이들의 성능을 해친다.
⑤ 증기와 더불어 보일러로부터 나온 수분이 배관 내에 고여 워터해머를 일으켜 손상을 끼칠 수 있다.

(2) 프라이밍과 포밍의 원인
① 증기 부하가 과대한 경우
② 관수가 농축되었을 때
③ 고수위
④ 주 증기밸브의 급개
⑤ 관수에 유지분, 부유물, 불순물이 많을 때

(3) 프라이밍, 포밍이 일어났을 때의 대처
① 연소량을 가볍게 한다.
② 주 증기밸브를 닫고 수위의 안정을 기다린다.
③ 관수의 일부를 취출하고 물을 넣는다.
④ 안전밸브, 수면계, 압력계, 연락관을 시험한다.
⑤ 수질검사를 실시한다.

3) 캐리오버(Carry Over : 기수공발현상)
(1) 공기 중에 불순물이 물방울에 섞여서 옮겨가는 현상
(2) 발생 원인은 프라이밍의 발생 원인과 같다.
※ 캐리오버로 인하여 나타날 수 있는 현상
㉠ 수격작용 발생
㉡ 증기배관 부식
㉢ 증기의 열손실로 인한 열효율 저하

4) 워터해머(Water Hammering : 수격작용) : 증기관 속에 고여 있는 응축수가 송기 시 고온, 고압의 증기에 밀려 관의 굴곡부분을 강하게 치는 현상
(1) 수격작용(워터해머)을 방지하기 위한 순서
① 증기를 집어넣는 측의 주 증기관, 증기배관 등에 있는 밸브를 만개하고 드레인을 완전 배출한다.
② 주 증기관 내에 소량의 증기를 통하여 관을 따뜻하게 한다.
③ 난관이 순조롭게 된 다음 주 증기밸브를 처음에는 약간 열고 다음에 단계적으로 서서히 연다.

## 02 OX퀴즈

※ OX 퀴즈로 최다빈출 개념을 쉽게 정리하고 기출 유형까지 미리 익혀보세요.

1. 안전장치는 보일러 사용 중 이상사태 발생 시 이를 조치하고, 사고를 미연에 방지하기 위한 장치이다. [O | X]

2. 안전밸브, 방출밸브, 가용전 등은 안전장치에 속한다. [O | X]

3. 방출관을 갖추고 있을 때도 방출밸브를 1개 이상 무조건 갖추어야 한다. [O | X]

4. 연소실 내의 화염 상태를 감시하여 실화 및 불착화 시 그 신호를 전자밸브로 보내 연료를 차단, 연소실 내 연료의 누설을 방지하여 연소가스 폭발을 방지하는 안전장치는 방폭문이다. [O | X]

5. 부속장치 중 보일러동 내부로 급수를 공급시키기 위한 일련의 장치를 급수장치라고 한다. [O | X]

6. 원심펌프에서 터빈펌프는 안내날개가 있다. [O | X]

7. 증기의 열에너지를 압력에너지로 전환시키고 다시 운동에너지로 바꾸어 급수하는 비동력용 급수장치는 급수펌프라고 한다. [O | X]

8. 인젝터의 작동 순서는 급수밸브를 열고 흡수밸브를 연 후 증기 흡입밸브를 열고 인젝터 핸들을 여는 것이다. [O | X]

9. 급수탱크 설치 시 지하에 설치하는 경우 지하수 등이 유입되지 않도록 주의하여야 한다. [O | X]

10. 증기보일러에서 동 내부의 수면위치를 계측하는 장치를 수면계라고 한다. [O | X]

---

**정답**  01 (O)  02 (O)  03 (X)  04 (X)  05 (O)  06 (O)  07 (X)  08 (O)  09 (O)  10 (O)

3 방출관을 갖출 때에는 방출밸브를 대체할 수 있다.
4 화염검출기이다.
7 인젝터이다.

11 서로 온도가 다르고, 고체 벽으로 분리된 두 유체 사이에 열교환을 수행하는 장치는 열교환기라고 한다. ☐ O ☐ X

12 수트 블로어는 열교환기의 종류 중 하나이다. ☐ O ☐ X

13 열 교환장치는 과열기 → 절탄기 → 재열기 → 공기예열기 → 굴뚝 순서로 이루어진다. ☐ O ☐ X

14 프라이밍은 수위를 안정적으로 하는 현상이다. ☐ O ☐ X

15 공기 중에 불순물이 물방울에 섞여서 옮겨가는 현상을 캐리오버라고 한다. ☐ O ☐ X

---

**정답** 11 (O) 12 (X) 13 (X) 14 (X) 15 (O)

12 매연 분출장치로 보일러 전열면의 외측에 붙어 있는 그을음 및 재를 압축공기나 증기를 분사하여 제거하는 장치이다.
13 과열기 → 재열기 → 절탄기 → 공기예열기 → 굴뚝이다.
14 프라이밍은 수면으로부터 끊임없이 물방울이 비산하면서 수위를 불안정하게 하는 현상이다.

# 02 예상문제

## 01
다음 중 보일러 안전장치로 가장 거리가 먼 것은?

① 방폭문  ② 안전밸브
③ 체크밸브  ④ 고저수위경보기

**해설**

보일러 안전장치
체크밸브는 방향제어밸브로 유체를 한쪽 방향으로만 흐르게 하는 밸브이다.

## 02
보일러에서 사용하는 안전밸브의 방식으로 가장 거리가 먼 것은?

① 중추식  ② 탄성식
③ 지렛대식  ④ 스프링식

**해설**

안전밸브의 방식
중추식, 지렛대식, 스프링식

## 03
다음 급수펌프 종류 중 회전식 펌프는?

① 워싱턴펌프  ② 피스톤펌프
③ 플런저펌프  ④ 터빈펌프

**해설**

회전식 펌프
터빈펌프(디퓨저펌프)는 원심펌프로 임펠러의 회전에 의해 가압되는 회전식 펌프로, 가이드베인이 있는 펌프이다.

## 04
다음 중 인젝터의 시동 순서로 옳은 것은?

㉮ 핸들을 연다.
㉯ 증기밸브를 연다.
㉰ 급수밸브를 연다.
㉱ 급수 출구관에 정지밸브가 열렸는지 확인한다.

① ㉱ → ㉰ → ㉯ → ㉮
② ㉯ → ㉰ → ㉮ → ㉱
③ ㉰ → ㉯ → ㉱ → ㉮
④ ㉱ → ㉰ → ㉮ → ㉯

**해설**

인젝터 시동 순서
급수 출구관에 정지밸브가 열렸는지 확인한다. → 급수밸브를 연다. → 증기밸브를 연다. → 핸들을 연다.

**정답** 01 ③  02 ②  03 ④  04 ①

## 05

인젝터의 장단점에 관한 설명으로 틀린 것은?

① 급수를 예열하므로 열효율이 좋다.
② 급수온도가 55[℃] 이상으로 높으면 급수가 잘 된다.
③ 증기압이 낮으면 급수가 곤란하다.
④ 별도의 소요동력이 필요 없다.

**해설**

인젝터의 장단점
급수온도가 55[℃] 이상(작동불능 원인)이면 급수가 잘 되지 않는다.

## 06

급수펌프인 인젝터의 특징에 대한 설명으로 틀린 것은?

① 구조가 간단하여 소형에 사용된다.
② 별도의 소요동력이 필요하지 않다.
③ 송수량의 조절이 용이하다.
④ 소량의 고압증기로 다량의 급수가 가능하다.

**해설**

급수펌프 인젝터의 특징
보조급수장치인 인젝터는 급수용량이 부족하고 급수에 시간이 많이 소요되므로 급수량(송수량) 조절이 용이하지 않다.

## 07

보일러 응축수탱크의 가장 적절한 설치위치는?

① 보일러 상단부와 응축수탱크의 하단부를 일치시킨다.
② 보일러 하단부와 응축수탱크의 하단부를 일치시킨다.
③ 응축수탱크는 응축수 회수배관보다 낮게 설치한다.
④ 응축수탱크는 송출 증기관과 동일한 양정을 갖는 위치에 설치한다.

**해설**

보일러 응축수탱크의 가장 적절한 설치위치
응축수탱크는 응축수 회수배관보다 낮게 설치해야 한다.

## 08

노통보일러의 수면계 최저 수위 부착 기준으로 옳은 것은?

① 노통 최고부 위 50[mm]
② 노통 최고부 위 100[mm]
③ 연관의 최고부 위 10[mm]
④ 연소실 천정관 최고부 위 연관길이의 1/3

**해설**

노통보일러의 수면계 최저 수위 부착 기준
• 노통보일러 노통최고부(플랜지부 제외) 위 100[mm]
• 노통연관보일러 연관의 최고부 위 75[mm]

정답 05 ② 06 ③ 07 ③ 08 ②

## 09

보일러에 설치된 과열기의 역할로 틀린 것은?

① 포화증기의 압력증가
② 마찰 저항 감소 및 관 내 부식 방지
③ 엔탈피 증가로 증기소비량 감소효과
④ 과열증기를 만들어 터빈의 효율 증대

**해설**

과열기의 역할
포화증기를 일정한 압력 상태에서 온도만을 높여 과열증기로 만드는 장치이다.

## 10

고압 증기터빈에서 팽창되어 압력이 저하된 증기를 가열하는 보일러의 부속장치는?

① 재열기　② 과열기
③ 절탄기　④ 공기예열기

**해설**

재열기
고압 증기터빈에서 팽창되어 압력이 저하된 증기를 가열하는 보일러 부속장치는 재열기다.

## 11

공기예열기 설치에 따른 영향으로 틀린 것은?

① 연소효율을 증가시킨다.
② 과잉공기량을 줄일 수 있다.
③ 배기가스 저항이 줄어든다.
④ 질소산화물에 의한 대기오염의 우려가 있다.

**해설**

공기예열기의 효과
(1) 장점
　① 연료 절감
　② 질 낮은 연료의 연소에 유리
　③ 노 내 온도를 고온으로 유지
　④ 공기를 예열하므로 작은 공기비로 연료를 완전 연소시킬 수 있다.
(2) 단점
　① 저온 부식의 원인이 된다.
　② 통풍력이 감소한다.
　③ 배기가스 저항이 증가한다.
　④ 보수, 점검, 청소가 어렵다.
　⑤ 설비비가 비싸다.

## 12

상향 버킷식 증기트랩에 대한 설명으로 틀린 것은?

① 응축수의 유입구와 유출구의 차압이 없어도 배출이 가능하다.
② 가동 시 공기 빼기를 하여야 하며 겨울철 동결 우려가 있다.
③ 배관계통에 설치하여 배출용으로 사용된다.
④ 장치의 설치는 수평으로 한다.

**해설**

상향 버킷식 증기트랩
상향 버킷식 트랩은 유입구와 유출구의 차압이 있어야 배출이 가능하다.

**정답** 09 ① 10 ① 11 ③ 12 ①

# Chapter 03 보일러 계산

**핵심포인트** 입열, 출열, 열효율, 전도, 대류, 복사, 열관류율, LMTD

**학습목표**
1. 보일러 계산을 위한 기본단위 및 지표를 이해할 수 있다.
2. 입열항목과 출열항목을 구분할 수 있다.
3. 전열의 종류와 정의를 이해할 수 있다.

## 01 보일러 계산

### 1 보일러 용량

증기보일러의 용량은 최대 연속부하(정격부하)상태에서 1시간에 발생하는 증발량으로 [kg/h], [ton/h]으로 표시한다.

### 2 기본 단위 및 지표

1) ppm(parts per million) : 백만분의 1단위
   물 1 [L] 중에 함유된 불순물의 양을 [mg]으로 표시한 것

2) ppb(parts per billion) : 10억분의 1단위

3) epm(equivalents per million) : 물 1 [L] 중에 용해되어 있는 물질을 [mg] 당량수로 나타낸 것

4) 탁도 : 물의 흐린 정도
   증류수 1 [L] 중에 정제카올린 1 [mg]이 함유하고 있는 색과 동일한 색의 물을 탁도 1도라고 한다.

5) 경도 : 수중에 녹아 있는 칼슘과 마그네슘의 비율을 표시한 것

6) pH : 용액 내 수소이온 농도의 지수

$$pH = -\log(H^+)$$   $H^+$ : 용액 내 수소이온 농도 [mol/L]

 (1) 산성 : pH 7 미만

 (2) 중성 : pH 7

 (3) 염기성 : pH 7 초과

7) pOH : 용액 내 수산화이온 농도의 지수

$$pOH = -\log(OH^-)$$   $OH^-$ : 용액 내 수산화이온 농도 [mol/L]

 (1) pH와의 관계 : $pH + pOH = 14$

## 02 열정산

열정산이란 내연기관 등에서 공급된 열량 중 얼마만큼이나 유효하게 작업에 이용되고, 각종 손실 비율은 어떻게 되는가를 측정하는 일을 말함

### 1 열정산의 목적

1) 열손실 파악

2) 보일러 성능 개선 자료 수집(열설비 구축자료)

3) 조업방법 개선

4) 보일러 효율 파악

### 2 입열 항목

1) 연료의 발열량(저위발열량)

2) 연료의 현열

3) 공기의 현열

4) 노 내 분입증기에 의한 입열

### 3 출열 항목

1) 유효열 : 발생증기 보유열(온수 발생 보유열)
2) 손실열
   (1) 노벽 방산 손실열
   (2) 배기가스에 의한 손실열
   (3) 미연소분에 의한 손실열
   (4) 불완전 연소에 의한 손실열

### 4 순환열

1) 입열, 출열에 포함되므로 열정산 시 제외
   (1) 노 내 분입증기 보유열
   (2) 증기축열기 흡수열량

## 03 보일러의 열효율

### 1 입·출열법

보일러에 들어간 열(입열)과 실제로 나온 열(출열)을 비교해 효율을 구하는 방법

$$\text{열효율}(\eta) = \frac{\text{유효열}}{\text{입열}} \times 100 \, [\%]$$
$$= \frac{G(h'' - h')}{G_f \times H}$$

- $G$ : 실제증발량[kg/h]
- $h''$ : 발생증기 엔탈피 [kJ/kg]
- $h'$ : 급수 엔탈피 [kJ/kg]
- $G_f$ : 연료 사용량[kg/h]
- $H$ : 발열량 [kJ/kg]

### 2 손실열법

보일러에서 빠져나가는 손실열을 계산해서 효율을 구하는 방법

$$\text{열효율}(\eta) = \frac{\text{입열} - \text{손실열}}{\text{입열}} \times 100 \, [\%] = (1 - \frac{\text{손실열}}{\text{입열}}) \times 100 \, [\%]$$

## 04 전열

### 1 전도(Conduction)

1) 전도 : 매질 내의 자유전자 간의 미세한 충돌과 상호작용을 통해 열이 전달되는 현상으로, 주로 고체에서 중요한 열전달방식이다.

2) 푸리에의 열전도 법칙(Fourier Heat Conduction Law)

$$Q = \lambda A \frac{\Delta t}{L} [W]$$

- $Q$ : 전도열량[W]
- $\lambda$ : 열전도계수[W/m·K]
- $L$ : 물질의 두께[m]
- $A$ : 전열면적[m²]
- $\Delta t$ : 물질의 표면온도[K]

※ 열전도계수 : $\dfrac{1}{K} = \dfrac{x_1}{K_1} + \dfrac{x_2}{K_2} + \dfrac{x_3}{K_3} \cdots = \sum\limits_{i=1}^{n} \dfrac{x_i}{K_i}$

※ 원통에서의 열전도 : $Q = \dfrac{2\pi L K}{\ln\left(\dfrac{r_2}{r_1}\right)}(t_1 - t_2)$

### 2 대류(Convection)

1) 유체가 움직이면서 열을 함께 옮기는 현상으로, 온도 차이에 따른 밀도 변화로 인해 발생한다.

2) 뉴턴의 냉각 법칙(Newton's Cooling Law)

$$Q = \alpha A (t_w - t_\infty)[W]$$

- $\alpha$ : 대류열전달계수[W/m²·K]
- $A$ : 대류전열면적[m²]
- $t_w$ : 벽면온도[K]
- $t_\infty$ : 유체온도[K]

3) 누셀트수(Nusselt Number) : 대류 열전달의 강도를 나타내는 무차원 수. 즉, 대류에 의한 열전달이 전도에 비해 얼마나 잘 일어나는지를 나타내는 비율

$$N = \frac{\alpha L}{\lambda}$$

- $\alpha$ : 대류열전달계수[W/m² · K]
- $\lambda$ : 열전도계수[W/m · K]
- L : 물질의 두께[m]

### 3 복사(Radiation)

1) 물질의 이동이나 매질 없이, 물체가 전자기파를 방출하여 열을 전달하는 현상이다.

2) 스테판 볼츠만의 법칙(Stefan - Boltzmann Law)

$$Q = \epsilon \sigma A T^4 \, [W]$$

- $\epsilon$ : 방사율($0 < \epsilon < 1$)
- $\sigma$ : 스테판 - 볼츠만 상수
  ($\sigma = 5.67 \times 10^{-8} \, W/m^2 K^4$)
- A : 전열면적[m²]
- T : 물체표면온도 [K]

### 4 열관류율(열통과율)

1) 열관류율 K : 벽이나 창 등을 통해 단위 면적당 단위 온도차에서 전달되는 열의 양

$$K = \frac{1}{R}$$

- K : 열관류율 [W/m² · K]
- R : 열저항 [m² · K/W]

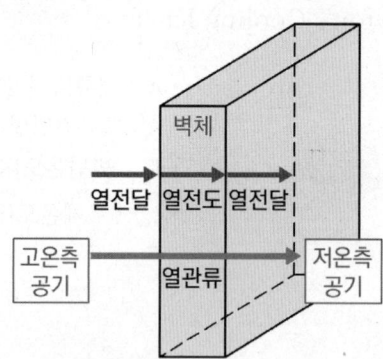

2) 열저항 R : 열의 흐름을 방해하는 정도를 나타내는 값으로, 값이 클수록 열이 잘 전달되지 않고 단열 성능이 우수함을 의미

$$R = \frac{1}{\alpha_1} + \sum \frac{l}{\lambda} + \frac{1}{\alpha_2}$$

- $\alpha_i$ : 내측 열전달계수[W/m²·K]
- $\alpha_o$ : 외측 열전달계수[W/m²·K]
- $\lambda$ : 물질의 열전도계수[W/m·K]
- $l$ : 물질의 두께[m]

즉, $K = \dfrac{1}{R} = \dfrac{1}{\dfrac{1}{\alpha_1} + \sum \dfrac{l}{\lambda} + \dfrac{1}{\alpha_2}} [W/m^2 K]$

3) 통과한 열량(열 손실량)

$$q[W] = KA\Delta t$$

- $K$ : 벽체의 열관류율[W/m²·K]
- $A$ : 벽체의 면적([m²]
- $\Delta t$ : 온도차[K]

## 5 대수 평균 온도차(LMTD, Logarithmic Mean Temperature Difference)

1) 대수 평균 온도차 : 열교환기에서 두 유체 사이의 온도차가 위치에 따라 달라질 때, 전체 열전달을 계산하기 위해 사용하는 평균 온도차

$$LMTD = \frac{\Delta t_1 - \Delta t_2}{\ln \dfrac{\Delta t_1}{\Delta t_2}}$$

- $\alpha_i$ : 내측 열전달계수[W/m²·K]
- $\alpha_o$ : 외측 열전달계수[W/m²·K]
- $\lambda$ : 물질의 열전도계수[W/m·K]
- $l$ : 물질의 두께[m]

(1) 대향류(향류형) : 두 유체가 서로 반대 방향으로 흐르면서 열을 교환하는 방식

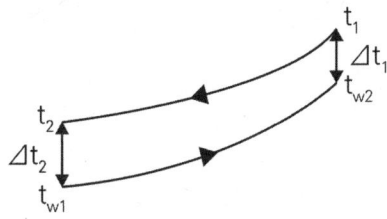

- $\Delta t_1 = t_1 - t_{w2}, \Delta t_2 = t_2 - t_{w1}$

(2) 평행류(병류형) : 두 유체가 같은 방향으로 흐르면서 열을 교환하는 방식

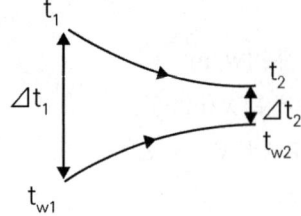

- $\Delta t_1 = t_1 - t_{w1}, \Delta t_2 = t_2 - t_{w2}$

# 03 OX퀴즈

※ OX 퀴즈로 최다빈출 개념을 쉽게 정리하고 기출 유형까지 미리 익혀보세요.

1. 열정산의 목적은 열손실을 파악하기 위해서이다. ⬜O ⬜X
2. 출열에 연료의 현열이 포함된다. ⬜O ⬜X
3. 순환열은 입열과 출열에 모두 포함되므로 제외하고 열정산을 한다. ⬜O ⬜X
4. 급수온도는 절탄기 입구에서 측정한다. ⬜O ⬜X
5. 스테판-볼츠만 법칙에서 복사열은 온도의 4제곱에 비례한다. ⬜O ⬜X
6. 1 [ppm]은 10만분의 1만큼의 오염물질이 포함된 것을 말한다. ⬜O ⬜X
7. 탁도는 물의 흐린 정도를 의미한다. ⬜O ⬜X
8. pH 8은 약산성이다. ⬜O ⬜X

---

**정답** 01 (O) 02 (X) 03 (O) 04 (O) 05 (O) 06 (X) 07 (O) 08 (X)

2 연료의 현열은 <u>입열</u>이다.
6 1 [ppm]은 <u>100만분</u>의 1만큼의 오염물질을 포함한 것을 말한다.
8 산성은 pH 7 이하로 pH 8은 <u>약염기성</u>이다.

## 01

열정산을 할 때 입열항에 해당하지 않는 것은?

① 연료의 연소열
② 연료의 현열
③ 공기의 현열
④ 발생 증기열

**해설**

열정산
- 입열항목 : 공기의 현열, 연료의 저위 발열량, 연료의 현열, 노 내 분입증기열
- 출열항목 : 발생공기(흡수)열, 배기가스에 의한 손실열, 미연소가스에 의한 손실열, 방산에 의한 손실열

## 02

다음 중 열정산의 목적이 아닌 것은?

① 열효율을 알 수 있다.
② 장치의 구조를 알 수 있다.
③ 새로운 장치설계를 위한 기초자료를 얻을 수 있다.
④ 장치의 효율향상을 위한 개조 또는 운전조건의 개선 등의 자료를 얻을 수 있다.

**해설**

열정산의 목적
- 열손실의 파악을 위해서
- 열설비 성능을 파악을 위해서
- 조업방법을 개선할 수 있어서
- 열의 행방을 파악할 수 있어서

## 03

이중 열교환기의 총괄전열계수가 79 [W/m²·h·℃]일 때, 더운 액체와 찬 액체를 향류로 접속시켰더니 더운 면의 온도가 65 [℃]에서 25 [℃]로 내려가고 찬 면의 온도가 20 [℃]에서 53 [℃]로 올라갔다. 단위면적당의 열교환량 [W/m²]은?

① 498　　② 632
③ 2415　　④ 2760

**해설**

열교환량

$\Delta t_1 = 65 - 53 = 12\,[℃]$

$\Delta t_2 = 25 - 20 = 5\,[℃]$

- 대수평균온도차(LMTD)

$$= \frac{\Delta t_1 - \Delta t_2}{\ln \frac{\Delta t_1}{\Delta t_2}} = \frac{12 - 5}{\ln \frac{12}{5}} = 8\,[℃]$$

- 단위면적당 열교환량

$= K_t(LMTD) = 79 \times 8$

$= 632\,[W/m^2]$

**정답** 01 ④　02 ①　03 ④

## 04

외경 30 [mm], 벽 두께 2 [mm]의 관 내측과 외측의 열전달계수는 모두 3000 [W/m²·K]이다. 관 내부온도가 외부보다 30 [℃]만큼 높고, 관의 열전도율이 100 [W/m·K]일 때 관의 단위길이당 열손실량은 약 몇 [W/m]인가?

① 2979　　② 3324
③ 3824　　④ 4174

해설

열손실량

$$k = \frac{1}{R} = \frac{1}{\frac{1}{\alpha}+\frac{l}{\lambda}+\frac{1}{\alpha}} = \frac{1}{\frac{1}{3,000}+\frac{0.002}{100}+\frac{1}{3,000}}$$

$$= 1456.31$$

$$Q = k \times \frac{(r_o - r_i)2\pi \Delta t}{\ln\left(\frac{r_o}{r_i}\right)} = \frac{1456.31 \times 0.002 \times 2\pi \times 30}{\ln\left(\frac{15}{13}\right)}$$

$$= 3837\,[W/m]$$

## 05

보온이 안 된 어떤 물체의 단위면적당 손실열량이 1600 [kJ/m²]이었는데, 보온한 후에 단위면적당 손실열량이 1200 [kJ/m²]이라면 보온효율은 얼마인가?

① 1.33　　② 0.75
③ 0.33　　④ 0.25

해설

보온효율

$$\eta = \left(1 - \frac{H}{H_o}\right) = \left(1 - \frac{1200}{1600}\right) = 0.25$$

## 06

보일러 급수 중에 함유되어 있는 칼슘(Ca) 및 마그네슘(Mg)의 농도를 나타내는 척도는?

① 탁도
② 경도
③ BOD
④ pH

해설

칼슘 및 마그네슘 농도를 나타내는 척도
보일러 급수 중에 함유되어 있는 칼슘 및 마그네슘의 농도를 나타내는 척도는 물의 경도로 단위는 ppm으로 표시한다.

## 07

수질(水質)을 나타내는 ppm의 단위는?

① 1만분의 1단위
② 십만분의 1단위
③ 백만분의 1단위
④ 1억분의 1단위

해설

수질을 나타내는 ppm의 단위
ppm(parts per million) : 백만분의 1단위

정답　04 ②　05 ③　06 ①　07 ③

## 08

물의 탁도(Turbidity)에 대한 설명으로 옳은 것은?

① 증류수 1 [L] 속에 정제카올린 1 [mg]을 함유하고 있는 색과 동일한 색의 물을 탁도 1도의 물로 한다.
② 증류수 1 [L] 속에 정제카올린 1 [g]을 함유하고 있는 색과 동일한 색의 물을 탁도 1도의 물로 한다.
③ 증류수 1 [L] 속에 황산칼슘 1 [mg]을 함유하고 있는 색과 동일한 색의 물을 탁도 1도의 물로 한다.
④ 증류수 1 [L] 속에 황산칼슘 1 [g]을 함유하고 있는 색과 동일한 색의 물을 탁도 1도의 물로 한다.

**해설**

**물의 탁도**
증류수 1 [L] 속에 정제카올린 1 [mg]을 함유하고 있는 색과 동일한 색의 물을 탁도 1도의 물로 한다.

정답 08 ①

# Chapter 04 에너지 관련 기준

 핵심포인트  동체 두께, 관 피치, 노통 두께, 연관 두께, 설치 기준
 학습목표  1. 각 기준에서 중요한 부분이 무엇인지 알고 암기할 수 있다.
2. 계산에 필요한 공식들의 필요조건을 알고 문제에 적용할 수 있다.

## 01 열사용기자재의 검사 및 검사면제에 관한 기준

### 제2장 재료

#### 2.5 재료의 허용응력

계산에 사용하는 재료의 허용인장응력은 〈표 2.1〉에 따른다. 다만 이들 표에 표시하지 않은 재료로서 특별히 인정된 재료에 대해서는 다음에 따른다.

##### 2.5.1 크리프 영역에 달하지 않는 설계온도에서의 허용인장응력

> TIP 크리프 영역 : 재료가 높은 온도에서 오랜 시간 하중을 받으면 변형이 점점 진행되는 구간

(1) 철강 재료 : 철강재료[주조품 및 (2)에 표시하는 강재를 제외한다]의 허용인장응력은 다음 값 중에서 최소인 것으로 한다. 다만 오스테나이트계 스테인리스강 강재로서 사용 장소에 따라 약간 큰 변형이 허용되는 부재에 대해서는 설계 온도에서의 0.2 [%] 내력의 90 [%]까지를 취할 수 있다.
  (a) 상온에서의 최소 인장강도의 1/4
  (b) 설계온도에서의 인장강도의 1/4
  (c) 상온에서의 최소 항복점 또는 0.2 [%] 내력의 1/1.6
  (d) 설계온도에서의 항복점 또는 0.2 [%] 내력의 1/1.6

(2) 볼트 : 볼트의 허용인장응력은, 철강재료는 (1)에서 구한 값 및 다음 값 중의 최소인 것을 취한다. 다만 탄소강 강재 및 저합금강 강재에서의 KS B 0223(전선관 나사)에 적합한 볼트의 허용인장응력은 온도 573 [K]{300 [℃]} 이하(쾌삭강인 경우에는 523 [K]{250 [℃]} 이하)의 범위에서 그 한국산업표준에 표시된 강도구분에 따라, 그것에 대응하는 보증 하중응력의 1/3을 취할 수 있다.
  (a) 상온에서 최소 인장강도의 1/5
  (b) 상온에서 최소 항복점 또는 0.2 [%] 내력의 1/4

## 제4장 동체

### 4.1 동체 두께의 제한
동체의 최소두께는 다음의 값 이상이어야 한다.

TIP 기준은 '동체 안지름'

(1) 안지름 900 [mm] 이하인 것은 6 [mm]. 다만 스테이를 부착하는 경우는 8 [mm]

(2) 안지름 900 [mm]를 초과하고, 1350 [mm] 이하인 것은 8 [mm]

(3) 안지름 1350 [mm]를 초과하고, 1850 [mm] 이하인 것은 10 [mm]

(4) 안지름 1850 [mm]를 초과하는 것은 12 [mm]

### 4.5 길이방향으로 배치된 관 구멍부의 강도
동체의 길이방향으로 관 구멍이 일직선상으로 배치된 경우 이 관 구멍부의 강도는 관 구멍이 없는 단면의 강도는 다음에 의하여 산출되는 효율을 곱한 값으로 한다.

TIP 효율 : 구멍으로 인해 실제 강도가 감소된 비율
피치(p) : 인접한 두 구멍 중심 사이의 거리

(1) 관 구멍의 피치가 같을 경우

이 부분의 효율은 다음 식에 따른다.

$\eta = \dfrac{p-d}{p}$ ($\eta$ : 효율, $p$ : 관 구멍의 피치[mm], $d$ : 관 구멍의 지름[mm])

## 제5장 경판 및 평판

### 5.3 오목면에 압력을 받는 스테이가 없는 접시형 또는 전반구형 경판의 최소두께
오목면에 압력을 받는 스테이가 없는 접시형 또는 전반구형 경판의 최소두께는 다음 식에 따른다.

(3) 접시형 경판에서 노통이 부착될 경우

$t = \dfrac{PR}{1.5\sigma_a \eta} + \alpha \left\{ t = \dfrac{PR}{150\sigma_a \eta} + \alpha \right\}$

(3)에서
- $t$ : 경판의 최소두께[mm]
- $P$ : 최고사용압력[MPa]{kgf/cm$^2$}
- $R$ : 전반구형 경판 안쪽면의 반지름 또는 접시형 경판 중앙부에서의 안쪽면 반지름[mm]
- $\sigma_a$ : 재료의 허용인장응력(N/mm$^2$){kgf/mm$^2$}
- $\eta$ : 경판 자체의 이음 효율
  전반구형 경판인 경우에는 경판 자체의 이음의 효율은 물론 경판을 동체에 부착할 때의 효율도 고려한다.

- $W$ : 다음 계산식에 의해 산정하는 경판 형상에 관한 계수

  $W = \dfrac{1}{4}\left(3 + \sqrt{\dfrac{R}{r}}\right)$ 접시형인 경우

- $r$ : 접시형 경판 구석 둥글기 안쪽 반지름[mm]

  $W = 1$ 전반구형인 경우
- $\alpha$ : 부식여유이며, 1 [mm] 이상으로 한다.

## 제6장 관판

### 6.2 연관보일러 관판의 최소두께

연관보일러 관판의 최소두께는 〈표 6.1〉의 값 이상이며, 또한 연관의 바깥지름이 38 ~ 102 [mm]인 경우에는 다음 식의 값 이상이어야 한다.

$t = 5 + \dfrac{d}{10}$ ($t$ : 관판의 최소두께[mm], $d$ : 관 구멍의 지름[mm])

〈표 6.1〉 연관보일러 관판의 최소두께

| 관판의 바깥지름[mm] | 관판의 최소두께[mm] |
|---|---|
| 1350 이하 | 10 |
| 1350 초과 1850 이하 | 12 |
| 1850을 초과하는 것 | 14 |

### 6.4 연관보일러의 연관의 최소피치

TIP 피치(p) : 인접한 두 구멍 중심 사이의 거리

연관보일러의 연관 최소피치는 다음 식에 따른다.

$p = \left(1 + \dfrac{4.5}{t}\right)d$

여기에서 $p$ : 연관의 최소피치[mm], $t$ : 관판의 두께[mm], $d$ : 관 구멍의 지름[mm]

## 제7장 화실 및 노통

### 7.6.2 파형노통의 최소두께

파형노통으로서 그 끝의 평형부 길이가 230 [mm] 미만인 것의 판의 최소두께는 다음 계산식으로 계산한다.

$t = \dfrac{10PD}{C} \left\{ t = \dfrac{PD}{C} \right\}$

- $P$ : 최고사용압력[MPa]{kgf/cm$^2$}
- $t$ : 노통의 최소두께[mm]

- $D$ : 노통의 파형부에서의 최대내경과 최소내경의 평균치(모리슨형 노통에서는 최소내경에 50 [mm]를 더한 값)
- $C$ : 상수로서 다음에서 정하는 값

| 노통의 종류 | C |
|---|---|
| 파형의 피치가 200 [mm] 이하인 모리슨형 노통으로, 작은 파형의 노통내면측의 바깥 반지름 $r$이 큰 파형의 노통 외면측의 안쪽 반지름 $R$의 1/2이하이고, 골의 깊이가 32 [mm] 이상인 것 | 1100 |
| 파형의 피치가 200 [mm] 이하인 폭스형 노통으로 골의 깊이가 38 [mm] 이상인 것 | 985 |
| 파형의 피치가 230 [mm] 이하인 브라운형 노통으로 골의 깊이가 41 [mm] 이상인 것 | 985 |

7.8 노통과 연관의 틈새

노통연관보일러의 노통 바깥면과 이것에 가장 가까운 연관의 면과는 50 [mm] 이상의 틈새를 두어야 한다. 다만 노통에 파형 또는 보강링 등의 돌기를 설비할 때에는 이들 돌기물의 바깥면과 이것에 가장 가까운 연관의 틈새는 30 [mm] 이상으로 하여도 지장이 없다.

## 제11장 관, 헤더, 관 부착대 및 플랜지

### 11.1 연관의 최소두께

연관의 최소두께는 다음 식에 따른다.

(1) 연관의 바깥지름 150 [mm] 이하인 경우

$$t = \frac{Pd}{70} + 1.5 \left\{ t = \frac{Pd}{700} + 1.5 \right\}$$

- $t$ : 연관의 최소두께[mm]
- $P$ : 최고사용압력[MPa]{kgf/cm$^2$}
- $d$ : 연관의 바깥지름[mm]

## 제12장 용접

### 12.2.4.5 그루브 가공

(1) 맞대기용접은 용접방법에 따라서 그루브를 만들어야 한다.
(2) 그루브는 자동용접이 아닌 경우는 판의 두께에 따라서 원칙적으로 〈표 12.3〉과 같아야 한다. 다만 헤더 및 이에 유사한 것은 U자형 대신 V자형으로 할 수 있다.

⟨표 12.3⟩ 판의 두께에 따른 그루브의 형상

| 판의 두께 | 그루브의 형상 |
|---|---|
| 6 [mm] 이상 16 [mm] 이하 | V형, R형 또는 J형 |
| 12 [mm] 이상 38 [mm] 이하 | X형, K형, 양면 J형 또는 U형 |
| 19 [mm] 이상 | H형 |

## 제15장 용접부의 비파괴시험

### 15.1.1 방사선 투과시험의 적용

동체판 및 경판의 길이이음과 둘레이음 등의 맞대기 용접부는 그 전체길이에 대하여 방사선 투과시험을 하여야 한다.

(3) 방사선 투과시험 길이계산은 300 [mm] 단위로 하며, 이때 300 [mm] 미만은 300 [mm]로 한다. 단, 100 [%] 방사선 투과시험일 경우 길이 계산은 250 [mm] 단위로 한다.

## 제17장 수면계

### 17.3 수면계의 부착

유리 수면계는 보일러 사용 중 안전한 수위를 나타내도록 다음에 따라 보일러 또는 수주관에 부착한다. 수주관은 2개의 수면계에 대하여 공동으로 할 수 있다.

(1) 원형 보일러에서는 특별한 경우를 제외하고, 상용수위가 중심선에 오도록 부착하여 최저수위가 다음 ⟨표 17.1⟩의 위치에 있도록 한다.

⟨표 17.1⟩ 수면계의 부착위치

| 보일러의 종별 | 부착위치 |
|---|---|
| 직립형 보일러 | 연소실 천정판 최고부(플랜지부 제외) 위 75 [mm] |
| 직립형 연관보일러 | 연소실 천정판 최고부 위 연관길이의 1/3 |
| 수평연관보일러 | 연관의 최고부 위 75 [mm] |
| 노통연관보일러 | 연관의 최고부 위 75 [mm]. 다만 연관 최고부분보다 노통 윗면이 높은 것으로서는 노통 최고부(플랜지부를 제외) 위 100 [mm] |
| 노통보일러 | 노통 최고부(플랜지부를 제외) 위 100 [mm] |

(2) 수관식, 그 밖의 보일러에서는 그 구조에 따른 적당한 위치

## 제19장 압력방출장치

### 19.2 온수발생보일러(액상식 열매체보일러 포함)

#### 19.2.3 방출관의 크기

방출관은 보일러의 전열면적에 따라 〈표 19.6〉의 크기로 하여야 한다.

〈표 19.6〉 방출관의 크기

| 전열면적[m$^2$] | 방출관의 안지름[mm] |
|---|---|
| 10 미만 | 25 이상 |
| 10 이상 15 미만 | 30 이상 |
| 15 이상 20 미만 | 40 이상 |
| 20 이상 | 50 이상 |

## 제22장 설치·시공 기준

### 22.1 설치장소

#### 22.1.1 옥내설치

보일러를 옥내에 설치하는 경우에는 다음 조건을 만족시켜야 한다.

(1) 보일러는 불연성 물질의 격벽으로 구분된 장소에 설치하여야 한다. 다만 소용량강철제 보일러, 소용량주철제 보일러, 가스용온수보일러, 1종 관류보일러(이하 "소형보일러"라 한다)는 반격벽으로 구분된 장소에 설치할 수 있다.

(2) 보일러 동체 최상부로부터(보일러의 검사 및 취급에 지장이 없도록 작업대를 설치한 경우에는 작업대로부터) 천정, 배관 등 보일러 상부에 있는 구조물까지의 거리는 1.2 [m] 이상이어야 한다. 다만 소형보일러 및 주철제 보일러의 경우에는 0.6 [m] 이상으로 할 수 있다.

(3) 보일러 동체에서 벽, 배관, 기타 보일러 측부에 있는 구조물(검사 및 청소에 지장이 없는 것은 제외)까지 거리는 0.45 [m] 이상이어야 한다. 다만 소형보일러는 0.3 [m] 이상으로 할 수 있다.

(4) 보일러 및 보일러에 부설된 금속제의 굴뚝 또는 연도의 외측으로부터 0.3 [m] 이내에 있는 가연성 물체에 대하여는 금속 이외의 불연성 재료로 피복하여야 한다.

(5) 연료를 저장할 때에는 보일러 외측으로부터 2 [m] 이상 거리를 두거나 방화격벽을 설치하여야 한다. 다만 소형보일러의 경우에는 1 [m] 이상 거리를 두거나 반격벽으로 할 수 있다.

(6) 보일러에 설치된 계기들을 육안으로 관찰하는데 지장이 없도록 충분한 조명시설이 있어야 한다.

(7) 보일러실은 연소 및 환경을 유지하기에 충분한 급기구 및 환기구가 있어야 하며 급기구는 보일러 배기가스 닥트의 유효단면적 이상이어야 하고 도시가스를 사용하는 경우에는 환기구를 가능한 한 높이 설치하여 가스가 누설되었을 때 체류하지 않는 구조이어야 한다.

(8) 보일러의 연도는 내식성의 재질을 사용하거나, 배가스 중 응축수의 체류를 방지하기 위하여 물 빼기가 가능한 구조이거나 장치를 설치하여야 한다.

## 22.5 계측기

### 22.5.1 압력계

#### 22.5.1.2 압력계의 부착

증기보일러의 압력계 부착은 다음에 따른다.

(1) 압력계는 원칙적으로 보일러의 증기실에 눈금판의 눈금이 잘 보이는 위치에 부착하고, 얼지 않도록 하며, 그 주위의 온도는 사용상태에 있어서 KS B 5305(부르동관 압력계)에 규정하는 범위 안에 있어야 한다.

(2) 압력계와 연결된 증기관은 최고사용압력에 견디는 것으로서 그 크기는 황동관 또는 동관을 사용할 때는 안지름 6.5 [mm] 이상, 강관을 사용할 때는 12.7 [mm] 이상이어야 하며, 증기온도가 483 [K]{210 [℃]}를 초과할 때에는 황동관 또는 동관을 사용하여서는 안 된다.

(3) 압력계에는 물을 넣은 안지름 6.5 [mm] 이상의 사이폰관 또는 동등한 작용을 하는 장치를 부착하여 증기가 직접 압력계에 들어가지 않도록 하여야 한다.

(4) 압력계의 코크는 그 핸들을 수직인 증기관과 동일방향에 놓은 경우에 열려 있는 것이어야 하며 코크 대신에 밸브를 사용할 경우에는 한눈으로 개폐 여부를 알 수가 있는 구조로 하여야 한다.

(5) 압력계와 연결된 증기관의 길이가 3 [m] 이상이며 내부를 충분히 청소할 수 있는 경우에는 보일러의 가까이에 열린 상태에서 봉인된 코크 또는 밸브를 두어도 좋다.

(6) 압력계의 증기관이 길어서 압력계의 위치에 따라 수두압에 따른 영향을 고려할 필요가 있을 경우에는 눈금에 보정을 하여야 한다.

## 제23장 설치검사 기준

### 23.2.1.3 수압시험압력

(1) 강철제 보일러

  (a) 보일러의 최고사용압력이 0.43 [MPa]{4.3 [kgf/cm$^2$]} 이하일 때에는 그 최고사용압력의 2배의 압력으로 한다. 다만 그 시험압력이 0.2 [MPa]{2 [kgf/cm$^2$]} 미만인 경우에는 0.2 [MPa]{2 [kgf/cm$^2$]}로 한다.

  (b) 보일러의 최고 사용압력이 0.43 [MPa]{4.3 [kgf/cm$^2$]} 초과 1.5 [MPa]{15 [kgf/cm$^2$]} 이하일 때에는 그 최고사용압력의 1.3배에 0.3 [MPa]{3 [kgf/cm$^2$]}를 더한 압력으로 한다.

  (c) 보일러의 최고사용압력이 1.5 [MPa]{15 [kgf/cm$^2$]}를 초과할 때에는 그 최고사용압력의 1.5배의 압력으로 한다.

### 제24장 계속사용검사 기준

24.3.3 검사주기

개방검사 주기 등 검사방법은 다음 각 호에 따른다.

24.3.3.2 연속 2년 자체검사, 3년째는 개방검사

⑴ 설치한 날로부터 15년 이내인 보일러 및 관련 압력용기로서, 검사기관이 인정하는 순수처리에 대한 수질시험성적서를 검사기관에 제출하여 인정을 받은 검사대상기기

⑵ 순수처리라 함은 다음 각 호 수질 기준을 만족하여야 한다.
   ⒜ pH(298 [K]{25 [℃]}에서) : 7 ~ 9
   ⒝ 총경도(mg $CaCO_3$/ℓ) : 0
   ⒞ 실리카(mg $SiO_2$/ℓ) : 흔적이 나타나지 않음
   ⒟ 전기 전도율(298 [K]{25 [℃]}에서의) : 0.5 [$\mu s/cm$] 이하

### 제25장 계속사용검사중 운전성능검사 기준

25.2.4 보일러의 성능시험방법

보일러의 성능시험방법은 KS B 6205(육상용 보일러의 열 정산방식) 및 다음에 따른다.

⑴ 유종별 비중, 발열량은 〈표 25.3〉에 따르되 실측이 가능한 경우 실측치에 따른다.

〈표 25.3〉 유종별 비중 및 발열량

| 유종 | 경유 | B-A유 | B-B유 | B-C유 |
|---|---|---|---|---|
| 비중 | 0.83 | 0.86 | 0.92 | 0.95 |
| 저위발열량 kJ/kg {kcal/kg} | 43116 {10300} | 42697 {10200} | 41441 {9900} | 40814 {9750} |

⑵ 증기건도는 다음에 따르되 실측이 가능한 경우 실측치에 따른다.
 • 강철제 보일러 : 0.98
 • 주철제 보일러 : 0.97

⑶ 측정은 매 10분마다 실시한다.

⑷ 수위는 최초 측정시와 최종측정시가 일치하여야 한다.

⑸ 측정기록 및 계산양식은 검사기관에서 따로 정할 수 있으며, 이 계산에 필요한 증기의 물성치, 물의 비중, 연료별 이론공기량, 이론배기가스량, $CO_2$ 최대치 및 중유의 용적보정계수 등은 검사기관에서 지정한 것을 사용한다.

## 제33장 스테이 및 스테이에 의해서 지지하는 판

33.5 길이 방향 스테이 또는 경사스테이의 핀 이음에 의한 부착

길이 스테이 또는 경사스테이를 핀 이음에 의해서 부착할 경우에는, 핀이 2면에 전단력을 받도록 하고, 또한 핀의 단면적을 스테이의 소요 단면적의 3/4 이상으로 하며, 스테이 휠 부분의 단면적을 스테이 소요 단면적의 1.25배 이상으로 한다.

## 제46장 설치·시공 기준

46.1 압력용기의 설치

46.1.2 옥내설치

압력용기를 옥내에 설치하는 경우에는 다음에 따른다.

(1) 압력용기와 천정과의 거리는 압력용기 본체 상부로부터 1 [m] 이상이어야 한다.
(2) 압력용기의 본체와 벽과의 거리는 0.3 [m] 이상이어야 한다.
(3) 인접한 압력용기와의 거리는 0.3 [m] 이상이어야 한다. 다만 2개 이상의 압력용기가 한 장치를 이룬 경우에는 예외로 한다.
(4) 유독성 물질을 취급하는 압력용기는 2개 이상의 출입구 및 환기장치가 되어 있어야 한다.

46.1.3 설치상태

압력용기의 설치는 다음에 따른다.

(1) 기초가 약하여 내려앉거나 갈라짐이 없어야 한다.
(2) 압력용기 본체는 바닥보다 100 [mm] 이상 높이 설치되어 있어야 한다.
(3) 압력용기와 접속된 배관은 팽창과 수축의 장애가 없어야 한다.
(4) 압력용기 본체는 보온되어야 한다. 다만 공정상 냉각을 필요로 하는 등 부득이한 경우에는 예외로 한다.
(5) 압력용기의 본체는 충격 등에 의하여 흔들리지 않도록 충분히 지지되어야 한다.
(6) 횡형식 압력용기의 지지대는 본체 원둘레의 1/3 이상을 받쳐야 한다.
(7) 압력용기의 사용압력이 어떠한 경우에도 최고사용압력을 초과할 수 없도록 설치되어야 한다.
(8) 압력용기를 바닥에 설치하는 경우에는 바닥 지지물에 반드시 고정시켜야 한다.

46.2 부속장치

46.2.2 압력계

⑴ 압력용기에는 압력계 또는 이것을 대신할 수 있는 장치를 부착해야 한다. 다만 2개 이상의 압력용기가 모여서 한 장치를 이루고 각 용기가 같은 압력을 받도록 되어 있는 경우에는 1개의 압력계를 부착할 수 있다.

⑵ 압력계의 최고눈금은 최고사용압력의 1.5 ~ 3배인 것이어야 한다.

⑶ 압력계의 코크는 싸이폰관에 부착하여야 하고, 그 핸들이 수직방향에서 열려 있는 상태가 되어야 하며, 코크를 대신하여 밸브를 부착할 때는 밸브의 개폐상태를 한눈에 볼 수 있는 것이어야 한다.

⑷ 하나의 압력용기 안에서 서로 상이한 압력이 작용하는 경우에는 각각 별도의 압력계를 설치하여야 한다. 다만 직접 설치하지 않아도 압력을 알 수 있는 곳은 제외한다.

## 02 에너지관리 기준

제12조(열발생설비 점검 및 보수)

① 열발생설비의 본체 및 부속장치, 보온 및 단열부의 정기적인 점검 및 보수를 실시하여 양호한 상태를 유지하도록 한다.

② 열발생설비의 전열면과 기타 전열에 관한 부분은 그을음·스케일 및 기타 부착물 등의 예방과 제거를 실시하여 전열성능의 저하를 방지한다.

③ 제2항의 그을음과 연료손실 관계는 별표 2와 같고, 보일러 스케일 두께에 따른 연료손실과 관벽의 온도는 〈별표 3〉과 같다.

〈별표 3〉 보일러 스케일 두께에 따른 연료손실과 관벽의 온도(제12조 제3항 관련)

| 스케일두께(mm) | 0.5 | 1 | 2 | 3 | 4 | 5 | 6 |
|---|---|---|---|---|---|---|---|
| 연료의 손실[%] | 1.1 | 2.2 | 4.0 | 4.7 | 6.3 | 6.8 | 8.2 |

# 04 OX퀴즈

※ OX 퀴즈로 최다빈출 개념을 쉽게 정리하고 기출 유형까지 미리 익혀보세요.

**1** 동체의 최소두께는 스테이를 부착하는 경우는 6 [mm] 이상이어야 한다.    O X

**2** 용접부에서 부분 방사선 투과시험의 검사길이 계산은 100 [mm] 단위로 한다.    O X

**3** 보일러 성능시험 시 측정은 매 10분마다 실시한다.    O X

**4** 압력용기를 옥내에 설치하는 경우 압력용기와 천정과의 거리는 압력용기 본체 상부로부터 1 [m] 이상이어야 한다.    O X

**5** 압력용기 본체는 바닥보다 100 [mm] 이상 높이 설치되어 있어야 한다.    O X

**6** 압력계의 최고눈금은 최고사용압력의 1.5 ~ 3배인 것이어야 한다.    O X

---

**정답**   01 (X)   02 (X)   03 (O)   04 (O)   05 (O)   06 (O)

**1** 동체의 최소두께는 스테이를 부착하는 경우는 <u>8 [mm]</u> 이상이어야 한다.
**2** 용접부에서 부분 방사선 투과시험의 검사길이 계산은 <u>300 [mm]</u> 단위로 한다.

# 04 예상문제

## 01
관판의 두께가 20 [mm]이고, 관 구멍의 지름이 51 [mm]인 연관의 최소 피치[mm]는 얼마인가?

① 35.5　② 45.5
③ 52.5　④ 62.5

**해설**

최소 피치
열사용기자재의 검사 및 검사면제에 관한 기준
6.4 연관보일러의 연관의 최소피치

$$p = \left(1 + \frac{4.5}{t}\right)d = \left(1 + \frac{4.5}{20}\right) \times 51$$

$$= 62.475$$
$$≒ 62.5 \text{ [mm]}$$

## 02
맞대기 용접은 용접방법에 따라서 그루브를 만들어야 한다. 판의 두께가 50 [mm] 이상인 경우에 적합한 그루브의 형상은? (단, 자동용접은 제외한다)

① V형　② R형
③ H형　④ A형

**해설**

그루브의 형상
열사용기자재의 검사 및 검사면제에 관한 기준
12.2.4.5 그루브 가공

| 판의 두께 | 그루브의 형상 |
|---|---|
| 6 [mm] 이상<br>16 [mm] 이하 | V형, R형 또는 J형 |
| 12 [mm] 이상<br>38 [mm] 이하 | X형, K형, 양면 J형<br>또는 U형 |
| 19 [mm] 이상 | H형 |

## 03
노통연관보일러의 노통의 바깥면과 이것에 가장 가까운 연관의 면 사이에는 몇 [mm] 이상의 틈새를 두어야 하는가?

① 10　② 20
③ 30　④ 50

**해설**

노통연관보일러의 틈새
열사용기자재의 검사 및 검사면제에 관한 기준
7.8 노통과 연관의 틈새
노통연관보일러의 노통 바깥면과 이것에 가장 가까운 연관의 면과는 50 [mm] 이상의 틈새를 두어야 한다. 다만 노통에 파형 또는 보강링 등의 돌기를 설비할 때에는 이들 돌기물의 바깥면과 이것에 가장 가까운 연관의 틈새는 30 [mm] 이상으로 하여도 지장이 없다.

**정답** 01 ④　02 ③　03 ④

## 04

육용 강제 보일러에서 길이 스테이 또는 경사 스테이를 핀 이음으로 부착할 경우, 스테이 휜 부분의 단면적은 스테이 소요 단면적의 얼마 이상으로 하여야 하는가?

① 1.0배
② 1.25배
③ 1.5배
④ 1.75배

**해설**

핀 이음에 의한 부착
열사용기자재의 검사 및 검사면제에 관한 기준
33.5 길이 방향 스테이 또는 경사스테이의 핀 이음에 의한 부착
길이 스테이 또는 경사스테이를 핀 이음에 의해서 부착할 경우에는, 핀이 2면에 전단력을 받도록 하고, 또한 핀의 단면적을 스테이의 소요 단면적의 3/4 이상으로 하며, 스테이 휜 부분의 단면적을 스테이 소요 단면적의 1.25배 이상으로 한다.

## 05

육용 강제 보일러의 구조에 있어서 동체의 최소 두께 기준으로 틀린 것은?

① 안지름이 900 [mm] 이하인 것은 4 [mm]
② 안지름이 900 [mm] 초과, 1350 [mm] 이하인 것은 8 [mm]
③ 안지름이 1350 [mm] 초과, 1850 [mm] 이하인 것은 10 [mm]
④ 안지름이 1850 [mm]를 초과하는 것은 12 [mm]

**해설**

동체의 최소 두께 기준
열사용기자재의 검사 및 검사면제에 관한 기준
4.1 동체 두께의 제한
동체의 최소두께는 다음의 값 이상이어야 한다.
(1) 안지름 900 [mm] 이하인 것은 6 [mm]. 다만 스테이를 부착하는 경우는 8 [mm]
(2) 안지름 900 [mm]를 초과하고, 1350 [mm] 이하인 것은 8 [mm]
(3) 안지름 1350 [mm]를 초과하고, 1850 [mm] 이하인 것은 10 [mm]
(4) 안지름 1850 [mm]를 초과하는 것은 12 [mm]

## 06

용접부에서 부분 방사선 투과시험의 검사길이 계산은 몇 [mm] 단위로 하는가?

① 50
② 100
③ 200
④ 300

**해설**

방사선 투과시험
열사용기자재의 검사 및 검사면제에 관한 기준
15.1.1 방사선 투과시험의 적용
방사선 투과시험 길이계산은 300 [mm] 단위로 하며, 이때 300 [mm] 미만은 300 [mm]로 한다. 단, 100 [%] 방사선 투과시험일 경우 길이 계산은 250 [mm] 단위로 한다.

정답 ● 04 ② 05 ① 06 ④

## 07

노통보일러에 가셋트 스테이를 부착할 경우 경판과의 부착부 하단과 노통 상부 사이에는 완충폭(브레이징 스페이스)이 있어야 한다. 이때 경판의 두께가 20 [mm]인 경우 완충폭은 최소 몇 [mm] 이상이어야 하는가?

① 230
② 280
③ 320
④ 350

**해설**

강판의 두께에 따른 브레이징 스페이스
열사용기자재의 검사 및 검사면제에 관한 기준
3.8 완충폭(브레이징 스페이스)

| 경판 두께 | 브레이징 스페이스 |
| --- | --- |
| 13 [mm] 이하 | 230 [mm] 이상 |
| 15 [mm] 이하 | 260 [mm] 이상 |
| 17 [mm] 이하 | 280 [mm] 이상 |
| 19 [mm] 이하 | 300 [mm] 이상 |
| 21 [mm] 이하 | 320 [mm] 이상 |

## 08

최고사용압력이 1.5 [MPa]를 초과한 강철제 보일러의 수압시험압력은 그 최고사용압력의 몇 배로 하는가?

① 1.5
② 2
③ 2.5
④ 3

**해설**

수압시험압력
열사용기자재의 검사 및 검사면제에 관한 기준
23.2.1.3 수압시험압력
(1) 강철제 보일러
  (a) 보일러의 최고사용압력이 0.43 [MPa]{4.3 [kgf/cm$^2$]} 이하일 때에는 그 최고사용압력의 2배의 압력으로 한다. 다만 그 시험압력이 0.2 [MPa]{2 [kgf/cm$^2$]} 미만인 경우에는 0.2 [MPa]{2 [kgf/cm$^2$]}로 한다.
  (b) 보일러의 최고 사용압력이 0.43 [MPa]{4.3 [kgf/cm$^2$]} 초과 1.5 [MPa]{15 [kgf/cm$^2$]} 이하일 때에는 그 최고사용압력의 1.3배에 0.3 [MPa]{3 [kgf/cm$^2$]}를 더한 압력으로 한다.
  (c) 보일러의 최고사용압력이 1.5 [MPa]{15 [kgf/cm$^2$]}를 초과할 때에는 그 최고사용압력의 1.5배의 압력으로 한다.

## 09

보일러 성능시험 시 측정을 매 몇 분마다 실시하여야 하는가?

① 5분
② 10분
③ 15분
④ 20분

**해설**

보일러 성능시험 측정
열사용기자재의 검사 및 검사면제에 관한 기준
25.2.4 보일러의 성능시험방법
매 10분마다 실시

정답 07 ③ 08 ① 09 ②

## 10

압력용기의 설치 상태에 대한 설명으로 틀린 것은?

① 압력용기의 본체는 바닥보다 30 [mm] 이상 높이 설치되어야 한다.
② 압력용기를 옥내에 설치하는 경우 유독성 물질을 취급하는 압력용기는 2개 이상의 출입구 및 환기장치가 되어 있어야 한다.
③ 압력용기를 옥내에 설치하는 경우 압력용기의 본체와 벽과의 거리는 0.3 [m] 이상이어야 한다.
④ 압력용기의 기초가 약하여 내려앉거나 갈라짐이 없어야 한다.

**해설**

**압력용기의 설치 상태**
열사용기자재의 검사 및 검사면제에 관한 기준
46.1.2 옥내설치
⑴ 압력용기와 천정과의 거리는 압력용기 본체 상부로부터 1 [m] 이상이어야 한다.
⑵ 압력용기의 본체와 벽과의 거리는 0.3 [m] 이상이어야 한다.
⑶ 인접한 압력용기와의 거리는 0.3 [m] 이상이어야 한다. 다만 2개 이상의 압력용기가 한 장치를 이룬 경우에는 예외로 한다.
⑷ 유독성 물질을 취급하는 압력용기는 2개 이상의 출입구 및 환기장치가 되어 있어야 한다.

46.1.3 설치상태
⑴ 기초가 약하여 내려앉거나 갈라짐이 없어야 한다.
⑵ 압력용기 본체는 바닥보다 100 [mm] 이상 높이 설치되어 있어야 한다.

**정답** 10 ①

에·너·지·관·리·기·사

# Part 06

## 과년도 기출문제

# 2025 제1회 CBT 복원

**1과목** 연소공학

## 01 ★★★

다음 중 고체연료의 공업분석에서 계산만으로 산출되는 것은?

① 회분
② 수분
③ 휘발분
④ 고정탄소

**해설**

공업분석
- 연료를 4가지 주요 성분으로 나누어 측정하는 분석 방법
- 고정탄소[%]
  = 100 - (휘발분[%] + 수분[%] + 회분[%])

## 02 ★★★

탄소를 연소시킬 때 발생하는 발열량[kJ/kg]을 구하시오.

$$C + O_2 \rightarrow CO_2 + 384[kJ/mol]$$

① 20
② 26
③ 32
④ 38

**해설**

발열량 - 단위변환

$$384[kJ/mol] \times \frac{1[mol]}{12[kg]} = 32[kJ/kg]$$

## 03 ★★★

다음과 같은 질량조성을 가진 석탄의 완전 연소에 필요한 이론공기량[Nm³/kg]은 얼마인가?

- C : 30 [%]
- H : 2.5 [%]
- S : 1 [%]
- O : 10 [%]
- N : 2.5 [%]
- Ash : 4 [%]
- Water : 50 [%]

① 3.03
② 6.06
③ 2.71
④ 1.89

**해설**

이론공기량

(1) 이론산소량

$$O_0 = 1.867C + 5.6\left(H - \frac{O}{8}\right) + 0.7S$$
$$= 1.867 \times 0.3 + 5.6\left(0.025 - \frac{0.1}{8}\right) + 0.7 \times 0.01$$
$$= 0.6371[Nm^3/kg]$$

(2) 이론공기량

$$A_0 = \frac{O_0}{0.21} = \frac{0.6371}{0.21} = 3.034[Nm^3/kg]$$

**정답** 01 ④ 02 ③ 03 ①

## 04 ★★

다음 중 기체연료에 대한 설명으로 옳지 않은 것은?

① 회분 생성이 없다.
② 가장 적은 과잉공기로 완전 연소가 가능하다.
③ 액체연료에 비해 단위 중량당 발열량이 높다.
④ 연소조절이 어렵지 않다.

**해설**

기체연료의 특징
(1) 장점
　① 자동제어에 적합하다.
　② 연소실 용적이 작아도 된다.
　③ 매연발생과 대기오염이 적다.
　　 (회분 생성 없음)
　④ 저부하, 고부하 연소 가능하다.
　⑤ 가장 적은 과잉공기(10 ~ 30 [%])로 완전 연소 가능, 즉 가장 이론공기에 가깝게 연소 가능하다.
　⑥ 점화, 소화, 연소조절이 용이하다.
　⑦ 연소효율(연소열 ÷ 발열량)이 높다.
　⑧ 연료의 예열이 쉽고 전열효율이 좋다.
　⑨ 확산 연소가 되므로 연소용 공기가 적게 소요된다.
(2) 단점
　① 수송이나 저장이 불편하다.
　　 (큰 시설 필요)
　② 설비비 및 가격이 비싸다.
　③ 누설에 의한 역화, 폭발 등 위험이 크다.
　④ 단위용적당 발열량이 적다.

## 05 ★

연료의 성질에 따른 연소형태의 분류로 거리가 먼 것은?

① 분해 연소
② 유동층 연소
③ 표면 연소
④ 증발 연소

**해설**

연소형태
(1) 고체연료 : 증발 연소, 분해 연소, 표면 연소, 자기 연소(내부 연소), 작열 연소
(2) 액체연료 : 증발 연소, 분해 연소, 분무 연소, 액면 연소, 등심 연소(심화 연소)
(3) 기체연료 : 확산 연소, 예혼합 연소, 부분예혼합 연소, 폭발 연소
※ 고체연료의 연소방법에 따른 분류
　① 유동층 연소
　② 미분탄 연소
　③ 화격자 연소

## 06 ★

고체연료 연소장치 중 다량의 쓰레기를 완전 연소하고 재를 용이하게 처리할 수 있어 쓰레기 소각에 적합한 화격자 연소장치로 가장 적절한 것은?

① 산포식 스토커
② 계단식 스토커
③ 체인 스토커
④ 하입 스토커

### 해설

스토커

- 상부주입식 화격자 : 산포식 스토커, 계단식 스토커
- 산포식 스토커 : 연소가 진행되고 있는 불 위에 석탄을 기계로 뿌려주는 방식으로 연료 공급, 무연탄 연소에 많이 사용
- 계단식 스토커 : 계단방식으로 고체연료를 화격자에 보내어 연소하는 방법, 불완전 연소를 완전 연소시킬 수 있는 연소방법으로 쓰레기 소각이나 저질탄 연소에 적당함
- 하부주입식 화격자 : 하급식 스토커, 체인 스토커
- 하급식 스토커 : 스크류식으로 석탄을 고정 화격자 하부에 고온의 가온공기를 사용하여 연소하는 방식
- 체인 스토커 : 완전 자동 연소장치로써 연소촉진을 위해 연소가스를 교반한 가스의 고속의 2차 공기를 불어 넣고 연료를 연소하는 방법이다. 쓰레기 소각로에 많이 이용되는 방법

## 07 ★★

다음 연료의 저위발열량은 얼마인가?

| | |
|---|---|
| • C : 82 [%] | • H : 11 [%] |
| • S : 4 [%] | • N : 1.5 [%] |
| • O : 1 [%] | • W : 0.5 [%] |

① 32 [MJ/kg]
② 36 [MJ/kg]
③ 42 [MJ/kg]
④ 48 [MJ/kg]

### 해설

저위발열량 계산

$$H_h = 8100C + 34000\left(H - \frac{O}{8}\right) + 2500S$$
$$= 8100 \times 0.82 + 34000 \times \left(0.11 - \frac{0.01}{8}\right) + 2500 \times 0.04$$
$$= 10524.5 [kcal/kg]$$

※ 단위변환 1 [kcal] = 4.186 [kJ]

$$10524.5 \times 4.186 = 44055.557 [kJ/kg]$$

저위발열량($H_L$) : 수증기의 증발잠열을 제외한 연소열량

$$H_L = H_h - 2512(9H + W) [kJ/kg]$$
$$H_L = 44055.557 - 2512 \times (9 \times 0.11 + 0.005)$$
$$= 41556.117 [kJ/kg] = 41.556 [MJ/kg]$$

## 08 ★★★

연소장치의 연소효율($E_c$)식이 아래와 같을 때 $H_1$과 $H_2$는 무엇을 의미하는가?

$$E_c = \frac{H_c - H_1 - H_2}{H_c}$$

① 전열손실, 배기가스의 현열
② 미연탄소의 손실, 불완전 연소에 따른 손실
③ 미연탄소의 손실, 배기가스의 현열
④ 불완전 연소에 따른 손실, 배기가스의 현열

정답 07 ③  08 ②

## 해설

**연소효율식**

연소효율 = (연료의 발열량 - 연재 중의 미연탄소에 의한 손실 - 불완전 연소에 따른 손실)/연료발열량

## 09 ★★

과잉공기량이 연소에 미치는 영향으로 가장 거리가 먼 것은?

① 열효율
② CO 배출량
③ 노 내 온도
④ 연소 시 와류 형성

## 해설

과잉공기량이 연소에 미치는 영향
열효율, CO 배출량, 노 내 온도

## 10 ★★

가연성 혼합기의 공기비가 1.0일 때 당량비는?

① 0
② 0.5
③ 1.0
④ 1.5

## 해설

**당량비**

당량비는 공기비(공기과잉률)의 역수이다.

## 11 ★★

수소 31.9 [%], 일산화탄소 6.3 [%], 메테인 22.3 [%], 에틸렌 3.9 [%], 이산화탄소 5.6 [%], 질소 30 [%] 로 이루어져 있는 기체연료의 고위발열량은 얼마인지 구하여라. (단, 아래는 각 연료의 고위발열량이다)

- $H_2$ : 12.79 [MJ/Nm$^3$]
- CO : 12.62 [MJ/Nm$^3$]
- $CH_4$ : 39.84 [MJ/Nm$^3$]
- $C_2H_4$ : 63.06 [MJ/Nm$^3$]
- $C_2H_6$ : 69.56 [MJ/Nm$^3$]
- $C_3H_8$ : 98.98 [MJ/Nm$^3$]

① 14.27 [MJ/Nm$^3$]   ② 16.47 [MJ/Nm$^3$]
③ 16.22 [MJ/Nm$^3$]   ④ 17.61 [MJ/Nm$^3$]

## 해설

**고위발열량**

고위발열량
= 각 연료의 고위발열량 × 각 연료의 체적비
$12.79 \times 0.319 + 12.62 \times 0.063 +$
$39.84 \times 0.223 + 63.06 \times 0.039$
$= 16.218$

## 12 ★★

$CH_4$ 를 공기비가 1.05인 공기로 완전 연소시켰을 때 건연소가스량[Nm$^3$]은 얼마인가?

① 8 [Nm$^3$]    ② 9 [Nm$^3$]
③ 10 [Nm$^3$]   ④ 11 [Nm$^3$]

**정답** 09 ④  10 ③  11 ③  12 ②

**해설**

건연소가스량

$CH_4$(메테인)의 연소반응식

$CH_4 + 2O_2 \rightarrow CO_2 + 2H_2O$

- 이론공기량 $A_0$

$$A_o = \frac{O_o}{0.21} = \frac{2}{0.21} = 9.52 \, [Nm^3/Nm^3]$$

- 실제 건연소가스량 $G_{od}$

$$G_{od} = (m - 0.21)A_o + 1 = (1.05 - 0.21) \times 9.52 + 1$$
$$= 9 \, [Nm^3/Nm^3]$$

## 13 ★★★

다음 중 매연의 발생 원인으로 가장 거리가 먼 것은?

① 연소실 온도가 높을 때
② 연소장치가 불량한 때
③ 연료의 질이 나쁠 때
④ 통풍력이 부족할 때

**해설**

매연 발생 원인
- 연소실 온도가 낮은 경우
- 연소장치가 불량한 경우
- 연료의 질이 좋지 않은 경우
- 통풍장치가 불량한 경우
- 연소실의 용적이 작은 경우
- 연소용 공기가 부족한 경우

## 14 ★

화격자 연소방법과 비교하여 미분탄 연소에 대한 설명으로 옳지 않은 것을 고르시오.

① 집진장치가 필요하지 않다.
② 연료의 넓은 선택이 가능하다.
③ 소규모에는 적합하지 않다.
④ 연료와 공기의 접촉면적이 크다.

**해설**

미분탄 연소
입자가 큰 석탄을 미립자로 만드는 분쇄기로 인해 집진장치가 필요하다.

## 15 ★★

프로판 1 $[Nm^3]$을 완전 연소시켰을 때 이론공기량$[Nm^3]$은 얼마인가?

① 23.8 $[Nm^3]$
② 25.3 $[Nm^3]$
③ 28.6 $[Nm^3]$
④ 29.8 $[Nm^3]$

**해설**

이론공기량
- 프로판(프로페인)의 연소반응식
$C_3H_8 + 5O_2 \rightarrow 3CO_2 + 4H_2O$

- 이론공기량 $A_0 = \dfrac{O_0}{0.21} = \dfrac{5}{0.21} = 23.8[Nm^3]$

정답  13 ①  14 ①  15 ①

## 16 ★

진공압이 730 [mmHg]라고 할 때, 절대압력 [kPa]은 얼마인가?

① 3 [kPa]  ② 4 [kPa]
③ 5 [kPa]  ④ 6 [kPa]

**해설**

진공압

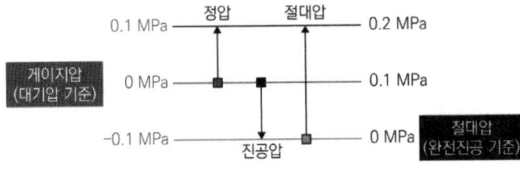

$$101.325 - \frac{730}{760} \times 101.325 = 3.99$$

## 17 ★★

공기비가 1.1일 때 완전 연소를 시켰다고 한다. 이때 배기가스의 $O_2$의 비율은 얼마인가?

① 1.9 [%]
② 2.1 [%]
③ 19 [%]
④ 21 [%]

**해설**

배기가스 중 산소

$$\frac{0.21 A_s}{1.1 A_0} \times 100\% = \frac{0.21(1.1-1)}{1.1} \times 100\%$$

$= 1.9\%$

사용된 산소와 생성된 이산화탄소와 비율 1 : 1

## 18 ★

연료소비량에 대한 증기 발생량의 비율을 나타내는 것은?

① 열효율
② 증발계수
③ 증발배수
④ 상당증발량

**해설**

증발배수
연료 1 [kg]이 연소하여 발생하는 증기량의 비

- 증발배수 $= \dfrac{\text{상당증발량}}{\text{연료소비량}}$

## 19 ★

무화방식의 종류가 아닌 것은?

① 진동무화방식
② 정전기무화방식
③ 회전이류체무화방식
④ 에어레지스터무화방식

**해설**

에어레지스터(Air Register)
에어레지스터(버너 연소 시 보염장치)란 연소용 공기를 연소에 적합한 흐름 및 양으로 조절하여 공기노즐로 송출하는 장치로, 확실한 착화가 화염의 안정을 도모하기 위한 장치이다.

정답 16 ② 17 ① 18 ③ 19 ④

## 20 ★★★

연도 내에 송풍기를 설치하여 연소가스를 흡입하여 빨아내는 방식으로 노내압이 부압이 되는 특징이 있는 통풍방식을 무엇이라 하는가?

① 자유통풍  ② 압입통풍
③ 평형통풍  ④ 흡입통풍

**해설**

통풍방식
- 압입통풍 : 연소실 입구에 송풍기를 설치해서 연소실로 공기를 밀어 넣는 방식이다.
- 흡입통풍 : 연도 내에 송풍기를 설치해 연소가스를 흡입하여 빨아내는 방식이다.
- 평형통풍 : 압입통풍방식과 흡입통풍방식을 병행하는 통풍방식이다.

## 2과목 열역학

## 21 ★★

연료의 저위발열량이 35000 [kJ/kg]인 연료를 열효율이 50 [%]인 열기관에 사용한다고 한다. 연료를 60 [kg/h]라고 할 때 열기관이 하는 일은 몇 [kW]인가?

① 291.67  ② 187.56
③ 283.56  ④ 382.35

**해설**

열기관이 하는 일

$$P = \frac{G_f \times H_\ell \times \eta}{3600} = \frac{60 \times 35000 \times 0.5}{3600} = 291.67 [kW]$$

## 22 ★★

10 [kg]의 물질이 체적이 일정한 상태로 20 [℃]에서 100 [℃]로 온도가 상승하였다고 할 때 내부에너지의 변화량은 어떻게 되는가? (단, 정적비열은 0.71 [kJ/kg·K], 정압비열은 1.0 [kJ/kg·K])

① 553 [kJ]
② 518 [kJ]
③ 568 [kJ]
④ 800 [kJ]

**해설**

내부에너지 변화량

$$dU = mC_v dT = 10 \times 0.71 \times (100 - 20) = 568 [kJ]$$

정답 ● 20 ④  21 ①  22 ③

## 23 ★★
화씨온도와 섭씨온도의 눈금이 같아지는 온도는?

① 60   ② 20
③ -40   ④ -80

**해설**
온도계산(화씨 섭씨)
$t_F = \frac{9}{5}t_C + 32$에서 $t_F = t_c$이면
$-\frac{4}{5}t = 32 \Rightarrow t = -40$

## 24 ★★
5 [bar], 20 [℃]의 기체를 1 [bar], 20 [℃]의 기체로 가열하였다. 가열하는 데 필요한 열량은 몇 [kJ/kg]이 되는가? (단, 정압비열은 1.0 [kJ/(kg·K)]이고, 정적비열은 0.71 [kJ/kg·K]이다)

① 87   ② 110
③ 137   ④ 221

**해설**
등온 과정에서의 열량
$\delta q = du + dW = dW = Pdv$
$Pv = RT = C$
$\delta q = P_1 v_1 \ln\frac{v_2}{v_1} = P_1 v_1 \ln\frac{P_1}{P_2} = RT\ln\frac{v_2}{v_1} = RT\ln\frac{P_1}{P_2}$
$R = C_p - C_v = 1.0 - 0.71 = 0.29$
$\delta q = 0.29 \times (273.15 + 20) \times \ln\frac{5}{1} ≒ 137$

※ 1 [bar] = 100000 [Pa] = 100 [kPa]

## 25 ★
반지름이 0.55 [cm]이고, 길이가 1.94 [cm]인 원통형 실린더 안에 어떤 기체가 들어 있다. 이 기체의 질량이 8 [g]이라면, 실린더 안에 들어 있는 기체의 밀도는 약 몇 [g/cm³]인가?

① 2.9   ② 3.7
③ 4.3   ④ 5.1

**해설**
기체의 밀도
$\rho = \frac{m}{V} = \frac{m}{Ad} = \frac{m}{\pi r^2 d} = \frac{8}{\pi (0.55)^2 \times 1.94} = 4.33 \, [g/cm^3]$

## 26 ★★
-211 [℉]는 절대온도 몇 K인가?

① 62   ② 138
③ 168   ④ 32

**해설**
단위변환 - 온도
$t_F = \frac{9}{5}t_C + 32$에서 $t_F = -211$이면
$t_C = -135$
$-135 + 273.15 = 138.15 \, [K]$

정답 ● 23 ③  24 ③  25 ③  26 ②

## 27 ★

이상기체가 등온 과정에서 압력이 2배 늘었다고 한다. 이때 엔트로피 변화량의 크기는 어떻게 되는가? (단, R은 기체상수이다)

① $R$
② $2R$
③ $\dfrac{R}{2}$
④ $R\ln 2$

**해설**

엔트로피 변화량
$PV = C$
$P_2 = 2P_1$
$ds = \dfrac{\delta q}{T} = \dfrac{Pdv}{T} = R\ln\dfrac{P_1}{P_2} = R\ln\dfrac{1}{2} = -R\ln 2$

## 28 ★★

이상기체가 등온 과정에서 외부에 하는 일에 대한 관계식으로 틀린 것은? (단, R은 기체상수이고, 계에 대해서 m은 질량, V는 부피, P는 압력, T는 온도를 나타낸다. 하첨자 "1"은 변경 전, 하첨자 "2"는 변경 후를 나타낸다)

① $P_1 V_1 \ln\dfrac{V_2}{V_1}$
② $P_1 V_1 \ln\dfrac{P_2}{P_1}$
③ $mRT\ln\dfrac{P_1}{P_2}$
④ $mRT\ln\dfrac{V_2}{V_1}$

**해설**

이상기체가 등온 과정에서 하는 일
등온 과정인 경우 절대일과 공업일은 같다.
($_1W_2 = W_t$)
$_1W_2 = P_1 V_1 \ln\dfrac{V_2}{V_1} = P_1 V_1 \ln\dfrac{P_1}{P_2}$
$= mRT\ln\dfrac{V_2}{V_1} = mRT\ln\dfrac{P_1}{P_2} [kJ]$

## 29 ★★

교축 과정에서 일정한 값을 유지하는 것은?

① 압력
② 엔탈피
③ 비체적
④ 엔트로피

**해설**

교축 과정
유로가 좁아질 때 열교환 없이 압력이 감소하는 과정. 엔탈피는 일정하게 유지된다.

## 30 ★★★

엔트로피가 일정한 과정은 어떤 과정인가?

① 폴리트로픽 과정
② 등온 과정
③ 가역단열 과정
④ 정적 과정

**해설**

가역단열 과정
주위와의 열출입이 없는 등엔트로피 변화

**정답** 27 ④  28 ②  29 ②  30 ③

## 31 ★★★

이상기체의 상태 변화에 관련하여 폴리트로픽(Polytropic) 지수 n에 대한 설명으로 옳은 것은?

① 'n = 0'이면 등온 변화
② 'n = 1'이면 단열 변화
③ 'n = 비열비'이면 등압 변화
④ 'n = ∞'이면 정적 변화

**해설**

폴리트로픽 지수 - 이상기체의 상태 변화
$Pv^n = C$ (n : 폴리트로픽 지수)
- n = 0 : 정압 변화(P = C)
- n = 1 : 등온 변화(Pv = C)
- n = k : 단열 변화($Pv^k$ = C)
- n = ∞ : 정적 변화(V = C)

## 32 ★★★

다음 중 과열증기(Superheated Steam)의 상태로 옳은 것은?

① 주어진 압력에서 포화증기 온도보다 높은 온도
② 주어진 비체적에서 포화증기 압력보다 낮은 압력
③ 주어진 온도에서 포화증기 비체적보다 낮은 비체적
④ 주어진 온도에서 포화증기 엔탈피보다 높은 엔탈피

**해설**

과열증기
주어진 압력에서 포화증기 온도보다 높은 온도

## 33 ★★★

열역학 제1법칙은 기본적으로 무엇에 관한 내용인가?

① 열의 전달
② 온도의 정의
③ 엔트로피의 정의
④ 에너지의 보존

**해설**

열역학 제1법칙(에너지 보존의 법칙)
에너지는 본질적으로 생성되거나 소멸되지 않고, 형태만 바뀐다는 법칙.

## 34 ★★

10 [MPa]의 압력하에 2000 [kg/h]로 증발하고 있는 보일러의 급수온도가 20 [℃](급수의 엔탈피 : 83.72 [kJ/kg])일 때 환산증발량은? (단, 발생증기의 엔탈피는 2512 [kJ/kg]이다)

① 2153 [kg/h]
② 3124 [kg/h]
③ 4562 [kg/h]
④ 5260 [kg/h]

**해설**

환산증발량(상당증발량)
$$G_e = \frac{G(h_2 - h_1)}{2256(증발잠열)} = \frac{2000 \times (2512 - 83.72)}{2256}$$
$\fallingdotseq 2153$

- $G_e$ : 환산증발량
- $G$ : 실제증발량
- $h_2$ : 발생증기의 엔탈피
- $h_1$ : 급수의 엔탈피(20 [℃] = 83.72 [kJ/kg])

**정답** 31 ④ 32 ① 33 ④ 34 ①

## 35 ★
증기 사이클 중 하나로 단열팽창 과정 중에 재가열 과정을 도입한 사이클을 무엇이라 하는가?

① 재생 사이클
② 재열 사이클
③ 카르노 사이클
④ 랭킨 사이클

**해설**

재열 사이클
증기 사이클의 하나로, 단열팽창 과정 도중에 재가열 과정을 도입한 사이클이다. 도중에서 추출한 증기는 재열기에서 재가열하고, 터빈에 되돌려서 팽창하게 해 열효율을 높일 수 있다.

## 36 ★
냉매의 물리적 성질을 고르시오.

① 임계온도는 상온보다 높아야 한다.
② 응고점이 높아야 한다.
③ 증발열이 작아야 한다.
④ 증기의 비체적은 커야 한다.

**해설**

냉매
② 응고점이 낮아야 한다.
③ 증발열이 커야 한다.
④ 증기의 비체적은 작아야 한다.

## 37 ★★★
압축비가 5인 오토 사이클에서의 이론 열효율은? (단, 비열비는 1.3이다)

① 32.8 [%]
② 38.3 [%]
③ 41.6 [%]
④ 43.8 [%]

**해설**

오토 사이클
가솔린 기관의 기본 사이클
열효율
$$\eta = 1 - \left(\frac{1}{\epsilon}\right)^{k-1} = 1 - \left(\frac{1}{5}\right)^{1.3-1} = 0.383 \fallingdotseq 38.3\,[\%]$$

## 38 ★
400 [K], 1 [MPa]의 이상기체 1 [kmol]이 700 [K], 1 [MPa]으로 정압팽창할 때 엔트로피 변화는 약 몇 [kJ/K]인가? (단, 정압비열은 28 [kJ/kmol·K]이다)

① 15.7
② 19.4
③ 24.3
④ 39.4

**해설**

엔트로피 변화
$$S_2 - S_1 = nC_p \ln\frac{T_2}{T_1} = 1 \times 28 \times \ln\frac{700}{400}$$
$$= 15.67\,[kJ/K]$$

정답 ● 35 ② 36 ① 37 ② 38 ①

## 39 ★★

다음 그림은 물의 상평형도를 나타내고 있다. a ~ d에 대한 용어로 옳은 것은?

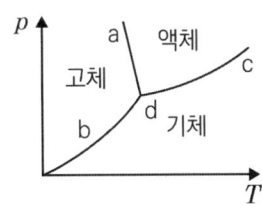

① a : 승화 곡선
② b : 용융 곡선
③ c : 증발 곡선
④ d : 임계점

**해설**

물의 상평형도
- a : 용융 곡선
- b : 승화 곡선
- c : 증발 곡선
- d : 3중점

## 40 ★★

물의 삼중점의 온도와 압력을 바르게 나타낸 것은?

① 273.16 [K], 612 [Pa]
② 373.16 [K], 2.2 [MPa]
③ 273.16 [K], 2.2 [MPa]
④ 373.16 [K], 612 [Pa]

**해설**

물의 삼중점
물의 고체 액체 기체가 공존하는 삼중점은 273.16 [K](0.01 [℃], 32.02 [℉]), 611.657 [Pa] (6.11657 [mbar], 0.00603659 [atm])

---

**3과목** 계측방법

## 41 ★★★

다음 그림과 같은 U자관에서 유도되는 식은?

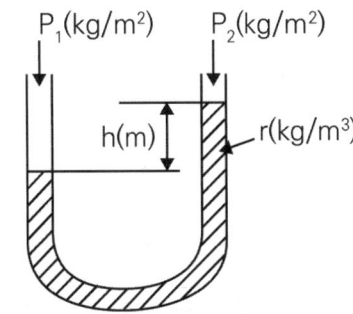

① $P_1 = P_2 - h$
② $h = \gamma(P_1 - P_2)$
③ $P_1 + P_2 = \gamma h$
④ $P_1 = P_2 + \gamma h$

**해설**

액주식 압력계
$P = \gamma h [Pa = N/m^2]$
$P$ : 압력, $\gamma$ : 액의 비중량, $h$ : 액의 높이차
$P_1 - P_2 = \gamma h$

## 42 ★★

가스크로마토그래피법에서 사용하는 검출기 중 수소염 이온화검출기를 의미하는 것은?

① ECD
② FID
③ HCD
④ FTD

정답 39 ③  40 ①  41 ④  42 ②

**해설**

가스크로마토그래피법
- 전자포획형검출기
  (ECD : Electron Capture Detector)
- 수소염 이온화검출기
  (FID : Flame Ionization Detector)
- 염열이온검출기
  (FTD : Flame Thermionic Detector)
- 열전도도검출기
  (TCD : Thermal Conductivity Detector)

## 43 ★★★

SI 기본단위인 것을 고르시오.

① 물질량 [kg]  ② 온도 [℉]
③ 광도 [cd]  ④ 시간 [min]

**해설**

SI단위계
- 기본단위 : 길이[m], 질량[kg], 시간[s], 온도[K], 전류[A], 물질량[mol], 광도[cd]
- 보조단위 : 평면각[rad], 입체각[sr]
- 유도단위 : 힘[N], 압력[Pa], 에너지[J], 일률[W], 비중량[N/m³], 밀도[kg/m³], 자속[Wb] 등

## 44 ★★

아래 열교환기의 제어에 해당하는 제어의 종류로 옳은 것은?

> 유체의 온도를 제어하는데 온도조절의 출력으로 열교환기에 유입되는 증기의 유량을 제어하는 유량조절기의 설정치를 조절한다.

① 추종제어
② 프로그램제어
③ 정치제어
④ 캐스케이드제어

**해설**

캐스케이드제어
- 유체의 온도를 제어(2차)하는데 온도조절의 출력으로 열교환기에 유입되는 증기의 유량을 제어하는 유량조절기의 설정치를 조절(1차)하는 제어의 종류는 캐스케이드제어이다.
- 2개의 제어계를 조합한 제어방식인 캐스케이드제어는 1차 제어장치의 제어량을 측정하여 제어명령을 발하고 2차 제어장치의 목표치로 설정하는 제어방식이다.

## 45 ★

자동제어 중 증기온도제어를 뜻하는 것은 무엇인가?

① ACC
② FWC
③ STC
④ AST

**정답** 43 ③  44 ④  45 ③

### 해설

**자동제어**

- 연소제어(A.C.C. : Automatic Combustion Control) : 보일러의 부하 변동에 따라 연료와 공기량을 자동으로 조절하여 증기 압력을 일정하게 유지시키는 것
- 급수제어(F.W.C. : Feed Water Control) : 보일러의 부하변동과 관계없이 보일러의 수위를 항상 일정하게 유지시키기 위하여 급수량을 자동적으로 제어하는 것
- 증기온도제어(S.T.C. : Steam Temperature Control) : 보일러로부터 발생한 증기의 온도를 일정하게 유지시키기 위하여 전열량을 제어하는 것

## 46 ★★

FWC의 3요소식의 검출대상에 대해 알맞은 것을 고르시오.

① 수위, 연료소비량, 온도 변화량
② 수위, 급수량, 증기량
③ 수위, 급수량, 연료소비량
④ 급수량, 증기량, 연료소비량

### 해설

**수위제어방식**

- 단요소식(1요소식) : 보일러의 수위만을 검출하여 급수량을 조절하는 방식
- 2요소식 : 수위와 증기유량을 동시에 검출하는 방식이다.
- 3요소식 : 수위, 증기유량, 급수유량을 동시에 검출하는 방식이다.

## 47 ★★★

오르자트(Orsat)식 가스분석계로 측정하기 어려운 것은?

① $CH_4$
② $O_2$
③ $CO_2$
④ $CO$

### 해설

**오르자트식 가스분석계**

이산화탄소 → 산소 → 일산화탄소 순서대로 선택적으로 흡수된다.

## 48 ★

상온, 1기압에서 공기유속을 피토관으로 측정할 때 동압이 100 [mmAq]이면 유속은 약 몇 [m/s]인가? (단, 공기의 밀도는 1.3 [kg/m$^3$]이다)

① 3.2
② 12.3
③ 38.8
④ 50.5

### 해설

**유속**

$$\frac{1}{2}V^2\rho_{air} = P = \rho_w \times g \times h$$

물의 밀도 : 1000 [kg/m$^3$]

$$\frac{1}{2} \times V^2 \times 1.3 = 1000 \times 9.8 \times 0.1 = 980[Pa]$$

$$V = 38.8[m/s]$$

정답 ● 46 ② 47 ① 48 ③

## 49 ★★★

가스크로마토그래피의 특징에 대한 설명으로 틀린 것은?

① 미량 성분의 분석이 가능하다.
② 분리성능이 좋고 선택성이 우수하다.
③ 1대의 장치로는 여러 가지 가스를 분석할 수 없다.
④ 응답속도가 다소 느리고 동일한 가스의 연속측정이 불가능하다.

**해설**

가스크로마토그래피
활성탄의 흡착제를 채운 세관(가스다단관)을 통과하는 가스의 이동속도차를 이용하여 시료가스를 분석하는 방식으로, 1대의 장치로 산소와 이산화질소를 제외한 여러 성분의 가스를 분석할 수 있다.

## 50 ★★★

오프셋을 제거하는 동작으로 알맞은 것을 고르시오.

① 비례동작
② 적분동작
③ 미분동작
④ 캐스케이드

**해설**

오프셋(Off-set)
비례동작(P)은 오프셋을 발생시키고 적분동작(I)은 오프셋을 제거시켜준다.

## 51 ★★

어떤 조건이 충족되지 않으면 다음 동작을 중지시키는 제어로 일종의 안전제어장치는 무엇인가?

① 인터록
② 캐스케이드
③ 적분
④ 피드포워드

**해설**

보일러의 자동제어 - 인터록제어의 종류
인터록(Inter Lock)이란 어떤 조건이 충족되지 않으면 다음 동작을 중지시키는 것으로, 오조작이 되지 않도록 하는 일종의 안전제어장치이다. 압력초과, 프리퍼지(Pre-purge), 저수위, 불착화, 저연소 인터록제어장치가 있다.

## 52 ★★

내열성이 우수하고 산화분위기 중에서도 강하며, 가장 높은 온도까지 측정이 가능한 열전대의 종류는?

① 구리 - 콘스탄탄
② 철 - 콘스탄탄
③ 크로멜 - 알루멜
④ 백금 - 백금·로듐

**해설**

열전대
가장 높은 온도까지 측정 가능한 열전대 종류는 백금 - 백금·로듐(PR식)이다.

정답 ● 49 ③  50 ②  51 ①  52 ④

| 기호 | 사용금속(+, -) | 측정온도 범위[℃] |
|---|---|---|
| B | 백금-30 [%] 로듐, 백금-6 [%] 로듐 | 600 ~ 1700 |
| R | 백금-13 [%] 로듐, 백금 | 0 ~ 1600 |
| S | 백금-10 [%] 로듐, 백금 | 0 ~ 1600 |
| K | 크로멜(Cr), 알루멜(Al) | -200 ~ 1200 |
| E | 크로멜(Cr), 콘스탄탄(Cu-Ni) | -200 ~ 800 |
| J | 철(Fe), 콘스탄탄(Cu-Ni) | -40 ~ 750 |
| T | 구리(Cu), 콘스탄탄(Cu-Ni) | -200 ~ 350 |

## 53 ★

매연농도계의 종류로 알맞지 않은 것은?

① 매연 포집 중량계
② 링겔만 농도표
③ 광전관식 매연 농도계
④ 이온분해장치

**해설**

**매연농도계**

(1) 링겔만 농도표 : 매연 농도의 규격표(0 ~ 5도) 와 배기가스를 비교하여 측정하는 방법
(2) 매연 포집 중량계 : 연소가스의 일부를 뽑아내어 석면이나 암면의 광물지 섬유 등의 여과지에 포집시켜 여과지의 중량을 전기 출력으로 변환하여 측정하는 방법
(3) 광전관식 매연 농도계 : 연소가스에 복사광선을 통과시켜 광선의 투과율을 산정하여 측정하는 방법이다.

(4) 바카라치 스모그 테스트 : 일정 면적의 표준 거름종이에 일정량의 연소가스를 통과시켜 거름종이 표면에 부착된 부유 탄소입자들의 색 농도를 표준번호가 있는 색 농도를 육안으로 비교하여 매연 농도번호를 표시하는 방법

## 54 ★★

관로의 유속을 피토관으로 측정할 때 마노미터의 수주가 50 [cm]였다. 이때 유속은 약 몇 [m/s]인가?

① 3.13
② 2.21
③ 1.0
④ 0.707

**해설**

**피토관 유속**

$\frac{1}{2}V^2 = gh$

$\sqrt{2 \times g \times h} = \sqrt{2 \times 9.8 \times 0.5} = 3.13$

## 55 ★

2차 지연요소에 대한 설명으로 알맞은 것을 고르시오.

① 1차 지연요소 2개를 직렬로 연결한 것으로 1차 지연요소보다 응답속도가 더 늦어진다.
② 1차 지연요소 2개를 병렬로 연결한 것으로 1차 지연요소보다 응답속도가 더 늦어진다.
③ 1차 지연요소 2개를 직렬로 연결한 것으로 1차 지연요소보다 응답속도가 더 빨라진다.
④ 1차 지연요소 2개를 병렬로 연결한 것으로 1차 지연요소보다 응답속도가 더 빨라진다.

**정답** 53 ④ 54 ① 55 ①

해설

**2차 지연요소**

1차 지연요소 2개를 직렬로 연결한 것으로 1차 지연요소보다 응답속도가 더 늦어진다.
- 1차 지연요소 : 시스템 입력이 바뀌었을 때, 출력이 지수함수 형태로 천천히 변화하는 요소
- 2차 지연요소 : 입력 변화에 대해 출력이 한 번 이상 진동하거나 더 느리게 수렴하는 시스템

## 56 ★

송풍기의 회전수가 1.1배 많아졌다고 하면 송풍기의 동력은 몇 배 커졌는가?

① 1.1  ② 1.21
③ 1.33  ④ 1.45

해설

**상사 법칙**

동력 : 회전수 변화의 세제곱에 비례

$$\frac{P_2}{P_1} = \left(\frac{N_2}{N_1}\right)^3$$

$$\frac{P_2}{P_1} = \left(\frac{1.1}{1}\right)^3 = 1.331배$$

## 57 ★★★

열전대(Thermocouple)는 어떤 원리를 이용한 온도계인가?

① 열팽창률 차
② 전위 차
③ 압력 차
④ 전기 저항 차

해설

**열전대(제백효과)**

제백(Seebeck)효과 : 성질이 다른 두 금속의 접점에 온도차를 두면 열기전력(전위차)이 일어나는 현상

## 58 ★

적외선 가스분석계에 대한 설명으로 알맞은 것을 고르시오.

① 선택성이 제한적이다.
② 저농도분석이 어렵다.
③ 대부분의 가스가 고유한 스펙트럼을 가진다.
④ 먼지나 습기의 방지가 필요 없다.

해설

**적외선 가스분석계**

- 가스의 분자 진동에 의해 발생하는 적외선 흡수 스펙트럼을 이용하여 가스를 분석하는 방법.
- $N_2$, $O_2$, $H_2$ 이원자 분자가스 및 단원자분자의 경우를 제외한 대부분의 가스를 분석할 수 있다.

## 59 ★★★

부자식(Float) 면적 유량계에 대한 설명으로 틀린 것은?

① 압력손실이 적다.
② 정밀측정에는 부적합하다.
③ 대유량의 측정에 적합하다.
④ 수직배관에만 적용이 가능하다.

정답 ● 56 ③ 57 ② 58 ③ 59 ③

### 해설

**로터미터(플로트형, 부자식)**
단면적이 변하는 수직관 내에서 플로트의 위치를 통해 즉시 유량을 판독할 수 있는 대표적인 면적식 유량계이며 대유량 측정에는 부적합하다.

## 60 ★★

물체의 온도를 측정하는 방사고온계에서 이용하는 원리는?

① 제백효과
② 필터효과
③ 원 - 프랑크의 법칙
④ 스테판 - 볼츠만의 법칙

### 해설

**방사고온계**
스테판 - 볼츠만의 법칙
$E = \sigma \epsilon T^4$
$E$ : 단위면적당 복사에너지 $[W/m^2]$
$\sigma$ : 스테판볼츠만상수
$\epsilon$ : 방사율
$T$ : 절대온도 $[K]$

- 모든 물체는 온도에 따라 열복사를 하며, 복사에너지의 총량은 절대온도의 4제곱에 비례한다.
- 복사 에너지의 양을 측정하면 온도를 계산할 수 있으므로 방사고온계의 핵심 원리와 같다.

---

### 4과목 열설비재료 및 관계법규

| 1회독 | 시간 : | 점수 : |
| 2회독 | 시간 : | 점수 : |
| 3회독 | 시간 : | 점수 : |

## 61 ★

다음 중 최고안전사용온도가 가장 낮은 것은 무엇인가?

① 탄산마그네슘  ② 석면
③ 글라스울    ④ 세라믹화이버

### 해설

**최고안전사용온도**
- 탄산마그네슘(250 [℃])
- 글라스울(300 [℃])
- 석면(400 [℃])
- 규조토(500 [℃])
- 암면(600 [℃])
- 펄라이트, 규산칼슘(650 [℃])
- 실리카화이버(1100 [℃])
- 세라믹화이버(1300 [℃])

## 62 ★★★

「에너지이용합리화법령」상 연간 에너지사용량이 20만 티오이 이상인 에너지다소비사업자의 사업장이 받아야 하는 에너지진단주기는 몇 년인가? (단, 에너지진단은 전체진단이다)

① 3
② 4
③ 5
④ 6

**정답** 60 ④  61 ①  62 ③

**해설**

에너지 진단주기

| 연간 에너지 사용량 | 에너지 진단주기 |
| --- | --- |
| 20만 [TOE] 이상 | 전체진단 : 5년<br>부분진단 : 3년 |
| 20만 [TOE] 미만 | 5년 |

## 63 ★★

「에너지법」상 지역계획에 포함되어야 하지 않는 사항인 것은?

① 에너지수급의 추이와 전망에 관한 사항
② 신·재생에너지 등 환경 친화적 에너지 사용을 위한 대책에 관한 사항
③ 미활용 에너지원의 개발·사용을 위한 대책에 관한 사항
④ 온실가스 감소를 위한 기술개발에 관한 사항

**해설**

에너지법 제7조(지역에너지계획의 수립)
② 지역계획에는 해당 지역에 대한 다음 각 호의 사항이 포함되어야 한다.
  1. 에너지수급의 추이와 전망에 관한 사항
  2. 에너지의 안정적 공급을 위한 대책에 관한 사항
  3. 신·재생에너지 등 환경 친화적 에너지 사용을 위한 대책에 관한 사항
  4. 에너지 사용의 합리화와 이를 통한 온실가스의 배출감소를 위한 대책에 관한 사항
  5. 「집단에너지사업법」 제5조 제1항에 따라 집단에너지공급대상지역으로 지정된 지역의 경우 그 지역의 집단에너지공급을 위한 대책에 관한 사항
  6. 미활용 에너지원의 개발·사용을 위한 대책에 관한 사항
  7. 그 밖에 에너지시책 및 관련 사업을 위하여 시·도지사가 필요하다고 인정하는 사항

## 64 ★★

강의 표면에 얇은 보호피막을 만들어 부식진행을 느리게 하고, 부식의 우려에 의해 사용도가 증대하고 있는 이 강관은 무엇인가?

① 스테인리스 강관   ② 합성수지관
③ 연관              ④ 동관

**해설**

스테인리스 강관
철에 12~20 [%] 정도 크롬을 첨가하여 만들어진 것으로 강의 표면에 얇은 보호피막을 만들어 부식진행을 느리게 한다. 상수도의 오염으로 인한 배관의 수명이 짧아지고 부식의 우려가 있기 때문에 스테인리스 강관의 사용도가 증대하고 있다.

## 65 ★★

「에너지이용합리화법령」에 따라 산업통상자원부장관은 에너지를 합리적으로 이용하기 위해 에너지이용합리화에 대한 기본계획을 수립하여야 한다. 기본계획에 포함되어 있지 않은 항목은 무엇인가?

① 에너지이용효율의 증대
② 에너지이용합리화를 위한 기술개발
③ 에너지원 간 대체
④ 온실가스 배출을 줄이기 위한 기술의 개발과 도입

**정답** 63 ④  64 ①  65 ④

**해설**

「에너지이용합리화법」 제4조(에너지이용합리화 기본계획)

② 기본계획에는 다음 각 호의사항이 포함되어야 한다. 〈개정 2008.2.29., 2013.3.23.〉
1. 에너지절약형 경제구조로의 전환
2. 에너지이용효율의 증대
3. 에너지이용합리화를 위한 기술개발
4. 에너지이용합리화를 위한 홍보 및 교육
5. 에너지원 간 대체(代替)
6. 열사용기자재의 안전관리
7. 에너지이용합리화를 위한 가격예시제(價格豫示制)의 시행에 관한 사항
8. 에너지의 합리적인 이용을 통한 온실가스의 배출을 줄이기 위한 대책
9. 그 밖에 에너지이용합리화를 추진하기 위하여 필요한 사항으로서 산업통상자원부령으로 정하는 사항

※ 제3조 정부와 에너지 사용자 공급자 등의 책무
 ④ 에너지사용기자재와 에너지공급설비를 생산하는 제조업자는 그 기자재와 설비의 에너지효율을 높이고 온실가스의 배출을 줄이기 위한 기술의 개발과 도입을 위하여 노력하여야 한다.

④는 기본계획에는 포함되어 있지 않은 내용이다.

## 66 ★★

에너지이용합리화법령에 따라 산업통상자원부장관 및 시·도지사는 에너지다소비사업자가 신고한 제1항 각 호의 사항을 확인하기 위하여 필요한 경우 에너지다소비사업자에게 공급한 에너지의 공급량 자료를 제출하도록 요구할 수 없는 것은?

① 한국전력공사
② 한국가스공사
③ 신·재생 에너지 사용자
④ 도시가스사업자

**해설**

제31조(에너지다소비사업자의 신고 등)

③ 산업통상자원부장관 및 시·도지사는 에너지다소비사업자가 신고한 제1항 각 호의 사항을 확인하기 위하여 필요한 경우 다음 각 호의 어느 하나에 해당하는 자에 대하여 에너지다소비사업자에게 공급한 에너지의 공급량 자료를 제출하도록 요구할 수 있다. 〈신설 2014.1.21.〉
1. 「한국전력공사법」에 따른 한국전력공사
2. 「한국가스공사법」에 따른 한국가스공사
3. 「도시가스사업법」 제2조 제2호에 따른 도시가스사업자
4. 「집단에너지사업법」 제2조 제3호에 따른 사업자 및 같은 법 제29조에 따른 한국지역난방공사
5. 그 밖에 대통령령으로 정하는 에너지공급기관 또는 관리기관

정답 66 ③

## 67 ★★★

다음 밸브 중 유체가 역류하지 않고 한쪽 방향으로만 흐르게 하는 밸브는?

① 감압밸브
② 체크밸브
③ 팽창밸브
④ 릴리프밸브

**해설**

체크밸브
유체를 흐름 방향 한 쪽으로만 흐르게 하여 역류를 방지하는 역류방지밸브이다.

## 68 ★★

「에너지이용합리화법령」에 따라 냉난방온도제한건물의 관리기관 또는 에너지다소비사업자가 해당 건물의 냉난방온도를 제한온도에 적합하게 유지·관리하는지 여부를 점검하거나 실태를 파악할 수 있는 사람은 누구인가?

① 산업통상자원부장관
② 시·도지사
③ 공단·시공업자단체
④ 구청장

**해설**

제36조의2(냉난방온도제한건물의 지정 등)
④ 산업통상자원부장관은 냉난방온도제한건물의 관리기관 또는 에너지다소비사업자가 해당 건물의 냉난방온도를 제한온도에 적합하게 유지·관리하는지 여부를 점검하거나 실태를 파악할 수 있다.
〈개정 2013.3.23.〉

## 69 ★★

「에너지이용합리화법령」상 검사에 불합격된 검사대상기기를 사용한 자의 벌칙 기준은?

① 5백만 원 이하의 벌금
② 1년 이하의 징역 또는 1천만 원 이하의 벌금
③ 2년 이하의 징역 또는 2천만 원 이하의 벌금
④ 3천만 원 이하의 벌금

**해설**

벌칙 기준
검사에 불합격된 검사대상기기를 사용한 자의 벌칙은 1년 이하의 징역 또는 1천만 원 이하의 벌금이다.

## 70 ★★

산업통상자원부장관이 에너지사용계획을 제출받을 때 협의 결과를 공공사업주관자에게 통보하여야 하는 기간은 제출받은 날로부터 얼마나 되며, 필요하다고 인정될 경우 연장할 수 있는 기간은 어떻게 되는가?

① 30일, 10일     ② 30일, 20일
③ 40일, 10일     ④ 40일, 20일

**해설**

에너지사용계획 제출 기간
산업통상자원부장관이 에너지사용계획을 제출받을 때 제출받은 날로부터 30일 이내에 협의 결과를 공공사업주관자에게 통보하여야 하며, 의견청취 결과를 민간사업주관자에게 통보하여야 한다. 다만 필요하다고 인정할 경우, 20일 범위에서 통보를 연장할 수 있다.

정답  67 ②  68 ①  69 ②  70 ②

## 71 ★★

「에너지이용합리화법령」상 검사대상기기검사 중 용접검사 면제 대상 범위에 해당되지 않는 것은?

① 온수보일러로서 전열면적이 18 [m²] 이하이고, 최고사용압력이 0.35 [MPa] 이하인 것
② 강철제 보일러 중 전열면적이 5 [m²] 이하이고 최고사용압력이 0.35 [MPa] 이하인 것
③ 압력용기 중 동체의 두께가 6 [mm] 미만인 것으로서 최고사용압력과 내부부피를 곱한 수치가 0.02 이하인 것
④ 최고사용압력이 0.35 [MPa] 이하이고, 동체의 안지름이 60 [mm]인 전열교환식 1종 압력용기

**해설**

용접검사 면제 대상
- 강철제 보일러 중 전열면적이 5 [m²] 이하이고 최고사용압력이 0.35 [MPa] 이하인 것
- 주철제 보일러
- 1종 관류보일러
- 온수보일러 중 전열면적이 18 [m²] 이하이고 최고사용압력이 0.35 [MPa] 이하인 것
- 용접이음(동체와 플랜지와의 용접이음은 제외한다)이 없는 강관을 동체로 한 헤더
- 압력용기 중 동체의 두께가 6밀리미터 미만인 것으로서 최고사용압력[MPa]과 내부 부피[m³]를 곱한 수치가 0.02 이하(난방용의 경우에는 0.05 이하)인 것
- 전열교환식인 것으로서 최고사용압력이 0.35 [MPa] 이하이고, 동체의 안지름이 600밀리미터 이하인 것

## 72 ★★

다음 중 제강로가 아닌 것은?

① 고로
② 전로
③ 평로
④ 전기로

**해설**

제강로의 종류
전로, 평로, 전기로
- 용광로(고로) : 철강용로

## 73 ★★★

「에너지이용합리화법」에 따라 매년 1월 31일까지 전년도의 분기별 에너지사용량·제품생산량을 신고하여야 하는 대상은 연간 에너지사용량의 합계가 얼마 이상인 경우 해당되는가?

① 1천 티오이
② 2천 티오이
③ 3천 티오이
④ 5천 티오이

**해설**

에너지사용량 제품생산량을 신고하여야 하는 대상
「에너지이용합리화법」에 따라 매년 1월 31일까지의 전년도의 분기별 에너지 사용량, 제품생산량을 신고하여야 하는 대상은 연간에너지 사용량의 합계가 2000 [TOE] 이상인 경우에 해당된다.

정답 71 ④ 72 ① 73 ②

## 74 ★★

「에너지이용합리화법」에 따라 검사대상기기의 설치자가 변경된 경우 새로운 검사대상기기의 설치자는 그 변경일로부터 최대 며칠 이내에 검사대상기기 설치자 변경신고서를 제출하여야 하는가?

① 7일　　　　　② 10일
③ 15일　　　　 ④ 20일

**해설**

제31조의24(검사대상기기의 설치자의 변경신고)
검사대상기기의 설치자가 변경된 경우 새로운 검사대상기기의 설치자는 그 변경일로부터 최대 15일 이내에 검사대상기기 설치자 변경신고서를 제출해야 한다.

## 75 ★★★

산성 내화물이 아닌 것은?

① 규석질 내화물
② 납석질 내화물
③ 샤모트질 내화물
④ 마그네시아 내화물

**해설**

**산성 내화물**
내화물이란 고온에서 쉽게 무르거나 녹지 않고 견디는 비금속 무기재료를 일컫는 말로 내화재료라고도 부르며 마그네시아 내화물은 염기성(알칼리성) 내화물이다.
- 산성 내화물 : 규석질, 납석질, 샤모트질, 점토질
- 중성 내화물 : 고알루미나질, 탄화규소질, 탄소질, 크롬질
- 염기성 내화물 : 마그네시아질, 마그네시아 – 크롬질, 돌로마이트질, 포스테라이트질

## 76 ★★★

「에너지이용합리화법」에 따라 연간 검사대상기기의 검사유효기간으로 틀린 것은?

① 보일러의 개조검사는 2년이다.
② 보일러의 계속사용검사는 1년이다.
③ 압력용기의 계속사용검사는 2년이다.
④ 보일러의 설치장소 변경검사는 1년이다.

**해설**

**검사대상기기검사유효기간**

| 검사의 종류 | | 검사유효기간 |
|---|---|---|
| 설치검사 | | 1. 보일러 : 1년<br>　다만 운전성능 부문의 경우에는 3년 1개월로 한다.<br>2. 압력용기 및 철금속가열로 : 2년 |
| 개조검사 | | 1. 보일러 : 1년<br>2. 압력용기 및 철금속가열로 : 2년 |
| 설치장소 변경검사 | | 1. 보일러 : 1년<br>2. 압력용기 및 철금속가열로 : 2년 |
| 재사용검사 | | 1. 보일러 : 1년<br>2. 압력용기 및 철금속가열로 : 2년 |
| 계속 사용 검사 | 안전 검사 | 1. 보일러 : 1년<br>2. 압력용기 : 2년 |
| | 운전 성능 검사 | 1. 보일러 : 1년<br>2. 철금속가열로 : 2년 |

**정답** 74 ③　75 ④　76 ①

## 77 ★★★

「에너지이용합리화법」에 따라 가스를 사용하는 소형 온수보일러인 경우 검사대상기기의 적용 기준은?

① 가스사용량이 시간당 17 [kg]을 초과하는 것
② 가스사용량이 시간당 20 [kg]을 초과하는 것
③ 가스사용량이 시간당 27 [kg]을 초과하는 것
④ 가스사용량이 시간당 30 [kg]을 초과하는 것

**해설**

소형 보일러검사대상기기 적용 기준
- 가스사용량이 17 [kg/h]를 초과하는 보일러
- 도시가스사용량이 232.6 [kW]를 초과하는 보일러

에너지이용합리화법 시행규칙 [별표 1] 열사용기자재(제1조의2 관련)

| 품목명 | 적용범위 |
|---|---|
| 소형 온수 보일러 | 전열면적이 14제곱미터 이하이고, 최고사용압력이 0.35 [MPa] 이하의 온수를 발생하는 것. 다만 구멍탄용 온수보일러·축열식 전기보일러·가정용 화목보일러 및 가스사용량이 17 [kg/h](도시가스는 232.6킬로와트) 이하인 가스용 온수보일러는 제외한다. |

## 78 ★★★

「에너지법령」상 에너지원별 에너지열량 환산기준으로 총발열량이 가장 낮은 연료는? (단, 1 [L] 기준이다)

① 윤활유
② 항공유
③ B - C유
④ 휘발유

**해설**

발열량
천연가스(LNG) > 벙커씨(B - C)유 > 윤활유 > 항공유 > 휘발유

## 79 ★

보일러를 신설하였을 경우 해당하는 검사는 무엇인가?

① 구조검사
② 설치검사
③ 개조검사
④ 재사용검사

**해설**

검사의 종류 및 적용대상
- 구조검사 : 강판·관 또는 주물류를 용접·확대·조립·주조 등에 따라 제조하는 경우의 검사
- 설치검사 : 신설한 경우의 검사
- 개조검사 : 다음 각 호의 어느 하나에 해당하는 경우의 검사
1. 증기보일러를 온수보일러로 개조하는 경우
2. 보일러 섹션의 증감에 의하여 용량을 변경하는 경우
3. 동체·돔·노통·연소실·경판·천정판·관판·관모음 또는 스테이의 변경으로서 산업통상자원부장관이 정하여 고시하는 대수리의 경우
4. 연료 또는 연소방법을 변경하는 경우
5. 철금속가열로로서 산업통상자원부장관이 정하여 고시하는 경우의 수리
- 재사용검사 : 사용중지 후 재사용하고자 하는 경우의 검사

정답 ● 77 ① 78 ④ 79 ②

## 80 ★★★
보온재의 구비조건으로 가장 거리가 먼 것은?

① 밀도가 작을 것
② 열전도율이 작을 것
③ 재료가 부드러울 것
④ 내열, 내약품성이 있을 것

**해설**

보온재의 구비조건
보온재는 기계적 강도와 내구성을 고려하여 선택한다.

---

**5과목** 열설비설계

1회독 시간 :   점수 :
2회독 시간 :   점수 :
3회독 시간 :   점수 :

## 81 ★★
epm(equivalents per million)에 대한 설명으로 옳은 것은?

① 물 1 [L] 중에 용해되어 있는 물질을 g당량수로 나타낸 것
② 물 1 [$m^3$] 중에 용해되어 있는 물질을 g당량수로 나타낸 것
③ 물 1 [L] 중에 용해되어 있는 물질을 mg당량수로 나타낸 것
④ 물 1 [$m^3$] 중에 용해되어 있는 물질을 mg당량수로 나타낸 것

**해설**

epm(equivalents per million)
epm이란 물 1 [L] 중에 용해되어 있는 물질을 mg 당량수로 나타낸 것이다.

## 82 ★★
노통보일러에 갤러웨이 관을 직각으로 설치하는 이유로 적절하지 않은 것은?

① 노통을 보강하기 위하여
② 보일러수의 순환을 돕기 위하여
③ 전열 면적을 증가시키기 위하여
④ 수격작용을 방지하기 위하여

**정답** 80 ③  81 ③  82 ④

> **해설**

노통보일러의 갤러웨이관
- 노통을 보강하기 위하여
- 보일러수의 순환을 돕기 위하여
- 전열 면적을 증가시키기 위하여
- 워터해머(Water Hammering, 수격작용)
  펌프에서 물을 압송하고 있을 때 정전 등으로 급히 펌프가 멈춘 경우와 수량조절밸브를 급히 개폐한 경우 등 관 내의 유속이 급변하면서 물에 심한 압력 변화가 생기는 현상

## 83 ★★

맞대기 용접은 용접방법에 따라서 그루브를 만들어야 한다. 판의 두께가 50 [mm] 이상인 경우에 적합한 그루브의 형상은? (단, 자동용접은 제외한다)

① V형
② R형
③ H형
④ A형

> **해설**

그루브의 형상
열사용기자재의 검사 및 검사면제에 관한 기준
12.2.4.5 그루브 가공

| 판의 두께 | 그루브의 형상 |
|---|---|
| 6 [mm] 이상 16 [mm] 이하 | V형, R형 또는 J형 |
| 12 [mm] 이상 38 [mm] 이하 | X형, K형, 양면 J형 또는 U형 |
| 19 [mm] 이상 | H형 |

## 84 ★

라미네이션의 재료가 외부로부터 강하게 열을 받아 소손되어 부풀어 오르는 현상을 무엇이라고 하는가?

① 크랙
② 압궤
③ 블리스터
④ 만곡

> **해설**

블리스터
- 크랙 : 재료나 구조물에 외력이나 피로, 열응력 등에 의해 생기는 균열 또는 갈라짐
- 압궤 : 노통이나 화실과 같은 원통 부분이 외측으로 부터의 압력을 견디지 못하고 안쪽으로 짓눌려 찌그러져 찢어지는 현상
- 블리스터 : 라미네이션 재료가 외부로부터 강하게 열을 받아 소손되어 부풀어 오르는 현상
- 만곡 : 열, 습도, 하중 등의 영향으로 재료가 휘어지거나 원래 형상에서 굽어지는 변형

## 85 ★

열매체보일러에 대한 설명으로 틀린 것은?

① 저압으로 고온의 증기를 얻을 수 있다.
② 겨울철에도 동결의 우려가 적다.
③ 물이나 스팀보다 전열특성이 좋으며, 열매체 종류와 상관없이 사용온도한계가 일정하다.
④ 다우섬, 모빌섬, 카네크롤보일러 등이 이에 해당한다.

> **해설**

열매체보일러
물이나 스팀보다 전열특성이 좋으나 열매체의 종류에 따라 사용온도 한계가 일정하지 않다.

정답 ● 83 ③ 84 ③ 85 ③

## 86 ★

보일러 드럼(Drum)의 내압을 받는 동체에 생기는 응력 중 길이방향의 인장응력과 원둘레방향의 인장응력의 비는?

① 2 : 1　　② 1 : 2
③ 4 : 1　　④ 1 : 4

**해설**

인장응력
- 길이 방향의 인장응력

$$\sigma = \frac{PD}{4t}$$

- 원주 방향의 인장응력

$$\sigma = \frac{PD}{2t}$$

∴ 1 : 2

## 87 ★★

터널가마(Tunnel Kiln)의 특징에 대한 설명 중 틀린 것은?

① 연속식 가마이다.
② 사용연료에 제한이 없다.
③ 대량생산이 가능하고 유지비가 저렴하다.
④ 노 내 온도조절이 용이하다.

**해설**

터널가마
- 연속식 가마다(예열 - 소성 - 냉각 - 제품).
- 대량생산이 가능하고 유지비가 저렴하다.
- 노 내 온도조절이 용이하다.
  (자동온도제어가 쉬움)
- 열효율이 높고 인건비가 절약된다.
- 사용연료의 제한을 받는다(전력소비가 크다).

## 88 ★★

원통형 보일러와 비교하여 수관식 보일러에 대한 설명으로 틀린 것을 고르시오.

① 보유수량이 많다.
② 급수처리가 복잡하다.
③ 효율이 많다.
④ 가격이 비싸다.

**해설**

수관식 보일러와 원통형 보일러의 비교

| 구분 | 수관식 보일러 | 원통형 보일러 |
| --- | --- | --- |
| 보유수량 | 적음 | 많음 |
| 급수처리 | 복잡함 | 간단함 |
| 효율 | 높음 | 낮음 |
| 가격 | 비쌈 | 저렴함 |

## 89 ★

급수온도가 10 [℃]이고, 급수의 엔탈피가 42 [kJ/kg]이며 한시간에 2400 [kg]의 증기가 발생되고 이 발생증기의 엔탈피가 2960 [kJ/kg]이라고 할 때 이 보일러 마력을 구하시오.

① 179.35 [BHP]
② 225.25 [BHP]
③ 198.35 [BHP]
④ 212.34 [BHP]

정답　86 ②　87 ②　88 ①　89 ③

### 해설

**보일러마력**

1보일러 마력이란 시간당 100 [℃] 포화수 15.65 [kg]을 100 [℃] 건포화 증기로 발생시키는 능력으로 1 [BHP]라고 쓴다.

즉, 마력은 상당증발량 ÷ 15.65로 계산한다.

상당증발량 = $G_e = \dfrac{G_a(h_2 - h_1)}{2256}[kg/h]$

- $G_a$ : 실제증발량 [kg/h]
- $h_1$ : 급수의 비엔탈피 [kJ/kg]
- $h_2$ : 발생증기 비엔탈피 [kJ/kg]

$\dfrac{2400 \times (2960 - 42)}{2256} = 3104.25 [kg/h]$ 이므로

$\dfrac{3104.25}{15.65} = 198.35 [BHP]$ 라고 할 수 있다.

## 90 ★★

증기 발생량이 200 [kg/h] 이고, 연료 사용량은 20 [kg/h]일 때, 급수 엔탈피 62.8 [kJ/kg], 증기의 엔탈피가 3077.3 [kJ/kg]이라고 한다. 보일러 효율[%]을 계산하시오. (단, 연료의 저위발열량은 41800 [kJ/kg]이다)

① 72.11 [%]
② 68.25 [%]
③ 62.13 [%]
④ 58.32 [%]

### 해설

**보일러효율**

열효율($\eta$) = $\dfrac{유효열}{입열} \times 100 [\%]$

$= \dfrac{G(h'' - h')}{G_f \times H}$

- $G$ : 실제증발량[kg/h]
- $h''$ : 발생증기 엔탈피 [kJ/kg]
- $h'$ : 급수 엔탈피 [kJ/kg]
- $G_f$ : 연료 사용량[kg/h]
- $H$ : 발열량 [kJ/kg]

$\dfrac{200 \times (3077.3 - 62.8)}{20 \times 41800} = 0.7211$

## 91 ★★

보일러의 열정산 시 출열에 해당하지 않는 것은?

① 연소배가스 중 수증기의 보유열
② 불완전 연소에 의한 손실열
③ 건연소배기가스의 현열
④ 급수의 현열

### 해설

**열정산**

- 입열항목 : 공기의 현열, 연료의 저위 발열량, 연료의 현열, 노 내 분입증기열
- 출열항목 : 발생공기(흡수)열, 배기가스에 의한 손실열, 미연소가스에 의한 손실열, 방산에 의한 손실열

## 92 ★★

보일러수에 녹아 있는 기체를 제거하는 탈기기가 제거하는 대표적인 용존가스는?

① $O_2$
② $H_2SO_4$
③ $H_2S$
④ $SO_2$

**해설**

탈기기가 제거하는 용존가스
탈기기란 보일러에 공급되는 물에 섞인 산소, 이산화탄소, 즉 용존가스를 제거하는 장치이다. 탈기기가 제거하는 대표적인 용존가스는 산소이다.

## 93 ★

인젝터의 특징에 대한 설명으로 틀린 것은?

① 구조가 간단하여 소형에 사용된다.
② 별도의 소요동력이 필요하지 않다.
③ 송수량의 조절이 용이하다.
④ 소량의 고압증기로 다량의 급수가 가능하다.

**해설**

급수펌프 인젝터의 특징
보조급수장치인 인젝터는 급수용량이 부족하고 급수에 시간이 많이 소요되므로 급수량(송수량) 조절이 용이하지 않다.

## 94 ★

보일러 사고의 원인 중 제작상의 원인으로 가장 거리가 먼 것은?

① 재료불량
② 구조 및 설계불량
③ 용접불량
④ 급수처리불량

**해설**

사고의 원인 – 제작상의 원인
• 재료불량
• 구조 및 설계불량
• 용접불량
• 부속장치미비
※ 급수처리불량은 취급부주의 원인이다.

## 95 ★★

보일러 운전 시 캐리오버(Carry-over)를 방지하기 위한 방법으로 틀린 것은?

① 주 증기밸브를 빠르게 연다.
② 관수의 농축을 방지한다.
③ 보일러수의 불순물을 제거한다.
④ 과부하를 피한다.

**해설**

캐리오버 방지
주 증기밸브를 서서히 연다.
• 캐리오버(Carry Over : 기수공발현상) : 공기 중에 불순물이 물방울에 섞여서 옮겨가는 현상

## 96 ★

노통보일러에 가셋트 스테이를 부착할 경우 경판과의 부착부 하단과 노통 상부 사이에는 완충폭(브레이징 스페이스)이 있어야 한다. 이때 경판의 두께가 20 [mm]인 경우 완충폭은 최소 몇 [mm] 이상이어야 하는가?

① 230
② 280
③ 320
④ 350

**정답** 92 ① 93 ③ 94 ④ 95 ① 96 ③

### 해설

강판의 두께에 따른 브레이징 스페이스

| 경판 두께 | 브레이징 스페이스 |
|---|---|
| 13 [mm] 이하 | 230 [mm] 이상 |
| 15 [mm] 이하 | 260 [mm] 이상 |
| 17 [mm] 이하 | 280 [mm] 이상 |
| 19 [mm] 이하 | 300 [mm] 이상 |
| 21 [mm] 이하 | 320 [mm] 이상 |

## 97 ★

동일조건에서 열교환기의 온도효율이 높은 순서대로 나열한 것은?

① 향류 > 직교류 > 병류
② 병류 > 직교류 > 향류
③ 직교류 > 향류 > 병류
④ 직교류 > 병류 > 향류

### 해설

열교환기의 온도효율

향류(대향류) > 직교류 > 병류(평행류)

## 98 ★★

공기예열기의 효과에 대한 설명으로 틀린 것은?

① 연소효율을 증가시킨다.
② 과잉공기량을 줄일 수 있다.
③ 배기가스 저항이 줄어든다.
④ 저질탄 연소에 효과적이다.

### 해설

공기예열기의 효과

공기예열기는 배기가스가 배출되는 연도에 폐열회수장치로 설치하는 것으로 배기가스 통풍 저항이 증가한다. 배기가스 흐름에 대한 마찰 저항이 증가한다.

## 99 ★

보일러에 부착되어 있는 압력계의 최고눈금은 보일러의 최고사용압력의 최대 몇 배 이하의 것을 사용해야 하는가?

① 1.5배　　② 2.0배
③ 3.0배　　④ 3.5배

### 해설

압력계의 최고눈금

열사용기자재의 검사 및 검사면제에 관한 기준
46.2.2 압력계
압력계의 최고눈금은 최고사용압력의 1.5 ~ 3배인 것이어야 한다.

## 100 ★★

보일러의 과열 방지책이 아닌 것은?

① 보일러수를 농축시키지 않을 것
② 보일러수의 순환을 좋게 할 것
③ 보일러의 수위를 낮게 유지할 것
④ 보일러 동내면의 스케일 고착을 방지할 것

### 해설

과열 방지책

보일러의 수위를 낮게 유지하면 과열의 원인이 된다.

정답　97 ①　98 ③　99 ③　100 ③

# 2025 제2회 CBT 복원

**1과목  연소공학**

1회독  시간 :   점수 :
2회독  시간 :   점수 :
3회독  시간 :   점수 :

## 01 ★★
다음 중 분해폭발성 물질이 아닌 것은?

① 아세틸렌  ② 하이드라진
③ 에틸렌   ④ 수소

**해설**

분해폭발성 물질
분해폭발은 높은 온도나 압력에 의해 발생하는 산소가 필요 없는 화학적 폭발로, 수소는 산소와 반응하며 폭발하므로 분해폭발성 물질에 속하지 않는다.

## 02 ★★
가연성 혼합가스의 폭발한계 측정에 영향을 주는 요소로 가장 거리가 먼 것은?

① 온도     ② 산소 농도
③ 점화에너지  ④ 용기의 두께

**해설**

폭발한계 측정에 영향을 주는 요소
폭발한계는 연료의 특성 및 반응이 일어나는 조건에 의해 결정되므로, 용기의 두께와 같은 외부 물리적 구조에는 의존하지 않는다.

## 03 ★★★
다음 중 습식 집진장치의 종류가 아닌 것은?

① 백필터
② 제트 스크러버
③ 사이클론 스크러버
④ 벤츄리 스크러버

**해설**

집진장치
- 습식 - 가압수식 집진장치 : 벤츄리 스크러버, 사이클론 스크러버, 제트 스크러버
- 건식 - 여과식(백필터) 집진장치 : 원통식, 평판식, 역기류 분사형 집진장치

## 04 ★★
액체연료가 갖는 일반적인 특징이 아닌 것은?

① 단위중량당 발열량이 높다.
② 회분 생성이 전혀 없다.
③ 재처리가 필요 없다.
④ 고체연료에 비하여 품질이 일정하다.

**해설**

액체연료
단위중량당 발열량이 높고 완전 연소가 잘되어 그을음이 적으며, 재처리가 필요 없다. 고체 연료에 비해 일정한 품질을 가지지만 기체 연료에 비해 회분 생성이 많다.

**정답**  01 ④  02 ④  03 ①  04 ②

## 05 ★★

탄소 12 [kg]을 과잉공기계수 1.2의 공기로 완전 연소시킬 때 발생하는 연소가스량은 약 몇 [Nm³]인가?

① 84
② 107
③ 128
④ 149

**해설**

연소가스량

$C + O_2 \rightarrow CO_2$

$G_{od} = (1 - 0.21)A_o + $ 생성된 $CO_2$

$G_d = G_{od} + (m-1)A_o = (m - 0.21)A_o + $ 생성된 $CO_2$

$= (1.2 - 0.21)\dfrac{22.4}{0.21} + 22.4 = 128 \, [Nm^3/kg]$

## 06 ★★

다음 석탄의 성질 중 연소성과 가장 관계가 적은 것은?

① 비열
② 기공률
③ 점결성
④ 열전도율

**해설**

석탄의 성질
- 비열 : 연소 시 온도에 영향
- 기공률 : 공기와의 접촉 면적에 영향
- 열전도율 : 열 전달량에 영향
- 점결성 : 석탄이 서로 뭉쳐지는 성질로 연소성과 관련 없음

## 07 ★★

다음 연료의 저위발열량은 얼마인가?

- C : 82 [%]
- H : 11 [%]
- S : 4 [%]
- N : 1.5 [%]
- O : 1 [%]
- W : 0.5 [%]

① 5 [MJ/kg]
② 367 [MJ/kg]
③ 41 [MJ/kg]
④ 9820 [MJ/kg]

**해설**

$H_h = 8100C + 34000\left(H - \dfrac{O}{8}\right) + 2500S$

$= 8100 \times 0.82 + 34000 \times \left(0.11 - \dfrac{0.01}{8}\right) + 2500 \times 0.04$

$= 10524.5 \, [kcal/kg]$

※ 단위변환 1 [kcal] = 4.186 [kJ]

$10524.5 \times 4.186 = 44055.557 \, [kJ/kg]$

저위발열량($H_L$) : 수증기의 증발잠열을 제외한 연소열량

$H_L = H_h - 2512(9H + W) \, [kJ/kg]$

$H_L = 44055.557 - 2512 \times (9 \times 0.11 + 0.005)$

$= 41556.117 \, [kJ/kg] = 41.556 \, [MJ/kg]$

## 08 ★★

CH₄ 가스 1 [Nm³]를 30 [%] 과잉공기로 연소시킬 때 완전 연소에 의해 생성되는 실제 연소가스의 총량은 약 몇 [Nm³]인가?

① 2.4
② 13.4
③ 23.1
④ 82.3

정답 ▶ 05 ③  06 ③  07 ③  08 ②

[해설]

연소가스 총량

$CH_4 + 2O_2 \rightarrow CO_2 + 2H_2O$

※ 실제 습연소가스량

$G_w = (m - 0.21)A_o + $ 생성된 $CO_2 + $ 생성된 $H_2O$

$= (1.3 - 0.21)\dfrac{2}{0.21} + 1 + 2$

$\fallingdotseq 13.4 \ [Nm^3]$

## 09 ★★

연소 배출가스 중 $CO_2$ 함량을 분석하는 이유로 가장 거리가 먼 것은?

① 연소 상태를 판단하기 위하여
② CO 농도를 판단하기 위하여
③ 공기비를 계산하기 위하여
④ 열효율을 높이기 위하여

[해설]

연소 배출가스 중 이산화탄소 함량분석 이유
- 연소 상태를 판단하기 위하여
- 공기비를 계산하기 위하여
- 열효율을 향상시키기 위하여

CO(일산화탄소)농도와는 관련이 없음

## 10 ★★

다음과 같은 조성의 석탄가스를 연소시켰을 때의 이론 습연소가스량($Nm^3/Nm^3$)은?

| 성분 | CO | $CO_2$ | $H_2$ | $CH_4$ | $N_2$ |
|---|---|---|---|---|---|
| 부피[%] | 8 | 1 | 50 | 37 | 4 |

① 2.94
② 3.94
③ 4.61
④ 5.61

[해설]

이론 습연소가스량

$CO + \dfrac{1}{2}O_2 \rightarrow CO_2$

$H_2 + \dfrac{1}{2}O_2 \rightarrow H_2O$

$CH_4 + 2O_2 \rightarrow CO_2 + 2H_2O$

$O_0 = \dfrac{1}{2}H_2 + \dfrac{1}{2}CO + 2CH_4$

$= \dfrac{1}{2} \times 0.5 + \dfrac{1}{2} \times 0.08 + 2 \times 0.37 = 1.03$

$A_0 = \dfrac{O_0}{0.21} = \dfrac{1.03}{0.21} = 4.904$

$G_{0w} = CO_2 + N_2 + (1 - 0.21)A_0 + ($생성된 $CO_2, H_2O)$

$= 0.01 + 0.04 + (1 - 0.21)A_0$

$\quad + (1 \times CO + 1 \times CH_4 + 1 \times H_2 + 2 \times CH_4)$

$= 0.05 + 0.79 \times 4.904$

$\quad + (0.08 + 0.37 + 0.5 + 2 \times 0.37)$

$= 5.61$

## 11 ★

공기를 사용하여 중유를 무화시키는 형식으로 아래의 조건을 만족하면서 부하변동이 많은데 가장 적합한 버너의 형식은?

- 유량조절범위 = 1 : 10 정도
- 연소 시 소음이 발생
- 점도가 커도 무화가 가능
- 분무 각도가 30° 정도로 작음

① 로터리식
② 저압기류식
③ 고압기류식
④ 유압식

정답 ● 09 ② 10 ④ 11 ③

해설

**버너**

고압기류식 버너는 점도가 커도 무화가 가능하고 분무 각도가 30° 정도로 작으며, 소음이 발생하고 부하변동이 많은 곳에 적합하다.

| 방식 | 고압 기류식 | 저압 기류식 | 회전 분무식 |
|---|---|---|---|
| 유량조절 범위 | 1 : 10 | 1 : 6, 1 : 5 | 1 : 5 |

| 방식 | 압력 분무식 | 회전 분무식 | 저압 기류식 | 고압 기류식 |
|---|---|---|---|---|
| 분무 각도 | 40° ~ 90° | 40° ~ 80° | 30° ~ 60° | 30° |

## 12 ★

가연성 혼합기의 폭발방지를 위한 방법이 아닌 것은?

① 불활성 가스의 첨가
② 이중용기 사용
③ 불활성 가스의 치환
④ 산소 농도의 최소화

해설

**폭발방지**

가연성 혼합기의 폭발은 가연성 물질과 산소가 일정 비율 이상 혼합되었을 때 발생한다. 따라서 산소의 농도를 최소화하거나 불활성 가스를 첨가하여 가연성 물질과 산소의 혼합 비율을 낮추는 것이 폭발 방지를 위한 가장 효과적인 방법이다.

## 13 ★★

다음 액체연료 중 비중이 가장 큰 것은?

① 중유
② 등유
③ 경유
④ 가솔린

해설

**액체연료의 비중**

중유 > 경유 > 등유 > 가솔린(휘발유)

## 14 ★★

연소를 계속 유지시키는 데 필요한 조건에 대한 설명으로 옳은 것은?

① 연료에 산소를 공급하고 착화온도 이하로 억제한다.
② 연료에 발화온도 미만의 저온 분위기를 유지시킨다.
③ 연료에 산소를 공급하고 착화온도 이상으로 유지한다.
④ 연료에 공기를 접촉시켜 연소속도를 저하시킨다.

해설

**연소 유지조건**

연소를 연속적으로 유지시키기 위해서(완전 연소가 이루어지기 위해서)는 연료를 착화온도 이상으로 유지시키면서 연료에 충분한 산소를 공급해 주어야 한다.

정답  12 ② 13 ① 14 ③

## 15 ★★

공기비가 1.33인 공기로 완전 연소를 하였을 때, 배기가스 중 산소량[%]은 어떻게 되는가?

① 5.21 [%]  ② 4.03 [%]
③ 24.8 [%]  ④ 14.8 [%]

**해설**

배기가스 중 산소량

$$m = \frac{21}{21 - O_2(\%)} \Rightarrow 1.33 = \frac{21}{21-x} \Rightarrow x = 5.21[\%]$$

## 16 ★★

다음 체적비[%]의 코크스로 가스 1 [Nm³]를 완전 연소시키기 위하여 필요한 이론공기량은 약 몇 [Nm³]인가?

| | |
|---|---|
| • $CO_2$ : 2.1 | • $C_2H_4$ : 3.4 |
| • $O_2$ : 0.1 | • $N_2$ : 3.3 |
| • $CO$ : 6.6 | • $CH_4$ : 32.5 |
| • $H_2$ : 52.0 | |

① 0.97  ② 2.97
③ 4.97  ④ 6.97

**해설**

이론공기량

$$A_o = \frac{O_o}{0.21}$$

$$= \frac{0.5 \times CO + 0.5 \times H_2 + 2 \times CH_4 + 3 \times C_2H_4 - O_2}{0.21}$$

$$= \frac{0.5 \times 0.066 + 0.5 \times 0.52 + 2 \times 0.325 + 3 \times 0.034 - 0.001}{0.21}$$

$$\fallingdotseq 4.97 \, [Nm^3]$$

## 17 ★★

연료로 사용되는 천연가스의 주성분으로 가장 알맞은 것은?

① 메탄($CH_4$)
② 에탄($C_2H_6$)
③ 프로판($C_3H_8$)
④ 부탄($C_4H_{10}$)

**해설**

천연가스 주성분
주로 메테인으로 이루어져있다.
① 메탄(메테인)
② 에탄(에테인)
③ 프로판(프로페인)
④ 부탄(뷰테인)

## 18 ★★

액체의 인화점에 영향을 미치는 요인으로 가장 거리가 먼 것은?

① 온도
② 압력
③ 발화지연시간
④ 용액의 농도

**해설**

액체의 인화점
• 인화점 : 가연성 물질이 점화원에 의해 불이 붙을 수 있는 최저온도로, 온도, 압력, 농도의 영향을 받음
• 발화지연시간 : 연소가 시작되기까지의 시간

**정답** 15 ① 16 ③ 17 ① 18 ③

## 19 ★★★

링겔만 농도표는 어떤 목적으로 사용되는가?

① 연돌에서 배출되는 매연 농도 측정
② 보일러수의 pH 측정
③ 연소가스 중의 탄산가스 농도 측정
④ 연소가스 중의 $SO_x$ 농도 측정

**해설**

링겔만 농도표
링겔만 농도표는 매연 농도를 규격표(0 ~ 5도)와 배기가스를 비교하여 측정하는 방법이다.

## 20 ★★★

다음 기체연료 중 단위질량당 고위발열량이 가장 큰 것은?

① 메테인
② 수소
③ 에테인
④ 프로페인

**해설**

단위질량당 고위발열량
수소의 분자량은 2로, 연료 중 압도적으로 작다. 따라서 단위질량당 고위발열량이 가장 큰 것은 수소이다.

- 메테인 : $CH_4$ [16]
- 수소 : $H_2$ [2]
- 에테인 : $C_2H_6$ [30]
- 프로페인 : $C_3H_8$ [44]

## 2과목 열역학

1회독 시간 :       점수 :
2회독 시간 :       점수 :
3회독 시간 :       점수 :

## 21 ★★

이상기체의 절대일이 $P_1 V_1 \ln \dfrac{V_2}{V_1}$ 인 과정은 어떤 과정인가?

① 등온 과정
② 정적 과정
③ 등압 과정
④ 단열 과정

**해설**

등온과정에서의 절대일

$$_1W_2 = P_1 V_1 \ln \frac{V_2}{V_1} = P_1 V_1 \ln \frac{P_1}{P_2}$$
$$= mRT \ln \frac{V_2}{V_1} = mRT \ln \frac{P_1}{P_2} [kJ]$$

## 22 ★★

성능계수가 2.5인 증기압축 냉동 사이클에서 냉동용량이 5 [kW]일 때 소요일은 몇 [kW]인가?

① 1
② 2
③ 4
④ 7

**해설**

냉동용량 – 소요일

$$\epsilon_R = \frac{Q_e}{W_c} \rightarrow W_c = \frac{Q_e}{\epsilon_R} = \frac{5}{2.5} = 2 [kW]$$

$Q_e$ : 흡수한 열량(냉동용량), $W_c$ : 공급일(소요일)

---

정답  19 ①  20 ②  21 ①  22 ②

## 23 ★★★

다음은 열역학 기본 법칙을 설명한 것이다. 0법칙, 1법칙, 2법칙, 3법칙 순으로 옳게 나열한 것은?

> 가. 에너지보존에 관한 법칙이다.
> 나. 에너지의 전달 방향에 관한 법칙이다.
> 다. 절대온도 0 [K]에서 완전 결정질의 절대 엔트로피는 0이다.
> 라. 시스템 A가 시스템 B와 열적 평형을 이루고 동시에 시스템 C와도 열적 평형을 이룰 때 시스템 B와 C의 온도는 동일하다.

① 가 - 나 - 다 - 라
② 라 - 가 - 나 - 다
③ 다 - 라 - 가 - 나
④ 나 - 가 - 라 - 다

**해설**

열역학 제n법칙
- 열역학 제0법칙 : 열평형의 법칙
- 열역학 제1법칙 : 에너지보존의 법칙
- 열역학 제2법칙 : 비가역 법칙, 엔트로피 증가 법칙
- 열역학 제3법칙 : 엔트로피의 절댓값을 정의한 법칙

## 24 ★★

오토 사이클에서 압축비가 7이라고 한다. 열효율은 얼마인가? (단, 비열비는 1.4이다)

① 42 [%]   ② 54 [%]
③ 62 [%]   ④ 65 [%]

**해설**

오토 사이클에서 압축비

$$\eta_{tho} = 1 - \left(\frac{1}{\epsilon}\right)^{k-1} = 1 - \left(\frac{1}{7}\right)^{1.4-1}$$
$$= 0.5408 = 54.08 [\%]$$

## 25 ★★★

열의 특성으로 알맞지 않은 것을 고르시오.

① 현열이란 온도 변화에만 필요한 열량이다.
② 현열은 분자에너지의 증감과 관련이 있다.
③ 잠열은 온도 변화 없이 상의 변화만 일으킨다.
④ 현열과 잠열은 물질의 상태가 변하게 되는 열량을 말한다.

**해설**

현열
현열은 상태가 아닌 온도 변화에 사용되는 열을 말한다.
물질의 상태가 변하게 되는 열량은 잠열이다.

## 26 ★★★

냉동기가 저온체에서 300 [kW]의 열을 흡수하여 고온체로 400 [kW]의 열을 방출한다. 이 냉동기의 성능계수는?

① 2
② 3
③ 4
④ 5

**해설**

냉동기의 성능계수

$$COP_r = \frac{Q_2}{W} = \frac{Q_2}{Q_1 - Q_2} = \frac{300}{400-300} = \frac{300}{100} = 3$$

$Q_1$ : 방출되는 열량, $Q_2$ : 흡수한 열량
$W$ : 시스템에 공급한 일

## 27 ★★★

비가역 사이클 과정일 때 열역학 2법칙과 관련하여 항상 성립하는 것은? (단, Q는 시스템에 출입하는 열량이고, T는 절대온도이다)

① $\oint \frac{\delta Q}{T} < 0$  ② $\oint \frac{\delta Q}{T} > 0$
③ $\oint \frac{\delta Q}{T} \geq 0$  ④ $\oint \frac{\delta Q}{T} = 0$

**해설**

클라우지우스의 순환적분값

$$\oint \frac{\delta Q}{T} \leq 0$$

가역 사이클이면 등호(=), 비가역 사이클이면 부등호(<)

## 28 ★★

랭킨 사이클의 구성요소 중 단열압축이 일어나는 곳은?

① 보일러  ② 터빈
③ 펌프    ④ 응축기

**해설**

랭킨 사이클 구성요소
펌프(단열압축) → 보일러(정압가열) → 터빈(단열팽창) → 복수기(정압방열)

## 29 ★★

0 [℃]의 물 1000 [kg]을 24시간 동안에 0 [℃]의 얼음으로 냉각하는 냉동능력은 약 몇 [kW]인가? (단, 얼음의 융해열은 335 [kJ/kg]이다)

① 2.15
② 3.88
③ 14
④ 14000

**해설**

냉동능력

$$Q_e = \frac{m\gamma}{24} = \frac{1000 \times 335}{24} = 13958.33 [kJ/h] = 3.88 [kW]$$

※ 1 [kW] = 1 [kJ/s] = 3600 [kJ/h]

## 30 ★★★

다음 중 오존층을 파괴하며 국제협약에 의해 사용이 금지된 CFC 냉매는?

① R - 12
② CO
③ $NH_3$
④ $CO_2$

**해설**

오존층 파괴하는 냉매
R - 12(메테인계 냉매)는 대기오염물질로 국제협약 금지 냉매이다.
• 대기오염물질인 염소가 3개 포함되어 있다.
• 오존층 파괴 지수가 크다.

**정답**  27 ①  28 ③  29 ②  30 ①

## 31 ★★

피스톤이 장치된 실린더 안의 기체가 체적 $V_1$에서 $V_2$로 팽창할 때 피스톤에 해준 일은 $W = \int_{V_1}^{V_2} P dV$ 로 표시될 수 있다. 이 기체는 이 과정을 통하여 $PV^2 = C$(상수)의 관계를 만족시켜 준다면 W를 옳게 나타낸 것은?

① $P_1V_1 - P_2V_2$
② $P_2V_2 - P_1V_1$
③ $P_1V_1^2 - P_2V_2^2$
④ $P_2V_2^2 - P_1V_1^2$

**해설**

폴리트로픽 변화에서의 일

$_1W_2 = \dfrac{1}{n-1}(P_1V_1 - P_2V_2) = P_1V_1 - P_2V_2$

## 32 ★★

400 [K], 1 [MPa]의 이상기체 1 [kmol]이 700 [K], 1 [MPa]으로 정압팽창할 때 엔트로피 변화는 약 몇 [kJ/K]인가? (단, 정압비열은 28 [kJ/kmol·K]이다)

① 15.7
② 19.4
③ 24.3
④ 39.4

**해설**

정압팽창 시 엔트로피 변화

$S_2 - S_1 = nC_p \ln \dfrac{T_2}{T_1} = 1 \times 28 \times \ln \dfrac{700}{400}$

$= 15.67 \, [kJ/K]$

## 33 ★★

40 [m³]의 실내에 있는 공기의 질량은 약 몇 [kg]인가? (단, 공기의 압력은 100 [kPa], 온도는 27 [℃]이며, 공기의 기체상수는 0.287 [kJ/kg·K]이다)

① 93
② 46
③ 10
④ 2

**해설**

공기의 질량

$PV = mRT$

$m = \dfrac{PV}{RT} = \dfrac{100 \times 40}{0.287 \times (27+273)}$

$\fallingdotseq 46.5 \, [kg]$

## 34 ★★

포화수 비엔탈피가 418 [kJ/kg]이고, 건포화 증기의 비엔탈피가 2670 [kJ/kg]일 때, 건도가 95 [%]일 때의 습증기의 비엔탈피의 값을 구하시오.

① 2138.6 [kJ/kg]
② 2337.2 [kJ/kg]
③ 2557.4 [kJ/kg]
④ 2866.6 [kJ/kg]

**해설**

습증기의 비엔탈피

$h_x = h' + x(h'' - h') = 418 + 0.95 \times (2670 - 418)$

$= 2557.4 \, [kJ/kg]$

정답 31 ① 32 ① 33 ② 34 ③

## 35 ★★

기체상수는 0.287 [kJ/kg·K]이고, 정압비열은 1.0 [kJ/kg·K]이다. 온도 변화가 10 [℃]일 때 내부에너지의 변화량은 어떻게 되는가?

① 6.26 [kJ/kg]
② 7.13 [kJ/kg]
③ 8.56 [kJ/kg]
④ 9.28 [kJ/kg]

**해설**

내부에너지
$C_p - C_v = R$ 이므로, $C_v = C_p - R$
$\Delta U = C_v dT = (C_p - R)dT = (1.0 - 0.287) \times 10$
$\quad = 7.13 [kJ/kg]$

## 36 ★★

-35 [℃], 22 [MPa]의 질소를 가역단열 과정으로 500 [kPa]까지 팽창했을 때의 온도[℃]는? (단, 비열비는 1.41이고 질소를 이상기체로 가정한다)

① -180
② -194
③ -200
④ -206

**해설**

이상기체의 가역단열팽창시킨 후 온도

$\dfrac{T_2}{T_1} = \left(\dfrac{P_2}{P_1}\right)^{\frac{k-1}{k}}$

$\rightarrow T_2 = T_1 \left(\dfrac{P_2}{P_1}\right)^{\frac{k-1}{k}} = 238.15 \times \left(\dfrac{500}{22000}\right)^{\frac{1.41-1}{1.41}}$

$\quad = 79.19 [K]$
$\quad \fallingdotseq -194 [℃]$

## 37 ★

분자량이 16, 28, 32 및 44인 이상기체를 각각 같은 용적으로 혼합하였다. 이 혼합가스의 평균 분자량은?

① 30
② 33
③ 35
④ 40

**해설**

평균 분자량

$m_{평균} = \dfrac{m_1 + m_2 + m_3 + m_4}{4}$

$\quad = \dfrac{16 + 28 + 32 + 44}{4}$

$\quad = 30$

## 38 ★★★

다음 관계식 중 알맞은 것을 고르시오.

① $\delta Q = dH - VdP$
② $\delta Q = dH - PdV$
③ $\delta Q = dH + PdV$
④ $\delta Q = dH + VdP$

**해설**

이상기체의 관계식
- $\delta Q = dU + dW$
- $H = U + PV$
- $dh = du + Pdv + vdP$
- $\delta Q = dH - VdP$

**정답** 35 ② 36 ② 37 ① 38 ①

## 39 ★★

압력이 100 [kPa]인 공기를 정적 과정으로 200 [kPa]의 압력이 되었다. 그 후 정압 과정으로 비체적이 1 [m³/kg]에서 2 [m³/kg]으로 변하였다고 할 때 이 과정 동안의 총 엔트로피의 변화량은 약 몇 [kJ/(kg·K)]인가? (단, 공기의 정적비열은 0.7 [kJ/(kg·K)], 정압비열은 1.0 [kJ/(kg·K)])

① 0.31  ② 0.52
③ 1.04  ④ 1.18

**해설**

총 엔트로피의 변화량

$$\Delta S = \Delta S_1 + \Delta S_2 = C_v \ln \frac{P_2}{P_1} + C_p \ln \frac{v_2}{v_1}$$

$$= 0.7 \ln \frac{200}{100} + 1.0 \ln \frac{2}{1} = 1.18 \, [kJ/kg \cdot K]$$

## 40 ★★★

Rankine Cycle 4개 과정으로 옳은 것은?

① 가역단열팽창 → 정압방열 → 가역단열압축 → 정압가열
② 가역단열팽창 → 가역단열압축 → 정압가열 → 정압방열
③ 정압가열 → 정압방열 → 가역단열압축 → 가역단열팽창
④ 정압방열 → 정압가열 → 가역단열압축 → 가역단열팽창

**해설**

랭킨 사이클 과정
가역단열팽창 → 정압방열 → 가역단열압축 → 정압가열

---

**3과목** 계측방법

| 1회독 | 시간 : | 점수 : |
| 2회독 | 시간 : | 점수 : |
| 3회독 | 시간 : | 점수 : |

## 41 ★★

공기 중에 있는 수증기 양과 그때의 온도에서 공기 중에 최대로 포함할 수 있는 수증기의 양을 백분율로 나타낸 것은?

① 절대 습도   ② 상대 습도
③ 포화 증기압  ④ 혼합비

**해설**

상대 습도
습공기 수증기 분압과 동일온도의 포화 습공기 수증기 분압과의 비

$$\phi = \frac{P_w}{P_s} \times 100 \, [\%]$$

## 42 ★★

다음 중 가스분석 측정법이 아닌 것은?

① 오르사트법
② 적외선 흡수법
③ 플로우노즐법
④ 가스크로마토그래피법

**해설**

가스분석 측정법
오르사트법, 적외선 흡수법, 가스크로마토그래피법
• 플로우노즐 : 유체의 흐름에 의해 생기는 차압을 측정하여 유량을 계산하는 차압식 유량계

---

정답 ● 39 ④  40 ①  41 ②  42 ③

## 43 ★★
다음 중 바이메탈 온도계의 측온범위는?

① -200 ~ 200 [℃]
② -30 ~ 360 [℃]
③ -50 ~ 500 [℃]
④ -100 ~ 700 [℃]

**해설**

바이메탈 온도계 측온범위
-50 ~ 500 [℃]
※ 바이메탈 온도계 : 서로 다른 두 개의 금속을 접합하여 온도 변화에 따른 열팽창의 정도를 이용하여 온도 측정

## 44 ★★
다음중 스로틀(Throttle)기구에 의하여 유량을 측정하지 않는 유량계는?

① 오리피스미터
② 플로우노즐
③ 벤투리미터
④ 오벌미터

**해설**

스로틀식 유량계 vs 용적식 유량계
오벌미터는 용적식 유량계이다.
- 용적식 유량계 : 로터와 케이스, 피스톤, 실린더 등을 이용해 유체를 일정 용적 내에 가둬 두고, 방출하기를 반복하며 단위시간당의 횟수에서 유량을 얻는다. 정밀도가 높다는 장점이 있지만, 동시에 압력 손실이 크다는 단점이 있다.
- 스로틀(Throttle)기구 : 관로의 단면적을 조절하는 장치

## 45 ★★
1000 [℃] 이상인 고온의 노 내 온도측정을 위해 사용되는 온도계로 가장 적합하지 않은 것은?

① 제겔콘(Seger Cone) 온도계
② 백금 저항 온도계
③ 방사 온도계
④ 광고온계

**해설**

백금 저항 온도계
1000 [℃] 이상의 고온에서는 백금 저항체가 손상될 우려가 있다.

## 46 ★★
보일러의 자동제어 중에서 A.C.C.가 나타내는 것은 무엇인가?

① 연소제어   ② 급수제어
③ 온도제어   ④ 유압제어

**해설**

자동제어
- 연소제어(A.C.C. : Automatic Combustion Control) : 보일러의 부하 변동에 따라 연료와 공기량을 자동으로 조절하여 증기 압력을 일정하게 유지시키는 것
- 급수제어(F.W.C. : Feed Water Control) : 보일러의 부하변동과 관계없이 보일러의 수위를 항상 일정하게 유지시키기 위하여 급수량을 자동적으로 제어하는 것
- 증기온도제어(S.T.C. : Steam Temperature Control) : 보일러로부터 발생한 증기의 온도를 일정하게 유지시키기 위하여 전열량을 제어하는 것

정답 43 ③  44 ④  45 ②  46 ①

## 47 ★★★

액주식 압력계의 종류가 아닌 것은?

① U자관형
② 경사관식
③ 단관형
④ 벨로즈식

**해설**

액주식 압력계
U자관형, 단관형, 경사관식
※ 벨로즈 압력계는 스프링의 탄성을 이용하여 압력을 측정하는 탄성식 압력계이다.

## 48 ★★★

내열성이 우수하고 산화분위기 중에서도 강하며, 가장 높은 온도까지 측정이 가능한 열전대의 종류는?

① 구리 - 콘스탄탄
② 철 - 콘스탄탄
③ 크로멜 - 알루멜
④ 백금 - 백금·로듐

**해설**

열전대 종류
가장 높은 온도까지 측정 가능한 열전대 종류는 백금 - 백금·로듐이다.

| 기호 | 사용금속(+, -) | 측정온도 범위[℃] |
|---|---|---|
| B | 백금-30 [%] 로듐, 백금-6 [%] 로듐 | 600 ~ 1700 |
| R | 백금-13 [%] 로듐, 백금 | 0 ~ 1600 |
| S | 백금-10 [%] 로듐, 백금 | 0 ~ 1600 |
| K | 크로멜(Cr), 알루멜(Al) | -200 ~ 1200 |
| E | 크로멜(Cr), 콘스탄탄(Cu-Ni) | -200 ~ 800 |
| J | 철(Fe), 콘스탄탄(Cu-Ni) | -40 ~ 750 |
| T | 구리(Cu), 콘스탄탄(Cu-Ni) | -200 ~ 350 |

## 49 ★★

흡착제에서 관을 통해 각각 기체의 독자적인 이동속도에 의해 분리시키는 방법으로, $CO_2$, $CO$, $N_2$, $H_2$, $CH_4$ 등을 모두 분석할 수 있어 분리 능력과 선택성이 우수한 가스분석계는?

① 밀도법
② 기체크로마토그래피법
③ 세라믹법
④ 오르자트법

**해설**

기체크로마토그래피법(가스크로마토그래피법)
흡착제를 충전한 컬럼(분리관)에 시료 가스를 주입하면, 각 성분이 흡착제(고정상)에 대해 가지는 친화력 차이 때문에 이동속도에 차이가 생긴다. 이 차이를 이용해 성분들이 분리되어 검출기로 들어오면서 분석이 이루어진다.
※ 일반적으로 $O_2$, $NO_2$는 분석이 어렵고, 그 외 대부분의 성분가스분석이 가능하다.

정답  47 ④  48 ④  49 ②

## 50 ★★
다음 중 압력식 온도계가 아닌 것은?

① 액체팽창식 온도계
② 열전 온도계
③ 증기압식 온도계
④ 가스압력식 온도계

**해설**

온도계의 종류
- 압력식 온도계 : 부피 또는 압력 변화를 이용하여 온도를 측정
- 열전(열전대) 온도계 : 두 개의 금속을 접합하여 생기는 열기전력(제벡효과)을 이용하여 온도를 측정

## 51 ★★
오르자트식 가스분석계로 CO를 흡수제에 흡수시켜 조성을 정량하여야 한다. 이때 흡수제의 성분으로 옳은 것은?

① 발연 황산액
② 수산화칼륨 30 [%] 수용액
③ 알칼리성 피로갈롤 용액
④ 암모니아성 염화 제1동 용액

**해설**

오르자트식 가스분석계 - 흡수제
- $CO_2$ : 30 [%] KOH 수용액
- $O_2$ : 알칼리성 피로갈롤용액
- CO : 암모니아성 염화 제1동 용액

## 52 ★★
다음 그림과 같은 경사관식 압력계에서 $P_2$는 50 [kg/m²]일 때 측정압력 $P_1$은 약 몇 [kg/m²]인가? (단, 액체의 비중은 1이다)

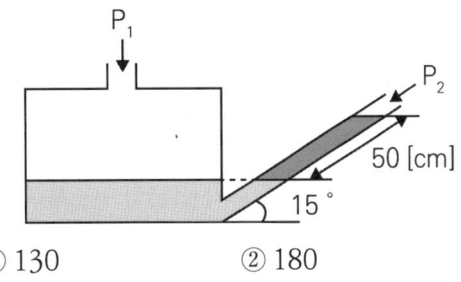

① 130
② 180
③ 320
④ 530

**해설**

측정압력
$P_1 = P_2 + \gamma h \, (h = l \sin\theta)$
∴ $P_1 = P_2 + \gamma l \sin\theta = 50 + 1000 \times 0.5 \times \sin 15°$
  ≒ 179.409 ≒ 180

※ 물의 밀도 : 1 [g/cm³] = 1000 [kg/m³]

## 53 ★★
20 [ℓ]인 물의 온도를 15 [℃]에서 80 [℃]로 상승시키는 데 필요한 열량은 약 몇 [kJ]인가?

① 4680
② 5442
③ 6320
④ 6860

**해설**

열량
- $m = \rho V = 1000 \, [kg/m^3] \times 0.02 \, [m^3] = 20 \, [kg]$
- 물의 비열 $4.186 \, [kJ/kg \cdot K]$
  $Q = mC(t_2 - t_1) = 20 \times 4.186 \times (80-15) = 5442 \, [kJ]$

**정답** 50 ② 51 ④ 52 ② 53 ②

## 54 ★★★
오르자트식 가스분석계로 측정하기 어려운 것은?

① $O_2$  ② $CO_2$
③ $CH_4$  ④ $CO$

**해설**

오르자트식 가스분석계
- 연소가스 속의 $CO_2$-$O_2$-$CO$를 화학적으로 흡수하는 시약을 이용하여 각 성분의 농도를 측정

## 55 ★
1차 지연요소에서 "시정수($\tau$)"란 출력이 최종값의 몇 [%]에 도달하는 시간인가?

① 53  ② 63
③ 73  ④ 83

**해설**

시정수
1차 지연 시스템에서 출력이 최종값의 약 63.2 [%]에 도달하는 데 걸리는 시간

## 56 ★★
다음 열전대 보호관 재질 중 사용 온도가 가장 높은 것은?

① 유리
② 구리
③ 자기
④ Ni-Cr 스테인리스

**해설**

사용온도
카보런덤 > 자기 > 석영 > Ni-Cr 스테인리스 > 유리 > 구리

## 57 ★★
저항 온도계에 활용되는 측온 저항체 종류에 해당되는 것은?

① 서미스터(Thermistor) 저항 온도계
② 철 - 콘스탄탄(IC) 저항 온도계
③ 크로멜(Chromel) 저항 온도계
④ 알루멜(Alumel) 저항 온도계

**해설**

측온 저항체 종류
- 저항 온도계 : 금속의 전기 저항이 온도에 따라 변하는 성질을 이용해 온도를 측정
  → 백금(Pt), 니켈(Ni), 구리(Cu), 서미스터 등 사용
※ 크로멜, 알루멜, 철, 콘스탄탄 등은 열전대 온도계에 사용된다.

## 58 ★★
다음 중 간접식 액면측정방법이 아닌 것은?

① 방사선식 액면계  ② 초음파식 액면계
③ 플로트식 액면계  ④ 저항전극식 액면계

**해설**

액면측정방법
- 직접측정식 : 유리관식, 검척식, 부자(플로트)식
- 간접측정식 : 압력검출식, 차압식, 편위식, 정전용량식, 전극식, 초음파식, 기포식, 방사선식

**정답** 54 ③  55 ②  56 ③  57 ①  58 ③

## 59 ★★

바이메탈 온도계의 특징으로 틀린 것은?

① 구조가 간단하다.
② 온도 변화에 대하여 응답이 빠르다.
③ 오래 사용 시 히스테리시스 오차가 발생한다.
④ 온도자동 조절이나 온도 보상장치에 이용된다.

**해설**

바이메탈 온도계
정확도가 낮고 구조가 간단하며 히스테리시스 오차(Error) 특성이 나타나며 온도 변화에 대한 응답시간이 느리다. 자동온도조절이나 온도보상장치에 이용된다.

## 60 ★★

관로의 유속을 피토관으로 측정할 때 마노미터의 수주가 50 [cm]였다. 이때 유속은 약 몇 [m/s]인가?

① 3.13
② 2.21
③ 1.0
④ 0.707

**해설**

유속
$\frac{1}{2}V^2 = gh$
$V = \sqrt{2gh} = \sqrt{2 \times 9.8 \times 0.5}$
$\fallingdotseq 3.13 \, [m/s]$

---

**4과목** | 열설비재료 및 관계법규

1회독 시간:  점수:
2회독 시간:  점수:
3회독 시간:  점수:

## 61 ★★

「에너지이용합리화법」에서 정한 에너지다소비사업자의 에너지관리 기준이란?

① 에너지를 효율적으로 관리하기 위하여 필요한 기준
② 에너지관리 현황 조사에 대한 필요한 기준
③ 에너지 사용량 및 제품 생산량에 맞게 에너지를 소비하도록 만든 기준
④ 에너지관리 진단 결과 손실요인을 줄이기 위하여 필요한 기준

**해설**

에너지다소비사업자의 에너지관리 기준
에너지다소비업자의 에너지관리 기준이란 에너지를 효율적으로 관리하기 위하여 필요한 기준이다.

## 62 ★★★

단열재를 사용하지 않는 경우의 방출열량이 350 [W]이고, 단열재를 사용할 경우의 방출열량이 100 [W]라 하면 이때 보온효율은 약 몇 [%]인가?

① 61
② 71
③ 81
④ 91

정답 ● 59 ② 60 ① 61 ① 62 ②

해설

보온효율

$$\eta = \left(1 - \frac{Q_2}{Q_1}\right) \times 100 \, [\%]$$

$$= (1 - \frac{100}{350}) \times 100 = 71 \, [\%]$$

## 63 ★★

「에너지이용합리화법」에 따라 에너지다소비사업자는 연료·열 및 전력의 연간 사용량의 합계가 얼마 이상인자를 나타내는가?

① 1천 티오이 이상인 자
② 2천 티오이 이상인 자
③ 3천 티오이 이상인 자
④ 5천 티오이 이상인 자

해설

에너지다소비사업자

- 에너지관리공단은 개정된 「에너지이용합리화법령」이 시행됨에 따라 연간 에너지소비량이 2000 [TOE](석유환산톤) 이상인 에너지다소비업자는 5년마다 의무적으로 에너지 진단 의무화를 실시한다.
- 에너지 진단제도는 사업장이 진단전문기관으로부터 진단을 받음으로써 사업장의 에너지 이용 현황파악, 손실요인 발굴 및 에너지 절감을 위한 최적의 개선안을 도출하는 컨설팅의 일종이다.

## 64 ★★★

「에너지이용합리화법」에 따라 검사를 받아야 하는 검사대상기기 중 소형 온수보일러의 적용범위 기준은?

① 가스사용량이 10 [kg/h]를 초과하는 보일러
② 가스사용량이 17 [kg/h]를 초과하는 보일러
③ 가스사용량이 21 [kg/h]를 초과하는 보일러
④ 가스사용량이 25 [kg/h]를 초과하는 보일러

해설

소형 온수보일러 적용범위

- 가스사용량이 17 [kg/h]를 초과하는 보일러
- 도시가스사용량이 232.6 [kW]를 초과하는 보일러

에너지이용합리화법 시행규칙 [별표 1] 열사용기자재(제1조의2 관련)

| 품목명 | 적용범위 |
| --- | --- |
| 소형 온수 보일러 | 전열면적이 14제곱미터 이하이고, 최고 사용압력이 0.35 [MPa] 이하의 온수를 발생하는 것. 다만 구멍탄용 온수보일러·축열식 전기보일러·가정용 화목보일러 및 가스사용량이 17 [kg/h](도시가스는 232.6킬로와트) 이하인 가스용 온수보일러는 제외한다. |

## 65 ★★

다음 중 연속식 요가 아닌 것은?

① 등요
② 윤요
③ 터널요
④ 고리가마

**해설**

요로의 분류
조업방식(작업방식)에 따른 요로(가마)의 분류
- 연속요 : 터널요, 윤요(고리가마), 건요(샤프트로), 회전요(로터리가마)
- 반연속요 : 셔틀요, 등요
- 불연속요 : 횡염식·승염식·도염식 요

## 66 ★★

온수탱크의 나면과 보온면으로부터 방산열량을 측정한 결과 각각 1163 [W/m²], 349 [W/m²] 이었을 때, 이 보온재의 보온효율[%]은?

① 30
② 70
③ 93
④ 233

**해설**

보온효율

$$\eta = \left(1 - \frac{Q_2}{Q_1}\right) \times 100\,[\%] = \left(1 - \frac{349}{1163}\right) \times 100\,[\%]$$
$$\fallingdotseq 70\,[\%]$$

## 67 ★★★

다음 밸브 중 유체가 역류하지 않고 한쪽 방향으로만 흐르게 하는 밸브는?

① 감압밸브
② 체크밸브
③ 팽창밸브
④ 릴리프밸브

**해설**

체크밸브
방향제어밸브로 유체를 한쪽 방향으로만 흐르게 하고 반대쪽으로는 차단시켜 흐르지 못하게 하는 역류방지용 밸브이다.

## 68 ★★

「에너지이용합리화법」에 따라 대기전력 경고 표지 대상 제품인 것은?

① 디지털 카메라
② 텔레비전
③ 셋톱박스
④ 유무선전화기

**해설**

대기전력 경고표시 대상 제품
1. 컴퓨터
2. 모니터
3. 프린터
4. 복합기
5. 삭제〈2012.4.5.〉
6. 삭제〈2014.2.21.〉
7. 전자레인지
8. 팩시밀리
9. 복사기
10. 스캐너
11. 삭제〈2014.2.21.〉
12. 오디오
13. DVD플레이어
14. 라디오카세트
15. 도어폰
16. 유무선전화기
17. 비데
18. 모뎀
19. 홈 게이트웨이

정답 ● 66 ② 67 ② 68 ④

## 69 ★★★

도염식 요는 조업방법에 의해 분류할 경우 어떤 형식에 속하는가?

① 불연속식
② 반연속식
③ 연속식
④ 불연속식과 연속식의 절충형식

**해설**

도염식 요
불연속식에 속한다.
- 불연속요 : 승염식 요(오름 불꽃), 횡염식 요(옆 불꽃), 도염식 요(꺾임 불꽃)
- 반연속요 : 등요(오름가마), 셔틀요
- 연속요 : 윤요, 연속식 가마, 터널요

## 70 ★★

열팽창에 의한 배관의 측면 이동을 구속 또는 제한하는 장치가 아닌 것은?

① 앵커
② 스톱
③ 브레이스
④ 가이드

**해설**

리스트레인트
앵커, 스토퍼, 가이드
※ 브레이스 : 배관라인에 설치된 각종 펌프, 압축기 등에서 발생하는 진동을 흡수·완화시켜주는 장치로, 밸브 등 급속개폐에 따른 수격작용, 지진 등의 진동을 완화시켜준다.

## 71 ★★★

다음 중 산성 내화물에 속하는 벽돌은?

① 고알루미나질
② 크롬 - 마그네시아질
③ 마그네시아질
④ 샤모트질

**해설**

산성 내화물
① 고알루미나질 : 중성질
② 크롬 - 마그네시아질 : 염기성
③ 마그네시아질 : 염기성
④ 샤모트질 : 산성

## 72 ★★

다음 중 제강로가 아닌 것은?

① 고로         ② 전로
③ 평로         ④ 전기로

**해설**

제강로의 종류
전로, 평로, 전기로
- 용광로(고로) : 철강용로

## 73 ★★

용광로를 고로라고도 하는데, 이는 무엇을 제조하는 데 사용되는가?

① 주철         ② 주강
③ 선철         ④ 포금

**정답** 69 ① 70 ③ 71 ④ 72 ① 73 ③

### 해설
용광로(고로)
용광로(고로)는 선철(Pig Iron) 제조에 사용되는 가마이다.

## 74 ★
다음에 대한 설명으로 잘못된 것을 고르시오.

벨로즈형 신축 관이음
[Bellows Type Expansion Pipe Joints]

| 인증번호 |    | 용도 | A  |
|----------|----|----|----|
| 신축량   | 20 | 구조 | 복식 |

① 벨로즈형 신축 관이음
② 용도 : 수도용
③ 구조 : 복식
④ 신축량 : 20 [mm]

### 해설
벨로즈형 신축 관이음
- A : 냉난방, 공기조화
- B : 공업 배관용
- C : 수도용(위생배관용)

## 75 ★★
검사대상기기인 보일러의 사용연료 또는 연소방법을 변경한 경우에 받아야 하는 검사는?

① 구조검사
② 설치검사
③ 개조검사
④ 용접검사

### 해설
개조검사의 적용대상
「에너지이용합리화법」 시행규칙 별표 3의4

| 개조검사 | 다음 각 호의 어느 하나에 해당하는 경우의 검사<br>1. 증기보일러를 온수보일러로 개조하는 경우<br>2. 보일러 섹션의 증감에 의하여 용량을 변경하는 경우<br>3. 동체·돔·노통·연소실·경판·천정판·관판·관모음 또는 스테이의 변경으로서 산업통상자원부장관이 정하여 고시하는 대수리의 경우<br>4. 연료 또는 연소방법을 변경하는 경우<br>5. 철금속가열로로서 산업통상자원부장관이 정하여 고시하는 경우의 수리 |

## 76 ★★
「에너지이용합리화법」에 따라 에너지이용합리화 기본계획 사항에 포함되지 않는 것은?

① 에너지 소비형 산업구조로의 전환
② 에너지원간 대체(代替)
③ 열사용기자재의 안전관리
④ 에너지의 합리적인 이용을 통한 온실가스의 배출을 줄이기 위한 대책

해설

에너지이용합리화 기본계획
「에너지이용합리화법」 제4조 제2항
제4조(에너지이용합리화 기본계획)
① 산업통상자원부장관은 에너지를 합리적으로 이용하게 하기 위하여 에너지이용합리화에 관한 기본계획(이하 "기본계획"이라 한다)을 수립하여야 한다. 〈개정 2008.2.29., 2013.3.23.〉
② 본계획에는 다음 각 호의 사항이 포함되어야 한다. 〈개정 2008.2.29., 2013.3.23.〉
  1. 에너지절약형 경제구조로의 전환
  2. 에너지이용효율의 증대
  3. 에너지이용합리화를 위한 기술개발
  4. 에너지이용합리화를 위한 홍보 및 교육
  5. 에너지원간 대체(代替)
  6. 열사용기자재의 안전관리
  7. 에너지이용합리화를 위한 가격예시제(價格豫示制)의 시행에 관한 사항
  8. 에너지의 합리적인 이용을 통한 온실가스의 배출을 줄이기 위한 대책
  9. 그 밖에 에너지이용합리화를 추진하기 위하여 필요한 사항으로서 산업통상자원부령으로 정하는 사항
③ 산업통상자원부장관이 제1항에 따라 기본계획을 수립하려면 관계 행정기관의 장과 협의

## 77 ★★

「에너지법」에 따라 에너지 수급에 중대한 차질이 발생할 경우를 대비하여 비상시 에너지수급계획을 수립하여야 하는 자는?

① 대통령
② 국토교통부장관
③ 산업통상자원부장관
④ 한국에너지공단이사장

해설

비상시 에너지수급계획의 수립
[에너지법 제8조 제1항]
제8조(비상시 에너지수급계획의 수립 등) ① 산업통상자원부장관은 에너지 수급에 중대한 차질이 발생할 경우에 대비하여 비상시 에너지수급계획(이하 "비상계획"이라 한다)을 수립하여야 한다.

## 78 ★★★

보일러의 계속사용 안전검사 유효기간은?

① 1년
② 2년
③ 3년
④ 4년

정답 77 ③  78 ①

**해설**

검사대상기기의 검사유효기간
「에너지이용합리화법」 시행규칙 별표 3의5

| 검사의 종류 | | 검사유효기간 |
|---|---|---|
| 설치검사 | | 1. 보일러 : 1년<br>다만 운전성능 부문의 경우에는 3년 1개월로 한다.<br>2. 캐스케이드보일러, 압력용기 및 철금속가열로 : 2년 |
| 개조검사 | | 1. 보일러 : 1년<br>2. 캐스케이드보일러, 압력용기 및 철금속가열로 : 2년 |
| 설치장소 변경검사 | | 1. 보일러 : 1년<br>2. 캐스케이드보일러, 압력용기 및 철금속가열로 : 2년 |
| 재사용 검사 | | 1. 보일러 : 1년<br>2. 캐스케이드보일러, 압력용기 및 철금속가열로 : 2년 |
| 계속 사용 검사 | 안전 검사 | 1. 보일러 : 1년<br>2. 캐스케이드보일러 및 압력용기 : 2년 |
| | 운전 성능 검사 | 1. 보일러 : 1년<br>2. 철금속가열로 : 2년 |

## 79 ★★

다음 보온재 중 최고안전사용온도가 가장 높은 것은?

① 석면
② 펄라이트
③ 폼글라스
④ 탄화마그네슘

**해설**

보온재 - 최고안전사용온도가 가장 높은 것
- 석면 : 450 [℃] 이하
- 펄라이트 : 650 [℃] 이하
- 폼글라스 : 120 [℃] 이하
- 탄화마그네슘 : 250 [℃] 이하

## 80 ★★

윤요(Ring Kiln)에 대한 설명으로 옳은 것은?

① 석회소성용으로 사용된다.
② 열효율이 나쁘다.
③ 소성이 균일하다.
④ 종이 칸막이가 있다.

**해설**

윤요(Ring Kiln)
- 12~18개의 소성실에 설치한 구조로 종이 칸막이를 옮겨가며 연속적으로 가마내기 및 재임이 가능하다.
- 건축자재의 소성가마로 이용된다.
- 가마의 길이는 보통 80 [m] 정도이다.
- 배기가스의 현열을 이용하여 제품을 예열시킨다.
- 소성된 제품이 갖는 현열을 이용하여 연소용 2차 공기를 예열한다.

정답 79 ② 80 ④

## 5과목 열설비설계

### 81 ★★

프라이밍 및 포밍 발생 시 조치사항에 대한 설명으로 틀린 것은?

① 안전밸브를 전개하여 압력을 강하시킨다.
② 증기 취출을 서서히 한다.
③ 연소량을 줄인다.
④ 수위를 안정시킨 후 보일러수의 농도를 낮춘다.

**해설**

프라이밍 및 포밍 발생 시 조치사항
프라이밍 및 포밍 발생 시 안전밸브를 점검하고, 주 증기밸브는 서서히 연다.

### 82 ★★

플래시탱크의 역할로 옳은 것은?

① 저압의 증기를 고압의 응축수로 만든다.
② 고압의 응축수를 저압의 증기로 만든다.
③ 고압의 증기를 저압의 응축수로 만든다.
④ 저압의 응축수를 고압의 증기로 만든다.

**해설**

플래시탱크
고압의 응축수를 저압의 증기로 만드는 역할을 한다.

### 83 ★★

상당증발량이 5.5 [t/h], 연료소비량이 350 [kg/h]인 보일러의 효율은 약 몇 [%]인가? (단, 효율 산정 시 연료의 저위발열량 기준으로 하며, 값은 40000 [kJ/kg]이다)

① 38
② 52
③ 65
④ 89

**해설**

보일러 효율

$$\eta_B = \frac{m_e \times 2256}{H_L \times m_f} \times 100$$

$$= \frac{5500 \times 2256}{40000 \times 350} \times 100$$

$$\fallingdotseq 89 \, [\%]$$

### 84 ★

노벽의 두께가 200 [mm]이고, 그 외측은 75 [mm]의 보온재로 보온되고 있다. 노벽의 내부온도가 400 [℃]이고, 외측온도가 38 [℃]일 경우 노벽의 면적이 10 [m²]라면 열손실은 약 몇 [W]인가? (단, 노벽과 보온재의 평균 열전도율은 각각 3.3 [W/m·℃], 0.13 [W/m·℃]이다)

① 4678
② 5678
③ 6678
④ 7678

**정답** 81 ① 82 ② 83 ④ 84 ②

**해설**

열손실

$$K = \frac{1}{R} = \frac{1}{\frac{L_1}{\lambda_1} + \frac{L_2}{\lambda_2}} = \frac{1}{\frac{0.2}{3.3} + \frac{0.075}{0.13}}$$

$= 1.569 \, [W/m^2 \cdot K]$

$Q = KA\Delta t = 1.569 \times 10 \times (400 - 38)$

$≒ 5678 \, [W]$

## 85 ★★

노통보일러에 갤러웨이 관을 직각으로 설치하는 이유로 적절하지 않은 것은?

① 노통을 보강하기 위하여
② 보일러수의 순환을 돕기 위하여
③ 전열 면적을 증가시키기 위하여
④ 수격작용을 방지하기 위하여

**해설**

노통보일러의 갤러웨이관

- 노통을 보강하기 위하여
- 보일러수의 순환을 돕기 위하여
- 전열 면적을 증가시키기 위하여
- 워터해머(Water Hammering, 수격작용)
  펌프에서 물을 압송하고 있을 때 정전 등으로 급히 펌프가 멈춘 경우와 수량조절밸브를 급히 개폐한 경우 등 관 내의 유속이 급변하면서 물에 심한 압력 변화가 생기는 현상

## 86 ★★

공기예열기 설치에 따른 영향으로 틀린 것은?

① 연소효율을 증가시킨다.
② 과잉공기량을 줄일 수 있다.
③ 배기가스 저항이 줄어든다.
④ 질소산화물에 의한 대기오염의 우려가 있다.

**해설**

공기예열기의 효과

(1) 장점
  ① 연료 절감
  ② 질 낮은 연료의 연소에 유리
  ③ 노 내 온도를 고온으로 유지
  ④ 공기를 예열하므로 작은 공기비로 연료를 완전 연소시킬 수 있다.

(2) 단점
  ① 저온 부식의 원인이 된다.
  ② 통풍력이 감소한다.
  ③ 배기가스 저항이 증가한다.
  ④ 보수, 점검, 청소가 어렵다.
  ⑤ 설비비가 비싸다.

## 87 ★★

저온가스 부식을 억제하기 위한 방법이 아닌 것은?

① 연료 중의 황성분을 제거한다.
② 첨가제를 사용한다.
③ 공기예열기 전열면 온도를 높인다.
④ 배기가스 중 바나듐의 성분을 제거한다.

정답 85 ④  86 ③  87 ④

### 해설

**저온가스 부식 억제방법**
배기가스 중 바나듐은 고온 부식을 일으키는 원소이다.

## 88 ★★

보일러 급수처리방법에서 수중에 녹아 있는 기체 중 탈기기장치에서 분리, 제거하는 대표적 용존가스는?

① $O_2$, $CO_2$
② $SO_2$, $CO$
③ $NO_3$, $CO$
④ $NO_2$, $CO_2$

### 해설

**탈기기장치에서 분리, 제거되는 대표적 용존가스**
보일러 급수처리방법에서 수중에 녹아 있는 기체 중 탈기기장치에서 분리, 제거하는 대표적 용존가스는 산소, 이산화탄소이다.

## 89 ★★

다음 중 수관식 보일러의 장점이 아닌 것은?

① 드럼이 작아 구조상 고온 고압의 대용량에 적합하다.
② 연소실 설계가 자유롭고 연료의 선택범위가 넓다.
③ 보일러수의 순환이 좋고 전열면 증발율이 크다.
④ 보유수량이 많아 부하변동에 대하여 압력변동이 적다.

### 해설

**수관식 보일러**
수관식 보일러는 보유수량이 적어 부하변동에 대응하기가 어렵다.

## 90 ★

다음 중 보일러의 탈산소제로 사용되지 않는 것은?

① 탄닌
② 하이드라진
③ 수산화나트륨
④ 아황산나트륨

### 해설

**탈산소제**
탄닌, 하이드라진, 아황산나트륨
• 가성소다(수산화나트륨) : pH 조정제

## 91 ★★

두께 150 [mm]인 적벽돌과 100 [mm]인 단열벽돌로 구성되어 있는 내화벽돌의 노벽이 있다. 적벽돌과 단열벽돌의 열전도율은 각각 1.4 [W/m·℃], 0.07 [W/m·℃]일 때 단위면적당 손실열량은 약 몇 [W/m²]인가? (단, 노 내벽면의 온도는 800 [℃]이고, 외벽면의 온도는 100 [℃]이다)

① 336
② 456
③ 587
④ 635

정답 88 ① 89 ④ 90 ③ 91 ②

**해설**

손실열량

$$K = \frac{1}{R} = \frac{1}{\frac{l_1}{\lambda_1} + \frac{l_2}{\lambda_2}} = \frac{1}{\frac{0.15}{1.4} + \frac{0.1}{0.07}} \fallingdotseq 0.65$$

$$q = \frac{Q}{A} = K\Delta t = 0.65 \times (800 - 100) \fallingdotseq 456$$

## 92 ★★

보일러의 부속장치 중 여열장치가 아닌 것은?

① 공기예열기
② 송풍기
③ 재열기
④ 절탄기

**해설**

여열장치(폐열회수장치)

과열기, 재열기, 절탄기, 공기예열기 등

## 93 ★★

보일러 급수 중에 함유되어 있는 칼슘(Ca) 및 마그네슘(Mg)의 농도를 나타내는 척도는?

① 탁도  ② 경도
③ BOD  ④ pH

**해설**

칼슘 및 마그네슘 농도를 나타내는 척도

보일러 급수 중에 함유되어 있는 칼슘 및 마그네슘의 농도를 나타내는 척도는 물의 경도로 단위는 ppm으로 표시한다.

## 94 ★★★

다음 밸브 중 유체가 역류하지 않고 한쪽 방향으로만 흐르게 하는 밸브는?

① 감압밸브
② 체크밸브
③ 팽창밸브
④ 릴리프밸브

**해설**

체크밸브

방향제어밸브로 유체를 한쪽 방향으로만 흐르게 하고 반대쪽으로는 차단시켜 흐르지 못하게 하는 역류방지용 밸브이다.

## 95 ★★

중간 냉각기를 사용하여 다단압축을 하는 이유로서 다음 중 가장 적합한 것은?

① 공기가 너무 뜨거워지면 위험하기 때문이다.
② 압축기의 일을 적게 할 수 있기 때문이다.
③ 압축기의 크기가 제한되어 있기 때문이다.
④ 압축기의 일을 크게 할 수 있기 때문이다.

**해설**

다단압축

- 냉각기 다단압축은 냉동 사이클에서 압축기의 효율을 높이고, 냉동 능력을 향상시키기 위해 사용되는 기술
- 여러 단계로 압축 과정을 나누어 중간 냉각기를 통해 냉매를 냉각시키면서 압축기의 일을 줄이고 효율을 높이는 방식

**정답** 92 ② 93 ② 94 ② 95 ②

## 96 ★★

연관의 바깥지름이 100 [mm]이고 최고 사용압력이 10 [MPa]인 경우 연관의 최소 두께는 얼마로 하여야 하는가?

① 14.2
② 15.8
③ 17.0
④ 19.2

**해설**

최소 두께
열사용기자재의 검사 및 검사면제에 관한 기준
11.1 연관의 최소두께
연관의 바깥지름 150 [mm] 이하인 경우
최소두께
$$t = \frac{Pd}{70} + 1.5 \left\{ t = \frac{Pd}{700} + 1.5 \right\}$$
여기에서
- $t$ : 연관의 최소두께[mm]
- $P$ : 최고사용압력[MPa]{kgf/cm²}
- $d$ : 연관의 바깥지름[mm]

$\frac{PD_o}{70} + 1.5 = \frac{10 \times 100}{70} + 1.5 = 15.79$

## 97 ★

다음 보일러 중에서 드럼이 없는 구조의 보일러는?

① 야로우보일러
② 슐져보일러
③ 타쿠마보일러
④ 베록스보일러

**해설**

관류식 보일러
- 자연순환식 : 바브콕, 가르베, 야로, 타쿠마
- 강제순환식 : 베록스, 라몬트
- 관류식 : 앤모스, 슐처, 벤슨, 람진

## 98 ★★

보일러의 파형 노통에서 노통의 평균지름을 1000 [mm], 최고사용압력을 11 [kgf/cm²]라 할 때 노통의 최소 두께[mm]는? (단, 평형부 길이는 230 [mm] 미만이며, 정수 C는 1100이다)

① 5
② 8
③ 10
④ 13

**해설**

파형 노통 두께
열사용기자재의 검사 및 검사면제에 관한 기준
7.6.2 파형노통의 최소두께
$$t = \frac{10PD}{C} \left\{ t = \frac{PD}{C} \right\}$$
P : 최고사용압력[MPa]{kgf/cm²}
D : 노통의 파형부에서의 최대내경과 최소내경의 평균치
(모리슨형 노통에서는 최소내경에 50 [mm]를 더한 값)
C : 상수
$t = \frac{PD}{C} = \frac{11 \times 1000}{1100} = 10 \, [mm]$

## 99 ★★

과열기에 대한 설명으로 틀린 것은?

① 보일러에서 발생한 포화증기를 가열하여 증기의 온도를 높이는 장치이다.
② 저압보일러의 효율을 상승시키기 위하여 주로 사용된다.
③ 증기의 열에너지로 인해 열손실이 많아질 수 있다.
④ 고온 부식의 우려와 연소가스의 저항으로 압력손실이 크다.

**해설**

과열기
고압보일러의 효율을 증가시키기 위해 주로 사용된다.

## 100 ★★

증기트랩장치에 관한 설명으로 옳은 것은?

① 증기관의 도중이나 상단에 설치하여 압력의 급상승 또는 급히 물이 들어가는 경우 다른 곳으로 빼내는 장치이다.
② 증기관의 도중이나 말단에 설치하여 증기의 일부가 응축되어 고여 있을 때 자동적으로 빼내는 장치이다.
③ 보일러 동에 설치하여 드레인을 빼내는 장치이다.
④ 증기관의 도중이나 말단에 설치하여 증기를 함유한 침전물을 분리시키는 장치이다.

**해설**

증기트랩장치
증기트랩은 증기관의 도중이나 말단에 설치하여 증기의 일부가 응축되어 고여 있을 때 응축수를 자동으로 빼내는 장치이다. 수격 방지 작용을 하는 역할도 한다.

정답 99 ② 100 ②

# 2025 제3회 CBT 복원

**1과목** 연소공학

## 01 ★★

연료의 성질에 따른 연소형태의 분류로 거리가 먼 것은?

① 분해 연소  ② 유동층 연소
③ 표면 연소  ④ 증발 연소

**해설**

연소형태
(1) 고체연료 : 증발 연소, 분해 연소, 표면 연소, 자기 연소(내부 연소), 작열 연소
(2) 액체연료 : 증발 연소, 분해 연소, 분무 연소, 액면 연소, 등심 연소(심화 연소)
(3) 기체연료 : 확산 연소, 예혼합 연소, 부분예혼합 연소, 폭발 연소
※ 고체연료의 연소방법에 따른 분류
　① 유동층 연소
　② 미분탄 연소
　③ 화격자 연소

## 02 ★

저위발열량이 27000 [kJ/kg]인 석탄을 공기비가 1.2인 공기로 연소시킬 때, 연소 과정의 연소 효율은 85 [%]이다. 그리고 벽면 복사 등 기타 고정 손실은 저위발열량의 25 [%]이다. 이론공기량은 7.07 [Nm$^3$/kg]이며, 외기 온도는 0 [℃]이다. 연소실을 통과한 연소가스의 온도는 1500 [℃]일 때, 배기가스는 8.0 [Nm$^3$/kg]이다. 배기가스의 비열은 1.59 [kJ/Nm$^3$·℃]이며, 공기의 비열은 1.3 [kJ/Nm$^3$·℃]이다. 이때, 예열공기의 온도 x [℃]를 구하여라.

① 182 [℃]
② 168 [℃]
③ 289 [℃]
④ 261 [℃]

**해설**

예열공기의 온도
연소로 방출되는 열량 − 고정 손실 + 예열공기에 의해 감소한 열 = 연소가스의 방출열량
$27000 \times 0.85 - 27000 \times 0.25 + 7.07 \times 1.2 \times 1.3 \times x$
$= 8 \times 1.59 \times 1500$
$\therefore x = 261$ [℃]

정답 ● 01 ② 02 ④

## 03 ★★★

고체연료에 비해 액체연료의 장점에 대한 설명으로 틀린 것은?

① 화재, 역화 등의 위험이 적다.
② 회분이 거의 없다.
③ 연소효율 및 열효율이 좋다.
④ 저장운반이 용이하다.

**해설**

액체연료의 장점(고체연료에 비해)
(1) 고체연료의 특징
① 인화폭발 위험성이 적다.
② 부하변동에 적응성이 좋지 않다.
③ 가격이 저렴하다.
④ 연소장치가 간단하다.
⑤ 점화, 소화가 어렵다.
⑥ 연소 시 매연발생이 심하고 회분이 많다.
⑦ 파이프 수송이 불가능하며 운반취급이 불편하다.
(2) 액체연료의 특징
① 인화 및 역화의 위험이 크다.
② 황(S) 함유량이 많아 대기도열의 원인이 된다.
③ 연소온도가 높아 국부적인 과열을 일으키기 쉽다.
④ 발열량이 크고 효율이 높다.
⑤ 저장과 운반이 쉽다.
⑥ 점화 소화 및 연소조절이 용이하다.
⑦ 회분이 거의 없어 재의 처리를 하지 않아도 된다.

## 04 ★★★

다음 연소반응식 중에서 맞는 것은?

① $C_3H_8 + 3O_2 \rightarrow 3CO_2 + 4H_2O$
② $C_3H_8 + 4O_2 \rightarrow 2CO_2 + 4H_2O$
③ $C_3H_8 + 5O_2 \rightarrow 3CO_2 + 4H_2O$
④ $C_3H_8 + 6O_2 \rightarrow 3CO_2 + 5H_2O$

**해설**

프로페인의 연소반응식

일반식 : $C_aH_b + \left(a + \dfrac{b}{4}\right)O_2 \rightarrow aCO_2 + \dfrac{b}{2}H_2O$

$a = 3$, $b = 8$이므로

$C_3H_8 + 5O_2 \rightarrow 3CO_2 + 4H_2O$

## 05 ★★

화염온도를 높이려고 할 때 조작방법으로 틀린 것은?

① 공기를 예열한다.
② 과잉공기를 사용한다.
③ 연료를 완전 연소시킨다.
④ 노벽 등의 열손실을 막는다.

**해설**

화염온도를 높이는 방법
• 공기를 예열한다.
• 연료를 완전 연소시킨다.
• 노벽 등의 열손실을 막는다.

정답  03 ① 04 ③ 05 ②

## 06 ★★★

다음 중 매연의 발생 원인으로 가장 거리가 먼 것은?

① 연소실 온도가 높을 때
② 연소장치가 불량한 때
③ 연료의 질이 나쁠 때
④ 통풍력이 부족할 때

**해설**

매연 발생 원인
- 연소실 온도가 낮은 경우
- 연소장치가 불량한 경우
- 연료의 질이 좋지 않은 경우
- 통풍장치가 불량한 경우
- 연소실의 용적이 작은 경우
- 연소용 공기가 부족한 경우

## 07 ★★★

다음 중 습식 집진장치의 종류가 아닌 것은?

① 여과식 집진장치
② 충진탑
③ 사이클론 스크러버
④ 벤츄리 스크러버

**해설**

집진장치
- 습식 : 충진탑, 사이클롭 스크러버, 벤츄리 스크러버
- 건식 : 여과식(백필터) 집진장치

## 08 ★★★

고체연료의 연료비(Fuel Ratio)를 옳게 나타낸 것은?

① 고정탄소[%]/휘발분[%]
② 휘발분[%]/고정탄소[%]
③ 고정탄소[%]/수분[%]
④ 수분[%]/고정탄소[%]

**해설**

고체연료의 연료비
고정탄소[%]와 휘발분[%]의 비이다.

## 09 ★★

착화온도(Ignition Temperature)에 대하여 가장 바르게 설명한 것은?

① 연료가 인화하기 시작하는 온도이다.
② 외부로부터 열을 받아 연료가 연소하기 시작하는 온도이다.
③ 외부로부터 열을 받지 않아도 연소를 개시할 수 있는 최저온도이다.
④ 연료가 발화하기 시작하는 온도이다.

**해설**

착화온도
- 착화온도(발화온도) : 가연물이 점화원 없이(외부의 열 없이) 스스로 불이 붙는 최저온도
- 인화온도 : 가연물이 점화원에 의해 불이 붙는 최저 온도

정답  06 ①  07 ①  08 ①  09 ③

## 10 ★★

연소를 계속 유지시키는 데 필요한 조건에 대한 설명으로 옳은 것은?

① 연료에 산소를 공급하고 착화온도 이하로 억제한다.
② 연료에 발화온도 미만의 저온 분위기를 유지시킨다.
③ 연료에 산소를 공급하고 착화온도 이상으로 유지한다.
④ 연료에 공기를 접촉시켜 연소속도를 저하시킨다.

**해설**

연소 유지조건
연소를 연속적으로 유지시키기 위해서(완전 연소가 이루어지기 위해서)는 연료를 착화온도 이상으로 유지시키면서 연료에 충분한 산소를 공급해 주어야 한다.

## 11 ★

목재를 약 160~360 [℃] 범위에서 가열(초기 열분해 단계)할 때 발생하는 기체 중 가장 배출량이 많은 성분은?

① 일산화탄소    ② 수소
③ 이산화탄소    ④ 삼중수소

**해설**

연소 시 배출 성분
160~360 [℃] 구간은 초기 열분해 구간으로, 이산화탄소($CO_2$)가 가장 많이 배출된다.

## 12 ★★

연료의 주요 성분 중 기화열에 의한 열손실 발생이 일어나는 성분은?

① 휘발분    ② 수분
③ 회분      ④ 고정탄소

**해설**

연료의 주요 성분
- 휘발분 : 긴 화염, 검은 연기의 원인이 되는 물질
- 수분 : 연료에 포함되어 있는 물기로 기화열에 의한 열손실이 발생함. 또한 착화성이 나빠지고, 발열량이 감소
- 고정탄소 : 짧은 화염의 원인
- 회분 : 연소효율과 발열량을 낮추고, 보일러 문제를 유발

## 13 ★★★

프로판가스 2 [kg]을 완전 연소시킬 때 필요한 이론공기량은?

① 약 6 [Nm³/kg]    ② 약 8 [Nm³/kg]
③ 약 16 [Nm³/kg]   ④ 약 24 [Nm³/kg]

**해설**

이론공기량

$C_3H_8 + 5O_2 \rightarrow 3CO_2 + 4H_2O$

$O_0 = \dfrac{5 \times 22.4 [Nm^3]}{3 \times 12 + 1 \times 8} = 2.5454 [Nm^3/kg]$

$A_0 = \dfrac{O_0}{0.21} = \dfrac{2.5454}{0.21} = 12.1212 [Nm^3/kg]$

∴ 2 × 12.1212 = 24.2424 [Nm³/kg]

정답 10 ③  11 ③  12 ②  13 ④

## 14 ★★

메테인가스 1 [Nm³]를 이론공기를 사용하여 연소시킬 때, 고위발열량은 39767 [kJ/Nm³]이고, 물의 증발잠열은 2017.7 [kJ/Nm³]이다. 연소가스의 평균 정압비열은 1.423 [kJ/Nm³ (℃)]이다. 대기 온도가 0 [℃]일 때, 이론 연소온도는 약 몇 [℃]인가?

① 2124 [℃]
② 2233 [℃]
③ 2387 [℃]
④ 2534 [℃]

**해설**

이론 연소온도

$CH_4 + 2O_2 + (N_2) \rightarrow CO_2 + 2H_2O + (N_2)$

- 저위발열량($H_L$)
  = 고위발열량 - 수증기의 증발잠열
  = 39767 - 2 × 2017.7 = 35731.6 [kJ/Nm³]
- 이론 연소온도

$$t_0 = \frac{H_L}{G_v C} + t = \frac{35731.6}{(1+2+2\times3.76)\times1.423} + 0$$

$= 2386.88$

- 연소가스량($G_v$)[Nm³/Nm³](연료의 연소에 의해 생긴 가스량)
- 평균정압 비열(C)[kJ/Nm³·℃]
- N/O = 79/21 = 3.76

## 15 ★★

공기와 연료의 혼합기체의 표시에 대한 설명 중 옳은 것은?

① 공기비는 연공비의 역수와 같다.
② 연공비(Fuel Air Ratio)라 함은 가연 혼합기 중의 공기와 연료의 질량비로 정의된다.
③ 공연비(Air Fuel Ratio)라 함은 가연 혼합기 중의 연료와 공기의 질량비로 정의된다.
④ 당량비(Equivalence Ratio)는 실제연공비와 이론연공비의 비로 정의된다.

**해설**

당량비(Equivalence Ratio)
당량비는 실제연공비와 이론연공비의 비로 정의되며, 공기비(공기과잉률)의 역수이다.

## 16 ★★★

어떤 고체연료를 분석하니 중량비가 수소 10 [%], 탄소 80 [%], 회분 10 [%]이었다. 이 연료 100 [kg]을 완전 연소시키기 위하여 필요한 이론공기량은 약 몇 [Nm³]인가?

① 206  ② 412
③ 490  ④ 978

**해설**

이론공기량

$$O_o = 1.867C + 5.6\left(H - \frac{O}{8}\right) + 0.7S$$

$= 1.867 \times 0.8 + 5.6 \times 0.1$
$≒ 2.054$ [Nm³/kg]

$\therefore 2.054 \times 100 = 205.4$ [Nm³]

$A_o = \dfrac{205.4}{0.21} ≒ 978$ [Nm³]

**정답** 14 ③  15 ④  16 ④

## 17 ★

고체연료 연소장치 중 다량의 쓰레기를 완전연소하고 재를 용이하게 처리할 수 있어 쓰레기 소각에 적합한 화격자 연소장치로 가장 적절한 것은?

① 산포식 스토커
② 체인 스토커
③ 계단식 스토커
④ 하입 스토커

**해설**

**스토커**
(1) 상부주입식 화격자 : 산포식 스토커, 계단식 스토커
① 산포식 스토커 : 연소가 진행되고 있는 불 위에 석탄을 기계로 뿌려주는 방식으로 연료 공급, 무연탄 연소에 많이 사용
② 계단식 스토커 : 계단방식으로 고체연료를 화격자에 보내어 연소하는 방법, 불완전연소를 완전연소 시킬 수 있는 연소방법으로 쓰레기 소각이나 저질탄연소에 적당하다.
(2) 하부주입식 화격자 : 하급식 스토커, 체인 스토커
① 하급식 스토커 : 스크류식으로 석탄을 고정 화격자 하부에 고온의 가온공기를 사용하여 연소하는 방식
② 체인 스토커 : 완전 자동연소장치로써 연소 촉진을 위해 연소가스를 교반한 가스의 고속의 2차 공기를 불어 넣고 연료를 연소하는 방법이다. 쓰레기 소각로에 많이 이용되는 방법이다.

## 18 ★★★

탄소 1 [kg]을 완전 연소시키는 데 필요한 공기량은 몇 [Nm³]인가?

① 22.4
② 11.2
③ 9.6
④ 8.89

**해설**

이론공기량

$C + O_2 \rightarrow CO_2$

$O_0 = \dfrac{22.4}{12} = 1.867 \, [Nm^3/kg]$

$\therefore A_0 = \dfrac{1.867}{0.21} = 8.89 \, [Nm^3/kg]$

## 19 ★

1차, 2차 연소 중 2차 연소란 어떤 것을 말하는가?

① 공기보다 먼저 연료를 공급했을 경우 1차, 2차 반응에 의해서 연소하는 것
② 불완전 연소에 의해 발생한 미연가스가 연도 내에서 다시 연소하는 것
③ 완전 연소에 의한 연소가스가 2차 공기에 의해서 폭발되는 현상
④ 점화할 때 착화가 늦었을 경우 재점화에 의해서 연소하는 것

**해설**

**2차 연소**
불완전 연소에 의해 발생한 미연소가스가 연도 내에서 다시 연소하는 것을 의미한다.

정답 17 ③  18 ④  19 ②

## 20 ★★★

표준 상태에서 메테인 1 [mol]이 연소할 때 고위발열량과 저위발열량의 차이는 약 몇 [kJ]인가? (단, 물의 증발잠열은 44 [kJ/mol]이다)

① 42　　② 68
③ 76　　④ 88

**해설**

고위발열량과 저위발열량의 차이
$CH_4 + 2O_2 \rightarrow CO_2 + 2H_2O$
고위발열량 - 저위발열량
= 물의 증발잠열 × 몰 수
= 44 [kJ/mol] × 2 [mol] = 88 [kJ]

---

**2과목　열역학**

## 21 ★

30 [℃]에서 150 [L]의 이상기체를 20 [L]로 가역 단열압축시킬 때 온도가 230 [℃]로 상승하였다. 이 기체의 정적 비열은 약 몇 [kJ/kg·K]인가? (단, 기체상수는 0.287 [kJ/kg·K]이다)

① 0.17
② 0.24
③ 1.14
④ 1.47

**해설**

정적비열

$$\frac{T_2}{T_1} = \left(\frac{V_1}{V_2}\right)^{k-1}$$

$$\ln\frac{T_2}{T_1} = (k-1)\ln\frac{V_1}{V_2}$$

$$k-1 = \frac{\ln T_2 - \ln T_1}{\ln V_1 - \ln V_2} = \frac{\ln 503 - \ln 303}{\ln 150 - \ln 20}$$

$$\fallingdotseq 0.252$$

$$C_v = \frac{R}{k-1} = \frac{0.287}{0.252} \fallingdotseq 1.14$$

## 22 ★★

다음 T – S선도에서 냉동 사이클의 성능계수를 옳게 나타낸 것은? (단, u는 내부에너지, h는 엔탈피를 나타낸다)

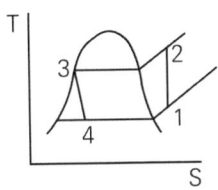

① $\dfrac{h_1 - h_4}{h_2 - h_1}$  ② $\dfrac{h_2 - h_1}{h_1 - h_4}$

③ $\dfrac{u_1 - u_4}{u_2 - u_1}$  ④ $\dfrac{u_2 - u_1}{u_1 - u_4}$

**해설**

냉동 사이클의 성능계수

$\epsilon_R = \dfrac{q_e}{W_c} = \dfrac{h_1 - h_4}{h_2 - h_1}$

## 23 ★★★

냉매가 갖추어야 하는 요건으로 거리가 먼 것은?

① 증발잠열이 작아야 한다.
② 화학적으로 안정되어야 한다.
③ 임계온도가 높아야 한다.
④ 증발온도에서 압력이 대기압보다 높아야 한다.

**해설**

냉매가 갖추어야 하는 요건
- 증발잠열이 커야 한다.
- 화학적으로 안정되어야 한다.
- 임계온도가 높아야 한다.
- 증발온도에서의 압력이 대기압보다 높아야 한다.
- 비체적은 작아야 한다.

## 24 ★★

열역학적 계란 고려하고자 하는 에너지 변화에 관계되는 물체를 포함하는 영역을 말하는데 이 중 폐쇄계(Closed System)는 어떤 양의 교환이 없는 계를 말하는가?

① 질량  ② 에너지
③ 일    ④ 열

**해설**

폐쇄계(Closed System)
폐쇄계는 계의 경계를 통한 물질(질량)의 유동이 없는 계를 말하며, 비유동계(Non-flow System)라고 한다(에너지(일과 열)의 유동은 있다).

## 25 ★★

성능계수가 2.5인 증기압축 냉동 사이클에서 냉동용량이 5 [kW]일 때 소요일은 몇 [kW]인가?

① 1  ② 2
③ 4  ④ 7

> [해설]

냉동용량 - 소요일

$\epsilon_R = \dfrac{Q_e}{W_c} \rightarrow W_c = \dfrac{Q_e}{\epsilon_R} = \dfrac{5}{2.5} = 2\,[kW]$

## 26 ★★★

공기 표준 디젤 사이클에서 압축비가 10이고 단절비(Cut-off Ratio)가 2.3일 때 열효율은? (단, 공기의 비열비는 1.6이다)

① 0.5268  ② 0.6629
③ 0.7858  ④ 0.9123

> [해설]

열효율

$\eta_{thd} = 1 - \left(\dfrac{1}{\epsilon}\right)^{k-1} \dfrac{\sigma^k - 1}{k(\sigma - 1)}$
$= 1 - \left(\dfrac{1}{10}\right)^{1.6-1} \dfrac{2.3^{1.6} - 1}{1.6(2.3 - 1)} = 0.6629$

## 27 ★★★

열역학 제2법칙과 관계가 먼 것은?

① 열은 온도가 높은 곳에서 낮은 곳으로 흐른다.
② 열기관의 효율에 대한 이론적인 한계를 결정한다.
③ 전체 에너지 양은 항상 보존된다.
④ 제2종 영구기관을 부정한다.

> [해설]

에너지보존 법칙
에너지보존 법칙은 열역학 제1법칙이다.

## 28 ★★

다음 중 증발열이 커서 중형 및 대형의 산업용 냉동기에 사용하기에 가장 적정한 냉매는?

① 프레온 - 12
② 탄산가스
③ 아황산가스
④ 암모니아

> [해설]

상업용 냉동기에 적정한 냉매
암모니아($NH_3$)는 증발(잠)열이 냉매 중에서 프레온 냉매보다 크기 때문에 중형 및 대형의 산업용 냉동기에 가장 적정한 냉매이다.

## 29 ★★

그림과 같은 압력 - 부피선도(P - V선도)에서 A에서 C로의 정압 과정 중 계는 50 [J]의 일을 받아들이고 25 [J]의 열을 방출하며, C에서 B로의 정적 과정 중 75 [J]의 열을 받아들인다면, B에서 A로의 과정이 단열일 때 계가 얼마의 일[J]을 하겠는가?

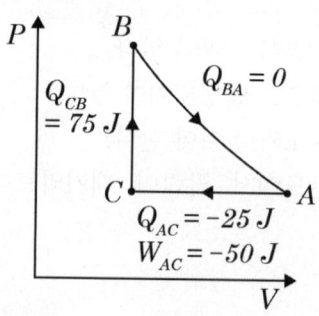

① 25  ② 50
③ 75  ④ 100

정답  26 ②  27 ③  28 ④  29 ④

해설

계가 한 일
가역단열팽창 시 절대일은 내부에너지 감소량의 크기와 같다.
$W_{BA} = (U_1 - U_2) = Q - W = 75 - (-50) - 25$
$= 100 [J]$

## 30 ★★★

어떤 연료의 1 [kg]의 발열량이 36000 [kJ]이다. 이 열이 전부 일로 바뀌고 1시간마다 30 [kg]의 연료가 소비된다고 하면 발생하는 동력은 약 몇 [kW]인가?

① 4
② 10
③ 300
④ 1200

해설

동력
발생동력[kW] = $H_L$ × 연료소비량
= 36000 × 30 = 1080000 [kJ/h]
= 300 [kW]
※ $1 [kW] = 3600 [kJ/h]$

## 31 ★

증기터빈의 노즐 출구에서 분출하는 수증기의 이론속도와 실제속도를 각각 $C_t$와 $C_a$라고 할 때 노즐효율 $\eta_n$의 식으로 옳은 것은? (단, 노즐 입구에서의 속도는 무시한다)

① $\eta_n = \dfrac{C_a}{C_t}$  　② $\eta_n = \left(\dfrac{C_a}{C_t}\right)^2$

③ $\eta_n = \sqrt{\dfrac{C_a}{C_t}}$ 　④ $\eta_n = \left(\dfrac{C_a}{C_t}\right)^3$

해설

노즐효율
$\eta_n = \left(\dfrac{C_a}{C_t}\right)^2$

## 32 ★

열펌프 사이클에 대한 성능계수(COP)는 다음 중 어느 것을 입력 일(Work Input)로 나누어 준 것인가?

① 고온부 방출열
② 저온부 흡수열
③ 고온부가 가진 총 에너지
④ 저온부가 가진 총 에너지

해설

열펌프 성능계수
$COP = \dfrac{Q_c}{W_c} = \dfrac{고온부 방출열(응축부하)}{압축기일량}$

정답 ● 30 ③  31 ②  32 ①

## 33 ★

다음 그림은 어떠한 사이클과 가장 가까운가?

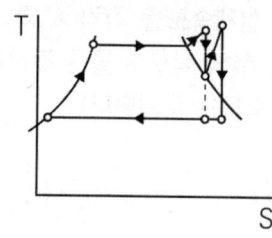

① 디젤(Diesel) 사이클
② 재열(Reheat) 사이클
③ 합성(Composite) 사이클
④ 재생(Regenerative) 사이클

### 해설

재열 사이클
증기 사이클의 하나로, 단열팽창 과정 도중에 재가열 과정을 도입한 사이클이다. 도중에서 추출한 증기는 재열기에서 재가열하고, 터빈에 되돌려서 팽창하게 해 열효율을 높일 수 있다.

## 34 ★★

한 과학자가 자기가 만든 열기관이 80 [℃]와 10 [℃] 사이에서 작동하면서 100 [kJ]의 열을 받아 20 [kJ]의 유용한 일을 할 수 있다고 주장한다. 이 과학자의 주장은 어떠한가?

① 열역학 제0법칙에 어긋난다.
② 열역학 제1법칙에 어긋난다.
③ 열역학 제2법칙에 어긋난다.
④ 열역학 제3법칙에 어긋난다.

### 해설

최대효율
- 고온부 : 80 [℃] = 353.15 [K]
- 저온부 : 10 [℃] = 283.15 [K]
- 카르노효율
$$\eta = 1 - \frac{283.15}{353.15} \approx 0.1982 = 19.82\,[\%]$$
- 과학자의 주장
$$\eta = \frac{W}{Q} = \frac{20}{100} = 0.2 = 20\,[\%]$$

주장이 카르노 한계를 초과하므로 열역학 제2법칙에 어긋난다.

## 35 ★★

랭킨(Rankine) 사이클에서 재열을 사용하는 목적은?

① 응축기 온도를 높이기 위해서
② 터빈 압력을 높이기 위해서
③ 보일러 압력을 낮추기 위해서
④ 열효율을 개선하기 위해서

### 해설

재열의 목적
- 랭킨 사이클에서 재열은 터빈에서 팽창한 증기를 다시 가열하여 터빈 입구 온도를 높이는 과정이다.
- 재열을 사용하면 랭킨 사이클의 열효율을 5~10 [%] 정도 향상시킬 수 있다.

## 36 ★★

어떤 기체의 이상기체상수는 2.08 [kJ/(kg·K)]이고 정압비열은 5.24 [kJ/(kg·K)]일 때, 이 가스의 정적비열은 약 몇 [kJ/(kg·K)]인가?

① 2.18
② 2.59
③ 3.16
④ 5.20

**해설**

정적비열
$C_p - C_v = R$
$C_v = C_p - R = 5.24 - 2.08 = 3.16\,[kJ/kg \cdot K]$

## 37 ★

동일한 압력하의 과열증기와 포화증기의 온도 차이를 무엇이라 하는가?

① 건조도
② 포화도
③ 과열도
④ 습도

**해설**

과열도
같은 압력에서의 과열증기의 온도와 포화 온도의 차이
- 건조도 : 습증기에서 증기 질량분율
- 습도 : 공기 중 수증기 함량

## 38 ★★

터빈 입구에서의 내부에너지 및 엔탈피가 각각 3000 [kJ/kg], 3300 [kJ/kg]인 수증기가 압력이 100 [kPa], 건도 0.9인 습증기로 터빈을 나간다. 이때 터빈의 출력은 약 몇 [kW]인가? (단, 발생되는 수증기의 질량 유량은 0.2 [kg/s]이고, 입출구의 속도차와 위치에너지는 무시한다. 100 [kPa]에서의 상태량은 아래 표와 같다)

| 구분 | 포화수 | 건포화증기 |
|---|---|---|
| 내부에너지 u [kJ/kg] | 420 | 2510 |
| 엔탈피 h [kJ/kg] | 420 | 2680 |

① 46.2
② 93.6
③ 124.2
④ 169.2

**해설**

터빈의 출력
$h_2 = h' + x(h'' - h') = 420 + 0.9(2680 - 420)$
$= 2454\,[kJ/kg]$
$W_t = m(h_1 - h_2) = 0.2(3300 - 2454)$
$= 169.2\,[kW]$

## 39 ★★★

보일의 법칙을 나타내는 식으로 옳은 것은? (단, C는 일정한 상수이고 P, V, T는 각각 압력, 체적, 온도를 나타낸다)

① $\dfrac{T}{V} = C$

② $\dfrac{V}{T} = C$

③ $PV = C$

④ $\dfrac{PV}{T} = C$

**해설**

보일의 법칙
(1) 등온 법칙 = 반비례 법칙
(2) 온도가 일정할 시 이상기체에서 압력은 체적에 반비례한다.
(3) $PV = C$
(4) $P_1 V_1 = P_2 V_2$

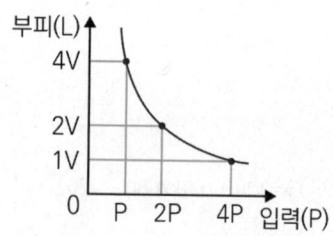

※ $\dfrac{V}{T} = C$ : 샤를의 법칙

※ $\dfrac{PV}{T} = C$ : 보일 - 샤를의 법칙

## 40 ★★★

압력 100 [kPa], 체적 3 [m³]인 이상기체가 등엔트로피 과정을 통하여 체적이 2 [m³]으로 변하였다. 이 과정 중에 기체가 한 일은 약 몇 [kJ]인가? (단, 기체상수는 0.488 [kJ/(kg·K)], 정적비열은 1.642 [kJ/(kg·K)]이다)

① -113
② -129
③ -137
④ -143

**해설**

기체가 한 일

$C_p = C_v + R = 1.642 + 0.488$
$\quad = 2.13\,[kJ/kg \cdot K]$

$\therefore k = \dfrac{C_p}{C_v} = \dfrac{2.13}{1.642} \fallingdotseq 1.3$

$_1W_2 = \dfrac{1}{k-1} P_1 V_1 \left[ 1 - \left( \dfrac{V_1}{V_2} \right)^{k-1} \right]$

$\quad = \dfrac{1}{1.3-1} \times 100 \times 3 \times \left[ 1 - \left( \dfrac{3}{2} \right)^{1.3-1} \right]$

$\quad \fallingdotseq -129.35\,[kJ]$

## 3과목 계측방법

## 41 ★★
보일러의 자동제어 중에서 A.C.C.가 나타내는 것은 무엇인가?

① 연소제어
② 급수제어
③ 온도제어
④ 유압제어

**해설**

자동제어
- 연소제어(A.C.C. : Automatic Combustion Control) : 보일러의 부하 변동에 따라 연료와 공기량을 자동으로 조절하여 증기 압력을 일정하게 유지시키는 것
- 급수제어(F.W.C. : Feed Water Control) : 보일러의 부하변동과 관계없이 보일러의 수위를 항상 일정하게 유지시키기 위하여 급수량을 자동적으로 제어하는 것
- 증기온도제어(S.T.C. : Steam Temperature Control) : 보일러로부터 발생한 증기의 온도를 일정하게 유지시키기 위하여 전열량을 제어하는 것

## 42 ★★★
SI단위의 기호로 알맞지 않은 것은?

① 길이 [m]
② 시간 [s]
③ 물질량 [mol]
④ 온도 [℃]

**해설**

SI단위계
- 기본단위 : 길이[m], 질량[kg], 시간[s], 온도[K], 전류[A], 물질량[mol], 광도[cd]
- 보조단위 : 평면각[rad], 입체각[sr]
- 유도단위 : 힘[N], 압력[Pa], 에너지[J], 일률[W], 비중량[$N/m^3$], 밀도[$kg/m^3$], 자속[Wb] 등

## 43 ★★★
압력 측정에 사용되는 액체의 구비조건 중 틀린 것은?

① 열팽창계수가 클 것
② 모세관현상이 작을 것
③ 점성이 작을 것
④ 일정한 화학 성분을 가질 것

**해설**

액체의 구비조건
- 열팽창계수가 작을 것
- 모세관현상이 작을 것
- 점도가 작을 것
- 휘발성, 흡수성이 적을 것

## 44 ★
다음 중 유량의 단위로 알맞은 것을 고르시오.

① $m^3/h$
② $m/s^2$
③ $m^2/s$
④ $m^2/kg$

**정답** 41 ① 42 ④ 43 ① 44 ①

### 해설

**유량의 단위**

유량은 일정한 시간에 대해 흘러가는 유체의 체적을 의미한다. 따라서 체적과 관련된 단위인 [m³], [L] 등을 포함해야 한다.

## 45 ★★

차압식 유량계에서 차압이 20000 [Pa]일 때 유량이 35 [m³/h]이었다. 차압이 30000 [Pa]일 때의 유량은 약 몇 [m³/h]인가?

① 27.3
② 32.4
③ 37.8
④ 42.9

### 해설

**압력과 유량**

$Q \propto \sqrt{\Delta P}$

$\dfrac{Q_1}{Q_2} = \dfrac{\sqrt{\Delta P_1}}{\sqrt{\Delta P_2}} \rightarrow \dfrac{35}{Q_2} = \dfrac{\sqrt{20000}}{\sqrt{30000}} \rightarrow Q_2 = 42.9$

## 46 ★★

측정하고자 하는 상태량과 독립적 크기를 조정할 수 있는 기준량과 비교하여 측정, 계측하는 방법은?

① 보상법
② 편위법
③ 치환법
④ 영위법

### 해설

**측정방법**

- 보상법 : 기준 분동을 준비하여 분동과 측정량의 차이로부터 측정량을 구하는 방식
- 편위법 : 측정하고자 하는 양을 기준량과 비교하고, 기준량에 의해 발생하는 편차를 관찰하여 측정값을 결정하는 방식
- 치환법 : 측정량과 기준량을 치환하여 2회의 측정결과로부터 구하는 측정방식
- 영위법 : 측정기에서 지시값이 '0'이 되도록 기준량을 조절한 뒤, 그 조절된 기준값과 비교하여 측정하는 방법

## 47 ★★

램 실린더, 기름탱크, 가압펌프 등으로 구성되어 있으며 탄성식 압력계의 일반교정용으로 주로 사용되는 압력계는?

① 분동식 압력계
② 격막식 압력계
③ 침종식 압력계
④ 벨로스식 압력계

### 해설

**분동식 압력계**

압력계의 교정용으로 사용되며 램 실린더, 기름탱크, 가압펌프 등으로 구성되어 있는 압력계이다.

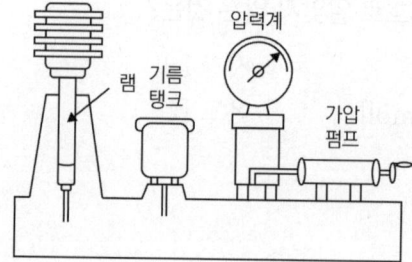

## 48 ★★★

1000 [℃] 이상인 고온의 노 내 온도측정을 위해 사용되는 온도계로 가장 적합하지 않은 것은?

① 제겔콘(Seger Cone) 온도계
② 백금 저항 온도계
③ 방사 온도계
④ 광고온계

**해설**

백금 저항 온도계
1000 [℃] 이상의 고온에서는 백금 저항체가 손상될 우려가 있다.

## 49 ★★★

열전대 온도계에 대한 설명으로 옳은 것은?

① 흡습 등으로 열화된다.
② 밀도차를 이용한 것이다.
③ 자기가열에 주의해야 한다.
④ 온도에 대한 열기전력이 크며 내구성이 좋다.

**해설**

열전대 온도계
온도에 대한 열기전력이 크며 내구성이 좋다.
① 흡습에 열화될 수 있는 것은 저항 온도계이다.
② 밀도차를 이용한 것은 액주 온도계 등이다.
③ 자기가열에 주의해야 하는 것은 저항 온도계이다.

## 50 ★★★

다음 중 비접촉식 온도계는?

① 색 온도계
② 저항 온도계
③ 압력식 온도계
④ 유리 온도계

**해설**

비접촉식 온도계
• 색(Color)온도계
• 방사 온도계
• 적외선 온도계
• 광고온계
• 광전관식 온도계

## 51 ★★★

지름이 각각 0.6 [m], 0.4 [m]인 파이프가 있다. (1)에서의 유속이 8 [m/s]이면 (2)에서의 유속(m/s)은 얼마인가?

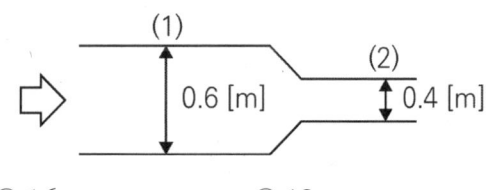

① 16
② 18
③ 20
④ 22

**해설**

유속
$Q = AV$
$A_1 V_1 = A_2 V_2$
$V_2 = V_1 \dfrac{A_1}{A_2} = V_1 \left(\dfrac{d_1}{d_2}\right)^2 = 8 \times \left(\dfrac{0.6}{0.4}\right)^2 = 18 \, [m/s]$

## 52 ★★

다음 중 미세한 압력차를 측정하기에 적합한 액주식 압력계는?

① 경사관식 압력계
② 부르동관 압력계
③ U자관식 압력계
④ 저항선 압력계

**해설**

**액주식 압력계**
경사관식 압력계는 미소한 압력차를 측정할 수 있게 U자관 압력계를 경사지게 만들어 사용하도록 만들어진 압력계이다.

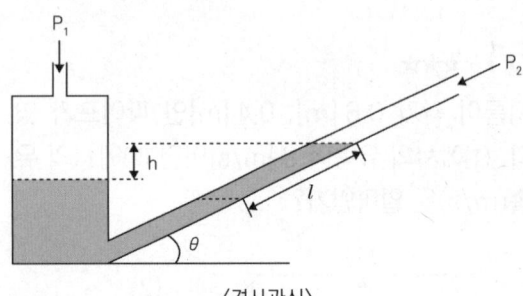

〈경사관식〉

## 53 ★★

액체와 고체연료의 열량을 측정하는 열량계는?

① 봄브식
② 융커스식
③ 클리브랜드식
④ 타그식

**해설**

**열량계**
봄브식 열량계 : 액체와 고체연료의 발열량을 측정하는 열량계로 연료와 산소를 밀폐된 용기인 봄브에 넣고 폭발시켜 발생하는 열량을 측정하는 방식으로 작동한다.
• 봄브식 : 액체 및 고체 측정
• 융커스식 : 기체 측정
• 클리브랜드식 : 액체 측정
• 타그식(태그식) : 기체 측정

## 54 ★

평형을 이룬 피스톤 위에 6.14 [kg]의 물체를 올려두었다. 피스톤의 지름은 0.01 [m]이라고 할 때, 피스톤이 다시 평형을 이루고 있다고 하면 피스톤 아래의 압력은 몇 [kPa]이 증가하였는가? (중력가속도는 9.8 [m/s$^2$]이다)

① 722 [kPa]   ② 734 [kPa]
③ 766 [kPa]   ④ 824 [kPa]

**해설**

**압력**
• $F = mg = 6.14 \times 9.8 = 60.172$ [N]
• 피스톤의 면적 A =

$$\frac{\pi d^2}{4} = \frac{\pi \times 0.01^2}{4} = 7.85 \times 10^{-5} \ [m^2]$$

• $P = \dfrac{F}{A} = \dfrac{60.172}{7.85 \times 10^{-5}} = 766522.293 \ [Pa]$

  $= 766.5 \ [kPa]$

• 1 [kPa] = 1000 [Pa]
• 1 [Pa] = 1 [N/m$^2$]
• 1 [N] = 1 [kg·m/s$^2$]

정답 52 ① 53 ① 54 ③

## 55 ★★
다음 중 광고온계의 측정원리는?

① 열에 의한 금속팽창을 이용하여 측정
② 이종금속 접합점의 온도차에 따른 열기전력을 측정
③ 피측정물의 전파장의 복사 에너지를 열전대로 측정
④ 피측정물의 휘도와 전구의 휘도를 비교하여 측정

**해설**

광고온계(Optical Pyrometer)
피측정물과 전구를 동시에 비추어 피측정물의 휘도와 내장된 전구 필라멘트의 휘도를 육안으로 비교하여 측정한다.

## 56 ★
다음 가스분석계 중 알맞지 않은 것은?

① 연소열식 $O_2$계
② 열전도율형 $O_2$계
③ 자기식 $O_2$계
④ 갈바니아 전기식 $O_2$계

**해설**

물리적 가스분석계
열전도율형은 $CO_2$계이다.
열전도율형 $CO_2$계
- $CO_2$의 열전도율이 공기보다 매우 작다는 성질을 이용한 것이다.
- 측정가스를 주입한 셀과 공기를 채운 비교셀에 각각 백금선을 설치하고, 약 100 [℃] 정도의 정전류를 흘려 가열한다. 이때 발생하는 전기 저항 변화(온도 변화)를 비교하여 $CO_2$ 농도를 측정한다.

## 57 ★
열전대의 냉접점의 온도는 어느 온도를 유지해야 하는가?

① 0 [℃]        ② 18 [℃]
③ 25 [℃]       ④ 32 [℃]

**해설**

냉접점의 온도
표준 기준인 빙점(0 [℃])에 냉접점을 유지해 기준 전위를 정한다.

## 58 ★★★
비례 – 적분제어동작에서 적분동작은 비례동작을 사용했을 때 발생하는 어떤 문제점을 제거하기 위한 것인가?

① 오프셋(Off-set)
② 빠른응답(Quick Response)
③ 지연(Delay)
④ 외란(Disturbance)

정답 ● 55 ④  56 ②  57 ①  58 ①

**해설**

오프셋(Off-set)
비례동작(P)은 오프셋을 발생시키고 적분동작(I)은 오프셋을 제거시켜준다.

## 59 ★★

산소의 농도를 측정할 때 기전력을 이용하여 분석, 계측하는 분석계는?

① 자기식 $O_2$계
② 세라믹식 $O_2$계
③ 연소식 $O_2$계
④ 밀도식 $O_2$계

**해설**

세라믹식 $O_2$계
고온에서 산소 이온의 도전성을 이용하여 산소 농도를 측정하는 방식이다. 고온으로 가열된 세라믹 소자의 양 끝에 전극을 설치하고, 그 한쪽에 시료 가스, 다른 한쪽에 공기 등의 기준가스를 흘려보내 산소 농도차를 주어 양극 간에 발생하는 기전력을 검출하여 산소 농도를 측정한다.

## 60 ★★

아르키메데스의 부력 원리를 이용한 액면측정기는?

① 차압식 액면계
② 퍼지식 액면계
③ 기포식 액면계
④ 편위식 액면계

**해설**

편위식 액면계
- 액중에 잠겨 있는 플로트의 깊이에 의한 부력으로부터 토크튜브의 회전각이 변화하여 액면을 지시하여 지시침이 움직이는 방식으로, 아르키메데스의 부력원리를 이용한 액면 측정기기이다.
- 아르키메데스의 부력원리 : 물체가 유체에 잠길 때 그 물체는 자신이 밀어낸 유체의 무게만큼 부력을 받는다는 원리

정답 59 ② 60 ④

## 4과목 열설비재료 및 관계법규

### 61 ★★★

「에너지이용합리화법」상 검사대상기기에 대하여 받아야 할 검사를 받지 아니한 자에 해당하는 벌칙은?

① 5백만 원 이하의 벌금
② 2천만 원 이하의 벌금
③ 1년 이하의 징역 또는 1천만 원 이하의 벌금
④ 2년 이하의 징역 또는 2천만 원 이하의 벌금

**해설**

**벌칙**
[에너지이용합리화법 제73조]
제73조(벌칙) 다음 각 호의 어느 하나에 해당하는 자는 1년 이하의 징역 또는 1천만 원 이하의 벌금에 처한다.
1. 제39조 제1항·제2항 또는 제4항을 위반하여 검사대상기기의 검사를 받지 아니한 자
2. 제39조 제5항을 위반하여 검사대상기기를 사용한 자
3. 제39조의2 제3항을 위반하여 검사대상기기를 수입한 자

### 62 ★★

보일러설치검사 기준에 정한 압력 방출장치 및 안전밸브에 대한 설명으로 틀린 것은?

① 증기보일러에는 2개 이상 안전밸브를 설치하여야 한다.
② 전열면적이 50 [m$^2$] 이하의 증기보일러에서는 안전밸브를 1개 이상으로 한다.
③ 관류보일러에서 보일러와 압력방출장치와의 사이에 체크밸브를 설치할 경우 압력방출 장치는 2개 이상으로 한다.
④ 안전밸브는 쉽게 검사할 수 있는 장소에 밸브 축을 수평으로 하여 가능한 한 보일러 동체에 간접 부착한다.

**해설**

**안전밸브**
[열사용기자재검사 및 검사 면제에 관한 기준 19.1.1 ~ 2]
19.1 증기보일러
19.1.1 안전밸브의 개수
증기보일러에는 2개 이상의 안전밸브를 설치하여야 한다. 다만 전열면적 50 [m$^2$] 이하의 증기보일러에서는 1개 이상으로 하며 U자형 입관을 부착한 보일러는 안전밸브를 부착하지 않아도 된다.
관류보일러에서 보일러와 압력방출장치와의 사이에 체크밸브를 설치할 경우 압력방출장치는 2개 이상이어야 한다.
19.1.2 안전밸브의 부착
(1) 안전밸브는 쉽게 검사할 수 있는 장소에 밸브 축을 수직으로 하여 가능한 한 보일러의 동체에 직접 부착시켜야 한다.

정답 61 ③ 62 ④

## 63 ★★★

「에너지이용합리화법」에서 검사의 종류 중 계속사용검사에 해당하는 것은?

① 설치검사
② 개조검사
③ 안전검사
④ 재사용검사

**해설**

검사대상기기검사의 종류
[에너지이용합리화법 시행규칙 별표 3의4]

| 검사의 종류 | |
|---|---|
| 제조검사 | 용접검사 |
| | 구조검사 |
| 설치검사 | |
| 개조검사 | |
| 설치장소 변경검사 | |
| 재사용검사 | |
| 계속사용검사 | 안전검사 |
| | 운전성능검사 |

**해설**

개선명령의 요건 및 절차
[에너지이용합리화법 시행령 제40조]
제40조(개선명령의 요건 및 절차 등) ① 법 제34조 제1항에 따라 산업통상자원부장관이 에너지다소비사업자에게 개선명령을 할 수 있는 경우는 법 제32조 제5항에 따른 에너지관리지도 결과 10퍼센트 이상의 에너지효율 개선이 기대되고 효율 개선을 위한 투자의 경제성이 있다고 인정되는 경우로 한다.
② 산업통상자원부장관은 제1항의 개선명령을 하려는 경우에는 구체적인 개선 사항과 개선 기간 등을 분명히 밝혀야 한다.
③ 에너지다소비사업자는 제1항에 따른 개선명령을 받은 경우에는 개선명령일부터 <u>60일 이내</u>에 개선계획을 수립하여 산업통상자원부장관에게 제출하여야 하며, 그 결과를 개선 기간 만료일부터 15일 이내에 산업통상자원부장관에게 통보하여야 한다.
④ 산업통상자원부장관은 제3항에 따른 개선계획에 대하여 필요하다고 인정하는 경우에는 수정 또는 보완을 요구할 수 있다.

## 64 ★★★

에너지다소비사업자가 에너지 손실요인의 개선 명령을 받은 때는 개선 명령일로부터 며칠 이내에 개선 계획을 수립하여 제출하여야 하는가?

① 20일
② 30일
③ 50일
④ 60일

## 65 ★★

다음의 그림에 대해 나타낼 수 있는 정보로 옳지 않은 정보를 고르시오.

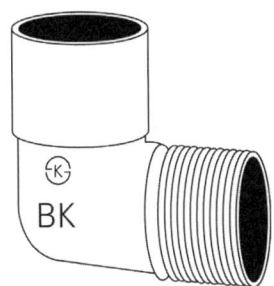

① 결합방식 : C × M
② 이름 : 90° 엘보
③ 기호 : 90EL
④ 규격 : 3/4

**해설**

엘보
사진은 황동 90° 엘보로 기호는 90EL으로 적는다. 결합방식은 C × M(솔더 소켓 × 수나사)이다.
- C(Cup/Solder, Sweat) : 무나사 소켓 ↔ 구리관을 끼우고 납땜/브레이징으로 결합
- F(Female) : 암나사 끝(내부에 나사 있음)
- M(Male) : 수나사 끝(외부에 나사)

하지만 규격이 3/4인지는 단정이 불가능하다.

## 66 ★★★

다음 밸브 중 유체가 역류하지 않고 한쪽 방향으로만 흐르게 하는 밸브는?

① 감압밸브
② 체크밸브
③ 팽창밸브
④ 릴리프밸브

**해설**

체크밸브
유체를 흐름 방향 한 쪽으로만 흐르게 하여 역류를 방지하는 역류방지밸브이다.

## 67 ★★

「신재생에너지법령」상 신·재생에너지 중 의무공급량이 지정되어 있는 에너지 종류는?

① 해양에너지
② 지열에너지
③ 태양에너지
④ 바이오에너지

**해설**

의무공급량이 지정되어 있는 에너지
[신에너지 및 재생에너지 개발·이용·보급 촉진법 시행령 별표4]
신·재생에너지의 종류 및 의무공급량
1. 종류
   태양에너지(태양의 빛에너지를 변환시켜 전기를 생산하는 방식에 한정한다)

## 68 ★★

산업통상자원부장관이 에너지사용계획을 제출받을 때 협의 결과를 공공사업주관자에게 통보하여야 하는 기간은 제출받은 날로부터 얼마나 되며, 필요하다고 인정될 경우 연장할 수 있는 기간은 어떻게 되는가?

① 30일, 10일
② 30일, 20일
③ 40일, 10일
④ 40일, 20일

**해설**

에너지사용계획 제출 기간
[에너지이용합리화법 시행령 제20조]
⑤ 산업통상자원부장관은 법 제10조 제1항에 따라 에너지사용계획을 제출받은 경우에는 그날부터 <u>30일 이내</u>에 공공사업주관자에게는 그 협의 결과를, 민간사업주관자에게는 그 의견청취 결과를 통보하여야 한다. 다만 산업통상자원부장관이 필요하다고 인정할 때에는 <u>20일</u>의 범위에서 통보를 연장할 수 있다.

## 69 ★★★

마그네시아질 내화물이 수증기에 의해서 조직이 약화되어 노벽에 균열이 발생하여 붕괴하는 현상은?

① 슬래킹현상
② 버스팅현상
③ 침식현상
④ 스폴링현상

**해설**

슬래킹현상
마그네시아질 내화물이 수증기에 의해서 조직이 약화되어 노벽에 균열이 발생하여 붕괴하는 현상

## 70 ★★★

보온 단열재의 재료에 따른 구분에서 약 850~1200 [℃] 정도까지 견디며, 열손실을 줄이기 위해 사용되는 것은?

① 단열재
② 보온재
③ 보냉재
④ 내화 단열재

**해설**

보온 단열재의 재료에 따른 구분
단열재 : 약 850~1200 [℃] 정도까지 견디며, 열손실을 줄이기 위해 사용된다.

## 71 ★

보일러를 신설하였을 경우 해당하는 검사는 무엇인가?

① 구조검사
② 설치검사
③ 개조검사
④ 재사용검사

**해설**

검사의 종류 및 적용대상
[에너지이용합리화법 시행규칙의 별표 3의4]

| 검사의 종류 | 적용대상 |
| --- | --- |
| 설치검사 | 신설한 경우의 검사(사용연료의 변경에 의하여 검사대상이 아닌 보일러가 검사대상으로 되는 경우의 검사를 포함한다) |

정답  68 ②  69 ①  70 ①  71 ②

## 72 ★★★  난이도 상

두께 230 [mm]의 내화벽돌, 114 [mm]의 단열벽돌, 230 [mm]의 보통벽돌로 된 노의 평면벽에서 내벽면의 온도가 1200 [℃]이고 외벽면의 온도가 120 [℃]일 때, 노벽 1 [m²]당 열손실(W)은? (단, 내화벽돌, 단열벽돌, 보통벽돌의 열전도도는 각각 1.2, 0.12, 0.6 [W/m·℃]이다)

① 376.9  ② 563.5
③ 708.2  ④ 1688.1

**해설**

열손실량

$$K = \frac{1}{R} = \frac{1}{\frac{0.23}{1.2} + \frac{0.114}{0.12} + \frac{0.23}{0.6}}$$

$\fallingdotseq 0.66 \,[\text{W/m} \cdot \text{℃}]$

$Q = KA\Delta t = 0.66 \times 1 \times (1200 - 120)$

$\fallingdotseq 708.2$

## 73 ★

다음 중 규석벽돌로 쌓은 가마 속에서 소성하기에 가장 적절하지 못한 것은?

① 규석질벽돌  ② 샤모트질벽돌
③ 납석질벽돌  ④ 마그네시아질벽돌

**해설**

규석벽돌
산성 내화물의 대표적인 재질인 규석질벽돌은 Si 성분이 많을수록 열전도율이 크다.
※ 마그네시아질벽돌은 염기성 벽돌이다.

## 74 ★

그림의 밸브 본체 재질로서 적절하지 않은 것은?

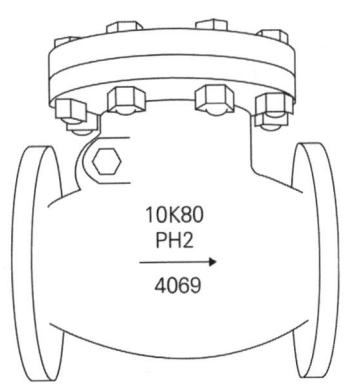

① 회주철(FC)
② 구상흑연주철(FCD)
③ 탄소강(WCB)
④ 알루미늄 합금

**해설**

스윙 체크밸브 본체 재질
주철, 탄소강, 스테인리스강 등이 일반적이며 알루미늄 합금은 압력, 온도, 내식조건상 일반적으로 본체 재질로 사용하지 않는다.

정답  72 ③  73 ④  74 ④

## 75 ★★

「에너지이용합리화법」에 따라 검사대상기기의 설치자가 변경된 경우 새로운 검사대상기기의 설치자는 그 변경일로부터 최대 며칠 이내에 검사대상기기 설치자 변경신고서를 제출하여야 하는가?

① 7일
② 10일
③ 15일
④ 20일

**해설**

설치자 변경신고서 제출 기간
[에너지이용합리화법 시행규칙 제31조의24]
제31조의24(검사대상기기의 설치자의 변경신고)
① 법 제39조 제7항 제3호에 따라 검사대상기기의 설치자가 변경된 경우 새로운 검사대상기기의 설치자는 그 변경일부터 15일 이내에 별지 제24호 서식의 검사대상기기 설치자 변경신고서를 공단이사장에게 제출하여야 한다.

## 76 ★

다음 중 연속가열로의 종류가 아닌 것은?

① 푸셔식 가열로
② 워킹-빔식 가열로
③ 대차식 가열로
④ 회전로상식 가열로

**해설**

연속가열로
대차식 가열로는 불연속식 가마이다.

## 77 ★★

사용압력이 비교적 낮은 증기, 물 등의 유체 수송관에 사용하며, 백관과 흑관으로 구분되는 강관은?

① SPP
② SPPH
③ SPPY
④ SPA

**해설**

SPP(배관용 탄소 강관)
사용압력이 비교적 낮은 증기·물 등의 유체수송관에 사용되며 아연도금을 한 백관과 도금을 하지 않은 흑관으로 구분된다.
※ SPPH : 고압배관용 탄소강 강관
※ SPA : 배관용 합금 강관(주로 고온도의 배관에 사용한다)

## 78 ★★

용광로에서 선철을 만들 때 사용되는 주원료 및 부재료가 아닌 것은?

① 규선석
② 석회석
③ 철광석
④ 코크스

**해설**

선철 주원료 및 부재료
석회석, 철광석, 코크스
※ 규선석은 알루미늄 규산염광물이다.

정답  75 ③  76 ③  77 ①  78 ①

## 79 ★
공업용로에 있어서 폐열회수장치로 가장 적합한 것은?

① 댐퍼
② 백필터
③ 바이패스 연도
④ 레큐퍼레이터

**해설**

폐열회수장치
레큐퍼레이터(Recuperrator)는 가열로 배기가스의 열량을 송풍기에 보내온 공기와 열교환하여 고온 연소공기를 얻는 열손실회수(폐열회수)장치다.

## 80 ★★★
다음 보온재 중 최고 안전 사용온도가 가장 낮은 것은?

① 석면
② 규조토
③ 우레탄 폼
④ 펄라이트

**해설**

보온재
- 우레탄 폼류 : 80 [℃]
- 석면 : 450 [℃]
- 규조토 : 500 [℃]
- 펄라이트 : 650 [℃]

### 5과목 열설비설계

## 81 ★★
공기예열기의 효과에 대한 설명으로 틀린 것은?

① 연소효율을 증가시킨다.
② 과잉공기량을 줄일 수 있다.
③ 배기가스 저항이 줄어든다.
④ 저질탄 연소에 효과적이다.

**해설**

공기예열기의 효과
공기예열기는 배기가스가 배출되는 연도에 폐열회수장치를 설치하는 것으로 배기가스 통풍 저항이 증가한다. 또한 배기가스 흐름에 대한 마찰 저항이 증가한다.

## 82 ★★
다음 중 수관식 보일러의 장점이 아닌 것은?

① 드럼이 작아 구조상 고온 고압의 대용량에 적합하다.
② 연소실 설계가 자유롭고 연료의 선택범위가 넓다.
③ 보일러수의 순환이 좋고 전열면 증발률이 크다.
④ 보유수량이 많아 부하변동에 대하여 압력변동이 적다.

**정답** 79 ④  80 ③  81 ③  82 ④

### 해설

**수관식 보일러**
수관식 보일러는 보유수량이 적어 부하변동에 대응하기가 어렵다.

| 구분 | 수관식 보일러 | 원통형 보일러 |
|---|---|---|
| 보유수량 | 적음 | 많음 |
| 급수처리 | 복잡함 | 간단함 |
| 효율 | 높음 | 낮음 |
| 가격 | 비쌈 | 저렴함 |

## 83 ★

다음 중 보일러의 탈산소제로 사용되지 않는 것은?

① 탄닌
② 하이드라진
③ 수산화나트륨
④ 아황산나트륨

### 해설

**탈산소제**
탄닌, 하이드라진, 아황산나트륨
• 가성소다(수산화나트륨) : pH 조정제

## 84 ★★★

저온 부식의 방지방법이 아닌 것은?

① 과잉공기를 적게 하여 연소한다.
② 연료에 첨가제를 사용하여 바나듐의 융점을 높인다.
③ 연료첨가제(수산화마그네슘)를 이용하여 노점온도를 낮춘다.
④ 연소배기가스의 온도가 너무 낮지 않게 한다.

### 해설

**저온 부식 방지방법**
바나듐의 융점을 높이는 것은 고온 부식의 방지방법이다.

## 85 ★★

보일러 연소 시 그을음 발생 원인이 아닌 것은?

① 통풍력이 부족한 경우
② 연소실의 온도가 낮은 경우
③ 연소장치가 불량인 경우
④ 연소실의 면적이 큰 경우

### 해설

**그을음 발생 원인**
연소실 면적이 큰 경우 연소가 원활히 이루어지기 때문에 그을음의 발생 원인이라고 할 수 없다.

## 86 ★★

열정산을 할 때 출열항에 해당하지 않는 것은?

① 배기가스에 의한 손실열
② 발생공기열
③ 노 내 분입증기열
④ 방산에 의한 손실열

### 해설

**열정산**
• 입열항목 : 공기의 현열, 연료의 저위 발열량, 연료의 현열, 노 내 분입증기열
• 출열항목 : 발생공기(흡수)열, 배기가스에 의한 손실열, 미연소가스에 의한 손실열, 방산에 의한 손실열

**정답**  83 ③  84 ②  85 ④  86 ③

## 87 ★★★
노통보일러에서 브레이징 스페이스란 무엇을 말하는가?

① 노통과 가셋트 스테이와의 거리
② 관군과 가셋트 스테이와의 거리
③ 동체와 노통 사이의 최소거리
④ 가셋트 스테이 간의 거리

**해설**

브레이징 스페이스
노통과 가셋트 스테이와의 거리를 말한다.

## 88 ★★
보일러수의 분출목적이 아닌 것은?

① 물의 순환을 촉진한다.
② 가성취화를 촉진한다.
③ 프라이밍 및 포밍을 방지한다.
④ 관수의 pH를 조절한다.

**해설**

보일러수의 분출목적
가성취화 : 고온·고압 부분에서 강철이 알칼리에 의해 부식되고 약해지는 현상
- 프라이밍 및 포밍의 발생 방지
- 관수의 pH(수소이온 농도) 조절 및 고수위 방지
- 가성취화 방지
- 불순물의 농도를 한계치 이하로 유지(부식발생 방지)
- 슬러지를 배출하여 스케일 생성 방지

## 89 ★★
온수보일러에 있어서 급탕량이 500 [kg/h]이고 공급 주관의 온수온도가 80 [℃], 환수 주관의 온수온도가 50 [℃]이라 할 때, 이 보일러의 출력은? (단, 물의 평균 비열은 4.2 [kJ/kg·K]이다)

① 10 [kW]    ② 12.5 [kW]
③ 17.5 [kW]    ④ 18.5 [kW]

**해설**

보일러의 출력
$$Q = mC\Delta t = 500 \times 4.2 \times (80-50)$$
$$= 63000\ [kJ/h] = 17.5\ [kW]$$
※ $3600\ [kJ/h] = 1\ [kW]$

## 90 ★
전열면 장치이며 보일러의 열효율 향상 장치가 아닌 것은?

① 수트 블로어
② 과열기
③ 절탄기
④ 인젝터

**해설**

전열면 장치
- 과열기, 절탄기 : 전열면 구성요소로 효율 향상 설비이다.
- 수트블로어 : 전열면 청소장치로서 자체적으로 열을 흡수하지 않으나 청소를 통해 효율을 유지시킨다.
- 인젝터 : 급수장치로 전열면과 무관하다.

정답   87 ①   88 ②   89 ③   90 ④

## 91 ★
보일러의 급수처리방법에 해당되지 않는 것은?

① 이온교환법
② 응집법
③ 희석법
④ 여과법

**해설**

급수처리방법
보일러 급수처리법으로는 이온교환법, 응집법, 여과법이 있다.

## 92 ★★★
두께 150 [mm]인 적벽돌과 100 [mm]인 단열벽돌로 구성되어 있는 내화벽돌의 노벽이 있다. 적벽돌과 단열벽돌의 열전도율은 각각 1.4 [W/m·℃], 0.07 [W/m·℃]일 때 단위면적당 손실열량은 약 몇 [W/m²]인가? (단, 노 내벽면의 온도는 800 [℃]이고, 외벽면의 온도는 100 [℃]이다)

① 336  ② 456
③ 587  ④ 635

**해설**

손실열량

$$K = \frac{1}{R} = \frac{1}{\frac{l_1}{\lambda_1} + \frac{l_2}{\lambda_2}} = \frac{1}{\frac{0.15}{1.4} + \frac{0.1}{0.07}} ≒ 0.65$$

$$q = \frac{Q}{A} = K\Delta t = 0.65 \times (800 - 100) ≒ 456$$

## 93 ★★
보일러의 일상 점검계획에 해당하지 않는 것은?

① 급수배관 점검
② 압력계 상태 점검
③ 자동제어장치 점검
④ 연료의 수요량 점검

**해설**

일상 점검계획
- 급수배관 점검
- 압력계 상태 점검
- 자동제어장치 점검

## 94 ★
보일러의 과열 원인으로 가장 거리가 먼 것은?

① 물의 순환이 나쁠 때
② 고온의 가스가 고속으로 전열면에 마찰할 때
③ 관석이 많이 퇴적한 부분이 가열되어 열전달이 높아질 때
④ 보일러의 이상 저수위에 의하여 빈 보일러를 운전하였을 때

**해설**

보일러의 과열 원인
- 보일러의 수위가 낮을 경우
- 전열면에 스케일 및 슬러지가 부착된 경우
- 보일러 수의 농축이 일어난 경우
- 보일러 수의 순환이 좋지 않을 경우
- 고온의 가스가 고속으로 전열면에 마찰한 경우

**정답** 91 ③  92 ②  93 ④  94 ③

## 95 ★★

어떤 급수용 원심펌프가 800 [rpm]으로 운전하여 전양정이 8 [m]이고 유량이 2 [m³/min]를 방출한다면 1600 [rpm]으로 운전할 때는 몇 [m³/min]을 방출할 수 있는가?

① 2
② 4
③ 6
④ 8

**해설**

펌프의 상사 법칙

$$\frac{Q_2}{Q_1} = \frac{N_2}{N_1}$$

$$\frac{Q_2}{2} = \frac{1600}{800}$$

$$Q_2 = 4\,[m^3/min]$$

## 96 ★★★

관류보일러의 특징에 관한 설명으로 옳은 것은?

① 증기압력이 고압이므로 급수펌프가 필요 없다.
② 전열면적에 대한 보유수량이 많아 가동시간이 길다.
③ 보일러 드럼이 필요 없고 지름이 작은 전열관을 사용하여 증발속도가 빠르다.
④ 열용량이 크기 때문에 추종성이 느리다.

**해설**

관류식 보일러
드럼이 없이 긴 수관의 한 끝에서 급수펌프로 압송된 급수가 긴 관을 지나면서 예열부, 증발부, 과열부를 순차적으로 관류되어 다른 끝으로 과열증기가 나가는 강제순환식 수관보일러로 단관식과 다관식이 있다.

(1) 장점
　① 순환비가 1이므로 드럼이 필요 없다.
　② 전열면적이 크고 효율이 높다.
　③ 고압이므로 증기의 열량이 크다.
　④ 기동부하가 짧아 부하 측에 대응하기 쉽다.
　⑤ 관을 자유로이 배치할 수 있어 콤팩트한 구조로 할 수 있다.
　⑥ 연소실의 구조를 임의대로 할 수 있어 보일러 연소효율을 높일 수 있다.
　⑦ 초고압보일러에 이상적이다.
　⑧ 보일러 효율이 매우 높다.
　⑨ 증발속도가 매우 빠르다.
　⑩ 증기의 가동시간이 매우 짧다.

(2) 단점
　① 완벽한 급수처리를 해야 한다. 하지 않을 시 스케일의 생성에 영향이 크다.
　② 급수의 유속을 일정하게 유지해야 한다.
　③ 소형 구조로 청소 및 검사 수리가 어렵다.
　④ 지름이 작은 튜브가 사용되므로 중량이 가볍고 내압 강도가 크지만, 압력손실이 증대되어 급수펌프의 동력손실이 많다.
　⑤ 부하변동에 따라 압력의 변화가 크므로 급수량 및 연료량의 자동제어장치가 필요하다.

정답　95 ②　96 ③

## 97 ★★

다음 중 보일러의 인터록의 종류가 아닌 것은?

① 고수위
② 저연소
③ 불착화
④ 프리퍼지

**해설**

**인터록제어**

어떤 조건이 충족되지 않으면 다음 동작이 중지되는 동작은 인터록이라고 한다.
- 저수위 인터록 : 안전저수위까지 수위 감소 시 보일러 운전 정지
- 압력 초과 인터록 : 증기압력이 설정치를 초과할 때 운전 정지
- 불착화 인터록 : 노 내의 착화 과정에서 착화가 이루어지지 않았을 경우 연료공급을 차단하여 운전 정지
- 프리퍼지 인터록 : 노 내의 통풍이 되지 않았을 경우 운전 정지
- 저연소 인터록 : 노 내에 처음 점화 시 온도의 급변으로 인한 보일러 재질의 악영향을 방지하기 위해 최대부하 30 [%] 정도에서 연소를 진행시키다가 차츰 부하를 증가시켜야 한다. 이것이 순조롭게 진행되지 않을 때 연료를 차단시킨다.

## 98 ★★

지름 5 [cm]의 파이프를 사용하여 매 시간 4 [t]의 물을 공급하는 수도관이 있다. 이 수도관에서의 물의 속도(m/s)는? (단, 물의 비중은 1이다)

① 0.12
② 0.28
③ 0.56
④ 0.93

**해설**

**물의 속도**

$Q = AV$

$$V = \frac{Q}{A} = \frac{4 \div 3600}{\pi \times \frac{(0.05)^2}{4}} \fallingdotseq 0.566 \, [m/s]$$

물의 비중은 1이므로,
$1 \, [m^3] = 1000 [L] = 1000 [kg] = 1 [t]$

## 99 ★★

노통보일러에서 노통에 갤로웨이관(Galloway Tube)을 설치하는 장점으로 틀린 것은?

① 물의 순환 증가
② 연소가스 유동 저항 감소
③ 전열면적의 증가
④ 노통의 보강

**해설**

**갤로웨이관**

전열면적의 증가 및 보일러수의 순환을 촉진하기 위해 갤로웨이관을 설치

**정답** 97 ① 98 ③ 99 ②

## 100 ★★★

유속을 일정하게 하고 관의 직경을 2배로 증가시켰을 경우 유량은 어떻게 변하는가?

① 2배로 증가
② 4배로 증가
③ 6배로 증가
④ 8배로 증가

**해설**

유량
$Q = AV$

$$\frac{Q_2}{Q_1} = \frac{A_2}{A_1} = \frac{d_2^2}{d_1^2} = 2^2 = 4$$

정답 100 ②

# 2024 제1회 CBT 복원

**1과목　연소공학**

## 01 ★★★

연료의 3대 가연 성분으로 옳은 것은?

① C, H, O
② C, H, S
③ C, S, N
④ H, N, O

**해설**

연료의 3대 가연 성분
- C(탄소) : 고유 성분으로 발열량 증가에 영향을 미치며, 가치 판정에 영향을 끼친다.
- H(수소) : 고위발열량과 저위발열량의 판정요소이며, 발열량 증가에 영향을 끼친다.
- S(황) : 발열량 증가, 대기오염의 원인, 저온 부식의 원인, 연료의 질 저하

## 02 ★★★

유압분무식 버너의 특징에 대한 설명으로 틀린 것은?

① 유량조절범위가 넓다.
② 연소의 제어 범위가 좁다.
③ 대용량버너 제작에 용이하다.
④ 구조가 간단하다.

**해설**

유압분무식 버너
노즐을 통해서 가압된 연료를 연소실 내부로 분무시키는 연소장치 버너이다.
(1) 장점
　① 대용량 버너 제작이 용이하다.
　② 구조가 간단하고 유지 및 보수가 용이하다.
　③ 넓은 연료유 분사각도를 가진다.
(2) 단점
　유량조절범위가 좁아 부하변동에 대한 적응성이 낮다.

## 03 ★★★

중유의 질 개선을 위하여 첨가하는 중유의 첨가제가 아닌 것은?

① 유동점강하제　② 연소촉진제
③ 파라핀　　　　④ 슬러지 분산제

**해설**

중유 첨가제
- 유동점강하제
- 연소촉진제
- 슬러지 분산제
- 회분 개질제
- 탈수제
- 조연제
- 부식방지제

※ 파라핀은 증발 연소를 하는 고체연료 중 하나로, 양초에 사용된다.

**정답** 01 ②　02 ①　03 ③

## 04 ★★★

프로페인(Propane) 가스 5 [kg]을 완전 연소시킬 때 필요한 이론공기량은 약 몇 [Nm³]인가?

① 68.48
② 60.6
③ 78.48
④ 80.2

**해설**

이론공기량

$C_3H_8 + 5O_2 \rightarrow 4H_2O + 3CO_2$

이론공기량($O_0$) = $\frac{22.4 \times 5}{44}$ = 2.545 [$Nm^3/kg$]

이론공기량($A_0$) = $\frac{O_0}{0.21}$ = $\frac{2.545}{0.21}$ = 12.12 [$Nm^3/kg$]

∴ 12.12 [$Nm^3/kg$] × 5 [kg] = 60.6 [$Nm^3$]

## 05 ★

공기비가 클 때의 특징으로 알맞은 것은 무엇인가?

① 산소량이 적당하다.
② 이산화탄소 양이 많다.
③ 일산화탄소의 양이 적다.
④ 질소의 양이 많다.

**해설**

공기비

공기비란 이론공기량에 대한 실제공기량의 비로 공기비가 크다는 것은 이론공기량에 비해 더 많은 공기가 공급되었다는 것이다. 즉, 연소반응을 하지 않는 질소의 양은 더 많을 수밖에 없다.

## 06 ★★

다음 가스 중 발열량[MJ/kg]이 가장 높은 것은?

① 프로페인
② 일산화탄소
③ 메테인
④ 에테인

**해설**

발열량 순서

수소 > 메테인 > 에테인 > 프로페인 > 일산화탄소

## 07 ★

물이 끓는점의 화씨온도는 어떻게 되는가?

① 198
② 273
③ 212
④ 233

**해설**

화씨 온도

- 물이 어는 온도는 32 [℉](0 [℃])이며, 물이 끓는 온도는 212 [℉](100 [℃])이다. 1 [℉]는 물이 어는 온도와 끓는 온도를 180등분한 것이다.
- [℉] = [℃] × (9/5) + 32로 섭씨온도를 화씨온도로 변환할 수 있다.

**정답** 04 ② 05 ④ 06 ③ 07 ③

## 08 ★★

댐퍼를 설치하는 목적으로 가장 거리가 먼 것은?

① 통풍력을 조절한다.
② 가스의 흐름을 조절한다.
③ 가스가 새어나가는 것을 방지한다.
④ 흐르는 공기 등의 양을 제어한다.

**해설**

댐퍼의 설치목적
댐퍼는 흐름을 조절하는 장치로 가스가 새어나가는 것을 방지하는 것과는 거리가 멀다.
※ 가스켓, 밀봉제의 역할이다.

## 09 ★★ (난이도 상)

고체 및 액체연료의 발열량을 측정할 때 정압열량계가 주로 사용된다. 이 열량계 중에 1 [L]의 물이 있는데 5 [g]의 시료를 연소시킨 결과 물의 온도가 30 [℃] 상승하였다. 이 열량계의 열손실률을 20 [%]라고 가정할 때, 발열량은 약 몇 [kJ/kg]인가?

① 24240
② 30240
③ 40240
④ 50240

**해설**

발열량
※ 정압열량계 : 이 기기는 일정한 기압조건하 용액 안에서의 반응 엔탈피 변화를 측정한다.
- 물 1 [L] = 1 [kg]
- 물의 비열 = 1 [kcal/kg·℃]
  ≒ 4.2 [kJ/kg·℃]
- 1 [kcal] = 4.186 [kJ]
- 열량
  $Q = mc(t_2 - t_1) = 1 \times 4.2 \times 30 = 126\ [kJ]$
  $Q_L = KQ = 1.2 \times 126 = 151.2\ [kJ]$
  $q = \dfrac{Q_L}{m} = \dfrac{151.2}{0.005} = \dfrac{151200}{5} = 30240$

## 10 ★★★

공기비로 알맞은 식을 고르시오.

① $\dfrac{CO_2}{21 - CO}$

② $\dfrac{CO_2}{21 - O_2}$

③ $\dfrac{N_2}{N_2 - 3.76 O_2}$

④ $\dfrac{21}{21 - CO}$

**해설**

공기비

$m = \dfrac{21}{21 - O_2(\%)}$

$= \dfrac{\dfrac{N_2}{0.79}}{\left(\dfrac{N_2}{0.79}\right) - \left(\dfrac{3.76 O_2}{0.79}\right)} = \dfrac{N_2}{N_2 - 3.76 O_2}$

**정답** 08 ③ 09 ② 10 ③

## 11 ★★★

가연성 액체에서 발생한 증기의 공기 중 농도가 연소범위 내에 있을 경우 불꽃을 접근시키면 불이 붙는데 이때 필요한 최저온도를 무엇이라고 하는가?

① 기화온도
② 인화온도
③ 착화온도
④ 임계온도

**해설**

인화온도
불꽃을 접근시켰을 때 불이 붙는 최저온도

## 12 ★★★

연소장치의 연료의 발열량은 2500 [kJ], 연소 중 미연탄소에 의한 손실은 300 [kJ], 불완전연소에 따른 손실은 700 [kJ]일 때, 연소효율은 어떻게 되는가?

① 55 [%]
② 60 [%]
③ 70 [%]
④ 80 [%]

**해설**

연소효율

$$E_c = \frac{H_c - H_1 - H_2}{H_c}$$

$$= \frac{2500 - 300 - 700}{2500} \times 100 \, [\%] = 60 \, [\%]$$

## 13 ★★

$C_mH_n$ 1 [Nm³]를 공기비 1.2로 연소시킬 때 필요한 실제 공기량은 약 몇 [Nm³]인가?

① $\frac{1.2}{0.21}\left(m + \frac{n}{2}\right)$

② $\frac{1.2}{0.21}\left(m + \frac{n}{4}\right)$

③ $\frac{1.2}{0.79}\left(m + \frac{n}{2}\right)$

④ $\frac{1.2}{0.79}\left(m + \frac{n}{4}\right)$

**해설**

실제 공기량

$$A_o = \frac{1.2}{0.21}\left(m + \frac{n}{4}\right)$$

## 14 ★★★

수소 1 [Nm³]을 연소시키기 위하여 필요한 산소는 몇 [Nm³]인가?

① 0.1
② 1
③ 0.5
④ 2

**해설**

수소의 연소반응

$$H_2 + \frac{1}{2}O_2 \rightarrow H_2O$$

연소반응에 필요한 수소와 산소의 비 = 1 : 0.5
수소 1 [Nm³]을 연소시키기 위해서는 산소 0.5 [Nm³]가 필요하다.

**정답** 11 ② 12 ② 13 ② 14 ③

## 15 ★★

통풍방식 중 평형통풍에 대한 설명으로 틀린 것은?

① 통풍력이 커서 소음이 심하다.
② 안정한 연소를 유지할 수 있다.
③ 노 내 정압을 임의로 조절할 수 있다.
④ 중형 이상의 보일러에는 사용할 수 없다.

**해설**

평형통풍
평형통풍은 압입통풍방식과 흡입통풍방식을 병행하는 통풍방식으로, 통풍 저항이 큰 중·대형 보일러에 사용한다.

## 16 ★★

버너에서 발생하는 역화의 방지대책과 거리가 먼 것은?

① 버너 온도를 높게 유지한다.
② 리프트 한계가 큰 버너를 사용한다.
③ 다공버너의 경우 각각의 연료분출구를 작게 한다.
④ 연소용 공기를 분할 공급하여 1차 공기를 착화범위보다 적게 한다.

**해설**

역화의 방지대책
• 역화방지기 설치
• 충분한 통풍
• 착화 지연을 방지
• 환기를 통해 미연가스 제거
• 버너의 온도를 낮게 유지

## 17 ★★   난이도 상

저위발열량 93766 $[kJ/Nm^3]$의 $C_3H_8$을 공기비 1.2로 연소시킬 때 이론 연소온도는 약 몇 [K]인가? (단, 배기가스의 평균비열은 1.653 $[kJ/Nm^3 \cdot K]$이고 다른 조건은 무시한다)

① 1656
② 1756
③ 1856
④ 1956

**해설**

이론 연소온도
$H_l = GC_m \Delta t_g$

$\Delta t_g = \dfrac{H_l}{GC_m} = \dfrac{93,766}{30.57 \times 1.653} ≒ 1856\,[K]$

※ $C_3H_8 + 5O_2 \rightarrow 3CO_2 + 4H_2O$
※ G(연소가스량)
$= (m - 0.21)A_o + 생성된\,CO_2 + 생성된\,H_2O$
$= (1.2 - 0.21) \times \dfrac{5}{0.21} + 3 + 4 = 30.57$

## 18 ★★

탄소(C) 84 [w%], 수소(H) 12 [w%], 수분 4 [w%]의 중량조성을 갖는 액체연료에서 수분을 완전히 제거한 다음 1시간당 5 [kg]을 완전 연소시키는 데 필요한 이론공기량은 약 몇 $[Nm^3/h]$인가?

① 55.6
② 65.8
③ 73.5
④ 89.2

**해설**

**이론공기량**

액체연료에 포함되어 있던 수분[W] 4 [%]를 제거한 연료 1 [kg] 중에는

$$C = \frac{84}{84+12} = 0.875 \, [kg]$$

$$H = \frac{12}{84+12} = 0.125 \, [kg]$$

$$A_o = \frac{O_o}{0.21} \times 5 \, [Nm^3/h]$$

$$= \frac{1.867C + 5.6H}{0.21} \times 5$$

$$= \frac{1.867 \times 0.875 + 0.56 \times 0.125}{0.21} \times 5$$

$$\fallingdotseq 55.6 \, [Nm^3/h]$$

## 19 ★★★

보일러의 연소장치에서 $NO_x$의 생성을 억제할 수 있는 연소방법으로 가장 거리가 먼 것은?

① 연소용 공기의 고온예열
② 2단 연소
③ 배기의 재순환 연소
④ 재열 연소

**해설**

**질소산화물의 생성**

질소산화물은 고온에서 잘 생성된다.

## 20 ★

연소반응에서 공기량이 부족할 때 불꽃의 색은 무슨 색을 띄는가?

① 붉은색
② 푸른색
③ 흰색
④ 검은색

**해설**

**불꽃 색**

연소반응에 필요한 공기에 비해 공기량이 부족할 때 불꽃은 붉은색(황염)을 띈다.

**정답** 19 ① 20 ①

**2과목 | 열역학**

## 21 ★★

초기조건이 100 [kPa], 60 [℃]인 공기를 정적 과정을 통해 가열한 후 정압에서 냉각 과정을 통하여 500 [kPa], 60 [℃]로 냉각할 때 이 과정에서 전체 열량의 변화는 약 몇 [kJ/ kmol]인가? (단, 정적비열은 20 [kJ/kmol·K], 정압비열은 28 [kJ/kmol·K]이며, 이상기체로 가정한다)

① -964
② -1964
③ -10656
④ -20656

**해설**

전체 열량의 변화
정적 과정이므로

$$\frac{P_1}{T_1} = \frac{P_2}{T_2}$$

$$T_2 = T_1\left(\frac{P_2}{P_1}\right) = (60+273.15) \times \frac{500}{100}$$

$$\fallingdotseq 1665\,[K] = 1392\,[℃]$$

$q_t = q_v(\text{정적가열}) + q_p(\text{정압냉각})$

$= C_v(T_2 - T_1) + C_p(T_3 - T_2)$

$= 20 \times (1392 - 60) + 28(60 - 1392)$

$= -10656\,[kJ/kmol]$

## 22 ★★

성능계수가 5.0, 압축기에서 냉매의 단위질량당 압축하는 데 요구되는 에너지는 200 [kJ/kg]인 냉동기에서 냉동능력 1 [kW]당 냉매의 순환량[kg/h]은?

① 1.8
② 3.6
③ 5.0
④ 20.0

**해설**

냉매의 순환량

$$\text{냉매의 순환량}(G) = \frac{\text{냉동능력}(Q_e)}{\text{냉동효과}(q_e)} = \frac{3600\,[kJ/h]}{\epsilon_R \times W_c}$$

$$= \frac{3600}{5.0 \times 200} = 3.6\,[kg/h]$$

※ $1\,[kW] = 3600\,[kJ/h]$

## 23 ★

30 [℃]에서 150 [L]의 이상기체를 20 [L]로 가역 단열압축시킬 때 온도가 230 [℃]로 상승하였다. 이 기체의 정적 비열은 약 몇 [kJ/kg·K]인가? (단, 기체상수는 0.287 [kJ/kg·K]이다)

① 0.17
② 0.24
③ 1.14
④ 1.47

**해설**

정적비열

단열 과정이므로

$$\frac{T_2}{T_1} = \left(\frac{V_1}{V_2}\right)^{k-1}$$

$$\ln\frac{T_2}{T_1} = (k-1)\ln\frac{V_1}{V_2}$$

$$k-1 = \frac{\ln T_2 - \ln T_1}{\ln V_1 - \ln V_2} = \frac{\ln 503 - \ln 303}{\ln 150 - \ln 20}$$

$$\fallingdotseq 0.252$$

$$C_v = \frac{R}{k-1} = \frac{0.287}{0.252} \fallingdotseq 1.14$$

## 24 ★★★

5 [bar], 20 [℃]의 기체를 1 [bar], 20 [℃]의 기체로 가열하였다. 가열하는 데 필요한 열량은 몇 [kJ]이 되는가? (단, 정압비열은 1.0 [kJ/(kg·K)]이고, 정적비열은 0.71 [kJ/kg·K]이다)

① 87
② 110
③ 137
④ 221

**해설**

등온 과정에서의 열량

$$\delta Q = dU + dW = dW = Pdv$$

$$Pv = RT = C$$

$$Q = P_1 v_1 \ln\frac{v_2}{v_1} = P_1 v_1 \ln\frac{P_1}{P_2} = RT\ln\frac{v_2}{v_1} = RT\ln\frac{P_1}{P_2}$$

$$R = C_p - C_v = 1.0 - 0.71 = 0.29$$

$$Q = 0.29 \times (273.15 + 20) \times \ln\frac{5}{1} \fallingdotseq 137$$

※ 1 [bar] = 100000 [Pa] = 100 [kPa]

## 25 ★★★

다음은 열역학 기본 법칙을 설명한 것이다. 0법칙, 1법칙, 2법칙, 3법칙 순으로 옳게 나열한 것은?

> 가. 에너지보존에 관한 법칙이다.
> 나. 에너지의 전달 방향에 관한 법칙이다.
> 다. 절대온도 0 [K]에서 완전 결정질의 절대 엔트로피는 0이다.
> 라. 시스템 A가 시스템 B와 열적 평형을 이루고 동시에 시스템 C와도 열적 평형을 이룰 때 시스템 B와 C의 온도는 동일하다.

① 가 - 나 - 다 - 라
② 라 - 가 - 나 - 다
③ 다 - 라 - 가 - 나
④ 나 - 가 - 라 - 다

**해설**

열역학 법칙

- 열역학 제0법칙 : 열평형의 법칙
- 열역학 제1법칙 : 에너지보존의 법칙
- 열역학 제2법칙 : 비가역 법칙, 엔트로피 증가 법칙
- 열역학 제3법칙 : 엔트로피의 절댓값을 정의한 법칙

정답 ● 24 ③ 25 ②

## 26 ★★

열역학 제2법칙과 관련하여 가역 또는 비가역 사이클 과정 중 항상 성립하는 것은? (단, Q는 시스템에 출입하는 열량이고, T는 절대온도이다)

① $\oint \frac{\delta Q}{T} = 0$  ② $\oint \frac{\delta Q}{T} > 0$
③ $\oint \frac{\delta Q}{T} \geq 0$  ④ $\oint \frac{\delta Q}{T} \leq 0$

**해설**

클라우지우스(Clausius) 폐적분값
$\oint \frac{\delta Q}{T} \leq 0$ 가역이면 등호, 비가역 사이클이면 부등호(<)이다.

## 27 ★★

터빈에서 2 [kg/s]의 유량으로 수증기를 팽창시킬 때 터빈의 출력이 1200 [kW]라면 열손실은 몇 [kW]인가? (단, 터빈 입구와 출구에서 수증기의 엔탈피는 각각 3200 [kJ/kg]와 2500 [kJ/kg]이다)

① 600   ② 400
③ 300   ④ 200

**해설**

터빈에서 열손실
손실동력
$m(h_1 - h_2) - 1200$
$= 2(3200 - 2500) - 1200$
$= 200 [kW]$

## 28 ★

공기 오토 사이클에서 최고 온도가 1200 [K], 압축 초기 온도가 300 [K], 압축비가 8일 경우, 열 공급량은 약 몇 [kJ/kg]인가? (단, 공기의 정적 비열은 0.7165 [kJ/kg·K], 비열비는 1.4이다)

① 366   ② 466
③ 566   ④ 666

**해설**

열 공급량
- 단열압축 후 온도
$T_2 = T_1 \left(\frac{V_1}{V_2}\right)^{k-1} = T_1 \epsilon^{k-1} = 300 \times 8^{1.4-1}$
$\fallingdotseq 689 [K]$
- 오토 사이클(등적 사이클)에서 공급열량
$q_1 = C_v(T_3 - T_2) = 0.7165 \times (1200 - 689)$
$\fallingdotseq 366 [kJ/kg]$

## 29 ★★★

수증기를 사용하는 기본 랭킨 사이클에서 응축기 압력을 낮출 경우 발생하는 현상에 대한 설명으로 옳지 않은 것은?

① 열이 방출되는 온도가 낮아진다.
② 열효율이 높아진다.
③ 터빈 날개의 부식 발생 우려가 커진다.
④ 터빈 출구에서 건도가 높아진다.

**해설**

랭킨 사이클에서 응축기 압력을 낮출 경우 현상
응축압력을 낮출 경우 터빈 출구에서 건도가 낮아진다.

**정답** 26 ④  27 ④  28 ① 29 ④

## 30 ★★

그림과 같은 압력 – 부피선도(P – V선도)에서 A에서 C로의 정압 과정 중 계는 50 [J]의 일을 받아들이고 25 [J]의 열을 방출하며, C에서 B로의 정적 과정 중 75 [J]의 열을 받아들인다면, B에서 A로의 과정이 단열일 때 계가 얼마의 일[J]을 하겠는가?

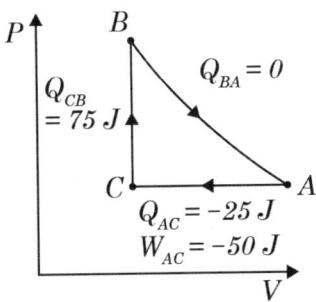

① 25
② 50
③ 75
④ 100

**해설**

계가 한 일
가역단열팽창 시 절대일은 내부에너지 감소량의 크기와 같다.
$W_{BA} = (U_1 - U_2) = Q - W = 75 - (-50) - 25$
$= 100 [J]$

## 31 ★★

그림과 같은 브레이튼 사이클에서 효율($\eta$)은? (단, P는 압력, v는 비체적이며, $T_1$, $T_2$, $T_3$, $T_4$는 각각의 지점에서의 온도이다. 또한 $q_{in}$과 $q_{out}$은 사이클에서 열이 들어오고 나감을 의미한다)

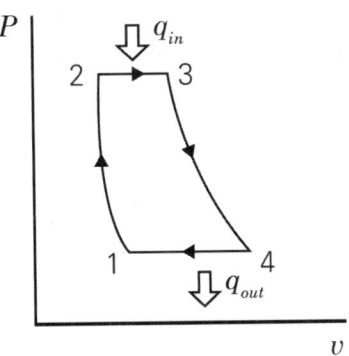

① $\eta = 1 - \dfrac{T_3 - T_2}{T_4 - T_1}$

② $\eta = 1 - \dfrac{T_1 - T_2}{T_3 - T_4}$

③ $\eta = 1 - \dfrac{T_4 - T_1}{T_3 - T_2}$

④ $\eta = 1 - \dfrac{T_3 - T_4}{T_1 - T_2}$

**해설**

브레이튼 사이클에서 효율
$\eta_{thB} = 1 - \dfrac{q_{out}}{q_{in}} = 1 - \dfrac{C_p(T_4 - T_1)}{C_p(T_3 - T_2)} = 1 - \dfrac{T_4 - T_1}{T_3 - T_2}$

## 32 ★★

매시간 2000 [kg]의 포화수증기를 발생하는 보일러가 있다. 보일러 내의 압력은 200 [kPa]이고, 이 보일러에는 매시간 150 [kg]의 연료가 공급된다. 이 보일러의 효율은 약 얼마인가? (단, 보일러에 공급되는 물의 엔탈피는 84 [kJ/kg]이고, 200 [kPa]에서의 포화증기의 엔탈피는 2700 [kJ/kg]이며, 연료의 발열량은 42000 [kJ/kg]이다)

① 77 [%]
② 80 [%]
③ 83 [%]
④ 86 [%]

**해설**

보일러의 효율

$$\eta = \frac{m_a(h_2 - h_1)}{H_L \times m_f} \times 100 \, [\%]$$

$$= \frac{2000 \times (2700 - 84)}{42000 \times 150} \times 100 \, [\%] = 83 \, [\%]$$

## 33 ★★★

냉매가 갖추어야 하는 요건으로 거리가 먼 것은?

① 증발잠열이 작아야 한다.
② 화학적으로 안정되어야 한다.
③ 임계온도가 높아야 한다.
④ 증발온도에서 압력이 대기압보다 높아야 한다.

**해설**

냉매가 갖추어야 하는 요건
• 증발잠열이 커야 한다.
• 화학적으로 안정되어야 한다.
• 임계온도가 높아야 한다.
• 증발온도에서의 압력이 대기압보다 높아야 한다.
• 비체적은 작아야 한다.

## 34 ★★★

압력 1000 [kPa], 부피 1 [m³]의 이상기체가 등온 과정으로 팽창하여 부피가 1.2 [m³]이 되었다. 이때 기체가 한 일[kJ]은?

① 82.3
② 182.3
③ 282.3
④ 382.3

**해설**

이상기체가 한 일

$$_1W_2 = P_1 V_1 \ln \frac{V_2}{V_1}$$

$$= 1000 \times 1 \times \ln \frac{1.2}{1} = 182.3 \, [kJ]$$

정답 32 ③ 33 ① 34 ②

## 35 ★

터빈 입구에서의 내부에너지 및 엔탈피가 각각 3000 [kJ/kg], 3300 [kJ/kg]인 수증기가 압력이 100 [kPa], 건도 0.9인 습증기로 터빈을 나간다. 이때 터빈의 출력은 약 몇 [kW]인가? (단, 발생되는 수증기의 질량 유량은 0.2 [kg/s]이고, 입출구의 속도차와 위치에너지는 무시한다. 100 [kPa]에서의 상태량은 아래 표와 같다)

| 구분 | 포화수 | 건포화증기 |
|---|---|---|
| 내부에너지 u [kJ/kg] | 420 | 2510 |
| 엔탈피 h [kJ/kg] | 420 | 2680 |

① 46.2
② 93.6
③ 124.2
④ 169.2

**해설**

터빈의 출력

$h_2 = h' + x(h'' - h') = 420 + 0.9(2680 - 420)$

$= 2454 [kJ/kg]$

$W_t = m(h_1 - h_2) = 0.2(3300 - 2454)$

$= 169.2 [kW]$

## 36 ★★

증기에 대한 설명 중 틀린 것은?

① 동일압력에서 포화증기는 포화수보다 온도가 더 높다.
② 동일압력에서 건포화증기를 가열한 것이 과열증기이다.
③ 동일압력에서 과열증기는 건포화증기보다 온도가 더 높다.
④ 동일압력에서 습포화증기와 건포화증기는 온도가 같다.

**해설**

증기
동일압력에서 포화증기와 포화수의 온도는 포화온도를 가지므로 온도는 항상 같다.

## 37 ★★

110 [kPa], 20 [℃]의 공기가 반지름 20 [cm], 높이 40 [cm]인 원통형 용기 안에 채워져 있다. 이 공기의 무게는 몇 [N]인가? (단, 공기의 기체상수는 287 [J/kg·K]이다)

① 0.066      ② 0.64
③ 6.7        ④ 66

**해설**

공기의 무게
PV = mRT
m = PV/RT
  = [110 × (π × 0.2 × 0.2 × 0.4)]/
    (0.287 × 293.15) ≒ 0.066 [kg]
G = mg = 0.066 × 9.8 ≒ 0.64 [N]

정답 ● 35 ④  36 ①  37 ②

## 38 ★★

온도 127 [℃]에서 포화수 엔탈피는 560 [kJ/kg], 포화증기의 엔탈피는 2720 [kJ/kg]일 때 포화수 1 [kg]이 포화증기로 변화하는 데 따르는 엔트로피의 증가는 몇 [kJ/K]인가?

① 1.4
② 5.4
③ 9.8
④ 21.4

**해설**

포화증기 엔트로피

$$ds = \frac{\delta q}{T} = \frac{h_2 - h_1}{127 + 273} = \frac{2720 - 560}{400}$$
$$= 5.4 \, [kJ/kg \cdot K]$$

## 39 ★★★

다음 중 용량성 상태량(Extensive Property)에 해당하는 것은?

① 엔탈피
② 비체적
③ 압력
④ 절대온도

**해설**

용량성 상태량

용량성 상태량(Extensive Property)에는 엔탈피가 해당하고, 강도성 상태량(Intensive Property)은 물질의 양과 무관한 상태량으로 비체적, 압력, 온도 등이 있다.

## 40 ★★

노즐에서 가역단열팽창에서 분출하는 이상기체가 있다고 할 때 노즐 출구에서의 유속에 대한 관계식으로 옳은 것은? (단, 노즐입구에서의 유속은 무시할 수 있을 정도로 작다고 가정하고, 노즐 입구의 단위질량당 엔탈피는 $h_i$, 노즐 출구의 단위질량당 엔탈피는 $h_o$이다)

① $\sqrt{h_i - h_o}$
② $\sqrt{h_o - h_i}$
③ $\sqrt{2(h_i - h_o)}$
④ $\sqrt{2(h_o - h_i)}$

**해설**

가역단열팽창 시 노즐 출구 유속
$$V_o = \sqrt{2(h_i - h_o)}$$

**정답** 38 ② 39 ① 40 ③

## 3과목 계측방법

## 41 ★★★
SI단위의 기호로 알맞지 않은 것은?

① 길이[m]
② 시간[s]
③ 물질량[mol]
④ 온도[℃]

**해설**

SI단위계
- 기본단위 : 길이[m], 질량[kg], 시간[s], 온도[K], 전류[A], 물질량[mol], 광도[cd]
- 보조단위 : 평면각[rad], 입체각[sr]
- 유도단위 : 힘[N], 압력[Pa], 에너지[J], 일률[W], 비중량[$N/m^3$], 밀도[$kg/m^3$], 자속[Wb] 등

## 42 ★★
다음 가스분석법 중 흡수식인 것은?

① 오르자트법
② 밀도법
③ 자기법
④ 음향법

**해설**

가스분석법
가스분석법 중 흡수식인 것은 오르자트법이다.

## 43 ★★★
다음 측정 관련 용어에 대한 설명으로 틀린 것은?

① 측정량 : 측정하고자 하는 양
② 값 : 양의 크기를 함께 표현하는 수와 기준
③ 제어편차 : 목표치에 제어량을 더한 값
④ 양 : 수와 기준으로 표시할 수 있는 크기를 갖는 현상이나 물체 또는 물질의 성질

**해설**

측정 관련 용어
제어편차 : 목표치와 제어량의 차

## 44 ★★★
자동제어에서 비례동작에 대한 설명으로 옳은 것은?

① 조작부를 측정값의 크기에 비례하여 움직이게 하는 것
② 조작부를 편차의 크기에 비례하여 움직이게 하는 것
③ 조작부를 목푯값의 크기에 비례하여 움직이게 하는 것
④ 조작부를 외란의 크기에 비례하여 움직이게 하는 것

**해설**

비례동작
비례동작(P동작)은 조작부를 편차의 크기에 비례하여 움직이게 한다.

**정답** 41 ④  42 ①  43 ③  44 ②

## 45 ★

액주형 압력계 중 경사관식 압력계의 특징에 대한 설명으로 옳은 것은?

① 일반적으로 U자관보다 정밀도가 낮다.
② 눈금을 확대하여 읽을 수 있는 구조이다.
③ 통풍계로는 사용할 수 없다.
④ 미세압 측정이 불가능하다.

**해설**

액주형 압력계 - 경사관식 압력계
눈금을 확대하여 읽을 수 있는 구조이다.

## 46 ★★

액주식 압력계에 필요한 액체의 조건으로 틀린 것은?

① 점성이 클 것
② 열팽창계수가 작을 것
③ 성분이 일정할 것
④ 모세관현상이 작을 것

**해설**

액주식 압력계 - 액체조건
점성이 작은 액체를 사용한다.

## 47 ★★★

지름이 각각 0.6 [m], 0.4 [m]인 파이프가 있다. (1)에서의 유속이 8 [m/s]이면 (2)에서의 유속(m/s)은 얼마인가?

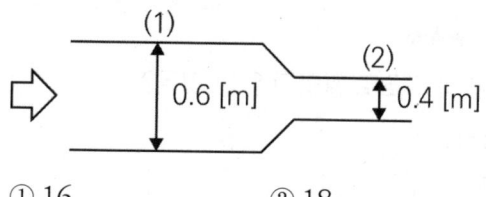

① 16  ② 18
③ 20  ④ 22

**해설**

유속
$Q = AV$
$A_1 V_1 = A_2 V_2$
$V_2 = V_1 \dfrac{A_1}{A_2} = V_1 \left(\dfrac{d_1}{d_2}\right)^2 = 8 \times \left(\dfrac{0.6}{0.4}\right)^2 = 18 \, [m/s]$

## 48 ★★★

열전대 온도계에 대한 설명으로 옳은 것은?

① 흡습 등으로 열화된다.
② 밀도차를 이용한 것이다.
③ 자기가열에 주의해야 한다.
④ 온도에 대한 열기전력이 크며 내구성이 좋다.

**해설**

열전대 온도계(Thermocouple)
온도에 대한 열기전력이 크며 내구성이 좋다.
① 흡습에 열화될 수 있는 것은 저항 온도계이다.
② 밀도차를 이용한 것은 액주 온도계 등이다.
③ 자기가열에 주의해야 하는 것은 저항 온도계이다.

**정답** 45 ② 46 ① 47 ② 48 ④

## 49 ★★★

1000 [℃] 이상인 고온의 노 내 온도측정을 위해 사용되는 온도계로 가장 적합하지 않은 것은?

① 제겔콘(Seger Cone) 온도계
② 백금 저항 온도계
③ 방사 온도계
④ 광고온계

**해설**

백금 저항 온도계
1000 [℃] 이상의 고온에서는 백금 저항체가 손상될 우려가 있다.

## 50 ★★★

압력 측정에 사용되는 액체의 구비조건 중 틀린 것은?

① 열팽창계수가 클 것
② 모세관현상이 작을 것
③ 점성이 작을 것
④ 일정한 화학 성분을 가질 것

**해설**

액체의 구비조건
- 열팽창계수가 작을 것
- 모세관현상이 작을 것
- 점도가 작을 것
- 휘발성, 흡수성이 적을 것

## 51 ★★

저항 온도계에 관한 설명 중 틀린 것은?

① 구리는 -200 ~ 500 [℃]에서 사용한다.
② 시간지연이 적어 응답이 빠르다.
③ 저항선의 재료로는 저항온도계수가 크며, 화학적으로나 물리적으로 안정한 백금, 니켈 등을 쓴다.
④ 저항 온도계는 금속의 가는 선을 절연물에 감아서 만든 측온 저항체의 저항치를 재어서 온도를 측정한다.

**해설**

저항 온도계의 측온 저항체 사용온도 범위
구리(Cu) : 0 ~ 120 [℃]

## 52 ★★

액면계에 대한 설명으로 틀린 것은?

① 유리관식 액면계는 경유탱크의 액면을 측정하는 것이 가능하다.
② 부자식은 액면이 심하게 움직이는 곳에는 사용하기 곤란하다.
③ 차압식 유량계는 정밀도가 좋아서 액면제어용으로 가장 많이 사용된다.
④ 편위식 액면계는 아르키메데스의 원리를 이용하는 액면계이다.

**해설**

차압식 유량계
차압식 유량계는 유량을 측정할 때 사용하는 장치이다.

정답  49 ②  50 ①  51 ①  52 ③

## 53 ★★

20 [L]인 물의 온도를 15 [℃]에서 80 [℃]로 상승시키는 데 필요한 열량은 약 몇 [kJ]인가?

① 4200
② 5400
③ 6300
④ 6900

**해설**

열량

$Q = mC(t_2 - t_1)$

$= 20 \times 4.18 \times (80 - 15) = 5434 \, [kJ]$

## 54 ★★

다음 중 송풍량을 일정하게 공급하려고 할 때 가장 적당한 제어방식은?

① 프로그램제어
② 비율제어
③ 추종제어
④ 정치제어

**해설**

제어방식 – 정치제어
송풍량을 일정하게 공급할 때 가장 적당한 제어방식은 정치제어이다.

## 55 ★★★

차압식 유량계의 종류가 아닌 것은?

① 벤투리
② 오리피스
③ 터빈유량계
④ 플로우노즐

**해설**

유량계
- 차압식 유량계 : 벤투리, 오리피스, 플로우노즐
- 용적식 유량계 : 터빈유량계

## 56 ★★

물을 함유한 공기와 건조공기의 열전도율 차이를 이용하여 습도를 측정하는 것은?

① 고분자 습도센서
② 염화리튬 습도센서
③ 서미스터 습도센서
④ 수정진동자 습도센서

**해설**

습도센서
- 고분자 습도센서 : 고분자 재료의 전기적 특성이 습도에 따라 달라짐을 이용하여 습도를 측정하는 센서
- 염화리튬 습도센서 : 염화리튬의 전기적 특성이 습도에 따라 달라지는 특성을 이용하여 습도를 측정하는 센서
- 서미스터 습도센서 : 수분흡수에 따라 전기 저항이 변하는 성질을 이용하여 습도를 측정하는 센서
- 수정진동자 습도센서 : 수정진동자의 진동수에 미치는 습도의 영향을 이용하여 습도를 측정하는 센서

**정답** 53 ② 54 ④ 55 ③ 56 ③

## 57 ★
가스열량 측정 시 측정 항목에 해당되지 않는 것은?

① 시료가스의 온도
② 시료가스의 압력
③ 실내온도
④ 실내 습도

**해설**
가스열량 측정 시 측정 항목
시료가스의 온도, 시료가스의 압력, 실내온도

## 58 ★
다음은 증기 압력제어의 병렬제어방식을 나타낸 것이다. ( ) 안에 알맞은 용어를 바르게 나열한 것은?

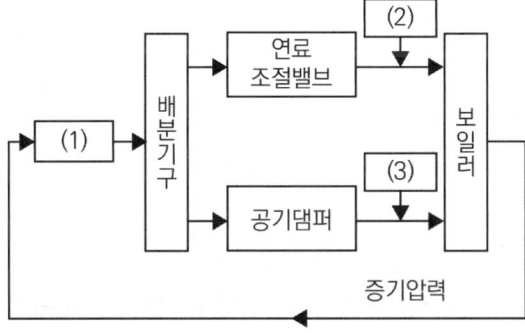

① (1) 동작신호, (2) 목표치, (3) 제어량
② (1) 조작량, (2) 설정신호, (3) 공기량
③ (1) 압력조절기, (2) 연료공급량, (3) 공기량
④ (1) 압력조절기, (2) 공기량, (3) 연료공급량

**해설**
압력제어의 병렬제어방식
(1) 압력조절기
(2) 연료공급량
(3) 공기량

## 59 ★★
서미스터 온도계의 특징이 아닌 것은?

① 소형이며 응답이 빠르다.
② 저항온도계수가 금속에 비하여 매우 작다.
③ 흡습 등에 의하여 열화되기 쉽다.
④ 전기 저항체 온도계이다.

**해설**
서미스터(Thermistor) 온도계
전기 저항이 온도에 따라 크게 변화하는 반도체이므로 응답이 빠르고 온도계수가 금속에 비해 크다.

## 60 ★
오르자트식 가스분석계로 측정하기 어려운 것은?

① $O_2$
② $CO_2$
③ $CH_4$
④ CO

**해설**
오르자트식 가스분석계
• 연소가스 속의 $CO_2$-$O_2$-CO를 화학적으로 흡수하는 시약을 이용하여 각 성분의 농도를 측정

## 4과목 | 열설비재료 및 관계법규

1회독 시간:   점수:
2회독 시간:   점수:
3회독 시간:   점수:

### 61 ★★

「에너지이용합리화법」에 따라 검사대상기기관리자의 신고 사유가 발생한 경우 발생한 날로부터 며칠 이내에 신고해야 하는가?

① 7일
② 15일
③ 30일
④ 60일

**해설**

신고 기간
검사대상기기관리자의 신고 사유가 발생한 경우 발생한 날로부터 30일 이내에 신고해야 한다.

### 62 ★

다음 중 연속식 요가 아닌 것은?

① 등요         ② 윤요
③ 터널요       ④ 고리가마

**해설**

연속식 요
조업방식(작업방식)에 따른 요로(가마)의 분류
- 연속요 : 터널요, 윤요(고리가마), 견요(샤프트로), 회전요(로터리가마)
- 반연속요 : 셔틀요, 등요
- 불연속요 : 횡염식·승염식·도염식 요

### 63 ★★★

「에너지이용합리화법」에 따라 효율관리기자재의 제조업자가 효율관리시험기관으로부터 측정결과를 통보받은 날 또는 자체측정을 완료한 날부터 그 측정결과를 며칠 이내에 한국에너지공단에 신고하여야 하는가?

① 15일
② 30일
③ 60일
④ 90일

**해설**

한국에너지공단에 신고 기간
「에너지이용합리화법」에 따라 효율관리 기자재 제조업자가 효율관리시험기관으로부터 측정결과를 통보받은 날 또는 자체측정을 완료한 날부터 그 측정 결과를 90일 이내에 한국에너지공단이사장에게 신고하여야 한다.

### 64 ★★★

「에너지이용합리화법」에 따라 에너지저장의무를 부과할 수 있는 대상자가 아닌 자는?

① 「전기사업법」에 의한 전기사업자
② 「도시가스사업법」에 의한 도시가스사업자
③ 「풍력사업법」에 의한 풍력사업자
④ 「석탄산업법」에 의한 석탄가공업자

**정답** 61 ③  62 ①  63 ④  64 ③

### 해설

에너지저장의무 부과할 수 있는 대상자
- 전기사업자
- 도시가스사업자
- 석탄가공업자
- 집단에너지사업자
- 연간 2만 [TOE] 이상의 에너지사용자

## 65 ★★

「에너지이용합리화법」에 따라 에너지수급안정을 위해 에너지공급을 제한 조치하고자 할 경우, 산업통상자원부장관은 조치 예정일 며칠 전에 이를 에너지공급자 및 에너지사용자에게 예고하여야 하는가?

① 3일　　② 7일
③ 10일　　④ 15일

### 해설

에너지공급 제한 조치 예정일 며칠 전 예고
에너지수급 안정을 위해 에너지공급을 제한하고자 할 경우 산업통상자원부장관은 조정 예정일 7일 전에 에너지공급자 및 에너지사용자에게 예고하여야 한다.

## 66 ★★★

「에너지이용합리화법」에 따라 검사를 받아야 하는 검사대상기기 중 소형 온수보일러의 적용범위 기준은?

① 가스사용량이 10 [kg/h]를 초과하는 보일러
② 가스사용량이 17 [kg/h]를 초과하는 보일러
③ 가스사용량이 21 [kg/h]를 초과하는 보일러
④ 가스사용량이 25 [kg/h]를 초과하는 보일러

### 해설

소형 온수보일러 적용범위
- 가스사용량이 17 [kg/h]를 초과하는 보일러
- 도시가스사용량이 232.6 [kW]를 초과하는 보일러

에너지이용합리화법 시행규칙 [별표 1] 열사용기자재(제1조의2 관련)

| 품목명 | 적용범위 |
|---|---|
| 소형 온수 보일러 | 전열면적이 14제곱미터 이하이고, 최고 사용압력이 0.35 [MPa] 이하의 온수를 발생하는 것. 다만 구멍탄용 온수보일러·축열식 전기보일러·가정용 화목보일러 및 가스사용량이 17 [kg/h](도시가스는 232.6킬로와트) 이하인 가스용 온수보일러는 제외한다. |

## 67 ★★★

온수탱크의 나면과 보온면으로부터 방산열량을 측정한 결과 각각 1163 [W/m²], 349 [W/m²]이었을 때, 이 보온재의 보온효율[%]은?

① 30
② 70
③ 93
④ 233

### 해설

보온효율

$$\eta = \left(1 - \frac{Q_2}{Q_1}\right) \times 100\,[\%] = \left(1 - \frac{349}{1163}\right) \times 100\,[\%]$$

≒ 70 [%]

정답　65 ②　66 ②　67 ②

## 68 ★★

「에너지이용합리화법」에 따라 에너지다소비사업자가 그 에너지사용시설이 있는 지역을 관할하는 시·도지사에게 신고하여야 하는 사항이 아닌 것은?

① 전년도의 분기별 에너지 사용량·제품생산량
② 해당연도의 분기별 에너지사용예정량·제품생산예정량
③ 내년도의 분기별 에너지이용합리화계획
④ 에너지사용기자개의 현황

> 해설
>
> 신고하여야 하는 사항
> 내년도 분기별 에너지이용합리화계획은 시·도지사에게 신고할 사항이 아니다.

## 69 ★★

「에너지이용합리화법」에서 정한 에너지다소비사업자의 에너지관리 기준이란?

① 에너지를 효율적으로 관리하기 위하여 필요한 기준
② 에너지관리 현황 조사에 대한 필요한 기준
③ 에너지 사용량 및 제품 생산량에 맞게 에너지를 소비하도록 만든 기준
④ 에너지관리 진단 결과 손실요인을 줄이기 위하여 필요한 기준

> 해설
>
> 에너지다소비사업자의 에너지관리 기준
> 에너지다소비업자의 에너지관리 기준이란 에너지를 효율적으로 관리하기 위하여 필요한 기준이다.

## 70 ★

유체가 관 내를 흐를 때 생기는 마찰로 인한 압력손실에 대한 설명으로 틀린 것은?

① 유체의 흐르는 속도가 빨라지면 압력손실도 커진다.
② 관의 길이가 짧을수록 압력손실은 작아진다.
③ 비중량이 큰 유체일수록 압력손실이 작다.
④ 관의 내경이 커지면 압력손실은 작아진다.

> 해설
>
> 마찰로 인한 압력손실
> $$\Delta p = \gamma h_L = f \frac{L}{d} \frac{\gamma V^2}{2g} [kPa]$$
> 비중량($\gamma$)이 큰 유체일수록 압력손실이 크다.

## 71 ★

「에너지이용합리화법」에 따라 최대 1천만 원 이하의 벌금에 처할 대상자에 해당되지 않는 자는?

① 검사대상기기관리자를 정당한 사유 없이 선임하지 아니한 자
② 검사대상기기의 검사를 정당한 사유 없이 받지 아니한 자
③ 검사에 불합격한 검사대상기기를 임의로 사용한 자
④ 최저소비효율 기준에 미달된 효율관리기자재를 생산한 자

### 해설
「에너지이용합리화법」 - 벌금
최저소비효율 기준에 미달된 효율관리기자재를 생산 또는 판매금지 명령을 위반한 자는 2천만 원 이하의 벌금에 처한다.

## 72 ★★
연료를 사용하지 않고 용선의 보유열과 용선속 불순물의 산화열에 의해서 노 내 온도를 유지하며 용강을 얻는 것은?

① 평로
② 고로
③ 반사로
④ 전로

### 해설
전로(Converter)
선철을 노 속에 넣고 산소 등의 산화가스 등을 주입하여 강을 만드는 서양배와 같은 형태의 노로 용강을 얻는다.

## 73 ★★
관의 신축량에 대한 설명으로 옳은 것은?

① 신축량은 관의 열팽창계수, 길이, 온도차에 반비례한다.
② 신축량은 관의 길이, 온도차에는 비례하지만 열팽창계수는 반비례한다.
③ 신축량은 관의 열팽창계수, 길이, 온도차에 비례한다.
④ 신축량은 관의 열팽창계수에 비례하고 온도차와 길이에 반비례한다.

### 해설
관의 신축량
관의 길이, 관의 선(열)팽창계수, 온도차에 비례한다.
신축량 : $\lambda = \alpha L \Delta t$
($\lambda$ : 신축량[mm], $\alpha$ : 선팽창계수, L : 관의 길이 [mm], $\Delta t$ : 온도차)

## 74 ★★
「에너지법」에서 정한 에너지에 해당하지 않는 것은?

① 열
② 연료
③ 전기
④ 원자력

### 해설
「에너지법」에서 정한 에너지
연료, 열, 전기

## 75 ★★
「에너지이용합리화법」에 따라 연간 검사대상 기기의 검사유효 기간으로 틀린 것은?

① 보일러의 개조검사는 2년이다.
② 보일러의 계속사용검사는 1년이다.
③ 압력용기의 계속사용검사는 2년이다.
④ 보일러의 설치장소 변경검사는 1년이다.

정답 ● 72 ④ 73 ③ 74 ④ 75 ①

**해설**

검사대상기기검사유효기간

| 검사의 종류 | | 검사유효기간 |
|---|---|---|
| 설치검사 | | 1. 보일러 : 1년<br>다만 운전성능 부문의 경우에는 3년 1개월로 한다.<br>2. 압력용기 및 철금속가열로 : 2년 |
| 개조검사 | | 1. 보일러 : 1년<br>2. 압력용기 및 철금속가열로 : 2년 |
| 설치장소<br>변경검사 | | 1. 보일러 : 1년<br>2. 압력용기 및 철금속가열로 : 2년 |
| 재사용검사 | | 1. 보일러 : 1년<br>2. 압력용기 및 철금속가열로 : 2년 |
| 계속<br>사용<br>검사 | 안전<br>검사 | 1. 보일러 : 1년<br>2. 압력용기 : 2년 |
| | 운전<br>성능<br>검사 | 1. 보일러 : 1년<br>2. 철금속가열로 : 2년 |

## 76 ★★★

「에너지이용합리화법」에 따라 에너지 사용량이 대통령령으로 정하는 기준량 이상인 자는 산업통상자원부령으로 정하는 바에 따라 매년 언제까지 시·도지사에게 신고하여야 하는가?

① 1월 31일까지
② 3월 31일까지
③ 6월 30일까지
④ 12월 31일까지

**해설**

신고 날짜
에너지 사용량이 대통령령으로 정하는 기준량 이상인자는 산업통상자원부령으로 정하는 바에 따라 매년 1월 31일까지의 시·도지사에게 신고해야 한다.

## 77 ★

「에너지이용합리화법」에 따라 공공사업주관자는 에너지사용계획의 조정 등 조치 요청을 받은 경우에는 산업통상자원부령으로 정하는 바에 따라 조치 이행계획을 작성하여 제출하여야 한다. 다음 중 이행계획에 반드시 포함되어야 하는 항목이 아닌 것은?

① 이행예산
② 이행주체
③ 이행방법
④ 이행시기

**해설**

이행계획에 반드시 포함되어야 하는 항목
이행주체, 이행방법, 이행시기

## 78 ★★★

다음 중 산성 내화물에 속하는 벽돌은?

① 고알루미나질
② 크롬 - 마그네시아질
③ 마그네시아질
④ 샤모티질

정답 76 ① 77 ① 78 ④

**해설**

산성 내화물
- 고알루미나질 : 중성질
- 크롬 - 마그네시아질 : 염기성
- 마그네시아질 : 염기성
- 샤모티질 : 산성

## 79 ★★★

다음 중 불연속식 요에 해당하지 않는 것은?

① 횡염식 요  ② 승염식 요
③ 터널요  ④ 도염식 요

**해설**

불연속식 요
터널 요는 도자기, 내화물 따위를 굽는 터널 모양의 가마로 연속식 요(가마)이다. 불연속식 요로는 횡염식, 승염식, 도염식 요가 있다.

## 80 ★

「에너지이용합리화법령」상 검사대상기기의 계속사용검사 유효기간 만료일이 9월 1일 이후인 경우 계속사용검사를 연기할 수 있는 기간 기준은 몇 개월 이내인가?

① 2개월  ② 4개월
③ 6개월  ④ 10개월

**해설**

연기할 수 있는 기간
계속사용검사를 연기할 수 있는 기간의 기준은 만료일 이후 4개월 이내로 한다.

### 5과목 | 열설비설계

## 81 ★★★

수질(水質)을 나타내는 ppm의 단위는?

① 1만분의 1단위
② 십만분의 1단위
③ 백만분의 1단위
④ 1억분의 1단위

**해설**

수질을 나타내는 ppm의 단위
ppm(parts per million) : 백만분의 1단위
물 1 [L] 중에 함유한 시료의 양을 [mg]으로 표시한 것

## 82 ★★★

저온 부식의 방지방법이 아닌 것은?

① 과잉공기를 적게 하여 연소한다.
② 발열량이 높은 황분을 사용한다.
③ 연료첨가제(수산화마그네슘)를 이용하여 노점온도를 낮춘다.
④ 연소배기가스의 온도가 너무 낮지 않게 한다.

**해설**

저온 부식 방지방법
황(S) 성분은 저온 부식의 원인이므로 황(S)을 제거하면 저온 부식이 방지된다.

정답  79 ③  80 ②  81 ③  82 ②

## 83 ★★

어떤 연료 1 [kg]당 발열량이 26456 [kJ]이다. 이 연료 50 [kg/h]을 연소시킬 때 발생하는 열이 모두 일로 전환된다면 이때 발생하는 동력 [kW]은?

① 320.44
② 457.44
③ 367.44
④ 625.44

**해설**

동력

$$동력 = \frac{H_L \times m_f}{3600} = \frac{26456 \times 50}{3600} = 367.44 \, [kW]$$

## 84 ★★

유체의 압력손실은 배관 설계 시 중요한 인자이다. 압력손실과의 관계로 틀린 것은?

① 압력손실은 관마찰계수에 비례한다.
② 압력손실은 유속의 제곱에 비례한다.
③ 압력손실은 관의 길이에 반비례한다.
④ 압력손실은 관의 내경에 반비례한다.

**해설**

압력손실

$$\Delta P = \gamma h_L = f \frac{L}{d} \frac{\gamma V^2}{2g} \, [kPa]$$

압력강하에 의한 직관(Pipe)의 손실은 관의 길이에 비례한다.

## 85 ★

보일러수로서 가장 적절한 pH는?

① 5 전후
② 7 전후
③ 11 전후
④ 14 이상

**해설**

보일러수 pH
부식 및 스케일 방지를 위해 약알칼리성 pH 10.5 ~ 11.5이 가장 적절하다.

## 86 ★★★

보일러 부하의 급변으로 인하여 동 수면에서 작은 입자의 물방울이 증기와 혼입하여 튀어 오르는 현상을 무엇이라고 하는가?

① 캐리오버
② 포밍
③ 프라이밍
④ 피팅

**해설**

프라이밍
부하의 급격한 증가, 규정 압력 이하에서 작은 입자의 물방울이 증기와 혼입하여 튀어 오르는 현상을 말한다.

## 87 ★★

보일러에 부착되어 있는 압력계의 최고눈금은 보일러의 최고사용압력의 최대 몇 배 이하의 것을 사용해야 하는가?

① 1.5배
② 2.0배
③ 3.0배
④ 3.5배

**정답** 83 ③  84 ③  85 ③  86 ③  87 ③

### 해설

**압력계의 최고눈금**
열사용기자재의 검사 및 검사면제에 관한 기준
46.2.2 압력계
압력계의 최고눈금은 최고사용압력의 1.5 ~ 3배인 것이어야 한다.

## 88 ★★

보일러 내처리제와 그 작용에 대한 연결로 틀린 것은?

① 탄산나트륨 - pH조정
② 수산화나트륨 - 연화
③ 탄닌 - 슬러지조정
④ 암모니아 - 포밍방지

### 해설

**보일러 내처리제**
암모니아는 pH 및 알칼리조정제이다. 포밍방지제는 고급 지방산(에스터, 폴리알콜류, 폴리아인)이 있다.

## 89 ★

바이메탈트랩에 대한 설명으로 옳은 것은?

① 배기능력이 탁월하다.
② 과열증기에도 사용할 수 있다.
③ 개폐온도의 차가 적다.
④ 밸브폐색의 우려가 있다.

### 해설

**바이메탈트랩**
바이메탈 증기트랩은 소형이며 배기능력이 우수하고 정비가 쉽다.

## 90 ★★★

유량 7 [m³/s]의 주철제 도수관의 지름[mm]은? (단, 평균유속(V)은 3 [m/s]이다)

① 680
② 1312
③ 1723
④ 2163

### 해설

**유량 – 도수관의 지름**

$Q = AV = \dfrac{\pi d^2}{4} V$

$7 = \dfrac{\pi d^2}{4} \times 3$

$\therefore d = 1.723 \, [m] = 1723 \, [mm]$

## 91 ★★

저압용으로 내식성이 크고, 청소하기 쉬운 구조이며, 증기압이 2 [kg/cm²] 이하의 경우에 사용되는 절탄기는?

① 강관식
② 이중관식
③ 주철관식
④ 황동관식

### 해설

**절탄기의 종류**
- 강관식 : 고압용에 적합
- 주철관식 : 저압용에 적합, 증기압 2 [kg/cm²] 이하의 경우에 사용

정답  88 ④  89 ①  90 ③  91 ③

## 92 ★★

보일러 안전사고의 종류가 아닌 것은?

① 노통, 수관, 연관 등의 파열 및 균열
② 보일러 내의 스케일 부착
③ 동체, 노통, 화실의 압궤 및 수관, 연관 등 전열면의 팽출
④ 연도가 노 내의 가스폭발, 역화 그 외의 이상 연소

**해설**

안전사고의 종류
보일러 내의 스케일 부착은 전열을 방해하므로 과열의 원인이 된다.

## 93 ★★

육용 강재 보일러의 구조에 있어서 동체의 최소 두께 기준으로 틀린 것은?

① 안지름이 900 [mm] 이하인 것은 4 [mm]
② 안지름이 900 [mm] 초과, 1350 [mm] 이하인 것은 8 [mm]
③ 안지름이 1350 [mm] 초과, 1850 [mm] 이하인 것은 10 [mm]
④ 안지름이 1850 [mm]를 초과하는 것은 12 [mm]

**해설**

동체의 최소 두께 기준
열사용기자재의 검사 및 검사면제에 관한 기준
4.1 동체 두께의 제한
동체의 최소두께는 다음의 값 이상이어야 한다.

⑴ 안지름 900 [mm] 이하인 것은 6 [mm]. 다만 스테이를 부착하는 경우는 8 [mm]
⑵ 안지름 900 [mm]를 초과하고, 1350 [mm] 이하인 것은 8 [mm]
⑶ 안지름 1350 [mm]를 초과하고, 1850 [mm] 이하인 것은 10 [mm]
⑷ 안지름 1850 [mm]를 초과하는 것은 12 [mm]

## 94 ★★

노 앞과 연도 끝에 통풍 팬을 설치하여 노 내의 압력을 임의로 조절할 수 있는 방식은?

① 자연통풍식
② 압입통풍식
③ 유인통풍식
④ 평형통풍식

**해설**

평형통풍식
노 앞의 연도 끝에 통풍 팬을 설치하여 노 내의 압력을 임의로 조절할 수 있는 방식

## 95 ★★

랭커셔보일러에 대한 설명으로 틀린 것은?

① 노통이 2개이다.
② 부하변동 시 압력 변화가 적다.
③ 연관보일러에 비해 전열면적이 작고 효율이 낮다.
④ 급수처리가 까다롭고 가동 후 증기 발생시간이 길다.

**정답** 92 ② 93 ① 94 ④ 95 ④

**해설**

랭커셔보일러
노통보일러의 장점과 단점
(1) 장점
　① 구조가 간단하고 제작이나 취급이 용이하다.
　② 랭커셔보일러는 노통이 2개이다.
　③ 급수처리가 까다롭지 않다.
　④ 보유수량이 많아 부하변동에 대해 압력 변화가 적다.
　⑤ 원통형이라 강도가 크다.
(2) 단점
　① 보일러 효율이 좋지 않다.
　② 파열 시 보유수량이 많아 피해가 크다.
　③ 내분식으로 연소실의 크기에 제한을 받고 연료 선택이 까다롭다.
　④ 전열면적에 비해 보유수량이 많아 증기발생 시간의 지연이 길다.

## 96 ★★

다음 중 스케일의 주성분에 해당되지 않는 것은?

① 탄산칼슘
② 규산칼슘
③ 탄산마그네슘
④ 과산화수소

**해설**

스케일(Scale)의 주성분
탄산칼슘, 규산칼슘, 탄산마그네슘

## 97 ★

입형 횡관보일러의 안전저수위로 가장 적당한 것은?

① 하부에서 75 [mm] 지점
② 횡관 전길이의 1/3 높이
③ 화격자 하부에서 100 [mm] 지점
④ 화실 천정판에서 상부 75 [mm] 지점

**해설**

열사용기자재의 검사 및 검사면제에 관한 기준
17.3 수면계의 부착
원형 보일러에서는 특별한 경우를 제외하고, 상용수위가 중심선에 오도록 부착하여 최저수위가 다음 〈표 17.1〉의 위치에 있도록 한다.

〈표 17.1〉 수면계의 부착위치

| 보일러의 종별 | 부착위치 |
|---|---|
| 직립형 보일러 | 연소실 천정판 최고부(플랜지부 제외) 위 75 [mm] |
| 직립형 연관보일러 | 연소실 천정판 최고부 위 연관길이의 1/3 |
| 수평연관 보일러 | 연관의 최고부 위 75 [mm] |
| 노통연관 보일러 | 연관의 최고부 위 75 [mm]. 다만 연관 최고부분보다 노통 윗면이 높은 것으로서는 노통 최고부(플랜지부를 제외) 위 100 [mm] |
| 노통보일러 | 노통 최고부(플랜지부를 제외) 위 100 [mm] |

정답　96 ④　97 ④

## 98 ★★★

보일러의 과열에 의한 압궤의 발생부분이 아닌 것은?

① 노통 상부
② 화실 천장
③ 연관
④ 가셋트 스테이

**해설**

압궤의 발생부분
- 노통 상부, 연관, 화실 천장
- 가셋트 스테이 : 경판과 동판의 강도를 보강하기 위한 이음부

## 99 ★★★

저온가스 부식을 억제하기 위한 방법이 아닌 것은?

① 연료 중의 황성분을 제거한다.
② 첨가제를 사용한다.
③ 공기예열기 전열면 온도를 높인다.
④ 배기가스 중 바나듐의 성분을 제거한다.

**해설**

저온가스 부식 억제방법
배기가스 중 바나듐은 고온 부식을 일으키는 원소이다.

## 100 ★★

보일러 설치·시공 기준상 대형 보일러를 옥내에 설치할 때 보일러 동체 최상부에서 보일러실 상부에 있는 구조물까지의 거리는 얼마 이상이어야 하는가? (단, 주철제 보일러는 제외한다)

① 60 [cm]
② 1 [m]
③ 1.2 [m]
④ 1.5 [m]

**해설**

보일러 설치·시공 기준
열사용기자재의 검사 및 검사면제에 관한 기준
22.1.1 옥내설치
보일러를 옥내에 설치하는 경우 보일러 동체 최상부로부터(보일러의 검사 및 취급에 지장이 없도록 작업대를 설치한 경우에는 작업대로부터) 천정, 배관 등 보일러 상부에 있는 구조물까지의 거리는 1.2 [m] 이상이어야 한다. 다만 소형보일러 및 주철제 보일러의 경우에는 0.6 [m] 이상으로 할 수 있다.

**정답** 98 ④ 99 ④ 100 ③

# 2024 제2회 CBT 복원

**1과목** 연소공학

## 01 ★★

집진장치 중 하나인 사이클론의 특징으로 틀린 것은?

① 원심력 집진장치이다.
② 다량의 물 또는 세정액을 필요로 한다.
③ 함진가스의 충돌로 집진기의 마모가 쉽다.
④ 사이클론 전체로서의 압력손실은 입구 헤드의 4배 정도이다.

**해설**

집진장치(사이클론)
사이클론식은 원심력으로 함진가스에 선회운동을 주어 입자를 분리시키는 방식이다.
※ 다량의 물 또는 세정액을 필요로 하는 집진장치는 함진가스를 세정액 또는 액막 등에 충돌시키거나 충분히 접촉시켜서 액에 의한 포집을 하는 세정식이다.

## 02 ★

증기운 폭발의 특징에 대한 설명으로 틀린 것은?

① 폭발보다 화재가 많다.
② 연소에너지의 약 20 [%]만 폭풍파로 변한다.
③ 증기운의 크기가 클수록 점화될 가능성이 커진다.
④ 점화위치가 방출점에서 가까울수록 폭발위력이 크다.

**해설**

증기운 폭발(Vapor Cloud Explosion)
점화위치가 방출점에서 멀수록 그만큼 가연성 증기가 많이 유출된 것이므로 폭발위력이 크다. 이는 석유화학공장에서 자주 일어나는 폭발사고이다.

## 03 ★★

연소를 계속 유지시키는 데 필요한 조건에 대한 설명으로 옳은 것은?

① 연료에 산소를 공급하고 착화온도 이하로 억제한다.
② 연료에 발화온도 미만의 저온 분위기를 유지시킨다.
③ 연료에 산소를 공급하고 착화온도 이상으로 유지한다.
④ 연료에 공기를 접촉시켜 연소속도를 저하시킨다.

**정답** 01 ② 02 ④ 03 ③

해설

**연소 유지조건**

연소를 연속적으로 유지시키기 위해서(완전 연소가 이루어지기 위해서)는 연료를 착화온도 이상으로 유지시키면서 연료에 충분한 산소를 공급해 주어야 한다.

## 04 ★★

액체 연료 연소장치 중 회전식 버너의 특징에 대한 설명으로 틀린 것은?

① 분무각은 10° ~ 40° 정도이다.
② 유량조절범위는 1 : 5 정도이다.
③ 자동제어에 편리한 구조로 되어 있다.
④ 부속설비가 없으며 화염이 짧고 안정한 연소를 얻을 수 있다.

해설

**회전분무식 버너의 분무각**

회전분무식 버너의 분무각은 40° ~ 80°이다.

## 05 ★★★

일반적인 천연가스에 대한 설명으로 가장 거리가 먼 것은?

① 주성분은 메테인이다.
② 발열량이 비교적 높다.
③ 프로페인가스보다 무겁다.
④ LNG는 대기압하에서 비등점이 -162 [℃]인 액체이다.

해설

**액화천연가스(LNG)**

주성분이 메테인($CH_4$)으로 프로페인($C_3H_8$)보다 가볍다.

## 06 ★★★

연소장치의 연소효율($E_C$)식이 아래와 같을 때 $H_2$는 무엇을 의미하는가? (단, $H_C$ : 연료의 발열량, $H_1$ : 연소 중의 미연탄소에 의한 손실이다)

$$E_C = \frac{H_C - H_1 - H_2}{H_C}$$

① 전열손실
② 현열손실
③ 연료의 저발열량
④ 불완전 연소에 따른 손실

해설

**연소장치 연소효율($E_C$)**

$$E_C = \frac{H_C - H_1 - H_2}{H_C}$$

$H_C$ : 연료의 발열량
$H_1$ : 연소 중의 미연탄소에 의한 손실
$H_2$ : 불완전 연소에 따른 손실

## 07 ★★

고위발열량이 37674 [kJ/kg]인 연료 3 [kg]이 연소할 때의 총저위발열량은 몇 [kJ]인가? (단, 이 연료 1 [kg]당 수소분은 15 [%], 수분은 1 [%]의 비율로 들어 있다)

① 112300.04
② 102773.04
③ 143882.04
④ 154880.04

**해설**

**총저위발열량**
총저위발열량($H_L$)
= 총고위발열량($H_h$) - 총잠열($H_l$)
= [37674 - 2512(W + 9H)] × 3
= [37674 - 2512(0.01 + 9 × 0.15)] × 3
= 102773.04 [kJ]

## 08 ★★

체적이 3 [L], 질량이 15 [kg]인 물질의 비체적($cm^3/g$)은?

① 0.2
② 1.0
③ 3.0
④ 5.0

**해설**

**비체적**
$v = \dfrac{V}{m} = \dfrac{0.003}{15} = 0.0002 \, [m^3/kg] = 0.2 \, [cm^3/g]$

※ 1 [L] = 1000 [mL] = 0.001 [$m^3$] = 1000 [$cm^3$]

## 09 ★★★

황의 연소반응식이 S + $O_2$ → $SO_2$일 때, 이론 공기량은?

① 1.88 [$Nm^3/kg$]
② 2.38 [$Nm^3/kg$]
③ 2.88 [$Nm^3/kg$]
④ 3.33 [$Nm^3/kg$]

**해설**

**이론공기량**

$O_0 = \dfrac{22.4 \, [Nm^3]}{32 \, [kg]} = 0.7 \, [Nm^3/kg]$

$A_0 = \dfrac{O_0}{0.21} = \dfrac{0.7 \, [Nm^3/kg]}{0.21} = 3.33 \, [Nm^3/kg]$

## 10 ★★

과열증기에 대한 설명으로 옳은 것은?

① 습포화증기에서 압력을 높인 것이다.
② 동일압력에서 온도를 높인 습포화증기이다.
③ 건포화증기를 가열해서 압력을 높인 것이다.
④ 건포화증기에 열을 가해 온도를 높인 것이다.

**해설**

**과열증기**
건조포화증기를 다시 가열하면 증기의 온도는 상승하는데, 이것을 과열증기라 한다.

## 11 ★★★

보일러 연료의 완전 연소 시 공기비(m)의 일반적인 값은?

① m > 1  ② m = 1
③ m < 1  ④ m = 0

**해설**

공기비
완전 연소를 하기 위해서는 실제공기량은 이론공기량에 비해 커야 하므로 공기비는 1보다 크다.

## 12 ★★★

연료 1 [kg]을 연소시키는 데 이론적으로 2.5 [Nm³]의 산소가 소요된다. 이 연료 1 [kg]을 공기비 1.2로 연소시킬 때 필요한 실제공기량 (Nm²/kg)은?

① 11.9  ② 14.3
③ 18.5  ④ 24.4

**해설**

실제공기량

$$A_a = mA_0 = m \times \frac{O_0}{0.21} = 1.2 \times \frac{2.5}{0.21} = 14.2857$$
$$\fallingdotseq 14.3 [Nm^3/kg]$$

## 13 ★★★

중유에 대한 설명으로 틀린 것은?

① 점도에 따라 A급, B급, C급으로 나눈다.
② 비중은 약 0.79 ~ 0.85이다.
③ 보일러용 연료로 많이 사용된다.
④ 인화점은 약 60 ~ 150 [℃] 정도이다.

**해설**

중유
- 점도에 따라 A급, B급, C급으로 나눈다.
- 중유의 비중은 0.85 ~ 0.99이다.
- 석유계 액체연료이다.
- 인화점은 약 60 ~ 150 [℃] 정도이다.
- 보일러용 연료로 많이 사용된다.

## 14 ★★★

연소의 3요소에 해당하지 않는 것은?

① 가연물
② 인화점
③ 산소 공급원
④ 점화원

**해설**

연소의 3요소
가연물, 산소공급원, 점화원

## 15 ★★★

다음 중 집진효율이 가장 좋은 집진장치는 무엇인가?

① 중력식 집진장치
② 관성력식 집진장치
③ 전기식 집진장치
④ 여과식 집진장치

**해설**

집진장치
전기식 집진장치가 집진효율이 가장 좋다.

**정답** 11 ① 12 ② 13 ② 14 ② 15 ③

## 16 ★★★

섭씨와 화씨의 온도 눈금이 같은 경우는 몇 도 인가?

① 20 [℃]
② 0 [℃]
③ -20 [℃]
④ -40 [℃]

**해설**

온도

화씨온도[℉] = $\frac{9}{5}$ × 섭씨온도[℃] + 32

$x = \frac{9}{5}x + 32$

$x = -40$

## 17 ★★

집진장치의 선택을 위한 고려사항으로 가장 거리가 먼 것은?

① 분진의 색상
② 설치장소
③ 예상 집진효율
④ 분진의 입자크기

**해설**

집진장치 고려사항
분진의 색상은 고려사항이 아니다.

## 18 ★★

고체 연료를 사용하는 어떤 열기관의 출력이 3000 [kW]이고 연료소비율이 1400 [kg/h]일 때 이 열기관의 열효율은 약 몇 [%] 인가? (단, 이 고체 연료의 중량비는 C = 81.5 [%], H = 4.5 [%], O = 8 [%], S = 2 [%], W = 4 [%]이다)

① 23 [%]  ② 28 [%]
③ 32 [%]  ④ 45 [%]

**해설**

열효율

(1) 연료의 고위발열량

$H_h = 8100C + 34000\left(H - \frac{O}{8}\right) + 2500S$ [kcal/kg]

$= 8100 \times 0.815 + 3400 \times \left(0.045 - \frac{0.08}{8}\right) + 2500 \times 0.02$

$= 6770.5 [kcal/kg]$

(2) 연료의 저위발열량

$H_l = H_h - 600(9H + W)$

$= 6770.5 - 600(9 \times 0.045 + 0.04)$

$= 6503.5 [kcal/kg] = 27210.644 [kJ/kg]$

※ 1 [kW] = 3600 [kJ/h]

$\eta = \frac{3000 [kW]}{H_L \times m_f} \times 100 [\%]$

$= \frac{3600 \times 3000}{28 \times 10^3 \times 1400} \times 100 [\%] ≒ 28 [\%]$

## 19 ★★

다음 성분 중 연료의 조성을 분석하는 방법 중에서 공업분석으로 알 수 없는 것은?

① 수분(W)   ② 회분(A)
③ 휘발분(V)  ④ 수소(H)

정답  16 ④  17 ①  18 ②  19 ④

### 해설

**연료의 조성분석방법**

공업분석(Technical Analysis)은 석탄 등 고체 연료에 대해 수분(W), 회분(A), 휘발분(V)을 분석하고 이들의 나머지로서 고정탄소를 산출해서 무게 백분율로 나타낸 것을 간이분석법이라고 한다.

## 20 ★★

코크스로 가스를 100 [$Nm^3$] 연소한 경우 습연소가스량과 건연소가스량의 차이는 약 몇 [$Nm^3$]인가? (단, 코크스로가스의 조성(용량%)은 $CO_2$ 3 [%], CO 8 [%], $CH_4$ 30 [%], $C_2H_4$ 4 [%], $H_2$ 50 [%] 및 $N_2$ 5 [%]이다)

① 108
② 118
③ 128
④ 138

### 해설

**습연소가스량과 건연소가스량**

$H_2 + \frac{1}{2}O_2 \to H_2O$

$CO + \frac{1}{2}O_2 \to CO_2$

$CH_4 + 2O_2 \to CO_2 + 2H_2O$

$C_2H_4 + 3O_2 \to 2CO_2 + 2H_2O$

(1) 이론 습연소가스량($G_{ow}$)
   = 이론 건연소가스량($G_{od}$) + 생성된 $H_2O$양
∴ 이론 습연소가스량($G_{ow}$)
   - 이론 건연소가스량($G_{od}$)
   = 생성된 $H_2O$양

(2) 생성된 $H_2O$양
   = (1 × 0.5) + (2 × 0.3) + (2 × 0.04)
   = 1.18 [$Nm^3/Nm^3$]

총 사용연료량 100 [$Nm^3$]을 곱하면
∴ 1.18 [$Nm^3/Nm^3$] × 100 [$Nm^3$] = 118 [$Nm^3$]

---

**2과목 열역학**

| 1회독 | 시간 : | 점수 : |
| 2회독 | 시간 : | 점수 : |
| 3회독 | 시간 : | 점수 : |

## 21 ★★★

다음 중 랭킨 사이클의 열효율을 높이는 방법으로 옳지 않은 것은?

① 복수기의 압력을 상승시킨다.
② 사이클의 최고 온도를 높인다.
③ 보일러의 압력을 상승시킨다.
④ 재열기를 사용하여 재열 사이클로 운전한다.

### 해설

**랭킨 사이클의 열효율 향상방법**

초온 초압을 높이거나 복수기의 압력(배압)을 낮출수록 증가한다.

## 22 ★

성능계수가 5.0, 압축기에서 냉매의 단위질량당 압축하는 데 요구되는 에너지는 200 [kJ/kg]인 냉동기에서 냉동능력 1 [kW]당 냉매의 순환량[kg/h]은?

① 1.8
② 3.6
③ 5.0
④ 20.0

정답 ● 20 ② 21 ① 22 ②

> **해설**

냉매의 순환량

$$냉매의 순환량(G) = \frac{냉동능력(Q_e)}{냉동효과(q_e)} = \frac{3600\,[kJ/h]}{\epsilon_R \times W_c}$$

$$= \frac{3600}{5.0 \times 200} = 3.6\,[kg/h]$$

※ $1\,[kW] = 3600\,[kJ/h]$

## 23 ★★

밀폐계의 등온 과정에서 이상기체가 행한 단위 질량당 일은? (단, 압력과 부피는 $P_1$, $V_1$에서 $P_2$, $V_2$로 변하며 T는 온도, R은 기체상수이다)

① $RT \ln\left(\dfrac{P_1}{P_2}\right)$

② $\ln\left(\dfrac{V_1}{V_2}\right)$

③ $(P_2 - P_1)(V_2 - V_1)$

④ $R \ln\left(\dfrac{P_1}{P_2}\right)$

> **해설**

이상기체의 단위질량당 일

$$_1W_2 = PV \ln\frac{P_1}{P_2} = PV \ln\frac{V_2}{V_1}$$

$$= RT \ln\frac{P_1}{P_2} = RT \ln\frac{V_2}{V_1}\,[kJ/kg]$$

## 24 ★★

이상기체가 등온 과정에서 외부에 하는 일에 대한 관계식으로 틀린 것은? (단, R은 기체상수이고, 계에 대해서 m은 질량, V는 부피, P는 압력을 나타낸다. 또한 하첨자 "1"은 변경 전, 하첨자 "2"는 변경 후를 나타낸다)

① $P_1 V_1 \ln \dfrac{V_2}{V_1}$

② $P_1 V_1 \ln \dfrac{P_2}{P_1}$

③ $mRT \ln \dfrac{P_1}{P_2}$

④ $mRT \ln \dfrac{V_2}{V_1}$

> **해설**

등온 변화 시 이상기체가 외부에 하는 일

$$W = P_1 V_1 \ln \frac{V_2}{V_1} = P_1 V_1 \ln \frac{P_1}{P_2}$$

$$= mRT \ln \frac{P_1}{P_2} = mRT \ln \frac{V_2}{V_1}$$

## 25 ★★★

저위발열량 40000 [kJ/kg]인 연료를 쓰고 있는 열기관에서 이 열이 전부 일로 바꾸어지고, 연료 소비량이 20 [kg/h]이라면 발생되는 동력은 약 몇 [kW]인가?

① 110
② 222
③ 346
④ 820

정답 • 23 ① 24 ② 25 ②

해설

동력

열효율($\eta$)

$$= \frac{\text{동력}}{\text{연료저위발열량}(H_L) \times \text{시간당연료소비량}} \times 100[\%]$$

동력 $= \eta \times H_L \times$ 시간당연료소비량

$\quad = 1 \times 40000 \times 20 = 800000 \, [kJ/h]$

$\quad = 800000 \div 3600 = 222.22 \, [kW]$

※ $1 \, [kW] = 3600 \, [kJ/h]$

## 26 ★

공기의 기체상수가 0.287 [kJ(kg·K)]일 때 표준 상태(0 [℃], 1기압)에서 밀도는 약 몇 [kg/m³]인가?

① 1.29
② 1.87
③ 2.14
④ 2.48

해설

표준 상태에서의 밀도

$Pv = RT$, $v = \dfrac{1}{\rho}$

$\therefore \rho = \dfrac{P}{RT} = \dfrac{101.325}{0.287 \times 273} = 1.293 \, [kg/m^3]$

## 27 ★★★

랭킨(Rankine) 사이클에서 재열을 사용하는 목적은?

① 응축기 온도를 높이기 위해서
② 터빈 압력을 높이기 위해서
③ 보일러 압력을 낮추기 위해서
④ 열효율을 개선하기 위해서

해설

랭킨(Rankine) 사이클에서 재열 사용목적

재열 사이클의 목적은 습도로 인한 터빈날개 부식(기계적 마모)요인 감소 방지 및 열효율을 개선시킨 사이클이다.

## 28 ★★

110 [kPa], 20 [℃]의 공기가 정압 과정으로 온도가 50 [℃]만큼 상승한 다음(즉 70 [℃]가 됨), 등온 과정으로 압력이 반으로 줄어들었다. 최종 비체적은 최초 비체적의 약 몇 배인가?

① 0.585
② 1.17
③ 1.71
④ 2.34

해설

최종 비체적/최초 비체적

정압 과정, 등온 과정

$\dfrac{V_1}{T_1} = \dfrac{V_2}{T_2}$, $\dfrac{T_2}{T_1} = \dfrac{P_1}{P_2}$

$\dfrac{V_2}{V_1} = \dfrac{T_2}{T_1} \times \dfrac{P_1}{P_2} = \dfrac{343}{293} \times 2$

$\quad \fallingdotseq 2.34$

정답 ● 26 ① 27 ④ 28 ④

## 29 ★★★

열역학 제2법칙에 관한 다음 설명 중 옳지 않은 것은?

① 100 [%]의 열효율을 갖는 열기관은 존재할 수 없다.
② 단일열원으로부터 열을 전달받아 사이클 과정을 통해 모두 일로 변화시킬 수 있는 열기관이 존재할 수 있다.
③ 열은 저온부로부터 고온부로 자연적으로 전달되지는 않는다.
④ 고립계에서 엔트로피는 항상 증가하거나 일정하게 보존된다.

**해설**

열역학 제2법칙
- 열역학 제2법칙 = 엔트로피 증가 법칙
  = 비가역 법칙
- 단일열원으로부터 열을 받아 사이클 과정을 통해 모두 일로 변환시킬 수 있는 열기관은 존재하지 않는다.

## 30 ★★★

온도가 400 [℃]인 열원과 300 [℃]인 열원 사이에서 작동하는 카르노 열기관이 있다. 이 열기관에서 방출되는 300 [℃]의 열은 또 다른 카르노 열기관으로 공급되어, 300 [℃]의 열원과 100 [℃]의 열원 사이에서 작동한다. 이와 같은 복합 카르노 열기관의 전체 효율은 약 몇 [%]인가?

① 44.57 [%]  ② 59.43 [%]
③ 74.29 [%]  ④ 29.72 [%]

**해설**

열기관의 전체 효율

$$\eta_c = 1 - \frac{T_2}{T_1} = 1 - \frac{100+273}{400+273} = 0.4457\,(44.57\,[\%])$$

## 31 ★★

온도가 각각 -20 [℃], 30 [℃]인 두 열원 사이에서 작동하는 냉동 사이클이 이상적인 역카르노 사이클을 이루고 있다. 냉동기에 공급된 일이 15 [kW]이면 냉동용량(냉각열량)은 약 몇 [kW]인가?

① 2.5
② 3.0
③ 76
④ 91

**해설**

냉동용량(냉각열량)

$$(COP)_R = \frac{T_2}{T_1 - T_2} = \frac{253}{(30+273)-253} = 5.06$$

$$Q_e = W_c \times (COP)_R = 15 \times 5.06 ≒ 76\,[kW]$$

## 32 ★★

이상기체 5 [kg]이 250 [℃]에서 120 [℃]까지 정적 과정으로 변화한다. 엔트로피 감소량은 약 몇 [kJ/K]인가? (단, 정적비열은 0.653 [kJ/(kg·K)]이다)

① 0.933
② 0.439
③ 0.274
④ 0.187

**정답** 29 ② 30 ① 31 ③ 32 ①

해설

엔트로피 감소량

$(S_2 - S_1) = m C_v \ln \dfrac{T_2}{T_1}$

$= 5 \times 0.653 \ln \left( \dfrac{120 + 273.15}{250 + 273.15} \right)$

$= -0.933 \, [kJ/K]$

## 33 ★

열펌프 사이클에 대한 성능계수(COP)는 다음 중 어느 것을 입력 일(Work Input)로 나누어 준 것인가?

① 고온부 방출열
② 저온부 흡수열
③ 고온부가 가진 총 에너지
④ 저온부가 가진 총 에너지

해설

열펌프 성능계수

$COP = \dfrac{Q_c}{W_c} = \dfrac{\text{고온부 방출열(응축부하)}}{\text{압축기일량}}$

## 34 ★★★

공기 표준 디젤 사이클에서 압축비가 17이고 단절비(Cut-off Ratio)가 3일 때 열효율[%]은? (단, 공기의 비열비는 1.4이다)

① 52
② 58
③ 63
④ 67

해설

열효율

$\eta_{thd} = 1 - \left( \dfrac{1}{\epsilon} \right)^{k-1} \dfrac{\sigma^k - 1}{k(\sigma - 1)}$

$= 1 - \left( \dfrac{1}{17} \right)^{1.4-1} \dfrac{3^{1.4} - 1}{1.4(3-1)} = 58.2 \, [\%]$

## 35 ★★★

압력이 200 [kPa]로 일정한 상태로 유지되는 실린더 내의 이상기체가 체적 0.3 [m³]에서 0.4 [m³]로 팽창될 때 이상기체가 한 일의 양은 몇 [kJ]인가?

① 20
② 40
③ 60
④ 80

해설

이상기체가 한 일

$_1W_2 = \int_1^2 P dV = P(V_2 - V_1)$

$= 200(0.4 - 0.3) = 20 \, [kJ]$

정답 33 ① 34 ② 35 ①

## 36 ★★★

이상기체 1 [mol]이 그림의 b 과정(2 → 3 과정)을 따를 때 내부에너지의 변화량은 약 몇 [J]인가? (단, 정적비열은 1.5 × R이고, 기체상수 R은 8.314 [kJ/kmol·K]이다)

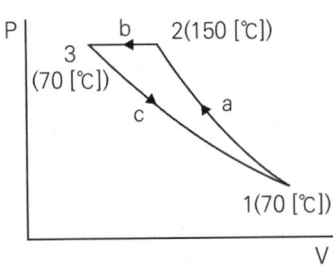

① -333
② -665
③ -998
④ -1662

**해설**

내부에너지의 변화

$$U_2 - U_1 = C_v(T_2 - T_1) = 1.5R(T_2 - T_1)$$
$$= 1.5 \times 8.314(343 - 423) = -998 \,[J/mol]$$

## 37 ★★★

용기 속 절대압력이 850 [kPa], 온도 50 [℃]인 이상기체가 100 [kg] 들어 있다. 이 기체의 일부가 누출되어 용기 내 절대압력이 420 [kPa], 온도가 30 [℃]가 되었다면 밖으로 누출된 기체는 약 몇 [kg]인가?

① 35
② 42
③ 47
④ 53

**해설**

이상기체 상태 방정식

$$PV = mRT$$
$$V = \frac{mRT}{P} = \frac{100 \times 0.287 \times (50 + 273.15)}{850}$$
$$= 10.91 \,[m^3]$$
$$m_2 = \frac{PV}{RT} = \frac{420 \times 10.91}{0.287 \times (30 + 273.15)} ≒ 52.67$$

∴ 100 - 52.67 = 47.33

※ $\dfrac{R}{공기의 분자량} = \dfrac{8.314}{28.97} = 0.287$

## 38 ★★★

이상기체의 상태 변화와 관련하여 폴리트로픽(Polytropic) 지수 n에 대한 설명 중 옳은 것은?

① n = 0 : 등적 변화
② n = k : 등압 변화
③ n = ∞ : 가역단열 변화
④ n = 1 : 등온 변화

**해설**

폴리트로픽 지수 - 이상기체의 상태 변화

$$PV^n = c$$

- n = 0 : 등압 변화(P = c)
- n = 1 : 등온 변화(PV = c)
- n = n : 폴리트로픽 변화
- n = k : 가역단열 변화(등엔트로피 변화)
- n = ∞ : 등적 변화(v = c)

정답 36 ③ 37 ③ 38 ④

## 39 ★★★

출력이 100 [kW]인 디젤 발전기에서 시간당 25 [kg]의 연료를 소모한다. 연료의 발열량이 42000 [kJ/kg]일 때 이 발전기의 전환효율은 얼마인가?

① 34 [%]  ② 40 [%]
③ 60 [%]  ④ 66 [%]

**해설**

발전기의 전환효율
1 [kW] = 3600 [kJ/h]
$\eta = \dfrac{W}{Q} = \dfrac{100 \times 3600}{25 \times 42000} \times 100 = 34.29\,[\%]$

## 40 ★

아래와 같이 몰리에르(엔탈피 – 엔트로피)선도에서 가역 단열 과정을 나타내는 선의 형태로 옳은 것은?

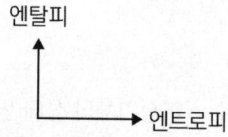

① 엔탈피축에 평행하다.
② 기울기가 양수(+)인 곡선이다.
③ 기울기가 음수(-)인 곡선이다.
④ 엔트로피축에 평행하다.

**해설**

몰리에르선도에서 가역단열 과정
가역단열팽창 과정(등엔트로피 과정)은 엔탈피축에 평행하다(S = c).

---

**3과목** 계측방법

## 41 ★★

액체와 고체 연료의 열량을 측정하는 열량계는?

① 봄브식
② 융커스식
③ 클리브랜드식
④ 태그식

**해설**

열량계
액체와 고체 연료의 열량을 측정하는 열량계는 봄브식이다.

## 42 ★★★

제어 시스템에서 조작량이 제어편차에 의해서 정해진 두 개의 값이 어느 편인가를 택하는 제어방식으로 제어결과가 다음과 같은 동작은?

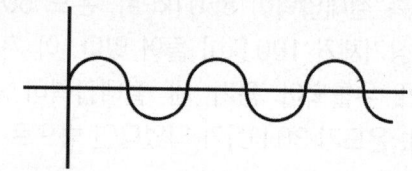

① 온오프동작
② 비례동작
③ 적분동작
④ 미분동작

### 해설

**온오프동작**
- 제어 시스템에서 두 개의 상태(ON/OFF)만을 가지는 제어 형태이다.
- 파형의 형태는 출력이 상한과 하한 사이를 반복하며 진동하는 형태로 조작량이 단지 두 가지 값만 가지며 제어 결과가 상한선과 하한선 사이에서 반복 진동하고 있다.

## 43 ★

수지관 속에 비중이 0.9인 기름이 흐르고 있다. 아래 그림과 같이 액주계를 설치하였을 때 압력계의 지시값은 몇 [kPa]인가?

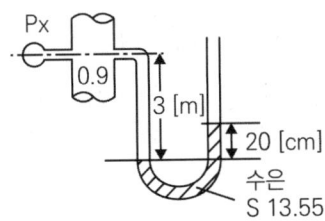

① 0.098
② 0.98
③ 9.8
④ 98.0

### 해설

**압력 계산**
- $P = \rho g h$
- $P_x + \rho_{oil} g h_{oil} = \rho_{Hg} g h_{Hg}$
- $P_x = \rho_{Hg} g h_{Hg} - \rho_{oil} g h_{oil}$
- $P_x = 9.8(13.55 \times 0.2 - 0.9 \times 3) = 0.098 [kPa]$

## 44 ★★

다음 중 가스분석 측정법이 아닌 것은?

① 오르사트법
② 적외선 흡수법
③ 플로우노즐법
④ 가스크로마토그래피법

### 해설

**가스분석 측정법**
오르사트법, 적외선 흡수법, 가스크로마토그래피법
- 플로우노즐 : 유체의 흐름에 의해 생기는 차압을 측정하여 유량을 계산하는 차압식 유량계

## 45 ★

벨로즈(Bellows) 압력계에서 Bellows 탄성의 보조로 코일 스프링을 조합하여 사용하는 주된 이유는?

① 감도를 증대시키기 위하여
② 측정압력 범위를 넓히기 위하여
③ 측정지연 시간을 없애기 위하여
④ 히스테리시스현상을 없애기 위하여

### 해설

**벨로즈(Bellows) 압력계**
벨로즈 압력계에서 벨로즈 탄성의 보조로 코일 스프링을 조합하여 사용하는 주된 이유는 히스테리시스(Hysteresis, 이력현상)를 없애기 위함이다.
- 히스테리시스 현상 : 상승하는 압력일 때와 하강하는 압력일 때의 지침 지시값이 일치하지 않는 현상

정답 ● 43 ① 44 ③ 45 ④

## 46 ★★

다음 중 열전대 온도계에서 사용되지 않는 것은?

① 동 - 콘스탄탄
② 크로멜 - 알루멜
③ 철 - 콘스탄탄
④ 알루미늄 - 철

> 해설

열전상(열전대)온도계의 종류

| 기호 | 사용금속(+, -) | 측정온도 범위[℃] |
|---|---|---|
| B | 백금-30 [%] 로듐, 백금-6 [%] 로듐 | 600 ~ 1700 |
| R | 백금-13 [%] 로듐, 백금 | 0 ~ 1600 |
| S | 백금-10 [%] 로듐, 백금 | 0 ~ 1600 |
| K | 크로멜(Cr), 알루멜(Al) | -200 ~ 1200 |
| E | 크로멜(Cr), 콘스탄탄(Cu-Ni) | -200 ~ 800 |
| J | 철(Fe), 콘스탄탄(Cu-Ni) | -40 ~ 750 |
| T | 구리(Cu), 콘스탄탄(Cu-Ni) | -200 ~ 350 |

## 47 ★★

측정량과 크기가 거의 같은 미리 알고 있는 양의 분동을 준비하여 분동과 측정량의 차이로부터 측정량을 구하는 방식은?

① 편위법
② 보상법
③ 치환법
④ 영위법

> 해설

측정방법

- 편위법 : 측정하고자 하는 양을 기준량과 비교하고, 기준량에 의해 발생하는 편차를 관찰하여 측정값을 결정하는 방식
- 보상법 : 기준 분동을 준비하여 분동과 측정량의 차이로부터 측정량을 구하는 방식
- 치환법 : 측정량과 기준량을 치환하여 2회의 측정결과로부터 구하는 측정방식
- 영위법 : 측정기에서 지시값이 '0'이 되도록 기준량을 조절한 뒤, 그 조절된 기준값과 비교하여 측정하는 방법

## 48 ★★★

다음 중 접촉식 온도계가 아닌 것은?

① 저항 온도계
② 방사 온도계
③ 열전 온도계
④ 유리 온도계

> 해설

온도계

- 접촉식 : 저항 온도계, 열전 온도계, 유리 온도계
- 비접촉식 : 방사 온도계

## 49 ★★★

연소가스 중의 CO와 $H_2$의 측정에 주로 사용되는 가스분석계는?

① 과잉공기계
② 질소가스계
③ 미연소가스계
④ 탄산가스계

정답  46 ④  47 ②  48 ②  49 ③

### 해설
**가스분석계**
연소가스 중의 일산화탄소와 수소 측정에 주로 사용되는 가스분석계는 미연소가스계다.

## 50 ★★★
가스크로마토그래피의 특징에 대한 설명으로 틀린 것은?

① 미량 성분의 분석이 가능하다.
② 분리성능이 좋고 선택성이 우수하다.
③ 1대의 장치로는 여러 가지 가스를 분석할 수 없다.
④ 응답속도가 다소 느리고 동일한 가스의 연속측정이 불가능하다.

### 해설
**가스크로마토그래피**
활성탄의 흡착제를 채운 세관(가스다단관)을 통과하는 가스의 이동속도차를 이용하여 시료가스를 분석하는 방식으로, 1대의 장치로 산소와 이산화질소를 제외한 여러 성분의 가스를 분석할 수 있다.

## 51 ★★
다음 각 습도계의 특징에 대한 설명으로 틀린 것은?

① 노점 습도계는 저습도를 측정할 수 있다.
② 모발 습도계는 2년마다 모발을 바꾸어주어야 한다.
③ 통풍 건습구 습도계는 2.5 ~ 5 [m/s]의 통풍이 필요하다.
④ 저항식 습도계는 직류전압을 사용하여 측정한다.

### 해설
**습도계**
저항식 습도계는 교류전압을 사용하여 측정한다.

## 52 ★★
가스분석방법 중 $CO_2$의 농도를 측정할 수 없는 방법은?

① 자기법
② 도전율법
③ 적외선법
④ 열도전율법

### 해설
**가스분석방법**
- 자기법 : 자성(자기 민감도)를 이용하여 농도를 측정한다.
- 이산화탄소는 자성을 띠지 않는다. 산소의 경우 상자성체에 속하기 때문에 산소가 자장에 대해 흡인되는 성질을 이용하여 측정할 수 있다.

## 53 ★★
관로의 유속을 피토관으로 측정할 때 수주의 높이가 30 [cm]이었다. 이때 유속은 약 몇 [m/s]인가?

① 1.88
② 2.42
③ 3.88
④ 5.88

**정답** 50 ③ 51 ④ 52 ① 53 ②

해설

유속

$\frac{1}{2}V^2 = gh$

$V = \sqrt{2gh} = \sqrt{2 \times 9.8 \times 0.3} = 2.42\,[m/s]$

## 54 ★
차압식 유량계에 대한 설명으로 옳지 않은 것은?

① 관로에 오리피스, 플로우노즐 등이 설치되어 있다.
② 정도가 좋으나 측정범위가 좁다.
③ 유량은 압력차의 평방근에 비례한다.
④ 레이놀즈수가 $10^5$ 이상에서 유량계수가 유지된다.

해설

차압식 유량계

구조가 간단하고 가동부가 거의 없으므로 견고하고 내구성이 크며 고온·고압 과부하에 견디고 압력손실도 적다. 정밀도도 매우 높고 측정범위가 넓다.
- Orifice, Flow Nozzle, Venturi Meter

## 55 ★★
바이메탈 온도계의 특징으로 틀린 것은?

① 구조가 간단하다.
② 온도 변화에 대하여 응답이 빠르다.
③ 오래 사용 시 히스테리시스 오차가 발생한다.
④ 온도자동 조절이나 온도 보상장치에 이용된다.

해설

바이메탈 온도계

정확도가 낮고 구조가 간단하며 히스테리시스 오차(Error) 특성이 나타나며 온도 변화에 대한 응답시간이 느리다. 자동온도조절이나 온도보상장치에 이용된다.

## 56 ★★
다음 중 유도단위에 속하지 않는 것은?

① 비열
② 압력
③ 습도
④ 열량

해설

SI단위계

습도는 비율[%]형태로 표현하므로 유도단위에 해당되지 않는다.
- 기본단위 : 길이[m], 질량[kg], 시간[s], 온도[K], 전류[A], 물질량[mol], 광도[cd]
- 보조단위 : 평면각[rad], 입체각[sr]
- 유도단위 : 힘[N], 압력[Pa], 에너지[J], 일률[W], 비중량[N/m$^3$], 밀도[kg/m$^3$], 자속[Wb] 등

정답 ● 54 ② 55 ② 56 ③

## 57 ★★★

보일러의 자동제어 중에서 A.C.C.가 나타내는 것은 무엇인가?

① 연소제어
② 급수제어
③ 온도제어
④ 유압제어

**해설**

**자동제어**

- 연소제어(A.C.C. : Automatic Combustion Control) : 보일러의 부하 변동에 따라 연료와 공기량을 자동으로 조절하여 증기 압력을 일정하게 유지시키는 것
- 급수제어(F.W.C. : Feed Water Control) : 보일러의 부하변동과 관계없이 보일러의 수위를 항상 일정하게 유지시키기 위하여 급수량을 자동적으로 제어하는 것
- 증기온도제어(S.T.C. : Steam Temperature Control) : 보일러로부터 발생한 증기의 온도를 일정하게 유지시키기 위하여 전열량을 제어하는 것

## 58 ★★

전자유량계의 특징으로 틀린 것은?

① 응답이 빠른 편이다.
② 압력손실이 거의 없다.
③ 높은 내식성을 유지할 수 있다.
④ 모든 액체의 유량 측정이 가능하다.

**해설**

**전자유량계**

전자유량계는 파이프(Pipe) 내를 흐르는 도전성의 유체에 직각반향으로 자기장을 형성시켜주면 페러데이의 전자유도 법칙인 $E = Blv$에 따라서 발생되는 유도기전력(E)으로 유량을 측정한다. 따라서 도전성 액체의 유량 측정에만 사용 가능하다.

## 59 ★★

불연속제어로서 탱크의 액위를 제어하는 방법으로 주로 이용되는 것은?

① P동작
② PI동작
③ PD동작
④ 온·오프동작

**해설**

**불연속제어**

온·오프 동작 (On-Off제어, 불연속제어) : 조작량이 100 [%] 또는 0 [%] 두 상태만 존재하는 제어 → 주로 탱크의 액위제어 같은 간단한 제어에 사용된다.

정답  57 ① 58 ④ 59 ④

## 60 ★

제어 시스템에서 응답이 계단 변화가 도입된 후에 얻게 될 최종적인 값을 얼마나 초과하게 되는지를 나타내는 척도는?

① 오프셋
② 쇠퇴비
③ 오버슈트
④ 응답시간

**해설**

오버슈트(Over Shoot)
계단 입력에 대해 시스템 응답이 목푯값을 초과한 정도로, 일반적으로 제어 시스템의 안정성 및 감쇠 특성을 분석할 때 중요한 지표이다.
(1) 오프셋(Off-set)
    정상상태에서 목푯값과 실제 출력의 영구적인 차이
(2) 쇠퇴비(Damping Ratio)
    시스템의 감쇠 특성을 나타내는 비율
(3) 응답시간(Response Time)
    응답이 목푯값에 도달하는 데 걸리는 시간

---

**4과목** 열설비재료 및 관계법규

| 1회독 | 시간 : | 점수 : |
| 2회독 | 시간 : | 점수 : |
| 3회독 | 시간 : | 점수 : |

## 61 ★

내화물의 제조공정의 순서로 옳은 것은?

① 혼련 → 성형 → 분쇄 → 소성 → 건조
② 분쇄 → 성형 → 혼련 → 건조 → 소성
③ 혼련 → 분쇄 → 성형 → 소성 → 건조
④ 분쇄 → 혼련 → 성형 → 건조 → 소성

**해설**

내화물의 제조공정의 순서
분쇄 → 혼련 → 성형 → 건조 → 소성

## 62 ★★

「에너지이용합리화법」에 따라 열사용기자재 중 2종 압력용기의 적용범위로 옳은 것은?

① 최고사용압력이 0.1 [MPa]를 초과하는 기체를 그 안에 보유하는 용기로서 내부 부피가 5 [m³] 이상인 것
② 최고사용압력이 0.2 [MPa]를 초과하는 기체를 그 안에 보유하는 용기로서 내부 부피가 0.04 [m³] 이상인 것
③ 최고사용압력이 0.1 [MPa]를 초과하는 기체를 그 안에 보유하는 용기로서 내부 부피가 0.03 [m³] 이상인 것
④ 최고사용압력이 0.2 [MPa]를 초과하는 기체를 그 안에 보유하는 용기로서 내부 부피가 0.02 [m³] 이상인 것

**정답** 60 ③  61 ④  62 ②

### 해설

**2종 압력용기의 적용범위**

「에너지이용합리화법」 시행규칙 별표 1
열사용기자재 - 2종 압력용기
최고사용압력이 0.2 [MPa]를 초과하는 기체를 그 안에 보유하는 용기로서 다음 각 호의 어느 하나에 해당하는 것
1. 내부 부피가 0.04세제곱미터 이상인 것
2. 동체의 안지름이 200밀리미터 이상(증기헤더의 경우에는 동체의 안지름이 300밀리미터 초과)이고, 그 길이가 1천 밀리미터 이상인 것

## 63 ★

「에너지이용합리화법」에 따라 국가·지방자치단체 등이 추진하여야 하는 에너지의 효율적 이용과 온실가스의 배출 저감을 위하여 필요한 조치의 구체적인 내용은 무엇으로 정하는가?

① 산업통상자원부령  ② 고용노동부령
③ 대통령령          ④ 환경부령

### 해설

**대통령령**

「에너지이용합리화법」 제8조
제8조(국가·지방자치단체 등의 에너지이용 효율화조치 등)
① 다음 각 호의 자는 이 법의 목적에 따라 에너지를 효율적으로 이용하고 온실가스 배출을 줄이기 위하여 필요한 조치를 추진하여야 한다. 이 경우 해당 조치에 관하여 위원회의 심의를 거쳐야 한다. 〈개정 2018.4.17.〉
1. 국가
2. 지방자치단체
3. 「공공기관의 운영에 관한 법률」 제4조 제1항에 따른 공공기관

② 제1항에 따라 국가·지방자치단체 등이 추진하여야 하는 에너지의 효율적 이용과 온실가스의 배출 저감을 위하여 필요한 조치의 구체적인 내용은 대통령령으로 정한다.

## 64 ★★

「에너지법」상 지역에너지계획은 5년마다 수립하여야 한다. 이 지역에너지 계획에 포함되어야 할 사항은?

① 국내외 에너지 수요와 공급추이 및 전망에 관한 사항
② 에너지의 안전관리를 위한 대책에 관한 사항
③ 에너지 관련 전문인력의 양성 등에 관한 사항
④ 에너지의 안정적 공급을 위한 대책에 관한 사항

### 해설

**지역에너지계획**

[에너지법 제7조 제2항]
제7조(지역에너지계획의 수립)
② 지역계획에는 해당 지역에 대한 다음 각 호의 사항이 포함되어야 한다.
1. 에너지 수급의 추이와 전망에 관한 사항
2. 에너지의 안정적 공급을 위한 대책에 관한 사항
3. 신·재생에너지 등 환경친화적 에너지 사용을 위한 대책에 관한 사항
4. 에너지 사용의 합리화와 이를 통한 온실가스의 배출감소를 위한 대책에 관한 사항
5. 「집단에너지사업법」 제5조 제1항에 따라 집단에너지공급대상지역으로 지정된 지역의 경우 그 지역의 집단에너지 공급을 위한 대책에 관한 사항

정답 63 ③  64 ④

6. 미활용 에너지원의 개발·사용을 위한 대책에 관한 사항
7. 그 밖에 에너지시책 및 관련 사업을 위하여 시·도지사가 필요하다고 인정하는 사항
③ 지역계획을 수립한 시·도지사는 이를 산업통상자원부장관에게 제출하여야 한다. 수립된 지역계획을 변경하였을 때에도 또한 같다.
④ 정부는 지방자치단체의 에너지시책 및 관련 사업을 촉진하기 위하여 필요한 지원시책을 마련할 수 있다.

③ 에너지다소비사업자는 제1항에 따른 개선명령을 받은 경우에는 개선명령일부터 60일 이내에 개선계획을 수립하여 산업통상자원부장관에게 제출하여야 하며, 그 결과를 개선 기간 만료일부터 15일 이내에 산업통상자원부장관에게 통보하여야 한다.
④ 산업통상자원부장관은 제3항에 따른 개선계획에 대하여 필요하다고 인정하는 경우에는 수정 또는 보완을 요구할 수 있다.

## 65 ★★★

에너지다소비사업자가 에너지 손실요인의 개선명령을 받은 때는 개선 명령일로부터 며칠 이내에 개선 계획을 수립하여 제출하여야 하는가?

① 20일
② 30일
③ 50일
④ 60일

**해설**

개선명령의 요건 및 절차
「에너지이용합리화법」 시행령 제40조
제40조(개선명령의 요건 및 절차 등)
① 법 제34조 제1항에 따라 산업통상자원부장관이 에너지다소비사업자에게 개선명령을 할 수 있는 경우는 법 제32조 제5항에 따른 에너지관리지도 결과 10퍼센트 이상의 에너지효율 개선이 기대되고 효율 개선을 위한 투자의 경제성이 있다고 인정되는 경우로 한다.
② 산업통상자원부장관은 제1항의 개선명령을 하려는 경우에는 구체적인 개선 사항과 개선 기간 등을 분명히 밝혀야 한다.

## 66 ★★★

다음 중 내화 점토질벽돌에 속하지 않는 것은?

① 납석질벽돌
② 샤모트질벽돌
③ 고알루미나벽돌
④ 반규석질벽돌

**해설**

내화 점토질벽돌
• 내화 점토질벽돌은 산성 내화물이다.
• 산성 : 규석질, 납석질, 점토질, 샤모트질
※ 고알루미나벽돌은 중성 내화물이다.

정답 65 ④ 66 ③

## 67 ★★★

청동 또는 스테인리스강을 파형으로 주름을 잡아서 아코디언과 같이 만들고, 이 주름의 신축으로 온도 변화에 따른 배관의 길이 방향 신축을 흡수하는 이음은?

① 루프형
② 스위블형
③ 슬리브형
④ 벨로즈형

**해설**

벨로즈(벨로우즈) 신축관이음
열팽창 및 축방향 변위 등을 파형으로 주름을 잡아 만들어 주름의 신축으로 흡수할 수 있는 관이음

## 68 ★★

감압밸브를 작동방법에 따라 분류할 때 해당되지 않는 것은?

① 솔레노이드식
② 다이어프램식
③ 벨로즈식
④ 피스톤식

**해설**

감압밸브
작동방법에 따라 피스톤식, 벨로즈식, 다이어프램식으로 분류된다.

## 69 ★★

보일러설치검사 기준에 정한 압력 방출장치 및 안전밸브에 대한 설명으로 틀린 것은?

① 증기보일러에는 2개 이상 안전밸브를 설치하여야 한다.
② 전열면적이 50 [m²] 이하의 증기보일러에서는 안전밸브를 1개 이상으로 한다.
③ 관류보일러에서 보일러와 압력방출장치와의 사이에 체크밸브를 설치할 경우 압력방출 장치는 2개 이상으로 한다.
④ 안전밸브는 쉽게 검사할 수 있는 장소에 밸브 축을 수평으로 하여 가능한 한 보일러 동체에 간접 부착한다.

**해설**

안전밸브
[열사용기자재검사 및 검사 면제에 관한 기준 19.1.1 ~ 2]
19.1 증기보일러
19.1.1 안전밸브의 개수
증기보일러에는 2개 이상의 안전밸브를 설치하여야 한다. 다만 전열면적 50 [m²] 이하의 증기보일러에서는 1개 이상으로 하며 U자형 입관을 부착한 보일러는 안전밸브를 부착하지 않아도 된다.
관류보일러에서 보일러와 압력방출장치와의 사이에 체크밸브를 설치할 경우 압력방출장치는 2개 이상이어야 한다.
19.1.2 안전밸브의 부착
(1) 안전밸브는 쉽게 검사할 수 있는 장소에 밸브 축을 수직으로 하여 가능한 한 보일러의 동체에 직접 부착시켜야 한다.

정답 67 ④ 68 ① 69 ④

## 70 ★★

마그네시아를 원료로 하는 내화물이 수증기의 작용을 받아 $Mg(OH)_2$을 생성하는데 이때 큰 비중 변화에 의한 체적 변화를 일으켜 노벽에 균열이 발생하는 현상은?

① 슬래킹(Slaking)
② 스폴링(Spalling)
③ 버스팅(Bursting)
④ 해밍(Hamming)

### 해설

슬래킹
(1) 마그네시아 또는 돌로마이트를 포함한 내화벽돌은 수증기의 작용을 받는 경우 체적 변화로 분화가 되어서 떨어져 나가는 노벽의 균열과 붕괴하는 현상이다.
(2) 염기성 내화벽돌은 수증기를 흡수하는 성질 때문에 팽창을 일으키며 분해가 되어 노벽에 가루모양의 균열이 생기고 떨어지는 현상이다.

스폴링(Spalling)현상(박락현상)
(1) 불균일한 가열 또는 냉각 등으로 발생하는 열팽창의 차에 의하여 내화재의 변형과 균열이 생기는 현상
(2) 급격한 온도차로 벽돌에 균열이 생기고 표면이 갈라져서 떨어지는 현상으로 주변에 오래된 건물 내외부에서 쉽게 확인할 수 있는 현상이다.
(3) 열적(열팽창) 스폴링, 조직적(화학적) 스폴링, 기계적(축요불량) 스폴링으로 구분된다.
(4) 단열효과는 스폴링현상을 방지한다.

버스팅(Bursting)현상
크롬철광을 원료로 하는 내화물(크롬이나 크롬마그네시아벽돌)은 1600[℃] 이상에서 산화철을 흡수한 후 표면이 부풀어 오르고 떨어져 나가는 현상이다.

## 71 ★★★

조업방식에 따른 요의 분류 시 불연속식 요에 해당되지 않는 것은?

① 횡염식 요
② 터널식 요
③ 승염식 요
④ 도염식 요

### 해설

불연속식 요
승염식(오름불꽃), 횡염식(옆불꽃), 도염식(꺾임불꽃)

## 72 ★

검사대상기기의 설치자의 변경신고 사항으로 옳은 것은?

① 기존 설치자가 15일 이내에 신고
② 기존 설치자가 30일 이내에 신고
③ 새로운 설치자가 15일 이내에 신고
④ 새로운 설치자가 30일 이내에 신고

**해설**

**제출기한**

「에너지이용합리화법」 시행규칙 제31조의 24
제31조의24(검사대상기기의 설치자의 변경신고)
① 법 제39조 제7항 제3호에 따라 검사대상기기의 설치자가 변경된 경우 새로운 검사대상기기의 설치자는 그 변경일부터 15일 이내에 별지 제24호 서식의 검사대상기기 설치자 변경신고서를 공단이사장에게 제출하여야 한다.
② 제1항에 따른 신고서에는 검사대상기기 설치 검사증 및 설치자의 변경사실을 확인할 수 있는 다음 각 호의 어느 하나에 해당하는 서류 1부를 첨부하여야 한다.
  1. 법인 등기사항증명서
  2. 양도 또는 합병 계약서 사본
  3. 상속인(지위승계인)임을 확인할 수 있는 서류 사본

## 73 ★★★

보일러 설치검사 기준상 전열면적이 7 [m²]인 경우 급수밸브 크기의 기준은 얼마이어야 하는가?

① 10 [A] 이상   ② 15 [A] 이상
③ 20 [A] 이상   ④ 25 [A] 이상

**해설**

**급수밸브 크기 기준**

급수장치 중 급수밸브 및 체크밸브의 크기는 전열면적 10 [m²] 이하의 보일러에서는 관의 호칭 15 [A] 이상의 것이어야 하고, 10 [m²]를 초과하는 보일러에서는 관의 호칭 20 [A] 이상의 것이어야 한다.

## 74 ★

배관용 연결부속 중 관의 수리, 점검, 교체가 필요한 곳에 사용되는 것은?

① 플러그   ② 니플
③ 소켓    ④ 유니온

**해설**

**배관 연결 부속품**

- 플러그 : 배관 마감하는 부품
- 니플 : 끝 부분을 나사선으로 처리하여 관을 직선으로 연결
- 소켓 : 관을 동일 지름의 직선으로 연결
- 유니온 : 관과 관 사이를 직선으로 연결하는 장치로 관의 수리, 점검, 교체가 필요한 곳에 사용

## 75 ★★

아래에서 설명하는 밸브의 명칭은?

- 직선배관에 주로 설치한다.
- 유입방향과 유출방향이 동일하다.
- 유체에 대한 저항이 크다.
- 개폐가 쉽고 유량 조절이 용이하다.

① 슬루스밸브   ② 글로브밸브
③ 플로트밸브   ④ 버터플라이밸브

**해설**

**글로브밸브(스톱밸브)**

- 유체의 흐름을 차단하거나 유량을 조절하기 위하여 사용한다.
- 직선배관에 주로 설치하며 유입, 유출 방향이 같다. 또한 유체에 대한 저항이 크다.

**정답** 73 ② 74 ④ 75 ②

## 76 ★★★

신축이음 중 온수 혹은 저압증기의 배관분기관 등에 사용되는 것으로 2개 이상의 엘보를 사용하여 나사맞춤부의 작용에 의하여 신축을 흡수하는 것은?

① 벨로즈이음
② 슬리브이음
③ 스위블이음
④ 신축곡관

**해설**

스위블형 이음
2개 이상의 엘보를 사용하여 신축을 흡수하는 것

## 77 ★★★

다음 보온재 중 안전사용온도가 가장 낮은 것은?

① 펄라이트
② 규산칼슘
③ 탄산마그네슘
④ 세라믹화이버

**해설**

보온재 안전사용온도
- 탄산마그네슘이 보기 중 가장 낮다.
- 가장 높은 것은 세라믹화이버이다.

## 78 ★★★

강관의 두께를 나타내는 변호인 스케줄 번호를 나타내는 식은? (단, 허용응력 : S[kg/mm$^2$], 사용최고압력 : P[kg/cm$^2$])

① $10 \times S/P$
② $10 \times P/S$
③ $10 \times P/\sqrt{S}$
④ $10 \times S/\sqrt{P}$

**해설**

Schedule Number
$$Sch\ No. = \frac{P}{\sigma} \times 1000$$
주어져 있는 S와 P의 단위를 동일하게 바꿔주면
$\sigma = 100S\ [kg/cm^2]$이므로
$$Sch\ No. = \frac{P}{S} \times 10 이다.$$

## 79 ★★★

보온재의 구비조건으로 틀린 것은?

① 사용온도 범위에 적합해야 한다.
② 흡습, 흡수성이 커야 한다.
③ 장시간 사용에도 견딜 수 있어야 한다.
④ 부피, 비중이 작아야 한다.

**해설**

보온재 구비조건
- 흡습, 흡수성이 작아야 한다.
- 사용온도 범위에 적합해야 한다.
- 장시간 사용에도 견딜 수 있어야 한다.
- 부피, 비중이 작아야 한다.
- 다공질이어야 한다.
- 시공이 용이해야 한다.
- 불연성이어야 한다.

**정답** 76 ③ 77 ③ 78 ② 79 ②

## 80 ★★★

불연속식 가마로서 바닥은 직사각형이며 여러 개의 흡입구멍이 연도에 연결되어 있고 화교가 버너 포트의 앞쪽에 설치되어 있는 것은?

① 도염식 가마
② 터널가마
③ 등근가마
④ 호프만가마

**해설**

도염식 가마
불연속식 가마 중 바닥에 연도와 연결된 흡입구멍인 화교가 설치되어져 있는 가마는 꺾임불꽃가마인 도염식 가마이다.

---

**5과목** | **열설비설계**

| 1회독 | 시간 : | 점수 : |
| 2회독 | 시간 : | 점수 : |
| 3회독 | 시간 : | 점수 : |

## 81 ★★

10 [MPa]의 압력하에 2000 [kg/h]로 증발하고 있는 보일러의 급수온도가 20 [℃](급수의 엔탈피 : 83.72 [kJ/kg])일 때 환산증발량은? (단, 발생증기의 엔탈피는 2512 [kJ/kg]이다)

① 2152 [kg/h]
② 3124 [kg/h]
③ 4562 [kg/h]
④ 5260 [kg/h]

**해설**

환산 증발량

$$G_e = \frac{G(h_2 - h_1)}{2256(증발잠열)} = \frac{2000 \times (2512 - 83.72)}{2256}$$
$$\fallingdotseq 2153$$

- $G_e$ : 환산증발량
- $G$ : 실제증발량
- $h_2$ : 발생증기의 엔탈피
- $h_1$ : 급수의 엔탈피(20 [℃] = 83.72 [kJ/kg])

## 82 ★★

보일러의 일상 점검계획에 해당하지 않는 것은?

① 급수배관 점검
② 압력계 상태 점검
③ 자동제어장치 점검
④ 연료의 수요량 점검

해설

보일러의 일상 점검계획
- 급수배관 점검
- 압력계 상태 점검
- 자동제어장치 점검

## 83 ★★

epm(equivalents per million)에 대한 설명으로 옳은 것은?

① 물 1 [L] 중에 용해되어 있는 물질을 g당량수로 나타낸 것
② 물 1 [m³] 중에 용해되어 있는 물질을 g당량수로 나타낸 것
③ 물 1 [L] 중에 용해되어 있는 물질을 mg당량수로 나타낸 것
④ 물 1 [m³] 중에 용해되어 있는 물질을 mg당량수로 나타낸 것

해설

epm

epm(equivalents per million)이란 물 1 [L] 중에 용해되어 있는 물질을 mg 당량수로 나타낸 것이다.

## 84 ★

보일러 송풍장치의 회전수 변환을 통한 급기풍량제어를 위하여 2극 유도전동기에 인버터를 설치하였다. 주파수가 55 [Hz]일 때 유도전동기의 회전수는?

① 1650 [RPM]
② 1800 [RPM]
③ 3300 [RPM]
④ 3600 [RPM]

해설

유도전동기 회전수

유도전동기 동기속도 계산 공식

$$N = \frac{120f(\text{주파수})}{\text{극수}(p)} = \frac{120 \times 55}{2} = 3300 \, [RPM]$$

## 85 ★

보일러의 성능시험방법 및 기준에 대한 설명으로 옳은 것은?

① 증기건도의 기준은 강철제 또는 주철제로 나누어 정해져 있다.
② 측정은 매 1시간마다 실시한다.
③ 수위는 최초 측정치에 비해서 최종 측정치가 적어야 한다.
④ 측정기록 및 계산양식은 제조사에서 정해진 것을 사용한다.

정답 83 ③ 84 ③ 85 ①

**해설**

보일러의 성능시험방법 및 기준
열사용기자재의 검사 및 검사면제에 관한 기준
25.2.4 보일러의 성능시험방법
- 증기건도는 다음에 따르되 실측이 가능한 경우 실측치에 따른다.
  ① 강철제 보일러 : 0.98
  ② 주철제 보일러 : 0.97
- 측정은 매 10분마다 실시한다.
- 수위는 최초 측정시와 최종측정시가 일치하여야 한다.
- 측정기록 및 계산양식은 검사기관에서 따로 정할 수 있으며, 이 계산에 필요한 증기의 물성치, 물의 비중, 연료별 이론공기량, 이론배기가스량, $CO_2$ 최대치 및 중유의 용적보정계수 등은 검사기관에서 지정한 것을 사용한다.

## 86 ★★

유체의 압력손실은 배관 설계 시 중요한 인자이다. 압력손실과의 관계로 틀린 것은?

① 압력손실은 관마찰계수에 비례한다.
② 압력손실은 유속의 제곱에 비례한다.
③ 압력손실은 관의 길이에 반비례한다.
④ 압력손실은 관의 내경에 반비례한다.

**해설**

압력손실

$$\Delta p = \gamma h_L = f \frac{L}{d} \frac{\gamma V^2}{2g} [kPa]$$

압력강하에 의한 직관(Pipe)의 손실은 관의 길이에 비례한다.

## 87 ★★

보일러의 용량을 산출하거나 표시하는 값으로 적합하지 않은 것은?

① 상당증발량
② 보일러마력
③ 전열면적
④ 재열계수

**해설**

보일러 용량 산출하거나 표시하는 값
상당증발량, 보일러마력, 전열면적 등은 보일러용량 산출 시 고려사항이나 재열계수는 적합하지 않다.
- 재열계수 : 이상적인 열역학 사이클에서 재열과정을 포함할 경우, 전체 터빈의 실제 일이 평균 압력 상태에서 한 번에 팽창했을 때보다 얼마나 더 증가했는지를 나타내는 계수

## 88 ★

연관식 패키지보일러와 랭커셔보일러의 장단점에 대한 비교 설명으로 틀린 것은?

① 열효율은 연관식 패키지보일러가 좋다.
② 부하변동에 대한 대응성은 랭커셔보일러가 좋다.
③ 설치 면적당의 증발량은 연관식 패키지보일러가 크다.
④ 수처리는 연관식 패키지보일러가 더 간단하다.

**정답**  86 ③  87 ④  88 ④

해설

연관식 패키지보일러와 랭커셔보일러의 장단점
수처리는 연관식 패키지보일러가 랭커셔보일러보다 더 복잡하다.
- 연관식 패키지보일러 : 연관보일러 구조를 기반으로 하며, 모든 구성 요소가 공장에서 완전히 조립된 상태로 출하되는 보일러
- 랭커셔보일러 : 노통이 2개인 횡형 노통보일러

## 89 ★★★

노통식 보일러에서 파형부의 길이가 230 [mm] 미만인 파형 노통의 최소 두께(t)를 결정하는 식은? (단, P는 최고사용압력[MPa], D는 노통의 파형부에서의 최대 내경과 최소 내경의 평균치 [mm], C는 노통의 종류에 따른 상수이다)

① $10PD$
② $\dfrac{10P}{D}$
③ $\dfrac{C}{10PD}$
④ $\dfrac{10PD}{C}$

해설

파형 노통 두께
열사용기자재의 검사 및 검사면제에 관한 기준
7.6.2 파형노통의 최소두께
$t = \dfrac{10PD}{C} \left\{ t = \dfrac{PD}{C} \right\}$
- P : 최고사용압력[MPa]{kgf/cm²}
- D : 노통의 파형부에서의 최대내경과 최소내경의 평균치(모리슨형 노통에서는 최소내경에 50 [mm]를 더한 값)
- C : 상수

## 90 ★★★

보일러의 노통이나 화실과 같은 원통 부분이 외측으로부터의 압력에 견딜 수 없게 되어 눌려 찌그러져 찢어지는 현상을 무엇이라 하는가?

① 블리스터
② 압궤
③ 팽출
④ 라미네이션

해설

압궤
- 블리스터 : 화염에 접촉하는 라미네이션 부분이 가열로 인하여 부풀어 오르는 팽출현상이 생기는 것
- 압궤 : 노통이나 화실과 같은 원통 부분이 외측으로 부터의 압력을 견디지 못하고 안쪽으로 짓눌려 찌그러져 찢어지는 현상을 이야기한다.
- 팽출 : 인장응력을 받는 부분이 국부과열로 의하여 강도가 저하되어 압력을 견딜 수 없게 되면서 바깥쪽으로 볼록하게 부풀어 튀어나오는 현상
- 라미네이션 : 대상이 되는 물체에 1겹 이상의 얇은 레이어를 덧씌워 표면을 보호하고 강도와 안정성을 높이는 기술

정답 89 ④ 90 ②

## 91 ★★

전열면에 비등 기포가 생겨 열유속이 급격하게 증대하며, 가열면상에 서로 다른 기포의 발생이 나타나는 비등 과정을 무엇이라고 하는가?

① 단상액체 자연대류
② 핵비등(Nucleate Boiling)
③ 천이비등(Transition Boiling)
④ 포밍(Foaming)

**[해설]**

핵비등
전열면을 사이에 두고 액체를 가열하는 경우 액체의 온도가 높아져 온도가 포화온도에 달하면 전열면에서 거품이 발생하는 상태를 말한다.

## 92 ★★

보일러의 열정산 시 출열 항목이 아닌 것은?

① 배기가스에 의한 손실열
② 발생증기 보유열
③ 불완전 연소에 의한 손실열
④ 공기의 현열

**[해설]**

열정산
- 입열항목 : 공기의 현열, 연료의 저위 발열량, 연료의 현열, 노 내 분입증기열
- 출열항목 : 발생공기(흡수)열, 배기가스에 의한 손실열, 미연소가스에 의한 손실열, 방산에 의한 손실열

## 93 ★★★

프라이밍, 포밍의 방지대책 중 맞지 않는 것은?

① 주 증기밸브를 천천히 개방할 것
② 가급적 안전고수위 상태를 지속 운전할 것
③ 보일러수의 농축을 방지할 것
④ 급수처리를 하여 부유물을 제거할 것

**[해설]**

프라이밍 포밍의 방지대책
정상수위를 유지해야 한다.

## 94 ★★★

보일러 부하의 급변으로 인하여 동 수면에서 작은 입자의 물방울이 증기와 혼입하여 튀어 오르는 현상을 무엇이라고 하는가?

① 캐리오버   ② 포밍
③ 프라이밍   ④ 피팅

**[해설]**

프라이밍
부하의 급격한 증가, 규정 압력 이하에서 작은 입자의 물방울이 증기와 혼입하여 튀어 오르는 현상을 말한다.

## 95 ★★★

원통형 보일러의 코르니시보일러와 랭커셔보일러는 각각 몇 개의 노통으로 이루어져 있는가?

① 1개, 1개   ② 1개, 2개
③ 2개, 1개   ④ 2개, 2개

**정답** 91 ② 92 ④ 93 ② 94 ③ 95 ②

> [해설]
>
> 보일러
>
> | | | | |
> |---|---|---|---|
> | 원통형 | 입형 | | 입형 횡관식, 입형 연관식, 코크란(입형 횡연관식) |
> | | 횡형 | 노통 | 코르니시(노통 1개), 랭커셔보일러(노통 2개) |
> | | | 연관 | 횡연관식, 기관차, 케와니보일러 |
> | | | 노통연관 | 스코치, 브로든 카프스, 하우덴 존슨, 노통연관패키지보일러 |

## 96 ★★

보일러수의 분출목적이 아닌 것은?

① 물의 순환을 촉진한다.
② 가성취화를 방지한다.
③ 프라이밍 및 포밍을 촉진한다.
④ 관수의 pH를 조절한다.

> [해설]
>
> 보일러수의 분출목적
> • 프라이밍 및 포밍의 발생 방지
> • 관수의 pH(수소이온 농도) 조절 및 고수위 방지
> • 가성취화 방지
> • 불순물의 농도를 한계치 이하로 유지(부식발생 방지)
> • 슬러지를 배출하여 스케일 생성 방지

## 97 ★★

매시간 1600 [kg]의 연료를 연소시켜 16000 [kg/h]의 증기를 발생시키는 보일러의 효율 [%]은 약 얼마인가? (단, 연료의 발열량 39800 [kJ/kg], 발생증기의 엔탈피 3023 [kJ/kg], 급수증기의 엔탈피 92 [kJ/kg]이다)

① 84.4
② 73.6
③ 65.2
④ 88.9

> [해설]
>
> 보일러 효율
> $$\eta = \frac{Q_{out}}{Q_{in}} = \frac{G \times (h_2 - h_1)}{m \times H_L}$$
> $$= \frac{16000 \times (3023 - 92)}{1600 \times 39800} = 0.736$$
> $0.736 \times 100 [\%] = 73.6 [\%]$

## 98 ★★★

수관식 보일러 중에서 관류식 보일러로 구성되어 있는 것은?

① 코르니시보일러, 벤슨보일러, 랭커셔보일러
② 벤슨보일러, 슐져보일러, 람진보일러
③ 수은보일러, 벤슨보일러, 슐져보일러
④ 베록스보일러, 라몽트보일러, 슈미트보일러

### 해설

보일러

| 원통형 | 입형 | 입형 횡관식, 입형 연관식, 코크란(입형 횡연관식) |
|---|---|---|
| | 횡형 | 노통 | 코르니시(노통 1개), 랭커셔보일러(노통 2개) |
| | | 연관 | 횡연관식, 기관차, 케와니보일러 |
| | | 노통연관 | 스코치, 브로든 카프스, 하우덴 존슨, 노통연관패키지보일러 |
| 수관식 | 자연순환식 | 배브콕(경사각 15°), 츠네키치(경사각 30°), 타쿠마(경사각 45°), 야로우, 가르베(경사각 90°), 2동 D형, 3동 A형, 방사 4관, 스터링(곡관형)보일러 |
| | 강제순환식 | 라몬트, 베록스보일러 |
| | 관류식 | 엣모스, 소형관류, 벤슨, 슐처, 람진보일러 |
| 주철제 | | 주철제 증기보일러, 주철제 온수보일러 |
| 특수보일러 | 특수액체보일러 | 수은, 다우섬, 모빌섬, 카테크롤액, 시큐리티 |
| | 특수연료보일러 | 버케스(사탕수수찌꺼기), 흑액, 소다회수, 바아크보일러 – 연료 : 산업 폐기물 |
| | 폐열보일러 | 리히, 하이네보일러 |
| | 간접가열보일러 | 슈미트, 레플러보일러 |

## 99 ★★★

과열기에 대한 설명으로 틀린 것은?

① 보일러에서 발생한 포화증기를 가열하여 증기의 온도를 높이는 장치이다.
② 저압보일러의 효율을 상승시키기 위하여 주로 사용된다.
③ 증기의 열에너지로 인해 열손실이 많아질 수 있다.
④ 고온 부식의 우려와 연소가스의 저항으로 압력손실이 크다.

### 해설

과열기
고압보일러의 효율을 증가시키기 위해 주로 사용된다.

정답 99 ②

## 100 ★★★

어느 대향류 열교환기에서 가열유체는 80 [℃]로 들어가서 30 [℃]로 나오고 수열유체는 20 [℃]로 들어가서 30 [℃]로 나온다. 이 열교환기의 대수 평균온도차는?

① 25 [℃]
② 30 [℃]
③ 35 [℃]
④ 40 [℃]

> 해설

LMTD
향류 : 반대방향

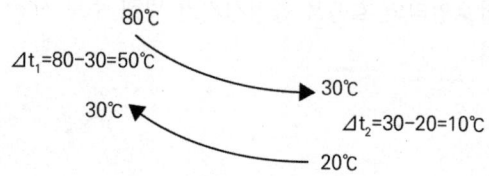

$$LMTD = \frac{\Delta t_1 - \Delta t_2}{\ln \dfrac{\Delta t_1}{\Delta t_2}} = \frac{50-10}{\ln \dfrac{50}{10}} = 24.85\,[℃]$$

# 2024 제3회 CBT 복원

## 1과목 연소공학

### 01 ★
다음 중 착화온도가 가장 높은 연료는?

① 갈탄
② 메테인
③ 중유
④ 목탄

**해설**

연료의 착화온도
- 목탄(역청탄) : 320 ~ 420 [℃]
- 중유 : 530 ~ 580 [℃]
- 갈탄 : 250 ~ 450 [℃]
- 메테인 : 615 ~ 682 [℃]

### 02 ★★
($CO_{2max}$)가 24.0 [%], ($CO_2$)가 14.2 [%] (CO)가 3.0 [%]라면 연소가스 중의 산소는 약 몇 [%]인가?

① 3.8
② 5.0
③ 7.1
④ 10.1

**해설**

산소비($O_2$)

$$CO_{2max} = \frac{21(CO_2 + CO)}{21 - O_2 + 0.395 CO}$$ 에서

$$O_2 = 21 - \frac{21(CO_2 + CO)}{(CO_2)_{max}} + 0.395 \times CO$$

$$= 21 - \frac{21 \times (14.2 + 3)}{24} + 0.395 \times 3 = 7.135$$

### 03 ★★★
다음 연소반응식 중 옳은 것은?

① $C_2H_6 + 3O_2 \rightarrow 2CO_2 + 4H_2O$
② $C_3H_8 + 5O_2 \rightarrow 2CO_2 + 6H_2O$
③ $C_4H_{10} + 6O_2 \rightarrow 4CO_2 + 5H_2O$
④ $CH_4 + 2O_2 \rightarrow CO_2 + 2H_2O$

**해설**

연소반응식
- 에테인($C_2H_6$) + 3.5$O_2$ → 2$CO_2$ + 3$H_2O$
- 프로페인($C_3H_8$) + 5$O_2$ → 3$CO_2$ + 4$H_2O$
- 뷰테인($C_4H_{10}$) + 6.5$O_2$ → 4$CO_2$ + 5$H_2O$
- 메테인($CH_4$) + 2$O_2$ → $CO_2$ + 2$H_2O$

정답 ● 01 ② 02 ③ 03 ④

## 04 ★★

고체 연료의 연료비를 식으로 바르게 나타낸 것은?

① $\dfrac{고정탄소(\%)}{휘발분(\%)}$

② $\dfrac{회분(\%)}{휘발분(\%)}$

③ $\dfrac{고정탄소(\%)}{회분(\%)}$

④ $\dfrac{가연성성분중탄소(\%)}{유리수소(\%)}$

**해설**

고체 연료의 연료비

고체 연료의 연료비 = $\dfrac{고정탄소(\%)}{휘발분(\%)}$

※ 연료비 7 이상 : 무연탄
연료비 1 ~ 7 : 유연탄
연료비 1 이하 : 갈탄

## 05 ★★

다음 집진장치 중에서 미립자 크기에 관계없이 집진효율이 가장 높은 장치는?

① 세정 집진장치  ② 여과 집진장치
③ 중력 집진장치  ④ 원심력 집진장치

**해설**

집진장치

기체 중의 미립자를 기체에서 분리하여 포집하기 위해 사용되는 장치

※ 미립자의 크기에 관계없이 집진효율이 가장 높은 장치는 여과 집진장치이다.

## 06 ★★★

일산화탄소 1 [Nm³]를 연소시키는 데 필요한 공기량[Nm³]은 약 얼마인가?

① 2.38  ② 2.67
③ 4.31  ④ 4.76

**해설**

이론 공기량

$CO(1\,[Nm^3]) + \dfrac{1}{2}O_2\,(0.5 \times 1\,[Nm^3]) \rightarrow CO_2$

$\therefore A_o = \dfrac{O_o}{0.21} = \dfrac{0.5}{0.21} = 2.38\,[Nm^3]$

## 07 ★★

다음 가스연료 중 가장 가벼운 것은 무엇인가?

① 에틸렌  ② 프로판
③ 메테인  ④ 일산화탄소

**해설**

분자량

• 에틸렌 : $C_2H_4$ [28]   • 프로판 : $C_3H_8$ [44]
• 메테인 : $CH_4$ [16]     • 일산화탄소 : $CO$ [28]

## 08 ★★

증기의 건도에 관한 설명으로 틀린 것은?

① 포화수의 건도는 0이다.
② 습증기의 건도는 0보다 크고 1보다 작다.
③ 건포화증기의 건도는 1이다.
④ 과열증기의 건도는 0보다 작다.

**정답** 04 ① 05 ② 06 ① 07 ③ 08 ④

### 해설

**건도**

건도는 습포화증기 중의 건포화증기 성분의 중량 비를 이야기한다.

x = 0 : 포화수
x = 1 : 건포화증기

※ 과열증기의 건도는 1이다.

### 해설

**폭발범위**

- 아세틸렌의 폭발범위는 2.5 ~ 81 [v%]로 가장 넓다.
- 수소의 폭발범위는 4 ~ 75 [w%]이다.
- 프로판의 폭발범위는 2.2 ~ 9.5 [v%]이다.
- 일산화탄소의 폭발범위는 5 ~ 15 [v%]이다.

## 09 ★★★

황의 연소반응식이 S + $O_2$ → $SO_2$일 때, 이론 공기량은?

① 1.88 [$Nm^3$/kg]
② 2.38 [$Nm^3$/kg]
③ 2.88 [$Nm^3$/kg]
④ 3.33 [$Nm^3$/kg]

### 해설

**이론공기량**

$$O_0 = \frac{22.4[Nm^3]}{32[kg]} = 0.7[Nm^3/kg]$$

$$A_0 = \frac{O_0}{0.21} = \frac{0.7[Nm^3/kg]}{0.21} = 3.33[Nm^3/kg]$$

## 10 ★

공기 중 폭발범위가 약 2.2 ~ 9.5 [v%]인 기체 연료는?

① 수소
② 프로판
③ 일산화탄소
④ 아세틸렌

## 11 ★★

코크스 고온 건류온도[℃]는?

① 500 ~ 600
② 1000 ~ 1200
③ 1500 ~ 1800
④ 2000 ~ 2500

### 해설

**코크스의 건류온도**

코크스 저온 건류온도 500 ~ 600 [℃], 코크스 고온 건류온도 1000 ~ 1200 [℃]

※ 건류란 공기를 차단하고 고체 유기물을 가열분해해서 휘발분과 탄소질 잔류분으로 나누는 조작을 말한다.

## 12 ★

환열실의 전열면적[$m^2$]과 전열량[kJ/h] 사이의 관계는? (단, 전열면적은 F, 전열량은 Q, 총괄전열계수는 V이며, $\triangle t_m$은 평균온도차이다)

① Q = F/$\triangle t_m$
② Q = F × $\triangle t_m$
③ Q = F × V × $\triangle t_m$
④ Q = V/(F × $\triangle t_m$)

### 해설

**전열량**

전열량(Q) = FV$\triangle t_m$ [kJ/h]

정답 ● 09 ④  10 ②  11 ②  12 ③

## 13 ★★

연소가스의 조성에서 O₂를 옳게 나타낸 식은? (단, $L_o$ : 이론 공기량, G : 실제 습연소가스량, m : 공기비이다)

① $\dfrac{L_o}{G} \times 100$

② $\dfrac{0.2 L_o}{G} \times 100$

③ $\dfrac{(m-1)L_o}{G} \times 100$

④ $\dfrac{0.21(m-1)L_o}{G} \times 100$

**해설**

연소가스 조성에서의 O₂
연소가스 조성에서 산소(O₂)
= $\dfrac{0.21(m-1)L_o}{G} \times 100$ [%]이다.
[m = 공기비(공기과잉계수), $L_o$ = 이론공기량, G = 실제 습연소가스량]

## 14 ★★★

프로판가스 1 [Sm³]를 공기과잉계수 1.1의 공기로 완전 연소시켰을 때의 습연소가스량은 약 몇 [Sm³]인가?

① 14.5
② 25.8
③ 28.2
④ 33.9

**해설**

습연소가스량
$C_3H_8 + 5O_2 \rightarrow 3CO_2 + 4H_2O$
$A_0 = \dfrac{O_0}{0.21} = \dfrac{5}{0.21} = 23.81 [Sm^3/Sm^3]$
$G_w = (m - 0.21)A_0 + CO_2 + H_2O$
$= (1.1 - 0.21) \times 23.81 + 3 + 4$
$= 28.19 [Sm^3/Sm^3]$

## 15 ★★

잠열 변화 과정에 해당하는 것은?

① -20 [℃]의 얼음을 0 [℃]의 얼음으로 변화시켰다.
② 0 [℃]의 얼음을 0 [℃]의 물로 변화시켰다.
③ 0 [℃]의 물을 100 [℃]의 물로 변화시켰다.
④ 100 [℃]의 증기를 110 [℃]의 증기로 변화시켰다.

**해설**

잠열 변화
잠열이란 온도 변화 없이 상태만 변화시키는 열을 이야기한다. 따라서 '0 [℃]의 얼음을 0 [℃]의 물로 변화시켰다'는 잠열 변화이다.

**정답** 13 ④ 14 ③ 15 ②

## 16 ★★
액체 연료의 미립화 시 평균 분무입경에 직접적인 영향을 미치는 것이 아닌 것은?

① 액체 연료의 표면장력
② 액체 연료의 점성계수
③ 액체 연료의 탁도
④ 액체 연료의 밀도

> **해설**
>
> 무화(미립화) 시 직접적인 영향을 미치는 요소
> 액체 연료의 무화 시 직접적인 영향을 미치는 요소
> - 액체 연료의 표면장력
> - 액체 연료의 점성계수
> - 연료의 밀도(비질량)
> - 미립자의 크기

## 17 ★★
탄소 1 [kg]을 완전 연소시키는 데 필요한 공기량(Nm³)은? (단, 공기 중의 산소와 질소의 체적 함유 비를 각각 21 [%]와 79 [%]로 하며 공기 1 [kmol]의 체적은 22.4 [m³]이다)

① 6.75   ② 7.23
③ 8.89   ④ 9.97

> **해설**
>
> 공기량
> $C + O_2 \rightarrow CO_2$
>
> $A_0 = \dfrac{O_0}{0.21} = \dfrac{\left(\dfrac{1 \times 22.4}{12}\right)}{0.21}$
>
> $\fallingdotseq 8.89 \,[Nm^3/kg]$

## 18 ★
비중이 0.8(60 [℉]/60 [℉])인 액체 연료의 API도는?

① 10.1
② 21.9
③ 36.8
④ 45.4

> **해설**
>
> API
> 액체 연료비중표시법(API)
> $= \dfrac{141.5}{비중} - 131.5 = \dfrac{141.5}{0.8} - 131.5 = 45.4$

## 19 ★★★
다음의 혼합가스 1 [Nm³]의 이론 공기량[Nm³/Nm³]은? (단, $C_3H_8$ : 70 [%], $C_4H_{10}$ : 30 [%]이다)

① 24
② 26
③ 28
④ 30

> **해설**
>
> 이론 공기량
>
> 이론 공기량($A_0$) = $\dfrac{O_0}{0.21} = \dfrac{5 \times 0.7 + 6.5 \times 0.3}{0.21}$
>
> $\fallingdotseq 26 \,[Nm^3/Nm^3]$
>
> ※ $C_3H_8$ : 3 + 8/4 = 5
> $C_4H_{10}$ : 4 + 10/4 = 13/2 = 6.5

**정답** 16 ③  17 ③  18 ④  19 ②

## 20 ★★

어떤 연도가스의 조성이 아래와 같을 때 과잉공기의 백분율은 얼마인가? (단, $CO_2$는 11.9 [%] CO는 1.6 [%], $O_2$는 4.1 [%], $N_2$는 82.4 [%]이고 공기 중 질소와 산소의 부피비는 79 : 21이다)

① 15.7 [%]
② 17.7 [%]
③ 19.7 [%]
④ 21.7 [%]

**해설**

과잉공기
※ $O_2$가 4.1 [%] 존재하므로 과잉공기
   CO가 존재하므로 불완전 연소
※ 불완전 연소공기비(과잉공기비 m)

$$m = \frac{N_2}{N_2 - 3.76(O_2 - 0.5CO)}$$
$$= \frac{82.4}{82.4 - 3.76(4.1 - 0.5 \times 1.6)}$$
$$\fallingdotseq 1.177$$

∴ 과잉공기율은 0.177 = 17.7 [%]

---

**2과목 열역학**

| 1회독 | 시간 : | 점수 : |
| 2회독 | 시간 : | 점수 : |
| 3회독 | 시간 : | 점수 : |

## 21 ★★

300 [℃], 200 [kPa]인 공기가 탱크에 밀폐되어 대기 공기로 냉각되었다. 이 과정에서 탱크 내 공기 엔트로피의 변화량을 △S1, 대기 공기의 엔트로피의 변화량을 △S2라 할 때 엔트로피 증가의 원리를 옳게 나타낸 것은?

① △S1 + △S2 ≤ 0
② △S1 + △S2 < 0
③ △S1 + △S2 > 0
④ △S1 + △S2 = 0

**해설**

엔트로피 증가의 원리
열이 흐르는 시스템 사이의 과정은 비가역적 이므로 전체 엔트로피의 총합은 증가해야 한다.

## 22 ★

열펌프(Heat Pump)사이클에 대한 성능계수(COP)는 다음 중 어느 것을 압력 일(Work Input)로 나누어 준 것인가?

① 저온부 압력
② 고온부 온도
③ 고온부 방출열
④ 저온부 부피

**해설**

열펌프의 성능계수
$$\epsilon_H = \frac{Q_1}{W_c}$$

- $Q_1$ : 방출되는 열량
- $W_c$ : 시스템에 공급한 일

**정답** 20 ② 21 ③ 22 ③

## 23 ★★★

공기 표준 디젤 사이클에서 압축비가 17이고 단절비(Cut-off Ratio)가 3일 때 열효율[%]은? (단, 공기의 비열비는 1.4이다)

① 52  ② 58
③ 63  ④ 67

**해설**

열효율

$$\eta_{thd} = 1 - \left(\frac{1}{\epsilon}\right)^{k-1} \frac{\sigma^k - 1}{k(\sigma - 1)}$$

$$= 1 - \left(\frac{1}{17}\right)^{1.4-1} \frac{3^{1.4} - 1}{1.4(3-1)} = 58.2\,[\%]$$

## 24 ★★★

이상적인 단순 랭킨 사이클로 작동되는 증기원동소에서 펌프 입구, 보일러 입구, 터빈 입구, 응축기 입구의 비엔탈피를 각각 $h_1$, $h_2$, $h_3$, $h_4$라고 할 때 열효율은?

① $1 - \dfrac{h_4 - h_1}{h_3 - h_2}$  ② $1 - \dfrac{h_4 - h_2}{h_3 - h_2}$

③ $1 - \dfrac{h_4 - h_2}{h_3 - h_1}$  ④ $1 - \dfrac{h_4 - h_1}{h_3 - h_1}$

**해설**

랭킨 사이클의 열효율

$$\eta = \frac{W}{Q_1} = \frac{Q_1 - Q_2}{Q_1} = 1 - \frac{Q_2}{Q_1} = 1 - \frac{h_4 - h_1}{h_3 - h_2}$$

## 25 ★★★

임의의 과정에 대한 가역성과 비가역성을 논의하는 데 적용되는 법칙은?

① 열역학 제0법칙
② 열역학 제1법칙
③ 열역학 제2법칙
④ 열역학 제3법칙

**해설**

열역학 제2법칙
임의의 과정에 대한 가역성과 비가역성을 논의하는 데 적용되는 법칙은 엔트로피 증가 법칙, 비가역 법칙인 열역학 제2법칙이다.

## 26 ★★

물을 20 [℃]에서 50 [℃]까지 가열하는 데 사용된 열의 대부분은 무엇으로 변환되었는가?

① 물의 내부에너지
② 물의 운동에너지
③ 물의 유동에너지
④ 물의 위치에너지

**해설**

내부에너지
물이 상태 변화를 하지 않고 온도만 변하고 있으므로 열은 대부분 내부에너지로 변환되었다고 할 수 있다.

**정답** 23 ② 24 ① 25 ③ 26 ①

## 27 ★★★
카르노 사이클에 대한 설명으로 옳지 않은 것은?

① 효율이 가장 높은 사이클이다.
② 과정 중 등엔트로피 과정이 있다.
③ 등온 과정과 단열 과정으로 이루어져 있다.
④ 카르노 사이클은 외부에서 열을 받고 일을 하지만 열을 방출하지는 않는다.

**해설**

카르노 사이클(Carnot Cycle)
- 카르노 사이클은 열기관의 가장 이상적인 가역 사이클이다.
- 2개의 등온 과정과 2개의 단열 과정(등엔트로피 과정)으로 구성되어 있다.

## 28 ★★
온도 127 [℃]에서 포화수 엔탈피는 560 [kJ/kg], 포화증기의 엔탈피는 2720 [kJ/kg] 일 때 포화수 1 [kg]이 포화증기로 변화하는 데 따르는 엔트로피의 증가는 몇 [kJ/K]인가?

① 1.4
② 5.4
③ 9.8
④ 21.4

**해설**

포화증기 엔트로피

$$ds = \frac{\delta q}{T} = \frac{h_2 - h_1}{127 + 273} = \frac{2720 - 560}{400}$$

$$= 5.4\,[kJ/kg \cdot K]$$

## 29 ★★★
다음 중 열역학 제2법칙과 관련된 것은?

① 상태 변화 시 에너지는 보존된다.
② 일은 100 [%] 열로 변환시킬 수 있다.
③ 사이클 과정에서 시스템(계)이 한 일은 시스템이 받은 열량과 같다.
④ 열은 저온부로부터 고온부로 자연적으로 (저절로) 전달되지 않는다.

**해설**

열역학 제2법칙
- 방향성(비가역성)을 나타낸 법칙.
- 열은 그 스스로 자연적으로 저온부에서 고온부로 전달되지 않는다.

## 30 ★★
다음 중 온도에 따라 증가하지 않는 것은?

① 증발잠열
② 포화액의 내부에너지
③ 포화증기의 엔탈피
④ 포화액의 엔트로피

**해설**

증발잠열
- 액체가 기체로 변할 때 필요한 열량
- 온도가 높아질수록 증발하기 쉬워지므로 증발잠열은 감소한다.

정답  27 ④  28 ②  29 ④  30 ①

## 31 ★

공기가 표준대기압하에 있을 때 산소의 분압은 몇 [kPa]인가?

① 1.0
② 21.3
③ 80.0
④ 101.3

**해설**

산소의 분압
- 표준대기압(Standard Atmospheric Pressure) : 101.325 [kPa]
- 건조 공기의 조성 : 산소 약 21 [%]
- 분압
  $P_{O_2} = 0.21 \times 101.325 = 21.278$

## 32 ★★

증기에 대한 설명 중 틀린 것은?

① 동일압력에서 포화증기는 포화수보다 온도가 더 높다.
② 동일압력에서 건포화증기를 가열한 것이 과열증기이다.
③ 동일압력에서 과열증기는 건포화증기보다 온도가 더 높다.
④ 동일압력에서 습포화증기와 건포화증기는 온도가 같다.

**해설**

증기
동일압력에서 포화증기와 포화수의 온도는 같다.

## 33 ★★★

일정한 압력 300 [kPa]으로, 체적 0.5 [m³]의 공기가 외부로부터 160 [kJ]의 열을 받아 그 체적이 0.8 [m³]로 팽창하였다. 내부에너지의 증가량은 몇 [kJ]인가?

① 30
② 70
③ 90
④ 160

**해설**

내부에너지의 증가량
$Q = (U_1 - U_2) + {}_1W_2$

${}_1W_2 = P(V_2 - V_1) = 300(0.8 - 0.5) = 90 [kJ]$

$U_2 - U_1 = Q - {}_1W_2 = 160 - 90 = 70 [kJ]$

## 34 ★★★

폴리트로픽지수 n의 값이 특정 값을 가질 때 상태 변화가 된다. 다음 중 옳은 것은?

① n = 0일 때 등온 변화
② n = 1일 때 정압 변화
③ n = ∞일 때 정적 변화
④ n = 0.5일 때 단열 변화

**해설**

폴리트로픽 지수
$PV^n = C$
- n = 0 : 정압 변화(P = C)
- n = 1 : 등온 변화(Pv = C)
- n = k : 단열 변화($Pv^k$ = C)
- n = ∞ : 정적 변화(V = C)

**정답** 31 ② 32 ① 33 ② 34 ③

## 35 ★

다음 중 사이클의 상태 변화 과정이 틀린 것은?

① 오토 사이클 : 단열압축 → 등적가열 → 단열팽창 → 등적방열
② 사바테 사이클 : 단열압축 → 등적가열 → 단열팽창 → 등압방열
③ 디젤 사이클 : 단열압축 → 등압가열 → 단열팽창 → 등적방열
④ 브레이톤 사이클 : 단열압축 → 등압가열 → 단열팽창 → 등압방열

해설

사바테 사이클
단열압축 → 등적가열 → 등압가열 → 단열팽창 → 등적방열

## 36 ★★

30 [℃]에서 10 [L]의 체적을 갖는 이상기체가 일정압력에서 120 [℃]까지 온도가 상승하였을 때 체적은 약 얼마인가?

① 7 [L]    ② 14 [L]
③ 28 [L]   ④ 52 [L]

해설

샤를의 법칙

$$\frac{V_1}{T_1} = \frac{V_2}{T_2}$$

$$\frac{10}{(273.15+30)} = \frac{V_2}{273.15+120}$$

$V_2 ≒ 14\,[L]$

## 37 ★★★

500 [℃]와 0 [℃] 사이에서 운전되는 카르노 사이클의 열효율[%]은?

① 49.9
② 64.7
③ 85.6
④ 99.2

해설

카르노 사이클 열효율

$$\eta = 1 - \frac{T_2}{T_1} = 1 - \frac{0+273.15}{500+273.15} = 0.6467$$

$0.6467 \times 100\,[\%] = 64.67\,[\%]$

## 38 ★★

다음 중 이상기체의 등온 과정에 대하여 항상 성립하는 것은? (단, W는 일, Q는 열, U는 내부에너지를 나타낸다)

① W = 0
② Q = 0
③ |Q| ≠ |W|
④ △U = 0

해설

등온 과정
- 등온 과정은 온도의 변화가 없다.
- 내부에너지와 엔탈피는 온도만의 함수이므로 △U = 0이다.

## 39 ★★

15 [℃]의 물 1 [kg]을 100 [℃]의 포화수로 변화시킬 때 엔트로피 변화량[kJ/K]은? (단, 물의 평균 비열은 4.2 [kJ/kg·K]이다)

① 1.1
② 6.7
③ 8.0
④ 85.0

**해설**

엔트로피 변화량

$$\Delta S = \frac{\Delta Q}{T} = \frac{m \times C \times \Delta T}{T} = m \times C \times \ln\frac{T_2}{T_1}$$
$$= 1 \times 4.2 \times \ln\frac{100 + 273.15}{15 + 273.15} \fallingdotseq 1.1 [kJ/K]$$

## 40 ★★

압력이 300 [kPa], 체적이 0.5 [m³]인 공기가 일정한 압력에서 체적이 0.7 [m³]으로 팽창했다. 이 팽창 중에 내부에너지가 50 [kJ] 증가하였다면, 팽창에 필요한 열량은 몇 [kJ]인가?

① 50  ② 60
③ 100  ④ 110

**해설**

열량
$\delta Q = dU + W$
- 정압 과정
  $W = PdV = P(V_2 - V_1)$
  $= 300[kPa] \times (0.7 - 0.5)[m^3] = 60[kJ]$
$\delta Q = dU + W = 50 + 60 = 110[kJ]$

## 3과목 계측방법

## 41 ★★★

열전대 온도계에 대한 설명으로 옳은 것은?

① 흡습 등으로 열화된다.
② 밀도차를 이용한 것이다.
③ 자기가열에 주의해야 한다.
④ 온도에 대한 열기전력이 크며 내구성이 좋다.

**해설**

열전대 온도계(Thermocouple)
열전대 온도계는 온도에 대한 열기전력이 크고 내열성과 내식성이 있고 내구성도 좋다.

## 42 ★

다음 그림과 같은 경사관식 압력계에서 P₂는 50 [kg/m²]일 때 측정압력 P₁은 약 몇 [kg/m²]인가? (단, 액체의 비중은 1이다)

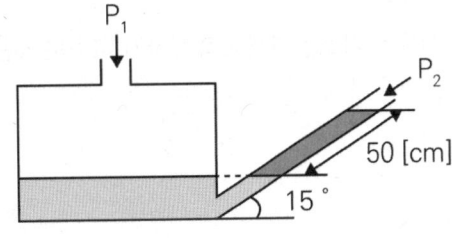

① 130  ② 180
③ 320  ④ 530

정답 39 ① 40 ④ 41 ④ 42 ②

> **해설**

측정압력

$P_1 = P_2 + \gamma h (h = l\sin\theta)$

$\therefore P_1 = P_2 + \gamma l \sin\theta = 50 + 1000 \times 0.5 \times \sin 15°$

≒ 179.409 ≒ 180

- 물의 밀도 : 1 [g/m³] = 1000 [kg/m³]

## 43 ★★★

SI 기본단위를 바르게 표현한 것은?

① 시간 - 분
② 질량 - 그램
③ 길이 - 밀리미터
④ 전류 - 암페어

> **해설**

SI 기본단위

- 시간[Sec]
- 질량[kg]
- 길이[m]
- 전류[A]
- 온도[K]
- 물질의 양[mol]
- 광도[cd]

## 44 ★★★

오르자트식 가스분석계로 측정하기 어려운 것은?

① $O_2$
② $CO_2$
③ $CH_4$
④ CO

> **해설**

오르자트식 가스분석계
연소가스 속의 $CO_2$-$O_2$-CO를 화학적으로 흡수하는 시약을 이용하여 각 성분의 농도를 측정

## 45 ★

다음 열전대 종류 중 측정온도에 대한 기전력의 크기로 옳은 것은?

① IC > CC > CA > PR
② IC > PR > CC > CA
③ CC > CA > PR > IC
④ CC > IC > CA > PR

> **해설**

측정온도에 대한 기전력의 크기(열전대 종류)
철콘스탄탄(IC) > 동콘스탄탄(CC) > 크로멜·알루멜(CA) > 백금·백금로듐(PR)

## 46 ★★★

다음에서 설명하는 제어동작은?

- 부하 변화가 커도 잔류편차가 생기지 않는다.
- 급변할 때 큰 진동이 생긴다.
- 전달느림이나 쓸모없는 시간이 크면 사이클링의 주기가 커진다.

① D동작
② PI동작
③ PD동작
④ P동작

정답 43 ④  44 ③  45 ①  46 ②

**해설**

**제어동작**

비례적분(PI)동작은 비례제어(P제어)에서 발생되는 잔류편차(Off Set)를 없애주는 것이 적분제어(I제어)다. 따라서 두 동작의 장점을 조합한 제어동작이다. 부하 변화가 커도 잔류편차가 생기지 않는다. 급변할 때 큰 진동이 생긴다. 전달느림이나 쓸모없는 시간이 크면 사이클링의 주기가 커진다.

※ 비례(P)제어 : 단독으로 사용하지 않고 다른 동작과 조합하여 사용한다.

※ 적분(I)제어 : 진동하는 경향이 있고, 급변 시 큰 진동이 발생되며 안정성이 떨어진다.

## 47 ★

단열식 열량계로 석탄 1.5 [g]을 연소시켰더니 온도가 4 [℃] 상승하였다. 통 내의 유량이 2000 [g], 열량계의 물당량이 500 [g]일 때 이 석탄의 발열량은 약 몇 [J/g]인가? (단, 물의 비열은 4.19 [J/g·K]이다)

① $2.23 \times 10^4$
② $2.79 \times 10^4$
③ $4.19 \times 10^4$
④ $6.98 \times 10^4$

**해설**

**석탄의 발열량**

$Q = mC\Delta t$

$q = \dfrac{Q}{m} = \dfrac{(m_1 + m_2)C\Delta t}{1.5}$

$= \dfrac{(2000 + 500) \times 4.19 \times 4}{1.5} = 2.79 \times 10^4 \,[J/g]$

※ 물당량 : 어떤 물질의 열용량과 같은 열용량을 갖는 물의 질량

## 48 ★★★

2000 [℃]까지 고온 측정이 가능한 온도계는?

① 방사 온도계
② 백금 저항 온도계
③ 바이메탈 온도계
④ Pt - Rh 열전식 온도계

**해설**

**온도계**

방사 온도계는 비접촉식 온도계로 1000 [℃] 이상의 고온에 사용하며, 이동물체의 온도 측정이 가능하다(50 ~ 3000 [℃] 측정)

• 백금 저항 온도계 사용온도 범위 :
  -200 ~ 500 [℃]
• 바이메탈 온도계 사용온도 범위 :
  -50 ~ 500 [℃]
• Pt - Rh 열전식 온도계 사용온도 범위 :
  0 ~ 1600 [℃]

## 49 ★

피토관 유량계에 관한 설명이 아닌 것은?

① 흐름에 대해 충분한 강도를 가져야 한다.
② 더스트가 많은 유체측정에는 부적당하다.
③ 피토관의 단면적은 관 단면적의 10 [%] 이상이여야 한다.
④ 피토관을 유체흐름의 방향으로 일치시킨다.

정답  47 ②  48 ①  49 ③

해설

피토관 유량계
- 피토관은 유체에 직접 노출되므로 기계적 강도가 필요하며, 더스트가 많은 유체는 피토관의 미세한 구멍이 막힐 수 있기 때문에 부적합하다.
- 피토관의 단면적은 흐름 측정에 용이하도록 단면적이 작아야 한다. 일반적으로 3~15 [mm] 정도이다.

## 50 ★★

물을 함유한 공기와 건조공기의 열전도율 차이를 이용하여 습도를 측정하는 것은?

① 고분자 습도센서
② 염화리튬 습도센서
③ 서미스터 습도센서
④ 수정진동자 습도센서

해설

습도센서
- 고분자 습도센서 : 고분자 재료의 전기적 특성이 습도에 따라 달라짐을 이용하여 습도를 측정하는 센서
- 염화리튬 습도센서 : 염화리튬의 전기적 특성이 습도에 따라 달라지는 특성을 이용하여 습도를 측정하는 센서
- 서미스터 습도센서 : 수분흡수에 따라 전기 저항이 변하는 성질을 이용하여 습도를 측정하는 센서
- 수정진동자 습도센서 : 수정진동자의 진동수에 미치는 습도의 영향을 이용하여 습도를 측정하는 센서

## 51 ★★

부자(Float)식 액면계의 특징으로 틀린 것은?

① 원리 및 구조가 간단하다.
② 고압에도 사용할 수 있다.
③ 액면이 심하게 움직이는 곳에 사용하기 좋다.
④ 액면 상, 하 한계에 경보용 리미트 스위치를 설치할 수 있다.

해설

부자(Float)식 액면계
부자를 액면에 직접 띄워서 상하 움직임에 따라 측정하는 방법으로 액면이 심하게 움직이는 곳에는 부적당하다.

## 52 ★★

-200 ~ 500 [℃]의 측정범위를 가지며 측온 저항체 소선으로 주로 사용되는 저항소자는?

① 백금선
② 구리선
③ Ni선
④ 서미스터

해설

측온 저항체 소선 - 저항소자
- 백금선 : -200 ~ 500 [℃]
- 구리선 : 0 ~ 120 [℃]
- 니켈선 : -50 ~ 150 [℃]
- 서미스터 : -100 ~ 300 [℃]

정답  50 ③  51 ③  52 ①

## 53 ★★

램 실린더, 기름탱크 가압펌프 등으로 구성되어 있으며 탄성식 압력계의 일반교정용으로 주로 사용되는 압력계는?

① 분동식 압력계
② 격막식 압력계
③ 침종식 압력계
④ 벨로즈식 압력계

**해설**

분동식 압력계
분동에 의해 압력을 측정하는 형식으로 탄성 압력계의 일반교정용 및 피검정용 압력계의 검사를 행하는 데 주로 사용되며 램 실린더, 기름탱크(Oil Tank), 가압펌프 등으로 구성되어 있다.

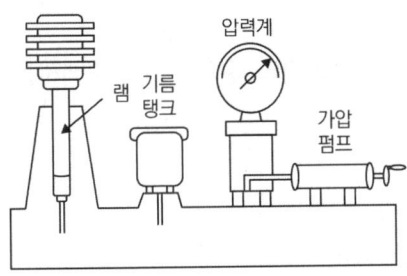

## 54 ★★

다음 중 유도단위에 속하지 않는 것은?

① 비열
② 압력
③ 습도
④ 열량

**해설**

SI단위계
습도는 비율[%]형태로 표현하므로 유도단위에 해당되지 않는다.
- 기본단위 : 길이[m], 질량[kg], 시간[s], 온도[K], 전류[A], 물질량[mol], 광도[cd]
- 보조단위 : 평면각[rad], 입체각[sr]
- 유도단위 : 힘[N], 압력[Pa], 에너지[J], 일률[W], 비중량[N/m³], 밀도[kg/m³], 자속[Wb] 등

## 55 ★★★

관로의 유속을 피토관으로 측정할 때 마노미터의 수주가 50 [cm]였다. 이때 유속은 약 몇 [m/s]인가?

① 3.13
② 2.21
③ 1.0
④ 0.707

**해설**

유속
$$\frac{1}{2}V^2 = gh$$
$$V = \sqrt{2gh} = \sqrt{2 \times 9.8 \times 0.5}$$
$$\fallingdotseq 3.13 \text{ [m/s]}$$

## 56 ★★

열전대 온도계의 보호관으로 사용되는 다음 재료 중 상용 사용 온도가 높은 순으로 옳게 나열된 것은?

① 석영관 > 자기관 > 동관
② 석영관 > 동관 > 자기관
③ 자기관 > 석영관 > 동관
④ 동관 > 자기관 > 석영관

**정답** 53 ① 54 ③ 55 ① 56 ③

### 해설
열전대 온도계의 보호관 상용 사용온도
자기관 > 석영관 > 동관

## 57 ★★
측정하고자 하는 상태량과 독립적 크기를 조정할 수 있는 기준량과 비교하여 측정, 계측하는 방법은?

① 보상법
② 편위법
③ 치환법
④ 영위법

### 해설
측정방법
- 보상법 : 기준 분동을 준비하여 분동과 측정량의 차이로부터 측정량을 구하는 방식
- 편위법 : 측정하고자 하는 양을 기준량과 비교하고, 기준량에 의해 발생하는 편차를 관찰하여 측정값을 결정하는 방식
- 치환법 : 측정량과 기준량을 치환하여 2회의 측정결과로부터 구하는 측정방식
- 영위법 : 측정기에서 지시값이 '0'이 되도록 기준량을 조절한 뒤, 그 조절된 기준값과 비교하여 측정하는 방법

## 58 ★
다음 중 바이메탈 온도계의 측온범위는?

① -200 ~ 200 [℃]
② -30 ~ 360 [℃]
③ -50 ~ 500 [℃]
④ -100 ~ 700 [℃]

### 해설
바이메탈 온도계 측온범위
-50 ~ 500 [℃]
※ 바이메탈 온도계 : 서로 다른 두 개의 금속을 접합하여 온도 변화에 따른 열팽창의 정도를 이용하여 온도 측정

## 59 ★★
미리 정해진 순서에 따라 순차적으로 진행하는 제어방식은?

① 시퀀스제어
② 피드백제어
③ 피드포워드제어
④ 적분제어

### 해설
제어방식
시퀀스제어(개회로제어)란 미리 정해진 순서에 따라 순차적으로 진행하는 제어방식이다.

정답  57 ④  58 ③  59 ①

## 60 ★

베크만 온도계에 대한 설명으로 옳은 것은?

① 빠른 응답성의 온도를 얻을 수 있다.
② 저온용으로 적합하여 약 -100 [℃]까지 측정할 수 있다.
③ -60 ~ 350 [℃] 정도의 측정온도 범위인 것이 보통이다.
④ 모세관의 상부에 수은을 봉입한 부분에 대해 측정온도에 따라 남은 수은의 양을 가감하여 그 온도부분의 온도차를 0.01 [℃]까지 측정할 수 있다.

**해설**

베크만 온도계(수은 온도계 중 하나)
온도계의 가는 대롱 윗부분에 보조적인 수은 주머니를 붙여서 만든다. 온도차를 0.01 [℃]까지 잴 수 있고, 영점을 임의의 온도에서 일치시키고 사용한다.

### 4과목 | 열설비재료 및 관계법규

1회독  시간 :    점수 :
2회독  시간 :    점수 :
3회독  시간 :    점수 :

## 61 ★

진주암, 흑석 등을 소성, 팽창시켜 다공질로 하여 접착제와 3 ~ 15 [%]의 석면 등과 같은 무기질 섬유를 배합하여 성형한 고온용 무기질 보온재는?

① 규산칼슘 보온재
② 세라믹화이버
③ 유리섬유 보온재
④ 펄라이트

**해설**

펄라이트
천연 화산암(주로 흑요석)을 고온(약 800 ~ 1000 [℃])에서 급열하여 팽창시킨 다공성 무기질
제조방식
(1) 천연 진주암 또는 흑석을 파쇄
(2) 고온에서 급격히 가열 → 내수성 물질의 수증기화로 팽창
(3) 다공성 구조가 형성됨
(4) 여기에 접착제와 석면 등 무기질 섬유(3 ~ 15 [%])를 배합해 성형 → 고온용 보온재로 활용

정답 ● 60 ④  61 ④

## 62 ★★

고압 배관용 탄소 강관(KS D 3564)의 호칭지름의 기준이 되는 것은?

① 배관의 안지름
② 배관의 바깥지름
③ 배관의 (안지름 + 바깥지름) ÷ 2
④ 배관나사의 바깥지름

**해설**

고압 배관용 탄소 강관의 호칭지름의 기준 배관의 바깥지름을 기준으로 한다.

## 63 ★★

보온재의 구비조건으로 틀린 것은?

① 불연성일 것
② 흡수성이 클 것
③ 비중이 작을 것
④ 열전도율이 작을 것

**해설**

보온재의 구비조건
보온재는 불연성이고 흡수성이 작고 비중이 작고 (가볍고) 열전도율이 작을 것

## 64 ★

「에너지이용합리화법」에 따라 효율관리기자재의 제조업자는 해당 효율관리기자재의 에너지 사용량을 어느 기관으로부터 측정받아야 하는가?

① 검사기관
② 시험기관
③ 확인기관
④ 진단기관

**해설**

에너지 사용량 측정받아야 하는 시험기관
「에너지이용합리화법」 제15조 제2항
② 효율관리기자재의 제조업자 또는 수입업자는 산업통상자원부장관이 지정하는 시험기관(이하 "효율관리시험기관"이라 한다)에서 해당 효율관리기자재의 에너지 사용량을 측정받아 에너지소비효율등급 또는 에너지소비효율을 해당 효율관리기자재에 표시하여야 한다. 다만 산업통상자원부장관이 정하여 고시하는 시험설비 및 전문인력을 모두 갖춘 제조업자 또는 수입업자로서 산업통상자원부령으로 정하는 바에 따라 산업통상자원부장관의 승인을 받은 자는 자체측정으로 효율관리시험기관의 측정을 대체할 수 있다.

## 65 ★★★

크롬벽돌이나 크롬 - 마그벽돌이 고온에서 산화철을 흡수하여 표면이 부풀어 오르고 떨어져 나가는 현상은?

① 버스팅
② 큐어링
③ 슬래킹
④ 스폴링

**해설**

버스팅
크롬을 원료로 하는 염기성 내화벽돌이 1600[℃] 이상의 고온에서 산화철을 흡수하여 표면이 부풀어 오르고 떨어져 나가는 현상을 말한다.

**정답** 62 ② 63 ② 64 ② 65 ①

## 66 ★★★

「에너지이용합리화법」에 따라 검사에 불합격한 검사대상기기를 사용한 자에 대한 벌칙 기준은?

① 1년 이하의 징역 또는 1천만 원 이하의 벌금
② 1천만 원 이하의 벌금
③ 2년 이하의 징역 또는 2천만 원 이하의 벌금
④ 500만 원 이하의 벌금

**해설**

벌칙
「에너지이용합리화법」제73조
제73조(벌칙) 다음 각 호의 어느 하나에 해당하는 자는 1년 이하의 징역 또는 1천만 원 이하의 벌금에 처한다.
1. 제39조 제1항·제2항 또는 제4항을 위반하여 검사대상기기의 검사를 받지 아니한 자
2. 제39조 제5항을 위반하여 검사대상기기를 사용한 자
3. 제39조의2 제3항을 위반하여 검사대상기기를 수입한 자

## 67 ★★★

다음 중 중성 내화물에 속하는 것은?

① 납석질 내화물
② 고알루미나질 내화물
③ 반규석질 내화물
④ 샤모트질 내화물

**해설**

중성 내화물
- 산성 내화물 : 규석질, 납석질, 샤모트질, 점토질
- 중성 내화물 : 고알루미나질, 탄화규소질, 탄소질, 크롬질
- 염기성 내화물 : 마그네시아질, 마그네시아-크롬질, 돌로마이트질, 포스테라이트질

## 68 ★★★

작업이 간편하고 조업주기가 단축되며 요체의 보유열을 이용할 수 있어 경제적인 반연속식 요는?

① 셔틀요
② 윤요
③ 터널요
④ 도염식 요

**해설**

셔틀요
가마로서 작업이 간편하고 조업주기가 단축되며 가마의 보유열을 여열로 이용할 수 있다. 손실열에 해당하는 대차 보유열로 저온제품을 예열하는 데 쓰므로 경제적이다.

정답 66 ① 67 ② 68 ①

## 69 ★
가스용 보일러의 보일러 실내 연료 배관 외부에 반드시 표시해야 하는 항목이 아닌 것은?

① 사용 가스명
② 최고 사용압력
③ 가스 흐름방향
④ 최고 사용온도

**해설**

배관 외부 표시 항목
[열사용기자재검사 및 검사 면제에 관한 기준 22.1.4.4]
22.1.4.4 배관의 표시
⑴ 배관은 그 외부에 사용가스명·최고사용압력 및 가스흐름방향을 표시하여야 한다. 다만 지하에 매설하는 배관의 경우에는 흐름방향을 표시하지 아니할 수 있다.

## 70 ★★★
증기보일러에서 안전밸브 부착에 대한 설명으로 옳은 것은?

① 보일러 몸체에 직접 부착시키지 않는다.
② 밸브 축을 수직으로 하여 부착한다.
③ 안전밸브는 항상 3개 이상 부착해야 한다.
④ 안전을 고려하여 쉽게 보이는 곳에 설치하지 않는다.

**해설**

안전밸브
[열사용기자재검사 및 검사 면제에 관한 기준 19.1.1 ~ 2]
19.1 증기보일러
19.1.1 안전밸브의 개수
증기보일러에는 2개 이상의 안전밸브를 설치하여야 한다. 다만 전열면적 50 [m$^2$] 이하의 증기보일러에서는 1개 이상으로 하며 U자형 입관을 부착한 보일러는 안전밸브를 부착하지 않아도 된다.
관류보일러에서 보일러와 압력방출장치와의 사이에 체크밸브를 설치할 경우 압력방출장치는 2개 이상이어야 한다.
19.1.2 안전밸브의 부착
⑴ 안전밸브는 쉽게 검사할 수 있는 장소에 밸브 축을 수직으로 하여 가능한 한 보일러의 동체에 직접 부착시켜야 한다.

## 71 ★★
제철 및 제강공정 중 배소로의 사용목적으로 가장 거리가 먼 것은?

① 유해 성분의 제거
② 산화도의 변화
③ 분상광석의 괴상으로서의 소결
④ 원광석의 결합수의 제거와 탄산염의 분해

**해설**

배소로의 사용목적
유해 성분 제거, 산화도의 변화, 원광석의 결합수의 제거와 탄산염의 분해

## 72 ★★

「에너지이용합리화법」에 따라 에너지저장의무 부과대상자로 가장 거리가 먼 것은?

① 전기사업자    ② 석탄가공업자
③ 도시가스사업자  ④ 원자력사업자

**해설**

에너지저장의무
「에너지이용합리화법」 시행령 제12조
제12조(에너지저장의무 부과대상자) ① 법 제7조 제1항에 따라 산업통상자원부장관이 에너지저장의무를 부과할 수 있는 대상자는 다음 각 호와 같다. 〈개정 2010.4.13., 2013.3.23.〉
1. 「전기사업법」 제2조 제2호에 따른 전기사업자
2. 「도시가스사업법」 제2조 제2호에 따른 도시가스사업자
3. 「석탄산업법」 제2조 제5호에 따른 석탄가공업자
4. 「집단에너지사업법」 제2조 제3호에 따른 집단에너지사업자
5. 연간 2만 석유환산톤(「에너지법 시행령」 제15조 제1항에 따라 석유를 중심으로 환산한 단위를 말한다. 이하 "티오이"라 한다) 이상의 에너지를 사용하는 자

## 73 ★

고알루미나질 내화물의 특징에 대한 설명으로 거리가 가장 먼 것은?

① 중성 내화물이다.
② 내식성, 내마모성이 적다.
③ 내화도가 높다.
④ 고온에서 부피 변화가 적다.

**해설**

고알루미나질 내화물
하중연화온도가 높고 고온에서 부피 변화가 적고 내식성, 내마모성이 크다.

## 74 ★

「에너지이용합리화법」에 따라 다음 중 벌칙 기준이 가장 무거운 것은?

① 해당 법에 따른 검사대상기기의 검사를 받지 아니한 자
② 해당 법에 따른 검사대상기기관리자를 선임하지 아니한 자
③ 해당 법에 따른 에너지저장시설의 보유 또는 저장의무의 부과 시 정당한 이유 없이 이를 거부하거나 이행하지 아니한 자
④ 해당 법에 따른 효율관리기자재에 대한 에너지 사용량의 측정결과를 신고하지 아니한 자

**해설**

벌칙 기준(벌금 기준)
「에너지이용합리화법」 제72조
제72조(벌칙) 다음 각 호의 어느 하나에 해당하는 자는 2년 이하의 징역 또는 2천만 원 이하의 벌금에 처한다.
1. 제7조 제1항에 따른 에너지저장시설의 보유 또는 저장의무의 부과 시 정당한 이유 없이 이를 거부하거나 이행하지 아니한 자
2. 제7조 제2항 제1호부터 제8호까지 또는 제10호에 따른 조정·명령 등의 조치를 위반한 자
3. 제63조를 위반하여 직무상 알게 된 비밀을 누설하거나 도용한 자

정답 72 ④  73 ②  74 ③

## 75 ★★

「에너지이용합리화법」에서 정한 효율관리기자재에 속하지 않는 것은?

① 전기냉장고
② 자동차
③ 조명기기
④ 텔레비전

**해설**

효율관리기자재 품목의 종류
「에너지이용합리화법」 시행규칙 제7조
제7조(효율관리기자재) ① 법 제15조 제1항에 따른 효율관리기자재(이하 "효율관리기자재"라 한다)는 다음 각 호와 같다. 〈개정 2013.3.23.〉
1. 전기냉장고
2. 전기냉방기
3. 전기세탁기
4. 조명기기
5. 삼상유도전동기(三相誘導電動機)
6. 자동차
7. 그 밖에 산업통상자원부장관이 그 효율의 향상이 특히 필요하다고 인정하여 고시하는 기자재 및 설비

## 76 ★★

「에너지이용합리화법」에 의한 검사대상기기관리자의 선임, 해임 또는 퇴직에 관한 신고는 신고 사유가 발생한 날부터 며칠 이내에 해야 하는가?

① 15일
② 30일
③ 20일
④ 2개월

**해설**

제출 대상
「에너지이용합리화법」 시행규칙 제31조의28 제2항
제31조의28(검사대상기기관리자의 선임신고 등)
② 제1항에 따른 신고는 신고 사유가 발생한 날부터 30일 이내에 하여야 한다.

## 77 ★★

호칭지름 15 [A]의 강관을 반지름 90 [mm]로 90도 각도로 구부릴 때 곡선부의 길이는?

① 130 [mm]　② 141 [mm]
③ 182 [mm]　④ 280 [mm]

**해설**

곡선부의 길이

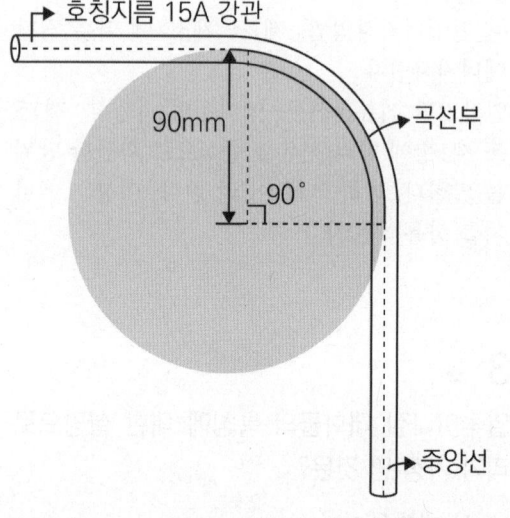

$$2\pi r \times \frac{x}{360°} = 2\pi \times 90[mm] \times \frac{90°}{360°}$$
$$= 141.3[mm] ≒ 141[mm]$$

정답 ● 75 ④　76 ②　77 ②

## 78 ★★
관의 신축량에 대한 설명으로 옳은 것은?

① 신축량은 관의 열팽창계수, 길이, 온도차에 반비례한다.
② 신축량은 관의 길이, 온도차에는 비례하지만 열팽창계수는 반비례한다.
③ 신축량은 관의 열팽창계수, 길이, 온도차에 비례한다.
④ 신축량은 관의 열팽창계수에 비례하고 온도차와 길이에 반비례한다.

**해설**

관의 신축량
관의 길이, 관의 선(열)팽창계수, 온도차에 비례한다.
신축량 : $\lambda = \alpha L \Delta t$
($\lambda$ : 신축량[mm], $\alpha$ : 선팽창계수, L : 관의 길이[mm], $\Delta t$ : 온도차)

## 79 ★★★
「에너지이용합리화법」에서 검사의 종류 중 계속사용검사에 해당하는 것은?

① 설치검사
② 개조검사
③ 안전검사
④ 재사용검사

**해설**

검사대상기기검사의 종류
「에너지이용합리화법」시행규칙 별표 3의4

| 검사의 종류 | |
|---|---|
| 제조검사 | 용접검사 |
| | 구조검사 |
| 설치검사 | |
| 개조검사 | |
| 설치장소 변경검사 | |
| 재사용검사 | |
| 계속사용검사 | 안전검사 |
| | 운전성능검사 |

## 80 ★
특정 열사용기자재의 시공업을 하려는 자는 어느 법에 따라 시공업 등록을 해야 하는가?

① 건축법
② 집단에너지사업법
③ 건설산업기본법
④ 에너지이용합리화법

**해설**

시공업 등록
「에너지이용합리화법」 제37조
제37조(특정열사용기자재) 열사용기자재 중 제조, 설치·시공 및 사용에서의 안전관리, 위해방지 또는 에너지이용의 효율관리가 특히 필요하다고 인정되는 것으로서 산업통상자원부령으로 정하는 열사용기자재(이하 "특정열사용기자재"라 한다)의 설치·시공이나 세관(洗罐 : 물이 흐르는 관 속에 낀 물때나 녹 따위를 벗겨 냄)을 업(이하 "시공업"이라 한다)으로 하는 자는 「건설산업기본법」 제9조 제1항에 따라 시·도지사에게 등록하여야 한다.

정답 78 ③  79 ③  80 ③

## 5과목 열설비설계

## 81 ★★

NaOH 8 [g]을 200 [L]의 수용액에 녹이면 pH는?

① 9  ② 10
③ 11  ④ 12

**해설**

pH
$pH + pOH = 14$
$pOH = -\log(OH^-)$

- $OH^-$ : 용액 내 수산화이온 농도 [mol/L]

$OH^- = \dfrac{8}{40(NaOH분자량)} \times \dfrac{1}{200} = 0.001$

$pH = 14 - pOH$
$\quad = 14 + \log 0.001 = 14 - 3 = 11$

## 82 ★

노통보일러에서 갤로웨이관(Galloway Tube)을 설치하는 이유가 아닌 것은?

① 전열면적의 증가  ② 물의 순환 증가
③ 노통의 보강  ④ 유동 저항 감소

**해설**

갤로웨이관(Galloway Tube)의 설치목적
- 전열면적의 증가
- 보일러수의 순환 증대
- 노통의 보강

## 83 ★★

아래 벽체구조의 열관류율[W/m²·K]은? (단, 내측 열전도 저항값은 0.043 [m²·K/W]이며, 외측 열전도 저항값은 0.112 [m²·K/W])

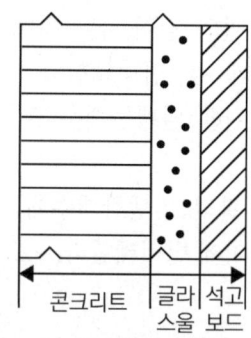

| 재료 | 두께[mm] | 열전도율 [W/m·K] |
|---|---|---|
| 내측 | | |
| ① 콘크리트 | 200 | 1.63 |
| ② 글라스울 | 75 | 0.038 |
| ③ 석고보드 | 20 | 0.24 |
| 외측 | | |

① 0.43
② 0.57
③ 0.87
④ 0.97

**해설**

열관류율

$K = \dfrac{1}{R} = \dfrac{1}{\dfrac{1}{\alpha_i} + \sum_{i=1}^{n} \dfrac{x_i}{k_i} + \dfrac{1}{\alpha_o}}$

$= \dfrac{1}{0.043 + \dfrac{0.2}{1.63} + \dfrac{0.075}{0.038} + \dfrac{0.02}{0.24} + 0.112}$

$≒ 0.43$

정답 ● 81 ③  82 ④  83 ①

## 84 ★★★

프라이밍 및 포밍이 발생한 경우 조치방법으로 틀린 것은?

① 압력을 규정압력으로 유지한다.
② 보일러수의 일부를 분출하고 새로운 물을 넣는다.
③ 증기밸브를 열고 수면계의 수위 안정을 기다린다.
④ 안전밸브, 수면계의 시험과 압력계 연락관을 취출하여 본다.

**해설**

프라이밍 및 포밍 발생 시의 조치방법
주 증기밸브를 서서히 개방해야 한다.

## 85 ★★★

최고사용압력 1.5 [MPa], 파형 형상에 따른 정수(C)를 1100으로 할 때 노통의 평균지름이 1100 [mm]인 파형 노통의 최소 두께는?

① 10 [mm]   ② 15 [mm]
③ 20 [mm]   ④ 25 [mm]

**해설**

파형 노통 두께
열사용기자재의 검사 및 검사면제에 관한 기준
7.6.2 파형노통의 최소두께

$$t = \frac{10PD}{C}\left\{t = \frac{PD}{C}\right\}$$

- P : 최고사용압력[MPa]{kgf/cm²}
- D : 노통의 파형부에서의 최대내경과 최소내경의 평균치(모리슨형 노통에서는 최소내경에 50 [mm]를 더한 값)
- C : 상수

$$\frac{10PD}{C} = \frac{10 \times 1.5 \times 1100}{1100} = 15\,[mm]$$

## 86 ★

수관보일러에서 수랭 노벽의 설치목적으로 가장 거리가 먼 것은?

① 고온의 연소열에 의해 내화물이 연화, 변형되는 것을 방지하기 위하여
② 물의 순환을 좋게 하고 수관의 변형을 방지하기 위하여
③ 복사열을 흡수시켜 복사에 의한 열손실을 줄이기 위하여
④ 전열면적을 증가시켜 전열효율을 상승시키고 보일러 효율을 높이기 위하여

**해설**

수관보일러의 수랭 노벽 설치목적
수관보일러에서 수랭 노벽은 수관을 연소실 주변에 울타리 모양으로 배치한 노벽으로 전열면적 증대로 효율증대, 연소실 내 복사열 흡수, 열손실을 줄이기 위함, 고온 연소열에 의해 내화물이 연화, 변형되는 것을 방지하기 위함이다.

## 87 ★★★

보일러의 과열에 의한 압궤(Collapse)의 발생 부분이 아닌 것은?

① 노통 상부
② 화실천장
③ 연관
④ 가셋트 스테이

정답  84 ③  85 ②  86 ②  87 ④

**해설**

**압궤의 발생부분**
압궤란 과열된 강재가 외압을 받아 안쪽으로 눌리어 오목해지는 현상으로 압궤 발생부분은 노통(상부), 화실 천장(연소실), 연관 등에서 주로 발생된다.

## 88 ★★★

유량 7 [m³/s]의 주철제 도수관의 지름[mm]은? (단, 평균유속(V)은 3 [m/s]이다)

① 680  ② 1312
③ 1723  ④ 2163

**해설**

유량 – 도수관의 지름

$Q = AV = \dfrac{\pi d^2}{4} V$

$7 = \dfrac{\pi d^2}{4} \times 3$

$\therefore d = 1.723 \, [m]$

## 89 ★

코르니시보일러의 노통을 한쪽으로 편심부착 시키는 주된 목적은?

① 강도상 유리하므로
② 전열면적을 크게 하기 위하여
③ 내부청소를 간편하게 하기 위하여
④ 보일러 물의 순환을 좋게 하기 위하여

**해설**

노통 편심의 목적
보일러수의 순환을 양호하게 하기 위함이다.

## 90 ★

보일러 응축수탱크의 가장 적절한 설치위치는?

① 보일러 상단부와 응축수탱크의 하단부를 일치시킨다.
② 보일러 하단부와 응축수탱크의 하단부를 일치시킨다.
③ 응축수탱크는 응축수 회수배관보다 낮게 설치한다.
④ 응축수탱크는 송출 증기관과 동일한 양정을 갖는 위치에 설치한다.

**해설**

보일러 응축수탱크의 가장 적절한 설치위치
응축수탱크는 응축수 회수배관보다 낮게 설치해야 한다.

## 91 ★★

동일조건에서 열교환기의 온도효율이 높은 순서대로 나열한 것은?

① 향류 > 직교류 > 병류
② 병류 > 직교류 > 향류
③ 직교류 > 향류 > 병류
④ 직교류 > 병류 > 향류

**해설**

열교환기의 온도효율
향류(대향류) > 직교류 > 병류(평행류)

정답: 88 ③  89 ④  90 ③  91 ①

## 92 ★★★

공기예열기의 효과에 대한 설명으로 틀린 것은?

① 연소효율을 증가시킨다.
② 과잉공기량을 줄일 수 있다.
③ 배기가스 저항이 줄어든다.
④ 저질탄 연소에 효과적이다.

**해설**

공기예열기의 효과

공기예열기는 배기가스가 배출되는 연도에 폐열회수장치로 설치하는 것으로 배기가스 통풍 저항이 증가한다. 배기가스 흐름에 대한 마찰 저항이 증가한다.

## 93 ★★

어떤 연료 1 [kg]당 발열량이 26456 [kJ]이다. 이 연료 50 [kg/h]을 연소시킬 때 발생하는 열이 모두 일로 전환된다면 이때 발생하는 동력 [kW]은?

① 320.44
② 457.44
③ 367.44
④ 625.44

**해설**

동력

1 [kW] = 3600 [kJ/h]

동력 $= \dfrac{H_L \times m_f}{3600} = \dfrac{26456 \times 50}{3600} = 367.44\,[kW]$

## 94 ★★

인젝터의 작동 순서로 옳은 것은?

> ㉮ 인젝터의 정지변을 연다.
> ㉯ 증기변을 연다.
> ㉰ 급수변을 연다.
> ㉱ 인젝터의 핸들을 연다.

① ㉮ → ㉯ → ㉰ → ㉱
② ㉮ → ㉰ → ㉯ → ㉱
③ ㉱ → ㉯ → ㉰ → ㉮
④ ㉱ → ㉰ → ㉯ → ㉮

**해설**

인젝터의 작동 순서

인젝터의 정지변을 연다. → 급수변을 연다. → 증기변을 연다. → 인젝터의 핸들을 연다.

## 95 ★

보일러수로서 가장 적절한 pH는?

① 5 전후
② 7 전후
③ 11 전후
④ 14 이상

**해설**

보일러수 pH

11 전후 (알칼리성)

정답 92 ③  93 ③  94 ②  95 ③

## 96 ★★★
저온 부식의 방지방법이 아닌 것은?

① 과잉공기를 적게 하여 연소한다.
② 발열량이 높은 황분을 사용한다.
③ 연료첨가제(수산화마그네슘)를 이용하여 노점온도를 낮춘다.
④ 연소배기가스의 온도가 너무 낮지 않게 한다.

**해설**

저온 부식 방지방법
황(S) 성분은 저온 부식의 원인이므로 황(S)을 제거하면 저온 부식이 방지된다.

## 97 ★★
강제 순환식 수관보일러는?

① 라몬트(Lamont)보일러
② 타쿠마(Takuma)보일러
③ 슐저(Sulzer)보일러
④ 벤슨(Benson)보일러

**해설**

강제 순환식 수관보일러
- 강제순환식 수관보일러 : 라몬트보일러와 배록스보일러
- 자연순환식 수관보일러 : 바브콕, 타쿠마, 쓰네가찌, 2동 D형 보일러
- 관류보일러 : 슐저보일러, 람진보일러, 엣모스보일러, 벤슨보일러

## 98 ★★
연료 1 [kg]이 연소하여 발생하는 증기량의 비를 무엇이라고 하는가?

① 열발생률
② 환산증발배수
③ 전열면 증발률
④ 증기량 발생률

**해설**

환산증발배수
- 환산(상당)증발배수 = 상당증발량 ÷ 연료소비량
- 실제증발배수 = 실제증기발생량 ÷ 연료소비량
- 전열면 증발률 = 시간당 증기발생량 ÷ 전열면적

## 99 ★★★
급수에서 ppm 단위에 대한 설명으로 옳은 것은?

① 물 1 [mL] 중에 함유한 시료의 양을 g으로 표시한 것
② 물 100 [mL] 중에 함유한 시료의 양을 mg으로 표시한 것
③ 물 1000 [mL] 중에 함유한 시료의 양을 g으로 표시한 것
④ 물 1000 [mL] 중에 함유한 시료의 양을 mg으로 표시한 것

**해설**

급수에서의 ppm 단위
급수에서 ppm(part per million)은 물 1000 [mL] 중에 함유한 시료의 양을 mg으로 표시한 것이다.

**정답** 96 ② 97 ① 98 ② 99 ④

## 100 ★

스팀트랩(Steam Trap)을 부착 시 얻는 효과가 아닌 것은?

① 베이퍼락현상을 방지한다.
② 응축수로 인한 설비의 부식을 방지한다.
③ 응축수를 배출함으로써 수격작용을 방지한다.
④ 관 내 유체의 흐름에 대한 마찰 저항을 감소시킨다.

**해설**

**스팀트랩 부착 시 얻는 효과**
베이퍼락현상을 방지하는 것과는 관계없다.
※ 베이퍼락현상 : 브레이크의 마찰열 상승으로 브레이크오일에 기포가 발생되어 브레이크가 제대로 작동되지 않는 상태

정답 100 ①

## 2023 제1회 CBT 복원

**1과목** 연소공학

### 01 ★★★

연돌에서의 배기가스분석 결과 $CO_2$ 11 [%], $O_2$ 6 [%], CO 0 [%]일 때 탄산가스의 최대량 [$CO_{2max}$](%)은?

① 28.6  ② 21.8
③ 15.4  ④ 10.8

**해설**

탄산가스 최대량(완전 연소)

$$CO_{2max} = \frac{21\,CO_2(\%)}{21 - O_2(\%)} = \frac{21 \times 11}{21 - 6} = \frac{231}{15}$$
$$= 15.4$$

### 02 ★★★

연료를 이루고 있는 성분에 대한 설명으로 옳지 않은 것은?

① 휘발분 : 짧은 화염으로 그을음이 생긴다.
② 수분 : 착화성을 나쁘게 하고 발열량을 감소시킨다.
③ 회분 : 연소효과를 낮게 하고 발열량을 감소시킨다.
④ 고정탄소 : 짧은 화염이 생기게 한다.

**해설**

연료를 이루는 성분
휘발분 : 긴 화염, 검은 연기, 그을음
※ 휘발분[%] + 고정탄소[%] + 수분[%] + 회분[%] = 100 [%]

### 03 ★★★

완전 연소를 하기 위한 구비조건으로 옳은 것은?

① 이론공기량보다 적은 공기를 공급한다.
② 연소실 내의 온도를 되도록 높게 유지한다.
③ 공기를 예열하지 않는다.
④ 빠른 시간에 연소를 할 수 있게 한다.

**해설**

완전 연소를 위한 구비조건
• 충분한 공기를 공급하고 연료와의 혼합을 잘 시킨다.
• 공기를 예열하여 공급한다.
• 연소를 하기 위한 충분한 시간을 주어야 한다.
• 연소실의 용적을 충분한 용적 이상으로 한다.
• 연소실 내의 온도를 되도록 높게 유지한다.

**정답** 01 ③  02 ①  03 ②

## 04 ★★

무연탄이나 갈탄을 파쇄기로 파쇄한 후 자기분리기로 철분을 제거한 다음 건조기에서 건조시킨 후 분탄화된 것을 미분기에서 미분한 연료로 알맞은 것은?

① 고체연료
② 미분탄연료
③ 석탄계 기체연료
④ 액체연료

**해설**

미분탄연료
무연탄이나 갈탄을 파쇄기로 파쇄한 후 자기분리기로 철분을 제거한 다음 건조기에서 건조시킨 후 분탄화된 것을 미분기에서 미분한 연료

## 05 ★★

중유의 점도(粘度)가 높아질수록 연소에 미치는 영향에 대한 설명 중 틀린 것은?

① 기름탱크로부터 버너까지의 송유가 곤란해진다.
② 버너의 연소 상태가 불량해진다.
③ 기름의 분무현상(Atomization)이 양호해진다.
④ 버너 화구(火口)에 탄소부착물이 생긴다.

**해설**

중유의 점도가 연소에 미치는 영향
- 중유의 점도는 송유 및 버너의 무화 특성에 밀접한 관련이 있는데 중유의 점도가 높아질수록 잔류탄소(C)의 함량이 많아져 버너의 화구에 코크스상의 탄소부착물을 형성하여 무화불량 및 버너의 연소 상태를 나빠지게 한다.
- 중유의 점도가 높아질수록 분무현상이 불량해진다.

## 06 ★★★

다음 중 착화온도가 가장 높은 것은?

① 탄소
② 목탄
③ 무연탄
④ 갈탄

**해설**

착화온도
- 착화점 : 가연물이 불씨 접촉(점화원) 없이 열의 축적에 의해 그 산화열로 스스로 불이 붙는 최저온도(발화점)
- 고체연료의 연료비 = 고정탄소/휘발분
- 고정탄소량이 증가할수록 착화온도 증가
- 탄소(800 [℃]) > 무연탄(450 ~ 500 [℃]) > 목탄(320 ~ 370 [℃]) > 갈탄(250 ~ 300 [℃])

정답 04 ② 05 ③ 06 ①

## 07 ★★★

탄소 50 [kg]을 30 [%]의 과잉공기로 완전 연소시키고자 할 때 공급하여야 할 공기량은 약 몇 [Nm³]인가?

① 577
② 727
③ 935
④ 1324

**해설**

실제 공기량

$C + O_2 \rightarrow CO_2$

$O_0 = \dfrac{22.4\,[Nm^3]}{12\,[kg]} \times 50 = 1.867 \times 50 \fallingdotseq 93.3$

$A_0 = \dfrac{O_0}{0.21} = \dfrac{93.3}{0.21} \fallingdotseq 444$

$A = mA_0 = 1.3 \times 444 \fallingdotseq 577$

## 08 ★★

메테인을 이론공기로 연소시켰을 경우 생성물의 압력이 100 [kPa]일 때, 생성물 중 질소의 분압(kPa)은 어떻게 되는가?

① 23.4   ② 48.7
③ 71.5   ④ 3.5

**해설**

생성물의 분압

$CH_4 + 2O_2 \rightarrow CO_2 + 2H_2O$

$A_0 = \dfrac{O_0}{0.21} = \dfrac{2\,Nm^3}{0.21} = 9.52\,[Nm^3]$

이론 습연소가스량
= 이론공기 중 질소량 + 연소로 생성된 물질

$G_{0w} = 0.79 A_0 + CO_2 + H_2O$

$\quad\quad = 0.79 \times 9.52 + 1 + 2$

$\quad\quad = 10.52$

$P_{N_2} = P_{G_{0w}} \times \dfrac{V_{N_2}}{V_{G_{0w}}}$

$\quad\quad = 100 \times \dfrac{0.79 A_0}{G_{0w}}$

$\quad\quad = \dfrac{100 \times 0.79 \times 9.52}{10.52} = \dfrac{752}{10.52} \fallingdotseq 71.5\,[kPa]$

## 09 ★★

저탄장에서 이용할 수 있는 석탄의 발화방지법에 대한 설명으로 가장 거리가 먼 것은?

① 공기와의 접촉을 피하도록 한다.
② 새로운 탄과 오래된 탄을 혼합시켜 저장한다.
③ 탄층의 중간에 속이 빈 철파이프를 삽입하여 탄층을 냉각시킨다.
④ 탄층 중의 온도를 측정하여 60 [℃]가 넘으면 다시 쌓는다.

**해설**

석탄의 발화방지법

- 석탄의 풍화현상을 가급적 방지하기 위하여 공기와의 접촉은 피하도록 한다.
- 장기간 저장 시 공기와의 접촉에 의해 산화되어 질 저하가 되기 때문에 새로운 탄과 오래된 탄은 분리하여 저장하도록 한다.
- 탄 내부에 열 축적을 방지하기 위하여 내부에 속이 빈 철파이프를 삽입하여 냉각시킨다.
- 자연발화를 방지하기 위하여 60 [℃] 이하로 하여야 한다.

## 10 ★★

과잉공기가 너무 많을 때 발생하는 현상으로 옳은 것은?

① 연소 온도가 높아진다.
② 배기가스의 열손실이 많아진다.
③ 미연가스 발생으로 열손실이 많아져 보일러 효율이 높아진다.
④ 유해물질의 배출량이 적어진다.

**해설**

과잉공기가 너무 많을 때 현상
- 과잉공기가 너무 많으면 연소에 필요한 열이 공기에 흡수되기 때문에 연소 온도가 낮아진다.
- 배기가스의 열손실이 높아진다.
- 미연가스 발생으로 열손실이 많아져 보일러 효율이 낮아진다.
- 일산화탄소, 질소산화물과 같은 유해물질의 배출량이 많아진다.

## 11 ★★★

다음 조성의 액체연료를 완전 연소시키기 위해 필요한 이론공기량은 몇 [Nm³/kg]인가?

| • C : 70 [%] | • H : 15 [%] |
| • O : 5 [%] | • S : 4 [%] |
| • N : 5 [%] | • ash : 1 [%] |

① 5.7
② 8.8
③ 10.2
④ 13.8

**해설**

이론공기량

$$O_0 = 1.867C + 5.6\left(H - \frac{O}{8}\right) + 0.7S$$
$$= 1.867 \times 0.70 + 5.6\left(0.15 - \frac{0.05}{8}\right) + 0.7 \times 0.04$$
$$= 2.14$$

$$A_0 = \frac{O_0}{0.21} = \frac{2.14}{0.21} ≒ 10.2$$

## 12 ★★★

보일러 연소장치에 과잉공기 10 [%]가 필요한 연료를 완전 연소할 경우 실제 건연소가스량 [Nm³/kg]은 얼마인가? (단, 연료의 이론공기량 및 이론 건연소가스량은 각각 10.5, 9.9 [Nm³/kg]이다)

① 12.03
② 11.84
③ 10.95
④ 9.98

**해설**

건연소가스량
실제 건연소가스량($G_d$)
= 이론 건연소가스량($G_{od}$) + (m - 1)$A_0$
= 9.9 + (1.1 - 1) × 10.5 = 10.95 [Nm³/kg]

## 13 ★★★

수소가 완전 연소하여 물이 될 때, 수소와 연소용 산소와 물의 몰[mol]비는?

① 1 : 1 : 1
② 1 : 2 : 1
③ 2 : 1 : 2
④ 2 : 1 : 3

**정답** 10 ② 11 ③ 12 ③ 13 ③

**해설**

연소반응식

$$H_2 + \frac{1}{2}O_2 \rightarrow H_2O$$

2 : 1 : 2

## 14 ★★

다음 연료 중 저위발열량이 가장 높은 것은?

① 가솔린
② 등유
③ 경유
④ 중유

**해설**

저위발열량

가솔린(휘발유) > 등유 > 경유 > 중유

## 15 ★★★

기체연료의 장점이 아닌 것은?

① 연소조절이 용이하다.
② 운반과 저장이 용이하다.
③ 회분이나 매연이 적어 청결하다.
④ 적은 공기로 완전 연소가 가능하다.

**해설**

기체연료
운반과 저장이 어렵다.

## 16 ★★

액체연료 연소장치 중 회전식 버너의 특징에 대한 설명으로 틀린 것은?

① 분무각은 10° ~ 40° 정도이다.
② 유량조절범위는 1 : 5 정도이다.
③ 자동제어에 편리한 구조로 되어 있다.
④ 부속설비가 없으며 화염이 짧고 안정한 연소를 얻을 수 있다.

**해설**

회전식 버너
• 액체연료 연소장치 중 회전식 버너의 분무각(무화각)은 40° ~ 80° 정도로 비교적 넓다.
• 기체인 경우 분무각은 30° 정도로 작은 각이다.

## 17 ★★★

다음 연소반응식 중에서 틀린 것은?

① $CH_4 + 2O_2 \rightarrow CO_2 + 2H_2O$
② $C_2H_6 + 4.5O_2 \rightarrow 2CO_2 + 3H_2O$
③ $C_3H_8 + 5O_2 \rightarrow 3CO_2 + 4H_2O$
④ $C_4H_{10} + 6.5O_2 \rightarrow 4CO_2 + 5H_2O$

**해설**

연소계산

$C_2H_6 + 3.5O_2 \rightarrow 2CO_2 + 3H_2O$

**정답** 14 ① 15 ② 16 ① 17 ②

## 18 ★★★

프로페인 1 [Nm³]를 공기비 1.1로서 완전 연소시킬 경우 건연소가스량은 약 몇 [Nm³]인가?

① 20.2
② 24.2
③ 26.2
④ 33.2

**해설**

건연소가스량

$C_3H_8 + 5O_2 \rightarrow 3CO_2 + 4H_2O$

• 이론공기량

$A_o = \dfrac{O_o}{0.21} = \dfrac{5}{0.21} = 23.81 \, [Nm^3/Nm^3]$

• 이론 건연소가스량

$G_{od} = (1-0.21)A_o + 3 = 0.79 \times 23.81 + 3$

$= 21.81 \, [Nm^3/Nm^3]$

• 실제 건연소가스량

$G_d = G_{od} + (m-1)A_o = 21.81 + (1.1-1) \times 23.81$

$\fallingdotseq 24.2 \, [Nm^3/Nm^3]$

## 19 ★★★

가스 연소 시 강력한 충격파와 함께 폭발의 전파속도가 초음속이 되는 현상은?

① 폭발 연소
② 충격파 연소
③ 폭연(Deflagration)
④ 폭굉(Detonation)

**해설**

폭굉(Detonation)
폭굉이란 가스 연소 시 강력한 충격파와 함께 폭발의 전파속도가 초음속이 되는 현상으로, 화염의 전파속도가 음속보다 빠르며 반응대가 충격파에 의해 유지되는 화학반응현상(연소폭발현상)을 말한다.

## 20 ★★

다음 연소범위에 대한 설명으로 옳은 것은?

① 온도가 높아지면 좁아진다.
② 압력이 상승하면 좁아진다.
③ 연소상한계 이상의 농도에서는 산소 농도가 너무 높다.
④ 연소하한계 이하의 농도에서는 가연성증기의 농도가 너무 낮다.

**해설**

연소범위
연소하한계 이하의 농도에서는 가연성 가스의 농도가 너무 낮다.

정답 18 ② 19 ④ 20 ④

### 2과목 열역학

1회독 시간: 점수:
2회독 시간: 점수:
3회독 시간: 점수:

## 21 ★★★

계(System)의 경계를 통한 외부와의 열의 출입이 전혀 없는 계는 무엇이라 하는가?

① 밀폐계
② 개방계
③ 절연계
④ 단열계

### 해설

계(System)의 종류
- 밀폐계 : 계의 경계면이 닫혀 있어 계의 경계를 통한(질량)의 유동이 없다(검사 질량 일정).
- 개방계 : 계의 경계면이 열려 있어 계의 경계를 통한 외부와의 물질의 유동이 있고, 에너지 전달도 있다(검사 체적 일정).
- 절연계 : 계의 경계를 통한 외부와의 물질이나 에너지의 전달이 전혀 없는 계
- 단열계 : 계의 경계를 통한 외부와의 열의 출입이 전혀 없는 계(등엔트로피 $S = C$)

## 22 ★★★

가역적으로 움직이는 열기관이 300 [℃]의 고온부로부터 600 [kW]의 열을 흡수하여 20 [℃]의 저열원으로 방출한 열량과 열기관의 출력은 각각 약 몇 [kW]인가?

① 105, 193
② 307, 193
③ 105, 293
④ 307, 293

### 해설

열기관에서의 방출한 열량과 출력
(1) 가역적으로 움직이는 열기관 : 카르노 사이클
(2) 열효율

① $\eta = \dfrac{W_{out}}{Q_{in}} = \dfrac{Q_{in} - Q_{out}}{Q_{in}} = 1 - \dfrac{Q_{out}}{Q_{in}} = 1 - \dfrac{T_2}{T_1}$

② $\dfrac{W_{out}}{600kW} = 1 - \dfrac{273.15 + 20}{273.15 + 300}$

$W_{out} ≒ 293\,[kW]$

③ $\dfrac{Q_{out}}{600kW} = \dfrac{273.15 + 20}{273.15 + 300}$

$Q_{out} ≒ 307\,[kW]$

## 23 ★★★

이상기체의 상태 변화에서 내부에너지가 일정한 상태 변화에 해당하는 것은?

① 등온 변화
② 단열 변화
③ 등압 변화
④ 등적 변화

### 해설

내부에너지
내부에너지는 온도만의 함수이기 때문에 내부에너지가 일정하다고 하면 온도의 변화가 없다는 것이다. 따라서 등온 변화에 해당한다.

정답 ● 21 ④ 22 ④ 23 ①

## 24 ★★★
카르노 사이클에 대한 설명으로 옳지 않은 것은?

① 효율이 가장 높은 사이클이다.
② 과정 중 등엔트로피 과정이 있다.
③ 등온 과정과 단열 과정으로 이루어져 있다.
④ 카르노 사이클은 외부에서 열을 받고 일을 하지만 열을 방출하지는 않는다.

> **해설**
>
> 카르노 사이클(Carnot Cycle)
> - 카르노 사이클은 열기관의 가장 이상적인 가역 사이클이다.
> - 2개의 등온 과정과 2개의 단열 과정(등엔트로피 과정)으로 구성되어 있다.

## 25 ★★★
다음 중 세기 성질로 알맞지 않은 것은?

① 온도
② 밀도
③ 엔탈피
④ 농도

> **해설**
>
> 세기 성질(강도성 성질)
> 계의 크기(양, 부피)와 관계없이 값이 변하지 않는 성질
> - 온도, 압력, 밀도, 비체적, 농도, 비열 등이 해당한다.
> ※ 엔탈피는 용량성 성질인 크기 성질이다.

## 26 ★★★
열역학 제1법칙에 대한 설명으로 먼 것은?

① 제1종 영구기관을 부정한다.
② 전체 에너지 양은 보존된다.
③ 고립된 계의 에너지 양은 일정하다.
④ 0 [K]에 이를 수는 없다.

> **해설**
>
> 열역학 제3법칙
> 어떠한 방법으로도, 어떤 계를 절대 0 [K]에 이르게 할 수 없다는 법칙(0 [K] 부근에서는 엔트로피는 0에 접근한다)

## 27 ★★
2 [kg], 30 [℃]인 이상기체가 100 [kPa]에서 300 [kPa]까지 가역단열 과정으로 압축되었다면 최종온도[℃]는? (단, 이 기체의 정적비열은 750 [J/kg·K], 정압비열은 1000 [J/kg·K]이다)

① 99    ② 126
③ 267   ④ 399

**정답** 24 ④  25 ③  26 ④  27 ②

**해설**

최종온도

$k = \dfrac{C_p}{C_v} = \dfrac{1000}{750} = 1.33$

$\dfrac{T_2}{T_1} = \left(\dfrac{P_2}{P_1}\right)^{\frac{k-1}{k}}$

$T_2 = T_1\left(\dfrac{P_2}{P_1}\right)^{\frac{k-1}{k}} = 303.15 \times \left(\dfrac{300}{100}\right)^{\frac{1.33-1}{1.33}}$

$= 398.14\,[K] = 125\,[℃]$

## 28 ★★

이상기체가 등온 과정에서 외부에 하는 일에 대한 관계식으로 틀린 것은? (단, R은 기체상수이고, 계에 대해서 m은 질량, V는 부피, P는 압력, T는 온도를 나타낸다. 하첨자 "1"은 변경 전, 하첨자 "2"는 변경 후를 나타낸다)

① $P_1 V_1 \ln \dfrac{V_2}{V_1}$   ② $P_1 V_1 \ln \dfrac{P_2}{P_1}$

③ $mRT \ln \dfrac{P_1}{P_2}$   ④ $mRT \ln \dfrac{V_2}{V_1}$

**해설**

이상기체가 등온 과정에서 하는 일
등온 과정인 경우 절대일과 공업일은 같다.
$(_1W_2 = W_t)$

$_1W_2 = P_1 V_1 \ln \dfrac{V_2}{V_1} = P_1 V_1 \ln \dfrac{P_1}{P_2}$

$= mRT \ln \dfrac{V_2}{V_1} = mRT \ln \dfrac{P_1}{P_2}\,[kJ]$

## 29 ★

이상적인 표준 증기압축식 냉동 사이클에서 등엔탈피 과정이 일어나는 곳은?

① 압축기
② 응축기
③ 팽창밸브
④ 증발기

**해설**

표준 증기압축식 냉동 사이클
- 이상적인 표준 증기압축식 냉동 사이클에서 등엔탈피 과정이 일어나는 곳은 팽창밸브이다.
- 팽창밸브에서는 교축팽창 과정으로 압력강하($P_1 > P_2$), 온도강하($T_1 > T_2$), 등엔탈피 과정($h_1 = h_2$), 비가역 과정으로 엔트로피는 증가한다($\triangle S > 0$).

## 30 ★★

성능계수가 2.5인 증기압축 냉동 사이클에서 냉동용량이 5 [kW]일 때 소요일은 몇 [kW]인가?

① 1
② 2
③ 4
④ 7

**해설**

냉동용량 – 소요일

$\epsilon_R = \dfrac{Q_e}{W_c} \rightarrow W_c = \dfrac{Q_e}{\epsilon_R} = \dfrac{5}{2.5} = 2\,[kW]$

정답 ● 28 ② 29 ③ 30 ②

## 31 ★

80 [℃]의 물 50 [kg]과 20 [℃]의 물 100 [kg]을 혼합하면 이 혼합된 물의 온도는 약 몇 [℃]인가? (단, 물의 비열은 4.2 [kJ/kg·K]이다)

① 33
② 40
③ 45
④ 50

**해설**

열역학 제0법칙(열평형)

$m_1 C_1 (t_1 - t_m) = m_2 C_2 (t_m - t_2)$

($C_1 = C_2$ : 동일물질)

$t_m = \dfrac{m_1 t_1 + m_2 t_2}{m_1 + m_2} = \dfrac{50 \times 80 + 100 \times 20}{50 + 100}$

$= 40 \,[℃]$

## 32 ★

비열이 $\alpha + \beta t + \gamma t^2$로 주어질 때, 온도가 $t_1$으로부터 $t_2$까지 변화할 때의 평균 비열($C_m$)의 식은? (단, $\alpha, \beta, \gamma$는 상수이다)

① $C_m = \alpha + \dfrac{1}{2}\beta(t_2 + t_1) + \dfrac{1}{3}\gamma(t_2^2 + t_2 t_1 + t_1^2)$

② $C_m = \alpha + \dfrac{1}{2}\beta(t_2 - t_1) + \dfrac{1}{3}\gamma(t_2^2 + t_2 t_1 + t_1^2)$

③ $C_m = \alpha - \dfrac{1}{2}\beta(t_2 + t_1) + \dfrac{1}{3}\gamma(t_2^2 - t_2 t_1 - t_1^2)$

④ $C_m = \alpha - \dfrac{1}{2}\beta(t_2 + t_1) - \dfrac{1}{3}\gamma(t_2^2 + t_2 t_1 - t_1^2)$

**해설**

평균 비열의 식

$C_m = \dfrac{1}{t_2 - t_1} \int_{t_1}^{t_2} C \, dt$

$= \alpha + \dfrac{1}{2}\beta(t_2 + t_1) + \dfrac{1}{3}\gamma(t_2^2 + t_2 t_1 + t_1^2)$

## 33 ★★★

다음은 열역학 기본 법칙을 설명한 것이다. 0법칙, 1법칙, 2법칙, 3법칙 순으로 옳게 나열한 것은?

가. 에너지보존에 관한 법칙이다.
나. 에너지의 전달 방향에 관한 법칙이다.
다. 절대온도 0 [K]에서 완전 결정질의 절대 엔트로피는 0이다.
라. 시스템 A가 시스템 B와 열적 평형을 이루고 동시에 시스템 C와도 열적 평형을 이룰 때 시스템 B와 C의 온도는 동일하다.

① 가 - 나 - 다 - 라
② 라 - 가 - 나 - 다
③ 다 - 라 - 가 - 나
④ 나 - 가 - 라 - 다

**해설**

열역학 법칙

- 열역학 제0법칙 : 열평형의 법칙
- 열역학 제1법칙 : 에너지보존의 법칙
- 열역학 제2법칙 : 비가역 법칙, 엔트로피 증가 법칙
- 열역학 제3법칙 : 엔트로피의 절댓값을 정의한 법칙

## 34 ★

오토 사이클에서 열효율이 56.5 [%]가 되려면 압축비는 얼마인가? (단, 비열비는 1.4이다)

① 3
② 4
③ 8
④ 10

**해설**

오토 사이클에서 압축비

$$\eta_{tho} = 1 - \left(\frac{1}{\epsilon}\right)^{k-1}$$

$$\epsilon = \left(\frac{1}{1-\eta_{tho}}\right)^{\frac{1}{k-1}} = \left(\frac{1}{1-0.565}\right)^{\frac{1}{1.4-1}} = 8$$

## 35 ★★

다음 중 과열증기(Superheated Steam)의 상태가 아닌 것은?

① 주어진 압력에서 포화증기 온도보다 높은 온도
② 주어진 비체적에서 포화증기 압력보다 높은 압력
③ 주어진 온도에서 포화증기 비체적보다 낮은 비체적
④ 주어진 온도에서 포화증기 엔탈피보다 높은 엔탈피

**해설**

과열증기(Superheated Steam)
과열증기의 비체적은 주어진 온도에서의 포화증기 비체적보다 더 크다.

## 36 ★

체적 0.4 [m³]인 단단한 용기 안에 100 [℃]의 물 2 [kg]이 들어 있다. 이 물의 건도는 얼마인가? (단, 100 [℃]의 물에 대해 포화수 비체적 $v_f$ = 0.00104 [m³/kg], 건포화증기 비체적 $v_g$ = 1.672 [m³/kg]이다)

① 11.9 [%]
② 10.4 [%]
③ 9.9 [%]
④ 8.4 [%]

**해설**

물의 건도

$$v_x = v_f + x(v_g - v_f) [m^3/kg]$$

$$x = \frac{v_x - v_f}{v_g' - v_f} = \frac{\frac{V}{m} - v_f}{v_g - v_f} = \frac{\frac{0.4}{2} - 0.00104}{1.672 - 0.00104}$$

$$= 0.119 = 11.9 [\%]$$

## 37 ★★★

역카르노 사이클로 작동하는 냉동 사이클이 있다. 저온부가 −10 [℃], 고온부가 40 [℃]로 유지되는 상태를 A상태라고 하고, 저온부가 0 [℃], 고온부가 50 [℃]로 유지되는 상태를 B상태라 할 때, 성능계수는 어느 상태의 냉동 사이클이 얼마나 더 높은가?

① A상태의 사이클이 0.8만큼 더 높다.
② A상태의 사이클이 0.2만큼 더 높다.
③ B상태의 사이클이 0.8만큼 더 높다.
④ B상태의 사이클이 0.2만큼 더 높다.

정답 ● 34 ③  35 ③  36 ①  37 ④

> **해설**

성능계수

$$\epsilon_{R(A)} = \frac{T_2}{T_1 - T_2} = \frac{263}{313 - 263} = 5.26$$

$$\epsilon_{R(B)} = \frac{T_2}{T_1 - T_2} = \frac{273}{323 - 273} = 5.46$$

## 38 ★★★

랭킨(Rankine) 사이클에서 응축기의 압력을 낮출 때 나타나는 현상으로 옳은 것은?

① 이론 열효율이 낮아진다.
② 터빈 출구의 증기건도가 낮아진다.
③ 응축기의 포화온도가 높아진다.
④ 응축기 내의 절대압력이 증가한다.

> **해설**

랭킨 사이클에서 응축기 압력을 낮출 경우의 현상
랭킨 사이클에서 복수기 압력을 낮추면 이론 열효율이 높아지고, 터빈 출구의 증기건도가 낮아진다(포화온도와 절대압력도 낮아진다).

## 39 ★★★

동일한 최고 온도, 최저 온도 사이에 작동하는 사이클 중 최대의 효율을 나타내는 사이클은?

① 오토 사이클
② 디젤 사이클
③ 카르노 사이클
④ 브레이튼 사이클

> **해설**

카르노 사이클(Carnot Cycle)
카르노 사이클은 양열원(고열원과 저열원)의 절대온도만의 함수로 열효율을 구할 수 있는 열기관 사이클이다.

$$\eta_c = 1 - \frac{T_2}{T_1} = f(T_1, T_2)$$

## 40 ★★

열역학 2법칙과 관련하여 가역 또는 비가역 사이클 과정 중 항상 성립하는 것은? (단, Q는 시스템에 출입하는 열량이고, T는 절대온도이다)

① $\oint \frac{\delta Q}{T} = 0$
② $\oint \frac{\delta Q}{T} > 0$
③ $\oint \frac{\delta Q}{T} \geq 0$
④ $\oint \frac{\delta Q}{T} \leq 0$

> **해설**

클라우지우스의 순환적분값

$$\oint \frac{\delta Q}{T} \leq 0$$

가역 사이클이면 등호(=), 비가역 사이클이면 부등호(<)

정답  38 ②  39 ③  40 ④

## 3과목 계측방법

## 41 ★

압력 측정범위가 0.1 ~ 1000 [kPa] 정도인 탄성식 압력계로서 진공압 및 차압 측정용으로 주로 사용되는 것은?

① 벨로즈식
② 부르동관식
③ 비금속 격막식
④ 금속 격막식

**해설**

압력계
벨로즈식 압력계는 진공압 및 차압 측정에 적합하며, 0.1 ~ 1000 [kPa]의 범위에서 정확한 측정이 가능하다.

## 42 ★★★

자동제어에서 동작신호의 미분값을 계산하여 이것과 동작신호를 합한 조작량 변화를 나타내는 동작은?

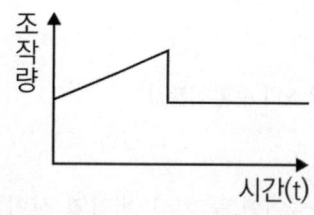

① D동작
② P동작
③ PD동작
④ PID동작

**해설**

비례미분(PD)동작

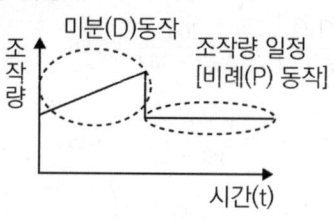

동작신호를 합한 조작량 변화를 나타내는 동작은 비례미분동작이다.

## 43 ★★

미리 정해진 순서에 따라 순차적으로 진행하는 제어방식은?

① 시퀀스제어
② 피드백제어
③ 피드포워드제어
④ 적분제어

**해설**

제어방식
시퀀스제어(개회로제어)란 미리 정해진 순서에 따라 순차적으로 진행하는 제어방식이다.

## 44 ★★

프로세스제어의 난이도를 표시하는 값인 Dead Time(L)과 시간정수(T)와의 비(L/T)를 옳게 설명한 것은?

① 클수록 제어하기 쉽다.
② 작을수록 제어하기 쉽다.
③ 작거나 크거나 제어와는 상관없다.
④ L/T는 항상 일정한 값을 가진다.

정답 41 ① 42 ③ 43 ① 44 ②

> **해설**

난이도
- L : 낭비시간(Dead Time)
- T : 시간정수(Time Constant)
- 난이도가 클수록 제어가 어려워지고, 작을수록 제어가 쉬워진다.

## 45 ★★★
보일러의 자동제어 중에서 A.C.C.가 나타내는 것은 무엇인가?

① 연소제어  ② 급수제어
③ 온도제어  ④ 유압제어

> **해설**

자동제어
- 연소제어(A.C.C. : Automatic Combustion Control) : 보일러의 부하 변동에 따라 연료와 공기량을 자동으로 조절하여 증기 압력을 일정하게 유지시키는 것
- 급수제어(F.W.C. : Feed Water Control) : 보일러의 부하변동과 관계없이 보일러의 수위를 항상 일정하게 유지시키기 위하여 급수량을 자동적으로 제어하는 것
- 증기온도제어(S.T.C. : Steam Temperature Control) : 보일러로부터 발생한 증기의 온도를 일정하게 유지시키기 위하여 전열량을 제어하는 것

## 46 ★★
다음 중 가스분석 측정법이 아닌 것은?

① 오르자트법  ② 적외선 흡수법
③ 플로우노즐법  ④ 열전도율법

> **해설**

가스분석 측정법
오르사트법, 적외선 흡수법, 가스크로마토그래피법
- 플로우노즐 : 유체의 흐름에 의해 생기는 차압을 측정하여 유량을 계산하는 차압식 유량계

## 47 ★★★
오르자트(Orsat)식 가스분석계로 측정하기 어려운 것은?

① $CH_4$
② $O_2$
③ $CO_2$
④ $CO$

> **해설**

오르자트식 가스분석계
이산화탄소 → 산소 → 일산화탄소 순서대로 선택적으로 흡수된다.

## 48 ★★★
압력계의 게이지압력과 절대압력에 관한 식으로 옳은 것은?

① 절대압력 = 대기압력 + 게이지압력
② 대기압력 = 절대압력 + 게이지압력
③ 게이지압력 = 절대압력 + 대기압력
④ 게이지압력 = 절대압력

> **해설**

절대압력
절대압력 = 대기압력 + 게이지압력

> 정답  45 ① 46 ③ 47 ① 48 ①

## 49 ★★★
다음 측정 관련 용어에 대한 설명으로 틀린 것은?

① 측정량 : 측정하고자 하는 양
② 값 : 양의 크기를 함께 표현하는 수와 기준
③ 제어편차 : 목표치에 제어량을 더한 값
④ 양 : 수와 기준으로 표시할 수 있는 크기를 갖는 현상이나 물체 또는 물질의 성질

**해설**
측정 관련 용어
제어편차 : 목표치와 제어량의 차

## 50 ★
자동제어계와 직접 관련이 없는 장치는?

① 기록부
② 검출부
③ 조절부
④ 조작부

**해설**
자동제어계의 기본 4대 제어장치
비교부, 조절부, 조작부, 검출부

## 51 ★★★
1000 [℃] 이상인 고온의 노 내 온도측정을 위해 사용되는 온도계로 가장 적합하지 않은 것은?

① 제겔콘(Seger Cone) 온도계
② 백금 저항 온도계
③ 방사 온도계
④ 광고온계

**해설**
백금 저항 온도계
1000 [℃] 이상의 고온에서는 백금 저항체가 손상될 우려가 있다.

## 52 ★★★
압력 측정에 사용되는 액체의 구비조건 중 틀린 것은?

① 열팽창계수가 클 것
② 모세관현상이 작을 것
③ 점성이 작을 것
④ 일정한 화학 성분을 가질 것

**해설**
액체의 구비조건
열팽창계수가 작아야 한다.

정답  49 ③  50 ①  51 ②  52 ①

## 53 ★★★

다음 중 유도단위에 속하지 않는 것은?

① 비열
② 압력
③ 습도
④ 열량

**해설**

SI단위계
습도는 비율[%]형태로 표현하므로 유도단위에 해당되지 않는다.
- 기본단위 : 길이[m], 질량[kg], 시간[s], 온도[K], 전류[A], 물질량[mol], 광도[cd]
- 보조단위 : 평면각[rad], 입체각[sr]
- 유도단위 : 힘[N], 압력[Pa], 에너지[J], 일률[W], 비중량[N/m$^3$], 밀도[kg/m$^3$], 자속[Wb] 등

## 54 ★★

부자식(Float) 면적 유량계에 대한 설명으로 틀린 것은?

① 압력손실이 없다.
② 정밀측정에는 부적합하다.
③ 대유량의 측정에 적합하다.
④ 수직배관에만 적용이 가능하다.

**해설**

로터미터(플로트형, 부자식)
단면적이 변하는 수직관 내에서 플로트의 위치를 통해 즉시 유량을 판독할 수 있는 대표적인 면적식 유량계이며 대유량 측정에는 부적합하다.

## 55 ★★★

국제단위계(SI)에서 길이단위의 설명으로 틀린 것은?

① 기본단위이다.
② 기호는 K이다.
③ 명칭은 미터이다.
④ 빛이 진공에서 1/299792458초 동안 진행한 경로의 길이이다.

**해설**

SI 국제단위계 - 길이
기호는 [m]이다.

## 56 ★

액면측정방법 중 측정방법이 다른 것은?

① 유리관식
② 초음파식
③ 방사선식
④ 차압식

**해설**

액면측정방법
- 직접측정 : 직관식(유리관식), 검척식, 플로트식(부자식)
- 간접측정 : 차압식, 저항 전극식, 초음파식, 방사선식, 음향식

**정답** 53 ③  54 ③  55 ②  56 ①

## 57 ★★

출력 측의 신호를 입력 측에 되돌려 비교하는 제어방법은?

① 인터록(Inter Lock)
② 시퀀스(Sequence)
③ 피드백(Feedback)
④ 리셋(Reset)

**해설**

피드백(Feedback)제어
밀폐회로계 제어로 출력 측 신호를 입력 측으로 되돌려 오차를 계속 보정하는 비교부가 반드시 필요한 제어이다.

## 58 ★

보일러의 자동제어에서 인터록제어의 종류가 아닌 것은?

① 압력 초과
② 저연소
③ 고온도
④ 불착화

**해설**

보일러의 자동제어 - 인터록제어의 종류
인터록(Inter Lock)이란 어떤 조건이 충족되지 않으면 다음 동작을 중지시키는 것으로, 오조작이 되지 않도록 하는 일종의 안전제어장치이다. 압력 초과, 프리퍼지(Pre-purge), 저수위, 불착화, 저연소 인터록제어장치가 있다.

## 59 ★★

저항 온도계에 관한 설명 중 틀린 것은?

① 시간지연이 많아 응답이 느리다.
② 구리는 0 ~ 120 [℃]에서 사용한다.
③ 저항선의 재료로는 저항온도계수가 크며, 화학적으로나 물리적으로 안정한 백금, 니켈 등을 쓴다.
④ 저항 온도계는 금속의 가는 선을 절연물에 감아서 만든 측온 저항체의 저항치를 재어서 온도를 측정한다.

**해설**

저항 온도계
(1) 시간지연이 적어 응답이 빠르다.
(2) 측온 저항체 사용온도 범위
   ① 구리(Cu) : 0 ~ 120 [℃]
   ② 백금(Pt) : -200 ~ 500 [℃]
   ③ 니켈(Ni) : -50 ~ 150 [℃]
   ④ 서미스터 : -100 ~ 300 [℃]

## 60 ★★★

다음 중 온도는 국제단위계(SI단위계)에서 어떤 단위에 해당하는가?

① 보조단위          ② 유도단위
③ 특수단위          ④ 기본단위

**해설**

SI단위계
- 기본단위 : 길이[m], 질량[kg], 시간[s], 온도[K], 전류[A], 물질량[mol], 광도[cd]
- 보조단위 : 평면각[rad], 입체각[sr]
- 유도단위 : 힘[N], 압력[Pa], 에너지[J], 일률[W], 비중량[N/m³], 밀도[kg/m³], 자속[Wb] 등

**정답** 57 ③  58 ③  59 ①  60 ④

## 4과목 열설비재료 및 관계법규

## 61 ★★★
보온재의 열전도율에 대한 설명으로 옳은 것은?

① 배관 내 유체의 온도가 높을수록 열전도율은 감소한다.
② 재질 내 수분이 많을 경우 열전도율은 감소한다.
③ 비중이 클수록 열전도율은 감소한다.
④ 밀도가 작을수록 열전도율은 감소한다.

**해설**

보온재의 열전도율
보온재의 밀도가 작을수록 열전도율은 감소한다.

## 62 ★★
「에너지이용합리화법」에서 정한 에너지다소비사업자의 에너지관리 기준이란?

① 에너지를 효율적으로 관리하기 위하여 필요한 기준
② 에너지관리 현황 조사에 대한 필요한 기준
③ 에너지 사용량 및 제품 생산량에 맞게 에너지를 소비하도록 만든 기준
④ 에너지관리 진단 결과 손실요인을 줄이기 위하여 필요한 기준

**해설**

에너지다소비사업자의 에너지관리 기준
에너지다소비업자의 에너지관리 기준이란 에너지를 효율적으로 관리하기 위하여 필요한 기준이다.

## 63 ★★
「에너지이용합리화법령」상 검사에 불합격된 검사대상기기를 사용한 자의 벌칙 기준은?

① 5백만 원 이하의 벌금
② 1년 이하의 징역 또는 1천만 원 이하의 벌금
③ 2년 이하의 징역 또는 2천만 원 이하의 벌금
④ 3천만 원 이하의 벌금

**해설**

벌칙 기준
검사에 불합격된 검사대상기기를 사용한 자의 벌칙 기준은 1년 이하의 징역 또는 1천만 원 이하의 벌금이다.

## 64 ★★★
크롬이나 크롬마그네시아벽돌이 고온에서 산화철을 흡수하여 표면이 부풀어 오르고 떨어져 나가는 현상은?

① 버스팅(Bursting)  ② 스폴링(Spalling)
③ 슬래킹(Slaking)  ④ 큐어링(Curing)

**해설**

버스팅(Bursting)
크롬이나 크롬마그네시아벽돌이 고온에서 산화철을 흡수하여 표면이 부풀어 오르고 떨어져 나가는 현상을 말한다.

정답  61 ④  62 ①  63 ②  64 ①

## 65 ★

「에너지이용합리화법령」에 따라 에너지절약전문기업의 등록신청 시 등록신청서에 첨부해야 할 서류가 아닌 것은?

① 사업계획서
② 보유장비명세서
③ 기술인력명세서(자격증명서 사본 포함)
④ 감정평가업자가 평가한 자산에 대한 감정평가서(법인인 경우)

**해설**

등록신청서 첨부 서류
- 사업계획서
- 보유장비 명세서
- 기술인력 명세서

## 66 ★★

배관 내 유체의 흐름을 나타내는 무차원 수인 레이놀즈수(Re)의 층류 흐름 기준은?

① Re < 1000
② Re < 2100
③ 2100 < Re
④ 2100 < Re < 4000

**해설**

레이놀즈수의 층류 흐름 기준
관로(Pipe) 유동 시 무차원 수인 레이놀즈수(Re)의 층류 흐름 기준은 Re < 2100일 때다.

## 67 ★★

다이어프램밸브의 특징에 대한 설명으로 틀린 것은?

① 역류를 방지하기 위한 것이다.
② 유체의 흐름에 주는 저항이 적다.
③ 기밀(氣密)할 때 패킹이 불필요하다.
④ 화학약품을 차단하여 금속부분의 부식을 방지한다.

**해설**

다이어프램밸브
역류를 방지하는 것은 체크밸브이다.

## 68 ★

내화물의 제조공정의 순서로 옳은 것은?

① 혼련 → 성형 → 분쇄 → 소성 → 건조
② 분쇄 → 성형 → 혼련 → 건조 → 소성
③ 혼련 → 분쇄 → 성형 → 소성 → 건조
④ 분쇄 → 혼련 → 성형 → 건조 → 소성

**해설**

내화물의 제조공정의 순서
분쇄 → 혼련 → 성형 → 건조 → 소성

## 69 ★★★
규산칼슘 보온재에 대한 설명으로 거리가 가장 먼 것은?

① 규산에 석회 및 석면 섬유를 섞어서 성형하고 다시 수증기로 처리하여 만든 것이다.
② 플랜트 설비의 탑조류, 가열로, 배관류 등의 보온공사에 많이 사용된다.
③ 가볍고 단열성과 내열성은 뛰어나지만 내산성이 적고 끓는 물에 쉽게 붕괴된다.
④ 무기질 보온재로 다공질이며 최고 안전 사용온도는 약 650[℃] 정도이다.

**해설**

규산칼슘 보온재
규산칼슘은 무기질 보온재로 가볍고 기계적 강도, 단열성과 내열성, 내식성이 크고 비등수에도 쉽게 붕괴되지 않는다.

## 70 ★★★
다음 보온재 중 최고 안전 사용온도가 가장 낮은 것은?

① 석면         ② 규조토
③ 우레탄 폼    ④ 펄라이트

**해설**

보온재
- 우레탄 폼류 : 80[℃]
- 석면 : 450[℃]
- 규조토 : 500[℃]
- 펄라이트 : 650[℃]

## 71 ★★
보온재의 구비조건으로 가장 거리가 먼 것은?

① 밀도가 작을 것
② 열전도율이 작을 것
③ 재료가 부드러울 것
④ 내열, 내약품성이 있을 것

**해설**

보온재의 구비조건
보온재는 기계적 강도와 내구성을 고려하여 선택한다.

## 72 ★
「에너지이용합리화법령」상 검사의 종류가 아닌 것은?

① 설계검사        ② 제조검사
③ 계속사용검사    ④ 개조검사

**해설**

「에너지이용합리화법령」상 검사의 종류
제조검사, 설치검사, 설치변경검사, 개조검사, 계속사용검사로 분류된다.

## 73 ★
다음 중 증기 배관용으로 사용하지 않는 것은?

① 인라인 증기믹서
② 시스턴밸브
③ 사일렌서
④ 벨로스형 신축관이음

**정답** 69 ③   70 ③   71 ③   72 ①   73 ②

### 해설

**시스턴밸브**
시스턴밸브는 증기 배관용으로 사용하지 않고 급수 배관용 밸브로 사용한다.

## 74 ★★

「에너지이용합리화법령」상 연간 에너지사용량이 20만 티오이 이상인 에너지다소비사업자의 사업장이 받아야 하는 에너지진단주기는 몇 년인가? (단, 에너지진단은 전체진단이다)

① 3
② 4
③ 5
④ 6

### 해설

**에너지 진단주기**

| 연간 에너지 사용량 | 에너지 진단주기 |
| --- | --- |
| 20만 [TOE] 이상 | 전체진단 : 5년<br>부분진단 : 3년 |
| 20만 [TOE] 미만 | 5년 |

## 75 ★

「에너지이용합리화법」에서 에너지의 절약을 위해 정한 "자발적 협약"의 평가 기준이 아닌 것은?

① 계획대비 달성률 및 투자실적
② 자원 및 에너지의 재활용 노력
③ 에너지 절약을 위한 연구개발 및 보급촉진
④ 에너지 절감량 또는 에너지의 합리적인 이용을 통한 온실가스배출 감축량

### 해설

에너지 절약을 위해 정한 "자발적 협약"의 평가 기준
• 계획대비 달성률 및 투자실적
• 자원 및 에너지 재활용 노력
• 에너지 절감량 또는 에너지의 합리적인 이용을 통한 온실가스 배출감축량

## 76 ★

재련에서 중금속 비화물이 균일하게 녹아 있는 인공적인 혼합물로, 원료 중 As, Sb 등이 다량으로 들어 있고 이것이 환원분위기에서 산화 제거되지 않았을 때 생기는 것은?

① 스파이스(Speiss)
② 매트(Matte)
③ 슬래그(Slag)
④ 플럭스(Flux)

### 해설

**스파이스(Speiss)**
금속광석을 제련할 때 중금속 비화물과, 비소(As), 안티몬(Sb)이 용융 상태로 혼합상을 유지하고 있는 인공적인 혼합물로서 매트에 비하여 금속으로서의 성질이 강하다.

※ 매트 : 구리, 니켈 등을 제련할 때 여러 가지 금속의 황화물이 용융, 결합하여 중간 생성물로 생기는 중금속
※ 슬래그 : 광석으로부터 금속을 빼내고 남은 찌꺼기, 녹아 있는 금속 표면 위에 떠서 금속 표면이 공기에 의해 산화되는 것을 방지하고 그 표면을 보전하는 역할을 한다.
※ 플럭스 : 제강공정에서 잘 용융되지 않는 금속의 용융을 촉진하기 위하여 섞는 용융제를 말한다.

정답 74 ③ 75 ③ 76 ①

## 77 ★★
규석질벽돌의 특성에 대한 설명 중 틀린 것은?

① 열전도율이 높다.
② 내마모성이 낮다.
③ 내화도가 높다.
④ 저온에서 스폴링이 발생하기 쉽다.

**해설**

규석질벽돌
- 산성 내화물의 대표적인 재질이다.
- 규소(Si) 성분이 많을수록 열전도율이 높다.
- 상온에서 700[℃]의 저온 범위에서는 벽돌의 구성하는 광물의 부피팽창이 크기 때문에 열충격에 상당히 취약하고, 스폴링이 발생하기 쉽다.
- 700[℃] 이상의 고온 범위에서는 부피팽창이 적어 열충격에 대하여 강하다.
- 내화도가 높다.
- 하중연화 온도 변화가 적다.
- 내마모성이 높다.

## 78 ★★★
다음 중 산성 내화물에 속하는 벽돌은?

① 고알루미나질
② 크롬 – 마그네시아질
③ 마그네시아질
④ 샤모티질

**해설**

산성 내화물
- 고알루미나질 : 중성질
- 크롬 – 마그네시아질 : 염기성
- 마그네시아질 : 염기성

## 79 ★★★
터널가마(Tunnel Kiln)의 장점이 아닌 것은?

① 소성이 균일하여 제품의 품질이 좋다.
② 온도조절의 자동화가 쉽다.
③ 열효율이 좋아 연료비가 절감된다.
④ 사용연료의 제한을 받지 않고 전력소비가 적다.

**해설**

터널가마
대량생산에 적합한 연속제조용 가마이다.
(1) 장점
① 소성이 균일하여 제품의 품질이 좋다.
② 온도조절의 자동화가 쉽다.
③ 소성서냉시간이 짧다.
④ 소성 가스의 온도, 산화 환원 소성의 조절이 쉽다.
⑤ 효율이 좋아 연료비가 절감된다(열손실이 적어 단독가마의 절반밖에 들지 않는다)
⑥ 가마의 바닥면적이 생산량에 비해서 작으며 노무비가 절약된다.

정답 77 ② 78 ④ 79 ④

## 80 ★
열처리로의 구조에 따른 분류가 아닌 것은?

① 상형로
② 진공로
③ 회전로
④ 대차로

**해설**

열처리로 – 구조에 따른 분류
- 금속 및 합금에 필요한 성질을 주기 위하여 가열과 냉각의 열처리에 사용하는 노를 말한다.
- 구조에 따라 상형로, 대차로, 회전로 등이 있다.
- 진공로는 피열물을 둘러싸고 있는 매체에 따른 분류이다.

---

**5과목** 열설비설계

| | | |
|---|---|---|
| 1회독 | 시간 : | 점수 : |
| 2회독 | 시간 : | 점수 : |
| 3회독 | 시간 : | 점수 : |

## 81 ★★★
프라이밍 및 포밍이 발생한 경우 조치방법으로 틀린 것은?

① 압력을 규정압력으로 유지한다.
② 보일러수의 일부를 분출하고 새로운 물을 넣는다.
③ 증기밸브를 열고 수면계의 수위 안정을 기다린다.
④ 안전밸브, 수면계의 시험과 압력계 연락관을 취출하여 본다.

**해설**

프라이밍 및 포밍 발생 시의 조치
주 증기밸브를 서서히 개방해야 한다.

## 82 ★★
이중 열교환기의 총괄전열계수가 79 [W/m²·h·℃]일 때, 더운 액체와 찬 액체를 향류로 접속시켰더니 더운 면의 온도가 65 [℃]에서 25 [℃]로 내려가고 찬 면의 온도가 20 [℃]에서 53 [℃]로 올라갔다. 단위면적당의 열교환량 [W/m²]은?

① 498
② 632
③ 2415
④ 2760

정답 — 80 ② 81 ③ 82 ②

**해설**

열교환량

$\Delta t_1 = 65 - 53 = 12\,[℃]$

$\Delta t_2 = 25 - 20 = 5\,[℃]$

대수평균온도차(LMTD)

$= \dfrac{\Delta t_1 - \Delta t_2}{\ln \dfrac{\Delta t_1}{\Delta t_2}} = \dfrac{12-5}{\ln \dfrac{12}{5}} = 8\,[℃]$

$Q = kA\Delta t$
$= K_t(LMTD) = 79 \times 8$
$= 632\,[W/m^2]$

## 83 ★★

다량의 드레인을 연속적으로 처리할 수 있으며, 드레인 양이 적을 때에는 밸브시트를 눌러 멈추고 있으나, 어느 이상이 되면 적은 양의 드레인이 들어오더라도 그 양만큼 배출하는 트랩이며, 가동 시 공기 빼기가 자동적으로 이루어지는 이 트랩은?

① 바이메탈식 트랩
② 하향 버킷식 트랩
③ 버킷형 트랩
④ 플로트식 트랩

**해설**

플로트식 트랩(Float Type Trap)
- 에어밴트가 내장되어 있어 가동 시 공기빼기가 자동으로 이루어져 할 필요가 없다.
- 증기 누출이 거의 없다.
- 드레인(응축수)의 양이 적을 때에는 플로트가 밸브시트를 눌러 멈추고 있으나, 어느 이상이 되면 적은 양의 드레인이 들어오더라도 그 양만큼 배출이 되어 다량의 드레인을 연속적으로 처리할 수 있다.
- 증기 입·출구 면이 수평하다.
- 수격작용(워터해머)에 다소 약하다.

## 84 ★

환열실의 전열면적[m²]과 전열량[W] 사이의 관계는? (단, 전열면적은 F, 전열량은 Q, 총괄전열계수는 V이며, △t_m은 평균온도차이다)

① $Q = \dfrac{F}{\Delta t_m}$    ② $Q = F \times \Delta t_m$

③ $Q = F \times V \times \Delta t_m$    ④ $Q = \dfrac{V}{F \times \Delta t_m}$

**해설**

환열실의 전열면적과 전열량 사이의 관계
$Q = F \times V \times \Delta t_m$

## 85 ★

다음 중 수관식 보일러가 아닌 것은?

① 벤슨보일러    ② 엔모스보일러
③ 라몬트보일러  ④ 슈미트보일러

**해설**

수관식 보일러
- 자연순환식 : 바브콕, 가르베, 야로
- 강제순환식 : 베록스, 라몬트
- 관류식 : 앤모스, 슐처, 벤슨, 람진
※ 슈미트보일러는 간접가열식의 특수보일러이다.

정답 83 ④  84 ③  85 ④

## 86 ★

다음 중 연질 스케일을 생성시킬 수 있는 성분이 아닌 것은?

① 산화철
② 탄산칼슘
③ 탄산마그네슘
④ 황산칼슘

**해설**

연질 스케일 생성
- 탄산칼슘 [$Ca(HCO_3)_2$]
- 탄산마그네슘 [$Mg(HCO_3)_2$]
- 산화철 [$Fe_2O_3$]

※ 경질 스케일 : 황산칼슘 [$CaSO_4$], 규산칼슘 [$CaSiO_3$], 염화칼슘 [$CaCl_2$] 등

## 87 ★★

보일러의 부대장치 중 공기예열기 사용 시 나타나는 특징으로 틀린 것은?

① 과잉공기가 많아진다.
② 가스온도 저하에 따라 저온 부식을 초래할 우려가 있다.
③ 보일러 효율이 높아진다.
④ 질소산화물에 의한 대기오염의 우려가 있다.

**해설**

공기예열기 사용 시 나타나는 특징
(1) 장점
 ① 연료를 절감할 수 있다.
 ② 노 내 온도를 고온으로 유지할 수 있다.
 ③ 적은 공기비로 연료를 완전 연소할 수 있다.
 ④ 연소효율이 증가한다.
(2) 단점
 ① 배기가스 중의 황산화물에 의한 저온 부식을 일으킬 수 있다.
 ② 통풍 저항이 증가하여 통풍력이 감소한다.
 ③ 설비비가 비싸다.
 ④ 배기가스 흐름에 대한 마찰 저항이 증가한다.
※ 공기예열기 사용 시 과잉공기는 적어진다.

## 88 ★★★

그림과 같이 폭 150 [mm], 두께 10 [mm]의 맞대기 용접이음에 작용하는 인장응력은?

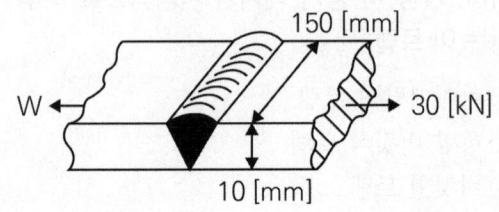

① 2 [MPa]
② 15 [MPa]
③ 10 [MPa]
④ 20 [MPa]

**해설**

인장응력

$$\sigma_t = \frac{P_t}{A} = \frac{30 \times 10^3}{hL} = \frac{30 \times 10^3}{10 \times 150}$$

$$= 20\,[MPa(N/mm^2)]$$

## 89 ★

보일러 설계 시, 크리프 영역에 달하지 않는 온도에서의 철강재료 허용인장응력은 상온에서의 최소 인장강도의 몇 배인가?

① $\frac{1}{4}$

② $\frac{1}{2}$

③ 2

④ 4

**해설**

허용인장응력

크리프(Creep) 영역 : 재료가 일정한 온도하에서 인장응력의 영향을 받을 때 특정시간 동안에 늘어나는 변형

열사용기자재의 검사 및 검사면제에 관한 기준
2.5.1 크리프 영역에 달하지 않는 설계온도에서 철강 재료의 허용인장응력
ⓐ 상온에서의 최소 인장강도의 1/4
ⓑ 설계온도에서의 인장강도의 1/4

## 90 ★★

연관의 안지름이 140 [mm]이고, 두께가 5 [mm]일 때 연관의 최고사용압력은 약 몇 [MPa]인가?

① 1.12
② 1.63
③ 2.25
④ 2.83

**해설**

연관의 최고사용압력

열사용기자재의 검사 및 검사면제에 관한 기준
11.1 연관의 최소두께
연관의 바깥지름 150 [mm] 이하인 경우

최소두께 = $\frac{PD_o}{70} + 1.5$

- $t$ : 연관의 최소두께[mm]
- $P$ : 최고사용압력[MPa]{kgf/cm$^2$}
- $d$ : 연관의 바깥지름[mm]

$P = 70(\text{최소두께} - 1.5) \div D_o$

$= 70(5 - 1.5) \div 150$

$≒ 1.63$

## 91 ★

100 [kN]의 인장하중을 받는 한쪽 덮개판 맞대기 리벳이음이 있다. 리벳의 지름이 15 [mm], 리벳의 허용전단력이 60 [MPa]일 때 최소 몇 개의 리벳이 필요한가?

① 10
② 8
③ 6
④ 4

**해설**

리벳의 개수

$\tau = \frac{W}{AZ} = \frac{W}{\frac{\pi d^2}{4} Z}$

$Z = \frac{4W}{\pi \tau d^2} = \frac{4 \times 100 \times 10^3}{60 \times \pi \times 15^2}$

$≒ 10$개

정답 89 ① 90 ② 91 ①

## 92 ★
다음 중 증기와 드레인(응축수)의 온도 차이를 이용하여 작동하는 증기트랩은?

① 바이메탈식
② 상향버켓식
③ 플로트식
④ 오리피스식

**해설**

바이메탈식 증기트랩
증기와 드레인의 온도차를 이용한 온도조절식 증기트랩은 바이메탈식 트랩과 벨로즈식 트랩이 있다.

## 93 ★★★
보일러의 내부 수압시험을 실시할 때, 규정된 시험수압에 도달한 후 몇분 경과 후 검사를 하여야 하는가?

① 10
② 20
③ 30
④ 60

**해설**

수압시험
(1) 공기를 빼고 물을 채운 후 천천히 압력을 가하여 규정된 시험수압에 도달하게 한다.
(2) 30분 경과 후 검사를 실시하며 검사가 끝날 때까지 그 상태를 유지한다.
(3) 시험수압은 규정된 압력의 6 [%] 이상을 초과하지 않도록 모든 경우에 대한 적절한 제어를 마련하여야 한다.

## 94 ★★
배관용 강관 기호에 대한 명칭이 틀린 것은?

① SPP : 배관용 탄소 강관
② SPPS : 압력 배관용 탄소 강관
③ SPPH : 고압 배관용 탄소 강관
④ STS : 저온 배관용 탄소 강관

**해설**

강관 기호
- STS : 스테인리스강
- SPA : 배관용 합금 강관
- SPLT : 저온 배관용 탄소 강관
- SPHT : 고온 배관용 탄소 강관

## 95 ★★
보일러 연소 시 그을음 발생 원인이 아닌 것은?

① 통풍력이 부족한 경우
② 연소실의 온도가 낮은 경우
③ 연소장치가 불량인 경우
④ 연소실의 면적이 큰 경우

**해설**

그을음 발생 원인
연소실 면적이 큰 경우 연소가 원활히 이루어지기 때문에 그을음의 발생 원인이라고 할 수 없다.

정답 92 ① 93 ③ 94 ④ 95 ④

## 96 ★
보일러 급수처리 중 사용목적에 따른 청관제의 연결로 틀린 것은?

① pH 조정제 : 암모니아
② 연화제 : 인산소다
③ 탈산소제 : 하이드라진
④ 가성취화방지제 : 아황산소다

**해설**

급수내처리(청관제) 종류
- pH 조정제 : 암모니아
- 연화제 : 인산소다
- 탈산소제 : 아황산소다, 하이드라진
- 가성취화방지제 : 인산나트륨, 탄닌, 리그닌, 질산나트륨 등

## 97 ★★
열정산을 할 때 입열항에 해당하지 않는 것은?

① 연료의 연소열
② 연료의 현열
③ 공기의 현열
④ 발생 증기열

**해설**

열정산
- 입열항목 : 공기의 현열, 연료의 저위 발열량, 연료의 현열, 노 내 분입증기열
- 출열항목 : 발생공기(흡수)열, 배기가스에 의한 손실열, 미연소가스에 의한 손실열, 방산에 의한 손실열

## 98 ★★
다음 중 보일러수의 pH를 조절하기 위한 약품으로 적당하지 않은 것은?

① NaOH
② $Na_2CO_3$
③ $Na_3PO_4$
④ $Al_2(SO_4)_3$

**해설**

pH를 조절하기 위한 약품
- 수산화나트륨
- 탄산소다
- 소석회
- 제3인산소다

## 99 ★★
그림과 같이 가로 × 세로 × 높이가 3 [m] × 1.5 [m] × 0.03 [m]인 탄소 강판이 놓여 있다. 강판의 열전도율은 43 [W/m·K]이고, 탄소강판 아래 면에 열유속 700 [W/m²]을 가한 후, 정상 상태가 되었다면 탄소강판의 윗면과 아랫면의 표면온도 차이는 약 몇 [℃]인가? (단, 열유속은 아래에서 위 방향으로만 진행한다)

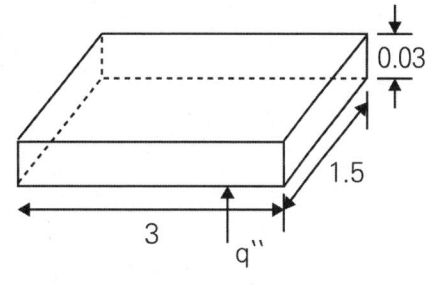

① 0.243  ② 0.264
③ 0.488  ④ 1.973

**해설**

열전도율
푸리에의 열전달 법칙

$q = \lambda A \dfrac{\Delta t}{L}$

$\Delta t = \dfrac{qL}{\lambda} = \dfrac{700 \times 0.03}{43} = 0.488$

## 100 ★★

보일러의 과열 방지책이 아닌 것은?

① 보일러수를 농축시키지 않을 것
② 보일러수의 순환을 좋게 할 것
③ 보일러의 수위를 낮게 유지할 것
④ 보일러 동내면의 스케일 고착을 방지할 것

**해설**

과열 방지책
보일러의 수위를 낮게 유지하면 과열의 원인이 된다.

정답 100 ③

# 2023 제2회 CBT 복원

**1과목** 연소공학

## 01 ★★★

가연성 혼합기의 공기비가 1.0일 때 당량비는?

① 0
② 0.5
③ 1.0
④ 1.5

**해설**

당량비
당량비는 공기비(공기과잉률)의 역수이다.

## 02 ★★★

수소 31.9 [%], 일산화탄소 6.3 [%], 메테인 22.3 [%], 에틸렌 3.9 [%], 이산화탄소 5.6 [%], 질소 30 [%]로 이루어져 있는 기체연료의 고위발열량은 얼마인지 구하여라. (단, 아래는 각 연료의 고위발열량이다)

- $H_2$ : 12.79 [MJ/Nm$^3$]
- CO : 12.62 [MJ/Nm$^3$]
- $CH_4$ : 39.84 [MJ/Nm$^3$]
- $C_2H_4$ : 63.06 [MJ/Nm$^3$]
- $C_2H_6$ : 69.56 [MJ/Nm$^3$]
- $C_3H_8$ : 98.98 [MJ/Nm$^3$]

① 14.27 [MJ/Nm$^3$]
② 16.47 [MJ/Nm$^3$]
③ 16.22 [MJ/Nm$^3$]
④ 17.61 [MJ/Nm$^3$]

**해설**

고위발열량
수소 : $H_2$
일산화탄소 : $CO$
메테인 : $CH_4$
에틸렌 : $C_2H_4$
이산화탄소, 질소는 연소반응에 참여하지 않는다.
$$H_h = 12.79 \times 0.319 + 12.62 \times 0.063 \\ + 39.84 \times 0.223 + 63.06 \times 0.039 = 16.218$$

## 03 ★★★

프로페인($C_3H_8$) 5 [Nm$^3$]를 이론산소량으로 완전 연소시켰을 때의 건연소가스량은 몇 [Nm$^3$]인가?

① 5
② 10
③ 15
④ 20

**해설**

이론 건연소가스량
- $C_3H_8$(5 [Nm$^3$]) + 5$O_2$
  → 3$CO_2$(3 × 5 [Nm$^3$]) + 4$H_2O$
- 이론 건연소가스량($G_{od}$) = 3 × 5 = 15 [Nm$^3$]
※ 이론 산소량($O_0$)만으로 완전 연소시키는 경우로 이론 건연소가스량은 생성된 $CO_2$양만 고려한다.

**정답** 01 ③ 02 ③ 03 ③

## 04 ★

고체연료 연소장치 중 다량의 쓰레기를 완전 연소하고 재를 용이하게 처리할 수 있어 쓰레기 소각에 적합한 화격자 연소장치로 가장 적절한 것은?

① 산포식 스토커
② 계단식 스토커
③ 체인 스토커
④ 하입 스토커

**해설**

**스토커**

(1) 상부주입식 화격자 : 산포식 스토커, 계단식 스토커
  ① 산포식 스토커 : 연소가 진행되고 있는 불 위에 석탄을 기계로 뿌려주는 방식으로 연료 공급, 무연탄 연소에 많이 사용
  ② 계단식 스토커 : 계단방식으로 고체연료를 화격자에 보내어 연소하는 방법, 불완전 연소를 완전 연소시킬 수 있는 연소방법으로 쓰레기 소각이나 저질탄 연소에 적당하다.

(2) 하부주입식 화격자 : 하급식 스토커, 체인 스토커
  ① 하급식 스토커 : 스크류식으로 석탄을 고정 화격자 하부에 고온의 가온공기를 사용하여 연소하는 방식
  ② 체인 스토커 : 완전 자동 연소장치로써 연소 촉진을 위해 연소가스를 교반한 가스의 고속의 2차 공기를 불어 넣고 연료를 연소하는 방법이다. 쓰레기 소각로에 많이 이용되는 방법이다.

## 05 ★★★

연소 시 100[℃]에서 500[℃]로 온도가 상승하였을 경우 500[℃]의 열복사 에너지는 100[℃]에서의 열복사 에너지의 약 몇 배가 되겠는가?

① 16.2
② 17.1
③ 18.5
④ 19.3

**해설**

**열복사 법칙**

스테판-볼츠만의 열복사 법칙($q_R$) = $\varepsilon \sigma A T^4$ [W] 로 $q_R \propto T^4$ 이므로

$$\frac{q_{R_2}}{q_{R_1}} = \left(\frac{T_2}{T_1}\right)^4 = \left(\frac{500+273.15}{100+273.15}\right)^4 = 18.43$$

※ 절대온도(T)는 온도의 SI단위이다.
  T [K] = (℃) + 273.15

## 06 ★★★

기체 연료의 특징으로 틀린 것은?

① 연소효율이 높다.
② 고온을 얻기 쉽다.
③ 단위용적당 발열량이 크다.
④ 누출되기 쉽고 폭발의 위험성이 크다.

**해설**

**기체 연료의 특징**

기체 연료는 단위용적당 발열량이 작다.

**정답** 04 ② 05 ③ 06 ③

## 07 ★★

$CO_{2max}$는 19.0 [%], $CO_2$는 10.0 [%], $O_2$는 0.3 [%]일 때 과잉공기계수(m)는 얼마인가?

① 1.25
② 1.35
③ 1.46
④ 1.90

**해설**

과잉공기계수

과잉공기계수(m) = $\dfrac{CO_{2max}(\%)}{CO_2(\%)} = \dfrac{19}{10} = 1.9$

## 08 ★★★

중유 1 [kg] 속에 수소 0.15 [kg], 수분 0.003 [kg]이 들어 있다면 이 중유의 고발열량이 41860 [kJ/kg]일 때, 이 중유 2 [kg]의 총 저위발열량은 약 몇 [kJ]인가?

① 56916.5
② 68823.5
③ 76922.5
④ 98583.5

**해설**

저위발열량

저위발열량($H_l$)
= $H_h$ - 2512(W + 9H)
= 41860 - 2512(0.003 + 9 × 0.15)
≒ 38461.3 [kJ/kg]
∴ 2 × 38461.3 ≒ 76922.6 [kJ]

## 09 ★★

기체 연료의 저장방식이 아닌 것은?

① 유수식
② 고압식
③ 가열식
④ 무수식

**해설**

기체 연료의 저장방식

기체 연료의 저장방식인 가스 홀더의 종류는 유수식, 무수식, 고압식 홀더의 3종류가 있다.

## 10 ★★

반지름이 0.55 [cm]이고, 길이가 1.94 [cm]인 원통형 실린더 안에 어떤 기체가 들어 있다. 이 기체의 질량이 8 [g]이라면, 실린더 안에 들어 있는 기체의 밀도는 약 몇 [g/cm³]인가?

① 2.9
② 3.7
③ 4.3
④ 5.1

**해설**

기체의 밀도

$\rho = \dfrac{m}{V} = \dfrac{m}{At} = \dfrac{m}{\pi r^2 t} = \dfrac{8}{\pi (0.55)^2 \times 1.94}$

$= 4.33 [g/cm^3]$

## 11 ★★★

뷰테인($C_4H_{10}$) 1 [kg]의 이론 습배기가스량은 약 몇 [Nm³/kg]인가?

① 10
② 13
③ 16
④ 19

**정답** 07 ④  08 ③  09 ③  10 ③  11 ②

해설

이론 습배기가스량

$C_4H_{10}(58\ [kg]) + \dfrac{13}{2}O_2$

$\rightarrow 4CO_2(4 \times 22.4\ [Nm^3])$
  $+ 5H_2O(5 \times 22.4\ [Nm^3])$

※ 이론 습배기(연소)가스량
  = 이론 건연소가스량 + 연소생성 수증기량

※ 뷰테인($C_4H_{10}$) 1 [kg]의 이론 습배기(연소)가스량
  = [이론 건연소가스량($CO_2$ + $N_2$)
    + 수증기량($H_2O$)] ÷ 58
  = [4 × 22.4 + 6.5 × 3.76 × 22.4
    + 5 × 22.4 ] ÷ 58
  = 12.9

※ 가연 성분 연소 시 공급되는 공기 중에는 질소가 포함되어 있으나 질소 성분은 불연성 성질의 기체로 공기와 함께 연소실에 들어가 아무런 반응 없이 그대로 배기가스와 함께 배출된다. 공기 속의 산소와 질소의 체적비[%]는 21 : 79이므로 질소량은 산소량의 3.76배를 함유한다.

## 12 ★★★

물질의 상 변화와 관계있는 열량을 무엇이라 하는가?

① 잠열  ② 비열
③ 현열  ④ 반응열

해설

잠열

잠열은 물체의 온도 변화는 일으키지 않고, 상태 변화만을 일으키는 데 필요한 열량이다.

- 비열 : 물체 1 [kg]을 1 [℃] 상승시키는 데 필요한 열량
- 현열 : 물질의 상태 변화 없이 온도 변화만 일으키는 데 필요한 열량

## 13 ★★★

탄소의 발열량은 약 몇 [kJ/kg]인가?

$$C + O_2 \rightarrow CO_2 + 408554\ [kJ/kmol]$$

① 30406  ② 34046
③ 48800  ④ 97600

해설

발열량

탄소 12 [kg]이 완전 연소 시 발열량이 408554 [kJ/kmol]이므로 탄소 1 [kg]당 발열량은 408554 ÷ 12 = 34046 [kJ/kg]이다.

## 14 ★★

과열증기에 대한 설명으로 가장 적합한 것은?

① 보일러에서 처음 발생한 증기이다.
② 습포화증기의 압력과 온도를 높인 것이다.
③ 건포화증기를 가열하여 온도를 높인 것이다.
④ 액체의 증발이 끝난 상태로 수분이 전혀 함유되지 않은 증기이다.

해설

과열증기

건포화증기를 다시 가열하면 증기의 온도는 상승하는데 이것을 과열증기라 한다.

정답  12 ①  13 ②  14 ③

## 15 ★★★

메테인 50 [v%], 에테인 25 [v%], 프로페인 25 [v%]가 섞여 있는 혼합 기체의 공기 중에서의 연소하한계는 약 몇 [%]인가? (단, 메테인, 에테인, 프로페인의 연소하한계는 각각 5 [v%], 3 [v%], 2.1 [v%]이다)

① 2.3  
② 3.3  
③ 4.3  
④ 5.3

**해설**

연소하한계

$$\frac{100}{L} = \frac{V_1}{L_1} + \frac{V_2}{L_2} + \frac{V_3}{L_3} = \frac{50}{5} + \frac{25}{3} + \frac{25}{2.1} = 30.238$$

$$\therefore L = \frac{100}{30.238} = 3.3$$

## 16 ★★★

고체 연료의 일반적인 특징으로 옳은 것은?

① 점화 및 소화가 쉽다.  
② 연료의 품질이 균일하다.  
③ 완전 연소가 가능하며 연소효율이 높다.  
④ 연료비가 저렴하고 연료를 구하기 쉽다.

**해설**

고체 연료의 특징
- 점화 및 소화가 어렵다.
- 연료의 품질이 균일하지 못해 연소효율이 낮다.
- 회분 등 불순물이 많아 완전 연소가 어렵다.
- 연료비가 저렴하고 연료를 구하기 쉽다.
- 노천야적이 가능하고 취급 및 저장이 쉽다.
- 재처리가 어렵고 매연발생이 많다.

## 17 ★★

공기를 사용하여 중유를 무화시키는 형식으로 아래의 조건을 만족하면서 부하변동이 많은데 가장 적합한 버너의 형식은?

- 유량조절범위 = 1 : 10 정도
- 연소 시 소음이 발생
- 점도가 커도 무화가 가능
- 분무 각도가 30° 정도로 작음

① 로터리식  
② 저압기류식  
③ 고압기류식  
④ 유압식

**해설**

버너  
고압기류식 버너는 점도가 커도 무화가 가능하고 분무 각도가 30° 정도로 작으며, 소음이 발생하고 부하변동이 많은 곳에 적합하다.

## 18 ★★

다음 중 연소온도에 직접적인 영향을 주는 요소로 가장 거리가 먼 것은?

① 공기 중의 산소 농도  
② 연료의 저위발열량  
③ 연소실의 크기  
④ 공기비

**해설**

연소온도  
연소온도에 직접적인 영향을 주는 요소
- 공기 중의 산소 농도
- 연료의 저위발열량
- 공기비(과잉공기량)

정답  15 ②  16 ④  17 ③  18 ③

## 19 ★★

공기나 연료의 예열효과에 대한 설명으로 옳지 않은 것은?

① 연소실 온도를 높게 유지
② 착화열을 감소시켜 연료를 절약
③ 연소효율 향상과 연소 상태의 안정
④ 이론공기량이 감소함

**해설**

**예열효과**

예열효과는 이론공기량($A_0$)에 영향을 미치지 않으며 연소에 필요한 실제공기량을 감소시킬 수 있다.

## 20 ★★

다음 연소범위에 대한 설명으로 옳은 것은?

① 온도가 높아지면 좁아진다.
② 압력이 상승하면 좁아진다.
③ 연소상한계 이상의 농도에서는 산소 농도가 너무 높다.
④ 연소하한계 이하의 농도에서는 가연성 증기의 농도가 너무 낮다.

**해설**

**연소범위**

온도가 높아지거나 압력이 상승하면 연소범위는 넓어지며 연소상한계는 가연성 증기의 농도가 너무 높아 산소 부족으로 인해 연소가 일어나지 않는 상한선 농도이므로 산소 농도가 아닌 가연성 증기의 농도가 너무 높다고 해야 한다.

---

**2과목 열역학**

| 1회독 | 시간 : | 점수 : |
| 2회독 | 시간 : | 점수 : |
| 3회독 | 시간 : | 점수 : |

## 21 ★

이상기체를 가역단열팽창시킨 후의 온도는?

① 처음 상태보다 낮게 된다.
② 처음 상태보다 높게 된다.
③ 변함이 없다.
④ 높을 때도 있고 낮을 때도 있다.

**해설**

**가역단열팽창**

$\dfrac{T_2}{T_1} = \left(\dfrac{v_1}{v_2}\right)^{k-1}$ 에서 부피가 증가하면 온도는 감소한다.

## 22 ★★

압력 1 [MPa], 온도 400 [℃] 의 이상기체 2 [kg]이 가역단열 과정으로 팽창하여 압력이 500 [kPa]로 변화한다. 이 기체의 최종온도는 약 몇 [℃]인가? (단, 이 기체의 정적비열은 3.12 [kJ/(kg·K)], 정압비열은 5.21 [kJ/(kg·K)]이다)

① 237
② 279
③ 510
④ 622

해설

단열 변화의 최종온도

비열비 $k = \dfrac{C_p}{C_v} = \dfrac{5.21}{3.12} = 1.67$

$\dfrac{T_2}{T_1} = \left(\dfrac{P_2}{P_1}\right)^{\frac{k-1}{k}}$

→ $\dfrac{T_2}{400+273} = \left(\dfrac{500}{1000}\right)^{\frac{1.67-1}{1.67}}$

→ $T_2 = 510\,[K] = (510-273)\,[℃] = 237\,[℃]$

## 23 ★★

이상기체 1 [kg]의 압력과 체적이 각각 $P_1$, $V_1$ 에서 $P_2$, $V_2$ 로 등온 가역적으로 변할 때 엔트로피 변화($\Delta S$)는? (단, R은 기체상수이다)

① $\Delta S = R\ln\dfrac{P_1}{P_2}$

② $\Delta S = \dfrac{V_1}{V_2}\ln R$

③ $\Delta S = R\ln\dfrac{V_1}{V_2}$

④ $\Delta S = \dfrac{P_1}{P_2}\ln R$

해설

등온 변화 시 엔트로피 변화

$\Delta S = \dfrac{\delta Q}{T} = \dfrac{mRT\ln\dfrac{V_2}{V_1}}{T} = mR\ln\dfrac{V_2}{V_1}$

$= mR\ln\dfrac{P_1}{P_2}\,[kJ/K]$

## 24 ★★

성능계수가 4.8인 증기압축냉동기의 냉동능력 1 [kW]당 소요동력[kW]은?

① 0.21
② 1.0
③ 2.3
④ 4.8

해설

증기압축냉동기의 냉동능력당 소요동력

$\epsilon_R(냉동기\ 성능계수) = \dfrac{Qe(냉동능력)}{Wc(소요동력)}$

∴ $1 \div 4.8 ≒ 0.21$

## 25 ★★★

반지름이 0.55 [cm]이고, 길이가 1.94 [cm]인 원통형 실린더 안에 어떤 기체가 들어 있다. 이 기체의 질량이 8 [g]이라면, 실린더 안에 들어 있는 기체의 밀도는 약 몇 [g/cm³]인가?

① 2.9
② 3.7
③ 4.3
④ 5.1

해설

기체의 밀도

$\rho = \dfrac{m}{V} = \dfrac{m}{At} = \dfrac{m}{\pi r^2 t} = \dfrac{8}{\pi(0.55)^2 \times 1.94}$

$= 4.33\,[g/cm^3]$

정답  23 ①  24 ①  25 ③

## 26 ★★

대기압이 100 [kPa]인 도시에서 두 지점의 계기압력비가 "5 : 2"라면 절대압력비는?

① 1.5 : 1
② 1.75 : 1
③ 2 : 1
④ 주어진 정보로는 알 수 없다.

**해설**

절대압력비
절대압력은 대기압 + 계기압력이다. 계기압력비만으로는 절대압력을 구할 수 없다.

## 27 ★

다음 가스 동력 사이클에 대한 설명으로 틀린 것은?

① 오토 사이클의 이론 열효율은 작동유체의 비열비와 압축비에 의해서 결정된다.
② 카르노 사이클의 최고 및 최저 온도와 스털링 사이클의 최고 및 최저온도가 서로 같을 경우 두 사이클의 이론 열효율은 동일하다.
③ 디젤 사이클에서 가열 과정은 정적 과정으로 이루어진다.
④ 사바테 사이클의 가열 과정은 정적과 정압 과정이 복합적으로 이루어진다.

**해설**

가스 동력 사이클
디젤 사이클 : 단열압축 → 정압가열 → 단열팽창 → 정적방열

## 28 ★★★

이상적인 카르노(Carnot) 사이클의 구성에 대한 설명으로 옳은 것은?

① 2개의 등온 과정과 2개의 단열 과정으로 구성된 가역 사이클이다.
② 2개의 등온 과정과 2개의 정압 과정으로 구성된 가역 사이클이다.
③ 2개의 등온 과정과 2개의 단열 과정으로 구성된 비가역 사이클이다.
④ 2개의 등온 과정과 2개의 정압 과정으로 구성된 비가역 사이클이다.

**해설**

이상적인 카르노(Carnot) 사이클
카르노 사이클(Carnot Cycle)은 2개의 등온 과정과 2개의 단열 과정으로 구성된 가역 사이클이다.

## 29 ★★

폐쇄계에서 경로 A → C → B를 따라 110 [J]의 열이 계로 들어오고 50 [J]의 일을 외부에 할 경우 B → D → A를 따라 계가 되돌아 올 때 계가 40 [J]의 일을 받는다면 이 과정에서 계는 얼마의 열을 방출 또는 흡수하는가?

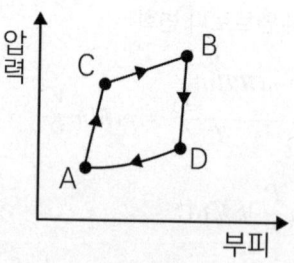

① 30 [J] 방출  ② 30 [J] 흡수
③ 100 [J] 방출  ④ 100 [J] 흡수

**해설**

열의 방출 또는 흡수
110 - 50 = -(Q + 40)
Q = -100 ∴ 100 [J](방출)

## 30 ★★

비가역 사이클에 대한 클라시우스(Clausius)의 적분에 대하여 옳은 것은? (단, Q는 열량, T는 온도이다)

① $\oint \frac{\delta Q}{T} > 0$
② $\oint \frac{\delta Q}{T} \geq 0$
③ $\oint \frac{\delta Q}{T} = 0$
④ $\oint \frac{\delta Q}{T} < 0$

**해설**

클라우지우스(Clausius)의 폐적분
가역 사이클이면 등호(=), 비가역 사이클이면 부등호(<)이다.
$\oint \frac{\delta Q}{T} < 0$

## 31 ★★★

다음 중 열역학 제1법칙을 설명한 것으로 가장 옳은 것은?

① 제3의 물체와 열평형에 있는 두 물체는 그들 상호 간에도 열평형에 있으며, 물체의 온도는 서로 같다.
② 열을 일로 변환할 때 또는 일을 열로 변환할 때 전체 계의 에너지 총량은 변하지 않고 일정하다.
③ 흡수한 열을 전부 일로 바꿀 수는 없다.
④ 절대 영도, 즉 0 [K]에는 도달할 수 없다.

**해설**

열역학 제1법칙
- 열역학 제1법칙(에너지보존의 법칙) : 열량과 일량은 본질적으로 동일한 에너지로 일량은 열량으로, 또한 열량은 일량으로 환산 가능하다는 법칙이다(제1종 영구운동기관을 부정하는 법칙).
- 제1종 영구운동기관 : 외부로부터 에너지공급 받지 않고도 영구적으로 일을 할 수 있다고 생각되는 기관

## 32 ★★

일반적으로 사용되는 냉매로 가장 거리가 먼 것은?

① 암모니아
② 프레온
③ 이산화탄소
④ 오산화인

**해설**

냉매
오산화인($P_2O_5$)은 인이 연소할 때 생기는 백색 가루로 건조제 및 탈수제로 사용된다.

## 33 ★★★

다음 중 수증기를 사용하는 증기동력 사이클은?

① 랭킨 사이클
② 오토 사이클
③ 디젤 사이클
④ 브레이턴 사이클

정답 30 ④ 31 ② 32 ④ 33 ①

**해설**

랭킨 사이클

증기원동소의 이상 사이클로 액상(물)과 기상(수증기)에 걸쳐 연속적으로 순환하는 사이클을 말한다.

※ 열역학 제3법칙 : 엔트로피의 절댓값을 정의한 법칙으로, 절대 0 [K]에 이르게 할 수 없다.

## 34 ★★

$N_2$와 $O_2$의 기체상수는 각각 0.297 [kJ/(kg·K)] 및 0.260 [kJ/(kg·K)]이다. $N_2$가 0.7 [kg], $O_2$가 0.3 [kg]인 혼합가스의 기체상수는 약 몇 [kJ/(kg·K)]인가?

① 0.213
② 0.254
③ 0.286
④ 0.312

**해설**

기체상수

$$R = \sum_{i=1}^{n} \frac{m_i}{m} R_i = \frac{m_{N_2}}{m} R_{N_2} + \frac{m_{O_2}}{m} R_{O_2}$$

$= 0.7 \times 0.297 + 0.3 \times 0.260$

$\fallingdotseq 0.286 \, [kJ/kg \cdot K]$

## 35 ★★★

디젤 사이클에서 압축비가 20, 단절비(Cut-off Ratio)가 1.7일 때 열효율은 약 몇 [%]인가? (단, 비열비는 1.4이다)

① 43
② 66
③ 72
④ 84

**해설**

열효율

$$\eta_{thd} = 1 - \left(\frac{1}{\epsilon}\right)^{k-1} \frac{\sigma^k - 1}{k(\sigma - 1)}$$

$$= 1 - \left(\frac{1}{20}\right)^{1.4-1} \frac{1.7^{1.4} - 1}{1.4 \times (1.7 - 1)} = 0.66$$

## 36 ★★★

역카르노 사이클로 작동하는 냉동 사이클이 있다. 저온부가 -10 [℃]로 유지되고, 고온부가 40 [℃]로 유지되는 상태를 A상태라고 하고, 저온부가 0 [℃], 고온부가 50 [℃]로 유지되는 상태를 B상태라 할 때, 성능계수는 어느 상태의 냉동 사이클이 얼마나 더 높은가?

① A상태의 사이클이 약 0.8만큼 높다.
② A상태의 사이클이 약 0.2만큼 높다.
③ B상태의 사이클이 약 0.8만큼 높다.
④ B상태의 사이클이 약 0.2만큼 높다.

**해설**

성능계수

$$\epsilon_A = \frac{T_2}{T_1 - T_2} = \frac{263}{313 - 263} = 5.26$$

$$\epsilon_B = \frac{T_2}{T_1 - T_2} = \frac{273}{323 - 273} = 5.46$$

정답 34 ③  35 ②  36 ④

## 37 ★★

압력이 100 [kPa]인 공기를 정적 과정으로 200 [kPa]의 압력이 되었다. 그 후 정압 과정으로 비체적이 1 [m³/kg]에서 2 [m³/kg]으로 변하였다고 할 때 이 과정 동안의 총 엔트로피의 변화량은 약 몇 [kJ/(kg·K)]인가? (단, 공기의 정적비열은 0.7 [kJ/(kg·K)], 정압비열은 1.0 [kJ/(kg·K)])

① 0.31　　② 0.52
③ 1.04　　④ 1.18

**해설**

총 엔트로피의 변화량

$$\Delta S = \Delta S_1 + \Delta S_2 = C_v \ln\frac{P_2}{P_1} + C_p \ln\frac{v_2}{v_1}$$

$$= 0.7\ln\frac{200}{100} + 1.0\ln\frac{2}{1} = 1.18\ [kJ/kg\cdot K]$$

## 38 ★★★

온도측정과 연관된 열역학의 기본 법칙으로서 열적평형과 관련된 법칙은?

① 열역학의 제0법칙　② 열역학의 제1법칙
③ 열역학의 제2법칙　④ 열역학의 제3법칙

**해설**

열역학 제n법칙
- 열역학 제0법칙 : 열평형의 법칙
- 열역학 제1법칙 : 에너지보존의 법칙
- 열역학 제2법칙 : 비가역 법칙, 엔트로피 증가 법칙
- 열역학 제3법칙 : 엔트로피의 절댓값을 정의한 법칙

## 39 ★★

디젤기관의 열효율은 압축비 $\varepsilon$, 차단비(또는 단절비) $\sigma$와 어떤 관계가 있는가?

① $\varepsilon$와 $\sigma$가 증가할수록 열효율이 커진다.
② $\varepsilon$와 $\sigma$가 감소할수록 열효율이 커진다.
③ $\varepsilon$가 감소하고, $\sigma$가 증가할수록 열효율이 커진다.
④ $\varepsilon$가 증가하고, $\sigma$가 감소할수록 열효율이 커진다.

**해설**

디젤기관

$$\eta = 1 - \left(\frac{1}{\varepsilon}\right)^{k-1}\frac{\sigma^k - 1}{k(\sigma - 1)}$$

압축비가 증가하고, 차단비가 감소할수록 열효율이 커진다.

## 40 ★★

1 [kg]의 공기가 일정온도 200 [℃]에서 팽창하여 처음 체적의 6배가 되었다. 전달된 열량 [kJ]은? (단, 공기의 기체상수는 0.287 [k/kg·K]이다)

① 243　　② 321
③ 413　　④ 582

**해설**

열량

등온 과정에서의 전달열량 = 일의 양

$$\delta Q = W = PdV = RT\ln\frac{V_2}{V_1}$$

$$= 0.287 \times (200 + 273.15) \times \ln\frac{6V_1}{V_1}$$

$$\fallingdotseq 243\ [kJ]$$

정답　37 ④　38 ①　39 ④　40 ①

**3과목 계측방법**

1회독 시간 :   점수 :
2회독 시간 :   점수 :
3회독 시간 :   점수 :

## 41 ★★

다음 중 물리적 가스분석계와 거리가 먼 것은?

① 적외선 흡수식
② 열전도율식
③ 연소열식
④ 자기식

**해설**

**물리적 가스분석계**
가스의 비중, 열전도율, 자성 등 물리적 성질을 이용한 성분분석
※ 연소열식은 화학적 가스분석계이다.

## 42 ★★★

부자식(Float) 면적 유량계에 대한 설명으로 틀린 것은?

① 압력손실이 적다.
② 정밀측정에는 부적합하다.
③ 대유량의 측정에 적합하다.
④ 수직배관에만 적용이 가능하다.

**해설**

**로터미터(플로트형, 부자식)**
단면적이 변하는 수직관 내에서 플로트의 위치를 통해 즉시 유량을 판독할 수 있는 대표적인 면적식 유량계이며 대유량 측정에는 부적합하다.

## 43 ★★

액면측정방법 중 측정방법이 다른 것은?

① 유리관식
② 초음파식
③ 방사선식
④ 차압식

**해설**

**액면측정방법**
- 직접측정 : 직관식(유리관식), 검척식, 플로트식(부자식)
- 간접측정 : 차압식, 저항 전극식, 초음파식, 방사선식, 음향식

## 44 ★★★

다음 중 온도는 국제단위계(SI단위계)에서 어떤 단위에 해당하는가?

① 보조단위
② 유도단위
③ 특수단위
④ 기본단위

**해설**

**SI단위계**
- 기본단위 : 길이[m], 질량[kg], 시간[s], 온도[K], 전류[A], 물질량[mol], 광도[cd]
- 보조단위 : 평면각[rad], 입체각[sr]
- 유도단위 : 힘[N], 압력[Pa], 에너지[J], 일률[W], 비중량[$N/m^3$], 밀도[$kg/m^3$], 자속[Wb] 등

정답 41 ③ 42 ③ 43 ① 44 ④

## 45 ★★

습도의 증감에 따라 규칙적으로 신축하는 모발의 성질을 이용한 습도계로 사용은 간편하지만 안정성이 좋지 않고 응답시간이 길고, 실내 습도 조절용으로 사용되는 이 습도계는 무엇인가?

① 모발 습도계
② 건습구 습도계
③ 전기 저항식 습도계
④ 광전관식 노점 습도계

**해설**

모발 습도계
습도의 증감에 따라 규칙적으로 신축하는 모발의 성질을 이용한 습도계로 사용은 간편하지만 안정성이 좋지 않고 응답시간이 길고, 실내 습도 조절용으로 사용된다.

## 46 ★★

FWC의 3요소식의 검출대상에 대해 알맞은 것을 고르시오?

① 수위, 연료소비량, 온도 변화량
② 수위, 급수량, 증기량
③ 수위, 급수량, 연료소비량
④ 급수량, 증기량, 연료소비량

**해설**

수위제어방식
• 단요소식(1요소식) : 보일러의 수위만을 검출하여 급수량을 조절하는 방식
• 2요소식 : 수위와 증기유량을 동시에 검출하는 방식이다.
• 3요소식 : 수위, 증기유량, 급수유량을 동시에 검출하는 방식이다.

## 47 ★★

서로 다른 2개의 금속판을 접합시켜서 만든 바이메탈 온도계의 기본 작동원리는?

① 두 금속판의 비열의 차
② 두 금속판의 열전도도의 차
③ 두 금속판의 열팽창계수의 차
④ 두 금속판의 기계적 강도의 차

**해설**

바이메탈 온도계
두 금속판의 열팽창계수의 차를 이용한 온도계다.

## 48 ★★★

다음 중 SI기본단위에 속하지 않는 것은?

① 길이
② 시간
③ 열량
④ 광도

**해설**

SI 기본단위
• 기본단위 : 길이[m], 질량[kg], 시간[s], 온도[K], 전류[A], 물질량[mol], 광도[cd]
• 보조단위 : 평면각[rad], 입체각[sr]
• 유도단위 : 힘[N], 압력[Pa], 에너지[J], 일률[W], 비중량[$N/m^3$], 밀도[$kg/m^3$], 자속[Wb] 등

정답  45 ① 46 ② 47 ③ 48 ③

## 49 ★★★

액주식 압력계의 액체로서 구비조건이 아닌 것은?

① 항상 액면은 수평으로 만들 것
② 온도 변화에 의한 밀도의 변화가 적을 것
③ 화학적으로 안정적이고 휘발성 및 흡수성이 클 것
④ 모세관 현상이 적을 것

**해설**

액주식 압력계의 액체의 구비조건
- 모세관 현상이 작아야 한다.
- 표면장력이 작아야 한다.
- 점성이 작아야 한다.
- 휘발성이 작아야 한다.
- 흡습성이 작아야 한다.
- 온도에 따른 밀도 변화가 작아야 한다.

## 50 ★

자동제어장치에서 조절계의 종류에 속하지 않는 것은?

① 공기압식
② 전기식
③ 유압식
④ 증기식

**해설**

자동제어장치 조절계
신호전달 매체에 따라 전기식, 공기압식, 유압식으로 분류된다.

## 51 ★★★

그림과 같은 경사관 압력계에서 $P_1$의 압력을 나타내는 식으로 옳은 것은?

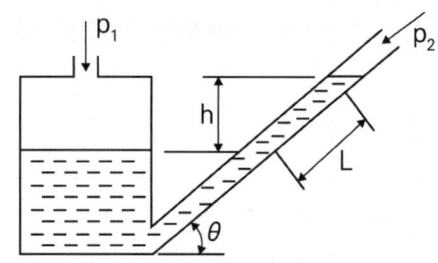

① $P_1 = \dfrac{P_2}{\gamma \times L} 90$
② $P_1 = P_2 \times \gamma \times L \times \cos\theta$
③ $P_1 = P_2 \times \gamma \times L \times \tan\theta$
④ $P_1 = P_2 \times \gamma \times L \times \sin\theta$

**해설**

경사관 압력계
$P_1 = P_2 + \gamma h$
$P_1 = P_2 + \gamma \times L \cdot \sin\theta$

## 52 ★★★

오차에 대한 설명으로 틀린 것은?

① 계측기 고유오차의 최대허용한도를 공차라 한다.
② 과실오차는 계통오차가 아니다.
③ 오차는 "측정값 - 참값"이다.
④ 오차율은 "참값/오차"이다.

### 해설
오차
오차율은 오차/참값이다.

## 53 ★★★
보일러에 대한 인터록이 아닌 것은?

① 압력 초과 인터록
② 온도 초과 인터록
③ 저수위 인터록
④ 저연소 인터록

### 해설
인터록제어
어떤 조건이 충족되지 않으면 다음 동작이 중지되는 동작은 인터록이라고 한다.
- 저수위 인터록 : 안전저수위까지 수위 감소 시 보일러 운전 정지
- 압력 초과 인터록 : 증기압력이 설정치를 초과할 때 운전 정지
- 불착화 인터록 : 노 내의 착화 과정에서 착화가 이루어지지 않았을 경우 연료공급 차단하여 운전 정지
- 프리퍼지 인터록 : 노 내의 통풍이 되지 않았을 경우 운전 정지
- 저연소 인터록 : 노 내에 처음 점화 시 온도의 급변으로 인한 보일러 재질의 악영향을 방지하기 위해 최대부하 30 [%] 정도에서 연소를 진행시키다가 차츰 부하를 증가시켜야 한다. 이것이 순조롭게 진행되지 않을 때 연료를 차단시킨다.

## 54 ★★
물탱크에서 h = 10 [m], 오리피스의 지름이 5 [cm]일 때 오리피스의 유량은 약 몇 [m²/s]인가?

① 0.0275
② 0.1099
③ 0.14
④ 14

### 해설
유량
$$V = Av = \frac{\pi D^2}{4} \times \sqrt{2gh}$$
$$= \frac{\pi \times 0.05^2}{4} \times \sqrt{2 \times 9.8 \times 10}$$
$$= 0.02748 [m^3/s]$$

## 55 ★★
다음 중 액주계를 읽는 정확한 위치는?

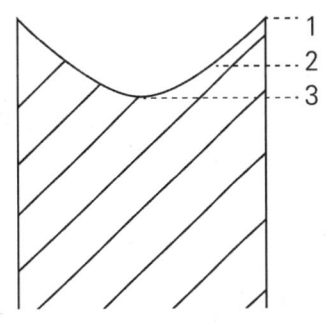

① 1
② 2
③ 3
④ 아무 곳이든 괜찮다.

### 해설
모세관 현상
- 액체의 모세관 현상으로 인하여 수평면이 오목할 경우 눈금은 최하부를 읽는다.
- 만약 볼록할 경우에는 최상부를 읽는다.

정답 ● 53 ② 54 ① 55 ③

## 56 ★★

면적식 유량계의 특징에 대한 설명으로 틀린 것은?

① 고점도 액체의 측정이 가능하다.
② 부식액의 측정에 적합하다.
③ 적산용 유량계로 사용된다.
④ 유량 눈금이 균등하다.

**해설**

면적식 유량계
- 가격이 저렴하다.
- 사용이 간편하다.
- 고점도 액체의 측정이 가능하다.
- 부식성 액체의 측정에 적합하다.
- 유량 눈금이 균일하다.

※ 적산용 유량계로 사용되는 것은 용적식(체적식) 유량계이다.

## 57 ★★★

탄성식 압력계의 일종으로 보일러의 증기압 측정 등 공업용으로 많이 사용되는 압력계는?

① 링 밸런스식 압력계
② 부르동관식 압력계
③ 벨로즈식 압력계
④ 피스톤식 압력계

**해설**

부르동관식 압력계
- 탄성식 압력계의 일종으로 보일러 증기압 측정 등 공업용으로 많이 사용된다.
- 부르동관의 재질, 치수, 강도 등을 선택함으로써 고압측정도 가능하여 보일러의 압력계로 가장 많이 사용된다.

## 58 ★★★

다음 중 보일러의 자동제어가 아닌 것은?

① 온도제어
② 급수제어
③ 연소제어
④ 위치제어

**해설**

자동제어
- 연소제어(A.C.C. : Automatic Combustion Control) : 보일러의 부하 변동에 따라 연료와 공기량을 자동으로 조절하여 증기 압력을 일정하게 유지시키는 것
- 급수제어(F.W.C. : Feed Water Control) : 보일러의 부하변동과 관계없이 보일러의 수위를 항상 일정하게 유지시키기 위하여 급수량을 자동적으로 제어하는 것
- 증기온도제어(S.T.C. : Steam Temperature Control) : 보일러로부터 발생한 증기의 온도를 일정하게 유지시키기 위하여 전열량을 제어하는 것

정답 56 ③  57 ②  58 ④

## 59 ★
오차와 관련된 설명으로 틀린 것은?

① 흩어짐이 큰 측정을 정밀하다고 한다.
② 오차가 적은 계량기는 정확도가 높다.
③ 계측기가 가지고 있는 고유의 오차를 기차라고 한다.
④ 눈금을 읽을 때 시선의 방향에 따른 오차를 시차라고 한다.

**해설**
오차
흩어짐이 작은 측정을 정밀하다고 한다.

## 60 ★★
아르키메데스의 원리를 이용하여 측정하는 액면계는?

① 액압측정식 액면계
② 전극식 액면계
③ 편위식 액면계
④ 기포식 액면계

**해설**
편위식 액면계
- 액중에 잠겨 있는 플로트의 깊이에 의한 부력으로부터 토크튜브의 회전각이 변화하여 액면을 지시하여 지시침이 움직이는 방식으로, 아르키메데스의 부력원리를 이용한 액면 측정기기이다.
- 아르키메데스의 부력원리 : 물체가 유체에 잠길 때 그 물체는 자신이 밀어낸 유체의 무게만큼 부력을 받는다는 원리

## 4과목 열설비재료 및 관계법규

## 61 ★
열팽창에 의한 배관의 측면 이동을 구속 또는 제한하는 장치가 아닌 것은?

① 앵커
② 스톱
③ 브레이스
④ 가이드

**해설**
리스트레인트
- 앵커
- 스톱 or 스토퍼
- 가이드
※ 브레이스 : 배관라인에 설치된 각종 펌프, 압축기 등에서 발생하는 진동을 흡수·완화시켜주는 장치로, 밸브 등 급속개폐에 따른 수격작용, 지진 등의 진동을 완화시켜준다.

## 62 ★★
에너지이용합리화 기본계획을 수립하는 기관의 장은?

① 안전행정부장관
② 국토교통부장관
③ 산업통상자원부장관
④ 고용노동부장관

**정답** 59 ① 60 ④ 61 ③ 62 ③

### 해설

**에너지이용합리화 기본계획**
「에너지이용합리화법」 제4조 제2항
제4조(에너지이용합리화 기본계획)
① 산업통상자원부장관은 에너지를 합리적으로 이용하게 하기 위하여 에너지이용합리화에 관한 기본계획(이하 "기본계획"이라 한다)을 수립하여야 한다.

## 63 ★
다음 중 전로법에 의한 제강 작업 시의 열원은?

① 가스의 연소열
② 코크스의 연소열
③ 석회석의 반응열
④ 용선 내의 불순원소의 산화열

### 해설

**전로법에 의한 제강 작업 시의 열원**
- 전로법(Converter Process)
  고온의 용선(熔銑, Pig Iron)에 고압의 산소를 분사하여 불순물(C, Si, Mn 등)을 산화시키고, 그 산화 반응에서 발생하는 열로 제강을 수행하는 방식

## 64 ★★★
에너지기본계획의 효율적인 달성과 지역경제의 발전을 위한 지역에너지계획기간은?

① 1년 이상
② 3년 이상
③ 5년 이상
④ 10년 이상

### 해설

**지역에너지계획기간**
[에너지법 제7조]
제7조(지역에너지계획의 수립)
① 특별시장·광역시장·특별자치시장·도지사 또는 특별자치도지사(이하 "시·도지사"라 한다)는 관할 구역의 지역적 특성을 고려하여 「저탄소 녹색성장 기본법」 제41조에 따른 에너지기본계획(이하 "기본계획"이라 한다)의 효율적인 달성과 지역경제의 발전을 위한 지역에너지계획(이하 "지역계획"이라 한다)을 5년마다 5년 이상을 계획기간으로 하여 수립·시행하여야 한다.

## 65 ★★
다음 ( )에 알맞은 것은?

> 「에너지법령」상 에너지 총조사는 ( A )마다 실시하되, ( B )이 필요하다고 인정할 때에는 간이조사를 실시할 수 있다.

① A : 2년, B : 행정자치부장관
② A : 2년, B : 교육부장관
③ A : 3년, B : 산업통상자원부장관
④ A : 3년, B : 고용노동부장관

**정답** 63 ④  64 ③  65 ③

**해설**

에너지 총조사
[에너지법 시행령 제15조]
제15조(에너지 관련 통계 및 에너지 총조사)
① 법 제19조 제1항에 따라 에너지 수급에 관한 통계를 작성하는 경우에는 산업통상자원부령으로 정하는 에너지열량 환산 기준을 적용하여야 한다.
③ 법 제19조 제5항에 따른 에너지 총조사는 3년마다 실시하되, 산업통상자원부장관이 필요하다고 인정할 때에는 간이조사를 실시할 수 있다.

## 66 ★★★

요로에 대한 설명으로 틀린 것은?

① 재료를 가열하여 물리적 및 화학적 성질을 변화시키는 가열장치이다.
② 석탄, 석유, 가스, 전기 등의 에너지를 다량으로 사용하는 설비이다.
③ 사용목적은 연료를 가열하여 수증기를 만들기 위함이다.
④ 조업방식에 따라 불연속식, 반연속식, 연속식으로 분류된다.

**해설**

요로
사용목적은 숯이나 도자기, 기와, 벽돌 따위를 구워내는 시설이다.

## 67 ★★★

「에너지이용합리화법」에서 티오이(T.O.E)란?

① 에너지 탄성치
② 전력경제성
③ 에너지소비효율
④ 석유환산톤

**해설**

TOE
「에너지이용합리화법」 제12조 내용 중 석유환산톤(「에너지법 시행령」 제15조 제1항에 따라 석유를 중심으로 환산한 단위를 말한다. 이하 "티오이"라 한다)

## 68 ★★

다음 중 배관의 호칭법으로 사용되는 스케줄 번호를 산출하는 데 직접적인 영향을 미치는 것은?

① 관의 외경
② 관의 사용온도
③ 관의 허용응력
④ 관의 열팽창계수

**해설**

스케줄번호

스케줄번호(Sch.No) = $10 \times \dfrac{P}{S}$

(P : 사용압력 $[kgf/cm^2]$, S : 허용응력)$[kgf/mm^2]$

정답  66 ③  67 ④  68 ③

## 69 ★★★

「에너지이용합리화법」에 따라 검사를 받아야 하는 검사대상기기 중 소형 온수보일러의 적용범위 기준은?

① 가스사용량이 10 [kg/h]를 초과하는 보일러
② 가스사용량이 17 [kg/h]를 초과하는 보일러
③ 가스사용량이 21 [kg/h]를 초과하는 보일러
④ 가스사용량이 25 [kg/h]를 초과하는 보일러

**해설**

소형 온수보일러 적용범위
- 가스사용량이 17 [kg/h]를 초과하는 보일러
- 도시가스사용량이 232.6 [kW]를 초과하는 보일러

에너지이용합리화법 시행규칙 [별표 1] 열사용기자재(제1조의2 관련)

| 품목명 | 적용범위 |
|---|---|
| 소형 온수 보일러 | 전열면적이 14제곱미터 이하이고, 최고사용압력이 0.35 [MPa] 이하의 온수를 발생하는 것. 다만 구멍탄용 온수보일러·축열식 전기보일러·가정용 화목보일러 및 가스사용량이 17 [kg/h](도시가스는 232.6킬로와트) 이하인 가스용 온수보일러는 제외한다. |

## 70 ★

보온을 두껍게 하면 방산열량(Q)은 적게 되지만 보온재의 비용(P)은 증대된다. 이때 경제성을 고려한 최소치의 보온재 두께를 구하는 식은?

① $Q + P$
② $Q^2 + P$
③ $Q + P^2$
④ $Q^2 + P^2$

**해설**

보온재 두께
$Q + P$(= 방산열량 + 보온재비용)
※ 보온을 두껍게 하면 방산열량은 줄어들지만 보온재 비용은 증가한다.

## 71 ★★

윤요(Ring Kiln)에 대한 설명으로 옳은 것은?

① 석회소성용으로 사용된다.
② 열효율이 나쁘다.
③ 소성이 균일하다.
④ 종이 칸막이가 있다.

**해설**

윤요(Ring Kiln)
- 12~18개의 소성실에 설치한 구조로 종이 칸막이를 옮겨가며 연속적으로 가마내기 및 재임이 가능하다.
- 건축자재의 소성가마로 이용된다.
- 가마의 길이는 보통 80 [m] 정도이다.
- 배기가스의 현열을 이용하여 제품을 예열시킨다.
- 소성된 제품이 갖는 현열을 이용하여 연소용 2차 공기를 예열한다.

**정답** 69 ② 70 ① 71 ④

## 72 ★★

「에너지이용합리화법」에 따른 인정검사대상기기관리자의 교육을 이수한 자의 조종 범위가 아닌 것은?

① 용량이 10 [t/h] 이하인 보일러
② 압력용기
③ 증기보일러로서 최고사용압력이 1 [MPa] 이하이고, 전열면적이 10 [m$^2$] 이하인 것
④ 열매체를 가열하는 보일러로서 용량이 581.5 [kW] 이하인 것

**해설**

검사대상기기관리자의 자격 및 조종범위
「에너지이용합리화법」 시행규칙 별표 3의9

| 관리자의 자격 | 관리범위 |
| --- | --- |
| 에너지관리기능장 또는 에너지관리기사 | 용량이 30 [t/h]를 초과하는 보일러 |
| 에너지관리기능장, 에너지관리기사 또는 에너지관리산업기사 | 용량이 10 [t/h]를 초과하고 30 [t/h] 이하인 보일러 |
| 에너지관리기능장, 에너지관리기사, 에너지관리산업기사 또는 에너지관리기능사 | 용량이 10 [t/h] 이하인 보일러 |
| 에너지관리기능장, 에너지관리기사, 에너지관리산업기사, 에너지관리기능사 또는 인정검사대상기기관리자의 교육을 이수한 자 | 1. 증기보일러로서 최고사용압력이 1 [MPa] 이하이고, 전열면적이 10제곱미터 이하인 것<br>2. 온수발생 및 열매체를 가열하는 보일러로서 용량이 581.5킬로와트 이하인 것<br>3. 압력용기 |

## 73 ★★★

터널가마(Tunnel Kiln)의 장점이 아닌 것은?

① 소성이 균일하여 제품의 품질이 좋다.
② 온도조절의 자동화가 쉽다.
③ 열효율이 좋아 연료비가 절감된다.
④ 사용연료의 제한을 받지 않고 전력소비가 적다.

**해설**

터널가마
대량생산에 적합한 연속제조용 가마이다.
(1) 장점
   ① 소성이 균일하여 제품의 품질이 좋다.
   ② 온도조절의 자동화가 쉽다.
   ③ 소성서냉시간이 짧다.
   ④ 소성 가스의 온도, 산화 환원 소성의 조절이 쉽다.
   ⑤ 효율이 좋아 연료비가 절감된다(열손실이 적어 단독가마의 절반밖에 들지 않는다).
   ⑥ 가마의 바닥면적이 생산량에 비해서 작으며 노무비가 절약된다.

## 74 ★★★

「에너지이용합리화법」에 따라 에너지다소비사업자에게 에너지손실요인의 개선명령을 할 수 있는 자는?

① 산업통상자원부장관
② 시·도지사
③ 한국에너지공단이사장
④ 에너지관리진단기관협회장

정답  72 ①  73 ④  74 ①

해설

개선명령
「에너지이용합리화법」제34조
제34조(개선명령)
① 산업통상자원부장관은 에너지관리지도 결과, 에너지가 손실되는 요인을 줄이기 위하여 필요하다고 인정하면 에너지다소비사업자에게 에너지손실요인의 개선을 명할 수 있다.

## 75 ★★★

요로의 정의가 아닌 것은?

① 전열을 이용한 가열장치
② 원재료의 산화반응을 이용한 장치
③ 연료의 환원반응을 이용한 장치
④ 열원에 따라 연료의 발열반응을 이용한 장치

해설

요로의 정의
- 전열을 이용한 가열장치
- 연료의 환원반응을 이용한 장치
- 열원에 따라 연료의 발열반응을 이용한 장치다.

## 76 ★

「에너지이용합리화법」상 특정열사용기자재 중 요업요로에 해당하는 것은?

① 용선로
② 금속소둔로
③ 철금속가열로
④ 회전가마

해설

특정열사용기자재 및 그 설치·시공범위
「에너지이용합리화법」시행규칙 별표 3의2

| 구분 | 품목명 | 설치·시공범위 |
|---|---|---|
| 보일러 | • 강철제 보일러<br>• 주철제 보일러<br>• 온수보일러<br>• 구멍탄용 온수보일러<br>• 축열식 전기보일러<br>• 캐스케이드보일러<br>• 가정용 화목보일러 | 해당 기기의 설치·배관 및 세관 |
| 태양열 집열기 | • 태양열 집열기 | 해당 기기의 설치·배관 및 세관 |
| 압력 용기 | • 1종 압력용기<br>• 2종 압력용기 | 해당 기기의 설치·배관 및 세관 |
| 요업 요로 | • 연속식 유리용융가마<br>• 불연속식 유리용융가마<br>• 유리용융도가니가마<br>• 터널가마<br>• 도염식각가마<br>• 셔틀가마<br>• 회전가마<br>• 석회용선가마 | 해당 기기의 설치를 위한 시공 |
| 금속 요로 | • 용선로<br>• 비철금속용융로<br>• 금속소둔로<br>• 철금속가열로<br>• 금속균열로 | 해당 기기의 설치를 위한 시공 |

## 77 ★★★

다이어프램밸브(Diaphragm Valve)의 특징이 아닌 것은?

① 유체의 흐름이 주는 영향이 비교적 적다.
② 기밀을 유지하기 위한 패킹이 불필요하다.
③ 주된 용도가 유체의 역류를 방지하기 위한 것이다.
④ 산 등의 화학 약품을 차단하는 데 사용하는 밸브이다.

**해설**

다이어프램밸브
- 주된 용도는 유체를 차단하고, 유량을 조절하며 압력을 조절하는 것이다.
- 유체의 역류를 방지하기 위한 밸브는 체크밸브이다.

## 78 ★★
배관용 강관의 기호로서 틀린 것은?

① SPP : 일반배관용 탄소 강관
② SPPS : 압력배관용 탄소 강관
③ SPHT : 고온배관용 탄소 강관
④ STS : 저온배관용 탄소 강관

**해설**

배관용 강관의 기호
- SPLT : 저온배관용 탄소 강관
- STS : 배관용 스테인리스 강관

## 79 ★★
「에너지이용합리화법규」상 냉·난방 온도제한 건물에 냉난방 제한온도를 적용할 때의 기준으로 옳은 것은? (단, 판매시설 및 공항의 경우는 제외한다)

① 냉방 : 26 [℃] 이상, 난방 : 20 [℃] 이하
② 냉방 : 24 [℃] 이상, 난방 : 22 [℃] 이하
③ 냉방 : 20 [℃] 이상, 난방 : 22 [℃] 이하
④ 냉방 : 24 [℃] 이상, 난방 : 18 [℃] 이하

**해설**

냉난방온도
「에너지이용합리화법」 시행규칙 제31조의2 제31조의2(냉난방온도의 제한온도 기준), 법 제36조의2 제1항에 따른 냉난방온도의 제한온도(이하 "냉난방온도의 제한온도"라 한다)를 정하는 기준은 다음 각 호와 같다. 다만 판매시설 및 공항의 경우에 냉방온도는 25 [℃] 이상으로 한다.
1. 냉방 : 26 [℃] 이상
2. 난방 : 20 [℃] 이하

## 80 ★★
내화 모르타르의 구비조건으로 틀린 것은?

① 시공성 및 접착성이 좋아야 한다.
② 화학 성분 및 광물조성이 내화벽돌과 유사해야 한다.
③ 건조, 가열 등에 의한 수축팽창이 커야 한다.
④ 필요한 내화도를 가져야 한다.

**해설**

내화 모르타르 구비조건
내화 모르타르는 건조, 가열 등에 의한 수축팽창이 작아야 한다.

정답 78 ④ 79 ① 80 ③

**5과목 열설비설계**

## 81 ★★

연속식 요인 윤요에 대한 설명으로 잘못된 것을 고르시오.

① 소성이 균일하다.
② 고리모양의 가마이다.
③ 종이 칸막이가 있다.
④ 열효율이 좋다.

**해설**

윤요(고리가마)
- 12 ~ 18개의 소성실에 설치한 구조로 종이 칸막이를 옮겨가며 연속적으로 가마내기 및 재임이 가능하다.
- 종류 : 해리슨형, 호프만형, 복스형, 지그재그형
- 소성실 모양 : 원형 구조, 타원형 구조
- 배기가스의 현열을 이용하여 제품을 예열시킨다.
- 제품의 현열을 이용하여 연소성 2차 공기를 예열시킨다.
- 가마의 길이는 보통 80 [m] 정도이다.
- 건축자재의 소성가마로 이용된다.
- 열효율이 좋다.
- 종이 칸막이가 있다.
- 소성이 불균일하다.
- 폐가스의 수증기나 아황산가스에 의한 제품이 손상될 우려가 있다.

## 82 ★★★

조업방법에 따라 분류할 때 다음 중 등요(오름가마)는 어디에 속하는가?

① 불연속식 요
② 반연속식 요
③ 연속식 요
④ 회전가마

**해설**

조업방법에 의해 분류할 경우 속한 형식
- 불연속요 : 승염식 요(오름 불꽃), 횡염식 요(옆 불꽃), 도염식 요(꺾임 불꽃)
- 반연속요 : 등요(오름가마), 셔틀요
- 연속요 : 윤요, 연속식 가마, 터널요

## 83 ★★

노벽이 내화벽돌(두께 24 [cm])과 절연벽돌(두께 10 [cm]), 적색벽돌(두께 15 [cm])로 구성되어 만들어질 때 벽 안쪽과 바깥쪽 표면 온도가 각각 900 [℃], 90 [℃]이라면 열손실 [W/m$^2$]은? (단, 내화벽돌, 절연벽돌 및 적색벽돌의 열전도율은 각각 1.4 [W/m·℃], 0.17 [W/m·℃], 1.2 [W/m·℃]이다)

① 408
② 916
③ 1744
④ 4715

**정답** 81 ① 82 ② 83 ②

**해설**

평면벽에서의 손실열

열손실 $Q = KA\Delta t$

단위면적당 열손실 $q = \dfrac{Q}{A} = K\Delta t$

총괄열전달계수 $K = \dfrac{1}{R} = \dfrac{1}{\dfrac{d_1}{\lambda_1} + \dfrac{d_2}{\lambda_2} + \dfrac{d_3}{\lambda_3}}$

$q = \dfrac{\Delta t}{\dfrac{d_1}{\lambda_1} + \dfrac{d_2}{\lambda_2} + \dfrac{d_3}{\lambda_3}} = \dfrac{(900-90)}{\dfrac{0.24}{1.4} + \dfrac{0.1}{0.17} + \dfrac{0.15}{1.2}}$

$= 915.6 [W/m^2]$

## 84 ★★★

보일러 열정산에서 출열 항목에 속하는 것은?

① 연료의 현열
② 연소용 공기의 현열
③ 노 내 분입 증기의 보유열량
④ 미연분에 의한 손실열

**해설**

보일러 열정산
- 입열 항목 : 공기의 현열, 연료의 저위 발열량, 연료의 현열, 노 내 분입증기열
- 출열 항목 : 발생공기(흡수)열, 배기가스에 의한 손실열, 미연소가스에 의한 손실열, 방산에 의한 손실열

## 85 ★★★

포밍과 프라이밍이 발생했을 때 나타나는 현상으로 가장 거리가 먼 것은?

① 캐리오버 현상이 발생한다.
② 수격작용이 발생한다.
③ 수면계의 수위 확인이 곤란하다.
④ 수위가 급히 올라가고 고수위 사고의 위험이 있다.

**해설**

포밍과 프라이밍 발생 시 나타나는 현상
- 보일러수 전체가 현저하게 동요하고 수면계 수위를 확인하기 어렵다.
- 증기과열기에 보일러수가 들어가 증기온도나 과열도가 저하하여 과열기를 더럽힌다.
- 안전밸브가 더러워지거나 수면계의 통기구멍에 보일러수가 들어가거나 하여 이들의 성능을 해친다.
- 증기와 더불어 보일러로부터 나온 수분이 배관 내에 고여 워터해머를 일으켜 손상을 끼칠 수 있다.

## 86 ★★

보일러 사용 중 수시로 점검해야 할 사항으로만 구성된 것은?

① 압력계, 수면계
② 배기가스 성분, 댐퍼
③ 안전밸브, 스톱밸브, 맨홀
④ 연료의 성상, 급수의 수질

정답 ● 84 ④  85 ④  86 ①

### 해설

**수시로 점검해야 할 사항**
보일러 사용 중에 수시로 압력계와 수면계를 점검하여 증기압력과 안전저수위를 확인해야 한다.

## 87 ★★★

관로 속을 흐르는 물 등의 유체속도를 급격히 변화시킬 때 생기는 압력 변화로 밸브를 급격히 개폐 시 발생하는 이상 현상은?

① 수격작용
② 캐비테이션
③ 맥동현상
④ 포밍

### 해설

**수격작용**
물에 생기는 급격한 압력 변화로 인하여 압력파가 생기고 이로 인하여 소음과 충격을 일으켜 장치의 파손 고장의 원인이 된다.

• 캐비테이션(공동현상)
 펌프의 흡입 측 배관 내의 물의 정압기 기존의 증기압보다 낮아져 기포가 발생하는 현상
• 맥동현상(서징현상)
 유량이 단속적으로 변하여 진동과 소음이 일어나며 토출 유량이 변하는 현상
• 포밍
 부유물, 보일러수의 농축, 용해된 고형물, 가용성 염류인 나트륨, 칼륨, 칼슘 등이 수면 위로 떠오르면서 수면이 물거품으로 뒤덮이는 현상

## 88 ★★

발열량이 40000 [kJ/kg]인 중유 40 [kg]을 연소해서 실제로 보일러에 흡수된 열량이 1400000 [kJ]일 때 이 보일러의 효율은 몇 [%]인가?

① 84.6
② 87.5
③ 89.3
④ 92.4

### 해설

보일러 효율
$$\eta = \frac{Q}{m \times H_L} = \frac{1400000}{40 \times 40000} = 0.875 = 87.5\,[\%]$$

## 89 ★★

다음 중 보일러 분출작업의 목적이 아닌 것은?

① 관수의 불순물 농도를 한계치 이하로 유지한다.
② 프라이밍 및 캐리오버를 촉진한다.
③ 슬러지분을 배출하고 스케일 부착을 방지한다.
④ 관수의 순환을 용이하게 한다.

### 해설

**보일러 분출작업의 목적**
• 보일러 수의 순환을 용이하게 한다.
• 불순물 농도를 한계치 이하로 유지한다.
• 스케일 부착을 방지한다.
• 프라이밍과 캐리오버, 포밍현상을 방지한다.

## 90 ★★★

보일러의 분출사고 시 긴급조치 사항을 틀린 것은?

① 보일러 부근에 있는 사람들을 우선 안전한 곳으로 긴급히 대피시켜야 한다.
② 연소를 정지시키고 압입통풍기를 정지시킨다.
③ 다른 보일러와 증기관이 연결되어 있는 경우에는 증기밸브를 닫고 증기관 연결을 끊는다.
④ 급수를 정지하여 수위 저하를 막고 보일러의 수위유지에 노력한다.

**해설**

분출사고 긴급조치
급수를 계속하여 수위의 저하를 막고 보일러의 수위유지에 노력한다.

## 91 ★★★

노통보일러에서 브레이징 스페이스란 무엇을 말하는가?

① 노통과 가셋트 스테이와의 거리
② 관군과 가셋트 스테이와의 거리
③ 동체와 노통 사이의 최소거리
④ 가셋트 스테이 간의 거리

**해설**

브레이징 스페이스
노통과 가셋트 스테이와의 거리를 말한다.

## 92 ★

마그네시아를 원료로 하는 내화물이 수증기의 작용을 받아 $Mg(OH)_2$을 생성하는데 이때 큰 비중 변화에 의한 체적 변화를 일으켜 노벽에 균열이 발생하는 현상은?

① 슬래킹(Slaking)
② 스폴링(Spalling)
③ 버스팅(Bursting)
④ 해밍(Hamming)

**해설**

슬래킹
(1) 마그네시아 또는 돌로마이트를 포함한 내화벽돌은 수증기의 작용을 받는 경우 체적 변화로 분화가 되어서 떨어져 나가는 노벽의 균열과 붕괴하는 현상이다.
(2) 염기성 내화벽돌은 수증기를 흡수하는 성질 때문에 팽창을 일으키며 분해가 되어 노벽에 가루모양의 균열이 생기고 떨어지는 현상이다.

※ 스폴링(Spalling)현상(박락현상)
(1) 불균일한 가열 또는 냉각 등으로 발생하는 열팽창의 차에 의하여 내화재의 변형과 균열이 생기는 현상
(2) 급격한 온도차로 벽돌에 균열이 생기고 표면이 갈라져서 떨어지는 현상으로 주변에 오래된 건물 내외부에서 쉽게 확인할 수 있는 현상이다.
(3) 열적(열팽창) 스폴링, 조직적(화학적) 스폴링, 기계적(축요불량) 스폴링으로 구분된다.
(4) 단열효과는 스폴링현상을 방지한다.

※ 버스팅(Bursting)현상
크롬철광을 원료로 하는 내화물(크롬이나 크롬마그네시아벽돌)은 1600[℃] 이상에서 산화철을 흡수한 후 표면이 부풀어 오르고 떨어져 나가는 현상이다.

## 93 ★★

그림과 같이 가로 × 세로 × 높이가 3 [m] × 1.5 [m] × 0.03 [m]인 탄소 강판이 놓여 있다. 강판의 열전도율은 43 [W/m·K]이고, 탄소강판 아래 면에 열유속 700 [W/m²]을 가한 후, 정상 상태가 되었다면 탄소강판의 윗면과 아랫면의 표면온도 차이는 약 몇 [℃]인가? (단, 열유속은 아래에서 위 방향으로만 진행한다)

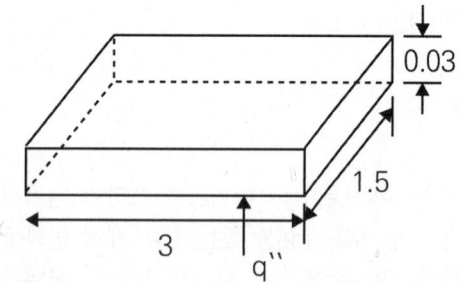

① 0.243
② 0.264
③ 0.488
④ 1.973

**해설**

열전도율
푸리에의 열전도 법칙
$q = \lambda \dfrac{\Delta t}{L}$

$\Delta t = \dfrac{qL}{\lambda} = \dfrac{700 \times 0.03}{43} = 0.488$

## 94 ★

증기보일러 가동 중 과부하 상태가 될 때 나타나는 현상으로 틀린 것은?

① 프라이밍(Priming) 발생이 적어진다.
② 단위연료당 증발량이 작아진다.
③ 전열면 증발률은 증가한다.
④ 보일러 효율이 떨어진다.

**해설**

증기보일러 과부하 상태
과부하 상태 시 프라이밍이 일어닌다.

## 95 ★

다음 중 수관식 보일러에 속하는 것은?

① 노통보일러
② 기관차형 보일러
③ 바브콕보일러
④ 횡연관식 보일러

**해설**

수관식 보일러

| 수관식 | 자연순환식 | 바브콕(경사각 15°), 츠네키치(경사각 30°), 타쿠마(경사각 45°), 야로우, 가르베(경사각 90°), 2동 D형, 3동 A형, 방사 4관, 스터링(곡관형)보일러 |
|---|---|---|
| | 강제순환식 | 라몬트, 베록스보일러 |
| | 관류식 | 엣모스, 소형관류, 벤슨, 슐처, 람진보일러 |

정답 93 ③ 94 ① 95 ③

## 96 ★ 난이도 상

외경과 내경이 각각 6 [cm], 4 [cm]이고 길이가 2 [m]인 강관이 두께 2 [cm]인 단열재로 둘러 싸여 있다. 이때 관으로부터 주위공기로의 열손실이 400 [W]라 하면 관 내벽과 단열재 외면의 온도차는? (단, 주어진 강관과 단열재의 열전도율은 각각 15 [W/m·℃], 0.2 [W/m·℃]이다)

① 53.5 [℃]  ② 82.2 [℃]
③ 120.6 [℃]  ④ 155.6 [℃]

### 해설
온도차

원통에서의 열전도 : $q = \dfrac{2\pi L k \Delta t}{\ln\left(\dfrac{r_2}{r_1}\right)}$

$\Delta t = \dfrac{q \ln\left(\dfrac{r_2}{r_1}\right)}{2\pi L k}$

$\dfrac{400}{2\pi \times 2} \times \left(\dfrac{\ln\dfrac{6}{4}}{15} + \dfrac{\ln\dfrac{10}{6}}{0.2}\right) \fallingdotseq 82.2$

## 97 ★★★

그림과 같이 폭 150 [mm], 두께 10 [mm]의 맞대기 용접이음에 작용하는 인장응력은?

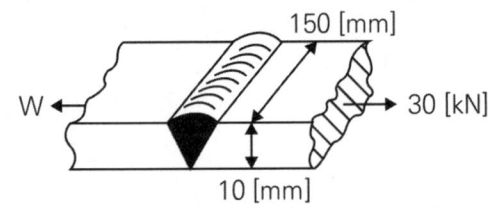

① 2 [MPa]  ② 15 [MPa]
③ 10 [MPa]  ④ 20 [MPa]

### 해설
인장응력

$\sigma_t = \dfrac{P_t}{A} = \dfrac{30 \times 10^3}{hL} = \dfrac{30 \times 10^3}{10 \times 150}$

$= 20\,[MPa(N/mm^2)]$

## 98 ★★★

다음 중 보일러를 점화하기 전에 역화와 폭발을 방지하기 위하여 가장 먼저 취해야 할 조치는?

① 포스트 퍼지를 실시한다.
② 화력의 상승속도를 빠르게 한다.
③ 댐퍼를 열고 체류가스를 배출시킨다.
④ 연료의 점화가 신속하게 이루어지도록 한다.

### 해설
**역화와 폭발 방지**
보일러 점화 전에 댐퍼를 열어 체류되어 있는 가스를 배출하는 것을 가장 먼저 해야 한다.
- 포스트 퍼지 : 연소 정지 후 노 안의 미연소 가스를 밖으로 배출하기 위하여 바람을 불어넣는 것을 말한다.

## 99 ★★

보일러에서 저수위로 인한 사고의 원인으로 가장 거리가 먼 것은?

① 저수위제어장치의 고장
② 보일러 급수장치의 고장
③ 증기 발생량의 부족
④ 분출장치의 누수

정답 96 ② 97 ④ 98 ③ 99 ③

### 해설

**저수위 사고**

보일러수의 수위가 낮아져서 생기는 사고가 저수위 사고이다. 증기 발생량의 부족은 저수위로 인한 사고의 원인이라고 할 수 없다.

## 100 ★★

이중 열교환기의 총괄전열계수가 79 [W/m² · h · ℃]일 때, 더운 액체와 찬 액체를 향류로 접속시켰더니 더운 면의 온도가 65 [℃]에서 25 [℃]로 내려가고 찬 면의 온도가 20 [℃]에서 53 [℃]로 올라갔다. 단위면적당의 열교환량 [W/m²]은?

① 498　　② 632
③ 2415　　④ 2760

### 해설

**열교환량**

$\Delta t_1 = 65 - 53 = 12\,[℃]$

$\Delta t_2 = 25 - 20 = 5\,[℃]$

- 대수평균온도차(LMTD)

$$= \frac{\Delta t_1 - \Delta t_2}{\ln \frac{\Delta t_1}{\Delta t_2}} = \frac{12-5}{\ln \frac{12}{5}} = 8\,[℃]$$

- 단위면적당 열교환량

$K_t(LMTD) = 79 \times 8 = 632\,[W/m^2]$

정답 100 ②

# 2023 제3회 CBT 복원

**1과목** 연소공학

1회독 시간:   점수:
2회독 시간:   점수:
3회독 시간:   점수:

## 01 ★★

1차, 2차 연소 중 2차 연소에 대한 설명으로 가장 적절한 것은?

① 불완전 연소에 의해 발생한 미연가스가 연도 내에서 다시 연소하는 것
② 공기보다 먼저 연료를 공급했을 경우 1차, 2차 반응에 의해서 연소하는 것
③ 완전 연소에 의한 연소가스가 2차 공기에 의해서 폭발되는 것
④ 점화할 때 착화가 늦었을 경우 재 점화에 의해서 연소하는 것

### 해설

2차 연소
2차 연소란 불완전 연소에 의해 발생한 미연소가스가 연도 내에서 다시 연소하는 것을 말한다.

## 02 ★★★

다음 중 연소온도에 직접적인 영향을 주는 요소로 가장 거리가 먼 것은?

① 공기 중의 산소 농도
② 연료의 저위발열량
③ 연소실의 크기
④ 공기비

### 해설

연소온도
연소온도에 직접적인 영향을 주는 요소
• 공기 중의 산소 농도
• 연료의 저위발열량
• 공기비(과잉공기량)

## 03 ★★★

중량비로 탄소 84 [%], 수소 13 [%], 황 2 [%]의 조성으로 되어 있는 경유의 이론공기량은 약 몇 [Nm³/kg]인가?

① 5
② 7
③ 9
④ 11

### 해설

이론공기량($A_0$)
이론산소량($O_0$)
$= 1.867C + 5.6(H - O/8) + 0.7S$ [Nm³/kg]
$= 1.867 \times 0.84 + 5.6 \times 0.13 + 0.7 \times 0.02$ [Nm³/kg]
$= 2.31$ [Nm³/kg]
∴ 이론공기량($A_0$) = 2.31/0.21 = 11 [Nm³/kg]

정답 01 ① 02 ③ 03 ④

## 04 ★

단일기체 10 [Nm$^3$]의 연소가스를 분석한 결과 $CO_2$ : 8 [Nm$^3$], CO : 2 [Nm$^3$], $H_2O$ : 20 [Nm$^3$]을 얻었다면 이 기체 연료는?

① $CH_4$
② $C_2H_2$
③ $C_2H_4$
④ $C_2H_6$

### 해설

**연소계산**

생성된 기체의 원소의 개수를 활용하여 단일기체가 무엇인지 계산해본다.
$CO_2$ : 8 [Nm$^3$] → C(8) O(16)
CO : 2 [Nm$^3$] → C(2) O(2)
$H_2O$ : 20 [Nm$^3$] → H(40) O(10)
$8CO_2 + 2CO + 20H_2O$ → C(10) H(40) O(28)
단일기체 10 [Nm$^3$] → C(10) H(40)
단일기체 = $CH_4$
∴ $10CH_4 + 14O_2$ → $8CO_2 + 2CO + 20H_2O$

## 05 ★★★

기체 연료의 체적분석결과 $H_2$가 45 [%], CO가 40 [%], $CH_4$가 15 [%]이다. 이 연료 1 [m$^3$]를 연소하는 데 필요한 이론공기량은 몇 [m$^3$]인가? (단, 공기 중의 산소 : 질소의 체적비는 1 : 3.77이다)

① 3.12
② 2.14
③ 3.46
④ 4.43

### 해설

**이론공기량 연소계산**

기체 성분 중 연소되는 것만 완전 연소반응식을 활용하여 이론산소량을 구한다.

$H_2 + \frac{1}{2}O_2 \rightarrow H_2O$

$CO + \frac{1}{2}O_2 \rightarrow CO_2$

$CH_4 + 2O_2 \rightarrow CO_2 + 2H_2O$

이론산소량($O_0$)
= (0.5 × 0.45) + (0.5 × 0.4) + (2 × 0.15)
= 0.725 [Nm$^3$/Nm$^3$]

∴ 이론공기량($A_0$) = $O_0$/0.21 = 0.725/0.21
≒ 3.46 [Nm$^3$/Nm$^3$]

※ 공기 중의 산소 : 질소의 체적비 1 : 3.77이라는 것은 산소가 21 [%], 질소가 79 [%]임을 의미한다.

## 06 ★★★

다음 중 중유의 성질에 대한 설명으로 옳은 것은?

① 점도에 따라 1, 2, 3급 중유로 구분한다.
② 원소 조성은 H가 가장 많다.
③ 비중은 약 0.72 ~ 0.76 정도이다.
④ 인화점은 약 60 ~ 150 [℃] 정도이다.

### 해설

**중유의 성질**

중유(Heavy Oil)
- 인화점은 약 60 ~ 150 [℃] 정도이다.
- 점도에 따라 A, B, C급으로 구분한다.
- 탄화수소비(C/H)가 큰 순서
  중유 > 경유 > 등유 > 가솔린
- 탄화수소비가 작을수록(탄소가 적을수록) 연소가 잘된다.
- 비중은 0.85 ~ 0.99 정도이다.

정답 04 ① 05 ③ 06 ④

## 07 ★★

폭굉(Detonation)현상에 대한 설명으로 옳지 않은 것은?

① 확산이나 열전도의 영향을 주로 받는 기체 역학적 현상이다.
② 물질 내에 충격파가 발생하여 반응을 일으킨다.
③ 충격파에 의해 유지되는 화학반응현상이다.
④ 반응의 전파속도가 그 물질 내에서 음속보다 빠른 것을 말한다.

**해설**

폭굉(Detonation)현상
확산이나 열전도에 따른 역학적 현상이 아니라 화염의 빠른 전파에 의해 발생하는 충격파(압력파)에 의한 화학반응현상이다.

## 08 ★★★

다음 중 중유 첨가제의 종류에 포함되지 않는 것은?

① 슬러지 분산제
② 안티녹제
③ 조연제
④ 부식방지제

**해설**

중유 첨가제
안티녹제(Antiknocking Material)는 가솔린기관의 노크를 방지하기 위하여 연료 중에 첨가하는 제폭제이다. 중유 첨가제는 아니다.

## 09 ★★

연료시험에 사용되는 장치 중에서 주로 기체연료 시험에 사용되는 것은?

① 세이볼트(Saybolt) 점도계
② 톰슨(Thomson) 열량계
③ 오르잣(Orsat) 분석장치
④ 펜스키 마텐스(Pensky Martens) 장치

**해설**

오르잣(오르자트, Orsat) 가스분석기
Orsat 가스분석기는 일반적으로 널리 사용되는 휴대식 가스분석기이다. 가스를 분석하는 기기가 복수로 설치되고 또 정치형인 경우는 가스분석장치라고도 한다.

## 10 ★★★

다음 대기오염 방지를 위한 집진장치 중 습식 집진장치에 해당하지 않는 것은?

① 백필터
② 충진탑
③ 벤츄리 스크러버
④ 사이클론 스크러버

**해설**

집진장치
백필터 집진기는 산업현장에서 발생하는 각종 분진 및 유해물질을 상승기류방식으로 제거하는 건식 범용 집진기다.

정답 ● 07 ① 08 ② 09 ③ 10 ①

## 11 ★★★

탄화수소계 연료($C_xH_y$)를 연소시켜 얻은 연소 생성물을 분석한 결과 $CO_2$ 9 [%], CO 1 [%], $O_2$ 8 [%], $N_2$ 82 [%]의 체적비를 얻었다. y/x의 값은 얼마인가?

① 1.52
② 1.72
③ 1.92
④ 2.12

**해설**

기체 연료의 연소 방정식

$C_xH_y + m\left(O_2 + \dfrac{79}{21}N_2\right)$

→ $9CO_2 + CO + 8O_2 + nH_2O + 82N_2$

반응 전후의 원자수는 일치해야 하므로
- C : x = 9 + 1 = 10
- N : $2 \times \dfrac{79}{21} \times m = 2 \times 82$이므로 m ≒ 21.8
- O : 2m = (2 × 9) + 1 + (2 × 8) + n이므로 n = 8.6
- H : y = 2n이므로, y = 17.2

∴ y/x = 17.2/10 = 1.72

## 12 ★★★

다음 집진장치의 특성에 대한 설명으로 옳지 않은 것은?

① 사이클론 집진기는 분진이 포함된 가스를 선회운동 시켜 원심력에 의해 분진을 분리한다.
② 전기식 집진장치는 대치시킨 2개의 전극 사이에 고압의 교류전장을 가해 통과하는 미립자를 집진하는 장치이다.
③ 가스흡입구에 벤투리관을 조합하여 먼지를 세정하는 장치를 벤투리 스크러버라 한다.
④ 백 필터는 바닥을 위쪽으로 달아메고 하부에서 백내부로 송입하여 집진하는 방식이다.

**해설**

집진장치
전기식 집진장치는 대기 중 부유하는 미립자에 직류전원을 이용하여 불평등 전계를 형성하게 하고 이 전계에 코로나 방전을 이용하여 가스 중의 입자에 전하를 주어 (-)로 대전된 입자를 전기력에 의해 집진극(+)으로 이동하게 하여 분리, 포집하는 장치이다.

## 13 ★★

유압분무식 버너의 특징에 대한 설명으로 틀린 것은?

① 유량조절범위가 넓다.
② 연소의 제어 범위가 좁다.
③ 대용량 버너 제작에 용이하다.
④ 구조가 간단하다.

정답 11 ② 12 ② 13 ①

해설

**압력분무식(유압분무식) 버너의 특징**
유량조절범위가 가장 좁아 부하변동이 큰 보일러에는 부적합하다.

## 14 ★★

연돌의 설치목적이 아닌 것은?

① 배기가스의 배출을 신속히 한다.
② 가스를 멀리 확산시킨다.
③ 유효 통풍력을 얻는다.
④ 통풍력을 조절해준다.

해설

**연돌 설치목적**
- 배기가스의 배출을 신속히 한다(대기오염방지).
- 대기 중에 가스(매연, 그을음 분진 등)를 멀리 확산시킨다.
- 유효 통풍력을 얻는다.

## 15 ★★★

연돌에서 배출되는 연기의 농도를 1시간 동안 측정한 결과가 다음과 같을 때 매연의 농도율은 몇 [%]인가?

| • 농도 4도 : 10분 | • 농도 3도 : 15분 |
| • 농도 2도 : 15분 | • 농도 1도 : 20분 |

① 25
② 35
③ 45
④ 55

해설

**매연의 농도율**
- 링겔만 매연 농도표
  No.0(깨끗함) ~ No.5(더러움)
- 총매연 농도치
  = 농도표번호(No.) × 측정시간(분)
  = 4 × 10 + 3 × 15 + 2 × 15 + 1 × 20 = 135
- 매연 농도율
  = 20 × 총매연 농도치 ÷ 총측정시간(분)
  = 20 × 135 ÷ 60 = 45 [%]

## 16 ★★★

메테인 50 [v%], 에테인 25 [v%], 프로페인 25 [v%]가 섞여 있는 혼합 기체의 공기 중에서 연소하한계는 약 몇 [%]인가? (단, 메테인, 에테인, 프로페인의 연소하한계는 각각 5 [v%], 3 [v%], 2.1 [v%]이다)

① 2.3
② 3.3
③ 4.3
④ 5.3

해설

**연소하한계**
혼합기체의 혼합률에 따른 폭발한계(연소하한계와 연소상한계)는 르 샤틀리에 공식을 적용한다.
※ 르 샤틀리에 공식

$$\frac{100}{L} = \frac{V_1}{L_1} + \frac{V_2}{L_2} + \frac{V_3}{L_3}$$

$$L = \frac{100}{\frac{50}{5} + \frac{25}{3} + \frac{25}{2.1}} \fallingdotseq 3.31$$

정답 14 ④  15 ③  16 ②

## 17 ★★

탄소 1 [kg]을 완전 연소시키는 데 필요한 공기량(Nm³)은? (단, 공기 중의 산소와 질소의 체적 함유 비를 각각 21 [%]와 79 [%]로 하며 공기 1 [kmol]의 체적은 22.4 [m³]이다)

① 6.75  ② 7.23
③ 8.89  ④ 9.97

**해설**

공기량

$C + O_2 \rightarrow CO_2$

$A_0 = \dfrac{O_0}{0.21} = \dfrac{\left(\dfrac{1 \times 22.4}{12}\right)}{0.21}$

$\fallingdotseq 8.89\ [Nm^3/kg]$

## 18 ★★

연료 중에 회분이 많을 경우 연소에 미치는 영향으로 옳은 것은?

① 발열량이 증가한다.
② 연소 상태가 고르게 된다.
③ 클링커의 발생으로 통풍을 방해한다.
④ 완전 연소되어 잔류물을 남기지 않는다.

**해설**

회분(Ash)

회분이 많을 경우 클링커(Clinker)가 발생하여 통풍을 방해한다.

※ 클링커 : 연소 중에 고온으로 생긴 물질이 합하여 덩어리로 이루어진 응고물(점토나 석회석 따위에 불을 구워 구운 덩어리)이다.

## 19 ★

어느 용기에서 압력(P)과 체적(V)의 관계가 P = (50V + 10) × 10² [kPa]과 같을 때 체적이 2 [m³]에서 4 [m³]로 변하는 경우 일량은 몇 [MJ]인가? (단, 체적의 단위는 m³이다)

① 32  ② 34
③ 36  ④ 38

**해설**

압력과 체적의 관계

$\displaystyle\int_2^4 (50V+10) \times 10^2 dV = \left[50 \times \dfrac{V^2}{2} + 10V\right]_2^4 \times 10^2$

$= [25(4^2 - 2^2) + 10(4-2)] \times 10^2$

$= 32000\ [kJ] = 32\ [MJ]$

## 20 ★

보일러의 급수 및 발생증기의 엔탈피를 각각 628, 2805 [kJ/kg]이라고 할 때 20000 [kg/h]의 증기를 얻으려면 공급열량은 약 몇 [kJ/h]인가?

① 36.24 × 10⁶
② 43.54 × 10⁶
③ 46.84 × 10⁶
④ 59.78 × 10⁶

**해설**

공급열량

$Q = m\Delta h = m(h_2 - h_1)$

$= 20000(2805 - 628)$

$= 43540000\ [kJ/h]$

**정답** 17 ③  18 ③  19 ①  20 ②

## 2과목 | 열역학

### 21 ★★

1 [mol]의 이상기체가 40 [℃], 35 [atm]으로부터 1 [atm]까지 단열 가역적으로 팽창하였다. 최종 온도는 약 몇 [K]가 되는가? (단, 비열비는 1.67이다)

① 75  ② 88
③ 98  ④ 107

**해설**

가역단열 변화
가역단열 변화 시 온도와 압력의 관계는
$\dfrac{T_2}{T_1} = \left(\dfrac{P_2}{P_1}\right)^{\frac{k-1}{k}}$ (k = 비열비)

$\therefore T_2 = T_1\left(\dfrac{P_2}{P_1}\right)^{\frac{k-1}{k}} = (40+273.15)\left(\dfrac{1}{35}\right)^{\frac{1.67-1}{1.67}}$

$= 75.17K$

※ 절대온도(T)는 온도의 SI단위이다.
  T [K] = (℃) + 273.15

### 22 ★

스로틀링(Throtting)밸브를 이용하여 Joule - Thomson 효과를 보고자 한다. 압력이 감소함에 따라 온도가 반드시 감소하려면 Joule - Thomson 계수 $\mu$는 어떤 값을 가져야 하는가?

① $\mu = 0$  ② $\mu > 0$
③ $\mu < 0$  ④ $\mu \neq 0$

**해설**

Joule - Thomson효과
줄 - 톰슨(Joule - Thomson)계수
$\mu = \dfrac{\delta T}{\delta P} = \dfrac{T_1 - T_2}{P_1 - P_2} > 0$

### 23 ★★

이상기체로 구성된 밀폐계의 변화 과정을 나타낸 것 중 틀린 것은? (단, $\delta q$는 계로 들어온 순열량, dh는 엔탈피 변화량, $\delta w$는 계가 한 순일, du는 내부에너지의 변화량, ds는 엔트로피 변화량을 나타낸다.

① 등온 과정에서 $\delta q = \delta w$
② 단열 과정에서 $\delta q = 0$
③ 정압 과정에서 $\delta q = ds$
④ 정적 과정에서 $\delta q = du$

**해설**

이상기체로 구성된 밀폐계의 변화 과정
$\delta q$ = dh - vdp [kJ/kg]에서 등압 과정(p = c, dp = 0) 시 가열량은 비엔탈피 변화량과 같다.
$\therefore \delta q$ = dh [kJ/kg]
※ dh = $C_p$dT [kJ/kg]

### 24 ★★

냉매가 구비해야 할 조건 중 틀린 것은?

① 증발열이 클 것
② 비체적이 작을 것
③ 임계온도가 높을 것
④ 비열비(정압비열/정적비열)가 클 것

**정답** 21 ① 22 ② 23 ③ 24 ④

**해설**

냉매의 구비조건

냉매는 비열비(정압비열/정적비열)가 작아야 한다. 비열비가 크면 압축기 토출가스온도와 압력이 증가하여 압축기소비동력의 증가로 냉동기 성능계수가 저하된다.

## 25 ★★

최저 온도, 압축비 및 공급 열량이 같을 경우 사이클의 효율이 큰 것부터 작은 순서대로 옳게 나타낸 것은?

① 오토 사이클 > 디젤 사이클 > 사바테 사이클
② 사바테 사이클 > 오토 사이클 > 디젤 사이클
③ 디젤 사이클 > 오토 사이클 > 사바테 사이클
④ 오토 사이클 > 사바테 사이클 > 디젤 사이클

**해설**

사이클의 효율

초온, 초압 압축비 및 공급열량 일정 시 열효율 비교

오토 사이클 > 사바테 사이클 > 디젤 사이클

## 26 ★

1 [MPa], 400 [℃]인 큰 용기 속의 공기가 노즐을 통하여 100 [kPa]까지 등엔트로피팽창을 한다. 출구속도는 약 몇 [m/s]인가? (단, 비열비는 1.4이고, 정압비열은 1.0 [kJ/(kg·K)]이며, 노즐 입구에서의 속도는 무시한다)

① 569
② 805
③ 910
④ 1107

**해설**

등엔트로피팽창, 출구속도

$$V_2 = \sqrt{2(h_1 - h_2)} = \sqrt{2C_p(T_1 - T_2)}$$

$$= \sqrt{2C_p T_1 \left(1 - \frac{T_2}{T_1}\right)}$$

$$= \sqrt{2C_p T_1 \left[1 - \left(\frac{P_2}{P_1}\right)^{\frac{k-1}{k}}\right]}$$

$$= \sqrt{2 \times 1000 \times 673 \times \left[1 - \left(\frac{1}{10}\right)^{\frac{1.4-1}{1.4}}\right]}$$

$$\fallingdotseq 805 \,[\text{m/s}]$$

## 27 ★★★

500 [K]의 고온 열저장조와 300 [K]의 저온 열저장조 사이에서 작동되는 열기관이 낼 수 있는 최대 효율은?

① 100 [%]
② 80 [%]
③ 60 [%]
④ 40 [%]

**정답** 25 ④ 26 ② 27 ④

**해설**

열기관이 낼 수 있는 최대효율

$\eta_c = \left(1 - \dfrac{T_2}{T_1}\right) \times 100 \, [\%]$

$= \left(1 - \dfrac{300}{500}\right) \times 100 \, [\%] = 40 \, [\%]$

## 28 ★★★

다음 중 열역학적 계에 대한 에너지보존의 법칙에 해당하는 것은?

① 열역학 제0법칙  ② 열역학 제1법칙
③ 열역학 제2법칙  ④ 열역학 제3법칙

**해설**

열역학 제1법칙
- 열역학 제0법칙 : 열평형의 법칙
- 열역학 제1법칙 : 에너지보존의 법칙
- 열역학 제2법칙 : 엔트로피 증가 법칙

## 29 ★★★

랭킨 사이클의 순서를 차례대로 옳게 나열한 것은?

① 단열압축 → 정압가열 → 단열팽창 → 정압냉각
② 단열압축 → 등온가열 → 단열팽창 → 정적냉각
③ 단열압축 → 등적가열 → 등압팽창 → 정압냉각
④ 단열압축 → 정압가열 → 단열팽창 → 정적냉각

**해설**

랭킨 사이클
단열압축(급수펌프) → 정압가열(보일러, 과열기)
→ 단열팽창(터빈) → 정압냉각(복수기)

## 30 ★

다음 중 어떤 압력 상태의 과열 수증기 엔트로피가 가장 작은가? (단, 온도는 동일하다고 가정한다)

① 5기압   ② 10기압
③ 15기압  ④ 20기압

**해설**

과열 수증기 엔트로피
온도가 일정할 때 어떤 압력 상태의 과열수증기 엔트로피값은 기압이 높으면 작아진다.

## 31 ★★

역카르노 사이클로 운전되는 냉방장치가 실내온도 10 [℃]에서 30 [kW]의 열량 흡수하여 20 [℃] 응축기에서 응축하면서 방열한다. 이때 냉방에 필요한 최소 동력은 약 몇 [kW]인가?

① 0.03   ② 1.06
③ 30     ④ 60

**해설**

최소동력

$\epsilon_R = \dfrac{T_2}{T_1 - T_2} = \dfrac{283}{293 - 283} = 28.3$

최소동력[kW] $= \dfrac{Qe}{\epsilon_R} = \dfrac{30}{28.3} = 1.06$

**정답**  28 ②  29 ①  30 ④  31 ②

## 32 ★★

물의 삼중점(Triple Point)의 온도는?

① 0 [K]
② 273.16 [℃]
③ 73 [K]
④ 273.16 [K]

**해설**

물의 삼중점 온도
물의 삼중점에서 온도는 0.01 [℃](273.16 [K])이고, 수증기압은 6.11 [hPa]이다.

## 33 ★

증기 동력 사이클의 구성 요소 중 복수기(Condenser)가 하는 역할은?

① 물을 가열하여 증기로 만든다.
② 터빈에 유입되는 증기의 압력을 높인다.
③ 증기를 팽창시켜서 동력을 얻는다.
④ 터빈에서 나오는 증기를 물로 바꾼다.

**해설**

동력 사이클의 구성요소 - 복수기
복수기(Condenser)는 터빈에서 나오는 증기를 냉각수로 냉각시켜 물로 변환시키는 장치이다.

## 34 ★★

이상기체의 단위질량당 내부 에너지 u, 엔탈피 h, 엔트로피 s에 관한 다음의 관계식 중에서 모두 옳은 것은? (단, T는 온도, p는 압력, v는 비체적을 나타낸다)

① $Tds = du - vdp$, $Tds = dh - pdv$
② $Tds = du + pdv$, $Tds = dh - vdp$
③ $Tds = du - vdp$, $Tds = dh + pdv$
④ $Tds = du + pdv$, $Tds = dh + vdp$

**해설**

이상기체의 관계식

$\delta q = du + pdv \, [kJ/kg]$

$\delta q = dh - vdp \, [kJ/kg]$

$\delta q = Tds \, [kJ/kg]$

## 35 ★★

오존층 파괴와 지구 온난화 문제로 인해 냉동장치에 사용하는 냉매의 선택에 있어서 주의를 요한다. 이와 관련하여 다음 중 오존 파괴 지수가 가장 큰 냉매는?

① R - 134a      ② R - 123
③ 암모니아      ④ R - 11

**해설**

오존 파괴 지수
프레온11(R - 11)은 메테인($CH_4$)계 냉매로 화학식($CCl_3F$)에서 대기오염물질인 염소(Cl)가 3개로, 주어진 냉매 중 오존파괴 지수가 가장 큰 냉매이다.

**정답** ● 32 ④  33 ④  34 ②  35 ④

## 36 ★★

다음 중 이상적인 교축 과정(Throttling Process)은?

① 등온 과정  ② 등엔트로피 과정
③ 등엔탈피 과정  ④ 정압 과정

> 해설
>
> 이상적인 교축 과정(Throtelling Process)
> 이상적인 교축 과정은 엔탈피가 일정(등엔탈피 과정)한 과정이다. 비가역 과정으로 엔트로피는 증가한다($\Delta S > 0$).

## 37 ★

그림과 같이 작동하는 열기관 사이클(Cycle)은? (단, $\gamma$는 비열비이고, P는 압력, V는 체적, T는 온도, S는 엔트로피이다)

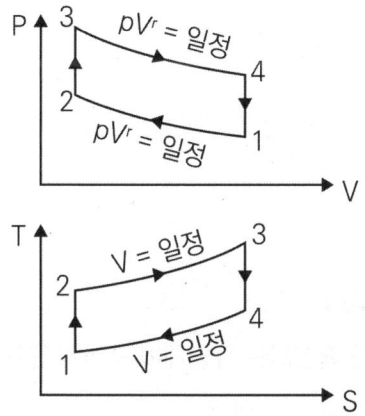

① 스털링(Stiriling) 사이클
② 브레이턴(Brayton) 사이클
③ 오토(Otto) 사이클
④ 카르노(Carnot) 사이클

> 해설
>
> 오토(Otto) 사이클
> P - V(일량)선도와 T - S(열량)선도에서 도시된 사이클은 오토(Otto) 사이클로 단열압축(S = C) → 등적 연소(V = C) → 단열팽창(S = C) → 등적방열(V = C) 과정으로 구성되어 있다.

## 38 ★

그림은 단열, 등압, 등온, 등적을 나타내는 압력(P) - 부피(V), 온도(T) - 엔트로피(S)선도이다. 각 과정에 대한 설명으로 옳은 것은?

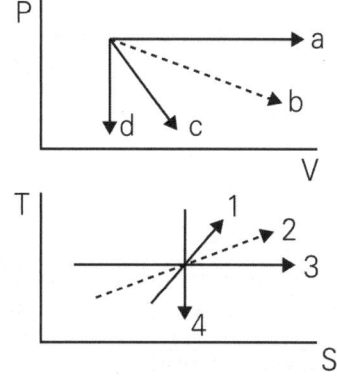

① a는 등적 과정이고 4는 가역단열 과정이다.
② b는 등온 과정이고 3은 가역단열 과정이다.
③ c는 등적 과정이고 2는 등압 과정이다.
④ d는 등적 과정이고 4는 가역단열 과정이다.

> 해설
>
> 선도 해석
> • a, 2 : 등압 과정
> • b, 3 : 등온 과정
> • c, 4 : 가역단열 과정
> • d, 1 : 등적 과정

## 39 ★★★

이상기체 2 [kg]을 정압 과정으로 50 [℃]에서 150 [℃]로 가열할 때, 필요한 열량은 약 몇 [kJ]인가? (단, 이 기체의 정적비열은 3.1 [kJ/(kg·K)]이고, 기체상수는 2.1 [kJ/(kg·K)])

① 210
② 310
③ 620
④ 1040

**해설**

열량

※ $C_p = C_V + R = 3.1 + 2.1 = 5.2 \, [kJ/kg \cdot K]$

$Q = m C_p (t_2 - t_1) = 2 \times 5.2 \times (150 - 50) = 1040 \, [kJ]$

## 40 ★

공기 100 [kg]을 400 [℃]에서 120 [℃]로 냉각할 때 엔탈피[kJ] 변화는? (단, 일정 정압비열은 1.0 [kJ/kg·K]이다)

① -24000
② -26000
③ -28000
④ -30000

**해설**

엔탈피 변화

$H_2 - H_1 = m C_P (t_2 - t_1)$
$= 100 \times 1.0 \times (120 - 400)$
$= -28000 \, [kJ]$

## 3과목 계측방법

1회독  시간:     점수:
2회독  시간:     점수:
3회독  시간:     점수:

## 41 ★★

관로에 설치된 오리피스 전후의 압력차는?

① 유량의 제곱에 비례한다.
② 유량의 제곱근에 비례한다.
③ 유량의 제곱에 반비례한다.
④ 유량의 제곱근에 반비례한다.

**해설**

오리피스 전후의 압력차

$Q = C \cdot A \cdot \sqrt{\dfrac{2\Delta P}{\rho}}$

- $Q$ : 유량(Volumetric Flow Rate)
- $C$ : 유량계수(계수)
- $A$ : 오리피스 면적
- $\Delta P$ : 오리피스 전후 압력차
- $\rho$ : 유체 밀도

차압식 유량계 중 오리피스(Orifice)의 전후압력차는 유량의 제곱에 비례한다.

## 42 ★★★

순간치를 측정하는 유량계에 속하지 않는 것은?

① 오벌(Oval) 유량계
② 벤투리(Venturi) 유량계
③ 오리피스(Orifice) 유량계
④ 플로우노즐(Flow-nozzle) 유량계

정답 ● 39 ④  40 ③  41 ①  42 ①

**해설**

유량계

순간치를 측정하는 유량계는 차압식 유량계로 벤투리, 오리피스, 플로우노즐 유량계가 있다. 오벌(Oval) 유량계는 용적식 유량계 일종으로 설치가 간단하고, 내구력이 우수하다. 액체만 측정 가능하고, 기체유량 측정은 불가능하다.

## 43 ★

화학적 가스분석계인 연소식 $O_2$계의 특징이 아닌 것은?

① 원리가 간단하다.
② 취급이 용이하다.
③ 가스의 유량변동에도 오차가 없다.
④ $O_2$ 측정 시 팔라듐계가 이용된다.

**해설**

연소식 $O_2$ 분석계

- 화학적 반응(촉매 연소반응)을 이용하여 산소의 농도를 측정하는 장치로 연소를 통해 발생한 열을 통하여 산소의 농도를 측정한다. 또한 보통 파라듐(Pd) 촉매를 사용한다.
- 가스 유량이 일정하지 않으면 열 발생량이 달라져 측정 오차가 발생한다.

## 44 ★

염화리튬이 공기 수증기압과 평형을 이룰 때 생기는 온도 저하를 저항 온도계로 측정하여 습도를 알아내는 습도계는?

① 듀셀 노점계  ② 아스만 습도계
③ 광전관식 노점계  ④ 전기 저항식 습도계

**해설**

습도계

듀셀 노점계는 염화리튬이 공기수증기압과 평형을 이룰 때 생기는 온도 저하를 저항 온도계로 측정하여 습도를 알아내는 습도계이다. 공기의 노점 온도를 검출하는 장치이다.

## 45 ★★

기체연료의 시험방법 중 CO의 흡수액은?

① 발연 황산액
② 수산화칼륨 30 [%] 수용액
③ 알칼리성 피로갈롤 용액
④ 암모니아성 염화 제1동 용액

**해설**

가스분석 흡수액

- CO : 암모니아성 염화 제1동 용액
- $O_2$ : 알칼리성 피로갈롤 용액
- $CO_2$ : 30 [%] KOH 수용액
- $C_mH_n$ : 진한 황산

## 46 ★★

다음 온도계 중 측정범위가 가장 높은 것은?

① 광온도계
② 저항 온도계
③ 열전 온도계
④ 압력 온도계

정답  43 ③  44 ①  45 ④  46 ①

**해설**

온도계 측점범위
- 비접촉식 온도계의 측정범위가 접촉식 온도계에 비해 높다.
- 광온도계는 비접촉식 온도계로 온도계 중에서 가장 높은 온도(700 ~ 3000 [℃])를 측정할 수 있으며 전도가 가장 높다.

## 47 ★

자동제어계와 직접 관련이 없는 장치는?

① 기록부
② 검출부
③ 조절부
④ 조작부

**해설**

자동제어계의 기본 4대 제어장치
비교부, 조절부, 조작부, 검출부
- 검출부(Detection Element) : 측정 제어 대상의 현재 상태(온도, 압력 등)를 감지
  예) 온도센서, 유량계, 압력계 등
- 비교부(Comparison Element) : 비교 검출값과 기준값(목푯값, Setpoint)을 비교하여 편차(오차)를 산출
  예) 컨트롤러 내부 연산 회로
- 조절부(Control Element : 판단 편차를 바탕으로 조작 신호를 계산(PID제어 등)
  예) 컨트롤러, 연산기 등
- 조작부(Actuating Element) : 실행 조절부의 신호에 따라 제어 대상에 직접 작용
  예) 밸브, 모터, 히터, 댐퍼 등

## 48 ★★★

열전 온도계에 대한 설명으로 틀린 것은?

① 접촉식 온도계에서 비교적 낮은 온도 측정에 사용한다.
② 열기전력이 크고 온도증가에 따라 연속적으로 상승해야 한다.
③ 기준접점의 온도를 일정하게 유지해야 한다.
④ 측온 저항체와 열전대는 소자를 보고관 속에 넣어 사용한다.

**해설**

열전 온도계
- 두 종류의 금속을 접합하여 온도차에 따라 열기전력이 발생하는 원리(제벡효과)를 이용하여 온도를 간접적으로 계산한다.
- 비교적 높은 온도 측정에 사용된다.
- 사용 금속은 열기전력이 크고 온도증가에 따라 연속적으로 상승해야 한다.

## 49 ★★

측정량과 크기가 거의 같은 미리 알고 있는 양의 분동을 준비하여 분동과 측정량의 차이로부터 측정량을 구하는 방식은?

① 편위법
② 보상법
③ 치환법
④ 영위법

### 해설

**측정방법**
- 편위법 : 측정하고자 하는 양을 기준량과 비교하고, 기준량에 의해 발생하는 편차를 관찰하여 측정값을 결정하는 방식
- 보상법 : 기준 분동을 준비하여 분동과 측정량의 차이로부터 측정량을 구하는 방식
- 치환법 : 측정량과 기준량을 치환하여 2회의 측정결과로부터 구하는 측정방식
- 영위법 : 측정기에서 지시값이 '0'이 되도록 기준량을 조절한 뒤, 그 조절된 기준값과 비교하여 측정하는 방법

## 50 ★★★

다음중 스로틀(Throttle)기구에 의하여 유량을 측정하지 않는 유량계는?

① 오리피스미터
② 플로우노즐
③ 벤투리미터
④ 오벌미터

### 해설

**스로틀식 유량계 vs 용적식 유량계**
오벌미터는 용적식 유량계이다.
- 용적식 유량계 : 로터와 케이스, 피스톤, 실린더 등을 이용해 유체를 일정 용적 내에 가둬 두고, 방출하기를 반복하며 단위시간당의 횟수에서 유량을 얻는다. 정밀도가 높다는 장점이 있지만, 동시에 압력 손실이 크다는 단점이 있다.
- 스로틀(Throttle)기구 : 관로의 단면적을 조절하는 장치

## 51 ★★★

차압식 유량계의 종류가 아닌 것은?

① 벤투리
② 오리피스
③ 터빈유량계
④ 플로우노즐

### 해설

**유량계**
- 차압식 유량계 : 벤투리, 오리피스, 플로우노즐
- 용적식 유량계 : 터빈유량계

## 52 ★★

2원자분자를 제외한 $CO_2$, $CO$, $CH_4$ 등의 가스를 분석할 수 있으며, 선택성이 우수하고 저농도분석에 적합한 가스분석법은?

① 적외선법
② 음향법
③ 열전도율법
④ 도전율법

### 해설

**가스분석법 – 적외선법**
2원자분자를 제외한 $CO_2$, $CO$, $CH_4$ 등의 가스를 분석할 수 있으며 선택성이 우수하고 저농도의 분석에 적합한 가스분석법이다.

정답  50 ④  51 ③  52 ①

## 53 ★★

오르자트식 분석장치에서 암모니아성 염화 제1동용액으로 측정할 수 있는 것은?

① $CO_2$
② $CO$
③ $N_2$
④ $O_2$

**해설**

오르자트식 가스분석계 - 흡수제
- $CO_2$ : 30 [%] KOH 수용액
- $O_2$ : 알칼리성 피로갈롤용액
- $CO$ : 암모니아성 염화 제1동 용액

## 54 ★★★

다음 그림과 같은 액주계 설치 상태에서 비중량이 $\gamma$, $\gamma_1$이고 액주 높이차가 h일 때 관로압 $P_x$는 얼마인가?

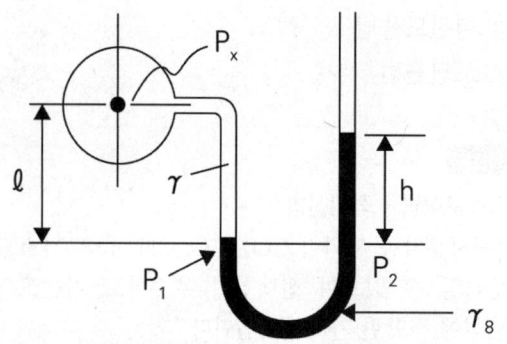

① $P_x = \gamma_1 h + \gamma l$
② $P_x = \gamma_1 h - \gamma l$
③ $P_x = \gamma_1 l - \gamma h$
④ $P_x = \gamma_1 l + \gamma h$

**해설**

액주계
$P_x + \gamma l = \gamma_1 h$
$P_x = \gamma_1 h - \gamma l$

## 55 ★★★

물체의 탄성 변위량을 이용한 압력계가 아닌 것은?

① 다이아프램 압력계 ② 경사관식 압력계
③ 부르동관 압력계   ④ 벨로즈 압력계

**해설**

탄성식 압력계
부르동관, 다이어프램, 벨로즈
※ 경사관식 압력계는 액주식 압력계이다.

## 56 ★★★

국제단위계(SI)에서 길이단위의 설명으로 틀린 것은?

① 기본단위이다.
② 기호는 K이다.
③ 명칭은 미터이다.
④ 빛이 진공에서 1/299792458초 동안 진행한 경로의 길이이다.

**해설**

SI 국제단위계 - 길이
길이 단위의 기호는 m[미터]이다.
※ K[켈빈]은 온도의 단위이다.

**정답** 53 ② 54 ② 55 ② 56 ②

## 57 ★★★
SI단위계의 기본단위에 해당되지 않는 것은?

① 길이
② 질량
③ 압력
④ 시간

> **해설**
>
> SI 단위
> - 기본단위 : 길이[m], 질량[kg], 시간[s], 온도[K], 전류[A], 물질량[mol], 광도[cd]
> - 보조단위 : 평면각[rad], 입체각[sr]
> - 유도단위 : 힘[N], 압력[Pa], 에너지[J], 일률[W], 비중량[$N/m^3$], 밀도[$kg/m^3$], 자속[Wb] 등

## 58 ★★
탄성식 압력계의 일종으로 보일러의 증기압 측정 등 공업용으로 많이 사용되는 압력계는?

① 링 밸런스식 압력계
② 부르동관식 압력계
③ 벨로즈식 압력계
④ 피스톤식 압력계

> **해설**
>
> 부르동관식 압력계
> - 탄성식 압력계의 일종으로 보일러 증기압 측정 등 공업용으로 많이 사용된다.
> - 부르동관의 재질, 치수, 강도 등을 선택함으로써 고압측정도 가능하여 보일러의 압력계로 가장 많이 사용된다.

## 59 ★
다음 중 가스의 열전도율이 가장 큰 것은?

① 공기
② 메테인
③ 수소
④ 이산화탄소

> **해설**
>
> 열전도율
> - 기체의 분자량이 작을수록 분자운동이 더 활발하기 때문에 열전도율이 커진다.
> - 수소 > 메테인 > 공기 > 이산화탄소

## 60 ★★★
잔류편차(Off-set)가 있는 제어는?

① P제어
② I제어
③ PI제어
④ PID제어

> **해설**
>
> 비례동작
> P동작(비례동작)은 잔류편차를 발생시킨다.
> ※ I동작(적분동작) : 잔류편차를 제거한다.

정답 57 ③ 58 ② 59 ② 60 ①

## 4과목 열설비재료 및 관계법규

### 61 ★★★

샤모트(Chamotte)벽돌에 대한 설명으로 옳은 것은?

① 일반적으로 기공률이 크고 비교적 낮은 온도에서 연화되며 내스폴링성이 좋다.
② 흑연질 등을 사용하며 내화도와 하중연화점이 높고 열 및 전기전도도가 크다.
③ 내식성과 내마모성이 크며 내화도는 SK 35 이상으로 주로 고온부에 사용된다.
④ 하중 연화점이 높고 가소성이 커 염기성 제강로에 주로 사용된다.

**해설**

샤모트(Chamotte)벽돌
일반적으로 기공률이 크고 비교적 낮은 온도에서 내스폴링성이 좋다. 샤모트벽돌은 골재 원료로서 샤모트를 사용하고 미세한 부분은 가소성 생점토를 가하고 있다.

### 62 ★★

길이 7 [m], 외경 200 [mm], 내경 190 [mm]의 탄소 강관에 360 [℃] 과열증기를 통과시키면 이때 늘어나는 관의 길이는 몇 [mm]인가? (단, 주위온도는 20 [℃]이고, 관의 선팽창계수는 0.000013 [mm/mm·℃]이다)

① 21.15
② 25.71
③ 30.94
④ 36.48

**해설**

관의 신축량($\lambda$)
$\lambda = L\alpha\Delta t = 7000 \times 0.000013 \times 340 = 30.94 \, [mm]$

### 63 ★★★

「에너지이용합리화법」상 검사대상기기에 대하여 받아야 할 검사를 받지 아니한 자에 해당하는 벌칙은?

① 1천만 원 이하의 벌금
② 2천만 원 이하의 벌금
③ 1년 이하의 징역 또는 1천만 원 이하의 벌금
④ 2년 이하의 징역 또는 2천만 원 이하의 벌금

**해설**

벌칙
「에너지이용합리화법」제73조
제73조(벌칙) 다음 각 호의 어느 하나에 해당하는 자는 1년 이하의 징역 또는 1천만 원 이하의 벌금에 처한다.
1. 제39조 제1항·제2항 또는 제4항을 위반하여 검사대상기기의 검사를 받지 아니한 자
2. 제39조 제5항을 위반하여 검사대상기기를 사용한 자
3. 제39조의2 제3항을 위반하여 검사대상기기를 수입한 자

정답 61 ① 62 ③ 63 ③

## 64 ★★★

「에너지이용합리화법」에 따라 검사대상기기관리자를 선임하지 아니한 자에 대한 벌칙 기준은?

① 1천만 원 이하의 벌금
② 2천만 원 이하의 벌금
③ 5백만 원 이하의 벌금
④ 1년 이하의 징역

**해설**

벌칙 기준
「에너지이용합리화법」 제75조
제75조(벌칙) 제40조 제1항 또는 제4항을 위반하여 검사대상기기관리자를 선임하지 아니한 자는 <u>1천만 원 이하의 벌금</u>에 처한다.

## 65 ★

배관설비의 지지를 위한 필요조건에 관한 설명으로 틀린 것은?

① 온도의 변화에 따른 배관신축을 충분히 고려하여야 한다.
② 배관 시공 시 필요한 배관기울기를 용이하게 조정할 수 있어야 한다.
③ 배관설비의 진동과 소음을 외부로 쉽게 전달할 수 있어야 한다.
④ 수격현상 및 외부로부터 진동과 힘에 대하여 견고하여야 한다.

**해설**

배관설비의 지지를 위한 필요조건
배관설비의 진동과 소음은 외부로 쉽게 전달되지 않아야 한다.

## 66 ★★

관의 신축량에 대한 설명으로 옳은 것은?

① 신축량은 관의 열팽창계수, 길이, 온도차에 반비례한다.
② 신축량은 관의 열팽창계수, 길이, 온도차에 비례한다.
③ 신축량은 관의 길이, 온도차에는 비례하지만, 열팽창계수에는 반비례한다.
④ 신축량은 관의 열팽창계수에 비례하고 온도차와 길이에 반비례한다.

**해설**

관의 신축량
관의 열팽창계수(선팽창계수), 길이, 온도차에 비례한다.
신축량 : $\lambda = \alpha L \Delta t$
($\lambda$ : 신축량[mm], $\alpha$ : 선팽창계수, L : 관의 길이[mm], $\Delta t$ : 온도차)

## 67 ★★

「에너지이용합리화법」에서 에너지사용계획을 제출하여야 하는 민간사업주관자가 설치하려는 시설로 옳은 것은?

① 연간 5천 티오이 이상의 연료 및 열을 사용하는 시설
② 연간 1만 티오이 이상의 연료 및 열을 생산하는 시설
③ 연간 1천만 킬로와트시 이상의 전기를 사용하는 시설
④ 연간 2천만 킬로와트시 이상의 전기를 생산하는 시설

정답 ● 64 ① 65 ③ 66 ② 67 ①

> 해설

에너지사용계획 제출
[에너지합리화법 시행령 제20조 제2항, 제3항]
② 법 제10조 제1항에 따라 에너지사용계획을 수립하여 산업통상자원부장관에게 제출하여야 하는 공공사업주관자(법 제10조 제2항에 따른 공공사업주관자를 말한다. 이하 같다)는 다음 각 호의 어느 하나에 해당하는 시설을 설치하려는 자로 한다. 〈개정 2013.3.23.〉
  1. 연간 2천 5백 티오이 이상의 연료 및 열을 사용하는 시설
  2. 연간 1천만 킬로와트시 이상의 전력을 사용하는 시설
③ 법 제10조 제1항에 따라 에너지사용계획을 수립하여 산업통상자원부장관에게 제출하여야 하는 민간사업주관자(법 제10조 제2항에 따른 민간사업주관자를 말한다. 이하 같다)는 다음 각 호의 어느 하나에 해당하는 시설을 설치하려는 자로 한다. 〈개정 2013.3.23.〉
  1. 연간 5천 티오이 이상의 연료 및 열을 사용하는 시설
  2. 연간 2천만 킬로와트시 이상의 전력을 사용하는 시설

## 68 ★★

「에너지이용합리화법」에 따른 인정검사대상기기관리자의 교육을 이수한 자의 조종 범위가 아닌 것은?

① 용량이 10 [t/h] 이하인 보일러
② 압력용기
③ 증기보일러로서 최고사용압력이 1 [MPa] 이하이고, 전열면적이 10 [m$^2$] 이하인 것
④ 열매체를 가열하는 보일러로서 용량이 581.5 [kW] 이하인 것

> 해설

검사대상기기관리자의 자격 및 조종범위
「에너지이용합리화법」 시행규칙 별표 3의9

| 관리자의 자격 | 관리범위 |
| --- | --- |
| 에너지관리기능장 또는 에너지관리기사 | 용량이 30 [t/h]를 초과하는 보일러 |
| 에너지관리기능장, 에너지관리기사 또는 에너지관리산업기사 | 용량이 10 [t/h]를 초과하고 30 [t/h] 이하인 보일러 |
| 에너지관리기능장, 에너지관리기사, 에너지관리산업기사 또는 에너지관리기능사 | 용량이 10 [t/h] 이하인 보일러 |
| 에너지관리기능장, 에너지관리기사, 에너지관리산업기사, 에너지관리기능사 또는 인정검사대상기기관리자의 교육을 이수한 자 | 1. 증기보일러로서 최고사용압력이 1 [MPa] 이하이고, 전열면적이 10제곱미터 이하인 것<br>2. 온수발생 및 열매체를 가열하는 보일러로서 용량이 581.5킬로와트 이하인 것<br>3. 압력용기 |

정답 68 ①

## 69 ★★★

「에너지이용합리화법」에 따라 에너지다소비사업자란 연간 에너지사용량이 얼마 이상인자를 말하는가?

① 5백 티오이  ② 1천 티오이
③ 1천 5백 티오이  ④ 2천 티오이

**해설**

에너지다소비사업자
「에너지이용합리화법」 시행령 제35조
제35조(에너지다소비사업자) 법 제31조 제1항 각 호 외의 부분에서 "대통령령으로 정하는 기준량 이상인 자"란 연료·열 및 전력의 연간 사용량의 합계(이하 "연간 에너지사용량"이라 한다)가 <u>2천 티오이</u> 이상인 자(이하 "에너지다소비사업자"라 한다)를 말한다.

## 70 ★

「에너지이용합리화법」에 따라 에너지 사용량이 대통령령으로 정하는 기준량 이상인 자는 산업통상자원부령으로 정하는 바에 따라 매년 언제까지 시·도지사에게 신고하여야 하는가?

① 1월 31일까지
② 3월 31일까지
③ 6월 30일까지
④ 12월 31일까지

**해설**

신고 날짜
에너지 사용량이 대통령령으로 정하는 기준량 이상인자는 매년 1월 31일까지의 시·도지사에게 신고해야 한다.

## 71 ★★★

「에너지이용합리화법」에 따라 검사대상기기의 설치자가 사용 중인 검사대상기기를 폐기한 경우에는 폐기한 날부터 며칠 이내에 폐기신고서를 제출해야 하는가?

① 10일
② 15일
③ 20일
④ 30일

**해설**

폐기신고서
「에너지이용합리화법」 시행규칙 제31조의23 제1항
제31조의23(검사대상기기의 폐기신고 등) ① 법 제39조 제7항 제1호에 따라 검사대상기기의 설치자가 사용 중인 검사대상기기를 폐기한 경우에는 <u>폐기한 날부터 15일 이내</u>에 별지 제23호 서식의 검사대상기기 폐기신고서를 공단이사장에게 제출하여야 한다.

## 72 ★★

배관 내 유체의 흐름을 나타내는 무차원 수인 레이놀즈수(Re)의 층류 흐름 기준은?

① Re < 1000
② Re < 2100
③ 2100 < Re
④ 2100 < Re < 4000

**정답** 69 ④  70 ①  71 ②  72 ②

> 해설

레이놀즈수

$$Re = \frac{관성력}{점성력} = \frac{DU\rho}{\mu}$$

- 층류 : 유체 입자가 서로 겹치지 않고 일정한 속도로 흐르는 유동 상태(Re < 2100)
- 난류 : 입자가 불규칙하고 뒤섞이면서 흐르는 상태(Re > 4000)

## 73 ★★★

규산칼슘 보온재에 대한 설명으로 가장 거리가 먼 것은?

① 규산에 석회 및 석면 섬유를 섞어서 성형하고 다시 수증기로 처리하여 만든 것이다.
② 플랜트 설비의 탑조류, 가열로, 배관류 등의 보온공사에 많이 사용된다.
③ 가볍고 단열성과 내열성은 뛰어나지만 내산성이 적고 끓는 물에 쉽게 붕괴된다.
④ 무기질 보온재로 다공질이며 최고 안전 사용온도는 약 650[℃] 정도이다.

> 해설

규산칼슘 보온재
무기질 보온재인 규산칼슘 보온재는 규산질, 석회질, 석면을 혼합하여 제조한 것으로 압축강도 및 곡강도가 크다. 또한 시공이 용이하고 규조토 성분이 있어 내수성과 내열성이 좋다. 최고 안전 사용온도는 650[℃] 정도이다.

## 74 ★

「에너지이용합리화법」상 자발적 협약에 포함하여야 할 내용이 아닌 것은?

① 협약 체결 전년도 에너지소비 현황
② 단위당 에너지이용효율 향상 목표
③ 온실가스배출 감축목표
④ 고효율기자재의 생산 목표

> 해설

자발적 협약
「에너지이용합리화법」 시행규칙 제26조 제1항
1. 협약 체결 전년도의 에너지소비 현황
2. 에너지를 사용하여 만드는 제품, 부가가치 등의 단위당 에너지이용효율 향상목표 또는 온실가스배출 감축목표(이하 "효율향상목표 등"이라 한다) 및 그 이행방법
3. 에너지관리체제 및 에너지관리방법
4. 효율향상목표 등의 이행을 위한 투자계획
5. 그 밖에 효율향상목표 등을 이행하기 위하여 필요한 사항

## 75 ★

「에너지이용합리화법」에 따라 에너지이용합리화 기본계획 사항에 포함되지 않는 것은?

① 에너지 소비형 산업구조로의 전환
② 에너지원간 대체(代替)
③ 열사용기자재의 안전관리
④ 에너지의 합리적인 이용을 통한 온실가스의 배출을 줄이기 위한 대책

정답  73 ③  74 ④  75 ①

**해설**

에너지이용합리화 기본계획
「에너지이용합리화법」 제4조 제2항
제4조(에너지이용합리화 기본계획) ① 산업통상자원부장관은 에너지를 합리적으로 이용하게 하기 위하여 에너지이용합리화에 관한 기본계획(이하 "기본계획"이라 한다)을 수립하여야 한다.
② 기본계획에는 다음 각 호의 사항이 포함되어야 한다.
  1. 에너지절약형 경제구조로의 전환
  2. 에너지이용효율의 증대
  3. 에너지이용합리화를 위한 기술개발
  4. 에너지이용합리화를 위한 홍보 및 교육
  5. 에너지원간 대체(代替)
  6. 열사용기자재의 안전관리
  7. 에너지이용합리화를 위한 가격예시제(價格豫示制)의 시행에 관한 사항
  8. 에너지의 합리적인 이용을 통한 온실가스의 배출을 줄이기 위한 대책
  9. 그 밖에 에너지이용합리화를 추진하기 위하여 필요한 사항으로서 산업통상자원부령으로 정하는 사항
③ 산업통상자원부장관이 제1항에 따라 기본계획을 수립하려면 관계 행정기관의 장과 협의한 후 「에너지법」 제9조에 따른 에너지위원회(이하 "위원회"라 한다)의 심의를 거쳐야 한다.
④ 산업통상자원부장관은 기본계획을 수립하기 위하여 필요하다고 인정하는 경우 관계 행정기관의 장에게 필요한 자료를 제출하도록 요청할 수 있다.

## 76 ★★

글로브밸브의 디스크 형상 종류에 속하지 않는 것은?

① 스윙형
② 반구형
③ 원뿔형
④ 반원형

**해설**

글로브밸브
유량을 조절하거나 유체의 흐름을 차단하는 밸브로서 밸브 디스크 형태에 따라 평면형, 반구형, 반원형, 원뿔형의 종류가 있다.

## 77 ★★★

다음 중 내화 점토질벽돌에 속하지 않는 것은?

① 납석질벽돌
② 샤모트질벽돌
③ 고알루미나벽돌
④ 반규석질벽돌

**해설**

내화 점토질벽돌
• 내화 점토질벽돌은 산성 내화물이다.
• 산성 : 규석질, 납석질, 점토질, 샤모트질
※ 고알루미나벽돌은 중성 내화물이다.

## 78 ★★★

다음 중 노재가 갖추어야 할 조건이 아닌 것은?

① 사용 온도에서 연화 및 변형이 되지 않을 것
② 팽창 및 수축이 잘 될 것
③ 온도급변에 의한 파손이 적을 것
④ 사용목적에 따른 열전도율을 가질 것

**해설**

노재(내화물)의 구비조건
- 사용온도에서 연화 및 변형이 일어나지 않고 온도 변화에 의한 파손이 적어야 하며, 사용목적에 알맞은 열전도율을 가지고 있어야 한다.
- 압축강도가 크고 내마모성, 내침식성이 커야 한다.
- 화학적으로 안정해야 하며, 내열성, 내스폴링성이 커야 한다.
- 열에 의한 팽창과 수축이 적어야 한다.

## 79 ★★

분말 철광석을 괴상화하는 데 적합한 로는?

① 소결로
② 저항로
③ 가열로
④ 도가니로

**해설**

소결로
괴상화용로로 분상의 철광석을 괴상화하여 용광로의 능률을 향상시킨다.

## 80 ★★★

보일러의 계속사용 안전검사 유효기간은?

① 1년
② 2년
③ 3년
④ 4년

**해설**

검사대상기기의 검사유효기간
「에너지이용합리화법」 시행규칙 별표 3의5

| 검사의 종류 | | 검사유효기간 |
|---|---|---|
| 설치검사 | | 1. 보일러 : 1년<br>다만 운전성능 부문의 경우에는 3년 1개월로 한다.<br>2. 캐스케이드보일러, 압력용기 및 철금속가열로 : 2년 |
| 개조검사 | | 1. 보일러 : 1년<br>2. 캐스케이드보일러, 압력용기 및 철금속가열로 : 2년 |
| 설치장소 변경검사 | | 1. 보일러 : 1년<br>2. 캐스케이드보일러, 압력용기 및 철금속가열로 : 2년 |
| 재사용 검사 | | 1. 보일러 : 1년<br>2. 캐스케이드보일러, 압력용기 및 철금속가열로 : 2년 |
| 계속사용검사 | 안전검사 | 1. 보일러 : 1년<br>2. 캐스케이드보일러 및 압력용기 : 2년 |
| | 운전성능검사 | 1. 보일러 : 1년<br>2. 철금속가열로 : 2년 |

**정답** 78 ② 79 ① 80 ①

## 5과목 열설비설계

### 81 ★★★
프라이밍 및 포밍 발생 시의 조치에 대한 설명으로 틀린 것은?

① 안전밸브를 전개하여 압력을 강하시킨다.
② 증기 취출을 서서히 한다.
③ 연소량을 줄인다.
④ 저압운전을 하지 않는다.

**해설**

프라이밍 및 포밍 발생 시의 조치
프라이밍 및 포밍 발생 시 안전밸브를 점검하고, 주 증기밸브는 서서히 연다.

### 82 ★★
이중 열교환기의 총괄전열계수가 79 [W/m²·h·℃]일 때, 더운 액체와 찬 액체를 향류로 접속시켰더니 더운 면의 온도가 65 [℃]에서 25 [℃]로 내려가고 찬 면의 온도가 20 [℃]에서 53 [℃]로 올라갔다. 단위면적당의 열교환량 [W/m²]은?

① 498
② 632
③ 2415
④ 2760

**해설**

열교환량

$\Delta t_1 = 65 - 53 = 12 \, [℃]$

$\Delta t_2 = 25 - 20 = 5 \, [℃]$

- 대수평균온도차(LMTD)

$$= \frac{\Delta t_1 - \Delta t_2}{\ln \frac{\Delta t_1}{\Delta t_2}} = \frac{12 - 5}{\ln \frac{12}{5}} = 8 \, [℃]$$

- 단위면적당 열교환량

$K_t (LMTD) = 79 \times 8 = 632 \, [W/m^2]$

### 83 ★
상향 버킷식 증기트랩에 대한 설명으로 틀린 것은?

① 응축수의 유입구와 유출구의 차압이 없어도 배출이 가능하다.
② 가동 시 공기 빼기를 하여야 하며 겨울철 동결 우려가 있다.
③ 배관계통에 설치하여 배출용으로 사용된다.
④ 장치의 설치는 수평으로 한다.

**해설**

상향 버킷식 증기트랩
상향 버킷식 트랩은 유입구와 유출구의 차압이 있어야 배출이 가능하다.
- 기계적 트랩(응축수와 증기의 비중차) : 플로트식(레버, 프리), 버킷식(상향, 하향)

정답 81 ① 82 ② 83 ①

## 84 ★★★

결정조직을 조정하고 연화시키기 위한 열처리 조작으로 용접에서 발생한 잔류응력을 제거하기 위한 것은?

① 뜨임(Tempering)
② 풀림(Annealing)
③ 담금질(Quenching)
④ 불림(Normalizing)

**해설**

풀림(어닐링)
연화 및 잔류응력 제거
- 뜨임(템퍼링) : 인성(내충격성) 부여
- 담금질(퀜칭) : 강도 및 경도 증가
- 불림(노멀라이징) : 조대화된 조직을 미세화(표준화)

## 85 ★★

증발량 2 [ton/h], 최고사용압력이 10 [MPa], 급수온도 20 [℃], 최대 증발율 25 [kg/m²·h]인 원통보일러에서 평균 증발률을 최대 증발률의 90 [%]로 할 때, 평균 증발량[kg/h]은?

① 1200
② 1500
③ 1800
④ 2100

**해설**

평균증발량
$G_m =$ 증발량 × 증발률 $= 2000 \times 0.9 = 1800$

## 86 ★★

이온 교환체에 의한 경수의 연화 원리에 대한 설명으로 옳은 것은?

① 수지의 성분과 Na형의 양이온과 결합하여 경도 성분 제거
② 산소 원자와 수지가 결합하여 경도 성분 제거
③ 물속의 음이온과 양이온이 동시에 수지와 결합하여 경도 성분 제거
④ 수지가 물속의 모든 이물질과의 결합하여 경도 성분 제거

**해설**

이온 교환체에 의한 경수의 연화 원리
수지의 성분과 나트륨형의 양이온과 결합하여 경도 성분을 제거하는 것이다.

## 87 ★

열교환기의 격벽을 통해 정상적으로 열교환이 이루어지고 있을 경우 단위시간에 대한 교환열량 q(열유속, [kcal/m²·h])의 식은? (단, Q는 열교환량[kcal/h], A는 전열면적[m²]이다)

① $q = AQ$
② $q = \dfrac{A}{Q}$
③ $q = \dfrac{Q}{A}$
④ $q = A(Q-1)$

**해설**

단위시간에 대한 교환열량
$q = \dfrac{Q}{A} [W/m^2]$

**정답** 84 ② 85 ③ 86 ① 87 ③

## 88 ★★

스케일(Scale)에 대한 설명으로 틀린 것은?

① 스케일로 인하여 연료소비가 많아진다.
② 스케일로 규산칼슘, 황산칼슘이 주성분이다.
③ 스케일로 인하여 배기가스의 온도가 낮아진다.
④ 스케일은 보일러에서 열전도의 방해물질이다.

**해설**

스케일
스케일로 인하여 배기가스의 온도가 높아진다.

## 89 ★★

온수보일러에 있어서 급탕량이 500 [kg/h]이고 공급 주관의 온수온도가 80 [℃], 환수 주관의 온수온도가 50 [℃]이라 할 때, 이 보일러의 출력은? (단, 물의 평균 비열은 4.2 [kJ/kg·K]이다)

① 10 [kW]
② 12.5 [kW]
③ 17.5 [kW]
④ 18.5 [kW]

**해설**

보일러의 출력
$Q = mC\Delta t = 500 \times 4.2 \times (80-50)$
$= 63000 \, [kJ/h] = 17.5 \, [kW]$
※ $3600 \, [kJ/h] = 1 \, [kW]$

## 90 ★★

수관식과 비교하여 노통연관식 보일러의 특징으로 옳은 것은?

① 설치 면적이 크다.
② 연소실을 자유로운 형상으로 만들 수 있다.
③ 파열 시 비교적 위험하다.
④ 청소가 곤란하다.

**해설**

수관식과 비교한 노통연관식 보일러의 특징

| 구분 | 수관식 보일러 | 원통형 보일러 |
|---|---|---|
| 보유수량 | 적음 | 많음 |
| 파열 시 피해 | 작음 | 큼 |
| 압력 변화 | 큼 | 작음 |
| 부하변동에 대한 대응 | 어려움 | 쉬움 |
| 급수처리 | 복잡함 | 간단함 |
| 급수조절 | 어려움 | 쉬움 |
| 전열면적 | 큼 | 작음 |
| 증기발생시간 | 짧음 | 긺 |
| 효율 | 높음 | 낮음 |
| 용도 | 고압, 대용량 | 저압, 소용량 |
| 구조 | 복잡함 | 간단함 |
| 가격 | 비쌈 | 저렴함 |
| 난이도 | 어려워 기술을 필요로 함 | 쉬움 |

## 91 ★

순환식(자연 또는 강제) 보일러가 아닌 것은?

① 타쿠마보일러
② 야로우보일러
③ 벤손보일러
④ 라몬트보일러

정답 88 ③ 89 ③ 90 ③ 91 ③

### 해설

**순환식 보일러**
- 자연순환식 수관보일러 : 타쿠마, 하이네, 2동D형, 쯔네기치
- 강제순환식 수관보일러 : 라몬트, 베목스보일러
- 관류보일러 : 벤손, 슐처, 람진, 엣모스, 소형관류보일러

| 구분 | 수관식 보일러 | 원통형 보일러 |
|---|---|---|
| 효율 | 높다 | 낮다 |
| 용도 | 고압, 대용량 | 저압, 소용량 |
| 구조 | 복잡하다 | 간단하다 |
| 가격 | 비싸다 | 저렴하다 |
| 난이도 | 어려워 기술을 필요로 한다. | 쉽다 |

## 92 ★★★

원통보일러와 비교하여 수관보일러의 특징으로 알맞은 것은?

① 형상에 비해서 전열면적이 적고, 증기발생 시간이 길다.
② 전열면적당 수부의 크기는 원통보일러에 비해 크다.
③ 효율은 낮으나 가격이 저렴하다.
④ 구조상 고압용 및 대용량에 적합하다.

### 해설

**수관보일러 vs 원통보일러**
원통보일러는 수부가 커 파열 시 피해가 크기 때문에 저압 소용량에 적합하다.

| 구분 | 수관식 보일러 | 원통형 보일러 |
|---|---|---|
| 보유수량 | 적음 | 많음 |
| 파열 시 피해 | 작음 | 큼 |
| 압력 변화 | 큼 | 작음 |
| 부하변동에 대한 대응 | 어려움 | 쉬움 |
| 급수처리 | 복잡함 | 간단함 |
| 급수조절 | 어려움 | 쉬움 |
| 전열면적 | 큼 | 작음 |
| 증기발생시간 | 짧음 | 긺 |

## 93 ★★

보일러 파열사고의 원인과 가장 먼 것은?

① 안전장치 고장
② 저수위 운전
③ 강도 부족
④ 증기 누설

### 해설

**보일러 파열사고 원인**
증기 누설 시 나타나는 현상은 열손실이 증가하고 열효율이 감소하며 연료소비량이 늘어난다. 파열사고 원인과는 가장 멀다.

## 94 ★★★

보일러 굴뚝의 통풍력을 발생시키는 방법이 아닌 것은?

① 연도에서 연소가스와 외부공기의 밀도차에 의해서 생기는 압력차를 이용하는 방법
② 벤투리관을 이용하여 배기가스를 흡입하는 방법
③ 압입 송풍기를 사용하는 방법
④ 흡입 송풍기를 사용하는 방법

정답 92 ④ 93 ④ 94 ②

### 해설

**벤투리관**
직관 내에 잘록한 부분을 만드는 특수한 관이며, 관의 잘록한 부분에 의한 압력차로 유량을 측정하는 데 사용된다.

## 95 ★★

보일러 효율 80 [%], 실제 증발량 4 [t/h], 발생증기 엔탈피 650 [kcal/kgf], 급수 엔탈피 10 [kcal/kgf], 연료 저위 발열량 9500 [kcal/kgf]일 때, 이 보일러의 시간당 연료 소비량은 약 몇 [kgf/h]인가?

① 193  ② 264
③ 337  ④ 394

### 해설

**보일러 효율**

$$\eta = \frac{G(h_2 - h_1)}{m \times H_L}$$

$4[t] = 4000[kg]$

$$0.8 = \frac{4000 \times (650 - 10)}{m \times 9500}$$

$m = 336.84 [kgf/h]$

## 96 ★★

보일러의 용량 표시방법과 관계가 없는 것은?

① 상당증발량
② 전열면적
③ 보일러마력
④ 연료소비량

### 해설

**보일러의 용량 표시방법**
연료소비량은 관계가 없다.

## 97 ★★★

노통이나 화실 등과 같이 외압을 받는 원통 또는 구체의 부분이 과열이나 좌굴에 의해 외압에 견디지 못하고 내부로 들어가는 현상은?

① 팽출
② 압궤
③ 균열
④ 블리스터

### 해설

**보일러 사고**

- 압궤 : 노통이나 화실과 같은 원통 부분이 외측으로 부터의 압력을 견디지 못하고 안쪽으로 짓눌려 찌그러져 찢어지는 현상을 이야기한다.
- 팽출 : 인장응력을 받는 부분이 국부과열로 의하여 강도가 저하되어 압력을 견딜 수 없어지면서 바깥쪽으로 볼록하게 부풀어 튀어나오는 현상
- 균열 : 증기압력과 온도에 의해 끊임없이 반복되어 응력을 받게 됨으로써 부식으로 인한 균열이 생기거나 갈라지는 현상
- 블리스터 : 화염에 접촉하는 라미네이션 부분이 가열로 인하여 부풀어 오르는 팽출현상이 생기는 것
- 라미네이션 : 보일러 강판이나 배관 재질의 두께 속에 제조 당시의 가스체 함입으로 인하여 2장의 층을 형성하여 분리되는 현상을 말한다.

정답 ● 95 ③  96 ④  97 ②

## 98 ★★★

보일러 급수처리의 목적으로 가장 거리가 먼 것은?

① 스케일 생성 및 고착 방지
② 부식 발생 방지
③ 가성취화 발생 감소
④ 배관 중의 응축수 생성 방지

**해설**

급수처리의 목적
- 스케일의 생성을 방지
- 부식 발생 방지
- 프라이밍, 포밍, 캐리오버 방지
- 보일러수의 농축 방지
- 가성취화 발생 방지

## 99 ★

노통보일러와 비교하여 연관보일러의 특징에 대한 설명으로 틀린 것은?

① 보일러 내부 청소가 간단하다.
② 전열면적이 크므로 중량당 증발량이 크다.
③ 증기발생에 소요시간이 짧다.
④ 보유수량이 적다.

**해설**

연관식 보일러의 특징
연관의 부착으로 내부의 구조가 복잡하기 때문에 내부 청소가 어렵다.

## 100 ★★★

보일러 열정산에서 입열항목에 해당하는 것은?

① 발생증기의 흡수열량
② 배기가스의 열량
③ 연소잔재물이 갖고 있는 열량
④ 연소용 공기의 열량

**해설**

열정산
- 입열 항목 : 공기의 현열, 연료의 저위 발열량, 연료의 현열, 노 내 분입증기열
- 출열 항목 : 발생공기(흡수)열, 배기가스에 의한 손실열, 미연소가스에 의한 손실열, 방산에 의한 손실열

**정답** 98 ④  99 ①  100 ④

# 2022 제1회

**1과목** 연소공학

## 01 ★★  난이도 상

보일러 등의 연소장치에서 질소산화물(NOx)의 생성을 억제할 수 있는 연소방법이 아닌 것은?

① 2단 연소
② 저산소(저공기비) 연소
③ 배기의 재순환 연소
④ 연소용 공기의 고온 예열

### 해설

질소산화물의 억제방법
- 2단 연소법
- 저온도 연소법
- 배출가스재순환법
- 과잉공기량 감소(저농도 산소 연소법)
- 연소부분냉각법
- 물분사법(수증기 분무)
- 버너 및 연소실구조 개량

## 02 ★★★

다음 중 연료 연소 시 최대탄산가스 농도($CO_{2max}$)가 가장 높은 것은?

① 탄소
② 연료유
③ 역청탄
④ 코크스로가스

### 해설

최대탄산가스 농도
배기가스분석결과 $CO_2$를 최대로 함유하는 경우는 연료(Fuel) 중에 탄소(C)가 많으면서 이론공기량($A_0$)으로 완전 연소하는 경우이다.

## 03 ★★★

체적비로 메테인이 15 [%], 수소가 30 [%], 일산화탄소가 55 [%]인 혼합기체가 있다. 각각의 폭발 상한계가 다음 표와 같을 때, 이 기체의 공기 중에서 폭발 상한계는 약 몇 [vol%]인가?

| 구분 | 메테인 | 수소 | 일산화탄소 |
|---|---|---|---|
| 폭발 상한계(vol%) | 15 | 75 | 74 |

① 46.7
② 45.1
③ 44.3
④ 42.5

### 해설

르샤틀리에 공식

$$\frac{100}{L} = \frac{V_1}{L_1} + \frac{V_2}{L_2} + \frac{V_3}{L_3}$$

$$\frac{100}{L} = \frac{15}{15} + \frac{30}{75} + \frac{55}{74}$$

∴ L = 46.7 [%]

정답 ● 01 ④ 02 ① 03 ①

## 04 ★★★

어떤 고체연료를 분석하니 중량비가 수소 10 [%], 탄소 80 [%], 회분 10 [%]이었다. 이 연료 100 [kg]을 완전 연소시키기 위하여 필요한 이론공기량은 약 몇 [Nm³]인가?

① 206
② 412
③ 490
④ 978

**해설**

이론공기량

$$O_o = 1.867C + 5.6\left(H - \frac{O}{8}\right) + 0.7S$$
$$= 1.867 \times 0.8 + 5.6 \times 0.1$$
$$\fallingdotseq 2.054 \, [\text{Nm}^3/\text{kg}]$$

∴ $2.054 \times 100 = 205.4 \, [\text{Nm}^3]$

$$A_o = \frac{205.4}{0.21} \fallingdotseq 978 \, [\text{Nm}^3]$$

## 05 ★★

점화에 대한 설명으로 틀린 것은?

① 연료가스의 유출속도가 너무 느리면 실화가 발생한다.
② 연소실의 온도가 낮으면 연료의 확산이 불량해진다.
③ 연료의 예열온도가 낮으면 무화불량이 발생한다.
④ 점화시간이 늦으면 연소실 내로 역화가 발생한다.

**해설**

점화

연료가스의 유출속도가 너무 느리면 역화 발생

(1) 역화방지 대책
 ① 역화방지기 설치
 ② 충분한 통풍
 ③ 착화 지연을 방지
 ④ 환기를 통해 미연가스 제거
 ⑤ 버너의 온도를 낮게 유지

## 06 ★★★

고체연료의 일반적인 특징에 대한 설명으로 틀린 것은?

① 회분이 많고 발열량이 적다.
② 연소효율이 낮고 고온을 얻기 어렵다.
③ 점화 및 소화가 곤란하고 온도조절이 어렵다.
④ 완전 연소가 가능하고 연료의 품질이 균일하다.

**해설**

고체연료

완전 연소가 가능하고 연료의 품질이 균일한 것은 기체연료의 특징이다. 고체연료는 연료의 품질이 균일하지 못하므로 완전 연소가 어렵고, 공기비가 크다.

정답 ● 04 ④ 05 ① 06 ④

## 07 ★★

등유, 경유 등의 휘발성이 큰 연료를 접시 모양의 용기에 넣어 증발 연소시키는 방식은?

① 분해 연소
② 확산 연소
③ 분무 연소
④ 포트식 연소

> **해설**
>
> **연소방식**
> 액체연료의 연소방식 : 기화 연소, 무화(분무)연소
> - 등유, 경유 등의 휘발성이 큰 연료를 접시 모양의 용기에 넣어 증발(기화)시키는 연소방식은 액면(포트식) 연소이다.
> - 포트식 연소방식은 기화 연소방식의 일종이다.

## 08 ★★

액체 연소장치 중 회전식 버너의 일반적인 특징으로 옳은 것은?

① 분사각은 20° ~ 50° 정도이다.
② 유량조절범위는 1 : 3 정도이다.
③ 사용 유압은 30 ~ 50 [kPa] 정도이다.
④ 화염이 길어 연소가 불안정하다.

> **해설**
>
> **회전식 버너**
> - 분사각은 40° ~ 80° 정도이다.
> - 유량조절범위는 1 : 5 정도이다.
> - 사용 유압은 30 ~ 50 [kPa] 정도이다.
> - 부속설비가 거의 없으며 화염도 짧고 연소가 안정하다.

## 09 ★★

$C_mH_n$ 1 [Nm³]를 공기비 1.2로 연소시킬 때 필요한 실제 공기량은 약 몇 [Nm³]인가?

① $\dfrac{1.2}{0.21}\left(m+\dfrac{n}{2}\right)$

② $\dfrac{1.2}{0.21}\left(m+\dfrac{n}{4}\right)$

③ $\dfrac{1.2}{0.79}\left(m+\dfrac{n}{2}\right)$

④ $\dfrac{1.2}{0.79}\left(m+\dfrac{n}{4}\right)$

> **해설**
>
> **실제 공기량**
> - 연소반응식
>
> $$C_mH_n + \left(m+\dfrac{n}{4}\right)O_2 \rightarrow mCO_2 + \dfrac{n}{2}H_2O$$
>
> $$A = \dfrac{1.2}{0.21}\left(m+\dfrac{n}{4}\right)$$

## 10 ★★★

메탄올($CH_3OH$) 1 [kg]을 완전 연소하는 데 필요한 이론공기량은 약 몇 [Nm³]인가?

① 4.0
② 4.5
③ 5.0
④ 5.5

> **해설**
>
> **이론공기량**
> $CH_3OH$ 1 [kmol]의 질량 : 32 [kg]
> $$2CH_3OH + 3O_2 \rightarrow 2CO_2 + 4H_2O$$
> $$O_o = \dfrac{3 \times 22.4}{2 \times 32} = 1.05\,[Nm^3]$$
> $$\therefore A_o = 1.05/0.21 ≒ 5\,[Nm^3]$$

**정답** 07 ④  08 ③  09 ②  10 ③

## 11 ★★★

중량비가 C : 87 [%], H : 11 [%], S : 2 [%]인 중유를 공기비 1.3으로 연소할 때 건조배출가스 중 $CO_2$의 부피비는 약 몇 [%]인가?

① 8.7   ② 10.5
③ 12.2   ④ 15.6

**해설**

$CO_2$의 부피비

$$A_o = \frac{O_o}{0.21} = \frac{1.867C + 5.6H + 0.7S}{0.21}$$

$$= \frac{1.867 \times 0.87 + 5.6 \times 0.11 + 0.7 \times 0.02}{0.21}$$

$$= 10.73 \, [Nm^3/kg]$$

$$G_d = (m - 0.21)A_o + 1.867C + 0.7S$$

$$= (1.3 - 0.21) \times 10.73 + 1.867 \times 0.87 + 0.7 \times 0.02$$

$$= 13.33 \, [Nm^3/kg]$$

$$\therefore CO_2 \text{의 부피비} = \frac{1.867C}{G_d} \times 100 \, [\%]$$

$$= \frac{1.867 \times 0.87}{13.33} \times 100$$

$$\fallingdotseq 12.2 \, [\%]$$

## 12 ★★

액체의 인화점에 영향을 미치는 요인으로 가장 거리가 먼 것은?

① 온도
② 압력
③ 발화지연시간
④ 용액의 농도

**해설**

액체의 인화점에 영향을 미치는 요인
온도, 압력, 용액의 농도

## 13 ★★★

고위발열량이 37.7 [MJ/kg]인 연료 3 [kg]이 연소할 때의 저위발열량은 몇 [MJ]인가? (단, 이 연료의 중량비는 수소 15 [%], 수분 1 [%]이다)

① 52   ② 103
③ 184   ④ 217

**해설**

저위발열량

$$H_\ell = H_h - 2500(9H + W)$$

$$= 37.7 - 2.512(9 \times 0.15 + 0.01) = 34.283$$

$34.283 \times 3 = 102.85 \fallingdotseq 103 \, [MJ]$

## 14 ★

다음 중 고속운전에 적합하고 구조가 간단하며 풍량이 많아 배기 및 환기용으로 적합한 송풍기는?

① 다익형 송풍기   ② 플레이트형 송풍기
③ 터보형 송풍기   ④ 축류형 송풍기

**해설**

축류형 송풍기
고속운전에 적합하고 구조가 간단하며 풍량이 많아 배기 및 환기용으로 적합한 송풍기는 축류형 송풍기이다.

**정답** 11 ③  12 ③  13 ②  14 ④

## 15 ★★
통풍방식 중 평형통풍에 대한 설명으로 틀린 것은?

① 통풍력이 커서 소음이 심하다.
② 안정한 연소를 유지할 수 있다.
③ 노 내 정압을 임의로 조절할 수 있다.
④ 중형 이상의 보일러에는 사용할 수 없다.

**해설**

**평형통풍**
평형통풍은 압입통풍방식과 흡입통풍방식을 병행하는 통풍방식으로, 통풍 저항이 큰 중·대형 보일러에 사용한다.

## 16 ★ (난이도 상)
저위발열량 7470 [kJ/kg]의 석탄을 연소시켜 13200 [kg/h]의 증기를 발생시키는 보일러의 효율은 약 몇 [%]인가? (단, 석탄의 공급은 6040 [kg/h]이고, 증기의 엔탈피는 3107 [kJ/kg], 급수의 엔탈피는 96 [kJ/kg]이다)

① 64  ② 74
③ 88  ④ 94

**해설**

**보일러 효율**

$$\eta_B = \frac{G_a(h_2 - h_1)}{H_\ell \times m_f}$$

$$= \frac{13200 \times (3107 - 96)}{7470 \times 6040} \times 100 \, [\%]$$

$$= 88 \, [\%]$$

## 17 ★★
불꽃 연소(Flaming Combustion)에 대한 설명으로 틀린 것은?

① 연소속도가 느리다.
② 연쇄반응을 수반한다.
③ 연소사면체에 의한 연소이다.
④ 가솔린의 연소가 이에 해당한다.

**해설**

**불꽃 연소**
불꽃 연소는 연소속도가 매우 빠르고, 불꽃을 형성하여 열을 낸다.

## 18 ★★
폭굉 유도거리(DID)가 짧아지는 조건으로 틀린 것은?

① 관지름이 크다.
② 공급압력이 높다.
③ 관 속에 방해물이 있다.
④ 연소속도가 큰 혼합가스이다.

**해설**

**폭굉 유도거리가 짧아지는 원인**
- 배관의 지름이 작을 때
- 연소속도가 큰 혼합가스일수록
- 관 속에 장애물이 있을 때
- 점화원의 에너지가 강할수록
- 배관의 사용압력이 고압일 때(공급압력이 높을 때)

**정답** 15 ④  16 ③  17 ①  18 ①

## 19 ★★

버너에서 발생하는 역화의 방지대책과 거리가 먼 것은?

① 버너 온도를 높게 유지한다.
② 리프트 한계가 큰 버너를 사용한다.
③ 다공버너의 경우 각각의 연료분출구를 작게 한다.
④ 연소용 공기를 분할 공급하여 1차 공기를 착화범위보다 적게 한다.

**해설**

역화의 방지대책
- 역화방지기 설치
- 충분한 통풍
- 착화 지연을 방지
- 환기를 통해 미연가스 제거
- 버너의 온도를 낮게 유지

## 20 ★★

다음 기체연료 중 단위질량당 고위발열량이 가장 큰 것은?

① 메테인
② 수소
③ 에테인
④ 프로페인

**해설**

고위발열량이 가장 큰 것
단위질량당 고위발열량이 가장 큰 것은 수소이다.

## 2과목 열역학

## 21 ★

순수물질로 된 밀폐계가 가역단열 과정 동안 수행한 일의 양과 같은 것은? (단, U는 내부에너지, H는 엔탈피, Q는 열량이다)

① $-\triangle H$
② $-\triangle U$
③ 0
④ Q

**해설**

일의 양
$\delta Q = \triangle U + \triangle W$
$\delta Q = 0$ 이므로, $\triangle W = -\triangle U$

## 22 ★★

물체의 온도 변화 없이 상(Phase, 相) 변화를 일으키는 데 필요한 열량은?

① 비열
② 점화열
③ 잠열
④ 반응열

**해설**

잠열(숨은열, Latent Heat)
물체의 온도 변화 없이 상(Phase)변화를 일으키는 데 필요한 열량은 잠열이다.
※ 상 변화 없이 온도만 변화시키는 데 필요한 열량은 현열이다.

**정답** 19 ① 20 ② 21 ② 22 ③

## 23 ★★

다음 중 포화액과 포화증기의 비엔트로피 변화에 대한 설명으로 옳은 것은?

① 온도가 올라가면 포화액의 비엔트로피는 감소하고 포화증기의 비엔트로피는 증가한다.
② 온도가 올라가면 포화액의 비엔트로피는 증가하고 포화증기의 비엔트로피는 감소한다.
③ 온도가 올라가면 포화액과 포화증기의 비엔트로피는 감소한다.
④ 온도가 올라가면 포화액과 포화증기의 비엔트로피는 증가한다.

> **해설**
> 포화액과 포화증기의 비엔트로피 변화
> 온도가 올라가면 포화액의 비엔트로피는 증가하고 포화증기의 비엔트로피는 감소한다.

## 24 ★★

다음 중 과열증기(Superheated Steam)의 상태가 아닌 것은?

① 주어진 압력에서 포화증기 온도보다 높은 온도
② 주어진 비체적에서 포화증기 압력보다 높은 압력
③ 주어진 온도에서 포화증기 비체적보다 낮은 비체적
④ 주어진 온도에서 포화증기 엔탈피보다 높은 엔탈피

> **해설**
> 과열증기(Superheated Steam)
> 과열증기의 비체적은 주어진 온도에서의 포화증기 비체적보다 더 크다.

## 25 ★★

400 [K], 1 [MPa]의 이상기체 1 [kmol]이 700 [K], 1 [MPa]으로 정압팽창할 때 엔트로피 변화는 약 몇 [kJ/K]인가? (단, 정압비열은 28 [kJ/kmol·K]이다)

① 15.7
② 19.4
③ 24.3
④ 39.4

> **해설**
> 엔트로피 변화
> $$S_2 - S_1 = C_P \ln \frac{T_2}{T_1} = 1 \times 28 \times \ln \frac{700}{400}$$
> $$= 15.67 \, [kJ/K]$$

정답 ● 23 ② 24 ③ 25 ①

## 26 ★

체적이 일정한 용기에 400 [kPa] 의 공기 1 [kg]이 들어 있다. 용기에 달린 밸브를 열고 압력이 300 [kPa]이 될 때까지 대기 속으로 공기를 방출하였다. 용기 내의 공기가 가역단열 변화라면 용기에 남아 있는 공기의 질량은 약 몇 [kg]인가? (단, 공기의 비열비는 1.4이다)

① 0.614　② 0.714
③ 0.814　④ 0.914

**해설**

공기의 질량

$$\left[\frac{v_2}{v_1} = \frac{m_1}{m_2} = \left(\frac{P_1}{P_2}\right)^{\frac{1}{k}} = \left(\frac{400}{300}\right)^{\frac{1}{1.4}} = 1.228\right]$$

∴ 남아 있는 공기의 질량

$$m_2 = \frac{m_1}{1.228} = \frac{1}{1.228} = 0.814 \, [kg]$$

## 27 ★★

다음 중 이상기체에 대한 식으로 옳은 것은? (단, 각 기호에 대한 설명은 아래와 같다)

- u : 단위질량당 내부에너지
- h : 비엔탈피
- T : 온도
- R : 기체상수
- P : 압력
- v : 비체적
- k : 비열비
- $C_v$ : 정적비열
- $C_p$ : 정압비열

① $\dfrac{du}{dT} - \dfrac{dh}{dT} = R$　② $h = u + \dfrac{Pv}{RT}$

③ $C_v = \dfrac{R}{k-1}$　④ $C_p = \dfrac{kC_v}{k-1}$

**해설**

이상기체에 대한 식

$$C_v = \frac{R}{k-1} = \frac{C_P}{k} \, [kJ/kg \cdot K]$$

## 28 ★

밀폐된 피스톤 – 실린더장치 안에 들어 있는 기체가 팽창을 하면서 일을 한다. 압력 P [MPa]와 부피 V [L]의 관계가 아래와 같을 때, 내부에 있는 기체의 부피가 5 [L]에서 두 배로 팽창하는 경우 이 장치가 외부에 한 일은 약 몇 [kJ]인가? (단, a = 3 [MPa]/L², b = 2 [MPa]/L, c = 1 [MPa])

$$P = 5(aV^2 + bV + c)$$

① 4175
② 4375
③ 4575
④ 4775

**해설**

외부에 한 일

$$_1W_2 = \int_{V_1}^{V_2} PdV = \int_{V_1}^{V_2} 5(aV^2 + bV + C)dV$$

$$= 5\left[\frac{aV^3}{3} + \frac{bV^2}{2} + CV\right]_{V_1}^{V_2}$$

$$= 5[(V_2^3 + V_2^2 + V_2) - (V_1^3 + V_1^2 + V_1)]$$

$$= 5[(1000 + 100 + 10) - (125 + 25 + 5)]$$

$$= 4,775 \, [kJ]$$

정답 26 ③　27 ③　28 ④

## 29 ★★★

다음 중 열역학 제2법칙에 대한 설명으로 틀린 것은?

① 에너지보존에 대한 법칙이다.
② 제2종 영구기관은 존재할 수 없다.
③ 고립계에서 엔트로피는 감소하지 않는다.
④ 열은 외부 동력 없이 저온체에서 고온체로 이동할 수 없다.

**해설**

열역학 제2법칙
열역학 제2법칙 : 엔트로피 증가 법칙
에너지보존에 대한 법칙은 열역학 제1법칙이다.

## 30 ★

이상기체의 단위질량당 내부에너지 u, 비엔탈피 h, 비엔트로피 s에 관한 다음의 관계식 중에서 모두 옳은 것은? (단, T는 온도, p는 압력, v는 비체적을 나타낸다)

① Tds = du - vdp, Tds = dh - pdv
② Tds = du + pdv, Tds = dh - vdp
③ Tds = du - vdp, Tds = dh + pdv
④ Tds = du + pdv, Tds = dh + vdp

**해설**

이상기체의 관계식
$\delta Q = dU + dW$
$H = U + PV$, $dh = du + pdv + vdp$
Tds = du + pdv, Tds = dh - vdp

## 31 ★★★

폴리트로픽 과정에서의 지수(Polytripic Index)가 비열비와 같을 때의 변화는?

① 정적 변화    ② 가역단열 변화
③ 등온 변화    ④ 등압 변화

**해설**

폴리트로픽 과정
$Pv^n = C$
- 등압 변화(n = 0)
- 등온 변화(n = 1)
- 가역단열 변화(n = k)
- 정적 변화(n = ∞)

## 32 ★

체적 0.4 [m³]인 단단한 용기 안에 100 [℃]의 물 2 [kg]이 들어 있다. 이 물의 건도는 얼마인가? (단, 100 [℃]의 물에 대해 포화수 비체적 $v_f$ = 0.00104 [m³/kg], 건포화증기 비체적 $v_g$ = 1.672 [m³/kg]이다)

① 11.9 [%]    ② 10.4 [%]
③ 9.9 [%]     ④ 8.4 [%]

**해설**

물의 건도
$v_x = v_f + x(v_g - v_f)[m^3/kg]$

$x = \dfrac{v_x - v_f}{v_g - v_f} = \dfrac{\dfrac{V}{m} - v_f}{v_g - v_f} = \dfrac{\dfrac{0.4}{2} - 0.00104}{1.672 - 0.00104}$

$= 0.119 = 11.9\,[\%]$

정답 29 ① 30 ② 31 ② 32 ①

## 33 ★★★

그림과 같은 브레이튼 사이클에서 열효율($\eta$)은? (단, P는 압력, v는 비체적이며, $T_1$, $T_2$, $T_3$, $T_4$는 각각의 지점에서의 온도이다. 또한 $q_{in}$과 $q_{out}$은 사이클에서 열이 들어오고 나감을 의미한다)

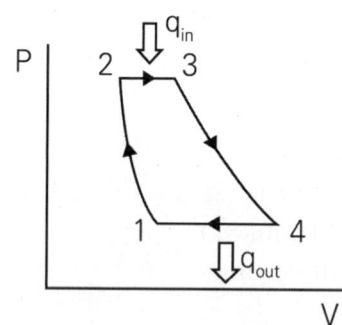

① $\eta = 1 - \dfrac{T_3 - T_2}{T_4 - T_1}$

② $\eta = 1 - \dfrac{T_1 - T_2}{T_3 - T_4}$

③ $\eta = 1 - \dfrac{T_4 - T_1}{T_3 - T_2}$

④ $\eta = 1 - \dfrac{T_3 - T_4}{T_1 - T_2}$

**해설**

브레이튼 사이클에서 열효율

$\eta = 1 - \dfrac{q_{out}}{q_{in}} = 1 - \dfrac{T_4 - T_1}{T_3 - T_2}$

## 34 ★★★

역카르노 사이클로 작동하는 냉동 사이클이 있다. 저온부가 -10 [℃], 고온부가 40 [℃]로 유지되는 상태를 A상태라고 하고, 저온부가 0 [℃], 고온부가 50 [℃]로 유지되는 상태를 B상태라 할 때, 성능계수는 어느 상태의 냉동 사이클이 얼마나 더 높은가?

① A상태의 사이클이 0.8만큼 더 높다.
② A상태의 사이클이 0.2만큼 더 높다.
③ B상태의 사이클이 0.8만큼 더 높다.
④ B상태의 사이클이 0.2만큼 더 높다.

**해설**

성능계수

$\epsilon_{R(A)} = \dfrac{T_2}{T_1 - T_2} = \dfrac{263}{313 - 263} = 5.26$

$\epsilon_{R(B)} = \dfrac{T_2}{T_1 - T_2} = \dfrac{273}{323 - 273} = 5.46$

## 35 ★

가솔린 기관의 이상 표준 사이클인 오토 사이클(Otto Cycle)에 대한 설명 중 옳은 것을 모두 고른 것은?

ㄱ. 압축비가 증가할수록 열효율이 증가한다.
ㄴ. 가열 과정은 일정한 체적하에서 이루어진다.
ㄷ. 팽창 과정은 단열 상태에서 이루어진다.

① ㄱ, ㄴ    ② ㄱ, ㄷ
③ ㄴ, ㄷ    ④ ㄱ, ㄴ, ㄷ

정답 ● 33 ③  34 ④  35 ④

**해설**

오토 사이클(가솔린 기관의 이상 사이클)
- 압축비($\epsilon$)가 증가할수록 열효율이 증가한다.
- 가열 과정은 일정한 체적하에서 이루어진다(정적 사이클)
- 팽창 과정은 가역단열 과정(등엔트로피 과정)에서 이루어진다.

## 36 ★★
다음과 같은 특징이 있는 냉매의 특징은?

- 냉동창고 등 저온용으로 사용
- 산업용의 대용량 냉동기에 널리 사용
- 아연 등을 침식시킬 우려가 있음
- 연소성과 폭발성이 있음

① R - 12
② R - 22
③ R - 134a
④ $NH_3$

**해설**

암모니아 냉매
- 냉동창고 등 저온용으로 사용
- 산업용 대용량 냉동기에 널리 사용
- 아연(Zn) 등을 침식시킬 우려가 있음
- 연소성과 폭발성이 있음

## 37 ★
압축기에서 냉매의 단위질량당 압축하는 데 요구되는 에너지가 200 [kJ/kg]일 때, 냉동기에서 냉동능력 1 [kW]당 냉매의 순환량은 약 몇 [kg/h]인가? (단, 냉동기의 성능계수는 5.0이다)

① 1.8
② 3.6
③ 5.0
④ 20.0

**해설**

냉매순환량

냉매순환량(m) = 냉동능력($Q_e$)/냉동효과($q_e$)

$$\frac{1[kW](=3600[kJ/h])}{\epsilon_R \times w_c} = \frac{3600}{5 \times 200} = 3.6 [kg/h]$$

## 38 ★
40 [$m^3$]의 실내에 있는 공기의 질량은 약 몇 [kg]인가? (단, 공기의 압력은 100 [kPa], 온도는 27 [℃]이며, 공기의 기체상수는 0.287 [kJ/kg·K]이다)

① 93
② 46
③ 10
④ 2

**해설**

공기의 질량

$$PV = mRT$$

$$m = \frac{PV}{RT} = \frac{100 \times 40}{0.287 \times (27 + 273)}$$

$$\fallingdotseq 46.5 [kg]$$

## 39 ★★★

동일한 최고 온도, 최저 온도 사이에 작동하는 사이클 중 최대의 효율을 나타내는 사이클은?

① 오토 사이클
② 디젤 사이클
③ 카르노 사이클
④ 브레이튼 사이클

**해설**

**카르노 사이클**
카르노 사이클(Carnot Cycle)은 양열원(고열원과 저열원)의 절대온도만의 함수로 열효율을 구할 수 있는 열기관 사이클이다.

$\eta_c = 1 - \dfrac{T_2}{T_1} = f(T_1, T_2)$

## 40 ★★★

랭킨(Rankine) 사이클에서 응축기의 압력을 낮출 때 나타나는 현상으로 옳은 것은?

① 이론 열효율이 낮아진다.
② 터빈 출구의 증기건도가 낮아진다.
③ 응축기의 포화온도가 높아진다.
④ 응축기 내의 절대압력이 증가한다.

**해설**

**랭킨 사이클에서 응축기 압력을 낮출 경우 현상**
랭킨 사이클에서 복수기 압력을 낮추면 이론 열효율이 높아지고, 터빈 출구의 증기건도가 낮아진다(포화온도와 절대압력도 낮아진다).

---

**3과목 계측방법**

| | | |
|---|---|---|
| 1회독 | 시간 : | 점수 : |
| 2회독 | 시간 : | 점수 : |
| 3회독 | 시간 : | 점수 : |

## 41 ★★

다음 가스분석법 중 흡수식인 것은?

① 오르자트법  ② 밀도법
③ 자기법     ④ 음향법

**해설**

**가스분석법**
가스분석법 중 흡수식인 것은 오르자트법이다.
• 오르자트법 : 연소가스 속의 $CO_2$-$O_2$-$CO$를 화학적으로 흡수하는 시약을 이용하여 각 성분의 농도를 측정

## 42 ★★★

상온, 1기압에서 공기유속을 피토관으로 측정할 때 동압이 100 [mmAq]이면 유속은 약 몇 [m/s]인가? (단, 공기의 밀도는 1.3 [kg/m³]이다)

① 3.2    ② 12.3
③ 38.8   ④ 50.5

**해설**

**피토관 유속**

$V = \sqrt{\dfrac{2g(P_1 - P_2)}{\gamma}}$

$V = \sqrt{\dfrac{2 \times 9.8 \times 100}{1.3}} = 38.8$

$V = 38.8 [m/s]$

**정답** 39 ③  40 ②  41 ①  42 ③

## 43 ★
유량 측정에 쓰이는 탭(Tap)방식이 아닌 것은?

① 베나 탭
② 코너 탭
③ 압력 탭
④ 플랜지 탭

**해설**

유량 측정 Tap방식
차압식 유량계에서 압력을 측정하기 위해 중간에 설치하는 탭의 위치에 따른 종류에는 베나 탭, 코너 탭, 플랜지 탭 등이 있다.

## 44 ★★★
보일러의 자동제어에서 제어장치의 명칭과 제어량의 연결이 잘못된 것은?

① 자동 연소제어장치 - 증기압력
② 자동급수제어장치 - 보일러수위
③ 과열증기온도제어장치 - 증기온도
④ 캐스케이드제어장치 - 노 내 압력

**해설**

보일러의 자동제어(제어장치의 명칭 - 제어량)
캐스케이드제어장치 : 1차 측 제어장치가 명령을 하고 2차 측 제어장치가 1차 명령을 바탕으로 제어량을 조절하는 것

## 45 ★★
측정하고자 하는 상태량과 독립적 크기를 조정할 수 있는 기준량과 비교하여 측정, 계측하는 방법은?

① 보상법
② 편위법
③ 치환법
④ 영위법

**해설**

측정방법
- 보상법 : 기준 분동을 준비하여 분동과 측정량의 차이로부터 측정량을 구하는 방식
- 편위법 : 측정하고자 하는 양을 기준량과 비교하고, 기준량에 의해 발생하는 편차를 관찰하여 측정값을 결정하는 방식
- 치환법 : 측정량과 기준량을 치환하여 2회의 측정결과로부터 구하는 측정방식
- 영위법 : 측정기에서 지시값이 '0'이 되도록 기준량을 조절한 뒤, 그 조절된 기준값과 비교하여 측정하는 방법

## 46 ★★★
다음 비례 - 적분동작에 대한 설명에서 ( ) 안에 들어갈 알맞은 용어는?

| 비례동작에 발생하는 ( )을(를) 제거하기 위해 적분동작과 결합한 제어 |

① 오프셋
② 빠른 응답
③ 지연
④ 외란

**해설**

비례적분제어(PI제어)
비례동작에서 발생하는 오프셋을 제거하기 위해 적분동작과 결합한 제어를 말한다.

**정답** 43 ③ 44 ④ 45 ④ 46 ①

## 47 ★★★

안지름 1000 [mm]의 원통형 물탱크에서 안지름 150 [mm]인 파이프로 물을 수송할 때 파이프의 평균 유속이 3 [m/s]이었다. 이때 유량 (Q)과 물탱크 속의 수면이 내려가는 속도(V)는 약 얼마인가?

① Q = 0.053 [m³/s], V = 6.75 [cm/s]
② Q = 0.831 [m³/s], V = 6.75 [cm/s]
③ Q = 0.053 [m³/s], V = 8.31 [cm/s]
④ Q = 0.831 [m³/s], V = 8.31 [cm/s]

**해설**

유량

$Q = AV = \frac{\pi}{4}(0.15)^2 \times 3 ≒ 0.053 \, [m^3/s]$

$V = \frac{Q}{A} = \frac{0.053}{\frac{\pi}{4} \times 1^2} = 0.0675 \, [m/s] = 6.75 \, [cm/s]$

## 48 ★★

램 실린더, 기름탱크, 가압펌프 등으로 구성되어 있으며 탄성식 압력계의 일반교정용으로 주로 사용되는 압력계는?

① 분동식 압력계   ② 격막식 압력계
③ 침종식 압력계   ④ 벨로스식 압력계

**해설**

분동식 압력계
압력계의 교정용으로 사용되며 램 실린더, 기름탱크, 가압펌프 등으로 구성되어 있는 압력계이다.

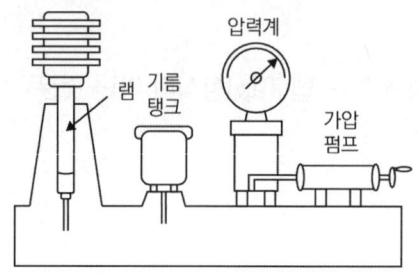

## 49 ★★★

다음 측정 관련 용어에 대한 설명으로 틀린 것은?

① 측정량 : 측정하고자 하는 양
② 값 : 양의 크기를 함께 표현하는 수와 기준
③ 제어편차 : 목표치에 제어량을 더한 값
④ 양 : 수와 기준으로 표시할 수 있는 크기를 갖는 현상이나 물체 또는 물질의 성질

**해설**

측정 관련 용어
제어편차 : 목표치와 제어량의 차

## 50 ★

부자식(Float) 면적 유량계에 대한 설명으로 틀린 것은?

① 압력손실이 적다.
② 정밀측정에는 부적합하다.
③ 대유량의 측정에 적합하다.
④ 수직배관에만 적용이 가능하다.

**해설**

로터미터(플로트형, 부자식)
단면적이 변하는 수직관 내에서 플로트의 위치를 통해 즉시 유량을 판독할 수 있는 대표적인 면적식 유량계이며 대유량 측정에는 부적합하다.

## 51 ★★
액주식 압력계에 필요한 액체의 조건으로 틀린 것은?

① 점성이 클 것
② 열팽창계수가 작을 것
③ 성분이 일정할 것
④ 모세관현상이 작을 것

**해설**

액주식 압력계 – 액체조건
점성이 작은 액체를 사용한다.

## 52 ★★
서미스터의 재질로서 적합하지 않은 것은?

① Ni
② Co
③ Mn
④ Pb

**해설**

서미스터 재질
니켈, 코발트, 망간, 구리, 철을 이용한다.

## 53 ★
저항식 습도계의 특징으로 틀린 것은?

① 저온도의 측정이 가능하다.
② 응답이 늦고 정밀도가 좋지 않다.
③ 연속기록, 원격측정, 자동제어에 이용된다.
④ 교류전압에 의하여 저항치를 측정하여 상대 습도를 표시한다.

**해설**

저항식 습도계
• 자동제어에 이용된다.
• 연속기록 및 원격제어가 가능하다.
• 저온도의 측정이 가능하고 응답이 빠르다.
• 교류전압에 의해 저항치를 측정하여 상대 습도를 표시한다.

## 54 ★
가스미터의 표준기로도 이용되는 가스미터의 형식은?

① 오벌형
② 드럼형
③ 다이어프램형
④ 로터리 피스톤형

**해설**

가스미터 형식
가스미터 표준기로도 이용되는 가스미터 형식은 드럼형이다.

정답 51 ① 52 ④ 53 ② 54 ②

## 55 ★
물체의 온도를 측정하는 방사고온계에서 이용하는 원리는?

① 제백효과
② 필터효과
③ 윈 - 프랑크의 법칙
④ 스테판 - 볼츠만의 법칙

해설

방사고온계
- 스테판 - 볼츠만의 법칙 : 모든 물체는 온도에 따라 열복사를 하며, 복사에너지의 총량은 절대온도의 4제곱에 비례한다.
- 복사 에너지의 양을 측정하면 온도를 계산할 수 있으므로 방사고온계의 핵심 원리와 같다.

## 56 ★★★
자동제어의 특성에 대한 설명으로 틀린 것은?

① 작업능률이 향상된다.
② 작업에 따른 위험 부담이 감소된다.
③ 인건비는 증가하나 시간이 절약된다.
④ 원료나 연료를 경제적으로 운영할 수 있다.

해설

자동제어
사람의 개입 없이 시스템이 스스로 원하는 상태(목푯값)를 유지하거나 도달하도록 제어하는 기술. 따라서 인건비 및 시간이 절약된다.

## 57 ★★★
1000 [℃] 이상인 고온의 노 내 온도측정을 위해 사용되는 온도계로 가장 적합하지 않은 것은?

① 제겔콘(Seger Cone) 온도계
② 백금 저항 온도계
③ 방사 온도계
④ 광고온계

해설

백금 저항 온도계
1000 [℃] 이상의 고온에서는 백금 저항체가 손상될 우려가 있다.

## 58 ★★
내열성이 우수하고 산화분위기 중에서도 강하며, 가장 높은 온도까지 측정이 가능한 열전대의 종류는?

① 구리 - 콘스탄탄
② 철 - 콘스탄탄
③ 크로멜 - 알루멜
④ 백금 - 백금·로듐

정답  55 ④  56 ③  57 ②  58 ④

**해설**

**열전대**
가장 높은 온도까지 측정 가능한 열전대 종류는 백금 - 백금·로듐(PR식)이다.

| 기호 | 사용금속(+, −) | 측정온도 범위[℃] |
|---|---|---|
| B | 백금-30 [%] 로듐, 백금-6 [%] 로듐 | 600 ~ 1700 |
| R | 백금-13 [%] 로듐, 백금 | 0 ~ 1600 |
| S | 백금-10 [%] 로듐, 백금 | 0 ~ 1600 |
| K | 크로멜(Cr), 알루멜(Al) | −200 ~ 1200 |
| E | 크로멜(Cr), 콘스탄탄(Cu-Ni) | −200 ~ 800 |
| J | 철(Fe), 콘스탄탄(Cu-Ni) | −40 ~ 750 |
| T | 구리(Cu), 콘스탄탄(Cu-Ni) | −200 ~ 350 |

## 59 ★★★
열전대 온도계에 대한 설명으로 틀린 것은?

① 보호관 선택 및 유지관리에 주의한다.
② 단자의 (+)와 보상도선의 (−)를 결선해야 한다.
③ 주위의 고온체로부터 복사열의 영향으로 인한 오차가 생기지 않도록 주의해야 한다.
④ 열전대는 측정하고자 하는 곳에 정확히 삽입하여 삽입한 구멍을 통하여 냉기가 들어가지 않게 한다.

**해설**

**열전대 온도계**
열전대의 접점인 (+)와 (−)는 각각 전기회로의 (+)와 (−)에 연결해야 한다.

## 60 ★
압력센서인 스트레인게이지의 응용원리로 옳은 것은?

① 온도의 변화
② 전압의 변화
③ 저항의 변화
④ 금속선의 굵기 변화

**해설**

**스트레인게이지(Strain Gauge)**
외부 힘에 의해 물체가 변형될 때 금속선의 전기 저항이 변하는 원리를 이용한 것이다.

정답 59 ② 60 ③

### 4과목 | 열설비재료 및 관계법규

1회독 시간 :    점수 :
2회독 시간 :    점수 :
3회독 시간 :    점수 :

## 61 ★★★
다음 중 중성 내화물에 속하는 것은?

① 납석질 내화물
② 고알루미나질 내화물
③ 반규석질 내화물
④ 샤모트질 내화물

**해설**

중성 내화물
- 산성 내화물 : 규석질, 납석질, 샤모트질, 점토질
- 중성 내화물 : 고알루미나질, 탄화규소질, 탄소질, 크롬질
- 염기성 내화물 : 마그네시아질, 마그네시아-크롬질, 돌로마이트질, 포스테라이트질

## 62 ★
「에너지이용합리화법령」상 검사대상기기에 대한 검사의 종류가 아닌 것은?

① 계속사용검사    ② 개방검사
③ 개조검사        ④ 설치장소 변경검사

**해설**

검사대상기기검사의 종류
- 설치검사        • 계속사용검사
- 개조검사        • 재사용검사
- 설치장소 변경검사

## 63 ★★★
「에너지이용합리화법령」상 규정된 특정열사용기자재 품목이 아닌 것은?

① 축열식 전기보일러    ② 태양열 집열기
③ 철금속 가열로        ④ 용광로

**해설**

특정열사용기자재 품목
용광로는 특정열사용기자재 품목이 아니다. 금속요로 중 용선로, 비철금속용융로, 금속소둔로, 금속균열로 등이 특정열사용기자재 품목에 속한다.

## 64 ★
회전가마(Rotary Kiln)에 대한 설명으로 틀린 것은?

① 일반적으로 시멘트, 석회석 등의 소성에 사용된다.
② 온도에 따라 소성대, 가소대, 예열대, 건조대 등으로 구분된다.
③ 소성대에는 황산염이 함유된 클링커가 용융되어 내화벽돌을 침식시킨다.
④ 시멘트 클링커의 제조방법에 따라 건식법, 습식법, 반건식법으로 분류된다.

**해설**

회전가마
소성대에서는 초고온 염기성 내화벽돌을 사용하므로 시멘트 원료가 1450[℃] 정도에서 소결용융반응이 일어나기 때문에 이러한 부위의 벽돌은 주로 염기성 성질(시멘트광물)에 의해 코팅되고 있어서 침식에 강하다.

**정답** 61 ② 62 ② 63 ④ 64 ③

## 65 ★★

「에너지이용합리화법령」상 검사대상기기관리자를 해임한 경우 한국에너지공단 이사장에게 그 사유가 발생한 날부터 신고해야 하는 기간은 며칠 이내인가? (단, 국방부장관이 관장하고 있는 검사대상기기관리자는 제외한다)

① 7일
② 10일
③ 20일
④ 30일

**해설**

해임신고 기간
검사대상기기관리자를 해임할 경우 한국에너지공단 이사장에게 그 사유가 발생한 날부터 30일 이내에 신고해야 한다(국방부장관이 관장하고 있는 검사대상기기관리자는 제외한다).

## 66 ★

강관이음방법이 아닌 것은?

① 나사이음
② 용접이음
③ 플랜지이음
④ 플레어이음

**해설**

강관이음(접합)방법
- 나사이음
- 용접이음
- 플랜지이음

## 67 ★★★

다이어프램밸브(Diaphragm Valve)의 특징이 아닌 것은?

① 유체의 흐름이 주는 영향이 비교적 적다.
② 기밀을 유지하기 위한 패킹이 불필요하다.
③ 주된 용도가 유체의 역류를 방지하기 위한 것이다.
④ 산 등의 화학 약품을 차단하는 데 사용하는 밸브이다.

**해설**

다이어프램밸브
주된 용도가 유체의 역류를 방지하기 위한 밸브는 체크밸브이다.

## 68 ★★★

연속가마, 반연속가마, 불연속가마의 구분방식은 어떤 것인가?

① 온도 상승속도
② 사용목적
③ 조업방식
④ 전열방식

**해설**

조업방식에 따른 구분
연속가마, 반연속가마, 불연속가마

정답  65 ④  66 ④  67 ③  68 ③

## 69 ★★★

다음 보온재 중 최고 안전 사용온도가 가장 낮은 것은?

① 유리섬유
② 규조토
③ 우레탄 폼
④ 펄라이트

> 해설

최고 안전 사용온도 낮은 보온재
주로 펠트류, 폼류이다.

## 70 ★★

윤요(Ring Kiln)에 대한 일반적인 설명으로 옳은 것은?

① 종이 칸막이가 있다.
② 열효율이 나쁘다.
③ 소성이 균일하다.
④ 석회소성용으로 사용된다.

> 해설

윤요(Ring Kiln)
- 12~18개의 소성실에 설치한 구조로 종이 칸막이를 옮겨가며 연속적으로 가마내기 및 재임이 가능하다.
- 건축자재의 소성가마로 이용된다.
- 가마의 길이는 보통 80 [m] 정도이다.
- 배기가스의 현열을 이용하여 제품을 예열시킨다.
- 소성된 제품이 갖는 현열을 이용하여 연소용 2차 공기를 예열한다.

## 71 ★

「에너지이용합리화법령」상 에너지절약전문기업의 사업이 아닌 것은?

① 에너지사용시설의 에너지절약을 위한 관리·용역사업
② 에너지절약형 시설투자에 관한 사업
③ 신에너지 및 재생에너지원의 개발 및 보급 사업
④ 에너지절약 활동 및 성과에 대한 금융상·세제상의 지원

> 해설

에너지절약전문기업의 사업
에너지절약 활동 및 성과에 대한 금융상·세제상 지원은 에너지절약전문기업의 사업에 속하지 않는다.

## 72 ★

「에너지이용합리화법령」상 검사대상기기의 계속사용검사 유효기간 만료일이 9월 1일 이후인 경우 계속사용검사를 연기할 수 있는 기간 기준은 몇 개월 이내인가?

① 2개월
② 4개월
③ 6개월
④ 10개월

> 해설

연기할 수 있는 기간
계속사용검사를 연기할 수 있는 기간의 기준은 만료일 이후 4개월 이내로 한다.

정답 69 ③ 70 ① 71 ④ 72 ②

## 73 ★★

「에너지이용합리화법」에 따라 에너지이용합리화에 관한 기본계획사항에 포함되지 않는 것은?

① 에너지절약형 경제구조로의 전환
② 에너지이용합리화를 위한 기술개발
③ 열사용기자재의 안전관리
④ 국가에너지정책목표를 달성하기 위하여 대통령령으로 정하는 사항

**해설**

에너지이용합리화에 관한 기본계획
- 에너지절약형 경제구조로의 전환
- 에너지이용효율의 증대
- 에너지이용합리화를 위한 기술개발
- 에너지이용합리화를 위한 홍보 및 교육
- 에너지원 간 대체
- 열사용기자재의 안전관리
- 에너지이용합리화를 위한 가격예시제의 시행에 관한 사항
- 에너지의 합리적인 이용을 통한 온실가스의 배출을 줄이기 위한 대책
- 그 밖에 에너지이용합리화를 추진하기 위하여 필요한 사항

## 74 ★

「에너지이용합리화법령」상 시공업단체에 대한 설명으로 틀린 것은?

① 시공업자는 산업통상자원부장관의 인가를 받아 시공업자단체를 설립할 수 있다.
② 시공업자단체는 개인으로 한다.
③ 시공업자는 시공업자단체에 가입할 수 있다.
④ 시공업자단체는 시공업에 관한 사업을 정부에 건의할 수 있다.

**해설**

시공업단체
시공업단체는 법인으로 한다.

## 75 ★★★

「에너지이용합리화법령」상 검사대상기기에 해당되지 않는 것은?

① 2종 관류보일러
② 정격용량이 1.2 [MW]인 철금속가열로
③ 도시가스 사용량이 300 [W]인 소형 온수보일러
④ 최고사용압력이 0.3 [MPa], 내부 부피가 0.04 [$m^3$]인 2종 압력용기

정답 73 ④　74 ②　75 ①

## 해설

검사대상기기

| 구분 | 검사대상 기기 | 적용범위 |
|---|---|---|
| 보일러 | 강철제 보일러, 주철제 보일러 | 다음 각 호의 어느 하나에 해당하는 것은 제외한다. <br> 1. 최고사용압력이 0.1 [MPa] 이하이고, 동체의 안지름이 300밀리미터 이하이며, 길이가 600밀리미터 이하인 것 <br> 2. 최고사용압력이 0.1 [MPa] 이하이고, 전열면적이 5제곱미터 이하인 것 <br> 3. 2종 관류보일러 <br> 4. 온수를 발생시키는 보일러로서 대기개방형인 것 |
| | 소형 온수 보일러 | 가스를 사용하는 것으로서 가스사용량이 17 [kg/h](도시가스는 232.6킬로와트)를 초과하는 것 |
| | 캐스케이드 보일러 | 별표 1에 따른 캐스케이드보일러의 적용범위에 따른다. |
| 압력 용기 | 1종 압력용기, 2종 압력용기 | 별표 1에 따른 압력용기의 적용범위에 따른다. |
| 요로 | 철금속 가열로 | 정격용량이 0.58 [MW]를 초과하는 것 |
| 2종 압력 용기 | | 최고사용압력이 0.2 [MPa]를 초과하는 기체를 그 안에 보유하는 용기로서 다음 각 호의 어느 하나에 해당하는 것 <br> 1. 내부 부피가 0.04세제곱미터 이상인 것 <br> 2. 동체의 안지름이 200밀리미터 이상(증기 헤더의 경우에는 동체의 안지름이 300밀리미터 초과)이고, 그 길이가 1천 밀리미터 이상인 것 |

## 76 ★★★

두께 230 [mm]의 내화벽돌이 있다. 내면의 온도가 320 [℃]이고 외면의 온도가 150 [℃]일 때 이 벽면 10 [m²]에서 손실되는 열량[W]은? (단, 내화벽돌의 열전도율은 0.96 [W/m·℃]이다)

① 710
② 1632
③ 7096
④ 14391

### 해설

열손실량

$$q = KA\Delta t = \frac{\lambda}{L}A\Delta t = \frac{0.96}{0.23} \times 10 \times (320 - 150)$$

$$\fallingdotseq 7096 \,[W]$$

## 77 ★★

「에너지법령」상 에너지원별 에너지열량 환산기준으로 총발열량이 가장 낮은 연료는? (단, 1 [L] 기준이다)

① 윤활유
② 항공유
③ B - C유
④ 휘발유

### 해설

발열량

천연가스(LNG) > 벙커씨(B - C)유 > 윤활유 > 항공유 > 휘발유

## 78 ★★
보온재의 구비조건으로 가장 거리가 먼 것은?

① 밀도가 작을 것
② 열전도율이 작을 것
③ 재료가 부드러울 것
④ 내열, 내약품성이 있을 것

**해설**

보온재의 구비조건
보온재는 기계적 강도와 내구성을 고려하여 선택한다.

## 79 ★★
「에너지이용합리화법령」상 연간 에너지사용량이 20만 티오이 이상인 에너지다소비사업자의 사업장이 받아야 하는 에너지진단주기는 몇 년인가? (단, 에너지진단은 전체진단이다)

① 3
② 4
③ 5
④ 6

**해설**

에너지 진단주기

| 연간 에너지 사용량 | 에너지 진단주기 |
|---|---|
| 20만 [TOE] 이상 | 전체진단 : 5년<br>부분진단 : 3년 |
| 20만 [TOE] 미만 | 5년 |

## 80 ★
감압밸브에 대한 설명으로 틀린 것은?

① 작동방식에는 직동식과 파일럿식이 있다.
② 증기용 감압밸브의 유입 측에는 안전밸브를 설치하여야 한다.
③ 감압밸브를 설치할 때는 직관부를 호칭경의 10배 이상으로 하는 것이 좋다.
④ 감압밸브를 2단으로 설치할 경우에는 1단의 설정압력을 2단보다 높게 하는 것이 좋다.

**해설**

감압밸브
증기용 감압밸브는 유입 측에 조절나사로 조절하고 출구의 압력을 원하는 압력으로 낮춰주는 역할을 한다. 고압관과 저압관 사이에 설치하는 증기용 감압밸브의 출구 측에는 안전밸브를 설치해야 한다.

**정답** 78 ③ 79 ③ 80 ②

**5과목** 열설비설계

### 81 ★

epm(equivalents per million)에 대한 설명으로 옳은 것은?

① 물 1 [L]에 함유되어 있는 불순물의 양을 mg으로 나타낸 것
② 물 1톤에 함유되어 있는 불순물의 양을 mg으로 나타낸 것
③ 물 1 [L] 중에 용해되어 있는 물질을 mg당량수로 나타낸 것
④ 물 1 [gallon] 중에 함유된 grain의 양을 나타낸 것

**해설**

epm(equivalents per million)
epm이란 물 1 [L] 중에 용해되어 있는 물질을 mg 당량수로 나타낸 것이다.

### 82 ★

증기트랩장치에 관한 설명으로 옳은 것은?

① 증기관의 도중이나 상단에 설치하여 압력의 급상승 또는 급히 물이 들어가는 경우 다른 곳으로 빼내는 장치이다.
② 증기관의 도중이나 말단에 설치하여 증기의 일부가 응축되어 고여 있을 때 자동적으로 빼내는 장치이다.
③ 보일러 동에 설치하여 드레인을 빼내는 장치이다.
④ 증기관의 도중이나 말단에 설치하여 증기를 함유한 침전물을 분리시키는 장치이다.

**해설**

증기트랩장치
증기트랩은 증기관의 도중이나 말단에 설치하여 증기의 일부가 응축되어 고여 있을 때 응축수를 자동으로 빼내는 장치이다. 수격 방지 작용을 하는 역할도 한다.

### 83 ★★★

저온 부식의 방지방법이 아닌 것은?

① 과잉공기를 적게 하여 연소한다.
② 발열량이 높은 황분을 사용한다.
③ 연료첨가제(수산화마그네슘)를 이용하여 노점온도를 낮춘다.
④ 연소배기가스의 온도가 너무 낮지 않게 한다.

**정답** 81 ③ 82 ② 83 ②

### 해설

**저온 부식 방지방법**
- 과잉공기를 적게 하여 연소한다.
- 연료첨가제를 이용하여 노점온도를 낮춘다.
- 연도 배기가스의 온도가 너무 낮지 않게 한다.

## 84 ★★

급수처리에서 양질의 급수를 얻을 수 있으나 비용이 많이 들어 보급수의 양이 적은 보일러 또는 선박보일러에서 해수로부터 정수(Pure Water)를 얻고자 할 때 주로 사용하는 급수처리방법은?

① 증류법  ② 여과법
③ 석회소다법  ④ 이온교환법

### 해설

**증류법**
액체를 가열하여 기체로 만들어 두었다가 그것을 냉각시켜 다시 액체로 만드는 방법으로, 보급수량이 적은 보일러 또는 선박보일러에서 정수를 얻고자 할 때 주로 사용하는 급수처리방법이다.

## 85 ★

보일러 설치·시공 기준상 대형 보일러를 옥내에 설치할 때 보일러 동체 최상부에서 보일러실 상부에 있는 구조물까지의 거리는 얼마 이상이어야 하는가? (단, 주철제 보일러는 제외한다)

① 60 [cm]  ② 1 [m]
③ 1.2 [m]  ④ 1.5 [m]

### 해설

**보일러 설치·시공 기준**
열사용기자재의 검사 및 검사면제에 관한 기준
22.1.1 옥내설치
보일러를 옥내에 설치하는 경우 보일러 동체 최상부로부터(보일러의 검사 및 취급에 지장이 없도록 작업대를 설치한 경우에는 작업대로부터) 천정, 배관 등 보일러 상부에 있는 구조물까지의 거리는 1.2 [m] 이상이어야 한다. 다만 소형보일러 및 주철제 보일러의 경우에는 0.6 [m] 이상으로 할 수 있다.

## 86 ★★★

보일러에 설치된 과열기의 역할로 틀린 것은?

① 포화증기의 압력증가
② 마찰 저항 감소 및 관내 부식 방지
③ 엔탈피 증가로 증기소비량 감소효과
④ 과열증기를 만들어 터빈의 효율 증대

### 해설

**과열기의 역할**
포화증기를 일정한 압력 상태에서 온도만을 높여 과열증기로 만드는 장치이다.

정답  84 ①  85 ③  86 ①

## 87 ★★★

지름이 d[cm], 두께가 t[cm]인 얇은 두께의 밀폐된 원통 안에 압력 P[MPa]가 작용할 때 원통에 발생하는 원주방향의 인장응력[MPa]을 구하는 식은?

① $\dfrac{\pi dP}{2t}$

② $\dfrac{\pi dP}{4t}$

③ $\dfrac{dP}{2t}$

④ $\dfrac{dP}{4t}$

### 해설

원주방향 인장응력

- 원주방향 응력 : $\sigma = \dfrac{dP}{2t} = \dfrac{rP}{t}$
- 축방향 응력 : $\sigma = \dfrac{dP}{4t} = \dfrac{rP}{2t}$

## 88 ★★

일반적으로 리벳이음과 비교할 때 용접이음의 장점으로 옳은 것은?

① 이음효율이 좋다.
② 잔류응력이 발생되지 않는다.
③ 진동에 대한 감쇠력이 높다.
④ 응력집중에 대하여 민감하지 않다.

### 해설

리벳이음과 비교 시 용접이음의 장점
① 이음효율이 좋다.
② 잔류응력이 발생한다.
③ 진동에 대한 감쇠력이 낮다.
④ 응력집중에 대하여 민감하다.

## 89 ★

보일러 설치검사 기준에 대한 사항 중 틀린 것은?

① 5 [t/h] 이하의 유류 보일러의 배기가스 온도는 정격 부하에서 상온과의 차가 300 [℃] 이하이어야 한다.
② 저수위안전장치는 사고를 방지하기 위해 먼저 연료를 차단한 후 경보를 울리게 해야 한다.
③ 수입보일러의 설치검사의 경우 수압시험은 필요하다.
④ 수압시험 시 공기를 빼고 물을 채운 후 천천히 압력을 가하여 규정된 시험 수압에 도달된 후 30분이 경과된 뒤에 검사를 실시하여 검사가 끝날 때까지 그 상태를 유지한다.

### 해설

설치검사 기준
저수위안전장치는 온수의 온도만큼 냉수가 공급되어야 하는데 그렇지 않은 경우 경보가 울리며 자동으로 멈춘다. 이때 우선 가스연료를 차단하고 경고 램프를 켜야 한다.

정답 ● 87 ③  88 ①  89 ②

## 90 ★★

열사용기자재의 검사 및 검사면제에 관한 기준상 보일러 동체의 최소 두께로 틀린 것은?

① 안지름이 900 [mm] 이하의 것 : 6 [mm] (단, 스테이를 부착할 경우)
② 안지름이 900 [mm] 초과 1350 [mm] 이하의 것 : 8 [mm]
③ 안지름이 1350 [mm] 초과 1850 [mm] 이하의 것 : 10 [mm]
④ 안지름이 1850 [mm] 초과하는 것 : 12 [mm]

**해설**

보일러 동체의 최소 두께
열사용기자재의 검사 및 검사면제에 관한 기준
4.1 동체 두께의 제한
동체의 최소두께는 다음의 값 이상이어야 한다.
(1) 안지름 900 [mm] 이하인 것은 6 [mm]. 다만 스테이를 부착하는 경우는 8 [mm]
(2) 안지름 900 [mm]를 초과하고, 1350 [mm] 이하인 것은 8 [mm]
(3) 안지름 1350 [mm]를 초과하고, 1850 [mm] 이하인 것은 10 [mm]
(4) 안지름 1850 [mm]를 초과하는 것은 12 [mm]

## 91 ★★★

노통보일러 중 원통형의 노통이 2개 설치된 보일러를 무엇이라고 하는가?

① 라몬트보일러
② 바브콕보일러
③ 다우섬보일러
④ 랭커셔보일러

**해설**

랭커셔보일러
노통보일러 중 노통이 2개 설치된 보일러

## 92 ★★★

급수온도 20 [℃]인 보일러에서 증기압력이 1 [MPa]이며 이때 온도 300 [℃]의 증기가 1 [t/h]씩 발생될 때 상당증발량은 약 몇 [kg/h]인가? (단, 증기압력 1 [MPa]에 대한 300 [℃]의 증기 엔탈피는 3052 [kJ/kg], 20 [℃]에 대한 급수 엔탈피는 83 [kJ/kg]이다)

① 1315
② 1565
③ 1895
④ 2325

**해설**

상당증발량
$$G_e = \frac{G(h_2 - h_1)}{2256} = \frac{1000 \times (3052 - 83)}{2256} = 1315$$

## 93 ★★

전열면에 비등 기포가 생겨 열유속이 급격하게 증대하며, 가열면상에 서로 다른 기포의 발생이 나타나는 비등 과정을 무엇이라고 하는가?

① 단상액체 자연대류
② 핵비등
③ 천이비등
④ 포밍

정답: 90 ④  91 ④  92 ①  93 ②

### 해설

**핵비등**

전열면에 비등기포가 생겨 열유속이 급격하게 증대하며, 가열면상에 다른 기포의 발생이 나타나는 비등 과정

## 94 ★

고압 증기터빈에서 팽창되어 압력이 저하된 증기를 가열하는 보일러의 부속장치는?

① 재열기  ② 과열기
③ 절탄기  ④ 공기예열기

### 해설

**재열기**

고압 증기터빈에서 팽창되어 압력이 저하된 증기를 가열하는 보일러 부속장치는 재열기다.

## 95 ★

보일러 슬러지 중에 염화마그네슘이 용존되어 있을 경우 180 [℃] 이상에서 강의 부식을 방지하기 위한 적정 pH는?

① 5.2 ± 0.7  ② 7.2 ± 0.7
③ 9.2 ± 0.7  ④ 11.2 ± 0.7

### 해설

**적정 pH**

보일러 슬러지 중 염화마그네슘이 용존되어 있을 경우 180 [℃] 이상에서 강의 부식을 방지하기 위한 수소이온 농도지수는 11.2 ± 0.7이다.

## 96 ★★★

다음 중 보일러 내처리에 사용하는 pH 조정제가 아닌 것은?

① 수산화나트륨
② 탄닌
③ 암모니아
④ 제3인산나트륨

### 해설

**pH조정제**
- 염기로 조정 : 암모니아, 수산화나트륨, 제3인산나트륨
- 산으로 조정 : 인산, 황산

※ 탄닌은 슬러지 조정제(탄닌, 라그린, 녹말)이다.

## 97 ★★

소용량 주철제 보일러에 대한 설명에서 ( ) 안에 들어갈 내용으로 옳은 것은?

> 소용량 주철제 보일러는 주철제 보일러 중 전열면적이 ( ㉠ ) [m²] 이하이고 최고사용압력이 ( ㉡ ) [MPa] 이하인 보일러다.

① ㉠ 4, ㉡ 0.1
② ㉠ 5, ㉡ 0.1
③ ㉠ 4, ㉡ 0.5
④ ㉠ 5, ㉡ 0.5

### 해설

**소용량 주철제 보일러**

소용량 주철제 보일러는 주철제 보일러 중 전열면적이 5 [m²] 이하이고 최고사용압력이 0.1 [MPa] 이하인 보일러이다.

정답 ● 94 ① 95 ④ 96 ② 97 ②

## 98 ★★★

외경 30 [mm], 벽 두께 2 [mm]의 관 내측과 외측의 열전달계수는 모두 3000 [W/m²·K]이다. 관 내부온도가 외부보다 30 [℃]만큼 높고, 관의 열전도율이 100 [W/m·K]일 때 관의 단위길이당 열손실량은 약 몇 [W/m]인가?

① 2979
② 3324
③ 3824
④ 4174

**해설**

열손실량

$$k = \frac{1}{R} = \frac{1}{\frac{1}{\alpha} + \frac{l}{\lambda} + \frac{1}{\alpha}} = \frac{1}{\frac{1}{3,000} + \frac{0.002}{100} + \frac{1}{3,000}}$$

$$= 1456.31$$

$$Q = k \times \frac{(r_o - r_i) 2\pi \Delta t}{\ln\left(\frac{r_o}{r_i}\right)} = \frac{1456.31 \times 0.002 \times 2\pi \times 30}{\ln\left(\frac{15}{13}\right)}$$

$$= 3837 \, [W/m]$$

## 99 ★★★

다음 그림과 같은 V형 용접이음의 인장응력($\sigma$)을 구하는 식은?

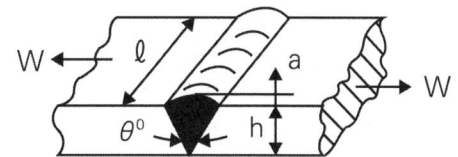

① $\sigma = \dfrac{W}{hl}$

② $\sigma = \dfrac{2W}{hl}$

③ $\sigma = \dfrac{W}{ha}$

④ $\sigma = \dfrac{W}{2hl}$

**해설**

인장응력

$$\sigma = \frac{W}{hl}$$

정답 98 ③  99 ①

## 100 ★★

대향류 열교환기에서 고온 유체의 온도는 $T_{H1}$에서 $T_{H2}$로, 저온 유체의 온도는 $T_{C1}$에서 $T_{C2}$로 열교환에 의해 변화된다. 열교환기의 대수평균온도차(LMTD)를 옳게 나타낸 것은?

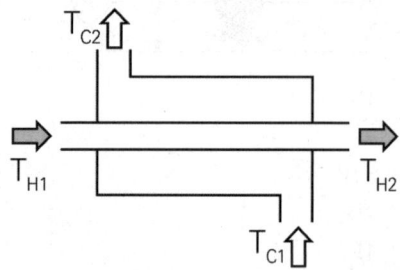

① $\dfrac{T_{H1} - T_{H2} + T_{C2} - T_{C1}}{\ln\left(\dfrac{T_{H1} - T_{C1}}{T_{H2} - T_{C2}}\right)}$

② $\dfrac{T_{H1} + T_{H2} - T_{C2} - T_{C1}}{\ln\left(\dfrac{T_{H1} - T_{H2}}{T_{C2} - T_{C1}}\right)}$

③ $\dfrac{T_{H2} - T_{H1} + T_{C2} - T_{C1}}{\ln\left(\dfrac{T_{H1} - T_{C2}}{T_{H2} - T_{C1}}\right)}$

④ $\dfrac{T_{H1} - T_{H2} + T_{C1} - T_{C2}}{\ln\left(\dfrac{T_{H1} - T_{C2}}{T_{H2} - T_{C1}}\right)}$

**해설**

LMTD

$= \dfrac{\Delta t_1 - \Delta t_2}{\ln \dfrac{\Delta t_1}{\Delta t_2}} = \dfrac{T_{H1} - T_{H2} + T_{C1} - T_{C2}}{\ln\left(\dfrac{T_{H1} - T_{C2}}{T_{H2} - T_{C1}}\right)}$

$\Delta t_1 = T_{H1} - T_{C2}$

$\Delta t_2 = T_{H2} - T_{C1}$

정답 100 ④

# 2022 제2회

**1과목** 연소공학

## 01 ★★

세정 집진장치의 입자 포집원리에 대한 설명으로 틀린 것은?

① 액적에 입자가 충돌하여 부착한다.
② 입자를 핵으로 한 증기의 응결에 의하여 응집성을 증가시킨다.
③ 미립자의 확산에 의하여 액적과의 접촉을 좋게 한다.
④ 배기의 습도 감소에 의하여 입자가 서로 응집한다.

**해설**

입자 포집원리

- 습식 집진장치는 가스를 세정액 또는 액막에 충돌시키거나 접촉시켜 분진을 포집한다.
- 세정집진장치는 확산력과 관성력이 주된 방식으로 배기의 습도 증가에 의해 입자가 서로 응집한다.

## 02 ★★

저위발열량 93766 [kJ/Nm³]의 $C_3H_8$을 공기비 1.2로 연소시킬 때 이론 연소온도는 약 몇 [K]인가? (단, 배기가스의 평균비열은 1.653 [kJ/Nm³·K]이고 다른 조건은 무시한다)

① 1656
② 1756
③ 1856
④ 1956

**해설**

이론 연소온도

$H_\ell = GC_m \Delta t_g$

$\Delta t_g = \dfrac{H_\ell}{GC_m} = \dfrac{93,766}{30.57 \times 1.653} ≒ 1856 [K]$

※ $C_3H_8 + 5O_2 \rightarrow 3CO_2 + 4H_2O$

※ G(연소가스량)
$= (m - 0.21)A_o + 생성된 CO_2 + 생성된 H_2O$
$= (1.2 - 0.21) \times \dfrac{5}{0.21} + 3 + 4 = 30.57$

## 03 ★★★

탄소(C) 84 [w%], 수소(H) 12 [w%], 수분 4 [w%]의 중량조성을 갖는 액체연료에서 수분을 완전히 제거한 다음 1시간당 5 [kg]을 완전 연소시키는 데 필요한 이론공기량은 약 몇 [Nm³/h]인가?

① 55.6
② 65.8
③ 73.5
④ 89.2

**정답** 01 ④ 02 ③ 03 ①

### 해설

**이론공기량**

액체연료에 포함되어 있던 수분(W) 4 [%]를 제거한 다음 연료1 [kg] 중에는

$$C = \frac{84}{84+12} = 0.875\ [kg]$$

$$H = \frac{12}{84+12} = 0.125\ [kg]$$

$$A_o = \frac{O_o}{0.21} \times 5\ [Nm^3/h]$$

$$= \frac{1.867C + 5.6H}{0.21} \times 5$$

$$= \frac{1.867 \times 0.875 + 0.56 \times 0.125}{0.21} \times 5$$

$$\fallingdotseq 55.6\ [Nm^3/h]$$

---

### 04 ★

다음 체적비[%]의 코크스로 가스 1 [Nm³]를 완전 연소시키기 위하여 필요한 이론공기량은 약 몇 [Nm³]인가?

| | |
|---|---|
| • $CO_2$ : 2.1 | • $C_2H_4$ : 3.4 |
| • $O_2$ : 0.1 | • $N_2$ : 3.3 |
| • $CO$ : 6.6 | • $CH_4$ : 32.5 |
| • $H_2$ : 52.0 | |

① 0.97  ② 2.97
③ 4.97  ④ 6.97

### 해설

**이론공기량**

$$A_o = \frac{O_o}{0.21}$$

$$= \frac{0.5 \times CO + 0.5 \times H_2 + 2 \times CH_4 + 3 \times C_2H_4 - O_2}{0.21}$$

$$= \frac{0.5 \times 0.066 + 0.5 \times 0.52 + 2 \times 0.325 + 3 \times 0.034 - 0.001}{0.21}$$

$$\fallingdotseq 4.97\ [Nm^3]$$

---

### 05 ★★★

표준 상태에서 메테인 1 [mol]이 연소할 때 고위발열량과 저위발열량의 차이는 약 몇 [kJ]인가? (단, 물의 증발잠열은 44 [kJ/mol]이다)

① 42
② 68
③ 76
④ 88

### 해설

고위발열량과 저위발열량의 차이

$$CH_4 + 2O_2 \rightarrow CO_2 + 2H_2O$$

고위발열량 - 저위발열량
= 물의 증발잠열 × 몰수
= 44 × 2 = 88

---

### 06 ★★

가연성 혼합가스의 폭발한계 측정에 영향을 주는 요소로 가장 거리가 먼 것은?

① 온도
② 산소 농도
③ 점화에너지
④ 용기의 두께

### 해설

**폭발한계 측정에 영향을 주는 요소**
가연성 혼합가스의 폭발한계 측정에 영향을 주는 요소 : 온도, 산소 농도, 점화에너지

---

정답  04 ③  05 ④  06 ④

## 07 ★

가스폭발 위험장소의 분류에 속하지 않은 것은?

① 제0종 위험장소   ② 제1종 위험장소
③ 제2종 위험장소   ④ 제3종 위험장소

**해설**

가스폭발 위험장소
※ 가스폭발 위험장소 종별
- 폭발성 가스 분위기의 생성빈도와 지속시간을 바탕으로 구분되는 폭발 위험장소는 3가지로 구분한다.
- 제0종 장소 : 폭발성 가스 분위기가 연속적으로 장기간 빈번하게 발생할 수 있는 장소를 말한다.
- 제1종 장소 : 폭발성 가스 분위기가 정상작동 중 주기적 또는 빈번하게 생성되는 장소를 말한다.
- 제2종 장소 : 폭발성 가스 분위기가 정상작동 중 조성되지 않거나, 조성된다 하더라도 짧은 기간에만 지속될 수 있는 장소를 말한다.

## 08 ★

기계분(스토커) 화격자 중 연소하고 있는 석탄의 화층 위에 석탄을 기계적으로 산포하는 방식은?

① 횡입(쇄상)식   ② 상입식
③ 하입식        ④ 계단식

**해설**

상압식 산포방식
기계분(스토커) 화격자 중 연소하고 있는 석탄의 화층 위에 석탄을 기계적으로 산포하는 방식은 상입식(산포식)이다.

## 09 ★★

중유를 연소하여 발생된 가스를 분석하였더니 체적비로 $CO_2$는 14 [%], $O_2$는 7 [%], $N_2$는 79 [%]이었다. 이때 공기비는 약 얼마인가? (단, 연료에 질소는 포함하지 않는다)

① 1.4
② 1.5
③ 1.6
④ 1.7

**해설**

공기비

$$m = \frac{N_2}{N_2 - 3.76 O_2} = \frac{79}{79 - 3.76 \times 7} = 1.5$$

## 10 ★★★

일반적인 천연가스에 대한 설명으로 가장 거리가 먼 것은?

① 주성분은 메테인이다.
② 옥탄가가 높아 자동차 연료로 사용이 가능하다.
③ 프로페인가스보다 무겁다.
④ LNG는 대기압하에서 비등점이 -162 [℃]인 액체이다.

**해설**

천연가스(LNG)
천연가스의 주성분은 메테인($CH_4$)으로 프로페인($C_3H_8$)가스보다 가볍다.

**정답** 07 ④  08 ②  09 ②  10 ③

## 11 ★★★
다음 중 일반적으로 연료가 갖추어야 할 구비 조건이 아닌 것은?

① 연소 시 배출물이 많아야 한다.
② 저장과 운반이 편리해야 한다.
③ 사용 시 위험성이 적어야 한다.
④ 취급이 용이하고 안전하며 무해하여야 한다.

**해설**
연료의 구비조건
연료는 저장과 운반이 편리해야 하며, 위험성이 적고, 취급이 용이하며, 안전하고 무해해야 한다. 그리고 일반적으로 연소 시 배출물이 적어야 한다.

## 12 ★★
코크스의 적정 고온 건류온도[℃]는?

① 500 ~ 600
② 1000 ~ 1200
③ 1500 ~ 1800
④ 2000 ~ 2500

**해설**
코크스의 적정 고온 건류온도
1000 ~ 1200 [℃]

## 13 ★★★
수소 4 [kg]을 과잉공기계수 1.4의 공기로 완전 연소시킬 때 발생하는 연소가스 중의 산소량은 약 몇 [kg]인가?

① 3.20
② 4.48
③ 6.40
④ 12.8

**해설**
산소량
$$H_2 + \frac{1}{2}O_2 \rightarrow H_2O$$
2 : 16 = 4 : x  ∴ x = 32 [kg]
과잉공기계수가 1.4이므로 연소가스 중의 산소량은 32 × 0.4 = 12.8 [kg]이다.

## 14 ★★★
액화석유가스(LPG)의 성질에 대한 설명으로 틀린 것은?

① 인화폭발의 위험성이 크다.
② 상온, 대기압에서는 액체이다.
③ 가스의 비중은 공기보다 무겁다.
④ 기화잠열이 커서 냉각제로도 이용 가능하다.

**해설**
액화석유가스(LPG)
상온, 대기압에서는 기체이다.

## 15 ★★★
다음 대기오염 방지를 위한 집진장치 중 습식 집진장치에 해당하지 않는 것은?

① 백필터
② 충진탑
③ 벤투리 스크러버
④ 사이클론 스크러버

**해설**
습식 집진장치
백필터(여과식)는 건식 집진장치이다.

**정답** 11 ① 12 ② 13 ④ 14 ② 15 ①

## 16 ★★

황(S) 1 [kg]을 이론공기량으로 완전 연소시켰을 때 발생하는 연소가스량은 약 몇 [Nm³]인가?

① 0.70
② 2.00
③ 2.63
④ 3.33

**해설**

이론 연소가스량

$S + O_2 \rightarrow SO_2$

$O_o = \dfrac{22.4}{32} = 0.7\,[Nm^3/kg]$

$A_o = \dfrac{0.7}{0.21} = 3.33\,[Nm^3/kg]$

$G_o = (1-0.21)A_o + $ 생성된 $SO_2$

$= (1-0.21) \times 3.33 + \dfrac{22.4}{32} = 3.33\,[Nm^3/kg]$

## 17 ★★

대도시의 광화학 스모그(Smog) 발생의 원인 물질로 문제가 되는 것은?

① $NO_X$
② He
③ CO
④ $CO_2$

**해설**

스모그(Smog) 발생 원인 물질
질소산화물

## 18 ★★★

기체연료의 일반적인 특징으로 틀린 것은?

① 연소효율이 높다.
② 고온을 얻기 쉽다.
③ 단위용적당 발열량이 크다.
④ 누출되기 쉽고 폭발의 위험성이 크다.

**해설**

기체연료
기체연료는 단위체적(용적)당 발열량이 적다.

## 19 ★★★

다음 반응식으로부터 프로페인 1 [kg]의 발열량은 약 몇 [MJ]인가?

$$C + O_2 \rightarrow CO_2 + 406\,[kJ/mol]$$
$$H_2 + \dfrac{1}{2}O_2 \rightarrow H_2O + 241\,[kJ/mol]$$

① 33.1
② 40.0
③ 49.6
④ 65.8

**해설**

발열량

$C_3H_8 + 5O_2 \rightarrow 3CO_2 + 4H_2O$

프로페인 1 [mol]의 발열량
= 생성물의 생성열의 합
= 3 × 406 + 4 × 241 = 2182 [kJ]

∴ 프로페인 1 [kg]의 발열량
= 2182 ÷ 44 × 1000 = 49590 [kJ]
≒ 49.6 [MJ]

**정답** 16 ④  17 ①  18 ③  19 ③

## 20 ★

석탄, 코크스, 목재 등을 적열 상태로 가열하고, 공기로 불완전 연소시켜 얻는 연료는?

① 천연가스
② 수성 가스
③ 발생로가스
④ 오일가스

**해설**

발생로가스
발생로가스는 석탄, 코크스, 목재 등을 적열 상태로 가열하고 공기로 불완전 연소시켜 얻은 연료이다.

## 2과목 열역학

## 21 ★

다음 중 물의 임계압력에 가장 가까운 값은?

① 1.03 [kPa]
② 100 [kPa]
③ 22 [MPa]
④ 63 [MPa]

**해설**

물의 임계압력
22 [MPa]

## 22 ★★

27 [℃], 100 [kPa]에 있는 이상기체 1 [kg]을 700 [kPa]까지 가역 단열압축하였다. 이때 소요된 일의 크기는 몇 [kJ]인가? (단, 이 기체의 비열비는 1.4, 기체상수는 0.287 [kJ/kg·K]이다)

① 100
② 160
③ 320
④ 400

정답 20 ③ 21 ③ 22 ②

**해설**

이상기체 소요된 일의 크기

$$_1W_2 = \frac{1}{k-1}(P_1V_1 - P_2V_2)$$

$$= \frac{P_1V_1}{k-1}\left[1 - \left(\frac{P_2V_2}{P_1V_1}\right)\right]$$

$$= \frac{mRT_1}{k-1}\left[1 - \left(\frac{T_2}{T_1}\right)\right] = \frac{mRT_1}{k-1}\left[1 - \left(\frac{P_2}{P_1}\right)^{\frac{k-1}{k}}\right]$$

$$= \frac{1 \times 0.287 \times (27+273.15)}{1.4-1}\left[1 - \left(\frac{700}{100}\right)^{\frac{1.4-1}{1.4}}\right]$$

$$= -160\,[kJ]$$

## 23 ★★★

"$PV^n$ = 일정"인 과정에서 밀폐계가 하는 일을 나타낸 것은? (단, P는 압력, V는 부피, n은 상수이며, 첨자 1, 2는 각각 과정 전·후 상태를 나타낸다)

① $P_2V_2 - P_1V_1$

② $\dfrac{P_1V_1 - P_2V_2}{n-1}$

③ $\dfrac{P_2V_2^{n-1} - P_1V_1^{n-1}}{n-1}$

④ $P_1V_1^n(V_2 - V_1)$

**해설**

폴리트로픽 변화 시 절대일

$$_1W_2 = \frac{P_1V_1 - P_2V_2}{n-1}$$

## 24 ★

압력 1 [MPa]인 포화액의 비체적 및 비엔탈피는 각각 0.0012 [m³/kg], 762.8 [kJ/kg]이고, 포화증기의 비체적 및 비엔탈피는 각각 0.1944 [m³/kg], 2778.1 [kJ/kg]이다. 이 압력에서 건도가 0.7인 습증기의 단위질량당 내부에너지는 약 몇 [kJ/kg]인가?

① 2037.1    ② 2173.8
③ 2251.3    ④ 2393.5

**해설**

습증기의 단위질량당 내부에너지

$h'' = u'' + pv''\,[kJ/kg]$

$h' = u' + pv'\,[kJ/kg]$

$(u'' - u')$

$= (h'' - h') - p(v'' - v')$

$= (2778.1 - 762.8) - 1 \times 10^3(0.1944 - 0.0012)$

$= 1822.1\,[kJ/kg]$

$u' = h' - pv' = 762.8 - 1 \times 10^3 \times 0.0012$

$\quad = 761.6\,[kJ/kg]$

$\therefore u_x = u' + x(u'' - u')$

$\quad = 761.6 + 0.7 \times 1822.1 = 2037.07$

**정답** 23 ② 24 ①

## 25 ★

냉동능력을 나타내는 단위로 0 [℃]의 물 1000 [kg]을 24시간 동안에 0 [℃]의 얼음으로 만드는 능력을 무엇이라 하는가?

① 냉동계수  ② 냉동마력
③ 냉동톤  ④ 냉동률

**해설**

냉동톤

냉동톤(1 [RT])이란 0 [℃]의 물 1000 [kg]을 24시간 동안에 0 [℃]의 얼음으로 만드는 능력을 말한다.

1 [RT] = 1000 × 79.68 ÷ 24 [hr]
     = 3320 [kcal/h] = 386 [kW]

## 26 ★  난이도 상

압축비가 5인 오토 사이클기관이 있다. 이 기관이 15 ~ 1500 [℃]의 온도범위에서 작동할 때 최고압력은 약 몇 [kPa]인가? (단, 최저압력은 100 [kPa], 비열비는 1.4이다)

① 3090  ② 2650
③ 1961  ④ 1247

**해설**

오토 사이클

$T_2 = T_1 \epsilon^{k-1} = (15+273) \times 5^{1.4-1} = 548.25 \, [K]$

$P_2 = P_1 \left(\dfrac{V_1}{V_2}\right)^k = P_1 \epsilon^k = 100 \times 5^{1.4} = 952 \, [kPa]$

$P_{max} = P_2 \times \dfrac{T_3}{T_2} = 952 \times \dfrac{1500+273}{548.25}$

≒ 3080 [kPa]

## 27 ★★

온도 30 [℃], 압력 350 [kPa]에서 비체적이 0.449 [m³/kg]인 이상기체의 기체상수는 약 몇 [kJ/kg·K]인가?

① 0.143
② 0.287
③ 0.518
④ 0.842

**해설**

이상기체의 기체상수

Pv = RT

$R = \dfrac{Pv}{T} = \dfrac{350 \times 0.449}{30+273} = 0.518 \, [kJ/kg \cdot K]$

## 28 ★

브레이튼 사이클의 이론 열효율을 높일 수 있는 방법으로 틀린 것은?

① 공기의 비열비를 감소시킨다.
② 터빈에서 배출되는 공기의 온도를 낮춘다.
③ 연소기로 공급되는 공기의 온도를 낮춘다.
④ 공기압축기의 압력비를 증가시킨다.

**해설**

열효율

$\eta_{thb} = 1 - \left(\dfrac{1}{\gamma}\right)^{\frac{k-1}{k}}$

브레이튼 사이클의 열효율을 높이려면 압력비 및 비열비를 증가시켜야 한다.

정답: 25 ③  26 ①  27 ③  28 ①

## 29 ★★★

다음 중 이상적인 랭킨 사이클의 과정으로 옳은 것은?

① 단열압축 → 정적가열 → 단열팽창 → 정압방열
② 단열압축 → 정압가열 → 단열팽창 → 정적방열
③ 단열압축 → 정압가열 → 단열팽창 → 정압방열
④ 단열압축 → 정적가열 → 단열팽창 → 정적방열

**해설**

랭킨 사이클의 과정
단열압축 → 정압가열 → 단열팽창 → 정압방열

## 30 ★★★

열역학 제1법칙을 설명한 것으로 옳은 것은?

① 절대 영도, 즉 0 [K]에는 도달할 수 없다.
② 흡수한 열을 전부 일로 바꿀 수는 없다.
③ 열을 일로 변환할 때 또는 일을 열로 변환할 때 전체 계의 에너지 총량은 변하지 않고 일정하다.
④ 제3의 물체와 열평형에 있는 두 물체는 그들 상호 간에도 열평형에 있으며, 물체의 온도는 서로 같다.

**해설**

열역학 제1법칙
에너지보존의 법칙 : 열을 일로 변환할 때 또는 일을 열로 변환할 때 전체 계의 에너지 총량은 변하지 않고 일정하다.

## 31 ★★★

냉매가 구비해야 할 조건 중 틀린 것은?

① 증발열이 클 것
② 비체적이 작을 것
③ 임계온도가 높을 것
④ 비열비가 클 것

**해설**

냉매 구비조건
냉매는 비열비가 작은 것으로 구비해야 한다.

## 32 ★

성능계수가 4.3인 냉동기가 1시간 동안 30 [MJ]의 열을 흡수한다. 이 냉동기를 작동하기 위한 동력은 약 몇 [kW]인가?

① 0.25
② 1.94
③ 6.24
④ 10.4

**해설**

압축기소비동력

$$\frac{Q_e}{3600\epsilon_R} = \frac{30 \times 10^3}{3600 \times 4.3} \fallingdotseq 1.94\,[kW]$$

**정답** 29 ③  30 ③  31 ④  32 ②

## 33 ★

단열 밀폐되어 있는 탱크 A, B가 밸브로 연결되어 있다. 두 탱크에 들어 있는 공기(이상기체)의 질량은 같고, A탱크의 체적은 B탱크 체적의 2배, A탱크의 압력은 200 [kPa], B탱크의 압력은 100 [kPa]이다. 밸브를 열어서 평형이 이루어진 후 최종 압력은 약 몇 [kPa]인가?

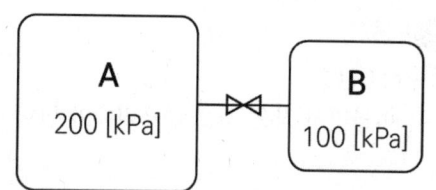

① 120  ② 133
③ 150  ④ 167

**해설**

최종압력

$$P = P_A \frac{V_A}{V} + P_B \frac{V_B}{V} = 200 \times \frac{2}{3} + 100 \times \frac{1}{3}$$
$$≒ 167 \,[kPa]$$

## 34 ★★★

한 과학자가 자기가 만든 열기관이 80 [℃]와 10 [℃] 사이에서 작동하면서 100 [kJ]의 열을 받아 20 [kJ]의 유용한 일을 할 수 있다고 주장한다. 이 주장에 위배되는 열역학 법칙은?

① 열역학 제0법칙
② 열역학 제1법칙
③ 열역학 제2법칙
④ 열역학 제3법칙

**해설**

열역학 제2법칙

$$\eta_c = 1 - \frac{T_2}{T_1} = 1 - \frac{283}{353} = 0.198\,(19.8\,[\%])$$

$$\eta = \frac{W_{net}}{Q_1} = \frac{20}{100} = 0.2\,(20\,[\%])$$

$\eta_c < \eta$ 이므로 열역학 제2법칙에 위배된다.

## 35 ★★★

랭킨 사이클로 작동하는 증기 동력 사이클에서 효율을 높이기 위한 방법으로 거리가 먼 것은?

① 복수기(응축기)에서의 압력을 상승시킨다.
② 터빈 입구의 온도를 높인다.
③ 보일러의 압력을 상승시킨다.
④ 재열 사이클(Reheat Cycle)로 운전한다.

**해설**

랭킨 사이클의 열효율 높이는 방법
배압, 즉 복수기(응축기)에서의 압력을 낮춰야 한다.

## 36 ★★

$CH_4$의 기체상수는 약 몇 [kJ/kg]인가?

① 3.14  ② 1.57
③ 0.83  ④ 0.52

**해설**

기체상수

$$R = \frac{공통기체상수(\overline{R})}{분자량(M)} = \frac{8.314}{16}$$
$$≒ 0.52\,[kJ/kg \cdot K]$$

**정답** 33 ④  34 ③  35 ①  36 ④

## 37 ★★

압력 300 [kPa]인 이상기체 150 [kg]이 있다. 온도를 일정하게 유지하면서 압력을 100 [kPa]로 변화시킬 때 엔트로피 변화는 약 몇 [kJ/K]인가? (단, 기체의 정적비열은 1.735 [kJ/kg·K], 비열비는 1.299이다)

① 62.7　　② 73.1
③ 85.5　　④ 97.2

**해설**

등온 변화 시 엔트로피 변화
$R = C_p - C_v = C_v(k-1)$

$\quad = 1.735 \times (1.299 - 1)$

$\quad ≒ 0.519 \, [kJ/kg \cdot K]$

$\Delta S = \dfrac{\delta Q}{T} = \dfrac{mRT \ln \dfrac{V_2}{V_1}}{T}$

$\quad = mR \ln \dfrac{V_2}{V_1} = mR \ln \dfrac{P_1}{P_2}$

$\quad = 150 \times 0.519 \times \ln \dfrac{300}{100}$

$\quad ≒ 85.53 \, [kJ/K]$

## 38 ★★

밀폐계가 300 [kPa]의 압력을 유지하면서 체적이 0.2 [m³]에서 0.4 [m³]로 증가하였고 이 과정에서 내부에너지는 20 [kJ] 증가하였다. 이때 계가 받은 열량은 약 몇 [kJ]인가?

① 9　　② 80
③ 90　　④ 100

**해설**

열량
$_1W_2 = \int_1^2 PdV = P(V_2 - V_1)$

$\quad = 300 \times (0.4 - 0.2) = 60 \, [kJ]$

$Q = U_2 - U_1 + {_1W_2} = 20 + 60 = 80 \, [kJ]$

## 39 ★

그림에서 이상기체를 A에서 가역적으로 단열 압축시킨 후 정적 과정으로 C까지 냉각시키는 과정에 해당되는 것은?

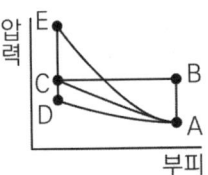

① A - B - C
② A - C
③ A - D - C
④ A - E - C

**해설**

냉각시키는 과정
단열압축(A - E) → 등적냉각(E - C)
∴ A - E - C

정답 ● 37 ③　38 ②　39 ④

## 40 ★

다음 식 중에 이상기체 상태에서의 가역 단열 과정을 나타내는 식으로 옳지 않은 것은? (단, P, T, V, k는 각각 압력, 온도, 부피, 비열비이고, 아래 첨자 1, 2는 과정 전·후를 나타낸다)

① $\dfrac{T_2}{T_1} = \left(\dfrac{V_1}{V_2}\right)^{k-1}$

② $\dfrac{V_1}{V_2} = \left(\dfrac{P_2}{P_1}\right)^{\frac{1}{k}}$

③ $P_1 V_1^k = P_2 V_2^k$

④ $\dfrac{T_2}{T_1} = \left(\dfrac{P_2}{P_1}\right)^{\frac{1-k}{k}}$

**해설**

가역단열 변화의 경우 P, V, T 관계식

$\dfrac{T_2}{T_1} = \left(\dfrac{V_2}{V_1}\right)^{k-1} = \left(\dfrac{P_2}{P_1}\right)^{\frac{k-1}{k}}$

※ $PV^k = c$, $TV^{k-1} = c$, $\dfrac{P^{\frac{k-1}{k}}}{T} = c$

## 3과목 계측방법

1회독 시간 :     점수 :
2회독 시간 :     점수 :
3회독 시간 :     점수 :

## 41 ★

링밸런스식 압력계에 대한 설명으로 옳은 것은?

① 도압관은 가늘고 긴 것이 좋다.
② 측정 대상 유체는 주로 액체이다.
③ 계기를 압력원에 가깝게 설치해야 한다.
④ 부식성 가스나 습기가 많은 곳에서도 정밀도가 좋다.

**해설**

링밸런스식 압력계
계기를 압력원에 가깝게 설치해야 한다.
① 도압관은 짧고 굵은 것이 좋다.
② 측정 대상 유체는 주로 가스이다.
④ 부식성 가스나 습기에 약하다.

## 42 ★★★

다음과 같이 자동제어에서 응답속도를 빠르게 하고 외란에 대해 안정적으로 제어하려 한다. 이때 추가해야 할 제어동작은?

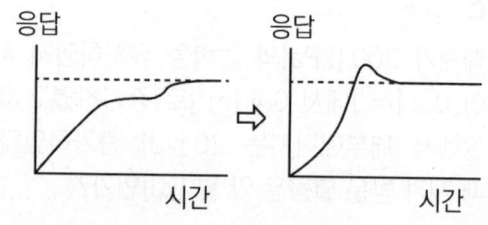

① 다위치동작    ② P동작
③ I동작    ④ D동작

정답 ● 40 ④  41 ③  42 ④

**[해설]**

제어동작
D동작(미분동작)은 응답속도를 빠르게 하고 외란에 대해 안정적으로 제어한다.

## 43 ★★★
가스 온도를 열전대 온도계를 사용하여 측정할 때 주의해야 할 사항이 아닌 것은?

① 열전대는 측정하고자 하는 곳에 정확히 삽입하며 삽입된 구멍에 냉기가 들어가지 않게 한다.
② 주위의 고온체로부터 복사열의 영향으로 인한 오차가 생기지 않도록 해야 한다.
③ 단자와 보상도선의 +, -를 서로 다른 기호끼리 연결하여 감온부의 열팽창에 의한 오차가 발생하지 않도록 한다.
④ 보호관의 선택에 주의한다.

**[해설]**

열전대 온도계 - 주의사항
단자의 +, -를 보상도선의 같은 극끼리인 +, -와 일치하도록 연결해야 한다.

## 44 ★★
다음 중에서 측온 저항체로 사용되지 않는 것은?

① Cu
② Ni
③ Pt
④ Cr

**[해설]**

측온 저항체
• 금속의 저항이 온도에 따라 선형적으로 변화하는 특성을 이용한 온도센서
• 주로 구리(Cu), 니켈(Ni), 백금(Pt)을 사용한다.

## 45 ★★
다음 중 용적식 유량계에 해당하는 것은?

① 오리피스미터
② 습식가스미터
③ 로터미터
④ 피토관

**[해설]**

용적식 유량계
습식, 로터리식, 루츠식, 가스미터식, 오벌식 등이 있다.

## 46 ★★
측정온도범위가 약 0~700[℃] 정도이며, (-) 측이 콘스탄탄으로 구성된 열전대는?

① J형   ② R형
③ K형   ④ S형

**[해설]**

열전대
• J형 : 철 - 콘스탄탄
• R형 : 백금로듐 - 백금
• K형 : 크로멜 - 알루멜
• T형 : 동 - 콘스탄탄

**[정답]** 43 ③  44 ④  45 ②  46 ①

## 47 ★★

측온 저항체에 큰 전류가 흐를 때 줄열에 의해 측정하고자 하는 온도보다 높아지는 현상인 자기가열(自己加熱)현상이 있는 온도계는?

① 열전대 온도계
② 압력식 온도계
③ 서미스터 온도계
④ 광고온계

**해설**

서미스터 온도계
자기가열이 있는 저항식 온도계이다. 온도가 높아질수록 저항이 감소하는 반도체로 절대온도의 제곱에 반비례한다.

## 48 ★

중유를 사용하는 보일러의 배기가스를 오르자트 가스분석계의 가스뷰렛에 시료 가스량을 50 [mL]채취하였다. $CO_2$ 흡수피펫을 통과한 후 가스뷰렛에 남은 시료는 44 [mL]이었고, $O_2$ 흡수피펫에 통과한 후에는 41.8 [mL], CO 흡수피펫에 통과한 후 남은 시료량은 41.4 [mL]이었다. 배기가스 중에 $CO_2$, $O_2$, CO는 각각 몇 [vol%]인가?

① 6, 2.2, 0.4
② 12, 4.4, 0.8
③ 15, 6.4, 1.2
④ 18, 7.4, 1.8

**해설**

흡수피펫 – 배기가스 중의 양

$CO_2 : 50 - 44 = 6 \rightarrow \dfrac{6}{50} \times 100 = 12\,[\%]$

$O_2 : 44 - 41.8 = 2.2 \rightarrow \dfrac{2.2}{50} \times 100 = 4.4\,[\%]$

$CO : 41.8 - 41.4 = 0.4$

$\rightarrow \dfrac{0.4}{50} \times 100 = 0.8\,[\%]$

## 49 ★

세라믹(Ceramic)식 $O_2$계의 세라믹 주원료는?

① $Cr_2O_3$
② Pb
③ $P_2O_5$
④ $ZrO_2$

**해설**

세라믹식 $O_2$계
지르코니아($ZrO_2$)가 주원료이다.

## 50 ★

국제단위계(SI)에서 길이의 설명으로 틀린 것은?

① 기본단위이다.
② 기호는 m이다.
③ 명칭은 미터이다.
④ 소리가 진공에서 1/299792458초 동안 진행한 경로의 길이이다.

**해설**

SI 국제단위계 – 길이
1 [m]는 빛이 진공에서 1/299792458초 동안 진행한 경로의 길이이다.

**정답** 47 ③  48 ②  49 ④  50 ④

## 51 ★

오벌(Oval)식 유량계로 유량을 측정할 때 지시값의 오차 중 히스테리시스 차의 원인이 되는 것은?

① 내부 기어의 마모
② 유체의 압력 및 점성
③ 측정자의 눈의 위치
④ 온도 및 습도

**해설**

히스테리시스 차(Hysteresis Error)의 원인
오벌식 유량계로 유량을 측정할 때 지시값의 오차 중 히스테리시스 차의 원인이 되는 것은 내부 기어의 마모이다.

## 52 ★

다음 중 압전 저항효과를 이용한 압력계는?

① 액주형 압력계
② 아네로이드 압력계
③ 박막식 압력계
④ 스트레인게이지식 압력계

**해설**

압전 저항효과
스트레인 게이지(Strain Gauge)식 압력계는 압전 저항효과를 이용한 압력계이다.

## 53 ★★★

가스분석계에서 연소가스분석 시 비중을 이용하여 가장 측정이 용이한 기체는?

① $NO_2$
② $O_2$
③ $CO_2$
④ $H_2$

**해설**

가스분석계
$CO_2$의 밀도가 공기보다 큰 성질을 이용한다.

## 54 ★

전자유량계에서 안지름이 4 [cm]인 파이프에 3 [L/s]의 액체가 흐르고, 자속밀도 1000 [Gauss]의 평등자계 내에 있다면 이때 검출되는 전압은 약 몇 [mV]인가? (단, 자속분포의 수정 계수는 1이고, 액체의 비중은 1이다)

① 5.5
② 7.5
③ 9.5
④ 11.5

**해설**

전압

$$V = \frac{Q}{A} = \frac{3 \times 10^{-3}}{\frac{\pi}{4} \times 0.04^2} = 2.387 \, [m/s]$$

유도기전력 E
$E = BlV = 0.1 \times 0.04 \times 2.387$
$= 9.548 \times 10^{-3} ≒ 9.5 \, [mV]$

정답 ● 51 ① 52 ④ 53 ③ 54 ③

## 55 ★

액주형 압력계 중 경사관식 압력계의 특징에 대한 설명으로 옳은 것은?

① 일반적으로 U자관보다 정밀도가 낮다.
② 눈금을 확대하여 읽을 수 있는 구조이다.
③ 통풍계로는 사용할 수 없다.
④ 미세압 측정이 불가능하다.

**해설**

액주형 압력계 - 경사관식 압력계
눈금을 확대하여 읽을 수 있는 구조이다.

## 56 ★★★

자동제어에서 비례동작에 대한 설명으로 옳은 것은?

① 조작부를 측정값의 크기에 비례하여 움직이게 하는 것
② 조작부를 편차의 크기에 비례하여 움직이게 하는 것
③ 조작부를 목푯값의 크기에 비례하여 움직이게 하는 것
④ 조작부를 외란의 크기에 비례하여 움직이게 하는 것

**해설**

비례동작
비례동작(P동작)은 조작부를 편차의 크기에 비례하여 움직이게 한다.

## 57 ★★★

흡착제에서 관을 통해 각각 기체의 독자적인 이동속도에 의해 분리시키는 방법으로, $CO_2$, CO, $N_2$, $H_2$, $CH_4$ 등을 모두 분석할 수 있어 분리 능력과 선택성이 우수한 가스분석계는?

① 밀도법
② 기체크로마토그래피법
③ 세라믹법
④ 오르자트법

**해설**

기체크로마토그래피법(가스크로마토그래피법)
흡착제를 충전한 컬럼(분리관)에 시료 가스를 주입하면, 각 성분이 흡착제(고정상)에 대해 가지는 친화력 차이 때문에 이동속도에 차이가 생긴다. 이 차이를 이용해 성분들이 분리되어 검출기로 들어오면서 분석이 이루어진다.
※ 일반적으로 $O_2$, $NO_2$는 분석이 어렵고, 그 외 대부분의 성분가스분석이 가능하다.

## 58 ★

보일러의 자동제어에서 인터록제어의 종류가 아닌 것은?

① 고온도
② 저연소
③ 불착화
④ 압력 초과

**해설**

인터록(Inter Lock)제어
저연소, 압력 초과, 불착화, 저수위, 프리퍼지(Pre-purge)

**정답** 55 ② 56 ② 57 ② 58 ①

## 59 ★★★

광고온계의 특징에 대한 설명으로 옳은 것은?

① 비접촉식 온도 측정법 중 가장 정밀도가 높다.
② 넓은 특정온도(0 ~ 3000 [℃]) 범위를 갖는다.
③ 측정이 자동적으로 이루어져 개인오차가 발생하지 않는다.
④ 방사 온도계에 비하여 방사율에 대한 보정량이 크다.

**해설**

광고온계
비접촉식 온도 측정법 중 가장 정밀도가 높은 온도계이다.
② 700 ~ 3000 [℃] 범위를 갖는다.
③ 수동으로 측정한다.
④ 방사율에 대한 보정량이 적다.

## 60 ★

열전대 온도계의 보호관으로 석영관을 사용하였을 때의 특징으로 틀린 것은?

① 급랭, 급열에 잘 견딘다.
② 기계적 충격에 약하다.
③ 산성에 대하여 약하다.
④ 알칼리에 대하여 약하다.

**해설**

열전대 온도계의 보호관 – 석영관
석영관은 전기 전열성과 내산성이 높다(매우 낮은 열팽창 계수로 열에 의한 파손은 없다).

### 4과목 | 열설비재료 및 관계법규

## 61 ★★

다음은 보일러의 급수밸브 및 체크밸브 설치기준에 관한 설명이다. ( ) 안에 알맞은 것은?

급수밸브 및 체크밸브의 크기는 전열면적 10 [m²] 이하의 보일러에서는 호칭 ( ㉠ ) 이상, 전열면적 10 [m²]를 초과하는 보일러에서는 호칭 ( ㉡ ) 이상이어야 한다.

① ㉠ 5 [A]    ㉡ 10 [A]
② ㉠ 10 [A]   ㉡ 15 [A]
③ ㉠ 15 [A]   ㉡ 20 [A]
④ ㉠ 20 [A]   ㉡ 30 [A]

**해설**

급수밸브 및 체크밸브 설치 기준
급수밸브 및 체크밸브의 크기는 전열면적 10 [m²] 이하의 보일러에는 호칭 15 [A] 이상, 전열면적 10 [m²] 초과의 보일러에는 호칭 20 [A] 이상이어야 한다.

**정답** 59 ① 60 ③ 61 ③

## 62 ★

「에너지이용합리화법령」상 에너지사용계획을 수립하여 산업통상자원부장관에게 제출하여야 하는 공공사업주관자의 설치 시설 기준으로 옳은 것은?

① 연간 2천 5백 티오이 이상의 연료 및 열을 사용하는 시설
② 연간 5천 티오이 이상의 연료 및 열을 사용하는 시설
③ 연간 2천 5백만 킬로와트시 이상의 전력을 사용하는 시설
④ 연간 5천만 킬로와트시 이상의 전력을 사용하는 시설

**해설**

공공사업주관자의 설치 시설 기준
에너지사용계획을 수립하여 산업통상자원부장관에게 제출하여야 하는 공공사업주관자의 설치 시설 기준은 연간 2천 5백 [TOE] 이상의 연료 및 열을 사용하는 시설이다.

## 63 ★★

「에너지이용합리화법령」에 따라 에너지관리산업기사 자격을 가진 자는 관리가 가능하나, 에너지관리기능사 자격을 가진 자는 관리할 수 없는 보일러 용량의 범위는?

① 5 [t/h] 초과 10 [t/h] 이하
② 10 [t/h] 초과 30 [t/h] 이하
③ 20 [t/h] 초과 40 [t/h] 이하
④ 30 [t/h] 초과 60 [t/h] 이하

**해설**

검사대상기기관리자의 자격 및 조종범위

| 관리자의 자격 | 관리범위 |
|---|---|
| 에너지관리기능장 또는 에너지관리기사 | 용량이 30 [t/h]를 초과하는 보일러 |
| 에너지관리기능장, 에너지관리기사 또는 에너지관리산업기사 | 용량이 10 [t/h]를 초과하고 30 [t/h] 이하인 보일러 |
| 에너지관리기능장, 에너지관리기사, 에너지관리산업기사 또는 에너지관리기능사 | 용량이 10 [t/h] 이하인 보일러 |
| 에너지관리기능장, 에너지관리기사, 에너지관리산업기사, 에너지관리기능사 또는 인정검사대상기기관리자의 교육을 이수한 자 | 1. 증기보일러로서 최고사용압력이 1 [MPa] 이하이고, 전열면적이 10 제곱미터 이하인 것<br>2. 온수 발생 및 열매체를 가열하는 보일러로서 용량이 581.5킬로와트 이하인 것<br>3. 압력용기 |

## 64 ★★★

터널가마의 일반적인 특징이 아닌 것은?

① 소성이 균일하여 제품의 품질이 좋다.
② 온도조절의 자동화가 쉽다.
③ 열효율이 좋아 연료비가 절감된다.
④ 사용연료의 제한을 받지 않고 전력소비가 적다.

**해설**

터널가마
연속요로 사용연료의 제한을 받으며, 전력소비도 크다.

정답 62 ① 63 ② 64 ④

## 65 ★
점토질 단열재의 특징으로 틀린 것은?

① 내스폴링성이 작다.
② 노벽이 얇아져서 노의 중량이 적다.
③ 내화재와 단열재의 역할을 동시에 한다.
④ 안전사용온도는 1300~1500[℃] 정도이다.

> **해설**
> 점토질 단열재
> 내스폴링성이 크다.

## 66 ★★★
「에너지이용합리화법령」상 에너지다소비사업자는 산업통상자원부령으로 정하는 바에 따라 에너지사용기자재의 현황을 매년 언제까지 시·도지사에게 신고하여야 하는가?

① 12월 31일까지
② 1월 31일까지
③ 2월 말까지
④ 3월 31일까지

> **해설**
> 에너지사용기자재의 현황 신고 날짜
> 에너지사용기자재의 현황은 매년 1월 31일까지 시·도지사에게 신고해야 한다.

## 67 ★★
글로브밸브(Globe Valve)에 대한 설명으로 틀린 것은?

① 밸브 디스크 모양은 평면형, 반구형, 원뿔형, 반원형이 있다.
② 유체의 흐름방향이 밸브 몸통 내부에서 변한다.
③ 디스크 형상에 따라 앵글밸브, Y형 밸브, 니들밸브 등으로 분류된다.
④ 조작력이 적어 고압의 대구경 밸브에 적합하다.

> **해설**
> 글로브밸브
> 글로브밸브의 개폐 조작력이 상대적으로 크다.

## 68 ★★★
에너지법령에 의한 에너지 총조사는 몇 년 주기로 시행하는가? (단, 간이조사는 제외한다)

① 2년
② 3년
③ 4년
④ 5년

> **해설**
> 에너지 총조사 주기
> 「에너지법」에 의한 에너지 총조사는 3년 주기로 시행한다.

정답 ● 65 ① 66 ② 67 ④ 68 ②

## 69 ★

캐스터블 내화물의 특징이 아닌 것은?

① 소성할 필요가 없다.
② 접합부 없이 노체를 구축할 수 있다.
③ 사용 현장에서 필요한 형상으로 성형할 수 있다.
④ 온도의 변동에 따라 스폴링을 일으키기 쉽다.

**해설**

캐스터블 내화물
잔존수축과 열팽창이 적으므로 온도가 변화해도 스폴링을 일으키지 않는다.

## 70 ★

다음 중 보냉재가 구비해야 할 조건이 아닌 것은?

① 탄력성이 있고 가벼워야 한다.
② 흡수성이 적어야 한다.
③ 열전도율이 적어야 한다.
④ 복사열의 투과에 대한 저항성이 없어야 한다.

**해설**

보냉재 구비조건
보냉재는 복사열에 대한 저항성이 커야 한다.

## 71 ★★

열팽창에 의한 배관의 측면 이동을 구속 또는 제한하는 장치가 아닌 것은?

① 앵커        ② 스토퍼
③ 브레이스    ④ 가이드

**해설**

리스트레인트
앵커, 스토퍼, 가이드
※ 브레이스 : 배관라인에 설치된 각종 펌프, 압축기 등에서 발생하는 진동을 흡수·완화시켜주는 장치로, 밸브 등 급속개폐에 따른 수격작용, 지진 등의 진동을 완화시켜준다.

## 72 ★★★

다음 중 「에너지이용합리화법령」에 따라 에너지다소비사업자에게 에너지관리개선명령을 할 수 있는 경우는?

① 목표원단위보다 과다하게 에너지를 사용하는 경우
② 에너지관리지도 결과 10 [%] 이상의 에너지 효율 개선이 기대되는 경우
③ 에너지 사용실적이 전년도보다 현저히 증가한 경우
④ 에너지사용계획 승인을 얻지 아니한 경우

**해설**

에너지관리개선명령을 할 수 있는 경우
에너지다소비사업자에게 개선명령을 할 수 있는 경우는 에너지관리 지도 결과 10 [%] 이상의 에너지효율 개선이 기대되고 효율개선을 위한 투자의 경제성이 있다고 인정되는 경우이다.

**정답** 69 ④  70 ④  71 ③  72 ②

## 73 ★★

「에너지이용합리화법령」에 따라 에너지사용계획에 대한 검토결과 공공사업주관자가 조치 요청을 받은 경우, 이를 이행하기 위하여 제출하는 이행계획에 포함되어야 할 내용이 아닌 것은? (단, 산업통상자원부장관으로부터 요청 받은 조치의 내용은 제외한다)

① 이행주체
② 이행방법
③ 이행장소
④ 이행시기

**해설**

이행계획에 포함되어야 할 내용
이행주체, 이행방법, 이행시기

## 74 ★★★

도염식 요는 조업방법에 의해 분류할 경우 어떤 형식인가?

① 불연속식
② 반연속식
③ 연속식
④ 불연속식과 연속식의 절충형

**해설**

불연속식 요
도염식, 횡염식, 승염식

## 75 ★★

「에너지이용합리화법」에 따라 산업통상자원부장관이 국내외 에너지 사정의 변동으로 에너지 수급에 중대한 차질이 발생될 경우 수급안정을 위해 취할 수 있는 조치사항이 아닌 것은?

① 에너지의 배급
② 에너지의 비축과 저장
③ 에너지의 양도·양수의 제한 또는 금지
④ 에너지수급의 안정을 위하여 산업통상자원부령으로 정하는 사항

**해설**

비상시 에너지수급계획 수립(수급안정을 위해 취할 조치사항)
1. 국내외 에너지수급의 추이와 전망에 관한 사항
2. 비상시 에너지 소비 절감을 위한 대책에 관한 사항
3. 비상시 비축(備蓄)에너지의 활용 대책에 관한 사항
4. 비상시 에너지의 할당·배급 등 수급조정 대책에 관한 사항
5. 비상시 에너지수급 안정을 위한 국제협력 대책에 관한 사항
6. 비상계획의 효율적 시행을 위한 행정계획에 관한 사항

정답 73 ③ 74 ① 75 ④

## 76 ★★★

「에너지이용합리화법령」에 따라 효율관리기자재의 제조업자는 효율관리시험기관으로부터 측정 결과를 통보받은 날부터 며칠 이내에 그 측정 결과를 한국에너지공단에 신고하여야 하는가?

① 15일  ② 30일
③ 60일  ④ 90일

**해설**

측정결과 신고 기간
제9조(효율관리기자재 측정 결과의 신고)
① 법 제15조 제3항에 따라 효율관리기자재의 제조업자 또는 수입업자는 효율관리시험기관으로부터 측정 결과를 통보받은 날 또는 자체측정을 완료한 날부터 각각 90일 이내에 그 측정 결과를 법 제45조에 따른 한국에너지공단(이하 "공단"이라 한다)에 신고하여야 한다. 이 경우 측정 결과 신고는 해당 효율관리기자재의 출고 또는 통관 전에 모델별로 하여야 한다.

## 77 ★★

「에너지이용합리화법령」에 따라 산업통상자원부장관이 위생 접객업소 등에 에너지사용의 제한 조치를 할 때에는 며칠 이전에 제한 내용을 예고하여야 하는가?

① 7일   ② 10일
③ 15일  ④ 20일

**해설**

에너지사용의 제한조치 제한 내용 예고
산업통상자원부장관이 위생접객업소 등에 에너지사용의 제한 조치를 할 때에는 7일 전에 제한 내용을 예고해야 한다.

## 78 ★★

「에너지이용합리화법」상 에너지다소비사업자의 신고와 관련하여 다음 (   )에 들어갈 수 없는 것은? (단, 대통령령은 제외한다)

산업통상자원부장관 및 시·도지사는 에너지다소비사업자가 신고한 사항을 확인하기 위하여 필요한 경우 (   )에 대하여 에너지다소비사업자에게 공급한 에너지의 공급량 자료를 제출하도록 요구할 수 있다.

① 한국전력공사
② 한국가스공사
③ 한국가스안전공사
④ 한국지역난방공사

**해설**

에너지다소비사업자의 신고
산업통상자원부장관 및 시·도지사는 에너지다소비사업자가 신고한 제1항 각 호의 사항을 확인하기 위하여 필요한 경우 다음 각 호의 어느 하나에 해당하는 자에 대하여 에너지다소비사업자에게 공급한 에너지의 공급량 자료를 제출하도록 요구할 수 있다. 〈신설 2014.1.21.〉
1. 「한국전력공사법」에 따른 한국전력공사
2. 「한국가스공사법」에 따른 한국가스공사
3. 「도시가스사업법」 제2조 제2호에 따른 도시가스사업자
4. 「집단에너지사업법」 제2조 제3호에 따른 사업자 및 같은 법 제29조에 따른 한국지역난방공사
5. 그 밖에 대통령령으로 정하는 에너지공급기관 또는 관리기관

**정답** 76 ④  77 ①  78 ③

## 79 ★★
다음 보온재 중 재질이 유기질 보온재에 속하는 것은?

① 우레탄 폼
② 펄라이트
③ 세라믹 파이버
④ 규산칼슘 보온재

**해설**

유기질 보온재
펠트, 코르크, 기포성 수지(우레탄 폼), 텍스류

## 80 ★
다음 중 제강로가 아닌 것은?

① 고로
② 전로
③ 평로
④ 전기로

**해설**

제강로의 종류
전로, 평로, 전기로

### 5과목  열설비설계

## 81 ★★
급수처리방법 중 화학적 처리방법은?

① 이온교환법
② 가열연화법
③ 증류법
④ 여과법

**해설**

급수처리방법
이온교환법은 화학적 처리방법이다.

## 82 ★★
서로 다른 고체 물질 A, B, C인 3개의 평판이 서로 밀착되어 복합체를 이루고 있다. 정상 상태에서의 온도 분포가 [그림]과 같을 때, 어느 물질의 열전도도가 가장 적은가? (단, 온도 $T_1$ = 1000 [℃], $T_2$ = 800 [℃], $T_3$ = 550 [℃], $T_4$ = 250 [℃]이다)

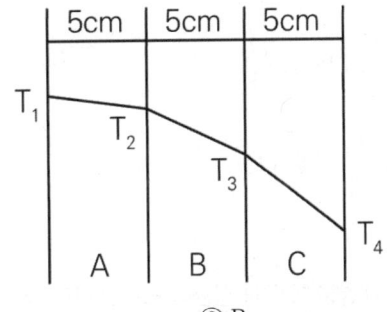

① A
② B
③ C
④ 모두 같다.

**정답** 79 ① 80 ① 81 ① 82 ③

해설
열전도도
C에서의 온도차이가 가장 크므로 열전도도는 가장 작다.

## 83 ★
다음 중 사이폰관이 직접 부착된 장치는?
① 수면계   ② 안전밸브
③ 압력계   ④ 어큐뮬레이터

해설
사이폰관
사이폰관은 고온의 증기가 압력계에 직접 닿는 것을 방지하여, 압력계의 열 손상을 막기 위해 부착한다.

## 84 ★★
파이프 내경 D[mm]를 유량 Q(m³/s)와 평균속도 V(m/s)로 표시한 식으로 옳은 것은?

① $D = 1128\sqrt{\dfrac{Q}{V}}$

② $D = 1128\sqrt{\dfrac{\pi Q}{V}}$

③ $D = 1128\sqrt{\dfrac{Q}{\pi V}}$

④ $D = 1128\sqrt{\dfrac{V}{Q}}$

해설
파이프 내경을 유량과 평균속도로 표시한 식
$D = 1128\sqrt{\dfrac{Q}{V}}$

## 85 ★
수관보일러와 비교한 원통보일러의 특징에 대한 설명으로 틀린 것은?

① 구조상 고압용 및 대용량에 적합하다.
② 구조가 간단하고 취급이 비교적 용이하다.
③ 전열면적당 수부의 크기는 수관보일러에 비해 크다.
④ 형상에 비해서 전열면적이 작고 열효율은 낮은 편이다.

해설
수관보일러와 비교한 원통보일러의 특징
원통형 보일러는 물(증기)이 들어 있는 큰 원통에 연소기체가 지나는 굵은 통(노통)이나 가는 관(연관)이 관통하는 보일러로, 구조가 간단하고 복잡한 제어장치가 필요 없어서 소규모 보일러에 자주 쓰인다.

## 86 ★
보일러의 강도 계산에서 보일러 동체 속에 압력이 생기는 경우 원주방향의 응력은 축방향 응력의 몇 배 정도인가? (단, 동체 두께는 매우 얇다고 가정한다)

① 2배
② 4배
③ 8배
④ 16배

정답  83 ③  84 ①  85 ①  86 ①

### 해설

**보일러 동체 속에 압력이 생기는 경우의 응력**
보일러 강도 계산에서의 원주응력은 축방향 응력의 두 배이다.

- 원주응력 : $\sigma = \dfrac{Pr}{t}$
- 축응력 : $\sigma = \dfrac{Pr}{2t}$

## 87 ★

다음 중 특수 열매체보일러에서 가열 유체로 사용되는 것은?

① 폴리아미드　② 다우섬
③ 덱스트린　④ 에스터

### 해설

**특수 열매체보일러에서 가열 유체**
수은, 다우섬, 모빌섬, 카테크롤액, 시큐리티

- 특수 열매체보일러는 특수용도 및 장소 또는 열매체율이 물 대신 비점이 낮은 수은, 다우섬 등의 특수 열매체를 사용하여 증기를 발생시키는 보일러이다.

## 88 ★★★

다음 중 보일러 안전장치로 가장 거리가 먼 것은?

① 방폭문　② 안전밸브
③ 체크밸브　④ 고저수위경보기

### 해설

**보일러 안전장치**
체크밸브는 방향제어밸브로 유체를 한쪽 방향으로만 흐르게 하는 밸브이다.

## 89 ★★

보일러의 만수보존법에 대한 설명으로 틀린 것은?

① 밀폐보존방식이다.
② 겨울철 동결에 주의하여야 한다.
③ 보통 2 ~ 3개월의 단기보존에 사용된다.
④ 보일러수는 pH 6 정도 유지되도록 한다.

### 해설

**만수보존법**
보일러의 만수보존법에서 보일러수는 pH 12 정도를 유지하도록 한다.

## 90 ★★

유체의 압력손실에 대한 설명으로 틀린 것은? (단, 관마찰계수는 일정하다)

① 유체의 점성으로 인해 압력손실이 생긴다.
② 압력손실은 유속의 제곱에 비례한다.
③ 압력손실은 관의 길이에 반비례한다.
④ 압력손실은 관의 내경에 반비례한다.

### 해설

**유체의 압력손실**
$$\Delta P = \gamma h_L = f\dfrac{L}{d}\dfrac{\gamma V^2}{2g}\,[kPa]$$
압력손실은 관의 길이에 비례한다.

**정답** 87 ② 88 ③ 89 ④ 90 ③

## 91 ★★★

다음 중 고압보일러용 탈산소제로서 가장 적합한 것은?

① $(C_6H_{10}O_5)_n$
② $Na_2SO_3$
③ $N_2H_4$
④ $NaHSO_3$

**해설**

고압보일러용 탈산소제
고압보일러용 탈산소제로 가장 적합한 것은 하이드라진($N_2H_4$)이다.

## 92 ★★★

인젝터의 특징으로 틀린 것은?

① 급수온도가 높으면 작동이 불가능하다.
② 소형 저압보일러용으로 사용된다.
③ 구조가 간단하다.
④ 열효율은 좋으나 별도의 소요 동력이 필요하다.

**해설**

인젝터의 특징
인젝터는 열효율이 낮다.

## 93 ★

일반적인 주철제 보일러의 특징으로 적절하지 않은 것은?

① 내식성이 좋다.
② 인장 및 충격에 강하다.
③ 복잡한 구조라도 제작이 가능하다.
④ 좁은 장소에서도 설치가 가능하다.

**해설**

일반적인 주철제 보일러의 특징
주철제 보일러는 인장 및 충격에 약하다.

## 94 ★★★

프라이밍 및 포밍 발생 시 조치사항에 대한 설명으로 틀린 것은?

① 안전밸브를 전개하여 압력을 강하시킨다.
② 증기 취출을 서서히 한다.
③ 연소량을 줄인다.
④ 수위를 안정시킨 후 보일러수의 농도를 낮춘다.

**해설**

프라이밍 및 포밍 발생 시 조치사항
주 증기밸브를 서서히 개방해야 한다.

## 95 ★★

이온 교환체에 의한 경수의 연화 원리에 대한 설명으로 옳은 것은?

① 수지의 성분과 Na형의 양이온과 결합하여 경도 성분 제거
② 산소 원자와 수지가 결합하여 경도 성분 제거
③ 물속의 음이온과 양이온이 동시에 수지와 결합하여 경도 성분 제거
④ 수지가 물속의 모든 이물질과의 결합하여 경도 성분 제거

**정답** 91 ③ 92 ④ 93 ② 94 ① 95 ①

### 해설

**이온교환체에 의한 경수의 연화원리**

경수연화장치는 강산성, 양이온 교환수지를 사용하여 원수 중의 경도 성분만을 제거하는 장치로, 센물을 단물로 만들어주는 장치이다.

## 96 ★

수관 1개의 길이가 2200 [mm], 수관의 내경이 60 [mm], 수관의 두께가 4 [mm]인 수관 100개를 갖는 수관보일러의 전열면적은 약 몇 [m²]인가?

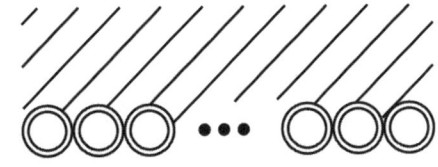

① 42
② 47
③ 52
④ 57

### 해설

**수관보일러의 전열면적**

$$A = \pi D_o L n = \pi (d_i + 2t) L n$$

$$= \pi (60 + 2 \times 4) \times 10^{-3} \times 2.2 \times 100$$

$$\fallingdotseq 47 \, [m^2]$$

## 97 ★

방사 과열기에 대한 설명 중 틀린 것은?

① 주로 고온, 고압보일러에서 접촉 과열기와 조합해서 사용한다.
② 화실의 천장부 또는 노벽에 설치한다.
③ 보일러 부하와 함께 증기온도가 상승한다.
④ 과열온도의 변동을 적게 하는 데 사용된다.

### 해설

**방사 과열기**

온도가 높은 노상부나 노벽에 설치하여 복사열로 증기를 가열시키는 형식의 가열기로, 보일러 부하가 증가할수록 증기온도가 떨어지는 특징이 있다.

## 98 ★★★

내압을 받는 어떤 원통형 탱크의 압력이 0.3 [MPa], 직경이 5 [m], 강판 두께가 10 [mm]이다. 이 탱크의 이음 효율을 75 [%]로 할 때, 강판의 인장응력(N/mm²)은 얼마인가? (단, 탱크의 반경방향으로 두께에 응력이 유기되지 않는 이론값을 계산한다)

① 200
② 100
③ 20
④ 10

### 해설

**인장응력**

$$\sigma = \frac{PD}{2t\eta} = \frac{0.3 \times 5,000}{2 \times 10 \times 0.75} = 100 \, [MPa]$$

**정답** 96 ② 97 ③ 98 ②

## 99 ★★

물을 사용하는 설비에서 부식을 초래하는 인자로 가장 거리가 먼 것은?

① 용존산소  ② 용존탄산가스
③ pH  ④ 실리카

**해설**

부식을 초래하는 인자
용존산소, pH, 용존탄산가스
④ 실리카 : 스케일의 원인

## 100 ★★★

보일러의 모리슨형 파형 노통에서 노통의 최소 안지름이 950 [mm], 최고사용압력을 1.1 [MPa]이라 할 때 노통의 최소 두께는 몇 [mm]인가? (단, 평형부 길이가 230 [mm] 미만이며, 상수 C는 1100이다)

① 5  ② 8
③ 10  ④ 13

**해설**

파형 노통의 두께
열사용기자재의 검사 및 검사면제에 관한 기준
7.6.2 파형노통의 최소두께

$$t = \frac{10PD}{C} \left\{ t = \frac{PD}{C} \right\}$$

- P : 최고사용압력[MPa]{kgf/cm²}
- D : 노통의 파형부에서의 최대내경과 최소내경의 평균치(모리슨형 노통에서는 최소내경에 50 [mm]를 더한 값)
- C : 상수

$$\frac{10PD}{C} = \frac{10 \times 1.1 \times 950}{1100} = 9.5\,[mm]$$

# 2022 제3회 CBT 복원

## 1과목 연소공학

1회독 시간: 점수:
2회독 시간: 점수:
3회독 시간: 점수:

### 01 ★★★

프로페인($C_3H_8$) 6 [$Nm^3$]의 이론 습연소가스량은 몇 [$Nm^3$]인가?

① 93.8 [$Nm^3$]
② 113.6 [$Nm^3$]
③ 131.4 [$Nm^3$]
④ 154.8 [$Nm^3$]

**해설**

이론 습연소가스량

- $C_3H_8 + 5O_2 \rightarrow 3CO_2 + 4H_2O$
- $C_3H_8$ : 6 [$Nm^3$]
- $CO_2$ : 6 × 3 [$Nm^3$]
- $N_2$ : 6 × 3.76 × 5 [$Nm^3$]
- $H_2O$ : 6 × 4 [$Nm^3$]

※ 이론 습배기(연소)가스량
  = 이론 건연소가스량 + 연소생성 수증기량
  = ($CO_2 + N_2$) + ($H_2O$)
  이론 습연소가스량
  = (6 × 3 + 6 × 3.76 × 5) + (6 × 4)
  = 154.8 [$Nm^3$]

### 02 ★★★

고체연료의 특징으로 옳은 것은?

① 점화 및 소화가 쉽다.
② 연료의 품질이 균일하지 못하다
③ 연소효율이 높다
④ 취급 및 저장이 어렵다.

**해설**

고체연료의 특징

- 점화 및 소화가 어렵다.
- 연료의 품질이 균일하지 않아 연소효율이 낮다.
- 회분 등 불순물이 많아 완전 연소가 어렵다.
- 노천야적이 가능하다.
- 연료비가 저렴하다.
- 매연발생이 많다.
- 연료를 구하기가 쉽다.

### 03 ★★★

연돌에서의 배기가스분석 결과 $CO_2$ 16 [%], $O_2$ 4 [%], $CO$ 2 [%]일 때 탄산가스의 최대량 [$CO_{2max}$](%)은?

① 21.2
② 19.1
③ 17.8
④ 15.8

**정답** 01 ④  02 ②  03 ①

**해설**

탄산가스 최대량(불완전 연소)

$$CO_{2max} = \frac{21[CO_2(\%) + CO(\%)]}{21 - O_2(\%) + 0.395\,CO(\%)}$$

$$= \frac{21[16+2]}{21-4+0.395\times 2} = 21.2\,[\%]$$

## 04 ★★

$CH_4$를 연소시켰을 때의 실제 공기량[$Nm^3$/$Nm^3$]은? (단, 공기의 산소와 질소의 비는 21 : 79이고 연소가스의 $O_2$는 6 [%]이다)

① 10.21 [$Nm^3$/$Nm^3$]
② 13.33 [$Nm^3$/$Nm^3$]
③ 15.34 [$Nm^3$/$Nm^3$]
④ 21.21 [$Nm^3$/$Nm^3$]

**해설**

실제공기량

$CH_4 + 2O_2 \rightarrow CO_2 + 2H_2O$

$m = \dfrac{21}{21-6} = 1.4$

$A = mA_o = m \times \dfrac{O_o}{0.21} = 1.4 \times \dfrac{2}{0.21}$

= 13.33 [$Nm^3$/$Nm^3$]

## 05 ★★★

연료의 구비조건으로 옳은 것은?

① 양이 적어 희귀할 것
② 회분 생성이 많을 것
③ 공기 중에서 쉽게 연소되지 않아 안전할 것
④ 인체에 유해하지 않을 것

**해설**

연료의 구비조건
- 연소 시 회분(Ash) 등이 적을 것
- 양이 풍부하고 저렴할 것
- 공기 중에 쉽게 연소될 수 있는 것
- 사용하기에 위험성이 적을 것
- 인체에 유해하지 않을 것

## 06 ★★★

연소반응식으로 옳은 것은?

① $C_2H_4 + 3O_2 = 3CO_2 + 2H_2O$
② $C_3H_6 + 4O_2 = 3CO_2 + 3H_2O$
③ $C_4H_8 + 6O_2 = 4CO_2 + 4H_2O$
④ $C_4H_{10} + \dfrac{15}{2}O_2 = 4CO_2 + 5H_2O$

**해설**

연소반응식

- $C_2H_4 + 3O_2 = 2CO_2 + 2H_2O$
- $C_3H_6 + \dfrac{9}{2}O_2 = 3CO_2 + 3H_2O$
- $C_4H_8 + 6O_2 = 4CO_2 + 4H_2O$
- $C_4H_{10} + \dfrac{13}{2}O_2 = 4CO_2 + 5H_2O$

**정답** 04 ② 05 ④ 06 ③

## 07 ★★★

가연물이 불씨 접촉(점화원) 없이 열의 축적에 의해 그 산화열로 스스로 불이 붙는 최저온도(발화점)을 이야기하는 것은?

① 착화점
② 인화점
③ 유동점
④ 연소점

**해설**

착화점

- 착화점 : 가연물이 불씨 접촉(점화원) 없이 열의 축적에 의해 그 산화열로 스스로 불이 붙는 최저온도(발화점)
- 인화점 : 가연물이 불씨 접촉(점화원)에 의해 불이 붙는 최저의 온도
- 유동점 : 액체가 흐를 수 있는 최저온도
- 연소점 : 인화한 후 점화원을 제거한 후에도 연소를 유지하기에 충분한 양의 증기를 발생시키는 최저온도

## 08 ★★★

액체연료의 표면에서 발생된 가연성 증기와 공기가 혼합되어 연소하는 형태는?

① 증발 연소
② 분해 연소
③ 표면 연소
④ 불꽃 연소

**해설**

증발 연소

- 증발 연소 : 액체연료의 표면에서 발생된 가연성 증기와 공기가 혼합되어 연소하는 형태
- 분해 연소 : 긴 화염을 발생하면서 연소
- 표면 연소 : 연료의 표면에서 새파란 단염을 내면서 연소하는 형태
- 불꽃 연소 : 가연성 기체와 공기가 혼합기체를 형성하여 연소하는 일반적인 기체 상태 연소로 불꽃을 발하면서 연소하는 형태

## 09 ★★★

연료 중 회분이 많은 경우 연소에 미치는 영향으로 옳은 것은?

① 발열량이 증가한다.
② 완전 연소가 잘 될 수 있도록 한다.
③ 연소 상태가 고른 상태가 될 수 있도록 도와준다.
④ 통풍을 방해한다.

**해설**

회분의 영향

회분(Ash)이 많을수록 클링커(Clinker : 연소 중에 고온으로 생긴 물질이 합하여 덩어리로 이루어진 응고물)의 발생으로 인하여 통풍을 방해한다.

- 발열량을 감소시킨다.
- 많을수록 완전 연소가 어려워진다.
- 연소 상태가 불균일해진다.

## 10 ★★★

연소배기가스량의 계산식으로 틀린 것은? (습연소가스량 $G_w$, 건연소가스량 $G_d$, 이론 습연소가스량 $G_{0w}$, 이론 건연소가스량 $G_{0d}$, 공기비 $m$, 이론공기량 $A_0$, $H, O, C, S$는 각각 수소, 산소, 탄소, 황의 조성을 나타낸다. W는 수분이다)

① $G_{0d} = (1 - 0.21)A_o + 1.867C + 0.7S + 0.8N$
② $G_{0w} = (1 - 0.21)A_0 + 1.867C + 11.2H$
　　　　　$+ 0.7S + 0.8N + 1.244W$
③ $G_d = (m - 0.21)A_o + 1.867C + 0.7S + 0.8N$
④ $G_w = (0.21 - m)A_0 + 1.867C + 11.2H$
　　　　　$+ 0.7S + 0.8N + 1.244W$

**해설**

실제습 연소가스량
$G_w = G_{0w} + A_s = G_{0w} + (m-1)A_0$
$G_w = (m - 0.21)A_0 + 1.867C + 11.2H$
　　　$+ 0.7S + 0.8N + 1.244W$

## 11 ★

보일러 급수 및 발생증기의 엔탈피를 각각 825, 3250 [kJ/kg]이라고 할 때 10000 [kg/h]의 증기를 얻으려면 공급열량은 약 몇 [kJ/h]인가?

① $24.25 \times 10^6$
② $40.75 \times 10^6$
③ $60.25 \times 10^6$
④ $16.05 \times 10^6$

**해설**

공급열량
$Q = m\Delta h = 10000(3250 - 825)$
　　　$= 10000 \times 2425 = 24250000 \, [kJ/h]$

## 12 ★★

4 [Nm³]의 메테인가스를 공기를 사용하여 연소시킬 때 이론 연소온도는 약 몇 [℃]인가? (단, 대기 온도는 20 [℃]이고, 메테인가스의 고발열량은 39760 [kJ/Nm³]이고, 물의 증발 잠열은 2015 [kJ/Nm³]이고, 연소가스의 평균 정압비열은 1.5 [kJ/Nm³(℃)]이다)

① 2000
② 2150
③ 2284
④ 2430

**해설**

이론 연소온도
$CH_4 + 2O_2 + (N_2) \rightarrow CO_2 + 2H_2O + (N_2)$

- 저위발열량($H_L$)
  = 고위발열량 - 수증기의 증발잠열
  = 39760 - 2 × 2015 = 35730 [kJ/Nm³]
- 이론 연소온도
  $t_0 = \dfrac{H_L}{G_v C} + t = \dfrac{35730}{(1 + 2 + 2 \times 3.76) \times 1.5} + 20$
  　　$= 2284.25$
- 연소가스량($G_v$) : 단위[Nm³/Nm³](연료의 연소에 의해 생긴 가스량)
- 평균정압 비열(C) : 단위[kJ/Nm³·℃]
- N비율/O비율 = 79/21 = 3.76

## 13 ★★★

다음과 같은 조성의 석탄가스를 연소시켰을 때의 이론 습연소가스량($Nm^3/Nm^3$)은?

| 성분 | CO | $CO_2$ | $H_2$ | $CH_4$ | $N_2$ |
|---|---|---|---|---|---|
| 부피[%] | 10 | 1 | 50 | 35 | 4 |

① 5.06
② 5.46
③ 6.25
④ 7.15

**해설**

이론 습연소가스량

$CO + \frac{1}{2}O_2 \rightarrow CO_2$

$H_2 + \frac{1}{2}O_2 \rightarrow H_2O$

$CH_4 + 2O_2 \rightarrow CO_2 + 2H_2O$

$O_0 = \frac{1}{2}H_2 + \frac{1}{2}CO + 2CH_4$

$= \frac{1}{2} \times 0.5 + \frac{1}{2} \times 0.1 + 2 \times 0.35 = 1$

$A_0 = \frac{O_0}{0.21} = \frac{1}{0.21} = 4.76$

$G_{0w}$

$= G_{0d} + H_2O$

$= CO_2 + N_2 + (1-0.21)A_0 + (생성된\ CO_2,\ H_2O)$

$= 0.01 + 0.04 + (1-0.21)A_0$
$\quad + (1 \times CO + 1 \times CH_4 + 1 \times H_2 + 2 \times CH_4)$

$= 0.05 + 0.79 \times 4.76 + (0.1 + 0.35 + 0.5 + 2 \times 0.35)$

$= 5.46$

## 14 ★★★

헵테인($C_7H_{16}$) 3 [kg]을 완전 연소하는 데 필요한 이론공기량[kg]은? (단, 공기 중 산소 질량비는 23 [%]이다)

① 35.2
② 45.9
③ 51.2
④ 71.51

**해설**

이론공기량

$C_7H_{16} + 11O_2 \rightarrow 7CO_2 + 8H_2O$

$O_0 = \frac{11 \times (2 \times 16)}{1 \times (7 \times 12 + 16 \times 1)} = 3.52\ [kg/kg]$

$A_0 = \frac{O_0}{0.23} = \frac{3.52}{0.23} = 15.3\ [kg/kg]$

$A_0' = 3 \times A_0 = 3 \times 15.3 = 45.9$

## 15 ★★★

연소장치의 연소효율($E_c$)식이 아래와 같을 때 $H_2$는 무엇을 의미하는가? (단, $H_c$ : 연료의 발열량, $H_1$ : 연재 중의 미연탄소의 의한 손실이다)

$$E_c = \frac{H_c - H_1 - H_2}{H_c}$$

① 전열손실
② 현열손실
③ 연료의 저발열량
④ 불완전 연소에 따른 손실

해설

연소효율식

연소효율 = (연료의 발열량 – 연재 중의 미연탄소에 의한 손실 – 불완전 연소에 따른 손실)/연료발열량

## 16 ★★

표준 상태인 공기 중에서 완전 연소비로 프로페인이 함유되어 있을 때 이 혼합기체 1 [L]당 발열량[kJ]은 얼마인가? (단, 프로페인의 발열량은 2110 [kJ/mol]이다)

① 1.58
② 2.12
③ 3.12
④ 3.79

해설

발열량

$C_3H_8 + 5O_2 \rightarrow 3CO_2 + 4H_2O$

$O_0 = 5\,[mol]$

$A_0 = \dfrac{5}{0.21}\,[mol] \fallingdotseq 23.8\,[mol]$

- 혼합기체 mol 수
 = 공기 몰수 + 프로페인 몰수
 = 23.8 + 1 = 24.8
- 혼합기체(L) = 24.8 × 22.4 ≒ 555.5 [L]
- 혼합기체 1 [L]당 발열량[kJ]
 = $\dfrac{2110\,[kJ]}{555.5}$ = 3.79 [kJ/L]

## 17 ★★★

고체연료의 연료비(Fuel Ratio)를 옳게 나타낸 것은?

① 고정탄소[%]/휘발분[%]
② 휘발분[%]/고정탄소[%]
③ 고정탄소[%]/수분[%]
④ 수분[%]/고정탄소[%]

해설

고체연료의 연료비
고정탄소[%]와 휘발분[%]의 비이다.

## 18 ★★★

연소배기가스 중에서 가장 많이 포함된 기체는?

① $O_2$
② $N_2$
③ $CO_2$
④ $SO_2$

해설

배기가스 중 가장 많이 포함된 기체
$N_2$

정답 16 ④ 17 ① 18 ②

## 19 ★★★

메테인 50 [v%], 에테인 25 [v%], 프로페인 25 [v%]가 섞여 있는 혼합기체의 공기 중에서의 연소하한계는 약 몇 [%]인가? (단, 메테인, 에테인, 프로페인의 연소하한계는 각각 5 [v%], 3 [v%], 2.1 [v%]이다)

① 2.5
② 3.3
③ 4.2
④ 4.8

**해설**

연소하한계

$$\frac{100}{L} = \frac{V_1}{L_1} + \frac{V_2}{L_2} + \frac{V_3}{L_3}$$

$$L = \frac{100}{\frac{V_1}{L_1} + \frac{V_2}{L_2} + \frac{V_3}{L_3}} = \frac{100}{\frac{50}{5} + \frac{25}{3} + \frac{25}{2.1}} = 3.3$$

## 20 ★★★

연소온도를 높이려고 할 때 조작방법으로 틀린 것은?

① 공기를 예열한다.
② 연료를 완전 연소시킨다.
③ 노 내의 열손실을 막는다.
④ 과잉공기를 사용한다.

**해설**

화염온도
과잉공기를 사용하면 연소 온도는 낮아진다.

## 2과목 열역학

## 21 ★★

다음 중 경로에 의존하는 값은?

① 엔트로피
② 위치에너지
③ 엔탈피
④ 일

**해설**

경로함수(Path Function)
일과 열은 경로에 의존하는 값인 경로함수이다.

## 22 ★★★

이상 및 실제 사이클 과정 중 항상 성립하는 것은? (단, Q는 시스템에 가해지는 열량, T는 절대온도이다)

① $\oint \frac{\delta Q}{T} = 0$
② $\oint \frac{\delta Q}{T} > 0$
③ $\oint \frac{\delta Q}{T} < 0$
④ $\oint \frac{\delta Q}{T} \leq 0$

**해설**

클라우지우스(Clausius) 폐적분
이상(가역) 사이클은 등호(=), 실제(비가역) 사이클은 부등호(<)를 만족한다.

따라서 항상 $\oint \frac{\delta Q}{T} \leq 0$을 만족한다.

## 23 ★★★

어느 기체가 압력이 500 [kPa]일 때의 체적이 50 [L]였다. 이 기체의 압력을 2배로 증가시키면 체적은 몇 [L]인가? (단, 온도는 일정한 상태이다)

① 100　　② 50
③ 25　　④ 12.5

**해설**

보일의 법칙(T = C)
PV = C
$$V_2 = V_1\left(\frac{P_1}{P_2}\right) = 50\left(\frac{1}{2}\right) = 25\,[L]$$

## 24 ★★

처음 온도, 압축비, 공급 열량이 같을 경우 열효율의 크기를 옳게 나열한 것은?

① Otto Cycle > Sabathe Cycle > Diesel Cycle
② Sabathe Cycle > Diesel Cycle > Otto Cycle
③ Diesel Cycle > Sabathe Cycle > Otto Cycle
④ Sabathe Cycle > Otto Cycle > Diesel Cycle

**해설**

열효율의 크기(사이클 비교)
Otto Cycle($\eta_{tho}$) > Sabathe Cycle($\eta_{ths}$) > Diesel Cycle($\eta_{thd}$)

## 25 ★★★

압력 1000 [kPa], 부피 5 [m³]의 이상기체가 등온 과정으로 팽창하여 부피가 7 [m³]이 되었다. 이때 기체가 한 일[kJ]은?

① 987.26 [kJ]　　② 1682.36 [kJ]
③ 1527.47 [kJ]　　④ 1867.27 [kJ]

**해설**

이상기체가 한 일
$$_1W_2 = P_1 V_1 \ln\frac{V_2}{V_1} = 1000 \times 5 \times \ln\frac{7}{5} = 1682.36\,[kJ]$$

## 26 ★★★

랭킨 사이클의 구성요소 중 단열압축이 일어나는 곳은?

① 보일러　　② 터빈
③ 펌프　　④ 응축기

**해설**

랭킨 사이클 구성요소
단열압축이 일어나는 곳은 펌프 과정이다.

## 27 ★★★

공기 표준 디젤 사이클에서 압축비가 10이고 단절비(Cut-off Ratio)가 2.3일 때 열효율은? (단, 공기의 비열비는 1.6이다)

① 0.5268　　② 0.6629
③ 0.7858　　④ 0.9123

해설

열효율
$$\eta_{thd} = 1 - \left(\frac{1}{\epsilon}\right)^{k-1} \frac{\sigma^k - 1}{k(\sigma - 1)}$$
$$= 1 - \left(\frac{1}{10}\right)^{1.6-1} \frac{2.3^{1.6} - 1}{1.6(2.3 - 1)} = 0.6629$$

## 28 ★★

스로틀링(Throttling)밸브를 이용하여 Joule – Thomson 효과를 보고자 한다. 이때 압력이 감소함에 따라 온도가 감소하는 경우 Joule – Thomson 계수 $\mu$가 어떤 값을 가지는가?

① $\mu > 0$
② $\mu = 0$
③ $\mu < 0$
④ $\mu \leq 0$

해설

Joule – Thomson 계수
$\mu = \dfrac{\delta T}{\delta P}$ 압력이 감소함에 따라 온도가 감소하므로 $\mu > 0$이다.

## 29 ★★★

열역학 제2법칙과 관계가 먼 것은?

① 열은 온도가 높은 곳에서 낮은 곳으로 흐른다.
② 열기관의 효율에 대한 이론적인 한계를 결정한다.
③ 전체 에너지 양은 항상 보존된다.
④ 제2종 영구기관을 부정한다.

해설

에너지보존 법칙
에너지보존 법칙은 열역학 제1법칙이다.

## 30 ★★★

가역 과정에서 열역학적 비유동계 에너지의 일반식은?

① $\delta Q = dU + PV$
② $\delta Q = dU - PdV$
③ $\delta Q = dU + PdV$
④ $\delta Q = dU$

해설

비유동계(밀폐계) 에너지식
$\delta Q = dU + PdV$

## 31 ★★★

다음 중 터빈에서 증기의 일부를 배출하여 급수를 가열하는 증기 사이클은?

① 사바테 사이클
② 재생 사이클
③ 오토 사이클
④ 카르노 사이클

해설

재생 사이클(Regenerative Cycle)
재생 사이클은 터빈에서 증기의 일부를 추출하여 급수가열기를 이용해 공급열량이 될 수 있는 한 작게 함으로써 열효율을 개선하고자 고안된 사이클이다.

정답  28 ①  29 ③  30 ③  31 ②

## 32 ★

공기를 왕복식 압축기를 사용하여 1기압에서 9기압으로 압축한다. 이 경우에 압축에 소요되는 일을 가장 적게 하기 위해서는 중간 단의 압력을 다음 중 어느 정도로 하는 것이 가장 적당한가?

① 2기압
② 3기압
③ 4기압
④ 5기압

**해설**

중간 단의 압력
압축에 소요되는 일을 가장 적게 하기 위한 중간 단의 압력을 $P_m$이라고 한다면 $\dfrac{P_m}{P_1} = \dfrac{P_2}{P_m}$이어야 하므로 $P_m = \sqrt{P_1 \times P_2} = \sqrt{1 \times 9} = 3$이다.

## 33 ★★★

용기 속 절대압력이 850 [kPa], 온도 50 [℃]인 이상기체가 100 [kg] 들어 있다. 이 기체의 일부가 누출되어 용기 내 절대압력이 420 [kPa], 온도가 30 [℃]가 되었다면 밖으로 누출된 기체는 약 몇 [kg]인가?

① 35
② 42
③ 47
④ 53

**해설**

이상기체 상태 방정식
$PV = mRT$
$V = \dfrac{mRT}{P} = \dfrac{100 \times 0.287 \times (50 + 273.15)}{850}$
$\quad = 10.91\,[m^3]$
$m_2 = \dfrac{PV}{RT} = \dfrac{420 \times 10.91}{0.287 \times (30 + 273.15)} \fallingdotseq 52.67$
∴ 100 − 52.67 = 47.33
※ $\dfrac{R}{\text{공기의 분자량}} = \dfrac{8.314}{28.97} = 0.287$

## 34 ★★★

이상기체의 상태 변화와 관련하여 폴리트로픽(Polytropic) 지수 n에 대한 설명 중 옳은 것은?

① n = 0 : 등적 변화
② n = 1 : 등압 변화
③ n = k : 가역단열 변화
④ n = ∞ : 등온 변화

**해설**

폴리트로픽 지수 − 이상기체의 상태 변화
$PV^n = c$
- n = 0 : 등압 변화(P = c)
- n = 1 : 등온 변화(PV = c)
- n = n : 폴리트로픽 변화
- n = k : 가역단열 변화(등엔트로피 변화)
- n = ∞ : 등적 변화(v = c)

정답 32 ② 33 ③ 34 ③

## 35 ★★

0 [℃]의 물 1000 [kg]을 24시간 동안에 0 [℃]의 얼음으로 냉각하는 냉동능력은 약 몇 [kW]인가? (단, 얼음의 융해열은 335 [kJ/kg]이다)

① 2.15
② 3.88
③ 14
④ 14000

**해설**

냉동능력

$$\frac{Q_e}{24 \times 3600} = \frac{1000 \times 335}{24 \times 3600} ≒ 3.88 [kW]$$

※ 1 [kW] = 1 [kJ/s] = 3600 [kJ/h]

## 36 ★★

오존층 파괴와 지구 온난화 문제로 인해 냉동장치에 사용하는 냉매의 선택에 있어서 주의를 요한다. 이와 관련하여 다음 중 오존 파괴 지수가 가장 큰 냉매는?

① R - 134a
② R - 123
③ 암모니아
④ R - 11

**해설**

오존 파괴 지수 가장 큰 냉매
R - 11
• 대기오염물질인 염소가 3개 포함되어 있다.
• 오존층 파괴 지수가 크다.

## 37 ★

그림은 Carnot 냉동 사이클을 나타낸 것이다. 이 냉동기의 성능계수를 옳게 표현한 것은?

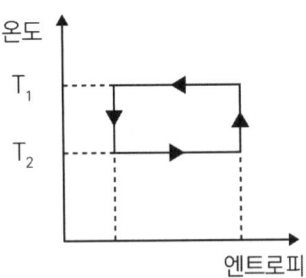

① $\dfrac{T_1 - T_2}{T_1}$  ② $\dfrac{T_1 - T_2}{T_2}$

③ $\dfrac{T_2}{T_1 - T_2}$  ④ $\dfrac{T_1}{T_1 - T_2}$

**해설**

성능계수

$$냉동기성능계수(COP)_R = \frac{T_2}{T_1 - T_2}$$

## 38 ★★

피스톤이 장치된 실린더 안의 기체가 체적 $V_1$에서 $V_2$로 팽창할 때 피스톤에 해준 일은 $W = \displaystyle\int_{V_1}^{V_2} P dV$로 표시될 수 있다. 이 기체는 이 과정을 통하여 $PV^2 = C$(상수)의 관계를 만족시켜 준다면 W를 옳게 나타낸 것은?

① $P_1V_1 - P_2V_2$
② $P_2V_2 - P_1V_1$
③ $P_1V_1^2 - P_2V_2^2$
④ $P_2V_2^2 - P_1V_1^2$

**정답** 35 ② 36 ④ 37 ③ 38 ①

> 해설

피스톤이 해준 일
$_1W_2 = P_1V_1 - P_2V_2$

## 39 ★
다음 그림은 물의 상평형도를 나타내고 있다. a ~ d에 대한 용어로 옳은 것은?

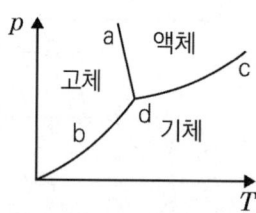

① a : 승화 곡선  ② b : 용융 곡선
③ c : 증발 곡선  ④ d : 임계점

> 해설

물의 상평형도
- a : 용융 곡선
- b : 승화 곡선
- c : 증발 곡선
- d : 3중점

## 40 ★
다음 중 물의 임계압력에 가장 가까운 값은?

① 1.03 [kPa]   ② 100 [kPa]
③ 22 [MPa]    ④ 63 [MPa]

> 해설

물의 임계압력
22 [MPa]

### 3과목 계측방법

| 1회독 | 시간 : | 점수 : |
| 2회독 | 시간 : | 점수 : |
| 3회독 | 시간 : | 점수 : |

## 41 ★★★
절대압력 700 [mmHg]는 약 몇 [kPa]인가?

① 93 [kPa]
② 103 [kPa]
③ 113 [kPa]
④ 123 [kPa]

> 해설

압력 단위 변환
$$P = \frac{700}{760} \times 101.325 = 93.33\,[kPa]$$
$1\,[atm] = 101.325\,[kPa]$
$1\,[atm] = 760\,[mmHg]$

## 42 ★★★
다음 가스 중 열전도율이 가장 큰 것은?

① $O_2$
② $CO$
③ $CO_2$
④ $H_2$

> 해설

열전도율이 가장 큰 것
기체의 분자량이 작을수록 분자운동이 더 활발하기 때문에 열전도율이 커진다.

정답  39 ③  40 ③  41 ①  42 ④

## 43 ★★★

편차의 정(+), 부(-)에 의해서 조작신호가 최대, 최소가 되는 제어동작은?

① 온·오프동작
② 다위치동작
③ 미분동작
④ 비례동작

**해설**

제어동작
편차의 정(+), 부(-)에 의해서 조작신호가 최대, 최소가 되는 제어동작은 온오프동작이다.

## 44 ★★★

다음 중 기체 및 비점 300 [℃] 이하의 액체를 측정하는 물리적 가스분석계로 선택성이 우수한 가스분석계는?

① 가스크로마토그래피법
② 밀도법
③ 오르자트법
④ 세라믹법

**해설**

가스크로마토그래피법
활성탄 등의 흡착제를 채운 세관을 통과하는 가스의 이동속도차를 이용하여 시료가스를 분석하는 방식으로 $O_2$와 $NO_2$를 제외한 다른 여러 성분의 가스를 분석할 수 있다.
※ 선택성 : 측정하고자 하는 성분만을 측정할 수 있는 성질

## 45 ★★

계측기의 구비조건으로 옳지 않은 것은?

① 구조가 간단하고, 취급이 용이할 것
② 보수가 용이할 것
③ 원격제어(Remote Control)가 가능할 것
④ 최신 기술을 사용하여 값이 비쌀 것

**해설**

계측기의 구비조건
구입이 용이하고 값이 쌀 것

## 46 ★★

차압식 유량계에서 차압이 20000 [Pa]일 때 유량이 35 [m³/h]이었다. 차압이 30000 [Pa]일 때의 유량은 약 몇 [m³/h]인가?

① 27.3
② 32.4
③ 37.8
④ 42.9

**해설**

압력과 유량
$Q \propto \sqrt{\Delta P}$

$\dfrac{Q_1}{Q_2} = \dfrac{\sqrt{\Delta P_1}}{\sqrt{\Delta P_2}} \rightarrow \dfrac{35}{Q_2} = \dfrac{\sqrt{20000}}{\sqrt{30000}} \rightarrow Q_2 = 42.9$

**정답** 43 ① 44 ① 45 ④ 46 ④

## 47 ★★★

50 [L]의 물의 온도를 20 [℃]에서 10 [℃]를 상승시키는 데 필요한 열량은 몇 [kJ]인가?

① 2090  ② 2290
③ 2730  ④ 3000

**해설**

열량

$Q = mC\Delta T = 50 \times 4.18 \times 10 = 2090 \, [kJ]$

※ 물의 비열 : 4.18 [kJ/kg·℃]
※ 물 1 [L] = 1 [kg]

## 48 ★★

예측할 수 없는 원인에 의한 오차로 알맞은 것은 무엇인가?

① 계통오차  ② 우연오차
③ 과실오차  ④ 백분율오차

**해설**

우연오차
예측할 수 없는 원인에 의한 오차로 계측 상태의 미소 변화에 따른 오차, 측정환경에 의한 오차 등이 있다.

## 49 ★★

액주식 압력계의 종류가 아닌 것은?

① U자관형  ② 경사관식
③ 단관형  ④ 벨로즈식

**해설**

액주식 압력계
U자관형, 단관형, 경사관식
※ 벨로즈 압력계는 탄성을 이용하여 압력을 측정하는 탄성식 압력계이다.

## 50 ★★

색 온도계에 대한 특징으로 알맞은 것은?

① 방사율의 영향이 크다.
② 광흡수에 영향이 적다.
③ 구조가 간단하다.
④ 100 [℃] 정도부터 측정이 가능하다.

**해설**

색 온도계
- 방사율의 영향이 적다.
- 광흡수에 영향이 적으며 응답이 빠르다.
- 구조가 복잡하다.
- 주위로부터 빛 반사의 영향을 받는다.
- 750 [℃] 정도부터 측정 가능하다.
- 기록조절용으로 사용된다.

## 51 ★★

다음 중 적분(I)동작이 가장 많이 사용되는 제어는?

① 증기압력제어
② 유량제어
③ 유량압력제어
④ 액면제어

**정답** 47 ① 48 ② 49 ④ 50 ② 51 ②

### 해설

**적분(I)동작**
유량의 유지를 위해서는 유입유량과 유출유량을 동일시하여야 하는데 다르기 때문에 잔류편차(오프셋)가 발생하고 이것을 제어하기 위하여 적분동작을 사용한다. 따라서 유량제어가 적분동작이 가장 많이 사용되는 제어이다.

## 52 ★

습도의 증감에 따라 규칙적으로 신축하는 모발의 성질을 이용한 습도계로 사용은 간편하지만 안정성이 좋지 않고 응답시간이 길고, 실내 습도 조절용으로 사용되는 이 습도계는 무엇인가?

① 모발 습도계
② 건습구 습도계
③ 전기 저항식 습도계
④ 광전관식 노점 습도계

### 해설

**모발 습도계**
습도의 증감에 따라 규칙적으로 신축하는 모발의 성질을 이용한 습도계로 사용은 간편하지만 안정성이 좋지 않고 응답시간이 길고, 실내 습도 조절용으로 사용된다.

## 53 ★★

다음 중 용적식 유량계에 해당하는 것은?

① 오리피스미터   ② 습식가스미터
③ 로터미터       ④ 피토관

### 해설

**용적식 유량계**
습식 가스미터는 용적식 유량계이다.

## 54 ★★

폐루프를 형성하여 출력 측의 신호를 입력 측에 되돌리는 제어를 의미하는 것은?

① 뱅뱅          ② 리셋
③ 시퀀스        ④ 피드백

### 해설

**피드백제어(되먹임제어) = 폐루프제어**
피드백(Feedback)에 의해 제어량을 목푯값과 비교하고 둘을 일치시키도록 조작량을 생성하는 제어이다.

## 55 ★★

다음 그림과 같은 U자관에서 유도되는 식은?

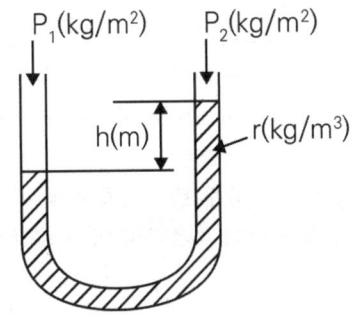

① $P_1 = P_2 - h$
② $h = \gamma(P_1 - P_2)$
③ $P_1 + P_2 = \gamma h$
④ $P_1 = P_2 + \gamma h$

정답 52 ① 53 ② 54 ④ 55 ④

**해설**

그림에서 유도되는 식
$P_1 = P_2 + \gamma h$

## 56 ★★

수위(水位)의 역응답(逆應答)에 대한 설명 중 틀린 것은?

① 증기유량이 증가하고 수위가 약간 상승하는 현상
② 증기유량이 감소하고 수위가 약간 하강하는 현상
③ 보일러 물속에 점유하고 있는 기포의 체적 변화에 의해 발생하는 현상
④ 프라이밍(Priming)이나 포밍(Foaming)에 의해 발생하는 현상

**해설**

수위(水位)의 역응답(逆應答)
보일러수 속에 있는 기포의 체적 변화에 의하여 일시적으로 수위의 응답이 역으로 나타나는 현상을 수위의 역응답이라고 한다.
• 증발량만을 급격하게 증가시키면 수면 아래의 증기 기포의 용적이 팽창하여 수위가 상승하는 것처럼 보인다.
• 급수량만을 급격하게 증가시키면 수면 아래의 증기 기포의 용적이 수축하여 약간 하강하는 것처럼 보인다.

## 57 ★★

1차 제어장치가 제어량을 측정하여 제어명령을 발하고 2차 제어장치가 이 명령을 바탕으로 제어량을 조절할 때, 다음 중 측정제어로 가장 적절한 것은?

① 추치제어
② 프로그램제어
③ 캐스케이드제어
④ 시퀀스제어

**해설**

캐스케이드제어(Cascade Control)
2개의 제어계를 조합하여 1차 제어장치의 제어량을 측정하여 제어명령을 발하고 2차 제어장치의 목표치로 설정하는 제어방식이다.

## 58 ★★

유량 측정기기 중 유체가 흐르는 단면적이 변함으로써 직접 유체의 유량을 읽을 수 있는 기기, 즉 압력차를 측정할 필요가 없는 장치는?

① 피토 튜브
② 로터미터
③ 벤투리미터
④ 오리피스미터

**해설**

유량 측정기기 - 로터미터(Rotameter)
로터미터는 면적식 유량계로 하부가 뾰족하고 상부가 넓은 유리관 속에 부표가 장치되어 액체유량의 대소에 따라 액체통 속에서 부표가 정지하는 위치가 달라지는 성질을 이용하여 직접 유체의 유량을 측정하는 유량계이다.

**정답** 56 ④ 57 ③ 58 ②

## 59 ★★

열전대 온도계의 보호관으로 사용되는 다음 재료 중 상용 사용 온도가 높은 순으로 옳게 나열된 것은?

① 석영관 > 자기관 > 동관
② 석영관 > 동관 > 자기관
③ 자기관 > 석영관 > 동관
④ 동관 > 자기관 > 석영관

**해설**

열전대 온도계의 보호관 상용 사용온도
자기관 > 석영관 > 동관

## 60 ★★

측정하고자 하는 상태량과 독립적 크기를 조정할 수 있는 기준량과 비교하여 측정, 계측하는 방법은?

① 보상법　　② 편위법
③ 치환법　　④ 영위법

**해설**

측정방법
- 보상법 : 기준 분동을 준비하여 분동과 측정량의 차이로부터 측정량을 구하는 방식
- 편위법 : 측정하고자 하는 양을 기준량과 비교하고, 기준량에 의해 발생하는 편차를 관찰하여 측정값을 결정하는 방식
- 치환법 : 측정량과 기준량을 치환하여 2회의 측정결과로부터 구하는 측정방식
- 영위법 : 측정기에서 지시값이 '0'이 되도록 기준량을 조절한 뒤, 그 조절된 기준값과 비교하여 측정하는 방법

## 4과목 열설비재료 및 관계법규

## 61 ★

산업통상자원부장관이 에너지사용계획을 제출받을 때 협의 결과를 공공사업주관자에게 통보하여야 하는 기간은 제출받은 날로부터 얼마나 되며, 필요하다고 인정될 경우 연장할 수 있는 기간은 어떻게 되는가?

① 30일, 10일
② 30일, 20일
③ 40일, 10일
④ 40일, 20일

**해설**

에너지사용계획 제출 기간
산업통상자원부장관이 에너지사용계획을 제출받을 때 제출받은 날로부터 30일 이내에 협의 결과를 공공사업주관자에게 통보하여야 하며, 의견청취 결과를 민간사업주관자에게 통보하여야 한다. 다만 필요하다고 인정할 경우, 20일 범위에서 통보를 연장할 수 있다.

**정답** 59 ③　60 ④　61 ②

## 62 ★★

「에너지이용합리화법령」상 검사대상기기검사 중 용접검사 면제 대상 범위에 해당되지 않는 것은?

① 온수보일러로서 전열면적이 18 [m²] 이하이고, 최고사용압력이 0.35 [MPa] 이하인 것
② 강철제 보일러 중 전열면적이 5 [m²] 이하이고 최고사용압력이 0.35 [MPa] 이하인 것
③ 압력용기 중 동체의 두께가 6 [mm] 미만인 것으로서 최고사용압력과 내부부피를 곱한 수치가 0.02 이하인 것
④ 최고사용압력이 0.35 [MPa] 이하이고, 동체의 안지름이 60 [mm]인 전열교환식 1종 압력용기

**해설**

용접검사가 면제되는 대상범위
- 강철제 보일러 중 전열면적이 5 [m²] 이하이고 최고사용압력이 0.35 [MPa] 이하인 것
- 주철제 보일러
- 1종 관류보일러
- 온수보일러 중 전열면적이 18 [m²] 이하이고 최고사용압력이 0.35 [MPa] 이하인 것
- 용접이음(동체와 플랜지와의 용접이음은 제외한다)이 없는 강관을 동체로 한 헤더
- 압력용기 중 동체의 두께가 6밀리미터 미만인 것으로서 최고사용압력[MPa]과 내부 부피[m³]를 곱한 수치가 0.02 이하(난방용의 경우에는 0.05 이하)인 것
- 전열교환식인 것으로서 최고사용압력이 0.35 [MPa] 이하이고, 동체의 안지름이 600밀리미터 이하인 것

## 63 ★★★

다음 밸브 중 유체가 역류하지 않고 한쪽 방향으로만 흐르게 하는 밸브는?

① 감압밸브
② 체크밸브
③ 팽창밸브
④ 릴리프밸브

**해설**

체크밸브
방향제어밸브로 유체를 한쪽 방향으로만 흐르게 하고 반대쪽으로는 차단시켜 흐르지 못하게 하는 역류방지용 밸브이다.

## 64 ★★

「에너지법」에서 정의하는 에너지사용자란?

① 에너지 생산공장의 공장장
② 에너지 사용시설의 소유자 또는 관리자
③ 에너지 생산공장의 에너지기사
④ 한국에너지공단 이사장

**해설**

에너지사용자
에너지사용자란 에너지 사용시설의 소유자 또는 관리자를 말한다(에너지법 제2조).

정답 62 ④ 63 ② 64 ②

## 65 ★★★

단열재를 사용하지 않는 경우의 방출열량이 350 [W]이고, 단열재를 사용할 경우의 방출열량이 100 [W]라 하면 이때 보온효율은 약 몇 [%]인가?

① 61
② 71
③ 81
④ 91

**해설**

보온효율

$\eta = 1 - \dfrac{100}{350} = 0.71$

## 66 ★★★

「에너지이용합리화법」에 의해 에너지사용의 제한 또는 금지에 관한 조정·명령, 기타 필요한 조치를 위반한 자에 대한 과태료 기준은 얼마인가?

① 50만 원 이하
② 100만 원 이하
③ 300만 원 이하
④ 500만 원 이하

**해설**

과태료

「에너지이용합리화법」에 의해 에너지 사용제한 또는 금리에 관한 조정, 명령, 기타 필요한 조치를 위반한 자에 대한 과태료는 300만 원 이하이다.

## 67 ★★

「에너지이용합리화법」의 목적이 아닌 것은?

① 에너지의 합리적인 이용을 증진
② 국민경제의 건전한 발전에 이바지
③ 지구온난화의 최소화에 이바지
④ 신재생에너지의 기술개발에 이바지

**해설**

「에너지이용합리화법」의 목적

- 에너지의 합리적인 이용을 증진
- 국민경제의 건전한 발전 및 국민복지의 증진
- 에너지소비로 인한 환경피해를 줄임
- 지구온난화의 최소화에 이바지함

## 68 ★

「에너지이용합리화법」에 따라 평균에너지 소비효율의 산정방법에 대한 설명으로 틀린 것은?

① 기자재의 종류별 에너지소비효율의 산정방법은 산업통상자원부장관이 정하여 고시한다.

② 평균에너지소비효율은

$$\dfrac{기자재판매량}{\Sigma\left[\dfrac{기자재종류별국내판매량}{기자재종류별에너지소비효율}\right]}$$

이다.

③ 평균에너지소비효율의 개선기간은 개선명령을 받은 날부터 다음 해 1월 31일까지로 한다.

④ 평균에너지소비효율의 개선명령을 받은 자는 개선명령을 받은 날부터 60일 이내에 개선명령 이행계획을 수립하여 제출하여야 한다.

정답 ● 65 ② 66 ③ 67 ④ 68 ③

**해설**

평균에너지 소비효율의 산정방법
평균에너지 소비효율의 개선기간은 개선명령을 받은 날부터 다음 해 12월 31일까지로 한다.

## 69 ★★

「에너지이용합리화법」에 따라 냉난방온도의 제한온도 기준 중 난방온도는 몇 [℃] 이하로 정해져 있는가?

① 18
② 20
③ 22
④ 26

**해설**

난방온도의 제한온도
(1) 냉방 : 26 [℃] 이상
(2) 난방 : 20 [℃] 이하

## 70 ★

다음 중 제강로가 아닌 것은?

① 고로
② 전로
③ 평로
④ 전기로

**해설**

제강로의 종류
전로, 평로, 전기로

## 71 ★★★

다음 중 중성 내화물에 속하는 것은?

① 납석질 내화물
② 고알루미나질 내화물
③ 반규석질 내화물
④ 샤모트질 내화물

**해설**

중성 내화물
- 산성 내화물 : 규석질, 납석질, 샤모트질, 점토질
- 중성 내화물 : 고알루미나질, 탄화규소질, 탄소질, 크롬질
- 염기성 내화물 : 마그네시아질, 마그네시아-크롬질, 돌로마이트질, 포스테라이트질

## 72 ★

「에너지이용합리화법령」상 공공사업주관자가 산업통상자원부장관에게 에너지사용계획의 변경에 관하여 협의를 요청할 경우, 첨부하여야 할 서류에 해당되는 것은?

① 에너지사용계획의 변경시기
② 에너지사용계획의 변경에 따른 자금계획
③ 에너지사용계획의 변경 이유, 변경 내용
④ 에너지사용계획의 변경에 따른 사업계획

**해설**

에너지사용계획의 변경에 협의 요청 서류
에너지사용계획의 변경에 대한 이유와 변경 내용이 무엇인지 알 수 있는 서류를 첨부하여야 한다.

**정답** 69 ② 70 ① 71 ② 72 ③

## 73 ★★★

고온용 무기질 보온재로서 경량이고 기계적 강도가 크며 내열성, 내수성이 강하고 내마모성이 있어 탱크, 노벽 등에 적합한 보온재는?

① 암면
② 석면
③ 규산칼슘
④ 탄산마그네슘

**해설**

보온재
규산칼슘 : 고온용 무기질 보온재로 기계적 강도, 내열성, 내산성, 내마모성이 있어 탱크, 노벽 등에 적합한 보온재이다.

## 74 ★★★

「에너지이용합리화법」의 목적으로 가장 거리가 먼 것은?

① 에너지의 합리적 이용을 증진
② 에너지소비로 인한 환경피해 감소
③ 에너지원의 개발
④ 국민 경제의 건전한 발전과 국민복지의 증진

**해설**

「에너지이용합리화법」의 목적
- 에너지수급의 안정
- 에너지의 합리적이고 효율적인 이용증진
- 에너지소비로 인한 환경피해 감소
- 국민 경제의 건전한 발전과 국민복지의 증진 및 지구온난화의 최소화에 이바지함

## 75 ★★★

파이프의 열변형에 대응하기 위해 설치하는 이음은?

① 가스이음
② 플랜지이음
③ 신축이음
④ 소켓이음

**해설**

신축이음
파이프의 열변형에 대응하기 위해 설치하는 이음은 신축이음이다.

## 76 ★★★

「에너지법」에서 정의하는 용어에 대한 설명으로 틀린 것은?

① "에너지사용자"란 에너지사용시설의 소유자 또는 관리자를 말한다.
② "에너지사용시설"이란 에너지를 사용하는 공장, 사업장 등의 시설이나 에너지를 전환하여 사용하는 시설을 말한다.
③ "에너지공급자"란 에너지를 생산, 수입, 전환, 수송, 저장, 판매하는 사업자를 말한다.
④ "연료"란 석유, 석탄, 대체에너지 기타 열 등으로 제품의 원료로 사용되는 것을 말한다.

**해설**

「에너지법」에서 정의하는 용어
연료란 석유, 가스, 석탄, 그 밖에 열을 발생하는 열원을 말한다. 다만 제품의 원료로 사용되는 것은 제외한다.

정답  73 ③  74 ③  75 ③  76 ④

## 77 ★

「에너지이용합리화법」에 따른 한국에너지공단의 사업이 아닌 것은?

① 에너지의 안정적 공급
② 열사용기자재의 안전관리
③ 신에너지 및 재생에너지개발사업의 촉진
④ 집단에너지사업의 촉진을 위한 지원 및 관리

**해설**

한국에너지공단의 사업
- 열사용기자재의 안전관리
- 신에너지 및 재생에너지개발사업 및 촉진
- 집단에너지사업의 촉진을 위한 자원 및 관리

## 78 ★★

관의 신축량에 대한 설명으로 옳은 것은?

① 신축량은 관의 열팽창계수, 길이, 온도차에 반비례한다.
② 신축량은 관의 열팽창계수, 길이, 온도차에 비례한다.
③ 신축량은 관의 길이, 온도차에는 비례하지만, 열팽창계수에는 반비례한다.
④ 신축량은 관의 열팽창계수에 비례하고 온도차와 길이에 반비례한다.

**해설**

관의 신축량
관의 열팽창계수(선팽창계수), 길이, 온도차에 비례한다.
신축량 : $\lambda = \alpha L \Delta t$ ($\lambda$ : 신축량[mm], $\alpha$ : 선팽창계수, L : 관의 길이[mm], $\Delta t$ : 온도차)

## 79 ★★

85 [℃]의 물 120 [kg]의 온탕에 10 [℃]의 물 140 [kg]을 혼합하면 약 몇 [℃]의 물이 되는가?

① 44.6
② 56.6
③ 66.9
④ 70.0

**해설**

혼합 시 온도
$$t_m = \frac{m_1 t_1 + m_2 t_2}{m_1 + m_2} = \frac{120 \times 85 + 140 \times 10}{120 + 140}$$
$$\fallingdotseq 44.62\ [℃]$$

## 80 ★

다음 중 고온용 보온재가 아닌 것은?

① 우모펠트
② 규산칼슘
③ 세라믹화이버
④ 펄라이트

**해설**

고온용 보온재
- 유기질 보온재 : (우모/양모 펠트), 코르크, 텍스류, 기포성 수지 등은 최고안전사용온도가 80 ~ 130 [℃] 정도로 낮다.
- 무기질 보온재 : 규산칼슘, 펄라이트, 세라믹화이버, 탄산마그네슘, 석면, 암면, 규조토, 실리카화이버

**정답** 77 ① 78 ② 79 ① 80 ①

### 5과목 열설비설계

## 81 ★

NaOH 8 [g]을 200 [L]의 수용액에 녹이면 pH는?

① 9
② 10
③ 11
④ 12

**해설**

pH

$pOH = -\log OH^-$

NaOH의 농도 [mol/L]

$\dfrac{8}{40(NaOH분자량)} \times \dfrac{1}{200} = 0.001$

$pH = 14 - pOH$

$pH = 14 + \log 0.001 = 14 - 3 = 11$

## 82 ★★★

보일러수 1500 [kg] 중에 불순물이 30 [g]이 검출되었다. 이는 몇 [ppm]인가? (단, 보일러수의 비중은 1이다)

① 20
② 30
③ 50
④ 60

**해설**

ppm

$\dfrac{불순물}{보일러수} = \dfrac{30 \times 10^3\,[mg]}{1500\,[kg]} = 20\,[ppm]$

(보일러 비중 1 → 1 [kg] = 1 [L])

## 83 ★★★

노통보일러에서 브레이징 스페이스란 무엇을 말하는가?

① 노통과 가셋트 스테이와의 거리
② 관군과 가셋트 스테이와의 거리
③ 동체와 노통 사이의 최소거리
④ 가셋트 스테이 간의 거리

**해설**

브레이징 스페이스
노통과 가셋트 스테이와의 거리를 말한다.

## 84 ★★

보일러의 열정산 시 출열항목이 아닌 것은?

① 배기가스에 의한 손실열
② 발생증기 보유열
③ 불완전 연소에 의한 손실열
④ 공기의 현열

**해설**

보일러의 열정산 시 출열항목

- 입열항목 : 공기의 현열, 연료의 저위 발열량, 연료의 현열, 노 내 분입증기열
- 출열항목 : 발생공기(흡수)열, 배기가스에 의한 손실열, 미연소가스에 의한 손실열, 방산에 의한 손실열

정답 81 ③ 82 ① 83 ① 84 ④

## 85 ★★★

저온 부식의 방지방법이 아닌 것은?

① 과잉공기를 적게 하여 연소한다.
② 발열량이 높은 황분을 사용한다.
③ 연료첨가제(수산화마그네슘)를 이용하여 노점온도를 낮춘다.
④ 연소배기가스의 온도가 너무 낮지 않게 한다.

**해설**

저온 부식 방지방법
- 과잉공기를 적게 하여 연소한다.
- 연료첨가제를 이용하여 노점온도를 낮춘다.
- 연도 배기가스의 온도가 너무 낮지 않게 한다.

## 86 ★★★

지름이 d[cm], 두께가 t[cm]인 얇은 두께의 밀폐된 원통 안에 압력 P[MPa]가 작용할 때 원통에 발생하는 원주방향의 인장응력[MPa]을 구하는 식은?

① $\dfrac{\pi dP}{2t}$  ② $\dfrac{\pi dP}{4t}$

③ $\dfrac{dP}{2t}$  ④ $\dfrac{dP}{4t}$

**해설**

인장응력
- 원주방향 응력 : $\sigma = \dfrac{dP}{2t} = \dfrac{rP}{t}$
- 축방향 응력 : $\sigma = \dfrac{dP}{4t} = \dfrac{rP}{2t}$

## 87 ★★

전열면에 비등 기포가 생겨 열유속이 급격하게 증대하며, 가열면상에 서로 다른 기포의 발생이 나타나는 비등 과정을 무엇이라고 하는가?

① 단상액체 자연대류
② 핵비등(Nucleate Boiling)
③ 천이비등(Transition Boiling)
④ 포밍(Foaming)

**해설**

핵비등
전열면을 사이에 두고 액체를 가열하는 경우, 액체의 온도가 높아져 온도가 포화온도에 달하면 전열면에서 거품이 발생하는 상태를 말한다.

## 88 ★★

스케일(Scale)에 대한 설명으로 틀린 것은?

① 스케일로 인하여 연료소비가 많아진다.
② 스케일은 규산칼슘, 황산칼슘이 주성분이다.
③ 스케일로 인하여 배기가스의 온도가 낮아진다.
④ 스케일은 보일러에서 열전도의 방해물질이다.

**해설**

스케일
스케일로 인하여 배기가스의 온도가 높아진다.

## 89 ★★
보일러수의 분출목적이 아닌 것은?

① 물의 순환을 촉진한다.
② 가성취화를 방지한다.
③ 프라이밍 및 포밍을 촉진한다.
④ 관수의 pH를 조절한다.

**해설**

보일러수의 분출목적
- 프라이밍 및 포밍의 발생 방지
- 관수의 pH(수소이온 농도) 조절 및 고수위 방지
- 가성취화 방지
- 불순물의 농도를 한계치 이하로 유지(부식발생 방지)
- 슬러지를 배출하여 스케일 생성 방지

## 90 ★★★
내부로부터 155 [mm], 97 [mm], 224 [mm]의 두께를 가지는 3층의 노벽이 있다. 이들의 열전도율(W/m·℃)은 각각 0.121, 0.069, 1.21이다. 내부의 온도 710 [℃], 외벽의 온도 23 [℃]일 때, 1 [m²]당 열손실량[W/m²]은?

① 58
② 120
③ 239
④ 564

**해설**

열손실량

$$K = \frac{1}{R} = \frac{1}{\frac{l_1}{\lambda_1} + \frac{l_2}{\lambda_2} + \frac{l_3}{\lambda_3}}$$

$$= \frac{1}{\frac{0.155}{0.121} + \frac{0.097}{0.069} + \frac{0.224}{1.21}}$$

$$= 0.348 \, [W/m^2 \cdot K]$$

$$q = \frac{Q}{A} = K\Delta t = 0.348(710 - 23)$$

$$\fallingdotseq 239.08 \, [W/m^2]$$

## 91 ★★★
노통보일러 중 원통형의 노통이 2개 설치된 보일러를 무엇이라고 하는가?

① 라몬트보일러   ② 바브콕보일러
③ 다우섬보일러   ④ 랭커셔보일러

**해설**

랭커셔보일러
노통보일러 중 노통이 2개 설치된 보일러

## 92 ★★
온수보일러에 있어서 급탕량이 500 [kg/h]이고 공급 주관의 온수온도가 80 [℃], 환수 주관의 온수온도가 50 [℃]이라 할 때, 이 보일러의 출력은? (단, 물의 평균 비열은 4.2 [kJ/kg·K]이다)

① 10 [kW]      ② 12.5 [kW]
③ 17.5 [kW]    ④ 18.5 [kW]

정답: 89 ③  90 ③  91 ④  92 ③

### 해설

보일러의 출력
$Q = mC\Delta t = 500 \times 4.2 \times (80-50)$
$\phantom{Q} = 63000\,[kJ/h] = 17.5\,[kW]$
※ $3600\,[kJ/h] = 1\,[kW]$

## 93 ★★★

다음 중 보일러의 탈산소제로 사용되지 않는 것은?

① 탄닌
② 하이드라진
③ 수산화나트륨
④ 아황산나트륨

### 해설

탈산소제
- 탄닌, 하이드라진, 아황산나트륨
- 가성소다(수산화나트륨) : pH 조정제

## 94 ★★

자연순환식 수관보일러에서 물의 순환에 관한 설명으로 틀린 것은?

① 순환을 높이기 위하여 수관을 경사지게 한다.
② 발생증기의 압력이 높을수록 순환력이 커진다.
③ 순환을 높이기 위하여 수관 직경을 크게 한다.
④ 순환을 높이기 위하여 보일러수의 비중차를 크게 한다.

### 해설

자연순환식 수관보일러에서 물의 순환
자연순환식 수관보일러는 발생증기의 압력이 높으면 증기와 밀도차가 적어 순환력이 적어진다.

## 95 ★★★

다음 중 보일러 안전장치로 가장 거리가 먼 것은?

① 방폭문
② 안전밸브
③ 체크밸브
④ 고저수위경보기

### 해설

보일러 안전장치
체크밸브는 방향제어밸브로 유체를 한쪽 방향으로만 흐르게 하는 밸브이다.

## 96 ★

보일러의 급수처리방법에 해당되지 않는 것은?

① 이온교환법
② 응집법
③ 희석법
④ 여과법

### 해설

급수처리방법
- 보일러 급수 내 불순물을 제거하거나 중화하여 스케일과 부식을 방지하기 위한 방법.
- 보일러 급수처리법으로는 이온교환법, 응집법, 여과법이 있다.

정답  93 ③  94 ②  95 ③  96 ③

## 97 ★★

다음 중 고압보일러용 탈산소제로서 가장 적합한 것은?

① $(C_6H_{10}O_5)_n$
② $Na_2SO_3$
③ $N_2H_4$
④ $NaHSO_3$

**해설**

고압보일러용 탈산소제
① $(C_6H_{10}O_5)_n$ : 셀룰로오스
② $Na_2SO_3$ : 아황산나트륨
③ $N_2H_4$ : 하이드라진
④ $NaHSO_3$ : 중아황산나트륨
고압보일러용 탈산소제로 가장 적합한 것은 하이드라진($N_2H_4$)이다.

## 98 ★

수관 1개의 길이가 2200 [mm], 수관의 내경이 60 [mm], 수관의 두께가 4 [mm]인 수관 100개를 갖는 수관보일러의 전열면적은 약 몇 [m²]인가?

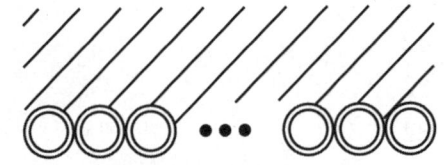

① 42
② 47
③ 52
④ 57

**해설**

수관보일러의 전열면적
$$A = \pi D_o L n = \pi(d_i + 2t)Ln$$
$$= \pi(60 + 2 \times 4) \times 10^{-3} \times 2.2 \times 100$$
$$\fallingdotseq 47 \ [m^2]$$

## 99 ★★

수관식 보일러에 대한 설명으로 틀린 것은?

① 증기 발생의 소요시간이 짧다.
② 보일러 순환이 좋고 효율이 높다.
③ 스케일의 발생이 적고 청소가 용이하다.
④ 드럼이 작아 구조적으로 고압에 적당하다.

**해설**

수관식 보일러
증발속도가 빨라 스케일이 부착되기 쉽고 구조가 복잡하여 제작 및 청소, 검사, 수리가 어려우며 가격이 비싸다.

## 100 ★★

물을 사용하는 설비에서 부식을 초래하는 인자로 가장 거리가 먼 것은?

① 용존산소
② 용존탄산가스
③ pH
④ 실리카

**해설**

부식을 초래하는 인자
용존산소, pH, 용존탄산가스
④ 실리카 : 스케일의 원인

**정답** 97 ③ 98 ② 99 ③ 100 ④

# 2021 제1회

**1과목** 연소공학

## 01 ★★★

고체연료의 연소방법이 아닌 것은?

① 미분탄 연소
② 유동층 연소
③ 화격자 연소
④ 액중 연소

**해설**

고체연료의 연소방법
미분탄 연소, 유동층 연소, 화격자 연소

## 02 ★★

다음 연료 중 저위발열량이 가장 높은 것은?

① 가솔린
② 등유
③ 경유
④ 중유

**해설**

저위발열량
가솔린 > 등유 > 경유 > 중유

## 03 ★

고체연료를 사용하는 어떤 열기관의 출력이 3000 [kW]이고 연료소비율이 1400 [kg/h]일 때 이 열기관의 열효율은 약 몇 [%]인가? (단, 이 고체연료의 저위발열량은 28 [MJ/kg]이다)

① 28
② 38
③ 48
④ 58

**해설**

열효율

$$\eta = \frac{3000\,[kW]}{H_\ell \times m_f} \times 100\,[\%]$$

$$= \frac{3000 \times 3600}{28 \times 10^3 \times 1400} \times 100\,[\%] \fallingdotseq 28\,[\%]$$

## 04 ★★

연소가스분석결과가 $CO_2$ 13 [%], $O_2$ 8 [%], $CO$ 0 [%]일 때 공기비는 약 얼마인가? (단, $(CO_{2max})$는 21 [%]이다)

① 1.22
② 1.42
③ 1.62
④ 1.82

**해설**

공기비

$$m = \frac{(CO_2)_{max}}{CO_2} - \frac{21}{21-O_2} = \frac{21}{21-8} \fallingdotseq 1.62$$

**정답** 01 ④  02 ①  03 ①  04 ③

## 05 ★★

연소가스 중의 질소산화물 생성을 억제하기 위한 방법으로 틀린 것은?

① 2단 연소
② 고온 연소
③ 농담 연소
④ 배기가스 재순환 연소

**해설**

질소산화물 생성 억제
질소산화물은 고온 연소를 할 때 많이 생성된다.


## 06 ★

$C_8H_{18}$ 1 [mol]을 공기비 2로 연소시킬 때 연소가스 중 산소의 몰분율은?

① 0.065
② 0.073
③ 0.086
④ 0.101

**해설**

연소가스 중 산소의 몰분율
$C_8H_{18} + 12.5O_2 \rightarrow 8CO_2 + 9H_2O$
실제습 연소가스량($G_w$)
= (m - 0.21)$A_0$ + 생성된 $CO_2$ + 생성된 $H_2O$
= (2 - 0.21) × (12.5 ÷ 0.21) + 8 + 9
≒ 123.55 [Nm³/Nm³]
∴ 연소가스 중 산소의 몰분율
$= \dfrac{O_2}{G_w} = \dfrac{12.5}{123.55} ≒ 0.101\,(10.1\,[\%])$


## 07 ★★★

메테인($CH_4$)가스를 공기 중에 연소시키려 한다. $CH_4$의 저위발열량이 50000 [kJ/kg]이라면 고위발열량은 약 몇 [kJ/kg]인가? (단, 물의 증발잠열은 2450 [kJ/kg]으로 한다)

① 51700
② 55500
③ 58600
④ 64200

**해설**

고위발열량
$\underset{16[kg]}{CH_4} + 2O_2 \rightarrow CO_2 + \underset{2\times 18 = 36[kg]}{2H_2O}$

$H_h = H_\ell + 증발잠열$
$= 50000 + \dfrac{36}{16} \times 2450 = 55512.5\,[kJ/kg]$


## 08 ★  난이도 상

연돌의 실제 통풍압이 35 [mmH₂O]인 송풍기의 효율은 70 [%], 연소가스량이 200 [m³/min]일 때 송풍기의 소요 동력은 약 몇 [kW]인가?

① 0.84
② 1.15
③ 1.63
④ 2.21

**해설**

송풍기의 소요 동력
$W = \dfrac{PQ}{6120\eta_f} = \dfrac{35 \times 200}{6120 \times 0.7} = 1.63\,[kW]$

정답  05 ②  06 ④  07 ②  08 ③

## 09 ★★★

기체연료의 장점이 아닌 것은?

① 연소조절이 용이하다.
② 운반과 저장이 용이하다.
③ 회분이나 매연이 적어 청결하다.
④ 적은 공기로 완전 연소가 가능하다.

**해설**

기체연료
운반과 저장이 어렵다.

## 10 ★★★

질량비로 프로페인 45 [%], 공기 55 [%]인 혼합가스가 있다. 프로페인가스의 발열량이 100 [MJ/Nm³]일 때 혼합가스의 발열량은 약 몇 [MJ/Nm³]인가? (단, 공기의 발열량은 무시한다)

① 29
② 31
③ 33
④ 35

**해설**

혼합가스의 발열량
프로페인($C_3H_8$)의 1 [kg] 부피
= 22.4/44 = 0.509 [Nm³]
공기의 1 [kg] 부피 = 22.4/29 = 0.772 [Nm³]
혼합기체의 발열량
= 프로페인의 발열량 × 부피비($C_3H_8$/전체)
= 100 × [0.509 × 0.45
  /(0.509 × 0.45 + 0.772 × 0.55)]
= 35.04 [MJ/Nm³]

## 11 ★★

다음 중 중유의 성질에 대한 설명으로 옳은 것은?

① 점도에 따라 1, 2, 3급 중유로 구분한다.
② 원소 조성은 H가 가장 많다.
③ 비중은 약 0.72 ~ 0.76 정도이다.
④ 인화점은 약 60 ~ 150 [℃] 정도이다.

**해설**

중유
① 점도에 따라 A, B, C급 중유로 구분한다.
② 원소 조성은 C가 가장 많다.
③ 비중은 0.86 ~ 1.00 정도이다.
④ 중유의 인화점은 약 60 ~ 150 [℃] 정도이다.

## 12 ★

연소에서 고온 부식의 발생에 대한 설명으로 옳은 것은?

① 연료 중 황분의 산화에 의해서 일어난다.
② 연료 중 바나듐의 산화에 의해서 일어난다.
③ 연료 중 수소의 산화에 의해서 일어난다.
④ 연료의 연소 후 생기는 수분이 응축해서 일어난다.

**해설**

고온 부식
고온 부식이란 금속이 고온에서 산화성을 띤 기체나 용융액체에 접할 경우 표면이 산화하는 현상이다[바나듐(V)부식].

## 13 ★★

다음 연료 중 이론공기량[$Nm^3/Nm^3$]이 가장 큰 것은?

① 오일가스
② 석탄가스
③ 액화석유가스
④ 천연가스

**해설**

이론공기량
이론공기량이 가장 큰 것은 액화석유가스(LPG)이다.

## 14 ★★★

연소 시 점화 전에 연소실가스를 몰아내는 환기를 무엇이라 하는가?

① 프리퍼지
② 가압퍼지
③ 불착화퍼지
④ 포스트퍼지

**해설**

프리퍼지(Pre-purge)
연소 시 점화 전에 연소실가스를 몰아내는 환기를 프리퍼지라고 한다.

## 15 ★

다음 반응식을 가지고 $CH_4$의 생성 엔탈피를 구하면 몇 [kJ]인가?

$$C + O_2 \rightarrow CO_2 + 394\,[kJ]$$
$$H_2 + \frac{1}{2}O_2 \rightarrow H_2O + 241\,[kJ]$$
$$CH_4 + 2O_2 \rightarrow CO_2 + 2H_2O + 802\,[kJ]$$

① -66
② -70
③ -74
④ -78

**해설**

생성 엔탈피
성분원소의 엔탈피의 합 - 화합물엔탈피의 합
= 802 - (394 + 2 × 241) = -74 [kJ]

## 16 ★★★

다음 중 매연의 발생 원인으로 가장 거리가 먼 것은?

① 연소실 온도가 높을 때
② 연소장치가 불량한 때
③ 연료의 질이 나쁠 때
④ 통풍력이 부족할 때

**해설**

매연 발생 원인
• 연소실 온도가 낮은 경우
• 연소장치가 불량한 경우
• 연료의 질이 좋지 않은 경우
• 통풍장치가 불량한 경우
• 연소실의 용적이 작은 경우
• 연소용 공기가 부족한 경우

정답 ▶ 13 ③  14 ①  15 ③  16 ①

## 17 ★★

가연성 액체에서 발생한 증기의 공기 중 농도가 연소범위 내에 있을 경우 불꽃을 접근시키면 불이 붙는데 이때 필요한 최저온도를 무엇이라고 하는가?

① 기화온도
② 인화온도
③ 착화온도
④ 임계온도

**해설**

인화온도
불꽃을 접근시켰을 때 불이 붙는 최저온도

## 18 ★★★

다음 기체 중 폭발범위가 가장 넓은 것은?

① 수소
② 메테인
③ 벤젠
④ 프로페인

**해설**

폭발범위(기체)
아세틸렌 > 수소 > 메테인 > 프로페인 > 벤젠

## 19 ★

로터리버너로 벙커C유를 연소시킬 때 분무가 잘 되게 하기 위한 조치로서 가장 거리가 먼 것은?

① 점도를 낮추기 위하여 중유를 예열한다.
② 중유 중의 수분을 분리, 제거한다.
③ 버너 입구 배관부에 스트레이너를 설치한다.
④ 버너 입구의 오일 압력을 100 [kPa] 이상으로 한다.

**해설**

분무가 잘되게 하기 위한 조치
버너 입구의 오일 압력을 30 ~ 50 [kPa] 으로 한다.

## 20 ★★★

분자식이 $C_mH_n$인 탄화수소가스 1 [$Nm^3$]을 완전 연소시키는 데 필요한 이론공기량은 약 몇 [$Nm^3$]인가? (단, $C_mH_n$의 m, n은 상수이다)

① m + 0.25n
② 1.19m + 4.76n
③ 4m + 0.5n
④ 4.76m + 1.19n

**해설**

이론공기량

$$C_mH_n + \left(m + \frac{n}{4}\right)O_2 \rightarrow mCO_2 + \frac{n}{2}H_2O$$

이론공기량 : $\dfrac{m + \dfrac{n}{4}}{0.21} = 4.76m + 1.19n$

**정답** 17 ② 18 ① 19 ④ 20 ④

## 2과목 | 열역학

### 21 ★★

원통형 용기에 기체상수 0.529 [kJ/kg·K]의 가스가 온도 15 [℃]에서 압력 10 [MPa]로 충전되어 있다. 이 가스를 대부분 사용한 후에 온도가 10 [℃]로, 압력이 1 [MPa]로 떨어졌다. 소비된 가스는 약 몇 [kg]인가? (단, 용기의 체적은 일정하며 가스는 이상기체로 가정하고, 초기 상태에서 용기 내의 가스 질량은 20 [kg]이다)

① 12.5
② 18.0
③ 23.7
④ 29.0

**해설**

소비된 가스량

$P_1 V_1 = m_1 R T_1$, $P_2 V_2 = m_2 R T_2$

$V_1 = V_2$ (체적 일정)

$V_1 = \dfrac{m_1 R T_1}{P_1} = \dfrac{20 \times 0.529 \times 288}{10 \times 10^3} \fallingdotseq 0.3 \, [m^3]$

$m_2 = \dfrac{P_2 V_2}{R T} = \dfrac{10^3 \times 0.3}{0.529 \times 283} \fallingdotseq 2 \, [kg]$

$m_1 - m_2 = 20 - 2 = 18 \, [kg]$

### 22 ★

0 [℃]의 물 1000 [kg]을 24시간 동안에 0 [℃]의 얼음으로 냉각하는 냉동능력은 약 몇 [kW]인가? (단, 얼음의 융해열은 335 [kJ/kg]이다)

① 2.15
② 3.88
③ 14
④ 14000

**해설**

냉동능력

$\dfrac{Q_e}{24 \times 3600} = \dfrac{1000 \times 335}{24 \times 3600} \fallingdotseq 3.88 \, [kW]$

※ 1 [kW] = 1 [kJ/s] = 3600 [kJ/h]

### 23 ★

부피 500 [L]인 탱크 내에 건도 0.95의 수증기가 압력 1600 [kPa]로 들어 있다. 이 수증기의 질량은 약 몇 [kg]인가? (단, 이 압력에서 건포화증기의 비체적은 $v_g$ = 0.1237 [m³/kg], 포화수의 비체적은 $v_f$ = 0.001 [m³/kg]이다)

① 4.83
② 4.55
③ 4.25
④ 3.26

**해설**

수증기의 질량
혼합증기의 비체적
$$v_x = v_f + x(v_g - v_f)[m^3/kg]$$
$$\frac{V}{m} = v_f + x(v_g - v_f)[m^3/kg]$$
$$\therefore m = \frac{V}{v_f + x(v_g - v_f)}$$
$$= \frac{0.5}{0.001 + 0.95(0.1237 - 0.001)}$$
$$\fallingdotseq \frac{0.5}{0.1176}$$
$$= 4.25\ [kg]$$

## 24 ★

단열 변화에서 압력, 부피, 온도를 각각 P, V, T로 나타낼 때, 항상 일정한 식은? (단, k는 비열비이다)

① $PV^{k-1}$
② $TV^{\frac{1-k}{k}}$
③ $TP^k$
④ $TP^{\frac{1-k}{k}}$

**해설**

가역단열 변화에서 PVT 관계식
$$PV^k = C,\ TP^{\frac{1-k}{k}} = C,\ TV^{k-1} = C$$

## 25 ★★

오존층 파괴와 지구 온난화 문제로 인해 냉동장치에 사용하는 냉매의 선택에 있어서 주의를 요한다. 이와 관련하여 다음 중 오존 파괴 지수가 가장 큰 냉매는?

① R - 134a
② R - 123
③ 암모니아
④ R - 11

**해설**

오존 파괴 지수 가장 큰 냉매
R - 134a : ODP 0
R - 123 : ODP 약 0.02
암모니아 : ODP 0
R - 11 : ODP 1.0

## 26 ★★★

다음 그림은 Rankine 사이클의 h - s선도이다. 등엔트로피팽창 과정을 나타내는 것은?

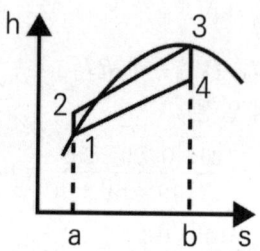

① 1 → 2
② 2 → 3
③ 3 → 4
④ 4 → 1

**해설**

랭킨 사이클
등엔트로피(s = c) 팽창 과정은 3 → 4(터빈 과정)이다.

**정답** 24 ④  25 ④  26 ③

## 27 ★★★

이상기체의 내부 에너지 변화 du를 옳게 나타낸 것은? (단, $C_P$는 정압비열, $C_V$는 정적비열, T는 온도이다)

① $C_p dT$
② $C_v dT$
③ $\dfrac{C_p}{C_v} dT$
④ $C_v C_p dT$

**해설**

이상기체의 내부 에너지 변화
$du = C_v dT$

## 28 ★★★

그림은 Carnot 냉동 사이클을 나타낸 것이다. 이 냉동기의 성능계수를 옳게 표현한 것은?

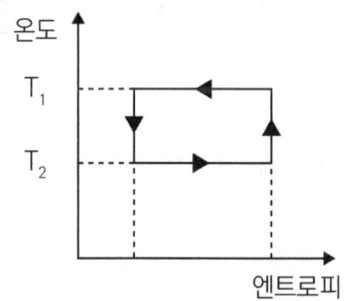

① $\dfrac{T_1 - T_2}{T_1}$
② $\dfrac{T_1 - T_2}{T_2}$
③ $\dfrac{T_2}{T_1 - T_2}$
④ $\dfrac{T_1}{T_1 - T_2}$

**해설**

성능계수

냉동기성능계수 $(COP)_R = \dfrac{T_2}{T_1 - T_2}$

## 29 ★

교축 과정에서 일정한 값을 유지하는 것은?

① 압력
② 엔탈피
③ 비체적
④ 엔트로피

**해설**

교축 과정(Throttling Process)
교축 과정에서는 엔탈피 변화가 없다(등엔탈피 과정).

## 30 ★

분자량이 16, 28, 32 및 44인 이상기체를 각각 같은 용적으로 혼합하였다. 이 혼합가스의 평균 분자량은?

① 30
② 33
③ 35
④ 40

**해설**

평균 분자량

$m_{평균} = \dfrac{m_1 + m_2 + m_3 + m_4}{4}$

$= \dfrac{16 + 28 + 32 + 44}{4}$

$= 30$

정답 ● 27 ② 28 ③ 29 ② 30 ①

## 31 ★

초기조건이 100 [kPa], 60 [℃]인 공기를 정적 과정을 통해 가열한 후 정압에서 냉각 과정을 통하여 500 [kPa], 60 [℃]로 냉각할 때 이 과정에서 전체 열량의 변화는 약 몇 [kJ/kmol]인가? (단, 정적비열은 20 [kJ/kmol·K], 정압비열은 28 [kJ/kmol·K]이며, 이상기체로 가정한다)

① -964
② -1964
③ -10656
④ -20656

**해설**

전체 열량의 변화

$V = C$(정적 과정)이므로 $\dfrac{P_1}{T_1} = \dfrac{P_2}{T_2}$

$T_2 = T_1\left(\dfrac{P_2}{P_1}\right) = (60+273.15) \times \dfrac{500}{100}$

$\fallingdotseq 1665\,[K] = 1392\,[℃]$

$q_t = q_v$(정적가열)$+ q_p$(정압냉각)

$= C_v(T_2 - T_1) + C_p(T_3 - T_2)$

$= 20 \times (1392 - 60) + 28(60 - 1392)$

$= -10656\,[kJ/kmol]$

## 32 ★

피스톤이 장치된 실린더 안의 기체가 체적 $V_1$에서 $V_2$로 팽창할 때 피스톤에 해준 일은 $W = \displaystyle\int_{V_1}^{V_2} P\,dV$로 표시될 수 있다. 이 기체는 이 과정을 통하여 $PV^2 = C$(상수)의 관계를 만족시켜 준다면 W를 옳게 나타낸 것은?

① $P_1V_1 - P_2V_2$
② $P_2V_2 - P_1V_1$
③ $P_1V_1^2 - P_2V_2^2$
④ $P_2V_2^2 - P_1V_1^2$

**해설**

피스톤이 해준 일
$_1W_2 = P_1V_1 - P_2V_2$

## 33 ★★★

다음 설명과 가장 관계되는 열역학적 법칙은?

- 열은 그 자신만으로는 저온의 물체로부터 고온의 물체로 이동할 수 없다.
- 외부에 어떠한 영향을 남기지 않고 한 사이클 동안에 계가 열원으로부터 받은 열을 모두 일로 바꾸는 것은 불가능하다.

① 열역학 제0법칙
② 열역학 제1법칙
③ 열역학 제2법칙
④ 열역학 제3법칙

**해설**

열역학 법칙

- 열역학 제0법칙 : 열평형 법칙
- 열역학 제1법칙 : 에너지보존의 법칙
- 열역학 제2법칙 : 엔트로피 증가 법칙
- 열역학 제3법칙 : 어떠한 방법으로도 어떤 계를 절대 0 [K]에 이르게 할 수 없다는 법칙

정답 31 ③ 32 ① 33 ③

## 34 ★★

이상기체가 A상태($T_A$, $P_A$)에서 B상태($T_B$, $P_B$)로 변화하였다. 정압비열 $C_P$가 일정할 경우 비엔트로피의 변화 $\Delta s$를 옳게 나타낸 것은?

① $\Delta S = C_P \ln \dfrac{T_A}{T_B} + R \ln \dfrac{P_B}{P_A}$

② $\Delta S = C_P \ln \dfrac{T_B}{T_A} + R \ln \dfrac{P_B}{P_A}$

③ $\Delta S = C_P \ln \dfrac{T_A}{T_B} - R \ln \dfrac{P_B}{P_A}$

④ $\Delta S = C_P \ln \dfrac{T_B}{T_A} - R \ln \dfrac{P_B}{P_A}$

**해설**

비엔트로피의 변화

$$\Delta s = \frac{\delta q}{T} = \frac{dh - vdp}{T} = \frac{C_p dT}{T} - \frac{RdP}{P}$$

$$= C_p \int_A^B \frac{1}{T}dT - R \int_A^B \frac{1}{P}dP$$

$$= C_p [\ln T]_A^B - R[\ln P]_A^B$$

$$= C_p(\ln T_B - \ln T_A) - R(\ln P_B - \ln P_A)$$

$$\therefore \Delta S = C_P \ln \frac{T_B}{T_A} - R \ln \frac{P_B}{P_A}$$

## 35 ★

보일러에서 송풍기 입구의 공기가 15 [℃], 100 [kPa] 상태에서 공기예열기로 500 [m³/min]가 들어가 일정한 압력하에서 140 [℃]까지 온도가 올라갔을 때 출구에서의 공기유량은 약 몇 [m³/min]인가? (단, 이상기체로 가정한다)

① 617
② 717
③ 817
④ 917

**해설**

공기유량

$$\frac{Q_2}{Q_1} = \frac{T_2}{T_1}$$

$$Q_2 = Q_1 \left(\frac{T_2}{T_1}\right)$$

$$= 500 \left(\frac{140 + 273.15}{15 + 273.15}\right)$$

$$\fallingdotseq 717 \,[\text{m}^3/\text{min}]$$

정답: 34 ④  35 ②

## 36 ★

다음 그림은 물의 상평형도를 나타내고 있다. a ~ d에 대한 용어로 옳은 것은?

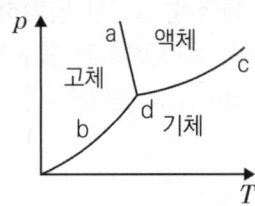

① a : 승화 곡선
② b : 용융 곡선
③ c : 증발 곡선
④ d : 임계점

**해설**

물의 상평형도
- a : 용융 곡선
- b : 승화 곡선
- c : 증발 곡선
- d : 3중점

## 37 ★

스로틀링(Throttling)밸브를 이용하여 Joule - Thomson 효과를 보고자 한다. 압력이 감소함에 따라 온도가 반드시 감소하게 되는 Joule - Thomson 계수 $\mu$의 값으로 옳은 것은?

① $\mu = 0$
② $\mu > 0$
③ $\mu < 0$
④ $\mu \neq 0$

**해설**

Joule - Thomson 계수, 줄 - 톰슨 계수

$$\mu = \left(\frac{\delta T}{\delta P}\right)_{h=c} = \left(\frac{T_1 - T_2}{P_1 - P_2}\right) > 0$$

## 38 ★

터빈 입구에서의 내부에너지 및 엔탈피가 각각 3000 [kJ/kg], 3300 [kJ/kg]인 수증기가 압력이 100 [kPa], 건도 0.9인 습증기로 터빈을 나간다. 이때 터빈의 출력은 약 몇 [kW]인가? (단, 발생되는 수증기의 질량 유량은 0.2 [kg/s]이고, 입출구의 속도차와 위치에너지는 무시한다. 100 [kPa]에서의 상태량은 아래 표와 같다)

| 구분 | 포화수 | 건포화증기 |
|---|---|---|
| 내부에너지 u [kJ/kg] | 420 | 2510 |
| 엔탈피 h [kJ/kg] | 420 | 2680 |

① 46.2
② 93.6
③ 124.2
④ 169.2

**해설**

터빈의 출력

$$h_2 = h' + x(h'' - h') = 420 + 0.9(2680 - 420)$$
$$= 2454 \, [kJ/kg]$$
$$W_t = m(h_1 - h_2) = 0.2(3300 - 2454)$$
$$= 169.2 \, [kW]$$

## 39 ★★
오토 사이클의 열효율에 영향을 미치는 인자들만 모은 것은?

① 압축비, 비열비
② 압축비, 차단비
③ 차단비, 비열비
④ 압축비, 차단비, 비열비

**해설**
오토 사이클의 열효율
$$\eta_{tho} = 1 - \left(\frac{1}{\epsilon}\right)^{k-1}$$

## 40 ★★★
Rankine 사이클의 4개 과정으로 옳은 것은?

① 가역단열팽창 → 정압방열 → 가역단열압축 → 정압가열
② 가역단열팽창 → 가역단열압축 → 정압가열 → 정압방열
③ 정압가열 → 정압방열 → 가역단열압축 → 가역단열팽창
④ 정압방열 → 정압가열 → 가역단열압축 → 가역단열팽창

**해설**
랭킨 사이클
가역단열팽창(터빈) → 정압방열(복수기) → 가역단열압축(급수펌프) → 정압가열(보일러 및 과열기)

---

**3과목 계측방법**

## 41 ★
레이놀즈수를 나타낸 식으로 옳은 것은? (단, D는 관의 내경, $\mu$는 유체의 점도, $\rho$는 유체의 밀도, U는 유체의 속도이다)

① $\dfrac{D\mu U}{\rho}$
② $\dfrac{DU\rho}{\mu}$
③ $\dfrac{D\mu\rho}{U}$
④ $\dfrac{\mu\rho U}{U}$

**해설**
레이놀즈수
$$Re = \frac{관성력}{점성력} = \frac{DU\rho}{\mu}$$

## 42 ★★
복사 온도계에서 전복사에너지는 절대온도의 몇 승에 비례하는가?

① 2        ② 3
③ 4        ④ 5

**해설**
전복사에너지
스테판 - 볼츠만 법칙 $q_R = \epsilon\sigma AT^4[W]$

정답 ● 39 ① 40 ① 41 ② 42 ③

## 43 ★★★

물리량과 SI 기본단위의 기호가 틀린 것은?

① 질량 : kg
② 온도 : ℃
③ 물질량 : mol
④ 광도 : cd

**해설**

SI단위계
- 기본단위 : 길이[m], 질량[kg], 시간[s], 온도[K], 전류[A], 물질량[mol], 광도[cd]
- 보조단위 : 평면각[rad], 입체각[sr]
- 유도단위 : 힘[N], 압력[Pa], 에너지[J], 일률[W], 비중량[N/m³], 밀도[kg/m³], 자속[Wb] 등

## 44 ★

단열식 열량계로 석탄 1.5 [g]을 연소시켰더니 온도가 4 [℃] 상승하였다. 통 내 물의 질량이 2000 [g], 열량계의 물당량이 500 [g]일 때 이 석탄의 발열량은 약 몇 [J/g]인가? (단, 물의 비열은 4.19 [J/g·K]이다)

① $2.23 \times 10^4$
② $2.79 \times 10^4$
③ $4.19 \times 10^4$
④ $6.98 \times 10^4$

**해설**

석탄의 발열량

$H = (m_1 + m_2) C \Delta t = (2000 + 500) \times 4.19 \times 4$

$= 41900 [J]$

$\therefore \dfrac{H}{m} = \dfrac{41900}{1.5} = 2.79 \times 10^4 [J/g]$

※ 물당량 : 어떤 물질의 열용량과 같은 열용량을 갖는 물의 질량

## 45 ★★★

다음 중 유도단위 대상에 속하지 않는 것은?

① 비열
② 압력
③ 습도
④ 열량

**해설**

SI단위계

습도는 비율[%]형태로 표현하므로 유도단위에 해당되지 않는다.
- 기본단위 : 길이[m], 질량[kg], 시간[s], 온도[K], 전류[A], 물질량[mol], 광도[cd]
- 보조단위 : 평면각[rad], 입체각[sr]
- 유도단위 : 힘[N], 압력[Pa], 에너지[J], 일률[W], 비중량[N/m³], 밀도[kg/m³], 자속[Wb] 등

## 46 ★★★

피드백제어에 대한 설명으로 틀린 것은?

① 폐회로로 구성된다.
② 제어량에 대한 수정동작을 한다.
③ 미리 정해진 순서에 따라 순차적으로 제어한다.
④ 반드시 입력과 출력을 비교하는 장치가 필요하다.

**해설**

피드백제어

미리 정해진 순서에 따라 순차적으로 제어하는 것은 시퀀스제어(개회로)다.

## 47 ★★

다음 그림과 같이 수은을 넣은 차압계를 이용하는 액면계에 있어 수은면의 높이차(h)가 50.0 [mm]일 때 상부의 압력 취출구에서 탱크 내 액면까지의 높이(H)는 약 몇 [mm]인가? (단, 액의 밀도($\rho$)는 999 [kg/m³]이고, 수은의 밀도($\rho_0$)는 13550 [kg/m³]이다)

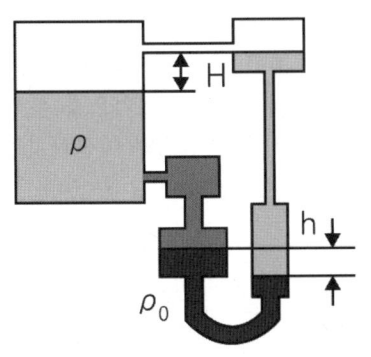

① 578  ② 628
③ 678  ④ 728

**해설**

액면까지의 높이

$h\rho_0 = h\rho + H\rho$

$50 \times 13550 = 50 \times 999 + H \times 999$

$H ≒ 628$

## 48 ★★★

열전대 온도계에 대한 설명으로 옳은 것은?

① 흡습 등으로 열화된다.
② 밀도차를 이용한 것이다.
③ 자기가열에 주의해야 한다.
④ 온도에 대한 열기전력이 크며 내구성이 좋다.

**해설**

열전대 온도계

온도에 대한 열기전력이 크며 내구성이 좋다.
① 흡습에 열화될 수 있는 것은 저항 온도계이다.
② 밀도차를 이용한 것은 액주 온도계 등이다.
③ 자기가열에 주의해야 하는 것은 저항 온도계이다.

## 49 ★★

아래 열교환기의 제어에 해당하는 제어의 종류로 옳은 것은?

> 유체의 온도를 제어하는데 온도조절의 출력으로 열교환기에 유입되는 증기의 유량을 제어하는 유량조절기의 설정치를 조절한다.

① 추종제어
② 프로그램제어
③ 정치제어
④ 캐스케이드제어

**해설**

캐스케이드제어

• 유체의 온도를 제어하는데 온도조절의 출력으로 열교환기에 유입되는 증기의 유량을 제어하는 유량조절기의 설정치를 조절하는 제어의 종류는 캐스케이드제어이다.
• 2개의 제어계를 조합하여 1차 제어장치의 제어량을 측정하여 제어명령을 발하고 2차 제어장치의 목표치로 설정하는 제어방식이다.

정답  47 ②  48 ④  49 ④

## 50 ★
다음 중 수분흡수법에 의해 습도를 측정할 때 흡수제로 사용하기에 가장 적절하지 않은 것은?

① 오산화인
② 피크린산
③ 실리카겔
④ 황산

**해설**

수분흡수법 흡수제
피크린산은 흡습성이 없고 폭발위험이 있다.

## 51 ★★
저항 온도계에 관한 설명 중 틀린 것은?

① 구리는 -200 ~ 500 [℃]에서 사용한다.
② 시간지연이 적어 응답이 빠르다.
③ 저항선의 재료로는 저항온도계수가 크며, 화학적으로나 물리적으로 안정한 백금, 니켈 등을 쓴다.
④ 저항 온도계는 금속의 가는 선을 절연물에 감아서 만든 측온 저항체의 저항치를 재어서 온도를 측정한다.

**해설**

온도계 사용온도 범위
- 구리(Cu) : 0 ~ 120 [℃]
- 백금(Pt) : -200 ~ 500 [℃]
- 니켈(Ni) : -50 ~ 150 [℃]
- 서미스터 : -100 ~ 300 [℃]

## 52 ★★★
가스크로마토그래피는 다음 중 어떤 원리를 응용한 것인가?

① 증발   ② 증류
③ 건조   ④ 흡착

**해설**

가스크로마토그래피
활성탄의 흡착제를 채운 세관을 통과하는 가스의 이동속도차를 이용하여 시료가스를 분석하는 방식으로, 1대의 장치로 산소와 이산화질소를 제외한 여러 성분의 가스를 분석할 수 있다.

## 53 ★★★
직각으로 굽힌 유리관의 한쪽을 수면 바로 밑에 넣고 다른 쪽은 연직으로 세워 수평방향으로 0.5 [m/s]의 속도로 움직이면 물은 관 속에서 약 몇 [m] 상승하는가?

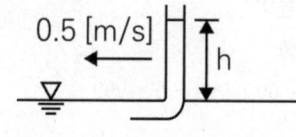

① 0.01   ② 0.02
③ 0.03   ④ 0.04

**해설**

유속
$V = \sqrt{2g\Delta h}$
$\Delta h = \dfrac{V^2}{2g} = \dfrac{0.5^2}{2 \times 9.8} = 0.012 \, [m]$

## 54 ★★★

관로에 설치한 오리피스 전·후의 차압이 1.936 [mmH$_2$O]일 때 유량이 22 [m$^3$/h]이다. 차압이 1.024 [mmH$_2$O]이면 유량은 몇 [m$^3$/h]인가?

① 15
② 16
③ 17
④ 18

**해설**

오리피스에서의 유량

$$\frac{Q_2}{Q_1} = \left(\frac{\Delta h_2}{\Delta h_1}\right)^{\frac{1}{2}}$$

$$Q_2 = 22\sqrt{\frac{1.024}{1.936}} = 16 \, [m^3/h]$$

## 55 ★★

다음 중 탄성 압력계에 속하는 것은?

① 침종 압력계
② 피스톤 압력계
③ U자관 압력계
④ 부르동관 압력계

**해설**

탄성 압력계
부르동관 압력계는 탄성 압력계이다.

## 56 ★★★

액주식 압력계에 사용되는 액체의 구비조건으로 틀린 것은?

① 온도 변화에 의한 밀도 변화가 커야 한다.
② 액면은 항상 수평이 되어야 한다.
③ 점도와 팽창계수가 작아야 한다.
④ 모세관현상이 적어야 한다.

**해설**

액주식 압력계
온도 변화에 의한 밀도 변화가 작아야 한다.

## 57 ★★

다음 중 가스분석 측정법이 아닌 것은?

① 오르사트법
② 적외선 흡수법
③ 플로우노즐법
④ 열전도율법

**해설**

가스분석 측정법
오르사트법, 적외선 흡수법, 가스크로마토그래피법
• 플로우노즐 : 유체의 흐름에 의해 생기는 차압을 측정하여 유량을 계산하는 차압식 유량계

## 58 ★★★

액체의 팽창하는 성질을 이용하여 온도를 측정하는 것은?

① 수은 온도계
② 저항 온도계
③ 서미스터 온도계
④ 백금 - 로듐 열전대 온도계

**정답** 54 ② 55 ④ 56 ① 57 ③ 58 ①

**해설**

수은 온도계
수은 온도계는 액체(수은)의 팽창하는 성질을 이용하여 온도를 측정하는 것이다.

## 59 ★★
전자 유량계에 대한 설명으로 틀린 것은?

① 응답이 매우 빠르다.
② 제작 및 설치비용이 비싸다.
③ 고점도 액체는 측정이 어렵다.
④ 액체의 압력에 영향을 받지 않는다.

**해설**

전자 유량계
특정한 최소 전기전도도를 갖고 있는 모든 액체(슬러지 포함) 유량 측정에 최적화된 유량계로 고점도 액체 측정도 용이하다.

## 60 ★★
비례동작만 사용할 경우와 비교할 때 적분동작을 같이 사용하면 제거할 수 있는 문제로 옳은 것은?

① 오프셋
② 외란
③ 안정성
④ 빠른 응답

**해설**

오프셋(Off-set)
비례동작(P)은 오프셋을 발생시키고 적분동작(I)은 오프셋을 제거시켜준다.

## 4과목 열설비재료 및 관계법규

| 1회독 | 시간 : | 점수 : |
| 2회독 | 시간 : | 점수 : |
| 3회독 | 시간 : | 점수 : |

## 61 ★
용광로의 원료 중 코크스의 역할로 옳은 것은? (중복정답 인정)

① 탈황작용
② 흡탄작용
③ 매용제(煤熔劑)
④ 탈산작용

**해설**

코크스의 역할
흡탄, 환원, 통기성확보, 열원
※ 탈산 = 환원
※ 흡탄(가탄) : 금속이 외부 탄소를 흡수하여 탄소 함유량이 증가하는 현상

## 62 ★
단조용 가열로에서 재료에 산화스케일이 가장 많이 생기는 가열방식은?

① 반간접식
② 직화식
③ 무산화 가열방식
④ 급속 가열방식

**해설**

단조용 가열로
단조용 가열로에서 재료에 산화스케일이 가장 많이 생기는 가열방식은 직화식 가열방식이다.

정답  59 ③  60 ①  61 ②,④  62 ②

## 63 ★★

「에너지이용합리화법령」상 에너지사용계획을 수립하여 산업통상자원부장관에게 제출하여야 하는 공공사업주관자가 설치하려는 시설 기준으로 옳은 것은?

① 연간 1천 티오이 이상의 연료 및 열을 사용하는 시설
② 연간 2천 티오이 이상의 연료 및 열을 사용하는 시설
③ 연간 2천 5백 티오이 이상의 연료 및 열을 사용하는 시설
④ 연간 1만 티오이 이상의 연료 및 열을 사용하는 시설

**해설**

에너지사용계획을 수립하여 산업통상지원부장관에게 제출해야 할 공공사업주관자가 설치하려는 시설 기준
1. 연간 2천 5백 티오이 이상의 연료 및 열을 사용하는 시설
2. 연간 1천만 킬로와트시 이상의 전력을 사용하는 시설

## 64 ★

고온용 무기질 보온재로서 석영을 녹여 만들며, 내약품성이 뛰어나고, 최고사용온도가 1100[℃] 정도인 것은?

① 유리섬유(Glass Wool)
② 석면(Asbestos)
③ 펄라이트(Pearlite)
④ 세라믹 파이버(Ceramic Fiber)

**해설**

세라믹 파이버(Ceramic Fiber)
고온용 무기 보온재로 석영을 녹여 만들며 내약품성이 뛰어나고 최고사용온도가 1100[℃] 정도인 것은 세라믹 파이버이다.

## 65 ★

다음 중 전기로에 해당되지 않는 것은?

① 푸셔로
② 아크로
③ 저항로
④ 유도로

**해설**

전기로
전기로에는 아크로, 저항로, 유도로 등이 있다.

## 66 ★★★

내화물의 분류방법으로 적합하지 않은 것은?

① 원료에 의한 분류
② 형상에 의한 분류
③ 내화도에 의한 분류
④ 열전도율에 의한 분류

**해설**

내화물의 분류방법
내화물은 원료, 형상, 내화도에 따라 분류한다.

정답 63 ③ 64 ④ 65 ① 66 ④

## 67 ★★★

유체의 역류를 방지하여 한쪽 방향으로만 흐르게 하는 밸브 리프트식과 스윙식으로 대별되는 것은?

① 회전밸브
② 게이트밸브
③ 체크밸브
④ 앵글밸브

**해설**

체크밸브
역류방지용 밸브로 유체를 한쪽 방향으로만 흐르게 하는 밸브로 수평배관에만 사용하는 리프트식과 수평·수직배관에 사용하는 스윙형이 있다.

## 68 ★★

「에너지이용합리화법령」에 따라 에너지절약전문기업의 등록이 취소된 에너지절약전문기업은 원칙적으로 등록 취소일로부터 최소 얼마의 기간이 지나면 다시 등록을 할 수 있는가?

① 1년
② 2년
③ 3년
④ 5년

**해설**

다시 등록
에너지절약전문기업은 원칙적으로 등록이 취소된 날로부터 2년이 지나면 다시 등록할 수 있다.

## 69 ★

「신재생에너지법령」상 신·재생에너지 중 의무공급량이 지정되어 있는 에너지 종류는?

① 해양에너지
② 지열에너지
③ 태양에너지
④ 바이오에너지

**해설**

의무공급량이 지정되어 있는 에너지 종류
태양에너지는 「신재생에너지법령」상 신·재생에너지 중 의무공급량이 지정되어 있다.

## 70 ★★★

「에너지이용합리화법령」에 따라 에너지다소비사업자에게 에너지손실요인의 개선명령을 할 수 있는 자는?

① 산업통상자원부장관
② 시·도지사
③ 한국에너지공단이사장
④ 에너지관리진단기관협회장

**해설**

에너지다소비사업자에게 에너지 손실 요인의 개선명령을 할 수 있는 자
산업통상지원부장관이다.

**정답** 67 ③  68 ②  69 ③  70 ①

## 71 ★★★

연소가스(화염)의 진행방향에 따라 요로를 분류할 때 종류로 옳은 것은?

① 연속식 가마
② 도염식 가마
③ 직화식 가마
④ 셔틀가마

**해설**

연소가스의 진행방향에 따른 요로 분류
횡염식, 승염식, 도염식

## 72 ★★★

「에너지이용합리화법령」상 산업통상자원부장관이 에너지저장의무를 부과할 수 있는 대상자의 기준으로 틀린 것은?

① 연간 1만 석유환산톤 이상의 에너지를 사용하는 자
② 「전기사업법」에 따른 전기사업자
③ 「석탄산업법」에 따른 석탄가공업자
④ 「집단에너지사업법」에 따른 집단에너지사업자

**해설**

에너지 저장의무를 부과할 수 있는 대상자의 기준
- 전기사업자
- 도시가스사업자
- 석탄가공업자
- 집단에너지사업자
- 연간 2만 [TOE] 이상의 에너지사용자

## 73 ★★

「에너지이용합리화법령」상 검사대상기기의 검사유효기간에 대한 설명으로 옳은 것은?

① 설치 후 3년이 지난 보일러로서 설치장소 변경검사 또는 재사용검사를 받은 보일러는 검사 후 1개월 이내에 운전성능검사를 받아야 한다.
② 보일러의 계속사용검사 중 운전성능검사에 대한 검사유효기간은 해당 보일러가 산업통상자원부장관이 정하여 고시하는 기준에 적합한 경우에는 3년으로 한다.
③ 개조검사 중 연료 또는 연소방법의 변경에 따른 개조검사의 경우에는 검사유효기간을 1년으로 한다.
④ 철금속가열로의 재사용검사의 검사유효기간은 1년으로 한다.

**해설**

검사대상기기검사유효기간

| 검사의 종류 | | 검사유효기간 |
| --- | --- | --- |
| 설치검사 | | 1. 보일러 : 1년<br>   다만 운전성능 부문의 경우에는 3년 1개월로 한다.<br>2. 압력용기 및 철금속가열로 : 2년 |
| 개조검사 | | 1. 보일러 : 1년<br>2. 압력용기 및 철금속가열로 : 2년 |
| 설치장소 변경검사 | | 1. 보일러 : 1년<br>2. 압력용기 및 철금속가열로 : 2년 |
| 재사용검사 | | 1. 보일러 : 1년<br>2. 압력용기 및 철금속가열로 : 2년 |
| 계속 사용 검사 | 안전검사 | 1. 보일러 : 1년<br>2. 압력용기 : 2년 |
| | 운전 성능 검사 | 1. 보일러 : 1년<br>2. 철금속가열로 : 2년 |

**정답** 71 ② 72 ① 73 ①

## 74 ★★

「에너지이용합리화법령」에 따라 산업통상자원부령으로 정하는 광고매체를 이용하여 효율관리기자재의 광고를 하는 경우에는 그 광고내용에 동법에 따른 에너지소비효율 등급 또는 에너지소비효율을 포함하여야 한다. 이때 효율관리기자재 관련업자에 해당하지 않는 것은?

① 제조업자
② 수입업자
③ 판매업자
④ 수리업자

해설

효율관리기자재 관련 업자
제조업자, 수입업자, 판매업자

## 75 ★★

고압 배관용 탄소 강관(KS D 3564)의 호칭지름의 기준이 되는 것은?

① 배관의 안지름
② 배관의 바깥지름
③ 배관의 (안지름 + 바깥지름) ÷ 2
④ 배관나사의 바깥지름

해설

고압 배관용 탄소 강관의 호칭지름의 기준
배관의 바깥지름을 기준으로 한다.

## 76 ★★★

배관의 신축이음에 대한 설명으로 틀린 것은?

① 슬리브형은 단식과 복식의 2종류가 있으며, 고온, 고압에 사용한다.
② 루프형은 고압에 잘 견디며, 주로 고압증기의 옥외 배관에 사용한다.
③ 벨로즈형은 신축으로 인한 응력을 받지 않는다.
④ 스위블형은 온수 또는 저압증기의 배관에 사용하며, 큰 신축에 대하여는 누설의 염려가 있다.

해설

배관의 신축이음
슬리브형 이음은 저압증기의 배관에 주로 사용한다.

## 77 ★★

고알루미나(High Alumina)질 내화물의 특성에 대한 설명으로 옳은 것은?

① 내마모성이 적다.
② 하중 연화온도가 높다.
③ 고온에서 부피 변화가 크다.
④ 급열, 급랭에 대한 저항성이 적다.

해설

고알루미나질 내화물
하중연화온도가 높고 고온에서 부피 변화가 적고 내식성, 내마모성이 크다.

정답 74 ④  75 ②  76 ①  77 ②

## 78 ★★★

「에너지이용합리화법령」에 따라 에너지사용량이 대통령령이 정하는 기준량 이상이 되는 에너지다소비사업자는 전년도의 분기별 에너지사용량·제품생산량 등의 사항을 언제까지 신고하여야 하는가?

① 매년 1월 31일
② 매년 3월 31일
③ 매년 6월 30일
④ 매년 12월 31일

**해설**

신고 기간
1월 31일까지 신고하여야 한다.

## 79 ★

「신재생에너지법령」상 바이오에너지가 아닌 것은?

① 식물의 유지를 변환시킨 바이오디젤
② 생물유기체를 변환시켜 얻어지는 연료
③ 폐기물의 소각열을 변환시킨 고체의 연료
④ 쓰레기매립장의 유기성폐기물을 변환시킨 매립지가스

**해설**

바이오에너지
「신재생에너지법령」상 생물유기체를 변환시켜 얻어지는 에너지

## 80 ★★★

보온이 안 된 어떤 물체의 단위면적당 손실열량이 1600 [kJ/m$^2$]이었는데, 보온한 후에 단위면적당 손실열량이 1200 [kJ/m$^2$]이라면 보온효율은 얼마인가?

① 1.33
② 0.75
③ 0.33
④ 0.25

**해설**

보온효율

$$\eta = \left(1 - \frac{H}{H_o}\right) = \left(1 - \frac{1200}{1600}\right) = 0.25$$

정답  78 ①  79 ③  80 ④

**5과목 열설비설계**

## 81 ★★★

노통보일러에서 브레이징 스페이스란 무엇을 말하는가?

① 노통과 가셋트 스테이와의 거리
② 관군과 가셋트 스테이와의 거리
③ 동체와 노통 사이의 최소거리
④ 가셋트 스테이 간의 거리

**해설**

브레이징 스페이스
노통과 가셋트 스테이와의 거리를 말한다.

## 82 ★

연관의 바깥지름이 75 [mm]인 연관보일러 관판의 최소 두께는 몇 [mm] 이상이어야 하는가?

① 8.5
② 9.5
③ 12.5
④ 13.5

**해설**

관판의 최소 두께
열사용기자재의 검사 및 검사면제에 관한 기준
6.2 연관보일러 관판의 최소두께
연관의 바깥지름 38 ~ 102 [mm]인 경우
$t = 5 + \dfrac{D_o}{10} = 5 + 7.5 = 12.5$

## 83 ★★★

보일러 부하의 급변으로 인하여 동 수면에서 작은 입자의 물방울이 증기와 혼입하여 튀어 오르는 현상을 무엇이라고 하는가?

① 캐리오버
② 포밍
③ 프라이밍
④ 피팅

**해설**

프라이밍
보일러 부하의 급격한 증가, 규정 압력 이하 및 고수위에서의 부적정한 운전 등의 경우에 다량의 액적이나 거품이 혼입된 증기가 기수드럼에서 운반되는 현상을 말한다.

## 84 ★★★

맞대기 용접이음에서 질량 120 [kg], 용접부의 길이가 3 [cm], 판의 두께가 2 [mm]라 할 때 용접부의 인장응력은 약 몇 [MPa]인가?

① 4.9
② 19.6
③ 196
④ 490

**해설**

인장응력
$\sigma = \dfrac{W}{A} = \dfrac{mg}{tL} = \dfrac{120 \times 9.8}{2 \times 10^{-3} \times 30 \times 10^{-3}} = 19.6 \, [MPa]$

**정답** 81 ① 82 ③ 83 ③ 84 ②

## 85 ★
보일러에 스케일이 1 [mm] 두께로 부착되었을 때 연료의 손실은 몇 [%]인가?

① 0.5
② 1.1
③ 2.2
④ 4.7

**해설**

스케일 부착 시 연료의 손실
보일러에 스케일이 1 [mm] 두께로 부착 시 연료의 손실은 2.2 [%]이다.

## 86 ★
다음 중 용해 경도 성분 제거방법으로 적절하지 않은 것은?

① 침전법
② 소다법
③ 석회법
④ 이온법

**해설**

용해 경도 성분 제거방법
석회법, 소다법, 이온법

## 87 ★
급수펌프인 인젝터의 특징에 대한 설명으로 틀린 것은?

① 구조가 간단하여 소형에 사용된다.
② 별도의 소요동력이 필요하지 않다.
③ 송수량의 조절이 용이하다.
④ 소량의 고압증기로 다량의 급수가 가능하다.

**해설**

인젝터
- 보일러에서 발생된 증기의 열에너지가 운동에너지, 압력에너지로 변환되면서 급수가 되는 원리를 이용한 장치이다.
- 보조급수장치인 인젝터는 급수용량이 부족하고 급수에 시간이 많이 소요되므로 급수량(송수량) 조절이 용이하지 않다.

## 88 ★★★
보일러 사고의 원인 중 제작상의 원인으로 가장 거리가 먼 것은?

① 재료불량
② 구조 및 설계불량
③ 용접불량
④ 급수처리불량

**해설**

사고의 원인 – 제작상의 원인
- 재료불량
- 구조 및 설계불량
- 용접불량
- 부속장치미비
※ 급수처리불량은 취급부주의 원인이다.

정답 ● 85 ③  86 ①  87 ③  88 ④

## 89 ★★

육용 강제 보일러에서 오목면에 압력을 받는 스테이가 없는 접시형 경판으로 노통을 설치할 경우, 경판의 최소 두께[mm]를 구하는 식으로 옳은 것은? (단, P : 최고사용압력[MPa], R : 접시 모양 경판의 중앙부에서의 내면반지름[mm], $\sigma_a$ : 재료의 허용인장응력[MPa], $\eta$ : 경판자체의 이음효율, A : 부식여유[mm]이다)

① $t = \dfrac{PR}{1.5\sigma_a\eta} + A$

② $t = \dfrac{1.5PR}{(\sigma_a + \eta)A}$

③ $t = \dfrac{PR}{1.5\sigma_a\eta} + R$

④ $t = \dfrac{AR}{\sigma_a\eta} + 1.5$

**해설**

경판의 최소 두께
열사용기자재의 검사 및 검사면제에 관한 기준 5.3 오목면에 압력을 받는 스테이가 없는 접시형 또는 전반구형 경판의 최소두께

$t = \dfrac{PR}{1.5\sigma_a\eta} + \alpha \left\{ t = \dfrac{PR}{150\sigma_a\eta} + \alpha \right\}$

## 90 ★★★

노통보일러의 설명으로 틀린 것은?

① 구조가 비교적 간단하다.
② 노통에는 파형과 평형이 있다.
③ 내분식 보일러의 대표적인 보일러이다.
④ 코르니시보일러와 랭커셔보일러의 노통은 모두 1개이다.

**해설**

노통보일러
노통보일러에서 코르니시보일러는 노통이 1개이고 랭커셔보일러는 노통이 2개이다.

## 91 ★

연관의 안지름이 140 [mm]이고, 두께가 5 [mm]일 때 연관의 최고사용압력은 약 몇 [MPa]인가?

① 1.12   ② 1.63
③ 2.25   ④ 2.83

**해설**

연관의 최고사용압력
보일러 최저 경사 기준 연관의 바깥지름 150 [mm] 이하인 경우

최소 두께 = $\dfrac{PD_o}{70} + 1.5$

$P = 70(최소두께 - 1.5) \div D_o$

$= 70(5 - 1.5) \div 150$

$\fallingdotseq 1.63$

## 92 ★★★

최고사용압력 1.5 [MPa], 파형 형상에 따른 정수(C)를 1100, 노통의 평균 안지름이 1100 [mm]일 때, 파형 노통 판의 최소 두께는 몇 [mm]인가?

① 12   ② 15
③ 24   ④ 30

**정답** 89 ① 90 ④ 91 ② 92 ②

## 해설

파형 노통의 두께
열사용기자재의 검사 및 검사면제에 관한 기준
7.6.2 파형노통의 최소두께

$t = \dfrac{10PD}{C} \left\{ t = \dfrac{PD}{C} \right\}$

- $P$ : 최고사용압력[MPa]{kgf/cm²}
- $D$ : 노통의 파형부에서의 최대내경과 최소내경의 평균치(모리슨형 노통에서는 최소내경에 50 [mm]를 더한 값)
- $C$ : 상수

$t = \dfrac{10PD}{C} = \dfrac{10 \times 1.5 \times 1100}{1100} = 15$

## 93 ★

다음 그림과 같이 길이가 L인 원통 벽에서 전도에 의한 열전달률 q [W]을 아래 식으로 나타낼 수 있다. 아래 식 중 R을 그림에 주어진 $r_o$, $r_i$, L로 표시하면? (단, k는 원통 벽의 열전도율이다)

$$q = \dfrac{T_i - T_o}{R}$$

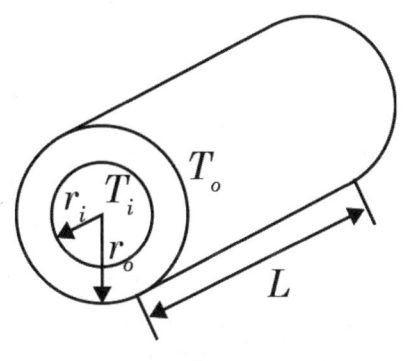

① $\dfrac{2\pi L}{\ln\left(\dfrac{r_o}{r_i}\right) k}$

② $\dfrac{\ln\left(\dfrac{r_o}{r_i}\right)}{2\pi L k}$

③ $\dfrac{2\pi L}{\ln(r_o - r_i) k}$

④ $\dfrac{\ln(r_o - r_i)}{2\pi L k}$

## 해설

원통에서의 열저항

$\dfrac{\ln\left(\dfrac{r_o}{r_i}\right)}{2\pi L k}$

## 94 ★★★

급수에서 ppm 단위에 대한 설명으로 옳은 것은?

① 물 1 [mL] 중에 함유한 시료의 양을 g으로 표시한 것
② 물 100 [mL] 중에 함유한 시료의 양을 mg으로 표시한 것
③ 물 1000 [mL] 중에 함유한 시료의 양을 g으로 표시한 것
④ 물 1000 [mL] 중에 함유한 시료의 양을 mg으로 표시한 것

## 해설

급수 ppm 단위
물 1000 [mL] 중에 함유한 시료의 양을 mg으로 표시한 것

정답 93 ② 94 ④

## 95 ★
횡연관식 보일러에서 연관의 배열을 바둑판 모양으로 하는 주된 이유는?

① 보일러 강도 증가
② 증기발생 억제
③ 물의 원활한 순환
④ 연소가스의 원활한 흐름

**해설**

횡연관식 보일러에서 연관의 배열
횡연관식 보일러에서 연관의 배열을 바둑판 모양으로 하는 주된 이유는 물의 원활한 순환을 촉진시키기 위함이다.

## 96 ★
상당증발량이 5.5 [t/h], 연료소비량이 350 [kg/h]인 보일러의 효율은 약 몇 [%]인가? (단, 효율 산정 시 연료의 저위발열량 기준으로 하며, 값은 40000 [kJ/kg]이다)

① 38
② 52
③ 65
④ 89

**해설**

보일러 효율

$$\eta_B = \frac{m_e \times 2256}{H_\ell \times m_f} \times 100$$

$$= \frac{5500 \times 2256}{40000 \times 350} \times 100$$

$$\fallingdotseq 89 \, [\%]$$

## 97 ★★
보일러 안전사고의 종류가 아닌 것은?

① 노통, 수관, 연관 등의 파열 및 균열
② 보일러 내의 스케일 부착
③ 동체, 노통, 화실의 압궤 및 수관, 연관 등 전열면의 팽출
④ 연도나 노 내의 가스폭발, 역화 그 외의 이상 연소

**해설**

안전사고의 종류
보일러 내 스케일 부착은 열전도율 감소로 보일러 효율이 저하된다.

## 98 ★★
실제증발량이 1800 [kg/h]인 보일러에서 상당증발량은 약 몇 [kg/h]인가? (단, 증기 엔탈피와 급수 엔탈피는 각각 2780 [kJ/kg], 80 [kJ/kg]이다)

① 1210
② 1480
③ 2020
④ 2150

**해설**

상당증발량

$$m_e = \frac{m_a(h_2 - h_1)}{2256}$$

$$= \frac{1800 \times (2780 - 80)}{2256} = 2150$$

## 99 ★★★

노벽의 두께가 200 [mm]이고, 그 외측은 75 [mm]의 보온재로 보온되고 있다. 노벽의 내부 온도가 400 [℃]이고, 외측온도가 38 [℃]일 경우 노벽의 면적이 10 [m²]라면 열손실은 약 몇 [W]인가? (단, 노벽과 보온재의 평균 열전도율은 각각 3.3 [W/m·℃], 0.13 [W/m·℃]이다)

① 4678  ② 5678
③ 6678  ④ 7678

**해설**

열손실

$$K = \frac{1}{R} = \frac{1}{\frac{L_1}{\lambda_1} + \frac{L_2}{\lambda_2}} = \frac{1}{\frac{0.2}{3.3} + \frac{0.075}{0.13}}$$

$= 1.569 \,[W/m^2 \cdot K]$

$Q = KA\Delta t = 1.569 \times 10 \times (400 - 38)$

$\fallingdotseq 5678 \,[W]$

## 100 ★★★

보일러 내처리를 위한 pH 조정제가 아닌 것은?

① 수산화나트륨
② 암모니아
③ 제1인산나트륨
④ 아황산나트륨

**해설**

pH 조정제
수산화나트륨, 암모니아, 제1인산나트륨

정답 99 ② 100 ④

# 2021 제2회

**1과목** 연소공학

## 01 ★

다음 가스 중 저위발열량[MJ/kg]이 가장 낮은 것은?

① 수소
② 메테인
③ 일산화탄소
④ 에테인

**해설**

저위발열량 순서
수소 > 메테인 > 에테인 > 프로페인 > 일산화탄소

## 02 ★★

저질탄 또는 조분탄의 연소방식이 아닌 것은?

① 분무식
② 산포식
③ 쇄상식
④ 계단식

**해설**

저질탄 또는 조분탄의 연소방식
- 산포식, 쇄상식, 계단식, 하급식
- 분무식은 액체연료 연소방식이다.

## 03 ★★★

프로페인($C_3H_8$) 및 뷰테인($C_4H_{10}$)이 혼합된 LPG를 건조공기로 연소시킨 가스를 분석하였더니 $CO_2$ 11.32 [%], $O_2$ 3.76 [%], $N_2$ 84.92 [%] 의 부피 조성을 얻었다. LPG 중의 프로페인의 부피는 뷰테인의 약 몇 배인가?

① 8배
② 11배
③ 15배
④ 20배

**해설**

부피 비율

$$mC_3H_8 + nC_4H_{10} + x(O_2 + \frac{79}{21}N_2)$$
$$\rightarrow 11.32CO_2 + 3.76O_2 + yH_2O + 84.92N_2$$

반응 전·후의 원자 수 비교를 통해 미지수를 구한다.
x = 22.585, y = 15.01
n = 0.28, m = 3.4

$$\therefore \frac{3.4}{3.4+0.28} : \frac{0.28}{3.4+0.28} = 92 : 8 \rightarrow 약 11.5배$$

**정답** 01 ③ 02 ① 03 ②

## 04 ★★★

폭굉(Detonation)현상에 대한 설명으로 옳지 않은 것은?

① 확산이나 열전도의 영향을 주로 받는 기체 역학적 현상이다.
② 물질 내에 충격파가 발생하여 반응을 일으킨다.
③ 충격파에 의해 유지되는 화학반응현상이다.
④ 반응의 전파속도가 그 물질 내에서 음속보다 빠른 것을 말한다.

**해설**

**폭굉현상**
폭굉은 화염 전파속도가 음속보다 빠르다. 폭굉은 확산이나 열전도의 영향을 받는 것이 아니라 충격파(Shock Wave)에 의한 역학적 현상이다.

## 05 ★

연소실에서 연소된 연소가스의 자연통풍력을 증가시키는 방법으로 틀린 것은?

① 연돌의 높이를 높인다.
② 배기가스의 비중량을 크게 한다.
③ 배기가스 온도를 높인다.
④ 연도의 길이를 짧게 한다.

**해설**

**자연통풍력 증가시키는 방법**
연소가스의 자연통풍력을 증가시키려면 배기가스의 비중량을 작게 해야 한다.

## 06 ★★

연돌에서의 배기가스분석 결과 $CO_2$ 14.2 [%], $O_2$ 4.5 [%], CO 0 [%]일 때 탄산가스의 최대량[$CO_{2max}$](%)은?

① 10
② 15
③ 18
④ 20

**해설**

**탄산가스 최대량**

$$m = \frac{(CO_2)_{max}}{CO_2} = \frac{21}{21-O_2} = \frac{21}{21-4.5} = 1.272727$$

$(CO_2)_{max} = 14.2 \times m = 14.2 \times 1.272727$
$\fallingdotseq 18.07$

## 07 ★★

액체연료 연소장치 중 회전식 버너의 특징에 대한 설명으로 틀린 것은?

① 분무각은 10° ~ 40° 정도이다.
② 유량조절범위는 1 : 5 정도이다.
③ 자동제어에 편리한 구조로 되어 있다.
④ 부속설비가 없으며 화염이 짧고 안정한 연소를 얻을 수 있다.

**해설**

**회전식 버너**
- 액체연료 연소장치 중 회전식 버너의 분무각(무화각)은 40° ~ 80° 정도로 비교적 넓다.
- 기체인 경우 분무각은 30° 정도로 작은 각이다.

정답 04 ① 05 ② 06 ③ 07 ①

## 08 ★★★

고체연료의 공업분석에서 고정탄소를 산출하는 식은?

① 100 - [수분(%) + 회분(%) + 질소(%)]
② 100 - [수분(%) + 회분(%) + 황분(%)]
③ 100 - [수분(%) + 황분(%) + 휘발분(%)]
④ 100 - [수분(%) + 회분(%) + 휘발분(%)]

**해설**

고정탄소 산출식f
100 - [수분(%) + 회분(%) + 휘발분(%)]

## 09 ★★★

액체연료가 갖는 일반적인 특징이 아닌 것은?

① 연소온도가 높기 때문에 국부과열을 일으키기 쉽다.
② 발열량은 높지만 품질이 일정하지 않다.
③ 화재, 역화 등의 위험이 크다.
④ 연소할 때 소음이 발생한다.

**해설**

액체연료
단위중량당 발열량이 높고 완전 연소가 잘되어 그을음이 적으며, 재처리가 필요 없다. 고체 연료에 비해 일정한 품질을 가지지만 기체 연료에 비해 회분 생성이 많다.

## 10 ★★★

황 2 [kg]을 완전 연소시키는 데 필요한 산소의 양은 몇 [Nm$^3$]인가? (단, S의 원자량은 32이다)

① 0.70
② 1.00
③ 1.40
④ 3.33

**해설**

이론산소량
$S + O_2 \rightarrow SO_2$
$O_0 = \dfrac{22.4}{32} = 0.7\,[Nm^3/kg]$
$\therefore 0.7 \times 2 = 1.4\,[Nm^3]$

## 11 ★★★

수소가 완전 연소하여 물이 될 때, 수소와 연소용 산소와 물의 몰[mol]비는?

① 1 : 1 : 1
② 1 : 2 : 1
③ 2 : 1 : 2
④ 2 : 1 : 3

**해설**

연소계산
$H_2 + \dfrac{1}{2} O_2 \rightarrow H_2O$
2 : 1 : 2

정답 08 ④ 09 ② 10 ③ 11 ③

## 12 ★

폐열회수에 있어서 검토해야 할 사항이 아닌 것은?

① 폐열의 증가방법에 대해서 검토한다.
② 폐열회수의 경제적 가치에 대해서 검토한다.
③ 폐열의 양 및 질과 이용 가치에 대해서 검토한다.
④ 폐열회수방법과 이용 방안에 대해서 검토한다.

**해설**

폐열회수 검토사항
폐열회수의 경제적 가치에 대한 검토, 폐열회수방법과 이용방안 검토, 폐열의 양과 질과 이용가치에 대해 검토해야 하며 증가방법에 대해서는 검토할 사항이 아니다.

## 13 ★★  난이도 상

연소배기가스의 분석결과 $CO_2$의 함량이 13.4 [%]이다. 벙커C유(55 [L/h])의 연소에 필요한 공기량은 약 몇 [Nm³/min]인가? (단, 벙커C유의 이론공기량은 12.5 [Nm³/kg]이고, 밀도는 0.93 [g/cm³]이며 [$CO_{2max}$]는 15.5 [%]이다)

① 12.33
② 49.03
③ 63.12
④ 73.99

**해설**

실제(필요)공기량

$$m = \frac{(CO_{2max})}{CO_2} = \frac{15.5}{13.4} \fallingdotseq 1.157$$

실제(필요)공기량[단위 주의]
(1 [L] = 1000 [cm³])

$$A = mA_0F = mA_0\rho V = 1.157 \times 12.5 \times (0.93 \times 55)$$
$$\fallingdotseq 740\,[Nm^3/h]$$

$$\therefore 740\,[Nm^3/h] = 12.33\,[Nm^3/min]$$

## 14 ★★★

탄소 1 [kg]을 완전 연소시키는 데 필요한 공기량은 몇 [Nm³]인가?

① 22.4
② 11.2
③ 9.6
④ 8.89

**해설**

이론공기량

$$C + O_2 \rightarrow CO_2$$

$$O_0 = \frac{22.4}{12} = 1.867\,[Nm^3/kg]$$

$$\therefore A_0 = \frac{1.867}{0.21} = 8.89\,[Nm^3/kg]$$

## 15 ★★

위험성을 나타내는 성질에 관한 설명으로 옳지 않은 것은?

① 착화온도와 위험성은 반비례한다.
② 비등점이 낮으면 인화 위험성이 높아진다.
③ 인화점이 낮은 연료는 대체로 착화온도가 낮다.
④ 물과 혼합하기 쉬운 가연성 액체는 물과의 혼합에 의해 증기압이 높아져 인화점이 낮아진다.

**해설**

위험성
물과 혼합하기 쉬운 가연성 액체는 물과의 혼합에 의해 증기압이 높아져 인화점이 높아진다.

## 16 ★★★

다음 연소반응식 중에서 틀린 것은?

① $CH_4 + 2O_2 \rightarrow CO_2 + 2H_2O$
② $C_2H_6 + 3.5O_2 \rightarrow 2CO_2 + 3H_2O$
③ $C_3H_8 + 5O_2 \rightarrow 3CO_2 + 4H_2O$
④ $C_4H_{10} + 9O_2 \rightarrow 4CO_2 + 5H_2O$

**해설**

연소계산
$C_4H_{10} + 6.5O_2 \rightarrow 4CO_2 + 5H_2O$

## 17 ★★★

매연을 발생시키는 원인이 아닌 것은?

① 통풍력이 부족할 때
② 연소실 온도가 높을 때
③ 연료를 너무 많이 투입했을 때
④ 공기와 연료가 잘 혼합되지 않을 때

**해설**

매연
매연은 연소실 온도가 낮을 때 발생한다.

## 18 ★★

중유의 탄수소비가 증가함에 따른 발열량의 변화는?

① 무관하다.
② 증가한다.
③ 감소한다.
④ 초기에는 증가하다가 점차 감소한다.

**해설**

탄수소비 증가함에 따른 발열량 변화
탄수소비(C/H)가 증가하면 발열량은 감소한다.

## 19 ★

기체연료의 저장방식이 아닌 것은?

① 유수식
② 고압식
③ 가열식
④ 무수식

**해설**

기체연료 저장방법
유수식, 고압식, 무수식이 있다.

## 20 ★ 난이도 상

$CH_4$와 공기를 사용하는 열 설비의 온도를 높이기 위해 산소($O_2$)를 추가로 공급하였다. 연료 유량 10 [$Nm^3/h$]의 조건에서 완전 연소가 이루어졌으며, 수증기 응축 후 배기가스에서 계측된 산소의 농도가 5 [%]이고 이산화탄소($CO_2$)의 농도가 10 [%]라면, 추가로 공급된 산소의 유량은 약 몇 [$Nm^3/h$]인가?

① 2.4  ② 2.9
③ 3.4  ④ 3.9

**해설**

추가 공급된 산소 유량
$CH_4 + 2O_2 \rightarrow CO_2 + 2H_2O$
$CH_4 = 10 \, [Nm^3/h]$
$O_0 = 20 \, [Nm^3/h], \, CO_2 = 10 \, [Nm^3/h]$
$\dfrac{CO_2}{G} \times 100 \, [\%] = 10 \, [\%]$
→ $G = 100 \, [Nm^3/h]$
$a$ = 처음의 과잉 산소량
$b$ = 추가로 공급된 산소의 유량
$G = (CO_2) + (N_2) + (O_2)$
$\quad = 10 + (20+a) \times \dfrac{79}{21} + (a+b) = 100 \, [Nm^3/h]$

$\dfrac{O_2}{G} = \dfrac{a+b}{100} \times 100 \, [\%] = 5 \, [\%]$

$a = 2.5949, \, b = 2.4051$
추가로 공급된 산소의 유량은 약 2.4 [$Nm^3/h$]

---

**2과목 열역학**

| | | |
|---|---|---|
| 1회독 | 시간 : | 점수 : |
| 2회독 | 시간 : | 점수 : |
| 3회독 | 시간 : | 점수 : |

## 21 ★ 난이도 상

노즐에서 임계 상태에서의 압력을 $P_c$, 비체적을 $v_c$, 최대유량을 $G_c$, 비열비를 $k$라 할 때, 임계단면적에 대한 식으로 옳은 것은?

① $2G_c \sqrt{\dfrac{v_c}{kP_c}}$

② $G_c \sqrt{\dfrac{v_c}{2kP_c}}$

③ $G_c \sqrt{\dfrac{v_c}{kP_c}}$

④ $G_c \sqrt{\dfrac{2v_c}{kP_c}}$

**해설**

임계단면적

• 최대(임계)유량
$$G_c = \dfrac{F_c w_c}{v_c} = \dfrac{F_c}{v_c} \sqrt{kRT_c} = \dfrac{F_c}{v_c} \sqrt{kP_c v_c}$$
$$= F_c \sqrt{\dfrac{kP_c}{v_c}} \, [N/s]$$

• 임계단면적 $F_c = G_c \sqrt{\dfrac{v_c}{kP_c}}$

정답 ● 20 ① 21 ③

## 22 ★

초기체적이 $V_i$ 상태에 있는 피스톤이 외부로 일을 하여 최종적으로 체적이 $V_f$인 상태로 되었다. 다음 중 외부로 가장 많은 일을 한 과정은? (단, n은 폴리트로픽 지수이다)

① 등온 과정
② 정압 과정
③ 단열 과정
④ 폴리트로픽 과정(n > 0)

**해설**

외부로 가장 많은 일을 한 과정
정압 과정이 외부로 가장 많은 일을 한 과정이다.

## 23 ★★★

20 [℃]의 물 10 [kg]을 대기압하에서 100 [℃]의 수증기로 완전히 증발시키는 데 필요한 열량은 약 몇 [kJ]인가? (단, 수증기의 증발 잠열은 2257 [kJ/kg]이고 물의 평균비열은 4.2 [kJ/kg·K]이다)

① 800  ② 6190
③ 25930  ④ 61900

**해설**

필요한 열량
$$Q = Q_s + Q_L = mC(t_2-t_1) + m\gamma_s$$
$$= m[C(t_2-t_1) + \gamma_s]$$
$$= 10 \times [4.2(100-20) + 2257]$$
$$= 25930 [kJ]$$

## 24 ★

30 [℃]에서 기화잠열이 173 [kJ/kg]인 어떤 냉매의 포화액 - 포화증기 혼합물 4 [kg]을 가열하여 건도가 20 [%]에서 70 [%]로 증가되었다. 이 과정에서 냉매의 엔트로피 증가량은 약 몇 [kJ/K]인가?

① 11.5
② 2.31
③ 1.14
④ 0.29

**해설**

엔트로피 증가량
$$S_2 - S_1 = \frac{m\gamma(x_2-x_1)}{T} = \frac{4 \times 173 \times (0.7-0.2)}{30+273.15}$$
$$\fallingdotseq 1.14 [kJ/K]$$

## 25 ★★★

랭킨 사이클에 과열기를 설치할 경우 과열기의 영향으로 발생하는 현상에 대한 설명으로 틀린 것은?

① 열이 공급되는 평균 온도가 상승한다.
② 열효율이 증가한다.
③ 터빈 출구의 건도가 높아진다.
④ 펌프일이 증가한다.

**해설**

랭킨 사이클에 과열기를 설치한 경우
과열기의 영향으로 열이 공급되는 평균 온도는 상승하고, 열효율이 증가하며, 터빈 출구의 건도가 높아진다.

**정답** 22 ② 23 ③ 24 ③ 25 ④

## 26 ★

증기터빈에서 상태 ⓐ의 증기를 규정된 압력까지 단열에 가깝게 팽창시켰다. 이때 증기터빈 출구에서의 증기 상태는 그림의 각각 ⓑ, ⓒ, ⓓ, ⓔ이다. 이 중 터빈의 효율이 가장 좋을 때 출구의 증기 상태로 옳은 것은?

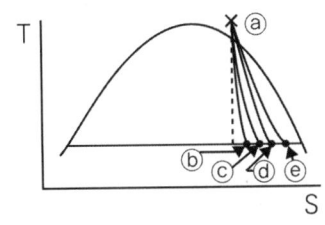

① ⓑ
② ⓒ
③ ⓓ
④ ⓔ

**해설**
터빈의 효율이 가장 좋을 때의 출구의 증기 상태
터빈출구에서 엔트로피값이 작을수록 터빈효율이 증가한다.

## 27 ★

아래와 같이 몰리에르(엔탈피 – 엔트로피)선도에서 가역 단열 과정을 나타내는 선의 형태로 옳은 것은?

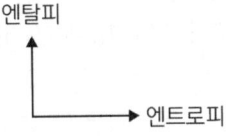

① 엔탈피축에 평행하다.
② 기울기가 양수(+)인 곡선이다.
③ 기울기가 음수(-)인 곡선이다.
④ 엔트로피축에 평행하다.

**해설**
몰리에르선도에서 가역단열 과정
가역단열팽창 과정(등엔트로피 과정)은 엔탈피축에 평행하다(S = c).

## 28 ★

정압 과정에서 어느 한 계(System)에 전달된 열량은 그 계에서 어떤 상태량의 변화량과 양이 같은가?

① 내부에너지
② 엔트로피
③ 엔탈피
④ 절대일

**해설**
정압 과정의 열량과 같은 양
엔탈피의 변화량과 같다.

## 29 ★

노점온도(Dew Point Temperature)에 대한 설명으로 옳은 것은?

① 공기, 수증기의 혼합물에서 수증기의 분압에 대한 수증기 과열 상태 온도
② 공기, 가스의 혼합물에서 가스의 분압에 대한 가스의 과냉 상태 온도
③ 공기, 수증기의 혼합물을 가열시켰을 때 증기가 없어지는 온도
④ 공기, 수증기의 혼합물에서 수증기의 분압에 해당하는 수증기의 포화온도

정답 ● 26 ① 27 ① 28 ③ 29 ④

해설

노점온도(Dew Point Temperature)
공기 수증기의 혼합물에서 수증기의 분압에 해당하는 수증기의 포화온도(상대 습도 100 [%])를 말한다.

## 30 ★★

온도와 관련된 설명으로 틀린 것은?

① 온도 측정의 타당성에 대한 근거는 열역학 제0법칙이다.
② 온도가 0 [℃]에서 10 [℃]로 변화하면 절대온도는 0 [K]에서 283.15 [K]로 변화한다.
③ 섭씨온도는 물의 어는점과 끓는점을 기준으로 삼는다.
④ SI단위계에서 온도의 단위는 켈빈 단위를 사용한다.

해설

온도
온도가 0 [℃]에서 10 [℃]로 변화하면, 절대온도는 273.15 [K]에서 283.15 [K]로 변화한다.

## 31 ★★

물의 임계 압력에서의 잠열은 몇 [kJ/kg]인가?

① 0
② 333
③ 418
④ 2260

해설

잠열
물의 임계 압력에서 잠열은 0 [kJ/kg]이다.

## 32 ★★★

이상기체가 'Pv$^n$ = 일정' 과정을 가지고 변하는 경우에 적용할 수 있는 식으로 옳은 것은? (단, q : 단위질량당 공급된 열량, u : 단위질량당 내부에너지, T : 온도, P : 압력, v : 비체적, R : 기체상수, n : 상수이다)

① $\delta q = du + \dfrac{nRdT}{1-n}$

② $\delta q = du + \dfrac{RdT}{1-n}$

③ $\delta q = du + \dfrac{(1-n)RdT}{n}$

④ $\delta q = du + (1-n)RdT$

해설

폴리트로픽 과정에서 가열량
$\delta q = du + dw$
$dw = \dfrac{1}{1-n}(P_1 v_1 - P_2 v_2)$
$\quad = \dfrac{R}{1-n}(T_1 - T_2) = \dfrac{1}{1-n}RdT$

## 33 ★★

증기압축 냉동 사이클을 사용하는 냉동기에서 냉매의 상태량은 압축 전·후 엔탈피가 각각 379.11 [kJ/kg]와 424.77 [kJ/kg]이고 교축팽창 후 엔탈피가 241.46 [kJ/kg]이다. 압축기의 효율이 80 [%], 소요 동력이 4.14 [kW]라면 이 냉동기의 냉동용량은 약 몇 [kW]인가?

① 6.98
② 9.98
③ 12.98
④ 15.98

### 해설

냉동용량

$$\epsilon_R = \frac{q_e}{w_c} = \frac{379.11 - 241.46}{424.77 - 379.11} = 3.014$$

냉동기 냉동용량(냉동능력)

$\epsilon_R \times W_c \times \eta_c = 3.014 \times 4.14 \times 0.8 ≒ 9.98[kW]$

## 34 ★★★

열역학 관계식 TdS = dH − VdP에서 용량성 상태량(Extensive Property)이 아닌 것은? (단, S : 엔트로피, H : 엔탈피, V : 체적, P : 압력, T : 절대온도이다)

① S
② H
③ V
④ P

### 해설

용량성 상태량

용량성 상태량에는 엔트로피, 엔탈피, 체적이 있으며 압력 P는 물질의 양과 관계없는 강도성 상태량이다.

## 35 ★

다음과 같은 압축비와 차단비를 가지고 공기로 작동되는 디젤 사이클 중에서 효율이 가장 높은 것은? (단, 공기의 비열비는 1.4이다)

① 압축비 : 11, 차단비 : 2
② 압축비 : 11, 차단비 : 3
③ 압축비 : 13, 차단비 : 2
④ 압축비 : 13, 차단비 : 3

### 해설

디젤 사이클 중 효율이 가장 높은 것

$$\eta_{thd} = 1 - \left(\frac{1}{\epsilon}\right)^{k-1} \frac{\sigma^k - 1}{k(\sigma - 1)}$$

공기비열비가 일정할 때 압축비($\epsilon$)가 크고 차단비($\sigma$)가 작을수록 이론열효율은 증가한다.

## 36 ★

가스동력 사이클에 대한 설명으로 틀린 것은?

① 에릭슨 사이클은 2개의 정압 과정과 2개의 단열 과정으로 구성된다.
② 스털링 사이클은 2개의 등온 과정과 2개의 정적 과정으로 구성된다.
③ 아스킨스 사이클은 2개의 단열 과정과 정적 및 정압 과정으로 구성된다.
④ 르누아 사이클은 정적 과정으로 급열하고 정압 과정으로 방열하는 사이클이다.

### 해설

가스동력 사이클

가스동력 사이클에서 에릭슨 사이클은 2개의 정압 과정과 2개의 등온 과정으로 구성된다.

정답 34 ④  35 ③  36 ①

## 37 ★

압력 3000 [kPa], 온도 400 [℃]인 증기의 내부에너지가 2926 [kJ/kg]이고 엔탈피는 3230 [kJ/kg]이다. 이 상태에서 비체적은 약 몇 [m³/kg]인가?

① 0.0303
② 0.0606
③ 0.101
④ 0.303

**해설**

비체적
$h = u + Pv \,[kJ/kg]$

$v = \dfrac{h-u}{P} = \dfrac{3230-2926}{3000} = 0.101\,[m^3/kg]$

## 38 ★

110 [kPa], 20 [℃]의 공기가 반지름 20 [cm], 높이 40 [cm]인 원통형 용기 안에 채워져 있다. 이 공기의 무게는 몇 [N]인가? (단, 공기의 기체상수는 287 [J/kg·K]이다)

① 0.066  ② 0.64
③ 6.7     ④ 66

**해설**

공기의 무게
PV = mRT
m = PV/RT
  = [110 × (π × 0.2 × 0.2 × 0.4)] / (0.287 × 293.15) ≒ 0.066 [kg]
G = mg = 0.066 × 9.8 ≒ 0.64 [N]

## 39 ★

냉동효과가 200 [kJ/kg]인 냉동 사이클에서 4 [kW]의 열량을 제거하는 데 필요한 냉매 순환량은 몇 [kg/min]인가?

① 0.02
② 0.2
③ 0.8
④ 1.2

**해설**

냉매순환량

냉매순환량 $m = \dfrac{Q_e}{q_e} = \dfrac{4 \times 60}{200} = 1.2\,[kg/\min]$

## 40 ★★★

냉매가 갖추어야 하는 요건으로 거리가 먼 것은?

① 증발잠열이 작아야 한다.
② 화학적으로 안정되어야 한다.
③ 임계온도가 높아야 한다.
④ 증발온도에서 압력이 대기압보다 높아야 한다.

**해설**

냉매가 갖추어야 하는 요건
• 증발잠열이 커야 한다.
• 화학적으로 안정되어야 한다.
• 임계온도가 높아야 한다.
• 증발온도에서의 압력이 대기압보다 높아야 한다.
• 비체적은 작아야 한다.

정답 37 ③  38 ②  39 ④  40 ①

## 3과목 계측방법

### 41 ★★
용적식 유량계에 대한 설명으로 옳은 것은?

① 적산유량의 측정에 적합하다.
② 고점도에는 사용할 수 없다.
③ 발신기 전후에 직관부가 필요하다.
④ 측정유체의 맥동에 의한 영향이 크다.

**해설**

용적식 유량계
- 유량에 의해 움직이는 부품의 회전수를 측정하여 유량을 계산한다.
- 적산유량의 측정에 적합하다.

### 42 ★★
1차 지연 요소에서 시정수 T가 클수록 응답속도는 어떻게 되는가?

① 일정하다.
② 빨라진다.
③ 느려진다.
④ T와 무관하다.

**해설**

1차 지연 요소 – 시정수(Time Constant)
1차 지연 요소에서 시정수가 크면 클수록 괴도현상이 오래 지속되어 응답속도는 느려진다(시정수가 작을수록 응답속도는 빨라진다).

### 43 ★★★
압력 측정에 사용되는 액체의 구비조건 중 틀린 것은?

① 열팽창계수가 클 것
② 모세관현상이 작을 것
③ 점성이 작을 것
④ 일정한 화학 성분을 가질 것

**해설**

액체의 구비조건
열팽창계수가 작아야 한다.

### 44 ★★★
차압식 유량계에 있어 조리개 전후의 압력차이가 $P_1$에서 $P_2$로 변할 때, 유량은 $Q_1$에서 $Q_2$로 변했다. $Q_2$에 대한 식으로 옳은 것은? (단, $P_2 = 2P_1$이다)

① $Q_2 = Q_1$
② $Q_2 = \sqrt{2}\, Q_1$
③ $Q_2 = 2Q_1$
④ $Q_2 = 4Q_1$

**해설**

차압식 유량계

$$\frac{Q_2}{Q_1} = \sqrt{\frac{P_2}{P_1}} = \sqrt{\frac{2P_1}{P_1}} = \sqrt{2}$$

정답 41 ① 42 ③ 43 ① 44 ②

## 45 ★★★
다음 중 1000 [℃] 이상의 고온체의 연속 측정에 가장 적합한 온도계는?

① 저항 온도계
② 방사 온도계
③ 바이메탈식 온도계
④ 액체압력식 온도계

> 해설

**방사 온도계**
방사 온도계는 비접촉식이므로 1000 [℃] 이상의 고온체의 연속 측정에 적합하다.

## 46 ★★★
가스분석계의 특징에 관한 설명으로 틀린 것은?

① 적정한 시료가스의 채취장치가 필요하다.
② 선택성에 대한 고려가 필요 없다.
③ 시료가스의 온도 및 압력의 변화로 측정오차를 유발할 우려가 있다.
④ 계기의 교정에는 화학분석에 의해 검정된 표준시료 가스를 이용한다.

> 해설

**가스분석계**
적정한 시료가스의 채취장치가 필요하며, 선택성에 대해 고려해야 한다. 시료가스의 온도 및 압력의 변화로 측정오차를 유발할 우려가 있으며 계기의 교정에는 화학분석에 의해 검정된 표준 시료가스를 이용한다.

## 47 ★★
다음 중 습도계의 종류로 가장 거리가 먼 것은?

① 모발 습도계
② 듀셀 노점계
③ 초음파식 습도계
④ 전기 저항식 습도계

> 해설

**습도계의 종류**
- 모발 습도계
- 듀셀(노점) 습도계
- 전기 저항식 습도계
- 건습구 습도계

## 48 ★★★
편차의 정(+), 부(-)에 의해서 조작신호가 최대, 최소가 되는 제어동작은?

① 온·오프동작
② 다위치동작
③ 적분동작
④ 비례동작

> 해설

**제어동작**
편차의 정(+), 부(-)에 의해서 조작신호가 최대, 최소가 되는 제어동작은 온오프동작이다.

**정답** 45 ② 46 ② 47 ③ 48 ①

## 49 ★★
액면계에 대한 설명으로 틀린 것은?

① 유리관식 액면계는 경유탱크의 액면을 측정하는 것이 가능하다.
② 부자식은 액면이 심하게 움직이는 곳에는 사용하기 곤란하다.
③ 차압식 유량계는 정밀도가 좋아서 액면제어용으로 가장 많이 사용된다.
④ 편위식 액면계는 아르키메데스의 원리를 이용하는 액면계이다.

**해설**

액면계
차압식 유량계는 다른 유량계에 비교해 ±2 [%]의 오차범위를 갖기 때문에 정밀도가 낮다(전자식 유량계가 정밀도가 높다).

## 50 ★★
20 [L]인 물의 온도를 15 [℃]에서 80 [℃]로 상승시키는 데 필요한 열량은 약 몇 [kJ]인가?

① 4200
② 5400
③ 6300
④ 6900

**해설**

열량
$Q = mC(t_2 - t_1)$
$= 20 \times 4.18 \times (80 - 15) = 5434 \, [kJ]$

## 51 ★
피토관에 대한 설명으로 틀린 것은?

① 5 [m/s] 이하의 기체에서는 적용하기 힘들다.
② 먼지나 부유물이 많은 유체에는 부적당하다.
③ 피토관의 머리 부분은 유체의 방향에 대하여 수직으로 부착한다.
④ 흐름에 대하여 충분한 강도를 가져야 한다.

**해설**

피토관(Pitot Tube)
피토관의 머리 부분은 유체의 방향에 대하여 수평으로 부착한다.

## 52 ★★
다음 중 압력식 온도계가 아닌 것은?

① 액체팽창식 온도계
② 열전 온도계
③ 증기압식 온도계
④ 가스압력식 온도계

**해설**

온도계의 종류
- 압력식 온도계 : 부피 또는 압력 변화를 이용하여 온도를 측정
- 열전(열전대) 온도계 : 두 개의 금속을 접합하여 생기는 열기전력(제벡효과)을 이용하여 온도를 측정

정답 49 ③ 50 ② 51 ③ 52 ②

## 53 ★
방사고온계의 장점이 아닌 것은?

① 고온 및 이동물체의 온도측정이 쉽다.
② 측정시간의 지연이 작다.
③ 발신기를 이용한 연속기록이 가능하다.
④ 방사율에 의한 보정량이 작다.

**해설**

방사고온계의 장점
- 고온 및 이동물체의 온도측정이 쉽다.
- 측정시간의 지연이 작다.
- 발신기를 이용한 연속기록이 가능하다.

## 54 ★★★
기체 크로마토그래피에 대한 설명으로 틀린 것은?

① 캐리어 기체로는 수소, 질소 및 헬륨 등이 사용된다.
② 충전재로는 활성탄, 알루미나 및 실리카겔 등이 사용된다.
③ 기체의 확산속도 특성을 이용하여 기체의 성분을 분리하는 물리적인 가스분석기이다.
④ 적외선 가스분석기에 비하여 응답속도가 빠르다.

**해설**

기체 크로마토그래피
기체 크로마토그래피법은 적외선 가스분석기에 비해 응답속도가 느리다.

## 55 ★
다이어프램 압력계의 특징이 아닌 것은?

① 점도가 높은 액체에 부적합하다.
② 먼지가 함유된 액체에 적합하다.
③ 대기압과의 차가 적은 미소압력의 측정에 사용한다.
④ 다이어프램으로 고무, 스테인리스 등의 탄성체 박판이 사용된다.

**해설**

다이어프램 압력계
고점도 액체의 측정도 가능하며, 응답속도가 빠르고 측정범위는 20~5000 [mmHg]이다.

## 56 ★★★
열전대(Thermocouple)는 어떤 원리를 이용한 온도계인가?

① 열팽창률 차
② 전위 차
③ 압력 차
④ 전기 저항 차

**해설**

열전대 온도계
열전대 온도계는 전위차(열기전력)을 이용한 온도계로 비교적 간단하고 견고하여 저온에서 고온에 이르기까지 측정이 가능하다.

정답 53 ④  54 ④  55 ①  56 ②

## 57 ★★
액주식 압력계의 종류가 아닌 것은?

① U자관형
② 경사관식
③ 단관형
④ 벨로즈식

**해설**

액주식 압력계
U자관형, 단관형, 경사관식
※ 벨로즈 압력계는 스프링의 탄성을 이용하여 압력을 측정하는 탄성식 압력계이다.

## 58 ★★★
불규칙하게 변하는 주변 온도와 기압 등이 원인이 되며, 측정 횟수가 많을수록 오차의 합이 0에 가까운 특징이 있는 오차의 종류는?

① 개인오차
② 우연오차
③ 과오오차
④ 계통오차

**해설**

우연오차
우연오차는 오차의 원인을 알 수 없고, 측정 횟수가 많을수록 오차의 합이 0에 가까워진다.

## 59 ★★★
차압식 유량계의 종류가 아닌 것은?

① 벤투리
② 오리피스
③ 터빈유량계
④ 플로우노즐

**해설**

유량계
• 차압식 유량계 : 벤투리, 오리피스, 플로우노즐
• 용적식 유량계 : 터빈유량계

## 60 ★★
다음 중 송풍량을 일정하게 공급하려고 할 때 가장 적당한 제어방식은?

① 프로그램제어
② 비율제어
③ 추종제어
④ 정치제어

**해설**

제어방식 - 정치제어
측정된 값이 설정값에서 벗어나지 않도록 자동으로 조절하는 방식

**정답** 57 ④  58 ②  59 ③  60 ④

**4과목　열설비재료 및 관계법규**

## 61 ★★

「에너지이용합리화법령」에 따라 자발적 협약 체결기업에 대한 지원을 받기 위해 에너지사용자와 정부 간 자발적 협약의 평가 기준에 해당하지 않는 것은?

① 계획 대비 달성률 및 투자실적
② 에너지이용합리화 자금 활용실적
③ 자원 및 에너지의 재활용 노력
④ 에너지절감량 또는 에너지의 합리적인 이용을 통한 온실가스배출 감축량

**해설**

자발적 협약의 평가 기준
- 계획 대비 달성률 및 투자실적
- 자원 및 에너지의 재활용 노력
- 에너지절감량 또는 에너지의 합리적인 이용을 통한 온실가스배출 감축량
- 그 밖에 에너지절감 또는 에너지의 합리적인 이용을 통한 온실가스배출 감축에 관한 사항

## 62 ★

소성가마 내 열의 전열방법으로 가장 거리가 먼 것은?

① 복사
② 전도
③ 전이
④ 대류

**해설**

전열방법
열전달에는 전도, 대류, 복사가 있다.

## 63 ★

도염식 가마(Down Draft Kiln)에서 불꽃의 진행방향으로 옳은 것은?

① 불꽃이 올라가서 가마천장에 부딪쳐 가마바닥의 흡입구멍으로 빠진다.
② 불꽃이 처음부터 가마바닥과 나란하게 흘러 굴뚝으로 나간다.
③ 불꽃이 연소실에서 위로 올라가 천장에 닿아서 수평으로 흐른다.
④ 불꽃의 방향이 일정하지 않으나 대개 가마 밑에서 위로 흘러나간다.

**해설**

도염식 가마에서 불꽃의 진행방향
불꽃이 올라가서 가마천장에 부딪쳐 가마바닥의 흡입구멍으로 빠진다.

**정답** 61 ② 62 ③ 63 ①

## 64 ★★★

아래는 「에너지이용합리화법령」상 에너지의 수급차질에 대비하기 위하여 산업통상자원부 장관이 에너지저장의무를 부과할 수 있는 대상자의 기준이다. ( )에 들어갈 용어는?

> 연간 ( ) 석유환산톤 이상의 에너지를 사용하는 자

① 1천
② 5천
③ 1만
④ 2만

**해설**

에너지저장의무를 부과할 수 있는 대상자의 기준
- 전기사업자
- 도시가스사업자
- 석탄가공업자
- 집단에너지사업자
- 연간 2만 [TOE] 이상의 에너지사용자

## 65 ★★★

다음 중 「에너지이용합리화법령」에 따른 검사대상기기에 해당하는 것은?

① 정격용량이 0.5 [MW]인 철금속가열로
② 가스사용량이 20 [kg/h]인 소형 온수보일러
③ 최고사용압력이 0.1 [MPa]이고, 전열면적이 4 [m²]인 강철제 보일러
④ 최고사용압력이 0.1 [MPa]이고, 동체 안지름이 300 [mm]이며, 길이가 500 [mm]인 강철제 보일러

**해설**

검사대상기기

| 구분 | 검사대상 기기 | 적용범위 |
|---|---|---|
| 보일러 | 강철제 보일러, 주철제 보일러 | 다음 각 호의 어느 하나에 해당하는 것은 제외한다.<br>1. 최고사용압력이 0.1 [MPa] 이하이고, 동체의 안지름이 300밀리미터 이하이며, 길이가 600밀리미터 이하인 것<br>2. 최고사용압력이 0.1 [MPa] 이하이고, 전열면적이 5제곱미터 이하인 것<br>3. 2종 관류보일러<br>4. 온수를 발생시키는 보일러로서 대기개방형인 것 |
| | 소형 온수보일러 | 가스를 사용하는 것으로서 가스사용량이 17 [kg/h](도시가스는 232.6킬로와트)를 초과하는 것 |
| | 캐스케이드 보일러 | 별표 1에 따른 캐스케이드보일러의 적용범위에 따른다. |
| 압력용기 | 1종 압력용기, 2종 압력용기 | 별표 1에 따른 압력용기의 적용범위에 따른다. |
| 요로 | 철금속 가열로 | 정격용량이 0.58 [MW]를 초과하는 것 |

정답 64 ④ 65 ②

## 66 ★★★

샤모트(Chamotte)벽돌의 원료로서 샤모트 이외의 가소성 생점토(生粘土)를 가하는 주된 이유는?

① 치수 안정을 위하여
② 열전도성을 좋게 하기 위하여
③ 성형 및 소결성을 좋게 하기 위하여
④ 건조 소성, 수축을 미연에 방지하기 위하여

해설

**샤모트벽돌**
골재원료로서 샤모트를 사용하고, 미세한 부분은 가소성 생점토를 가하고 있다. 이는 성형 및 소결성을 좋게 하기 위함이다.

## 67 ★★★

크롬벽돌이나 크롬-마그벽돌이 고온에서 산화철을 흡수하여 표면이 부풀어 오르고 떨어져 나가는 현상은?

① 버스팅
② 큐어링
③ 슬래킹
④ 스폴링

해설

**버스팅**
크롬을 원료로 하는 염기성 내화벽돌이 1600[℃] 이상의 고온에서 산화철을 흡수하여 표면이 부풀어 오르고 떨어져 나가는 현상을 말한다.

## 68 ★★

「에너지이용합리화법령」상 효율관리기자재에 대한 에너지소비효율등급을 거짓으로 표시한 자에 해당하는 과태료는?

① 3백만 원 이하
② 5백만 원 이하
③ 1천만 원 이하
④ 2천만 원 이하

해설

소비효율등급 거짓 표시 - 과태료
2천만 원 이하

## 69 ★

「에너지이용합리화법령」에 따라 효율관리기자재의 제조업자 또는 수입업자는 효율관리시험기관에서 해당 효율관리기자재의 에너지 사용량을 측정 받아야 한다. 이 시험기관은 누가 지정하는가?

① 과학기술정보통신부장관
② 산업통상자원부장관
③ 기획재정부장관
④ 환경부장관

해설

**시험기관 지정**
산업통상자원부장관이 지정한다.

## 70 ★★

보온재의 구비조건으로 틀린 것은?

① 불연성일 것
② 흡수성이 클 것
③ 비중이 작을 것
④ 열전도율이 작을 것

정답  66 ③  67 ①  68 ④  69 ②  70 ②

> [해설]

**보온재의 구비조건**
보온재는 불연성이고 흡수성이 작고 비중이 작고 (가볍고) 열전도율이 작을 것

## 71 ★★

「에너지법령」상 시·도지사는 관할 구역의 지역적 특성을 고려하여 저탄소 녹색성장 기본법에 따른 에너지기본계획의 효율적인 달성과 지역경제의 발전을 위한 지역에너지계획을 몇 년마다 수립·시행하여야 하는가?

① 2년
② 3년
③ 4년
④ 5년

> [해설]

**지역에너지계획**
5년마다 5년 이상을 계획기간으로 하여 수립·시행하여야 한다.

## 72 ★

「에너지이용합리화법령」에 따라 에너지절약전문기업의 등록신청 시 등록신청서에 첨부해야 할 서류가 아닌 것은?

① 사업계획서
② 보유장비명세서
③ 기술인력명세서(자격증명서 사본 포함)
④ 감정평가업자가 평가한 자산에 대한 감정평가서(법인인 경우)

> [해설]

**등록신청서 첨부 서류**
사업계획서, 보유장비 명세서, 기술인력 명세서

## 73 ★

「에너지이용합리화법령」상 검사의 종류가 아닌 것은?

① 설계검사
② 제조검사
③ 계속사용검사
④ 개조검사

> [해설]

「에너지이용합리화법령」상 검사의 종류
제조검사, 설치검사, 설치변경검사, 개조검사, 계속사용검사로 분류된다.

## 74 ★★★

고온용 무기질 보온재로서 경량이고 기계적 강도가 크며 내열성, 내수성이 강하고 내마모성이 있어 탱크, 노벽 등에 적합한 보온재는?

① 암면
② 석면
③ 규산칼슘
④ 탄산마그네슘

> [해설]

**보온재**
규산칼슘 : 고온용 무기질 보온재로 기계적 강도, 내열성, 내산성, 내마모성이 있어 탱크, 노벽 등에 적합한 보온재이다.

[정답] 71 ④  72 ④  73 ①  74 ③

## 75 ★

「에너지이용합리화법령」상 특정열사용기자재의 설치·시공이나 세관(洗罐)을 업으로 하는 자는 어떤 법령에 따라 누구에게 등록하여야 하는가?

① 건설산업기본법, 시·도지사
② 건설산업기본법, 과학기술정보통신부장관
③ 건설기술 진흥법, 시장·구청장
④ 건설기술 진흥법, 산업통상자원부장관

**해설**

특정열사용기자재의 설치 시공 세관을 업으로 하는 자 건설산업기본법에 따라 시·도지사에게 등록하여야 한다.

## 76 ★★★

작업이 간편하고 조업주기가 단축되며 요체의 보유열을 이용할 수 있어 경제적인 반연속식 요는?

① 셔틀요
② 윤요
③ 터널요
④ 도염식 요

**해설**

셔틀요
가마로서 작업이 간편하고 조업주기가 단축되며 가마의 보유열을 여열로 이용할 수 있다. 손실열에 해당하는 대차의 보유열로 저온제품을 예열하는 데 쓰므로 경제적이다.

## 77 ★★★

「에너지이용합리화법령」에 따라 열사용기자재 관리에 대한 설명으로 틀린 것은?

① 계속사용검사는 검사유효기간의 만료일이 속하는 연도의 말까지 연기할 수 있으며, 연기하려는 자는 검사대상기기검사연기 신청서를 한국에너지공단이사장에게 제출하여야 한다.
② 한국에너지공단이사장은 검사에 합격한 검사대상기기에 대해서 검사 신청인에게 검사일로부터 7일 이내에 검사증을 발급하여야 한다.
③ 검사대상기기관리자의 선임신고는 신고 사유가 발생한 날로부터 20일 이내에 하여야 한다.
④ 검사대상기기의 설치자가 사용 중인 검사대상기기를 폐기한 경우에는 폐기한 날부터 15일 이내에 검사대상기기 폐기신고서를 한국에너지공단이사장에게 제출하여야 한다.

**해설**

열사용기자재 관리
검사대상에게 관리자의 선임신고는 신고 사유가 발생한 날부터 30일 이내에 하여야 한다.

정답 75 ① 76 ① 77 ③

## 78 ★★

내식성, 굴곡성이 우수하고 양도체이며 내압성도 있어서 열교환기용 전열관, 급수관 등 화학공업용으로 주로 사용되는 관은?

① 주철관
② 동관
③ 강관
④ 알루미늄관

**해설**

동관
내식성, 굴곡성이 우수하고 양도체이며 내압성도 있어서 열교환기용 전열관, 급수관 등 화학공업용으로 주로 사용되는 관

## 79 ★★

제철 및 제강공정 중 배소로의 사용목적으로 가장 거리가 먼 것은?

① 유해 성분의 제거
② 산화도의 변화
③ 분상광석의 괴상으로서의 소결
④ 원광석의 결합수의 제거와 탄산염의 분해

**해설**

배소로의 사용목적
유해 성분 제거, 산화도의 변화, 원광석의 결합수의 제거와 탄산염의 분해

## 80 ★

배관의 축방향 응력 σ(kPa)을 나타낸 식은? (단, d : 배관의 내경[mm], p : 배관의 내압(kPa), t : 배관의 두께[mm]이며, t는 충분히 얇다)

① $\sigma = \dfrac{p\pi d}{4t}$

② $\sigma = \dfrac{pd}{4t}$

③ $\sigma = \dfrac{p\pi d}{2t}$

④ $\sigma = \dfrac{pd}{2t}$

**해설**

배관의 축방향 응력

$\sigma = \dfrac{pd}{4t}$

정답 78 ② 79 ③ 80 ②

| 5과목 | 열설비설계 |

## 81 ★

증기압력 120 [kPa]의 포화증기(포화온도 104.25 [℃], 증발잠열 2245 [kJ/kg])를 내경 52.9 [mm], 길이 50 [m]인 강관을 통해 이송하고자 할 때 트랩 선정에 필요한 응축수량[kg]은? (단, 외부온도 0 [℃], 강관의 질량 300 [kg], 강관비열 0.46 [kJ/kg·℃]이다)

① 4.4
② 6.4
③ 8.4
④ 10.4

**해설**

응축수량

$m_s C \Delta t = m_w R_0$

$m_w = \dfrac{m_s C \Delta t}{R_0} = \dfrac{300 \times 0.46 \times 104.25}{2,245}$

$\fallingdotseq 6.4 \ [kg]$

## 82 ★★

보일러의 용량을 산출하거나 표시하는 값으로 틀린 것은?

① 상당증발량
② 보일러마력
③ 재열계수
④ 전열면적

**해설**

보일러 용량을 산출하거나 표시하는 값
보일러 용량을 산출하거나 표시하는 값은 상당증발량, 보일러마력, 전열면적 등으로 나타낸다.

## 83 ★★★

프라이밍 및 포밍의 발생 원인이 아닌 것은?

① 보일러를 고수위로 운전할 때
② 증기부하가 적고 증발수면이 넓을 때
③ 주 증기밸브를 급히 열었을 때
④ 보일러수에 불순물, 유지분이 많이 포함되어 있을 때

**해설**

프라이밍 및 포밍의 발생 원인
보일러를 과부하 운전하면 프라이밍이나 포밍현상이 발생하여 기수공발(캐리오버)현상이 일어난다.

## 84 ★★★

프라이밍현상을 설명한 것으로 틀린 것은?

① 절탄기의 내부에 스케일이 생긴다.
② 안전밸브, 압력계의 기능을 방해한다.
③ 워터해머(Water Hammer)를 일으킨다.
④ 수면계의 수위가 요동해서 수위를 확인하기 어렵다.

**해설**

프라이밍현상
절탄기 내부에 스케일이 생기는 것은 프라이밍현상이 아니다.

정답 81 ② 82 ③ 83 ② 84 ①

## 85 ★★

두께 20 [cm] 의 벽돌의 내측에 10 [mm]의 모르타르와 5 [mm]의 플라스터 마무리를 시행하고, 외측은 두께 15 [mm]의 모르타르 마무리를 시공하였다. 아래 계수를 참고할 때, 다층벽의 총 열관류율[W/m²·℃]은?

- 실내측벽 열전달계수 $h_1$ = 8 [W/m²·℃]
- 실외측벽 열전달계수 $h_2$ = 20 [W/m²·℃]
- 플라스터 열전도율 $\lambda_1$ = 0.5 [W/m·℃]
- 모르타르 열전도율 $\lambda_2$ = 1.3 [W/m·℃]
- 벽돌 열전도율 $\lambda_3$ = 0.65 [W/m·℃]

① 1.95
② 4.57
③ 8.72
④ 12.31

**해설**

열관류율

$$K = \frac{1}{R} = \frac{1}{\frac{1}{h_1} + \frac{l_1}{\lambda_1} + \frac{l_2}{\lambda_2} + \frac{l_3}{\lambda_3} + \frac{1}{h_2}}$$

$$= \frac{1}{\frac{1}{8} + \frac{0.005}{0.5} + \frac{0.025}{1.3} + \frac{0.2}{0.65} + \frac{1}{20}}$$

≒ 1.95

## 86 ★

100 [kN]의 인장하중을 받는 한쪽 덮개판 맞대기 리벳이음이 있다. 리벳의 지름이 15 [mm], 리벳의 허용전단력이 60 [MPa]일 때 최소 몇 개의 리벳이 필요한가?

① 10  ② 8
③ 6   ④ 4

**해설**

리벳의 개수

$$\tau = \frac{W}{AZ} = \frac{W}{\frac{\pi d^2}{4} Z}$$

$$Z = \frac{4W}{\tau \pi d^2} = \frac{4 \times 100 \times 10^3}{60 \times \pi \times 15^2} ≒ 10개$$

## 87 ★★

노통연관식 보일러의 특징에 대한 설명으로 옳은 것은?

① 외분식이므로 방산손실열량이 크다.
② 고압이나 대용량보일러로 적당하다.
③ 내부청소가 간단하므로 급수처리가 필요 없다.
④ 보일러의 크기에 비하여 전열면적이 크고 효율이 좋다.

**해설**

노통연관식 보일러
노통보일러는 보일러의 크기에 비하여 전열면적이 크고 효율이 좋다.

정답 ● 85 ① 86 ① 87 ④

## 88 ★

보일러의 내부청소목적에 해당하지 않는 것은?

① 스케일 슬러지에 의한 보일러 효율 저하방지
② 수면계 노즐 막힘에 의한 장해방지
③ 보일러수 순환 저해방지
④ 수트 블로어에 의한 매연 제거

**해설**

내부청소목적
수트 블로어는 보일러 전열면에 부착된 그을음 등을 물, 공기, 증기 등을 분사하여 제거하는 매연 취출장치이다.

## 89 ★

압력용기에 대한 수압시험의 압력 기준으로 옳은 것은?

① 최고사용압력이 0.1 [MPa] 이상의 주철제 압력용기는 최고사용압력의 3배이다.
② 비철금속제 압력용기는 최고사용압력의 1.5배의 압력에 온도를 보정한 압력이다.
③ 최고사용압력이 0.1 [MPa] 이하의 주철제 압력용기는 0.1 [MPa]이다.
④ 법랑 또는 유리 라이닝한 압력용기는 최고사용압력의 1.5배의 압력이다.

**해설**

수압시험의 압력 기준
압력용기는 아래에 정한 구분에 따라 각기 항목에 대하여 정한 압력으로 수압에 의한 내압시험(이하 "수압시험")을 하고 이에 합격하여야 한다.
• 최고사용압력이 0.1 [MPa] 이상의 주철제 압력용기는 최고사용압력의 2배
• 최고사용압력이 0.1 [MPa] 이하의 주철제 압력용기는 0.2 [MPa]
• 법랑 또는 유리 라이닝한 압력용기는 최고사용압력

## 90 ★

보일러의 스테이를 수리·변경하였을 경우 실시하는 검사는?

① 설치검사      ② 대체검사
③ 개조검사      ④ 개체검사

**해설**

개조검사
보일러의 스테이를 수리 변경하였을 경우 실시하는 검사는 개조검사이다.

## 91 ★

노통보일러에 갤러웨이 관을 직각으로 설치하는 이유로 적절하지 않은 것은?

① 노통을 보강하기 위하여
② 보일러수의 순환을 돕기 위하여
③ 전열 면적을 증가시키기 위하여
④ 수격작용을 방지하기 위하여

**정답** 88 ④  89 ②  90 ③  91 ④

**해설**

노통보일러에 갤러웨이 관 직각으로 설치하는 이유
- 노통을 보강하기 위하여
- 보일러수의 순환을 돕기 위하여
- 전열 면적을 증가시키기 위하여

## 92 ★

보일러의 전열면에 부착된 스케일 중 연질 성분인 것은?

① $Ca(HCO_3)_2$
② $CaSO_4$
③ $CaCl_2$
④ $CaSiO_3$

**해설**

스케일 중 연질 성분
탄산수소칼슘으로 물에 녹는다.

## 93 ★★

이상적인 흑체에 대하여 단위면적당 복사에너지 E와 절대온도 T의 관계식으로 옳은 것은? (단, $\sigma$는 스테판 – 볼츠만 상수이다)

① $E = \sigma T^2$
② $E = \sigma T^4$
③ $E = \sigma T^6$
④ $E = \sigma T^8$

**해설**

복사에너지
$E = \sigma T^4$

## 94 ★★

공기예열기 설치에 따른 영향으로 틀린 것은?

① 연소효율을 증가시킨다.
② 과잉공기량을 줄일 수 있다.
③ 배기가스 저항이 줄어든다.
④ 질소산화물에 의한 대기오염의 우려가 있다.

**해설**

공기예열기의 효과
(1) 장점
  ① 연료 절감
  ② 질 낮은 연료의 연소에 유리
  ③ 노 내 온도를 고온으로 유지
  ④ 공기를 예열하므로 작은 공기비로 연료를 완전 연소시킬 수 있다.
(2) 단점
  ① 저온 부식의 원인이 된다.
  ② 통풍력이 감소한다.
  ③ 배기가스 저항이 증가한다.
  ④ 보수, 점검, 청소가 어렵다.
  ⑤ 설비비가 비싸다.

## 95 ★

일반적으로 보일러에 사용되는 중화방청제가 아닌 것은?

① 암모니아
② 하이드라진
③ 탄산나트륨
④ 포름산나트륨

**해설**

중화방청제
암모니아, 하이드라진, 탄산나트륨 등이 사용된다.

정답  92 ①  93 ②  94 ③  95 ④

## 96 ★

내압을 받는 보일러 동체의 최고사용압력은? (단, t : 두께[mm], P : 최고사용압력[MPa], $D_i$ : 동체 내경[mm], $\eta$ : 길이 이음효율, $\sigma_a$ : 허용인장응력[MPa], $\alpha$ : 부식여유, k : 온도상수이다)

① $P = \dfrac{2\sigma_a \eta (t-\alpha)}{D_i + (1-k)(t-\alpha)}$

② $P = \dfrac{2\sigma_a \eta (t-\alpha)}{D_i + 2(1-k)(t-\alpha)}$

③ $P = \dfrac{4\sigma_a \eta (t-\alpha)}{D_i + 2(1-k)(t-\alpha)}$

④ $P = \dfrac{4\sigma_a \eta (t-\alpha)}{D_i + (1-k)(t-\alpha)}$

**해설**

최고사용압력

$P = \dfrac{2\sigma_a \eta (t-\alpha)}{D_i + 2(1-k)(t-\alpha)}$

## 97 ★★

관판의 두께가 20 [mm]이고, 관 구멍의 지름이 51 [mm]인 연관의 최소 피치[mm]는 얼마인가?

① 35.5
② 45.5
③ 52.5
④ 62.5

**해설**

최소 피치
열사용기자재의 검사 및 검사면제에 관한 기준
6.4 연관보일러의 연관의 최소피치

$p = \left(1 + \dfrac{4.5}{t}\right)d = \left(1 + \dfrac{4.5}{20}\right) \times 51$

$= 62.475$

$\fallingdotseq 62.5 \text{ [mm]}$

## 98 ★

다음 각 보일러의 특징에 대한 설명 중 틀린 것은?

① 입형 보일러는 좁은 장소에도 설치할 수 있다.
② 노통보일러는 보유수량이 적어 증기발생 소요시간이 짧다.
③ 수관보일러는 구조상 대용량 및 고압용에 적합하다.
④ 관류보일러는 드럼이 없어 초고압보일러에 적합하다.

**해설**

보일러의 특징
노통보일러는 보유수량이 많아 부하변동에 따른 대체가 용이하나 증기발생 소요시간(예열시간)이 길다.

정답 96 ② 97 ④ 98 ②

## 99 ★

수관식 보일러에 급수되는 TDS가 2500 [μS/cm]이고 보일러수의 TDS는 5000 [μS/cm]이다. 최대 증기 발생량이 10000 [kg/h]라고 할 때 블로우 다운량[kg/h]은?

① 2000
② 4000
③ 8000
④ 10000

> **해설**
>
> 블로우 다운량
>
> $$\frac{F_s \times H_s}{B - H_s} = \frac{10000 \times 2500}{5000 - 2500} = 10000 \, [kg/h]$$

## 100 ★

원통형 보일러의 노통이 편심으로 설치되어 관수의 순환작용을 촉진시켜 줄 수 있는 보일러는?

① 코르니시보일러
② 라몬트보일러
③ 케와니보일러
④ 기관차보일러

> **해설**
>
> 코르니시보일러
> 원통형 보일러의 노통이 편심되어 설치되는 이유는 물의 순환을 촉진시키기 위함이다. 노통이 1개인 보일러가 코르니시보일러이고 노통이 2개인 보일러가 랭커셔보일러이다.

정답 99 ④  100 ①

# 2021 제4회

**1과목  연소공학**

## 01 ★★
과잉공기를 공급하여 어떤 연료를 연소시켜 건 연소가스를 분석하였다. 그 결과 $CO_2$, $O_2$, $N_2$ 의 함유율이 각각 16 [%], 1 [%], 83 [%]이었 다면 이 연료의 최대 탄산가스율은 몇 [%]인가?

① 15.6
② 16.8
③ 17.4
④ 18.2

**해설**

최대 탄산가스율

$$(CO_2)_{max} = \frac{21 \times CO_2}{21 - O_2} = \frac{21 \times 16}{21 - 1} = 16.8 [\%]$$

## 02 ★
전기식 집진장치에 대한 설명 중 틀린 것은?

① 포집입자의 직경은 30 ~ 50 [μm] 정도이다.
② 집진효율이 90 ~ 99.9 [%]로서 높은 편이다.
③ 고전압장치 및 정전설비가 필요하다.
④ 낮은 압력손실로 대량의 가스처리가 가능 하다.

**해설**

전기 집진장치
전기집진장치에서 포집입자의 직경은 0.1 [μm] 이하의 미세입자까지도 포집이 가능하다.

## 03 ★★
$C_2H_4$ 가 10 [g] 연소할 때 표준 상태인 공기는 160 [g] 소모되었다. 이때 과잉공기량은 약 몇 [g]인가? (단, 공기 중 산소의 중량비는 23.2 [%]이다)

① 12.22
② 13.22
③ 14.22
④ 15.22

**해설**

과잉공기량

$C_2H_4 + 3O_2 \rightarrow 2CO_2 + 2H_2O$

$$O_0 = \frac{3 \times 32}{28} = \frac{96}{28} = 3.429 \, [g/g]$$

$$A_0 = \frac{O_0}{0.232} = \frac{3.429}{0.232} = 14.78 \, [g/g]$$

$\therefore A_a = 160 - 14.78 \times 10 = 12.2 \, [g]$

정답  01 ②  02 ①  03 ①

## 04 ★

공기를 사용하여 기름을 무화시키는 형식으로, 200 ~ 700 [kPa]의 고압공기를 이용하는 고압식과 5 ~ 200 [kPa]의 저압공기를 이용하는 저압식이 있으며, 혼합방식에 의해 외부혼합식과 내부혼합식으로도 구분하는 버너의 종류는?

① 유압분무식 버너  ② 회전식 버너
③ 기류분무식 버너  ④ 건타입 버너

**해설**

**기류분무식 버너**

기류분무식 버너는 공기를 사용하여 기름을 무화(안개처럼)시키는 형식으로 200 ~ 700 [kPa]의 고압공기를 이용하는 고압식과 5 ~ 200 [kPa]의 저압공기를 사용하는 저압식이 있으며 혼합방식에 의해 외부혼합식과 내부혼합식으로 구분되는 버너이다.

## 05 ★

증기운 폭발의 특징에 대한 설명으로 틀린 것은?

① 폭발보다 화재가 많다.
② 연소에너지의 약 20 [%]만 폭풍파로 변한다.
③ 증기운의 크기가 클수록 점화될 가능성이 커진다.
④ 점화위치가 방출점에서 가까울수록 폭발위력이 크다.

**해설**

**증기운 폭발**

증기운 폭발(Vapor Cloud Explosion)은 점화위치가 방출점에서 멀수록 그만큼 가연성 증기가 많이 유출된 것이므로 폭발위력이 크다. 석유화학 공장에서 종종 일어나는 폭발사고이다.

## 06 ★

다음 중 연소 전에 연료와 공기를 혼합하여 버너에서 연소하는 방식인 예혼합 연소방식 버너의 종류가 아닌 것은?

① 포트형 버너
② 저압버너
③ 고압버너
④ 송풍버너

**해설**

**예혼합 연소방식의 버너 종류**

저압버너, 고압버너, 송풍버너

## 07 ★★★

프로페인 1 [Nm³]를 공기비 1.1로서 완전 연소시킬 경우 건연소가스량은 약 몇 [Nm³]인가?

① 20.2  ② 24.2
③ 26.2  ④ 33.2

**해설**

**건연소가스량**

$C_3H_8 + 5O_2 \rightarrow 3CO_2 + 4H_2O$

• 이론공기량

$A_o = \dfrac{O_o}{0.21} = \dfrac{5}{0.21} = 23.81 \, [Nm^3/Nm^3]$

• 이론 건연소가스량

$G_{od} = (1-0.21)A_o + 3 = 0.79 \times 23.81 + 3$

$= 21.81 \, [Nm^3/Nm^3]$

• 실제 건연소가스량

$G_d = G_{od} + (m-1)A_o$

$= 21.81 + (1.1-1) \times 23.81$

$\fallingdotseq 24.2 \, [Nm^3/Nm^3]$

정답 ● 04 ③  05 ④  06 ①  07 ②

## 08 ★

인화점이 50 [℃] 이상인 원유, 경유 등에 사용되는 인화점 시험방법으로 가장 적절한 것은?

① 태그 밀폐식
② 아벨펜스키 밀폐식
③ 클리브랜드 개방식
④ 펜스키마텐스 밀폐식

**해설**

인화점 시험방법

인화점이 50 [℃] 이상인 원유, 경유 등에 사용되는 인화점 시험방법으로 가장 적절한 시험은 펜스키마텐스 밀폐식이다.

## 09 ★★

탄소 12 [kg]을 과잉공기계수 1.2의 공기로 완전 연소시킬 때 발생하는 연소가스량은 약 몇 [Nm³]인가?

① 84
② 107
③ 128
④ 149

**해설**

연소가스량

$C + O_2 \rightarrow CO_2$

$G_{od} = (1 - 0.21)A_o + $ 생성된 $CO_2$

$G_d = G_{od} + (m-1)A_o$

$\quad = (m - 0.21)A_o + $ 생성된 $CO_2$

$\quad = (1.2 - 0.21)\dfrac{22.4}{0.21} + 22.4 = 128\,[Nm^3/kg]$

## 10 ★★★

아래 표와 같은 질량분율을 갖는 고체연료의 총 질량이 2.8 [kg]일 때 고위발열량과 저위발열량은 각각 약 몇 [MJ]인가?

- C(탄소) : 80.2 [%]
- H(수소) : 12.3 [%]
- S(황) : 2.5 [%]
- W(수분) : 1.2 [%]
- O(산소) : 1.1 [%]
- 회분 : 2.7 [%]

| 반응식 | 고위 발열량 [MJ/kg] | 저위 발열량 [MJ/kg] |
|---|---|---|
| $C + O_2 \rightarrow CO_2$ | 32.79 | 32.79 |
| $H + \dfrac{1}{4}O_2 \rightarrow \dfrac{1}{2}H_2O$ | 141.9 | 120.0 |
| $S + O_2 \rightarrow SO_2$ | 9.265 | 9.265 |

① 44, 41
② 123, 115
③ 156, 141
④ 723, 786

**해설**

고위발열량, 저위발열량

$H_h = 32.79C + 141.9\left(H - \dfrac{O}{8}\right) + 9.265S$

$\quad = 32.79 \times 0.802 + 141.9\left(0.123 - \dfrac{0.011}{8}\right)$
$\quad\quad + 9.265 \times 0.025$

$\quad = 43.79\,[MJ/kg]$

$\therefore 2.8 \times 43.79 = 123\,[MJ]$

$H_\ell = H_h - 600 \times 4.2 \times 10^{-3}(9H + W)$

$\quad = 43.79 - 2.52(9 \times 0.123 + 0.012)$

$\quad = 40.97\,[MJ/kg]$

$\therefore 2.8 \times 40.97 ≒ 115\,[MJ]$

**정답** 08 ④  09 ③  10 ②

## 11 ★★

CH₄ 가스 1 [Nm³]를 30 [%] 과잉공기로 연소시킬 때 완전 연소에 의해 생성되는 실제 연소가스의 총량은 약 몇 [Nm³]인가?

① 2.4  ② 13.4
③ 23.1  ④ 82.3

**해설**

연소가스 총량

$CH_4 + 2O_2 \rightarrow CO_2 + 2H_2O$

※ 실제 습연소가스량

$G_w = (m - 0.21)A_o + $ 생성된 $CO_2 + $ 생성된 $H_2O$

$= (1.3 - 0.21)\dfrac{2}{0.21} + 1 + 2$

$\fallingdotseq 13.4 \ [\text{Nm}^3]$

## 12 ★★★

가스 연소 시 강력한 충격파와 함께 폭발의 전파속도가 초음속이 되는 현상은?

① 폭발 연소
② 충격파 연소
③ 폭연(Deflagration)
④ 폭굉(Detonation)

**해설**

폭굉(Detonation)

폭굉이란 가스 연소 시 강력한 충격파와 함께 폭발의 전파속도가 초음속이 되는 현상으로, 화염의 전파속도가 음속보다 빠르며 반응대가 충격파에 의해 유지되는 화학반응현상(연소폭발현상)을 말한다.

## 13 ★★

다음 연소범위에 대한 설명으로 옳은 것은?

① 온도가 높아지면 좁아진다.
② 압력이 상승하면 좁아진다.
③ 연소상한계 이상의 농도에서는 산소 농도가 너무 높다.
④ 연소하한계 이하의 농도에서는 가연성증기의 농도가 너무 낮다.

**해설**

연소범위

연소하한계 이하의 농도에서는 가연성 가스의 농도가 너무 낮다.

## 14 ★★

연돌의 설치목적이 아닌 것은?

① 배기가스의 배출을 신속히 한다.
② 가스를 멀리 확산시킨다.
③ 유효 통풍력을 얻는다.
④ 통풍력을 조절해준다.

**해설**

연돌 설치목적

- 배기가스의 배출을 신속히 한다(대기오염방지).
- 대기 중에 가스(매연, 그을음 분진 등)를 멀리 확산시킨다.
- 유효 통풍력을 얻는다.

정답  11 ②  12 ④  13 ④  14 ④

## 15 ★★★

고체연료에 비해 액체연료의 장점에 대한 설명으로 틀린 것은?

① 화재, 역화 등의 위험이 적다.
② 회분이 거의 없다.
③ 연소효율 및 열효율이 좋다.
④ 저장운반이 용이하다.

**해설**

액체연료의 장점(고체연료에 비해)
(1) 고체연료의 특징
  ① 인화폭발 위험성이 적다.
  ② 부하변동에 적응성이 좋지 않다.
  ③ 가격이 저렴하다.
  ④ 연소장치가 간단하다.
  ⑤ 점화, 소화가 어렵다.
  ⑥ 연소 시 매연발생이 심하고 회분이 많다.
  ⑦ 파이프 수송이 불가능하며, 운반취급이 불편하다.
(2) 액체연료의 특징
  ① 인화 및 역화의 위험이 크다.
  ② 황(S) 함유량이 많아 대기도열의 원인이 된다.
  ③ 연소온도가 높아 국부적인 과열을 일으키기 쉽다.
  ④ 발열량이 크고 효율이 높다.
  ⑤ 저장과 운반이 쉽다.
  ⑥ 점화 소화 및 연소조절이 용이하다.
  ⑦ 회분이 거의 없어 재의 처리를 하지 않아도 된다.

## 16 ★

고온 부식을 방지하기 위한 대책이 아닌 것은?

① 연료에 첨가제를 사용하여 바나듐의 융점을 낮춘다.
② 연료를 전처리하여 바나듐, 나트륨, 황분을 제거한다.
③ 배기가스온도를 550 [℃] 이하로 유지한다.
④ 전열면을 내식재료로 피복한다.

**해설**

고온 부식
고온 부식을 방지하기 위해서는 연료에 첨가제를 사용하여 바나듐(V)의 융점을 높인다.

## 17 ★★

과잉공기량이 증가할 때 나타나는 현상이 아닌 것은?

① 연소실의 온도가 저하된다.
② 배기가스에 의한 열손실이 많아진다.
③ 연소가스 중의 $SO_3$이 현저히 줄어 저온 부식이 촉진된다.
④ 연소가스 중의 질소산화물 발생이 심하여 대기오염을 초래한다.

### 해설

**과잉공기량 증가 시 나타나는 현상**
- 연소가 잘 되어 불완전 연소물(그을음) 감소
- 배기가스 연손실 증가
- 연료소비량 증가
- 연소실 온도 감소
- 연소가스 중의 질소산화물이 발생하여 대기오염 초래
- 연소가스 중의 황산화물이 현저하게 줄어 저온부식 감소

## 18 ★★★

어떤 연료가스를 분석하였더니 보기와 같았다. 이 가스 1 [Nm³]를 연소시키는 데 필요한 이론 산소량은 몇 [Nm³]인가?

| | |
|---|---|
| • 수소 : 40 [%] | • 일산화탄소 : 10 [%] |
| • 메테인 : 10 [%] | • 질소 : 25 [%] |
| • 이산화탄소 : 10 [%] | |
| • 산소 : 5 [%] | |

① 0.2
② 0.4
③ 0.6
④ 0.8

### 해설

**이론산소량**

$H_2 + \frac{1}{2}O_2 \rightarrow H_2O, \ CO + \frac{1}{2}O_2 \rightarrow CO_2$

$CH_4 + 2O_2 \rightarrow CO_2 + 2H_2O$

$O_o = (0.5 \times H_2 + 0.5 \times CO + 2 \times CH_4) - O_2$

$\quad = (0.5 \times 0.4 + 0.5 \times 0.1 + 2 \times 0.1) - 0.05$

$\quad = 0.4 \, [Nm^3/Nm^3]$

## 19 ★★★

기체연료에 대한 일반적인 설명으로 틀린 것은?

① 회분 및 유해물질의 배출량이 적다.
② 연소조절 및 점화, 소화가 용이하다.
③ 인화의 위험성이 적고 연소장치가 간단하다.
④ 소량의 공기로 완전 연소할 수 있다.

### 해설

**기체연료**

인화 및 폭발의 위험성이 적고 연소장치가 간단한 것은 고체연료의 특징이다.

※ 기체연료의 특징
- 회분 및 유해배출량이 적다.
- 연소조절 및 점화 소화가 용이하다.
- 소량의 공기로 완전 연소할 수 있다.
- 저장, 수송이 곤란하고 시설비가 많이 든다.
- 부하변동 범위가 없다.
- 회분이나 황성분이 거의 없어 매연이나 $SO_2$ 발생이 거의 없다.
- 누설에 의한 역화, 폭발 등의 위험이 존재한다.

정답 18 ② 19 ③

## 20 ★

298.15 [K], 0.1 [MPa] 상태의 일산화탄소를 같은 온도의 이론공기량으로 정상유동 과정으로 연소시킬 때 생성물의 단열화염 온도를 주어진 표를 이용하여 구하면 약 몇 [K]인가? (단, 이 조건에서 CO 및 $CO_2$의 생성 엔탈피는 각각 -110529 [kJ/kmol], -393522 [kJ/ kmol]이다)

| $CO_2$의 기준 상태에서 각각의 온도까지 엔탈피 차 ||
|---|---|
| 온도[K] | 엔탈피 차[kJ/kmol] |
| 4800 | 266500 |
| 5000 | 279295 |
| 5200 | 292123 |

① 4835　② 5058
③ 5194　④ 5306

### 해설

**단열화염 온도**
열화학 방정식에서 엔탈피 변화량에서(-)는 발열을 의미

$CO + \frac{1}{2}O_2 \rightarrow CO_2 + \Delta H$

-110529 = -395322 + △H
△H = 282993 [kJ/kmol]

$f(T) = 5000 [K] + \frac{5200-5000}{292123-279295}$

$\times (282993 - 279295)$

≒ 5058 [K]

※ 보간법 공식(Formula)
$f(x) = f(x_1) + \frac{f(x_2)-f(x_1)}{x_2 - x_1}(x - x_1)$

## 2과목 열역학

## 21 ★★

온도가 $T_1$인 이상기체를 가역단열 과정으로 압축하였다. 압력이 $P_1$에서 $P_2$로 변하였을 때, 압축 후의 온도 $T_2$를 옳게 나타낸 것은? (단, k는 이상기체의 비열비를 나타낸다)

① $T_2 = T_1 \left(\frac{P_2}{P_1}\right)^{\frac{k}{k-1}}$　② $T_2 = T_1 \left(\frac{P_2}{P_1}\right)^{\frac{k}{1-k}}$

③ $T_2 = T_1 \left(\frac{P_2}{P_1}\right)^{\frac{k-1}{k}}$　④ $T_2 = T_1 \left(\frac{P_2}{P_1}\right)^{\frac{1-k}{k}}$

### 해설

압축 후의 온도
가역단열 과정 시

$\frac{T_2}{T_1} = \left(\frac{V_1}{V_2}\right)^{k-1} = \left(\frac{P_2}{P_1}\right)^{\frac{k-1}{k}}$

## 22 ★★

공기가 압력 1 [MPa], 체적 0.4 [m³]인 상태에서 50 [℃]의 등온 과정으로 팽창하여 체적이 4배로 되었다. 엔트로피의 변화는 약 몇 [kJ/K]인가?

① 1.72
② 5.46
③ 7.32
④ 8.83

**해설**

등온 과정 시 엔트로피의 변화
가열량

$$Q = mRT\ln\frac{V_2}{V_1} = P_1V_1\ln\frac{V_2}{V_1}$$

$$= 1 \times 10^3 \times 0.4\ln 4 ≒ 555\,[kJ]$$

$$\therefore S_2 - S_1 = \frac{Q}{T} = \frac{555}{50+273} ≒ 1.72\,[kJ/K]$$

## 23 ★★

수증기가 노즐 내를 단열적으로 흐를 때 출구 엔탈피가 입구 엔탈피보다 15 [kJ/kg]만큼 작아진다. 노즐 입구에서의 속도를 무시할 때 노즐 출구에서의 수증기속도는 약 몇 [m/s]인가?

① 173
② 200
③ 283
④ 346

**해설**

노즐 출구에서의 수증기속도

$$\Delta Q = \frac{1}{2}m(V_2^2 - V_1^2) + m(h_2 - h_1) = 0$$

$$V_2 = \sqrt{2 \times (h_1 - h_2) \times 1000}$$

$$= \sqrt{2 \times 15 \times 1000} ≒ 173.2\,[m/s]$$

## 24 ★★

오토 사이클과 디젤 사이클의 열효율에 대한 설명 중 틀린 것은?

① 오토 사이클의 열효율은 압축비와 비열비만으로 표시된다.
② 차단비가 1에 가까워질수록 디젤 사이클의 열효율은 오토 사이클의 열효율에 근접한다.
③ 압축 초기 압력과 온도, 공급 열량, 최고 온도가 같을 경우 디젤 사이클의 열효율이 오토 사이클의 열효율보다 높다.
④ 압축비와 차단비가 클수록 디젤 사이클의 열효율은 높아진다.

**해설**

오토 사이클과 디젤 사이클의 열효율

- 오토 사이클 열효율 $\eta_{tho} = 1 - \left(\frac{1}{\epsilon}\right)^{k-1}$

- 디젤 사이클 열효율

$$\eta_{thd} = 1 - \left(\frac{1}{\epsilon}\right)^{k-1}\frac{\sigma^k - 1}{k(\sigma-1)}$$

디젤 사이클은 압축비가 클수록, 차단비가 작을수록 열효율은 증가한다.

정답 ● 23 ① 24 ④

## 25 ★

정상 상태로 흐르는 유체의 에너지 방정식을 다음과 같이 표현할 때 ( ) 안에 들어갈 용어로 옳은 것은? (단, 유체에 대한 기호의 의미는 아래와 같고, 첨자 1과 2는 각각 입·출구를 나타낸다)

$$\dot{Q}+\dot{m}[h_1+\frac{V_1^2}{2}+(\ )_1]$$
$$=\dot{W}_s+\dot{m}[h_2+\frac{V_2^2}{2}+(\ )_2]$$

| 기호 | 의미 | 기호 | 의미 |
|---|---|---|---|
| $\dot{Q}$ | 시간당 받는 열량 | $\dot{W}_s$ | 시간당 주는 일량 |
| $\dot{m}$ | 질량유량 | s | 비엔트로피 |
| h | 비엔탈피 | u | 비내부에너지 |
| V | 속도 | P | 압력 |
| g | 중력가속도 | z | 높이 |

① s
② u
③ gz
④ P

**해설**

유체의 에너지 방정식
정상유동의 에너지 방정식(에너지보존의 법칙 적용)

$$Q=W_s+m(h_2-h_1)+\frac{m}{2}(V_2^2-V_1^2)$$
$$+mg(Z_2-Z_1)[kW(kJ/s)]$$

## 26 ★★

증기에 대한 설명 중 틀린 것은?

① 동일압력에서 포화증기는 포화수보다 온도가 더 높다.
② 동일압력에서 건포화증기를 가열한 것이 과열증기이다.
③ 동일압력에서 과열증기는 건포화증기보다 온도가 더 높다.
④ 동일압력에서 습포화증기와 건포화증기는 온도가 같다.

**해설**

증기
동일압력에서 포화증기와 포화수의 온도는 같다.

## 27 ★

매시간 2000 [kg]의 포화수증기를 발생하는 보일러가 있다. 보일러 내의 압력은 200 [kPa]이고, 이 보일러에는 매시간 150 [kg]의 연료가 공급된다. 이 보일러의 효율은 약 얼마인가? (단, 보일러에 공급되는 물의 엔탈피는 84 [kJ/kg]이고, 200 [kPa]에서의 포화증기의 엔탈피는 2700 [kJ/kg]이며, 연료의 발열량은 42000 [kJ/kg]이다)

① 77 [%]
② 80 [%]
③ 83 [%]
④ 86 [%]

정답 25 ③ 26 ① 27 ③

해설

보일러의 효율

$$\eta = \frac{m_a(h_2 - h_1)}{H_L \times m_f} \times 100 \, [\%]$$

$$= \frac{2000 \times (2700 - 84)}{42000 \times 150} \times 100 \, [\%] = 83 \, [\%]$$

## 28 ★★

보일러의 게이지 압력이 800 [kPa]일 때 수은 기압계가 측정한 대기압력이 856 [mmHg]를 지시했다면 보일러 내의 절대압력은 약 몇 [kPa]인가? (단, 수은의 비중은 13.6이다)

① 810
② 914
③ 1320
④ 1656

해설

절대압력

$$P_a = P_o + P_g = \frac{856}{760} \times 101.325 + 800$$

$$= 914.12 \, [kPa]$$

## 29 ★

정상 상태(Steady State)에 대한 설명으로 옳은 것은?

① 특정 위치에서만 물성값을 알 수 있다.
② 모든 위치에서 열역학적 함수값이 같다.
③ 열역학적 함수값은 시간에 따라 변하기도 한다.
④ 유체 물성이 시간에 따라 변하지 않는다.

해설

정상 상태

정상 상태란 유체의 물성이 시간에 따라 변하지 않음을 의미한다.

## 30 ★

대기압이 100 [kPa]인 도시에서 두 지점의 계기압력비가 '5 : 2'라면 절대압력비는?

① 1.5 : 1
② 1.75 : 1
③ 2 : 1
④ 주어진 정보로는 알 수 없다.

해설

절대압력비

주어진 정보만으로 절대압력비를 구할 수 없다.

## 31 ★

실온이 25 [℃]인 방에서 역카르노 사이클 냉동기가 작동하고 있다. 냉동공간은 -30 [℃]로 유지되며, 이 온도를 유지하기 위해 작동유체가 냉동공간으로부터 100 [kW]를 흡열하려 할 때 전동기가 해야 할 일은 약 몇 [kW]인가?

① 22.6
② 81.5
③ 207
④ 414

**해설**

전동기가 해야 할 일

$\epsilon_R = \dfrac{T_2}{T_1 - T_2} = \dfrac{243}{298 - 243} \fallingdotseq 4.42$

$W_L = \dfrac{Q}{\epsilon_R} = \dfrac{100}{4.42} \fallingdotseq 22.62 \,[\text{kW}]$

## 32 ★★

열역학 제2법칙과 관련하여 가역 또는 비가역 사이클 과정 중 항상 성립하는 것은? (단, Q는 시스템에 출입하는 열량이고, T는 절대온도이다)

① $\oint \dfrac{\delta Q}{T} = 0$  ② $\oint \dfrac{\delta Q}{T} > 0$

③ $\oint \dfrac{\delta Q}{T} \geq 0$  ④ $\oint \dfrac{\delta Q}{T} \leq 0$

**해설**

클라우지우스(Clausius) 폐적분값

$\oint \dfrac{\delta Q}{T} \leq 0$ 가역이면 등호, 비가역 사이클이면 부등호(<)이다.

## 33 ★★★

다음 중 열역학 제2법칙과 관련된 것은?

① 상태 변화 시 에너지는 보존된다.
② 일을 100 [%] 열로 변환시킬 수 있다.
③ 사이클 과정에서 시스템이 한 일은 시스템이 받은 열량과 같다.
④ 열은 저온부로부터 고온부로 자연적으로 전달되지 않는다.

**해설**

열역학 제2법칙
• 방향성(비가역성)을 나타낸 법칙.
• 열은 그 스스로 자연적으로 저온부에서 고온부로 전달되지 않는다.

## 34 ★

터빈에서 2 [kg/s]의 유량으로 수증기를 팽창시킬 때 터빈의 출력이 1200 [kW]라면 열손실은 몇 [kW]인가? (단, 터빈 입구와 출구에서 수증기의 엔탈피는 각각 3200 [kJ/kg]와 2500 [kJ/kg]이다)

① 600  ② 400
③ 300  ④ 200

**해설**

터빈에서의 열손실
손실동력
$m(h_1 - h_2) - 1200 = 2(3200 - 2500) - 1200$
$\qquad\qquad\qquad\qquad\quad = 200 \,[kW]$

## 35 ★★★

이상기체의 폴리트로픽 변화에서 항상 일정한 것은? (단, P : 압력, T : 온도, V : 부피, n : 폴리트로픽 지수)

① $VT^{m-1}$  ② $\dfrac{PT}{V}$

③ $TV^{1-n}$  ④ $PV^n$

**정답**  32 ④  33 ④  34 ④  35 ④

**해설**

이상기체의 폴리트로픽 변화

$PV^n = C$

$TV^{n-1} = C$

$\dfrac{P^{\frac{n-1}{n}}}{T} = C$

## 36 ★

공기 오토 사이클에서 최고 온도가 1200 [K], 압축 초기 온도가 300 [K], 압축비가 8일 경우, 열 공급량은 약 몇 [kJ/kg]인가? (단, 공기의 정적 비열은 0.7165 [kJ/kg·K], 비열비는 1.4이다)

① 366
② 466
③ 566
④ 666

**해설**

열 공급량

- 단열압축 후 온도

$T_2 = T_1\left(\dfrac{V_1}{V_2}\right)^{k-1} = T_1 \epsilon^{k-1} = 300 \times 8^{1.4-1}$

$\fallingdotseq 689\,[K]$

- 오토 사이클(등적 사이클)에서 공급열량

$q_1 = C_v(T_3 - T_2) = 0.7165 \times (1200 - 689)$

$\fallingdotseq 366\,[kJ/kg]$

## 37 ★★

온도 45 [℃]인 금속 덩어리 40 [g]을 15 [℃]인 물 100 [g]에 넣었을 때, 열평형이 이루어진 후 두 물질의 최종 온도는 몇 [℃]인가? (단, 금속의 비열은 0.9 [J/g·℃], 물의 비열은 4 [J/g·℃]이다)

① 17.5
② 19.5
③ 27.4
④ 29.4

**해설**

열역학 제0법칙(열평형의 법칙)

고온체 발열량(금속) = 저온체 흡열량(물)

$m_1 C_1(t_1 - t_m) = m_2 C_2(t_m - t_2)$

$\therefore t_m = \dfrac{m_1 C_1 t_1 + m_2 C_2 t_2}{m_1 C_1 + m_2 C_2}$

$= \dfrac{40 \times 0.9 \times 45 + 100 \times 4 \times 15}{40 \times 0.9 + 100 \times 4} = 17.48$

## 38 ★★★

온도차가 있는 두 열원 사이에서 작동하는 역카르노 사이클을 냉동기로 사용할 때 성능계수를 높이려면 어떻게 해야 하는가?

① 저열원의 온도를 높이고 고열원의 온도를 높인다.
② 저열원의 온도를 높이고 고열원의 온도를 낮춘다.
③ 저열원의 온도를 낮추고 고열원의 온도를 높인다.
④ 저열원의 온도를 낮추고 고열원의 온도를 낮춘다.

정답  36 ① 37 ① 38 ②

**해설**

역카르노 사이클 성능계수

$$\epsilon_R = \frac{T_2}{T_1 - T_2}$$

냉동기의 성능계수를 높이려면 저열원의 온도($T_2$)를 높이고 고열원의 온도($T_1$)를 낮춘다.

## 39 ★★★

일정한 압력 300 [kPa]으로, 체적 0.5 [m³]의 공기가 외부로부터 160 [kJ]의 열을 받아 그 체적이 0.8 [m³]로 팽창하였다. 내부에너지의 증가량은 몇 [kJ]인가?

① 30
② 70
③ 90
④ 160

**해설**

내부에너지의 증가량

$Q = (U_1 - U_2) + {}_1W_2$

${}_1W_2 = P(V_2 - V_1) = 300(0.8 - 0.5) 90 \,[kJ]$

$U_2 - U_1 = Q - {}_1W_2 = 160 - 90 = 70 \,[kJ]$

## 40 ★★★

냉동기의 냉매로서 갖추어야 할 요구조건으로 틀린 것은?

① 증기의 비체적이 커야 한다.
② 불활성이고 안정적이어야 한다.
③ 증발온도에서 높은 잠열을 가져야 한다.
④ 액체의 표면장력이 작아야 한다.

**해설**

냉매의 요구조건
• 불활성이고 안정적일 것
• 증발열이 클 것
• 액체의 표면장력이 작을 것
• 증기의 비체적이 작을 것
• 냉매의 비열비(단열지수)가 작을 것

정답 ● 39 ② 40 ①

## 3과목: 계측방법

## 41 ★
계측에 있어 측정의 참값을 판단하는 계의 특성 중 동특성에 해당하는 것은?

① 감도
② 직선성
③ 히스테리시스 오차
④ 응답

**해설**

동특성(Dynamic Characteristics)
- 계측에 있어 측정의 참값을 판단하는 계의 특성 중 동특성은 '응답'이다.
- 동특성 : 시간적으로 변화하는 입력신호에 대한 계 또는 요소의 응답특성을 말한다.

## 42 ★★
광고온계의 측정온도 범위로 가장 적합한 것은?

① 100 ~ 300 [℃]
② 100 ~ 500 [℃]
③ 700 ~ 2000 [℃]
④ 4000 ~ 5000 [℃]

**해설**

광고온계의 측정온도 범위
700 ~ 2000 [℃]

## 43 ★★★
오리피스에 의한 유량 측정에서 유량에 대한 설명으로 옳은 것은?

① 압력차에 비례한다.
② 압력차의 제곱근에 비례한다.
③ 압력차에 반비례한다.
④ 압력차의 제곱근에 반비례한다.

**해설**

오리피스에 의한 유량 측정에서 유량
오리피스는 차압식 유량계로 유량은 압력차의 제곱근에 비례한다.

## 44 ★
휴대용으로 상온에서 비교적 정밀도가 좋은 아스만 습도계는 다음 중 어디에 속하는가?

① 저항 습도계
② 냉각식 노점계
③ 간이 건습구 습도계
④ 통풍형 건습구 습도계

**해설**

아스만 습도계
아스만 습도계는 통풍형 건습구 습도계이다.

정답  41 ④  42 ③  43 ②  44 ④

## 45 ★★
서미스터 온도계의 특징이 아닌 것은?

① 소형이며 응답이 빠르다.
② 저항온도계수가 금속에 비하여 매우 작다.
③ 흡습 등에 의하여 열화되기 쉽다.
④ 전기 저항체 온도계이다.

**해설**
서미스터(Thermistor) 온도계
- 전기 저항이 온도에 따라 크게 변화하는 반도체이므로 응답이 빠르다.
- 온도계수가 금속에 비해 크다.

## 46 ★★★
다음 유량계 중에서 압력손실이 가장 적은 것은?

① Float형 면적 유량계
② 열전식 유량계
③ Potary Piston형 용적식 유량계
④ 전자식 유량계

**해설**
유량계
유량계 중에서 압력손실이 가장 적은 것은 전자식 유량계이다.

## 47 ★★★
다음 중 가스크로마토그래피의 흡착제로 쓰이는 것은?

① 미분탄     ② 활성탄
③ 유연탄     ④ 신탄

**해설**
가스크로마토그래피의 흡착제
활성탄이 흡착제로 쓰인다.

## 48 ★★★
다음 중 상온·상압에서 열전도율이 가장 큰 기체는?

① 공기
② 메테인
③ 수소
④ 이산화탄소

**해설**
열전도율
기체의 분자량이 작을수록 분자운동이 더 활발하기 때문에 열전도율이 커진다.
수소 > 메테인 > Air(공기) > 이산화탄소

## 49 ★
노내압을 제어하는 데 필요하지 않은 조작은?

① 급수량
② 공기량
③ 연료량
④ 댐퍼

**해설**
노내압제어
급수량은 노내압을 제어하는 데 필요하지 않다. 필요한 것은 공기량, 연료량, 댐퍼의 조직이다.

**정답**  45 ②   46 ④   47 ②   48 ③   49 ①

## 50 ★

오르자트식 가스분석계로 CO를 흡수제에 흡수시켜 조성을 정량하여야 한다. 이때 흡수제의 성분으로 옳은 것은?

① 발연 황산액
② 수산화칼륨 30 [%] 수용액
③ 알칼리성 피로갈롤 용액
④ 암모니아성 염화 제1동 용액

**해설**

오르자트식 가스분석계 - 흡수제
- $CO_2$ : 30 [%] KOH 수용액
- $O_2$ : 알칼리성 피로갈롤용액
- CO : 암모니아성 염화 제1동 용액

## 51 ★

스프링저울 등 측정량이 원인이 되어 그 직접적인 결과로 생기는 지시로부터 측정량을 구하는 방법으로 정밀도는 낮으나 조작이 간단한 방법은?

① 영위법
② 치환법
③ 편위법
④ 보상법

**해설**

편위법
측정하고자 하는 양의 작용에 의하여 계측기의 지침에 편위를 일으켜 편위의 눈금과 비교함으로써 측정을 행하는 방식이다. 정밀도는 낮으나 조작이 간단하다.

## 52 ★

다음은 피드백제어계의 구성을 나타낸 것이다. ( ) 안에 가장 적절한 것은?

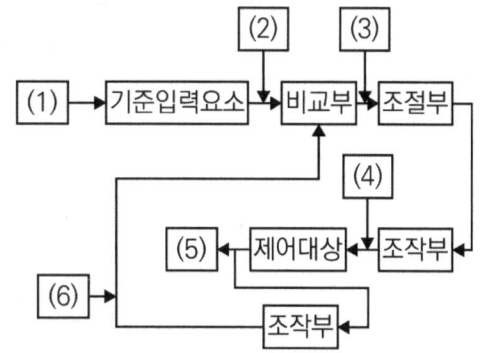

① (1) 조작량      (2) 동작신호
   (3) 목표치      (4) 기준입력신호
   (5) 제어편차    (6) 제어량
② (1) 목표치      (2) 기준입력신호
   (3) 동작신호    (4) 조작량
   (5) 제어량      (6) 주피드백신호
③ (1) 동작신호    (2) 오프셋
   (3) 조작량      (4) 목표치
   (5) 제어량      (6) 설정신호
④ (1) 목표치      (2) 설정신호
   (3) 동작신호    (4) 오프셋
   (5) 제어량      (6) 주피드백신호

**해설**

피드백제어계
(1) 목표치
(2) 기준입력신호
(3) 동작신호
(4) 조작량
(5) 제어량
(6) 주피드백신호

정답  50 ④  51 ③  52 ②

## 53 ★

압력 측정을 위해 지름 1 [cm]의 피스톤을 갖는 사하중계(Dead Weight)를 이용할 때, 사하중계의 추, 피스톤 그리고 팬(Pan)의 전체 무게가 6.14 [kgf]이라면 게이지압력은 약 몇 [kPa]인가? (단, 중력가속도는 9.81 [m/s$^2$]이다)

① 76.7
② 86.7
③ 767
④ 867

**해설**

게이지압력

$$P = \frac{W}{A} = \frac{6.14 \times 9.81}{\frac{\pi}{4} \times (0.01)^2} = 766915 \, [Pa]$$

$\fallingdotseq 767 \, [kPa]$

## 54 ★★★

오차와 관련된 설명으로 틀린 것은?

① 흩어짐이 큰 측정을 정밀하다고 한다.
② 오차가 적은 계량기는 정확도가 높다.
③ 계측기가 가지고 있는 고유의 오차를 기차라고 한다.
④ 눈금을 읽을 때 시선의 방향에 따른 오차를 시차라고 한다.

**해설**

오차
흩어짐이 작은 측정을 정밀하다고 한다.

## 55 ★★★

다음 중 면적식 유량계는?

① 오리피스미터
② 로터미터
③ 벤투리미터
④ 플로노즐

**해설**

면적식 유량계
- 로터미터 : 면적식 유량계
- 오리피스, 벤투리미터, 플로노즐 : 차압식 유량계

## 56 ★★

열전대용 보호관으로 사용되는 재료 중 상용 온도가 높은 순으로 나열한 것은?

① 석영관 > 자기관 > 동관
② 석영관 > 동관 > 자기관
③ 자기관 > 석영관 > 동관
④ 동관 > 자기관 > 석영관

**해설**

상용 온도 순서
자기관 > 석영관 > 동관

**정답** 53 ③ 54 ① 55 ② 56 ③

## 57 ★
측온 저항체의 설치방법으로 틀린 것은?

① 내열성, 내식성이 커야 한다.
② 유속이 가장 빠른 곳에 설치하는 것이 좋다.
③ 가능한 한 파이프 중앙부의 온도를 측정할 수 있게 한다.
④ 파이프 길이가 아주 짧을 때에는 유체의 방향으로 굴곡부에 설치한다.

**해설**
측온 저항체 설치방법
유속이 느린 곳에 설치하는 것이 좋다.

## 58 ★★
-200 ~ 500 [℃]의 측정범위를 가지며 측온 저항체 소선으로 주로 사용되는 저항소자는?

① 백금선
② 구리선
③ Ni선
④ 서미스터

**해설**
측온 저항체 소선 – 저항소자
- 백금선 : -200 ~ 500 [℃]
- 구리선 : 0 ~ 120 [℃]
- 니켈선 : -50 ~ 150 [℃]
- 서미스터 : -100 ~ 300 [℃]

## 59 ★★
대기압 750 [mmHg]에서 계기압력이 325 [kPa]이다. 이때 절대압력은 약 몇 [kPa]인가?

① 223
② 327
③ 425
④ 501

**해설**
절대압력
$$P_a = P_o + P_g = \frac{750}{760} \times 101.325 + 325$$
$$\approx 425 \text{ [kPa]}$$

## 60 ★★★
특정파장을 온도계 내에 통과시켜 온도계 내의 전구 필라멘트의 휘도를 육안으로 직접 비교하여 온도를 측정하므로 정밀도는 높지만 측정인력이 필요한 비접촉 온도계는?

① 광고온계
② 방사 온도계
③ 열전대 온도계
④ 저항 온도계

**해설**
광고온계
- 비접촉식 온도측정방법 중 가장 정확한 측정을 할 수 있다.
- 온도계 중 가장 높은 온도를 측정할 수 있다.

정답 57 ② 58 ① 59 ③ 60 ①

| 4과목 | 열설비재료 및 관계법규 |
|---|---|
| 1회독 | 시간 :       점수 : |
| 2회독 | 시간 :       점수 : |
| 3회독 | 시간 :       점수 : |

## 61 ★★★

염기성 내화벽돌이 수증기의 작용을 받아 생성되는 물질이 비중 변화에 의하여 체적 변화를 일으켜 노벽에 균열이 발생하는 현상은?

① 스폴링(Spalling)
② 필링(Peeling)
③ 슬래킹(Slaking)
④ 스웰링(Swelling)

> 해설
> 슬래킹
> 염기성 내화벽돌은 수증기를 흡수하는 성질 때문에 팽창을 일으켜 분해되어 노벽에 가루 모양의 균열이 생기고 떨어지는 현상이다.

## 62 ★★

배관용 강관 기호에 대한 명칭이 틀린 것은?

① SPP : 배관용 탄소 강관
② SPPS : 압력 배관용 탄소 강관
③ SPPH : 고압 배관용 탄소 강관
④ STS : 저온 배관용 탄소 강관

> 해설
> 강관 기호
> • STS : 스테인리스강(SUS라고도 함)
> • SPLT : 저온 배관용 탄소 강관

## 63 ★★

「에너지이용합리화법령」상 특정열사용기자재와 설치·시공 범위 기준이 바르게 연결된 것은?

① 강철제 보일러 : 해당 기기의 설치·배관 및 세관
② 태양열 집열기 : 해당 기기의 설치를 위한 시공
③ 비철금속 용융로 : 해당 기기의 설치·배관 및 세관
④ 축열식 전기보일러 : 해당 기기의 설치를 위한 시공

> 해설
> 특정열사용기자재와 설치 시공 범위 기준
> • 보일러(강철, 주철제, 온수, 구멍탄용 온수보일러, 축열식 전기보일러) : 해당 기기의 설치 배관 및 세관
> • 태양열집열기 : 해당 기기의 설치 배관 및 세관
> • 금속요로(용선로 비철금속용융로) : 해당 기기의 설치를 위한 시공

## 64 ★

「에너지이용합리화법령」상 에너지사용계획의 협의대상사업 범위 기준으로 옳은 것은?

① 택지의 개발사업 중 면적이 10만 [$m^2$] 이상
② 도시개발사업 중 면적이 30만 [$m^2$] 이상
③ 공항개발사업 중 면적이 20만 [$m^2$] 이상
④ 국가산업단지의 개발사업 중 면적이 5만 [$m^2$] 이상

정답  61 ③  62 ④  63 ①  64 ②

> 해설

에너지사용계획의 협의대상사업 범위 기준
- 택지개발사업 중 면적이 30만 [m$^2$] 이상
- 도시개발사업 중 면적이 30만 [m$^2$] 이상
- 공항개발사업 중 면적이 40만 [m$^2$] 이상
- 국가산업단지의 개발사업 중 면적이 15만 [m$^2$] 이상

## 65 ★

「에너지이용합리화법령」에 따라 사용연료를 변경함으로써 검사대상이 아닌 보일러가 검사대상으로 되었을 경우에 해당되는 검사는?

① 구조검사
② 설치검사
③ 개조검사
④ 재사용검사

> 해설

검사의 종류 및 적용대상
- 구조검사 : 강판·관 또는 주물류를 용접·확대·조립·주조 등에 따라 제조하는 경우의 검사
- 설치검사 : 신설한 경우의 검사
- 개조검사 : 다음 각 호의 어느 하나에 해당하는 경우의 검사
1. 증기보일러를 온수보일러로 개조하는 경우
2. 보일러 섹션의 증감에 의하여 용량을 변경하는 경우
3. 동체·돔·노통·연소실·경판·천정판·관판·관모음 또는 스테이의 변경으로서 산업통상자원부장관이 정하여 고시하는 대수리의 경우
4. 연료 또는 연소방법을 변경하는 경우
5. 철금속가열로로서 산업통상자원부장관이 정하여 고시하는 경우의 수리
- 재사용검사 : 사용중지 후 재사용하고자 하는 경우의 검사

## 66 ★

요의 구조 및 형상에 의한 분류가 아닌 것은?

① 터널요
② 셔틀요
③ 횡요
④ 승염식 요

> 해설

요의 구조 및 분류
승염식 요는 불꽃의 진행방향에 의한 분류이다.

## 67 ★★

다음 중 「에너지이용합리화법령」상 2종 압력용기에 해당하는 것은?

① 보유하고 있는 기체의 최고사용압력이 0.1 [MPa]이고 내부 부피가 0.05 [m$^3$]인 압력용기
② 보유하고 있는 기체의 최고사용압력이 0.2 [MPa]이고 내부 부피가 0.02 [m$^3$]인 압력용기
③ 보유하고 있는 기체의 최고사용압력이 0.3 [MPa]이고 동체의 안지름이 350 [mm]이며 그 길이가 1050 [mm]인 증기헤더
④ 보유하고 있는 기체의 최고사용압력이 0.4 [MPa]이고 동체의 안지름이 150 [mm]이며 그 길이가 1500 [mm]인 압력용기

정답 ● 65 ② 66 ④ 67 ③

### 해설

**2종 압력용기**
최고사용압력이 0.2 [MPa]을 초과하는 기체를 그 안에 보유하는 용기로 다음 각 로에 어느 하나에 해당하는 것
- 내용적이 0.04 [m³] 이상인 것
- 동체의 안지름이 200 [mm] 이상(증기헤더의 경우 동체의 안지름이 300 [mm] 초과)이고 그 길이가 1000 [mm] 이상인 것

## 68 ★★★

규산칼슘 보온재에 대한 설명으로 거리가 가장 먼 것은?

① 규산에 석회 및 석면 섬유를 섞어서 성형하고 다시 수증기로 처리하여 만든 것이다.
② 플랜트 설비의 탑조류, 가열로, 배관류 등의 보온공사에 많이 사용된다.
③ 가볍고 단열성과 내열성은 뛰어나지만 내산성이 적고 끓는 물에 쉽게 붕괴된다.
④ 무기질 보온재로 다공질이며 최고 안전 사용온도는 약 650 [℃] 정도이다.

### 해설

**규산칼슘 보온재**
규산칼슘은 무기질 보온재로 가볍고 기계적 강도, 단열성과 내열성, 내식성이 크고 비등수에도 쉽게 붕괴되지 않는다.

## 69 ★★

관의 신축량에 대한 설명으로 옳은 것은?

① 신축량은 관의 열팽창계수, 길이, 온도차에 반비례한다.
② 신축량은 관의 길이, 온도차에는 비례하지만 열팽창계수는 반비례한다.
③ 신축량은 관의 열팽창계수, 길이, 온도차에 비례한다.
④ 신축량은 관의 열팽창계수에 비례하고 온도차와 길이에 반비례한다.

### 해설

**관의 신축량**
- 관의 길이, 관의 선(열)팽창계수, 온도차에 비례한다.
- 신축량 : $\lambda = \alpha L \Delta t$ [$\lambda$ : 신축량[mm], $\alpha$ : 선팽창계수, L : 관의 길이[mm], $\Delta t$ : 온도차]

## 70 ★★

「에너지이용합리화법령」상 검사대상기기검사 중 용접검사 면제 대상 기준이 아닌 것은?

① 압력용기 중 동체의 두께가 8 [mm] 미만인 것으로서 최고사용압력[MPa]과 내부 부피[m³]를 곱한 수치가 0.02 이하인 것
② 강철제 또는 주철제 보일러이며, 온수보일러 중 전열면적이 18 [m²] 이하이고, 최고사용압력이 0.35 [MPa] 이하인 것
③ 강철제 보일러 중 전열면적이 5 [m²] 이하이고, 최고사용압력이 0.35 [MPa] 이하인 것
④ 압력용기 중 전열교환식인 것으로서 최고사용압력이 0.35 [MPa] 이하이고, 동체의 안지름이 600 [mm] 이하인 것

정답 68 ③ 69 ③ 70 ①

### 해설

**용접검사 면제 대상 기준**
용접검사 면제 대상기는 압력용기 중 동체의 두께가 6 [mm] 미만인 것으로 최고사용압력과 내용적을 곱한 수치가 0.02 이하(난방용의 경우는 0.05 이하)인 것

## 71 ★
폴스테라이트에 대한 설명으로 옳은 것은?

① 주성분은 $Mg_2SiO_4$이다.
② 내식성이 나쁘고 기공률은 작다.
③ 돌로마이트에 비해 소화성이 크다.
④ 하중연화점은 크나 내화도는 SK 28로 작다.

### 해설

**폴스테라이트**
폴스테라이트벽돌의 주성분은 $Mg_2SiO_4$이다. 내식성이 좋고, 기공률이 크며 내화도 SK 36 이상이고, 하중연화점이 높다.

## 72 ★★
선철을 강철로 만들기 위하여 고압 공기나 산소를 취입시키고, 산화열에 의해 노 내 온도를 유지하며 용강을 얻는 노(Furnace)는?

① 평로　　② 고로
③ 반사로　④ 전로

### 해설

**전로**
선철을 강철로 만들기 위하여 고압 공기나 산소를 취입시키고, 산화열에 의해 노 내 온도를 유지하며 용강을 얻는 노이다.

## 73 ★★★
「에너지이용합리화법령」상 에너지사용량이 대통령령으로 정하는 기준량 이상인 자는 산업통상자원부령으로 정하는 바에 따라 매년 언제까지 시·도지사에게 신고하여야 하는가?

① 1월 31일까지
② 3월 31일까지
③ 6월 30일까지
④ 12월 31일까지

### 해설

**신고 기간**
에너지사용량이 대통령령으로 정하는 기준량 이상인지는 산업통상부자원부령으로 정하는 바에 따라 매년 1월 31일까지 시·도지사에게 신고해야 한다.

## 74 ★★★
다음 중 「에너지이용합리화법령」상 에너지이용합리화 기본계획에 포함될 사항이 아닌 것은?

① 열사용기자재의 안전관리
② 에너지절약형 경제구조로의 전환
③ 에너지이용합리화를 위한 기술개발
④ 한국에너지공단의 운영계획

### 해설

**에너지이용합리화 기본계획**
- 열사용기자재 안전관리
- 에너지절약형 경제구조로의 전환
- 에너지이용합리화를 위한 기술개발

정답　71 ①　72 ④　73 ①　74 ④

## 75 ★★★

「에너지이용합리화법령」상 효율관리기자재의 제조업자가 효율관리시험기관으로부터 측정결과를 통보받은 날 또는 자체측정을 완료한 날부터 그 측정결과를 며칠 이내에 한국에너지공단에 신고하여야 하는가?

① 15일
② 30일
③ 60일
④ 90일

> 해설

**신고 기간**
에너지관리 기자재의 제조업자가 효율관리 시험관으로부터 측정결과를 통보받은 날 또는 자체측정을 완료한 날부터 그 측정결과는 90일 이내에 한국에너지공단에 신고해야 한다.

## 76 ★★★

제강 평로에서 채용되고 있는 배열회수방법으로서 배기가스의 현열을 흡수하여 공기나 연료가스 예열에 이용될 수 있도록 한 장치는?

① 축열실
② 환열기
③ 폐열보일러
④ 판형 열교환기

> 해설

**축열실**
제강평로에서 채용되고 있는 배열회수방법으로 배기가스의 현열을 흡수하여 공기나 연료가스 예열에 이용될 수 있도록 한 장치이다.

## 77 ★★★

산 등의 화학약품을 차단하는 데 주로 사용하며 내약품성, 내열성의 고무로 만든 것을 밸브시트에 밀어붙여 기밀용으로 사용하는 밸브는?

① 다이어프램밸브
② 슬루스밸브
③ 버터플라이밸브
④ 체크밸브

> 해설

**다이어프램밸브**
산 등의 화학약품을 차단하는 데 주로 사용하며 내약품성 내열성의 고무로 만든 것을 밸브시트에 밀어붙여 기밀용으로 사용하는 밸브다.

## 78 ★★★

용광로에 장입하는 코크스의 역할이 아닌 것은?

① 철광석 중의 황분을 제거
② 가스 상태로 선철 중에 흡수
③ 선철을 제조하는 데 필요한 열원을 공급
④ 연소 시 환원성 가스를 발생시켜 철의 환원을 도모

> 해설

**코크스의 역할**
- 가스 상태로 선철 중에 흡수
- 선철을 제조하는 데 필요한 열원 공급
- 연소 시 환원성 가스를 발생시켜 철의 환원을 도모
※ 용광로(고로)에 장입하는 물질 중 탈황, 탈산을 위해 첨가하는 것은 망간광석이다.

정답  75 ④  76 ①  77 ①  78 ①

## 79 ★
고알루미나질 내화물의 특징에 대한 설명으로 거리가 가장 먼 것은?

① 중성 내화물이다.
② 내식성, 내마모성이 적다.
③ 내화도가 높다.
④ 고온에서 부피 변화가 적다.

**해설**

고알루미나질 내화물
하중연화온도가 높고 고온에서 부피 변화가 적고 내식성, 내마모성이 크다.

## 80 ★★
「에너지이용합리화법령」상 검사에 불합격된 검사대상기기를 사용한 자의 벌칙 기준은?

① 5백만 원 이하의 벌금
② 1년 이하의 징역 또는 1천만 원 이하의 벌금
③ 2년 이하의 징역 또는 2천만 원 이하의 벌금
④ 3천만 원 이하의 벌금

**해설**

벌칙 기준
검사에 불합격된 검사대상기기를 사용한 자의 벌칙은 1년 이하의 징역 또는 1천만 원 이하의 벌금이다.

---

**5과목** 열설비설계

| 1회독 | 시간 : | 점수 : |
| 2회독 | 시간 : | 점수 : |
| 3회독 | 시간 : | 점수 : |

## 81 ★★★
저온가스 부식을 억제하기 위한 방법이 아닌 것은?

① 연료 중의 황성분을 제거한다.
② 첨가제를 사용한다.
③ 공기예열기 전열면 온도를 높인다.
④ 배기가스 중 바나듐의 성분을 제거한다.

**해설**

저온가스 부식 억제방법
배기가스 중 바나듐은 고온 부식을 일으키는 원소이다.

## 82 ★★★
보일러에서 과열기의 역할로 옳은 것은?

① 포화증기의 압력을 높인다.
② 포화증기의 온도를 높인다.
③ 포화증기의 압력과 온도를 높인다.
④ 포화증기의 압력은 낮추고 온도를 높인다.

**해설**

과열기의 역할
건포화증기를 과열증기로 만드는 장치로, 압력이 일정한 상태에서 포화증기의 온도를 높인다.

---

정답 ● 79 ② 80 ② 81 ④ 82 ②

## 83 ★★

맞대기 용접은 용접방법에 따라서 그루브를 만들어야 한다. 판의 두께가 50 [mm] 이상인 경우에 적합한 그루브의 형상은? (단, 자동용접은 제외한다)

① V형
② R형
③ H형
④ A형

**해설**

그루브의 형상
열사용기자재의 검사 및 검사면제에 관한 기준
12.2.4.5 그루브 가공

| 판의 두께 | 그루브의 형상 |
|---|---|
| 6 [mm] 이상 16 [mm] 이하 | V형, R형 또는 J형 |
| 12 [mm] 이상 38 [mm] 이하 | X형, K형, 양면 J형 또는 U형 |
| 19 [mm] 이상 | H형 |

## 84 ★

연료 1 [kg]이 연소하여 발생하는 증기량의 비를 무엇이라고 하는가?

① 열발생률
② 증발배수
③ 전열면 증발률
④ 증기량 발생률

**해설**

증발배수
연료 1 [kg]이 연소하여 발생하는 증기량의 비

• 증발배수 = $\dfrac{상당증발량}{연료소비량}$

## 85 ★

노통연관보일러의 노통의 바깥면과 이것에 가장 가까운 연관의 면 사이에는 몇 [mm] 이상의 틈새를 두어야 하는가?

① 10
② 20
③ 30
④ 50

**해설**

노통연관보일러의 틈새
[열사용기자재의 검사 및 검사면제에 관한 기준]
7.8 노통과 연관의 틈새
노통연관보일러의 노통 바깥면과 이것에 가장 가까운 연관의 면과는 50 [mm] 이상의 틈새를 두어야 한다. 다만 노통에 파형 또는 보강링 등의 돌기를 설비할 때에는 이들 돌기물의 바깥면과 이것에 가장 가까운 연관의 틈새는 30 [mm] 이상으로 하여도 지장이 없다.

## 86 ★

열매체보일러에 대한 설명으로 틀린 것은?

① 저압으로 고온의 증기를 얻을 수 있다.
② 겨울철에도 동결의 우려가 적다.
③ 물이나 스팀보다 전열특성이 좋으며, 열매체 종류와 상관없이 사용온도한계가 일정하다.
④ 다우섬, 모빌섬, 카네크롤보일러 등이 이에 해당한다.

**정답** 83 ③  84 ②  85 ④  86 ③

**해설**

열매체보일러
- 열매체의 종류에 따라 사용온도 한계가 일정하지 않다.
- 열매체의 종류 : 수은, 다우섬, 모빌섬, 카네크롤, 세큐리티

## 87 ★★

파형 노통의 최소 두께가 10 [mm], 노통의 평균지름이 1200 [mm]일 때, 최고사용압력은 약 몇 [MPa]인가? (단, 끝의 평형부 길이가 230 [mm] 미만이며, 정수 C는 985이다)

① 0.56
② 0.63
③ 0.82
④ 0.95

**해설**

최고사용압력
열사용기자재의 검사 및 검사면제에 관한 기준
7.6.2 파형노통의 최소두께

$$t = \frac{10PD}{C} \left\{ t = \frac{PD}{C} \right\}$$

- P : 최고사용압력[MPa]{kgf/cm²}
- D : 노통의 파형부에서의 최대내경과 최소내경의 평균치(모리슨형 노통에서는 최소내경에 50 [mm]를 더한 값)
- C : 상수

$$P = \frac{Ct}{10D} = \frac{985 \times 10}{10 \times 1200} = 0.82 \, [MPa]$$

## 88 ★★★

보일러수에 녹아 있는 기체를 제거하는 탈기기가 제거하는 대표적인 용존가스는?

① $O_2$
② $H_2SO_4$
③ $H_2S$
④ $SO_2$

**해설**

탈기기가 제거하는 용존가스
대표적인 용존가스는 산소이다.

## 89 ★★

보일러의 과열 방지책이 아닌 것은?

① 보일러수를 농축시키지 않을 것
② 보일러수의 순환을 좋게 할 것
③ 보일러의 수위를 낮게 유지할 것
④ 보일러 동내면의 스케일 고착을 방지할 것

**해설**

과열 방지책
보일러의 수위를 낮게 유지하면 과열의 원인이 된다.

## 90 ★★★

프라이밍이나 포밍의 방지대책에 대한 설명으로 틀린 것은?

① 주 증기밸브를 급히 개방한다.
② 보일러수를 농축시키지 않는다.
③ 보일러수 중의 불순물을 제거한다.
④ 과부하가 되지 않도록 한다.

**해설**

프라이밍 포밍 방지대책
주 증기밸브를 서서히 개방해야 한다.

## 91 ★★★

물의 탁도에 대한 설명으로 옳은 것은?

① 카올린 1 [g]의 증류수 1 [L] 속에 들어 있을 때의 색과 같은 색을 가지는 물을 탁도 1도의 물이라 한다.
② 카올린 1 [mg]의 증류수 1 [L] 속에 들어 있을 때의 색과 같은 색을 가지는 물을 탁도 1도의 물이라 한다.
③ 탄산칼슘 1 [g]의 증류수 1 [L] 속에 들어 있을 때의 색과 같은 색을 가지는 물을 탁도 1도의 물이라 한다.
④ 탄산칼슘 1 [mg]의 증류수 1 [L] 속에 들어 있을 때의 색과 같은 색을 가지는 물을 탁도 1도의 물이라 한다.

**해설**

물의 탁도
카올린 1 [mg]의 증류수 1 [L] 속에 들어 있을 때의 색과 같은 색을 가지는 물을 탁도 1도의 물이라 한다.

## 92 ★★

그림과 같이 가로 × 세로 × 높이가 3 [m] × 1.5 [m] × 0.03 [m]인 탄소 강판이 놓여 있다. 강판의 열전도율은 43 [W/m·K]이고, 탄소강판 아래 면에 열유속 700 [W/m²]을 가한 후, 정상 상태가 되었다면 탄소강판의 윗면과 아랫면의 표면온도 차이는 약 몇 [℃]인가? (단, 열유속은 알에서 위 방향으로만 진행한다)

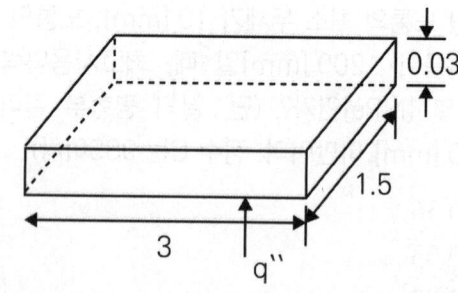

① 0.243
② 0.264
③ 0.488
④ 1.973

**해설**

열전달

열유속 $q = k\dfrac{\Delta t}{L}$

$\Delta t = \dfrac{qL}{k} = \dfrac{700 \times 0.03}{43} = 0.488$

## 93 ★★

연관보일러에서 연관의 최소 피치를 구하는 데 사용하는 식은? (단, p는 연관의 최소 피치 [mm], t는 관판의 두께[mm], d는 관 구멍의 지름[mm]이다)

① $p = \left(1 + \dfrac{t}{4.5}\right)d$

② $p = (1+d)\dfrac{4.5}{t}$

③ $p = \left(1 + \dfrac{4.5}{t}\right)d$

④ $p = \left(1 + \dfrac{d}{4.5}\right)t$

> 해설
>
> 최소 피치
> 열사용기자재의 검사 및 검사면제에 관한 기준
> 6.4 연관보일러의 연관의 최소피치
> $p = \left(1 + \dfrac{4.5}{t}\right)d$

## 94 ★

증기보일러에 수질관리를 위한 급수처리 또는 스케일 부착방지 및 제거를 위한 시설을 해야 하는 용량 기준은 몇 [t/h] 이상인가?

① 0.5    ② 1
③ 3     ④ 5

> 해설
>
> 수질관리를 위해 시설을 해야 하는 용량 기준
> 증기보일러에 수질관리를 위한 급수처리 또는 스케일 부착방지 및 제거를 위한 시설을 해야 하는 용량 기준은 1 [t/h] 이상이다.

## 95 ★★

보일러의 열정산 시 출열항목이 아닌 것은?

① 배기가스에 의한 손실열
② 발생증기 보유열
③ 불완전 연소에 의한 손실열
④ 공기의 현열

> 해설
>
> 열정산 시 출열항목
> • 입열항목 : 연료의 저위발열량, 공기의 현열, 연료현열, 노 내 분압증기의 보유열
> • 출열항목 : 유효출열(발생증기 보유열량)과 손실열(배기가스에 의한 열손실, 불완전 연소에 의한 손실열, 과잉공기에 의한 열손실, 미연분에 의한 열손실, 노벽을 통한 방산열량, 블로우다운의 흡수열)

## 96 ★

보일러에서 사용하는 안전밸브의 방식으로 가장 거리가 먼 것은?

① 중추식
② 탄성식
③ 지렛대식
④ 스프링식

> 해설
>
> 안전밸브의 방식
> 중추식, 지렛대식, 스프링식

정답  93 ③  94 ②  95 ④  96 ②

## 97 ★

내경 200 [mm], 외경 210 [mm]의 강관에 증기가 이송되고 있다. 증기 강관의 내면온도는 240 [℃], 외면온도는 25 [℃]이며, 강관의 길이는 5 [m]일 경우 발열량[kW]은 얼마인가? (단, 강관의 열전도율은 50 [W/m·℃], 강관의 내외면의 온도는 시간 경과에 관계없이 일정하다)

① $6.6 \times 10^3$
② $6.9 \times 10^3$
③ $7.3 \times 10^3$
④ $7.6 \times 10^3$

**해설**

원통에서의 열전도

$$Q = \frac{2\pi LK}{\ln\left(\dfrac{r_2}{r_1}\right)}(t_1 - t_2)$$

$$Q = \frac{2\pi \times 5 \times (50 \times 10^{-3}) \times (240 - 25)}{\ln\dfrac{105}{100}}$$

$= 6.9 \times 10^3 \, [kW]$

## 98 ★

보일러에 대한 용어의 정의 중 잘못된 것은?

① 1종 관류보일러 : 강철제 보일러 중 전열면적이 5 [m²] 이하이고 최고사용압력이 0.35 [MPa] 이하인 것
② 설계압력 : 보일러 및 그 부속품 등의 강도계산에 사용되는 압력으로서 가장 가혹한 조건에서 결정한 압력
③ 최고사용온도 : 설계압력을 정할 때 설계압력에 대응하여 사용조건으로부터 정해지는 온도
④ 전열면적 : 한쪽 면이 연소가스 등에 접촉하고 다른 면이 물에 접촉하는 부분의 면을 연소가스 등의 쪽에서 측정한 면적

**해설**

보일러에 대한 용어의 정의

제1종 관류보일러 : 강철제 보일러 중 헤더의 안지름이 150 [mm] 이하이고 전열면적이 5 [m²] 초과 10 [m²] 이하이며 최고사용압력이 1 [MPa] 이하인 관류보일러(기수분리기를 장치한 경우에는 기수분리기의 안지름이 300 [mm] 이하이고 그 내용적이 0.07 [m²] 이하인 것에 한한다)

정답 ● 97 ② 98 ①

## 99 ★★★
다음 중 보일러수의 pH를 조절하기 위한 약품으로 적당하지 않은 것은?

① NaOH
② $Na_2CO_3$
③ $Na_3PO_4$
④ $Al_2(SO_4)_3$

**해설**

pH를 조절하기 위한 약품
수산화나트륨, 탄산소다, 소석회, 제3인산소다

## 100 ★
육용 강제 보일러에서 길이 스테이 또는 경사 스테이를 핀 이음으로 부착할 경우, 스테이 휠 부분의 단면적은 스테이 소요 단면적의 얼마 이상으로 하여야 하는가?

① 1.0배
② 1.25배
③ 1.5배
④ 1.75배

**해설**

핀 이음에 의한 부착
열사용기자재의 검사 및 검사면제에 관한 기준
33.5 길이 방향 스테이 또는 경사스테이의 핀 이음에 의한 부착
길이 스테이 또는 경사스테이를 핀 이음에 의해서 부착할 경우에는, 핀이 2면에 전단력을 받도록 하고, 또한 핀의 단면적을 스테이의 소요 단면적의 3/4 이상으로 하며, 스테이 휠 부분의 단면적을 스테이 소요 단면적의 1.25배 이상으로 한다.

**정답** 99 ④ 100 ②

## 2020 제1, 2회

**1과목 | 연소공학**

1회독 시간: 점수:
2회독 시간: 점수:
3회독 시간: 점수:

### 01 ★★★

다음과 같은 질량조성을 가진 석탄의 완전 연소에 필요한 이론공기량[kg/kg]은 얼마인가?

- C : 64.0 [%]
- H : 5.3 [%]
- S : 0.1 [%]
- O : 8.8 [%]
- N : 0.8 [%]
- Ash : 12.0 [%]
- Water : 9.0 [%]

① 7.5
② 8.8
③ 9.7
④ 10.4

**해설**

이론공기량

$$A_0 = 11.5C + 34.49\left(H - \frac{O}{8}\right) + 4.31S$$

$$= 11.5 \times 0.64 + 34.49\left(0.053 - \frac{0.08}{8}\right) + 4.31 \times 0.001$$

$$= 8.8 \, [kg/kg]$$

### 02 ★★

링겔만 농도표의 측정 대상은?

① 배출가스 중 매연 농도
② 배출가스 중 CO 농도
③ 배출가스 중 $CO_2$ 농도
④ 화염의 투명도

**해설**

링겔만 농도표

링겔만 농도표는 매연 농도를 규격표(0~5도)와 배기가스를 비교하여 측정하는 방법이다.

### 03 ★★★

다음 중 연소 시 발생하는 질소산화물($NO_x$)의 감소 방안으로 틀린 것은?

① 질소 성분이 적은 연료를 사용한다.
② 화염의 온도를 높게 연소한다.
③ 화실을 크게 한다.
④ 배기가스 순환을 원활하게 한다.

**해설**

질소산화물 감소 방안

화염의 연소온도를 낮추어야 질소산화물을 감소시킬 수 있다.

**정답** 01 ② 02 ① 03 ②

## 04 ★★
연료의 일반적인 연소반응의 종류로 틀린 것은?

① 유동층 연소
② 증발 연소
③ 표면 연소
④ 분해 연소

**해설**

연소반응 종류
연소반응의 종류로는 표면 연소, 증발 연소, 분해 연소, 예혼합 연소, 확산 연소, 분무 연소, 습식 연소가 있다.

## 05 ★★★
공기와 혼합 시 가연범위(폭발범위)가 가장 넓은 것은?

① 메테인
② 프로페인
③ 메틸알코올
④ 아세틸렌

**해설**

가연범위(폭발범위)
가장 넓은 것은 아세틸렌($C_2H_2$)이다.

## 06 ★★★
11 [g]의 프로페인이 완전 연소 시 생성되는 물의 질량(g)은?

① 44          ② 34
③ 28          ④ 18

**해설**

연소계산
$C_3H_8 + 5O_2 \rightarrow 3CO_2 + 4H_2O$
44 [g] : 4 × 18 [g] = 11 [g] : 18 [g]

## 07 ★★
다음 중 역화의 위험성이 가장 큰 연소방식으로서, 설비의 시동 및 정지 시에 폭발 및 화재에 대비한 안전 확보에 각별한 주의를 요하는 방식은?

① 예혼합 연소
② 미분탄 연소
③ 분무식 연소
④ 확산 연소

**해설**

연소방식
역화의 위험성이 가장 큰 연소방식으로서 설비의 시동정지 시에 폭발 및 화재에 대비한 안전확보에 각별한 주의를 요하는 방식은 예혼합 연소방식이다.

## 08 ★
액체연료에 대한 가장 적합한 연소방법은?

① 화격자 연소     ② 스토커 연소
③ 버너 연소       ④ 확산 연소

**해설**

액체연료 연소방법
액체연료에 가장 적합한 연소방법은 버너 연소이다.

**정답**  04 ①  05 ④  06 ④  07 ①  08 ③

## 09 ★
연료의 발열량에 대한 설명으로 틀린 것은?

① 기체연료는 그 성분으로부터 발열량을 계산할 수 있다.
② 발열량의 단위는 고체와 액체연료의 경우 단위중량당(통상 연료 kg당) 발열량으로 표시한다.
③ 고위발열량은 연료의 측정열량에 수증기 증발잠열을 포함한 연소열량이다.
④ 일반적으로 액체연료는 비중이 크면 체적당 발열량은 감소하고, 중량당 발열량은 증가한다.

**해설**

연료의 발열량
일반적으로 액체연료는 비중이 크면 체적당 발열량은 증가하고 중량당 발열량은 감소한다.

## 10 ★★★
고체연료의 연료비(Fuel Ratio)를 옳게 나타낸 것은?

① 고정탄소[%]/휘발분[%]
② 휘발분[%]/고정탄소[%]
③ 고정탄소[%]/수분[%]
④ 수분[%]/고정탄소[%]

**해설**

고체연료의 연료비
고정탄소[%]와 휘발분[%]의 비이다.

## 11 ★★★
고체연료의 연소방식으로 옳은 것은?

① 포트식 연소
② 화격자 연소
③ 심지식 연소
④ 증발식 연소

**해설**

고체연료 연소방식
① 기체연료의 연소방식
② 고체연료의 연소방식
③ 액체연료의 연소방식
④ 기체연료의 연소방식

## 12 ★★
고체연료의 연소가스 관계식으로 옳은 것은?
(단, $G$ : 연소가스량, $G_o$ : 이론 연소가스량, $A$ : 실제공기량, $A_o$ : 이론공기량, $a$ : 연소생성 수증기량)

① $G_o = A_o + 1 - a$
② $G = G_o - A + A_o$
③ $G = G_o + A - A_o$
④ $G_o = A_o - 1 + a$

**해설**

고체연료의 연소가스 관계식
고체연료 연소가스량($G$)
= 이론 연소가스량($G_o$) + 실제공기량($A$)
 − 이론공기량($A_o$)

정답 09 ④ 10 ① 11 ② 12 ③

## 13 ★★
백 필터(Bag-filter)에 대한 설명으로 틀린 것은?

① 여과면의 가스 유속은 미세한 더스트일수록 적게 한다.
② 더스트 부하가 클수록 집진율은 커진다.
③ 여포재에 더스트 일차부착층이 형성되면 집진율은 낮아진다.
④ 백의 밑에서 가스백 내부로 송입하여 집진한다.

**해설**

백 필터(Bag-filter)
여포재에 더스트 일차 부착층이 형성되면 집진율은 높아진다.

## 14 ★★
유압분무식 버너의 특징에 대한 설명으로 틀린 것은?

① 유량조절범위가 좁다.
② 연소의 제어범위가 넓다.
③ 무화매체인 증기나 공기가 필요하지 않다.
④ 보일러 가동 중 버너교환이 가능하다.

**해설**

유압분무식 버너
유압분무식 버너는 유량조절범위 및 연소의 제어범위가 좁다.

## 15 ★
다음 중 배기가스와 접촉되는 보일러 전열면으로 증기나 압축공기를 직접 분사시켜서 보일러에 회분, 그을음 등 열전달을 막는 퇴적물을 청소하고 쌓이지 않도록 유지하는 설비는?

① 수트 블로어
② 압입통풍 시스템
③ 흡입통풍 시스템
④ 평형통풍 시스템

**해설**

수트 블로어(Shoot Blower)
배기가스와 접촉되는 보일러 전열면으로 증기나 압축공기를 직접 분사시켜서 보일러의 회분, 그을음 등 열전달을 막는 퇴적물을 청소하고 쌓이지 않도록 유지하는 설비다.

## 16 ★
관성력 집진장치의 집진율을 높이는 방법이 아닌 것은?

① 방해판이 많을수록 집진효율이 우수하다.
② 충돌 직전 처리가스속도가 느릴수록 좋다.
③ 출구가스속도가 느릴수록 미세한 입자가 제거된다.
④ 기류의 방향 전환각도가 작고, 전환회수가 많을수록 집진효율이 증가한다.

**해설**

관성력 집진장치
집진율을 높이려면 충돌 직전 처리가스속도가 빠를수록 좋다.

정답 13 ③ 14 ② 15 ① 16 ②

## 17 ★★★

보일러 연소장치에 과잉공기 10 [%]가 필요한 연료를 완전 연소할 경우 실제 건연소가스량 [Nm³/kg]은 얼마인가? (단, 연료의 이론공기량 및 이론 건연소가스량은 각각 10.5, 9.9 [Nm³/kg]이다)

① 12.03
② 11.84
③ 10.95
④ 9.98

**해설**

건연소가스량
실제 건연소가스량($G_d$)
= 이론 건연소가스량($G_{od}$) + (m - 1)$A_0$
= 9.9 + (1.1 - 1) × 10.5 = 10.95 [Nm³/kg]

## 18 ★  난이도 상

연소가스량 10 [Nm³/kg], 연소가스의 정압비열 1.34 [kJ/Nm³·℃]인 어떤 연료의 저위발열량이 27200 [kJ/kg]이었다면 이론 연소온도[℃]는? (단, 연소용 공기 및 연료온도는 5 [℃]이다)

① 1000    ② 1500
③ 2000    ④ 2500

**해설**

이론 연소온도

$$t_0 = t_s + \frac{H_\ell}{m C_p} = 5 + \frac{27200}{10 \times 1.34} ≒ 2{,}035\,[℃]$$

## 19 ★★★

표준 상태인 공기 중에서 완전 연소비로 아세틸렌이 함유되어 있을 때 이 혼합기체 1 [L]당 발열량[kJ]은 얼마인가? (단, 아세틸렌의 발열량은 1308 [kJ/mol]이다)

① 4.1
② 4.5
③ 5.1
④ 5.5

**해설**

발열량

$$C_2H_2 + \frac{5}{2}O_2 \rightarrow 2CO_2 + H_2O$$

$O_0 = 2.5\,[mol]$
$A_0 = \frac{2.5}{0.21}\,[mol] ≒ 11.9\,[mol]$

혼합기체 mol 수
= 공기 몰수 + 아세틸렌 몰수 = 11.9 + 1 = 12.9
혼합기체[L] = 12.9 × 22.4 ≒ 289 [L]
혼합기체 1 [L]당 발열량[kJ]
= $\frac{1308\,[kJ]}{289}$ = 4.52 [kJ/L]

**정답** 17 ③  18 ③  19 ②

## 20 ★

연소장치의 연소효율($E_c$)식이 아래와 같을 때 $H_2$는 무엇을 의미하는가? (단, $H_c$ : 연료의 발열량, $H_1$ : 연재 중의 미연탄소의 의한 손실이다)

$$E_c = \frac{H_c - H_1 - H_2}{H_c}$$

① 전열손실
② 현열손실
③ 연료의 저발열량
④ 불완전 연소에 따른 손실

**해설**

연소효율식
연소효율
= (연료의 발열량 - 연재 중의 미연탄소에 의한 손실 - 불완전 연소에 따른 손실)/연료발열량

---

**2과목** 열역학

1회독 시간 :        점수 :
2회독 시간 :        점수 :
3회독 시간 :        점수 :

## 21 ★

이상기체를 가역단열팽창시킨 후의 온도는?

① 처음 상태보다 낮게 된다.
② 처음 상태보다 높게 된다.
③ 변함이 없다.
④ 높을 때도 있고 낮을 때도 있다.

**해설**

가역단열팽창시킨 후
이상기체를 가역단열팽창시킨 후의 온도는 처음 상태보다 낮아진다(압력도 낮아진다).

## 22 ★

공기 100 [kg]을 400 [℃]에서 120 [℃]로 냉각할 때 엔탈피[kJ] 변화는? (단, 일정 정압비열은 1.0 [kJ/kg·K]이다)

① -24000
② -26000
③ -28000
④ -30000

**해설**

엔탈피 변화
$$H_2 - H_1 = mC_P(t_2 - t_1)$$
$$= 100 \times 1.0 \times (120 - 400)$$
$$= -28000 \, [kJ]$$

---

정답  20 ④  21 ①  22 ③

## 23 ★★

성능계수가 2.5인 증기압축 냉동 사이클에서 냉동용량이 4 [kW]일 때 소요일은 몇 [kW]인가?

① 1
② 1.6
③ 4
④ 10

**해설**

냉동용량 - 소요일

$$\epsilon_R = \frac{Q_e}{W_c} \to W_c = \frac{Q_e}{\epsilon_R} = \frac{4}{2.5} = 1.6\,[kW]$$

## 24 ★★★

열역학 제2법칙을 설명한 것이 아닌 것은?

① 사이클로 작동하면서 하나의 열원으로부터 열을 받아서 이 열을 전부 일로 바꾸는 것은 불가능하다.
② 에너지는 한 형태에서 다른 형태로 바뀔 뿐이다.
③ 제2종 영구기관을 만든다는 것은 불가능하다.
④ 주위에 아무런 변화를 남기지 않고 열을 저온의 열원으로부터 고온의 열원으로 전달하는 것은 불가능하다.

**해설**

열역학 제2법칙
에너지는 한 형태에서 다른 형태로 바뀔 뿐이다.
→ 열역학 제1법칙(에너지보존의 법칙)

## 25 ★

다음 중 터빈에서 증기의 일부를 배출하여 급수를 가열하는 증기 사이클은?

① 사바테 사이클
② 재생 사이클
③ 재열 사이클
④ 오토 사이클

**해설**

재생 사이클
터빈에서 팽창 도중의 증가를 일부 배출하여 보일러로 들어가는 물(급수)을 예열하는 증기 사이클이다.

## 26 ★

80 [℃]의 물 50 [kg]과 20 [℃]의 물 100 [kg]을 혼합하면 이 혼합된 물의 온도는 약 몇 [℃]인가? (단, 물의 비열은 4.2 [kJ/kg·K]이다)

① 33
② 40
③ 45
④ 50

**해설**

열역학 제0법칙(열평형)

$$m_1 C_1 (t_1 - t_m) = m_2 C_2 (t_m - t_2)$$

$(C_1 = C_2 : 동일물질)$

$$t_m = \frac{m_1 t_1 + m_2 t_2}{m_1 + m_2} = \frac{50 \times 80 + 100 \times 20}{50 + 100}$$

$= 40\,[℃]$

**정답** 23 ② 24 ② 25 ② 26 ②

## 27 ★★★

랭킨 사이클에서 각 지점의 엔탈피가 다음과 같을 때 사이클의 효율은 약 몇 [%]인가?

- 펌프 입구 : 190 [kJ/kg]
- 보일러 입구 : 200 [kJ/kg]
- 터빈 입구 : 2900 [kJ/kg]
- 응축기 입구 : 2000 [kJ/kg]

① 25
② 30
③ 33
④ 37

**해설**

랭킨 사이클 효율

$$\eta_R = \frac{w_t - w_p}{q_1} = \frac{(h_3 - h_4) - (h_2 - h_1)}{h_3 - h_2} \times 100 \, [\%]$$

$$= \frac{(2900 - 2000) - (200 - 190)}{2900 - 200} \times 100 \, [\%]$$

$$\approx 33 \, [\%]$$

## 28 ★★★

냉동 사이클의 작동 유체인 냉매의 구비조건으로 틀린 것은?

① 화학적으로 안정될 것
② 임계 온도가 상온보다 충분히 높을 것
③ 응축 압력이 가급적 높을 것
④ 증발 잠열이 클 것

**해설**

냉매의 구비조건
응축압력은 가급적 낮을 것

## 29 ★

압력 500 [kPa], 온도 240 [℃]인 과열증기와 압력 500 [kPa]의 포화수가 정상 상태로 흘러 들어와 섞인 후 같은 압력의 포화증기 상태로 흘러나간다. 1 [kg]의 과열증기에 대하여 필요한 포화수의 양은 약 몇 [kg]인가? (단, 과열증기의 엔탈피는 3063 [kJ/kg]이고, 포화수의 엔탈피는 636 [kJ/kg], 증발열은 2109 [kJ/kg]이다)

① 0.15
② 0.45
③ 1.12
④ 1.45

**해설**

필요한 포화수
포화증기($m_3 h''$)
= 과열증기($m_1 h_1$) + 포화수($m_2 h'$)

$m_3 = m_1 + m_2 = 1 + m_2$

$h_1 + m_2 h' = (1 + m_2) h'' = h'' + m_2 h''$

$h_1 - h'' = m_2 (h'' - h')$

$h''$ (포화증기 비엔탈피) $= h' + \gamma$

$$\therefore m_2 = \frac{h_1 - h''}{h'' - h'} = \frac{h_1 - (h' + \gamma)}{(h' + \gamma) - h'} = \frac{h_1 - (h' + \gamma)}{\gamma}$$

$$= \frac{3060 - (636 + 2109)}{2109} = 0.15 \, [kg]$$

정답 27 ③ 28 ③ 29 ①

## 30 ★ 난이도 상

30 [℃]에서 150 [L]의 이상기체를 20 [L]로 가역 단열압축시킬 때 온도가 230 [℃]로 상승하였다. 이 기체의 정적 비열은 약 몇 [kJ/kg·K]인가? (단, 기체상수는 0.287 [kJ/kg·K]이다)

① 0.17
② 0.24
③ 1.14
④ 1.47

**해설**

정적비열

$$\frac{T_2}{T_1} = \left(\frac{V_1}{V_2}\right)^{k-1}$$

$$\ln\frac{T_2}{T_1} = (k-1)\ln\frac{V_1}{V_2}$$

$$k-1 = \frac{\ln T_2 - \ln T_1}{\ln V_1 - \ln V_2} = \frac{\ln 503 - \ln 303}{\ln 150 - \ln 20}$$

$$\fallingdotseq 0.252$$

$$C_v = \frac{R}{k-1} = \frac{0.287}{0.252} \fallingdotseq 1.14$$

## 31 ★★

증기에 대한 설명 중 틀린 것은?

① 포화액 1 [kg]을 정압하에서 가열하여 포화증기로 만드는 데 필요한 열량을 증발잠열이라 한다.
② 포화증기를 일정 체적하에서 압력을 상승시키면 과열증기가 된다.
③ 온도가 높아지면 내부에너지가 커진다.
④ 압력이 높아지면 증발잠열이 커진다.

**해설**

증기
압력이 높아지면 증발잠열은 작아진다.

## 32 ★

최고 온도 500 [℃]와 최저 온도 30 [℃] 사이에서 작동되는 열기관의 이론적 효율[%]은?

① 6
② 39
③ 61
④ 94

**해설**

이론적 효율(카르노효율)

$$\eta_c = 1 - \frac{T_2}{T_1} = 1 - \frac{30 + 273}{500 + 273} \fallingdotseq 0.61$$

## 33 ★

비열이 $\alpha + \beta t + \gamma t^2$로 주어질 때, 온도가 $t_1$으로부터 $t_2$까지 변화할 때의 평균 비열($C_m$)의 식은? (단, $\alpha$, $\beta$, $\gamma$는 상수이다)

① $C_m = \alpha + \frac{1}{2}\beta(t_2 + t_1) + \frac{1}{3}\gamma(t_2^2 + t_2 t_1 + t_1^2)$
② $C_m = \alpha + \frac{1}{2}\beta(t_2 - t_1) + \frac{1}{3}\gamma(t_2^2 + t_2 t_1 + t_1^2)$
③ $C_m = \alpha - \frac{1}{2}\beta(t_2 + t_1) + \frac{1}{3}\gamma(t_2^2 - t_2 t_1 - t_1^2)$
④ $C_m = \alpha - \frac{1}{2}\beta(t_2 + t_1) - \frac{1}{3}\gamma(t_2^2 + t_2 t_1 - t_1^2)$

정답 ● 30 ③ 31 ④ 32 ③ 33 ①

### 해설
평균 비열의 식
$$C_m = \frac{1}{t_2 - t_1} \int_{t_1}^{t_2} C \, dt$$
$$= \alpha + \frac{1}{2}\beta(t_2 + t_1) + \frac{1}{3}\gamma(t_2^2 + t_2 t_1 + t_1^2)$$

## 34 ★★★
다음은 열역학 기본 법칙을 설명한 것이다. 0법칙, 1법칙, 2법칙, 3법칙 순으로 옳게 나열한 것은?

> 가. 에너지보존에 관한 법칙이다.
> 나. 에너지의 전달 방향에 관한 법칙이다.
> 다. 절대온도 0 [K]에서 완전 결정질의 절대 엔트로피는 0이다.
> 라. 시스템 A가 시스템 B와 열적 평형을 이루고 동시에 시스템 C와도 열적 평형을 이룰 때 시스템 B와 C의 온도는 동일하다.

① 가 - 나 - 다 - 라
② 라 - 가 - 나 - 다
③ 다 - 라 - 가 - 나
④ 나 - 가 - 라 - 다

### 해설
**열역학 법칙**
- 열역학 제0법칙 : 열평형의 법칙
- 열역학 제1법칙 : 에너지보존의 법칙
- 열역학 제2법칙 : 비가역 법칙, 엔트로피 증가 법칙
- 열역학 제3법칙 : 엔트로피의 절댓값을 정의한 법칙

## 35 ★★
그림은 물의 압력 - 체적선도(P - V)를 나타낸다. A′ACBB′ 곡선은 상들 사이의 경계를 나타내며, $T_1$, $T_2$, $T_3$는 물의 P - V 관계를 나타내는 등온곡선들이다. 이 그림에서 점 C는 무엇을 의미하는가?

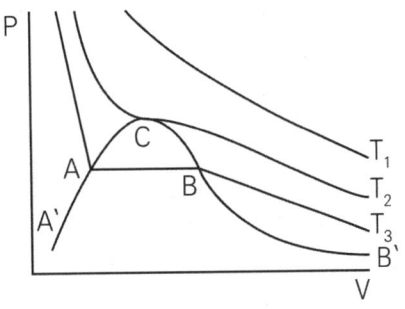

① 변곡점   ② 극대점
③ 삼중점   ④ 임계점

### 해설
**임계점**
C는 증발열이 0인 임계점이다.

## 36 ★
어떤 상태에서 질량이 반으로 줄면 강도성질(Intensive Property) 상태량의 값은?

① 반으로 줄어든다.
② 2배로 증가한다.
③ 4배로 증가한다.
④ 변하지 않는다.

### 해설
**강도성질(Intensive Property)**
강도성질은 물질의 양과는 무관한 상태량이다.

정답 ● 34 ② 35 ④ 36 ④

## 37 ★★★
카르노 냉동 사이클의 설명 중 틀린 것은?

① 성능계수가 가장 좋다.
② 실제적인 냉동 사이클이다.
③ 카르노 열기관 사이클의 역이다.
④ 냉동 사이클의 기준이 된다.

**해설**

카르노 냉동 사이클
카르노 사이클은 열기관의 이상 사이클이고 카르노 냉동 사이클(역카르노 사이클)은 냉동기의 이상 사이클이다.

## 38 ★★
비열비는 1.3이고 정압비열이 0.845 [kJ/kg·K]인 기체의 기체상수[kJ/kg·K]는 얼마인가?

① 0.195
② 0.5
③ 0.845
④ 1.345

**해설**

기체상수
정압비열 $(C_p) = \dfrac{k}{k-1} R [kJ/kg \cdot K]$

$R = \dfrac{C_p(k-1)}{k} = \dfrac{0.845(1.3-1)}{1.3}$
$= 0.195 [kJ/kg \cdot K]$

## 39 ★
오토 사이클에서 열효율이 56.5 [%]가 되려면 압축비는 얼마인가? (단, 비열비는 1.4이다)

① 3
② 4
③ 8
④ 10

**해설**

오토 사이클에서 압축비

$\eta_{tho} = 1 - \left(\dfrac{1}{\epsilon}\right)^{k-1}$

$\epsilon = \left(\dfrac{1}{1-\eta_{tho}}\right)^{\frac{1}{k-1}} = \left(\dfrac{1}{1-0.565}\right)^{\frac{1}{1.4-1}} = 8$

## 40 ★
유체가 담겨 있는 밀폐계가 어떤 과정을 거칠 때 그 에너지식은 △U₁₂ = Q₁₂으로 표현된다. 이 밀폐계와 관련된 일은 팽창일 또는 압축일 뿐이라고 가정할 경우 이 계가 거쳐 간 과정에 해당하는 것은? (단, U는 내부에너지를, Q는 전달된 열량을 나타낸다)

① 등온 과정         ② 정압 과정
③ 단열 과정         ④ 정적 과정

**해설**

계가 거쳐간 과정
$Q = \Delta U + W$
내부에너지 변화가 전달된 열량과 같으므로 절대일은 0이다. 따라서 등적 과정(정적 과정)을 거쳤다.

**정답** 37 ② 38 ① 39 ③ 40 ④

## 3과목  계측방법

## 41 ★★★
피드백제어에 대한 설명으로 틀린 것은?

① 고액의 설비비가 요구된다.
② 운영하는 데 비교적 고도의 기술이 요구된다.
③ 일부 고장이 있어도 전체 생산에 영향을 미치지 않는다.
④ 수리가 비교적 어렵다.

**해설**

피드백제어
구조가 복잡하므로 부분적으로 고장이 있어도 전체 생산(전공정)에 영향을 미친다.

## 42 ★★
가스의 상자성을 이용하여 만든 세라믹식 가스분석계는?

① $O_2$ 가스계
② $CO_2$ 가스계
③ $SO_2$ 가스계
④ 가스크로마토그래피

**해설**

세라믹식 $O_2$ 가스계
가스의 상자성을 이용하여 만든 세라믹식 가스계는 $O_2$ 가스계이다.

## 43 ★
하겐 – 포아젤의 법칙을 이용한 점도계는?

① 세이볼트 점도계
② 낙구식 점도계
③ 스토머 점도계
④ 맥미첼 점도계

**해설**

하겐 – 포아젤의 법칙을 이용한 점도계
하겐 – 포아젤의 법칙을 이용한 점도계는 세이볼트(Saybolt)점도계와 오스왈드 점도계가 있다.
※ 낙구식 점도계 - 스토크스 법칙
  스토머 점도계, 맥미첼 점도계 - 뉴턴의 점성법칙

## 44 ★★★
적분동작(I동작)에 대한 설명으로 옳은 것은?

① 조작량이 동작신호의 값을 경계로 완전 개폐되는 동작
② 출력 변화가 편차의 제곱근에 반비례하는 동작
③ 출력 변화가 편차의 제곱근에 비례하는 동작
④ 출력 변화의 속도가 편차에 비례하는 동작

**해설**

적분(Integral)동작(I)
출력 변화의 속도가 편차에 비례하는 동작이다.

정답  41 ③  42 ①  43 ①  44 ④

## 45 ★

흡습염(염화리튬)을 이용하여 습도 측정을 위해 대기 중의 습도를 흡수하면 흡수체 표면에 포화용액층을 형성하게 되는데, 이 포화용액과 대기와의 증기 평형을 이루는 온도는 측정하는 방법은?

① 흡습법　　② 이슬점법
③ 건구 습도계법　　④ 습구 습도계법

해설

이슬점법(Dew Point Method)
흡습염(염화리튬 : LiCl)을 이용하여 습도측정을 위해 대기 중의 습도를 흡수하면 흡수체 표면에 포화용액 층을 형성하는데 이론화 용액과 대기 중의 증기 평형을 이루는 온도를 측정하는 방법이다.

## 46 ★ 난이도 상

실온 22 [℃], 45 [%], 기압 765 [mmHg]인 공기의 증기분압(Pw)은 약 몇 [mmHg]인가? (단, 공기의 가스상수는 29.27 [kg·m/kg·K], 22 [℃]에서 포화압력(Ps)은 18.66 [mmHg]이다)

① 4.1　　② 8.4
③ 14.3　　④ 20.7

해설

증기분압

$\phi = \dfrac{P_w}{P_s} \times 100\,[\%]$

[$\phi$ : 상대 습도, $P_w$ : 불포화 상태 시 수증기의 분압, $P_s$ : 포화 상태 시 수증기의 분압]

$\therefore P_w = \phi P_s = 0.45 \times 18.66 ≒ 8.4\,[mmHg]$

## 47 ★

다음 계측기 중 열관리용에 사용되지 않는 것은?

① 유량계
② 온도계
③ 다이얼 게이지
④ 부르동관 압력계

해설

다이얼 게이지
다이얼 게이지는 면의 요철이나 축의 진폭 기계 가공에서 움직인 거리 등 미세한 길이를 측정하는 기구로 열관리용이 아니다.

## 48 ★★

압력을 측정하는 계기가 그림과 같을 때 용기 안에 들어 있는 물질로 적절한 것은?

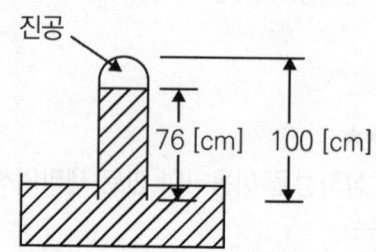

① 알코올
② 물
③ 공기
④ 수은

해설

압력 측정하는 계기가 그림과 같을 때 용기 안에 들어 있는 물질
수은(Hg)이다.

정답　45 ②　46 ②　47 ③　48 ④

## 49 ★★★

다음에서 열전 온도계 종류가 아닌 것은?

① 철과 콘스탄탄을 이용한 것
② 백금과 백금·로듐을 이용한 것
③ 철과 알루미늄을 이용한 것
④ 동과 콘스탄탄을 이용한 것

**해설**

열전 온도계

| 기호 | 사용금속(+, −) | 측정온도 범위[℃] |
|---|---|---|
| B | 백금-30 [%] 로듐, 백금-6 [%] 로듐 | 600 ~ 1700 |
| R | 백금-13 [%] 로듐, 백금 | 0 ~ 1600 |
| S | 백금-10 [%] 로듐, 백금 | 0 ~ 1600 |
| K | 크로멜(Cr), 알루멜(Al) | -200 ~ 1200 |
| E | 크로멜(Cr), 콘스탄탄(Cu-Ni) | -200 ~ 800 |
| J | 철(Fe), 콘스탄탄(Cu-Ni) | -40 ~ 750 |
| T | 구리(Cu), 콘스탄탄(Cu-Ni) | -200 ~ 350 |

## 50 ★★★

다음 중 계통오차(Systematic Error)가 아닌 것은?

① 계측기오차    ② 환경오차
③ 개인오차      ④ 우연오차

**해설**

계통오차
오차의 원인을 규명할 수 있고, 참값을 기준으로 일정한 방향과 크기를 가지고 있는 오차를 말한다. 원인을 인지하지 못한다면 반복측정해도 감소하지 않는다.

## 51 ★★

유량계에 대한 설명으로 틀린 것은?

① 플로트형 면적유량계는 정밀측정이 어렵다.
② 플로트형 면적유량계는 고점도 유체에 사용하기 어렵다.
③ 플로우노즐식 교축유량계는 고압유체에 유량 측정에 적합하다.
④ 플로우노즐식 교축유량계는 노즐의 교축을 완만하게 하여 압력손실을 줄인 것이다.

**해설**

유량계
면적식 유량계는 기체, 유체, 유량 측정이 가능하고, 특히 소유량 고점도유체에 적합하며 오차발생이 적다.

## 52 ★★

다음 중 광고온계의 측정원리는?

① 열에 의한 금속팽창을 이용하여 측정
② 이종금속 접합점의 온도차에 따른 열기전력을 측정
③ 피측정물의 전파장의 복사 에너지를 열전대로 측정
④ 피측정물의 휘도와 전구의 휘도를 비교하여 측정

정답 ● 49 ③  50 ④  51 ②  52 ④

**해설**

광고온계(Optical Pyrometer)
피측정물과 전구를 동시에 비추어 피측정물의 휘도와 내장된 전구 필라멘트의 휘도를 육안으로 비교하여 측정한다.

## 53 ★★

전기 저항 온도계의 특징에 대한 설명으로 틀린 것은?

① 자동기록이 가능하다.
② 원격측정이 용이하다.
③ 1000 [℃] 이상의 고온 측정에서 특히 정확하다.
④ 온도가 상승함에 따라 금속의 전기 저항이 증가하는 현상을 이용한 것이다.

**해설**

전기 저항 온도계
1000 [℃] 이상의 고온에서는 재료의 특성과 측정 정확도가 감소할 수 있다.

## 54 ★

다음 중 자동조작장치로 쓰이지 않는 것은?

① 전자개폐기
② 안전밸브
③ 전동밸브
④ 댐퍼

**해설**

자동조작장치
전자개폐기, 전동밸브, 댐퍼(Damper)

## 55 ★

액주식 압력계에서 액주에 사용되는 액체의 구비조건으로 틀린 것은?

① 모세관현상이 클 것
② 점도나 팽창계수가 작을 것
③ 항상 액면을 수평으로 만들 것
④ 증기에 의한 밀도 변화가 되도록 적을 것

**해설**

액주에 사용되는 액체의 구비조건
• 열팽창계수가 작을 것
• 모세관현상이 작을 것
• 점도가 작을 것
• 휘발성, 흡수성이 적을 것
• 온도 변화에 대한 밀도 변화가 작을 것
• 액면은 항상 수평으로 만들 것

## 56 ★★★

다음 중 물리적 가스분석계와 거리가 먼 것은?

① 가스크로마토그래피법
② 자동오르자트법
③ 세라믹식
④ 적외선흡수식

**해설**

물리적 가스분석계
가스크로마토그래피법, 세라믹식, 적외선흡수식
※ 자동오르자트법은 화학적 가스분석계이다.

정답  53 ③  54 ②  55 ①  56 ②

## 57 ★★
다음 중 탄성 압력계의 탄성체가 아닌 것은?

① 벨로스
② 다이어프램
③ 리퀴드 벌브
④ 부르동관

**해설**

탄성 압력계의 탄성체
벨로스(Bellows), 다이어프램(Diaphragm), 브르동관(Bourdon Tube)

## 58 ★
초음파 유량계의 특징이 아닌 것은?

① 압력손실이 없다.
② 대 유량 측정용으로 적합하다.
③ 비전도성 액체의 유량 측정이 가능하다.
④ 미소기전력을 증폭하는 증폭기가 필요하다.

**해설**

초음파 유량계
미소기전력을 증폭하는 증폭기가 필요 없다. 변환기(검출기)가 필요하다.

## 59 ★★★
차압식 유량계에서 압력차가 처음보다 4배 커지고 관의 지름이 1/2로 되었다면 나중 유량($Q_2$)과 처음 유량($Q_1$)의 관계를 옳게 나타낸 것은?

① $Q_2 = 0.71 \times Q_1$
② $Q_2 = 0.5 \times Q_1$
③ $Q_2 = 0.35 \times Q_1$
④ $Q_2 = 0.25 \times Q_1$

**해설**

차압식 유량계 유량
$$Q = CA\sqrt{2g\frac{\Delta P}{\gamma}}\,[m^3/s]$$
유량은 단면적에 비례, 압력강하 제곱근에 비례

$$\therefore \frac{Q_2}{Q_1} = \sqrt{\frac{\Delta P_2}{\Delta P_1}} \times \left(\frac{d_2}{d_1}\right)^2 = \sqrt{4} \times \left(\frac{1}{2}\right)^2 = \frac{1}{2}$$

## 60 ★ (난이도 상)
방사고온계로 물체의 온도를 측정하니 1000 [℃]였다. 전방사율이 0.7이면 진온도는 약 몇 [℃]인가?

① 1119
② 1196
③ 1284
④ 1392

**해설**

진온도
방사고온계는 물체에서 방출되는 열방사를 이용하여 비접촉으로 온도를 측정하는 온도계다.
$$T = \frac{1{,}000 + 273.15}{0.7^{\frac{1}{4}}} \fallingdotseq 1392\,[K]$$
$$\fallingdotseq 1119\,[℃]$$

**정답** 57 ③ 58 ④ 59 ② 60 ①

**4과목** 열설비재료 및 관계법규

1회독 시간 :        점수 :
2회독 시간 :        점수 :
3회독 시간 :        점수 :

## 61 ★
매끈한 원관 속을 흐르는 유체의 레이놀즈수가 1800일 때의 관마찰계수는?

① 0.013
② 0.015
③ 0.036
④ 0.053

**해설**

관마찰계수
$Re < 2100$ 이므로 층류
$f = \dfrac{64}{Re} = \dfrac{64}{1800} \fallingdotseq 0.036$ 이다.

## 62 ★★
사용압력이 비교적 낮은 증기, 물 등의 유체 수송관에 사용하며, 백관과 흑관으로 구분되는 강관은?

① SPP
② SPPH
③ SPPY
④ SPA

**해설**

SPP(배관용 탄소 강관)
사용압력이 비교적 낮은 증기·물 등의 유체수송관에 사용되며 아연도금을 한 백관과 도금을 하지 않은 흑관으로 구분된다.
※ SPPH : 고압배관용 탄소강 강관
※ SPA : 배관용 합금 강관(주로 고온도의배관에 사용한다)

## 63 ★
축요(築窯) 시 가장 중요한 것은 적합한 지반(地盤)을 고르는 것이다. 다음 중 지반의 적부시험으로 틀린 것은?

① 지내력시험
② 토질시험
③ 팽창시험
④ 지하탐사

**해설**

지반의 적부시험
지내력시험, 토질시험, 지하시험

## 64 ★★★
밸브의 몸통이 둥근 달걀형 밸브로서 유체의 압력 감소가 크므로 압력이 필요로 하지 않을 경우나 유량조절용이나 차단용으로 적합한 밸브는?

① 글로브밸브
② 체크밸브
③ 버터플라이밸브
④ 슬루스밸브

**해설**

글로브밸브
정지밸브라고 하며 유량조절용 밸브로 밸브의 몸통이 둥근 달걀 모양으로 유체의 압력감소가 크므로 압력이 필요하지 않을 경우나 유량조절용이나 차단용으로 적합하나 유체손실이 크다.

정답 ● 61 ③  62 ①  63 ③  64 ①

## 65 ★★

「에너지이용합리화법」에 따라 산업통상자원부장관은 에너지사정 등의 변동으로 에너지수급에 중대한 차질이 발생할 우려가 있다고 인정되면 필요한 범위에서 에너지사용자, 공급자 등에게 조정·명령 그 밖에 필요한 조치를 할 수 있다. 이에 해당되지 않는 항목은?

① 에너지의 개발
② 지역별·주요 수급자별 에너지 할당
③ 에너지의 비축
④ 에너지의 배급

**해설**

조치사항
에너지개발은 에너지사용자, 공급자 등에게 조정·명령, 그 밖의 필요한 조치사항에 해당되지 않는다.

## 66 ★★

「에너지이용합리화법」상 온수 발생 용량이 0.5815 [MW]를 초과하며 10 [t/h] 이하인 보일러에 대한 검사대상기기관리자의 자격으로 모두 고른 것은?

| ㄱ. 에너지관리기능장 |
| ㄴ. 에너지관리기사 |
| ㄷ. 에너지관리산업기사 |
| ㄹ. 에너지관리기능사 |
| ㅁ. 인정검사대상기기관리자의 교육을 이수한 자 |

① ㄱ, ㄴ
② ㄱ, ㄴ, ㄷ
③ ㄱ, ㄴ, ㄷ, ㄹ
④ ㄱ, ㄴ, ㄷ, ㄹ, ㅁ

**해설**

검사대상기기관리자의 자격 및 조종범위

| 관리자의 자격 | 관리범위 |
| --- | --- |
| 에너지관리기능장 또는 에너지관리기사 | 용량이 30 [t/h]를 초과하는 보일러 |
| 에너지관리기능장, 에너지관리기사 또는 에너지관리산업기사 | 용량이 10 [t/h]를 초과하고 30 [t/h] 이하인 보일러 |
| 에너지관리기능장, 에너지관리기사, 에너지관리산업기사 또는 에너지관리기능사 | 용량이 10 [t/h] 이하인 보일러 |
| 에너지관리기능장, 에너지관리기사, 에너지관리산업기사, 에너지관리기능사 또는 인정검사대상기기관리자의 교육을 이수한 자 | 1. 증기보일러로서 최고사용압력이 1 [MPa] 이하이고, 전열면적이 10제곱미터 이하인 것<br>2. 온수 발생 및 열매체를 가열하는 보일러로서 용량이 581.5킬로와트 이하인 것<br>3. 압력용기 |

## 67 ★

다음 중 내화모르타르의 분류에 속하지 않는 것은?

① 열경성
② 화경성
③ 기경성
④ 수경성

**해설**

내화모르타르(Refractory Mortar)의 분류
내화모르타르는 내화벽돌을 쌓을 때의 재료로 경화하는 방식에 따라 열경성, 기경성, 수경성으로 나뉜다.

**정답** 65 ① 66 ③ 67 ②

## 68 ★

염기성 슬래그나 용융금속에 대한 내침식성이 크므로 염기성 제강로의 노재로 주로 사용되는 내화벽돌은?

① 마그네시아질
② 규석질
③ 샤모트질
④ 알루미나질

**해설**

**내화벽돌**
- 염기성(알칼리성) 내화물 : 마그네시아질, 포스테라이트질, 돌로마이트질
- 산성 내화물 : 규석질, 샤모트질, 납석질, 점토질
- 중성 내화물 : 크롬질, 탄소질, 탄화규소질, 고알루미나질

## 69 ★★★

「에너지법」에서 정한 용어의 정의에 대한 설명으로 틀린 것은?

① 에너지란 연료·열 및 전기를 말한다.
② 연료란 석유·가스·석탄, 그 밖에 열을 발생하는 열원을 말한다.
③ 에너지사용자란 에너지를 전환하여 사용하는 자를 말한다.
④ 에너지사용기자재란 열사용기자재나 그 밖에 에너지를 사용하는 기자재를 말한다.

**해설**

「에너지법」에서 정한 용어
에너지사용자라 함은 에너지사용시설의 소유자 또는 관리자를 말한다.

## 70 ★★★

「에너지이용합리화법」에서 정한 열사용기자재의 적용범위로 옳은 것은?

① 전열면적이 20 [m²] 이하인 소형 온수보일러
② 정격소비전력이 50 [kW] 이하인 축열식 전기보일러
③ 1종 압력용기로서 최고사용압력[MPa]과 부피[m³]를 곱한 수치가 0.01을 초과하는 것
④ 2종 압력용기로서 최고사용압력이 0.2 [MPa]를 초과하는 기체를 그 안에 보유하는 용기로서 내부 부피가 0.04 [m³] 이상인 것

**해설**

**열사용기자재**
- 전열면적이 14 [m²] 이하
- 정격소비전력이 30 [kW] 이하
- 곱한 수치가 0.004을 초과하는 것

## 71 ★

「에너지이용합리화법」에서 정한 에너지저장시설의 보유 또는 저장의무의 부과 시 정당한 이유 없이 이를 거부하거나 이행하지 아니한 자에 대한 벌칙 기준은?

① 500만 원 이하의 벌금
② 1천만 원 이하의 벌금
③ 1년 이하의 징역 또는 1천만 원 이하의 벌금
④ 2년 이하의 징역 또는 2천만 원 이하의 벌금

**정답** 68 ① 69 ③ 70 ④ 71 ④

### 해설

**벌칙**

에너지저장시설의 보유 또는 저장의무의 부과 시 정당한 사유 없이 이를 거부하거나 이행하지 아니한 자에 대한 벌칙 기준은 2년 이하의 징역 또는 2천만 원 이하의 벌금이 부과된다.

## 72 ★

「에너지이용합리화법」에 따라 검사대상기기검사 중 개조검사의 적용대상이 아닌 것은?

① 온수보일러를 증기보일러로 개조하는 경우
② 보일러 섹션의 증감에 의하여 용량을 변경하는 경우
③ 동체·경판·관판·관모음 또는 스테이의 변경으로서 산업통상자원부장관이 정하여 고시하는 대수리의 경우
④ 연료 또는 연소방법을 변경하는 경우

### 해설

**개조검사의 적용대상**

증기보일러를 온수보일러로 개조하는 경우

## 73 ★★★

「에너지이용합리화법」상 특정열사용기자재 및 설치·시공범위에 해당하지 않는 품목은?

① 압력용기
② 태양열 집열기
③ 태양광 발전장치
④ 금속요로

### 해설

**특정열사용기자재 및 설치, 시공범위 해당품목**
- 태양광 집열기
- 압력용기
- 금속요로
- 보일러
- 요업요로

## 74 ★★

「에너지이용합리화법」상 검사대상기기설치자가 해당기기의 검사를 받지 않고 사용하였을 경우 벌칙 기준으로 옳은 것은?

① 2년 이하의 징역 또는 2천만 원 이하의 벌금
② 1년 이하의 징역 또는 1천만 원 이하의 벌금
③ 2천만 원 이하의 과태료
④ 1천만 원 이하의 과태료

### 해설

**벌칙 기준**

검사대상기기 설치자가 해당기기검사를 받지 않고 사용하였을 경우 벌칙 기준은 1년 이하의 징역 또는 1천만 원 이하의 벌금이다.

정답 72 ① 73 ③ 74 ②

## 75 ★★★

「에너지이용합리화법」상 공공사업주관자는 에너지사용계획을 수립하여 산업통상자원부장관에게 제출하여야 한다. 공공사업주관자가 설치하려는 시설 기준으로 옳은 것은?

① 연간 2500 [TOE] 이상의 연료 및 열을 사용, 또는 연간 2천만 [kWh] 이상의 전력을 사용
② 연간 2500 [TOE] 이상의 연료 및 열을 사용, 또는 연간 1천만 [kWh] 이상의 전력을 사용
③ 연간 5000 [TOE] 이상의 연료 및 열을 사용, 또는 연간 2천만 [kWh] 이상의 전력을 사용
④ 연간 5000 [TOE] 이상의 연료 및 열을 사용, 또는 연간 1천만 [kWh] 이상의 전력을 사용

**해설**

시설 기준
연간 2500 [TOE] 이상의 연료 및 열을 사용, 또는 연간 1천만 [kWh] 이상의 전력을 사용

## 76 ★★

「에너지법」에서 정한 열사용기자재의 정의에 대한 내용이 아닌 것은?

① 연료를 사용하는 기기
② 열을 사용하는 기기
③ 단열성 자재 및 축열식 전기기기
④ 폐열회수장치 및 전열장치

**해설**

열사용기자재
폐열회수장치 및 전열장치는 열사용기자재의 정의에 부합되지 않는 내용이다.

## 77 ★

공업용로에 있어서 폐열회수장치로 가장 적합한 것은?

① 댐퍼  ② 백필터
③ 바이패스 연도  ④ 레큐퍼레이터

**해설**

폐열회수장치
레큐퍼레이터(Recuperrator)는 가열로 배기가스의 열량을 송풍기에 보내온 공기와 열교환하여 고온 연소공기를 얻는 열손실회수(폐열회수)장치다.

## 78 ★★★

다음 중 산성 내화물에 속하는 벽돌은?

① 고알루미나질
② 크롬 – 마그네시아질
③ 마그네시아질
④ 샤모티질

**해설**

산성 내화물
① 고알루미나질 : 중성질
② 크롬 – 마그네시아질 : 염기성
③ 마그네시아질 : 염기성
④ 샤모티질 : 산성

정답 75 ② 76 ④ 77 ④ 78 ④

## 79 ★★★

보온재의 열전도율에 대한 설명으로 옳은 것은?

① 배관 내 유체의 온도가 높을수록 열전도율은 감소한다.
② 재질 내 수분이 많을 경우 열전도율은 감소한다.
③ 비중이 클수록 열전도율은 감소한다.
④ 밀도가 작을수록 열전도율은 감소한다.

**해설**

보온재의 열전도율
보온재의 밀도가 작을수록 열전도율은 감소한다.

## 80 ★★★

다음 중 불연속식 요에 해당하지 않는 것은?

① 횡염식 요
② 승염식 요
③ 터널요
④ 도염식 요

**해설**

불연속식 요
터널 요는 도자기, 내화물 따위를 굽는 터널 모양의 가마로 연속식 요(가마)이다. 불연속식 요로는 횡염식, 승염식, 도염식 요가 있다.

---

**5과목** 열설비설계

1회독 시간 :     점수 :
2회독 시간 :     점수 :
3회독 시간 :     점수 :

## 81 ★

입형 횡관보일러의 안전저수위로 가장 적당한 것은?

① 하부에서 75 [mm] 지점
② 횡관 전길이의 1/3 높이
③ 화격자 하부에서 100 [mm] 지점
④ 화실 천장판에서 상부 75 [mm] 지점

**해설**

안전저수위
17.3 수면계의 부착
원형 보일러에서는 특별한 경우를 제외하고, 상용수위가 중심선에 오도록 부착하여 최저수위가 다음 〈표 17.1〉의 위치에 있도록 한다.

〈표 17.1〉 수면계의 부착위치

| 보일러의 종별 | 부착위치 |
|---|---|
| 직립형 보일러 | 연소실 천정판 최고부(플랜지부 제외) 위 75 [mm] |
| 직립형 연관보일러 | 연소실 천정판 최고부 위 연관길이의 1/3 |
| 수평연관 보일러 | 연관의 최고부 위 75 [mm] |
| 노통연관 보일러 | 연관의 최고부 위 75 [mm]. 다만 연관 최고부분보다 노통 윗면이 높은 것으로서는 노통 최고부(플랜지부를 제외) 위 100 [mm] |
| 노통보일러 | 노통 최고부(플랜지부를 제외) 위 100 [mm] |

## 82 ★★
보일러 급수 중에 함유되어 있는 칼슘(Ca) 및 마그네슘(Mg)의 농도를 나타내는 척도는?

① 탁도　　　　② 경도
③ BOD　　　　④ pH

**해설**

칼슘 및 마그네슘 농도를 나타내는 척도
보일러 급수 중에 함유되어 있는 칼슘 및 마그네슘의 농도를 나타내는 척도는 물의 경도로 단위는 ppm으로 표시한다.

## 83 ★★★
보일러 운전 중 경판의 적절한 탄성을 유지하기 위한 완충폭을 무엇이라고 하는가?

① 아담슨 조인트　　② 브레이징 스페이스
③ 용접 간격　　　　④ 그루빙

**해설**

브레이징 스페이스
- 노통의 상부와 가셋트 스테이 사이의 공간
- 보일러 운전 중 경판의 적절한 탄성을 유지하기 위한 완충폭을 브레이징 스페이스라고 한다.

## 84 ★★
보일러장치에 대한 설명으로 틀린 것은?

① 절탄기는 연료공급을 적당히 분배하여 완전 연소를 위한 장치이다.
② 공기예열기는 연소가스의 예열로 공급공기를 가열시키는 장치이다.
③ 과열기는 포화증기를 가열시키는 장치이다.
④ 재열기는 원동기에서 팽창한 포화증기를 재가열시키는 장치이다.

**해설**

보일러장치
절탄기는 폐열회수장치로, 보일러의 연돌로 배출되는 배기가스의 폐열량을 이용하여 보일러 급수를 예열하는 장치이다.

## 85 ★
보일러수의 처리방법 중 탈기장치가 아닌 것은?

① 가압 탈기장치
② 가열 탈기장치
③ 진공 탈기장치
④ 막식 탈기장치

**해설**

탈기장치
- 보일러에 공급되는 물에 섞인 산소, 이산화탄소 따위를 제거하는 장치(진공 또는 감압해야 한다)
- 가열 탈기장치, 진공 탈기장치, 막식 탈기장치

## 86 ★★
보일러의 과열 방지대책으로 가장 거리가 먼 것은?

① 보일러수위를 낮게 유지할 것
② 고열부분에 스케일 슬러지 부착을 방지할 것
③ 보일러수를 농축하지 말 것
④ 보일러수의 순환을 좋게 할 것

**정답** 82 ② 83 ② 84 ① 85 ① 86 ①

**해설**

과열 방지대책
- 보일러수위를 높게 유지할 것
- 보일러의 순환을 촉진시킬 것
- 보일러수를 농축하지 말 것
- 고열부분에 스케일, 슬러지 부착을 방지할 것

※ 보일러의 수위를 낮게 하는 것은 과열의 원인이 된다.

## 87 ★
최고사용압력이 3.0 [MPa] 초과 5.0 [MPa] 이하인 수관보일러의 급수 수질 기준에 해당하는 것은? (단, 25 [℃]를 기준으로 한다)

① pH : 7 ~ 9, 경도 : 0 [mg CaCO$_3$/L]
② pH : 7 ~ 9, 경도 : 1 [mg CaCO$_3$/L] 이하
③ pH : 8 ~ 9.5, 경도 : 0 [mg CaCO$_3$/L]
④ pH : 8 ~ 9.5, 경도 : 1 [mg CaCO$_3$/L] 이하

**해설**

급수 수질 기준
pH : 8 ~ 9.5, 경도 : 0 [mg CaCO$_3$/L]

## 88 ★★
다음 중 보일러 본체의 구조가 아닌 것은?

① 노통   ② 노벽
③ 수관   ④ 절탄기

**해설**

보일러 본체의 구조
노통, 노벽, 수관
※ 절탄기(급수예열기)는 보일러의 부속장치로 폐열회수장치다.

## 89 ★★
보일러수압시험에서 시험수압은 규정된 압력의 몇 [%] 이상 초과하지 않도록 하여야 하는가?

① 3 [%]
② 6 [%]
③ 9 [%]
④ 12 [%]

**해설**

수압시험
보일러수압시험에서 시험수압은 규정된 압력의 6 [%]를 초과하지 않도록 해야 한다.

## 90 ★
평형 노통과 비교한 파형 노통의 장점이 아닌 것은?

① 청소 및 검사가 용이하다.
② 고열에 의한 신축과 팽창이 용이하다.
③ 전열면적이 크다.
④ 외압에 대한 강도가 크다.

**해설**

파형 노통의 장점과 단점
(1) 장점
  ① 열에 의한 신축성이 좋다.
  ② 외압에 대한 강도가 크다.
  ③ 전열면적이 크다.
(2) 단점
  ① 청소 및 검사가 어렵다.
  ② 제작이 어렵고 비싸다.
  ③ 연소가스의 마찰 저항이 크다(평형 노통에 비해 통풍 저항이 크다).

**정답** ● 87 ③  88 ④  89 ②  90 ①

## 91 ★★★

내부로부터 155 [mm], 97 [mm], 224 [mm]의 두께를 가지는 3층의 노벽이 있다. 이들의 열전도율(W/m·℃)은 각각 0.121, 0.069, 1.21이다. 내부의 온도 710 [℃], 외벽의 온도 23 [℃]일 때 1 [m²]당 열손실량[W/m²]은?

① 58　　　② 120
③ 239　　　④ 564

**해설**

열손실량

$$K = \frac{1}{R} = \frac{1}{\frac{l_1}{\lambda_1} + \frac{l_2}{\lambda_2} + \frac{l_3}{\lambda_3}}$$

$$= \frac{1}{\frac{0.155}{0.121} + \frac{0.097}{0.069} + \frac{0.224}{1.21}}$$

$$= 0.348 \, [W/m^2 \cdot K]$$

$$q = \frac{Q}{A} = K\Delta t = 0.348(710 - 23)$$

$$≒ 239.08 \, [W/m^2]$$

## 92 ★★

다음 중 수관식 보일러의 장점이 아닌 것은?

① 드럼이 작아 구조상 고온 고압의 대용량에 적합하다.
② 연소실 설계가 자유롭고 연료의 선택범위가 넓다.
③ 보일러수의 순환이 좋고 전열면 증발율이 크다.
④ 보유수량이 많아 부하변동에 대하여 압력변동이 적다.

**해설**

수관식 보일러
수관식 보일러는 보유수량이 적어 부하변동에 대응하기가 어렵다.

## 93 ★★★

다음 중 보일러의 탈산소제로 사용되지 않는 것은?

① 탄닌
② 하이드라진
③ 수산화나트륨
④ 아황산나트륨

**해설**

탈산소제
탄닌, 하이드라진, 아황산나트륨

## 94 ★

외경과 내경이 각각 6 [cm], 4 [cm]이고 길이가 2 [m]인 강관이 두께 2 [cm]인 단열재로 둘러싸여 있다. 이때 관으로부터 주위공기로의 열손실이 400 [W]라 하면 관 내벽과 단열재 외면의 온도차는? (단, 주어진 강관과 단열재의 열전도율은 각각 15 [W/m·℃], 0.2 [W/m·℃]이다)

① 53.5 [℃]
② 82.2 [℃]
③ 120.6 [℃]
④ 155.6 [℃]

#### 해설

온도차

$q = kA\Delta t$

$q = \dfrac{2\pi L k \Delta t}{\ln\left(\dfrac{r_2}{r_1}\right)}$

$400 \div 2 \times \left(\dfrac{\ln\dfrac{6}{4}}{2\pi \times 15} + \dfrac{\ln\dfrac{10}{6}}{2\pi \times 0.2}\right) \fallingdotseq 82.2$

#### 해설

성능시험방법 및 기준
증기건도의 기준은 강철제 또는 주철제로 나누어 정해져 있다.
② 측정은 매 10분마다 실시한다.
③ 수위는 최초 측정치에 비해서 최종 측정치가 커야 한다.
④ 측정기록 및 계산양식은 검사기관에서 정해진 것을 사용한다.

## 95 ★★★

보일러의 과열에 의한 압궤의 발생부분이 아닌 것은?

① 노통 상부
② 화실 천장
③ 연관
④ 가셋트 스테이

#### 해설

압궤의 발생부분
노통 상부, 연관, 화실 천장

## 96 ★★

보일러의 성능시험방법 및 기준에 대한 설명으로 옳은 것은?

① 증기건도의 기준은 강철제 또는 주철제로 나누어 정해져 있다.
② 측정은 매 1시간마다 실시한다.
③ 수위는 최초 측정치에 비해서 최종 측정치가 적어야 한다.
④ 측정기록 및 계산양식은 제조사에서 정해진 것을 사용한다.

## 97 ★★

보일러 설치·시공 기준상 보일러를 옥내에 설치하는 경우에 대한 설명으로 틀린 것은?

① 불연성 물질의 격벽으로 구분된 장소에 설치한다.
② 보일러 동체 최상부로부터 천장, 배관 등 보일러 상부에 있는 구조물까지의 거리는 0.3[m] 이상으로 한다.
③ 연도의 외측으로부터 0.3[m] 이내에 있는 가연성 물체에 대하여는 금속 이외의 불연성 재료로 피복한다.
④ 연료를 저장할 때에는 소형 보일러의 경우 보일러 외측으로부터 1[m] 이상 거리를 두거나 반격벽으로 할 수 있다.

#### 해설

보일러를 옥내에 설치하는 경우에 대한 설명
보일러 설치 시공 기준상 보일러를 옥내에 설치하는 경우 보일러 동체 상부로부터 천장, 배관 등 보일러 상부에 있는 구조물까지 거리는 1[m] 이상으로 한다.

정답 ● 95 ④ 96 ① 97 ②

## 98 ★

보일러에 설치된 기수분리기에 대한 설명으로 틀린 것은?

① 발생된 증기 중에서 수분을 제거하고 건포화증기에 가까운 증기를 사용하기 위한 장치이다.
② 증기부의 체적이나 높이가 작고 수면의 면적이 증발량에 비해 작은 때는 기수공발이 일어날 수 있다.
③ 압력이 비교적 낮은 보일러의 경우는 압력이 높은 보일러보다 증기와 물이 비중량 차이가 극히 작아 기수분리가 어렵다.
④ 사용원리는 원심력을 이용한 것, 스크러버를 지나게 하는 것, 스크린을 사용하는 것 또는 이들의 조합을 이루는 것 등이 있다.

**해설**

보일러에 설치된 기수분리기
보일러에 설치된 기수분리기는 수증기 속에 포함되어 있는 물방울(수분)을 제거하는 장치이다.

## 99 ★★★

안지름이 300 [mm], 두께가 2.5 [mm]인 절탄기용 주철관의 최소 분출압력[MPa]은? (단, 재료의 허용인장응력은 80 [MPa]이고, 핀붙이를 하였다)

① 0.92
② 1.14
③ 1.31
④ 2.66

**해설**

최소 분출압력

얇은 원통의 최대 원주응력 공식 : $\sigma = \dfrac{PD}{2t}$

핀붙이 고려 : 최대 원주응력 2배 감소

$\sigma = \dfrac{PD}{4t}$

$P = \dfrac{\sigma \times 4t}{D} = \dfrac{80 \times 4 \times 2.5}{300}$

$\fallingdotseq 2.66$

## 100 ★  난이도 상

외경 30 [mm]의 철관에 두께 15 [mm]의 보온재를 감은 증기관이 있다. 관 표면의 온도가 100 [℃], 보온재의 표면온도가 20 [℃]인 경우 관의 길이 15 [m]인 관의 표면으로부터의 열손실[W]은? (단, 보온재의 열전도율은 0.06 [W/m·℃]이다)

① 312
② 464
③ 542
④ 653

**해설**

열손실

$q = \dfrac{2\pi L k \Delta t}{\ln\left(\dfrac{r_2}{r_1}\right)} = \dfrac{2\pi \times 15 \times 0.06 \times (100-20)}{\ln 2}$

$\fallingdotseq 653 \,[W]$

**정답** 98 ③  99 ④  100 ④

# 2020 제3회

**1과목** 연소공학

## 01 ★★
링겔만 농도표는 어떤 목적으로 사용되는가?

① 연돌에서 배출되는 매연 농도 측정
② 보일러수의 pH 측정
③ 연소가스 중의 탄산가스 농도 측정
④ 연소가스 중의 $SO_x$ 농도 측정

**해설**

링겔만 농도표
링겔만 농도표는 매연 농도를 규격표(0 ~ 5도)와 배기가스를 비교하여 측정하는 방법이다.

## 02 ★★★
연소가스를 분석한 결과 $CO_2$ : 12.5 [%], $O_2$ : 3.0 [%]일 때, $(CO_{2max})$ [%]는? (단, 해당 연소가스에 CO는 없는 것으로 가정한다)

① 12.62
② 13.45
③ 14.58
④ 15.03

**해설**

최대탄산가스율

$$(CO_2)_{max} = \frac{21\,CO_2}{21 - O_2} = \frac{21 \times 12.5}{21 - 3} = 14.58$$

## 03 ★★
화염온도를 높이려고 할 때 조작방법으로 틀린 것은?

① 공기를 예열한다.
② 과잉공기를 사용한다.
③ 연료를 완전 연소시킨다.
④ 노벽 등의 열손실을 막는다.

**해설**

화염온도를 높이는 방법
• 공기를 예열한다.
• 연료를 완전 연소시킨다.
• 노벽 등의 열손실을 막는다.

## 04 ★★
일반적인 정상 연소의 연소속도를 결정하는 요인으로 가장 거리가 먼 것은?

① 산소 농도
② 이론공기량
③ 반응온도
④ 촉매

**해설**

연소속도 결정 요인
정상 연소의 연소속도를 결정하는 요인으로는 산소 농도, 반응온도, 촉매(화학반응에서 활성화 에너지를 낮춰 주는 역할을 하는 화학물질)가 있다.

**정답** 01 ① 02 ③ 03 ② 04 ②

## 05 ★★★

다음과 같은 조성의 석탄가스를 연소시켰을 때의 이론 습연소가스량($Nm^3/Nm^3$)은?

| 성분 | CO | $CO_2$ | $H_2$ | $CH_4$ | $N_2$ |
|---|---|---|---|---|---|
| 부피[%] | 8 | 1 | 50 | 37 | 4 |

① 2.94  ② 3.94
③ 4.61  ④ 5.61

**해설**

이론 습연소가스량

$CO + \frac{1}{2}O_2 \rightarrow CO_2$

$H_2 + \frac{1}{2}O_2 \rightarrow H_2O$

$CH_4 + 2O_2 \rightarrow CO_2 + 2H_2O$

$O_0 = \frac{1}{2}H_2 + \frac{1}{2}CO + 2CH_4$

$= \frac{1}{2} \times 0.5 + \frac{1}{2} \times 0.08 + 2 \times 0.37 = 1.03$

$A_0 = \frac{O_0}{0.21} = \frac{1.03}{0.21} = 4.904$

$G_{0w} = G_{0d} + H_2O$

$= CO_2 + N_2 + (1-0.21)A_0 + (생성된\ CO_2, H_2O)$

$= 0.01 + 0.04 + (1-0.21)A_0$

$\quad + (1 \times CO + 1 \times CH_4 + 1 \times H_2 + 2 \times CH_4)$

$= 0.05 + 0.79 \times 4.904$

$\quad + (0.08 + 0.37 + 0.5 + 2 \times 0.37)$

$= 5.61$

## 06 ★★★

다음 연소가스의 성분 중, 대기오염 물질이 아닌 것은?

① 입자상물질
② 이산화탄소
③ 황산화물
④ 질소산화물

**해설**

연소가스 성분 중 대기오염 물질
- 입자상물질 : 대기나 배출가스 속에 있는 먼지, 연기 등 입자
- 황산화물
- 질소산화물

## 07 ★

옥테인($C_8H_{18}$)이 과잉공기율 2로 연소 시 연소가스 중의 산소 부피비[%]는?

① 6.4  ② 10.1
③ 12.9  ④ 20.2

**해설**

과잉공기율에 따른 산소 부피비

$C_8H_{18} + 12.5O_2 \rightarrow 9CO_2 + 9H_2O$

※ 연소가스량(G)

$= (m - 0.21)A_0 + 생성된\ CO_2 + 생성된\ H_2O$

$= (2 - 0.21) \times \frac{12.5}{0.21} + 8 + 9$

$= 123.55\ [Nm^3/Nm^3]$

※ 연소가스 중 $O_2$의 체적(부피)비율

$= \frac{O_2}{G} = \frac{12.5}{123.55} = 0.1011\ (10.11\ [\%])$

**정답** 05 ④  06 ②  07 ②

## 08 ★★★

$C_2H_6$ 1 [$Nm^3$]을 연소했을 때의 건연소가스량 ($Nm^3$)은? (단, 공기 중 산소의 부피비는 21 [%]이다)

① 4.5
② 15.2
③ 18.1
④ 22.4

**해설**

건연소가스량

$C_2H_6 + 3.5O_2 \rightarrow 2CO_2 + 3H_2O$

$A_0 = \dfrac{O_0}{0.21} = \dfrac{3.5}{0.21} = 16.67\ [Nm^3/Nm^3]$

$G_d = (1-0.21)A_0 + CO_2 = 0.79 \times 16.67 + 2$
$\fallingdotseq 15.2\ [Nm^3/Nm^3]$

## 09 ★

연소장치의 연돌통풍에 대한 설명으로 틀린 것은?

① 연돌의 단면적은 연도의 경우와 마찬가지로 연소량과 가스의 유속에 관계한다.
② 연돌의 통풍력은 외기온도가 높아짐에 따라 통풍력이 감소하므로 주의가 필요하다.
③ 연돌의 통풍력은 공기의 습도 및 기압에 관계없이 외기온도에 따라 달라진다.
④ 연돌의 설계에서 연돌 상부 단면적을 하부 단면적보다 작게 한다.

**해설**

연돌통풍

연돌통풍력(Z)은 굴뚝(연돌)의 높이(H)에 비례함

$Z = 273H\left(\dfrac{\gamma_a}{T_a} - \dfrac{\gamma_g}{T_g}\right)[m]$

$\gamma_a$ : 공기비중량, $\gamma_g$ : 기체비중량
$T_a$ : 공기절대온도, $T_g$ : 기체절대온도

## 10 ★

고체연료 연소장치 중 쓰레기 소각에 적합한 스토커는?

① 계단식 스토커   ② 고정식 스토커
③ 산포식 스토커   ④ 하입식 스토커

**해설**

스토커

쓰레기 소각에 적합한 스토커는 계단식(화격자) 스토커이다.

## 11 ★★★

헵테인($C_7H_{16}$) 1 [kg]을 완전 연소하는 데 필요한 이론공기량[kg]은? (단, 공기 중 산소 질량비는 23 [%]이다)

① 11.64    ② 13.21
③ 15.30    ④ 17.17

**해설**

이론공기량

$C_7H_{16} + 11O_2 \rightarrow 7CO_2 + 8H_2O$

$O_0 = \dfrac{11 \times (2 \times 16)}{1 \times (7 \times 12 + 16 \times 1)} = 3.52\ [kg]$

$A_0 = \dfrac{O_0}{0.23} = \dfrac{3.52}{0.23} = 15.3\ [kg]$

정답  08 ②  09 ③  10 ①  11 ③

## 12 ★★
액체연료 중 고온 건류하여 얻은, 타르계 중유의 특징에 대한 설명으로 틀린 것은?

① 화염의 방사율이 크다.
② 황의 영향이 적다.
③ 슬러지를 발생시킨다.
④ 석유계 액체연료이다.

**해설**

타르계 중유
중유원료에 따라서 석유계 중유와 타르계 중유로 분류한다.

## 13 ★★★
고체연료의 연료비를 식으로 바르게 나타낸 것은?

① 고정탄소[%]/휘발분[%]
② 회분[%]/휘발분[%]
③ 고정탄소[%]/회분[%]
④ 가연성 성분중탄소[%]/유리수소[%]

**해설**

고체연료의 연료비
고정탄소[%]/휘발분[%]

## 14 ★
어떤 탄화수소 $C_aH_b$의 연소가스를 분석한 결과, 용적[%]에서 $CO_2$ : 8.0 [%], CO : 0.9 [%], $O_2$ : 8.8 [%], $N_2$ : 82.3 [%]이다. 이 경우의 공기와 연료의 질량비(공연비)는? (단, 공기의 분자량은 28.96이다)

① 6
② 24
③ 36
④ 162

**해설**

공기와 연료의 질량비

$$C_aH_b + x\left(O_2 + \frac{79}{21}N_2\right)$$
$$\rightarrow 8CO_2 + 0.9CO + 8.8O_2 + yH_2O + 82.3N_2$$

반응 전과 후의 원자수 비교를 통하여
a = 8.9, b = 18.56, x = 21.89, y = 9.28

$$\frac{\text{이론공기량(질량)}}{\text{연료량(질량)}} = \frac{\left(\frac{21.89}{0.21}\right) \times 28.96}{1 \times 125.36} \fallingdotseq 24$$

## 15 ★★★
LPG 용기의 안전관리 유의사항으로 틀린 것은?

① 밸브는 천천히 열고 닫는다.
② 통풍이 잘되는 곳에 저장한다.
③ 용기의 저장 및 운반 중에는 항상 40 [℃] 이상을 유지한다.
④ 용기의 전락 또는 충격을 피하고 가까운 곳에 인화성 물질을 피한다.

정답  12 ④  13 ①  14 ②  15 ③

**해설**

LPG 용기의 안전관리 유의사항
용기의 저장 및 운반 중에는 항상 40 [℃] 이하를 유지한다.

## 16 ★★
연료비가 크면 나타나는 일반적인 현상이 아닌 것은?

① 고정 탄소량이 증가한다.
② 불꽃은 단염이 된다.
③ 매연의 발생이 적다.
④ 착화온도가 낮아진다.

**해설**

연료비가 클 때의 현상
연료비가 크면 착화온도는 높아진다.

## 17 ★★
연소가스 부피조성이 $CO_2$ : 13 [%], $O_2$ : 8 [%], $N_2$ : 79 [%]일 때 공기 과잉계수(공기비)는?

① 1.2
② 1.4
③ 1.6
④ 1.8

**해설**

공기비

$$m = \frac{21}{21-O_2} = \frac{21}{21-8} ≒ 1.62$$

$$m = \frac{N_2}{N_2-3.76 O_2} = \frac{79}{79-3.76 \times 8} ≒ 1.62$$

## 18 ★
1 [$Nm^3$]의 질량이 2.59 [kg]인 기체는 무엇인가?

① 메테인($CH_4$)
② 에테인($C_2H_6$)
③ 프로페인($C_3H_8$)
④ 뷰테인($C_4H_{10}$)

**해설**

분자량계산
1 [kmol] = 22.4 [$Nm^3$]
2.59 × 22.4 ≒ 58 [kg]
① 12 + 4 = 16
② 24 + 6 = 30
③ 36 + 8 = 44
④ 48 + 10 = 58

정답  16 ④  17 ③  18 ④

## 19 ★★

액체연료의 미립화 시 평균 분무입경에 직접적인 영향을 미치는 것이 아닌 것은?

① 액체연료의 표면장력
② 액체연료의 점성계수
③ 액체연료의 탁도
④ 액체연료의 밀도

**해설**

분무입경
액체연료의 탁도는 액체연료 미립화 시 평균분무입경에 직접적인 영향을 미치지는 않는다.

## 20 ★★★

품질이 좋은 고체연료의 조건으로 옳은 것은?

① 고정탄소가 많을 것
② 회분이 많을 것
③ 황분이 많을 것
④ 수분이 많을 것

**해설**

고체연료
품질이 좋은 고체연료는 고정탄소가 많은 연료이다.

---

**2과목 열역학**

| 1회독 | 시간 : | 점수 : |
| 2회독 | 시간 : | 점수 : |
| 3회독 | 시간 : | 점수 : |

## 21 ★★★

디젤 사이클에서 압축비가 20, 단절비(Cut-off Ratio)가 1.7일 때 열효율[%]은? (단, 비열비는 1.4이다)

① 43    ② 66
③ 72    ④ 84

**해설**

열효율

$$\eta_{thd} = 1 - \left(\frac{1}{\epsilon}\right)^{k-1} \frac{\sigma^k - 1}{k(\sigma - 1)}$$
$$= (1 - \left(\frac{1}{20}\right)^{1.4-1} \times \frac{1.7^{1.4} - 1}{1.4(1.7 - 1)}) \times 100$$
$$\fallingdotseq 66 \, [\%]$$

## 22 ★★★

열역학적 사이클에서 열효율이 고열원과 저열원의 온도만으로 결정되는 것은?

① 카르노 사이클    ② 랭킨 사이클
③ 재열 사이클      ④ 재생 사이클

**해설**

카르노 사이클(Carnot Cycle)
카르노 사이클은 양열원(고열원과 저열원)의 절대온도만의 함수로 열효율을 구할 수 있는 열기관 사이클이다.

$$\eta_c = 1 - \frac{T_2}{T_1} = f(T_1, T_2)$$

정답 ● 19 ③  20 ①  21 ②  22 ①

## 23 ★★

비엔탈피가 326 [kJ/kg]인 어떤 기체가 노즐을 통하여 단열적으로 팽창되어 비엔탈피가 322 [kJ/kg]으로 되어 나간다. 유입속도를 무시할 때 유출속도(m/s)는? (단, 노즐 속의 유동은 정상류이며 손실은 무시한다)

① 4.4　　② 22.6
③ 64.7　　④ 89.4

**해설**

단열팽창 시 노즐출구유속

$\Delta q = \frac{1}{2}m(V_2^2 - V_1^2) + m\Delta h = 0$

$V_2 = \sqrt{2(h_1 - h_2)}$

$= \sqrt{2(326-322) \times 1000} = 89.44 \, [m/s]$

※ $1 \, [kJ/kg] = 1000 \, [J/kg]$
※ $1 \, [J] = 1 \, [kg \cdot m^2/s^2]$

## 24 ★★

다음 T – S선도에서 냉동 사이클의 성능계수를 옳게 나타낸 것은? (단, u는 내부에너지, h는 엔탈피를 나타낸다)

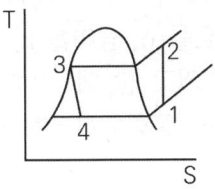

① $\dfrac{h_1 - h_4}{h_2 - h_1}$　　② $\dfrac{h_2 - h_1}{h_1 - h_4}$

③ $\dfrac{u_1 - u_4}{u_2 - u_1}$　　④ $\dfrac{u_2 - u_1}{u_1 - u_4}$

**해설**

냉동 사이클의 성능계수

$\epsilon_R = \dfrac{q_e}{W_c} = \dfrac{h_1 - h_4}{h_2 - h_1}$

## 25 ★★★

열역학 제2법칙에 대한 설명이 아닌 것은?

① 제2종 영구기관의 제작은 불가능하다.
② 고립계의 엔트로피는 감소하지 않는다.
③ 열은 자체적으로 저온에서 고온으로 이동이 곤란하다.
④ 열과 일은 변환이 가능하며 에너지보존 법칙이 성립한다.

**해설**

열역학 제2법칙

'열과 일은 변환이 가능하며 에너지보존 법칙이 성립한다'는 열역학 제1법칙인 에너지보존의 법칙에 대한 설명이다.

## 26 ★★★

좋은 냉매의 특성으로 틀린 것은?

① 낮은 응고점
② 낮은 증기의 비열비
③ 낮은 열전달계수
④ 단위질량당 높은 증발열

정답　23 ④　24 ①　25 ④　26 ③

**해설**

냉매의 조건
- 증발잠열이 커야 한다.
- 화학적으로 안정되어야 한다.
- 임계온도가 높아야 한다.
- 증발온도에서의 압력이 대기압보다 높아야 한다.
- 비체적은 작아야 한다.

## 27 ★

다음 중에서 가장 높은 압력을 나타내는 것은?

① 1 [atm]
② 10 [kgf/cm$^2$]
③ 105 [Pa]
④ 14.7 [psi]

**해설**

압력
1 [atm](표준대기압)
= 1.0332 [kgf/cm$^2$]
= 101325 [Pa](N/m$^2$)
= 14.7 [psi](Lb/in$^2$)

## 28 ★★★

랭킨 사이클에서 복수기 압력을 낮추면 어떤 현상이 나타나는가?

① 복수기의 포화온도는 상승한다.
② 열효율이 낮아진다.
③ 터빈 출구부에 부식문제가 생긴다.
④ 터빈 출구부의 증기 건도가 높아진다.

**해설**

랭킨 사이클에서 복수기 압력을 낮출 경우 현상
열효율은 증가되나 습도로 인한 터빈출구에서의 부식문제가 발생할 수 있다.

## 29 ★★★

다음 관계식 중에 틀린 것은? (단, m은 질량, U는 내부에너지, H는 엔탈피, W는 일, $C_p$와 $C_v$는 각각 정압비열과 정적비열이다)

① $dU = mC_v dT$
② $C_p = \dfrac{1}{m}\left(\dfrac{\delta H}{\delta T}\right)_p$
③ $\delta W = mC_p dT$
④ $C_v = \dfrac{1}{m}\left(\dfrac{\delta U}{\delta T}\right)_v$

**해설**

관계식
$\delta H = mC_p dT$

## 30 ★

유동하는 기체의 압력을 P, 속력을 V, 밀도를 $\rho$, 중력 가속도를 g, 높이를 z, 절대온도는 T, 정적비열을 $C_v$라고 할 때, 기체의 단위질량당 역학적 에너지에 포함되지 않는 것은?

① $\dfrac{P}{\rho}$
② $\dfrac{V^2}{2}$
③ $gz$
④ $C_v T$

정답 27 ② 28 ③ 29 ③ 30 ④

**해설**

역학적 에너지

기체의 단위질량당 역학적 에너지는 $\frac{P}{\rho}$, $\frac{V^2}{2}$, $gz$ 이다.

## 31 ★★★

1 [kg]의 이상기체($C_p$ = 1.0 [kJ/kg·K], $C_v$ = 0.71 [kJ/kg·K])가 가역단열 과정으로 $P_1$ = 1 [MPa], $V_1$ = 0.6 [m³]에서 $P_2$ = 100 [kPa]으로 변한다. 가역단열 과정 후 이 기체의 부피 $V_2$와 온도 $T_2$는 각각 얼마인가?

① $V_2$ = 2.24 [m³], $T_2$ = 1000 [K]
② $V_2$ = 3.08 [m³], $T_2$ = 1000 [K]
③ $V_2$ = 2.24 [m³], $T_2$ = 1060 [K]
④ $V_2$ = 3.08 [m³], $T_2$ = 1060 [K]

**해설**

가역단열 과정 후

$k = \dfrac{C_p}{C_v} = \dfrac{1}{0.71} ≒ 1.41$

$R = C_p - C_v = 1 - 0.71 = 0.29\,[kJ/kg \cdot K]$

$\dfrac{T_2}{T_1} = \left(\dfrac{V_1}{V_2}\right)^{k-1} = \left(\dfrac{P_2}{P_1}\right)^{\frac{k-1}{k}}$

$V_2 = V_1\left(\dfrac{P_1}{P_2}\right)^{\frac{1}{k}} = 0.6\left(\dfrac{1,000}{100}\right)^{\frac{1}{1.41}} = 3.08\,[m^3]$

$P_2 V_2 = mRT_2$

$T_2 = \dfrac{P_2 V_2}{mR} = \dfrac{100 \times 3.08}{1 \times 0.29} = 1062\,[K]$

## 32 ★★

그림은 랭킨 사이클의 온도, 엔트로피(T – S) 선도이다. 상태 1~4의 비엔탈피값이 $h_1$ = 192 [kJ/kg], $h_2$ = 194 [kJ/kg], $h_3$ = 2802 [kJ/kg], $h_4$ = 2010 [kJ/kg]이라면 열효율 [%]은?

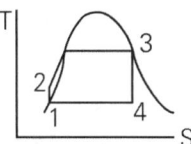

① 25.3
② 30.3
③ 43.6
④ 49.7

**해설**

랭킨 사이클의 열효율

$\eta = \dfrac{W}{Q_1} = \dfrac{Q_1 - Q_2}{Q_1} = 1 - \dfrac{Q_2}{Q_1} = 1 - \dfrac{h_4 - h_1}{h_3 - h_2}$

$= 1 - \dfrac{2010 - 192}{2802 - 194} = 0.303$

$≒ 30.3\,[\%]$

정답 31 ④  32 ②

## 33 ★★

그림에서 압력 $P_1$, 온도 $t_s$의 과열증기의 비엔트로피는 6.16 [kJ/kg·K]이다. 상태 1로부터 2까지의 가역단열팽창 후, 압력 $P_2$에서 습증기로 되었으면 상태 2인 습증기의 건도 X는 얼마인가? (단, 압력 $P_2$에서 포화수, 건포화증기의 비엔트로피는 각각 1.30 [kJ/kg·K], 7.36 [kJ/kg·K]이다)

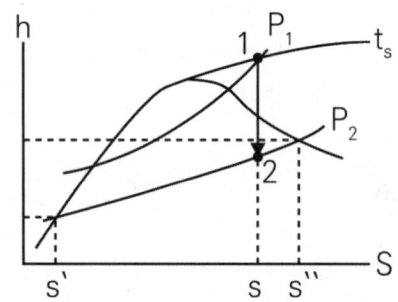

① 0.69
② 0.75
③ 0.79
④ 0.80

**해설**

습증기의 건도
$s = s' + x(s'' - s')[kJ/kg·K]$
상태 1과 상태 2는 등엔트로피 과정(S 같음)이므로
$x = \dfrac{s - s'}{s'' - s'} = \dfrac{6.16 - 1.30}{7.36 - 1.30} = 0.80$

## 34 ★★★

압력 500 [kPa], 온도 423 [K]의 공기 1 [kg]이 압력이 일정한 상태로 변하고 있다. 공기의 일이 122 [kJ]이라면 공기에 전달된 열량[kJ]은 얼마인가? (단, 공기의 정적비열은 0.7165 [kJ/kg·K], 기체상수는 0.287 [kJ/kg·K]이다)

① 426
② 526
③ 626
④ 726

**해설**

열량
등압 변화인 경우 공급열량은 엔탈피 변화량과 같다.
$Q = H_2 - H_1 = mC_P(T_2 - T_1)$
$= mC_P\left(\dfrac{W}{mR}\right) = C_P\dfrac{W}{R}$
$= 1.0035 \times \dfrac{122}{0.287} ≒ 426 [kJ]$

## 35 ★

압력이 1300 [kPa]인 탱크에 저장된 건포화증기가 노즐로부터 100 [kPa]로 분출되고 있다. 임계압력 $P_c$는 몇 [kPa]인가? (단, 비열비는 1.135이다)

① 751
② 643
③ 582
④ 525

**정답** 33 ④  34 ①  35 ①

**해설**

임계압력

$$P_c = P_1\left(\frac{2}{k+1}\right)^{\frac{k}{k-1}}$$

$$= 1,300\left(\frac{2}{1.135+1}\right)^{\frac{1.135}{1.135-1}}$$

$$\fallingdotseq 751 \text{ [kPa]}$$

## 36 ★★

압력이 일정한 용기 내에 이상기체를 외부에서 가열하였다. 온도가 $T_1$에서 $T_2$로 변화하였고, 기체의 부피가 $V_1$에서 $V_2$로 변화하였다. 공기의 정압비열 $C_p$에 대한 식으로 옳은 것은? (단, 이 이상기체의 압력은 p, 전달된 단위질량당 열량은 q이다)

① $C_p = \dfrac{q}{p}$

② $C_p = \dfrac{q}{T_2 - T_1}$

③ $C_p = \dfrac{q}{V_2 - V_1}$

④ $C_p = p \times \dfrac{V_2 - V_1}{T_2 - T_1}$

**해설**

이상기체의 정압비열

정압 변화인 경우 단위질량당 가열량(q)는

$q = \dfrac{Q}{m} = C_p(T_2 - T_1)$ [kJ/kg]이므로

$C_p = \dfrac{q}{T_2 - T_1}$ [kJ/kg]이다.

## 37 ★★

최저온도, 압축비 및 공급 열량이 같을 경우 사이클의 효율이 큰 것부터 작은 순서대로 옳게 나타낸 것은?

① 오토 사이클 > 디젤 사이클 > 사바테 사이클

② 사바테 사이클 > 오토 사이클 > 디젤 사이클

③ 디젤 사이클 > 오토 사이클 > 사바테 사이클

④ 오토 사이클 > 사바테 사이클 > 디젤 사이클

**해설**

사이클의 효율

오토 사이클($\eta_{tho}$) > 사바테 사이클($\eta_{ths}$) > 디젤 사이클($\eta_{thd}$)

## 38 ★

다음 중 상온에서 비열비값이 가장 큰 기체는?

① He

② $O_2$

③ $CO_2$

④ $CH_4$

**해설**

비열비

상온에서 비열비값이 가장 큰 기체는 불활성기체인 헬륨이다.

정답 36 ② 37 ④ 38 ①

## 39 ★

−35 [℃], 22 [MPa]의 질소를 가역단열 과정으로 500 [kPa]까지 팽창했을 때의 온도[℃]는? (단, 비열비는 1.41이고 질소를 이상기체로 가정한다)

① −180
② −194
③ −200
④ −206

**해설**

이상기체의 가역단열팽창시킨 후 온도

$$\frac{T_2}{T_1} = \left(\frac{P_2}{P_1}\right)^{\frac{k-1}{k}}$$

$$\rightarrow T_2 = T_1 \left(\frac{P_2}{P_1}\right)^{\frac{k-1}{k}} = 238.15 \times \left(\frac{500}{22000}\right)^{\frac{1.41-1}{1.41}}$$

$$= 79.19 \, [K]$$
$$\fallingdotseq -194 \, [℃]$$

## 40 ★★

역카르노 사이클로 작동하는 냉장고가 있다. 냉장고 내부의 온도가 0 [℃]이고 이곳에서 흡수한 열량이 10 [kW]이고, 30 [℃]의 외기로 열이 방출된다고 할 때 냉장고를 작동하는 데 필요한 동력[kW]은?

① 1.1
② 10.1
③ 11.1
④ 21.1

**해설**

소요동력

$$W_c = \frac{Q_c}{\epsilon_R} = \frac{10}{9.1} \fallingdotseq 1.1 \, [kW]$$

---

**3과목** 계측방법

## 41 ★★

국소대기압이 740 [mmHg]인 곳에서 게이지 압력이 0.4 [bar]일 때 절대압력(kPa)은?

① 100
② 121
③ 139
④ 156

**해설**

절대압력

$0.4 \, [bar] = 0.4 \times 100 \, [kPa] = 40 \, [kPa]$

$P_a = P_o + P_g = \frac{740}{760} \times 101.325 + 40 \fallingdotseq 139 \, [kPa]$

※ 1 [bar] = 100 [kPa]

## 42 ★

0 [℃]에서 저항이 80 [Ω]이고 저항온도계수가 0.002인 저항 온도계를 노안에 삽입했더니 저항이 160 [Ω]이 되었을 때 노안의 온도는 약 몇 [℃]인가?

① 160 [℃]
② 320 [℃]
③ 400 [℃]
④ 500 [℃]

---

**정답** 39 ② 40 ① 41 ③ 42 ④

해설

노안의 온도
$R = R_o(1+\alpha t)[\Omega]$
$1+\alpha t = \dfrac{R}{R_o} = \dfrac{160}{80} = 2$
$\therefore t = \dfrac{2-1}{\alpha} = \dfrac{1}{0.002} = 500\,[℃]$

※ $R_o$ : 0 [℃]에서의 저항값($\Omega$)
   $\alpha$ : 저항온도계수, t : 섭씨온도[℃]

## 43 ★★★

차압식 유량계에 대한 설명으로 옳은 것은?

① 유량은 교축기구 전후의 차압에 비례한다.
② 유량은 교축기구 전후의 차압의 제곱근에 비례한다.
③ 유량은 교축기구 전후의 차압의 근삿값이다.
④ 유량은 교축기구 전후의 차압에 반비례한다.

해설

차압식 유량계
$Q = CA\sqrt{\dfrac{2g}{\gamma}\Delta P} = CA\sqrt{\dfrac{2\Delta P}{\rho}}\,(m^3/s)$
유량은 차압의 제곱근에 비례한다.

## 44 ★

금속의 전기 저항값이 변화되는 것을 이용하여 압력을 측정하는 전기 저항 압력계의 특성으로 맞는 것은?

① 응답속도가 빠르고 초고압에서 미압까지 측정한다.
② 구조가 간단하여 압력검출용으로 사용한다.
③ 먼지의 영향이 적고 변동에 대한 적응성이 적다.
④ 가스폭발 등 급속한 압력 변화를 측정하는 데 사용한다.

해설

전기 저항 압력계
응답속도가 빠르고 초고압에서 미압(작은 압력)까지 측정한다.
② 회로 설계와 보정이 필요한 복잡한 구조이다.
③ 변동에 대한 적응성이 있다.
④ 가스폭발 등 급속한 압력 변화를 측정하는 데 적절하지 않다.

## 45 ★★

다음 각 습도계의 특징에 대한 설명으로 틀린 것은?

① 노점 습도계는 저습도를 측정할 수 있다.
② 모발 습도계는 2년마다 모발을 바꾸어주어야 한다.
③ 통풍 건습구 습도계는 2.5 ~ 5 [m/s]의 통풍이 필요하다.
④ 저항식 습도계는 직류전압을 사용하여 측정한다.

정답 ● 43 ② 44 ① 45 ④

**해설**
습도계
전기 저항식 습도계는 교류전압을 사용하여 측정한다.

## 46 ★
기준압력과 주 피드백신호와의 차에 의해서 일정한 신호를 조작요소에 보내는 제어장치는?

① 조절기
② 전송기
③ 조작기
④ 계측기

**해설**
제어장치
기준압력과 주 피드백신호와의 차에 의해서 일정한 신호를 조작요소에 보내는 제어장치는 조절기이다.

## 47 ★★★
다음 온도계 중 비접촉식 온도계로 옳은 것은?

① 유리제 온도계
② 압력식 온도계
③ 전기 저항식 온도계
④ 광고온계

**해설**
비접촉식 온도계
방사 온도계, 광고온계, 색 온도계, 광전광식 온도계

## 48 ★★
전자유량계의 특징에 대한 설명 중 틀린 것은?

① 압력손실이 거의 없다.
② 내식성 유지가 곤란하다.
③ 전도성 액체에 한하여 사용할 수 있다.
④ 미소한 측정전압에 대하여 고성능의 증폭기가 필요하다.

**해설**
전자유량계
파이프 내에 흐르는 도전성의 유체에 직각 방향으로 자기장을 형성시켜 주면 페러데이 전자유도법칙에 따라 발생되는 유도기전력으로 유량을 측정한다(도전성 액체의 유량 측정에만 사용된다). 유도에 장애물이 없으므로 압력손실이 거의 없고 이물질의 침식 및 부착이 없으므로 내식성이 크다(내식성을 유지할 수 있다). 또한 검출시간 지연이 없어 응답이 매우 빠르다.

## 49 ★★★
가스크로마토그래피는 기체의 어떤 특성을 이용하여 분석하는 장치인가?

① 분자량 차이
② 부피 차이
③ 분압 차이
④ 확산속도 차이

**해설**
가스크로마토그래피
기체의 확산속도 차이를 이용한 분석장치이다.

정답 46 ① 47 ④ 48 ② 49 ④

## 50 ★

피토관에 의한 유속 측정식은 다음과 같다.

$$V = \sqrt{\frac{2g(P_1 - P_2)}{\gamma}}$$

이때 $P_1$, $P_2$의 각각의 의미는? (단, v는 유속 g는 중력가속도이고, $\gamma$는 비중량이다)

① 동압과 전압을 뜻한다.
② 전압과 정압을 뜻한다.
③ 정압과 동압을 뜻한다.
④ 동압과 유체압을 뜻한다.

> 해설

유속 측정식
($P_1 - P_2$)는 전압과 정압차를 의미한다.

## 51 ★★

다음 각 압력계에 대한 설명으로 틀린 것은?

① 벨로즈 압력계는 탄성식 압력계이다.
② 다이어프램 압력계의 박판재료로 인청동, 고무를 사용할 수 있다.
③ 침종식 압력계는 압력이 낮은 기체의 압력 측정에 적당하다.
④ 탄성식 압력계의 일반교정용 시험기로는 전기식 표준 압력계가 주로 사용된다.

> 해설

압력계
탄성식 압력계의 일반교정용 시험기는 분동식 표준 압력계가 주로 사용된다.

## 52 ★★

서로 다른 2개의 금속판을 접합시켜서 만든 바이메탈 온도계의 기본 작동원리는?

① 두 금속판의 비열의 차
② 두 금속판의 열전도도의 차
③ 두 금속판의 열팽창계수의 차
④ 두 금속판의 기계적 강도의 차

> 해설

바이메탈 온도계
두 금속판의 열팽창계수의 차를 이용한 온도계다.

## 53 ★

자동 연소제어장치에서 보일러 증기압력의 자동제어에 필요한 조작량은?

① 연소량과 증기압력
② 연소량과 보일러수위
③ 연료량과 공기량
④ 증기압력과 보일러수위

> 해설

보일러 증기압력의 자동제어
보일러 증기 압력의 자동제어에 필요한 조작량은 연료량과 공기량이다.

정답  50 ②  51 ④  52 ③  53 ③

## 54 ★

제백(Seebeck)효과에 대하여 가장 바르게 설명한 것은?

① 어떤 결정체를 압축하면 기전력이 일어난다.
② 성질이 다른 두 금속의 접점에 온도차를 두면 열기전력이 일어난다.
③ 고온체로부터 모든 파장의 전방사에너지는 절대온도의 4승에 비례하여 커진다.
④ 고체가 고온이 되면 단파장 성분이 많아진다.

**해설**

제백효과(Seebeck Effect)
두 개의 서로 다른 금속접합부에 온도차에 의해 기전력이 발생하는 현상

## 55 ★★★

유량 측정에 사용되는 오리피스가 아닌 것은?

① 베나 탭
② 게이지 탭
③ 코너 탭
④ 플랜지 탭

**해설**

유량 측정에 사용되는 오리피스의 종류
베나 탭, 코너 탭, 플랜지 탭

## 56 ★

유량계의 교정방법 중 기체 유량계의 교정에 가장 적합한 방법은?

① 밸런스를 사용하여 교정한다.
② 기준 탱크를 사용하여 교정한다.
③ 기준 유량계를 사용하여 교정한다.
④ 기준 체적관을 사용하여 교정한다.

**해설**

유량계의 교정방법 - 기체
기체유량계의 측정은 기준 체적관을 사용하여 교정한다.

## 57 ★★

저항 온도계에 활용되는 측온 저항체 종류에 해당되는 것은?

① 서미스터(Thermistor) 저항 온도계
② 철 - 콘스탄탄(IC) 저항 온도계
③ 크로멜(Chromel) 저항 온도계
④ 알루멜(Alumel) 저항 온도계

**해설**

측온 저항체 종류
• 저항 온도계 : 금속의 전기 저항이 온도에 따라 변하는 성질을 이용해 온도를 측정
  → 백금(Pt), 니켈(Ni), 구리(Cu), 서미스터 등 사용
※ 크로멜, 알루멜, 철, 콘스탄탄 등은 열전대 온도계에 사용된다.

**정답** 54 ② 55 ② 56 ④ 57 ①

## 58 ★

공기 중에 있는 수증기 양과 그때의 온도에서 공기 중에 최대로 포함할 수 있는 수증기의 양을 백분율로 나타낸 것은?

① 절대 습도
② 상대 습도
③ 포화 증기압
④ 혼합비

**해설**

상대 습도

$\phi = \dfrac{P_w}{P_s} \times 100\,[\%]$

## 59 ★★★

다음 가스분석계 중 화학적 가스분석계가 아닌 것은?

① 밀도식 $CO_2$계
② 오르자트식
③ 헴펠식
④ 자동화학식 $CO_2$계

**해설**

가스분석계
밀도식 $CO_2$계는 물리적 가스분석계이다.

## 60 ★★★

가스크로마토그래피의 구성요소가 아닌 것은?

① 유량계
② 칼럼검출기
③ 직류증폭장치
④ 캐리어가스통

**해설**

가스크로마토그래피(Gas Chromatography) 구성요소
- 유량계
- 칼럼(Column) 검출기
- 캐리어가스통
- 시료주입부
- 자료기록장치

정답  58 ②  59 ①  60 ③

## 4과목 열설비재료 및 관계법규

### 61 ★★

「에너지이용합리화법령」에 따라 산업통상자원부장관은 에너지수급안정을 위하여 에너지사용자에 필요한 조치를 할 수 있는데 이 조치의 해당사항이 아닌 것은?

① 지역별·주요 수급자별 에너지 할당
② 에너지공급설비의 정지명령
③ 에너지의 비축과 저장
④ 에너지사용기자재 사용 제한 또는 금지

**해설**

산업통상자원부장관이 에너지수급안정을 위하여 할 수 있는 조치
• 지역별 주요 수급자별 에너지 할당
• 에너지 비축과 저장
• 에너지사용기자재의 사용제한 및 금지

### 62 ★

「에너지이용합리화법령」에 따라 검사대상기기관리자는 선임된 날부터 얼마 이내에 교육을 받아야 하는가?

① 1개월
② 3개월
③ 6개월
④ 1년

**해설**

교육 기간
검사대상기기관리자는 선임된 날로부터 6개월 이내에 교육을 받아야 한다.

### 63 ★★

내화물 사용 중 온도의 급격한 변화 혹은 불균일한 가열 등으로 균열이 생기거나 표면이 박리되는 현상을 무엇이라 하는가?

① 스폴링
② 버스팅
③ 연화
④ 수화

**해설**

스폴링(Spalling)현상
내화물의 사용 시 온도의 급격한 변화 혹은 불균일한 가열 등으로 균열이 생기거나 표면이 박리되는 것을 말한다.

### 64 ★

무기질 보온재에 대한 설명으로 틀린 것은?

① 일반적으로 안전사용온도범위가 넓다.
② 재질자체가 독립기포로 안정되어 있다.
③ 비교적 강도가 높고 변형이 적다.
④ 최고온도사용온도가 높아 고온에 적합하다.

**해설**

무기질 보온재
일반적으로 안전사용온도범위가 넓고, 비교적 강도가 높고 변형이 적다. 최고온도사용온도가 높아 고온에 적합하다.

**정답** 61 ② 62 ③ 63 ① 64 ②

## 65 ★★★
다음 밸브 중 유체가 역류하지 않고 한쪽 방향으로만 흐르게 하는 밸브는?

① 감압밸브
② 체크밸브
③ 팽창밸브
④ 릴리프밸브

**해설**

체크밸브
방향제어밸브로 유체를 한쪽 방향으로만 흐르게 하고 반대쪽으로는 차단시켜 흐르지 못하게 하는 역류방지용 밸브이다.

## 66 ★
「에너지이용합리화법령」에서 에너지사용의 제한 또는 금지에 대한 내용으로 틀린 것은?

① 에너지 사용의 시기 및 방법의 제한
② 에너지사용시설 및 에너지사용기자재에 사용할 에너지의 지정 및 사용에너지의 전환
③ 특정 지역에 대한 에너지 사용의 제한
④ 에너지 사용 설비에 관한 사항

**해설**

에너지사용의 제한 또는 금지에 대한 내용
위생접객업소 및 그 밖의 에너지사용시설에 대한 에너지사용의 제한, 차량 및 에너지 사용기자재의 사용제한

## 67 ★
단열효과에 대한 설명으로 틀린 것은?

① 열확산계수가 작아진다.
② 열전도계수가 작아진다.
③ 노 내 온도가 균일하게 유지된다.
④ 스폴링현상을 촉진시킨다.

**해설**

단열효과
스폴링현상을 방지한다.

## 68 ★
고압 증기의 옥외배관에 가장 적당한 신축이음 방법은?

① 오프셋형
② 벨로즈형
③ 루프형
④ 슬리브형

**해설**

루프형
고압 증기의 옥외배관에 가장 적당한 신축이음방법은 루프형이다. 루프형은 공간을 많이 차지하고, 주로 강관에 이용하며 고온고압 배관에 사용된다. 곡률반지름은 관 지름의 6배 이상으로 한다.

정답  65 ②  66 ④  67 ④  68 ③

## 69 ★★★

중요 소성을 하는 평로에서 축열실의 역할로서 가장 옳은 것은?

① 제품을 가열한다.
② 급수를 예열한다.
③ 연소용 공기를 예열한다.
④ 포화 증기를 가열하여 과열증기로 만든다.

> 해설

**축열실의 역할**
연소용 공기를 예열한다.

## 70 ★★★

다음 중 셔틀요(Shuttle Kiln)는 어디에 속하는가?

① 반연속요
② 승염식 요
③ 연속요
④ 불연속요

> 해설

**셔틀요**
셔틀요(Shuttle Kiln), 등요(오름가마) 등은 반연속요이다.

## 71 ★★★

「에너지이용합리화법령」에 따라 인정검사대상기기관리자의 교육을 이수한 자가 관리할 수 없는 검사대상기기는?

① 압력용기
② 열매체를 가열하는 보일러로서 용량이 581.5 [kW] 이하인 것
③ 온수를 발생하는 보일러로서 용량이 581.5 [kW] 이하인 것
④ 증기보일러로서 최고사용압력이 2 [MPa] 이하이고, 전열 면적이 5 [m$^2$] 이하인 것

> 해설

인정검사대상기기관리자의 교육을 이수한 자가 관리할 수 있는 검사대상기기
- 압력용기
- 열매체를 가열하는 보일러 출력이 0.58 [MW] (581.8 [kW]) 이하인 것
- 온수 발생보일러로서 출력이 0.58 [MW] 이하인 것
- 최고사용압력이 1 [MPa] 이하이고 진열면적이 10 [m$^2$] 이하인 증기보일러

## 72 ★★

「에너지이용합리화법령」에 따른 에너지이용합리화 기본계획에 포함되어야 할 내용이 아닌 것은?

① 에너지 이용 효율의 증대
② 열사용기자재의 안전관리
③ 에너지 소비 최대화를 위한 경제구조로의 전환
④ 에너지원 간 대체

**정답** 69 ③  70 ①  71 ④  72 ③

**해설**

에너지이용합리화 기본계획 포함사항
- 에너지 이용 효율의 증대
- 열사용기자재 안전관리
- 에너지원 간 대체

## 73 ★★★

단열재를 사용하지 않는 경우의 방출열량이 350 [W]이고, 단열재를 사용할 경우의 방출열량이 100 [W]라 하면 이때 보온효율은 약 몇 [%]인가?

① 61
② 71
③ 81
④ 91

**해설**

보온효율
$$\eta = 1 - \frac{100}{350} = 0.71$$

## 74 ★

「에너지이용합리화법령」에 따라 검사대상기기 관리대행기관으로 지정을 받기 위하여 산업통상자원부장관에게 제출하여야 하는 서류가 아닌 것은?

① 장비명세서
② 기술인력 명세서
③ 기술인력 고용계약서 사본
④ 향후 1년간 안전관리대행 사업계획서

**해설**

민원인이 제출해야 하는 서류
- 장비명세서 및 기술인명세서 각 1부
- 향후 1년간의 안전관리대행 사업계획서
- 변경사항을 증명할 수 있는 서류(변경지정의 경우만 해당)

## 75 ★★★

「에너지이용합리화법」의 목적으로 가장 거리가 먼 것은?

① 에너지의 합리적 이용을 증진
② 에너지 소비로 인한 환경피해 감소
③ 에너지원의 개발
④ 국민 경제의 건전한 발전과 국민복지의 증진

**해설**

「에너지이용합리화법」의 목적
- 에너지수급의 안정
- 에너지의 합리적이고 효율적인 이용증진
- 에너지 소비로 인한 환경피해 감소
- 국민 경제의 건전한 발전과 국민복지의 증진 및 지구온난화의 최소화에 이바지함

## 76 ★★

「에너지이용합리화법령」상 산업통상자원부장관이 에너지다소비사업자에게 개선명령을 할 수 있는 경우는 에너지관리지도 결과 몇 [%] 이상의 에너지 효율개선이 기대될 때로 규정하고 있는가?

① 10    ② 20
③ 30    ④ 50

**정답** 73 ② 74 ③ 75 ③ 76 ①

[해설]
**개선명령을 할 수 있는 경우**
산업통상자원부장관이 에너지다소비사업자에게 개선명령을 할 수 있는 경우는 에너지관리지도 결과 10 [%] 이상의 효율개선이 기대될 경우로 규정하고 있다.

## 77 ★★
용광로에서 선철을 만들 때 사용되는 주원료 및 부재료가 아닌 것은?

① 규선석　　② 석회석
③ 철광석　　④ 코크스

[해설]
**선철 주원료 및 부재료**
석회석, 철광석, 코크스
※ 규선석은 알루미늄 규산염광물이다.

## 78 ★★
「에너지이용합리화법령」상 특정열사용기자재 설치·시공범위가 아닌 것은?

① 강철제 보일러 세관
② 철금속가열로의 시공
③ 태양열 집열기 배관
④ 금속균열로의 배관

[해설]
**특정열사용기자재 설치 시공범위**
금속균열로, 금속요로, 금속소둔로, 철금속저열로, 용선로의 설치를 위한 시공

## 79 ★★
「에너지이용합리화법령」에서 정한 에너지사용자가 수립하여야 할 자발적 협약이행계획에 포함되지 않는 것은?

① 협약 체결 전년도의 에너지소비 현황
② 에너지관리체제 및 관리방법
③ 전년도의 에너지사용량·제품생산량
④ 효율향상목표 등의 이행을 위한 투자계획

[해설]
에너지사용자가 수립하여야 할 자발적 협약 이행계획에 포함되는 사항
- 협약 체결 전년도 에너지소비 현황
- 에너지관리체제 및 관리방법
- 효율향상목표 등의 이행을 위한 투자계획

## 80 ★★★
터널가마(Tunnel Kiln)의 특징에 대한 설명 중 틀린 것은?

① 연속식 가마이다.
② 사용연료에 제한이 없다.
③ 대량생산이 가능하고 유지비가 저렴하다.
④ 노 내 온도조절이 용이하다.

[해설]
**터널가마**
- 연속식 가마다(예열 - 소성 - 냉각 - 제품).
- 대량생산이 가능하고 유지비가 저렴하다.
- 노 내 온도조절이 용이하다(자동온도제어가 쉬움).
- 열효율이 높고 인건비가 절약된다.
- 사용연료의 제한을 받는다(전력소비가 크다).

[정답] 77 ① 78 ④ 79 ③ 80 ②

## 5과목 열설비설계

### 81 ★
연도 등의 저온의 전열면에 주로 사용되는 수트 블로어의 종류는?

① 삽입형
② 예열기 클리너형
③ 로터리형
④ 건형(Gun Type)

**해설**

수트 블로어
연도 등의 저온의 전열면에 주로 사용되는 수트 블로어는 로터리형이다.

### 82 ★
플래시탱크의 역할로 옳은 것은?

① 저압의 증기를 고압의 응축수로 만든다.
② 고압의 응축수를 저압의 증기로 만든다.
③ 고압의 증기를 저압의 응축수로 만든다.
④ 저압의 응축수를 고압의 증기로 만든다.

**해설**

플래시탱크
고압의 응축수를 저압의 증기로 만드는 역할을 한다.

### 83 ★★
다이어프램밸브의 특징에 대한 설명으로 틀린 것은?

① 역류를 방지하기 위한 것이다.
② 유체의 흐름에 주는 저항이 적다.
③ 기밀(氣密)할 때 패킹이 불필요하다.
④ 화학약품을 차단하여 금속부분의 부식을 방지한다.

**해설**

다이어프램밸브
역류를 방지하는 것은 체크밸브이다.

### 84 ★★
그림과 같은 노냉수벽의 전열면적[$m^2$]은? (단, 수관의 바깥지름 30 [mm], 수관의 길이 5 [m], 수관의 수 200개이다)

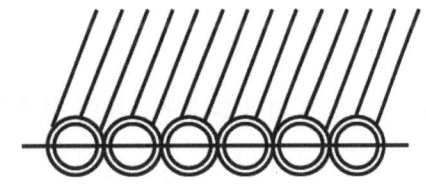

① 24
② 47
③ 72
④ 94

**해설**

노냉수벽의 전열면적
$$A = \frac{\pi d L N}{2} = \frac{\pi \times 0.03}{2} \times 5 \times 200 = 47 \, [m^2]$$

**정답** 81 ③  82 ②  83 ①  84 ②

## 85 ★★★

지름이 d, 두께가 t인 얇은 살 두께의 원통 안에 압력 P가 작용할 때 원통에 발생하는 길이 방향의 인장응력은?

① $\dfrac{\pi dP}{4t}$

② $\dfrac{\pi dP}{t}$

③ $\dfrac{dP}{4t}$

④ $\dfrac{dP}{2t}$

**해설**

인장응력

- 원주방향 응력 : $\sigma = \dfrac{dP}{2t} = \dfrac{rP}{t}$
- 축방향 응력 : $\sigma = \dfrac{dP}{4t} = \dfrac{rP}{2t}$

## 86 ★★

스케일(Scale)에 대한 설명으로 틀린 것은?

① 스케일로 인하여 연료소비가 많아진다.
② 스케일은 규산칼슘, 황산칼슘이 주성분이다.
③ 스케일은 보일러에서 열전달을 저하시킨다.
④ 스케일로 인하여 배기가스 온도가 낮아진다.

**해설**

스케일
스케일은 열전도율이 낮으므로 전열을 방해하고, 배기가스의 온도는 높아진다.

## 87 ★★

노통연관식 보일러에서 평형부의 길이가 230 [mm] 미만인 파형 노통의 최소 두께[mm]를 결정하는 식은? (단, P는 최고사용압력[MPa], D는 노통의 파형부에서의 최대 내경과 최소 내경의 평균치(모리슨형 노통에서는 최소내경에 50 [mm]를 더한 값)[mm], C는 노통의 종류에 따른 상수이다)

① $10PDC$

② $\dfrac{10PC}{D}$

③ $\dfrac{C}{10PD}$

④ $\dfrac{10PD}{C}$

**해설**

파형 노통의 두께
열사용기자재의 검사 및 검사면제에 관한 기준
7.6.2 파형노통의 최소두께

$t = \dfrac{10PD}{C} \left\{ t = \dfrac{PD}{C} \right\}$

- P : 최고사용압력[MPa]{kgf/cm²}
- D : 노통의 파형부에서의 최대내경과 최소내경의 평균치(모리슨형 노통에서는 최소내경에 50 [mm]를 더한 값)
- C : 상수

## 88 ★★

가로 50 [cm], 세로 70 [cm]인 300 [℃]로 가열된 평판에 20 [℃]의 공기를 불어주고 있다. 열전달계수가 25 [W/m²·℃]일 때 열전달량은 몇 [kW]인가?

① 2.45
② 2.72
③ 3.34
④ 3.96

정답 ● 85 ③  86 ④  87 ④  88 ①

**해설**

열전달량

$Q = hA\Delta t = 25 \times (0.5 \times 0.7) \times (300-20)$

$= 2450 [W] = 2.45 [kW]$

## 89 ★★★

수질(水質)을 나타내는 ppm의 단위는?

① 1만분의 1단위
② 십만분의 1단위
③ 백만분의 1단위
④ 1억분의 1단위

**해설**

ppm(parts per million)
백만분의 1단위

## 90 ★★

유량 2200 [kg/h]인 80 [℃]의 벤젠을 40 [℃]까지 냉각시키고자 한다. 냉각수 온도를 입구 30 [℃], 출구 45 [℃]로 하여 대향류열교환기 형식의 이중관식 냉각기를 설계할 때 적당한 관의 길이[m]는? (단, 벤젠의 평균비열은 1884 [J/kg·℃], 관 내경 0.0427 [m], 총괄전열계수는 600 [W/m²·℃]이다)

① 8.7
② 18.7
③ 28.6
④ 38.7

**해설**

유량 – 관의 길이

$L = \dfrac{mC\Delta t}{K\pi d(LMTD)}$

$= \dfrac{\dfrac{2200}{3600} \times 1884(80-40)}{600 \times \pi \times 0.0427 \times 20} = 28.6 [m]$

$LMTD = \dfrac{\Delta t_1 - \Delta t_2}{\ln\left(\dfrac{\Delta t_1}{\Delta t_2}\right)} = \dfrac{35-10}{\ln\left(\dfrac{35}{10}\right)}$

$≒ 20 [℃]$

## 91 ★

가스용 보일러의 배기가스 중 이산화탄소에 대한 일산화탄소의 비는 얼마 이하여야 하는가?

① 0.001
② 0.002
③ 0.003
④ 0.005

**해설**

이산화탄소에 대한 일산화탄소의 비

가스용 보일러의 배기가스 중 일산화탄소와 이산화탄소의 비는 0.002 이하여야 한다.

## 92 ★

오일버너로서 유량조절범위가 가장 넓은 버너는?

① 스팀 제트
② 유압분무식 버너
③ 로터리버너
④ 고압 공기식 버너

정답 ● 89 ③  90 ③  91 ②  92 ④

[해설]
오일버너로서 유량조절범위가 가장 넓은 버너
오일버너의 유량조절범위가 가장 넓은 버너는 고압공기식 버너이다.

## 93 ★★
원통형 보일러의 내면이나 관벽 등 전열면에 스케일이 부착될 때 발생되는 현상이 아닌 것은?

① 열전달률이 매우 작아 열전달 방해
② 보일러의 파열 및 변형
③ 물의 순환속도 저하
④ 전열면의 과열에 의한 증발량 증가

[해설]
스케일 부착될 때 발생되는 현상
원통형 보일러 내면이나 관벽 등 전열면에 스케일이 부착되면 전열면이 냉각되어 증발량이 감소한다.

## 94 ★
배관용 탄소 강관을 압력용기의 부분에 사용할 때에는 설계 압력이 몇 [MPa] 이하일 때 가능한가?

① 0.1
② 1
③ 2
④ 3

[해설]
설계 압력
배관용 탄소 강관을 압력용기 부분에 사용할 때는 설계 압력이 1 [MPa] 이하일 때 가능하다.

## 95 ★
보일러의 급수처리방법에 해당되지 않는 것은?

① 이온교환법
② 응집법
③ 희석법
④ 여과법

[해설]
급수처리방법
보일러 급수처리법으로는 이온교환법, 응집법, 여과법이 있다.

## 96 ★★
수관식 보일러에 속하지 않는 것은?

① 코르니시보일러
② 바브콕보일러
③ 라몬트보일러
④ 벤손보일러

[해설]
수관식 보일러
원통형 보일러 중 횡형식 노통보일러에는 코르니시보일러(노통 1개 설치)와 랭커셔보일러(노통 2개 설치)가 있다.

정답 93 ④ 94 ② 95 ③ 96 ①

## 97 ★

평노통, 파형 노통, 화실 및 직립보일러 화실판의 최고 두께는 몇 [mm] 이하이어야 하는가? (단, 습식화실 및 조합노통 중 평노통은 제외한다)

① 12
② 22
③ 32
④ 42

**해설**

직립보일러 화실판의 최고 두께
7.5 노통판 및 화실판의 두께 제한
평노통, 파형노통, 화실 및 직립식 보일러 화실판의 최고 두께는 22 [mm] 이하이어야 한다. 다만 습식 화실 및 조합노통 중 평노통은 제외한다.

## 98 ★

다음 중 보일러의 전열효율을 향상시키기 위한 장치로 가장 거리가 먼 것은?

① 수트 블로어
② 인젝터
③ 공기예열기
④ 절탄기

**해설**

전열효율을 향상시키기 위한 장치
증기의 열에너지를 운동에너지로 전환시키고 다시 압력에너지로 바꾸어 급수하는 비동력용 급수장치이다. 즉, 보일러에서 발생하는 증기의 분사력을 이용하여 급수하는 저압보일러용 급수장치이다.
• 보일러의 전열효율을 향상시키는 장치 : 수트 블로어, 공기예열기, 절탄기 등

## 99 ★★

보일러수의 분출목적이 아닌 것은?

① 프라이밍 및 포밍을 촉진한다.
② 물의 순환을 촉진한다.
③ 가성취화를 방지한다.
④ 관수의 pH를 조절한다.

**해설**

보일러수의 분출목적
보일러수 분출의 목적은 프라이밍 및 포밍의 발생을 방지하기 위함이다.

## 100 ★★

수관식 보일러에 대한 설명으로 틀린 것은?

① 증기 발생의 소요시간이 짧다.
② 보일러 순환이 좋고 효율이 높다.
③ 스케일의 발생이 적고 청소가 용이하다.
④ 드럼이 작아 구조적으로 고압에 적당하다.

**해설**

수관식 보일러
증발속도가 빨라 스케일이 부착되기 쉽고, 구조가 복잡하여 제작 및 청소, 검사, 수리가 어려우며 가격이 비싸다.

정답 ● 97 ② 98 ② 99 ① 100 ③

# 2020 제4회

에·너·지·관·리·기·사

**1과목** 연소공학

## 01 ★★

집진장치에 대한 설명으로 틀린 것은?

① 전기 집진기는 방전극을 음(陰), 집진극을 양(陽)으로 한다.
② 전기집진은 쿨롱(Coulomb)력에 의해 포집된다.
③ 소형 사이클론을 직렬시킨 원심력 분리장치를 멀티 스크러버(Multi-scrubber)라 한다.
④ 여과 집진기는 함진 가스를 여과재에 통과시키면서 입자를 분리하는 장치이다.

**해설**

집진장치
멀티사이클론(병렬연결)은 처리가스량이 많을 경우 집진효율을 줄이기 위해 소직경 사이클론을 병렬로 다수 연결한 집진장치이다.

## 02 ★★

이론 습연소가스량 $G_{ow}$와 이론 건연소가스량 $G_{od}$의 관계를 나타낸 식으로 옳은 것은? (단, H는 수소체적비, w는 수분체적비를 나타내고, 식의 단위는 $Nm^3/kg$이다)

① $G_{od} = G_{ow} + 1.25(9H + w)$
② $G_{od} = G_{ow} - 1.25(9H + w)$
③ $G_{od} = G_{ow} + (9H + w)$
④ $G_{od} = G_{ow} - (9H - w)$

**해설**

습연소가스량과 건연소가스량의 관계식
$G_{od} = G_{ow} - 1.25(9H + w)$

## 03 ★

저압공기 분무식 버너의 특징이 아닌 것은?

① 구조가 간단하여 취급이 간편하다.
② 공기압이 높으면 무화공기량이 줄어든다.
③ 점도가 낮은 중유도 연소할 수 있다.
④ 대형 보일러에 사용된다.

**해설**

저압공기 분무식 버너 특징
소형 보일러에 사용하며, 비교적 좁은 각도의 짧은 화염이 발생한다.

**정답** 01 ③ 02 ② 03 ④

## 04 ★★★
기체연료의 장점이 아닌 것은?

① 열효율이 높다.
② 연소의 조절이 용이하다.
③ 다른 연료에 비하여 제조비용이 싸다.
④ 다른 연료에 비하여 회분이나 매연이 나오지 않고 청결하다.

**해설**

기체연료의 장점
기체연료는 다른 연료에 비해 저장이 곤란하고 시설비가 많이 든다.

## 05 ★
환열실의 전열면적[m²]과 전열량[W] 사이의 관계는? (단, 전열면적은 F, 전열량은 Q, 총괄전열계수는 V이며, $\triangle t_m$은 평균온도차이다)

① $Q = \dfrac{F}{\triangle t_m}$
② $Q = F \times \triangle t_m$
③ $Q = F \times V \times \triangle t_m$
④ $Q = \dfrac{V}{F \times \triangle t_m}$

**해설**

환열실의 전열면적과 전열량 사이의 관계
$Q = F \times V \times \triangle t_m$

## 06 ★
연소가스와 외부공기의 밀도차에 의해서 생기는 압력차를 이용하는 통풍방법은?

① 자연 통풍
② 평행 통풍
③ 압입 통풍
④ 유인 통풍

**해설**

통풍방법
외부공기의 밀도차에 의해 생기는 압력차를 이용한 통풍방법은 자연 통풍이다.

## 07 ★★
분젠버너를 사용할 때 가스의 유출속도를 점차 빠르게 하면 불꽃 모양은 어떻게 되는가?

① 불꽃이 엉클어지면서 짧아진다.
② 불꽃이 엉클어지면서 길어진다.
③ 불꽃의 형태는 변화 없고 밝아진다.
④ 아무런 변화가 없다.

**해설**

불꽃 모양
분젠버너 사용 시 가스의 유출속도를 점차 빠르게 하면 불꽃 모양은 엉클어지면서 짧아진다.

정답   04 ③   05 ③   06 ①   07 ①

## 08 ★★

메테인 50 [v%], 에테인 25 [v%], 프로페인 25 [v%]가 섞여 있는 혼합 기체의 공기 중에서 연소하한계는 약 몇 [%]인가? (단, 메테인, 에테인, 프로페인의 연소하한계는 각각 5 [v%], 3 [v%], 2.1 [v%]이다)

① 2.3     ② 3.3
③ 4.3     ④ 5.3

> 해설

**연소하한계**
혼합기체의 혼합률에 따른 폭발한계(연소하한계와 연소상한계)는 르 샤틀리에 공식을 적용한다.
※ 르 샤틀리에 공식

$$\frac{100}{L} = \frac{V_1}{L_1} + \frac{V_2}{L_2} + \frac{V_3}{L_3}$$

$$L = \frac{100}{\frac{50}{5} + \frac{25}{3} + \frac{25}{2.1}} \fallingdotseq 3.31$$

## 09 ★★★

다음 성분 중 연료의 조성을 분석하는 방법 중에서 공업분석으로 알 수 없는 것은?

① 수분(W)     ② 회분(A)
③ 휘발분(V)     ④ 수소(H)

> 해설

**연료의 조성분석방법**
공업분석(Technical Analysis)은 석탄 등 고체연료에 대해 수분(W), 회분(A), 휘발분(V)을 분석하고 이들의 나머지로서 고정탄소를 산출해서 무게 백분율로 나타낸 것을 간이분석법이라고 한다.

## 10 ★★

가연성 혼합기의 공기비가 1.0일 때 당량비는?

① 0
② 0.5
③ 1.0
④ 1.5

> 해설

**당량비**
당량비는 공기비(공기과잉률)의 역수이다.

## 11 ★★★

B중유 5 [kg]을 완전 연소시켰을 때 저위발열량은 약 몇 [MJ]인가? (단, B중유의 고위발열량은 41900 [kJ/kg], 중유 1 [kg]에 수소 H는 0.2 [kg], 수증기 W는 0.1 [kg] 함유되어 있다)

① 96
② 126
③ 156
④ 186

> 해설

**저위발열량**
$$H_\ell = H_h - 2512(W + 9H)$$
$$= 41900 - 2512(0.1 + 9 \times 0.2)$$
$$= 37127.2 \, [kJ/kg]$$
$$\fallingdotseq 37.13 \, [MJ/kg]$$
∴ 37.13 × 5 = 185.65

정답 ● 08 ②   09 ④   10 ③   11 ④

## 12 ★

다음 중 굴뚝의 통풍력을 나타내는 식은? (단, h는 굴뚝높이, $\gamma_a$는 외기의 비중량, $\gamma_g$는 굴뚝 속의 가스의 비중량, g는 중력가속도이다)

① $h(\gamma_g - \gamma_a)$
② $h(\gamma_a - \gamma_g)$
③ $\dfrac{h(\gamma_g - \gamma_a)}{g}$
④ $\dfrac{h(\gamma_a - \gamma_g)}{g}$

**해설**

굴뚝의 통풍력
$Z = h(\gamma_a - \gamma_g)$

## 13 ★★

효율이 60 [%]인 보일러에서 12000 [kJ/kg]의 석탄을 150 [kg]을 연소시켰을 때의 열손실은 몇 [MJ]인가?

① 720
② 1080
③ 1280
④ 1440

**해설**

열손실
$Q_L = m \times H_L \times (1 - \eta)$
$\quad = 150 \times 12000 \times (1 - 0.6)$
$\quad = 720000 \ [kJ]$
$\quad = 720 \ [MJ]$

## 14 ★★

연료의 연소 시 $CO_{2max}$[%]는 어느 때의 값인가?

① 실제공기량으로 연소 시
② 이론공기량으로 연소 시
③ 과잉공기량으로 연소 시
④ 이론양보다 적은 공기량으로 연소 시

**해설**

최대탄산가스량
연료의 최대탄산가스량은 이론공기량으로 연소 시 값이다.

## 15 ★

다음 각 성분의 조성을 나타낸 식 중에서 틀린 것은? (단, m : 공기비, $L_o$ : 이론공기량, G : 가스량, $G_o$ : 이론 건연소가스량이다)

① $CO_2 = \dfrac{1.867C - CO}{G} \times 100$
② $O_2 = \dfrac{0.21(m-1)L_0}{G} \times 100$
③ $N_2 = \dfrac{0.8N + 0.79mL_0}{G} \times 100$
④ $(CO_2)_{max} = \dfrac{1.867C + 0.7S}{G_0} \times 100$

**해설**

이산화탄소의 조성
$CO_2 = \dfrac{1.867C}{G} \times 100$

정답 12 ② 13 ① 14 ② 15 ①

## 16 ★

중유에 대한 설명으로 틀린 것은?

① A중유는 C중유보다 점성이 작다.
② A중유는 C중유보다 수분 함유량이 작다.
③ 중유는 점도에 따라 A급, B급, C급으로 나뉜다.
④ C중유는 소형디젤기관 및 소형 보일러에 사용된다.

**해설**

중유
C중유는 중·대형 디젤기관 및 산업용 대형 보일러에 사용된다.

## 17 ★ 난이도 상

중유의 저위발열량이 41860 [kJ/kg]인 원료 1 [kg]을 연소시킨 결과 연소열이 31400 [kJ/kg]이고 유효 출열이 30270 [kJ/kg]일 때, 전열효율과 연소효율은 각각 얼마인가?

① 96.4 [%], 70 [%]
② 96.4 [%], 75 [%]
③ 72.3 [%], 75 [%]
④ 72.3 [%], 96.4 [%]

**해설**

전열효율과 연소효율

$$전열효율(\eta_t) = \frac{유효출열량}{연소열량} \times 100 = \frac{30270}{31400} \times 100$$
$$= 96.4 [\%]$$

$$연소효율(\eta_e) = \frac{연소열량}{저위발열량(입열, 공급열)} \times 100$$
$$= \frac{31400}{41860} \times 100 = 75 [\%]$$

## 18 ★★★

수소 1 [kg]을 완전히 연소시키는 데 요구되는 이론산소량은 몇 [Nm³]인가?

① 1.86
② 2.8
③ 5.6
④ 26.7

**해설**

이론산소량

$$H_2 + \frac{1}{2}O_2 \rightarrow H_2O$$

$$O_0 = \frac{11.2}{2} = 5.6 [Nm^3/kg]$$

## 19 ★★

액체연료의 연소방법으로 틀린 것은?

① 유동층 연소
② 등심 연소
③ 분무 연소
④ 증발 연소

**해설**

액체연료의 연소방법
증발 연소, 분무 연소, 액면 연소, 등심 연소

**정답** 16 ④　17 ②　18 ③　19 ①

## 20 ★

제조 기체연료에 포함된 성분이 아닌 것은?

① C
② $H_2$
③ $CH_4$
④ $N_2$

**해설**

제조 기체연료 성분

기체연료는 천연가스를 제외하면 타 기체 및 고체연료에서 제조되고 석유계가스와 석탄가스로 분류된다.

### 2과목 열역학

## 21 ★★

1 [mol]의 이상기체가 25 [℃], 2 [MPa]로부터 100 [kPa]까지 가역 단열적으로 팽창하였을 때 최종온도[K]는? (단, 정적비열 $C_v$는 $\frac{3}{2}R$이다)

① 60
② 70
③ 80
④ 90

**해설**

최종온도

$$C_v = \frac{R}{k-1} = \frac{3}{2}R \Rightarrow k = 1.66$$

$$T_2 = T_1 \left(\frac{P_2}{P_1}\right)^{\frac{k-1}{k}} = 298 \times \left(\frac{100}{2000}\right)^{\frac{1.66-1}{1.66}}$$

$$= 90.56\,[K]$$

정답 20 ① 21 ④

## 22 ★

비열비(k)가 1.4인 공기를 작동유체로 하는 디젤엔진의 최고온도($T_3$) 2500 [K], 최저온도($T_1$)가 300 [K], 최고압력($P_3$)가 4 [MPa], 최저압력($P_1$)이 100 [kPa]일 때 차단비(Cut Off Ratio : $r_c$)는 얼마인가?

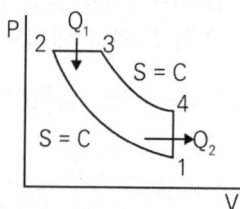

① 2.4
② 2.9
③ 3.1
④ 3.6

**해설**

차단비(Cut Off Ratio)
2 → 3과정(P = C)(등압 과정)
차단비 : $r_c = \dfrac{V_3}{V_2} = \dfrac{T_3}{T_2} = \dfrac{2,500}{860.7} ≒ 2.9$

※ $T_2$ : (1 → 2 과정 : 등엔트로피(단열) 과정)

$\dfrac{T_2}{T_1} = \left(\dfrac{P_2}{P_1}\right)^{\frac{k-1}{k}} \to \dfrac{T_2}{300} = \left(\dfrac{4000}{100}\right)^{\frac{1.4-1}{1.4}}$

→ $T_2 ≒ 860.7$

## 23 ★★★

분자량이 29인 1 [kg]의 이상기체가 실린더 내부에 채워져 있다. 처음에 압력 400 [kPa], 체적 0.2 [m³]인 이 기체를 가열하여 체적 0.076 [m³], 온도 100 [℃]가 되었다. 이 과정에서 받은 일[kJ]은? (단, 폴리트로픽 과정으로 가열한다)

① 90
② 95
③ 100
④ 104

**해설**

이상기체가 받은 일
PV = nRT

$P_2 = \dfrac{nRT_2}{V_2} = \dfrac{\frac{1}{29} \times 8.316 \times 373.15}{0.076} ≒ 1408$

$n = \dfrac{\ln\left(\dfrac{P_2}{P_1}\right)}{\ln\left(\dfrac{V_1}{V_2}\right)} = \dfrac{\ln\dfrac{1408}{400}}{\ln\dfrac{0.2}{0.076}} ≒ 1.30$

$W = \dfrac{1}{n-1}(P_1V_1 - P_2V_2)$
$= \dfrac{1}{1.3-1}(400 \times 0.2 - 1408.57 \times 0.076)$
$= -90 [kJ]$

정답 ● 22 ② 23 ①

## 24 ★★★

임의의 과정에 대한 가역성과 비가역성을 논의하는 데 적용되는 법칙은?

① 열역학 제0법칙
② 열역학 제1법칙
③ 열역학 제2법칙
④ 열역학 제3법칙

**해설**

열역학 제2법칙
임의의 과정에 대한 가역성과 비가역성을 논의하는 데 적용되는 법칙은 엔트로피 증가 법칙, 비가역 법칙인 열역학 제2법칙이다.

## 25 ★

100 [kPa], 20 [℃]의 공기를 0.1 [kg/s]의 유량으로 900 [kPa]까지 등온압축할 때 필요한 공기압축기의 동력[kW]은? (단, 공기의 기체상수는 0.287 [kJ/kg·K]이다)

① 18.5
② 64.5
③ 75.7
④ 185

**해설**

공기압축기의 동력
동력
$= mRT \ln \frac{P_2}{P_1} = 0.1 \times 0.287 \times 293 \times \ln \frac{900}{100}$
$\approx 18.5 \, [kW]$

## 26 ★★

증기압축 냉동 사이클의 증발기 출구, 증발기 입구에서 냉매의 비엔탈피가 각각 1284 [kJ/kg], 122 [kJ/kg]이면 압축기 출구 측에서 냉매의 비엔탈피[kJ/kg]는? (단, 성능계수는 4.4이다)

① 1316
② 1406
③ 1548
④ 1632

**해설**

냉매의 비엔탈피

$\epsilon_R = \dfrac{q_e}{w_c} = \dfrac{h_1 - h_4}{h_2 - h_1} = \dfrac{h_1 - h_3}{h_2 - h_1}$

$w_c = \dfrac{q_e}{\epsilon_R} = \dfrac{h_1 - h_3}{\epsilon_R} = \dfrac{1284 - 122}{4.4}$
$= 264.09 \, [kJ/kg]$

$w_c = h_2 - h_1$

$h_2 = w_c + h_1 = 264.09 + 1284 = 1548.09 \, [kJ/kg]$

정답 ● 24 ③ 25 ① 26 ③

## 27 ★★

그림은 공기 표준 오토 사이클이다. 효율 $\eta$에 관한 식으로 틀린 것은? (단, $\varepsilon$는 압축비, k는 비열비이다)

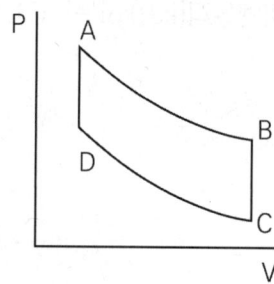

① $\eta = 1 - \dfrac{T_B - T_C}{T_A - T_D}$

② $\eta = 1 - \epsilon \left(\dfrac{1}{\epsilon}\right)^k$

③ $\eta = 1 - \dfrac{T_B}{T_A}$

④ $\eta = 1 - \dfrac{P_B - P_C}{P_A - P_D}$

**해설**

오토 사이클의 효율

$\eta = 1 - \dfrac{q_2}{q_1} = 1 - \dfrac{C_v(T_B - T_C)}{C_v(T_A - T_D)}$

$= 1 - \epsilon \left(\dfrac{1}{\epsilon}\right)^k = 1 - \dfrac{T_B}{T_A}$

## 28 ★

정상 상태에서 작동하는 개방 시스템에 유입되는 물질의 비엔탈피가 $h_1$이고, 이 시스템 내에 단위질량당 열을 q만큼 전달해주는 것과 동시에, 축을 통한 단위질량당 일을 w만큼 시스템으로 유출되는 물질의 비엔탈피 $h_2$를 옳게 나타낸 것은? (단, 위치에너지와 운동에너지는 무시한다)

① $h_2 = h_1 + q - w$
② $h_2 = h_1 - q - w$
③ $h_2 = h_1 + q + w$
④ $h_2 = h_1$

**해설**

유출되는 물질의 비엔탈피
$\Delta u = \Delta h = q + w$

## 29 ★★

다음 중 오존층을 파괴하며 국제협약에 의해 사용이 금지된 CFC 냉매는?

① R - 12
② HFO1234jf
③ $NH_3$
④ $CO_2$

**해설**

오존층 파괴하는 냉매
R - 12(메테인계 냉매)는 대기오염물질로 국제협약 금지 냉매이다.

정답 ● 27 ④  28 ③  29 ①

## 30 ★★

2 [kg], 30 [℃]인 이상기체가 100 [kPa]에서 300 [kPa]까지 가역 단열 과정으로 압축되었다면 최종온도[℃]는? (단, 이 기체의 정적비열은 750 [J/kg·K], 정압비열은 1000 [J/kg·K]이다)

① 99
② 126
③ 267
④ 399

**해설**

최종온도

$$k = \frac{C_p}{C_v} = \frac{1000}{750} = 1.33$$

$$\frac{T_2}{T_1} = \left(\frac{P_2}{P_1}\right)^{\frac{k-1}{k}}$$

$$T_2 = T_1\left(\frac{P_2}{P_1}\right)^{\frac{k-1}{k}} = 303.15 \times \left(\frac{300}{100}\right)^{\frac{1.33-1}{1.33}}$$

$$= 398.14\,[K] = 125\,[℃]$$

## 31 ★★★

수증기를 사용하는 기본 랭킨 사이클의 복수기 압력이 10 [kPa], 보일러 압력이 2 [MPa], 터빈 일이 792 [kJ/kg], 복수기에서 방출되는 열량이 1800 [kJ/kg]일 때 열효율[%]은? (단, 펌프에서 물의 비체적은 $1.01 \times 10^{-3}$ [m³/kg]이다)

① 30.5   ② 32.5
③ 34.5   ④ 36.5

**해설**

랭킨 사이클 열효율

$$w_p = -\int_1^2 v dp = v(p_1 - p_2)$$

$$= 1.01 \times 10^{-3} \times (10 - 2000) = -2\,[kJ/kg]$$

$$w = w_t + w_p = 792 - 2 = 790\,[kJ/kg]$$

$$\therefore \eta_R = \frac{w}{q} = \frac{790}{790 + 1,800} \times 100 = 30.5\,[\%]$$

## 32 ★★★

랭킨 사이클의 터빈출구 증기의 건도를 상승시켜 터빈날개의 부식을 방지하기 위한 사이클은?

① 재열 사이클
② 오토 사이클
③ 재생 사이클
④ 사바테 사이클

**해설**

재열 사이클

재열 사이클은 랭킨 사이클을 개선시킨 사이클로 터빈출구의 건도를 상승시켜 터빈날개의 습도로 인한 부식을 방지하고, 열효율을 향상시킨 사이클이다.

정답 ● 30 ② 31 ① 32 ①

## 33 ★

다음 중 강도성 상태량이 아닌 것은?

① 압력
② 온도
③ 비체적
④ 체적

**해설**

강도성 상태량
강도성 상태량은 물질의 양과 무관한 상태량이며, 체적은 용량성 상태량이다.

## 34 ★

97 [℃]로 유지되고 있는 항온조가 실내 온도 27 [℃]인 방에 놓여 있다. 어떤 시간에 1000 [kJ]의 열이 항온조에서 실내로 방출되었다면 다음 설명 중 틀린 것은?

① 항온조속의 물질의 엔트로피 변화는 -2.7 [kJ/K]이다.
② 실내 공기의 엔트로피의 변화는 약 3.3 [kJ/K]이다.
③ 이 과정은 비가역적이다.
④ 항온조와 실내 공기의 총 엔트로피는 감소하였다.

**해설**

열이 항온조에서 방출
항온조와 실내 공기의 총 엔트로피는 0.63 [kJ/K] 정도 증가한다. 비가역 과정 시 엔트로피는 항상 증가한다.

## 35 ★

표준 기압(101.3 [kPa]), 20 [℃]에서 상대 습도 65 [%]인 공기의 절대 습도[kg/kg]는? (단, 건조 공기와 수증기는 이상기체로 간주하며, 각각의 분자량은 29, 18로 하고, 20 [℃]의 수증기의 포화압력은 2.24 [kPa]로 한다)

① 0.0091
② 0.0202
③ 0.0452
④ 0.0724

**해설**

절대 습도
- 수증기의 압력
  $0.65 \times 2.24\,[kPa] = 1.46\,[kPa]$
- 건공기의 압력 = 101.3-1.46 = 99.84 [kPa]
- 절대 습도 : 습공기 중에 함유되어 있는 건공기 1 [kg] 에 대한 수증기의 중량 [kg]

※ 달톤의 분압 법칙

$P_{수증기} = P \times \dfrac{n_{수증기}}{n}$

$P_{건공기} = P \times \dfrac{n_{건공기}}{n}$

$\dfrac{n_{수증기}}{n_{건공기}} = \dfrac{P_{수증기}}{P_{건공기}}$

절대 습도 = $\dfrac{1.46\,[kPa]}{99.84\,[kPa]} \times \dfrac{18}{29} ≒ 0.0091$

정답  33 ④  34 ④  35 ①

## 36 ★★
증기의 기본적 성질에 대한 설명으로 틀린 것은?

① 임계 압력에서 증발열은 0이다.
② 증발 잠열은 포화 압력이 높아질수록 커진다.
③ 임계점에서는 액체와 기체의 상에 대한 구분이 없다.
④ 물의 3중점은 물과 얼음과 증기의 3상이 공존하는 점이며 이 점의 온도는 0.01 [℃]이다.

**해설**

증기
증발 잠열은 포화 압력이 높아질수록 작아진다.

## 37 ★
이상기체가 등온 과정에서 외부에 하는 일에 대한 관계식으로 틀린 것은? (단, R은 기체상수이고, 계에 대해서 m은 질량, V는 부피, P는 압력, T는 온도를 나타낸다. 하첨자 "1"은 변경 전, 하첨자 "2"는 변경 후를 나타낸다)

① $P_1 V_1 \ln \dfrac{V_2}{V_1}$

② $P_1 V_1 \ln \dfrac{P_2}{P_1}$

③ $mRT \ln \dfrac{P_1}{P_2}$

④ $mRT \ln \dfrac{V_2}{V_1}$

**해설**

이상기체가 등온 과정에서 하는 일
등온 과정인 경우 절대일과 공업일은 같다.
($_1W_2 = W_t$)

$$_1W_2 = P_1 V_1 \ln \frac{V_2}{V_1} = P_1 V_1 \ln \frac{P_1}{P_2}$$

$$= mRT \ln \frac{V_2}{V_1} = mRT \ln \frac{P_1}{P_2} [kJ]$$

## 38 ★
이상적인 표준 증기압축식 냉동 사이클에서 등엔탈피 과정이 일어나는 곳은?

① 압축기
② 응축기
③ 팽창밸브
④ 증발기

**해설**

표준 증기압축식 냉동 사이클
이상적인 표준 증기압축식 냉동 사이클에서 등엔탈피 과정이 일어나는 곳은 팽창밸브이다. 팽창밸브에서는 교축팽창 과정으로 압력강하($P_1 > P_2$), 온도강하($T_1 > T_2$), 등엔탈피 과정($h_1 = h_2$), 비가역 과정으로 엔트로피는 증가한다($\triangle S > 0$).

정답 ● 36 ② 37 ② 38 ③

## 39 ★★

초기의 온도, 압력이 100 [℃], 100 [kPa] 상태인 이상기체를 가열하여 200 [℃], 200 [kPa] 상태가 되었다. 기체의 초기 상태 비체적이 0.5 [m³/kg]일 때, 최종 상태의 기체 비체적(m³/kg)은?

① 0.16
② 0.25
③ 0.32
④ 0.50

**해설**

최종 상태의 기체 비체적

보일과 샤를의 법칙 $\left(\dfrac{PV}{T}=C\right)$을 적용

$\dfrac{P_1 V_1}{T_1} = \dfrac{P_2 V_2}{T_2}$ 에서

$V_2 = V_1 \left(\dfrac{P_1}{P_2}\right)\left(\dfrac{T_2}{T_1}\right) = 0.5 \times \left(\dfrac{100}{200}\right) \times \left(\dfrac{473}{373}\right)$

$\approx 0.32 \,[\mathrm{m^3/kg}]$

## 40 ★

열손실이 없는 단단한 용기 안에 20 [℃]의 헬륨 0.5 [kg]을 15 [W]의 전열기로 20분간 가열하였다. 최종 온도[℃]는? (단, 헬륨의 정적비열은 3.116 [kJ/kg·K], 정압비열은 5.193 [kJ/kg·K]이다)

① 23.6
② 27.1
③ 31.6
④ 39.5

**해설**

최종온도

20분간 발생한 열량

$Q = 0.015\,[kW] \times 3600 \times \dfrac{1}{3} = 18\,[kJ]$

∵ $1\,[kWh] = 3600\,[kJ]$

$Q_H = m C_v (t_2 - t_1)\,[kJ]$

$t_2 = t_1 + \dfrac{Q_H}{m C_v} = 20 + \dfrac{18}{0.5 \times 3.116}$

$\approx 31.6\,[℃]$

정답 39 ③  40 ③

## 3과목 계측방법

### 41 ★★★
가스크로마토그래피의 구성요소가 아닌 것은?

① 검출기
② 기록계
③ 칼럼(분리관)
④ 지르코니아

**해설**

가스크로마토그래피(Gas Chromatography) 구성요소
- 유량계
- 칼럼(Column) 검출기(칼럼[분리관], 검출기)
- 캐리어가스통
- 시료주입부
- 자료기록장치(기록계)

### 42 ★★★
방사율에 의한 보정량이 적고 비접촉법으로는 정확한 측정이 가능하나 사람 손이 필요한 결점이 있는 온도계는?

① 압력계형 온도계
② 전기 저항 온도계
③ 열전대 온도계
④ 광고온계

**해설**

광고온계
광고온계는 고온의 물체에서 나오는 복사 에너지를 감지하여 비접촉 방식으로 온도를 측정하는 장비이다. 사람이 직접 눈으로 보며 밝기를 비교한다.

### 43 ★
자동제어계에서 응답을 나타낼 때 목표치를 기준한 앞뒤의 진동으로 시간의 지연을 필요로 하는 시간적 동작의 특성을 의미하는 것은?

① 동특성
② 스텝응답
③ 정특성
④ 과도응답

**해설**

자동제어계
자동제어계에서 응답을 나타낼 때 목표치를 기준한 앞뒤의 진동으로 시간의 지연을 필요로 하는 시간적 동작의 특성을 의미하는 것은 동특성이다.

### 44 ★★★
색 온도계에 대한 설명으로 옳은 것은?

① 온도에 따라 색이 변하는 일원적인 관계로부터 온도를 측정한다.
② 바이메탈 온도계의 일종이다.
③ 유체의 팽창정도를 이용하여 온도를 측정한다.
④ 기전력의 변화를 이용하여 온도를 측정한다.

**해설**

색 온도계
광원의 색온도를 측정하기 위한 기기로, 온도에 따라 색이 변하는 일원적인 관계로 온도를 측정하는 비접촉식 온도계이다.
※ 바이메탈 온도계 : 서로 다른 두 개의 금속을 접합하여 온도 변화에 따른 열팽창의 정도를 이용하여 온도 측정

**정답** 41 ④  42 ④  43 ①  44 ①

## 45 ★
관 속을 흐르는 유체가 층류로 되려면?

① 레이놀즈수가 4000보다 많아야 한다.
② 레이놀즈수가 2100보다 적어야 한다.
③ 레이놀즈수가 4000이어야 한다.
④ 레이놀즈수와는 관계가 없다.

**해설**

레이놀즈수
관 속을 흐르는 유체가 층류가 되려면 레이놀즈수가 2100보다 작아야 한다.

## 46 ★
다음 중 사하중계(Dead Weight Gauge)의 주된 용도는?

① 압력계 보정
② 온도계 보정
③ 유체 밀도 측정
④ 기체 무게 측정

**해설**

사하중계
압력계의 보정이 주된 용도이다.

## 47 ★★
시스(Sheath) 열전대 온도계에서 열전대가 있는 보호관 속에 충전되는 물질로 구성된 것은?

① 실리카, 마그네시아
② 마그네시아, 알루미나
③ 알루미나, 보크사이트
④ 보크사이트, 실리카

**해설**

보호관 속 충전 물질
시스(Sheath) 열전대 온도계에서 열전대가 있는 보호관 속에 충전되는 물질로 구성된 것은 마그네시아, 알루미나이다.

## 48 ★★★
지름이 각각 0.6 [m], 0.4 [m]인 파이프가 있다. (1)에서의 유속이 8 [m/s]이면 (2)에서의 유속(m/s)은 얼마인가?

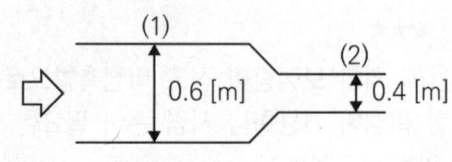

① 16
② 18
③ 20
④ 22

**해설**

유속
$Q = AV$

$A_1 V_1 = A_2 V_2$

$V_2 = V_1 \dfrac{A_1}{A_2} = V_1 \left(\dfrac{d_1}{d_2}\right)^2 = 8 \times \left(\dfrac{0.6}{0.4}\right)^2 = 18 \ [m/s]$

**정답** 45 ② 46 ① 47 ② 48 ②

## 49 ★
열전도율형 $CO_2$ 분석계의 사용 시 주의사항에 대한 설명 중 틀린 것은?

① 브리지의 공급 전류의 점검을 확실하게 한다.
② 셀의 주위 온도와 측정가스 온도는 거의 일정하게 유지시키고 온도의 과도한 상승을 피한다.
③ $H_2$를 혼입시키면 정확도를 높이므로 같이 사용한다.
④ 가스의 유속을 일정하게 하여야 한다.

**해설**

열전도율형 $CO_2$ 분석계
연소가스에 포함된 $CO_2$의 열전도율이 공기보다 매우 작다는 것을 이용한 것이므로 분자량이 작은 것을 혼입시키면 열전도율이 커진다. 따라서 $H_2$가 혼입되면 측정지시값의 오차가 커지므로 정도가 낮아진다.

## 50 ★
열전대 온도계에서 열전대선을 보호하는 보호관 단자로부터 냉접점까지는 보상도선을 사용한다. 이때 보상도선의 재료로서 가장 적합한 것은?

① 백금로듐    ② 알루멜
③ 철선       ④ 동 - 니켈 합금

**해설**

보상도선의 재료
열전대 온도계에서 열전대선을 보호하는 보호관 단자로부터 냉접점까지는 보상도선을 사용한다. 이때 보상도선의 재료로 가장 적합한 것은 동 - 니켈 합금이다.

## 51 ★
점도 1 [Pa·s]와 같은 값은?

① 1 [kg/m·s]    ② 1P
③ 1 [kgf·s/m²]  ④ 1cP

**해설**

점도
$1 Pa \cdot s = 1 N \cdot s/m^2 = 1 kg/m \cdot s$

## 52 ★
다음 중 미세한 압력차를 측정하기에 적합한 액주식 압력계는?

① 경사관식 압력계    ② 부르동관 압력계
③ U자관식 압력계    ④ 저항선 압력계

**해설**

액주식 압력계
경사관식 압력계는 미소한 압력차를 측정할 수 있도록 U자관 압력계를 경사지게 사용하도록 만들어진 압력계이다.

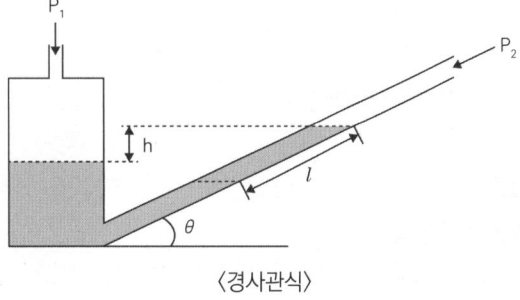

〈경사관식〉

정답 ● 49 ③  50 ④  51 ①  52 ①

## 53 ★★★

제어량에 편차가 생겼을 경우 편차의 적분차를 가감해서 조작량의 이동속도가 비례하는 동작으로서 잔류편차가 제어되나 제어 안정성은 떨어지는 특징을 가진 동작은?

① 비례동작
② 적분동작
③ 미분동작
④ 다위치동작

### 해설

**적분동작(I동작)**
조작량이 동작신호의 적분값에 비례하는 동작으로 적분동작을 가진 조절계를 사용하여 정상 상태에서의 잔류편차를 없앨 수 있으나 제어안정성은 떨어지는 특성을 갖는 동작이다.

## 54 ★★

다음 중 간접식 액면측정방법이 아닌 것은?

① 방사선식 액면계
② 초음파식 액면계
③ 플로트식 액면계
④ 저항전극식 액면계

### 해설

**액면측정방법**
- 직접측정식 : 유리관식, 검척식, 부자(플로트)식
- 간접측정식 : 압력검출식, 차압식, 편위식, 정전용량식, 전극식, 초음파식, 기포식, 방사선식

## 55 ★★

액체와 고체연료의 열량을 측정하는 열량계는?

① 봄브식
② 융커스식
③ 클리브랜드식
④ 타그식

### 해설

**열량계**
봄브식 열량계 : 액체와 고체연료의 발열량을 측정하는 열량계로 연료와 산소를 밀폐된 용기인 봄브에 넣고 폭발시켜 발생하는 열량을 측정하는 방식으로 작동한다.
- 봄브식 : 액체 및 고체 측정
- 융커스식 : 기체 측정
- 클리브랜드식 : 액체 측정
- 타그식(태그식) : 기체 측정

## 56 ★

분동식 압력계에서 300 [MPa] 이상 측정할 수 있는 것에 사용되는 액체로 가장 적합한 것은?

① 경유
② 스핀들유
③ 피마자유
④ 모빌유

### 해설

**분동식 압력계 - 사용되는 액체**
300 [MPa] 이상 측정할 수 있는 것에 사용되는 액체는 모빌유이다.

정답 53 ② 54 ③ 55 ① 56 ④

## 57 ★★

물을 함유한 공기와 건조공기의 열전도율 차이를 이용하여 습도를 측정하는 것은?

① 고분자 습도센서
② 염화리튬 습도센서
③ 서미스터 습도센서
④ 수정진동자 습도센서

**해설**

습도센서
- 고분자 습도센서 : 고분자 재료의 전기적 특성이 습도에 따라 달라짐을 이용하여 습도를 측정하는 센서
- 염화리튬 습도센서 : 염화리튬의 전기적 특성이 습도에 따라 달라지는 특성을 이용하여 습도를 측정하는 센서
- 서미스터 습도센서 : 수분흡수에 따라 전기 저항이 변하는 성질을 이용하여 습도를 측정하는 센서
- 수정진동자 습도센서 : 수정진동자의 진동수에 미치는 습도의 영향을 이용하여 습도를 측정하는 센서

## 58 ★★

측정량과 크기가 거의 같은 미리 알고 있는 양의 분동을 준비하여 분동과 측정량의 차이로부터 측정량을 구하는 방식은?

① 편위법
② 보상법
③ 치환법
④ 영위법

**해설**

측정방법
- 편위법 : 측정하고자 하는 양을 기준량과 비교하고, 기준량에 의해 발생하는 편차를 관찰하여 측정값을 결정하는 방식
- 보상법 : 기준 분동을 준비하여 분동과 측정량의 차이로부터 측정량을 구하는 방식
- 치환법 : 측정량과 기준량을 치환하여 2회의 측정결과로부터 구하는 측정방식
- 영위법 : 측정기에서 지시값이 '0'이 되도록 기준량을 조절한 뒤, 그 조절된 기준값과 비교하여 측정하는 방법

## 59 ★★★

다음 중 그림과 같은 조작량 변화동작은?

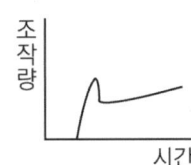

① P.I동작
② ON - OFF동작
③ P.I.D동작
④ P.D동작

**해설**

조작량 변화동작

그림과 같은 조작량 변화동작은 P.I.D(비례적분미분)동작이다.

정답 57 ③  58 ②  59 ③

## 60 ★★★

오리피스 유량계에 대한 설명으로 틀린 것은?

① 베르누이의 정리를 응용한 계기이다.
② 기체와 액체에 모두 사용이 가능하다.
③ 유량계수 C는 유체의 흐름이 층류이거나 와류의 경우 모두 같고 일정하며 레이놀즈수와 무관하다.
④ 제작과 설치가 쉬우며 경제적인 교축기구이다.

> **해설**
>
> 오리피스 유량계
> 차압식 유량계로 유량계수 = 속도계수 × 수축계수는 유체의 흐름이 층류이거나 와류인 경우 값이 다르며 레이놀즈수와 관계가 있다.

### 4과목 열설비재료 및 관계법규

| | | |
|---|---|---|
| 1회독 | 시간 : | 점수 : |
| 2회독 | 시간 : | 점수 : |
| 3회독 | 시간 : | 점수 : |

## 61 ★

용선로(Cupola)에 대한 설명으로 틀린 것은?

① 대량생산이 가능하다.
② 용해 특성상 용탕에 탄소, 황, 인 등의 불순물이 들어가기 쉽다.
③ 다른 용해로에 비해 열효율이 좋고 용해시간이 빠르다.
④ 동합금, 경합금 등 비철금속 용해로로 주로 사용된다.

> **해설**
>
> 용선로
> 선철의 용해에 널리 사용되는 원통형 노이다.

## 62 ★★★

다음 중 터널요에 대한 설명으로 옳은 것은?

① 예열, 소성, 냉각이 연속적으로 이루어지며 대차의 진행방향과 같은 방향으로 연소가스가 진행된다.
② 소성기간이 길기 때문에 소량생산에 적합하다.
③ 인건비, 유지비가 많이 든다.
④ 온도조절의 자동화가 쉽지만 제품의 품질, 크기, 형상 등에 제한을 받는다.

정답 ● 60 ③ 61 ④ 62 ④

### 해설

터널요(가마)

도자기, 내화물을 굽는 터널 모양의 가마로 온도 조절의 자동화가 쉽지만 제품의 품질, 크기, 형상 등의 제한을 받는다.

## 63 ★★

「에너지이용합리화법령」상 산업통상자원부장관 또는 시·도지사가 한국에너지공단 이사장에게 권한을 위탁한 업무가 아닌 것은?

① 에너지관리지도
② 에너지사용계획의 검토
③ 열사용기자재 제조업의 등록
④ 효율관리기자재의 측정 결과 신고의 접수

### 해설

위탁한 업무
- 에너지관리지도
- 에너지사용계획의 검토
- 효율관리기자재의 측정결과 신고의 접수

## 64 ★

「에너지이용합리화법령」상 최고사용압력[MPa]과 내부 부피[$m^3$]을 곱한 수치가 0.004를 초과하는 압력용기 중 1종 압력용기에 해당되지 않는 것은?

① 증기를 발생시켜 액체를 가열하며 용기 안의 압력이 대기압을 초과하는 압력용기
② 용기 안의 화학반응에 의하여 증기를 발생하는 것으로 용기 안의 압력이 대기압을 초과하는 압력용기
③ 용기 안의 액체의 성분을 분리하기 위하여 해당 액체를 가열하는 것으로 용기 안의 압력이 대기압을 초과하는 압력용기
④ 용기 안의 액체의 온도가 대기압에서의 비점을 초과하지 않는 압력용기

### 해설

1종 압력용기

최고사용압력[MPa]과 내부 부피[$m^3$]를 곱한 수치가 0.004를 초과하는 다음 각 호의 어느 하나에 해당하는 것

1. 증기나 그 밖의 열매체를 받아들이거나 증기를 발생시켜 고체 또는 액체를 가열하는 기기로서 용기 안의 압력이 대기압을 넘는 것
2. 용기 안의 화학반응에 따라 증기를 발생시키는 용기로서 용기 안의 압력이 대기압을 넘는 것
3. 용기 안의 액체의 성분을 분리하기 위하여 해당 액체를 가열하거나 증기를 발생시키는 용기로서 용기 안의 압력이 대기압을 넘는 것
4. 용기 안의 액체의 온도가 대기압에서의 비점(沸點)을 넘는 것

정답 63 ③  64 ④

## 65 ★★★

기밀을 유지하기 위한 패킹이 불필요하고 금속부분이 부식될 염려가 없어, 산 등의 화학약품을 차단하는 데 주로 사용하는 밸브는?

① 앵글밸브
② 체크밸브
③ 다이어프램밸브
④ 버터플라이밸브

**해설**

다이어프램밸브
기밀을 유지하기 위한 패킹이 불필요하고 금속부분이 부식될 염려가 없어 산 등의 화학약품을 차단하는 데 사용하는 밸브는 다이어프램밸브이다.

## 66 ★

「에너지이용합리화법령」상 에너지사용계획을 수립하여 제출하여야 하는 사업주관자로서 해당되지 않는 사업은?

① 항만건설사업
② 도로건설사업
③ 철도건설사업
④ 공항건설사업

**해설**

에너지사용계획을 수립하여 제출하여야 하는 사업주관자로서 해당되는 사업
• 항만건설사업
• 철도건설사업
• 공항건설사업

## 67 ★

「에너지이용합리화법」에서 정한 에너지절약전문기업 등록의 취소요건이 아닌 것은?

① 규정에 의한 등록 기준에 미달하게 된 경우
② 사업수행과 관련하여 다수의 민원을 일으킨 경우
③ 동법에 따른 에너지절약전문기업에 대한 업무에 관한 보고를 하지 아니하거나 거짓으로 보고한 경우
④ 정당한 사유 없이 등록 후 3년 이상 계속하여 사업수행실적이 없는 경우

**해설**

에너지절약전문기업 등록의 취소요건
• 규정에 의한 등록 기준에 미달하게 된 경우
• 동법에 따른 에너지 절약 전문기업에 대한 업무에 관한 보고를 하지 아니하거나 거짓으로 보고한 경우
• 정당한 사유 없이 등록 후 3년 이상 계속하여 사업수행 실적이 없는 경우

## 68 ★

「에너지이용합리화법령」상 열사용기자재에 해당하는 것은?

① 금속요로
② 선박용 보일러
③ 고압가스 압력용기
④ 철도차량용 보일러

**정답** 65 ③  66 ②  67 ②  68 ①

**해설**

열사용기자재 제외 대상
- 전기사업자의 발전전용 보일러 및 압력용기(단, 집단에너지용은 포함)
- 철도차량용 보일러
- 고압가스·LPG법검사 대상 보일러 및 압력용기 (단, 캐스케이드보일러는 포함)
- 선박안전법검사 대상 선박용 보일러 및 압력용기
- 전기용품·의료기기법 적용 2종 압력용기
- 산업통상자원부장관 인정 수출용 열사용기자재

## 69 ★★

「에너지이용합리화법령」에 따라 인정검사대상기기관리자의 교육을 이수한 사람의 관리범위 기준은 증기보일러로서 최고사용압력이 1 [MPa] 이하이고 전열면적이 최대 얼마 이하일 때인가?

① 1 [m²]
② 2 [m²]
③ 5 [m²]
④ 10 [m²]

**해설**

인정검사대상기기관리자 교육 이수한 사람의 관리범위
- 증기보일러로서 최고사용압력이 1 [MPa] 이하이고, 전열면적이 10 [m²] 이하인 것
- 온수 발생 또는 열매체를 가열하는 보일러로서 출력이 0.58 [MW] 이하인 것
- 압력용기

## 70 ★

「에너지이용합리화법령」에서 정한 검사대상기기의 계속 사용검사에 해당하는 것은?

① 운전성능검사
② 개조검사
③ 구조검사
④ 설치검사

**해설**

검사대상기기검사의 종류
[에너지이용합리화법 시행규칙 별표 3의4]

| 검사의 종류 | |
|---|---|
| 제조검사 | 용접검사 |
| | 구조검사 |
| 설치검사 | |
| 개조검사 | |
| 설치장소 변경검사 | |
| 재사용검사 | |
| 계속사용검사 | 안전검사 |
| | 운전성능검사 |

## 71 ★

「에너지이용합리화법」상 에너지이용합리화 기본계획에 따라 실시계획을 수립하고 시행하여야 하는 대상이 아닌 자는?

① 기초지방자치단체 시장
② 관계 행정기관의 장
③ 특별자치도지사
④ 도지사

정답 69 ④ 70 ① 71 ①

> 해설

에너지이용합리화 기본계획에 따라 실시계획을 수립하고 시행하여야 하는 대상자
- 관계 행정기관의 장
- 특별자치도지사
- 도지사

## 72 ★

「에너지이용합리화법」에 따라 에너지다소비사업자가 그 에너지사용시설이 있는 지역을 관할하는 시·도지사에게 신고하여야 할 사항에 해당되지 않는 것은?

① 전년도의 분기별 에너지사용량·제품생산량
② 에너지 사용기자재의 현황
③ 사용 에너지원의 종류 및 사용처
④ 해당 연도의 분기별 에너지사용예정량·제품생산 예정량

> 해설

에너지다소비사업자가 에너지사용시설이 있는 지역을 관할하는 시·도지사에게 신고하여야 할 사항
- 전년도의 분기별 에너지사용량 제품생산량
- 에너지 사용기자재의 현황
- 해당 연도의 분기별 에너지사용량예정량 제품생산 예정량

## 73 ★

지르콘($ZrSiO_4$) 내화물의 특징에 대한 설명 중 틀린 것은?

① 열팽창률이 작다.
② 내스폴링성이 크다.
③ 염기성 용재에 강하다.
④ 내화도는 일반적으로 SK 37 ~ 38 정도이다.

> 해설

지르콘 내화물
지르코늄은 내식성 흡착성 침투성이 풍부하기 때문에 내화물질로 우주왕복선 등에 쓰인다. 원자로 재료로도 많이 쓰이나 염기성 용제에는 약하다.

## 74 ★★★

요로의 정의가 아닌 것은?

① 전열을 이용한 가열장치
② 원재료의 산화반응을 이용한 장치
③ 연료의 환원반응을 이용한 장치
④ 열원에 따라 연료의 발열반응을 이용한 장치

> 해설

요로
- 전열을 이용한 가열장치
- 연료의 환원반응을 이용한 장치
- 열원에 따라 연료의 발열반응을 이용한 장치

정답  72 ③  73 ③  74 ②

## 75 ★★

견요의 특징에 대한 설명으로 틀린 것은?

① 석회석 클링커 제조에 널리 사용된다.
② 하부에서 연료를 장입하는 형식이다.
③ 제품의 예열을 이용하여 연소용 공기를 예열한다.
④ 이동 화상식이며 연속요에 속한다.

**해설**

견요
견요(선가마)는 상부에서 연료를 공급하는 형식이고 하부에서 공기를 흡입하는 형식이다.

## 76 ★★

전기와 열의 양도체로서 내식성, 굴곡성이 우수하고 내압성도 있어 열교환기의 내관 및 화학공업용으로 사용되는 관은?

① 동관
② 강관
③ 주철관
④ 알루미늄관

**해설**

동관
- 전기와 열의 양도체다.
- 내식성, 굴곡성이 우수하다(가공성이 좋다).
- 내압성이 있어 열교환기 내관 및 화학공업용으로 많이 사용된다.
- 산에 강하고 알칼리(염기성)에 약하다.

## 77 ★★★

옥내 온도는 15 [℃], 외기온도가 5 [℃]일 때 콘크리트 벽(두께 10 [cm], 길이 10 [m] 및 높이 5 [m])을 통한 열손실이 1700 [W]이라면 외부 표면 열전달계수[W/m²·℃]는? (단, 내부표면 열전달계수는 9.0 [W/m²·℃]이고, 콘크리트 열전도율은 0.87 [W/m·℃]이다)

① 12.7
② 14.7
③ 16.7
④ 18.7

**해설**

열손실
$q = kA\Delta t$

$k = \dfrac{q}{A\Delta t} = \dfrac{1,700}{(10 \times 5) \times (15-5)} \fallingdotseq 3.4$

$R = \dfrac{1}{k} = \dfrac{1}{\alpha_i} + \dfrac{L}{\lambda} + \dfrac{1}{\alpha_o}$

$\dfrac{1}{3.4} = \dfrac{1}{9} + \dfrac{0.1}{0.87} + \dfrac{1}{\alpha_o}$

$\alpha_o = 14.7$

## 78 ★

다음 중 연속가열로의 종류가 아닌 것은?

① 푸셔식 가열로
② 워킹 - 빔식 가열로
③ 대차식 가열로
④ 회전로상식 가열로

**해설**

연속가열로
대차식 가열로는 불연속식 가마이다.

정답 ● 75 ② 76 ① 77 ② 78 ③

## 79 ★★★

다음 강관의 표시기호 중 배관용 합금강관은?

① SPPH
② SPHT
③ SPA
④ STA

**해설**

강관의 표시기호
- SPPH : 고압배관용 탄소 강관
- SPHT : 고온배관용 탄소 강관
- SPA : 배관용 합금 강관
- SPP : 배관용 탄소 강관, 일명 가스관
- SPPS : 압력배관용 탄소 강관

## 80 ★★★

크롬이나 크롬마그네시아벽돌이 고온에서 산화철을 흡수하여 표면이 부풀어 오르고 떨어져 나가는 현상은?

① 버스팅(Bursting)
② 스폴링(Spalling)
③ 슬래킹(Slaking)
④ 큐어링(Curing)

**해설**

버스팅(Bursting)
크롬이나 크롬마그네시아벽돌이 고온에서 산화철을 흡수하여 표면이 부풀어 오르고 떨어져 나가는 현상

### 5과목 열설비설계

## 81 ★★★

보일러의 노통이나 화실과 같은 원통 부분이 외측으로부터의 압력에 견딜 수 없게 되어 눌려 찌그러져 찢어지는 현상을 무엇이라 하는가?

① 블리스터
② 압궤
③ 팽출
④ 라미네이션

**해설**

압궤
- 블리스터 : 화염에 접촉하는 라미네이션 부분이 가열로 인하여 부풀어 오르는 팽출현상이 생기는 것
- 압궤 : 노통이나 화실과 같은 원통 부분이 외측으로 부터의 압력을 견디지 못하고 안쪽으로 짓눌려 찌그러져 찢어지는 현상을 이야기한다.
- 팽출 : 인장응력을 받는 부분이 국부과열로 의하여 강도가 저하되어 압력을 견딜 수 없게 되면서 바깥쪽으로 볼록하게 부풀어 튀어나오는 현상
- 라미네이션 : 보일러 강판이나 배관 재질의 두께 속에 제조 당시의 가스체 함입으로 인하여 2장의 층을 형성하여 분리되는 현상을 말한다.

**정답** 79 ③ 80 ① 81 ②

## 82 ★★★

두께 150 [mm]인 적벽돌과 100 [mm]인 단열벽돌로 구성되어 있는 내화벽돌의 노벽이 있다. 적벽돌과 단열벽돌의 열전도율은 각각 1.4 [W/m·℃], 0.07 [W/m·℃]일 때 단위면적당 손실열량은 약 몇 [W/m²]인가? (단, 노 내벽면의 온도는 800 [℃]이고, 외벽면의 온도는 100 [℃]이다)

① 336
② 456
③ 587
④ 635

**해설**

손실열량

$$K = \frac{1}{R} = \frac{1}{\frac{l_1}{\lambda_1} + \frac{l_2}{\lambda_2}} = \frac{1}{\frac{0.15}{1.4} + \frac{0.1}{0.07}} \fallingdotseq 0.65$$

$$q = \frac{Q}{A} = K\Delta t = 0.65 \times (800 - 100) \fallingdotseq 456$$

## 83 ★

보일러의 성능계산 시 사용되는 증발률[kg/m²·h]에 대한 설명으로 옳은 것은?

① 실제 증발량에 대한 발생증기 엔탈피와의 비
② 연료 소비량에 대한 상당증발량과의 비
③ 상당증발량에 대한 실제증발량과의 비
④ 전열 면적에 대한 실제증발량과의 비

**해설**

증발률
실제증발량과 전열면적의 비다.

## 84 ★★

수관보일러의 특징에 대한 설명으로 옳은 것은?

① 최대 압력이 1 [MPa] 이하인 중소형 보일러에 작용이 일반적이다.
② 연소실 주위에 수관을 배치하여 구성한 수랭벽을 노에 구성한다.
③ 수관의 특성상 기수분리의 필요가 없는 드럼리스보일러의 특징을 갖는다.
④ 열량을 전열면에서 잘 흡수시키기 위해 2-패스, 3-패스, 4-패스 등의 흐름 구성을 갖도록 설계한다.

**해설**

수관보일러
- 연소실 주위에 수관을 배치하여 구성한 수랭벽을 노에 구성한다.
- 용량에 비해 경량이며 효율이 좋고 운반 설치가 용이하다.
- 보유 수량이 적어 팔열 시 피해가 작다.
- 보일러수의 순환이 빨라 증기발생 시간이 빠르다.
- 구조상 고압 대용량에 적합하다.

정답 82 ② 83 ④ 84 ②

## 85 ★

그림과 같이 내경과 외경이 $D_i$, $D_o$일 때, 온도는 각각 $T_i$, $T_o$, 관 길이가 L인 중공 원관이 있다. 관 재질에 대한 열전도율을 k라 할 때, 열저항 R을 나타낸 식으로 옳은 것은? (단, 전열량 (W)은 $Q = \dfrac{T_i - T_o}{R}$ 로 나타낸다)

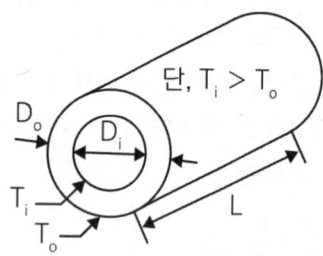

① $\dfrac{D_o - D_i}{2}$  ② $\dfrac{D_o - D_i}{2\pi(D_o - D_i)Lk}$

③ $\dfrac{D_o - D_i}{2\pi(D_o + D_i)Lk}$  ④ $\dfrac{\ln\dfrac{D_o}{D_i}}{2\pi Lk}$

**해설**

열저항

$\dfrac{\ln\dfrac{D_o}{D_i}}{2\pi Lk}$

## 86 ★

입형 보일러의 특징에 대한 설명으로 틀린 것은?

① 설치 면적이 좁다.
② 전열면적이 적고 효율이 낮다.
③ 증발량이 적으며 습증기가 발생한다.
④ 증기실이 커서 내부 청소 및 검사가 쉽다.

**해설**

입형 보일러
• 설치면적이 작다.
• 화실을 가지고 있어 설치가 간단하다.
• 보일러 효율이 낮다.
• 내부청소 및 검사가 어렵다.

## 87 ★

보일러의 부속장치 중 여열장치가 아닌 것은?

① 공기예열기
② 송풍기
③ 재열기
④ 절탄기

**해설**

부속장치 - 여열장치
과열기, 재열기, 절탄기, 공기예열기 등

## 88 ★

관석(Scale)에 대한 설명으로 틀린 것은?

① 규산칼슘, 황산칼슘 등이 관석의 주성분이다.
② 관석에 의해 배기가스의 온도가 올라간다.
③ 관석에 의해 관내수의 순환이 불량해진다.
④ 관석의 열전도율이 아주 높아 전열면이 과열되어 각종 부작용을 일으킨다.

**해설**

관석(Scale)
열전도율이 낮아서 열효율저하 및 과열장애를 초래한다(부식 초래).

정답  85 ④  86 ④  87 ②  88 ④

## 89 ★★
보일러의 일상 점검계획에 해당하지 않는 것은?

① 급수배관 점검
② 압력계 상태 점검
③ 자동제어장치 점검
④ 연료의 수요량 점검

**해설**

일상 점검계획
- 급수배관 점검
- 압력계 상태 점검
- 자동제어장치 점검

## 90 ★
주위 온도가 20 [℃], 방사율이 0.3인 금속 표면의 온도가 150 [℃]인 경우에 금속 표면으로부터 주위로 대류 및 복사가 발생될 때의 열유속(Heat Flux)은 약 몇 [W/m²]인가? (단, 대류 열전달계수는 h = 20 [W/m²·K], 스테판-볼츠만 상수는 $\sigma$ = 5.7 × 10⁻⁸ [W/m²·K⁴]이다)

① 3020
② 3330
③ 4270
④ 4630

**해설**

열유속
$$q = h(t_s - t_o) + \epsilon\sigma(T_s^4 - T_o^4)$$
$$= 20 \times (150 - 20) + 0.3 \times 5.7 \times 10^{-8} \times (423^4 - 293^4)$$
$$= 3021$$

## 91 ★★★
보일러에서 용접 후에 풀림처리를 하는 주된 이유는?

① 용접부의 열응력을 제거하기 위해
② 용접부의 균열을 제거하기 위해
③ 용접부의 연신율을 증가시키기 위해
④ 용접부의 강도를 증가시키기 위해

**해설**

풀림처리 주된 이유
보일러에서 용접 후 풀림 처리를 하는 주된 목적은 용접부의 열응력을 제거하기 위함이다.

## 92 ★
증발량이 1200 [kg/h]이고 상당증발량이 1400 [kg/h]일 때 사용 연료가 140 [kg/h]이고, 비중이 0.8 [kg/L]이면 상당증발배수는 얼마인가?

① 8.6
② 10
③ 10.7
④ 12.5

**해설**

증발배수
상당증발배수 = 상당증발량 ÷ 연료 소비량
= 1400 ÷ 140 = 10

**정답**  89 ④  90 ①  91 ①  92 ②

## 93 ★★★
보일러에서 발생하는 저온 부식의 방지방법이 아닌 것은?

① 연료 중의 황성분을 제거한다.
② 배기가스의 온도를 노점온도 이하로 유지한다.
③ 과잉공기를 적게 하여 배기가스 중의 산소를 감소시킨다.
④ 전열 표면에 내식재료를 사용한다.

**해설**

저온 부식 방지
황을 포함한 중유는 대기오염과 연료절약장치 공기예열장치 등을 부식시킨다. 노점온도 이상으로 배출가스 온도를 유지해야 한다.

## 94 ★★★
점식(Pitting)에 대한 설명으로 틀린 것은?

① 진행속도가 아주 느리다.
② 양극반응의 독특한 형태이다.
③ 스테인리스강에서 흔히 발생한다.
④ 재료 표면의 성분이 고르지 못한 곳에 발생하기 쉽다.

**해설**

점식
부식의 일종으로 전기화학적 기구에서 특정의 소부분에 접점이 구멍 모양의 오목부가 생기는 부식으로 진행속도가 빠르다.

## 95 ★
급수 불순물과 그에 따른 보일러 장해와의 연결이 틀린 것은?

① 철 - 수지산화
② 용존산소 - 부식
③ 실리카 - 캐리오버
④ 경도 성분 - 스케일 부착

**해설**

급수 불순물 - 보일러 장해
• 용존산소 - 부식
• 실리카 - 캐리오버
• 경도 성분 - 스케일 부착

## 96 ★★
보일러수의 분출시기가 아닌 것은?

① 보일러 가동 전 관수가 정지되었을 때
② 연속운전일 경우 부하가 가벼울 때
③ 수위가 지나치게 낮아졌을 때
④ 프라이밍 및 포밍이 발생할 때

**해설**

보일러수 분출시기
수위가 낮아지지 않게 해야 한다(안전저수위가 확보되어야 하므로 안전저수위 이하가 되지 않게 한다).

정답 93 ② 94 ① 95 ① 96 ③

## 97 ★★

두께 10 [mm]의 판을 지름 18 [mm]의 리벳으로 1열 리벳 겹치기 이음 할 때, 피치는 최소 몇 [mm] 이상이어야 하는가? (단, 리벳구멍의 지름은 21.5 [mm]이고, 리벳의 허용 인장응력은 40 [N/mm²], 허용 전단응력은 36 [N/mm²]으로 하며, 강판의 인장응력과 전단응력은 같다)

① 40.4
② 42.4
③ 44.4
④ 46.4

**해설**

피치

$$\tau = \frac{W}{A} = \frac{W}{\frac{\pi d^2}{4}}$$

$$W = \tau \frac{\pi d^2}{4} = 36 \times \frac{\pi 18^2}{4} = 9156 \, [N]$$

$$\sigma = \frac{W}{A} = \frac{W}{(p - d_o)t}$$

$$p = d_o + \frac{W}{\sigma t} = 21.5 + \frac{9156}{40 \times 10} ≒ 44.4 \, [mm]$$

## 98 ★★★

과열기에 대한 설명으로 틀린 것은?

① 포화증기를 과열증기로 만드는 장치이다.
② 포화증기의 온도를 높이는 장치이다.
③ 고온 부식이 발생하지 않는다.
④ 연소가스의 저항으로 압력손실이 크다.

**해설**

과열기
고온 부식이 발생할 수 있다.

## 99 ★

열정산에 대한 설명으로 틀린 것은?

① 원칙적으로 정격부하 이상에서 정상 상태로 적어도 2시간 이상의 운전결과에 따른다.
② 발열량은 원칙적으로 사용 시 연료의 총발열량으로 한다.
③ 최대 출열량을 시험할 경우에는 반드시 최대부하에서 시험을 한다.
④ 증기의 건도는 98 [%] 이상인 경우에 시험함을 원칙으로 한다.

**해설**

열정산
열정산이란 보일러에 공급된 열량과 소비된 열량 사이에 양적관계를 나타낸 것으로 입열과 출열 관계를 나타내는 것을 의미한다.

## 100 ★

외경 76 [mm], 내경 68 [mm], 유효길이 4800 [mm]의 수관 96개로 된 수관식 보일러가 있다. 이 보일러의 시간당 증발량은 약 몇 [kg/h]인가? (단, 수관이외 부분의 전열면적은 무시하며, 전열면적 1 [m$^2$]당 증발량은 26.9 [kg/h]이다)

① 2660
② 2760
③ 2860
④ 2960

**해설**

시간당 증발량

$G = \pi d_o \text{Ln} W = \pi \times 0.076 \times 4.8 \times 96 \times 26.9$
　≒ 2960

# 2019 제1회

**1과목** 연소공학

## 01 ★★
중유의 탄화수소비가 증가함에 따른 발열량의 변화는?

① 무관하다.
② 증가한다.
③ 감소한다.
④ 초기에는 증가하다가 점차 감소한다.

**해설**

탄화수소비(C/H)와 발열량
중유의 탄화수소비가 증가함에 따라 발열량은 감소한다.

## 02 ★
통풍방식 중 평형통풍에 대한 설명으로 틀린 것은?

① 통풍력이 커서 소음이 심하다.
② 안정한 연소를 유지할 수 있다.
③ 노 내 정압을 임의로 조절할 수 있다.
④ 중형 이상의 보일러에는 사용할 수 없다.

**해설**

평형통풍
평형통풍은 압입통풍방식과 흡입통풍방식을 병행하는 통풍방식으로, 통풍 저항이 큰 중·대형 보일러에 사용한다.

## 03 ★★★
다음 조성의 액체연료를 완전 연소시키기 위해 필요한 이론공기량은 약 몇 [Sm³/kg]인가?

| | |
|---|---|
| • C : 0.70 [kg] | • H : 0.10 [kg] |
| • O : 0.05 [kg] | • S : 0.05 [kg] |
| • N : 0.09 [kg] | • ash : 0.01 [kg] |

① 8.9
② 11.5
③ 15.7
④ 18.9

**해설**

이론공기량

$$A_0 = \frac{O_0}{0.21} = \frac{1.867C + 5.6\left(H - \frac{O}{8}\right) + 0.7S}{0.21}$$

$$= 8.89C + 26.67\left(H - \frac{O}{8}\right) + 3.33S$$

$$= 8.89 \times 0.7 + 26.67\left(0.1 - \frac{0.05}{8}\right) + 3.33 \times 0.05$$

$$\fallingdotseq 8.9\,[Sm^3/kg]$$

**정답** 01 ③ 02 ④ 03 ①

## 04 ★★

목탄이나 코크스 등 휘발분이 없는 고체연료에서 일어나는 일반적인 연소형태는?

① 표면 연소   ② 분해 연소
③ 증발 연소   ④ 확산 연소

**해설**

표면 연소
표면 연소는 휘발분이 없는 고체연료에서 일어난다.

## 05 ★★

다음 기체연료 중 고위발열량[MJ/Sm³]이 가장 큰 것은?

① 고로가스
② 천연가스
③ 석탄가스
④ 수성 가스

**해설**

고위발열량
천연가스 > 석탄가스 > 고로가스 > 수성 가스

## 06 ★★★

기체연료가 다른 연료에 비하여 연소용 공기가 적게 소요되는 가장 큰 이유는?

① 확산 연소가 되므로
② 인화가 용이하므로
③ 열전도도가 크므로
④ 착화온도가 낮으므로

**해설**

기체연료
기체연료가 다른 연료에 비해 연소용 공기가 적게 소요되는 가장 큰 이유는 확산 연소가 되기 때문이다.

## 07 ★

증기의 성질에 대한 설명으로 틀린 것은?

① 증기의 압력이 높아지면 증발열이 커진다.
② 증기의 압력이 높아지면 비체적이 감소한다.
③ 증기의 압력이 높아지면 엔탈피가 커진다.
④ 증기의 압력이 높아지면 포화온도가 높아진다.

**해설**

증기의 압력
증기의 압력이 높아지면 증발열은 감소한다.

## 08 ★★

다음 연료의 발열량을 측정하는 방법으로 가장 거리가 먼 것은?

① 열량계에 의한 방법
② 연소방식에 의한 방법
③ 공업분석에 의한 방법
④ 원소분석에 의한 방법

**해설**

발열량 측정하는 방법
• 열량계에 의한 방법
• 공업분석에 의한 방법
• 원소분석에 의한 방법

**정답** 04 ①  05 ②  06 ①  07 ①  08 ②

## 09 ★★

댐퍼를 설치하는 목적으로 가장 거리가 먼 것은?

① 통풍력을 조절한다.
② 가스의 흐름을 조절한다.
③ 가스가 새어나가는 것을 방지한다.
④ 덕트 내 흐르는 공기 등의 양을 제어한다.

해설

댐퍼(Damper)의 설치목적
• 통풍력 조절
• 가스의 흐름을 차단 및 교체한다.

## 10 ★

다음 중 중유의 착화온도[℃]로 가장 적합한 것은?

① 250 ~ 300
② 325 ~ 400
③ 400 ~ 440
④ 530 ~ 580

해설

중유의 착화온도
530 ~ 580 [℃]

## 11 ★★★

고체 및 액체연료의 발열량을 측정할 때 정압 열량계가 주로 사용된다. 이 열량계 중에 2 [L]의 물이 있는데 5 [g]의 시료를 연소시킨 결과 물의 온도가 20 [℃] 상승하였다. 이 열량계의 열손실률을 10 [%]라고 가정할 때, 발열량은 약 몇 [kJ/kg]인가?

① 20000　② 28500
③ 37000　④ 45400

해설

발열량
※ 정압열량계 : 이 기기는 일정한 기압의 조건하의 용액 안에서의 반응 엔탈피 변화를 측정하는 것

물 1 [L] = 1 [kg]
물의 비열 = 1 [kcal/kg·℃] ≒ 4.2 [kJ/kg·℃]
1 [kcal] = 4.186 [kJ]
열량
$Q = mc(t_2 - t_1) = 2 \times 4.2 \times 20 = 168 \, [kJ]$
$Q_L = KQ = 1.1 \times 168 = 184.8 \, [kJ]$
$q = \dfrac{Q_L}{m} = \dfrac{184.8}{0.005} = \dfrac{184800}{5} = 36960$

## 12 ★　　　　　　　　　　난이도 상

99 [%] 집진을 요구하는 어느 공장에서 70 [%] 효율을 가진 전처리장치를 이미 설치하였다. 주처리장치는 약 몇 [%]의 효율을 가진 것이어야 하는가?

① 98.7　② 96.7
③ 94.7　④ 92.7

정답 ● 09 ③　10 ④　11 ③　12 ②

해설

집진장치의 효율

$1-\eta_t = (1-\eta_1) \times (1-\eta_2)$

$1-\eta_2 = \dfrac{(1-\eta_t)}{(1-\eta_1)} = \dfrac{1-0.99}{1-0.7} = \dfrac{0.01}{0.3} = \dfrac{1}{30}$

$\eta_2 = 1 - \dfrac{1}{30} = \dfrac{29}{30} = 0.966666$

- $\eta_t$ : 집진장치 최종효율
- $\eta_1$ : 전처리장치 효율
- $\eta_2$ : 주처리장치 효율
- $(1-\eta_t)$ : 집진장치 통과 후 최종적으로 남는 먼지 비율
- $(1-\eta_1)$ : 전처리장치 통과 후 최종적으로 남는 먼지 비율
- $(1-\eta_2)$ : 주처리장치 통과 후 최종적으로 남는 먼지 비율

## 13 ★

저탄장 바닥의 구배와 실외에서의 탄층높이로 가장 적절한 것은?

① 구배 : 1/50 ~ 1/100, 높이 : 2 [m] 이하
② 구배 : 1/100 ~ 1/150, 높이 : 4 [m] 이하
③ 구배 : 1/150 ~ 1/200, 높이 : 2 [m] 이하
④ 구배 : 1/200 ~ 1/250, 높이 : 4 [m] 이하

해설

저탄장 바닥의 구배와 실외에서의 탄층 높이
저탄장 바닥의 구배(기울기)는 1/100 ~ 1/150이고, 실외에서 탄층의 높이는 4 [m]로 하는 것이 가장 적절하다.

## 14 ★★

위험성을 나타내는 성질에 관한 설명으로 옳지 않은 것은?

① 착화온도와 위험성은 반비례한다.
② 비등점이 낮으면 인화 위험성이 높아진다.
③ 인화점이 낮은 연료는 대체로 착화온도가 낮다.
④ 물과 혼합하기 쉬운 가연성 액체는 물과의 혼합에 의해 증기압이 높아져 인화점이 낮아진다.

해설

위험성
물과 혼합하기 쉬운 가연성 액체는 물과의 혼합에 의해 증기압이 높아져 인화점이 높아진다.

## 15 ★

보일러의 열효율[$\eta$] 계산식으로 옳은 것은? (단, $h_s$ : 발생증기, $h_w$ : 급수의 엔탈피, $G_a$ : 발생증기량, $G_f$ : 연료소비량, $H_l$ : 저위발열량이다)

① $\eta = \dfrac{H_l \times G_f}{(h_s + h_w) G_a}$

② $\eta = \dfrac{(h_s - h_w) \times G_a}{H_l \times G_f}$

③ $\eta = \dfrac{(h_s + h_w) \times G_a}{H_l \times G_f}$

④ $\eta = \dfrac{(h_s - h_w) \times G_a \times G_f}{H_l}$

정답 13 ② 14 ④ 15 ②

### 해설

보일러 열효율

$$\eta = \frac{(h_s - h_w) \times G_a}{H_l \times G_f}$$

## 16 ★★★

질량 기준으로 C 85 [%], H 12 [%], S 3 [%]의 조성으로 되어 있는 중유를 공기비 1.1로 연소시킬 때 건연소가스양은 약 몇 [Nm³/kg]인가?

① 9.7
② 10.5
③ 11.3
④ 12.1

### 해설

이론공기량

$$A_0 = 8.89C + 26.67\left(H - \frac{O}{8}\right) + 3.33S$$

$$= 8.89 \times 0.85 + 26.67(0.12) + 3.33 \times 0.03$$

$$\fallingdotseq 10.8568 \text{ [Nm}^3\text{/kg]}$$

※ 건연소가스량

$$G_d = (m - 0.21)A_0 + 1.867C + 0.7S + 0.8N$$

$$= (m - 0.21) \times 10.8568 + 1.867 \times 0.85 + 0.7 \times 0.03$$

$$\fallingdotseq 11.3 \text{ [Nm}^3\text{/kg]}$$

## 17 ★★

공기와 연료의 혼합기체의 표시에 대한 설명 중 옳은 것은?

① 공기비는 연공비의 역수와 같다.
② 연공비(Fuel Air Ratio)라 함은 가연 혼합기 중의 공기와 연료의 질량비로 정의된다.
③ 공연비(Air Fuel Ratio)라 함은 가연 혼합기 중의 연료와 공기의 질량비로 정의된다.
④ 당량비(Equivalence Ratio)는 실제연공비와 이론연공비의 비로 정의된다.

### 해설

당량비(Equivalence Ratio)
당량비는 실제연공비와 이론연공비의 비로 정의된다.

## 18 ★★★

석탄에 함유되어 있는 성분 중 ㉠ 수분, ㉡ 휘발분, ㉢ 황분이 연소에 미치는 영향으로 가장 적합하게 각각 나열한 것은?

① ㉠ 발열량 감소, ㉡ 연소 시 긴 불꽃 생성
   ㉢ 연소기관의 부식
② ㉠ 매연 발생, ㉡ 대기오염 감소
   ㉢ 착화 및 연소 방해
③ ㉠ 연소 방해, ㉡ 발열량 감소
   ㉢ 매연 발생
④ ㉠ 매연 발생, ㉡ 발열량 감소
   ㉢ 점화 방해

정답: 16 ③  17 ④  18 ①

### 해설

연소 성분
- 수분 : 발열량감소
- 휘발분 : 긴 불꽃 생성
- 황 : 연소기관의 부식

## 19 ★  난이도 상

배기가스와 외기의 평균온도가 220 [℃]와 25 [℃]이고, 0 [℃], 1기압에서 배기가스와 대기의 밀도는 각각 0.770 [kg/m³]와 1.186 [kg/m³]일 때 연돌의 높이는 약 몇 [m]인가? (단, 연돌의 통풍력 Z = 52.85 [mmH₂O]이다)

① 60
② 80
③ 100
④ 120

### 해설

연돌의 높이

$$H = \frac{Z}{273\left(\frac{\gamma_a}{t_a+273} - \frac{\gamma_g}{t_g+273}\right)}$$

$$= \frac{52.85}{273\left(\frac{1.186}{25+273} - \frac{0.770}{220+273}\right)} = 80.06$$

## 20 ★

그림은 어떤 로의 열정산도이다. 발열량이 10920 [kJ/Nm³]인 연료를 이 가열로에서 연소시켰을 때 강재가 함유하는 열량은 약 몇 [kJ/Nm³]인가?

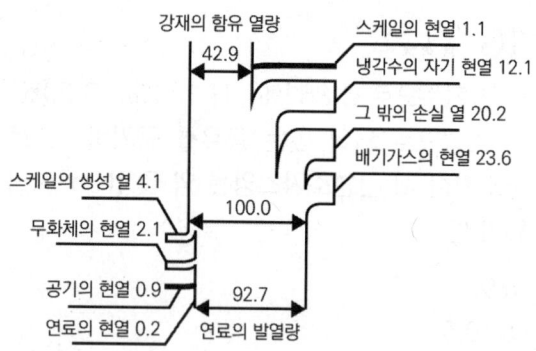

① 1535.28
② 3270.28
③ 4684.68
④ 5053.59

### 해설

함유열량
- 추출강재열량 : 42.9 [%]
- 연료의 발열량 : 92.7 [%]
  10920 : 92.7 = 함유열량 : 42.9
- 함유열량 = 10920 × 42.9 ÷ 92.7
  ≒ 5053.59 [kJ/Nm³]

## 2과목 열역학

## 21 ★★
물체의 온도 변화 없이 상(Phase, 相) 변화를 일으키는 데 필요한 열량은?

① 비열
② 점화열
③ 잠열
④ 반응열

**해설**

잠열
잠열(숨은열)은 온도 변화 없이 상(Phase)만의 변화를 일으키는 데 필요한 열량이다.

## 22 ★
열역학 2법칙과 관련하여 가역 또는 비가역 사이클 과정 중 항상 성립하는 것은? (단, Q는 시스템에 출입하는 열량이고, T는 절대온도이다)

① $\oint \frac{\delta Q}{T} = 0$
② $\oint \frac{\delta Q}{T} > 0$
③ $\oint \frac{\delta Q}{T} \geq 0$
④ $\oint \frac{\delta Q}{T} \leq 0$

**해설**

클라우지우스의 순환적분값
$\oint \frac{\delta Q}{T} \leq 0$
가역 사이클이면 등호, 비가역 사이클이면 부등호(<)

## 23 ★★
어느 밀폐계와 주위 사이에 열의 출입이 있다. 이것으로 인한 계와 주위의 엔트로피의 변화량을 각각 △$S_1$, △$S_2$로 하면 엔트로피 증가의 원리를 나타내는 식으로 옳은 것은?

① △$S_1$ > 0
② △$S_2$ > 0
③ △$S_1$ + △$S_2$ > 0
④ △$S_1$ - △$S_2$ > 0

**해설**

엔트로피의 증가의 원리를 나타내는 식
비가역 변화인 경우 계의 전체 엔트로피
($\Delta S_{total} = \Delta S_1 + \Delta S_2 > 0$)는 증가한다.

## 24 ★
100 [kPa]의 포화액이 펌프를 통과하여 1000 [kPa]까지 단열압축된다. 이때 필요한 펌프의 단위질량당 일은 약 몇 [kJ/kg]인가? (단, 포화액의 비체적은 0.001 [m³/kg]으로 일정하다)

① 0.9
② 1.0
③ 900
④ 1000

**해설**

펌프의 단위질량당 일
$w_p = -\int_{p_1}^{p_2} vdp = \int_{p_2}^{p_1} vdp = v(p_1 - p_2)$
$= 0.001 \times (1000 - 100)$
$= 0.9 [kJ/kg]$

정답  21 ③  22 ④  23 ③  24 ①

## 25 ★★★

다음 중 랭킨 사이클의 과정을 옳게 나타낸 것은?

① 단열압축 → 정적가열 → 단열팽창 → 정압 냉각
② 단열압축 → 정압가열 → 단열팽창 → 정적 냉각
③ 단열압축 → 정압가열 → 단열팽창 → 정압 냉각
④ 단열압축 → 정적가열 → 단열팽창 → 정적 냉각

해설

랭킨 사이클의 과정
단열압축(S = C) → 정압가열(P = C) → 단열팽창 (S = C) → 정압냉각(P = C)

## 26 ★★★

냉동 사이클에서 냉매의 구비조건으로 가장 거리가 먼 것은?

① 임계온도가 높을 것
② 증발열이 클 것
③ 인화 및 폭발의 위험성이 낮을 것
④ 저온, 저압에서 응축이 잘 되지 않을 것

해설

냉매의 구비조건
적정한 온도, 압력(저온, 저압)에서 응축(액화)이 잘 되어야 한다.

## 27 ★★★

어떤 열기관이 역카르노 사이클로 운전하는 열펌프와 냉동기로 작동될 수 있다. 동일한 고온 열원과 저온열원 사이에서 작동될 때, 열펌프와 냉동기의 성능계수(COP)는 다음과 같은 관계식으로 표시될 수 있는데, ( ) 안에 알맞은 값은?

$$COP_{열펌프} = COP_{냉동기} + (\ )$$

① 0  ② 1
③ 1.5  ④ 2

해설

성능계수(COP) 관계식
$$COP_{열펌프} = \frac{Q_1}{W_c} = \frac{W_c + Q_2}{W_c} = 1 + COP_{냉동기}$$

## 28 ★

-50 [℃]인 탄산가스가 있다. 이 가스가 정압 과정으로 0 [℃]가 되었을 때 변경 후의 체적은 변경 전의 체적 대비 약 몇 배가 되는가? (단, 탄산가스는 이상기체로 간주한다)

① 1.094배
② 1.224배
③ 1.375배
④ 1.512배

해설

정압 과정으로 체적 변화
$P = C$,
$$\frac{V_1}{T_1} = \frac{V_2}{T_2},\ \frac{V_2}{V_1} = \frac{T_2}{T_1} = \frac{273}{273-50} = \frac{273}{223} = 1.224$$

정답 ● 25 ③  26 ④  27 ②  28 ②

## 29 ★★

물 1 [kg]이 100 [℃]의 포화액 상태로부터 동일 압력에서 100 [℃]의 건포화증기로 증발할 때까지 2280 [kJ]을 흡수하였다. 이때 엔트로피의 증가는 약 몇 [kJ/K]인가?

① 6.1
② 12.3
③ 18.4
④ 25.6

**해설**

동일 압력에서 엔트로피 증가
$$\Delta S = \frac{Q}{T_s} = \frac{2280\,[kJ]}{373\,[K]} = 6.11\,[kJ/K]$$

## 30 ★★

이상기체에서 정적비열 $C_v$와 정압비열 $C_p$와의 관계를 나타낸 것으로 옳은 것은? (단, R은 기체상수이고, k는 비열비이다)

① $C_v = k \times C_p$
② $C_v = \frac{1}{2} \times C_p$
③ $C_v = C_p + R$
④ $C_v = C_p - R$

**해설**

이상기체 관계식
$C_p - C_v = R$

## 31 ★★★

랭킨 사이클의 열효율 증대 방안으로 가장 거리가 먼 것은?

① 복수기의 압력을 낮춘다.
② 과열 증기의 온도를 높인다.
③ 보일러의 압력을 상승시킨다.
④ 응축기의 온도를 높인다.

**해설**

랭킨 사이클 열효율 증대 방안
응축기(복수기) 온도를 높이면 열효율은 감소한다.

## 32 ★

압력이 1.2 [MPa]이고 건도가 0.65인 습증기 10 [m³]의 질량은 약 몇 [kg]인가? (단, 1.2 [MPa]에서 포화액과 포화증기의 비체적은 각각 0.0011373 [m³/kg], 0.1662 [m³/kg]이다)

① 87.83
② 92.23
③ 95.11
④ 99.45

**해설**

습증기의 질량
$$v_x = v' + x(v'' - v')\,[m^3/kg]$$
$$= 0.0011373 + 0.65 \times (0.1662 - 0.0011373)$$
$$= 0.1084\,[m^3/kg]$$
$$v_x = \frac{V}{m}$$
$$m = \frac{V}{v_x} = \frac{10}{0.1084} = 92.25$$

**정답** 29 ① 30 ④ 31 ④ 32 ②

## 33 ★★★

비열비가 1.41인 이상기체가 1 [MPa], 500 [L]에서 가역단열 과정으로 120 [kPa]로 변할 때 이 과정에서 한 일은 약 몇 [kJ]인가?

① 561
② 625
③ 715
④ 825

**해설**

이상기체가 한 일

$$_1W_2 = \frac{P_1 V_1}{k-1}\left[1-\left(\frac{P_2}{P_1}\right)^{\frac{k-1}{k}}\right]$$

$$= \frac{1000 \times 0.5}{1.41-1}\left[1-\left(\frac{120}{1000}\right)^{\frac{1.41-1}{1.41}}\right]$$

$$\fallingdotseq 561.2 \,[kJ]$$

## 34 ★

40 [m³]의 실내에 있는 공기의 질량은 약 몇 [kg]인가? (단, 공기의 압력은 100 [kPa], 온도는 27 [℃]이며, 공기의 기체상수는 0.287 [kJ/(kg·K)]이다)

① 93
② 46
③ 10
④ 2

**해설**

PV = mRT

$$m = \frac{PV}{RT} = \frac{100 \times 40}{0.287 \times (27+273)} = 46.46\,[kg]$$

## 35 ★★

냉동용량이 6 [RT](냉동톤)인 냉동기의 성능계수가 2.4이다. 이 냉동기를 작동하는 데 필요한 동력은 약 몇 [kW]인가? (단, 1 [RT](냉동톤)은 3.86 [kW]이다)

① 3.33
② 5.74
③ 9.65
④ 18.42

**해설**

냉동기를 작동하는 데 필요한 동력

$$\frac{Q_c}{\epsilon_R} = \frac{6 \times 3.86}{2.4} = 9.65\,[kW]$$

## 36 ★

자동차 타이어의 초기 온도와 압력은 각각 15 [℃], 150 [kPa]이었다. 이 타이어에 공기를 주입하여 타이어 안의 온도가 30 [℃]가 되었다고 하면 타이어의 압력은 약 몇 [kPa]인가? (단, 타이어 내의 부피는 0.1 [m³]이고, 부피 변화는 없다고 가정한다)

① 158   ② 177
③ 211   ④ 233

**해설**

타이어 내의 압력

$$\frac{P_1}{T_1} = \frac{P_2}{T_2}$$

$$P_2 = P_1\left(\frac{T_2}{T_1}\right) = 150 \times \left(\frac{30+273.15}{15+273.15}\right)$$

$$\fallingdotseq 158\,[kPa]$$

**정답** 33 ① 34 ② 35 ③ 36 ①

## 37 ★★

노즐에서 가역단열팽창에서 분출하는 이상기체가 있다고 할 때 노즐 출구에서의 유속에 대한 관계식으로 옳은 것은? (단, 노즐입구에서의 유속은 무시할 수 있을 정도로 작다고 가정하고, 노즐 입구의 단위질량당 엔탈피는 $h_i$, 노즐 출구의 단위질량당 엔탈피는 $h_o$이다)

① $\sqrt{h_i - h_o}$
② $\sqrt{h_o - h_i}$
③ $\sqrt{2(h_i - h_o)}$
④ $\sqrt{2(h_o - h_i)}$

**해설**

가역단열팽창 시 노즐 출구 유속
$V_o = \sqrt{2(h_i - h_o)}$

## 38 ★★

디젤 사이클에서 압축비는 16, 기체의 비열비는 1.4, 체절비(또는 분사 단절비)는 2.5라고 할 때 이 사이클의 효율은 약 몇 [%]인가?

① 59 [%]
② 62 [%]
③ 65 [%]
④ 68 [%]

**해설**

사이클의 효율

$$\eta_{thd} = \left[1 - \left(\frac{1}{\epsilon}\right)^{k-1} \times \frac{\sigma^k - 1}{k(\sigma - 1)}\right] \times 100\,[\%]$$

$$= \left[1 - \left(\frac{1}{16}\right)^{1.4-1} \times \frac{2.5^{1.4} - 1}{1.4(2.5 - 1)}\right] \times 100\,[\%]$$

$$= 59\,[\%]$$

## 39 ★

다음 중 가스터빈의 사이클로 가장 많이 사용되는 사이클은?

① 오토 사이클
② 디젤 사이클
③ 랭킨 사이클
④ 브레이튼 사이클

**해설**

가스터빈의 사이클
가스터빈의 이상 사이클은 브레이튼 사이클이다.

## 40 ★

다음 중 용량성 상태량(Extensive Property)에 해당하는 것은?

① 엔탈피　　② 비체적
③ 압력　　　④ 절대온도

**해설**

용량성 상태량(Extensive Property)
용량성 상태량에는 엔탈피가 해당하고, 강도성 상태량(Intensive Property)은 물질의 양과 무관한 상태량으로 비체적, 압력, 온도 등이 있다.

정답 37 ③　38 ①　39 ④　40 ①

## 3과목 계측방법

### 41 ★
단요소식 수위제어에 대한 설명으로 옳은 것은?

① 발전용 고압 대용량 보일러의 수위제어에 사용되는 방식이다.
② 보일러의 수위만을 검출하여 급수량을 조절하는 방식이다.
③ 부하변동에 의한 수위 변화 폭이 대단히 적다.
④ 수위조절기의 제어동작은 PID동작이다.

**해설**

수위제어방식
- 단요소식(1요소식) : 보일러의 수위만을 검출하여 급수량을 조절하는 방식
- 2요소식 : 수위와 증기유량을 동시에 검출하는 방식이다.
- 3요소식 : 수위, 증기유량, 급수유량을 동시에 검출하는 방식이다.

### 42 ★★
다음 중 액면 측정방법이 아닌 것은?

① 액압측정식
② 정전용량식
③ 박막식
④ 부자식

**해설**

액면 측정방식
- 액압측정식
- 정전용량식
- 부자식
※ 박막식 압력센서는 다이어프램식(Diaphragm)으로 전기 저항의 변화를 검출한다.

### 43 ★★★
유로에 고정된 교축기구를 두어 그 전후의 압력차를 측정하여 유량을 구하는 유량계의 형식이 아닌 것은?

① 벤투리미터
② 플로우노즐
③ 로터미터
④ 오리피스

**해설**

차압식 유량계
벤투리미터, 플로우노즐, 오리피스 등이 있다.
※ 로터미터는 부자(Float)를 이용한 면적식 유량계.

### 44 ★★★
오차와 관련된 설명으로 틀린 것은?

① 흩어짐이 큰 측정을 정밀하다고 한다.
② 오차가 적은 계량기는 정확도가 높다.
③ 계측기가 가지고 있는 고유의 오차를 기차라고 한다.
④ 눈금을 읽을 때 시선의 방향에 따른 오차를 시차라고 한다.

정답 41 ② 42 ③ 43 ③ 44 ①

**해설**

오차
흩어짐이 작은 측정을 정밀하다고 한다.

## 45 ★★

측정하고자 하는 액면을 직접 자로 측정, 자의 눈금을 읽음으로서 액면을 측정하는 방법의 액면계는?

① 검척식 액면계
② 기포식 액면계
③ 직관식 액면계
④ 플로트식 액면계

**해설**

검척식 액면계
측정하고자 하는 액면을 직접자로 측정, 자의 눈금을 읽음으로써 액면을 측정하는 방법의 액면계이다.

## 46 ★★

Thermistor(서미스터)의 특징이 아닌 것은?

① 소형이며 응답이 빠르다.
② 온도계수가 금속에 비하여 매우 작다.
③ 흡습 등에 의하여 열화되기 쉽다.
④ 전기 저항체 온도계이다.

**해설**

서미스터(Thermistor)
열에 민감한 저항체라는 의미로 온도 변화에 따라 저항값이 극단적으로 크게 변화하는 감온반도체이다. 온도계수가 금속에 비해 매우 크다.

## 47 ★★

전자유량계로 유량을 측정하기 위해서 직접 계측하는 것은?

① 유체에 생기는 과전류에 의한 온도 상승
② 유체에 생기는 압력 상승
③ 유체 내에 생기는 와류
④ 유체에 생기는 기전력

**해설**

전자유량계
전자유량계로 유량을 측정하기 위해서 유체에 생기는 기전력을 직접 계측한다.

## 48 ★★★

고온물체로부터 방사되는 특정파장을 온도계 속으로 통과시켜 온도계 내의 전구 필라멘트의 휘도를 육안으로 직접 비교하여 온도를 측정하는 것은?

① 열전 온도계
② 광고온계
③ 색 온도계
④ 방사 온도계

**해설**

광고온계(Optical Pytometer)
고온물체로부터 방사되는 특정파장을 온도계 속으로 통과시켜 온도계 내의 전구 필라멘트의 휘도를 육안으로 직접 비교하여 온도를 측정하는 온도계이다(700 ~ 3500 [℃]).

**정답** 45 ① 46 ② 47 ④ 48 ②

## 49 ★★★
조절계의 제어작동 중 제어편차에 비례한 제어동작은 잔류편차(Off-set)가 생기는 결점이 있는데, 이 잔류편차를 없애기 위한 제어동작은?

① 비례동작
② 미분동작
③ 2위치동작
④ 적분동작

**해설**

적분동작(I)
잔류편차(Off-set)를 없애기 위한 제어동작

## 50 ★
다이어프램식 압력계의 압력증가현상에 대한 설명으로 옳은 것은?

① 다이어프램에 가해진 압력에 의해 격막이 팽창한다.
② 링크가 아래 방향으로 회전한다.
③ 섹터기어가 시계방향으로 회전한다.
④ 피니언은 시계방향으로 회전한다.

**해설**

다이어프램식(Diaphragm Type) 압력계
다이어프램식 압력계는 압력증가현상에 따라 피니언(Pinion)이 시계방향으로 회전한다.
① 다이어프램에 가해진 압력에 의해 격막이 휘어진다.
② 링크가 위쪽 방향으로 회전한다.
③ 섹터기어가 반시계방향으로 회전한다.

## 51 ★
다음 중 직접식 액위계에 해당하는 것은?

① 정전용량식
② 초음파식
③ 플로트식
④ 방사선식

**해설**

직접식 액위계
직접식 액위계는 액체의 표면에 직접 접촉하며 액면을 측정한다. 즉, 플로트식이 직접식 액위계이다.

## 52 ★★
램 실린더, 기름탱크, 가압펌프 등으로 구성되어 있으며 다른 압력계의 기준기로 사용되는 것은?

① 환상스프링식 압력계
② 부르동관식 압력계
③ 액주형 압력계
④ 분동식 압력계

**해설**

분동식 압력계
단위면적에 작용하는 수직력을 이용해서 표준압력을 만들 수 있게 한 압력계다. 분동식 압력계는 램 실린더, 기름탱크, 가압펌프 등으로 구성되어 있다.

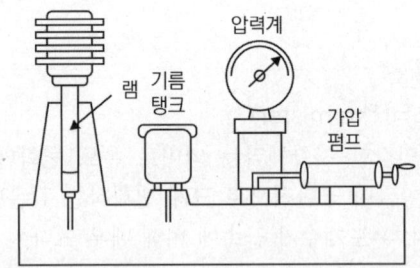

**정답** 49 ④ 50 ④ 51 ③ 52 ④

## 53 ★★

2개의 제어계를 조합하여 1차 제어장치의 제어량을 측정하여 제어명령을 발하고 2차 제어장치의 목표치로 설정하는 제어방법은?

① On-off제어
② Cascade제어
③ Program제어
④ 수동제어

**해설**

캐스케이드제어
2개의 제어계를 조합하여 1차 제어장치의 제어량을 측정하여 제어명령을 발하고 2차 제어장치의 목표치로 설정하는 제어방법이다.

## 54 ★★

다음 중 사용온도 범위가 넓어 저항 온도계의 저항체로서 가장 우수한 재질은?

① 백금
② 니켈
③ 동
④ 철

**해설**

저항 온도계의 저항체
백금 측온 저항체(백금선) : -200 ~ 500(600) [℃](사용범위 넓음)

## 55 ★★★

다음 중 1000 [℃] 이상인 고온체의 연속측정에 가장 적합한 온도계는?

① 저항 온도계
② 방사 온도계
③ 바이메탈식 온도계
④ 액체압력식 온도계

**해설**

방사 온도계
방사 온도계는 고온도역의 측정에 사용되는 온도계로 백금 - 백금·로듐 열전대 백금 저항 온도계를 사용하면 1600 [℃] 정도까지 측정할 수 있으며 다시 그 이상 2000 [℃] 정도까지의 온도 측정에는 측온물체로부터 방사되는 에너지를 사용하는 방사 온도계가 사용된다.

## 56 ★★★

응답이 빠르고 감도가 높으며, 도선 저항에 의한 오차를 적게 할 수 있으나 재현성이 없고 흡습 등으로 열화되기 쉬운 특징을 가진 온도계는?

① 광고온계
② 열전대 온도계
③ 서미스터 저항체 온도계
④ 금속 측온 저항체 온도계

**해설**

서미스터 저항체 온도계
응답이 빠르고 감도가 높으며 도선 저항에 대한 오차를 작게 할 수 있으나, 재현성이 없고 흡습 등으로 열화되기 쉬운 특징을 가진 온도계이다.

정답 ● 53 ② 54 ① 55 ② 56 ③

## 57 ★
다음 열전대의 구비조건으로 가장 적절하지 않은 것은?

① 열기전력이 크고 온도 증가에 따라 연속적으로 상승할 것
② 저항온도계수가 높을 것
③ 열전도율이 작을 것
④ 전기 저항이 작을 것

**해설**

열전대의 구비조건
열전대는 저항온도계수가 작아야 한다.

## 58 ★★★
휴대용으로 상온에서 비교적 정도가 좋은 아스만(Asman) 습도계는 다음 중 어디에 속하는가?

① 저항 습도계
② 냉각식 노점계
③ 간이 건습구 습도계
④ 통풍형 건습구 습도계

**해설**

아스만(Asman) 습도계
아스만에 의해 고안된 건습구 온도계로 감도가 좋고 외부의 풍속 변화를 받지 않으므로 정확한 습도를 측정할 수 있는 통풍형 건습구 습도계이다.

## 59 ★★★
지름이 10 [cm] 되는 관 속을 흐르는 유체의 유속이 16 [m/s]이었다면 유량은 약 몇 [m³/s]인가?

① 0.125  ② 0.525
③ 1.605  ④ 1.725

**해설**

유속 - 유량
$$Q = AV = \frac{\pi d^2}{4}V = \frac{\pi (0.1)^2}{4} \times 16 = 0.125 \, [m^3/s]$$

## 60 ★
환상천평식(링밸런스식) 압력계에 대한 설명으로 옳은 것은?

① 경사관식 압력계의 일종이다.
② 히스테리시스현상을 이용한 압력계이다.
③ 압력에 따른 금속의 신축성을 이용한 것이다.
④ 저압가스의 압력측정이나 드래프트게이지로 주로 이용된다.

**해설**

환상천평식(링밸런스식) 압력계
저압가스의 압력측정이나 드래프트 게이지로 주로 사용된다.

정답: 57 ②  58 ④  59 ①  60 ④

## 4과목 | 열설비재료 및 관계법규

### 61 ★★
다음 중 용광로에 장입되는 물질 중 탈황 및 탈산을 위해 첨가하는 것으로 가장 적당한 것은?

① 철광석
② 망간광석
③ 코크스
④ 석회석

**해설**
망간광석
용광로에 장입되는 물질 중 탈황, 탈산을 위해 첨가하는 것은 망간광석이다.

### 62 ★★★
다음 보온재 중 최고 안전 사용온도가 가장 낮은 것은?

① 석면
② 규조토
③ 우레탄 폼
④ 펄라이트

**해설**
보온재
- 우레탄 폼류 : 80 [℃]
- 석면 : 450 [℃]
- 규조토 : 500 [℃]
- 펄라이트 : 650 [℃]

### 63 ★
연소실의 연도를 축조하려 할 때 유의사항으로 가장 거리가 먼 것은?

① 넓거나 좁은 부분의 차이를 줄인다.
② 가스 정체 공극을 만들지 않는다.
③ 가능한 한 굴곡 부분을 여러 곳에 설치한다.
④ 댐퍼로부터 연도까지의 길이를 짧게 한다.

**해설**
연소실의 연도를 축조하려 할 때 유의사항
연소실의 연도를 축조 시 가능한 한 굴곡 부분을 적게 설치한다.

### 64 ★★★
「에너지이용합리화법」에 따라 검사대상기기에 해당되지 않는 것은?

① 정격용량이 0.4 [MW]인 철금속가열로
② 가스사용량이 17 [kg/h]인 소형 온수보일러
③ 최고사용압력이 0.1 [MPa]이고, 전열면적이 5 [$m^2$]인 주철제 보일러
④ 최고사용압력이 0.1 [MPa]이고, 동체의 안지름이 300 [mm]이며, 길이가 600 [mm]인 강철제 보일러

**해설**
검사대상기기
요로(철금속가열로)는 정격용량이 0.58 [MW]를 초과하는 것이 검사대상기기에 해당한다.

정답  61 ②  62 ③  63 ③  64 ①

## 65 ★

「에너지이용합리화법」에 따라 효율관리기자재의 제조업자가 광고매체를 이용하여 효율관리기자재의 광고를 하는 경우에 그 광고내용에 포함시켜야 할 사항은?

① 에너지 최고효율
② 에너지 사용량
③ 에너지 소비효율
④ 에너지 평균소비량

**해설**

효율관리기자재 광고내용에 포함시켜야 할 사항
효율관리기자재 제조업자가 광고매체를 이용하여 효율관리기자재의 광고를 하는 경우 광고내용에 포함시켜야 할 사항은 에너지 소비효율이다.

## 66 ★★★

「에너지이용합리화법」에 의해 에너지사용의 제한 또는 금지에 관한 조정·명령, 기타 필요한 조치를 위반한 자에 대한 과태료 기준은 얼마인가?

① 50만 원 이하
② 100만 원 이하
③ 300만 원 이하
④ 500만 원 이하

**해설**

과태료
「에너지이용합리화법」에 의해 에너지 사용제한 또는 금리에 관한 조정, 명령, 기타 필요한 조치를 위반한 자에 대한 과태료는 300만 원 이하이다.

## 67 ★

보온재의 열전도계수에 대한 설명으로 틀린 것은?

① 보온재의 함수율이 크게 되면 열전도계수도 증가한다.
② 보온재의 기공률이 클수록 열전도계수는 작아진다.
③ 보온재의 열전도계수가 작을수록 좋다.
④ 보온재의 온도가 상승하면 열전도계수는 감소된다.

**해설**

보온재의 열전도계수
보온재의 온도가 상승하면 열전도계수(W/m·K)는 증가한다.

## 68 ★★

「에너지이용합리화법」의 목적이 아닌 것은?

① 에너지의 합리적인 이용을 증진
② 국민경제의 건전한 발전에 이바지
③ 지구온난화의 최소화에 이바지
④ 신재생에너지의 기술개발에 이바지

**해설**

「에너지이용합리화법」의 목적
• 에너지의 합리적인 이용을 증진
• 국민경제의 건전한 발전 및 국민복지의 증진
• 에너지소비로 인한 환경피해를 줄임
• 지구온난화의 최소화에 이바지함

**정답** 65 ③ 66 ③ 67 ④ 68 ④

## 69 ★

「에너지이용합리화법」에 따라 시공업의 기술인력 및 검사대상기기관리자에 대한 교육 과정과 교육 기간의 연결로 틀린 것은?

① 난방시공법 제1종기술자 과정 : 1일
② 난방시공업 제2종기술자 과정 : 1일
③ 소형 보일러·압력용기관리자 과정 : 1일
④ 중·대형 보일러관리자 과정 : 2일

**해설**

교육 과정 – 교육 기간
중·대형 보일러근로자(관리자) 과정은 1일이다.

## 70 ★★

「에너지이용합리화법」에 따라 냉난방온도의 제한온도 기준 중 난방온도는 몇 [℃] 이하로 정해져 있는가?

① 18
② 20
③ 22
④ 26

**해설**

제한온도
(1) 냉방 : 26 [℃] 이상
(2) 난방 : 20 [℃] 이하

## 71 ★

버터플라이밸브의 특징에 대한 설명으로 틀린 것은?

① 90° 회전으로 개폐가 가능하다.
② 유량조절이 가능하다.
③ 완전 열림 시 유체 저항이 크다.
④ 밸브몸통 내에서 밸브대를 축으로 하여 원판형태의 디스크의 움직임으로 개폐하는 밸브이다.

**해설**

버터플라이밸브
회전원판으로 관로를 열고 닫음으로써 유량이나 유압을 조절하는 밸브로 완전 개방(열림) 시 유체 저항이 작다.

## 72 ★★★

「에너지이용합리화법」에 따라 검사대상기기의 검사유효기간 기준으로 틀린 것은?

① 검사유효기간은 검사에 합격한 날의 다음 날부터 계산한다.
② 검사에 합격한 날이 검사유효기간 만료일 이전 60일 이내인 경우 검사유효기간 만료일의 다음 날부터 계산한다.
③ 검사를 연기한 경우의 검사유효기간은 검사유효기간 만료일의 다음 날부터 계산한다.
④ 산업통상자원부장관은 검사대상기기의 안전관리 또는 에너지효율 향상을 위하여 부득이하다고 인정할 때에는 검사유효기간을 조정할 수 있다.

정답 69 ④ 70 ② 71 ③ 72 ②

> **해설**

검사대상기기의 검사유효기간
검사유효기간은 검사에 합격한 날의 다음 날부터 계산한다. 다만 검사에 합격한 날이 검사유효기간 만료일 이전 30일 이내인 경우와 검사를 연기한 경우에는 검사유효기간 만료일의 다음 날부터 계산한다.

## 73 ★★★

마그네시아 또는 돌로마이트를 원료로 하는 내화물이 수증기의 작용을 받아 $Ca(OH)_2$나 $Mg(OH)_2$를 생성하게 된다. 이때 체적 변화로 인해 노벽에 균열이 발생하거나 붕괴하는 현상을 무엇이라고 하는가?

① 버스팅　　② 스폴링
③ 슬래킹　　④ 에로존

> **해설**

슬래킹현상
마그네시아 또는 돌로마이트벽돌을 저장 중이나 사용 후에 수증기를 흡수하여 체적 변화에 의해 노벽에 균열(Crack)이 발생하거나 분화가 붕괴되는 현상을 말한다.

## 74 ★

가스로 중 주로 내열강재의 용기를 내부에서 가열하고 그 용기 속에 열처리 품을 장입하여 간접 가열하는 로를 무엇이라고 하는가?

① 레토르트로　　② 오븐로
③ 머플로　　　　④ 라디안트튜브로

> **해설**

머플(Muffle)로
피가열체에 직접 불꽃이 닿지 않도록 내화재료로 2중벽을 만들어 피가열물을 간접 가열하는 가열로다.

## 75 ★★★

파이프의 열변형에 대응하기 위해 설치하는 이음은?

① 가스이음
② 플랜지이음
③ 신축이음
④ 소켓이음

> **해설**

신축이음
파이프의 열변형에 대응하기 위해 설치하는 이음은 신축이음이다. 동관 20 [m], 강관 30 [m]마다 1개씩 설치한다.

## 76 ★★★

「에너지이용합리화법」에 따른 에너지 저장의무 부과대상자가 아닌 것은?

① 전기사업자
② 석탄생산자
③ 도시가스사업자
④ 연간 2만 석유환산톤 이상의 에너지를 사용하는 자

정답　73 ③　74 ③　75 ③　76 ②

**해설**

에너지 저장의무 부과대상자
- 전기사업자
- 도시가스사업자
- 연간 2만 [TOE] 이상의 에너지를 사용하는 자

## 77 ★★

85 [℃]의 물 120 [kg]의 온탕에 10 [℃]의 물 140 [kg]을 혼합하면 약 몇 [℃]의 물이 되는가?

① 44.6　　② 56.6
③ 66.9　　④ 70.0

**해설**

액체 혼합

$$t_m = \frac{m_1 t_1 + m_2 t_2}{m_1 + m_2} = \frac{120 \times 85 + 140 \times 10}{120 + 140}$$
$$\fallingdotseq 44.62 \text{ [℃]}$$

## 78 ★

도염식 가마의 구조에 해당되지 않는 것은?

① 흡입구
② 대차
③ 지연도
④ 화교

**해설**

도염식 가마 구조
대차(운반차)는 도염식 가마 구조에 해당하지 않는다. 연속요인 터널요가마의 구성요소에 속한다.

## 79 ★★

「에너지이용합리화법」에 따라 매년 1월 31일까지 전년도의 분기별 에너지사용량·제품생산량을 신고하여야 하는 대상은 연간 에너지사용량의 합계가 얼마 이상인 경우 해당되는가?

① 1천 티오이　　② 2천 티오이
③ 3천 티오이　　④ 5천 티오이

**해설**

에너지사용량 제품생산량을 신고하여야 하는 대상
「에너지이용합리화법」에 따라 매년 1월 31일까지의 전년도의 분기별 에너지 사용량, 제품생산량을 신고하여야 하는 대상은 연간에너지 사용량의 합계가 2000 [TOE] 이상인 경우에 해당된다.

## 80 ★

「에너지이용합리화법」에 따른 한국에너지공단의 사업이 아닌 것은?

① 에너지의 안정적 공급
② 열사용기자재의 안전관리
③ 신에너지 및 재생에너지개발사업의 촉진
④ 집단에너지사업의 촉진을 위한 지원 및 관리

**해설**

한국에너지공단의 사업
- 열사용기자재의 안전관리
- 신에너지 및 재생에너지개발사업 및 촉진
- 집단에너지사업의 촉진을 위한 자원 및 관리

**정답** 77 ① 78 ② 79 ② 80 ①

**5과목 열설비설계**

## 81 ★

보일러를 사용하지 않고, 장기간 휴지 상태로 놓을 때 부식을 방지하기 위해서 채워두는 가스는?

① 이산화탄소
② 질소가스
③ 아황산가스
④ 메테인가스

**해설**

휴지 상태에서의 부식 방지 가스
질소가스를 사용한다.

## 82 ★★★

보일러의 파형 노통에서 노통의 평균지름을 1000 [mm], 최고사용압력을 11 [kgf/cm²]라 할 때 노통의 최소 두께[mm]는? (단, 평형부 길이는 230 [mm] 미만이며, 정수 C는 1100이다)

① 5          ② 8
③ 10         ④ 13

**해설**

파형 노통의 최소 두께

$$t = \frac{PD}{C} = \frac{11 \times 1000}{1100} = 10\,[mm]$$

## 83 ★

보일러수랭관과 연소실벽 내에 설치된 방사과열기의 보일러 부하에 따른 과열온도 변화에 대한 설명으로 옳은 것은?

① 보일러의 부하증대에 따라 과열온도는 증가하다가 최대 이후 감소한다.
② 보일러의 부하증대에 따라 과열온도는 감소하다가 최소 이후 증가한다.
③ 보일러의 부하증대에 따라 과열온도는 증가한다.
④ 보일러의 부하증대에 따라 과열온도는 감소한다.

**해설**

과열온도 변화
보일러수랭관과 연소실벽 내에 설치된 방사 과열기의 보일러 부하에 따른 과열온도 변화는 보일러의 부하증대에 따라 과열온도는 감소한다.

## 84 ★★

육용 강제 보일러의 구조에 있어서 동체의 최소 두께 기준으로 틀린 것은?

① 안지름이 900 [mm] 이하인 것은 4 [mm]
② 안지름이 900 [mm] 초과, 1350 [mm] 이하인 것은 8 [mm]
③ 안지름이 1350 [mm] 초과, 1850 [mm] 이하인 것은 10 [mm]
④ 안지름이 1850 [mm]를 초과하는 것은 12 [mm]

**정답** 81 ② 82 ③ 83 ④ 84 ①

**해설**

동체의 최소 두께 기준
열사용기자재의 검사 및 검사면제에 관한 기준
4.1 동체 두께의 제한
동체의 최소두께는 다음의 값 이상이어야 한다.
(1) 안지름 900 [mm] 이하인 것은 6 [mm]. 다만 스테이를 부착하는 경우는 8 [mm]
(2) 안지름 900 [mm]를 초과하고, 1350 [mm] 이하인 것은 8 [mm]
(3) 안지름 1350 [mm]를 초과하고, 1850 [mm] 이하인 것은 10 [mm]
(4) 안지름 1850 [mm]를 초과하는 것은 12 [mm]

## 85 ★
연소실의 체적을 결정할 때 고려사항으로 가장 거리가 먼 것은?

① 연소실의 열부하
② 연소실의 열발생률
③ 연소실의 연소량
④ 내화벽돌의 내압강도

**해설**

연소실 체적 결정 시 고려사항
내화벽돌의 내압강도는 연소실 체적을 결정할 때 고려사항이 아니다.

## 86 ★
급수조절기를 사용할 경우 수압시험 또는 보일러를 시동할 때 조절기가 작동하지 않게 하거나, 모든 자동 또는 수동제어밸브 주위에 수리, 교체하는 경우를 위하여 설치하는 설비는?

① 블로우 오프관
② 바이패스관
③ 과열 저감기
④ 수면계

**해설**

바이패스관
급수조절기를 사용할 경우 수압시험 또는 보일러를 시동할 때 조절기가 작동하지 않게 하거나 모든 자동 또는 수동제어밸브 주위에 수리 교체하는 경우를 위해서 설치하는 설비다.

## 87 ★★
보일러 운전 시 캐리오버(Carry-over)를 방지하기 위한 방법으로 틀린 것은?

① 주 증기밸브를 서서히 연다.
② 관수의 농축을 방지한다.
③ 증기관을 냉각한다.
④ 과부하를 피한다.

**해설**

캐리오버 방지
증기관을 가열해야 한다.

정답 ● 85 ④  86 ②  87 ③

## 88 ★★★

내경 250 [mm], 두께 3 [mm]인 주철관에 압력 40 [N/cm²]의 증기를 통과시킬 때 원주방향의 인장응력(N/mm²)은?

① 12.3  ② 16.7
③ 21.2  ④ 32.8

**해설**

인장응력

원주방향 응력 : $\sigma = \dfrac{dP}{2t} = \dfrac{rP}{t}$

축방향 응력 : $\sigma = \dfrac{dP}{4t} = \dfrac{rP}{2t}$

$\sigma_a = \dfrac{dP}{2t} = \dfrac{250 \times 0.4}{2 \times 3} = 16.67\,[N/mm^2]$

## 89 ★

강판의 두께가 20 [mm]이고, 리벳의 직경이 28.2 [mm]이며, 피치 50.1 [mm]인 1줄 겹치기 리벳조인트가 있다. 이 강판의 효율은?

① 34.7 [%]
② 43.7 [%]
③ 53.7 [%]
④ 63.7 [%]

**해설**

강판효율

$\eta_t = \left(1 - \dfrac{d}{p}\right) \times 100\,[\%]$

$= \left(1 - \dfrac{28.2}{50.1}\right) \times 100\,[\%] = 43.7\,[\%]$

## 90 ★

급수 및 보일러수의 순도 표시방법에 대한 설명으로 틀린 것은?

① ppm의 단위는 100만분의 1의 단위이다.
② epm은 당량 농도라 하고 용액 1 [kg] 중에 용존되어 있는 물질의 mg 당량수를 의미한다.
③ 알칼리도는 수중에 함유하는 탄산염 등의 알칼리성 성분의 농도를 표시하는 척도이다.
④ 보일러수에서는 재료의 부식을 방지하기 위하여 pH가 7인 중성을 유지하여야 한다.

**해설**

순도표시방법
- 보일러수(동, 관수 내) : pH 10.5 ~ 12
- 보일러급수 : pH 8 ~ 9

## 91 ★

용접부에서 부분 방사선 투과시험의 검사길이 계산은 몇 [mm] 단위로 하는가?

① 50   ② 100
③ 200  ④ 300

**해설**

방사선 투과시험
열사용기자재의 검사 및 검사면제에 관한 기준
15.1.1 방사선 투과시험의 적용
방사선 투과시험 길이계산은 300 [mm] 단위로 하며, 이때 300 [mm] 미만은 300 [mm]로 한다. 단, 100 [%] 방사선 투과시험일 경우 길이 계산은 250 [mm] 단위로 한다.

정답 88 ② 89 ② 90 ④ 91 ④

## 92 ★★

어느 가열로에서 노벽의 상태가 다음과 같을 때 노벽을 관류하는 열량[kW]은 얼마인가? (단, 노벽의 상하 및 둘레가 균일하며, 평균방열면적 120.5 [m²], 노벽의 두께 45 [cm], 내벽표면온도 1300 [℃], 외벽표면온도 175 [℃], 노벽 재질의 열전도율 0.1 [W/m·℃]이다)

① 301.25
② 30125
③ 13.556
④ 13556

**해설**

열량

$$Q = \lambda A \frac{\Delta t}{L} = 0.1 \times 120.5 \times \frac{1300 - 175}{0.45} = 30125$$

## 93 ★

보일러 재료로 이용되는 대부분의 강철제는 200 ~ 300 [℃]에서 최대의 강도를 유지하나, 몇 [℃] 이상이 되면 재료의 강도가 급격히 저하되는가?

① 350 [℃]
② 450 [℃]
③ 550 [℃]
④ 650 [℃]

**해설**

재료의 강도가 급격히 저하되는 온도
200 ~ 300 [℃]에서 최대강도를 유지하나 350 [℃] 이상이 되면 재료의 강도가 급격하게 저하된다.

## 94 ★★★

다음 중 보일러 안전장치로 가장 거리가 먼 것은?

① 방폭문
② 안전밸브
③ 체크밸브
④ 고저수위경보기

**해설**

보일러 안전장치
- 폭발·파손·과열·과압·건조가열(수위 저하) 등의 사고를 방지하는 장치
- 체크밸브는 방향제어밸브로 유체를 한쪽 방향으로만 흐르게 하는 밸브이다.

## 95 ★

계속사용검사 기준에 따라 설치한 날로부터 15년 이내인 보일러에 대한 순수처리 수질 기준으로 틀린 것은?

① 총경도(mg CaCO₃/l) : 0
② pH(298 [K]{25 [℃]}에서) : 7 ~ 9
③ 실리카(mg SiO₂/l) : 흔적이 나타나지 않음
④ 전기 전도율(298 [K]{25 [℃]}에서의) : 0.05 [μs/cm] 이하

**정답** 92 ② 93 ① 94 ③ 95 ④

### 해설

**순수처리 수질 기준**
열사용기자재의 검사 및 검사면제에 관한 기준
24.3.3 검사주기
순수처리라 함은 다음 각 호 수질 기준을 만족하여야 한다.
(a) pH(298 [K]{25 [℃]}에서) : 7 ~ 9
(b) 총경도[mgCaCO$_3$/ℓ] : 0
(c) 실리카[mgSiO$_2$/ℓ] : 흔적이 나타나지 않음
(d) 전기 전도율(298 [K]{25 [℃]}에서의) : 0.5 [μs/cm] 이하

## 96 ★★★

유속을 일정하게 하고 관의 직경을 2배로 증가시켰을 경우 유량은 어떻게 변하는가?

① 2배로 증가
② 4배로 증가
③ 6배로 증가
④ 8배로 증가

### 해설

**유량**
$Q = AV$

$$\frac{Q_2}{Q_1} = \frac{A_2}{A_1} = \frac{d_2^2}{d_1^2} = 2^2 = 4$$

## 97 ★

"어떤 주어진 온도에서 최대 복사강도에서의 파장($\lambda_{max}$)은 절대온도에 반비례한다"와 관련된 법칙은?

① Wien의 법칙
② Planck의 법칙
③ Fourier의 법칙
④ Stefan - Boltzmann의 법칙

### 해설

**빈의 법칙(Wein's Law)**
$$\lambda_{max} = \frac{C}{T}$$

어떤 주어진 온도에서 최대 복사강도에서의 파장은 절대온도에 반비례한다.

## 98 ★★★

보일러수 처리의 약제로서 pH를 조정하여 스케일을 방지하는 데 주로 사용되는 것은?

① 리그닌
② 인산나트륨
③ 아황산나트륨
④ 탄닌

### 해설

**pH 조정제**
인산나트륨은 보일러수처리 약제로 수소이온 농도를 pH 11 이상의 강알칼리성으로 조정하여 부식 및 스케일을 방지하는 데 사용된다.

**정답** 96 ② 97 ① 98 ②

## 99 ★
압력용기의 설치 상태에 대한 설명으로 틀린 것은?

① 압력용기의 본체는 바닥보다 30 [mm] 이상 높이 설치되어야 한다.
② 압력용기를 옥내에 설치하는 경우 유독성 물질을 취급하는 압력용기는 2개 이상의 출입구 및 환기장치가 되어 있어야 한다.
③ 압력용기를 옥내에 설치하는 경우 압력용기의 본체와 벽과의 거리는 0.3 [m] 이상이어야 한다.
④ 압력용기의 기초가 약하여 내려앉거나 갈라짐이 없어야 한다.

**해설**

**압력용기의 설치 상태**
열사용기자재의 검사 및 검사면제에 관한 기준
46.1.2 옥내설치
(1) 압력용기와 천정과의 거리는 압력용기 본체 상부로부터 1 [m] 이상이어야 한다.
(2) 압력용기의 본체와 벽과의 거리는 0.3 [m] 이상이어야 한다.
(3) 인접한 압력용기와의 거리는 0.3 [m] 이상이어야 한다. 다만 2개 이상의 압력용기가 한 장치를 이룬 경우에는 예외로 한다.
(4) 유독성 물질을 취급하는 압력용기는 2개 이상의 출입구 및 환기장치가 되어 있어야 한다.
46.1.3 설치상태
(1) 기초가 약하여 내려앉거나 갈라짐이 없어야 한다.
(2) 압력용기 본체는 바닥보다 100 [mm] 이상 높이 설치되어 있어야 한다.

## 100 ★★
강제순환식 보일러의 특징에 대한 설명으로 틀린 것은?

① 증기발생 소요시간이 매우 짧다.
② 자유로운 구조의 선택이 가능하다.
③ 고압보일러에 대해서도 효율이 좋다.
④ 동력소비가 적어 유지비가 비교적 적게 든다.

**해설**

**강제순환식 보일러**
강제순환식 보일러는 동력소비(소비전력)가 크고, 보일러수 순환펌프 설치에 따른 배관 등 관련설비에 따른 유지 및 정비비용이 많이 들고 유지보수도 어렵다.

정답 99 ① 100 ④

# 2019 제2회

**1과목** 연소공학

## 01 ★★

연소 설비에서 배출되는 다음의 공해물질 중 산성비의 원인이 되며 가성소다나 석회 등을 통해 제거할 수 있는 것은?

① $SO_x$
② $NO_x$
③ $CO$
④ 매연

**해설**

공해물질
황산화물질은 공해물질 중 산성비의 원인이 되며 가성소다(NaOH)나 석회(CaO) 등을 통해 제거할 수 있다.

## 02 ★★★

$C_mH_n$ 1 [Nm³]를 완전 연소시켰을 때 생기는 $H_2O$의 양[Nm³]은? (단, 분자식의 첨자 m, n과 답항의 n은 상수이다)

① n/4
② n/2
③ n
④ 2n

**해설**

연소계산

$$C_mH_n + \left(m + \frac{n}{4}\right)O_2 \rightarrow mCO_2 + \frac{n}{2}H_2O$$

## 03 ★★

다음 중 매연 생성에 가장 큰 영향을 미치는 것은?

① 연소속도
② 발열량
③ 공기비
④ 착화온도

**해설**

매연생성
매연 생성에 가장 큰 영향을 미치는 것은 공기비(공기과잉률)이다.

## 04 ★

액체의 인화점에 영향을 미치는 요인으로 가장 거리가 먼 것은?

① 온도
② 압력
③ 발화지연시간
④ 용액의 농도

**해설**

액체의 인화점(Flash Point)
액체의 인화점에 영향을 미치는 요인은 온도, 압력, 용액의 농도이다.

**정답** 01 ① 02 ② 03 ③ 04 ③

## 05 ★★★

탄소 1 [kg]을 완전 연소시키는 데 필요한 공기량($Nm^3$)은? (단, 공기 중의 산소와 질소의 체적 함유 비를 각각 21 [%]와 79 [%]로 하며 공기 1 [kmol]의 체적은 22.4 [$m^3$]이다)

① 6.75
② 7.23
③ 8.89
④ 9.97

**해설**

공기량
$C + O_2 \rightarrow CO_2$

$A_0 = \dfrac{O_0}{0.21} = \dfrac{\left(\dfrac{1 \times 22.4}{12}\right)}{0.21}$

$\approx 8.89 \, [Nm^3/kg]$

## 06 ★★

여과 집진장치의 여과재 중 내산성, 내알칼리성 모두 좋은 성질을 갖는 것은?

① 테트론
② 사란
③ 비닐론
④ 글라스

**해설**

여과 집진장치
여과 집진장치의 여과재 중 내산성 내알칼리성 모두 좋은 성질을 갖는 것은 비닐론(Vinylon)이다.

## 07 ★

고부하의 연소설비에서 연료의 점화나 화염 안정화를 도모하고자 할 때 사용할 수 있는 장치로서 가장 적절하지 않은 것은?

① 분젠버너
② 파일럿버너
③ 플라즈마버너
④ 스파크 플러그

**해설**

연소설비
분젠버너(Bunsen Burner)는 가연성 기체를 연소시키기 전에 공기의 양을 조절하여 혼합해주는 장치이다.

## 08 ★★

연료 중에 회분이 많을 경우 연소에 미치는 영향으로 옳은 것은?

① 발열량이 증가한다.
② 연소 상태가 고르게 된다.
③ 클링커의 발생으로 통풍을 방해한다.
④ 완전 연소되어 잔류물을 남기지 않는다.

**해설**

회분(Ash)
회분이 많을 경우 클링커(Clinker)가 발생하여 통풍을 방해한다.
※ 클링커 : 연소 중에 고온으로 생긴 물질이 합하여 덩어리로 이루어진 응고물(점토나 석회석 따위에 불을 구워 구운 덩어리)이다.

정답 05 ③ 06 ③ 07 ① 08 ③

## 09 ★★
과잉 공기가 너무 많을 때 발생하는 현상으로 옳은 것은?

① 연소 온도가 높아진다.
② 보일러 효율이 높아진다.
③ 이산화탄소 비율이 많아진다.
④ 배기가스의 열손실이 많아진다.

**해설**

과잉공기
과잉공기가 너무 많으면 배기가스의 열손실이 많아진다.

## 10 ★★
연소배기가스량의 계산식[Nm³/kg]으로 틀린 것은? (단, 습연소가스량 V, 건연소가스량 V′, 공기비 m, 이론공기량 A이고, H, O, N, C, S 는 원소, W는 수분이다)

① $V = mA + 5.6H + 0.7O + 0.8N + 1.25W$
② $V = (m - 0.21)A + 1.87C + 11.2H + 0.7S + 0.8N + 1.25W$
③ $V' = mA - 5.6H - 0.7O + 0.8N$
④ $V' = (m - 0.21)A + 1.87C + 0.7S + 0.8N$

**해설**

연소배기량 계산식
$V' = (m - 0.21)A + 1.87C + 0.7S + 0.8N$

## 11 ★★
탄소 87 [%], 수소 10 [%], 황 3 [%]의 중유가 있다. 이때 중유의 탄산가스최대량($CO_{2max}$)는 약 몇 [%]인가?

① 10.23
② 16.58
③ 21.35
④ 25.83

**해설**

탄산가스최대량
이론건가스량($G_{od}$)
= 공기중의 질소량($0.79A_0$) + 연소생성 가스($CO_2$, $SO_2$)
$= 0.79 \dfrac{O_0(=1.867C+5.6H+0.7S)}{0.21} + 1.867C + 0.7S$

$= 0.79 \dfrac{1.867 \times 0.87 + 5.6 \times 0.1 + 0.7 \times 0.03}{0.21} + 1.867 \times 0.87 + 0.7 \times 0.03$

$\fallingdotseq 9.921 \ [Nm^3/kg]$

$\therefore (CO_2)_{max} = \dfrac{1.867C + 0.7S}{G_{od}} \times 100$

$= \dfrac{1.867 \times 0.87 + 0.7 \times 0.03}{9.921} \times 100$

$\fallingdotseq 16.58 \ [\%]$

## 12 ★★★
다음 중 고체연료의 공업분석에서 계산만으로 산출되는 것은?

① 회분        ② 수분
③ 휘발분      ④ 고정탄소

### 해설
**고체연료의 공업분석**
고체연료의 공업분석에서 고정탄소는 계산만으로 산출된다.

## 13 ★

어느 용기에서 압력(P)과 체적(V)의 관계가 $P = (50V + 10) \times 10^2$ [kPa]과 같을 때 체적이 2 [m³]에서 4 [m³]로 변하는 경우 일량은 몇 [MJ]인가? (단, 체적의 단위는 m³이다)

① 32
② 34
③ 36
④ 38

### 해설
**압력과 체적의 관계**

$$\int_2^4 (50V+10) \times 10^2 \, dV = \left[50 \times \frac{V^2}{2} + 10V\right]_2^4 \times 10^2$$
$$= [25(4^2-2^2) + 10(4-2)] \times 10^2$$
$$= 32000 \, [kJ] = 32 \, [MJ]$$

## 14 ★★

다음 중 폭발의 원인이 나머지 셋과 크게 다른 것은?

① 분진 폭발
② 분해 폭발
③ 산화 폭발
④ 증기 폭발

### 해설
**폭발의 원인**
분진, 분해, 산화 폭발은 화학적 폭발이고, 증기 폭발은 물리적 폭발이다.

## 15 ★★

연소 생성물($CO_2$, $N_2$) 등의 농도가 높아지면 연소속도에 미치는 영향은?

① 연소속도가 빨라진다.
② 연소속도가 저하된다.
③ 연소속도가 변화 없다.
④ 처음에는 저하되나, 나중에는 빨라진다.

### 해설
**연소 생성물의 농도**
연소 생성물 농도가 높아지면 연소속도는 저하된다.

## 16 ★

열정산을 할 때 입열항에 해당하지 않는 것은?

① 연료의 연소열
② 연료의 현열
③ 공기의 현열
④ 발생 증기열

### 해설
**열정산**
- 입열항목 : 공기의 현열, 연료의 저위 발열량, 연료의 현열, 노 내 분입증기열
- 출열항목 : 발생공기(흡수)열, 배기가스에 의한 손실열, 미연소가스에 의한 손실열, 방산에 의한 손실열

정답 ▶ 13 ① 14 ④ 15 ② 16 ④

## 17 ★

보일러의 급수 및 발생증기의 엔탈피를 각각 628, 2805 [kJ/kg]이라고 할 때 20000 [kg/h]의 증기를 얻으려면 공급열량은 약 몇 [kJ/h]인가?

① $36.24 \times 10^6$
② $43.54 \times 10^6$
③ $46.84 \times 10^6$
④ $59.78 \times 10^6$

**해설**

공급열량

$Q = m\Delta h = m(h_2 - h_1)$

$= 20000(2805 - 628)$

$= 43540000 [kJ/h]$

## 18 ★  난이도 상

1 [Nm³]의 메테인가스를 공기를 사용하여 연소시킬 때 이론 연소온도는 약 몇 [℃]인가? (단, 대기 온도는 15 [℃]이고, 메테인가스의 고발열량은 39767 [kJ/Nm³]이고, 물의 증발잠열은 2017.7 [kJ/Nm³]이고, 연소가스의 평균정압비열은 1.423 [kJ/Nm³·℃]이다)

① 2387
② 2402
③ 2417
④ 2432

**해설**

이론 연소온도

$CH_4 + 2O_2 + (N_2) \rightarrow CO_2 + 2H_2O + (N_2)$

(1) 저위발열량($H_l$)
= 고위발열량 - 수증기의 증발잠열
= 39767 - 2 × 2017.7 = 35731.6 [kJ/Nm³]

(2) 이론 연소온도

$t_0 = \dfrac{H_l}{G_v C} + t = \dfrac{35731.6}{(1+2+2\times 3.76)\times 1.423} + 15$

$= 2401.89$

① 연소가스량($G_v$) : 단위[Nm³/Nm³]
   연료의 연소에 의해 생긴 가스량
② 평균정압 비열(C) : 단위[kJ/Nm³·℃]
③ N비율/O비율 = 3.76

## 19 ★★

다음 기체연료 중 고발열량[kcal/Sm³]이 가장 큰 것은?

① 고로가스
② 수성 가스
③ 도시가스
④ 액화석유가스

**해설**

고위발열량

고위발열량(총발열량)이 가장 큰 것은 액화석유가스(LPG)이다.

정답 17 ② 18 ② 19 ④

## 20 ★

도시가스의 호환성을 판단하는 데 사용되는 지수는?

① 웨베지수(Webbe Index)
② 듀롱지수(Dulong Index)
③ 릴리지수(Lilly Index)
④ 제이도비흐지수(Zeldovich Index)

**해설**

도시가스의 호환성
도시가스의 호환성을 판단하는 데 사용되는 지수는 웨버지수(Webbe Index)이다.

---

### 2과목 열역학

## 21 ★★

오토(Otto) 사이클은 온도 – 엔트로피(T – S) 선도로 표시하면 그림과 같다. 작동유체가 열을 방출하는 과정은?

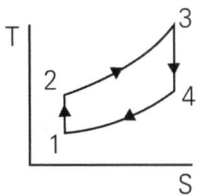

① 1 → 2 과정
② 2 → 3 과정
③ 3 → 4 과정
④ 4 → 1 과정

**해설**

오토(Otto) 사이클
- 1 → 2 : 단열압축 과정(S = C)
- 2 → 3 : 등적 과정(V = C)
- 3 → 4 : 단열팽창 과정(S = C)
- 4 → 1 : 등적방열 과정

정답 ● 20 ① 21 ④

## 22 ★
다음 과정 중 가역적인 과정이 아닌 것은?

① 과정은 어느 방향으로나 진행될 수 있다.
② 마찰을 수반하지 않아 마찰로 인한 손실이 없다.
③ 변화 경로의 어느 점에서도 역학적, 열적, 화학적 등의 모든 평형을 유지하면서 주위에 어떠한 영향도 남기지 않는다.
④ 과정은 이를 조절하는 값을 무한소만큼씩 변화시켜도 역행할 수는 없다.

### 해설
**가역적인 과정**
과정은 이를 조절하는 값을 무한소만큼씩 변화시켜도 역행할 수는 없는 것은 비가역 과정이다.

## 23 ★
증기압축 냉동 사이클에서 압축기 입구의 엔탈피는 223 [kJ/kg], 응축기 입구의 엔탈피는 268 [kJ/kg], 증발기 입구의 엔탈피는 91 [kJ/kg]인 냉동기의 성적계수는 약 얼마인가?

① 1.8
② 2.3
③ 2.9
④ 3.5

### 해설
**냉동기의 성적계수**
$(COP)_R = \dfrac{q_e}{w_c} = \dfrac{(h_2-h_1)}{(h_3-h_2)} = \dfrac{223-91}{268-223} = 2.93$

## 24 ★★
압력 1 [MPa], 온도 210 [℃]인 증기는 어떤 상태의 증기인가? (단, 1 [MPa]에서의 포화온도는 179 [℃]이다)

① 과열증기
② 포화증기
③ 건포화증기
④ 습증기

### 해설
**과열증기**
포화온도보다 높은 공기는 과열증기이다.

## 25 ★★★
열역학 제1법칙은 기본적으로 무엇에 관한 내용인가?

① 열의 전달
② 온도의 정의
③ 엔트로피의 정의
④ 에너지의 보존

### 해설
**열역학 제1법칙**
에너지보존의 법칙이다(열량과 일량은 본질적으로 동일한 에너지다).

정답 22 ④ 23 ③ 24 ① 25 ④

## 26 ★★

성능계수(COP)가 2.5인 냉동기가 있다. 15냉동톤(Refrigeration Ton)의 냉동 용량을 얻기 위해서 냉동기에 공급해야 할 동력[kW]은? (단, 1냉동톤은 3.861 [kW]이다)

① 20.5
② 23.2
③ 27.5
④ 29.7

**해설**

소요동력

$$W_c(\text{소요동력}) = \frac{Q_e(\text{냉동능력})}{\epsilon_R(\text{냉동기 성능계수})}$$

$$= \frac{15 \times 3.86}{2.5} \fallingdotseq 23.2\,[kW]$$

## 27 ★★★

냉동기의 냉매로서 갖추어야 할 요구조건으로 옳지 않은 것은?

① 비체적이 커야 한다.
② 불활성이고 안정적이어야 한다.
③ 증발온도에서 높은 잠열을 가져야 한다.
④ 액체의 표면장력이 작아야 한다.

**해설**

냉매로서 갖추어야 할 요구조건
- 증발잠열이 커야 한다.
- 화학적으로 안정되어야 한다.
- 임계온도가 높아야 한다.
- 증발온도에서의 압력이 대기압보다 높아야 한다.
- 비체적은 작아야 한다.

## 28 ★★

디젤 사이클로 작동되는 디젤 기관의 각 행정의 순서를 옳게 나타낸 것은?

① 단열압축 → 정적가열 → 단열팽창 → 정적방열
② 단열압축 → 정압가열 → 단열팽창 → 정압방열
③ 등온압축 → 정적가열 → 등온팽창 → 정적방열
④ 단열압축 → 정압가열 → 단열팽창 → 정적방열

**해설**

디젤 사이클의 행정 순서
단열압축 → 정압가열 → 단열팽창 → 정적방열

## 29 ★★★

수증기를 사용하는 기본 랭킨 사이클에서 응축기 압력을 낮출 경우 발생하는 현상에 대한 설명으로 옳지 않은 것은?

① 열이 방출되는 온도가 낮아진다.
② 열효율이 높아진다.
③ 터빈 날개의 부식 발생 우려가 커진다.
④ 터빈 출구에서 건도가 높아진다.

**해설**

랭킨 사이클에서 응축기 압력을 낮출 경우 현상
응축압력을 낮출 경우 터빈 출구에서 건도가 낮아진다.

정답 26 ② 27 ① 28 ④ 29 ④

## 30 ★★★

압력 100 [kPa], 체적 3 [m³]인 이상기체가 등엔트로피 과정을 통하여 체적이 2 [m³]으로 변하였다. 이 과정 중에 기체가 한 일은 약 몇 [kJ]인가? (단, 기체상수는 0.488 [kJ/(kg·K)], 정적비열은 1.642 [kJ/(kg·K)]이다)

① -113
② -129
③ -137
④ -143

**해설**

기체가 한 일

$C_p = C_v + R = 1.642 + 0.488$
$\quad = 2.13\,[kJ/kg \cdot K]$

$\therefore k = \dfrac{C_p}{C_v} = \dfrac{2.13}{1.642} \fallingdotseq 1.3$

$_1W_2 = \dfrac{1}{k-1} P_1 V_1 \left[1 - \left(\dfrac{V_1}{V_2}\right)^{k-1}\right]$

$\quad = \dfrac{1}{1.3-1} \times 100 \times 3 \times \left[1 - \left(\dfrac{3}{2}\right)^{1.3-1}\right]$

$\quad \fallingdotseq -129.35\,[kJ]$

## 31 ★★★

다음과 관계있는 법칙은?

"계가 흡수한 열을 완전히 일로 전환할 수 있는 장치는 없다."

① 열역학 제3법칙
② 열역학 제2법칙
③ 열역학 제1법칙
④ 열역학 제0법칙

**해설**

열역학 제2법칙

비가역 법칙(엔트로피 증가 법칙) : 열효율이 100 [%]인 기관은 존재할 수 없다.

## 32 ★★★

1.5 [MPa], 250 [℃]의 공기 5 [kg]이 폴리트로픽 지수 1.3인 폴리트로픽 변화를 통해 팽창비가 5가 될 때까지 팽창하였다. 이때 내부에너지의 변화는 약 몇 [kJ]인가? (단, 공기의 정적비열은 0.72 [kJ/(kg·K)]이다)

① -1002
② -721
③ -144
④ -72

**해설**

내부에너지의 변화

$T_2 = T_1 \left(\dfrac{v_1}{v_2}\right)^{n-1} = 523 \left(\dfrac{1}{5}\right)^{1.3-1}$

$\quad = 322.7\,[K]$

$U_2 - U_1 = m C_v (T_2 - T_1)$

$\quad = 5 \times 0.72 \times (322.7 - 523)$

$\quad \fallingdotseq -721\,[kJ]$

## 33 ★★★

다음 사이클(Cycle) 중 물과 수증기를 오가면서 동력을 발생시키는 플랜트에 적용하기 적합한 것은?

① 랭킨 사이클
② 오토 사이클
③ 디젤 사이클
④ 브레이튼 사이클

**정답** 30 ② 31 ② 32 ② 33 ①

**해설**

**랭킨 사이클**
증기원동소(Steam Plant)의 기본(이상) 사이클이다.

## 34 ★

카르노 사이클(Carnot Cycle)로 작동하는 가역 기관에서 650 [℃]의 고열원으로부터 18830 [kJ/min]의 에너지를 공급받아 일을 하고 65 [℃]의 저열원에 방열시킬 때 방열량은 약 몇 [kW]인가?

① 1.92
② 2.61
③ 115.0
④ 156.5

**해설**

**방열량**

$$\eta_c = 1 - \frac{T_2}{T_1} = 1 - \frac{Q_2}{Q_1}$$

$$\eta_c = 1 - \frac{T_2}{T_1} = 1 - \frac{338}{923} = 0.633$$

$$Q_2 = Q_1(1-\eta_c) = \frac{18,830}{60} \times (1-0.633)$$

$$\fallingdotseq 115 \text{ [kW]}$$

※ $1 [kW] = 3600 [kJ/h]$
$= 3600 [kJ/60\min]$
$= 60 [kJ/\min]$

## 35 ★

80 [℃]의 물 100 [kg]과 50 [℃]의 물 50 [kg]을 혼합한 물의 온도는 약 몇 [℃]인가? (단, 물의 비열은 일정하다)

① 70
② 65
③ 60
④ 55

**해설**

**물 혼합 온도**

$$t_m = \frac{m_1 t_1 + m_2 t_2}{m_1 + m_2} = \frac{100 \times 80 + 50 \times 50}{100 + 50} = 70 \text{ [℃]}$$

## 36 ★

초기온도가 20 [℃]인 암모니아($NH_3$) 3 [kg]을 정적 과정으로 가열시킬 때, 엔트로피가 1.255 [kJ/K]만큼 증가하는 경우 가열량은 약 몇 [kJ]인가? (단, 암모니아 정적비열은 1.56 [kJ/(kg·K)]이다)

① 62.2
② 101
③ 238
④ 422

**해설**

**가열량**

$$\Delta S = mC_v \ln\frac{T_2}{T_1} [kJ/K]$$

$$T_2 = T_1 e^{\frac{\Delta S}{mC_v}} = 293 \cdot e^{\frac{1.255}{3 \times 1.56}} \fallingdotseq 383 [K]$$

$$\therefore Q = mC_v(T_2 - T_1)$$
$$= 3 \times 1.56 \times (383 - 293)$$
$$\fallingdotseq 422 [kJ]$$

**정답** 34 ③  35 ①  36 ④

## 37 ★

반지름이 0.55 [cm]이고, 길이가 1.94 [cm]인 원통형 실린더 안에 어떤 기체가 들어 있다. 이 기체의 질량이 8 [g]이라면, 실린더 안에 들어 있는 기체의 밀도는 약 몇 [g/cm³]인가?

① 2.9
② 3.7
③ 4.3
④ 5.1

**해설**

기체의 밀도

$$\rho = \frac{m}{V} = \frac{m}{At} = \frac{m}{\pi r^2 t} = \frac{8}{\pi(0.55)^2 \times 1.94}$$

$$= 4.33 \, [g/cm^3]$$

## 38 ★

동일한 압력에서 100 [℃], 3 [kg]의 수증기와 0 [℃] 3 [kg]의 물의 엔탈피 차이는 약 몇 [kJ]인가? (단, 물의 평균정압비열은 4.184 [kJ/(kg·K)]이고, 100 [℃]에서 증발잠열은 2250 [kJ/kg]이다)

① 8005
② 2668
③ 1918
④ 638

**해설**

엔탈피 차이

$\Delta h = 3 \times 2250 + 3 \times 4.184 \times 100 = 8005.2 \, [kJ]$

## 39 ★

밀도가 800 [kg/m³]인 액체와 비체적이 0.0015 [m³/kg]인 액체를 질량비 1 : 1로 잘 섞으면 혼합액의 밀도는 약 몇 [kg/m³]인가?

① 721
② 727
③ 733
④ 739

**해설**

혼합액 밀도

$$\rho_m = \frac{m_1\rho_1 + m_2\left(\frac{1}{v_2}\right)}{m_1 + m_2} = \frac{1 \times 800 + 1 \times \left(\frac{1}{0.0015}\right)}{2}$$

$$= 733 \, [kg/m^3]$$

## 40 ★

이상적인 가역 단열 변화에서 엔트로피는 어떻게 되는가?

① 감소한다.
② 증가한다.
③ 변하지 않는다.
④ 감소하다 증가한다.

**해설**

가역 단열 변화에서 엔트로피

가역 단열 변화는 등엔트로피 변화이다(엔트로피는 변하지 않는다).

**3과목 계측방법**

## 41 ★★★

비접촉식 온도측정방법 중 가장 정확한 측정을 할 수 있으나 연속측정이나 자동제어에 응용할 수 없는 것은?

① 광고온계  ② 방사 온도계
③ 압력식 온도계  ④ 열전대 온도계

**해설**

광고온계
비접촉 온도계 중 가장 정확도가 높다. 사람의 눈으로 밝기 일치를 판단해야 하므로 연속측정이나 자동제어에 응용할 수 없다.

## 42 ★★

세라믹식 $O_2$계의 특징으로 틀린 것은?

① 연속측정이 가능하며, 측정범위가 넓다.
② 측정부의 온도유지를 위해 온도 조절용 전기로가 필요하다.
③ 측정가스의 유량이나 설치장소 주위의 온도 변화에 의한 영향이 적다.
④ 저농도 가연성 가스의 분석에 적합하고 대기오염관리 등에서 사용된다.

**해설**

세라믹식 $O_2$계
세라믹식 $O_2$계는 산소 농도 측정용이다.

## 43 ★

자동제어 시스템의 입력신호에 따른 출력 변화의 설명으로 과도응답에 해당되는 것은?

① 1차보다 응답속도가 느린 지연요소
② 정상 상태에 있는 계에 격한 변화의 입력을 가했을 때 생기는 출력의 변화
③ 입력 변화에 따른 출력에 지연이 생겨 시간이 경과 후 어떤 일정한 값에 도달하는 요소
④ 정상 상태에 있는 요소의 입력을 스텝형태로 변화할 때 출력이 새로운 값에 도달 스텝입력에 의한 출력의 변화 상태

**해설**

과도응답
정상 상태에 있는 계에 격한 변화압력을 가했을 때 생기는 출력의 변화를 말한다.

## 44 ★

공기압식 조절계에 대한 설명으로 틀린 것은?

① 신호로 사용되는 공기압은 약 0.2~1.0 [$kg/cm^2$]이다.
② 관로 저항으로 전송지연이 생길 수 있다.
③ 실용상 2000 [m] 이내에서는 전송지연이 없다.
④ 신호 공기압은 충분히 제습, 제진한 것이 요구된다.

**정답**  41 ①  42 ④  43 ②  44 ③

해설

**공기압식 조절계**
공기압식 전송거리는 100 ~ 150 [m] 정도 이내이다. 계측제어장치에서 전송신호는 일반적으로 공기압신호와 전기신호를 사용하며 전류를 전송신호로 할 때는 4 ~ 20 [mA]의 직류전류를 사용한다.

## 45 ★
다음 중 융해열을 측정할 수 있는 열량계는?
① 금속 열량계
② 융커스형 열량계
③ 시차주사 열량계
④ 디페닐에테르 열량계

해설

**시차주사 열량계**
융해열을 측정할 수 있는 열량계

## 46 ★
화씨[℉]와 섭씨[℃]의 눈금이 같게 되는 온도는 몇 [℃]인가?
① 40  ② 20
③ -20  ④ -40

해설

**온도계산(화씨, 섭씨)**
$t_F = \dfrac{9}{5} t_C + 32$

$-\dfrac{4}{5} t = 32 \Rightarrow t = -40$

## 47 ★★
측온 저항체의 구비조건으로 틀린 것은?
① 호환성이 있을 것
② 저항의 온도계수가 작을 것
③ 온도와 저항의 관계가 연속적일 것
④ 저항값이 온도 이외의 조건에서 변하지 않을 것

해설

**측온 저항체 구비조건**
측온 저항체는 저항의 온도계수가 커야 한다.

## 48 ★
다음 중 화학적 가스분석계에 해당하는 것은?
① 고체 흡수제를 이용하는 것
② 가스의 밀도와 점도를 이용하는 것
③ 흡수용액의 전기전도도를 이용하는 것
④ 가스의 자기적 성질을 이용하는 것

해설

**화학적 가스분석계**
• 고체 흡수제는 화학반응을 이용한 것이다.
• ②, ③, ④는 물리적분석법이다.

## 49 ★★★
다음 중 차압식 유량계가 아닌 것은?
① 플로우노즐
② 로터미터
③ 오리피스미터
④ 벤투리미터

정답  45 ③  46 ④  47 ②  48 ①  49 ②

**해설**

**차압식 유량계**
플로우노즐, 오리피스미터, 벤투리미터
※ 로터미터(Rotameter)는 부자(Float)가 설치되어 있는 면적식 유량계이다(직접식 액면계).

## 50 ★★

용적식 유량계에 대한 설명으로 틀린 것은?

① 측정유체의 맥동에 의한 영향이 적다.
② 점도가 높은 유량의 측정은 곤란하다.
③ 고형물의 혼입을 막기 위해 입구 측에 여과기가 필요하다.
④ 종류에는 오벌식, 루트식, 로터리피스톤식 등이 있다.

**해설**

**용적식 유량계**
정밀도가 가장 높다. 종류는 2벌식 유량계, 회전원판식 유량계, 가스미터 등이 있으며 점도가 높은 유체유량 측정도 가능하다.

## 51 ★★

전자유량계의 특징이 아닌 것은?

① 유속검출에 지연시간이 없다.
② 유체의 밀도와 점성의 영향을 받는다.
③ 유로에 장애물이 없고 압력손실, 이물질 부착의 염려가 없다.
④ 다른 물질이 섞여 있거나 기포가 있는 액체도 측정이 가능하다.

**해설**

**전자유량계**
- 유체의 밀도와 점성의 영향을 받지 않는다.
- 검출 시엔 지연시간이 없으므로 응답이 매우 빠르다.

## 52 ★

다음 중 파스칼의 원리를 가장 바르게 설명한 것은?

① 밀폐 용기 내의 액체에 압력을 가하면 압력은 모든 부분에 동일하게 전달된다.
② 밀폐 용기 내의 액체에 압력을 가하면 압력은 가한 점에만 전달된다.
③ 밀폐 용기 내의 액체에 압력을 가하면 압력은 가한 반대편으로만 전달된다.
④ 밀폐 용기 내의 액체에 압력을 가하면 압력은 가한 점으로부터 일정 간격을 두고 차등적으로 전달된다.

**해설**

**파스칼의 원리**
밀폐용기 내의 액체에 압력을 가하면 압력은 모든 부분에 동일한 크기로 전달된다는 것이다.

정답  50 ②  51 ②  52 ①

## 53 ★★★
다음 중 자동제어에서 미분동작을 설명한 것으로 가장 적절한 것은?

① 조절계의 출력 변화가 편차에 비례하는 동작
② 조절계의 출력 변화의 크기와 지속시간에 비례하는 동작
③ 조절계의 출력 변화가 편차의 변화속도에 비례하는 동작
④ 조작량이 어떤 동작신호의 값을 경계로 하여 완전히 전개 또는 전폐되는 동작

해설

자동제어 – 미분동작(D동작제어)
연속제어로 조절계의 출력 변화의 크기와 지속시간에 비례하는 동작제어다.

## 54 ★★
탄성 압력계에 속하지 않는 것은?

① 부자식 압력계
② 다이어프램 압력계
③ 벨로즈식 압력계
④ 부르동관 압력계

해설

탄성 압력계
부르동관식, 벨로즈식, 다이어프램식

## 55 ★
화염검출방식으로 가장 거리가 먼 것은?

① 화염의 열을 이용
② 화염의 빛을 이용
③ 화염의 색을 이용
④ 화염의 전기전도성을 이용

해설

화염검출방식
화염의 열, 빛, 전기전도성을 이용한 방식이다.

## 56 ★★
보일러의 계기에 나타난 압력이 0.6 [MPa]이다. 이를 절대압력으로 표시할 때 가장 가까운 값은 몇 [kPa]인가?

① 301
② 501
③ 601
④ 701

해설

절대압력
$P_a = P_o + P_g = 101.325 + 600 = 701.325\,[kPa]$

정답  53 ③  54 ①  55 ③  56 ④

## 57 ★★★
가스온도를 열전대 온도계를 써서 측정할 때 주의해야 할 사항으로 틀린 것은?

① 열전대를 측정하고자 하는 곳에 정확히 삽입하여 삽입된 구멍에 냉기가 들어가지 않게 한다.
② 주위의 고온체로부터의 복사열의 영향으로 인한 오차가 생기지 않도록 해야 한다.
③ 단자의 +, -를 보상도선의 -, +와 일치하도록 연결하여 감온부의 열팽창에 의한 오차가 발생하지 않도록 한다.
④ 보호관의 선택에 주의한다.

**해설**

열전대 온도계
단자의 +, -를 보상도선의 같은 극끼리 일치하도록 연결해야 한다. 감온부의 열팽창에 의한 오차가 발생하지 않도록 한다.

## 58 ★★
일반적으로 오르자트 가스분석기로 어떤 가스를 분석할 수 있는가?

① $CO_2$, $SO_2$, $CO$
② $CO_2$, $SO_2$, $O_2$
③ $SO_2$, $CO$, $O_2$
④ $CO_2$, $O_2$, $CO$

**해설**

오르자트 가스분석기의 분석 순서
$CO_2 \to O_2 \to CO$

## 59 ★
색 온도계의 특징이 아닌 것은?

① 방사율의 영향이 크다.
② 광흡수에 영향이 적다.
③ 응답이 빠르다.
④ 구조가 복잡하여 주위로부터 빛 반사의 영향을 받는다.

**해설**

색 온도계
- 방사율의 영향이 작다.
- 광흡수 영향이 작으며 응답이 빠르다.
- 구조가 복잡하여 주위로부터 빛 반사의 영향을 받는다.
- 750 [℃] 정도부터 측정이 가능하며 기록조절용으로 사용된다.

## 60 ★★★
국제단위계(SI)를 분류한 것으로 옳지 않은 것은?

① 기본단위
② 유도단위
③ 보조단위
④ 응용단위

**해설**

국제단위계(SI) 분류
기본단위, 보조단위, 유도단위

정답 57 ③ 58 ④ 59 ① 60 ④

**4과목** 열설비재료 및 관계법규

## 61 ★

「에너지법」에 따른 지역에너지계획에 포함되어야 할 사항이 아닌 것은?

① 해당 지역에 대한 에너지수급의 추이와 전망에 관한 사항
② 해당 지역에 대한 에너지의 안정적 공급을 위한 대책에 관한 사항
③ 해당 지역에 대한 에너지 효율적 사용을 위한 기술개발에 관한 사항
④ 해당 지역에 대한 미활용 에너지원의 개발·사용을 위한 대책에 관한 사항

**해설**

지역에너지계획에 포함되어야 할 사항
- 해당 지역에 대한 에너지수급의 추이와 전망에 관한 사항
- 해당 지역에 대한 에너지의 안정적 공급을 위한 대책에 관한 사항
- 해당 지역에 대한 미활용에너지원의 개발사용을 위한 대책에 관한 사항

## 62 ★

노통연관보일러에서 파형 노통에 대한 설명으로 틀린 것은?

① 강도가 크다.
② 제작비가 비싸다.
③ 스케일의 생성이 쉽다.
④ 열의 신축에 의한 탄력성이 나쁘다.

**해설**

노통연관보일러 – 파형 노통
파형 노통은 열의 신축에 의한 탄력성이 좋다.

## 63 ★★★

제강 평로에서 채용되고 있는 배열회수방법으로서 배기가스의 현열을 흡수하여 공기나 연료가스 예열에 이용될 수 있도록 한 장치는?

① 축열실
② 환열기
③ 폐열보일러
④ 판형 열교환기

**해설**

축열실
배열회수방법으로 배기가스 현열을 흡수하여 공기나 연료가스 예열에 이용될 수 있도록 한 장치는 축열실(열을 쉽게 흡수하도록 물질을 충전하고 고온유체를 한 방향으로 통과시켜 유체로부터 열을 흡수하는 장치)이다.

정답 61 ③ 62 ④ 63 ①

## 64 ★★
볼 밸브의 특징에 대한 설명으로 틀린 것은?

① 유로가 배관과 같은 형상으로 유체의 저항이 적다.
② 밸브의 개폐가 쉽고 조작이 간편하여 자동 조작밸브로 활용된다.
③ 이음쇠 구조가 없기 때문에 설치공간이 작아도 되며 보수가 쉽다.
④ 밸브대가 90° 회전하므로 패킹과의 원주방향 움직임이 크기 때문에 기밀성이 약하다.

**해설**

볼 밸브
열고 닫는 기능이 뛰어나며 핸들을 90°까지 회전시켜 개폐가 가능하며 압력손실이 적다. 밸브축을 90° 회전하는 것만으로 그랜드 패킹부에서 누설을 최소로 할 수 있는 장점(기밀성)이 있다.

## 65 ★★★
「에너지이용합리화법」에 따라 에너지 사용의 제한 또는 금지에 관한 조정·명령, 그 밖에 필요한 조치를 위반한 에너지사용자에 대한 과태료 부과 기준은?

① 300만 원 이하     ② 100만 원 이하
③ 50만 원 이하      ④ 10만 원 이하

**해설**

과태료
「에너지이용합리화법」에 의해 에너지 사용제한 또는 금리에 관한 조정, 명령, 기타 필요한 조치를 위반한 자에 대한 과태료는 300만 원 이하다.

## 66 ★
내화물에 대한 설명으로 틀린 것은?

① 샤모트질벽돌은 카올린을 미리 SK 10~14 정도로 1차 소성하여 탈수 후 분쇄한 것으로서 고온에서 광물상을 안정화한 것이다.
② 제겔콘 22번의 내화도는 1530[℃]이며, 내화물은 제겔콘 26번 이상의 내화도를 가진 벽돌을 말한다.
③ 중성질 내화물은 고알루미나질, 탄소질, 탄화규소질, 크롬질 내화물이 있다.
④ 용융내화물은 원료를 일단 용융 상태로 한 다음에 주조한 내화물이다.

**해설**

내화물
- 제겔콘 26번 이상의 재료를 내화물 또는 내화재라고 한다.
- 22번의 내화도는 600[℃]이다.

## 67 ★
「에너지이용합리화법」에 따라 온수 발생 및 열매체를 가열하는 보일러의 용량은 몇 [kW]를 1[t/h]로 구분하는가?

① 477.8     ② 581.5
③ 697.8     ④ 789.5

**해설**

온수 발생 및 열매체를 가열하는 보일러의 용량 697.8[kW]를 1[t/h]로 본다.

**정답**  64 ④  65 ①  66 ②  67 ③

## 68 ★★★

「에너지이용합리화법」에 따라 소형 온수보일러의 적용범위에 대한 설명으로 옳은 것은? (단, 구멍탄용 온수보일러·축열식 전기보일러 및 가스 사용량이 17 [kg/h] 이하인 가스용 온수보일러는 제외한다)

① 전열면적이 10 [m²] 이하이며, 최고사용압력이 0.35 [MPa] 이하의 온수를 발생하는 보일러
② 전열면적이 14 [m²] 이하이며, 최고사용압력이 0.35 [MPa] 이하의 온수를 발생하는 보일러
③ 전열면적이 10 [m²] 이하이며, 최고사용압력이 0.45 [MPa] 이하의 온수를 발생하는 보일러
④ 전열면적이 14 [m²] 이하이며, 최고사용압력이 0.45 [MPa] 이하의 온수를 발생하는 보일러

**해설**

소형 온수보일러
전열면적이 14제곱미터 이하이고, 최고사용압력이 0.35 [MPa] 이하의 온수를 발생하는 것. 다만 구멍탄용 온수보일러·축열식 전기보일러·가정용 화목보일러 및 가스사용량이 17 [kg/h](도시가스는 232.6킬로와트) 이하인 가스용 온수보일러는 제외한다.

## 69 ★★★

소성이 균일하고 소성시간이 짧고 일반적으로 열효율이 좋으며 온도조절의 자동화가 쉬운 특징의 연속식 가마는?

① 터널가마
② 도염식 가마
③ 승염식 가마
④ 도염식 둥근가마

**해설**

터널가마
터널요는 소성시간이 짧고 소성이 균일하며 온도조절이 용이하며 자동화가 쉽다. 연속공정이므로 대량생산이 가능하며 인건비 유지비가 적게 든다는 장점이 있다.

## 70 ★★

보온재의 열전도율이 작아지는 조건으로 틀린 것은?

① 재료의 두께가 두꺼워야 한다.
② 재료의 온도가 낮아야 한다.
③ 재료의 밀도가 높아야 한다.
④ 재료 내 기공이 작고 기공률이 커야 한다.

**해설**

보온재의 열전도율
열전도율은 재료의 밀도와 비례한다(열전도율이 작아지는 조건은 재료의 밀도가 낮아야 한다는 것이다).

정답 68 ② 69 ① 70 ③

## 71 ★★★

「에너지이용합리화법」에 따라 효율관리기자재의 제조업자는 효율관리시험기관으로부터 측정결과를 통보받은 날부터 며칠 이내에 그 측정결과를 한국에너지공단에 신고하여야 하는가?

① 15일  ② 30일
③ 60일  ④ 90일

**해설**

측정결과 신고 기간
효율관리기자재 제조업자는 효율관리체험기관으로부터 측정결과를 통보받은 날부터 90일 이내에 측정결과를 한국에너지공단에 신고해야 한다.

## 72 ★★

「에너지이용합리화법」에 따라 검사대상기기 관리대행기관으로 지정(변경지정) 받으려는 자가 첨부하여 제출해야 하는 서류가 아닌 것은?

① 장비명세서
② 기술인력명세서
③ 변경사항을 증명할 수 있는 서류(변경지정의 경우만 해당)
④ 향후 3년간의 안전관리대행 사업계획서

**해설**

검사대상기기 관리대행기관 지정(변경지정) 신청서 첨부서류
- 장비명세서 및 기술인력명세서
- 향후 1년간의 안전관리대행 사업계획서
- 변경사항을 증명할 수 있는 서류(변경지정의 경우만 해당된다)

## 73 ★★

내화물의 구비조건으로 틀린 것은?

① 사용온도에서 연화, 변형되지 않을 것
② 상온 및 사용온도에서 압축강도가 클 것
③ 열에 의한 팽창 수축이 클 것
④ 내마모성 및 내침식성을 가질 것

**해설**

내화물 구비조건
내화물이란 비금속 무기재료로 고온에서 불연성 난연성 재료로 열에 의한 팽창 수축이 작아야 한다.

## 74 ★

「에너지이용합리화법」에 따른 양벌규정사항에 해당되지 않는 것은?

① 에너지 저장시설의 보유 또는 저장의무의 부과 시 정당한 이유 없이 이를 거부하거나 이행하지 아니한 자
② 검사대상기기의 검사를 받지 아니한 자
③ 검사대상기기관리자를 선임하지 아니한 자
④ 공무원이 효율관리기자재 제조업자 사무소의 서류를 검사할 때 검사를 방해한 자

**해설**

양벌규정사항
공무원이 효율관리기자재 제조업자 사무소의 서류를 검사할 때 검사를 방해한 자는 해당하지 않는다.

정답 71 ④  72 ④  73 ③  74 ④

## 75 ★

다음 중 MgO - SiO₂계 내화물은?

① 마그네시아질 내화물
② 돌로마이트질 내화물
③ 마그네시아 - 크롬질 내화물
④ 포스테라이트질 내화물

**해설**

산화마그네슘 - 산화규소계 내화물
포스테라이트질(염기성) 내화물이다.

## 76 ★

다음은 「에너지이용합리화법」에서의 보고 및 검사에 관한 내용이다. ⓐ, ⓑ에 들어갈 단어를 나열한 것으로 옳은 것은?

> 공단이사장 또는 검사기관의 장은 매달 검사대상기기의 검사 실적을 다음 달 ( ⓐ )일까지 ( ⓑ )에게 보고하여야 한다.

① ⓐ : 5   ⓑ : 시·도지사
② ⓐ : 10   ⓑ : 시·도지사
③ ⓐ : 5   ⓑ : 산업통상자원부장관
④ ⓐ : 10   ⓑ : 산업통상자원부장관

**해설**

보고 및 검사
공단이사장 또는 경사기관의 장은 매달 검사대상기기의 검사 실적을 다음 달 10일까지 시·도지사에게 보고하여야 한다.

## 77 ★

실리카(Silica) 전이특성에 대한 설명으로 옳은 것은?

① 규석(Quartz)은 상온에서 가장 안정된 광물이며 상압에서 573 [℃] 이하 온도에서 안정된 형이다.
② 실리카(Silica)의 결정형은 규석(Quartz), 트리디마이트(Tridymaite), 크리스토발라이트(Cristobalite), 카올린(Kaoline)의 4가지 주형으로 구성된다.
③ 결정형이 바뀌는 것을 전이라고 하며 전이속도를 빠르게 작용토록 하는 성분을 광화제라 한다.
④ 크리스토발라이트(Cristobalite)에서 용융실리카(Fused Silica)로 전이에 따른 부피 변화 시 20 [%]가 수축한다.

**해설**

실리카 전이특성
실리카는 700 [℃] 이상의 고온으로 가열하면 팽창계수가 적고 열충격에도 강한 결정형이 바뀌는 것을 전이라고 하며 전이속도를 빠르게 작용토록 하는 성분을 광화제라고 한다.

## 78 ★★
다음 중 「에너지이용합리화법」에 따라 산업통상자원부장관 또는 시·도지사가 한국에너지공단이사장에게 위탁한 업무가 아닌 것은?

① 에너지사용계획의 검토
② 에너지절약전문기업의 등록
③ 냉난방온도의 유지·관리 여부에 대한 점검 및 실태 파악
④ 에너지이용합리화 기본계획의 수립

**해설**

위탁 업무
- 에너지사용계획의 검토
- 에너지절약전문기업의 등록
- 냉난방온도의 유지·관리 여부에 대한 점검 및 실태 파악

## 79 ★★
소성 내화물의 제조공정으로 가장 적절한 것은?

① 분쇄 → 혼련 → 건조 → 성형 → 소성
② 분쇄 → 혼련 → 성형 → 건조 → 소성
③ 분쇄 → 건조 → 혼련 → 성형 → 소성
④ 분쇄 → 건조 → 성형 → 소성 → 혼련

**해설**

소성 내화물의 제조공정
분쇄 → 혼련 → 성형 → 건조 → 소성

## 80 ★
「에너지이용합리화법」에 따라 평균에너지 소비효율의 산정방법에 대한 설명으로 틀린 것은?

① 기자재의 종류별 에너지소비효율의 산정방법은 산업통상자원부장관이 정하여 고시한다.
② 평균에너지소비효율은

$$\dfrac{기자재판매량}{\sum\left[\dfrac{기자재종류별국내판매량}{기자재종류별에너지소비효율}\right]}$$

이다.
③ 평균에너지소비효율의 개선기간은 개선명령을 받은 날부터 다음 해 1월 31일까지로 한다.
④ 평균에너지소비효율의 개선명령을 받은 자는 개선명령을 받을 날부터 60일 이내에 개선명령 이행계획을 수립하여 제출하여야 한다.

**해설**

평균에너지 소비효율의 산정방법
평균에너지 소비효율의 개선기간은 개선명령을 받은 날부터 다음 해 12월 31일까지로 한다.

**정답** 78 ④ 79 ② 80 ③

## 5과목 열설비설계

1회독 시간:     점수:
2회독 시간:     점수:
3회독 시간:     점수:

### 81 ★★★

다음 그림과 같은 V형 용접이음의 인장응력($\sigma$)을 구하는 식은?

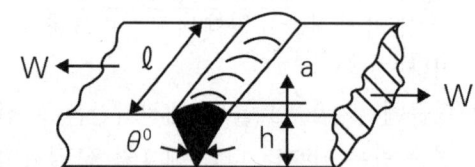

① $\sigma = \dfrac{W}{hl}$  ② $\sigma = \dfrac{2W}{hl}$

③ $\sigma = \dfrac{W}{ha}$  ④ $\sigma = \dfrac{W}{2hl}$

**해설**

인장응력

$\sigma = \dfrac{W}{hl}$

### 82 ★★

표면응축기의 외측에 증기를 보내며 관 속에 물이 흐른다. 사용하는 강관의 내경이 30 [mm], 두께가 2 [mm]이고 증기의 전열계수는 6978 [W/m²·K], 물의 전열계수는 2908 [W/m²·K]이다. 강관의 열전도도가 41 [W/m·K]일 때 총괄전열계수[W/m²·K]는?

① 1625.12   ② 1640.32
③ 1865.79   ④ 1972.85

**해설**

총괄전열계수

$K = \dfrac{1}{R} = \dfrac{1}{\dfrac{1}{\alpha_s} + \dfrac{l}{\lambda} + \dfrac{1}{\alpha_w}} = \dfrac{1}{\dfrac{1}{6978} + \dfrac{0.002}{41} + \dfrac{1}{2908}}$

$\fallingdotseq 1865.79$

### 83 ★

노 앞과 연도 끝에 통풍 팬을 설치하여 노 내의 압력을 임의로 조절할 수 있는 방식은?

① 자연통풍식
② 압입통풍식
③ 유인통풍식
④ 평형통풍식

**해설**

평형통풍식
노 앞의 연도 끝에 통풍 팬을 설치하여 노 내의 압력을 임의로 조절할 수 있는 방식

### 84 ★★

보일러 전열면에서 연소가스가 1000 [℃]로 유입하여 500 [℃]로 나가며 보일러수의 온도는 210 [℃]로 일정하다. 열관류율이 175 [W/m²·K]일 때, 단위면적당 열교환량[W/m²]은? (단, 대수평균온도차를 활용한다)

① 21118
② 46812
③ 67135
④ 87312

정답  81 ①  82 ③  83 ④  84 ④

**해설**

단위면적당 열교환량

$$LMTD = \frac{\Delta t_1 - \Delta t_2}{\ln \frac{\Delta t_1}{\Delta t_2}} = \frac{790 - 290}{\ln \frac{790}{290}} = 498.93$$

($\Delta t_1 = 1000 - 210$, $\Delta t_2 = 500 - 210$)

$q = \frac{Q}{A} = K \times LMTD = 175 \times 498.93$

≒ 87312.75

## 85 ★★★

물의 탁도에 대한 설명으로 옳은 것은?

① 카올린 1 [g]이 증류수 1 [L] 속에 들어 있을 때의 색과 같은 색을 가지는 물을 탁도 1도의 물이라 한다.
② 카올린 1 [mg]이 증류수 1 [L] 속에 들어 있을 때의 색과 같은 색을 가지는 물을 탁도 1도의 물이라 한다.
③ 탄산칼슘 1 [g]이 증류수 1 [L] 속에 들어 있을 때의 색과 같은 색을 가지는 물을 탁도 1도의 물이라 한다.
④ 탄산칼슘 1 [mg]이 증류수 1 [L] 속에 들어 있을 때의 색과 같은 색을 가지는 물을 탁도 1도의 물이라 한다.

**해설**

물의 탁도
물의 흐린 정도(혼탁도)를 말하며, 증류수 1 [L] 중에 카올린 1 [mg]이 함유되었을 때 탁도 1도라고 한다.

## 86 ★

보일러의 형식에 따른 종류의 연결로 틀린 것은?

① 노통식 원통보일러 - 코르니시보일러
② 노통연관식 원통보일러 - 라몽트보일러
③ 자연순환식 수관보일러 - 다쿠마보일러
④ 관류보일러 - 슐처보일러

**해설**

보일러의 형식에 따른 종류의 연결
베룩스보일러, 라몽트보일러는 수관식 보일러로 강제 순환식 보일러에 속한다.

## 87 ★

라미네이션의 재료가 외부로부터 강하게 열을 받아 소손되어 부풀어 오르는 현상을 무엇이라고 하는가?

① 크랙
② 압궤
③ 블리스터
④ 만곡

**해설**

블리스터
라미네이션 재료가 외부로부터 강하게 열을 받아 소손되어 부풀어 오르는 현상을 말한다.

정답 ● 85 ② 86 ② 87 ③

## 88 ★★

맞대기 용접은 용접방법에 따라서 그루브를 만들어야 한다. 판의 두께가 50 [mm] 이상인 경우에 적합한 그루브의 형상은? (단, 자동용접은 제외한다)

① V형　　② H형
③ R형　　④ A형

**해설**

그루브의 형상
열사용기자재의 검사 및 검사면제에 관한 기준 12.2.4.5 그루브 가공

| 판의 두께 | 그루브의 형상 |
|---|---|
| 6 [mm] 이상 16 [mm] 이하 | V형, R형 또는 J형 |
| 12 [mm] 이상 38 [mm] 이하 | X형, K형, 양면 J형 또는 U형 |
| 19 [mm] 이상 | H형 |

## 89 ★★★

직경 200 [mm] 철관을 이용하여 매분 1500 [L]의 물을 흘려보낼 때 철관 내의 유속(m/s)은?

① 0.59　　② 0.79
③ 0.99　　④ 1.19

**해설**

유속
$Q = AV$
$V = \dfrac{Q}{A} = \dfrac{1500 \times 0.001}{\dfrac{\pi (0.2)^2}{4}} \div 60 = 0.79 \, [m/s]$
$1L = 0.001 \, [m^3]$

## 90 ★

다음 중 보일러수를 pH 10.5 ~ 11.5의 약알칼리로 유지하는 주된 이유는?

① 첨가된 염산이 강재를 보호하기 때문에
② 보일러의 부식 및 스케일 부착을 방지하기 위하여
③ 과잉 알칼리성이 더 좋으나 약품이 많이 소요되므로 원가를 절약하기 위하여
④ 표면에 딱딱한 스케일이 생성되어 부식을 방지하기 위하여

**해설**

약알칼리로 유지하는 주된 이유
보일러의 부식방지 및 스케일 부착을 방지하기 위함이다.

## 91 ★

다음 급수펌프 종류 중 회전식 펌프는?

① 워싱턴펌프
② 피스톤펌프
③ 플런저펌프
④ 터빈펌프

**해설**

회전식 펌프
터빈펌프(디퓨저펌프)는 원심펌프로 임펠러의 회전에 의해 가압되는 회전식 펌프로, 가이드베인이 있는 펌프이다.

정답　88 ②　89 ②　90 ②　91 ④

## 92 ★★

다음 보일러 부속장치와 연소가스의 접촉 과정을 나타낸 것으로 가장 적합한 것은?

① 과열기 → 공기예열기 → 절탄기
② 절탄기 → 공기예열기 → 과열기
③ 과열기 → 절탄기 → 공기예열기
④ 공기예열기 → 절탄기 → 과열기

**해설**

보일러 부속장치와 연소가스의 접촉 과정
과열기 → 절탄기 → 공기예열기

## 93 ★

최고사용압력이 3 [MPa] 이하인 수관보일러의 급수 수질에 대한 기준으로 옳은 것은?

① pH(25 [℃]) : 8.0 ~ 9.5,
  경도 : 0 [mgCaCo₃/L],
  용존산소 : 0.1 [mgO/L] 이하
② pH(25 [℃]) : 10.5 ~ 11.0,
  경도 : 2 [mgCaCo₃/L,]
  용존산소 : 0.1 [mgO/L] 이하
③ pH(25 [℃]) : 8.5 ~ 9.6,
  경도 : 0 [mgCaCo₃/L,]
  용존산소 : 0.007 [mgO/L] 이하
④ pH(25 [℃]) : 8.5 ~ 9.6,
  경도 : 2 [mgCaCo₃/L,]
  용존산소 : 1 [mgO/L] 이하

**해설**

급수 수질에 대한 기준
• pH(25 [℃]) : 8 ~ 9.5
• 경도 : 0 [mg CaCO₃/L]
• 용존산소 : 0.1 [mg O/L] 이하

## 94 ★

내경 800 [mm]이고, 최고사용압력이 120 [N/cm²]인 보일러의 동체를 설계하고자 한다. 세로이음에서 동체판의 두께[mm]는 얼마이어야 하는가? (단, 강판의 인장강도는 350 [N/mm²], 안전계수는 5, 이음효율은 85 [%], 부식여유는 1 [mm]로 한다)

① 7
② 8
③ 9
④ 10

**해설**

세로이음에서 동체판의 두께
$$t = \frac{PDS}{200\sigma_u \eta} + C = \frac{120 \times 800 \times 5}{200 \times 350 \times 0.85} + 1$$
$\approx 9.067$

## 95 ★★★

보일러수에 녹아 있는 기체를 제거하는 탈기기가 제거하는 대표적인 용존가스는?

① $O_2$
② $H_2SO_4$
③ $H_2S$
④ $SO_2$

**해설**

**탈기기**

탈기기란 보일러에 공급되는 물에 섞인 산소, 이산화탄소, 즉 용존가스를 제거하는 장치이다. 탈기기가 제거하는 대표적인 용존가스는 산소이다.

## 96 ★★★

부식 중 점식에 대한 설명으로 틀린 것은?

① 전기화학적으로 일어나는 부식이다.
② 국부 부식으로서 그 진행 상태가 느리다.
③ 보호피막이 파괴되었거나 고열을 받은 수열면 부분에 발생되기 쉽다.
④ 수중 용존산소를 제거하면 점식 발생을 방지할 수 있다.

**해설**

**부식 중 점식**

점식(Pitting)은 국소표면이 낡아 파손되어 국소적 원형파임이 생기는 현상으로 그 진행속도가 빠르다.

## 97 ★★

육용 강제 보일러에서 동체의 최소 두께로 틀린 것은?

① 안지름이 900 [mm] 이하의 것은 6 [mm] (단, 스테이를 부착할 경우)
② 안지름이 900 [mm] 초과 1350 [mm] 이하의 것은 8 [mm]
③ 안지름이 1350 [mm] 초과 1850 [mm] 이하의 것은 10 [mm]
④ 안지름이 1850 [mm] 초과하는 것은 12 [mm]

**해설**

**육용 강제 보일러에서 동체의 최소 두께**
열사용기자재의 검사 및 검사면제에 관한 기준
4.1 동체 두께의 제한
동체의 최소두께는 다음의 값 이상이어야 한다.
(1) 안지름 900 [mm] 이하인 것은 6 [mm]. 다만 스테이를 부착하는 경우는 8 [mm]
(2) 안지름 900 [mm]를 초과하고, 1350 [mm] 이하인 것은 8 [mm]
(3) 안지름 1350 [mm]를 초과하고, 1850 [mm] 이하인 것은 10 [mm]
(4) 안지름 1850 [mm]를 초과하는 것은 12 [mm]

## 98 ★

보일러의 전열면적이 10 [m$^2$] 이상 15 [m$^2$] 미만인 경우 방출관의 안지름은 최소 몇 [mm] 이상이어야 하는가?

① 10  ② 20
③ 30  ④ 50

**해설**

방출관의 안지름
열사용기자재의 검사 및 검사면제에 관한 기준
19.2.3 방출관의 크기

| 전열면적[m$^2$] | 방출관의 안지름[mm] |
|---|---|
| 10 미만 | 25 이상 |
| 10 이상 15 미만 | 30 이상 |
| 15 이상 20 미만 | 40 이상 |
| 20 이상 | 50 이상 |

## 99 ★

보일러 연소량을 일정하게 하고 저부하 시 잉여증기를 축적시켰다가 갑작스런 부하변동이나 과부하 등에 대처하기 위해 사용되는 장치는?

① 탈기기
② 인젝터
③ 재열기
④ 어큐뮬레이터

**해설**

어큐뮬레이터(Accumulator)
보일러에서 발생한 증기 또는 온수를 일시 저장했다가 부하가 급증할 때 공급하는 장치

## 100 ★★

랭커셔보일러에 대한 설명으로 틀린 것은?

① 노통이 2개이다.
② 부하변동 시 압력 변화가 적다.
③ 연관보일러에 비해 전열면적이 작고 효율이 낮다.
④ 급수처리가 까다롭고 가동 후 증기 발생시간이 길다.

**해설**

랭커셔보일러
노통보일러의 장점과 단점
(1) 장점
 ① 구조가 간단하고 제작이나 취급이 용이하다.
 ② 랭커셔보일러는 노통이 2개이다.
 ③ 급수처리가 까다롭지 않다.
 ④ 보유수량이 많아 부하변동에 대해 압력 변화가 적다.
 ⑤ 원통형이라 강도가 크다.
(2) 단점
 ① 보일러 효율이 좋지 않다.
 ② 파열 시 보유수량이 많아 피해가 크다.
 ③ 내분식으로 연소실의 크기에 제한을 받고 연료 선택이 까다롭다.
 ④ 전열면적에 비해 보유수량이 많아 증기발생 시간의 지연이 길다.

정답  98 ③  99 ④  100 ④

# 2019 제4회

## 1과목 | 연소공학

### 01 ★★
연소 배출가스 중 $CO_2$ 함량을 분석하는 이유로 가장 거리가 먼 것은?

① 연소 상태를 판단하기 위하여
② CO 농도를 판단하기 위하여
③ 공기비를 계산하기 위하여
④ 열효율을 높이기 위하여

**해설**

연소 배출가스 중 이산화탄소 함량분석 이유
- 연소 상태를 판단하기 위하여
- 공기비를 계산하기 위하여
- 열효율을 향상시키기 위하여

### 02 ★
분무기로 노 내에 분사된 연료에 연소용 공기를 유효하게 공급하여 연소를 좋게 하고, 확실한 착화와 화염의 안정을 도모하기 위해서 공기류를 적당히 조정하는 장치는?

① 자연통풍(Natural Draft)
② 에어레지스터(Air Register)
③ 압입 통풍 시스템(Forced Draft System)
④ 유인 통풍 시스템(Induced Draft System)

**해설**

에어레지스터(Air Register)
에어레지스터(버너 연소 시 보염장치)란 연소용 공기를 연소에 적합한 흐름 및 양으로 조절하여 공기 노즐로 송출하는 장치로, 확실한 착화가 화염의 안정을 도모하기 위한 장치이다.

### 03 ★
다음 중 층류 연소속도의 측정방법이 아닌 것은?

① 비누거품법
② 적하수은법
③ 슬롯노즐버너법
④ 평면화염버너법

**해설**

층류 연소속도 측정방법
층류 연소속도 측정방법
- 비누거품법
- 슬롯노즐버너법
- 평면화염버너법

※ 적하수은법 : 중금속이온 음이온 분석법으로 플라로그래피(Polarography)라는 이름으로 개발되었다(반응속도 측정).

### 04 ★★★
연료를 구성하는 가연원소로만 나열된 것은?

① 질소, 탄소, 산소
② 탄소, 질소, 불소
③ 탄소, 수소, 황
④ 질소, 수소, 황

---

정답  01 ② 02 ② 03 ② 04 ③

> **해설**

연료 구성 원소
연료의 3대 구성요소에는 탄소, 수소, 황이 있다.

## 05 ★★★

상온, 상압에서 프로페인 – 공기의 가연성 혼합기체를 완전 연소시킬 때 프로페인 1 [kg]을 연소시키기 위하여 공기는 약 몇 [kg]이 필요한가? (단, 공기 중 산소는 23.15 [wt%]이다.)

① 13.6
② 15.7
③ 17.3
④ 19.2

> **해설**

이론 공기량
$C_3H_8 + 5O_2 \rightarrow 3CO_2 + 4H_2O$

$O_0 = \dfrac{5 \times 32 \times 1}{44} \fallingdotseq 3.64$

$A_0 = \dfrac{O_0}{0.2315} = \dfrac{3.64}{0.2315} = 15.7\,[kg]$

※ 공기량을 $Nm^3$이 아니라 kg의 양을 물어봤으므로, 22.4가 아니라 32를 쓴다.

## 06 ★★

연소 시 배기가스량을 구하는 식으로 옳은 것은? (단, G : 배기가스량, $G_o$ : 이론배기가스량, $A_o$ : 이론공기량, m : 공기비이다)

① $G = G_o + (m - 1)A_o$
② $G = G_o + (m + 1)A_o$
③ $G = G_o - (m + 1)A_o$
④ $G = G_o + (1 - m)/A_o$

> **해설**

배기가스량
연소 시 배기가스량$(G) = G_0 + (m - 1)A_0$

## 07 ★★★

연료의 조성 [wt%]이 다음과 같을 때의 고위발열량은 약 몇 [kcal/kg]인가? (단, C, H, S의 고위발열량은 각각 8100 [kcal/kg], 34200 [kcal/kg], 2500 [kcal/kg]이다)

| • C : 47.20 [kg] | • H : 3.96 [kg] |
| • O : 8.36 [kg]  | • S : 2.79 [kg] |
| • N : 0.61 [kg]  | • $H_2O$ : 14.54 [kg] |
| • Ash : 22.54 [kg] | |

① 4129
② 4329
③ 4890
④ 4998

> **해설**

고위발열량

$H_h = 8100C + 34200\left(H - \dfrac{O}{8}\right) + 2500S$

$= 8100 \times 0.472 + 34200$

$\quad \times \left(0.0396 - \dfrac{0.0836}{8}\right) + 2500 \times 0.0279$

$\fallingdotseq 4890\,[kcal/kg]$

## 08 ★

연소가스는 연돌에 200 [℃]로 들어가서 30 [℃]가 되어 대기로 방출된다. 배기가스가 일정한 속도를 가지려면 연돌 입구와 출구의 면적비를 어떻게 하여야 하는가?

① 1.56
② 1.93
③ 2.24
④ 3.02

**해설**

연돌 입구와 출구의 면적비
연돌(굴뚝)의 면적비는 연소가스 절대온도에 반비례한다.

$$\frac{A_0}{A_1} = \frac{T_1}{T_0} = \frac{200+273}{30+273} = 1.56$$

## 09 ★★

다음 연소 범위에 대한 설명 중 틀린 것은?

① 연소 가능한 상한치와 하한치의 값을 가지고 있다.
② 연소에 필요한 혼합가스의 농도를 말한다.
③ 연소 범위에 좁으면 좁을수록 위험하다.
④ 연소 범위의 하한치가 낮을수록 위험도는 크다.

**해설**

연소범위
연소(폭발)범위가 넓으면 넓을수록 위험하다.

## 10 ★★

액체연료의 유동점은 응고점보다 몇 [℃] 높은가?

① 1.5
② 2.0
③ 2.5
④ 3.0

**해설**

액체연료의 유동점
2.5 [℃] 높다.

## 11 ★★

도시가스의 조성을 조사하니 $H_2$ 30 [v%], CO 6 [v%], $CH_4$ 40 [v%], $CO_2$ 24 [v%]이었다. 이 도시가스를 연소하기 위해 필요한 이론 산소량보다 20 [%] 많게 공급했을 때 실제공기량은 약 몇 [$Nm^3/Nm^3$]인가? (단, 공기 중 산소는 21 [v%]이다)

① 2.6
② 3.6
③ 4.6
④ 5.6

**해설**

실제공기량

$$H_2 + \frac{1}{2}O_2 \rightarrow H_2O$$

$$CO + \frac{1}{2}O_2 \rightarrow CO_2$$

$$CH_4 + 2O_2 \rightarrow 2H_2O + CO_2$$

(1) 이론산소량($O_0$)
= (0.5 × 0.3) + (0.5 × 0.06) + (2 × 0.4)
= 0.98 [$Nm^3/Nm^3$]

(2) 실제공기량(A) = 공기비(m) × 이론공기량($A_0$)
= $1.2 \times \frac{0.98}{0.21}$ = 5.6 [$Nm^3/Nm^3$]

※ 공기비(m) : 과잉공기 20 [%]이므로 1.2

**정답** 08 ① 09 ③ 10 ③ 11 ④

## 12 ★★

배기가스 출구 연도에 댐퍼를 부착하는 주된 이유가 아닌 것은?

① 통풍력을 조절한다.
② 과잉공기를 조절한다.
③ 가스의 흐름을 차단한다.
④ 주연도, 부연도가 있는 경우에는 가스의 흐름을 바꾼다.

**해설**

배기가스 출구 연도에 댐퍼(Damper) 부착 이유
- 통풍력 조절
- 가스 흐름 차단
- 주연도, 부연도가 있는 경우 가스의 흐름을 바꾼다.

## 13 ★★

가연성 혼합가스의 폭발한계 측정에 영향을 주는 요소로 가장 거리가 먼 것은?

① 온도
② 산소 농도
③ 점화에너지
④ 용기의 두께

**해설**

폭발한계 측정에 영향을 주는 요소
- 온도 : 일반적으로 폭발범위는 온도 상승에 따라 넓어진다.
- 압력 : 압력이 상승해도 폭발하한계는 영향을 받지 않으나 연소상한계는 크게 증가한다.
- 산소 농도 : 폭발상한계가 크게 증가한다.

## 14 ★

액체연료의 미립화방법이 아닌 것은?

① 고속기류   ② 충돌식
③ 와류식     ④ 혼합식

**해설**

미립화방법
액체연료의 미립화(액적화)방법은 고속기류, 충돌식, 와류식이 있다.

## 15 ★

연돌 내의 배기가스 비중량 $\gamma_1$, 외기 비중량 $\gamma_2$, 연돌의 높이가 H일 때 연돌의 이론 통풍력(Z)를 구하는 식은?

① $Z = \dfrac{H}{\gamma_1 - \gamma_2}$   ② $Z = \dfrac{\gamma_2 - \gamma_1}{H}$

③ $Z = \dfrac{\gamma_2 - 2\gamma_1}{2H}$   ④ $Z = (\gamma_2 - \gamma_1) \times H$

**해설**

연돌(굴뚝)의 이론 통풍력
$Z = (\gamma_2 - \gamma_1) \times H$

## 16 ★

다음 분진의 중력침강속도에 대한 설명으로 틀린 것은?

① 점도에 반비례한다.
② 밀도차에 반비례한다.
③ 중력가속도에 비례한다.
④ 입자직경의 제곱에 비례한다.

**해설**

분진의 중력침강속도
유체에 대한 입자의 상대속도
$$v_p = \frac{d^2(\rho_p - \rho_g)g}{18\mu}[m/s]$$
분진의 중력 침강속도는 밀도차($\rho_p - \rho_g$)에 비례한다.

## 17 ★★★

메테인($CH_4$) 64 [kg]을 연소시킬 때 이론적으로 필요한 산소량은 몇 [kmol]인가?

① 1　　　　② 2
③ 4　　　　④ 8

**해설**

이론산소량
$CH_4 + 2O_2 \rightarrow CO_2 + 2H_2O$
$O_0 = \frac{2 \times 64}{16} = 8\,[kmol]$

## 18 ★

다음 중 연소효율($\eta_c$)을 옳게 나타낸 식은? (단, $H_L$ : 저위발열량, $L_i$ : 불완전 연소에 따른 손실열, $L_c$ : 탄 찌꺼기 속의 미연탄소분에 의한 손실열이다)

① $\dfrac{H_L - (L_C + L_i)}{H_L}$　　② $\dfrac{H_L + (L_C - L_i)}{H_L}$

③ $\dfrac{H_L}{H_L + (L_C + L_i)}$　　④ $\dfrac{H_L}{H_L - (L_C - L_i)}$

**해설**

연소효율
$$\eta_c = \frac{H_L - (L_C + L_i)}{H_L}$$

## 19 ★★★

A회사에 입하된 석탄의 성질을 조사하였더니 회분 6 [%], 수분 3 [%], 수소 5 [%] 및 고위발열량이 25200 [kJ/kg]이었다. 실제 사용할 때의 저발열량은 약 몇 [kJ/kg]인가?

① 33432.54　　② 43412.54
③ 23994.24　　④ 53413.24

**해설**

저위발열량
고체 및 액체연료인 경우 저위발열량($H_L$)
= ($H_h$) - 2512(9H + w)
= 25200 - 2512(9 × 0.05 + 0.03)
≒ 23994.24 [kJ/kg]

## 20 ★

화염 면이 벽면 사이를 통과할 때 화염면에서의 발열량보다 벽면으로의 열손실이 더욱 커서 화염이 더 이상 진행하지 못하고 꺼지게 될 때 벽면 사이의 거리는?

① 소염거리　　② 화염거리
③ 연소거리　　④ 점화거리

**해설**

소염거리(Quenching Distance)
전기불꽃을 가하여도 점화되지 않는 최소 한계거리(벽면 사이의 거리)를 의미한다.

정답　17 ④　18 ①　19 ③　20 ①

## 2과목 열역학

## 21 ★★
다음 중 등엔트로피 과정에 해당하는 것은?

① 등적 과정
② 등압 과정
③ 가역단열 과정
④ 가역등온 과정

해설

등엔트로피 과정
가역단열 과정은 등엔트로피 과정이다.

## 22 ★
이상적인 교축 과정(Throttling Process)에 대한 설명으로 옳은 것은?

① 압력이 증가한다.
② 엔탈피가 일정하다.
③ 엔트로피가 감소한다.
④ 온도는 항상 증가한다.

해설

이상기체(Ideal Gas)의 교축 과정
• 압력 강하
• 온도 강하
• 엔탈피 일정
• 엔트로피 증가(비가역 과정)

## 23 ★★★
랭킨 사이클로 작동되는 발전소의 효율을 높이려고 할 때 초압(터빈입구의 압력)과 배압(복수기 압력)은 어떻게 하여야 하는가?

① 초압과 배압 모두 올림
② 초압을 올리고 배압을 낮춤
③ 초압은 낮추고 배압을 올림
④ 초압과 배압 모두 낮춤

해설

랭킨 사이클로 발전소의 효율 높이는 방법
랭킨 사이클의 열효율을 높이려면 초온, 초압을 높이거나 복수기 압력을 낮춰야 한다.

## 24 ★★
다음 중 증발열이 커서 중형 및 대형의 산업용 냉동기에 사용하기에 가장 적정한 냉매는?

① 프레온 - 12
② 탄산가스
③ 아황산가스
④ 암모니아

해설

상업용 냉동기에 적정한 냉매
암모니아($NH_3$)는 증발(잠)열이 냉매 중에서 프레온 냉매보다 크기 때문에 중형 및 대형의 산업용 냉동기에 가장 적정한 냉매이다.

정답  21 ③  22 ②  23 ②  24 ④

## 25 ★★★

압력 1000 [kPa], 부피 1 [m³]의 이상기체가 등온 과정으로 팽창하여 부피가 1.2 [m³]이 되었다. 이때 기체가 한 일[kJ]은?

① 82.3
② 182.3
③ 282.3
④ 382.3

**해설**

이상기체가 한 일

$$_1W_2 = P_1 V_1 \ln \frac{V_2}{V_1} = 1000 \times 1 \times \ln \frac{1.2}{1} = 182.3 \, [kJ]$$

## 26 ★★

열역학적 계란 고려하고자 하는 에너지 변화에 관계되는 물체를 포함하는 영역을 말하는데 이 중 폐쇄계(Closed System)는 어떤 양의 교환이 없는 계를 말하는가?

① 질량
② 에너지
③ 일
④ 열

**해설**

폐쇄계(Closed System)
폐쇄계는 계의 경계를 통한 물질(질량)의 유동이 없는 계를 말하며, 비유동계(Non-flow System)라고 한다(에너지(일과 열)의 유동은 있다).

## 27 ★★★

피스톤이 장치된 용기 속의 온도 $T_1$ [K], 압력 $P_1$ [Pa], 체적 $V_1$ [m³] 의 이상기체 m [kg]이 있고, 정압 과정으로 체적이 원래의 2배가 되었다. 이때 이상기체로 전달된 열량은 어떻게 나타내는가? (단, $C_v$는 정적비열이다)

① $mC_vT_1$
② $2mC_vT_1$
③ $mC_vT_1 + P_1V_1$
④ $mC_vT_1 + 2P_1V_1$

**해설**

이상기체로 전달된 열량

$$Q = P_1V_1 + mC_v(T_2 - T_1) = P_1V_1 + mC_vT_1\left(\frac{T_2}{T_1} - 1\right)$$

$$= P_1V_1 + mC_vT_1\left(\frac{V_2}{V_1} - 1\right) = P_1V_1 + mC_vT_1(2-1)$$

$$= P_1V_1 + mC_vT_1$$

## 28 ★★

카르노 사이클에서 공기 1 [kg]이 1사이클마다 하는 일이 100 [kJ]이고 고온 227 [℃], 저온 27 [℃] 사이에서 작용한다. 이 사이클의 작동 과정에서 생기는 저온 열원의 엔트로피 증가 [kJ/K]는?

① 0.2
② 0.4
③ 0.5
④ 0.8

**해설**

저온 열원의 엔트로피 증가

$\eta = \dfrac{W}{Q_1} = 1 - \dfrac{T_2}{T_1} = 1 - \dfrac{300}{500} = 0.4$

$Q_1 = \dfrac{W}{\eta_c} = \dfrac{100}{0.4} = 250\,[kJ]$

$Q_2 = Q_1 - W = 250 - 100 = 150\,[kJ]$

$\Delta S_2 = \dfrac{Q_2}{T_2} = \dfrac{150}{27+273} = \dfrac{150}{300} = 0.5\,[kJ/K]$

## 29 ★★★

열역학 제1법칙에 대한 설명으로 틀린 것은?

① 열은 에너지의 한 형태이다.
② 일을 열로 또는 열을 일로 변환할 때 그 에너지 총량은 변하지 않고 일정하다.
③ 제1종의 영구기관을 만드는 것은 불가능하다.
④ 제1종의 영구기관은 공급된 열에너지를 모두 일로 전환하는 가상적인 기관이다.

**해설**

열역학 제1법칙
에너지보존의 법칙으로 열량과 일량은 본질적으로 동일한 에너지임을 밝힌 법칙이다(제1종 영구기관을 부정).
• 제1종 영구기관 : 공급되는 에너지 없이 영원한 에너지 생성 소멸 가능한 기관

## 30 ★

카르노 열기관이 600 [K]의 고열원과 300 [K]의 저열원 사이에서 작동하고 있다. 고열원으로부터 300 [kJ]의 열을 공급받을 때 기관이 하는 일[kJ]은 얼마인가?

① 150
② 160
③ 170
④ 180

**해설**

카르노 열기관이 하는 일

$\eta_c = \dfrac{W}{Q_1} = 1 - \dfrac{T_2}{T_1}$

$W = \eta_c Q_1 = \left(1 - \dfrac{T_2}{T_1}\right) Q_1$

$= \left(1 - \dfrac{300}{600}\right) \times 300 = 150\,[kJ]$

## 31 ★  난이도 상

비열비 1.3의 고온 공기를 작동 물질로 하는 압축비 5의 오토 사이클에서 최소 압력이 206 [kPa], 최고 압력이 5400 [kPa]일 때 평균 유효압력(kPa)은?

① 594
② 794
③ 1190
④ 1390

정답 ● 29 ④  30 ①  31 ③

**해설**

유효압력

$$\alpha = \frac{T_3}{T_2} = \frac{P_3}{P_2} = \frac{P_3}{P_1 \epsilon^k} = \frac{5{,}400}{206 \times 5^{1.3}} = 3.23$$

∴ 오토 사이클의 평균 유효압력

$$P_m = P_1 \frac{(\alpha-1)(\epsilon^k - \epsilon)}{(\epsilon-1)(k-1)} = 206 \times \frac{(3.23-1)(5^{1.3}-5)}{(5-1)(1.3-1)}$$
$$\fallingdotseq 1190\,[kPa]$$

## 32 ★

증기의 속도가 빠르고, 입출구 사이의 높이 차도 존재하여 운동에너지 및 위치에너지를 무시할 수 없다고 가정하고, 증기는 이상적인 단열 상태에서 개방 시스템 내로 흘러 들어가 단위질량유량당 축일($w_s$)을 외부로 제공하고 시스템으로부터 흘러나온다고 할 때, 단위질량유량당 축일을 어떻게 구할 수 있는가? (단, v는 비체적, P는 압력, V는 속도, g는 중력가속도, z는 높이를 나타내며, 하첨자 i는 입구, e는 출구를 나타낸다)

① $W_s = \int_i^e Pdv$

② $W_s = -\int_i^e vdP$

③ $W_s = \int_i^e Pdv + \frac{1}{2}(V_i^2 - V_e^2) + g(z_i - z_e)$

④ $W_s = -\int_i^e vdP + \frac{1}{2}(V_i^2 - V_e^2) + g(z_i - z_e)$

**해설**

단위질량유량당 축일

$$W_s = -\int_i^e vdP + \frac{1}{2}(V_i^2 - V_e^2) + g(z_i - z_e)$$

## 33 ★★★

랭킨 사이클의 구성요소 중 단열압축이 일어나는 곳은?

① 보일러
② 터빈
③ 펌프
④ 응축기

**해설**

랭킨 사이클 구성요소

단열압축이 일어나는 곳은 펌프 과정이다. 이론적으로는 단열압축 과정이지만 실제로는 등적 과정으로 펌프 과정 일을 계산한다.

## 34 ★★★

암모니아 냉동기의 증발기 입구의 엔탈피가 377 [kJ/kg], 증발기 출구의 엔탈피가 1668 [kJ/kg]이며 응축기 입구의 엔탈피가 1894 [kJ/kg]이라면 성능계수는 얼마인가?

① 4.44
② 5.71
③ 6.90
④ 9.84

**해설**

성능계수

$$\epsilon = \frac{q_e}{w_c} = \frac{1668 - 377}{1894 - 1668} = 5.71$$

정답 ▶ 32 ④  33 ③  34 ②

## 35 ★★★

공기 표준 디젤 사이클에서 압축비가 17이고 단절비(Cut-off Ratio)가 3일 때 열효율[%]은? (단, 공기의 비열비는 1.4이다)

① 52
② 58
③ 63
④ 67

**해설**

열효율

$$\eta_{thd} = 1 - \left(\frac{1}{\epsilon}\right)^{k-1} \frac{\sigma^k - 1}{k(\sigma - 1)}$$

$$= 1 - \left(\frac{1}{17}\right)^{1.4-1} \frac{3^{1.4} - 1}{1.4(3-1)} = 58.2 \, [\%]$$

## 36 ★★

표준 증기압축식 냉동 사이클의 주요 구성 요소는 압축기, 팽창밸브, 응축기, 증발기이다. 냉동기가 동작할 때 작동 유체(냉매)의 흐름의 순서로 옳은 것은?

① 증발기 → 응축기 → 압축기 → 팽창밸브 → 증발기
② 증발기 → 압축기 → 팽창밸브 → 응축기 → 증발기
③ 증발기 → 응축기 → 팽창밸브 → 압축기 → 증발기
④ 증발기 → 압축기 → 응축기 → 팽창밸브 → 증발기

**해설**

작동 유체(냉매)의 흐름 순서
증발기 → 압축기 → 응축기 → 팽창밸브 → 증발기

## 37 ★

애드벌룬에 어떤 이상기체 100 [kg]을 주입하였더니 팽창 후의 압력이 150 [kPa], 온도 300 [K]가 되었다. 애드벌룬의 반지름[m]은? (단, 애드벌룬은 완전한 구형(Sphere)이라고 가정하며, 기체상수는 250 [J/kg·K]이다)

① 2.29
② 2.73
③ 3.16
④ 3.62

**해설**

애드벌룬 반지름
PV = mRT
V = (100 × 0.25 × 300) ÷ 150 = 50
(4/3)r³π = 50
r = 2.29

## 38 ★★★

이상기체의 상태 변화에 관련하여 폴리트로픽(Polytropic) 지수 n에 대한 설명으로 옳은 것은?

① 'n = 0'이면 단열 변화
② 'n = 1'이면 등온 변화
③ 'n = 비열비'이면 정적 변화
④ 'n = ∞'이면 등압 변화

> 해설

폴리트로픽 지수 - 이상기체의 상태 변화

$PV^n = c$

- n = 0 : 등압 변화(P = c)
- n = 1 : 등온 변화(PV = c)
- n = n : 폴리트로픽 변화
- n = k : 가역단열 변화(등엔트로피 변화)
- n = ∞ : 등적 변화(v = c)

## 39 ★

80 [℃]의 물(엔탈피 335 [kJ/kg])과 100 [℃]의 건포화수증기(엔탈피 2676 [kJ/kg])를 질량비 1 : 2로 혼합하여 열손실 없는 정상유동 과정으로 95 [℃]의 포화액 - 증기 혼합물 상태로 내보낸다. 95 [℃] 포화 상태에서의 포화액 엔탈피가 398 [kJ/kg], 포화증기의 엔탈피가 2668 [kJ/kg]이라면 혼합실 출구의 건도는 얼마인가?

① 0.44
② 0.58
③ 0.66
④ 0.72

> 해설

혼합실 출구의 건도

$h_m = \dfrac{mh_1 + nh_2}{m+n} = \dfrac{1 \times 335 + 2 \times 2676}{1+2}$

$\fallingdotseq 1896 \,[kJ/kg]$

$h_m = h' + x(h'' - h')\,[kJ/kg]$

$x = \dfrac{h_m - h'}{h'' - h'} = \dfrac{1896 - 398}{2668 - 398} \fallingdotseq 0.66$

## 40 ★★★

증기원동기의 랭킨 사이클에서 열을 공급하는 과정에서 일정하게 유지되는 상태량은 무엇인가?

① 압력
② 온도
③ 엔트로피
④ 비체적

> 해설

랭킨 사이클에서 일정하게 유지되는 상태량
랭킨 사이클의 열 공급 과정은 압력이 일정한 등압 과정이다.

## 3과목 계측방법

### 41 ★★
다음 중 가장 높은 압력을 측정할 수 있는 압력계는?

① 부르동관 압력계
② 다이어프램식 압력계
③ 벨로스식 압력계
④ 링밸런스식 압력계

**해설**

부르동관 압력계(Bourdon Tube Gauge)
탄성 압력계 일종으로 구조가 비교적 간단하고 취급이 편리하므로 공업장, 일반 압력계로 널리 사용되며 압력사용범위는 0.5 ~ 3000 [$kgf/cm^2$] 정도로 넓은 압력범위를 측정할 수 있다.

### 42 ★★★
피드백(Feedback)제어계에 관한 설명으로 틀린 것은?

① 입력과 출력을 비교하는 장치는 반드시 필요하다.
② 다른 제어계보다 정확도가 증가된다.
③ 다른 제어계보다 제어 폭이 감소된다.
④ 급수제어에 사용된다.

**해설**

피드백제어계
피드백제어는 오차를 자동 보정하기 때문에 넓은 제어 범위에 대해 안정적 제어가 가능하다.

### 43 ★
U자관 압력계에 대한 설명으로 틀린 것은?

① 측정 압력은 1 ~ 1000 [kPa] 정도이다.
② 주로 통풍력을 측정하는 데 사용된다.
③ 측정의 정도는 모세관현상의 영향을 받으므로 모세관현상에 대한 보정이 필요하다.
④ 수은, 물, 기름 등을 넣어 한쪽 또는 양쪽 끝에 측정압력을 도입한다.

**해설**

U자관 압력계(액주식 압력계)
낮은 압력(0.098 ~ 24.52 [kPa] 정도) 측정에 사용된다.

### 44 ★★★
다음 중 유량 측정의 원리와 유량계를 바르게 연결한 것은?

① 유체에 작용하는 힘 - 터빈 유량계
② 유속 변화로 인한 압력차 - 용적식 유량계
③ 흐름에 의한 냉각효과 - 전자기 유량계
④ 파동의 전파 시간차 - 조리개 유량계

정답 41 ① 42 ③ 43 ① 44 ①

해설
유량 측정의 원리
② 유속 변화로 인한 압력차 - 차압식 유량계
③ 흐름에 의한 냉각효과 - 열선식 유량계
④ 파동의 전파 시간차 - 초음파 유량계

## 45 ★★
수은 및 알코올 온도계를 사용하여 온도를 측정할 때 계측의 기본원리는 무엇인가?

① 비열　　　　② 열팽창
③ 압력　　　　④ 점도

해설
계측의 기본원리
수은 및 알코올 온도계에 사용되는 계측의 기본원리는 열팽창에 의해 관측의 수은이나 알코올의 오르내림으로서 온도를 측정한다.

## 46 ★★★
다음 각 물리량에 대한 SI 유도단위의 기호로 틀린 것은?

① 압력 - Pa　　　② 에너지 - cal
③ 일률 - W　　　④ 자기선속 - Wb

해설
SI단위계
- 기본단위 : 길이[m], 질량[kg], 시간[s], 온도[K], 전류[A], 물질량[mol], 광도[cd]
- 보조단위 : 평면각[rad], 입체각[sr]
- 유도단위 : 힘[N], 압력[Pa], 에너지[J], 일률[W], 비중량[$N/m^3$], 밀도[$kg/m^3$], 자속[Wb] 등

## 47 ★★
산소의 농도를 측정할 때 기전력을 이용하여 분석, 계측하는 분석계는?

① 자기식 $O_2$계　　② 세라믹식 $O_2$계
③ 연소식 $O_2$계　　④ 밀도식 $O_2$계

해설
세라믹식 $O_2$계
고온에서 산소 이온의 도전성을 이용하여 산소 농도를 측정하는 방식이다. 고온으로 가열된 세라믹 소자의 양 끝에 전극을 설치하고, 그 한쪽에 시료 가스, 다른 한쪽에 공기 등의 기준가스를 흘려 보내 산소 농도차를 주어 양극 간에 발생하는 기전력을 검출하여 산소 농도를 측정한다.

## 48 ★★
아르키메데스의 부력 원리를 이용한 액면측정기는?

① 차압식 액면계
② 퍼지식 액면계
③ 기포식 액면계
④ 편위식 액면계

해설
편위식 액면계
- 액중에 잠겨 있는 플로트의 깊이에 의한 부력으로부터 토크튜브의 회전각이 변화하여 액면을 지시하여 지시침이 움직이는 방식으로, 아르키메데스의 부력원리를 이용한 액면 측정기기
- 아르키메데스의 부력원리 : 물체가 유체에 잠길 때 그 물체는 자신이 밀어낸 유체의 무게만큼 부력을 받는다는 원리

정답　45 ②　46 ②　47 ②　48 ④

## 49 ★★★
다음 중 온도는 국제단위계(SI단위계)에서 어떤 단위에 해당하는가?

① 보조단위
② 유도단위
③ 특수단위
④ 기본단위

**해설**

SI단위계
- 기본단위 : 길이[m], 질량[kg], 시간[s], 온도[K], 전류[A], 물질량[mol], 광도[cd]
- 보조단위 : 평면각[rad], 입체각[sr]
- 유도단위 : 힘[N], 압력[Pa], 에너지[J], 일률[W], 비중량[N/m³], 밀도[kg/m³], 자속[Wb] 등

## 50 ★
가스열량 측정 시 측정 항목에 해당되지 않는 것은?

① 시료가스의 온도
② 시료가스의 압력
③ 실내온도
④ 실내 습도

**해설**

가스열량 측정 시 측정 항목
시료가스의 온도, 시료가스의 압력, 실내온도

## 51 ★
방사 온도계의 발신부를 설치할 때 다음 중 어떠한 식이 성립하여야 하는가? (단, $\ell$ : 렌즈로부터의 수열판까지의 거리, d : 수열판의 직경, L : 렌즈로부터 물체까지의 거리, D : 물체의 직경이다)

① $L/D < \ell/d$
② $L/D > \ell/d$
③ $L/D = \ell/d$
④ $L/\ell < d/D$

**해설**

방사 온도계 설치 시 만족되어야 할 조건식
$L/D < \ell/d$

## 52 ★★★
다음 중에서 비접촉식 온도 측정방법이 아닌 것은?

① 광고온계
② 색 온도계
③ 서미스터
④ 광전관식 온도계

**해설**

비접촉식 온도 측정방법
광고온계, 색 온도계, 광전관식 온도계
※ 서미스터(Thermistor)는 접촉식 온도계이다.

**정답** 49 ④  50 ④  51 ①  52 ③

## 53 ★

1차 지연요소에서 시정수(T)가 클수록 응답속도는 어떻게 되는가?

① 응답속도가 빨라진다.
② 응답속도가 느려진다.
③ 응답속도가 일정해진다.
④ 시정수와 응답속도는 상관이 없다.

**해설**

시정수(T)
시스템이 입력에 반응해서 출력이 어느 정도까지 따라가는 데 걸리는 시간 척도

## 54 ★

가스 채취 시 주의하여야 할 사항에 대한 설명으로 틀린 것은?

① 가스의 구성 성분의 비중을 고려하여 적정 위치에서 측정하여야 한다.
② 가스 채취구는 외부에서 공기가 잘 통할 수 있도록 하여야 한다.
③ 채취된 가스의 온도, 압력의 변화로 측정오차가 생기지 않도록 한다.
④ 가스 성분과 화학반응을 일으키지 않는 관을 이용하여 채취한다.

**해설**

가스 채취 시 주의하여야 할 사항
가스 채취 시 가스 채취구는 외부에서 공기가 통하지 않도록 해야 한다.

## 55 ★★★

직경 80 [mm]인 원관 내에 비중 0.9인 기름이 유속 4 [m/s]로 흐를 때 질량유량은 약 몇 [kg/s]인가?

① 18
② 24
③ 30
④ 36

**해설**

질량유량

$$m = \rho A V = (\rho_w S) A V = (\rho_w S) \frac{\pi d^2}{4} V$$
$$= (1000 S) \frac{\pi d^2}{4} V$$
$$= 1000 \times 0.9 \times \frac{\pi}{4} \times 0.08^2 \times 4 = 18.09 \, [kg/s]$$

## 56 ★

염화리튬이 공기 수증기압과 평형을 이룰 때 생기는 온도 저하를 저항 온도계로 측정하여 습도를 알아내는 습도계는?

① 듀셀 노점계
② 아스만 습도계
③ 광전관식 노점계
④ 전기 저항식 습도계

**해설**

듀셀 노점계
염화리튬이 공기 수증기압과 평형을 이룰 때 생기는 온도 저하를 저항 온도계로 측정하여 습도를 알아내는 습도계다.

정답 ● 53 ② 54 ② 55 ① 56 ①

## 57 ★
보일러의 자동제어에서 인터록제어의 종류가 아닌 것은?

① 압력 초과
② 저연소
③ 고온도
④ 불착화

**해설**

보일러의 자동제어 - 인터록제어의 종류
인터록(Inter Lock)이란 어떤 조건이 충족되지 않으면 다음 동작을 중지시키는 것으로, 오조작이 되지 않도록 하는 일종의 안전제어장치이다. 압력 초과, 프리퍼지(Pre-purge), 저수위, 불착화, 저연소 인터록제어장치가 있다.

## 58 ★  (난이도 상)
다음 중 단위에 따른 차원식으로 틀린 것은?

① 동점도 : $L^2T^{-1}$
② 압력 : $ML^{-1}T^{-2}$
③ 가속도 : $LT^{-2}$
④ 일 : $MLT^{-2}$

**해설**

차원식
일량(Work) $J = N \cdot m = (MLT^{-2})L = ML^2T^{-2}$

## 59 ★
유체의 와류를 이용하여 측정하는 유량계는?

① 오벌 유량계
② 델타 유량계
③ 로터리 피스톤 유량계
④ 로터미터

**해설**

델타 유량계
유체의 와류를 이용하여 측정할 수 있는 유량계는 델타 유량계이다.

## 60 ★★
액주에 의한 압력 측정에서 정밀 측정을 할 때 다음 중 필요하지 않은 보정은?

① 온도의 보정
② 중력의 보정
③ 높이의 보정
④ 모세관현상의 보정

**해설**

액주에 의한 압력 측정에서 정밀 측정 시 필요한 보정사항
• 온도 보정
• 중력 보정
• 모세관현상의 보정

**정답** 57 ③  58 ④  59 ②  60 ③

**4과목** | 열설비재료 및 관계법규

1회독 시간 :    점수 :
2회독 시간 :    점수 :
3회독 시간 :    점수 :

## 61 ★★★

유체의 역류를 방지하기 위한 것으로 밸브의 무게와 밸브의 양면 간 압력차를 이용하여 밸브를 자동으로 작동시켜 유체가 한쪽 방향으로만 흐르도록 한 밸브는?

① 슬루스밸브    ② 회전밸브
③ 체크밸브    ④ 버터플라이밸브

**해설**

체크밸브
유체의 역류방지용 밸브는 체크밸브가 있다. 스윙형 체크밸브는 수평·수직배관에 사용되며 리프트형 체크밸브는 수평배관에만 적용된다.

## 62 ★

주철관에 대한 설명으로 틀린 것은?

① 제조방법은 수직법과 원심력법이 있다.
② 수도용, 배수용, 가스용으로 사용된다.
③ 인성이 풍부하여 나사이음과 용접이음에 적합하다.
④ 주철은 인장강도에 따라 보통 주철과 고급 주철로 분류된다.

**해설**

주철관
인성이 풍부하여 나사이음, 플랜지이음, 용접이음 등에 적합한 것은 강관(Steel Pipe)이다.

## 63 ★★

다음 중 「에너지이용합리화법」에 따라 에너지다소비사업자에게 에너지관리개선명령을 할 수 있는 경우는?

① 목표원단위보다 과다하게 에너지를 사용하는 경우
② 에너지관리 지도결과 10 [%] 이상의 에너지효율 개선이 기대되는 경우
③ 에너지 사용실적이 전년도보다 현저히 증가한 경우
④ 에너지사용계획 승인을 얻지 아니한 경우

**해설**

에너지다소비사업자에게 에너지관리개선명령을 할 수 있는 경우
에너지다소비사업자에게 에너지관리개선명령을 할 수 있는 경우는 에너지관리 시도결과 10 [%] 이상의 에너지효율 개선이 기대되는 경우이다.

## 64 ★

산화 탈산을 방지하는 공구류의 담금질에 가장 적합한 로는?

① 용융염류 가열로
② 직접 저항 가열로
③ 간접 저항 가열로
④ 아크 가열로

**해설**

산화 탈산을 방지하는 공구류의 담금질에 가장 적합한 로
용융염류 가열로이다.

정답 ● 61 ③  62 ③  63 ②  64 ①

## 65 ★★

「에너지이용합리화법」에 따라 용접검사가 면제되는 대상범위에 해당되지 않는 것은?

① 용접이음이 없는 강관을 동체로 한 헤더
② 최고사용압력이 0.35 [MPa] 이하이고, 동체의 안지름이 600 [mm]인 전열교환식 1종 압력용기
③ 전열면적이 30 [m²] 이하의 유류용 강철제 증기보일러
④ 전열면적이 18 [m²] 이하이고, 최고사용압력이 0.35 [MPa]인 온수보일러

### 해설
용접검사가 면제되는 대상범위
- 강철제 보일러 중 전열면적이 5 [m²] 이하이고 최고사용압력이 0.35 [MPa] 이하인 것
- 주철제 보일러
- 1종 관류보일러
- 온수보일러 중 전열면적이 18 [m²] 이하이고 최고사용압력이 0.35 [MPa] 이하인 것
- 용접이음(동체와 플랜지와의 용접이음은 제외한다)이 없는 강관을 동체로 한 헤더
- 압력용기 중 동체의 두께가 6밀리미터 미만인 것으로서 최고사용압력[MPa]과 내부 부피[m³]를 곱한 수치가 0.02 이하(난방용의 경우에는 0.05 이하)인 것
- 전열교환식인 것으로서 최고사용압력이 0.35 [MPa] 이하이고, 동체의 안지름이 600밀리미터 이하인 것

## 66 ★★★

마그네시아질 내화물이 수증기에 의해서 조직이 약화되어 노벽에 균열이 발생하여 붕괴하는 현상은?

① 슬래킹현상   ② 버스팅현상
③ 침식현상    ④ 스폴링현상

### 해설
슬래킹현상
마그네시아질 내화물이 수증기에 의해서 조직이 약화되어 노벽에 균열이 발생하여 붕괴하는 현상

## 67 ★

「에너지이용합리화법」에 따라 에너지다소비사업자의 신고에 대한 설명으로 옳은 것은?

① 에너지다소비사업자는 매년 12월 31일까지 사무소가 소재하는 지역을 관할하는 시·도지사에게 신고하여야 한다.
② 에너지다소비사업자의 신고를 받은 시·도지사는 이를 매년 2월 말일까지 산업통상자원부장관에게 보고하여야 한다.
③ 에너지다소비사업자의 신고에는 에너지를 사용하여 만드는 제품·부가가치 등의 단위당 에너지이용효율 향상목표 또는 온실가스배출 감소목표 및 이행방법을 포함하여야 한다.
④ 에너지다소비사업자는 연료·열의 연간 사용량의 합계가 2천 티오이 이상이고, 전력의 연간 사용량이 4백만 킬로와트시 이상인 자를 의미한다.

정답  65 ③  66 ①  67 ②

해설

에너지다소비사업자의 신고에 대한 설명
에너지다소비업자의 신고를 받은 시·도지사는 이를 매년 2월 말까지 산업통상자원부장관에게 보고하여야 한다.

## 68 ★★

셔틀요(Shuttle Kiln)의 특징으로 틀린 것은?

① 가마의 보유열보다 대차의 보유열이 열 절약의 요인이 된다.
② 급랭파가 생기지 않을 정도의 고온에서 제품을 꺼낸다.
③ 가마 1개당 2대 이상의 대차가 있어야 한다.
④ 작업이 불편하여 조업하기가 어렵다.

해설

셔틀요
작업이 편리하고 조업이 용이하다.

## 69 ★★★  난이도 상

두께 230 [mm]의 내화벽돌, 114 [mm]의 단열벽돌, 230 [mm]의 보통벽돌로 된 노의 평면벽에서 내벽면의 온도가 1200 [℃]이고 외벽면의 온도가 120 [℃]일 때, 노벽 1 [m²]당 열손실[W]은? (단, 내화벽돌, 단열벽돌, 보통벽돌의 열전도도는 각각 1.2, 0.12, 0.6 [W/m·℃]이다)

① 376.9  ② 563.5
③ 708.2  ④ 1688.1

해설

열손실량

$$K = \frac{1}{R} = \frac{1}{\frac{0.23}{1.2} + \frac{0.114}{0.12} + \frac{0.23}{0.6}}$$

≒ 0.66 [W/m·℃]

$Q = KA\Delta t = 0.66 \times 1 \times (1200 - 120)$
≒ 708.2

## 70 ★★★

「에너지이용합리화법」에 따라 에너지 저장의무 부과대상자가 아닌 자는?

①「전기사업법」에 따른 전기 사업자
②「석탄사업법」에 따른 석탄가공업자
③ 액화가스사업법에 따른 액화가스 사업자
④ 연간 2만 석유환산톤 이상의 에너지를 사용하는 자

해설

에너지 저장의무 부과대상자
•「전기사업법」에 따른 전기 사업자
•「석탄사업법」에 의한 석탄가공업자
• 연간 2만 석유환산톤 이상의 에너지를 사용하는 자

## 71 ★★

다음 중 최고사용온도가 가장 낮은 보온재는?

① 유리면 보온재
② 페놀 폼
③ 펄라이트 보온재
④ 폴리에틸렌 폼

정답  68 ④  69 ③  70 ③  71 ④

해설
최고사용온도
- 폴리에틸렌 폼 : 60 [℃]
- 페놀 폼 : 100 [℃]
- 유리면보온재 : 300 [℃]
- 펄라이트(석면 + 진주암) : 650 [℃]

## 72 ★★
요로를 균일하게 가열하는 방법이 아닌 것은?

① 노 내 가스를 순환시켜 연소가스량을 많게 한다.
② 가열시간을 되도록 짧게 한다.
③ 장염이나 축차 연소를 행한다.
④ 벽으로부터의 방사열을 적절히 이용한다.

해설
요로를 균일하게 가열하는 방법
요로를 균일하게 가열하려면 가열시간을 되도록 길게 해야 한다.

## 73 ★
「에너지이용합리화법」에 따라 에너지 절약형 시설투자 시 세제지원이 되는 시설투자가 아닌 것은?

① 노후 보일러 등 에너지다소비 설비의 대체
② 열병합발전사업을 위한 시설 및 기기류의 설치
③ 5 [%] 이상의 에너지절약효과가 있다고 인정되는 설비
④ 산업용 요로 설비의 대체

해설
에너지 절약형 시설투자 시 세제지원이 되는 시설투자
10 [%] 이상의 에너지절약효과가 인정되는 설비

## 74 ★
「에너지이용합리화법」에 따라 에너지이용합리화 기본계획에 대한 설명으로 틀린 것은?

① 기본계획에는 에너지이용효율의 증대에 관한 사항이 포함되어야 한다.
② 기본계획에는 에너지절약형 경제구조로의 전환에 관한 사항이 포함되어야 한다.
③ 산업통상자원부장관은 기본계획을 수립하기 위하여 필요하다고 인정하는 경우 관계 행정기관의 장에게 필요자료 제출을 요청할 수 있다.
④ 시·도지사는 기본계획을 수립하려면 관계 행정기관의 장과 협의한 후 산업통상자원부장관의 심의를 거쳐야 한다.

해설
에너지이용합리화 기본계획
- 시·도지사는 기본계획을 수립하려면 관계 행정기관의 장과 협의한 후 산업통상자원부장관의 심의를 거쳐야 하지는 않는다.
- 지역계획을 수립한 시·도지사는 이를 산업통상자원부장관에게 제출하여야 한다. 수립된 지역계획을 변경하였을 때에도 또한 같다.

정답 72 ② 73 ③ 74 ④

## 75 ★

「에너지이용합리화법」에서 규정한 수요관리 전문기관에 해당하는 것은?

① 한국가스안전공사
② 한국에너지공단
③ 한국전력공사
④ 전기안전공사

**해설**

수요관리 전문기관
한국에너지공단이다.

## 76 ★

「에너지이용합리화법」에 따라 공공사업주관자는 에너지사용계획의 조정 등 조치 요청을 받은 경우에는 산업통상자원부령으로 정하는 바에 따라 조치 이행계획을 작성하여 제출하여야 한다. 다음 중 이행계획에 반드시 포함되어야 하는 항목이 아닌 것은?

① 이행예산
② 이행주체
③ 이행방법
④ 이행시기

**해설**

이행계획에 반드시 포함되어야 하는 항목
- 이행주체
- 이행방법
- 이행시기

## 77 ★★★

보온재의 열전도율에 대한 설명으로 옳은 것은?

① 열전도율이 클수록 좋은 보온재이다.
② 보온재 재료의 온도에 관계없이 열전도율은 일정하다.
③ 보온재 재료의 밀도가 작을수록 열전도율은 커진다.
④ 보온재 재료의 수분이 적을수록 열전도율은 작아진다.

**해설**

보온재의 열전도율
보온재 열전도율은 보온재 재료의 수분이 적을수록 작아진다.

## 78 ★★★

다음 중 「에너지이용합리화법」에 따른 에너지사용계획의 수립대상 사업이 아닌 것은?

① 고속도로건설사업
② 관광단지개발사업
③ 항만건설사업
④ 철도건설사업

**해설**

에너지사용계획의 수립대상 사업
- 관광단지개발사업
- 항만건설사업
- 철도건설사업

**정답** 75 ② 76 ① 77 ④ 78 ①

## 79 ★

다음 중 규석벽돌로 쌓은 가마 속에서 소성하기에 가장 적절하지 못한 것은?

① 규석질벽돌
② 샤모트질벽돌
③ 납석질벽돌
④ 마그네시아질벽돌

**해설**

규석벽돌
산성 내화물의 대표적인 재질인 규석질벽돌은 Si 성분이 많을수록 열전도율이 크다.
※ 마그네시아질벽돌은 염기성 벽돌이다.

## 80 ★★★

「에너지법」에 의한 에너지 총조사는 몇 년 주기로 시행하는가?

① 2년
② 3년
③ 4년
④ 5년

**해설**

에너지 총조사 주기
「에너지법」에 의한 에너지 총조사는 3년 주기로 시행한다.

---

**5과목** | **열설비설계**

1회독 시간 :   점수 :
2회독 시간 :   점수 :
3회독 시간 :   점수 :

## 81 ★★

보일러에서 스케일 및 슬러지의 생성 시 나타나는 현상에 대한 설명으로 가장 거리가 먼 것은?

① 스케일이 부착되면 보일러 전열면을 과열시킨다.
② 스케일이 부착되면 배기가스 온도가 떨어진다.
③ 보일러에 연결한 코크, 밸브, 그 외의 구멍을 막히게 한다.
④ 보일러 전열 성능을 감소시킨다.

**해설**

보일러에서 스케일 및 슬러지의 생성 시 나타나는 현상
스케일이 부착되면 배기가스 온도가 상승한다. 스케일 및 그을음을 청소해주면 보일러의 배기가스 온도가 낮아지며 배기가스(일산화탄소) 온도를 50 [℃] 낮추면 연료가 2 [%] 정도 절약된다.

## 82 ★★

보일러의 부대장치 중 공기예열기 사용 시 나타나는 특징으로 틀린 것은?

① 과잉공기가 많아진다.
② 가스온도 저하에 따라 저온 부식을 초래할 우려가 있다.
③ 보일러 효율이 높아진다.
④ 질소산화물에 의한 대기오염의 우려가 있다.

---

정답 ● 79 ④  80 ②  81 ②  82 ①

해설

공기예열기 사용 시 나타나는 특징
공기예열기 사용 시 과잉공기는 적어진다.

## 83 ★★★

보일러수 1500 [kg] 중에 불순물이 30 [g]이 검출되었다. 이는 몇 [ppm]인가? (단, 보일러수의 비중은 1이다)

① 20　　② 30
③ 50　　④ 60

해설

ppm
- 물 1 [L] 중에 함유한 시료의 양을 mg으로 표시한 것
- $\dfrac{불순물}{보일러수} = \dfrac{30 \times 10^3 \,[mg]}{1500 \,[L]} = 20 \,[ppm]$

(보일러수 비중 1 → $1\,[kg] = 1\,[L]$)

## 84 ★

열사용 설비는 많은 전열면을 가지고 있는데 이러한 전열면이 오손되면 전열량이 감소하고, 열설비의 손상을 초래한다. 이에 대한 방지대책으로 틀린 것은?

① 황분이 적은 연료를 사용하여 저온 부식을 방지한다.
② 첨가제를 사용하여 배기가스의 노점을 상승시킨다.
③ 과잉공기를 적게 하며 저공기비 연소를 시킨다.
④ 내식성이 강한 재료를 사용한다.

해설

전열면 오손 시 방지대책
열설비 손상 방지를 위해 첨가제를 사용하여 배기가스의 노점을 강하시킨다.

## 85 ★

노통보일러에 가셋트 스테이를 부착할 경우 경판과의 부착부 하단과 노통 상부 사이에는 완충폭(브레이징 스페이스)이 있어야 한다. 이때 경판의 두께가 20 [mm]인 경우 완충폭은 최소 몇 [mm] 이상이어야 하는가?

① 230
② 280
③ 320
④ 350

해설

강판의 두께에 따른 브레이징 스페이스
열사용기자재의 검사 및 검사면제에 관한 기준
3.8 완충폭(브레이징 스페이스)

| 경판 두께 | 브레이징 스페이스 |
| --- | --- |
| 13 [mm] 이하 | 230 [mm] 이상 |
| 15 [mm] 이하 | 260 [mm] 이상 |
| 17 [mm] 이하 | 280 [mm] 이상 |
| 19 [mm] 이하 | 300 [mm] 이상 |
| 21 [mm] 이하 | 320 [mm] 이상 |

정답 ● 83 ①　84 ②　85 ③

## 86 ★
보일러의 효율 향상을 위한 운전방법으로 틀린 것은?

① 가능한 정격부하로 가동되도록 조업을 계획한다.
② 여러 가지 부하에 대해 열정산을 행하여, 그 결과로 얻은 결과를 통해 연소를 관리하다.
③ 전열면의 오손, 스케일 등을 제거하여 전열효율을 향상시킨다.
④ 블로우 다운을 조업중지 때마다 행하여, 이상 물질이 보일러 내에 없도록 한다.

**해설**
보일러의 효율 향상을 위한 운전방법
블로우 다운을 많이 하면 열손실이 일어난다.
- 블로우 다운(Blow Down) : 보일러의 배관이나 열교환기에서 생성된 침전물이나 이물질을 제거하기 위한 작업이다.

## 87 ★
다음 보기의 특징을 가지는 증기트랩의 종류는?

- 다량의 드레인을 연속적으로 처리할 수 있다.
- 증기누출이 거의 없다.
- 가동 시 공기빼기를 할 필요가 없다.
- 수격작용에 다소 약하다.

① 플로트식 트랩
② 버킷형 트랩
③ 바이메탈식 트랩
④ 디스크식 트랩

**해설**
플로트식 트랩
- 다량의 드레인을 연속적으로 처리할 수 있다.
- 증기누출이 거의 없다.
- 가동 시 공기빼기를 할 필요가 없다.
- 수격작용에 다소 약하다.

## 88 ★★
지름 5 [cm]의 파이프를 사용하여 매 시간 4 [t]의 물을 공급하는 수도관이 있다. 이 수도관에서의 물의 속도(m/s)는? (단, 물의 비중은 1이다)

① 0.12
② 0.28
③ 0.56
④ 0.93

**해설**
물의 속도
$Q = AV$
$V = \dfrac{Q}{A} = \dfrac{4 \div 3600}{\pi \times \dfrac{(0.05)^2}{4}} \fallingdotseq 0.566 \, [m/s]$

물 $1\,[m^3] = 1\,[t]$

## 89 ★★
용접이음에 대한 설명으로 틀린 것은?

① 두께의 한도가 없다.
② 이음효율이 우수하다.
③ 폭음이 생기지 않는다.
④ 기밀성이나 수밀성이 낮다.

### 해설
용접이음
용접이음은 기밀·수밀·유밀성이 좋다(높다).

## 90 ★
내경이 150 [mm]인 연동제 파이프의 인장강도가 80 [MPa]이라 할 때, 파이프의 최고사용압력이 4000 [kPa]이면 파이프의 최소 두께 [mm]는? (단, 이음효율은 1, 부식여유는 1 [mm], 안전계수는 1로 한다)

① 2.63    ② 3.71
③ 4.75    ④ 5.22

### 해설
파이프의 최소 두께
원주방향 응력 : $\sigma = \dfrac{dP}{2t} = \dfrac{rP}{t}$

재료의 허용인장강도를 넘지 않으려면 $\dfrac{PD}{2t} \leq \dfrac{\sigma}{\eta}$

$t = \dfrac{PD}{2\sigma\eta} + C = \dfrac{4000 \times 150}{2 \times 80000 \times 1} + 1 = 4.75$

## 91 ★★★
점식(Pitting)부식에 대한 설명으로 옳은 것은?
① 연료 내의 황성분이 연소할 때 발생하는 부식이다.
② 연료 중에 함유된 바나듐에 의해서 발생하는 부식이다.
③ 산소 농도차에 의한 전기 화학적으로 발생하는 부식이다.
④ 급수 중에 함유된 암모니아가스에 의해 발생하는 부식이다.

### 해설
점식 부식
점식(Pitting)은 전기화학적 기구에서 산소 농도차에 의해 발생하는 부식 형태로, 특정의 작은 부분에 점점이 구멍 모양의 오목부가 생기는 부식이다.

## 92 ★★
다음 중 스케일의 주성분에 해당되지 않는 것은?
① 탄산칼슘    ② 규산칼슘
③ 탄산마그네슘    ④ 과산화수소

### 해설
스케일(Scale)의 주성분
탄산칼슘, 규산칼슘, 탄산마그네슘

## 93 ★
줄-톰슨계수(Joule-Thomson Coefficient, $\mu$)에 대한 설명으로 옳은 것은?
① $\mu$의 부호는 열량의 함수이다.
② $\mu$의 부호는 온도의 함수이다.
③ $\mu$가 (-)일 때 유체의 온도는 교축 과정 동안 내려간다.
④ $\mu$가 (+)일 때 유체의 온도는 교축 과정 동안 일정하게 유지된다.

### 해설
줄-톰슨계수
$\mu = \left(\dfrac{\delta T}{\delta P}\right)_{h=c}$
줄-톰슨계수의 부호는 온도만의 함수이다.

## 94 ★★
물을 사용하는 설비에서 부식을 초래하는 인자로 가장 거리가 먼 것은?

① 용존산소
② 용존탄산가스
③ pH
④ 실리카

**해설**
부식을 초래하는 인자
용존산소, pH, 용존탄산가스
④ 실리카 : 스케일의 원인

## 95 ★★
보일러의 만수보존법에 대한 설명으로 틀린 것은?

① 밀폐보존방식이다.
② 겨울철 동결에 주의하여야 한다.
③ 보통 2~3개월의 단기보존에 사용된다.
④ 보일러수는 pH 6 정도 유지되도록 한다.

**해설**
만수보존법
보일러의 만수보존 시 보일러수는 pH 11 정도 (알칼리)로 유지되도록 한다.

## 96 ★
테르밋(Themit)용접에서 테르밋이란 무엇과 무엇의 혼합물인가?

① 붕사와 붕산의 분말
② 탄소와 규소의 분말
③ 알루미늄과 산화철의 분말
④ 알루미늄과 납의 분말

**해설**
테르밋(Thermit)용접
테르밋이란 알루미늄과 산화철 분말의 혼합물을 의미한다.

## 97 ★★
노통보일러 중 원통형의 노통이 2개 설치된 보일러를 무엇이라고 하는가?

① 랭커셔보일러
② 라몬트보일러
③ 바브콕보일러
④ 다우섬보일러

**해설**
랭커셔보일러
노통보일러 중 원통형의 노통이 2개 설치된 보일러는 랭커셔(Lancashire)보일러이고, 노통이 1개 설치된 것은 코르니시(Cornish)보일러이다.

**정답** 94 ④  95 ④  96 ③  97 ①

## 98 ★★
흑체로부터의 복사에너지는 절대온도의 몇 제곱에 비례하는가?

① $\sqrt{2}$
② 2
③ 3
④ 4

**해설**

스테판 볼츠만 법칙
$q_R = \sigma A \epsilon T^4 [W]$

## 99 ★
보일러 동체, 드럼 및 일반적인 원통형 고압용기의 동체 두께(t)를 구하는 계산식으로 옳은 것은? (단, P는 최고사용압력, D는 원통 안지름, $\sigma$는 허용인장응력(원주방향)이다)

① $t = \dfrac{PD}{\sqrt{2}\,\sigma}$
② $t = \dfrac{PD}{\sigma}$
③ $t = \dfrac{PD}{2\sigma}$
④ $t = \dfrac{PD}{4\sigma}$

**해설**

보일러 강판의 두께

원주방향 응력 : $\sigma = \dfrac{dP}{2t} = \dfrac{rP}{t}$

$t = \dfrac{PD}{2\sigma}$

## 100 ★★
아래 표는 소용량 주철제 보일러에 대한 정의이다. (가), (나) 안에 들어갈 내용으로 옳은 것은?

> 주철제 보일러 중 전열면적이 ( 가 ) [m²] 이하이고 최고사용압력이 ( 나 ) [MPa] 이하인 것

① (가) 4, (나) 1
② (가) 5, (나) 0.1
③ (가) 5, (나) 1
④ (가) 4, (나) 0.1

**해설**

소용량 주철제 보일러
주철제 보일러 중 전열면적이 5 [m²] 이하이고, 최고사용압력이 0.1 [MPa] 이하인 것이다.

**정답** 98 ④ 99 ③ 100 ②

# 2018 제1회

## 1과목 연소공학

### 01 ★★★

고체연료에 대비 액체연료의 성분 조성비는?

① $H_2$ 함량이 적고 $O_2$ 함량이 적다.
② $H_2$ 함량이 크고 $O_2$ 함량이 적다.
③ $O_2$ 함량이 크고 $H_2$ 함량이 크다.
④ $O_2$ 함량이 크고 $H_2$ 함량이 적다.

**해설**

성분 조성비
액체연료는 고체연료보다 수소($H_2$) 함량이 크고 산소($O_2$) 함량이 적다.

### 02 ★

연돌에서 배출되는 연기의 농도를 1시간 동안 측정한 결과가 다음과 같을 때 매연의 농도율은 몇 [%]인가?

| • 농도 4도 : 10분 | • 농도 3도 : 15분 |
| • 농도 2도 : 15분 | • 농도 1도 : 20분 |

① 25  ② 35
③ 45  ④ 55

**해설**

매연의 농도율
- 링겔만 매연 농도표
  No.0(깨끗함) ~ No.5(더러움)
- 총매연 농도치
  = 농도표번호(No.) × 측정시간(분)
  = 4 × 10 + 3 × 15 + 2 × 15 + 1 × 20 = 135
- 매연 농도율
  = 20 × 총매연 농도치 ÷ 총측정시간(분)
  = 20 × 135 ÷ 60 = 45 [%]

### 03 ★★★

탄산가스최대량($CO_{2max}$)에 대한 설명 중 ( )에 알맞은 것은?

( )으로 연료를 완전 연소시킨다고 가정할 경우에 연소가스 중의 탄산가스량을 이론 건연소가스량에 대한 백분율로 표시한 것이다.

① 실제공기량  ② 과잉공기량
③ 부족공기량  ④ 이론공기량

**해설**

탄산가스최대량($CO_{2max}$)
탄산가스최대량은 이론공기량으로 연료를 완전 연소시킨다고 가정할 경우에 연소가스 중의 탄산가스량을 이론 건연소가스량에 대한 백분율로 표시한 것이다.

**정답** 01 ② 02 ③ 03 ④

## 04 ★★★

연소배기가스 중 가장 많이 포함된 기체는?

① $O_2$
② $N_2$
③ $CO_2$
④ $SO_2$

**해설**

연소배기가스
연소배기가스 중 가장 많이 포함된 가스는 질소($N_2$)이다.

## 05 ★

전압은 분압의 합과 같다는 법칙은?

① 아마겟의 법칙
② 뤼삭의 법칙
③ 달톤의 법칙
④ 헨리의 법칙

**해설**

달톤(Dalton)의 법칙
달톤의 분압 법칙은 두 가지 이상의 서로 다른 기체를 혼합 시 화학반응이 일어나지 않는다고 하면, 혼합 후 기체 전압력은 혼합 전 각 성분 기체의 분압의 합과 같다는 법칙이다.

## 06 ★★★

액화석유가스(LPG)의 성질에 대한 설명으로 틀린 것은?

① 인화폭발의 위험성이 크다.
② 상온, 대기압에서는 액체이다.
③ 가스의 비중은 공기보다 무겁다.
④ 기화잠열이 커서 냉각제로도 이용 가능하다.

**해설**

액화석유가스(LPG)의 성질
액화석유가스는 상온, 대기압에서는 기체 상태이다.

## 07 ★★★

다음 중 매연의 발생 원인으로 가장 거리가 먼 것은?

① 연소실 온도가 높을 때
② 연소장치가 불량한 때
③ 연료의 질이 나쁠 때
④ 통풍력이 부족할 때

**해설**

매연의 발생 원인
- 연소실의 온도가 낮을 때
- 연료의 질이 나쁠 때
- 연소장치가 불량할 때
- 통풍력이 부족할 때

## 08 ★★

일반적으로 기체연료의 연소방식을 크게 2가지로 분류한 것은?

① 등심 연소와 분산 연소
② 액면 연소와 증발 연소
③ 증발 연소와 분해 연소
④ 예혼합 연소와 확산 연소

**정답** 04 ② 05 ③ 06 ② 07 ① 08 ④

**해설**

연소방식
- 기체연료 : 예혼합 연소, 확산 연소
- 액체연료 : 증발 연소, 무화 연소
- 고체연료 : 표면 연소, 분해 연소, 증발 연소

## 09 ★
연소에 관한 용어, 단위 및 수식의 표현으로 옳은 것은?

① 화격자 연소율의 단위 : $kg(g)/m^2 \cdot h$

② 공기비$(m) : \dfrac{이론공기량(A_0)}{실제공기량(A)}(m > 1.0)$

③ 이론 연소가스량(고체연료인 경우)
 : $Nm^3/Nm^3$

④ 고체연료의 저위발열량$(H_l)$의 관계식
 : $H_l = H_h + 2512(9H - W)[kJ/kg]$

**해설**

연소
- 공기비$(m) = \dfrac{실제공기량(A)}{이론공기량(A_0)}(m > 1.0)$
- 이론 연소가스량(고체연료인 경우) : $Nm^3/kg$
- 고체연료의 저위발열량
 $(H_l) = H_h + 2512(9H + W)[kJ/kg]$

## 10 ★★
연소관리에 있어 연소배기가스를 분석하는 가장 직접적인 목적은?

① 공기비 계산  ② 노내압 조절
③ 연소열량 계산  ④ 매연 농도 산출

**해설**

연소배기가스를 분석하는 가장 직접적인 목적 공기비 계산이다.

## 11 ★★★
코크스로가스를 100 [Nm³] 연소한 경우 습연소가스량과 건연소가스량의 차이는 약 몇 [Nm³]인가? (단, 코크스로가스의 조성(용량%)은 $CO_2$ : 3 [%], $CO$ : 8 [%], $CH_4$ : 30 [%], $C_2H_4$ : 4 [%], $H_2$ : 50 [%] 및 $N_2$ : 5 [%])

① 108  ② 118
③ 128  ④ 138

**해설**

습연소가스량과 건연소가스량

$H_2 + \dfrac{1}{2}O_2 \to H_2O$

$CO + \dfrac{1}{2}O_2 \to CO_2$

$CH_4 + 2O_2 \to CO_2 + 2H_2O$

$C_2H_4 + 3O_2 \to 2CO_2 + 2H_2O$

이론 습연소가스량$(G_{ow})$
= 이론 건연소가스량$(G_{od})$ + 생성된 $H_2O$양

∴ 이론 습연소가스량$(G_{ow})$
 - 이론 건연소가스량$(G_{od})$
 = 생성된 $H_2O$양

생성된 $H_2O$양
= $(1 \times 0.5) + (2 \times 0.3) + (2 \times 0.04)$
= 1.18 [Nm³/Nm³]

총 사용연료량 100 [Nm³]을 곱하면

∴ 1.18 [Nm³/Nm³] × 100 [Nm³] = 118 [Nm³]

정답 09 ① 10 ① 11 ②

## 12 ★★★

석탄을 연소시킬 경우 필요한 이론산소량은 약 몇 $[Nm^3/kg]$인가? (단, 중량비 조성은 C : 86 [%], H : 4 [%], O : 8 [%], S : 2 [%]이다)

① 1.49
② 1.78
③ 2.03
④ 2.45

**해설**

이론산소량($O_0$)

이론산소량($O_0$)

$= 1.867C + 5.6\left(H - \dfrac{O}{8}\right) + 0.7S$

$= 1.867 \times 0.86 + 5.6(0.04 - 0.08/8)$
 $+ 0.7 \times 0.02$

$= 1.787\ [Nm^3/kg]$

## 13 ★★

불꽃 연소(Flaming Combustion)에 대한 설명으로 틀린 것은?

① 연소속도가 느리다.
② 연쇄반응을 수반한다.
③ 연소사면체에 의한 연소이다.
④ 가솔린의 연소가 이에 해당한다.

**해설**

불꽃 연소(Flaming Combustion)
불꽃 연소는 연소속도가 매우 빠르다. 시간당 방출열량이 많다. 연쇄반응을 수반하여 가솔린 연소가 이에 해당되며, 연소사면체(불꽃)에 의한 연소이다.

※ 불꽃의 4요소
가연물(연료), 온도(열), 산소(공기), 순조로운 연쇄반응을 표시하며 하나라도 없으면 4면체(불꽃)가 이루어질 수 없다.

## 14 ★

$N_2$와 $O_2$의 가스정수가 다음과 같을 때, $N_2$가 70 [%]인 $N_2$와 $O_2$의 혼합가스의 가스정수는 약 몇 $[N \cdot m/kg \cdot K]$인가? (단, 가스정수는 $N_2$ : 297 $[N \cdot m/kg \cdot K]$, $O_2$ : 260 $[N \cdot m/kg \cdot K]$이다)

① 194
② 232
③ 286
④ 344

**해설**

혼합기체 상수(R)
혼합기체 상수(R)

$= \displaystyle\sum_{i=1}^{n} \dfrac{m_i}{m} R_i = \dfrac{m_{N_2}}{m} \times R_{N_2} + \dfrac{m_{O_2}}{m} \times R_{O_2}$

$= 0.7 \times 297 + 0.3 \times 260 ≒ 286$

## 15 ★

다음 대기오염물 제거방법 중 분진의 제거방법으로 가장 거리가 먼 것은?

① 습식세정법
② 원심분리법
③ 촉매산화법
④ 중력침전법

### 해설

**촉매산화법**

촉매산화법은 질소산화물, 일산화탄소, 다이옥신 등을 제거시킬 수 있다.

## 16 ★★★

고체연료의 공업분석에서 고정탄소를 산출하는 식은?

① 100 - [수분(%) + 회분(%) + 질소(%)]
② 100 - [수분(%) + 회분(%) + 황분(%)]
③ 100 - [수분(%) + 황분(%) + 휘발분(%)]
④ 100 - [수분(%) + 회분(%) + 휘발분(%)]

### 해설

**고정탄소**

고정탄소(%)
= 100 - [수분(%) + 회분(%) + 휘발분(%)]

## 17 ★

세정 집진장치의 입자 포집원리에 대한 설명으로 틀린 것은?

① 액적에 입자가 충돌하여 부착한다.
② 입자를 핵으로 한 증기의 응결에 의하여 응집성을 증가시킨다.
③ 미립자의 확산에 의하여 액적과의 접촉을 좋게 한다.
④ 배기의 습도 감소에 의하여 입자가 서로 응집한다.

### 해설

**세정 집진장치의 입자 포집원리**

- 액적에 입자가 충돌하여 부착한다.
- 미립자의 확산에 의해 액적과의 접촉을 쉽게 한다.
- 배기의 습도 증가에 의해 입자가 서로 응집한다.
- 입자를 핵으로 한 증기의 응결에 의해 응집성을 증가시킨다.
- 액막·기포에 입자가 접촉하여 부착한다.

## 18 ★★

다음 중 연료 연소 시 최대탄산가스 농도($CO_{2max}$)가 가장 높은 것은?

① 탄소
② 연료유
③ 역청탄
④ 코크스로가스

### 해설

**최대탄산가스 농도**

배기가스분석결과 $CO_2$를 최대로 함유하는 경우는 연료(Fuel) 중에 탄소(C)가 많으면서 이론공기량($A_0$)으로 완전 연소하는 경우이다.

정답 16 ④  17 ④  18 ①

## 19 ★★★

프로페인가스 1 [kg] 연소시킬 때 필요한 이론 공기량은 약 몇 [Sm³/kg]인가?

① 10.2
② 11.3
③ 12.1
④ 13.2

**해설**

이론공기량
$C_3H_8 + 5O_2 \rightarrow 3CO_2 + 4H_2O$
$C_3H_8$ : 44 [kg]
$5O_2$의 부피 : 5 × 22.4
이론산소량($O_0$)
= 5 × 22.4 ÷ 44 = 2.545 [Nm³/kg]
이론공기량($A_0$)
= 2.545 ÷ 0.21 ≒ 12.12 [Sm³/kg]

## 20 ★★

다음 기체 중 폭발범위가 가장 넓은 것은?

① 수소
② 메테인
③ 벤젠
④ 프로페인

**해설**

연소(폭발)범위가 가장 넓은 가스
가장 넓은 가스 : 아세틸렌($C_2H_2$)[2.8 ~ 81]
그 다음으로는 수소[4.1 ~ 74.2]

---

**2과목** 열역학

1회독 시간 :   점수 :
2회독 시간 :   점수 :
3회독 시간 :   점수 :

## 21 ★

그림과 같은 압력 - 부피선도(P - V선도)에서 A에서 C로의 정압 과정 중 계는 50 [J]의 일을 받아들이고 25 [J]의 열을 방출하며, C에서 B로의 정적 과정 중 75 [J]의 열을 받아들인다면, B에서 A로의 과정이 단열일 때 계가 얼마의 일[J]을 하겠는가?

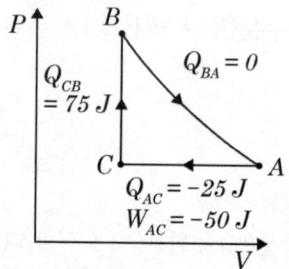

① 25
② 50
③ 75
④ 100

**해설**

계가 한 일
가역단열팽창 시 절대일은 내부에너지 감소량의 크기와 같다.
$W_{BA} = (U_1 - U_2) = Q - W = 75 - (-50) - 25$
$= 100 [J]$

## 22 ★

다음 엔트로피에 관한 설명으로 옳은 것은?

① 비가역 사이클에서 클라시우스(Clausius)의 적분은 영(0)이다.
② 두 상태 사이의 엔트로피 변화는 경로에는 무관하다.
③ 여러 종류의 기체가 서로 확산되어 혼합하는 과정은 엔트로피가 감소한다고 볼 수 있다.
④ 우주 전체의 엔트로피는 궁극적으로 감소되는 방향으로 변화한다.

**해설**

엔트로피
엔트로피($\triangle S$)는 상태함수이므로 경로와는 관계 없으며 두 상태에 따라 값을 구할 수 있는 열량적 상태량이다.

## 23 ★★★

폴리트로픽 과정을 나타내는 다음 식에서 폴리트로픽 지수와 관련하여 옳은 것은? (단, P는 압력, V는 부피이고, C는 상수이다. 또한 k는 비열비이다)

$$PV^n = C$$

① n = ∞ : 단열 과정
② n = 0 : 정압 과정
③ n = k : 등온 과정
④ n = 1 : 정적 과정

**해설**

폴리트로픽 과정을 나타내는 식
- n = 0 이면 P = C(정압 과정)
- n = 1 이면 PV = C(정온 과정)
- n = k 이면 $PV^k$ = C(가역단열 변화)
- n = ∞ 이면 $PV^\infty$ = C(정적 변화)

## 24 ★★★

어떤 연료의 1 [kg]의 발열량이 36000 [kJ]이다. 이 열이 전부 일로 바뀌고 1시간마다 30 [kg]의 연료가 소비된다고 하면 발생하는 동력은 약 몇 [kW]인가?

① 4
② 10
③ 300
④ 1200

**해설**

동력
발생동력[kW] = $H_L$ × 연료소비량
= 36000 × 30 = 1080000 [kJ/h]
= 300 [kW]
※ 1 [kW] = 3600 [kJ/h]

정답 • 22 ② 23 ② 24 ③

## 25 ★★★

다음 설명과 가장 관계되는 열역학적 법칙은?

> • 열은 그 자신만으로는 저온의 물체로부터 고온의 물체로 이동할 수 없다.
> • 외부에 어떠한 영향을 남기지 않고 한 사이클 동안에 계가 열원으로부터 받은 열은 모두 일로 바꾸는 것은 불가능하다.

① 열역학 제0법칙  ② 열역학 제1법칙
③ 열역학 제2법칙  ④ 열역학 제3법칙

**해설**

열역학 제2법칙
엔트로피 증가 법칙($\Delta S > 0$) = 비가역 법칙
• 열은 그 자신만으로는 저온물체에서 고온물체로 이동할 수 없다.
• 외부에 어떠한 영향을 남기지 않고 한 사이클 동안에 계가 열원으로부터 받은 열을 모두 일로 바꾸는 것은 불가능하다(열효율 100 [%]인 열기관은 있을 수 없다).

## 26 ★★

다음 중 일반적으로 냉매로 쓰이지 않는 것은?

① 암모니아
② CO
③ $CO_2$
④ 할로겐화탄소

**해설**

냉매
일산화탄소는 냉매로 쓰이지 않는다.

## 27 ★★

카르노 사이클에서 최고 온도는 600 [K]이고, 최저 온도는 250 [K]일 때 이 사이클의 효율은 약 몇 [%]인가?

① 41
② 49
③ 58
④ 64

**해설**

사이클의 효율
$$\eta_c = 1 - \frac{T_2}{T_1} = (1 - \frac{250}{600}) \times 100 [\%] = 58 [\%]$$

## 28 ★★

$CO_2$ 기체 20 [kg]을 15 [℃]에서 215 [℃]로 가열할 때 내부에너지의 변화는 약 몇 [kJ]인가? (단, 이 기체의 정적비열은 0.67 [kJ/(kg·K)]이다)

① 134
② 200
③ 2680
④ 4000

**해설**

에너지 변화
$$U_2 - U_1 = m C_v (t_2 - t_1) = 20 \times 0.67 \times (215 - 15)$$
$$= 2680 [kJ]$$

정답  25 ③  26 ②  27 ③  28 ③

## 29 ★★

그림과 같은 피스톤 – 실린더장치에서 피스톤의 질량은 40 [kg]이고, 피스톤 면적이 0.05 [m²] 일 때 실린더 내의 절대압력은 약 몇 [bar] 인가? (단, 국소 대기압은 0.96 [bar]이다)

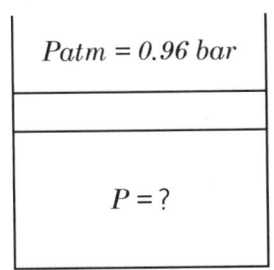

① 0.964
② 0.982
③ 1.038
④ 1.122

**해설**

절대압력

$P_a = P_o + P_g = 0.96 + \dfrac{mg}{A} \times 10^{-5}$

$= 0.96 + \dfrac{40 \times 9.8}{0.05} \times 10^{-5}$

$= 1.038 \quad (1\,bar = 10^5 Pa(N/m^2))$

## 30 ★★

처음 온도, 압축비, 공급 열량이 같을 경우 열효율의 크기를 옳게 나열한 것은?

① Otto Cycle > Sabathe Cycle > Diesel Cycle
② Sabathe Cycle > Diesel Cycle > Otto Cycle
③ Diesel Cycle > Sabathe Cycle > Otto Cycle
④ Sabathe Cycle > Otto Cycle > Diesel Cycle

**해설**

열효율의 크기(사이클 비교)
Otto Cycle($\eta_{tho}$) > Sabathe Cycle($\eta_{ths}$) > Diesel Cycle($\eta_{thd}$)

## 31 ★

증기터빈의 노즐 출구에서 분출하는 수증기의 이론속도와 실제속도를 각각 $C_t$와 $C_a$라고 할 때 노즐효율 $\eta_n$의 식으로 옳은 것은? (단, 노즐 입구에서의 속도는 무시한다)

① $\eta_n = \dfrac{C_a}{C_t}$
② $\eta_n = \left(\dfrac{C_a}{C_t}\right)^2$
③ $\eta_n = \sqrt{\dfrac{C_a}{C_t}}$
④ $\eta_n = \left(\dfrac{C_a}{C_t}\right)^3$

**해설**

노즐효율

$\eta_n = \left(\dfrac{C_a}{C_t}\right)^2$

## 32 ★★★

냉장고가 저온체에서 30 [kW]의 열을 흡수하여 고온체로 40 [kW]의 열을 방출한다. 이 냉장고의 성능계수는?

① 2
② 3
③ 4
④ 5

정답 29 ③  30 ①  31 ②  32 ②

**해설**

성능계수

$$\epsilon_R = \frac{Q_2}{Q_1 - Q_2} = \frac{30}{40-30} = 3$$

## 33 ★★

임계점(Critical Point)에 대한 설명 중 옳지 않은 것은?

① 액상, 기상, 고상이 함께 존재하는 점을 말한다.
② 임계점에서는 액상과 기상을 구분할 수 없다.
③ 임계 압력 이상이 되면 상 변화 과정에 대한 구분이 나타나지 않는다.
④ 물의 임계점에서의 압력과 온도는 약 22.09 [MPa], 374.14 [℃]이다.

**해설**

임계점
액상, 기상, 고상이 함께 존재하는 점은 3중점이다.

## 34 ★★

-30 [℃], 200 [atm]의 질소를 단열 과정을 거쳐서 5 [atm]까지 팽창했을 때의 온도는 약 얼마인가? (단, 이상기체의 가역 과정이고 질소의 비열비는 1.41이다)

① 6 [℃]
② 83 [℃]
③ -172 [℃]
④ -190 [℃]

**해설**

단열 과정 최종온도

$$\frac{T_2}{T_1} = \left(\frac{P_2}{P_1}\right)^{\frac{k-1}{k}}$$

$$\rightarrow \frac{T_2}{-30+273.15} = \left(\frac{5}{200}\right)^{\frac{1.41-1}{1.41}}$$

$$\rightarrow T_2 = 83.42 [K] = -189.7 [℃]$$

$$\fallingdotseq 190 [℃]$$

## 35 ★★

그림과 같은 브레이튼 사이클에서 효율($\eta$)은? (단, P는 압력, v는 비체적이며, $T_1$, $T_2$, $T_3$, $T_4$는 각각의 지점에서의 온도이다. 또한 $q_{in}$과 $q_{out}$은 사이클에서 열이 들어오고 나감을 의미한다)

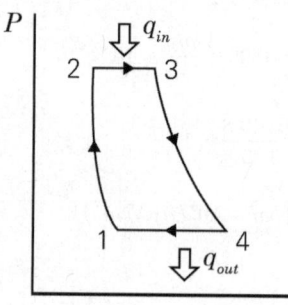

① $\eta = 1 - \dfrac{T_3 - T_2}{T_4 - T_1}$
② $\eta = 1 - \dfrac{T_1 - T_2}{T_3 - T_4}$
③ $\eta = 1 - \dfrac{T_4 - T_1}{T_3 - T_2}$
④ $\eta = 1 - \dfrac{T_3 - T_4}{T_1 - T_2}$

**해설**

브레이튼 사이클에서의 효율

$$\eta_{thB} = 1 - \frac{q_{out}}{q_{in}} = 1 - \frac{C_p(T_4 - T_1)}{C_p(T_3 - T_2)} = 1 - \frac{T_4 - T_1}{T_3 - T_2}$$

**정답** 33 ① 34 ④ 35 ③

## 36 ★★

온도 30 [℃], 압력 350 [kPa]에서 비체적이 0.449 [m³/kg]인 이상기체의 기체상수는 몇 [kJ/kg·K]인가?

① 0.143
② 0.287
③ 0.518
④ 0.842

**해설**

이상기체의 기체상수
$Pv = RT$
$R = Pv/T = 350 \times 0.449 \div (30 + 273.15)$
   $= 0.518 \ [kJ/kg \cdot K]$

## 37 ★

열펌프 사이클에 대한 성능계수(COP)는 다음 중 어느 것을 입력 일(Work Input)로 나누어 준 것인가?

① 고온부 방출열
② 저온부 흡수열
③ 고온부가 가진 총 에너지
④ 저온부가 가진 총 에너지

**해설**

열펌프 성능계수
$$COP = \frac{Q_c}{W_c} = \frac{고온부\ 방출열(응축부하)}{압축기일량}$$

## 38 ★

다음 괄호 안에 들어갈 말로 옳은 것은?

> 일반적으로 교축(Throttling) 과정에서는 외부에 대하여 일을 하지 않고, 열교환이 없으며 속도 변화가 거의 없음에 따라 (　)은(는) 변하지 않는다고 가정한다.

① 엔탈피
② 온도
③ 압력
④ 엔트로피

**해설**

실제 가스(냉매, 수증기) 교축 과정
$p_1 > p_2$, $T_1 > T_2$, $h_1 = h_2$, $\Delta S > 0$

## 39 ★★★

랭킨 사이클로 작동하는 증기 동력 사이클에서 효율을 높이기 위한 방법으로 거리가 먼 것은?

① 복수기에서의 압력을 상승시킨다.
② 터빈 입구의 온도를 높인다.
③ 보일러의 압력을 상승시킨다.
④ 재열 사이클(Reheat Cycle)로 운전한다.

**해설**

랭킨 사이클
랭킨 사이클에서 복수기 압력(배압)을 상승시키면 열효율은 감소한다.

정답　36 ③　37 ①　38 ①　39 ①

## 40 ★★★

가역적으로 움직이는 열기관이 300 [℃]의 고열원으로부터 200 [kJ]의 열을 흡수하여 40 [℃]의 저열원으로 열을 배출하였다. 이때 40 [℃]의 저열원으로 배출한 열량은 약 몇 [kJ]인가?

① 27
② 45
③ 73
④ 109

**해설**

실제 가스(냉매, 수증기) 교축 과정

열효율은 $\eta = \dfrac{W}{Q_1} = \dfrac{Q_1 - Q_2}{Q_1} = \dfrac{T_1 - T_2}{T_1}$

$1 - \dfrac{Q_2}{Q_1} = 1 - \dfrac{T_2}{T_1}$   ∴ $\dfrac{Q_2}{Q_1} = \dfrac{T_2}{T_1}$

$Q_2 = Q_1 \times \dfrac{T_2}{T_1} = 200 \times \dfrac{273.15 + 40}{273.15 + 300} = 109.27$

---

**3과목** 계측방법

## 41 ★★

불연속제어동작으로 편차의 정(+), 부(-)에 의해서 조작신호가 최대, 최소가 되는 제어 동작은?

① 미분동작
② 적분동작
③ 비례동작
④ 온-오프동작

**해설**

불연속제어

온·오프 동작 (On-Off제어, 불연속제어) : 조작량이 100 [%] 또는 0 [%] 두 상태만 존재하는 제어 → 주로 탱크의 액위제어 같은 간단한 제어에 사용된다.

## 42 ★★★

물리적 가스분석계의 측정법이 아닌 것은?

① 밀도법
② 세라믹법
③ 열전도율법
④ 자동오르자트법

**해설**

가스분석계
(1) 화학적 가스분석계
  자동 오르자트법, 미연소분석계(C) + $H_2$계), 연소열법
(2) 물리적 가스분석계
  밀도법, 세라믹법, 열전도율법, 가스크로마토그래피법, 적외선 흡수법

정답 ● 40 ④  41 ④  42 ④

## 43 ★★

다음 중 압력식 온도계를 이용하는 방법으로 가장 거리가 먼 것은?

① 고체팽창식
② 액체팽창식
③ 기체팽창식
④ 증기팽창식

**해설**

압력식 온도계를 이용하는 방법
기체팽창식, 액체팽창식, 증기팽창식

## 44 ★★★

유속 10 [m/s]의 물속에 피토관을 세울 때 수주의 높이는 약 몇 [m]인가? (단, 여기서 중력가속도 g = 9.8 [m/s²]이다)

① 0.51
② 5.1
③ 0.12
④ 1.2

**해설**

유속
$$h = \frac{V^2}{2g} = \frac{10^2}{2 \times 9.8} = 5.1 \, [m]$$

## 45 ★★★

내경이 50 [mm]인 원관에 20 [℃] 물이 흐르고 있다. 층류로 흐를 수 있는 최대 유량은 약 몇 [m³/s]인가? (단, 임계 레이놀즈수($R_e$)는 2320이고, 20 [℃]일 때 동점성계수($v$) = 1.0064 × 10⁻⁶ [m²/s]이다)

① 5.33 × 10⁻⁵
② 7.36 × 10⁻⁵
③ 9.16 × 10⁻⁵
④ 15.23 × 10⁻⁵

**해설**

최대 유량
$$V = \frac{R_e v}{d} = \frac{2320 \times 1.0064 \times 10^{-6}}{0.05} = 0.047 \, [m/s]$$

$$\therefore Q = AV = \frac{\pi (0.05)^2}{4} \times 0.047 = 9.16 \times 10^{-5} \, [m^2/s]$$

## 46 ★★

다음 중 액면측정방법으로 가장 거리가 먼 것은?

① 유리관식
② 부자식
③ 차압식
④ 박막식

**해설**

액면측정방법

① 유리관식 : 연결된 유리관 안의 액체 높이를 눈으로 확인하는 방식
② 부자식 : 액체 위에 부력을 이용한 부자를 띄워, 위치 변화로 액면 측정
③ 차압식 : 탱크의 상하부 압력 차를 이용해 액면을 계산
④ 박막식 : 일반적으로 박막 센서는 온도, 압력, 가스농도, 막 두께 등의 측정에 사용됨

정답 43 ① 44 ② 45 ③ 46 ④

## 47 ★★
전기 저항 온도계의 특징에 대한 설명으로 틀린 것은?

① 원격측정에 편리하다.
② 자동제어의 적용이 용이하다.
③ 1000 [℃] 이상의 고온 측정에서 특히 정확하다.
④ 자기 가열 오차가 발생하므로 보정이 필요하다.

해설
전기 저항 온도계
고온에 약하다는 단점이 있다.

## 48 ★★★
피드백제어에 대한 설명으로 틀린 것은?

① 폐회로방식이다.
② 다른 제어계보다 정확도가 증가한다.
③ 보일러 점화 및 소화 시 제어한다.
④ 다른 제어계보다 제어폭이 증가한다.

해설
피드백제어
보일러의 점화 및 소화 시 제어는 시퀀스제어(순차적 제어)이다.

## 49 ★
서로 맞서 있는 2개 전극 사이의 정전 용량은 전극 사이에 있는 물질 유전율의 함수이다. 이러한 원리를 이용한 액면계는?

① 정전 용량식 액면계
② 방사선식 액면계
③ 초음파식 액면계
④ 중추식 액면계

해설
정전 용량식 액면계
서로 맞서 있는 2개의 전극 사이의 정전용량은 전극 사이에 있는 물질 유전율의 함수인 것을 이용한 액면계다.

## 50 ★
기준 수위에서의 압력과 측정 액면계에서의 압력의 차이로부터 액위를 측정하는 방식으로 고압 밀폐형 탱크의 측정에 적합한 액면계는?

① 차압식 액면계
② 편위식 액면계
③ 부자식 액면계
④ 유리관식 액면계

해설
차압식 액면계
기준 수위에서의 압력과 측정 액면계에서의 압력 차로 액위를 측정한다(고압 밀폐형 탱크에 적합한 액면계이다).

정답 47 ③  48 ③  49 ①  50 ①

## 51 ★★★

SI단위계에서 물리량과 기호가 틀린 것은?

① 질량 : kg
② 온도 : ℃
③ 물질량 : mol
④ 광도 : cd

**해설**

SI단위계
- 기본단위 : 길이[m], 질량[kg], 시간[s], 온도[K], 전류[A], 물질량[mol], 광도[cd]
- 보조단위 : 평면각[rad], 입체각[sr]
- 유도단위 : 힘[N], 압력[Pa], 에너지[J], 일률[W], 비중량[$N/m^3$], 밀도[$kg/m^3$], 자속[Wb] 등

## 52 ★★

다음 중 습도계의 종류로 가장 거리가 먼 것은?

① 모발 습도계
② 듀셀 노점계
③ 초음파식 습도계
④ 전기 저항식 습도계

**해설**

습도계의 종류
- 모발 습도계
- 듀셀 노점계
- 통풍 건습계
- 자기 습도계
- 전기 저항식 습도계

## 53 ★★

액주에 의한 압력측정에서 정밀 측정을 위한 보정으로 반드시 필요로 하지 않는 것은?

① 모세관현상의 보정
② 중력의 보정
③ 온도의 보정
④ 높이의 보정

**해설**

액주에 의한 압력측정에서 정밀측정을 위해 반드시 필요한 보정
- 온도 보정
- 중력 보정
- 모세관현상의 보정

## 54 ★★

다음 중 1000 [℃] 이상의 고온을 측정하는 데 적합한 온도계는?

① CC(동 - 콘스탄탄)열전 온도계
② 백금 저항 온도계
③ 바이메탈 온도계
④ 광고온계

**해설**

광고온계
1000 [℃] 이상의 고온을 측정하는 데 적합하다.

**정답** 51 ② 52 ③ 53 ④ 54 ④

## 55 ★

자동제어에서 전달함수의 블록선도를 그림과 같이 등가변환시킨 것으로 적합한 것은?

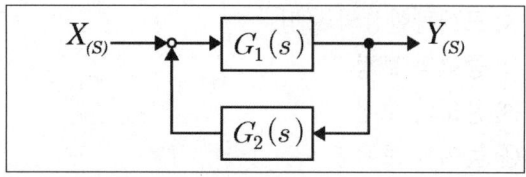

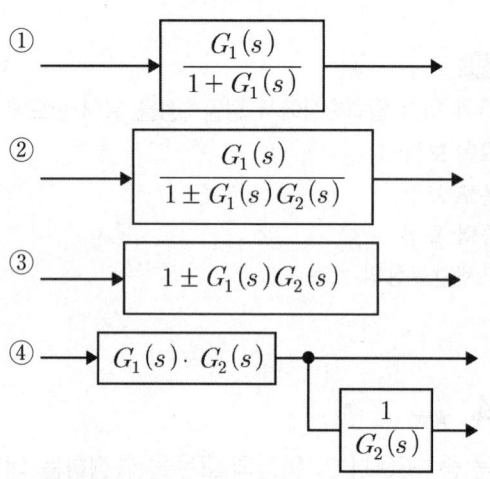

### 해설

자동제어에서 전달함수의 블록선도

$Y(s) = X(s)G_1(s) \pm G_1(s)G_2(s)Y(s)$

$Y(s)[1 \mp G_1(s)G_2(s)] = X(s)G_1(s)$

$\therefore \dfrac{Y(s)}{X(s)} = \dfrac{G_1(s)}{1 \pm G_1(s)G_2(s)}$

## 56 ★

다음 중 백금 - 백금·로듐 열전대 온도계에 대한 설명으로 가장 적절한 것은?

① 측정 최고온도는 크로멜 - 알루멜 열전대보다 낮다.
② 열기전력이 다른 열전대에 비하여 가장 높다.
③ 안정성이 양호하여 표준용으로 사용된다.
④ 200 [℃] 이하의 온도측정에 적당하다.

### 해설

열전대 온도계

백금 - 백금·로듐 온도계는(0 ~ 1600 [℃] 온도측정) 안정성이 양호하여 표준용으로 사용된다.

## 57 ★

다이어프램 압력계의 특징이 아닌 것은?

① 점도가 높은 액체에 부적합하다.
② 먼지가 함유된 액체에 적합하다.
③ 대기압과의 차가 적은 미소압력의 측정에 사용한다.
④ 다이어프램으로 고무, 스테인리스 등의 탄성체 박판이 사용된다.

### 해설

다이어프램(Diaphragm) 압력계
점도가 높은 액체도 측정 가능하다.

정답 ● 55 ② 56 ③ 57 ①

## 58 ★★★
다음 중 차압식 유량계가 아닌 것은?

① 오리피스(Orifice)
② 벤투리관(Venturi)
③ 로터미터(Rotameter)
④ 플로우노즐(Flow-nozzle)

**해설**

차압식 유량계
오리피스, 벤투리관, 플로우노즐
※ 로터미터는 부자(Float)를 이용한 면적식 유량계다.

## 59 ★★★
다음 유량계 중 유체압력 손실이 가장 적은 것은?

① 유속식(Impeller식) 유량계
② 용적식 유량계
③ 전자식 유량계
④ 차압식 유량계

**해설**

유량계
유체압력 손실이 가장 적은 것은 전자식 유량계이다. 페러데이 전자유도 법칙을 이용하여 순간유량을 측정한다.

## 60 ★★
2개의 수은 유리 온도계를 사용하는 습도계는?

① 모발 습도계
② 건습구 습도계
③ 냉각식 습도계
④ 저항식 습도계

**해설**

건습구 습도계
2개의 수은(Hg) 유리 온도계를 사용하는 습도계는 건습구 습도계이다.

---

정답  58 ③  59 ③  60 ②

## 4과목 열설비재료 및 관계법규

### 61 ★★

「에너지이용합리화법」에 따라 대통령령으로 정하는 일정규모 이상의 에너지를 사용하는 사업을 실시하거나 시설을 설치하려는 경우 에너지사용계획을 수립하여, 산업실시 전 누구에게 제출하여야 하는가?

① 대통령
② 시·도지사
③ 산업통상자원부장관
④ 에너지 경제연구원장

**해설**

에너지사용계획 수립 후 실시 전 제출해야 하는 사람
「에너지이용합리화법」에 따라 대통령령으로 정하는 일정규모 이상의 에너지를 사용하는 사업을 실시하거나 시설을 설치하려는 경우 에너지사업계획을 수립하여 사업 실시 전 산업통상지원부장관에게 제출하여야 한다.

### 62 ★★

관의 신축량에 대한 설명으로 옳은 것은?

① 신축량은 관의 열팽창계수, 길이, 온도차에 반비례한다.
② 신축량은 관의 길이, 온도차에는 비례하지만 열팽창계수에는 반비례한다.
③ 신축량은 관의 열팽창계수, 길이, 온도차에 비례한다.
④ 신축량은 관의 열팽창계수에 비례하고 온도차와 길이에 반비례한다.

**해설**

관의 신축량
관의 신축량은 관의 열팽창계수, 길이, 온도차에 비례한다.
신축량 : $\lambda = \alpha L \Delta t$
[$\lambda$ : 신축량[mm], $\alpha$ : 선팽창계수, $L$ : 관의 길이[mm], $\Delta t$ : 온도차]

### 63 ★

유체가 관 내를 흐를 때 생기는 마찰로 인한 압력손실에 대한 설명으로 틀린 것은?

① 유체의 흐르는 속도가 빨라지면 압력손실도 커진다.
② 관의 길이가 짧을수록 압력손실은 작아진다.
③ 비중량이 큰 유체일수록 압력손실이 작다.
④ 관의 내경이 커지면 압력손실은 작아진다.

**해설**

마찰로 인한 압력손실
$$\Delta p = \gamma h_L = f \frac{L}{d} \frac{\gamma V^2}{2g} [kPa]$$
비중량($\gamma$)이 큰 유체일수록 압력손실이 크다.

**정답** 61 ③ 62 ③ 63 ③

## 64 ★★

열팽창에 의한 배관의 측면 이동을 구속 또는 제한하는 장치가 아닌 것은?

① 앵커
② 스톱
③ 브레이스
④ 가이드

**해설**

리스트레인트
- 앵커
- 스톱 or 스토퍼
- 가이드

※ 브레이스 : 배관라인에 설치된 각종 펌프, 압축기 등에서 발생하는 진동을 흡수·완화시켜주는 장치로, 밸브 등 급속개폐에 따른 수격작용, 지진 등의 진동을 완화시켜준다.

## 65 ★★

제철 및 제강공정 중 배소로의 사용목적으로 가장 거리가 먼 것은?

① 유해 성분의 제거
② 산화도의 변화
③ 분상광석의 괴상으로의 소결
④ 원광석의 결합수의 제거와 탄산염의 분해

**해설**

제철 및 제강공정 중 배소로(금속광석을 높은 온도로 가열하여 배소하는 화로)의 사용목적
- 유해 성분의 제거
- 산화도의 변화
- 원광석의 결합수의 제거와 탄산염의 분해

## 66 ★★

「에너지이용합리화법」에 따라 용접검사가 면제되는 대상범위에 해당되지 않는 것은?

① 주철제 보일러
② 강철제 보일러 중 전열면적이 5 이하이고, 최고사용압력이 0.35 [MPa] 이하인 것
③ 압력용기 중 동체의 두께가 6 [mm] 미만인 것으로서 최고사용압력[MPa]과 내부부피 [$m^3$]를 곱한 수치가 0.02 이하인 것
④ 온수보일러로서 전열면적이 20 [$m^2$] 이하이고, 최고사용압력이 0.3 [MPa] 이하인 것

**해설**

용접검사가 면제되는 대상범위
- 강철제 보일러 중 전열면적이 5 [$m^2$] 이하이고 최고사용압력이 0.35 [MPa] 이하인 것
- 주철제 보일러
- 1종 관류보일러
- 온수보일러 중 전열면적이 18 [$m^2$] 이하이고 최고사용압력이 0.35 [MPa] 이하인 것
- 용접이음(동체와 플랜지와의 용접이음은 제외한다)이 없는 강관을 동체로 한 헤더
- 압력용기 중 동체의 두께가 6밀리미터 미만인 것으로서 최고사용압력[MPa]과 내부 부피[$m^3$]를 곱한 수치가 0.02 이하(난방용의 경우에는 0.05 이하)인 것
- 전열교환식인 것으로서 최고사용압력이 0.35 [MPa] 이하이고, 동체의 안지름이 600밀리미터 이하인 것

**정답** 64 ③ 65 ③ 66 ④

## 67 ★

규조토질 단열재의 안전사용온도는?

① 300 ~ 500 [℃]  ② 500 ~ 800 [℃]
③ 800 ~ 1200 [℃]  ④ 1200 ~ 1500 [℃]

**해설**

규조토질 단열재
규조토질(무기질보온재)단열재의 안전사용온도는 800 ~ 1200 [℃]이다.

## 68 ★★★

에너지원별 에너지열량 환산 기준으로 총발열량[kcal]이 가장 높은 연료는? (단, 1 [L] 또는 1 [kg] 기준이다)

① 휘발유  ② 항공유
③ B - C유  ④ 천연가스

**해설**

총발열량이 높은 연료
천연가스(LNG) > B - C유 > 항공유 > 휘발유

## 69 ★★★

「에너지이용합리화법」에 따라 에너지사용안정을 위한 에너지저장의무 부과대상자에 해당되지 않는 사업자는?

① 「전기사업법」에 따른 전기사업자
② 「석탄사업법」에 따른 석탄가공업자
③ 「집단에너지사업법」에 따른 집단에너지사업자
④ 「액화석유가스사업법」에 따른 액화석유가스사업자

**해설**

에너지사용안정을 위한 에너지저장의무 부과대상자에 해당되는 사업자
• 전기사업자
• 도시가스사업자
• 석탄가공업자
• 집단에너지사업자
• 연간 2만 [TOE] 이상의 에너지사용자

## 70 ★★★

용광로에서 코크스가 사용되는 이유로 가장 거리가 먼 것은?

① 열량을 공급한다.
② 환원성 가스를 생성시킨다.
③ 일부의 탄소는 선철 중에 흡수된다.
④ 철광석을 녹이는 용제 역할을 한다.

**해설**

용광로에서 코크스가 사용되는 이유
• 열량 공급
• 환원성 가스 생성
• 일부의 탄소는 선철(Pig Iron) 중에 흡수

## 71 ★

내화물의 부피비중을 바르게 표현한 것은? (단, $W_1$ : 시료의 건조중량[kg], $W_2$ : 함수시료의 수중중량[kg], $W_3$ : 함수시료의 중량[kg]이다)

① $\dfrac{W_1}{W_3 - W_2}$  ② $\dfrac{W_3}{W_1 - W_2}$

③ $\dfrac{W_3 - W_2}{W_1}$  ④ $\dfrac{W_2 - W_3}{W_1}$

**정답** ● 67 ③  68 ④  69 ④  70 ④  71 ①

해설

내화물의 부피비중

$$S = \frac{W_1}{W_3 - W_2}$$

## 72 ★★

다음 중 피가열물이 연소가스에 의해 오염되지 않는 가마는?

① 직화식 가마
② 반머플가마
③ 머플가마
④ 직접식 가마

해설

머플가마
가열물을 직접 불에 대지 않고 가열하기 위해 설치한 간접가열식 가마로 피가열물이 연소가스에 의해 오염되지 않는 가마다.

## 73 ★★★

「에너지법」에 따른 용어의 정의에 대한 설명으로 틀린 것은?

① 에너지사용시설이란 에너지를 사용하는 공장, 사업장 등의 시설이나 에너지를 전환하여 사용하는 시설을 말한다.
② 에너지사용자란 에너지를 사용하는 소비자를 말한다.
③ 에너지공급자란 에너지를 생산, 수입, 전환, 수송, 저장 또는 판매하는 사업자를 말한다.
④ 에너지란 연료, 열 및 전기를 말한다.

해설

「에너지법」에 따른 용어의 정의
에너지사용자란 에너지사용시설의 소유자 또는 관리자를 말한다.

## 74 ★★★

「에너지이용합리화법」에 따라 에너지이용합리화 기본계획에 포함되지 않는 것은?

① 에너지이용합리화를 위한 기술개발
② 에너지의 합리적인 이용을 통한 공해 성분($SO_x$, $NO_x$)의 배출을 줄이기 위한 대책
③ 에너지이용합리화를 위한 가격예시제의 시행에 관한 사항
④ 에너지이용합리화를 위한 홍보 및 교육

해설

에너지이용합리화 기본계획
에너지의 합리적인 이용을 통한 공해 성분의 배출을 줄이기 위한 대책은 에너지이용합리화 기본계획에 포함되지 않는다.

## 75 ★★★

「에너지이용합리화법」에 따라 효율관리기자재의 제조업자가 효율관리시험기관으로부터 측정결과를 통보받은 날 또는 자체측정을 완료한 날부터 그 측정결과를 며칠 이내에 한국에너지공단에 신고하여야 하는가?

① 15일
② 30일
③ 60일
④ 90일

정답  72 ③  73 ②  74 ②  75 ④

> 해설

한국에너지공단에 신고 기간
「에너지이용합리화법」에 따라 효율관리 기자재 제조업자가 효율관리시험기관으로부터 측정결과를 통보받은 날 또는 자체측정을 완료한 날부터 그 측정 결과를 90일 이내에 한국에너지공단이사장에게 신고하여야 한다.

## 76 ★★★

「에너지이용합리화법」에 따른 특정열사용기자재 품목에 해당하지 않는 것은?

① 강철제 보일러
② 구멍탄용 온수보일러
③ 태양열 집열기
④ 태양광 발전기

> 해설

특정열사용기자재 품목
• 강철제 보일러
• 주철제 보일러
• 구멍탄용 온수보일러
• 태양열 집열기
• 온수보일러
• 축열식 전기보일러

## 77 ★

시멘트 제조에 사용하는 회전가마(Rotary Kiln)는 다음 여러 구역으로 구분된다. 다음 중 탄산염 원료가 주로 분해되는 구역은?

① 예열대
② 하소대
③ 건조대
④ 소성대

> 해설

하소대
시멘트 제조에 사용되는 회전가마에서 탄산염 원료가 주로 분해되는 구역은 하소대다.

## 78 ★

내화물 SK – 26번이면 용융온도 1580 [℃]에 견디어야 한다. SK – 30번이면 약 몇 [℃]에 견디어야 하는가?

① 1460 [℃]
② 1670 [℃]
③ 1780 [℃]
④ 1800 [℃]

> 해설

제게르콘 번호
• SK – 26번 : 용융온도 1580 [℃]에 견뎌야 함
• SK – 30번 : 용융온도 1670 [℃]에서 견뎌야 함

정답  76 ④  77 ②  78 ②

## 79 ★

「에너지이용합리화법」에 따라 에너지다소비사업자가 산업통상자원부령으로 정하는 바에 따라 신고하여야 하는 사항이 아닌 것은?

① 전년도의 분기별 에너지 사용량, 제품 생산량
② 해당 연도의 분기별 에너지 사용예정량, 제품 생산예정량
③ 에너지사용기자재의 현황
④ 에너지이용효과, 에너지수급체계의 영향분석현황

**해설**

에너지다소비업자의 신고
- 전년도의 에너지 사용량, 제품 생산량
- 해당 연도의 에너지 사용 예정량, 제품 생산 예정량
- 에너지사용기자재의 현황
- 전년도의 에너지이용합리화 실적 및 해당 연도의 계획

## 80 ★★★

「에너지법」에 따라 지역에너지계획은 몇 년 이상을 계획기간으로 하여 수립, 시행하는가?

① 3년  ② 5년
③ 7년  ④ 10년

**해설**

지역에너지계획의 수립(에너지기본법)
시·도지사가 5년마다 5년 이상을 계획 기간으로 하여 수립·시행하여야 한다.

## 5과목 열설비설계

## 81 ★★

내화벽의 열전도율이 1.05 [W/m·K]인 재질로 된 평면 벽의 양측 온도가 800 [℃]와 100 [℃]이다. 이 벽을 통한 단위면적당 열전달량이 1628 [W/m²]일 때, 벽 두께[cm]는?

① 25  ② 35
③ 45  ④ 55

**해설**

열전달량 - 벽 두께
푸리에의 열전달 법칙

$$q = \lambda A \frac{\Delta t}{L} [W]$$

$$L = \frac{\lambda A \Delta t}{q} = \frac{1.05 \times 1 \times (800 - 100)}{1628}$$
$$= 0.4514 [m] ≒ 45 [cm]$$

- $\lambda$ : 열전도율
- $q$ : 열전달량
- $A$ : 면적(단위면적 → 1)
- $\Delta t$ : 온도 변화량

## 82 ★★★

보일러에서 용접 후에 풀림처리를 하는 주된 이유는?

① 용접부의 열응력을 제거하기 위해
② 용접부의 균열을 제거하기 위해
③ 용접부의 연신율을 증가하기 위해
④ 용접부의 강도를 증가시키기 위해

**정답** 79 ④  80 ②  81 ③  82 ①

> 해설

풀림처리를 하는 주된 이유
보일러에서 용접 후 풀림(어닐링)을 하는 주된 이유는 용접부의 열응력(내부응력)을 제거하기 위해서이다.

## 83 ★

보일러 운전 및 성능에 대한 설명으로 틀린 것은?

① 보일러 송출증기의 압력을 낮추면 방열손실이 감소한다.
② 보일러의 송출압력이 증가할수록 가열에 이용할 수 있는 증기의 응축잠열은 작아진다.
③ LNG를 사용하는 보일러의 경우 총 발열량의 약 10 [%]는 배기가스 내부의 수증기에 흡수된다.
④ LNG를 사용하는 보일러의 경우 배기가스로부터 발생되는 응축수의 pH는 11 ~ 12 범위에 있다.

> 해설

보일러 운전 및 성능
LNG를 사용하는 보일러의 경우 배기가스로부터 발생되는 응축수의 pH는 산성에 가깝다.

## 84 ★★

보일러 내처리제와 그 작용에 대한 연결로 틀린 것은?

① 탄산나트륨 - pH조정
② 수산화나트륨 - 연화
③ 탄닌 - 슬러지조정
④ 암모니아 - 포밍방지

> 해설

보일러 내처리제 - 작용
암모니아는 pH 및 알칼리조정제이다. 포밍방지제는 고급 지방산(에스터, 폴리알콜류, 폴리아인)이 있다.

## 85 ★★

급수처리방법 중 화학적 처리방법은?

① 이온교환법
② 가열연화법
③ 증류법
④ 여과법

> 해설

급수처리방법
물리적 처리방법은 가열연화법, 증류법, 여과법, 침전법, 흡착법, 탈기법 등이 있다.
※ 이온교환법은 화학적 처리방법이다.

정답 83 ④ 84 ④ 85 ①

## 86 ★
보일러에서 연소용 공기 및 연소가스가 통과하는 순서로 옳은 것은?

① 송풍기 → 절탄기 → 과열기 → 공기예열기 → 연소실 → 굴뚝
② 송풍기 → 연소실 → 공기예열기 → 과열기 → 절탄기 → 굴뚝
③ 송풍기 → 공기예열기 → 연소실 → 과열기 → 절탄기 → 굴뚝
④ 송풍기 → 연소실 → 공기예열기 → 절탄기 → 과열기 → 굴뚝

**해설**
보일러에서 연소용 공기 연소가스가 통과하는 순서
보일러에서 연소용 공기 및 연소가스는 송풍기 → 공기예열기 → 연소실 → 과열기 → 절탄기 → 굴뚝 순으로 통과한다.

## 87 ★
자연순환식 수관보일러에서 물의 순환에 관한 설명으로 틀린 것은?

① 순환을 높이기 위하여 수관을 경사지게 한다.
② 발생증기의 압력이 높을수록 순환력이 커진다.
③ 순환을 높이기 위하여 수관 직경을 크게 한다.
④ 순환을 높이기 위하여 보일러수의 비중차를 크게 한다.

**해설**
자연순환식 수관보일러에서 물의 순환
자연순환식 수관보일러는 발생증기의 압력이 높으면 증기와 밀도차가 적어 순환력이 적어진다.

## 88 ★
최고사용압력이 1 [MPa]인 수관보일러의 보일러수 수질관리 기준으로 옳은 것은? (단, pH는 25 [℃] 기준으로 한다)

① pH 7 ~ 9
  M알칼리도 100 ~ 800 [mgCaCO$_3$/L]
② pH 7 ~ 9
  M알칼리도 80 ~ 600 [mgCaCO$_3$/L]
③ pH 11 ~ 11.8
  M알칼리도 100 ~ 800 [mgCaCO$_3$/L]
④ pH 11 ~ 11.8
  M알칼리도 80 ~ 600 [mgCaCO$_3$/L]

**해설**
수관보일러의 보일러수 수질관리 기준
[KS B 6209]
보일러 급수 및 보일러수의 수질
최고사용압력이 1 [MPa]인 수관보일러의 보일러수 수질
- 25 [℃]를 기준으로 할 때 pH : 11 ~ 11.8
- M알칼리도 : 100 ~ 800 [mgCaCO$_3$/L]

정답 86 ③ 87 ② 88 ③

## 89 ★

보일러 운전 시 유지해야 할 최저 수위에 관한 설명으로 틀린 것은?

① 노통연관보일러에서 노통이 높은 경우에는 노통 상면보다 75 [mm] 상부(플랜지 제외)
② 노통연관보일러에서 연관이 높은 경우에는 연관 최상위보다 75 [mm] 상부
③ 횡연관보일러에서 연관 최상위보다 75 [mm] 상부
④ 입형 보일러에서 연소실 천정판 최고부보다 75 [mm] 상부(플랜지 제외)

해설

최저 수위
열사용기자재의 검사 및 검사면제에 관한 기준 17.3 수면계의 부착

〈표 17.1〉 수면계의 부착위치

| 보일러의 종별 | 부착위치 |
|---|---|
| 직립형 보일러 | 연소실 천정판 최고부(플랜지부 제외) 위 75 [mm] |
| 직립형 연관보일러 | 연소실 천정판 최고부 위 연관길이의 1/3 |
| 수평연관 보일러 | 연관의 최고부 위 75 [mm] |
| 노통연관 보일러 | 연관의 최고부 위 75 [mm]. 다만 연관 최고부분보다 노통 윗면이 높은 것으로서는 노통 최고부(플랜지부를 제외) 위 100 [mm] |
| 노통보일러 | 노통 최고부(플랜지부를 제외) 위 100 [mm] |

## 90 ★

긴 관의 일단에서 급수를 펌프로 압입하여 도중에서 가열, 증발, 과열을 한꺼번에 시켜 과열증기로 내보내는 보일러로서 드럼이 없고, 관만으로 구성된 보일러는?

① 이중 증발보일러
② 특수 열매보일러
③ 연관보일러
④ 관류보일러

해설

관류보일러
긴 관의 일단에서 급수를 펌프로 압입하여 관에서 가열, 증발, 과열을 한꺼번에 시켜 과열증기를 내보내는 보일러로서 드럼이 없고, 관만으로 구성되어 있는 보일러이다.

## 91 ★★★

저온가스 부식을 억제하기 위한 방법이 아닌 것은?

① 연료 중의 황성분을 제거한다.
② 첨가제를 사용한다.
③ 공기예열기 전열면 온도를 높인다.
④ 배기가스 중 바나듐의 성분을 제거한다.

해설

저온가스 부식을 억제하기 위한 방법
배기가스 중 바나듐(V)의 성분을 제거하는 것은 고온 부식을 억제하기 위한 방법이다.

## 92 ★

태양열보일러가 800 [W/m²]의 비율로 열을 흡수한다. 열효율이 9 [%]인 장치로 12 [kW]의 동력을 얻으려면 전열 면적[m²]의 최소 크기는 얼마이어야 하는가?

① 0.17
② 1.35
③ 107.8
④ 166.7

**해설**

동력을 얻기 위한 전열 면적의 최소 크기

$$A = \frac{동력}{열유속 \times 열효율(\eta)} = \frac{12000}{800 \times 0.09}$$

$$= 166.67 \, [m^2]$$

## 93 ★★

내압을 받는 어떤 원통형 탱크의 압력은 3 [kgf/cm²], 직경은 5 [m] 강판 두께는 10 [mm]이다. 이 탱크의 이음 효율을 75 [%]로 할 때, 강판의 인장강도[kg/mm²]는 얼마로 하여야 하는가?

① 10
② 20
③ 300
④ 400

**해설**

인장강도

$$\sigma = \frac{PD}{2t\eta} = \frac{\frac{3}{100} \times 5000}{2 \times 10 \times 0.75} = 10 \, [kg/mm^2]$$

## 94 ★★

연도(굴뚝)설계 시 고려사항으로 틀린 것은?

① 가스유속을 적당한 값으로 한다.
② 적절한 굴곡 저항을 위해 굴곡부를 많이 만든다.
③ 급격한 단면 변화를 피한다.
④ 온도강하가 적도록 한다.

**해설**

연도(굴뚝) 설계 시 고려사항
가능한 굴곡부를 적게 만들어서 굴곡 저항을 작게 하여야 한다.

## 95 ★

과열증기의 특징에 대한 설명으로 옳은 것은?

① 관 내 마찰 저항이 증가한다.
② 응축수로 되기 어렵다.
③ 표면에 고온 부식이 발생하지 않는다.
④ 표면의 온도를 일정하게 유지한다.

**해설**

과열증기의 특징
- 과열증기는 온도가 높아서 복수기에서만 응축수로 변환이 용이하다.
- 과열증기는 수분이 없어서 관 내 마찰 저항이 적다.
- 표면에 바나듐(V)이 500 [℃] 이상에서 용융하여 고온 부식이 발생하며 표면의 온도가 일정하지 못하다.

**정답** 92 ④ 93 ① 94 ② 95 ②

## 96 ★★★

프라이밍이나 포밍의 방지대책에 대한 설명으로 틀린 것은?

① 주 증기밸브를 급히 개방한다.
② 보일러수를 농축시키지 않는다.
③ 보일러수 중의 불순물을 제거한다.
④ 과부하가 되지 않도록 한다.

**해설**

프라이밍 포밍의 방지대책
- 프라이밍 : 수면 위에서 증기발생 시 수분이 함께 증기와 분출, 상승되는 상태(비수)
- 포밍 : 수면 위에서 유지분 등에 의해 거품이 발생되는 것

## 97 ★★

보일러수 5 [ton] 중에 불순물이 40 [g] 검출되었다. 함유량은 몇 [ppm]인가?

① 0.008
② 0.08
③ 8
④ 80

**해설**

함유량
- ppm(parts per million)은 백만분의 1을 나타내는 단위
  1 [t] = 1000 [kg] = 1000000 [g]
  40 [g] ÷ 5000000 [g] × 1000000 = 8 [ppm]
- 물 1 [L] 중에 함유한 시료의 양을 mg으로 표시한 것
  1 [g] = 1000 [mg]
  1 [t] = 1000 [kg](물 1 [L] = 1 [kg])
  40000 [mg] ÷ 5000 [L] = 8 [ppm]

## 98 ★★

2중관 열교환기에 있어서 열관류율(K)의 근사식은? (단, $F_i$ : 내관 내면적, $F_o$ : 내관 외면적, $\alpha_i$ : 내관 내면과 유체 사이의 경막계수, $\alpha_o$ : 내관 외면과 유체 사이의 경막계수, 전열계산은 내관 외면 기준일 때이다)

① $\dfrac{1}{\left(\dfrac{1}{\alpha_i F_i}+\dfrac{1}{\alpha_o F_o}\right)}$

② $\dfrac{1}{\left(\dfrac{1}{\alpha_i \dfrac{F_i}{F_o}}+\dfrac{1}{\alpha_o}\right)}$

③ $\dfrac{1}{\left(\dfrac{1}{a_i}+\dfrac{1}{\alpha_o \dfrac{F_i}{F_o}}\right)}$

④ $\dfrac{1}{\left(\dfrac{1}{\alpha_o F_i}+\dfrac{1}{\alpha_i F_o}\right)}$

**해설**

열관류율의 근사식
경막계수(열전달계수) : 단위 면적당 열전달 성능

$$K=\dfrac{1}{\left(\dfrac{1}{\alpha_i F_i}+\dfrac{1}{\alpha_o F_o}\right)}$$

정답 ● 96 ① 97 ③ 98 ①

## 99 ★

24500 [kW]의 증기원동소에 사용하고 있는 석탄의 발열량이 30240 [kJ/kg]이고 원동소의 열효율이 23 [%]라면, 매시간당 필요한 석탄의 양(ton/h)은?

① 10.5
② 12.7
③ 15.3
④ 18.2

> 해설

석탄의 양

$$\eta = \frac{3600 \times 동력}{H_L \times m_f} \times 100$$

$$m_f = \frac{3600 \times 동력}{H_L \times \frac{\eta}{100}} = \frac{3600 \times 24500}{30240 \times 0.23}$$

$\quad\ \fallingdotseq 12681.16\ [kg/h]$

$\quad\ \fallingdotseq 12.7\ [t/h]$

## 100 ★★

다음 중 증기관의 크기를 결정할 때 고려해야 할 사항으로 가장 거리가 먼 것은?

① 가격
② 열손실
③ 압력강하
④ 증기온도

> 해설

증기관의 크기 결정 시 고려할 사항
- 가격, 열손실, 압력강하
- 공급되는 증기 자체의 온도는 보일러나 제어 시스템에서 관리되며, 배관 크기와는 직접적인 관련이 거의 없다.

정답 99 ② 100 ④

# 2018 제2회

## 1과목 | 연소공학

### 01 ★★

연도가스분석결과 $CO_2$ 12.0 [%], $O_2$ 6.0 [%], CO 0.0 [%]이라면 $CO_{2max}$는 몇 [%]인가?

① 13.8
② 14.8
③ 15.8
④ 16.8

**해설**

최대탄산가스 농도

$$CO_{2max} = \frac{21\,CO_2}{21-O_2} = \frac{21 \times 12}{21-6} = 16.8\,[\%]$$

### 02 ★

연소관리에 있어서 과잉공기량 조절 시 다음 중 최소가 되게 조절하여야 할 것은? (단, $L_s$ : 배기가스에 의한 열손실량, $L_i$ : 불완전 연소에 의한 열손실량, $L_c$ : 연소에 의한 열손실량, $L_r$ : 열복사에 의한 열손실량일 때를 나타낸다)

① $L_s + L_i$
② $L_s + L_r$
③ $L_i + L_c$
④ $L_i$

**해설**

과잉공기량 조절
연소관리에서는 손실열이 가장 많은 배기가스에 의한 손실열량을 적게 하여야 열효율이 높아진다. 또한 불완전 연소에 의한 열손실량이 적을수록 좋은 연소 상태이다.

### 03 ★

다음 중 분해폭발성 물질이 아닌 것은?

① 아세틸렌      ② 하이드라진
③ 에틸렌        ④ 수소

**해설**

분해폭발성 물질
분해폭발은 높은 온도나 압력에 의해 산소가 필요 없는 화학적 폭발로, 분해폭발성 물질에는 아세틸렌($C_2H_2$), 하이드라진($N_2H_4$), 에틸렌($C_2H_4$)이다.

### 04 ★★

과잉공기량이 연소에 미치는 영향으로 가장 거리가 먼 것은?

① 열효율        ② CO 배출량
③ 노 내 온도    ④ 연소 시 와류 형성

**해설**

과잉공기량이 연소에 미치는 영향
열효율, CO 배출량, 노 내 온도

**정답** 01 ④  02 ①  03 ④  04 ④

## 05 ★
최소착화에너지(MIE)의 특징에 대한 설명으로 옳은 것은?

① 질소 농도의 증가는 최소착화에너지를 감소시킨다.
② 산소 농도가 많아지면 최소착화에너지는 증가한다.
③ 최소착화에너지는 압력증가에 따라 감소한다.
④ 일반적으로 분진의 최소착화에너지는 가연성 가스보다 작다.

**해설**

최소착화에너지(MIE)
압력의 증가에 따라 최소착화에너지는 감소한다.

## 06 ★
기체연료용 버너의 구성요소가 아닌 것은?

① 가스량 조절부
② 공기/가스 혼합부
③ 보염부
④ 통풍구

**해설**

기체연료용 버너의 구성요소
- 가스량 조절부
- 공기/가스 혼합부
- 보염부 : 착화를 확실히 하고 화염이 꺼지지 않도록 안정을 꾀하는 장치

## 07 ★★
다음 중 습식 집진장치의 종류가 아닌 것은?

① 멀티클론(Multiclone)
② 제트 스크러버(Jet Scrubber)
③ 사이클론 스크러버(Cyclone Scrubber)
④ 벤츄리 스크러버(Venturi Scrubber)

**해설**

습식 집진장치
벤츄리 스크러버, 사이클론 스크러버, 제트 스크러버

## 08 ★★
다음 중 연소 전에 연료와 공기를 혼합하여 버너에서 연소하는 방식인 예혼합 연소방식버너의 종류가 아닌 것은?

① 저압버너
② 중압버너
③ 고압버너
④ 송풍버너

**해설**

예혼합 연소방식
예혼합 연소방식 : 연소 전에 공기 또는 산소와 연소가스를 일정한 혼합비로 혼합시켜 연소시키는 방식으로 버너(Burner)는 저압버너, 고압버너, 송풍버너가 있다.
※ 중압버너(0.3 [MPa] 이상 ~ 1 [MPa] 미만)는 가스용 버너이다.

정답  05 ③  06 ④  07 ①  08 ②

## 09 ★

연소가스에 들어 있는 성분을 $CO_2$, $C_mH_n$, $O_2$, CO의 순서로 흡수 분리시킨 후 체적 변화로 조성을 구하고, 이어 잔류가스에 공기나 산소를 혼합, 연소시켜 성분을 분석하는 기체연료분석방법은?

① 헴펠법  ② 치환법
③ 리비히법  ④ 에슈카법

**해설**

**헴펠법**
헴펠법 : 연소가스에 들어 있는 성분을 $CO_2$, $C_mH_n$, $O_2$, CO의 순서로 흡수 분리시킨 후 체적 변화로 조성을 구하고, 이어 잔류가스에 공기나 산소를 혼합, 연소시켜 성분을 분석하는 기체연료분석법

## 10 ★

다음 중 중유 연소의 장점이 아닌 것은?

① 회분을 전혀 함유하지 않으므로 이것에 의한 장해는 없다.
② 점화 및 소화가 용이하며 화력의 가감이 자유로워 부하 변동에 적용이 용이하다.
③ 발열량이 석탄보다 크고 과잉공기가 적어도 완전 연소시킬 수 있다.
④ 재가 적게 남으며 발열량, 품질 등이 고체연료에 비해 일정하다.

**해설**

**중유 연소의 성질**
중유는 회분(Ash) 및 중금속 성분이 포함되어 있다.

## 11 ★

보일러실에 자연환기가 안 될 때 실외로부터 공급하여야 할 공기는 벙커C유 1 [L]당 최소 몇 [$Nm^3$]이 필요한가? (단, 벙커C유의 이론공기량은 10.24 [$Nm^3$/kg], 비중은 0.96, 연소장치의 공기비는 1.3으로 한다)

① 11.34
② 12.78
③ 15.69
④ 17.85

**해설**

**공급공기량**
벙커C유 1 [L]당 공급공기량(Q)
= $mA_0S$ = 1.3 × 10.24 × 0.96 = 12.78 [$Nm^3$]

## 12 ★★★

수소가 완전 연소하여 물이 될 때 수소와 연소용 산소와 물의 몰[mol]비는?

① 1 : 1 : 1
② 1 : 2 : 1
③ 2 : 1 : 2
④ 2 : 1 : 3

**해설**

**연소계산**
$H_2 + \frac{1}{2}O_2 \rightarrow H_2O$

$1 : \frac{1}{2} : 1 = 2 : 1 : 2$

정답 ● 09 ① 10 ① 11 ② 12 ③

## 13 ★★

버너에서 발생하는 역화의 방지대책과 거리가 먼 것은?

① 버너 온도를 높게 유지한다.
② 리프트 한계가 큰 버너를 사용한다.
③ 다공버너의 경우 각각의 연료분출구를 작게 한다.
④ 연소용 공기를 분할 공급하여 일차 공기를 착화범위보다 적게 한다.

**해설**

버너 역화 방지대책
- 역화방지기 설치
- 충분한 통풍
- 착화 지연을 방지
- 환기를 통해 미연가스 제거
- 버너의 온도를 낮게 유지

## 14 ★★

미분탄 연소의 특징이 아닌 것은?

① 큰 연소실이 필요하다.
② 마모부분이 많아 유지비가 많이 든다.
③ 분쇄시설이나 분진처리시설이 필요하다.
④ 중유 연소기에 비해 소요 동력이 적게 필요하다.

**해설**

미분탄 연소
미분탄 연소는 중유나 가스 연소보일러보다 큰 연소실을 필요로 하며 분쇄에 따른 소비동력이 증대된다.

## 15 ★★★

등유($C_{10}H_{20}$)를 연소시킬 때 필요한 이론공기량은 약 몇 [$Nm^3/kg$]인가?

① 15.6
② 13.5
③ 11.4
④ 9.2

**해설**

이론공기량

$C_{10}H_{20} + 15O_2 \rightarrow 10H_2O + 10CO_2$

이론산소량($O_0$) = $\dfrac{22.4 \times 15}{140}$ = $2.4 \, [Nm^3/kg]$

이론공기량($A_0$) = $\dfrac{O_0}{0.21}$ = $\dfrac{2.4}{0.21}$ = $11.43 \, [Nm^3/kg]$

## 16 ★

다음 석탄의 성질 중 연소성과 가장 관계가 적은 것은?

① 비열
② 기공률
③ 점결성
④ 열전도율

**해설**

석탄의 성질
석탄의 성질 중 연소성과 관계있는 인자
- 비열
- 기공률
- 열전도율

정답 ● 13 ① 14 ④ 15 ③ 16 ③

## 17 ★★

연소 상태에 따라 매연 및 먼지의 발생량이 달라진다. 다음 설명 중 잘못된 것은?

① 매연은 탄화수소가 분해 연소할 경우에 미연의 탄소입자가 모여서 된 것이다.
② 매연의 종류 중 질소산화물 발생을 방지하기 위해서는 과잉공기량을 늘리고 노내압을 높게 한다.
③ 배기 먼지를 적게 배출하기 위한 건식 집진장치는 사이클론, 멀티클론, 백필터 등이 있다.
④ 먼지 입자는 연료에 포함된 회분의 양, 연소방식, 생산물질의 처리방법 등에 따라서 발생하는 것이다.

### 해설

연소 상태에 따른 매연 및 먼지 발생량
매연의 종류 중 질소산화물은 연소온도가 높고 과잉공기량이 많으면 발생량이 증가한다.
※ 질소산화물을 경감시키는 방법
- 노내압을 낮춘다.
- 연소온도를 낮게 한다.
- 연소가스 중 산소 농도를 저하시킨다.
- 과잉공기량을 감소시킨다.
- 노 내 가스의 잔류시간을 단축시킨다.

## 18 ★★

액체연료 1 [kg] 중에 같은 질량의 성분이 포함될 때, 다음 중 고위발열량에 가장 크게 기여하는 성분은?

① 수소
② 탄소
③ 황
④ 회분

### 해설

고위발열량(총 발열량)
액체연료에서 고위발열량(총 발열량)에 가장 크게 기여하는 성분은 수소(H)이다.
※ 고체나 기체연료는 탄소(C)성분을 가장 많이 함유하고 있다.

## 19 ★★

연소가스 중의 질소산화물 생성을 억제하기 위한 방법으로 틀린 것은?

① 2단 연소
② 고온 연소
③ 농담 연소
④ 배기가스 재순환 연소

### 해설

질소산화물 생성 억제하기 위한 방법
고온 연소 시 질소 산화물이 생성된다.

정답  17 ②  18 ①  19 ②

## 20 ★★★

프로페인(Propane)가스 2 [kg]을 완전 연소시킬 때 필요한 이론공기량은 약 몇 [Nm³]인가?

① 6
② 8
③ 16
④ 24

**해설**

이론공기량

$C_3H_8 + 5O_2 \rightarrow 4H_2O + 3CO_2$

- 이론산소량($O_0$) = $\dfrac{22.4 \times 5}{44}$ = 2.545 $[Nm^3/kg]$

- 이론공기량($A_0$)
  = $\dfrac{O_0}{0.21}$ = $\dfrac{2.545}{0.21}$ = 12.12 $[Nm^3/kg]$

∴ 12.12 [Nm³/kg] × 2 [kg] = 24.24 [Nm³]

## 2과목 열역학

## 21 ★★★

98.1 [kPa], 60 [℃]에서 질소 2.3 [kg], 산소 1.8 [kg]의 기체 혼합물이 등엔트로피 상태로 압축되어 압력이 343 [kPa]로 되었다. 이때 내부에너지 변화는 약 몇 [kJ]인가? (단, 혼합 기체의 정적비열은 0.711 [kJ/(kg·K)]이고, 비열비는 1.4이다)

① 325
② 417
③ 498
④ 562

**해설**

내부에너지 변화

$T_2 = T_1 \left(\dfrac{P_2}{P_1}\right)^{\frac{k-1}{k}} = 333 \times \left(\dfrac{343}{98.1}\right)^{\frac{1.4-1}{1.4}}$

$= 476 - 273 = 203 [℃]$

$U_2 - U_1 = (m_1 + m_2) C_v (T_2 - T_1)$

$= (2.3 + 1.8) \times 0.711 (203 - 60)$

$\fallingdotseq 417 [kJ]$

## 22 ★ 난이도 상

온도가 800 [K]이고 질량이 10 [kg]인 구리를 온도 290 [K]인 100 [kg]의 물속에 넣었을 때 이 계 전체의 엔트로피 변화는 몇 [kJ/K]인가? (단, 구리와 물의 비열은 각각 0.398 [kJ(kg·K)], 4.185 [kJ/(kg·K)]이고, 물은 단열된 용기에 담겨 있다)

① -3.973
② 2.897
③ 4.424
④ 6.870

**해설**

엔트로피 변화
평균온도($T_m$)

$$= \frac{m_1 C_1 T_1 + m_2 C_2 T_2}{m_1 C_1 + m_2 C_2}$$

$$= \frac{100 \times 4.185 \times 290 + 10 \times 0.398 \times 800}{100 \times 4.185 + 10 \times 0.398}$$

$$= \frac{124549}{422.48} ≒ 294.8 \, [K]$$

$$(\Delta S)_{total} = m_1 C_1 \ln\frac{T_m}{T_1} + m_2 C_2 \ln\frac{T_m}{T_2}$$

$$= 100 \times 4.185 \ln\frac{294.80}{290} + 10 \times 0.398 \ln\frac{294.80}{800}$$

$$= 2.897 \, [kJ/K]$$

## 23 ★

비압축성 유체의 체적팽창계수 $\beta$에 대한 식으로 옳은 것은?

① $\beta = 0$
② $\beta = 1$
③ $\beta > 0$
④ $\beta > 1$

**해설**

비압축성 유체의 체적팽창계수

• 체적팽창계수 $\beta = \frac{1}{V_o}\left(\frac{\delta V}{\delta T}\right)_P$

• 비압축성인 경우 $\frac{\delta V}{\delta T} = 0$이므로

∴ $\beta = 0$

## 24 ★★

압력 200 [kPa], 체적 1.66 [m³]의 상태에 있는 기체가 정압조건에서 초기 체적의 1/2로 줄었을 때 이 기체가 행한 일은 약 몇 [kJ]인가?

① -166
② -198.5
③ -236
④ -245.5

**해설**

정압조건에서 기체가 행한 일

$${}_1W_2 = \int_1^2 PdV = P(V_2 - V_1)$$

$$= 200\left(\frac{1.66}{2} - 1.66\right) = -166 \, [kJ]$$

정답 22 ② 23 ① 24 ①

## 25 ★★★

실린더 속에 100 [g]의 기체가 있다. 이 기체가 피스톤의 압축에 따라서 2 [kJ]의 일을 받고 외부로 3 [kJ]의 열을 방출했다. 이 기체의 단위 [kg]당 내부에너지는 어떻게 변화하는가?

① 1 [kJ/kg] 증가한다.
② 1 [kJ/kg] 감소한다.
③ 10 [kJ/kg] 증가한다.
④ 10 [kJ/kg] 감소한다.

**해설**

내부에너지의 변화
$U_2 - U_1 = Q - W = -3 + 2 = -1 [kJ]$
$\therefore u_2 - u_1 = \dfrac{U_2 - U_1}{m} = \dfrac{-1}{0.1} = -10 [kJ/kg]$

## 26 ★★

일정한 질량유량으로 수평하게 증기가 흐르는 노즐이 있다. 노즐 입구에서 엔탈피는 3205 [kJ/kg]이고, 증기속도는 15 [m/s]이다. 노즐 출구에서의 증기 엔탈피가 2994 [kJ/kg]일 때 노즐 출구에서의 증기의 속도는 약 몇 [m/s]인가? (단, 정상 상태로서 외부와의 열교환은 없다고 가정한다)

① 500
② 550
③ 600
④ 650

**해설**

단열팽창 시 노즐 출구유속($V_2$)
$\Delta Q = 0$
$0 = \Delta h + \dfrac{1}{2}(V_2^2 - V_1^2)$
$-\Delta h = \dfrac{1}{2}(V_2^2 - V_1^2)$
$-(h_2 - h_1) = \dfrac{1}{2}(V_2^2 - V_1^2)$
$-(2994 - 3205) \times 10^3 = \dfrac{1}{2}(V_2^2 - 15^2)$
$\Rightarrow V_2 = 650 [m/s]$

## 27 ★★★  난이도 상

공기를 작동유체로 하는 Diesel Cycle의 온도 범위가 32 ~ 3200 [℃]이고 이 Cycle의 최고 압력이 6.5 [MPa], 최초 압력이 160 [kPa]일 경우 열효율은 약 얼마인가? (단, 공기의 비열비는 1.4이다)

① 41.4 [%]
② 46.5 [%]
③ 50.9 [%]
④ 55.8 [%]

**해설**

열효율
- 압축비
$\epsilon = \dfrac{V_1}{V_2} = \left(\dfrac{P_2}{P_1}\right)^{\frac{1}{k}} = \left(\dfrac{6500}{160}\right)^{\frac{1}{1.4}} = 14.09$

- 차단비
$\sigma = \dfrac{V_3}{V_2} = \dfrac{T_3}{T_2} = \dfrac{T_3}{T_1 \epsilon^{k-1}} = \dfrac{3473}{305 \times 14.09^{1.4-1}} = 3.95$

$\eta_{thd} = \left(1 - \left(\dfrac{1}{\epsilon}\right)^{k-1} \dfrac{\sigma^k - 1}{k(\sigma - 1)}\right) \times 100 [\%] = 50.9 [\%]$

**정답** 25 ④  26 ④  27 ③

## 28 ★★★

그림과 같은 카르노 냉동 사이클에서 성적 계수는 약 얼마인가? (단, 각 사이클에서의 엔탈피(h)는 $h_1 = h_4 = 98$ [kJ/kg], $h_2 = 231$ [kJ/kg], $h_3 = 282$ [kJ/kg]이다)

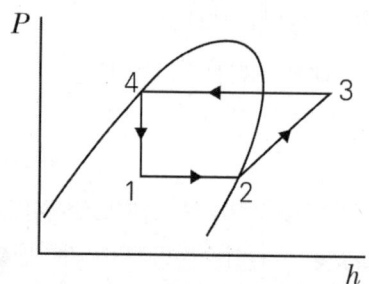

① 1.9
② 2.3
③ 2.6
④ 3.3

**해설**

카르노 냉동 사이클에서 성적 계수

$$(COP)_R = \frac{q_2}{w_c} = \frac{(h_2 - h_1)}{(h_3 - h_2)} = \frac{231 - 98}{182 - 231}$$

$$\fallingdotseq 2.61$$

## 29 ★

밀폐계에서 비가역 단열 과정에 대한 엔트로피 변화를 옳게 나타낸 식은? (단, S는 엔트로피, $C_P$는 정압비열, T는 온도, R은 기체상수, P는 압력, Q는 열량을 나타낸다)

① $dS = 0$
② $dS > 0$
③ $dS = C_P \frac{dT}{T} - R \frac{dP}{P}$
④ $dS \frac{\delta Q}{T}$

**해설**

비가역 단열 과정에 대한 엔트로피 변화
비가역 단열 과정인 경우 엔트로피는 증가한다.

## 30 ★

압력이 1000 [kPa]이고 온도가 400 [℃]인 과열증기의 엔탈피는 약 몇 [kJ/kg]인가? (단, 압력이 1000 [kPa]일 때 포화온도는 179.1 [℃], 포화증기의 엔탈피는 2775 [kJ/kg]이고, 과열증기의 평균비열은 2.2 [kJ/(kg·K)]이다)

① 1547
② 2452
③ 3261
④ 4453

**해설**

과열증기의 엔탈피

$h = h'' + C_p(T - T_S) = 2775 + 2.2(673 - 452.1)$

$= 3264 \, [kJ/kg]$

## 31 ★

표준 증기압축 냉동 사이클을 설명한 것으로 옳지 않은 것은?

① 압축 과정에서는 기체 상태의 냉매가 단열 압축되어 고온고압의 상태가 된다.
② 증발 과정에서는 일정한 압력 상태에서 저온부로부터 열을 공급받아 냉매가 증발한다.
③ 응축 과정에서는 냉매의 압력이 일정하며 주위로의 열방출을 통해 냉매가 포화액으로 변한다.
④ 팽창 과정은 단열 상태에서 일어나며, 대부분 등엔트로피팽창을 한다.

정답 ● 28 ③  29 ②  30 ③  31 ④

### 해설

표준 증기압축 냉동 사이클
팽창 과정은 교축팽창으로 등엔탈피 과정, 엔트로피 증가한다(비가역 과정).

## 32 ★

이상기체를 등온 과정으로 초기 체적의 $\frac{1}{2}$로 압축하려 한다. 이때 필요한 압축일의 크기는? (단, m은 질량, R은 기체상수, T는 온도이다)

① $1/2mRT \times \ln2$
② $mRT \times \ln2$
③ $2mRT \times \ln2$
④ $mRT \times \left(\ln\frac{1}{2}\right)^2$

### 해설

압축일
등온 변화 시 절대일의 크기 = 공업일의 크기
$$W_t = mRT\ln\frac{V_2}{V_1} = -mRT\ln2$$

## 33 ★★★

이상기체 1 [mol]이 그림의 b 과정(2 → 3 과정)을 따를 때 내부에너지의 변화량은 약 몇 [J]인가? (단, 정적비열은 1.5 × R이고, 기체상수 R은 8.314 [kJ/kmol · K]이다)

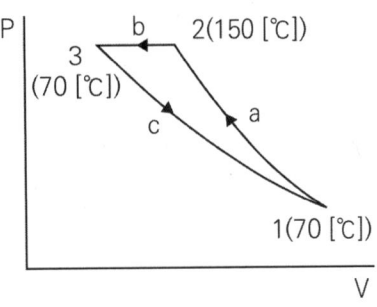

① -333
② -665
③ -998
④ -1662

### 해설

내부에너지의 변화
$$U_2 - U_1 = C_v(T_2 - T_1) = 1.5R(T_2 - T_1)$$
$$= 1.5 \times 8.314(343 - 423)$$
$$= -998\,[J/mol]$$

## 34 ★★★

다음 온도(T) – 엔트로피(s)선도에 나타난 랭킨(Rankine) 사이클의 효율을 바르게 나타낸 것은?

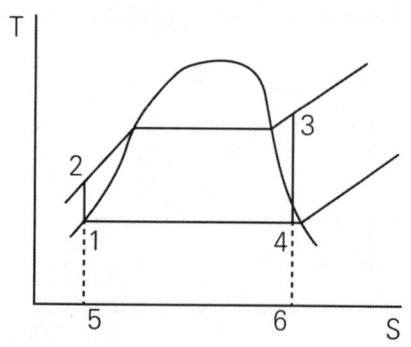

① $\dfrac{면적1-2-3-4-1}{면적5-2-3-6-5}$

② $1 - \dfrac{면적1-2-3-4-1}{면적5-2-3-6-5}$

③ $\dfrac{면적1-4-6-5-1}{면적5-2-3-6-5}$

④ $\dfrac{면적1-2-3-4-1}{면적5-1-4-6-5}$

**해설**

랭킨 사이클의 효율

$\eta_R = \dfrac{Q_a}{Q_1} \times 100 \, [\%]$

$= \dfrac{면적1-2-3-4-1}{면적5-2-3-6-5} \times 100 \, [\%]$

## 35 ★

어떤 기체의 이상기체상수는 2.08 [kJ/(kg·K)]이고 정압비열은 5.24 [kJ/(kg·K)]일 때, 이 가스의 정적비열은 약 몇 [kJ/(kg·K)]인가?

① 2.18
② 3.16
③ 5.07
④ 7.20

**해설**

정적비열

$C_p - C_v = R$

$C_v = C_p - R = 5.24 - 2.08 = 3.16 \, [kJ/kg \cdot K]$

## 36 ★★★

Rankine Cycle 4개 과정으로 옳은 것은?

① 가역단열팽창 → 정압방열 → 가역단열압축 → 정압가열
② 가역단열팽창 → 가역단열압축 → 정압가열 → 정압방열
③ 정압가열 → 정압방열 → 가역단열압축 → 가역단열팽창
④ 정압방열 → 정압가열 → 가역단열압축 → 가역단열팽창

**해설**

랭킨 사이클 과정

가역단열팽창 → 정압방열 → 가역단열압축 → 정압가열

## 37 ★★

동일한 온도, 압력조건에서 포화수 1 [kg]과 포화증기 4 [kg]을 혼합하여 습증기가 되었을 이 증기의 건도는?

① 20 [%]
② 25 [%]
③ 75 [%]
④ 80 [%]

**해설**

증기의 건도

건도 = 포화증기질량/습증기전체질량

∴ $\frac{4}{5} \times 100 [\%] = 80 [\%]$

## 38 ★★★

냉동기에 사용되는 냉매의 구비조건으로 옳지 않은 것은?

① 응고점이 낮을 것
② 액체의 표면장력이 작을 것
③ 임계점(Critical Point)이 낮을 것
④ 비열비가 작을 것

**해설**

냉매의 구비조건

냉매(Refrigerant)는 임계점(Critical Point)이 높아야 한다.

## 39 ★★

다음 중 포화액과 포화증기의 비엔트로피 변화량에 대한 설명으로 옳은 것은?

① 온도가 올라가면 포화액의 비엔트로피는 감소하고 포화증기의 비엔트로피는 증가한다.
② 온도가 올라가면 포화액의 비엔트로피는 증가하고 포화증기의 비엔트로피는 감소한다.
③ 온도가 올라가면 포화액과 포화증기의 비엔트로피는 감소한다.
④ 온도가 올라가면 포화액과 포화증기의 비엔트로피는 증가한다.

**해설**

비엔트로피 변화량

온도가 올라가면 포화액의 비엔트로피는 증가하고 포화증기의 비엔트로피는 감소한다.

## 40 ★

다음 공기 표준 사이클(Air Standard Cycle) 중 두 개의 등온 과정과 두 개의 정압 과정으로 구성된 사이클은?

① 디젤(Diesel) 사이클
② 사바테(Sabathe) 사이클
③ 에릭슨(Ericsson) 사이클
④ 스터링(Stirling) 사이클

**해설**

에릭슨 사이클

등온 변화 2개와 정압 변화 2개로 구성된 사이클은 에릭슨 사이클이다.

정답  37 ④  38 ③  39 ②  40 ③

## 3과목 계측방법

1회독 시간 :     점수 :
2회독 시간 :     점수 :
3회독 시간 :     점수 :

### 41 ★★★
다음 중 계량단위에 대한 일반적인 요건으로 가장 적절하지 않은 것은?

① 정확한 기준이 있을 것
② 사용하기 편리하고 알기 쉬울 것
③ 대부분의 계량단위를 60진법으로 할 것
④ 보편적이고 확고한 기반을 가진 안정된 원기가 있을 것

**해설**

계량 단위에 대한 일반적인 요건
- 정확한 기준이 있을 것
- 사용하기 편리하고 알기 쉬울 것
- 보편적이고 확고한 기반을 가진 안정된 원기가 있을 것

### 42 ★★
다음 중 송풍량을 일정하게 공급하려고 할 때 가장 적당한 제어방식은?

① 프로그램제어   ② 비율제어
③ 추종제어       ④ 정치제어

**해설**

제어방식 - 정치제어
송풍량만을 일정하게 공급하려고 할 때 가장 적당한 제어방법

### 43 ★★★
다음 중 오리피스(Orifice), 벤투리관(Venturi Tube)을 이용하여 유량을 측정하고자 할 때 요한 값으로 가장 적절한 것은?

① 측정기구 전후의 압력차
② 측정기구 전후의 온도차
③ 측정기구 입구에 가해지는 압력
④ 측정기구의 출구 압력

**해설**

차압식 유량계
오리피스, 벤투리관, 플로우노즐 등은 측정기구 전후의 압력차를 이용하여 유량을 측정하는 차압식 유량계이다.

### 44 ★★
다음 가스분석방법 중 물리적 성질을 이용한 것이 아닌 것은?

① 밀도법
② 연소열법
③ 열전도율법
④ 가스크로마토그래피법

**해설**

가스분석방법
연소열법은 화학적 성질을 이용한 방법이다.

정답  41 ③  42 ④  43 ①  44 ②

## 45 ★
다음 중 공기식 전송을 하는 계장용 압력계의 공기압신호는 몇 [kPa]인가?

① 20 ~ 100
② 150 ~ 250
③ 300 ~ 500
④ 40 ~ 200

**해설**
계장용 압력계의 공기압신호
공기압식의 전송거리는 100 ~ 150 [m], 작동압력은 공기압 20 ~ 100 [kPa] 정도이다.

## 46 ★
열전대 온도계의 보호관 중 상용 사용온도가 약 1000 [℃]이며, 내열성, 내산성이 우수하나 환원성 가스에 기밀성이 약간 떨어지는 것은?

① 카보런덤관
② 자기관
③ 석영관
④ 황동관

**해설**
비금속보호관(석영관)
- 산성에는 강하다.
- 상용사용온도는 1000 ~ 1100 [℃]이다.
- 기계적 충격에는 약하다.
- 내열성이 있다.

## 47 ★★
베르누이 정리를 응용하며 유량을 측정하는 방법으로 액체의 전압과 정압의 차로부터 순간치 유량을 측정하는 유량계는?

① 로터미터
② 피토관
③ 임펠러
④ 휘트스톤 브릿지

**해설**
피토관
베르누이 정리를 응용한 유량 측정방법으로 피토관은 동압 = 전압과 정압의 차로부터 순간치 유량 측정용 계이다.

## 48 ★
다음 그림과 같은 U자관에서 유도되는 식은?

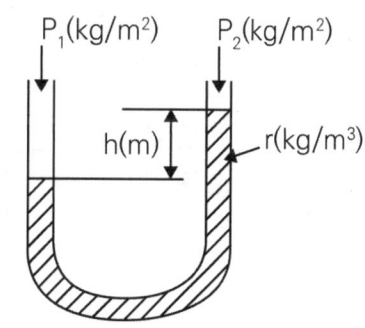

① $P_1 = P_2 - h$
② $h = \gamma(P_1 - P_2)$
③ $P_1 + P_2 = \gamma h$
④ $P_1 = P_2 + \gamma h$

**해설**
그림에서 유도되는 식
$P_1 = P_2 + \gamma h$

정답  45 ①  46 ③  47 ②  48 ④

## 49 ★

온도계의 동작 지연에 있어서 온도계의 최초 지시치가 $T_0$[℃], 측정한 온도가 x[℃]일 때, 온도계 지시치 T[℃]와 시간 $\tau$와의 관계식은? (단, $\lambda$는 시정수이다)

① $dT/d\tau = (x - T_0)/\lambda$
② $dT/d\tau = \lambda/(x - T_0)$
③ $dT/d\tau = (\lambda - x)/T_0$
④ $dT/d\tau = T_0/(\lambda - x)$

**해설**

온도계의 동작지연에서 관계식
온도계의 동작지연에서 온도계지시치(T)와 시간($\tau$)의 관계식(미분형)

$$\frac{dT}{d\tau} = \frac{(x - T_0)}{\lambda}$$

## 50 ★

다음 집진장치 중 코트렐식과 관계가 있는 방식으로 코로나 방전을 일으키는 것과 관련 있는 집진기로 가장 적절한 것은?

① 전기식 집진기
② 세정식 집진기
③ 원심식 집진기
④ 사이클론 집진기

**해설**

집진기
코트렐식 집진기는 건식과 습식이 있으며 전기식 집진기로 효율이 가장 높다.

## 51 ★

U자관 압력계에 사용되는 액주의 구비조건이 아닌 것은?

① 열팽창계수가 작을 것
② 모세관현상이 적을 것
③ 화학적으로 안정될 것
④ 점도가 클 것

**해설**

U자관 압력계에 사용되는 액주의 구비조건
• 점도가 낮을 것
• 열팽창계수가 작을 것
• 모세관현상이 적을 것
• 화학적으로 안정될 것

## 52 ★★★

다음 중 비접촉식 온도계는?

① 색 온도계
② 저항 온도계
③ 압력식 온도계
④ 유리 온도계

**해설**

비접촉식 온도계
• 색(Color)온도계
• 방사 온도계
• 적외선 온도계
• 광고온계
• 광전관식 온도계

정답  49 ① 50 ① 51 ④ 52 ①

## 53 ★★

20 [L]인 물의 온도를 15 [℃]에서 80 [℃]로 상승시키는 데 필요한 열량은 약 몇 [kJ]인가?

① 4680
② 5442
③ 6320
④ 6860

**해설**

열량

$Q = mC(t_2 - t_1) = 20 \times 4.186 \times (80 - 15)$
$\fallingdotseq 5442$

물의 비열 $4.186 [kJ/kg \cdot K]$
$m = \rho V = 1000 [kg/m^3] \times 0.02 [m^3] = 20 [kg]$

## 54 ★★

1차 제어장치가 제어량을 측정하여 제어명령을 발하고 2차 제어장치가 이 명령을 바탕으로 제어량을 조절할 때, 다음 중 측정제어로 가장 적절한 것은?

① 추치제어
② 프로그램제어
③ 캐스케이드제어
④ 시퀀스제어

**해설**

캐스케이드제어(Cascade Control)
2개의 제어계를 조합하여 1차 제어장치의 제어량을 측정하여 제어명령을 발하고 2차 제어장치의 목표치로 설정하는 제어방식이다.

## 55 ★★

다음 중 용적식 유량계에 해당하는 것은?

① 오리피스미터
② 습식가스미터
③ 로터미터
④ 피토관

**해설**

용적식 유량계
습식 가스미터는 용적식 유량계이다.
• 오리피스미터, 피토관 : 차압식 유량계
• 로터미터 : 면적식 유량계

## 56 ★

열전대 온도계 보호관 중 내열강 SEH - 5에 대한 설명으로 옳지 않은 것은?

① 내식성, 내열성 및 강도가 좋다.
② 자기관에 비해 저온측정에 사용된다.
③ 황가스 및 산화염에도 사용이 가능하다.
④ 상용 온도는 800 [℃]이고 최고사용온도는 850 [℃]까지 가능하다.

**해설**

내열강 SEH - 5
• 상용 온도 1050 [℃], 최고사용온도 1200 [℃]
• 크롬 25 [%], 니켈 20 [%]로 구성되어 있으며, 산화염과 환원염에 사용이 가능한 금속보호관이다.

정답 ▶ 53 ② 54 ③ 55 ② 56 ④

## 57 ★★

다음 용어에 대한 설명으로 옳지 않은 것은?

① 측정량 : 측정하고자 하는 양
② 값 : 양의 크기를 함께 표현하는 수와 기준
③ 제어편차 : 목표치에 제어량을 더한 값
④ 양 : 수와 기준으로 표시할 수 있는 크기를 갖는 현상이나 물체 또는 물질의 성질

**해설**

제어편차
목표치에서 제어량을 뺀 값

## 58 ★★

다음 중 가스의 열전도율이 가장 큰 것은?

① 공기
② 메테인
③ 수소
④ 이산화탄소

**해설**

열전도율
- 기체의 분자량이 작을수록 분자운동이 더 활발하기 때문에 열전도율이 커진다.
- 수소 > 메테인 > 공기 > 이산화탄소

## 59 ★

다음 중 수분흡수법에 의해 습도를 측정할 때 흡수제로 사용하기에 가장 적절하지 않은 것은?

① 오산화인
② 피크린산
③ 실리카겔
④ 황산

**해설**

수분흡수법 흡수제
- 실리카겔($SiO_2$)
- 오산화인($P_2O_5$)
- 황산($H_2SO_4$)

## 60 ★★

폐루프를 형성하여 출력 측의 신호를 입력 측에 되돌리는 제어를 의미하는 것은?

① 뱅뱅
② 리셋
③ 시퀀스
④ 피드백

**해설**

피드백제어
피드백(Feedback)에 의해 제어량을 목푯값과 비교하고 둘을 일치시키도록 조작량을 생성하는 제어이다.

정답  57 ③  58 ③  59 ②  60 ④

## 4과목: 열설비재료 및 관계법규

### 61 ★★

「에너지이용합리화법」에 따라 냉난방온도의 제한온도 기준 및 건물의 지정 기준에 대한 설명으로 틀린 것은?

① 공공기관의 건물은 냉방온도 26 [℃] 이상, 난방온도 20 [℃] 이하의 제한온도를 둔다.
② 판매시설 및 공항은 냉방온도의 제한온도는 25 [℃] 이상으로 한다.
③ 숙박시설 중 객실 내부 구역은 냉방온도의 제한온도는 25 [℃] 이상으로 한다.
④ 의료법에 의한 의료기관의 실내구역은 제한온도를 적용하지 않을 수 있다.

**해설**

냉난방온도의 제한온도 지정 기준
다음 어느 하나에 해당하는 구역에는 냉난방온도의 제한온도를 적용하지 않을 수 있다.
1. 「의료법」 제3조에 따른 의료기관의 실내구역
2. 식품 등의 품질관리를 위해 냉난방온도의 제한온도 적용이 적절하지 않은 구역
3. 숙박시설 중 객실 내부구역
4. 그 밖에 관련 법령 또는 국제 기준에서 특수성을 인정하거나 건물의 용도상 냉난방온도의 제한온도를 적용하는 것이 적절하지 않다고 산업통상자원부장관이 고시하는 구역

### 62 ★★

「에너지이용합리화법」에 따라 자발적 협약체결기업에 대한 지원을 받기 위해 에너지사용자와 정부 간 자발적 협약의 평가 기준에 해당하지 않는 것은?

① 에너지 절감량 또는 온실가스 배출 감축량
② 계획 대비 달성률 및 투자실적
③ 자원 및 에너지의 재활용 노력
④ 에너지이용합리화자금 활용실적

**해설**

자발적 협약의 평가 기준
- 에너지 절감량 또는 온실가스 배출 감축량
- 계획 대비 달성률 및 투자실적
- 자원 및 에너지의 재활용 노력
- 그 밖에 에너지절감 또는 에너지의 합리적인 이용을 통한 온실가스 배출 감축에 관한 사항

### 63 ★★

「에너지이용합리화법」에서 목표에너지원단위란 무엇인가?

① 연료의 단위당 제품생산목표량
② 제품의 단위당 에너지사용목표량
③ 제품의 생산목표량
④ 목표량에 맞는 에너지사용량

**해설**

목표에너지원단위
「에너지이용합리화법」에서 제품의 단위당 에너지사용목표량을 말한다.

정답: 61 ③  62 ④  63 ②

## 64 ★★★

작업이 간편하고 조업주기가 단축되며 요체의 보유열을 이용할 수 있어 경제적인 반연속식 요는?

① 셔틀요
② 윤요
③ 터널요
④ 도염식 요

**해설**

셔틀요
작업이 간편하고 조업주기가 단축되며 요체의 보유열을 이용할 수 있어 경제적인 반연속요는 셔틀요(가마)이다.

## 65 ★★

연료를 사용하지 않고 용선의 보유열과 용선속 불순물의 산화열에 의해서 노 내 온도를 유지하며 용강을 얻는 것은?

① 평로
② 고로
③ 반사로
④ 전로

**해설**

전로(Converter)
선철을 노 속에 넣고 산소 등의 산화가스 등을 주입하여 강을 만드는 서양 배와 같은 형태의 노로 용강을 얻는다.

## 66 ★★★

「에너지이용합리화법」에 따른 검사대상기기에 해당하지 않는 것은? (복수정답)

① 가스 사용량이 17 [kg/h]를 초과하는 소형 온수보일러
② 정격용량이 0.58 [MW]를 초과하는 철금속 가열로
③ 온수를 발생시키는 보일러로서 대기개방형인 주철제 보일러
④ 최고사용압력이 0.2 [MPa]를 초과하는 증기를 보유하는 용기로서 내용적이 0.004 [$m^3$] 이상인 용기

**해설**

검사대상기기

| 구분 | 검사대상 기기 | 적용범위 |
|---|---|---|
| 보일러 | 강철제 보일러, 주철제 보일러 | 다음 각 호의 어느 하나에 해당하는 것은 제외한다.<br>1. 최고사용압력이 0.1 [MPa] 이하이고, 동체의 안지름이 300밀리미터 이하이며, 길이가 600밀리미터 이하인 것<br>2. 최고사용압력이 0.1 [MPa] 이하이고, 전열면적이 5제곱미터 이하인 것<br>3. 2종 관류보일러<br>4. 온수를 발생시키는 보일러로서 대기개방형인 것 |
| | 소형 온수보일러 | 가스를 사용하는 것으로서 가스사용량이 17 [kg/h](도시가스는 232.6킬로와트)를 초과하는 것 |
| | 캐스케이드 보일러 | 별표 1에 따른 캐스케이드보일러의 적용범위에 따른다. |

**정답** 64 ① 65 ④ 66 ③, ④

| 구분 | 검사대상 기기 | 적용범위 |
|---|---|---|
| 압력 용기 | 1종 압력용기, 2종 압력용기 | 별표 1에 따른 압력용기의 적용범위에 따른다. |
| 요로 | 철금속 가열로 | 정격용량이 0.58 [MW]를 초과하는 것 |
| 2종 압력 용기 | | 최고사용압력이 0.2 [MPa]를 초과하는 기체를 그 안에 보유하는 용기로서 다음 각 호의 어느 하나에 해당하는 것<br>1. 내부 부피가 0.04세제곱미터 이상인 것<br>2. 동체의 안지름이 200밀리미터 이상(증기 헤더의 경우에는 동체의 안지름이 300밀리미터 초과)이고, 그 길이가 1천 밀리미터 이상인 것 |

## 67 ★★★

외경 65 [mm]의 증기관이 수평으로 설치되어 있다. 증기관의 보온된 표면온도는 55 [℃], 외기온도는 20 [℃]일 때 관의 열 손실량[W]은? (단, 이때 복사열은 무시한다)

① 29.5
② 36.6
③ 구할 수 없다.
④ 60.0

**해설**

관의 열 손실량
$q = KA\Delta t$
A에 대한 정보가 부족하다.

## 68 ★★★

「에너지법」에서 정의하는 용어에 대한 설명으로 틀린 것은?

① "에너지사용자"란 에너지사용시설의 소유자 또는 관리자를 말한다.
② "에너지사용시설"이란 에너지를 사용하는 공장, 사업장 등의 시설이나 에너지를 전환하여 사용하는 시설을 말한다.
③ "에너지공급자"란 에너지를 생산, 수입, 전환, 수송, 저장, 판매하는 사업자를 말한다.
④ "연료"란 석유, 석탄, 대체에너지 기타 열 등으로 제품의 원료로 사용되는 것을 말한다.

**해설**

「에너지법」에서 정의하는 용어
연료란 석유, 가스, 석탄, 그 밖에 열을 발생하는 열원을 말한다. 다만 제품의 원료로 사용되는 것은 제외한다.

## 69 ★

관로의 마찰손실수두의 관계에 대한 설명으로 틀린 것은?

① 유체의 비중량에 반비례한다.
② 관 지름에 반비례한다.
③ 유체의 속도에 비례한다.
④ 관 길이에 비례한다.

정답 67 ③ 68 ④ 69 ③

**해설**

관로의 마찰손실수두의 관계
유체의 속도의 제곱에 비례한다.
$$h_L = \lambda \frac{L}{d} \frac{V^2}{2g} [m]$$
$$\Delta p = \gamma h_L = \lambda \frac{L}{d} \frac{\gamma V^2}{2g} [kPa]$$

## 70 ★★

다음 열사용기자재에 대한 설명으로 가장 적절한 것은?

① 연료 및 열을 사용하는 기기, 축열식 전기기기와 단열성 자재를 말한다.
② 일명 특정 열사용기자재라고도 한다.
③ 연료 및 열을 사용하는 기기만을 말한다.
④ 기기의 설치 및 시공에 있어 안전관리, 위해 방지 또는 에너지이용의 효율관리가 특히 필요하다고 인정되는 기자재를 말한다.

**해설**

열사용기자재
열사용기자재 간 연료 및 열을 사용하는 기기, 축열식 전기기기와 단열성 자재를 말한다.

## 71 ★

「에너지이용합리화법」에 따라 검사대상기기의 설치자가 사용 중인 검사대상기기를 폐기한 경우에는 폐기한 날부터 최대 며칠 이내에 검사대상기기 폐기신고서를 한국에너지공단이사장에게 제출하여야 하는가?

① 7일  ② 10일
③ 15일  ④ 200일

**해설**

검사대상기기 폐기신고서의 한국에너지공단이사장에게의 제출기간
폐기한 날부터 15일 이내에 한국에너지공단이사장에게 신고하여야 한다.

## 72 ★★★

다이어프램밸브(Diaphragm Valve)에 대한 설명으로 틀린 것은?

① 화학약품을 차단함으로써 금속부분의 부식을 방지한다.
② 기밀을 유지하기 위한 패킹을 필요로 하지 않는다.
③ 저항이 적어 유체의 흐름이 원활하다.
④ 유체가 일정 이상의 압력이 되면 작동하여 유체를 분출시킨다.

**해설**

다이어프램밸브
유체의 흐름이 주는 영향이 비교적 작고 패킹이 불필요하다. 산 등의 화학 약품을 차단하는 데 사용하는 밸브이다.

정답 70 ① 71 ③ 72 ④

## 73 ★★★

터널가마에서 샌드 시일(Sand Seal)장치가 마련되어 있는 주된 이유는?

① 내화벽돌 조각이 아래로 떨어지는 것을 막기 위하여
② 열 절연의 역할을 하기 위하여
③ 찬바람이 가마 내로 들어가지 않도록 하기 위하여
④ 요차를 잘 움직이게 하기 위하여

**해설**

터널가마 샌드 시일장치
열 절연의 역할을 하기 위함이다.

## 74 ★★★

다음 중 중성 내화물에 속하는 것은?

① 납석질 내화물
② 고알루미나질 내화물
③ 반규석질 내화물
④ 샤모트질 내화물

**해설**

중성 내화물
- 산성 내화물 : 납석질, 규석질, 반규석질, 샤모트질
- 중성 내화물 : 고알루미나질, 크롬질, 탄화규소질, 탄소질

## 75 ★★

보온재 내 공기 이외의 가스를 사용하는 경우 가스분자량이 공기의 분자량보다 적으면 보온재의 열전도율의 변화는?

① 동일하다.
② 낮아진다.
③ 높아진다.
④ 높아지다가 낮아진다.

**해설**

보온재의 열전도율의 변화
보온재 내 공기 이외의 가스를 사용하는 경우 가스분자량이 공기분자량보다 적으면 보온재의 열전도율 변화는 높아진다.
※ 분자량이 작을수록 열전도율은 커진다.

## 76 ★

다음 중 고온용 보온재가 아닌 것은?

① 우모펠트
② 규산칼슘
③ 세라믹화이버
④ 펄라이트

**해설**

고온용 보온재
- 유기질 보온재 : (우모/양모 펠트), 코르크, 텍스류, 기포성 수지 등은 최고안전사용온도가 80 ~ 130[℃] 정도로 낮다.
- 무기질 보온재 : 규산칼슘, 펄라이트, 세라믹화이버, 탄산마그네슘, 석면, 암면, 규조토, 실리카 화이버

정답  73 ② 74 ② 75 ③ 76 ①

## 77 ★★★

연속가마, 반연속가마, 불연속가마의 구분방식은 어떤 것인가?

① 온도 상승속도
② 사용목적
③ 조업방식
④ 전열방식

**해설**

조업방식에 따른 구분
연속가마, 반연속가마, 불연속가마

## 78 ★★★

「에너지이용합리화법」에 따라 인정검사대상기기관리자의 교육을 이수한 자의 조종 범위에 해당하지 않는 것은?

① 용량이 3 [t/h]인 노통연관식 보일러
② 압력용기
③ 온수를 발생하는 보일러로서 용량이 300 [kW]인 것
④ 증기보일러로서 최고사용압력이 0.5 [MPa]이고 전열면적이 9 [$m^2$]인 것

**해설**

안정검사대상기기관리자의 교육을 이수한 자의 조종 범위

- 증기보일러로서 최고사용압력이 1 [MPa] 이하이고 전열면적 10 [$m^2$] 이하인 것
- 온수 발생 또는 열매체를 가열하는 보일러로서 출력이 0.58 [MW] 이하인 것
- 압력용기

## 79 ★★★

보온재의 열전도율에 대한 설명으로 틀린 것은?

① 재료의 두께가 두꺼울수록 열전도율이 낮아진다.
② 재료의 밀도가 클수록 열전도율이 낮아진다.
③ 재료의 온도가 낮을수록 열전도율이 낮아진다.
④ 재질 내 수분이 적을수록 열전도율이 낮아진다.

**해설**

보온재의 열전도율
열전도율은 재료의 밀도가 클수록, 온도가 높을수록, 재료 두께가 얇을수록, 재료 내 수분이 많을수록 열전도율은 증가한다.

## 80 ★★

「에너지이용합리화법」에 따라 검사대상기기관리자의 해임신고는 신고 사유가 발생한 날로부터 며칠 이내에 하여야 하는가?

① 15일
② 20일
③ 30일
④ 60일

**해설**

신고 사유 발생한 날로부터 해임신고 기간
검사대상기기관리자의 선·해임신고는 신고 사유가 발생한 날로부터 30일 이내에 한국에너지공단 이사장에게 신고하여야 한다.

**정답** 77 ③  78 ①  79 ②  80 ③

**5과목** 열설비설계

1회독 시간 : 점수 :
2회독 시간 : 점수 :
3회독 시간 : 점수 :

## 81 ★

다음 [보기]에서 설명하는 보일러보존방법은?

- 보존기간이 6개월 이상인 경우 적용한다.
- 1년 이상 보존할 경우 방청도료를 도포한다.
- 약품의 상태는 1~2주마다 점검하여야 한다.
- 동 내부의 산소 제거는 숯불 등을 이용한다.

① 석회밀폐 건조보존법
② 만수보존법
③ 질소가스 봉입보존법
④ 가열건조법

**해설**

석회밀폐 건조보존법
- 장기 보존법 중 하나로, 보일러 외부에서 습기가 스며들지 않게 충분히 건조시킨 후 생석회나 실리카겔 등을 보일러 내에 넣는 방법이다.
- 보존기간이 6개월 이상인 경우 적용한다.
- 1년 이상 보존할 경우 방청도료를 도포한다.
- 약품의 상태는 1~2주마다 점검하여야 한다.
- 동 내부의 산소제거는 숯불 등을 이용한다.

## 82 ★★

다음 중 인젝터의 시동 순서로 옳은 것은?

㉮ 핸들을 연다.
㉯ 증기밸브를 연다.
㉰ 급수밸브를 연다.
㉱ 급수 출구관에 정지밸브가 열렸는지 확인한다.

① ㉱ → ㉰ → ㉯ → ㉮
② ㉯ → ㉰ → ㉮ → ㉱
③ ㉰ → ㉯ → ㉱ → ㉮
④ ㉱ → ㉰ → ㉮ → ㉯

**해설**

인젝터 시동 순서
급수 출구관에 정지밸브가 열렸는지 확인한다. → 급수밸브를 연다. → 증기밸브를 연다. → 핸들을 연다.

## 83 ★★★

보일러 사고의 원인 중 제작상의 원인으로 가장 거리가 먼 것은?

① 재료불량
② 구조 및 설계불량
③ 용접불량
④ 급수처리불량

**해설**

보일러 사고 원인 중 제작상 원인
- 재료불량
- 구조 및 설계불량
- 용접불량
- 강도부족
- 부속장치 미비
※ 급수처리불량은 취급상의 사고이다.

정답 ● 81 ① 82 ① 83 ④

## 84 ★

바이메탈트랩에 대한 설명으로 옳은 것은?

① 배기능력이 탁월하다.
② 과열증기에도 사용할 수 있다.
③ 개폐온도의 차가 적다.
④ 밸브폐색의 우려가 있다.

**해설**

바이메탈트랩
바이메탈 증기트랩은 소형이며 배기능력이 우수하고 정비가 쉽다.

## 85 ★ (난이도 상)

증기 10 [t/h]를 이용하는 보일러의 에너지 진단 결과가 아래 표와 같다. 이때, 공기비 개선을 통한 에너지 절감률[%]은?

| 명칭 | 결괏값 |
|---|---|
| 입열한계 ([kJ/kg] - 연료) | 41023 |
| 개선 전 공기비 | 1.8 |
| 개선 후 공기비 | 1.1 |
| 배기가스온도[℃] | 110 |
| 이론공기량 (Nm³/kg - 연료) | 10.696 |
| 연소공기 평균비열[kJ/kg·℃] | 1.30 |
| 송풍공기온도[℃] | 20 |
| 연료의 저위발열량[kJ/Nm³] | 39935 |

① 1.6   ② 2.1
③ 2.8   ④ 3.2

**해설**

공기비 개선을 통한 에너지 절감률

절감열량 $Q_{절감}$
$= (m_1 - m_2) \times A_o \times C_m (t_g - t_a)$
$= (1.8 - 1.1) \times 10.696 \times 1.30(110 - 20)$
$≒ 876 \, [kJ/kg]$

에너지 절감률 $= \dfrac{Q_{절감}}{Q_{입열}} = \dfrac{876}{41023} = 0.0214$

## 86 ★★★

물의 탁도(Turbidity)에 대한 설명으로 옳은 것은?

① 증류수 1 [L] 속에 정제카올린 1 [mg]을 함유하고 있는 색과 동일한 색의 물을 탁도 1도의 물로 한다.
② 증류수 1 [L] 속에 정제카올린 1 [g]을 함유하고 있는 색과 동일한 색의 물을 탁도 1도의 물로 한다.
③ 증류수 1 [L] 속에 황산칼슘 1 [mg]을 함유하고 있는 색과 동일한 색의 물을 탁도 1도의 물로 한다.
④ 증류수 1 [L] 속에 황산칼슘 1 [g]을 함유하고 있는 색과 동일한 색의 물을 탁도 1도의 물로 한다.

**해설**

물의 탁도
증류수 1 [L] 속에 정제카올린 1 [mg]을 함유하고 있는 색과 동일한 색의 물을 탁도 1도의 물로 한다.

**정답** 84 ①  85 ②  86 ①

## 87 ★★★

열교환기에 입구와 출구의 온도차가 각각 $\triangle\theta'$, $\triangle\theta''$일 때 대수평균 온도차($\triangle\theta m$)의 식은? (단, $\triangle\theta' > \triangle\theta''$이다)

① $\dfrac{\ln\dfrac{\triangle\theta'}{\triangle\theta''}}{\triangle\theta' - \triangle\theta''}$   ② $\dfrac{\ln\dfrac{\triangle\theta''}{\triangle\theta'}}{\triangle\theta' - \triangle\theta''}$

③ $\dfrac{\triangle\theta' - \triangle\theta''}{\ln\dfrac{\triangle\theta'}{\triangle\theta''}}$   ④ $\dfrac{\triangle\theta' - \triangle\theta''}{\ln\dfrac{\triangle\theta''}{\triangle\theta'}}$

**해설**

대수평균 온도차

$\text{LMTD} = \dfrac{\triangle\theta' - \triangle\theta''}{\ln\dfrac{\triangle\theta'}{\triangle\theta''}}$

## 88 ★

히트파이프의 열교환기에 대한 설명으로 틀린 것은?

① 열저항이 적어 낮은 온도차에서도 열회수가 가능
② 전열면적을 크게 하기 위해 핀튜브를 사용
③ 수평, 수직, 경사구조로 설치 가능
④ 별도 구동장치의 동력이 필요

**해설**

히트파이프의 열교환기

히트파이프(전열관)의 열교환기의 특성
- 열저항이 적어 낮은 온도차에서도 열회수 가능
- 전열면적을 크게 하기 위해 핀튜브(Finned Tube)를 사용
- 수평, 수직, 경사구조로 설치 가능
- 별도의 구동장치 동력은 필요하지 않다.

## 89 ★★

보일러의 증발량이 20 [ton/h]이고, 보일러 본체의 전열면적이 450 [$m^2$]일 때, 보일러의 증발률[$kg/m^2 \cdot h$]은?

① 24   ② 34
③ 44   ④ 54

**해설**

보일러 증발률

보일러증발률
= 보일러증발량 ÷ 보일러본체 전열면적
= 20000 ÷ 450 = 44.44 [$kg/m^2 \cdot h$]

## 90 ★

해수 마그네시아 침전 반응을 바르게 나타낸 식은?

① $3MgO + 2SiO_2 \cdot 2H_2O + 3CO_2$
   $\rightarrow 3MgCO_3 + 2SO_2 + 2H_2O$
② $CaCO_3 + MgCO_3 \rightarrow CaMg(CO_3)_2$
③ $CaMg(CO_3)_2 + MgCO_2$
   $\rightarrow 2MgCO_3 + CaCO_3$
④ $MgCO_3 + Ca(OH)_2$
   $\rightarrow Mg(OH)_2 + CaCO_3$

**해설**

해수 마그네시아 침전 반응
- 해수에 융해되어 있는 마그네슘이온에 가성소다, 소석회 등을 작용시켜 수산화물 형태로 침전시키는 것
- $MgCO_3 + Ca(OH)_2 \rightarrow Mg(OH)_2 + CaCO_3$

**정답** 87 ③  88 ④  89 ③  90 ④

## 91 ★

육용 강제 보일러에서 길이 스테이 또는 경사 스테이를 핀 이음으로 부착할 경우, 스테이휠 부분의 단면적은 스테이 소요 단면적의 얼마 이상으로 하여야 하는가?

① 1.0배  ② 1.25배
③ 1.5배  ④ 1.75배

**해설**

핀 이음에 의한 부착
열사용기자재의 검사 및 검사면제에 관한 기준 33.5 길이 방향 스테이 또는 경사스테이의 핀 이음에 의한 부착
길이 스테이 또는 경사스테이를 핀 이음에 의해서 부착할 경우에는, 핀이 2면에 전단력을 받도록 하고, 또한 핀의 단면적을 스테이의 소요 단면적의 3/4 이상으로 하며, 스테이 휠 부분의 단면적을 스테이 소요 단면적의 1.25배 이상으로 한다.

## 92 ★

보일러와 압력용기에서 일반적으로 사용되는 계산식에 의해 산정되는 두께에 부식여유를 포함한 두께를 무엇이라 하는가?

① 계산 두께  ② 실제 두께
③ 최소 두께  ④ 최대 두께

**해설**

최소 두께
계산식에 의해 최소 두께를 계산하며 부식여유를 포함한 두께이다.

## 93 ★

원수(原水) 중의 용존산소를 제거할 목적으로 사용되는 약제가 아닌 것은?

① 탄닌
② 하이드라진
③ 아황산나트륨
④ 폴리아미드

**해설**

원수 중의 용존산소 제거 약제
• 탄닌
• 하이드라진
• 아황산나트륨
※ 폴리아미드 : 기포방지제

## 94 ★

지름이 5 [cm]인 강관(50 [W/m·K]) 내에 98 [K]의 온수가 0.3 [m/s]로 흐를 때, 온수의 열전달계수[W/m²·K]는? (단, 온수의 열전도도는 0.68 [W/m·K]이고, Nusselt Number [누셀트 수]는 160이다)

① 1238
② 2176
③ 3184
④ 4232

**해설**

온수의 열전달계수
$$\alpha = \frac{N\lambda}{D} = \frac{160 \times 0.68}{0.05} = 2176\,[W/m^2 \cdot K]$$

**정답** 91 ② 92 ③ 93 ④ 94 ②

## 95 ★★

맞대기 용접은 용접방법에 따라 그루브를 만들어야 한다. 판 두께 10 [mm]에 할 수 있는 그루브의 형상이 아닌 것은?

① V형
② R형
③ H형
④ J형

> **해설**

그루브의 형상
열사용기자재의 검사 및 검사면제에 관한 기준
12.2.4.5 그루브 가공

| 판의 두께 | 그루브의 형상 |
| --- | --- |
| 6 [mm] 이상 16 [mm] 이하 | V형, R형 또는 J형 |
| 12 [mm] 이상 38 [mm] 이하 | X형, K형, 양면 J형 또는 U형 |
| 19 [mm] 이상 | H형 |

## 96 ★★

저압용으로 내식성이 크고, 청소하기 쉬운 구조이며, 증기압이 2 [kg/cm²] 이하의 경우에 사용되는 절탄기는?

① 강관식
② 이중관식
③ 주철관식
④ 황동관식

> **해설**

절탄기의 종류
• 강관식 : 고압용에 적합
• 주철관식 : 저압용에 적합, 증기압 2 [kg/cm²] 이하의 경우에 사용

## 97 ★★

육용 강제 보일러에서 오목면에 압력을 받는 스테이가 없는 접시형 경판으로 노통을 설치할 경우, 경판의 최소 두께[mm]를 구하는 식으로 옳은 것은? (단, P : 최고사용압력[kgf/cm²], R : 접시 모양 경판의 중앙부에서의 내면 반지름 [mm], $\sigma_a$ : 재료의 허용 인장응력[kgf/mm²], $\eta$ : 경판자체의 이음효율, A : 부식여유[mm] 이다)

① $t = \dfrac{PR}{150\sigma_a\eta} + A$

② $t = \dfrac{150PR}{(\sigma_a + \eta)A}$

③ $t = \dfrac{PR}{150\sigma_a\eta} + R$

④ $t = \dfrac{AR}{\sigma_a\eta} + 150$

> **해설**

경판의 최소 두께
열사용기자재의 검사 및 검사면제에 관한 기준
5.3 오목면에 압력을 받는 스테이가 없는 접시형 또는 전반구형 경판의 최소두께
$$t = \dfrac{PR}{150\sigma_a\eta} + A$$

정답 95 ③ 96 ③ 97 ①

## 98 ★★

급수처리에서 양질의 급수를 얻을 수 있으나 비용이 많이 들어 보급수의 양이 적은 보일러 또는 선박보일러에서 해수로부터 청수를 얻고자 할 때 주로 사용하는 급수처리방법은?

① 증류법
② 여과법
③ 석회소다법
④ 이온교환법

**해설**

증류법
증류법은 급수처리에서 양질의 급수를 얻을 수 있으나 비용이 많이 들어 보급수 양이 적은 보일러 또는 선박보일러에서 해수로부터 청수를 얻고자 할 때 주로 사용하는 급수처리방법이다.

## 99 ★

다음 중 기수분리의 방법에 따른 분류로 가장 거리가 먼 것은?

① 장애판을 이용한 것
② 그물을 이용한 것
③ 방향전환을 이용한 것
④ 압력을 이용한 것

**해설**

기수분리의 방법
장애판을 이용한 것, 그물을 이용한 것, 방향전환을 이용한 것, 원심분리기를 이용한 것 등이 있다.

## 100 ★

노통보일러의 평형 노통을 일체형으로 제작하면 강도가 약해지는 결점이 있다. 이러한 결점을 보완하기 위하여 몇 개의 플랜지형 노통으로 제작하는 데 이때 이음부를 무엇이라 하는가?

① 브레이징 스페이스
② 가셋트 스테이
③ 평형 조인트
④ 아담슨 조인트

**해설**

아담슨 조인트
노통의 약한 강도를 보완하기 위해 노통과 노통 사이에 끼우는 노통이음

정답 98 ① 99 ④ 100 ④

# 2018 제4회

**1과목** 연소공학

## 01 ★★

연돌에서의 배기가스분석 결과 $CO_2$ 14.2 [%], $O_2$ 4.5 [%], CO 0 [%]일 때 탄산가스의 최대량[$CO_{2max}$](%)은?

① 10.5  ② 15.5
③ 18.0  ④ 20.5

**해설**

탄산가스의 최대량

$$CO_{2max} = \frac{21\,CO_2}{21 - O_2} = \frac{21 \times 14.2}{21 - 4.5} = 18.07$$

## 02 ★★  (난이도 상)

순수한 $CH_4$를 건조 공기로 연소시키고 난 기체 화합물을 응축기로 보내 수증기를 제거시킨 다음, 나머지 기체를 Orsat법으로 분석한 결과, 부피비로 $CO_2$가 8.21 [%], CO가 0.41 [%], $O_2$가 5.02 [%], $N_2$가 86.36 [%]이었다. $CH_4$ 1 [kg - mol]당 약 몇 [kg - mol]의 건조 공기가 필요한가?

① 7.3  ② 8.5
③ 10.3  ④ 12.1

**해설**

건조공기

$CH_4 + 2O_2 \rightarrow CO_2 + 2H_2O$

$$m = \frac{N_2}{N_2 - 3.76\left(O_2 - \frac{1}{2}CO\right)} = 1.265$$

$$A = mA_o = m \times \frac{O_o}{0.21} = 1.265 \times \frac{2}{0.21}$$

$$= 12.047$$

## 03 ★

표준 상태에서 고위발열량과 저위발열량의 차이는?

① 80 [cal/mol]
② 539 [cal/mol]
③ 9200 [cal/mol]
④ 9702 [cal/mol]

**해설**

고위발열량과 저위발열량의 차이

표준 상태에서 고위발열량(총발열량)과 저위발열량(진발열량)의 차이는 9702 [cal/mol] 정도이다.

**정답** 01 ③  02 ④  03 ④

## 04 ★

로터리버너를 장시간 사용하였더니 노벽에 카본이 많이 붙어 있었다. 다음 중 주된 원인은?

① 공기비가 너무 컸다.
② 화염이 닿는 곳이 있었다.
③ 연소실 온도가 너무 높았다.
④ 중유의 예열 온도가 너무 높았다.

**해설**

카본이 노벽에 붙는 이유
화염(Flame)이 닿는 곳에서 카본이 노벽에 많이 붙는다.

## 05 ★

내화재로 만든 화구에서 공기와 가스를 따로 연소실에 송입하여 연소시키는 방식으로 대형 가마에 적합한 가스연료 연소장치는?

① 방사형 버너   ② 포트형 버너
③ 선회형 버너   ④ 건타입형 버너

**해설**

포트형 버너
내화재로 만든 화구에서 공기와 가스를 따로 연소실에 송입하여 연소시키는 방식으로 대형 가마에 적합한 가스연료이다.

## 06 ★★

다음 중 기상폭발에 해당되지 않는 것은?

① 가스폭발   ② 분무폭발
③ 분진폭발   ④ 수증기폭발

**해설**

기상폭발
수증기폭발은 보일러의 부피팽창에 의한 폭발을 의미한다.

## 07 ★★

뷰테인가스의 폭발 하한값은 1.8 [vol%]이다. 크기가 10 [m] × 20 [m] × 3 [m]인 실내에서 뷰테인의 질량이 최소 약 몇 [kg]일 때 폭발할 수 있는가? (단, 실내 온도는 25 [℃]이다)

① 24.1   ② 26.1
③ 28.5   ④ 30.5

**해설**

폭발 최소 질량
$C_4H_{10}$(뷰테인)의 분자량 : 58
$V = 10 \times 20 \times 3 \times 0.018 = 10.8$
PV = nRT
(1기압) × 10.8 = n × 0.082 × (273.15 + 25)
n = 0.45 몰
m = 0.45 × 58 = 26.1
※ 기체상수 R = 0.082(L·atm)/(mol·K)

## 08 ★★

연소기의 배기가스 연도에 댐퍼를 부착하는 이유로 가장 거리가 먼 것은?

① 통풍력을 조절한다.
② 과잉공기를 조절한다.
③ 배기가스의 흐름을 차단한다.
④ 주연도, 부연도가 있는 경우에는 가스의 흐름을 바꾼다.

**정답** 04 ②  05 ②  06 ④  07 ②  08 ②

### 해설

**댐퍼 부착 이유**
- 통풍력을 조절한다.
- 배기가스 흐름을 차단(배기가스 역류 방지기능)
- 주연소, 부연소가 있는 경우 가스의 흐름을 바꾼다.

※ 과잉공기 조절과는 무관하다.

## 09 ★★★

다음 중 습한 함진가스에 가장 적절하지 않은 집진장치는?

① 사이클론
② 멀티클론
③ 스크러버
④ 여과식 집진기

### 해설

**여과식(백필터)**
여과식 집진기는 건조한 함진가스의 집진장치이다.

## 10 ★

경유 1000 [L]를 연소시킬 때 발생하는 탄소량은 약 몇 [TC]인가? (단, 경우의 석유환산계수는 0.92 [TOE/kL], 탄소배출계수는 0.837 [TC/TOE]이다)

① 77
② 7.7
③ 0.77
④ 0.077

### 해설

**발생탄소량**
발생탄소량
= 연료량 × 석유환산계수 × 탄소배출계수
= 1 × 0.92 × 0.837 = 0.77 [TC]

## 11 ★

공기비 1.3에서 메테인을 연소시킨 경우 단열 연소온도는 약 몇 [K]인가? (단, 메테인의 저발열량은 49 [MJ/kg], 배기가스의 평균비열은 1.29 [kJ/kg·K]이고 고온에서의 열분해는 무시하고, 연소 전 온도는 25 [℃]이다)

① 1663
② 1932
③ 1965
④ 2230

### 해설

**단열 연소온도**

$$t_0 = \frac{H_L}{GC_{pG}} + t_a = \frac{49{,}000}{23.32 \times 1.29} + 25 = 1658.74\ [℃]$$

$$\therefore T_0 = t_0 + 273.15 = 1658.74 + 273.15$$
$$\fallingdotseq 1932\ [K]$$

여기서, $H_L$ = 저위발열량, $G$ = 연소가스량,
$C_{pm}$ = 가스평균비열

## 12 ★★★

다음 기체연료에 대한 설명 중 틀린 것은?

① 고온 연소에 의한 국부가열의 염려가 크다.
② 연소조절 및 점화, 소화가 용이하다.
③ 연료의 예열이 쉽고 전열효율이 좋다.
④ 적은 공기로 완전 연소시킬 수 있으며 연소효율이 높다.

**정답** 09 ④ 10 ③ 11 ② 12 ①

### 해설

**기체연료**

최대 역화수의 위험이 크며 고온 연소(연소온도가 높기) 때문에 국부가열을 일으키기 쉽다는 것은 액체연료의 단점이다.

※ 국부가열 : 물체의 한 부분만 심하게 가열하는 일

## 13 ★★

체적이 0.03 [m³]인 용기 안에 메테인(CH₄)과 공기 혼합물이 들어 있다. 공기는 메테인을 연소시키는 데 필요한 이론 공기량보다 20 [%] 더 들어 있고, 연소 전 용기의 압력은 300 [kPa], 온도는 90 [℃]이다. 연소 전 용기 안에 있는 메테인의 질량은 약 몇 [g]인가?

① 27.6
② 33.7
③ 38.4
④ 42.1

### 해설

**질량**

$PV = (1.2m)RT$

$m = \dfrac{PV}{1.2RT} = \dfrac{300 \times 0.03}{1.2 \times \dfrac{8.314}{16} \times (90 + 273.15)}$

$\fallingdotseq 0.0397\,[kg] = 39.7\,[g]$

## 14 ★

가스버너로 연료가스를 연소시키면서 가스의 유출속도를 점차 빠르게 하였다. 이때 어떤 현상이 발생하겠는가?

① 불꽃이 엉클어지면서 짧아진다.
② 불꽃이 엉클어지면서 길어진다.
③ 불꽃 형태는 변함없으나 밝아진다.
④ 별다른 변화를 찾기 힘들다.

### 해설

**가스버너의 가스 유출속도 증가 시**

가스의 유출속도가 빨라지면 난류현상이 생겨 완전 연소가 잘 되며 불꽃이 엉클어지면서 화염이 짧아진다.

## 15 ★★★

다음과 같이 조성된 발생로 내 가스를 15 [%]의 과잉공기로 완전 연소시켰을 때 건연소가스량(Sm³/Sm³)은? (단, 발생로가스의 조성은 CO : 31.3 [%], CH₄ : 2.4 [%], H₂ : 6.3 [%], CO₂ : 0.7 [%], N₂ : 59.3 [%]이다)

① 1.99
② 2.54
③ 2.87
④ 3.01

정답 ● 13 ③  14 ①  15 ①

### 해설

**건연소가스량**

건연소가스량은 배기가스 수소가스나 수분 증발 시 $H_2O$가 배제된 가스량이다.

• 이론공기량($A_0$)

$= (0.5(CO + H_2) + 2CH_4) \times \dfrac{1}{0.21}$

$= (0.5(0.313 + 0.063) + 2 \times 0.024) \times \dfrac{1}{0.21}$

$= 1.1238 \ [Sm^3/Sm^3]$

• 실제 건연소가스량

$(G_d) = (m - 0.21)A_0 + CO_2 + N_2 + CO + CH_4$

$\quad = (1.15 - 0.21) \times 1.1238$
$\quad\quad + 0.007 + 0.593 + 0.313 + 0.024$

$\quad = 1.99 \ [Sm^3/Sm^3]$

※ 공기비(m)

$\dfrac{A}{A_0} = \dfrac{A_0 + A'}{A_0} = 1 + \dfrac{A'}{A_0} = 1 + 0.15 = 1.15$

※ A : 과잉공기량

## 16 ★★

다음 액체연료 중 비중이 가장 낮은 것은?

① 중유
② 등유
③ 경유
④ 가솔린

### 해설

**액체연료의 비중**

중유 > 경유 > 등유 > 가솔린(휘발유)

## 17 ★★★

프로페인가스($C_3H_8$) 1 [$Nm^3$]을 완전 연소시키는 데 필요한 이론공기량은 약 몇 [$Nm^3$]인가?

① 23.8
② 11.9
③ 9.52
④ 5

### 해설

**이론공기량**

$C_3H_8 + 5O_2 \rightarrow 3CO_2 + 4H_2O$

$A_0 = \dfrac{O_0}{0.21} = \dfrac{5}{0.21} = 23.8 \ [Nm^3]$

## 18 ★

다음 석탄류 중 연료비가 가장 높은 것은?

① 갈탄
② 무연탄
③ 흑갈탄
④ 반역청탄

### 해설

**석탄류의 연료비**

무연탄이 가장 높다.

## 19 ★★★

탄소 1 [kg]의 연소에 소요되는 공기량은 약 몇 [Nm³]인가?

① 5.0
② 7.0
③ 9.0
④ 11.0

**해설**

이론공기량

$C + O_2 \rightarrow CO_2$

$A_0 = \dfrac{O_0}{0.21} = \dfrac{\left(\dfrac{22.4 \times 1}{12}\right)}{0.21} = \dfrac{1.87}{0.21} = 8.89 \, [Nm^3]$

## 20 ★★

석탄을 완전 연소시키기 위하여 필요한 조건에 대한 설명 중 틀린 것은?

① 공기를 예열한다.
② 통풍력을 좋게 한다.
③ 연료를 착화온도 이하로 유지한다.
④ 공기를 적당하게 보내 피연물과 잘 접촉시킨다.

**해설**

완전 연소조건
연료를 착화온도 이상으로 유지해야 한다.

---

**2과목** 열역학

1회독 시간: 점수:
2회독 시간: 점수:
3회독 시간: 점수:

## 21 ★

비열이 일정한 이상기체 1 [kg]에 대하여 다음 중 옳은 식은? (단, P는 압력, V는 체적, T는 온도, $C_P$는 정압비열, $C_V$는 정적비열, U는 내부에너지이다)

① $\triangle U = C_P \times \triangle T$
② $\triangle U = C_P \times \triangle V$
③ $\triangle U = C_V \times \triangle T$
④ $\triangle U = C_V \times \triangle P$

**해설**

비열이 일정한 이상기체에 대한 식
단위질량당 내부에너지(비내부에너지) 이상기체에서 등적 변화인 경우 가열량은 내부에너지 변화량과 같다(내부에너지는 이상기체인 경우 절대온도(T)만의 함수이다).

$du = \dfrac{dU}{m} = C_v dt \, [kJ/kg]$

$\therefore \Delta U = m C_v dt \, [kJ]$

---

**정답** 19 ③  20 ③  21 ③

## 22 ★

증기터빈에서 증기 유량이 1.1 [kg/s]이고, 터빈입구와 출구의 엔탈피는 각각 3100 [kJ/kg], 2300 [kJ/kg]이다. 증기속도는 입구에서 15 [m/s], 출구에서는 60 [m/s]이고, 이 터빈의 축 출력이 800 [kW]일 때 터빈과 주위 사이에서 발생하는 열전달량은?

① 주위로 78.1 [kW]의 열을 방출한다.
② 주위로 95.8 [kW]의 열을 방출한다.
③ 주위로 124.9 [kW]의 열을 방출한다.
④ 주위로 168.4 [kW]의 열을 방출한다.

**해설**

열전달량

$$Q = W_t + m(h_2 - h_1) + \frac{m}{2}(V_2^2 - V_1^2)$$

$$= 800 + 1.1 \times (2300 - 3100) + \frac{1.1}{2} \times (60^2 - 15^2) \times 10^{-3}$$

$$= -78.1 \, [kW]$$

## 23 ★

피스톤이 설치된 실린더에 압력 0.3 [MPa], 체적 0.8 [m³]인 습증기 4 [kg]이 들어 있다. 압력이 일정한 상태에서 가열하여 습증기의 건도가 0.9가 되었을 때 수증기에 의한 일은 몇 [kJ]인가? (단, 0.3 [MPa]에서 비체적은 포화액이 0.001 [m³/kg], 건포화증기가 0.60 [m³/kg]이다)

① 205.5  ② 237.2
③ 305.5  ④ 408.1

**해설**

수증기에 의한 일

$$v_x = v' + x(v'' - v')$$
$$= 0.001 + 0.9(0.6 - 0.001) = 0.5401 \, [m^3/kg]$$
$$V_2 = mv_x = 4 \times 0.5401 = 2.1604 \, [m^3]$$
$$W = P(V_2 - V_1) = 0.3 \times 10^3 \times (2.1604 - 0.8)$$
$$= 408.12 \, [kJ]$$

## 24 ★★★

제1종 영구기관이 실현 불가능한 것과 관계있는 열역학 법칙은?

① 열역학 제0법칙  ② 열역학 제1법칙
③ 열역학 제2법칙  ④ 열역학 제3법칙

**해설**

열역학 제1법칙

에너지보존의 법칙 : 제1종 영구기관을 부정하는 법칙

## 25 ★★★

열펌프(Heat Pump)의 성능계수에 대한 설명으로 옳은 것은?

① 냉동 사이클의 성능계수와 같다.
② 가해준 일에 의해 발생한 저온체에서 흡수한 열량과의 비이다.
③ 가해준 일에 의해 발생한 고온체에 방출한 열량과의 비이다.
④ 열펌프의 성능계수는 1보다 작다.

정답  22 ①  23 ④  24 ②  25 ③

### 해설

열펌프의 성능계수

$$\epsilon_H = \frac{Q_1}{W_c} = \frac{\text{고온체 방출량}}{\text{압축기일량}}$$

- $Q_1$ : 방출되는 열량
- $W_c$ : 시스템에 공급한 일

## 26 ★

다음 그림은 Otto Cycle을 기반으로 작동하는 실제 내연기관에서 나타나는 압력(P) – 부피(V)선도이다. 다음 중 이 사이클에서 일(Work) 생산 과정에 해당하는 것은?

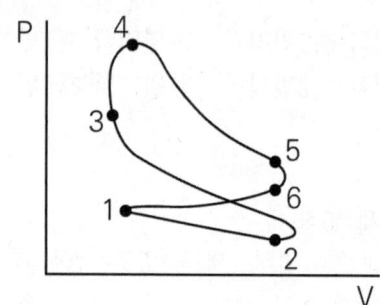

① 2 → 3
② 3 → 4
③ 4 → 5
④ 5 → 6

### 해설

Otto Cycle에서 일 생산 과정
오토 사이클에서 4 → 5 과정은 단열팽창(s = c) 과정으로 일을 하는 과정이다.

## 27 ★

증기압축 냉동 사이클에서 증발기 입·출구에서의 냉매의 엔탈피는 각각 29.2, 306.8 [kcal/kg]이다. 1시간에 1냉동 톤당의 냉매순환량[kg/(h·RT)]은 얼마인가? (단, 1냉동톤[RT]은 3320 [kcal/h]이다)

① 15.04
② 11.96
③ 13.85
④ 18.06

### 해설

냉매순환량

$$\dot{m} = \frac{Q_c}{q_c} = \frac{Q_c}{h_2 - h_1} = \frac{3320}{306.8 - 29.2}$$

$$\fallingdotseq 11.96 \, [\text{kg/h·RT}]$$

## 28 ★★★

다음 중 냉매가 구비해야 할 조건으로 옳지 않은 것은?

① 비체적이 클 것
② 비열비가 작을 것
③ 임계점(Critical Point)이 높을 것
④ 액화하기가 쉬울 것

### 해설

냉매 구비조건
- 증발잠열이 커야 한다.
- 화학적으로 안정되어야 한다.
- 임계온도가 높아야 한다.
- 증발온도에서의 압력이 대기압보다 높아야 한다.
- 비체적은 작아야 한다.

정답 26 ③ 27 ② 28 ①

## 29 ★★

400 [K]로 유지되는 항온조 내의 기체에 80 [kJ]의 열이 공급되었을 때, 기체의 엔트로피 변화량은 몇 [kJ/K]인가?

① 0.01　　　② 0.03
③ 0.2　　　　④ 0.3

**해설**

엔트로피 변화량
$$S_2 - S_1 = \frac{Q}{T} = \frac{80}{400} = 0.2 \,[kJ/K]$$

## 30 ★★★

다음 그림은 어떤 사이클에 가장 가까운가? (단, T는 온도, S는 엔트로피이며, 사이클 순서는 A → B → C → D → E → F → A 순으로 작동한다)

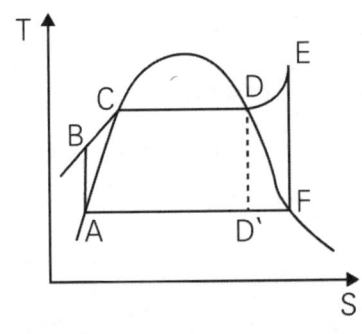

① 디젤 사이클　　② 냉동 사이클
③ 오토 사이클　　④ 랭킨 사이클

**해설**

랭킨 사이클
- 랭킨 사이클의 T - S선도이다.
- 단열압축 → 등압가열 → 단열팽창 → 등압방열

## 31 ★★

건포화증기(Dry Saturated Vapor)의 건도는 얼마인가?

① 0
② 0.5
③ 0.7
④ 1

**해설**

건도
건포화증기의 건도는 100 [%]이다.

## 32 ★

온도 127 [℃]에서 포화수 엔탈피는 560 [kJ/kg], 포화증기의 엔탈피는 2720 [kJ/kg]일 때 포화수 1 [kg]이 포화증기로 변화하는 데 따르는 엔트로피의 증가는 몇 [kJ/K]인가?

① 1.4
② 5.4
③ 9.8
④ 21.4

**해설**

포화증기 엔트로피
$$ds = \frac{\delta q}{T} = \frac{h_2 - h_1}{127 + 273} = \frac{2720 - 560}{400}$$
$$= 5.4 \,[kJ/kg \cdot K]$$

정답　29 ③　30 ④　31 ④　32 ②

## 33 ★

이상기체 상태식은 사용조건이 극히 제한되어 있어서 이를 실제조건에 적용하기 위한 여러 상태식이 개발되었다. 다음 중 실제기체(Real Gas)에 대한 상태식에 속하지 않는 것은?

① 오일러(Euler) 상태식
② 비리얼(Virial) 상태식
③ 반데르발스(Van Der Waals) 상태식
④ 비티 - 브리지먼(Beattie-bridgeman) 상태식

**해설**

오일러(Euler) 상태식
유체역학에서 임의의 유선상에서 미소질량(체적요소)에 압력과 중력만을 고려하여 뉴턴의 제2운동 법칙을 적용하여 얻는 미분 방정식이다.

## 34 ★★★

어떤 압축기에 23 [℃]의 공기 1.2 [kg]이 들어 있다. 이 압축기를 등온 과정으로 하여 100 [kPa]에서 800 [kPa]까지 압축하고자 할 때 필요한 일은 약 몇 [kJ]인가? (단, 공기의 기체상수는 0.287 [kJ/(kg·K)]이다)

① 212          ② 367
③ 509          ④ 673

**해설**

필요한 일

$$_1W_2 = mRT\ln\frac{P_2}{P_1} = 1.2 \times 0.287 \times (23+273)\ln\frac{800}{100}$$

$$\fallingdotseq 212 \text{ [kJ]}$$

## 35 ★

어떤 기체의 정압비열($c_p$)이 다음 식으로 표현될 때 32 [℃]와 800 [℃] 사이에서 이 기체의 평균정압비열($\overline{C_p}$)은 약 몇 [kJ/(kg·℃)]인가? (단, $c_p$의 단위는 kJ/(kg·℃)이고, T의 단위는 [℃]이다)

$$C_p = 353 + 0.24T - 0.9 \times 10^{-4}T^2$$

① 353
② 433
③ 574
④ 698

**해설**

평균정압비열

$$\overline{C_p} = \frac{1}{t_2-t_1}\int_{t_1}^{t_2} C_p dt$$

$$= \frac{1}{t_2-t_1}\int_{t_1}^{t_2}(353+0.24t-0.9\times 10^{-4}t^2)dt$$

$$= 353 + \frac{0.24}{2}(t_2+t_1) - \frac{0.9\times 10^{-4}}{3}(t_2^2+t_2t_1+t_1^2)$$

$$= 353 + \frac{0.24}{2}(800+32)$$

$$\quad - \frac{0.9\times 10^{-4}}{3}(800^2+800\times 32+32^2)$$

$$\fallingdotseq 433 \text{ [kJ/kg·℃]}$$

## 36 ★

그림과 같이 역카르노 사이클로 운전하는 냉동기의 성능계수(COP)는 약 얼마인가? (단, $T_1$는 24 [℃], $T_2$는 -6 [℃]이다)

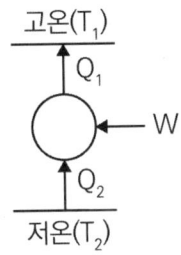

① 7.124
② 8.905
③ 10.048
④ 12.845

**해설**

성능계수

$$(COP)_R = \frac{Q_2}{W} = \frac{T_2}{T_1 - T_2}$$

$$= \frac{-6+273.15}{(24+273.15)-(-6+273.15)} = 8.905$$

## 37 ★

다음 4개의 물질에 대해 비열비가 거의 동일하다고 가정할 때, 동일한 온도 T에서 음속이 가장 큰 것은?

① Ar(평균분자량 : 40 [g/mol])
② 공기(평균분자량 : 29 [g/mol])
③ CO(평균분자량 : 28 [g/mol])
④ $H_2$(평균분자량 : 2 [g/mol])

**해설**

음속이 가장 큰 것

$$C = \sqrt{kRT} \, [m/s]$$

$$R = \frac{\overline{R}}{m} = \frac{8.314}{분자량} [J/kg \cdot K]$$

분자량이 작을수록 기체상수가 크므로 음속도 커진다.

## 38 ★

카르노 사이클에서 온도 T의 고열원으로부터 열량 Q를 흡수하고, 온도 $T_0$의 저열원으로 열량 $Q_0$를 방출할 때, 방출열량 $Q_0$에 대한 식으로 옳은 것은? (단, $\eta_c$는 카르노 사이클의 열효율이다)

① $\left(1 - \dfrac{T_0}{T}\right) Q$
② $(1 + \eta_c) Q$
③ $(1 - \eta_c) Q$
④ $\left(1 + \dfrac{T_0}{T}\right) Q$

**해설**

방출열량

$$\eta_c = 1 - \frac{Q_0}{Q} = 1 - \frac{T_0}{T}$$

$$Q_0 = (1 - \eta_c) Q \, [kJ]$$

정답 36 ② 37 ④ 38 ③

## 39 ★★★

0 [℃], 1기압(101.3 [kPa])하에 공기 10 [m³]가 있다. 이를 정압조건으로 80 [℃]까지 가열하는 데 필요한 열량은 약 몇 [kJ]인가? (단, 공기의 정압비열은 1.0 [kJ/(kg·K)]이고, 정적비열은 0.71 [kJ/kg·K]이며 공기의 분자량은 28.96 [kg/kmol]이다)

① 238
② 546
③ 1033
④ 2320

**해설**

열량

$PV = mRT$

$m = \dfrac{PV}{RT} = \dfrac{101.3 \times 10}{\dfrac{8.314}{28.96} \times 273.15} = 12.92\,[kg]$

$Q = m C_p (t_2 - t_1) = 12.92 \times 1.0 \times (80 - 0)$

$= 1033\,[kJ]$

## 40 ★★

보일러의 게이지 압력이 800 [kPa]일 때 수은기압계가 측정한 대기압력이 856 [mmHg]를 지시했다면 보일러 내의 절대압력은 약 몇 [kPa]인가?

① 810
② 914
③ 1320
④ 1656

**해설**

보일러 내의 절대압력

$P_u = P_o + P_g = \dfrac{856}{760} \times 101.325 + 800$

$\fallingdotseq 914\,[kPa]$

※ 1 [atm] = 760 [mmHg] = 76 [cmHg]
= 101.325 [kPa]

## 3과목 계측방법

### 41 ★★
다음 제어방식 중 잔류편차(Off-set)를 제거하여 응답시간이 가장 빠르며 진동이 제거되는 제어방식은?

① P
② I
③ PI
④ PID

**해설**

제어방식 – PID
비례적분미분(PID)동작은 잔류편차(Off-set)를 제거하여 응답시간이 가장 빠르며 진동이 제거되는 제어방식이다.

### 42 ★
보일러 공기예열기의 공기유량을 측정하는 데 가장 적합한 유량계는?

① 면적식 유량계
② 차압식 유량계
③ 열선식 유량계
④ 용적식 유량계

**해설**

유량계 – 열선식
보일러 공기예열기의 공기유량을 측정하는 가장 적합한 유량계는 열선식 유량계이다.

### 43 ★★★
다음 유량계 종류 중에서 적산식 유량계는?

① 용적식 유량계
② 차압식 유량계
③ 면적식 유량계
④ 동압식 유량계

**해설**

유량계 – 적산식
용적식 유량계는 적산식 유량계이다.

### 44 ★
다음 연소가스 중 미연소가스계로 측정 가능한 것은?

① $CO$          ② $CO_2$
③ $NH_3$       ④ $CH_4$

**해설**

미연소가스계
다음 연소가스 중 미연소가스계로 측정 가능한 것은 일산화탄소이다.

### 45 ★
가스크로마토그래피법에서 사용하는 검출기 중 수소염 이온화검출기를 의미하는 것은?

① ECD
② FID
③ HCD
④ FTD

**정답** 41 ④  42 ③  43 ①  44 ①  45 ②

**해설**

가스크로마토그래피법
- 전자포획형 검출기(ECD : Electron Capture Detector)
- 수소염 이온화검출기(FID : Flame Ionization Detector)
- 염열이온검출기(FTD : Flame Thermionic Detector)
- 열전도도검출기(TCD : Thermal Conductivity Detector)

## 46 ★

시스(Sheath) 열전대의 특징이 아닌 것은?

① 응답속도가 빠르다.
② 국부적인 온도측정에 적합하다.
③ 피측온체의 온도 저하 없이 측정할 수 있다.
④ 매우 가늘어서 진동이 심한 곳에는 사용할 수 없다.

**해설**

시즈형 열전대(Sheath Type Thermo Couple)
외경이 가늘어서 작은 측정물의 측정이 가능하며 시즈형의 구조로 되어 있어 고온·고압에 강하며 200 ~ 2600 [℃]까지 폭넓은 온도 범위에 측정 가능하다. 진동이 심한 경우뿐만 아니라 어떤 환경에서든 사용 가능하다. 또한 내구성이 뛰어나고 수명이 길다.

## 47 ★★

전기 저항식 온도계 중 백금(Pt) 측온 저항체에 대한 설명으로 틀린 것은?

① 0 [℃]에서 500 [Ω]을 표준으로 한다.
② 측정온도는 최고 약 500 [℃] 정도이다.
③ 저항온도계수는 작으나 안정성이 좋다.
④ 온도 측정 시 시간 지연의 결점이 있다.

**해설**

전기 저항식 온도계
백금(Pt) 측온 저항체는 0 [℃]에서 100 [Ω]을 표준으로 한다.

## 48 ★

스프링저울 등 측정량이 원인이 되어 그 직접적인 결과로 생기는 지시로부터 측정량을 구하는 방법으로 정밀도는 낮으나 조작이 간단한 것은?

① 영위법
② 치환법
③ 편위법
④ 보상법

**해설**

편위법
스프링저울 등 측정량이 원인이 되어 그 직접적인 결과를 생기는 지시로부터 측정량을 구하는 방법으로 정밀도는 낮으나 조작은 간단하다.

정답 46 ④ 47 ① 48 ③

## 49 ★★

−200 ~ 500 [℃]의 측정범위를 가지며 측온 저항체 소선으로 주로 사용되는 저항소자는?

① 구리선
② 백금선
③ Ni선
④ 서미스터

**해설**

측온 저항체 소선
- 구리 측온 저항체(구리선) : 0 ~ 120 [℃]
- 백금 측온 저항체(백금선) : −200 ~ 500 [℃](사용범위 넓음)
- 니켈 측온 저항체(니켈선) : −50 ~ 300 [℃]

## 50 ★★

저항식 습도계의 특징으로 틀린 것은?

① 저온도의 측정이 가능하다.
② 응답이 늦고 정밀도가 좋지 않다.
③ 연속기록, 원격측정, 자동제어에 이용된다.
④ 교류전압에 의하여 저항치를 측정하여 상대 습도를 표시한다.

**해설**

저항식 습도계
저온도의 측정이 가능하고 응답이 빠르다(감도가 좋다).

## 51 ★

다음 액주계에서 r, $r_1$이 비중량을 표시할 때 압력($P_X$)을 구하는 식은?

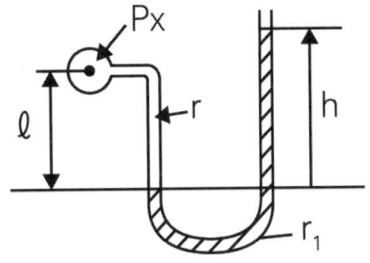

① $P_X = r_1 h + r \ell$
② $P_X = r_1 h - r \ell$
③ $P_X = r_1 \ell - rh$
④ $P_X = r_1 \ell + rh$

**해설**

압력 측정

$P_x + rl = r_1 h$

$P_x = r_1 h - rl$

## 52 ★★★

다음 중 가장 높은 온도를 측정할 수 있는 온도계는?

① 저항 온도계
② 열전대 온도계
③ 유리제 온도계
④ 광전관 온도계

**해설**

광전관 온도계
비접촉식 온도계로 고온물체에서 복사광을 광전관에 받아 빛을 전류로 바꾸어 온도를 측정한다.

**정답** 49 ② 50 ② 51 ① 52 ④

## 53 ★★★

원인을 알 수 없는 오차로서 측정할 때마다 측정값이 일정하지 않고 분포현상을 일으키는 오차는?

① 과오에 의한 오차
② 계통적 오차
③ 계량기 오차
④ 우연 오차

**해설**

우연오차(Random Error)
우연오차란 원인을 알 수 없는 오차이다.

## 54 ★★★

피토관으로 측정한 동압이 10 [mmH₂O]일 때 유속이 15 [m/s]이었다면 동압이 20 [mmH₂O]일 때의 유속은 약 몇 [m/s]인가? (단, 중력가속도는 9.8 [m/s²]이다)

① 18
② 21.2
③ 30
④ 40.2

**해설**

차압식 유량계

$$\frac{V_2}{V_1} = \left(\frac{P_2}{P_1}\right)^{\frac{1}{2}}$$

$$\therefore V_2 = V_1 \left(\frac{P_2}{P_1}\right)^{\frac{1}{2}} = 15 \times \sqrt{2} \fallingdotseq 21.21 \ [m/s]$$

## 55 ★★

차압식 유량계에서 교축 상류 및 하류에서의 압력이 $P_1$, $P_2$일 때 체적 유량이 $Q_1$이라면, 압력이 각각 처음보다 2배만큼씩 증가했을 때의 $Q_2$는 얼마인가?

① $Q_2 = 2Q_1$
② $Q_2 = \frac{1}{2}Q_1$
③ $Q_2 = \sqrt{2}\,Q_1$
④ $Q_2 = \frac{1}{\sqrt{2}}Q_1$

**해설**

차압식 유량계 유량(Q)

$$Q = A\sqrt{2g\frac{\Delta P}{r}} = A\sqrt{\frac{2\Delta P}{\rho}}\ [m^3/s]$$

$$\frac{Q_2}{Q_1} = \sqrt{\frac{\Delta P_2}{\Delta P_1}} = \sqrt{2}$$

$$Q_2 = \sqrt{2}\,Q_1$$

## 56 ★★

다음 중 압력식 온도계가 아닌 것은?

① 고체팽창식
② 기체팽창식
③ 액체팽창식
④ 증기팽창식

**해설**

압력식 온도계
압력식 온도계는 액체, 기체가 온도에 따라서 변하는 것을 이용한 온도계이다.

정답: 53 ④  54 ②  55 ③  56 ①

## 57 ★★★
편차의 정(+), 부(-)에 의해서 조작신호가 최대, 최소가 되는 제어동작은?

① 온·오프동작
② 다위치동작
③ 적분동작
④ 비례동작

> 해설

On-off동작
불연속제어의 대표적 제어동작으로 편차의 (+), (-)에 의해 조작신호가 최대, 최소가 되는 제어동작이다.

## 58 ★
정전 용량식 액면계의 특징에 대한 설명 중 틀린 것은?

① 측정범위가 넓다.
② 구조가 간단하고 보수가 용이하다.
③ 유전율이 온도에 따라 변화되는 곳에도 사용할 수 있다.
④ 습기가 있거나 전극에 피측정제를 부착하는 곳에는 부적당하다.

> 해설

정전 용량식 액면계
유전율이 온도에 따라 변화되는 곳에는 사용할 수 없다.

## 59 ★★
출력 측의 신호를 입력 측에 되돌려 비교하는 제어방법은?

① 인터록(Inter Lock)
② 시퀀스(Sequence)
③ 피드백(Feedback)
④ 리셋(Reset)

> 해설

피드백(Feedback)제어
밀폐회로계 제어로 출력 측 신호를 입력 측으로 되돌려 오차를 계속 보정하는 비교부가 반드시 필요한 제어이다.

## 60 ★★
헴펠식(Hempel Type) 가스분석장치에 흡수되는 가스와 사용하는 흡수제의 연결이 잘못된 것은?

① $CO$ - 차아황산소다
② $O_2$ - 알칼리성 피로갈롤용액
③ $CO_2$ - 30 [%] KOH 수용액
④ $C_mH_n$ - 진한 황산

> 해설

헴펠식 가스분석장치(가스 - 흡수제)
- $CO$ : 암모니아성 염화 제1동용액
- $O_2$ : 알칼리성 피로갈롤용액
- $CO_2$ : 30 [%] KOH 수용액
- $C_mH_n$ : 진한 황산

정답 ● 57 ① 58 ③ 59 ③ 60 ①

## 4과목 열설비재료 및 관계법규

1회독 시간:   점수:
2회독 시간:   점수:
3회독 시간:   점수:

## 61 ★

「에너지이용합리화법」에 따라 특정열사용기자재의 설치·시공이나 세관을 업으로 하는 자는 어디에 등록을 하여야 하는가?

① 행정안전부장관
② 한국열관리시공협회
③ 한국에너지공단 이사장
④ 시·도지사

**해설**

특정열사용기자재의 설치·시공·세관 시·도지사에게 등록을 해야 한다.

## 62 ★

「에너지이용합리화법」에 따라 대기전력 경고표지 대상 제품인 것은?

① 디지털 카메라
② 텔레비전
③ 셋톱박스
④ 유무선전화기

**해설**

대기전력 경고표시 대상 제품
1. 컴퓨터
2. 모니터
3. 프린터
4. 복합기
5. 삭제〈2012.4.5.〉
6. 삭제〈2014.2.21.〉
7. 전자레인지
8. 팩시밀리
9. 복사기
10. 스캐너
11. 삭제〈2014.2.21.〉
12. 오디오
13. DVD플레이어
14. 라디오카세트
15. 도어폰
16. 유무선전화기
17. 비데
18. 모뎀
19. 홈 게이트웨이

## 63 ★★

「에너지법」에서 정한 에너지에 해당하지 않는 것은?

① 열
② 연료
③ 전기
④ 원자력

**해설**

「에너지법」에서 정한 에너지
연료, 열, 전기

**정답** 61 ④  62 ④  63 ④

## 64 ★★★  난이도 상

그림의 배관에서 보온하기 전 표면 열전달율(a)이 51.6 [W/m²·K]이었다. 여기에 글라스울 보온통으로 시공하여 방산열량이 119 [W/m]가 되었다면 보온효율은 얼마인가? (단, 외기온도는 20 [℃]이다)

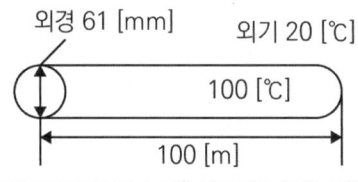
〈배관에서의 열손실(보온되지 않은 것)〉

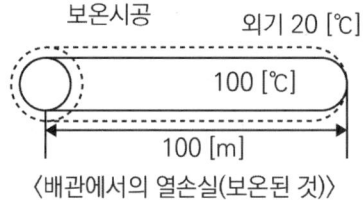
〈배관에서의 열손실(보온된 것)〉

① 44 [%]
② 56 [%]
③ 85 [%]
④ 93 [%]

**해설**

보온효율
전체표면면적 = 0.061 × $\pi$ × 100 ≒ 19.2
$Q_1 = kA\Delta t = 51.6 \times 19.2 \times (100-20)$

$Q_2 = qL = 119 \times 100$

$\eta = \left(1 - \dfrac{Q_2}{Q_1}\right) \times 100$

≒ $(1 - 0.15) \times 100$ ≒ 85 [%]

## 65 ★

도염식 요는 조업방법에 의해 분류할 경우 어떤 형식에 속하는가?

① 불연속식
② 반연속식
③ 연속식
④ 불연속식과 연속식의 절충형식

**해설**

도염식 요를 조업방법에 의해 분류할 경우 속한 형식 불연속식에 속한다.
• 불연속요 : 승염식 요(오름 불꽃), 횡염식 요(옆 불꽃), 도염식 요(꺾임 불꽃)
• 반연속요 : 등요(오름가마), 셔틀요
• 연속요 : 윤요, 연속식 가마, 터널요

## 66 ★★

원관을 흐르는 층류에 있어서 유량의 변화는?

① 관의 반지름의 제곱에 반비례해서 변한다.
② 압력강하에 반비례하여 변한다.
③ 점성계수에 비례하여 변한다.
④ 관의 길이에 반비례해서 변한다.

**해설**

층류원관(하겐 포아젤 방정식)

유동 시 유량 $Q = \dfrac{\Delta P \pi d^4}{128 \mu L} [m^3/s]$

• 관의 직경의 4승에 비례한다.
• 압력강하에 비례한다.
• 점성계수에 반비례한다.
• 관의 길이에 반비례한다.

정답  64 ③  65 ①  66 ④

## 67 ★

「에너지이용합리화법」에 따라 에너지공급자의 수요관리 투자계획에 대한 설명으로 틀린 것은?

① 한국지역난방공사는 수요관리투자계획 수립대상이 되는 에너지공급자이다.
② 연차별 수요관리투자계획은 해당 연도 개시 2개월 전까지 제출하여야 한다.
③ 제출된 수요관리투자계획을 변경하는 경우에는 그 변경한 날부터 15일 이내에 변경사항을 제출하여야 한다.
④ 수요관리투자계획 시행 결과는 다음 연도 6월 말일까지 산업통상자원부장관에게 제출하여야 한다.

**해설**

에너지공급자의 수요관리 투자계획
에너지공급자의 수요관리투자계획(사업시행결과 제출) 에너지공급자는 투자사업 시행결과 보고서를 산업통상자원부장관에게 매년 2월 말까지 결과보고서를 제출해야 한다.

## 68 ★★

요로 내에서 생성된 연소가스의 흐름에 대한 설명으로 틀린 것은?

① 가열물의 주변에 저온 가스가 체류하는 것이 좋다.
② 같은 흡입조건하에서 고온 가스는 천정 쪽으로 흐른다.
③ 가연성 가스를 포함하는 연소가스는 흐르면서 연소가 진행된다.
④ 연소가스는 일반적으로 가열실 내에 충만되어 흐르는 것이 좋다.

**해설**

요로 내에서 생성된 연소가스 흐름
가열물의 주변에 저온가스가 체류하는 것은 좋지 않다.

## 69 ★★★

「에너지이용합리화법」에 따라 에너지사용계획을 수립하여 산업통상자원부장관에게 제출하여야 하는 사업주관자가 실시하려는 사업의 종류가 아닌 것은?

① 도시개발사업
② 항만건설사업
③ 관광단지개발사업
④ 박람회 조경사업

**해설**

에너지사용계획을 수립하여 산업통상자원부장관에게 제출해야 하는 사업주관자가 실시하려는 사업의 종류
- 도시개발사업
- 항만건설사업
- 관광단지개발사업
- 철도 건설사업
- 산업단지개발사업
- 개발촉진지구개발사업
- 에너지개발사업
- 지역종합개발사업
- 공항 건설 사업

정답 ● 67 ④  68 ①  69 ④

## 70 ★★★

샤모트(Chamotte)벽돌의 원료로서 샤모트 이외에 가소성 생점토(生粘土)를 가하는 주된 이유는?

① 치수 안정을 위하여
② 열전도성을 좋게 하기 위하여
③ 성형 및 소결성을 좋게 하기 위하여
④ 건조 소성, 수축을 미연에 방지하기 위하여

**해설**

샤모트벽돌의 원료 – 가소성생점토
샤모트(Chamotte)벽돌의 원료로서 샤모트 이외에 가소성 생점토를 가하는 주된 이유는 성형 및 소결성이 좋은 점토질벽돌을 얻기 위함이다.

## 71 ★

일반적으로 압력 배관용에 사용되는 강관의 온도 범위는?

① 800 [℃] 이하
② 750 [℃] 이하
③ 550 [℃] 이하
④ 350 [℃] 이하

**해설**

압력 배관용에 사용되는 강관의 온도 범위
배관용 탄소 강관(SPP)의 온도 범위는 350 [℃] 이하에서 사용되며 일명 가스관이라고 한다.

## 72 ★★★

「에너지이용합리화법」에 따라 가스를 사용하는 소형 온수보일러인 경우 검사대상기기의 적용 기준은?

① 가스사용량이 시간당 17 [kg]을 초과하는 것
② 가스사용량이 시간당 20 [kg]을 초과하는 것
③ 가스사용량이 시간당 27 [kg]을 초과하는 것
④ 가스사용량이 시간당 30 [kg]을 초과하는 것

**해설**

소형 온수보일러 적용범위
• 가스사용량이 17 [kg/h]를 초과하는 보일러
• 도시가스사용량이 232.6 [kW]를 초과하는 보일러

에너지이용합리화법 시행규칙 [별표 1] 열사용기자재(제1조의2 관련)

| 품목명 | 적용범위 |
|---|---|
| 소형 온수 보일러 | 전열면적이 14제곱미터 이하이고, 최고사용압력이 0.35 [MPa] 이하의 온수를 발생하는 것. 다만 구멍탄용 온수보일러·축열식 전기보일러·가정용 화목보일러 및 가스사용량이 17 [kg/h](도시가스는 232.6킬로와트) 이하인 가스용 온수보일러는 제외한다. |

정답 ● 70 ③  71 ④  72 ①

## 73 ★★★

「에너지이용합리화법」에 따라 열사용기자재 관리에 대한 설명으로 틀린 것은?

① 계속사용검사는 검사유효기간의 만료일이 속하는 연도의 말까지 연기할 수 있으며, 연기하려는 자는 검사대상기기검사연기 신청서를 한국에너지공단이사장에게 제출하여야 한다.
② 한국에너지공단이사장은 검사에 합격한 검사대상기기에 대해서 검사 신청인에게 검사일부터 7일 이내에 검사증을 발급하여야 한다.
③ 검사대상기기관리자의 선임신고는 신고 사유가 발생한 날로부터 20일 이내에 하여야 한다.
④ 검사대상기기의 설치자가 사용 중인 검사대상기기를 폐기한 경우에는 폐기한 날부터 15일 이내에 검사대상기기 폐기신고서를 한국에너지공단이사장에게 제출하여야 한다.

**해설**

열사용기자재 관리
검사대상기기관리자의 선임신고는 신고 사유가 발생한 날로부터 30일 이내에 하여야 한다.

## 74 ★

보온재 시공 시 주의해야 할 사항으로 가장 거리가 먼 것은?

① 사용개소의 온도에 적당한 보온재를 선택한다.
② 보온재의 열전도성 및 내열성을 충분히 검토한 후 선택한다.
③ 사용처의 구조 및 크기 또는 위치 등에 적합한 것을 선택한다.
④ 가격이 가장 저렴한 것을 선택한다.

**해설**

보온재 시공 시 주의해야 할 사항
가격은 적정한 것을 선택한다.

## 75 ★★

「에너지이용합리화법」에 따라 연간 에너지사용량이 30만 티오이인 자가 구역별로 나누어 에너지 진단을 하고자 할 때 에너지 진단주기는?

① 1년
② 2년
③ 3년
④ 5년

**해설**

에너지 진단주기

| 연간 에너지 사용량 | 에너지 진단주기 |
|---|---|
| 20만 [TOE] 이상 | 전체진단 : 5년<br>부분진단 : 3년 |
| 20만 [TOE] 미만 | 5년 |

정답 73 ③ 74 ④ 75 ③

## 76 ★★

「에너지이용합리화법」에 따라 연간 검사대상 기기의 검사유효기간으로 틀린 것은?

① 보일러의 개조검사는 2년이다.
② 보일러의 계속사용검사는 1년이다.
③ 압력용기의 계속사용검사는 2년이다.
④ 보일러의 설치장소 변경검사는 1년이다.

**해설**

검사대상기기검사유효기간

| 검사의 종류 | | 검사유효기간 |
|---|---|---|
| 설치검사 | | 1. 보일러 : 1년<br>　다만 운전성능 부문의 경우에는<br>　3년 1개월로 한다.<br>2. 압력용기 및 철금속가열로 : 2년 |
| 개조검사 | | 1. 보일러 : 1년<br>2. 압력용기 및 철금속가열로 : 2년 |
| 설치장소<br>변경검사 | | 1. 보일러 : 1년<br>2. 압력용기 및 철금속가열로 : 2년 |
| 재사용검사 | | 1. 보일러 : 1년<br>2. 압력용기 및 철금속가열로 : 2년 |
| 계속<br>사용<br>검사 | 안전<br>검사 | 1. 보일러 : 1년<br>2. 압력용기 : 2년 |
| | 운전<br>성능<br>검사 | 1. 보일러 : 1년<br>2. 철금속가열로 : 2년 |

## 77 ★

다음 중 노체 상부로부터 노구(Throat), 샤프트(Shaft), 보시(Bosh), 노상(Hearth)으로 구성된 노(爐)는?

① 평로
② 고로
③ 전로
④ 코크스로

**해설**

고로(용광로)
노체 상부로부터 노구, 샤프트. 보시, 노상으로 구성된 노로서 선철 제조용으로 사용된다.

## 78 ★★

다음 보온재 중 재질이 유기질 보온재에 속하는 것은?

① 우레탄 폼
② 펄라이트
③ 세라믹 파이버
④ 규산칼슘 보온재

**해설**

유기질 보온재
펄라이트, 세라믹 파이버, 규산칼슘 보온재는 무기질보온재이다.
※ 우레탄 폼, 펠트, 텍스류, 코르크 등은 유기질 보온재이다.

## 79 ★

열처리로 경화된 재료를 변태점 이상의 적당한 온도로 가열한 다음 서서히 냉각하여 강의 입도를 미세화하여 조직을 연화, 내부응력을 제거하는 로는?

① 머플로
② 소성로
③ 풀림로
④ 소결로

**해설**

풀림로(Annealing Furnace[어닐링스])
열처리로 경화된 재료를 변태점 이상의 온도로 가열한 다음 서서히 냉각하여 강의 입도를 미세화하여 조직을 연화, 내부응력을 제거하는 열처리로이다.

## 80 ★★★

「에너지이용합리화법」에 따라 에너지 사용량이 대통령령으로 정하는 기준량 이상인 자는 산업통상자원부령으로 정하는 바에 따라 매년 언제까지 시·도지사에게 신고하여야 하는가?

① 1월 31일까지
② 3월 31일까지
③ 6월 30일까지
④ 12월 31일까지

**해설**

신고 날짜
에너지 사용량이 대통령령으로 정하는 기준량 이상인자는 산업통상자원부령으로 정하는 바에 따라 매년 1월 31일까지의 시·도지사에게 신고해야 한다.

**5과목 열설비설계**

| 1회독 | 시간: | 점수: |
| 2회독 | 시간: | 점수: |
| 3회독 | 시간: | 점수: |

## 81 ★★

보일러 사용 중 저수위 사고의 원인으로 가장 거리가 먼 것은?

① 급수펌프가 고장이 났을 때
② 급수내관이 스케일로 막혔을 때
③ 보일러의 부하가 너무 작을 때
④ 수위 검출기가 이상이 있을 때

**해설**

저수위 사고의 원인
보일러의 부하가 너무 클 때

## 82 ★★

인젝터의 장단점에 관한 설명으로 틀린 것은?

① 급수를 예열하므로 열효율이 좋다.
② 급수온도가 55[℃] 이상으로 높으면 급수가 잘 된다.
③ 증기압이 낮으면 급수가 곤란하다.
④ 별도의 소요 동력이 필요 없다.

**해설**

인젝터의 장단점
- 증기의 열에너지를 이용한 비동력용 급수장치이다. 즉, 보일러에서 발생하는 증기의 분사력을 이용하여 급수하는 저압보일러용 급수장치이다.
- 급수온도가 55[℃] 이상이면 증기와의 온도차가 작아져 급수가 잘 되지 않는다.

**정답** 79 ③  80 ①  81 ③  82 ②

## 83 ★★★

보일러수 내의 산소를 제거할 목적으로 사용하는 약품이 아닌 것은?

① 탄닌
② 아황산나트륨
③ 가성소다
④ 하이드라진

**해설**

산소 제거제
탄닌, 아황산나트륨, 하이드라진
※ 가성소다(수산화나트륨) : pH 조정제

## 84 ★★

연소실에서 연도까지 배치된 보일러 부속 설비의 순서를 바르게 나타낸 것은?

① 과열기 → 절탄기 → 공기 예열기
② 절탄기 → 과열기 → 공기 예열기
③ 공기 예열기 → 과열기 → 절탄기
④ 과열기 → 공기 예열기 → 절탄기

**해설**

보일러 부속 설비 순서
과열기 → 절탄기 → 공기 예열기

## 85 ★★

최고사용압력이 1.5 [MPa]를 초과한 강철제 보일러의 수압시험압력은 그 최고사용압력의 몇 배로 하는가?

① 1.5
② 2
③ 2.5
④ 3

**해설**

수압시험압력
열사용기자재의 검사 및 검사면제에 관한 기준
23.2.1.3 수압시험압력
(1) 강철제 보일러
 (a) 보일러의 최고사용압력이 0.43 [MPa]{4.3 [kgf/cm$^2$]} 이하일 때에는 그 최고사용압력의 2배의 압력으로 한다. 다만 그 시험압력이 0.2 [MPa]{2 [kgf/cm$^2$]} 미만인 경우에는 0.2 [MPa]{2 [kgf/cm$^2$]}로 한다.
 (b) 보일러의 최고 사용압력이 0.43 [MPa]{4.3 [kgf/cm$^2$]} 초과 1.5 [MPa]{15 [kgf/cm$^2$]} 이하일 때에는 그 최고사용압력의 1.3배에 0.3 [MPa]{3 [kgf/cm$^2$]}를 더한 압력으로 한다.
 (c) 보일러의 최고사용압력이 1.5 [MPa]{15 [kgf/cm$^2$]}를 초과할 때에는 그 최고사용압력의 1.5배의 압력으로 한다.

정답 ● 83 ③  84 ①  85 ①

## 86 ★

판형 열교환기의 일반적인 특징에 대한 설명으로 틀린 것은?

① 구조상 압력손실이 적고 내압성은 크다.
② 다수의 파형이나 반구형의 돌기를 프레스 성형하여 판을 조합한다.
③ 전열면의 청소나 조립이 간단하고, 고점도에도 적용할 수 있다.
④ 판의 매수 조절이 가능하여 전열면적 증감이 용이하다.

**해설**

판형 열교환기(Plate Heat Exchanger) 특징
- 열전달계수가 높음
- 열회수를 최대한으로 할 수 있음
- 액체 함량이 적음
- 콤팩트한 구성(소형/경량화 설계)
- 제품혼합의 방지
- 융통성이 있음
- 유지보수가 쉬움

## 87 ★

노통연관보일러의 노통 바깥면과 이에 가장 가까운 연관의 면과는 얼마 이상의 틈새를 두어야 하는가?

① 5 [mm]
② 10 [mm]
③ 20 [mm]
④ 50 [mm]

**해설**

노통 바깥면과 연관의 면과의 틈새
열사용기자재의 검사 및 검사면제에 관한 기준
7.8 노통과 연관의 틈새
노통연관보일러의 노통 바깥면과 이것에 가장 가까운 연관의 면과는 50 [mm] 이상의 틈새를 두어야 한다. 다만 노통에 파형 또는 보강링 등의 돌기를 설비할 때에는 이들 돌기물의 바깥면과 이것에 가장 가까운 연관의 틈새는 30 [mm] 이상으로 하여도 지장이 없다.

## 88 ★★★

그림과 같이 폭 150 [mm], 두께 10 [mm]의 맞대기 용접이음에 작용하는 인장응력은?

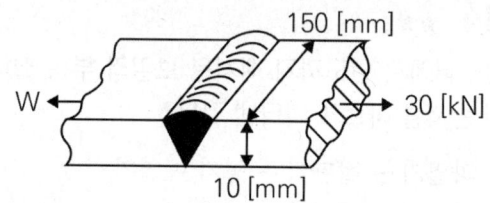

① 2 [MPa]
② 15 [MPa]
③ 10 [MPa]
④ 20 [MPa]

**해설**

인장응력

$$\sigma_t = \frac{P_t}{A} = \frac{30 \times 10^3}{hL} = \frac{30 \times 10^3}{10 \times 150} = 20\,[MPa(N/mm^2)]$$

## 89 ★★

서로 다른 고체 물질 A, B, C인 3개의 평판이 서로 밀착되어 복합체를 이루고 있다. 정상 상태에서의 온도 분포가 그림과 같을 때, 어느 물질의 열전도도가 가장 작은가? (단, 온도 $T_1$ = 1000 [℃], $T_2$ = 800 [℃], $T_3$ = 550 [℃], $T_4$ = 250 [℃]이다)

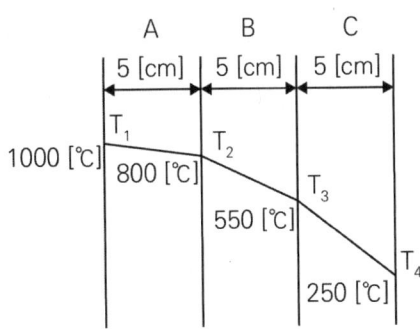

① A
② B
③ C
④ 모두 같다.

**해설**

열전도도
푸리에 열전달 법칙
$$q = KA\frac{\Delta T}{L}$$
열전도계수(K)는 두께(L)가 일정 시 온도차와 반비례하므로 온도차가 클수록 열전도계수는 작아진다. C에서의 온도차이가 가장 크므로 열전도도는 가장 작다.

## 90 ★

다음 보일러 중에서 드럼이 없는 구조의 보일러는?

① 야로우보일러
② 슐저보일러
③ 타쿠마보일러
④ 베록스보일러

**해설**

드럼의 유무
슐저보일러는 드럼이 없는 구조의 관류보일러이다.

## 91 ★★★

보일러의 발생증기가 보유한 열량이 13.4 × 10⁶ [kJ/h]일 때 이 보일러의 상당증발량은?

① 2500 [kg/h]
② 3512 [kg/h]
③ 5940 [kg/h]
④ 6847 [kg/h]

**해설**

상당증발량
$$G_e = \frac{G_a(h_2 - h_1)}{2256}[kg/h]$$
$$= \frac{13.4 \times 10^6}{2256} = 5940 [kg/h]$$

## 92 ★★

압력용기를 옥내에 설치하는 경우에 관한 설명으로 옳은 것은?

① 압력용기와 천장과의 거리는 압력용기 본체 상부로부터 1 [m] 이상이어야 한다.
② 압력용기의 본체와 벽과의 거리는 최소 1 [m] 이상이어야 한다.
③ 인접한 압력용기와의 거리는 최소 1 [m] 이상이어야 한다.
④ 유독성 물질을 취급하는 압력용기는 1개 이상의 출입구 및 환기장치가 있어야 한다.

**정답** 89 ③  90 ②  91 ③  92 ①

> 해설

옥내에 설치하는 경우
압력용기를 옥내에 설치하는 경우 압력용기와 천장과의 거리는 압력용기 본체상부로부터 1 [m] 이상이어야 한다.

## 93 ★

열의 이동에 대한 설명으로 틀린 것은?

① 전도란 정지하고 있는 물체 속을 열이 이동하는 현상을 말한다.
② 대류란 유동 물체가 고온 부분에서 저온 부분으로 이동하는 현상을 말한다.
③ 복사란 전자파의 에너지 형태로 열이 고온 물체에서 저온 물체로 이동하는 현상을 말한다.
④ 열관류란 유체가 열을 받으면 밀도가 작아져서 부력이 생기기 때문에 상승현상이 일어나는 것을 말한다.

> 해설

열의 이동
열관류율이란 열이 이동할 때의 열통과율을 의미한다.
$Q = KA\Delta T$

## 94 ★

수증기관에 만곡관을 설치하는 주된 목적은?

① 증기관 속의 응결수를 배제하기 위하여
② 열팽창에 의한 관의 팽창작용을 흡수하기 위하여
③ 증기의 통과를 원활히 하고 급수의 양을 조절하기 위하여
④ 강수량의 순환을 좋게 하고 급수량의 조절을 쉽게 하기 위하여

> 해설

수증기관의 만곡관(Loop Type)
만곡관(루프형 신축이음)은 열팽창으로 인한 팽창작용을 허용하기 위한 것으로 옥외배관에 주로 사용한다.

## 95 ★★★

노통보일러에서 브레이징 스페이스란 무엇을 말하는가?

① 노통과 가셋트 스테이와의 거리
② 관군과 가셋트 스테이 사이의 거리
③ 동체와 노통 사이의 최소거리
④ 가셋트 스테이 간의 거리

> 해설

브레이징 스페이스
노통과 가셋트 스테이와의 거리이다.

정답 ● 93 ④  94 ②  95 ①

## 96 ★

보일러 성능시험 시 측정을 매 몇 분마다 실시하여야 하는가?

① 5분
② 10분
③ 15분
④ 20분

> **해설**
>
> 보일러 성능시험 측정
> 열사용기자재의 검사 및 검사면제에 관한 기준
> 25.2.4 보일러의 성능시험방법
> 매 10분마다 실시

## 97 ★★★

보일러 급수처리방법에서 수중에 녹아 있는 기체 중 탈기기장치에서 분리, 제거하는 대표적 용존가스는?

① $O_2$, $CO_2$
② $SO_2$, $CO$
③ $NO_3$, $CO$
④ $NO_2$, $CO_2$

> **해설**
>
> 탈기기장치
> 보일러 급수처리방법에서 수중에 녹아 있는 기체 중 탈기기장치에서 분리, 제거하는 대표적 용존가스는 산소, 이산화탄소이다.

## 98 ★★

보일러의 연소가스에 의해 보일러 급수를 예열하는 장치는?

① 절탄기
② 과열기
③ 재열기
④ 복수기

> **해설**
>
> 절탄기
> 보일러의 연소가스에 의해 보일러 급수를 예열하는 장치

## 99 ★★★

두께 25 [mm]인 철판의 넓이 1 [m²]당 전열량이 매시간 2000 [kcal]가 되려면 양면의 온도차는 얼마여야 하는가? (단, 철판의 열전도율은 50 [kcal/m·h·℃]이다)

① 1 [℃]
② 2 [℃]
③ 3 [℃]
④ 4 [℃]

> **해설**
>
> 전열량 – 온도차
> 푸리에 열전달 법칙
> $$Q = \lambda A \frac{\Delta t}{L}$$
> $$\Delta t = \frac{QL}{\lambda A} = \frac{2000 \times 0.025}{50 \times 1} = 1$$

정답 ● 96 ② 97 ① 98 ① 99 ①

## 100 ★★

보일러 안전사고의 종류가 아닌 것은?

① 노통, 수관, 연관 등의 파열 및 균열
② 보일러 내의 스케일 부착
③ 동체, 노통, 화실의 압궤 및 수관, 연관 등 전열면의 팽출
④ 연도가 노 내의 가스폭발, 역화 그 외의 이상 연소

**해설**

안전사고의 종류
보일러 내의 스케일 부착은 전열을 방해하므로 과열의 원인이 된다.

정답 100 ②

모아바 www.moa-ba.com
모아소방전기학원 www.moate.co.kr

### 모아 에너지관리기사 필기(핵심이론 + 과년도 8개년) [개정판]

| | |
|---|---|
| **발행일** | 2025년 9월 30일 개정판 1쇄 |
| **지은이** | 천은지 |
| **발행인** | 황모아 |
| **발행처** | (주)모아교육그룹 |
| **주 소** | 서울특별시 영등포구 영신로 32길 29 세화빌딩 2층 |
| **전 화** | 02-2068-2393(출판, 주문) |
| **등 록** | 제2015-000006호 (2015.1.16.) |
| **이메일** | moagbooks@naver.com |
| **ISBN** | 979-11-6804-442-5 (13530) |

이 책의 가격은 뒤표지에 있습니다.

Copyright ⓒ (주)모아교육그룹 Co., Ltd. All Rights Reserved.

이 책은 저작권법에 의해 보호를 받는 저작물이므로 저자와 출판사의 서면 허락 없이 내용의 전부 또는 일부를 이용하는 것을 금합니다.